动力管道设计手册

第 2 版

动力管道设计手册编写组　编

机 械 工 业 出 版 社

本手册是一本综合性动力管道设计工具书。书中涉及的管道种类包括：热力管道，如蒸汽管道、热水管道、凝结水管道、废汽管道；燃气管道，如冷煤气管道、水煤气管道、城市煤气管道、天然气管道、液化石油气管道等；气体管道，如压缩空气管道、氧气管道、氮气管道、乙炔管道、氢气管道、二氧化碳管道、真空系统管道、高纯气体管道等。全书共17章，包括常用资料、管道系统及其选择、管道的布置及敷设、供热管道直埋技术、管道水力计算、管道热补偿、管道支吊架的跨距及荷载、管道支吊架及支座、管道强度计算和应力验算、管道组成件的选用、绝热与防腐、动力分站、真空管道系统、高纯气体管道、医用气体管道系统、动力管道安装及验收、工程估价等内容。书中大量的图表和数据可供动力管道设计人员在方案设计、初步设计和施工图设计中直接选用，也可供工程验收时参考应用。

本手册可供从事热力管道、燃气管道、气体管道和动力分站等工程设计的人员使用，也可供施工安装、概算编制、运行管理相关人员和大专院校相关专业师生参考，还可供动力专业注册设备工程师查阅。

图书在版编目（CIP）数据

动力管道设计手册/动力管道设计手册编写组编 . —2 版 . —北京：机械工业出版社，2020. 3（2023. 1 重印）
ISBN 978-7-111-64923-6

Ⅰ. ①动…　Ⅱ. ①动…　Ⅲ. ①管道工程—手册　Ⅳ. ①TU81-62

中国版本图书馆 CIP 数据核字（2020）第 042758 号

机械工业出版社（北京市百万庄大街 22 号　邮政编码 100037）
策划编辑：吕德齐　责任编辑：吕德齐　高凤春　臧程程
责任校对：张晓蓉　封面设计：鞠　杨
责任印制：郜　敏
盛通（廊坊）出版物印刷有限公司印刷
2023 年 1 月第 2 版第 3 次印刷
184mm×260mm · 58 印张 · 3 插页 · 2011 千字
标准书号：ISBN 978-7-111-64923-6
定价：198. 00 元

电话服务
客服电话：010-88361066
　　　　　010-88379833
　　　　　010-68326294
封底无防伪标均为盗版

网络服务
机　工　官　网：www.cmpbook.com
机　工　官　博：weibo.com/cmp1952
金　书　网：www.golden-book.com
机工教育服务网：www.cmpedu.com

动力管道设计手册编写组

主编　中机第一设计研究院有限公司　周岩涛、施振球

编写人及分工

单　位	作　者	章　节
中机国际工程设计研究院有限责任公司	肖犁	第 1 章
中国五洲工程设计集团有限公司（原五洲工程设计研究院）	闫志彬、曹晓明	第 2 章、第 14 章
核工业第五研究设计院	张国维、秦历民、郭粉英	第 3 章，第 4 章 4.1、4.3 节
中国汽车工业工程有限公司（原机械工业第四设计研究院）	郭孝亮	第 5 章
中船第九设计研究院工程有限公司	孙国强、施凯、张泉根	第 6 章、第 9 章
中机第一设计研究院有限公司（原机械工业第一设计研究院）	黄先扬、范继强	第 4 章 4.2、4.3 节，第 7 章，第 8 章，第 17 章
中联西北工程设计研究院有限公司	国铭、于文海、于海、王卜平	第 10 章
中国核电工程有限公司郑州分公司	付午海、张雁琴、赵一川、李海成	第 11 章
中国电子工程设计院	廖国期、张大炜	第 12 章 12.1~12.4 节
北京市煤气热力工程设计院有限公司	杨炯、王夏	第 12 章 12.5~12.10 节
中国航空规划设计研究总院有限公司	杨丽莉、李纲	第 13 章、第 16 章
中机第一设计研究院有限公司（原机械工业第一设计研究院）	王宇虹	第 15 章
中国中元国际工程有限公司	朱璇	

定稿审核人　施振球、周岩涛、黄先扬、国铭、李春林、杨丽莉、王国刚

动力管道设计手册第 1 版编写组

主 编 机械工业第一设计研究院 施振球
副主编 五洲工程设计研究院（原兵器工业第五设计研究院） 赵廷元

编 写 人

单 位	作 者	章 节
中机国际工程设计研究院 （原机械工业第八设计研究院）	叶全乐	第 1 章
五洲工程设计研究院 （原兵器工业第五设计研究院）	赵廷元	第 2 章、第 14 章
核工业第五研究设计院	张国维	第 3 章、第 4 章 4.1、4.2、4.4 节
	李海成	第 11 章
机械工业第四设计研究院	肖同华	第 5 章
中国船舶工业第九设计研究院	张泉根	第 6 章、第 9 章
机械工业第一设计研究院	黄先扬	第 4 章 4.3 节、第 7 章、第 8 章
	范继强	第 16 章
中联西北工程设计研究院 （原机械工业第十一设计研究院）	国铭、于文海、卢治行、于海、李龙、王峰	第 2 章第 2.1 节、第 10 章
中国电子工程设计院 （原电子工业第十设计研究院）	吴克江	第 12 章
中国航空工业规划设计研究院	王振邦	第 13 章、第 15 章

定稿审核人 施振球 赵廷元 叶全乐 黄先扬 张国维 王振邦

前　言

本手册所指的动力管道，沿用我国工程设计系统传统的专业划分范围，泛指城镇及企业内输送能源介质的燃气管道和热力管道，企业内用于供应能源及生产辅助的各种气体及油品管道，如压缩空气管道、氧气管道、可燃气体管道、可燃液体管道、不燃气体管道、真空管道，高纯气体及医院生命支持系统的气体管道等。不包含石油化工行业内用于工艺系统的工艺介质管道和设备装置内部的管道系统。限于篇幅，本手册不包括各类供油管道系统设计。

由原机械工业部第一设计研究院（现改名中机第一设计研究院有限公司）组织编写的《动力管道手册》（1994年出版）及《动力管道设计手册》（2005年修订出版并更名），作为国内经典的动力管道专业设计工具用书，为广大的设计技术人员、技术管理人员、高校师生提供了一套内容全面的高质量的设计参考用书，受到了广大同仁的热烈欢迎，已成为本行业广大技术人员的必备工具书及学习用书，更被列为全国注册设备工程师考试参考用书。《动力管道手册》和《动力管道设计手册》分别获得机械工业部及机械工业勘察设计协会颁发的优秀勘察设计二等奖。

随着科学技术的不断进步和国家经济的快速发展，建设工程趋于大型化、国际化，国家能源政策向环保、节能快速变化；高端制造的深入推进，各种新材料、新设备、新技术、新工艺不断投入使用；各类相关设计规范的不断完善，压力管道及相关的监管法规逐渐细致深化，已全面实施到动力管道设计及建设中。原版《动力管道设计手册》已不能完全适应当前行业及技术的发展现状，急需扩充及调整内容，以便更好地规范设计，为经济建设服务。

为此，中机第一设计研究院有限公司组织国内动力管道设计方面比较著名的设计院中长期从事动力管道工程设计，且具有较丰富实践经验的高级工程师，在《动力管道手册》及《动力管道设计手册》的基础上，重新修订编写了本手册。

本次修订，在充分尊重原版的基础上，根据新的设计标准、规范及法规对相关部分进行了修订更新，补充了大量的新技术、新材料、新设备、新工艺；由于我国清洁能源的快速普及推广，增加了多种燃气类站房；鉴于我国医疗装备水平的快速发展，增加了医用气体设计部分，以期为本行业设计技术人员提供设计参考和指导。

本手册具有以下特点：

1. 体系全面、系统

本手册是一本综合性动力管道设计工具书。书中涉及的管道种类包括：热力管道，如蒸汽管道、热水管道、凝结水管道、废汽管道；燃气管道，如人工煤气管道、天然气管道、液化石油气管道等；气体管道，如压缩空气管道、氧气管道、乙炔管道、氢气管道、氩气管道、氮气管道、二氧化碳管道、高纯气体管道、医用气体管道、真空系统管道等。其中有的内容是专业设计院独有的、同类书没有的，如医用气体管道、真空管道系统、高纯气体管道、压力管道和压力容器设计计算、动力分站中换热站、凝结水站、低温液态汽化站、气体汇流排间、燃气调压站、CNG（压缩天然气）和LNG（液化天然气）汽车加气站及供气站、LPG（液化石油气）厂站等，并从设计原则、工艺系统、计算方法、设备选型及设计实例等方面做了详细介绍，使设计人员依靠本手册就能进行设计工作。为了扩宽设计人员的知识面，在本手册中编入了动力管道安装及验收和工程估价等内容，使本手册适用面更加广泛。

2. 内容准确、实用

本手册收集了新技术、新设备、新材料以及现行的规范、国家标准图等资料，并将常用的动力管道设计资料，尽量以图表的形式进行阐述，便于查阅。

总之，编写组尽可能使本手册内容全面，使用方便，并反映动力管道专业发展的最新成果。

本手册编写人员和审核人员大多是多年来从事本专业设计研究的高级工程师和研究员，对保证手册的质量和实用性具有较好的先决条件。尽管如此，由于资料收集和文字编辑等各方面的原因，不足和错误之处在所难免，尚祈读者指正。

在编写本手册的过程中，得到了中国动力工程学会热力专委会的支持和全国工程勘察设计大师舒世安同志的指导，并得到了有关设计研究院的领导和动力专业工作者的支持和帮助，在此表示衷心的感谢。

在本手册编写过程中，还得到下列单位的大力支持（排名不分先后）：合肥华峰暖通设备有限公司、开封市北冰洋建设工程有限公司、江苏宏鑫旋转补偿器科技有限公司、江苏威创能源设备有限公司、洛阳双瑞特种装备有限公司、河南金景环保设备有限公司、北京拜蒲澜泰克管道工程技术服务有限公司、慧鱼（太仓）建筑锚栓有限公司、辽宁固多金金属制造有限公司、北京海力源节能技术有限责任公司、德格尔森科技（上海）有限公司、迪利特工业技术（大连）有限公司、西安联合超滤净化设备有限公司、北京新元瑞普技术有限公司。他们提供了大量的新技术资料，在此表示衷心的感谢！

动力管道设计手册编写组

目 录

第1章 常 用 资 料

1.1 单位及换算关系

1.1.1 长度单位换算

长度单位换算见表1-1。

1.1.2 面积单位换算

面积单位换算见表1-2。

1.1.3 容积、体积单位换算

容积、体积单位换算见表1-3。

1.1.4 速度单位换算

速度单位换算见表1-4。

1.1.5 角度单位换算

角度单位换算见表1-5。

表1-1 长度单位换算表

中文单位符号	m	in	ft	yd	km	mile	n mile
米	1	3.937×10	3.281	1.094	1×10^{-3}	6.214×10^{-4}	5.400×10^{-4}
英寸	2.540×10^{-2}	1	8.333×10^{-2}	2.778×10^{-2}	2.540×10^{-5}	1.578×10^{-5}	1.371×10^{-5}
英尺	3.048×10^{-1}	12	1	3.333×10^{-1}	3.048×10^{-4}	1.894×10^{-4}	1.646×10^{-4}
码	9.144×10^{-1}	36	3	1	9.144×10^{-4}	5.682×10^{-4}	4.937×10^{-4}
公里	1000	3.937×10^{4}	3.281×10^{3}	1.094×10^{3}	1	6.214×10^{-1}	5.400×10^{-1}
英里	1.609×10^{3}	6.336×10^{4}	5.280×10^{3}	1.760×10^{3}	1.609	1	8.690×10^{-1}
海里	1.852×10^{3}	7.291×10^{4}	6.076×10^{3}	2.025×10^{3}	1.852	1.151	1

表1-2 面积单位换算表

中文单位符号	m^2	in^2	ft^2	yd^2	亩	acre	$mile^2$	km^2	hm^2
米^2	1	1.550×10^{3}	1.076×10	1.196	1.500×10^{-3}	2.471×10^{-4}	3.861×10^{-7}	1.000×10^{-6}	1.000×10^{-4}
英寸^2	6.452×10^{-4}	1	6.944×10^{-3}	7.716×10^{-4}	9.677×10^{-7}	1.594×10^{-7}	2.491×10^{-10}	6.452×10^{-10}	6.452×10^{-8}
英尺^2	9.290×10^{-2}	144	1	0.1111	1.394×10^{-4}	2.296×10^{-5}	3.587×10^{-8}	9.290×10^{-8}	9.290×10^{-6}
码^2	8.360×10^{-1}	1296	9	1	1.254×10^{-3}	2.066×10^{-4}	3.228×10^{-7}	8.361×10^{-7}	8.361×10^{-5}
亩	6.667×10^{2}	1.033×10^{6}	7.176×10^{3}	7.973×10^{2}	1	0.1647	2.574×10^{-4}	6.667×10^{-4}	6.667×10^{-2}
英亩	4.047×10^{3}	6.273×10^{6}	4.356×10^{4}	4840	6.070	1	1.562×10^{-3}	4.047×10^{-3}	4.047×10^{-1}
英里^2	2.590×10^{6}	4.014×10^{9}	2.788×10^{7}	3.098×10^{6}	3.885×10^{3}	640	1	2.590	2.590×10^{2}
公里^2	1.000×10^{6}	1.550×10^{9}	1.076×10^{7}	1.196×10^{6}	1500	2.471×10^{2}	0.3861	1	100
公顷^2	1.000×10^{4}	1.550×10^{7}	1.076×10^{5}	1.196×10^{4}	15	2.471	3.861×10^{-3}	1×10^{-2}	1

表1-3 容积、体积单位换算表

中文单位符号	m^3	dm^3（L）	in^3	ft^3	yd^3	UKgal	USgal
米^3	1	1000	6.102×10^{4}	3.531×10	1.308	2.201×10^{2}	2.642×10^{2}
分米^3（升）	1.000×10^{-3}	1	6.102×10	3.531×10^{-2}	1.308×10^{-3}	2.200×10^{-1}	2.642×10^{-1}
英寸^3	1.639×10^{-5}	1.639×10^{-2}	1	5.787×10^{-4}	2.143×10^{-5}	3.605×10^{-3}	4.329×10^{-3}
英尺^3	2.832×10^{-2}	2.832×10	1728	1	3.704×10^{-2}	6.229	7.481
码^3	7.646×10^{-1}	7.646×10^{2}	4.666×10^{4}	27	1	1.682×10^{2}	2.020×10^{2}
英加仑	4.546×10^{-3}	4.546	2.774×10^{2}	1.605×10^{-1}	5.946×10^{-3}	1	1.201
美加仑	3.785×10^{-3}	3.785	2.310×10^{2}	1.337×10^{-1}	4.951×10^{-3}	8.327×10^{-1}	1

注：1桶原油（bbl）= 42美加仑（USgal）。

表1-4 速度单位换算表

中文单位符号	m/s	ft/s	yd/s	km/h	mile/h	n mile/h
米/秒	1	3.281	1.094	3.600	2.237	1.944
英尺/秒	3.048×10^{-1}	1	3.333×10^{-1}	1.097	6.818×10^{-1}	5.926×10^{-1}
码/秒	9.144×10^{-1}	3	1	3.292	2.046	1.777
千米/时	2.778×10^{-1}	9.114×10^{-1}	3.039×10^{-1}	1	6.214×10^{-1}	5.400×10^{-1}
英里/时	4.470×10^{-1}	1.4667	4.889×10^{-1}	1.069	1	8.690×10^{-1}
海里/时	5.144×10^{-1}	1.6878	5.626×10^{-1}	1.852	1.151	1

1.1.6　角速度单位换算

角速度单位换算见表1-6。

1.1.7　质量单位换算

质量单位换算见表1-7。

1.1.8　密度单位换算

密度单位换算见表1-8。

1.1.9　比体积（质量体积）单位换算

比体积（质量体积）单位换算见表1-9。

表1-5　角度单位换算表

中文单位符号	rad	(°)	(′)	(″)
弧度	1	$5.7296×10$	$3.4377×10^3$	$2.0627×10^5$
度	$1.745×10^{-2}$	1	60	3600
分	$2.9089×10^{-4}$	$1.6667×10^{-2}$	1	60
秒	$4.8481×10^{-6}$	$2.7778×10^{-4}$	$1.6667×10^{-2}$	1

表1-6　角速度单位换算表

中文单位符号	rad/s	rad/min	r/s	r/min	(°)/s	(°)/min
弧度/秒	1	60	0.15916	9.5493	$5.7296×10$	$3.4377×10^3$
弧度/分	$1.6667×10^{-2}$	1	$2.6525×10^{-3}$	$1.5916×10^{-1}$	$9.5493×10^{-1}$	$5.7296×10$
转/秒	6.2832	$3.7699×10^2$	1	60	360	21600
转/分	$1.0472×10^{-1}$	6.2832	$1.6667×10^{-2}$	1	6	360
度/秒	$1.7453×10^{-2}$	1.0472	$2.7778×10^{-3}$	$1.6667×10^{-1}$	1	60
度/分	$2.9089×10^{-4}$	$1.7453×10^{-2}$	$4.6296×10^{-5}$	$2.7778×10^{-3}$	$1.6667×10^{-2}$	1

表1-7　质量单位换算表

中文单位符号	t	kg	g	ton	USton	lb	oz
吨	1	1000	$1.0000×10^6$	$9.8420×10^{-1}$	1.1023	$2.2046×10^3$	$3.5274×10^4$
千克	$1.0000×10^{-3}$	1	$1.0000×10^3$	$9.8420×10^{-4}$	$1.1023×10^{-3}$	2.2046	$3.5274×10$
克	$1.0000×10^{-6}$	$1.0000×10^{-3}$	1	$9.8420×10^{-7}$	$1.1023×10^{-6}$	$2.2046×10^{-3}$	$3.5274×10^{-2}$
英吨	1.0161	$1.0161×10^3$	$1.0161×10^6$	1	1.1202	2240	35840
美吨	$9.0719×10^{-1}$	$9.0719×10^2$	$9.0719×10^5$	$8.9285×10^{-1}$	1	2000	32000
磅	$4.5359×10^{-4}$	$4.5359×10^{-1}$	$4.5359×10^2$	$4.4643×10^{-4}$	$5.0000×10^{-4}$	1	16
盎司	$2.8350×10^{-5}$	$2.8350×10^{-2}$	$2.8350×10$	$2.7901×10^{-5}$	$3.1250×10^{-5}$	$6.2500×10^{-2}$	1

表1-8　密度单位换算表

中文单位符号	kg/m³	g/cm³	g/mL	t/m³	ton/yd³	lb/ft³	lb/in³	lb/UKgal	lb/USgal
千克/米³	1	$1.000×10^{-3}$	$1.000×10^{-3}$	$1.000×10^{-3}$	$7.525×10^{-4}$	$6.243×10^{-2}$	$3.613×10^{-5}$	$1.002×10^{-2}$	$8.345×10^{-3}$
克/厘米³	1000	1	1	1	$7.525×10^{-1}$	$6.243×10$	$3.613×10^{-2}$	$1.002×10$	8.345
克/毫升	1000	1	1	1	$7.525×10^{-1}$	$6.243×10$	$3.613×10^{-2}$	$1.002×10$	8.345
吨/米³	1000	1	1	1	$7.525×10^{-1}$	$6.243×10$	$3.613×10^{-2}$	$1.002×10$	8.345
英吨/码³	1329	1.329	1.329	1.329	1	$8.296×10$	$4.801×10^{-2}$	$1.332×10$	$1.109×10$
磅/英尺³	$1.602×10$	$1.602×10^{-2}$	$1.602×10^{-2}$	$1.602×10^{-2}$	$1.205×10^{-2}$	1	$5.787×10^{-4}$	$1.605×10^{-1}$	$1.337×10^{-1}$
磅/英寸³	$2.768×10^4$	$2.768×10$	$2.768×10$	$2.768×10$	$2.083×10$	1728	1	$2.774×10^2$	$2.310×10^2$
磅/英加仑	$9.978×10$	$9.978×10^{-2}$	$9.978×10^{-2}$	$9.978×10^{-2}$	$7.508×10^{-2}$	6.229	$3.605×10^{-3}$	1	$8.327×10^{-1}$
磅/美加仑	$1.198×10^2$	$1.198×10^{-1}$	$1.198×10^{-1}$	$1.198×10^{-1}$	$9.017×10^{-2}$	7.481	$4.329×10^{-3}$	1.201	1

表1-9　比体积（质量体积）单位换算表

中文单位符号	m³/kg	L/kg	ft³/lb	in³/lb	ft³/ton	UKgal/lb
米³/千克	1	1000	$1.602×10$	$2.768×10^4$	$3.588×10^4$	$9.978×10$
升/千克	$1.000×10^{-3}$	1	$1.602×10^{-2}$	$2.768×10$	$3.588×10$	$9.978×10^{-2}$
英尺³/磅	$6.243×10^{-2}$	$6.243×10$	1	1728	2240	6.229
英寸³/磅	$3.613×10^{-5}$	$3.613×10^{-2}$	$5.787×10^{-4}$	1	1.296	$3.605×10^{-3}$
英尺³/英吨	$2.787×10^{-5}$	$2.787×10^{-2}$	$4.464×10^{-4}$	$7.714×10^{-1}$	1	$2.781×10^{-3}$
英加仑/磅	$1.002×10^{-2}$	$1.002×10$	$1.605×10^{-1}$	$2.774×10^2$	$3.595×10^2$	1

1.1.10 力、重力单位换算

力、重力单位换算见表1-10。

1.1.11 压力、应力单位换算

压力、应力单位换算见表1-11。

1.1.12 动力黏度单位换算

动力黏度单位换算见表1-12。

1.1.13 运动黏度单位换算

运动黏度单位换算见表1-13。

1.1.14 功、能、热量单位换算

功、能、热量单位换算见表1-14。

1.1.15 功率单位换算

功率单位换算见表1-15。

表1-10 力、重力单位换算表

中文单位符号	N	kgf	lbf	tf	tonf	UStonf
牛［顿］	1	0.10197	0.22481	1.0197×10^{-4}	1.0036×10^{-4}	1.1240×10^{-4}
千克力	9.8067	1	2.2046	1.0000×10^{-3}	9.8420×10^{-4}	1.1023×10^{-3}
磅力	4.4482	4.5359×10^{-1}	1	4.5359×10^{-4}	4.4643×10^{-4}	5.0000×10^{-4}
吨力	9.8067×10^{3}	1.0000×10^{3}	2.2046×10^{3}	1	9.8420×10^{-1}	1.1023
英吨力	9.9645×10^{3}	1.0161×10^{3}	2240	1.0161	1	1.1202
美吨力	8.8965×10^{3}	9.0719×10^{2}	2000	9.0719×10^{-1}	8.9285×10^{-1}	1

注：1达因（dyn）= 10^{-5}牛顿（N）。

表1-11 压力、应力单位换算表

中文单位符号	Pa(N/m²)	kgf/cm²	atm	mH₂O	mmHg(Torr)	inH₂O	lbf/ft²	lbf/in²
帕［斯卡］	1	1.0197×10^{-5}	9.8692×10^{-6}	1.0197×10^{-4}	7.5006×10^{-3}	4.0147×10^{-3}	2.0886×10^{-2}	1.4504×10^{-4}
千克力/厘米²	9.8067×10^{4}	1	9.6784×10^{-1}	10	7.3556×10^{2}	3.9371×10^{2}	2.0482×10^{3}	1.4223×10
标准大气压	1.0133×10^{5}	1.0332	1	1.0332×10	760	4.0679×10^{2}	2.1162×10^{3}	1.4696×10
米水柱	9.8067×10^{3}	1.0000×10^{-1}	9.6784×10^{-2}	1	7.3556×10	3.9371×10	2.0482×10^{2}	1.4223
毫米汞柱（托）	1.3332×10^{2}	1.3595×10^{-3}	1.3158×10^{-3}	1.3595×10^{-2}	1	5.3525×10^{-1}	2.7845	1.9337×10^{-2}
英寸水柱	2.4908×10^{2}	2.5399×10^{-3}	2.4582×10^{-3}	2.5399×10^{-2}	1.8683	1	5.2022	3.6126×10^{-2}
磅力/英尺²	4.7880×10	4.8824×10^{-4}	4.7254×10^{-4}	4.8824×10^{-3}	3.5913×10^{-1}	1.9223×10^{-1}	1	6.9444×10^{-3}
磅力/英寸²	6.8948×10^{3}	7.0307×10^{-2}	6.8046×10^{-2}	7.0307×10^{-1}	5.1715×10	2.7681×10	144	1

注：1达因/厘米²（dyn/cm²）= 0.1帕（Pa）。

表1-12 动力黏度单位换算

中文单位符号	Pa·s	cP	μP	kgf·s/m²	lbf·s/ft²	lbf·h/ft²
帕［斯卡］·秒	1	1.0000×10^{3}	1.0000×10^{7}	1.0197×10^{-1}	2.0885×10^{-2}	5.8015×10^{-6}
厘泊	1.0000×10^{-3}	1	1.0000×10^{4}	1.0197×10^{-4}	2.0885×10^{-5}	5.8015×10^{-9}
微泊	1.0000×10^{-7}	1.0000×10^{-4}	1	1.0197×10^{-8}	2.0885×10^{-9}	5.8015×10^{-13}
千克力·秒/米²	9.8067	9.8067×10^{3}	9.8067×10^{7}	1	2.0482×10^{-1}	5.6893×10^{-5}
磅力·秒/英尺²	4.7880×10	47880	4.7880×10^{8}	4.8824	1	2.7778×10^{-4}
磅力·时/英尺²	1.7237×10^{5}	1.7237×10^{8}	1.7237×10^{12}	1.7577×10^{4}	3600	1

注：1泊（P）［g/(cm·s)］=100厘泊（cP）。

表1-13 运动黏度单位换算表

中文单位符号	St	cSt	m²/s	m²/h	ft²/s	in²/s
斯［托克斯］	1	100	1.0000×10^{-4}	3.6000×10^{-1}	1.0764×10^{-3}	1.5500×10^{-1}
厘斯［托克斯］	1.0000×10^{-2}	1	1.0000×10^{-6}	3.6000×10^{-3}	1.0764×10^{-5}	1.5500×10^{-3}
米²/秒	1×10^{4}	1.0000×10^{6}	1	3600	1.0764×10	1.5500×10^{3}
米²/时	2.7778	2.7778×10^{2}	2.7778×10^{-4}	1	2.9907×10^{-3}	4.3056×10^{-1}
英尺²/秒	9.2903×10^{2}	9.2937×10^{4}	9.2937×10^{-2}	3.3445×10^{2}	1	144
英寸²/秒	6.4516	6.4516×10^{2}	6.4516×10^{-4}	2.3226	6.9444×10^{-3}	1

注：条件黏度（恩氏黏度）与运动黏度的换算：

$$\nu = 0.0731E - \frac{0.0631}{E}$$

式中　ν——运动黏度（cm²/s）；

　　　E——恩氏黏度（°E）。

1.1.16　体积流量单位换算

体积流量单位换算见表1-16。

1.1.17　温度单位换算

温度单位换算见表1-17。

表1-14　功、能、热量单位换算

中文单位符号	kJ	kW·h	kcal	kgf·m	Btu	马力·时	hp·h
千焦	1	2.7778×10^{-4}	2.3885×10^{-1}	1.0197×10^{2}	9.4781×10^{-1}	3.7767×10^{-4}	3.7250×10^{-4}
千瓦·时	3600	1	8.5985×10^{2}	3.6710×10^{5}	3.4121×10^{3}	1.3596	1.3410
千卡	4.1868	1.1630×10^{-3}	1	4.2693×10^{2}	3.9683	1.5812×10^{-3}	1.5596×10^{-3}
千克力米	9.8067×10^{-3}	2.7241×10^{-6}	2.3423×10^{-3}	1	9.2949×10^{-3}	3.7037×10^{-6}	3.6530×10^{-6}
英热单位	1.0551	2.9307×10^{-4}	2.5200×10^{-1}	1.0759×10^{2}	1	3.9847×10^{-4}	3.9302×10^{-4}
马力·时	2.6478×10^{3}	7.3550×10^{-1}	6.3241×10^{2}	2.7000×10^{5}	2.5096×10^{-3}	1	9.8632×10^{-1}
英马力·时	2.6845×10^{3}	7.4570×10^{-1}	6.4119×10^{2}	2.7374×10^{5}	2.5444×10^{3}	1.0139	1

注：1焦耳（J）=10^{7}尔格（erg）=$1N\cdot m$。

表1-15　功率单位换算

中文单位符号	W(J/s)	kcal/h	kgf·m/s	马力	hp	lbf·ft/s	Btu/h
瓦（焦耳/秒）	1	8.5985×10^{-1}	1.020×10^{-1}	1.3596×10^{-3}	1.3410×10^{-3}	7.3756×10^{-1}	3.4121
千卡/时	1.1630	1	1.1859	1.5812×10^{-3}	1.5596×10^{-3}	8.5778×10^{-1}	3.9683
千克力米/秒	9.8039	8.4322	1	1.3333×10^{-2}	1.3151×10^{-2}	7.2330	3.3461×10
马力	7.3530×10^{2}	6.3241×10^{2}	7.4999×10	1	9.8631×10^{-1}	5.4248×10^{2}	2.5096×10^{3}
英马力	7.4570×10^{2}	6.4119×10^{2}	7.6039×10	1.0139	1	5.5000×10^{2}	2.5444×10^{3}
磅力英尺/秒	1.3558	1.1658	1.383×10^{-1}	1.8433×10^{-3}	1.8181×10^{-3}	1	4.6261
英热单位/时	2.9307×10^{-1}	2.5200×10^{-1}	2.9893×10^{-2}	3.9846×10^{-4}	3.9300×10^{-4}	2.1616×10^{-1}	1

注：1千瓦（kW）=1000瓦（W）。

表1-16　体积流量单位换算

中文单位符号	m³/s	ft³/s	yd³/s	L/s	UKgal/s	USgal/s	m³/h
米³/秒	1	3.531×10	1.308	1000	2.201×10^{2}	2.642×10^{2}	3600
英尺³/秒	2.832×10^{-2}	1	3.704×10^{-2}	2.832×10	6.229	7.481	1.019×10^{2}
码³/秒	7.646×10^{-1}	27	1	7.646×10^{2}	1.682×10^{2}	2.020×10^{2}	2.752×10^{3}
升/秒	1.000×10^{-3}	3.531×10^{-2}	1.308×10^{-3}	1	2.201×10^{-1}	2.642×10^{-1}	3.600
英加仑/秒	4.546×10^{-3}	1.605×10^{-1}	5.946×10^{-3}	4.546	1	1.201	1.637×10
美加仑/秒	3.785×10^{-3}	1.337×10^{-1}	4.951×10^{-3}	3.785	8.327×10^{-1}	1	1.363×10
米³/时	2.778×10^{-4}	9.808×10^{-3}	3.633×10^{-4}	2.778×10^{-1}	6.617×10^{-2}	7.339×10^{-2}	1

表1-17　温度单位换算

中文单位符号	K	℃	℉	°Re
开［尔文］	1	℃+273.16	5/9(℉-32)+273.16	5/4°Re+273.16
摄氏度	K-273.16	1	5/9(℉-32)	5/4°Re
华氏度	9/5(K-273.16)+32	9/5℃+32	1	9/4°Re+32
列氏度	4/5(K-273.16)	4/5℃	4/9(℉-32)	1

1.1.18　热导率（导热系数）单位换算

热导率（导热系数）单位换算见表1-18。

1.1.19　传热系数单位换算

传热系数单位换算见表1-19。

1.1.20　比热容单位换算

比热容单位换算见表1-20。

1.1.21　冷量单位换算

冷量单位换算见表1-21。

表1-18　热导率（导热系数）单位换算

中文单位符号	W/(m·K)	cal(cm·s·K)	kcal(m·h·K)	Btu/(ft·h·℉)	Btu·in/(ft²·h·℉)
瓦/（米·开尔文）	1	2.388×10^{-3}	8.598×10^{-1}	5.778×10^{-1}	6.934
卡/（厘米·秒·开尔文）	4.187×10^{2}	1	360	2.419×10^{2}	2.903×10^{3}
千卡/（米·时·开尔文）	1.163	2.778×10^{-3}	1	6.720×10^{-1}	8.064
英热单位/（英尺·时·华氏度）	1.731	4.134×10^{-3}	1.488	1	12
英热单位英寸/（英尺²·时·华氏度）	1.442×10^{-1}	3.445×10^{-4}	1.240×10^{-1}	8.333×10^{-2}	1

表 1-19　传热系数单位换算

中文单位符号	W/(m²·K)	cal/(cm²·s·K)	kcal/(m²·h·K)	Btu/(ft²·h·℉)
瓦/(米²·开尔文)	1	2.388×10^{-5}	8.598×10^{-1}	1.761×10^{-1}
卡/(厘米²·秒·开尔文)	4.187×10^{4}	1	3.600×10^{4}	7373
千卡/(米²·时·开尔文)	1.163	2.778×10^{-5}	1	2.048×10^{-1}
英热单位/(英尺²·时·华氏度)	5.678	1.356×10^{-4}	4.882	1

表 1-20　比热容单位换算

中文单位符号	J/(kg·K)	kcal/(kg·℃)	W·h/(kg·℃)	kgf·m/(kg·K)	Btu/(lb·℉)	lbf·ft/(lb·℉)
焦/(千克·开尔文)	1	2.389×10^{-4}	2.778×10^{-4}	1.019×10^{-1}	2.389×10^{-4}	1.859×10^{-1}
千卡/(千克·摄氏度)	4.187×10^{3}	1	1.163	4.269×10^{2}	1	7.782×10^{2}
瓦时/(千克·摄氏度)	3600	8.598×10^{-1}	1	3.668×10^{2}	8.598×10^{-1}	6.692×10^{2}
千克力米/(千克·开尔文)	9.807	2.342×10^{-3}	2.726×10^{-3}	1	2.343×10^{-3}	1.823
英热单位/(磅·华氏度)	4.187×10^{3}	1	1.163	4.269×10^{2}	1	7.782
磅力英尺/(磅·华氏度)	5.380	1.285×10^{-3}	1.494×10^{-3}	5.483×10^{-1}	1.285×10^{-3}	1

表 1-21　冷量单位换算

中文单位符号	冷吨	美国冷吨	日本冷吨	kcal/h	W	Btu/h
冷吨	1	1.013	1.0217	3300	3.838×10^{3}	1.310×10^{4}
美国冷吨	9.875×10^{-1}	1	1.068	3024	3.517×10^{3}	1.200×10^{4}
日本冷吨	9.788×10^{-1}	9.362×10^{-1}	1	3230	3.757×10^{3}	1.282×10^{4}
千卡/时	3.030×10^{-4}	3.307×10^{-4}	3.096×10^{-4}	1	1.163	3.968
瓦	2.606×10^{-4}	2.843×10^{-4}	2.662×10^{-4}	8.599×10^{-1}	1	3.412
英热单位/时	7.634×10^{-5}	8.333×10^{-5}	7.800×10^{-5}	2.520×10^{-1}	2.931×10^{-1}	1

1.2　常用计算数据表

1.2.1　半径 $r=1$ 的弓形诸要素

半径 $r=1$ 的弓形诸要素见表 1-22。

表 1-22　半径 $r=1$ 的弓形诸要素

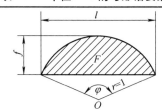

中心角 $\varphi/(°)$	弓形高 f	弦长 l	弓形面积 F	中心角 $\varphi/(°)$	弓形高 f	弦长 l	弓形面积 F
2	0.0002	0.0349		36	0.0489	0.6180	0.02927
4	0.0006	0.0698	0.00003	38	0.0545	0.6511	0.02378
6	0.0014	0.1047	0.00010	40	0.0603	0.6840	0.02767
8	0.0024	0.1395	0.00023	42	0.0664	0.7167	0.03195
10	0.0038	0.1743	0.00044	44	0.0728	0.7492	0.03664
12	0.0055	0.2091	0.00076	46	0.0795	0.7815	0.04176
14	0.0075	0.2437	0.00121	48	0.0865	0.8135	0.04731
16	0.0097	0.2783	0.00181	50	0.0937	0.8452	0.05331
18	0.0123	0.3129	0.00257	52	0.1012	0.8767	0.5978
20	0.0152	0.3473	0.00352	54	0.1090	0.9080	0.06673
22	0.0184	0.3816	0.00468	56	0.1171	0.9389	0.07417
24	0.0219	0.4158	0.00607	58	0.1254	0.9696	0.08212
26	0.0256	0.4499	0.00771	60	0.1340	1.0000	0.09059
28	0.0297	0.4838	0.00961	62	0.1428	1.0301	0.09958
30	0.0341	0.5176	0.01180	64	0.1520	1.0598	0.10911
32	0.0387	0.5513	0.01429	66	0.1613	1.0893	0.11919
34	0.0437	0.5847	0.01711	68	0.1710	1.1184	0.12982

（续）

中心角 φ /(°)	弓形高 f	弦长 l	弓形面积 F	中心角 φ /(°)	弓形高 f	弦长 l	弓形面积 F
70	0.1808	1.1472	0.14102	126	0.5460	1.7820	0.69505
72	0.1910	1.1756	0.15219	128	0.5616	1.7976	0.72301
74	0.2014	1.2036	0.16514	130	0.5774	1.8126	0.75144
76	0.2120	1.2313	0.17808	132	0.5933	1.8271	0.78024
78	0.2229	1.2586	0.19160	134	0.6093	1.8410	0.80970
80	0.2340	1.2856	0.20573	136	0.6254	1.8544	0.83949
82	0.2453	1.3121	0.22045	138	0.6416	1.8672	0.86971
84	0.2569	1.3383	0.23578	140	0.6580	1.8794	0.90034
86	0.2686	1.3640	0.25171	142	0.6745	1.8910	0.93135
88	0.2807	1.3893	0.26825	144	0.6910	1.9021	0.96274
90	0.2929	1.4142	0.28540	146	0.7076	1.9126	0.99449
92	0.3053	1.4387	0.30316	148	0.7244	1.9225	1.02658
94	0.3180	1.4627	0.32152	150	0.7412	1.9319	1.05900
96	0.3309	1.4863	0.34050	152	0.7581	1.9406	1.09171
98	0.3439	1.5094	0.36008	154	0.7750	1.9487	1.12472
100	0.3572	1.5321	0.38026	156	0.7921	1.9563	1.15799
102	0.3707	1.5543	0.40104	158	0.8092	1.9633	1.19151
104	0.3843	1.5760	0.42242	160	0.8264	1.9696	1.22525
106	0.3982	1.5973	0.44439	162	0.8436	1.9754	1.25921
108	0.4122	1.6180	0.46695	164	0.8608	1.9805	1.29335
110	0.4264	1.6383	0.49008	166	0.8781	1.9851	1.32766
112	0.4408	1.6581	0.51379	168	0.8955	1.9890	1.36212
114	0.4554	1.6773	0.53806	170	0.9128	1.9924	1.39671
116	0.4701	1.6961	0.56289	172	0.9302	1.9951	1.43140
118	0.4850	1.7143	0.58827	174	0.9477	1.9973	1.46617
120	0.5000	1.7321	0.61418	176	0.9651	1.9988	1.50105
122	0.5152	1.7492	0.64063	178	0.9825	1.9997	1.53589
124	0.5305	1.7659	0.66759	180	1.0000	2.000	1.57080

1.2.2　管道计算数据

管道计算数据见表 1-23。

表 1-23　管道计算数据

公称直径/mm	（外径 D/mm）×（壁厚 δ/mm）	管壁截面积 A/cm²	流通截面积 A'/cm²	单位长度外表面积 /(m²/m)	截面二次矩 I_a/cm⁴	截面系数 W/cm³
			普通低压流体输送焊接钢管			
10	17×2.25	1.04	1.23	0.053	0.41	0.48
15	21.3×2.75	1.60	1.96	0.067	1.00	0.94
20	26.8×2.75	2.08	3.56	0.084	2.53	1.89
25	33.5×3.25	3.09	5.73	0.105	3.58	2.14
32	42.3×3.25	3.99	10.06	0.133	7.65	3.62
40	48×3.5	4.89	13.20	0.150	12.18	5.07
50	60×3.5	6.21	22.05	0.188	24.87	8.29
65	75.5×3.75	8.45	36.30	0.237	54.52	14.44
80	88.5×4	10.62	50.87	0.278	94.9	21.46
100	114×4	13.85	88.20	0.358	209.2	36.71
125	140×4	17.08	136.8	0.440	395.3	56.47
150	165×4.5	22.68	191	0.518	730.8	88.6
			无　缝　钢　管			
6	10×2	0.50	0.28	0.031	0.043	0.085
8	12×2	0.63	0.50	0.038	0.082	0.14
10	14×2	0.75	0.785	0.044	0.14	0.21
15	18×2	1.01	1.54	0.057	0.32	0.36

（续）

公称直径/mm	（外径 D/mm）× （壁厚 δ/mm）	管壁截面积 A/cm²	流通截面积 A'/cm²	单位长度外表面积 /（m²/m）	截面二次矩 I_a/cm⁴	截面系数 W/cm³
无 缝 钢 管						
20	25×2.5	1.77	3.14	0.079	1.13	0.91
	25×3	2.07	2.82	0.079	1.28	1.02
25	32×2.5	2.32	5.72	0.10	2.54	1.59
	32×3	2.73	5.31	0.10	2.90	1.81
32	38×2.5	2.79	8.55	0.119	4.42	2.32
	38×3	3.30	8.04	0.119	5.09	2.68
40	45×2.5	3.34	12.56	0.141	7.56	3.38
	45×3	3.96	11.94	0.141	8.77	3.90
50	57×3.5	5.88	19.63	0.179	21.13	7.41
65	73×3.5	7.64	34.14	0.229	46.27	12.68
	73×4	8.67	33.15	0.229	51.75	14.18
80	89×3.5	9.40	52.78	0.279	86.07	19.34
	89×4	10.68	51.50	0.279	96.9	21.71
	89×4.5	11.90	50.24	0.279	106.9	24.01
100	108×4	13.1	78.54	0.339	176.9	32.75
	108×5	16.2	75.4	0.339	215.0	39.81
125	133×4	16.2	122.7	0.418	337.4	50.73
	133×5	20.1	118.8	0.418	412.2	61.98
150	159×4.5	21.8	176.7	0.499	651.9	82.0
	159×6	28.8	169.6	0.499	844.9	106.3
200	219×6	40.1	336.5	0.688	2278	208
	219×7	46.6	332	0.688	2620	239
250	273×7	58.5	526.6	0.857	5175	379
	273×8	66.6	518.5	0.857	5853	429
300	325×8	79.63	749.5	1.02	10016	616
	325×9	89.30	739.3	1.02	11164	687
350	377×9	104.0	1012	1.18	17629	935
	377×10	115	1000	1.18	19431	1031
400	426×9	118	1307	1.34	25640	1204
	426×10	131	1294	1.34	28295	1328
一般低压流体输送用螺旋缝埋弧焊钢管						
200	219.1×6	40.1	336.5	0.688	2278	208
	219.1×7	46.6	332	0.688	2620	239
250	273×6	50.3	535	0.857	4485	329
	273×7	58.5	527	0.857	5175	379
300	323.9×6	59.9	764	1.02	7574	468
	323.9×7	69.7	754	1.02	8755	541
350	377×6	69.9	1046	1.18	12029	638
	377×7	81.4	1034	1.18	13922	739
	377×8	92.7	1023	1.18	15796	838
400	426×7	92.1	1333	1.34	20227	950
	426×8	105	1320	1.34	22953	1078
	426×9	118	1307	1.34	25640	1204
500	529×8	132	2067	1.66	44439	1680
	529×9	147	2051	1.66	49710	1879
600	630×8	156	2961	1.98	75612	2400
	630×9	176	2942	1.98	84658	2688
700	720×8	179	3891	2.26	113437	3151
	720×9	201	3869	2.26	127084	3530
800	820×9	229	5049	2.57	188595	4599
	820×10	254	5024	2.57	208782	5092
900	920×9	257	6387	2.89	267308	5811
	920×10	286	6359	2.89	296038	6436
1000	1020×9	286	7881	3.20	365250	7162
	1020×10	317	7850	3.20	404742	7936

1.2.3　常用金属材料的力学性能

1. 常用钢管许用应力（表1-24～表1-26）

表1-24　常用钢管许用应力

[摘自 GB 50316—2000《工业金属管道设计规范》（2008年版）]

钢号	标准号	使用状态	厚度/mm	R_m/MPa	R_{eL}/MPa	在下列温度（℃）下的许用应力/MPa ≤20	100	150	200	250	300	350	400	425	450	475	500	525	550	575	600	使用温度下限/℃	备注
碳素钢钢管（焊接管）																							
Q235-A / Q235-B	GB/T 13793		≤12	375	235	113	113	113	105	94	86	77	—	—	—	—	—	—	—	—	—	-10	①
20	GB/T 13793		≤12.7	390	(235)	130	130	130	116	104	95	86	—	—	—	—	—	—	—	—	—	-20	⑤①
碳素钢钢管（无缝管）																							
10	GB 9948	热轧、正火	≤16	330	205	110	110	106	101	92	83	77	71	69	61	—	—	—	—	—	—	-29	
10	GB 6479 / GB/T 8163	热轧、正火	≤15	335	205	112	112	108	101	92	83	77	71	69	61	—	—	—	—	—	—	正火状态	③
10	GB 6479 / GB/T 8163	正火	16~40	335	195	112	110	104	98	89	79	74	68	66	61	—	—	—	—	—	—		
10	GB 3087	热轧、正火	≤26	333	196	111	110	104	98	89	79	74	68	66	61	—	—	—	—	—	—		
20	GB 9948	热轧、正火	≤15	390	245	130	130	130	123	110	101	92	86	83	61	—	—	—	—	—	—		
20	GB/T 8163	正火	16~40	390	235	130	130	125	116	104	95	86	79	78	61	—	—	—	—	—	—		③⑤
20	GB 3087	热轧、正火	≤15	392	245	131	130	130	123	110	101	92	86	83	61	—	—	—	—	—	—		
20	GB 3087	正火	16~26	392	226	131	130	124	113	101	93	84	77	75	61	—	—	—	—	—	—		
20G	GB 9948	热轧、正火	≤16	410	245	137	137	132	123	110	101	92	86	83	61	—	—	—	—	—	—	-20	
20G	GB 6479 / GB 5310	正火	≤16	410	245	137	137	132	123	110	101	92	83	83	61	—	—	—	—	—	—		
20G	GB 6479 / GB 5310	正火	17~40	410	235	137	132	126	116	104	95	86	79	78	61	—	—	—	—	—	—		
低合金钢钢管（无缝管）																							
Q345	GB 6479 / GB/T 8163	正火	≤16	490	320	163	163	163	159	147	135	126	119	93	66	43	—	—	—	—	—	-40	
Q345	GB 6479 / GB/T 8163	正火	16~40	490	310	163	163	163	153	141	129	119	116	93	66	43	—	—	—	—	—		
09MnD	—	正火	≤16	400	240	133	133	128	119	106	97	88	—	—	—	—	—	—	—	—	—	-50	④
12CrMo / 12CrMoG	GB 6479 / GB 5310	正火	≤16	410	205	128	113	108	101	95	89	83	77	75	74	72	71	50	—	—	—		
12CrMo / 12CrMoG	GB 6479 / GB 5310	加回火	17~40	410	195	122	110	104	98	92	86	79	74	72	71	69	68	50	—	—	—		
12CrMo	GB 9948	正火、加回火	≤16	410	205	128	113	108	101	95	89	83	77	75	74	72	71	50	—	—	—	-20	
15CrMo	GB 9948	正火	≤16	440	235	147	132	123	116	110	101	95	89	87	86	84	83	58	37	—	—		
15CrMo / 15CrMoG	GB 6479 / GB 5310	正火	≤16	440	235	147	132	123	116	110	101	95	89	87	86	84	83	58	37	—	—		⑤
15CrMo / 15CrMoG	GB 6479 / GB 5310	加回火	17~40	440	225	141	126	116	110	104	95	89	86	84	83	81	79	58	37	—	—		

下表为钢管在各温度下的许用应力（续表），分为上部（碳钢及低合金钢管）与下部（高合金钢管）两部分。

在下列温度（℃）下的许用应力/MPa

钢号	标准号	使用状态	厚度/mm	≤20	100	150	200	250	300	350	400	425	450	475	500	525	550	575	600	625	650	675	700	使用温度下限/℃	备注
12Cr1MoVG	GB 5310	正火加回火	≤16	470	255	147	144	135	126	119	110	104	98	96	95	92	89	82	57	35	—	—	—	−20	⑤
12Cr2Mo	GB 6479	正火加回火	≤16	450	280	150	150	150	150	150	147	144	141	138	134	131	128	119	89	61	46	37	—		
12Cr2MoG	GB 5310	正火加回火	17~40	450	270	150	150	150	150	147	141	138	134	131	126	123	119	89	89	61	46	37	—		
15Cr5Mo	GB 6479、GB 9948	退火	≤16	390	195	122	110	104	101	98	95	92	89	87	86	83	79	62	46	35	26	18			
15Cr5Mo	GB 6479	正火加回火	17~40	390	185	116	104	98	95	92	89	86	83	81	79	78	74	62	46	35	26	18		−20	
10MoWVNb	GB 6479	正火	≤16	470	295	157	157	157	157	157	156	153	147	141	135	130	126	121	97	—	—	—	—		
10MoWVNb	GB 6479	正火加回火	17~40	470	285	157	157	157	156	156	150	147	141	135	121	121	119	111	97	—	—	—	—		

高合金钢管

钢号	标准号	使用状态	厚度/mm	≤20	100	150	200	250	300	350	400	425	450	475	500	525	550	575	600	625	650	675	700	使用温度下限/℃	备注
06Cr13	GB/T 14976	退火	≤18	137	126	123	120	119	117	112	109	105	100	89	72	53	38	26	16	—	—	—	—	−20	⑤
06Cr18Ni10	GB/T 12771	固溶	≤14	137	137	137	130	122	114	111	107	105	103	101	100	98	91	79	64	52	42	32	27	−196	②①
06Cr18Ni10	GB/T 14976	固溶	≤18	137	114	103	96	90	85	82	79	78	76	75	74	73	71	67	62	52	42	32	27		
06Cr18Ni11Ti	GB/T 12771	固溶或稳定化	≤14	137	137	137	134	125	118	113	110	108	108	108	107	106	105	96	81	65	50	38	30	−196	②①
06Cr18Ni11Ti	GB/T 14976	固溶或稳定化	≤18	137	117	107	99	93	87	84	82	81	81	80	79	78	78	76	73	65	50	38	30		
06Cr17Ni12Mo2	GB/T 12771	固溶	≤14	137	137	137	134	125	118	113	110	110	110	108	107	107	105	96	81	65	50	38	30	−196	②①
06Cr17Ni12Mo2	GB/T 14976	固溶	≤18	137	117	107	99	93	87	84	82	82	82	81	81	79	78	76	73	65	50	38	30		
06Cr18Ni12Mo2Ti	GB/T 14976	固溶	≤18	137	134	125	118	113	110	110	110	109	109	108	107	106	105	96	81	—	—	—	—	−196	②
06Cr19Ni13Mo3	GB/T 14976	固溶	≤18	137	117	107	99	93	87	84	82	81	81	80	79	78	78	76	73	65	50	38	30	−196	②
022Cr19Ni11	GB/T 12771	固溶	≤14	118	118	118	118	110	103	98	91	89	84	80	79	—	—	—	—	—	—	—	—	−196	②①
022Cr19Ni11	GB/T 14976	固溶	≤18	118	97	87	81	76	73	69	67	66	62	—	—	—	—	—	—	—	—	—	—		
022Cr17Ni14Mo2	GB/T 12771	固溶	≤14	118	118	118	117	108	100	95	86	85	84	84	—	—	—	—	—	—	—	—	—	−196	②①
022Cr17Ni14Mo2	GB/T 14976	固溶	≤18	118	97	87	80	74	70	67	64	63	62	—	—	—	—	—	—	—	—	—	—		
022Cr19Ni13Mo3	GB/T 14976	固溶	≤18	118	117	107	99	93	87	84	82	81	81	81	80	79	78	76	73	—	—	—	—	−196	②

注：中间温度的许用应力，可按本表的数值用内插法求得。
① GB 12771、GB 13793 焊接钢管的许用应力未计入焊接接头系数，见 GB 50316—2000 第 3.2.3 条规定。
② 该行许用应力，仅适用于允许产生微量永久变形之元件。
③ 使用温度上限不宜超过粗线的界限。粗线以上的数值（又用于特殊条件或短期使用）。
④ 钢管的技术要求应符合 GB 150.2—2011《压力容器 第2部分：材料》附录 A 的规定。
⑤ 使用温度下限为-20℃的材料，根据 GB 50316—2000 第 4.3.1 条的条件下使用，宜在大于-20℃的条件下使用，不需做低温韧性试验。

表 1-25　碳素钢和低合金钢钢管许用应力

（摘自 GB 150.2—2011《压力容器　第 2 部分：材料》）

钢号	标准号	使用状态	壁厚/mm	室温强度指标 R_m/MPa	R_{eL}/MPa	在下列温度（℃）下的许用应力/MPa																备注
						≤20	100	150	200	250	300	350	400	425	450	475	500	525	550	575	600	
10	GB/T 8163	热轧	≤10	335	205	124	121	115	108	98	89	82	75	70	61	41						
20	GB/T 8163	热轧	≤10	410	245	152	147	140	131	117	108	98	88	83	61	41						
Q345D	GB/T 8163	正火	≤10	470	345	174	174	174	174	167	153	143	125	93	66	43						
10	GB 9948	正火	≤16	335	205	124	121	115	108	98	89	82	75	70	61	41						
			>16~30	335	195	124	117	111	105	95	85	79	73	67	61	41						
20	GB 9948	正火	≤16	410	245	152	147	140	131	117	108	98	88	83	61	41						
			>16~30	410	235	152	140	133	124	111	102	93	83	78	61	41						
20	GB 6479	正火	≤16	410	245	152	147	140	131	117	108	98	88	83	61	41						
			>16~40	410	235	152	140	133	124	111	102	93	83	78	61	41						
Q345	GB 6479	正火	≤16	490	320	181	181	180	167	153	140	130	123	93	66	43						
			>16~40	490	310	181	181	173	160	147	133	123	117	93	66	43						
12CrMo	GB 9948	正火加回火	≤16	410	205	137	121	115	108	101	95	88	82	80	79	77	74					
			>16~30	410	195	130	117	111	105	98	91	85	79	77	75	74	72	50				
15CrMo	GB 9948	正火加回火	≤16	440	235	157	140	131	124	117	108	101	95	93	91	90	88	58	37			
			>16~30	440	225	150	133	124	117	111	103	97	91	89	87	86	85	58	37			
			>30~50	440	215	143	127	117	111	105	97	92	87	85	84	83	81	58	37			
12Cr2Mo1	—	正火加回火	≤30	450	280	167	167	163	157	153	150	147	143	140	137	119	89	61	46	37		①
15Cr5Mo	GB 9948	退火	≤16	390	195	130	117	111	108	105	101	98	95	93	91	83	62	46	35	26	18	
			>16~30	390	185	123	111	105	101	98	95	91	88	86	85	82	62	46	35	26	18	
12Cr1MoVG	GB 5310	正火加回火	≤30	470	255	170	153	143	133	127	117	111	105	103	100	98	95	82	59	41		
09MnD	—	正火	≤8	420	270	156	156	150	143	130	120	110										①
09MnNiD	—	正火	≤8	440	280	163	163	157	150	143	137	127										①
08Cr2AlMo	—	正火加回火	≤8	400	250	148	148	140	130	123	117											①
09CrCuSb	—	正火	≤8	390	245	144	144	137	127													①

① 该钢管的技术要求见 GB 150.2—2011 附录 A。

表 1-26　高合金钢钢管许用应力

（摘自 GB 150.2—2011《压力容器　第 2 部分：材料》）

钢号	标准号	壁厚/mm	在下列温度（℃）下的许用应力/MPa																						备注
			≤20	100	150	200	250	300	350	400	450	500	525	550	575	600	625	650	675	700	725	750	775	800	
06Cr19Ni10 (S30408)	GB 13296	≤14	137	137	137	130	122	114	111	107	103	100	98	91	79	64	52	42	32	27	—	—	—	—	①
06Cr19Ni10 (S30408)	GB 13296	≤28	137	137	137	96	90	85	82	79	76	74	73	71	67	62	52	42	32	27	—	—	—	—	—
06Cr19Ni10 (S30408)	GB/T 14976	≤14	137	137	137	130	122	114	111	107	103	100	98	91	79	64	52	42	32	27	—	—	—	—	①
06Cr19Ni10 (S30408)	GB/T 14976	≤28	137	137	137	96	90	85	82	79	76	74	73	71	67	62	52	42	32	27	—	—	—	—	—
022Cr19Ni10 (S30403)	GB 13296	≤14	117	117	117	110	103	98	94	91	88														①
022Cr19Ni10 (S30403)	GB 13296	≤28	117	117	117	81	76	73	69	67	65														—
022Cr19Ni10 (S30403)	GB/T 14976	≤14	117	117	117	110	103	98	94	91	88														①
022Cr19Ni10 (S30403)	GB/T 14976	≤28	117	117	117	81	76	73	69	67	65														—
06Cr18Ni11Ti (S32168)	GB 13296	≤14	137	137	137	130	122	114	111	108	105	103	101	83	58	44	33	25	18	13	—	—	—	—	①
06Cr18Ni11Ti (S32168)	GB 13296	≤28	137	137	137	96	90	85	82	80	78	76	75	74	58	44	33	25	18	13	—	—	—	—	—
06Cr18Ni11Ti (S32168)	GB/T 14976	≤14	137	137	137	130	122	114	111	108	105	103	101	83	58	44	33	25	18	13	—	—	—	—	①
06Cr18Ni11Ti (S32168)	GB/T 14976	≤28	137	137	137	96	90	85	82	80	78	76	75	74	58	44	33	25	18	13	—	—	—	—	—
06Cr17Ni12Mo2 (S31608)	GB 13296	≤14	137	137	137	134	125	118	113	111	109	107	106	105	96	81	65	50	38	30	—	—	—	—	①
06Cr17Ni12Mo2 (S31608)	GB 13296	≤28	137	137	137	99	93	87	84	82	81	79	78	78	76	73	65	50	38	30	—	—	—	—	—
06Cr17Ni12Mo2 (S31608)	GB/T 14976	≤14	137	137	137	134	125	118	113	111	109	107	106	105	96	81	65	50	38	30	—	—	—	—	①
06Cr17Ni12Mo2 (S31608)	GB/T 14976	≤28	137	137	137	99	93	87	84	82	81	79	78	78	76	73	65	50	38	30	—	—	—	—	—
022Cr17Ni14Mo2 (S31603)	GB 13296	≤14	117	117	117	108	100	95	90	86	84														①
022Cr17Ni14Mo2 (S31603)	GB 13296	≤28	117	117	117	80	74	70	67	64	62														—
022Cr17Ni14Mo2 (S31603)	GB/T 14976	≤14	117	117	117	108	100	95	90	86	84														①
022Cr17Ni14Mo2 (S31603)	GB/T 14976	≤28	117	117	117	80	74	70	67	64	62														—
06Cr17Ni12Mo2Ti (S31668)	GB 13296	≤14	137	137	137	134	125	118	113	111	109	107													①
06Cr17Ni12Mo2Ti (S31668)	GB 13296	≤28	137	137	137	99	93	87	84	82	81	79													—
06Cr17Ni12Mo2Ti (S31668)	GB/T 14976	≤14	137	137	137	134	125	118	113	111	109	107													①
06Cr17Ni12Mo2Ti (S31668)	GB/T 14976	≤28	137	137	137	99	93	87	84	82	81	79													—
06Cr19Ni13Mo3 (S31708)	GB 13296	≤14	137	137	137	134	125	118	113	111	109	107	106	105	96	81	65	50	38	30	—	—	—	—	①
06Cr19Ni13Mo3 (S31708)	GB 13296	≤28	137	137	137	99	93	87	84	82	81	79	78	78	76	73	65	50	38	30	—	—	—	—	—
06Cr19Ni13Mo3 (S31708)	GB/T 14976	≤14	137	137	137	134	125	118	113	111	109	107	106	105	96	81	65	50	38	30	—	—	—	—	①
06Cr19Ni13Mo3 (S31708)	GB/T 14976	≤28	137	137	137	99	93	87	84	82	81	79	78	78	76	73	65	50	38	30	—	—	—	—	—
022Cr19Ni13Mo3 (S31703)	GB 13296	≤14	117	117	117	117	117	117	113	111	109														①
022Cr19Ni13Mo3 (S31703)	GB 13296	≤28	117	117	117	99	96	93	84	82	81														—
022Cr19Ni13Mo3 (S31703)	GB/T 14976	≤14	117	117	117	117	117	117	113	111	109														①
022Cr19Ni13Mo3 (S31703)	GB/T 14976	≤28	117	117	117	99	96	93	84	82	81														—
06Cr25Ni20 (S31008)	GB 13296	≤14	137	137	137	137	134	130	125	122	119	115	113	105	84	61	43	31	23	19	15	12	10	8	①
06Cr25Ni20 (S31008)	GB 13296	≤28	137	137	121	105	99	96	93	90	88	85	84	83	81	61	43	31	23	19	15	12	10	8	—

(续)

钢号	标准号	壁厚/mm	在下列温度(℃)下的许用应力/MPa																					备注
			≤20	100	150	200	250	300	350	400	450	500	525	550	575	600	625	650	675	700	725	750	775	800	
06Cr25Ni20 (S31008)	GB/T 14976	≤28	137	137	137	137	134	130	125	122	119	115	113	105	84	61	43	31	23	19	15	12	10	8	①
	GB/T 14976	≤28	137	121	111	105	99	96	93	90	88	85	84	83	81	61	43	31	23	19	15	12	10	8	—
07Cr19Ni10 (S30409)	GB 13296	≤14	137	137	137	130	122	114	111	107	103	100	98	91	79	64	52	42	32	27	—	—	—	—	①
	GB 13296	≤14	137	114	103	96	90	85	82	79	76	74	73	71	67	62	52	42	32	27	—	—	—	—	—
022Cr19Ni5Mo3Si2N (S21953)	GB/T 21833	≤12	233	233	223	217	210	203	—	—	—	—	—	—	—	—	—	—	—	—	—	—	—	—	—
022Cr22Ni5Mo3N (S22253)	GB/T 21833	≤12	230	230	230	230	223	217	—	—	—	—	—	—	—	—	—	—	—	—	—	—	—	—	—
022Cr23Ni5Mo5N (S22053)	GB/T 21833	≤12	243	243	243	243	240	233	—	—	—	—	—	—	—	—	—	—	—	—	—	—	—	—	—
022Cr25Ni7Mo4N (S25073)	GB/T 21833	≤12	296	296	296	280	267	257	—	—	—	—	—	—	—	—	—	—	—	—	—	—	—	—	—
06Cr19Ni10 (S30408)	GB/T 12771	≤28	116	116	116	111	104	97	94	91	88	85	83	77	67	54	44	36	27	23	—	—	—	—	①②
	GB/T 12771	≤28	116	97	88	82	77	72	70	67	65	63	62	60	57	53	44	36	27	23	—	—	—	—	②
022Cr19Ni10 (S30403)	GB/T 12771	≤28	99	99	99	92	88	83	80	77	75	—	—	—	—	—	—	—	—	—	—	—	—	—	①②
	GB/T 12771	≤28	99	82	74	69	65	62	59	57	55	—	—	—	—	—	—	—	—	—	—	—	—	—	②
06Cr17Ni12Mo2 (S31608)	GB/T 12771	≤28	116	116	116	111	104	97	94	94	93	91	90	89	82	69	55	43	32	26	—	—	—	—	①②
	GB/T 12771	≤28	116	99	91	84	79	74	71	70	71	67	66	66	65	62	55	43	32	26	—	—	—	—	②
022Cr17Ni12Mo2 (S31603)	GB/T 12771	≤28	99	99	99	92	88	83	80	77	75	—	—	—	—	—	—	—	—	—	—	—	—	—	①②
	GB/T 12771	≤28	99	82	74	68	63	60	57	54	53	—	—	—	—	—	—	—	—	—	—	—	—	—	②
06Cr18Ni11Ti (S32168)	GB/T 12771	≤28	116	116	116	111	104	97	94	92	89	88	86	71	49	37	28	21	15	11	—	—	—	—	①②
	GB/T 12771	≤28	116	97	88	82	79	74	71	68	66	65	64	63	49	37	28	21	15	11	—	—	—	—	②
06Cr19Ni10 (S30408)	GB/T 24593	≤4	116	116	116	111	104	97	94	91	88	85	83	77	67	54	44	36	27	23	—	—	—	—	①②
	GB/T 24593	≤4	116	97	88	82	77	72	70	67	65	63	62	60	57	53	44	36	27	23	—	—	—	—	②
022Cr19Ni10 (S30403)	GB/T 24593	≤4	99	99	99	92	88	83	80	77	75	—	—	—	—	—	—	—	—	—	—	—	—	—	①②
	GB/T 24593	≤4	99	82	74	69	65	62	59	57	55	—	—	—	—	—	—	—	—	—	—	—	—	—	②
06Cr17Ni12Mo2 (S31608)	GB/T 24593	≤4	116	116	116	111	104	97	94	94	93	91	90	89	82	69	55	43	32	26	—	—	—	—	①②
	GB/T 24593	≤4	116	99	91	84	79	74	71	70	71	67	66	66	65	62	55	43	32	26	—	—	—	—	②
022Cr17Ni12Mo2 (S31603)	GB/T 24593	≤4	99	99	99	92	88	83	80	77	75	—	—	—	—	—	—	—	—	—	—	—	—	—	①②
	GB/T 24593	≤4	99	82	74	68	63	60	57	54	53	—	—	—	—	—	—	—	—	—	—	—	—	—	②
06Cr18Ni11Ti (S32168)	GB/T 24593	≤4	116	116	116	111	104	97	94	92	89	88	86	71	49	37	28	21	15	11	—	—	—	—	①②
	GB/T 24593	≤4	116	97	88	82	79	74	71	68	66	65	64	63	49	37	28	21	15	11	—	—	—	—	②
022Cr19Ni5Mo3Si2N (S21953)	GB/T 21832	≤20	198	198	190	185	179	173	—	—	—	—	—	—	—	—	—	—	—	—	—	—	—	—	②
022Cr22Ni5Mo3N (S22253)	GB/T 21832	≤20	196	196	196	196	190	185	—	—	—	—	—	—	—	—	—	—	—	—	—	—	—	—	②
022Cr23Ni5Mo3N (S22053)	GB/T 21832	≤20	207	207	207	207	204	198	—	—	—	—	—	—	—	—	—	—	—	—	—	—	—	—	②

① 该许用应力仅适用于允许产生微量永久变形之元件，对于法兰或其他有微量永久变形就引起泄漏或故障的场合不能采用。

② 该许用应力已乘焊接接头系数 0.85。

2. 常用钢板许用应力（表1-27）

表1-27　常用钢板许用应力

[摘自 GB 50316—2000《工业金属管道设计规范》（2008年版）]

钢号	标准号	使用状态	厚度/mm	常温强度指标 Rm/MPa	ReL/MPa	在下列温度(℃)下的许用应力/MPa ≤20	100	150	200	250	300	350	400	425	450	475	500	525	550	575	600	使用温度下限/℃	备注
						碳素钢钢板																	
Q235-A·F	GB/T 912	热轧	3~4	375	235	113	113	113	105	94	—	—	—	—	—	—	—	—	—	—	—	0	①
Q235-A·F	GB/T 3274	热轧	4.5~16	375	235	113	113	113	105	94	—	—	—	—	—	—	—	—	—	—	—		
Q235-A	GB/T 912	热轧	3~4	375	235	113	113	113	105	94	86	77	—	—	—	—	—	—	—	—	—	-10	①
Q235-A	GB/T 3274	热轧	4.5~16	375	235	113	113	113	105	94	86	77	—	—	—	—	—	—	—	—	—		
Q235-A	GB/T 3274	热轧	>16~40	375	225	113	113	107	99	91	83	75	—	—	—	—	—	—	—	—	—		
Q235-B	GB/T 912	热轧	3~4	375	235	113	113	113	105	94	86	77	—	—	—	—	—	—	—	—	—	-10	①
Q235-B	GB/T 3274	热轧	4.5~16	375	235	113	113	113	105	94	86	77	—	—	—	—	—	—	—	—	—		
Q235-B	GB/T 3274	热轧	>16~40	375	225	113	113	107	99	91	83	75	—	—	—	—	—	—	—	—	—		
Q235-C	GB/T 912	热轧	3~4	375	235	125	125	125	116	104	95	86	79	—	—	—	—	—	—	—	—	-10	—
Q235-C	GB/T 3274	热轧	4.5~16	375	235	125	125	125	116	104	95	86	79	—	—	—	—	—	—	—	—		
Q235-C	GB/T 3274	热轧	>16~40	375	225	125	125	119	110	101	92	83	77	—	—	—	—	—	—	—	—		
Q245	GB 6654	热轧或正火	6~16	400	245	133	133	132	123	110	101	92	86	83	61	—	—	—	—	—	—	-20	③⑤
Q245	GB 6654	热轧或正火	>16~36	400	235	133	132	126	116	104	95	86	79	78	61	—	—	—	—	—	—		
Q245	GB 6654	热轧或正火	>36~60	400	225	133	126	119	110	101	92	83	77	75	61	—	—	—	—	—	—		
Q245	GB 6654	热轧或正火	>60~100	390	205	128	115	110	103	92	84	77	71	68	61	—	—	—	—	—	—		
						低合金钢钢板																	
Q345	GB 6654	热轧、正火	6~16	510	345	170	170	170	156	156	144	134	125	93	66	43	—	—	—	—	—	-20	⑤
Q345	GB 6654	热轧、正火	>16~36	490	325	163	163	163	159	147	134	125	119	93	66	43	—	—	—	—	—		
Q345	GB 6654	热轧、正火	>36~60	470	305	157	157	157	150	138	125	116	109	93	66	43	—	—	—	—	—		
Q345	GB 6654	热轧、正火	>60~100	460	285	153	153	141	128	128	116	109	103	93	66	43	—	—	—	—	—		

（续）

低合金钢钢板

钢号	标准号	使用状态	厚度/mm	常温强度指标		在下列温度（℃）下的许用应力/MPa																使用温度下限/℃	备注
				R_m/MPa	R_{eL}/MPa	≤20	100	150	200	250	300	350	400	425	450	475	500	525	550	575	600		
Q345	GB 6654	热轧、正火	>100~120	450	275	150	150	147	138	125	113	106	100	93	66	43	—	—	—	—	—		
14Cr1MoR	GB 6654	热轧、正火	6~16	530	390	177	177	177	177	177	172	159	147	—	—	—	—	—	—	—	—	-20	⑤
			>16~36	510	370	170	170	170	170	170	163	150	138	—	—	—	—	—	—	—	—		
			>36~60	490	350	163	163	163	163	163	153	141	131	—	—	—	—	—	—	—	—		
18MnMoNbR	GB 6654	正火加回火	30~60	590	440	197	197	197	197	197	197	197	197	197	177	117	—	—	—	—	—	-20	⑤
			>60~100	570	410	190	190	190	190	190	190	190	190	190	177	117	—	—	—	—	—		
13MnNiMoNbR	GB 6654	正火加回火	30~100	570	390	190	190	190	190	190	190	190	190	—	—	—	—	—	—	—	—	-20	⑤
			>100~120	570	380	190	190	190	190	190	190	190	188	—	—	—	—	—	—	—	—		
07MnCrMoVR	—	调质	16~50	610	490	203	203	203	203	203	203	203	—	—	—	—	—	—	—	—	—	-20	④⑤
07MnNiCrMoVDR	—	调质	16~50	610	490	203	203	203	203	203	203	203	—	—	—	—	—	—	—	—	—	-40	④
16MnDR	GB 3531	正火	6~16	490	315	163	163	163	156	144	131	122	—	—	—	—	—	—	—	—	—	-40	
			>16~36	470	295	157	157	156	147	134	122	113	—	—	—	—	—	—	—	—	—		
			>36~60	450	275	150	150	147	138	125	113	106	—	—	—	—	—	—	—	—	—		
			>60~100	450	255	150	147	138	128	116	106	100	—	—	—	—	—	—	—	—	—		
09MnNiDR	GB 3531	正火或加回火	6~16	440	300	147	147	147	147	147	147	138	—	—	—	—	—	—	—	—	—	-70	
			>16~36	430	280	143	143	143	143	143	138	128	—	—	—	—	—	—	—	—	—		
			>36~60	430	260	143	143	143	141	134	128	119	—	—	—	—	—	—	—	—	—		
15MnNiDR	GB 3531	正火或加回火	6~16	490	325	163	163	—	—	—	—	—	—	—	—	—	—	—	—	—	—	-45	
			>16~36	470	305	157	157	—	—	—	—	—	—	—	—	—	—	—	—	—	—		
			>36~60	460	290	153	153	—	—	—	—	—	—	—	—	—	—	—	—	—	—		
15CrMoR	GB 6654	正火加回火	6~60	450	295	150	150	150	150	141	131	125	118	115	112	110	88	58	37	—	—	-20	⑤
			>60~100	450	275	150	150	147	138	131	123	116	110	107	104	103	88	58	37	—	—		
14Cr1MoR	—	正火加回火	6~120	515	310	172	172	169	159	153	144	138	131	127	122	116	88	58	37	—	—	-20	④⑤

（续）

高合金钢板

钢号	标准号	使用状态	厚度/mm	在下列温度（℃）下的许用应力/MPa																				使用温度下限/℃	备注
				≤20	100	150	200	250	300	350	400	425	450	475	500	525	550	575	600	625	650	675	700		
06Cr13	GB/T 4237	退火	2~60	137	126	123	120	119	117	112	109	105	100	89	72	53	38	26	16	—	—	—	—	-20	⑤
06Cr19Ni10	GB/T 4237	固溶	2~60	137	137	137	130	122	114	111	107	105	103	101	100	98	91	79	64	52	42	32	27	-196	②
				137	137	103	96	90	85	82	79	78	76	75	74	73	71	67	62	52	42	32	27		
06Cr18Ni11Ti	GB/T 4237	固溶或稳定化	2~60	137	137	137	130	122	114	111	108	106	105	104	103	101	83	58	44	33	25	18	13		②
				137	137	103	96	90	85	82	80	79	78	77	76	75	74	58	44	33	25	18	13		
06Cr17Ni12Mo2	GB/T 4237	固溶	2~60	137	137	137	134	125	118	113	111	110	109	108	107	106	105	96	81	65	50	38	30		②
				137	137	107	99	93	87	84	82	81	81	80	79	78	78	76	73	65	50	38	30		
06Cr17Ni12Mo2Ti	GB/T 4237	固溶	2~60	137	137	137	134	125	118	113	111	110	109	108	107	106	105	96	81	65	50	38	30		②
				137	137	107	99	93	87	84	82	81	81	80	79	78	78	76	73	65	50	38	30		
06Cr19Ni13Mo3	GB/T 4237	固溶	2~60	137	137	137	134	125	118	113	111	110	109	108	107	106	105	96	81	65	50	38	30		②
				137	137	107	99	93	87	84	82	81	81	80	79	78	78	76	73	65	50	38	30		
022Cr19Ni10	GB/T 4237	固溶	2~60	118	118	118	110	103	98	94	91	89	—	—	—	—	—	—	—	—	—	—	—		②
				118	97	87	81	76	73	69	67	66	62	—	—	—	—	—	—	—	—	—	—		
022Cr17Ni14Mo2	GB/T 4237	固溶	2~60	118	118	118	108	100	95	90	86	85	84	84	—	—	—	—	—	—	—	—	—		②
				118	97	87	80	74	70	67	64	63	62	—	—	—	—	—	—	—	—	—	—		
022Cr19Ni13Mo3	GB/T 4237	固溶	2~60	118	118	118	118	118	118	113	111	110	109	109	—	—	—	—	—	—	—	—	—		②
				118	117	107	99	93	87	84	82	81	81	81	—	—	—	—	—	—	—	—	—		

注：
① 中间温度的许用应力，可按本表的数值用内插法求得。
② 所列许用应力已乘质量系数 0.9。
③ 该许用应力仅适用于允许产生微量永久变形之元件。对于法兰或其他有微量永久变形就会引起泄漏或故障的场合不能采用。
④ 使用温度上限不宜超过粗线的界限。
⑤ 该钢板技术要求应符合 GB 150.2—2011《压力容器 第 2 部：材料》附录 A 的规定。
⑥ 使用温度下限为 -20℃ 的材料，要求同表 1-24 的注⑤。

3. 铝及铝合金管的许用应力（表1-28）

表1-28 铝及铝合金管的许用应力
[摘自 GB 50316—2000《工业金属管道设计规范》（2008年版）]

牌 号			状态代号		R_m /MPa $\geqslant$	$R_{p0.2}$ /MPa $\geqslant$	设计温度（℃）下的最大许用拉伸应力值/MPa									使用温度下限 /℃
旧	新		旧	新			−269~20	40	65	75	100	125	150	175	200	
	数字牌号	字符牌号														
L1	—	1070A	M	O	(55)	(15)	10	10	—	10	9	8	7	6	5	
			R	H112	(55)	(15)	10	10	—	10	9	8	7	6	5	
L2	—	1060	M	O	(60)	(15)	10	10	—	10	9	8	7	6	5	
			R	H112	(60)	(15)	10	10	—	10	9	8	7	6	5	
L3	—	1050A	M	O	(60)	(15)	10	10	—	10	9	8	7	6	5	
			R	H112	(65)	(20)	13	13	—	13	12	11	10	8	6	
L5	—	1200	M	O	(75)	(20)	13	13	—	13	12	11	10	8	6	−269
			R	H112	(75)	(20)	13	13	—	13	12	11	10	8	6	
LF21	3A21	3003	M	O	(95)	(35)	23	23	—	23	23	20	16	13	10	
			R	H112	(95)	(35)	23	23	—	23	23	20	16	13	10	
LF2	5A02	—	M	O	(165)	(65)	41	41	—	41	41	41	37	28	17	
LF3	5A03	—	M	O	175	75	43	43	43	—	—	—	—	—	—	
			R	H112	175	65	43	43	43	—	—	—	—	—	—	
LF5	5A05	—	M	O	215	85	53	53	53	—	—	—	—	—	—	
			R	H112	255	105	63	63	63	—	—	—	—	—	—	

注：1. 表中产品标准尺寸：GB/T 6893《铝及铝合金拉（轧）制无缝管》，管外径为6~120mm，管壁厚为0.5~5mm；GB/T 4437.1《铝及铝合金热挤压管 第1部分：无缝圆管》，管外径为25~300mm，壁厚为5~32.5mm，外径为310~500mm，壁厚为15~50mm。

2. 表中状态代号：O为退火状态，H112为热作状态。

3. 新牌号见现行国家标准 GB/T 3190《变形铝及铝合金化学成分》。

4. 表中（ ）内的数值为标准中未规定的推荐合格指标。

1.2.4 常用金属材料的物理性质

1. 常用金属材料的弹性模量（表1-29）

2. 常用金属材料的平均线膨胀系数（表1-30）

表1-29 常用金属材料的弹性模量
[摘自 GB 50316—2000《工业金属管道设计规范》（2008年版）]

材 料	在下列温度（℃）下的弹性模量/10^3MPa																			
	−196	−150	−100	−20	20	100	150	200	250	300	350	400	450	475	500	550	600	650	700
碳素钢 [$w(C)\leqslant 0.30\%$]	—	—	—	194	192	191	189	186	183	179	173	165	150	133	—	—	—	—	—
碳素钢 [$w(C)>0.30\%$]、碳锰钢	—	—	—	208	206	203	200	196	190	186	179	170	158	151	—	—	—	—	—
碳钼钢、低铬钼钢（至Cr3Mo）	—	—	—	208	206	203	200	198	194	190	186	180	174	170	165	153	138	—	—
中铬钼钢（Cr5Mo~Cr9Mo）	—	—	—	191	189	187	185	182	180	176	173	169	165	163	161	156	150	—	—
奥氏体不锈钢（至Cr25Ni20）	210	207	205	199	195	191	187	184	181	177	173	169	164	162	160	155	151	147	143
高铬钢（Cr13~Cr17）	—	—	—	203	201	198	195	191	187	181	175	165	156	153	—	—	—	—	—
灰铸铁	—	—	—	92	91	89	87	84	81	—	—	—	—	—	—	—	—	—	—
铝及铝合金	76	75	73	71	69	66	63	60	—	—	—	—	—	—	—	—	—	—	—
纯铜	116	115	114	111	110	107	106	104	101	99	96	—	—	—	—	—	—	—	—
蒙乃尔合金（Ni67-Cu30）	192	189	186	182	179	175	172	170	168	167	165	161	158	156	154	152	149	—	—
铜镍合金（Cu70-Ni30）	160	158	157	154	151	148	145	143	140	136	131	—	—	—	—	—	—	—	—

表1-30 常用金属材料的平均线膨胀系数

[摘自 GB 50316—2000《工业金属管道设计规范》(2008年版)]

材 料	在下列温度与20℃之间的平均线膨胀系数 $\alpha/(10^{-6}/℃)$																		
	-196	-150	-100	-50	0	50	100	150	200	250	300	350	400	450	500	550	600	650	700
碳素钢、碳钼钢、低铬钼钢(至Cr3Mo)	—	—	9.89	10.39	10.76	11.12	11.53	11.88	12.25	12.56	12.90	13.24	13.58	13.93	14.22	14.42	14.62	—	—
铬钼钢(Cr5Mo~Cr9Mo)	—	—	—	9.77	10.16	10.52	10.91	11.15	11.39	11.66	11.90	12.15	12.38	12.63	12.86	13.05	13.18	—	—
奥氏体不锈钢(Cr18-Ni9至Cr19Ni14)	14.67	15.08	15.45	15.97	16.28	16.54	16.84	17.06	17.25	17.42	17.61	17.79	17.99	18.19	18.34	18.58	18.71	18.87	18.97
高铬钢(Cr13、Cr17)	—	—	—	8.95	9.29	9.59	9.94	10.20	10.45	10.67	10.96	11.19	11.41	11.61	11.81	11.97	12.11	—	—
Cr25-Ni20	—	—	—	—	—	15.84	15.98	16.05	16.06	16.07	16.11	16.13	16.17	16.33	16.56	16.66	16.91	17.14	
灰铸铁	—	—	—	—	—	10.39	10.68	10.97	11.26	11.55	11.85	—	—	—	—	—	—	—	—
球墨铸铁	—	—	—	9.48	10.08	10.55	10.89	11.26	11.66	12.20	12.50	12.71	—	—	—	—	—	—	—
蒙乃尔(Monel)Ni67-Cu30	9.99	11.06	12.13	12.81	13.26	13.70	14.16	14.45	14.74	15.06	15.36	15.67	15.98	16.28	16.60	16.90	17.18		
铝	17.86	18.72	19.65	20.78	21.65	22.52	23.38	23.92	24.47	24.93	—	—	—	—	—	—	—	—	—
青铜	15.13	15.43	15.76	16.41	16.97	17.53	18.07	18.22	18.41	18.55	18.73	—	—	—	—	—	—	—	—
黄铜	14.77	15.03	15.32	16.05	16.56	17.10	17.62	18.01	18.41	18.77	19.14	—	—	—	—	—	—	—	—
铜及铜合金	13.99	14.99	15.70	16.07	16.63	16.96	17.24	17.48	17.71	17.87	18.18	—	—	—	—	—	—	—	—
Cu70-Ni30	12.00	12.64	13.33	13.98	14.47	14.94	15.41	15.69	16.02										

1.2.5 水和水蒸气的性质

1. 饱和水蒸气表(按绝对压力排列)(表1-31)

2. 过热水蒸气表(按绝对压力排列)(表1-32)

3. 饱和水的物理性质(表1-33)

表1-31 饱和水蒸气表 (按绝对压力排列)

绝对压力 p/MPa	温度 t /℃	比体积/(m³/kg)		比焓/(kJ/kg)		汽化潜热 r /(kJ/kg)
		水比体积 v'	蒸汽比体积 v''	水比焓 h'	蒸汽比焓 h''	
0.001	6.983	0.0010001	129.20	29.34	2514.4	2485.0
0.005	32.898	0.0010052	28.19	137.77	2561.6	2423.8
0.010	45.833	0.0010102	14.67	191.83	2584.8	2392.9
0.015	53.997	0.0010140	10.02	225.97	2599.2	2373.2
0.020	60.086	0.0010172	7.65	251.45	2609.9	2358.4
0.025	64.992	0.0010199	6.204	271.99	2618.3	2346.4
0.030	69.124	0.0010223	5.229	289.30	2625.4	2336.1
0.035	72.702	0.0010245	4.529	304.30	2631.5	2327.2
0.040	75.886	0.0010265	3.993	317.65	2636.9	2319.2
0.045	78.743	0.0010284	3.576	329.64	2641.7	2312.0
0.05	81.345	0.0010301	3.240	340.56	2646.0	2305.4
0.06	85.954	0.0010333	2.732	359.93	2653.6	2293.6
0.07	89.959	0.0010361	2.365	376.77	2660.1	2283.3
0.08	93.512	0.0010387	2.087	391.72	2665.8	2274.0
0.09	96.713	0.0010412	1.869	405.21	2670.9	2265.6
0.10	99.632	0.0010434	1.694	417.51	2675.4	2257.9
0.12	104.81	0.0010476	1.428	439.36	2683.4	2244.1
0.14	109.31	0.0010513	1.236	458.42	2690.3	2231.9
0.16	113.32	0.0010547	1.091	475.38	2696.2	2220.9
0.18	116.93	0.0010579	0.9772	490.70	2701.5	2210.8
0.20	120.23	0.0010608	0.8854	504.70	2706.3	2201.6
0.22	123.27	0.0010636	0.8098	517.62	2710.6	2193.0
0.24	126.09	0.0010663	0.7465	529.64	2714.5	2184.9

（续）

绝对压力 p/MPa	温度 t /℃	比体积/（m³/kg）		比焓/（kJ/kg）		汽化潜热 r /（kJ/kg）
		水比体积 v'	蒸汽比体积 v''	水比焓 h'	蒸汽比焓 h''	
0.26	128.73	0.0010688	0.6925	540.87	2718.2	2177.3
0.28	131.20	0.0010712	0.6460	551.44	2721.5	2170.1
0.30	133.54	0.0010735	0.6056	561.43	2724.7	2163.2
0.32	135.75	0.0010757	0.5700	570.90	2727.6	2156.7
0.34	137.86	0.0010779	0.5385	579.92	2730.3	2150.4
0.36	139.86	0.0010799	0.5103	588.53	2732.9	2144.4
0.38	141.78	0.0010819	0.4851	596.77	2735.3	2138.6
0.40	143.62	0.0010839	0.4622	604.67	2737.6	2133.0
0.42	145.39	0.0010858	0.4415	612.27	2739.8	2127.5
0.44	147.09	0.0010876	0.4226	619.60	2741.9	2122.3
0.46	148.73	0.0010894	0.4053	626.67	2743.9	2117.2
0.48	150.31	0.0010911	0.3894	633.50	2745.7	2112.2
0.50	151.84	0.0010928	0.3747	640.12	2747.5	2107.4
0.52	153.33	0.0010945	0.3611	646.53	2749.3	2102.7
0.54	154.76	0.0010961	0.3485	652.76	2750.9	2098.1
0.56	156.16	0.0010977	0.3367	658.81	2752.5	2093.7
0.58	157.52	0.0010993	0.3257	664.69	2754.0	2089.3
0.60	158.84	0.0011009	0.3155	670.42	2755.5	2085.0
0.65	161.99	0.0011046	0.2926	684.12	2758.9	2074.8
0.70	164.96	0.0011082	0.2727	697.06	2762.0	2064.9
0.75	167.76	0.0011117	0.2555	709.29	2764.9	2055.6
0.80	170.41	0.0011150	0.2403	720.94	2767.5	2046.5
0.85	172.95	0.0011182	0.2269	732.02	2769.9	2037.9
0.90	175.36	0.0011213	0.2148	742.64	2772.1	2029.5
0.95	177.67	0.0011244	0.2041	752.82	2774.2	2021.4
1.00	179.88	0.0011274	0.1943	762.61	2776.2	2013.6
1.05	182.02	0.0011303	0.1855	772.03	2778.0	2005.9
1.10	184.07	0.0011331	0.1774	781.13	2779.7	1998.5
1.15	186.05	0.0011359	0.1700	789.92	2781.3	1991.3
1.20	187.96	0.0011386	0.1632	798.43	2782.7	1984.3
1.25	189.81	0.0011412	0.1569	806.69	2784.1	1977.4
1.30	191.61	0.0011438	0.1511	814.70	2785.4	1970.7
1.35	193.35	0.0011464	0.1457	822.49	2786.6	1964.2
1.40	195.04	0.0011489	0.1407	830.08	2787.8	1957.7
1.45	196.69	0.0011514	0.1360	837.46	2788.9	1951.4
1.50	198.24	0.0011539	0.1317	844.67	2789.9	1945.2
1.55	199.85	0.0011563	0.1275	851.69	2790.8	1939.2
1.60	201.37	0.0011586	0.1237	858.56	2791.7	1933.2
1.65	202.86	0.0011610	0.1201	865.27	2792.6	1927.3
1.70	204.31	0.0011633	0.1166	871.84	2793.4	1921.5

表 1-32　过热水蒸气表（按绝对压力排列）

绝对压力 p/MPa		t/℃							
		100	130	150	180	200	230	250	300
0.10	v''	1.696	1.841	1.936	2.078	2.172	2.313	2.406	2.639
	h''	2676.2	2736.5	2776.3	2835.8	2875.4	2934.8	2974.5	3074.5
0.20	v''	—	0.910	0.9595	1.0325	1.0804	1.1517	1.1989	1.3162
	h''	—	2726.9	2768.5	2830.0	2870.5	2931.0	2971.2	3072.1
0.30	v''	—	—	0.6337	0.6837	0.7164	0.7646	0.7964	0.8753
	h''	—	—	2760.4	2824.0	2865.5	2927.1	2967.9	3069.7

（续）

| 绝对压力 p/MPa | | \multicolumn{8}{c|}{t/℃} |
		100	130	150	180	200	230	250	300
0.40	v''	—	—	0.4707	0.5093	0.5343	0.5710	0.5952	0.6549
	h''	—	—	2752.0	2817.8	2860.4	2923.1	2964.5	3067.2
0.50	v''	—	—	—	0.4045	0.4250	0.4549	0.4744	0.5226
	h''	—	—	—	2811.4	2855.1	2919.1	2961.1	3064.8
0.60	v''	—	—	—	0.3346	0.3520	0.3774	0.3939	0.4344
	h''	—	—	—	2804.8	2849.7	2915.0	2957.6	3062.3
0.70	v''	—	—	—	0.2846	0.2999	0.3220	0.3364	0.3714
	h''	—	—	—	2798.0	2844.2	2910.8	2954.0	3059.8
0.80	v''	—	—	—	0.2471	0.2608	0.2805	0.2932	0.3241
	h''	—	—	—	2791.1	2838.6	2906.6	2950.4	3057.3
0.90	v''	—	—	—	0.2178	0.2303	0.2482	0.2596	0.2874
	h''	—	—	—	2783.9	2832.7	2902.2	2946.8	3054.7
1.0	v''	—	—	—	0.1944	0.2059	0.2223	0.2327	0.2580
	h''	—	—	—	2776.5	2826.8	2897.8	2943.0	3052.1
1.1	v''	—	—	—	—	0.1859	0.2011	0.2107	0.2339
	h''	—	—	—	—	2820.7	2893.2	2939.3	3049.6
1.2	v''	—	—	—	—	0.1692	0.1834	0.1924	0.2139
	h''	—	—	—	—	2814.4	2888.5	2935.4	3046.9
1.3	v''	—	—	—	—	0.1551	0.1686	0.1769	0.1969
	h''	—	—	—	—	2808.0	2883.9	2931.5	3044.3
1.4	v''	—	—	—	—	0.1429	0.1556	0.1635	0.1823
	h''	—	—	—	—	2801.4	2879.1	2927.6	3041.6
1.5	v''	—	—	—	—	0.1324	0.1445	0.1520	0.1697
	h''	—	—	—	—	2794.7	2874.3	2923.5	3038.9
1.6	v''	—	—	—	—	—	0.1347	0.1419	0.1587
	h''	—	—	—	—	—	2869.3	2919.4	3036.2
1.7	v''	—	—	—	—	—	0.1261	0.1329	0.1489
	h''	—	—	—	—	—	2864.2	2915.3	3033.5

注：v''为过热水蒸气比体积（m^3/kg）；h''为过热水蒸气比焓（kJ/kg）。

表 1-33　饱和水的物理性质

温度 t /℃	绝对压力 p /MPa	密度 ρ/(kg/ m^3)	比焓 h'/(kJ/ kg)	比定压热容 c_p/[kJ/ (kg·℃)]	热导率 λ/[mW/ (m·℃)]	运动黏度 ν /($10^{-6}m^2$/s)	动力黏度 η /(Pa·s)	热扩散率 a /($10^{-4}m^2$/h)	膨胀系数 β /$10^{-4}℃^{-1}$	普朗特数 Pr
0	0.0006108	999.79	-0.0416	4.217	565	1.792	1792.0	4.71	-0.63	13.37
10	0.001227	999.60	41.99	4.193	584	1.306	1305.5	4.94	0.70	9.373
20	0.002337	998.20	83.86	4.182	602	1.004	1002.6	5.16	1.82	6.965
30	0.004241	995.62	125.66	4.179	617	0.802	798.4	5.35	3.21	5.408
40	0.007375	992.16	167.47	4.179	631	0.659	653.9	5.51	3.87	4.331
50	0.012335	988.04	209.3	4.181	642	0.554	547.1	5.65	4.49	3.563
60	0.01992	983.19	251.1	4.185	652	0.474	466.0	5.78	5.11	2.991
70	0.03116	977.71	293.0	4.190	660	0.412	403.3	5.87	5.70	2.561
80	0.04736	971.82	334.9	4.197	669	0.364	354.2	5.96	6.32	2.222
90	0.07011	965.34	376.9	4.205	675	0.326	314.8	6.03	6.95	1.961
100	0.10133	958.31	419.1	4.216	679	0.294	281.9	6.08	7.52	1.750
110	0.14327	951.02	461.3	4.229	681	0.269	255.5	6.13	8.08	1.587
120	0.19854	943.13	503.7	4.245	685	0.274	232.9	6.16	8.64	1.444
130	0.27013	934.84	546.3	4.263	685	0.230	215.0	6.16	9.19	1.338
140	0.3614	926.10	589.1	4.285	686	0.214	198.2	6.21	9.72	1.238

（续）

温度 t /℃	绝对压力 p /MPa	密度 ρ/(kg/ m^3)	比焓 h'/(kJ/ kg)	比定压热容 c_p/[kJ/ (kg·℃)]	热导率 λ/[mW/ (m·℃)]	运动黏度 ν /($10^{-6}m^2$/s)	动力黏度 η /(Pa·s)	热扩散率 a /($10^{-4}m^2$/h)	膨胀系数 β /$10^{-4}℃^{-1}$	普朗 特数 Pr
150	0.4760	916.93	632.2	4.310	686	0.199	182.7	6.22	10.3	1.148
160	0.6181	907.36	675.5	4.339	685	0.188	170.6	6.23	10.7	1.081
170	0.7920	897.34	719.1	4.371	680	0.178	159.7	6.22	11.3	1.027
180	1.0027	886.92	763.1	4.408	674	0.170	150.8	6.20	11.9	0.9862
190	1.2551	876.04	807.5	4.449	669	0.163	142.8	6.17	12.6	0.9497
200	1.5549	864.68	852.4	4.497	664	0.156	134.5	6.14	13.3	0.9109

1.2.6　常用气体的性质

1. 常用气体性质表（表1-34）　　　　　　2. 不同海拔处的大气压力（表1-35）

表1-34　常用气体性质表

名称	分子式	摩尔质量 M /(kg/kmol)	密度[1]/(kg/m^3) 理想 ρ_0	实际 ρ	气体常数 R/[J/ (kg·K)]	摩尔定压热容[2] $C_{p·m}$/[kJ/ (kmol·K)]	等熵指数[3] $\kappa = c_P/c_V$	热导率[4] λ/[W/ (m·K)]	容积低发热值 Q_{DW}/[kJ/ m^3(标准)]
空气	—	28.96	1.292	1.293	287.041	29.11	1.4	0.024	—
氧气	O_2	32	1.427	1.429	259.778	29.22	1.4	0.024	—
氢气	H_2	2.016	0.090	0.089	4121.735	28.97	1.41	0.171	10760
氮气	N_2	28.016	1.249	1.251	296.749	29.27	1.4	0.024	—
二氧化碳	CO_2	44.01	1.963	1.977	188.9	36.13	1.31	0.015	—
乙炔	C_2H_2	26.04	1.163	1.171	319.599	43.95	1.3	0.018	56940
氨气	NH_3	17.03	—	0.771	488.27	38.48	1.29	0.021	—
氩气	Ar	39.95	—	1.782	208.5	20.89	1.67	—	—

① 指0℃，101325Pa状态下。
② 指25℃，0~10^5Pa状态下。
③ 指0℃时。
④ 指0℃，低压状态下。

表1-35　不同海拔处的大气压力

海拔/m	大气压力/Pa	海拔/m	大气压力/Pa	海拔/m	大气压力/Pa
-100	102531.08	1300	86644.67	2800	71898.14
-60	102047.12	1400	85591.44	2900	70992.90
0	101325.20	1500	84547.54	3000	70095.66
100	100128.76	1600	83249.01	3100	69209.08
200	98943.98	1700	82493.08	3200	68330.50
300	97770.59	1800	81481.18	3300	67461.25
400	96608.47	1900	80465.29	3400	66601.34
500	95457.12	2000	79485.38	3500	65750.75
600	94317.23	2100	78502.82	3600	64908.18
700	93189.35	2200	77530.91	3700	64074.93
800	92070.79	2300	76568.34	3800	63249.67
900	90990.90	2400	75615.10	3900	62433.76
1000	89868.35	2500	74671.20	4000	61625.84
1100	88783.12	2600	73737.96	—	—
1200	87708.56	2700	72814.05	—	—

3. 不同压力温度下的干空气密度（表1-36）　　　4. 标准大气压下空气中的水蒸气含量（表1-37）

表1-36　不同压力温度下的干空气密度　　　　　　　（单位：kg/m³）

绝对压力 /MPa	温度/℃													
	0	10	20	30	40	50	60	70	80	90	100	110	120	130
0.10	1.276	1.231	1.189	1.149	1.113	1.078	1.046	1.015	0.987	0.959	0.934	0.909	0.886	0.864
0.1013	1.292	1.247	1.204	1.164	1.127	1.092	1.056	1.029	0.999	0.972	0.946	0.921	0.898	0.875
0.20	2.551	2.461	2.377	2.299	2.225	2.156	2.092	2.031	1.973	1.919	1.867	1.819	1.772	1.729
0.30	3.827	3.692	3.566	3.448	3.338	3.235	3.138	3.046	2.959	2.878	2.801	2.728	2.658	2.593
0.40	5.102	4.922	4.754	4.597	4.450	4.313	4.183	4.061	3.946	3.838	3.735	3.637	3.545	3.457
0.50	6.378	6.153	5.943	5.747	5.563	5.391	5.229	5.077	4.933	4.797	4.669	4.547	4.431	4.321
0.60	7.653	7.383	7.131	6.896	6.675	6.469	6.275	6.092	5.919	5.757	5.602	5.456	5.317	5.186
0.70	8.929	8.614	8.320	8.045	7.778	7.547	7.321	7.108	6.906	6.716	6.536	6.366	6.204	6.049
0.80	10.204	9.844	9.508	9.195	8.901	8.626	8.367	8.123	7.893	7.676	7.470	7.275	7.090	6.914
0.90	11.480	11.075	10.697	10.344	10.013	9.704	9.413	9.138	8.879	8.635	8.404	8.184	7.976	7.778
1.00	12.756	12.305	11.885	11.493	11.126	10.782	10.458	10.154	9.866	9.594	9.337	9.094	8.862	8.643
1.10	14.031	13.536	13.074	12.643	12.239	11.860	11.504	11.169	10.853	10.554	10.271	10.003	9.748	9.507
1.20	15.307	14.766	14.262	13.792	13.352	12.938	12.550	12.184	11.839	11.513	11.205	10.912	10.635	10.371
1.30	16.582	15.997	15.451	14.941	14.464	14.017	13.596	13.200	12.826	12.473	12.139	11.822	11.521	11.235
1.40	17.858	17.227	16.639	16.091	15.577	15.095	14.642	14.215	13.813	13.432	13.072	12.731	12.409	12.099
1.50	19.133	18.458	17.828	17.240	16.689	16.173	15.688	15.230	14.799	14.392	14.006	13.640	13.294	12.964
1.60	20.409	19.688	19.017	18.389	17.802	17.251	16.733	16.246	15.786	15.351	14.940	14.550	14.180	13.828

表1-37　标准大气压下空气中的水蒸气含量

露点 /℃	露点下的饱和水蒸气压（水蒸气分压）/Pa	露点下的饱和绝对湿度 /(g/m³)	常温下（20℃）的绝对湿度 /(g/m³)	含湿量 /(g/kg)	水蒸气的体积分数（10^{-6}）	常温下（20℃）的相对湿度（%）
-120	1.33×10^{-5}	1.89×10^{-7}	9.83×10^{-8}	8.16×10^{-8}	0.00013	5.7×10^{-7}
-110	1.33×10^{-4}	1.77×10^{-6}	9.830×10^{-7}	8.18×10^{-7}	0.00134	5.6×10^{-6}
-100	1.32×10^{-3}	1.65×10^{-5}	1.039×10^{-5}	8.10×10^{-6}	0.01387	5.7×10^{-5}
-90	9.33×10^{-3}	1.11×10^{-4}	7.161×10^{-5}	5.73×10^{-5}	0.09564	4.0×10^{-4}
-80	5.33×10^{-2}	5.99×10^{-4}	4.051×10^{-4}	3.27×10^{-4}	0.5410	2.3×10^{-3}
-70	2.59×10^{-1}	2.76×10^{-3}	1.935×10^{-3}	1.59×10^{-3}	2.584	1.1×10^{-2}
-60	1.08	1.1×10^{-2}	7.998×10^{-3}	6.63×10^{-3}	10.68	4.6×10^{-2}
-50	3.935	3.89×10^{-2}	2.912×10^{-2}	2.45×10^{-2}	38.89	1.71×10^{-1}
-40	12.83	1.2×10^{-1}	9.491×10^{-2}	7.91×10^{-2}	126.8	5.6×10^{-1}
-30	37.98	3.40×10^{-1}	2.810×10^{-1}	2.34×10^{-1}	375.3	1.63
-20	103.2	8.89×10^{-1}	7.629×10^{-1}	6.37×10^{-1}	1019	4.41
-10	259.7	2.144	1.921	1.600	2566	11.5
0	610.7	4.847	4.517	3.770	6033	26.0
10	1227	9.396	9.070	7.627	12108.9	52.5
20	2337	17.29	17.28	14.68	23063.3	100
30	4241	30.37	31.35	27.17	41853.4	—
40	7375	51.16	54.52	48.82	72781.9	—
50	12335	83.02	91.18	86.20	121730.9	—
60	19920	130.2	147.25	152.1	196585.4	—
70	31160	198.2	230.34	276.3	307510.1	—
80	47360	293.3	350.09	545.7	467383.8	—
90	70110	423.5	518.26	1397	691897.8	—
100	101330	597.7	749.04	—	10^6	—

5. 压缩空气的饱和含湿量（表1-38）

6. 空气常压露点和压力露点的换算（图1-1）

7. 一般用压缩空气质量等级（表1-39）

8. 稀有气体的技术指标（表1-40~表1-44）

表1-38　压缩空气的饱和含湿量　（单位：g/kg）

温度/℃	空气绝对压力/MPa													
	0.1	0.1013	0.2	0.3	0.4	0.5	0.6	0.7	0.8	0.9	1.0	1.1	1.2	1.3
−50	0.0245	0.0242	0.0122	0.0082	0.0061	0.0049	0.0041	0.0035	0.0031	0.0027	0.0024	0.0022	0.0020	0.0019
−40	0.0798	0.0788	0.0399	0.0266	0.0199	0.0159	0.0133	0.0114	0.0099	0.0089	0.0080	0.0073	0.0067	0.0061
−30	0.2363	0.2333	0.1181	0.0788	0.0591	0.0473	0.0394	0.0337	0.0295	0.0262	0.0236	0.0215	0.0197	0.0182
−20	0.6426	0.6343	0.3211	0.2140	0.1605	0.1284	0.1070	0.0917	0.0802	0.0713	0.0642	0.0584	0.0535	0.0494
−10	1.6195	1.5987	0.8087	0.5389	0.4041	0.3232	0.2693	0.2308	0.2020	0.1795	0.1616	0.1469	0.1346	0.1243
−5	2.5159	2.4834	1.2554	0.8364	0.6271	0.5015	0.4179	0.3582	0.3134	0.2785	0.2507	0.2279	0.2089	0.1928
0	3.8219	3.7725	1.9051	1.2688	0.9511	0.7606	0.6337	0.5431	0.4752	0.4223	0.3801	0.3455	0.3167	0.2923
5	5.4823	5.4113	2.7291	1.8168	1.3616	1.0888	0.9071	0.7773	0.6800	0.6044	0.5439	0.4944	0.4532	0.4183
10	7.7267	7.6264	3.8395	2.5544	1.9138	1.5301	1.2746	1.0922	0.9555	0.8492	0.7641	0.6946	0.6366	0.5876
15	10.8023	10.6612	5.3546	3.5595	2.6658	2.1308	1.7747	1.5205	1.3301	1.1820	1.0636	0.9668	0.8861	0.8178
20	14.8840	14.6885	7.3540	4.8834	3.6554	2.9209	2.4322	2.0835	1.8223	1.6193	1.4570	1.3243	1.2137	1.1202
25	20.3695	20.0997	10.0207	6.6448	4.9703	3.9699	3.3047	2.8305	2.4753	2.1993	1.9786	1.7982	1.6480	1.5209
30	27.5473	27.1783	13.4753	8.9191	6.6654	5.3209	4.4278	3.7914	3.3149	2.9449	2.6491	2.4074	2.2060	2.0358
35	37.1008	36.5966	18.0132	11.8939	8.8780	7.0822	5.8907	5.0423	4.4076	3.9147	3.5211	3.1993	2.9314	2.7050
40	49.5250	48.8395	23.8144	15.6762	11.6835	9.3118	7.7406	6.6230	5.7874	5.1391	4.6213	4.1984	3.8463	3.5488
45	65.9998	65.0642	31.3373	20.5465	15.2837	12.1671	10.1063	8.6425	7.5491	6.7013	6.0246	5.4721	5.0124	4.6240
50	87.5192	86.2403	40.8833	26.6712	19.7912	15.7329	13.0557	11.1571	9.7407	8.6433	7.7682	7.0540	6.4600	5.9584

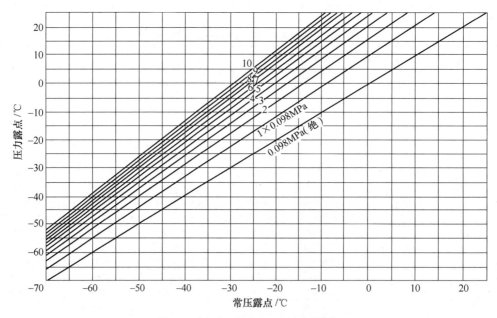

图1-1　空气常压露点和压力露点的换算

表1-39　一般用压缩空气质量等级

项目名称	等级							
	0	1	2	3	4	5	6	7
最大粒子尺寸/μm	要求比1级更高	1	5	5	5	5	—	—
粒子最大质量浓度/（mg/m³）		—	—	—	—	—	5	10
含油量/（mg/m³）		0.01	0.1	1	5	—	—	—
压力露点/℃		−70	−40	−20	+3	+7	+10	—

表 1-40　纯氩和高纯氩技术指标（摘自 GB/T 4842—2017《氩》）

项目		指标		项目		指标	
		高纯氩	纯氩			高纯氩	纯氩
氩纯度（体积分数）（%）	≥	99.999	99.99	甲烷含量（体积分数）（10⁻⁴%）	≤	0.4	5
氢含量（体积分数）（10⁻⁴%）	≤	0.5	5	一氧化碳含量（体积分数）（10⁻⁴%）	≤	0.3	5
氧含量（体积分数）（10⁻⁴%）	≤	1.5	10	二氧化碳含量（体积分数）（10⁻⁴%）	≤	0.3	10
氮含量（体积分数）（10⁻⁴%）	≤	4	50	水分含量（体积分数）（10⁻⁴%）	≤	3	15

注：液态氩不检测水分含量。

表 1-41　氦气技术指标

（摘自 GB/T 28123—2011《工业氦》、GB/T 4844—2011《纯氦、高纯氦和超纯氦》）

指标名称		超纯氦	高纯氦	纯氦		工业氦	
氦纯度（%）	≥	99.9999	99.999	99.995	99.99	99	97.5
氖气含量（10⁻⁴%）	<	1	4	15	40		
氢气含量（10⁻⁴%）	<	0.1	1	3	7		
氧气+氩气含量（10⁻⁴%）	<	0.1	1	3	5		
氮气含量（10⁻⁴%）	<	0.1	2	10	25		
一氧化碳含量（10⁻⁴%）	<	0.1	0.5	1	1	—	—
二氧化碳含量（10⁻⁴%）	<	0.1	0.5	1	1		
甲烷含量（10⁻⁴%）	<	0.1	0.5	1	1		
水分含量（10⁻⁴%）	<	0.2	3	10	20	露点≤-50℃	露点≤-50℃
总杂质含量（10⁻⁴%）	≤	1	10	50	100	总杂质（氖+氢、氧+氩、氮、甲烷）≤1%	总杂质（氖+氢、氧+氩、氮、甲烷）≤2.5%

注：含量为体积分数。

表 1-42　纯氖技术指标

（摘自 GB/T 17873—2014《纯氖和高纯氖》）

项目		指标			项目		指标		
		高纯氖	纯氖				高纯氖	纯氖	
氖气纯度（%）	>	99.999	99.995	99.99	甲烷含量（10⁻⁴%）	<	0.1	1	1
氢含量（10⁻⁴%）	<	1	2	3	一氧化碳含量（10⁻⁴%）	<	0.2	1	1
氦气含量（10⁻⁴%）	<	6	35	75	二氧化碳含量（10⁻⁴%）	<	0.2	1	1
氧气+氩气含量（10⁻⁴%）	<	1	2	2	水分含量（10⁻⁴%）	<	2	2	3
氮气含量（10⁻⁴%）	<	2	5	10	总杂质含量（10⁻⁴%）	<	10	—	—

注：含量为体积分数。

表 1-43　氪气技术指标

（摘自 GB/T 5829—2006《氪气》）

项目		指标		
		高纯氪	纯氪	
			一等品	合格品
氪气纯度（%）	≥	99.999	99.995	99.99
氢含量（10⁻⁴%）	≤	0.5	1	2
氧气+氩气含量（10⁻⁴%）	≤	1.5	5	5
氮气含量（10⁻⁴%）	≤	2	8	20
甲烷含量（10⁻⁴%）	≤	0.3	0.8	1
一氧化碳含量（10⁻⁴%）	≤	0.3	0.4	1
二氧化碳含量（10⁻⁴%）	≤	0.4	0.8	1
氙气含量（10⁻⁴%）	≤	2	20	50
水分含量（10⁻⁴%）	≤	2	3	5
氟化物含量（10⁻⁴%）	≤	1	10	15

注：含量为体积分数。

表 1-44　氙气技术指标

（摘自 GB/T 5828—2006《氙气》）

项目		指标			
		高纯氙		纯氙	
		一等品	合格品	一等品	合格品
氙气纯度（%）	≥	99.9995	99.999	99.995	99.99
氢气含量（10⁻⁴%）	≤	0.5	0.5	1	2
氧气+氩气含量（10⁻⁴%）	≤	0.5	1.5	4	5
氮气含量（10⁻⁴%）	≤	1.5	2.5	8	20
甲烷含量（10⁻⁴%）	≤	0.1	0.3	0.8	1
一氧化碳含量（10⁻⁴%）	≤	0.1	0.2	0.4	1
二氧化碳含量（10⁻⁴%）	≤	0.1	0.3	0.8	1
氪气含量（10⁻⁴%）	≤	1	2	20	50
水分含量（10⁻⁴%）	≤	1	2	3	5
氧化亚氮含量（10⁻⁴%）	≤	0.1	0.2	1	1
氟化物含量（10⁻⁴%）	≤	0.1	0.5	10	15

注：含量为体积分数。

9. 常用气体的基本物理化学数据表（表1-45）

表1-45　常用气体的基本物理化学数据表

序号	名称	化学式	相对分子质量	分子直径/10^{-10} m	标准状态密度 ρ_0/(kg/m³)	气体常数 R/[J/(kg·℃)]	临界温度/℃	临界压力/10^{-1} MPa	临界密度/(kg/m³)	熔点/℃	沸点(101325Pa) 温度/℃	蒸发热/(kJ/kg)	c_p (101325Pa,20℃)/[kJ/(kg·℃)]	c_v	等熵指数 $\kappa=\dfrac{c_p}{c_v}$ (101325Pa,20℃)	标准状态动力黏度 η/cP	标准状态热导率 λ/[W/(m·℃)]
1	氦	He	4.00	—	0.1785	2077.0	-267.9	2.26	69.3	-272.2	-268.6	7.49	5.23(15℃)	3.14(15℃)	1.66	—	0.143
2	氩	Ar	39.94	3.84	1.781	208.5	-122.4	48.00	531	-189.2	-185.7	164.05	0.519	0.314	1.66	—	—
3	氢	H₂	2.02	2.4	0.090	4121.7	-239.9	12.8	31	-259.14	-252.2	446.56	14.27	10.13	1.407	0.84×10^{-2}	0.163
4	氧	O₂	32	2.8	1.429	259.8	-118.8	49.71	429.9	-218.4	-183	213.61	0.913	0.653	1.40	2.03×10^{-2}	0.025
5	氮	N₂	28.02	3.0	1.251	296.7	-147.1	33.49	310.96	-209.86	-195.8	199.21	1.05	0.745	1.40	1.70×10^{-2}	0.0233
6	氙	Xe	131.30	—	5.716	63.4	16.60	58.0	1155	-111.9	-107.1	96.11	0.158	0.095	1.667	—	—
7	空气	—	28.95	—	1.293	287.0	-140.8	37.25	310~350	—	—	213.49	1.009	0.720	1.40	1.73×10^{-2}	0.0244
8	氯	Cl₂	70.91	—	3.217	117.2	144.0	76.1	573	-100.98	-34.6	288.83	0.481	0.356	1.36	1.29×10^{-2}(16℃)	0.007
9	氖	Ne	20.18	—	0.900	412.0	-228.3	26.8	484	-248.67	-245.92	86.11	1.030(25℃)	0.620(25℃)	1.67	—	—
10	氪	Kr	83.70	—	3.708	99.0	-62.5	54	908	-156.6	-152.3	107.75	—	—	1.68	—	—
11	氟	F₂	38.00	—	1.635	218.9	-129	55	—	-219.62	-188.14	166.44	—	—	—	—	—
12	一氧化氮	NO	30.01	—	1.340	277.1	-94	67.2	519.5	-163.6	-151.8	461.30	0.996	0.719	1.4	1.66×10^{-2}	0.022
13	一氧化碳	CO	28	3.7	1.250	296.9	-140.2	34.53	311	-199	-191.5	215.79	1.047	0.753	1.40	1.37×10^{-2}	0.014
14	二氧化碳	CO₂	44	—	1.977	188.9	31.1	72.9	460	-56.6	-78.5	573.52	0.837	0.653	1.30	1.17×10^{-2}	0.008
15	二氧化硫	SO₂	64.06	—	2.927	129.8	157.5	77.78	52	-72.2	-10	389.42	0.632	0.502	1.25	—	0.04
16	二氧化氮	NO₂	46.01	—	1.49	180.7	158.2	100.0	570	-11.2	21.2	711.62	0.804	0.615	1.31	—	—
17	氧化亚氮(笑气)	N₂O	44.02	—	1.978	188.9	36.5	74.2	450.45	-90.8	-88.5	375.90	0.875	0.687	1.28	—	—
18	水蒸气	H₂O	18.02	2.8	0.804	461.5	374.1	225.4	318.4	0	100	—	1.86	1.39	1.3(过热) 1.135(饱和)	—	—
19	氨	NH₃	17.03	2.97	0.771	488.3	132.4	111.5	236	-77.7	-33.35	1371.67	2.22	1.68	1.32	0.92×10^{-2}	0.022
20	硫化氢	H₂S	34.09	—	1.539	244.0	100.4	88.9	349	-85.5	-60.7	548.20	1.06	0.829	1.30	1.17×10^{-2}	0.013
21	氯化氢	HCl	36.47	—	1.639	228.0	51.5	81.5	42.2	—	—	—	0.812	0.578	1.41	—	—
22	氟化氢	HF	20.01	—	0.922	415.8	230.2	—	—	—	—	—	—	—	—	—	—
23	氯甲烷	CH₃Cl	50.48	—	2.308	164.8	148	66	370	—	—	428.86	0.740	0.582	1.28	0.99×10^{-2}	0.008
24	甲烷	CH₄	16.04	—	0.72	518.7	-72.3	45.8	162	-182.48	-161.49	509.65	2.20(15.6℃)	1.67(15.6℃)	1.32(15.6℃)	—	0.030
25	氟利昂-12	CF₂Cl₂	120.09	4.19	5.083	68.7	111.7	39.6	—	—	—	166.85	—	—	1.14	—	—

注：标准状态动力黏度 1cP(1厘泊)=10^{-3}Pa·s。

1.2.7 常用燃气的性质

1. 单一可燃气体的燃烧特性（表 1-46）

2. 常见天然气和人工燃气特性（表 1-47）

表 1-46 单一可燃气体的燃烧特性

序号	气体名称与分子式		爆炸上/下限（常压、20℃）（%）	着火温度 t/℃	理论空气量和耗氧量 /[m^3（标准）/m^3（标准）]		理论烟气量 V_y^0 /[m^3（标准）/m^3（标准）]				发热值 Q /[kJ/m^3（标准）]	
					空气	氧气	CO_2	H_2O	N_2	V_y^0	高位	低位
1	氢	H_2	75.9/40	400	2.38	0.5	—	1.0	1.88	2.88	12746	10785
2	一氧化碳	CO	74.2/12.5	605	2.38	0.5	1.0	—	1.88	2.88	12636	12636
3	甲烷	CH_4	15.0/5.0	540	9.52	2.0	1.0	2.0	7.52	10.52	39816	35881
4	乙炔	C_2H_2	80.0/2.5	335	11.90	2.5	2.0	1.0	9.40	12.40	58464	56451
5	乙烯	C_2H_4	34.0/2.7	425	14.28	3.0	2.0	2.0	11.28	15.28	63397	59440
6	乙烷	C_2H_6	13.0/2.9	515	16.66	3.5	2.0	3.0	13.16	18.16	70305	64355
7	丙烯	C_3H_6	11.7/2.0	460	21.42	4.5	3.0	3.0	13.92	22.92	93608	87609
8	丙烷	C_3H_8	9.5/2.1	450	23.80	5.0	3.0	4.0	18.80	25.80	101203	93181
9	丁烯	C_4H_8	10.0/1.6	385	28.56	6.0	4.0	4.0	22.56	30.56	125763	117616
10	正丁烷	n-C_4H_{10}	8.5/1.5	365	30.94	6.5	4.0	5.0	24.44	33.44	133798	123565
11	异丁烷	i-C_4H_{10}	8.5/1.8	460	30.94	6.5	4.0	5.0	24.44	33.44	133048	122857
12	戊烯	C_5H_{10}	8.7/1.4	290	35.70	7.5	5.0	5.0	28.20	38.20	159107	148736
13	正戊烷	C_5H_{12}	8.3/1.4	260	38.08	8.0	5.0	6.0	30.08	41.08	169264	156628
14	苯	C_6H_6	8.0/1.2	560	35.7	7.5	6.0	3.0	28.20	37.20	162151	155665
15	硫化氢	H_2S	45.5/4.3	270	7.14	1.5	1.0	1.0	5.64	7.64	25347	23367

表 1-47 常见天然气和人工燃气特性

序号	燃气种类	成分体积分数（%）										相对分子质量 M	气体常数 R/[J/(kg·K)]	标态下密度 ρ_0/(kg/m^3)	相对密度 d（空气≈1）	标态下比定压热容 c_p/[kJ/(kg·K)]	等熵指数 κ
		H_2	CO	CH_4	C_3H_6	C_3H_8	C_4H_{10}	N_2	O_2	CO_2	H_2S						
1	天然气[①]	—	—	98.0	C_mH_n 0.4	0.3	0.3	1.0	—	—	—	16.654	499.4	0.7435	0.5750	1.557	1.3082
2	油田伴生气	—	—	C_2H_6 7.4 80.1	C_mH_n 2.4	3.8	2.3	0.6	—	3.4	—	21.730	382.5	0.9709	0.7503	1.739	1.2870
3	炼焦煤气	59.2	8.6	23.4	2.0	—	—	3.6	1.2	2.0	—	10.496	792.3	0.4686	0.3624	1.388	1.3750
4	混合煤气	48.0	20.0	13.0	1.7	—	—	12.0	0.8	4.5	—	14.997	554.5	0.6700	0.5178	1.367	1.3840
5	高炉煤气	8	23.5	0.3	—	—	—	56.9	—	17.5	—	30.464	269.4	1.3551	1.0480	1.356	1.3870
6	矿井气	—	—	52.4	—	—	—	36.0	7.0	4.6	—	22.780	365.1	1.0170	0.7860	1.443	1.3510
7	高压汽化气	59.3	24.8	14.0	—	—	—	0.2	0.8	共 0.9		11.124	747.6	0.4966	0.3840	1.340	1.3900
8	液化石油气	—	—	—	—	1.5	10.0	C_4H_8 54.0 4.5	26.2	—	—	56.610	146.9	2.5270	1.9550	3.513	1.1500
9	液化石油气	—	—	—	—	50.0	50.0	—	—	—	—	52.651	157.9	2.3500	1.8180	3.330	1.1520

序号	燃气种类	标态下高发热量 Q_{GW}^y/(kJ/m^3)	标态下低发热量 Q_{DW}^y/(kJ/m^3)	实用华白数 W_s	动力黏度 η/(10^{-6}Pa·s)	运动黏度 ν/($10^{-6}m^2$/s)	爆炸极限上限/下限（%）	标态下理论空气量 V_k^0/(m^3/m^3)	理论烟气量 V_y^0（湿/干）/(m^3/m^3)	干烟气最大 CO_2 体积分数（%）	理论燃烧温度 t_R^0/℃	火焰传播速度 U_F/(m/s)
1	天然气[①]	40337	36533	42218	10.33	13.92	15.0/5.0	9.64	10.64/8.65	11.80	1970	0.380
2	油田伴生气	47999	43572	44308	9.32	9.62	14.2/4.4	11.40	12.53/10.30	12.70	1973	0.374
3	炼焦煤气	19788	17589	25665	11.60	24.76	35.6/4.5	4.21	4.88/3.76	10.60	1998	0.841

（续）

序号	燃气种类	标态下高发热量 Q_{GW}^y /(kJ/m³)	标态下低发热量 Q_{DW}^y /(kJ/m³)	实用华白数 W_s	动力黏度 η/ $(10^{-6}Pa \cdot s)$	运动黏度 ν/ $(10^{-6}m^2/s)$	爆炸极限上限/下限（%）	标态下理论空气量 V_k^0 /(m³/m³)	理论烟气量 V_y^0（湿/干）/(m³/m³)	干烟气最大 CO_2 体积分数（%）	理论燃烧温度 t_R^0 /℃	火焰传播速度 U_F/ (m/s)
4	混合煤气	15387	13836	16929	12.15	18.29	42.6/6.1	3.18	3.85/3.06	13.90	1986	0.842
5	高炉煤气	3311	3265	2805	15.79	11.68	76.4/46.6	0.63	1.50/1.48	28.80	1580	—
6	矿井气	20829	18768	18614	13.56	13.39	19.84/7.37	4.66	5.66/4.61	12.35	1996	0.247
7	高压汽化气	16381	14797	21017	13.34	26.93	46.6/5.4	3.36	3.87/3.00	13.20	2000	0.940
8	液化石油气	123477	114875	72314	7.03	2.78	9.7/1.7	28.28	30.67/26.58	14.60	2050	0.435
9	液化石油气	117308	108199	70642	7.14	3.04	9.0/1.9	27.37	29.62/25.12	13.90	2020	0.397

① 仅指气井气。

1.2.8 生产的火灾危险性分类及举例

生产的火灾危险性分类及举例见表 1-48 和表 1-49。

表 1-48　生产的火灾危险性分类

［摘自 GB 50016—2014《建筑设计防火规范》（2018 年版）］

生产的火灾危险性类别	使用或产生下类物质生产的火灾危险性特征
甲	1) 闪点小于 28℃的液体 2) 爆炸下限小于 10%的气体 3) 常温下能自行分解或在空气中氧化能导致迅速自燃或爆炸的物质 4) 常温下受到水或者空气中水蒸气的作用，能产生可燃气体并引起燃烧或爆炸的物质 5) 遇酸、受热、撞击、摩擦、催化以及遇有机物或硫黄等易燃的无机物，极易引起燃烧或爆炸的强氧化剂 6) 受撞击、摩擦或与氧化剂、有机物接触时能引起燃烧或爆炸的物质 7) 在密闭设备内操作温度不小于物质本身自燃点的生产
乙	1) 闪点不小于 28℃，但小于 60℃的液体 2) 爆炸下限不小于 10%的气体 3) 不属于甲类的氧化剂 4) 不属于甲类的易燃固体 5) 助燃气体 6) 能与空气形成爆炸性混合物的浮游状态的粉尘、纤维、闪点不小于 60℃的液体雾滴
丙	1) 闪点不小于 60℃的液体 2) 可燃固体
丁	1) 对不燃烧物质进行加工，并在高温或熔化状态下经常产生强辐射热、火花或火焰的生产 2) 利用气体、液体、固体作为燃料，将气体、液体进行燃烧作其他用的各种生产 3) 常温下使用或加工难燃烧物质的生产
戊	常温下使用或加工不燃烧物质的生产

注：同一座厂房内或厂房的任一防火分区内有不同火灾危险性生产时，厂房或防火分区内的生产火灾危险性类别应按火灾危险性较大的部分确定；当生产过程中使用或产生易燃、可燃物的量较少，不足以构成爆炸或火灾危险时，可按实际情况确定；当符合下述条件之一时，可按火灾危险性较小的部分确定：

1. 火灾危险性较大的生产部分占本层或本防火分区建筑面积的比例小于 5%或丁、戊类生产厂房的油漆工段小于 10%，且发生事故时不足以蔓延至其他部位或火灾危险性较大的生产部分采取了有效的防火措施。

2. 丁、戊类生产厂房的油漆工段，当采用封闭喷漆工艺，封闭喷漆空间内保持负压、油漆工段设置可燃气体探测报警系统或自动抑爆系统，且油漆工段占所在防火分区建筑面积的比例不大于 20%。

表 1-49　生产的火灾危险性分类举例

（摘自 GB 50016—2014《建筑设计防火规范》）

生产类别	举　　例
甲	1）闪点<28℃的油品和有机溶剂的提炼、回收或洗涤部位及其泵房，橡胶制品的涂胶和胶浆部位，二硫化碳的粗馏、精馏工段及其应用部位，青霉素提炼部位，原料药厂的非纳西汀车间的烃化、回收及电感精馏部位，皂素车间的抽提、结晶及过滤部位，冰片精制部位，农药厂乐果厂房，敌敌畏的合成厂房，磺化法糖精厂房，氯乙醇厂房，环氧乙烷、环氧丙烷工段，苯酚厂房的磺化、蒸馏部位，焦化厂吡啶工段，胶片厂片基厂房，汽油加铅室，甲醇、乙醇、丙酮、丁酮异丙醇、醋酸乙酯、苯等的合成或精制厂房，集成电路工厂的化学清洗间（使用闪点<28℃的液体），植物油加工厂的浸出工段；白酒液态法酿酒车间、酒精蒸馏塔，酒精度为38度及以上的勾兑车间、灌装车间、酒泵房；白兰地蒸馏车间、勾兑车间、灌装车间、酒泵房 2）乙炔站，氢气站，石油气体分馏或分离厂房，氯乙烯厂房，乙烯聚合厂房，天然气、石油伴生气、矿井气、水煤气或焦炉煤气的净化（如脱硫）厂房压缩机室及鼓风机室，液化石油气灌瓶间，丁二烯及其聚合厂房，醋酸乙烯厂房，电解水或电解食盐厂房，环己酮厂房，乙基苯和苯乙烯厂房，化肥厂的氢氮气压缩厂房，半导体材料厂使用氢气的拉晶间，硅烷热分解室 3）硝化棉厂房及其应用部位，赛璐珞厂房，黄磷制备厂房及其应用部位，三乙基铝厂房，染化厂某些能自行分解的重氮化合物生产，甲胺厂房，丙烯腈厂房 4）金属钠、钾加工厂房及应用部位，聚乙烯厂房的一氧二乙基铝部位、三氯化磷厂房，多晶硅车间三氯氢硅部位，五氧化二磷厂房 5）氯酸钠、氯酸钾厂房及其应用部位，过氧化氢厂房，过氧化钠、过氧化钾厂房，次氯酸钙厂房 6）赤磷制备厂房及其应用部位，五硫化二磷厂房及其应用部位 7）洗涤剂厂房石蜡裂解部位，冰醋酸裂解厂房
乙	1）闪点≥28℃至<60℃的油品和有机溶剂的提炼、回收、洗涤部位及其泵房，松节油或松香蒸馏厂房及其应用部位，醋酸酐精馏厂房，己内酰胺厂房，甲酚厂房，氯丙醇厂房，樟脑油提取部位，环氧氯丙烷厂房，松针油精制部位，煤油灌桶间 2）一氧化碳压缩机室及净化部位，发生炉煤气或鼓风炉煤气净化部位，氨压缩机房 3）发烟硫酸或发烟硝酸浓缩部位，高锰酸钾厂房，重铬酸钠（红矾钠）厂房 4）樟脑或松香提炼厂房，硫黄回收厂房，焦化厂精萘厂房 5）氧气站，空分厂房 6）铝粉或镁粉厂房，金属制品抛光部位，煤粉厂房、面粉厂的碾磨部位、活性炭制造及再生厂房，谷物筒仓的工作塔，亚麻厂的除尘器和过滤器室
丙	1）闪点≥60℃的油品和有机液体的提炼、回收工段及其抽送泵房，香料厂的松油醇部位和乙酸松油脂部位，苯甲酸厂房，苯乙酮厂房，焦化厂焦油厂房，甘油、桐油的制备厂房，油浸变压器室，机器油或变压油灌桶间，柴油灌桶间，润滑油再生部位，配电室（每台装油量>60kg的设备），沥青加工厂房，植物油加工厂的精炼部位 2）煤、焦炭、油母页岩的筛分、转运工段和栈桥或储仓，木工厂房，竹、藤加工厂房，橡胶制品的压延、成型和硫化厂房，针织品厂房，纺织、印染、化纤生产的干燥部位，服装加工车间，棉花加工和打包厂房，造纸厂备料、干燥车间，印染厂成品厂房，麻纺厂粗加工厂房，谷物加工厂房，卷烟厂的切丝、卷制、包装车间，印刷厂的印刷车间，毛涤厂选毛车间，电视机、收音机装配厂房，显像管厂装配工段烧枪间，磁带装配厂房，集成电路工厂的氧化扩散间、光刻间，泡沫塑料厂的发泡、成型、印片压花部位，饲料加工厂房，畜（禽）屠宰、分割及加工车间、鱼加工车间
丁	1）金属冶炼、锻造、铆焊、热轧、铸造、热处理厂房 2）锅炉房，玻璃原料熔化厂房，灯丝烧拉部位，保温瓶胆厂房，陶瓷制品的烘干、烧成厂房，蒸汽机车库，石灰焙烧厂房，电石炉部位，耐火材料烧成部位，转炉厂房，硫酸车间焙烧部位，电极煅烧工段，配电室（每台装油量≤60kg的设备） 3）难燃铝塑材料的加工厂房，酚醛泡沫塑料的加工厂房，印染厂的漂炼部位，化纤厂后加工润湿部位
戊	制砖车间，石棉加工车间，卷扬机室，不燃液体的泵房和阀门室，不燃液体的净化处理工段，除美合金外的金属冷加工车间，电动车库，钙镁磷肥车间（焙烧炉除外），造纸厂或化学纤维厂的浆粕蒸煮工段，仪表、器械或车辆装配车间，氟利昂厂房，水泥厂的轮窑厂房，加气混凝土厂的材料准备、构件制作厂房

1.2.9　职业性接触毒物危害程度分级

职业性接触毒物危害程度分级见表 1-50 和表 1-51。

表 1-50　职业性接触毒物危害程度分级依据

（摘自 GBZ 230—2010《职业性接触毒物危害程度分级》）

指标		Ⅰ（极度危害）	Ⅱ（高度危害）	Ⅲ（中度危害）	Ⅳ（轻度危害）
急性毒性	吸入 LC_{50}/（mg/m³）	<200	200-	2000-	>2000
	经皮 LD_{50}/（mg/kg）	<100	100-	500-	>2500
	经口 LD_{50}/（mg/kg）	<25	25-	500-	>5000
急性中毒发病状况		生产中易发生中毒，后果严重	生产中可发生中毒，预后良好	偶可发生中毒	迄今未见急性中毒，但有急性影响
慢性中毒患病状况		患病率高（≥5%）	患病率较高（<5%）或症状发生率高（≥20%）	偶有中毒病例发生或症状发生率较高（≥10%）	无慢性中毒而有慢性影响
慢性中毒后果		脱离接触后，继续进展或不能治愈	脱离接触后，可基本治愈	脱离接触后，可恢复，不致严重后果	脱离接触后，自行恢复，无不良后果
致癌性		人体致癌物	可疑人体致癌物	实验动物致癌物	无致癌性
最高容许浓度（mg/m³）		<0.1	0.1-	1.0-	>10

注：LC_{50}为动物实验得出的呼吸道吸入半数致死浓度；LD_{50}为动物实验得出的经口、经皮半数致死量。

表 1-51　职业性接触毒物危害程度分级

（摘自 GBZ 230—2010《职业性接触毒物危害程度分级》）

级别	毒物名称
Ⅰ级（极度危害）	汞及其化合物，苯，砷及其无机化合物[①]，氯乙烯，铬酸盐、重铬酸盐，黄磷，铍及其化合物，对硫磷，羰基镍，八氟异丁烯，氯甲醚，锰及其无机化合物，氰化物
Ⅱ级（高度危害）	三硝基甲苯，铅及其化合物，二硫化碳，氯，丙烯腈，四氯化碳，硫化氢，甲醛，苯胺，氟化氢，五氯酚及其钠盐，镉及其化合物，敌百虫，氯丙烯，钒及其化合物，溴甲烷，硫酸二甲酯，金属镍，甲苯二异氰酸酯，环氧氯丙烷，砷化氢，敌敌畏，光气，氯丁二烯，一氧化碳，硝基苯
Ⅲ级（中度危害）	苯乙烯，甲醇，硝酸，硫酸，盐酸，甲苯，二甲苯，三氯乙烯，二甲基甲酰胺，六氟丙烯，苯酚，氢氧化物
Ⅳ级（轻度危害）	溶剂汽油，丙酮，氢氧化钠，四氟乙烯，氨

① 非致癌的无机砷化合物除外。

1.3　气象、地震资料

1.3.1　全国主要城市气象资料

全国主要城市气象资料见表 1-52。

表 1-52　全国主要城市气象资料

（摘自 GB 50736—2012《民用建筑供暖通风与空气调节设计规范》）

地名	海拔/m	大气压力/10²Pa		室外风速/（m/s）			日平均温度≤+5℃（+8℃）天数	极端温度平均值/℃		最大冻土深度/cm
		冬季	夏季	冬季最多风向平均	冬季平均	夏季平均		最低	最高	
北京	31.3	1021.7	1000.2	4.7	2.6	2.1	123（144）	-18.3	41.9	66
天津	2.5	1027.1	1005.2	4.8	2.4	2.2	121（142）	-17.8	40.5	58
塘沽	2.8	1026.3	1004.6	5.8	3.9	4.2	122（143）	-15.4	40.9	63
石家庄	81	1017.2	995.8	2.0	1.8	1.7	111（140）	-19.3	41.5	56
唐山	27.8	1023.6	1002.4	2.9	2.2	2.3	130（146）	-22.7	39.6	60
太原	778.3	933.5	919.8	2.6	2.0	1.8	141（160）	-22.7	37.4	72

（续）

地名	海拔 /m	大气压力 /10^2Pa		室外风速 /(m/s)			日平均温度 ≤+5℃（+8℃）天数	极端温度平均值 /℃		最大冻土深度 /cm
		冬季	夏季	冬季最多风向平均	冬季平均	夏季平均		最低	最高	
大同	1067.2	899.9	889.1	3.3	2.8	2.5	163	(183)	-27.2	37.2	186
呼和浩特	1063.0	901.2	889.6	4.2	1.5	1.8	167	(184)	-30.5	38.5	156
通辽	178.5	1002.6	984.4	4.4	3.7	3.5	166	(184)	-31.6	38.9	179
沈阳	44.7	1020.8	1000.9	3.6	2.6	2.6	152	(172)	-29.4	36.1	148
锦州	65.9	1017.8	997.8	5.1	3.2	3.3	144	(164)	-22.8	41.8	108
大连	91.5	1013.9	997.8	7.0	5.2	4.1	132	(152)	-18.8	35.3	90
长春	236.8	994.4	978.4	4.7	3.7	3.2	169	(188)	-33.0	35.7	169
吉林	183.4	1001.9	984.8	4.0	2.6	2.6	172	(191)	-40.3	35.7	182
哈尔滨	142.3	1004.2	987.7	3.7	3.2	3.2	176	(195)	-37.7	36.7	205
齐齐哈尔	145.9	1005.0	987.9	3.1	2.6	3.0	181	(198)	-36.4	40.1	209
上海	2.6	1025.4	1005.4	3.5	3.6	3.1	42	(93)	-10.1	39.4	8
南京	8.9	1025.5	1004.3	3.0	2.4	2.6	77	(109)	-13.1	39.7	9
徐州	41.0	1022.1	1000.8	3.5	2.3	2.6	97	(124)	-15.8	40.6	21
杭州	41.7	1021.1	1000.9	3.3	2.3	2.4	40	(90)	-8.6	39.9	—
宁波	4.8	1025.7	1005.9	3.4	2.3	2.6	32	(88)	-8.5	39.5	—
合肥	27.9	1022.3	1001.2	3.0	2.7	3.4	64	(103)	-13.5	39.1	8
蚌埠	18.7	1024.0	1002.6	3.1	2.3	2.8	83	(111)	-13.0	40.3	11
福州	84.0	1012.9	996.6	3.1	2.4	3.0	0	(0)	-1.7	38.5	—
厦门	139.4	1006.5	994.5	4.0	3.3	3.1	0	(0)	1.5	38.6	—
南昌	46.7	1019.5	999.5	3.6	2.6	2.2	26	(66)	-9.7	40.1	—
九江	36.1	1021.7	1000.7	4.1	2.7	2.3	46	(89)	-7.0	40.3	—
济南	51.6	1019.1	997.9	3.7	2.9	2.8	99	(122)	-14.9	40.5	56
青岛	76.0	1017.4	1000.4	6.6	5.4	4.6	108	(141)	-14.3	37.4	59
郑州	110.4	1013.3	992.3	4.9	2.7	2.2	97	(125)	-17.9	42.3	27
洛阳	137.1	1009.0	988.2	2.4	2.1	1.6	92	(118)	-15.0	41.7	20
武汉	23.1	1023.5	1002.1	3.0	2.3	2.0	50	(98)	-18.1	39.3	9
宜昌	133.1	1010.4	990.0	2.2	1.3	1.5	28	(85)	-9.8	40.4	—
长沙	44.9	1019.6	999.2	3.0	2.3	2.6	48	(88)	-11.3	39.7	—
衡阳	104.7	1012.6	993.0	2.7	1.6	2.1	—	(56)	-7.9	40.0	—
广州	41.7	1019.0	1004.0	2.7	1.7	1.7	0	(0)	0.0	38.1	—
汕头	1.1	1020.2	1005.7	3.7	2.7	2.6	0	(0)	0.3	38.6	—
海口	13.9	1016.4	1002.8	3.1	2.5	2.3	0	(0)	4.9	38.7	—
南宁	73.1	1011.0	995.5	1.9	1.2	1.5	0	(0)	-1.9	39.0	—
桂林	164.4	1003.0	986.1	4.4	3.2	1.6	0	(28)	-3.6	38.5	—
成都	506.1	963.7	948.0	1.9	0.9	1.2	—	(69)	-5.9	36.7	—
重庆	351.1	980.6	963.8	1.1	1.1	1.5	—	(53)	-1.8	40.2	—
贵阳	1074.3	897.4	887.8	2.5	2.1	2.1	27	(69)	-7.3	35.1	—
遵义	843.9	924.0	911.8	1.9	1.0	1.1	35	(91)	-7.1	37.4	—
昆明	1892.4	811.9	808.0	3.7	2.2	1.8	0	(27)	-7.8	30.4	—
蒙自	1300.7	865.0	871.4	5.5	3.8	3.2	0	(0)	-3.9	35.9	—
拉萨	3648.7	650.6	652.9	2.3	2.0	1.8	132	(179)	-16.5	29.9	19
昌都	3306.0	679.9	681.7	2.0	0.9	1.9	148	(185)	-20.7	33.4	81
西安	397.5	979.1	959.8	2.5	1.4	1.9	100	(127)	-12.8	41.8	37
汉中	509.5	964.3	947.8	2.4	0.9	1.1	72	(115)	-10.0	38.3	8
兰州	1517.2	851.5	843.2	1.7	0.5	1.2	130	(160)	-19.7	39.8	98
天水	1141.7	892.4	881.2	2.2	1.0	1.2	119	(145)	-17.4	38.2	90
西宁	2295.2	774.4	772.9	3.2	1.3	1.5	165	(190)	-24.9	36.5	123
格尔木	2807.3	723.5	724.0	2.3	2.2	3.3	176	(203)	-26.9	35.5	84
银川	1111.4	896.1	883.9	2.2	1.8	2.1	145	(169)	-27.7	38.7	88
吴忠	1343.9	870.6	860.6	2.8	3.2	2.3	143	(168)	-27.1	39.0	130
乌鲁木齐	917.9	924.6	911.2	2.0	1.6	3.2	158	(180)	-32.8	42.1	139
克拉玛依	449.5	979.0	957.6	2.1	1.1	4.4	147	(165)	-34.3	42.7	192
台北	9.0	1019.7	1005.3	—	3.7	2.8	0	(0)	4.8	36.9	—
香港	32.0	1019.5	1005.6	3.7	6.5	5.3	0	(0)	5.6	34.4	—

1.3.2　我国主要城镇抗震设防烈度、设计基本地震加速度和设计地震分组

我国主要城镇抗震设防烈度、设计基本地震加速度和设计地震分组见表 1-53。

表 1-53　我国主要城镇抗震设防烈度、设计基本地震加速度和设计地震分组

［摘自 GB 50011—2010《建筑抗震设计规范》（2016 年版）］

抗震设防烈度 （设计基本地震加速度值）	地　　区
9 度 （0.40g）	四川省：（第二组）康定市 　　　　　（第三组）西昌市 云南省：（第三组）东川区、寻甸回族彝族自治县、澜沧拉祜族自治县 西藏自治区：（第三组）当雄县、墨脱县 新疆维吾尔自治区：（第三组）乌恰县、塔什库尔干 台湾省：（第二组）台南县、台中县 　　　　（第三组）嘉义县、嘉义市、云林县、南投县、彰化县、台中市、苗栗县、花莲县
8 度 （0.30g）	河北省：（第二组）路南、丰南区 山西省：（第二组）洪洞县 内蒙古自治区：（第二组）土默特右旗 江苏省：（第二组）宿城区、宿豫区 海南省：（第一组）海口市（四个市辖区） 四川省：（第二组）道孚县、炉霍县 　　　　　（第三组）宁南县、普格县、冕宁县 云南省：（第三组）宜良县、崇明县、江川县、澄江县、通海县、华宁县、峨山、龙陵县、 　　　　　古城区、玉龙、永胜县、孟连、西盟、双江、耿马、沧源、建水县、石屏县、勐 　　　　　海县、洱源县、剑川县、鹤庆县、瑞丽市、芒市 西藏自治区：（第三组）错那县、申扎县、米林县、波密县 陕西省：（第二组）华县 甘肃省：（第二组）秦州区、麦积区、西和县、礼县 　　　　　（第三组）平川区、古浪县 青海省：（第三组）玛沁县 宁夏回族自治区：（第三组）海原县 新疆维吾尔自治区：（第三组）阿图什市、喀什市、疏附县、英吉沙县、昭苏县、特克斯 　　　　　　　　　　县、尼勒克县 台湾省：（第三组）台北市、台北县、基隆市、桃园县、新竹县、新竹市、宜兰县、台东 　　　　县、屏东县
8 度 （0.20g）	北京市：（第二组）东城区、西城区、朝阳区、丰台区、石景山区、海淀区、门头沟区、房 　　　　山区、通州区、顺义区、昌平区、大兴区、怀柔区、平谷区、密云区、延庆区 天津市：（第二组）和平区、河东区、河西区、南开区、河北区、红桥区、东丽区、津南 　　　　区、北辰区、武清区、宝坻区、滨海新区、宁河区 河北省：（第二组）路北区、古冶区、开平区、丰润区、滦县、峰峰矿区、临漳县、磁县、 　　　　下花园区、怀来县、涿鹿县、安次区、广阳区、香河县、大厂回族自治县、三河市 山西省：（第二组）太原（6 个市辖区）、清徐县、阳曲县、大同（城区、矿区、南郊区）、 　　　　大同县、山阴县、应县、怀仁县、榆次区、太谷县、祁县、平遥县、灵石县、介 　　　　休市、忻府区、定襄县、五台县、代县、原平市、尧都区、襄汾县、古县、浮山 　　　　县、汾西县、霍州市、文水县、交城县、孝义市、汾阳市 　　　　（第三组）永济市 内蒙古自治区：（第一组）元宝山区、宁城县、磴口县、乌拉特前旗、乌拉特后旗 　　　　　　　　（第二组）呼和浩特（四个辖区）、土默特左旗、包头市（五个辖区）、乌 　　　　　　　　海市（三个辖区）、达拉特旗、杭锦后旗、阿拉善左旗、阿拉善右旗 辽宁省：（第一组）瓦房店市、普兰店市、东港市 　　　　（第二组）海城市、老边区、盖州市、大石桥市 吉林省：（第一组）舒兰市、宁江区、前郭尔罗斯蒙古族自治县 黑龙江省：（第一组）方正县 江苏省：（第二组）新沂市、邳州市、睢宁县、泗洪县 山东省：（第二组）潍城区、奎文区、坊子区、安丘市、莒县、兰山区、罗庄区、河东区、 　　　　郯城县、沂水县、莒南县、临沭县、阳谷县、莘县、鄄城县、东明县

（续）

抗震设防烈度 （设计基本地震加速度值）	地　区
8 度 （0.20g）	河南省：（第二组）新乡市（四个市辖区）、新乡县、获嘉县、原阳县、延津县、卫辉市、辉县市、安阳市（四个市辖区）、安阳县、汤阴县、范县 广东省：（第二组）汕头市（除潮南区外五个市辖区）、南澳县、徐闻县、湘桥区、潮安区 海南省：（第二组）文昌市、定安县 四川省：（第一组）宝兴县、汶川县、茂县 　　　　（第二组）都江堰市、平武县、松潘县、泸定县、德格县、白玉县、巴塘县、得荣县 　　　　（第三组）石棉县、九寨沟县、理塘县、甘孜县、盐源县、德昌县、布拖县、昭觉县、喜德县、越西县、雷波县 云南省：（第二组）福贡县、贡山、香格里拉市、德钦县、维西 　　　　（第三组）昆明市（除东川区外五个市辖区）、晋宁县、石林、安宁市、马龙县、会泽县、红塔区、易门县、隆阳区、施甸县、巧家县、永善县、宁蒗、思茅区、宁洱、临翔区、凤庆县、云县、永德县、镇康县、景洪市、大理市、漾濞、祥云县、宾川县、弥渡县、南涧、巍山、梁河县、盈江县、陇川县、泸水县、腾冲市、楚雄市、南华县 西藏自治区：（第二组）拉孜县、定结县、亚东县、嘉黎县 　　　　　　（第三组）城关区、林周县、尼木县、堆龙德庆县、卡若区、边坝县、洛隆县、桑日县、曲松县、隆子县、仁布县、康马县、聂拉木县、那曲县、安多县、尼玛县、普兰县、巴宜区 陕西省：（第二组）西安市（十个市辖区）、蓝田县、周至县、户县、渭滨区、金台区、陈仓区、扶风县、眉县、秦都区、杨陵区、渭城区、泾阳县、武功县、兴平市、临渭区、潼关县、大荔县、华阴市 　　　　（第三组）凤翔县、岐山县、陇县、千阳县 甘肃省：（第二组）嘉峪关市、甘谷县、肃南、高台县、肃北、武都区、成县、文县、宕昌县、康县、徽县、玛曲县 　　　　（第三组）兰州市（除红古区外四个市辖区）、永登县、靖远县、会宁县、景泰县、清水县、秦安县、武山县、张家川、凉州区、天祝、临泽县、华亭县、庄浪县、静宁县、通渭县、陇西县、漳县、两当县、永靖县、舟曲县 青海省：（第二组）祁连县 　　　　（第三组）甘德县、达日县、曲麻莱县 宁夏回族自治区：（第二组）兴庆区、西夏区、金凤区、永宁县、贺兰县、大武口区、惠农区、平罗县 　　　　　　　　（第三组）灵武市、利通区、红寺堡区、同心县、青铜峡市、原州区、西吉县、隆德县、泾源县、沙坡头区、中宁县 新疆维吾尔自治区：（第二组）乌鲁木齐市（七个市辖区）、乌鲁木齐县、巴里坤、木垒、阿拉山口市、库尔勒市、焉耆、和静镇、和硕县、博湖县、阿克苏市、温宿县、库车县、拜城县、乌什县、柯坪县、阿合奇县、铁关门市 　　　　　　　　　（第三组）独子山区、昌吉市、玛纳斯县、精河县、阿克陶县、疏勒县、岳普湖县、伽师县、巴楚县、伊宁市、奎屯市、霍尔果斯市、伊宁县、霍城县、巩留县、新源县、乌苏市、沙湾县、富蕴县、清河县、石河子市、可克达拉市 台湾省：（第二组）澎湖县 　　　　（第三组）高雄市、高雄县、金门县
7 度 （0.15g）	天津市：（第二组）西青区、静海区、蓟县 河北省：（第一组）辛集市、永年县、桥东区、桥西区、邢台县、内丘县、柏乡县、隆尧县、任县、南和县、宁晋县、巨鹿县、新河县、沙河市、肃宁县、献县、任丘市、河间市、大城县、饶阳县、深州市 　　　　（第二组）滦南县、迁安市、卢龙县、邯山区、丛台区、复兴区、邯郸县、成安县、大名县、魏县、武安市、涞水县、定兴县、涿州市、高碑店市、桥东区、桥西区、宣化区、宣化县、蔚县、阳原县、怀安县、万全县、青县、固安县、永清县、文安县 　　　　（第三组）曹妃甸区、乐亭县、玉田县

（续）

抗震设防烈度 （设计基本地震加速度值）	地　区
7 度 （0.15g）	山西省：（第二组）古交市、新荣区、阳高县、天镇县、广灵县、灵丘县、左云县、朔城区、平鲁区、右玉县、盐湖区、新绛县、夏县、平陆县、芮城县、河津市、繁峙县、曲沃县、翼城县、蒲县、侯马市 　　　　　（第三组）浑源县、临猗县、万荣县、闻喜县、稷山县、绛县、宁武县 内蒙古自治区：（第一组）红山区、喀喇沁旗 　　　　　　　　（第二组）托克托县、和林格尔县、武川县、固阳县、临河区、五原县、凉城县、察哈尔右翼前旗、丰镇市 辽宁省：（第一组）金州区、元宝区、振兴区、振安区 　　　　　（第二组）站前区、西市区、鲅鱼圈区 吉林省：（第一组）大安市、安图县 黑龙江省：（第一组）依兰县、通河县、延寿县 江苏省：（第一组）邗江区、仪征市、京口区、润州区 　　　　　（第二组）广陵区、江都区 　　　　　（第三组）东海县、大丰区、沭阳县 安徽省：（第一组）霍山县 　　　　　（第二组）五河县、泗县 福建省：（第二组）海沧区、芗城区、龙文区、诏安县、长泰县、东山县、南靖县、龙海市 　　　　　（第三组）思明区、湖里区、集美区、翔安区、泉州市（除泉港区外的三个市辖区）、石狮市、晋江市、漳浦县 山东省：（第二组）临淄区、台儿庄区、长岛县、蓬莱市、寒亭区、临朐县、昌乐县、青州市、寿光市、昌邑市、沂南县、兰陵县、费县、平原县、禹城市、东昌府区、茌平县、高唐县、牡丹区、郓城县、定陶县 　　　　　（第三组）山亭区、龙口市、诸城市、五莲县 河南省：（第二组）郑州市（除上街区外五个市辖区）、兰考县、滑县、内黄县、鹤山区、浚县、封丘县、长垣县、修武县、武陟县、华龙区、清丰县、南乐县、台前县、濮阳县、湖滨区、陕州区、灵宝市 湖北省：（第一组）竹山县、竹溪县 湖南省：（第一组）常德市（两个市辖区） 广东省：（第一组）江城区 　　　　　（第二组）潮南区、饶平县、榕城区、揭东区 广西壮族自治区：（第一组）隆安县、灵山县、田东县、平果县、乐业县 海南省：（第一组）临高县 　　　　　（第二组）澄迈县 四川省：（第一组）宝兴、茂县、巴塘、德格、马边、雷波 　　　　　（第二组）彭州市、什邡市、绵竹市、北川羌族自治县、江油市、朝天区、青川县、沙湾区、沐川县、峨边彝族自治县、马边彝族自治县、天全县、庐山县、理县、阿坝县、丹巴县 　　　　　（第三组）攀枝花市（三个市辖区）、米易县、盐边县、金口河区、荥经县、汉源县、九龙县、雅江县、新龙县、木里藏族自治县、会东县、金阳县、甘洛县、美姑县 贵州省：（第一组）望谟县 云南省：（第二组）绥江县 　　　　　（第三组）富民县、禄劝、麒麟区、陆良县、沾益区、新平、元江、昌宁县、大关县、彝良县、鲁甸县、华坪县、景东、景谷、双柏县、牟定县、姚安县、大姚县、元谋县、武定县、禄丰县、个旧市、开远市、弥勒市、元阳县、红河县、勐腊县、永平县、云龙县、兰坪

（续）

抗震设防烈度 （设计基本地震加速度值）	地　区
7度 (0.15g)	西藏自治区：（第二组）江达县、芒康县、昂仁县、谢通门县、仲巴县、索县、巴青县、双湖县、札达县、改则县 （第三组）曲水县、达孜县、墨竹工卡县、类乌齐县、丁青县、察雅县、八宿县、左贡县、乃东县、扎囊县、贡嘎县、琼结县、措美县、洛扎县、加查县、浪卡子县、桑珠孜区、南木林县、江孜县、定日县、萨迦县、白朗县、吉隆县、萨嘎县、岗巴县、聂荣县、班戈县、噶尔县、日土县、察隅县、朗县 陕西省：（第二组）三原县、礼泉县、合阳县、蒲城县、韩城市、略阳县、洛南县 （第三组）凤县、乾县、澄城县、富平县 甘肃省：（第二组）民乐县、山丹县、金塔县、阿克塞、临夏县、合作市、夏河县 （第三组）红古区、皋兰县、榆中县、金川区、永昌县、白银区、甘州区、崆峒区、崇信县、肃州区、玉门市、安定区、渭源县、临洮县、岷县、临夏市、康乐县、广河县、和政县、东乡族自治县、临潭县、卓尼县、迭部县 青海省：（第二组）海晏县、同仁县、贵德县、乌兰县 （第三组）门源、玛多县、玉树市、治多县、德令哈市 宁夏回族自治区：（第三组）彭阳县 新疆维吾尔自治区：（第一组）和布克赛尔蒙古自治县 （第二组）高昌区、伊吾县、阜康市、吉木萨尔县、轮台县、新和县、和田市、和田县、墨玉县、洛浦县、策勒县、托里县、阿勒泰县、哈巴河县 （第三组）呼图壁县、博乐市、温泉县、泽普县、叶城县、察布查尔锡伯自治县、图木舒克市、五家渠市、双河市 香港特别行政区：（第二组）香港
7度 (0.10g)	上海市：（第二组）上海市（十七个市辖区） 河北省：（第一组）赵县、安平县 （第二组）长安区、桥西区、新华区、井陉矿区、裕华区、栾城区、藁城区、鹿泉区、井陉县、正定县、高邑县、深泽县、无极县、平山县、抚宁区、北戴河区、昌黎县、元氏县、晋州市、涉县、肥乡县、鸡泽县、广平县、曲周县、临城县、广宗县、平乡县、南宫市、竞秀区、莲池区、徐水区、高阳县、容城县、安新县、易县、蠡县、博野县、雄县、张北县、尚义县、崇礼县、新华区、运河区、沧县、东光县、南皮县、吴桥县、泊头市、霸州市、桃城区、武强县、冀州市 （第三组）灵寿县、迁西县、遵化市、青龙满族自治县、海港区、邱县、馆陶县、清苑区、涞源县、安国市、赤城县、鹰手营子矿区、兴隆县、黄骅市 山西省：（第二组）阳泉市（城区、矿区、郊区）、平定县、长治市（城区、郊区）、长治县、黎城县、壶关县、潞城市、昔阳县、垣曲县 （第三组）娄烦县、盂县、平顺县、武乡县、沁县、沁源县、沁水县、陵川县、榆社县、和顺县、寿阳县、静乐县、神池县、五寨县、安泽县、吉县、乡宁县、隰县、离石区、岚县、中阳县、交口县 内蒙古自治区：（第一组）松山区、阿鲁科尔沁旗、敖汉旗、科尔沁区、开鲁县、扎赉诺尔区、新巴尔虎右旗、扎兰屯市 （第二组）清水河县、乌拉特中旗、集宁区、卓资县、兴和县 （第三组）东胜区、准格尔旗、察哈尔右翼中旗 辽宁省：（第一组）沈阳市（十个市辖区）、台安县、抚顺市（四个市辖区）、抚顺县、本溪市（除南芬区外三个市辖区）、白塔区、文圣区、太子河区、灯塔市、银州区、清河区、铁岭县、昌图县、开原市、双塔区、龙城区、朝阳县、建平县、北票市 （第二组）大连市（除金州区外五个市辖区）、鞍山市（四个市辖区）、岫岩满族自治县、南芬区、弓长岭区、宏伟区、辽阳县、双台子区、兴隆台区、大洼县、盘山县、凌源市 吉林省：（第一组）长春市（七个市辖区）、吉林市（四个市辖区）、永吉县、伊通满族自治县、乾安县、洮北区

（续）

抗震设防烈度 （设计基本地震加速度值）	地　区
7 度 （0.10*g*）	黑龙江省：（第一组）道里区、南岗区、道外区、松北区、香坊区、呼兰区、尚志市、五常市、昂昂溪区、富拉尔基区、泰来县、鹤岗市（六个市辖区）、萝北县、肇源县、佳木斯市（四个市辖区）、汤原县、北林区、庆安县 江苏省：（第一组）南京市（除六合区和高淳区外的九个市辖区）、无锡市（六个直辖市区）、宜兴市、常州市（五个市辖区）、溧阳市、苏州市（五个市辖区）、常熟市、昆山市、太仓市、丹徒区、丹阳市、扬中市、句容市 　　　　（第二组）六合区、崇川区、港闸区、海安县、如东县、如皋市、亭湖区、射阳县、东台市、沛县、盱眙县、高邮市、泰州市（三个市辖区）、兴化市 　　　　（第三组）徐州市（五个市辖区）、连云区、海州区、赣榆区、灌云县、淮安市（除淮安区外三个市辖区）、盐都区、泗阳县 浙江省：（第一组）上城区、下城区、江干区、拱墅区、西湖区、余杭区、宁波市（六个市辖区）、南湖区、秀洲区、嘉善县、海宁市、平湖市、桐乡市、定海区、普陀区、岱山县、嵊泗县 安徽省：（第一组）合肥市（四个市辖区）、长丰县、肥东县、肥西县、庐江县、巢湖市、蚌埠市（四个市辖区）、怀远县、淮南市（五个市辖区）、凤台县、铜陵市（三个市辖区）、铜陵县、安庆市（三个市辖区）、枞阳县、桐城市、定远县、凤阳县、阜阳市（三个市辖区）、金安区、裕安区、寿县、舒城县、贵池区、郎溪县 　　　　（第二组）固镇县、天长市、明光市、灵璧县、谯城区、涡阳县 　　　　（第三组）萧县 福建省：（第二组）平和县、华安县 　　　　（第三组）福州市（五个市辖区）、平潭县、福清市、长乐市、同安区、莆田市（四个市辖区）、仙游县、泉港区、惠安县、安溪县、永春县、南安市、云霄县 江西省：（第一组）安远县、会昌县、寻乌县、瑞金市 山东省：（第一组）牟平区、环翠区、文登区、荣成市 　　　　（第二组）平阴县、青岛市（除黄岛区外五个市辖区）、淄川区、博山区、滕州市、芝罘区、福山区、莱山区、兖州区、汶上县、泗水县、曲阜市、邹城市、泰山区、岱岳区、宁阳县、莱城区、德城区、陵城区、夏津县、东阿县、曹县、单县、成武县 　　　　（第三组）长清区、黄岛区、平度市、胶州市、即墨市、张店区、周村区、桓台县、高青县、沂源县、市中区、薛城区、峄城区、东营区、河口区、垦利县、广饶县、莱州市、招远市、栖霞市、高密市、微山县、梁山县、新泰市、东港区、岚山区、钢城区、平邑县、蒙阴县、临邑县、齐河县、滨城区、博兴县、邹平县、冠县、临清市、巨野县 河南省：（第一组）魏都区、许昌县、鄢陵县、禹州市、长葛市、舞阳县、宛城区、卧龙区、西峡县、镇平县、内乡县、唐河县、罗山县、潢川县、息县、扶沟县、太康县、西平县 　　　　（第二组）上街区、中牟县、巩义市、荥阳市、新密市、新郑市、登封市、开封市（五个市辖区）、通许县、尉氏县、洛阳市（六个市辖区）、孟津县、新安县、宜阳县、偃师市、林州市、焦作市（四个市辖区）、博爱县、温县、沁阳市、孟州市、梁园区、睢阳区、民权县、虞城县、济源市 湖北省：（第一组）新洲区、郧阳区、房县、团风县、罗田县、英山县、麻城市 湖南省：（第一组）岳阳楼区、岳阳县、安乡县、汉寿县、澧县、临澧县、桃源县、津市市 　　　　（第二组）湘阴县、汨罗市 广东省：（第一组）广州市（除花都、增城和从化外的八个市辖区）、罗湖区、福田区、南山区、宝安区、龙岗区、盐田区、斗门区、佛山市（五个市辖区）、江门市（三个市辖区）、鹤山市、湛江市（四个市辖区）、遂溪县、廉江市、雷州市、吴川市、茂南区、电白区、化州市、肇庆市（三个市辖区）、梅江区、梅县区、丰顺县、城区、海丰县、陆丰市、源城区、东源县、阳东区、阳西县、中山市 　　　　（第二组）香洲区、金湾区、大埔县、惠来县、普宁市

（续）

抗震设防烈度 （设计基本地震加速度值）	地　　区
7度 （0.10g）	广西壮族自治区：（第一组）南宁市（除武鸣区外的六个市辖区）、横县、合浦县、钦南区、 钦北区、浦北县、玉州区、福绵区、陆川县、博白县、兴业县、北流市、 右江区、田阳县、田林县、扶绥县 海南省：（第一组）三沙市 　　　　（第二组）儋州市、琼海市、屯昌县 重庆市：（第一组）黔江区、荣昌区 四川省：（第一组）自贡市（四个市辖区）、隆昌县 　　　　（第二组）富顺县、旌阳区、中江县、罗江县、涪城区、游仙区、安县、利州区、 昭化区、剑阁县、市中区、峨眉山市、翠屏区、宜宾县、屏山县、雨城区、马尔 康县、乡城县 　　　　（第三组）成都市（九个市辖区）、双流县、郫县、金堂县、大邑县、蒲江县、新 津县、邛崃市、崇州市、广汉市、五通桥区、犍为县、夹江县、东坡区、彭山区、 洪雅县、丹棱县、青神县、高县、名山区、金川县、小金县、黑水县、壤塘县、 若尔盖县、红原县、石渠县、色达县、稻城县、会理县 贵州省：（第一组）福泉市、贵定县、龙里县 　　　　（第二组）钟山区、普安县、晴隆县 　　　　（第三组）威宁彝族回族苗族自治县 云南省：（第一组）河口（第二组）水富县 　　　　（第三组）师宗县、富源县、罗平县、宣威市、昭阳区、盐津县、墨江、镇沅、江 城、永仁县、蒙自市、泸西县、金平、绿春县、文山市 西藏自治区：（第二组）措勤县 　　　　　　　（第三组）贡觉县、比如县、革吉县、工布江达县 陕西省：（第一组）汉滨区、平利县、商南县 　　　　（第二组）汉台区、南郑县、勉县、宁强县 　　　　（第三组）铜川市（三个市辖区）、麟游县、太白县、永寿县、淳化县、白水县、 留坝县、商州区、柞水县 甘肃省：（第三组）民勤县、泾川县、灵台县、瓜州县、敦煌市、西峰区、环县、镇原县、 积石山、碌曲县 青海省：（第二组）泽库县、杂多县、囊谦县 　　　　（第三组）西宁市（四个市辖区）、大通、湟中县、湟源县、乐都区、平安区、民 和、互助、化隆、循化、刚察县、尖扎县、河南、共和县、同德县、兴海县、贵 南县、班玛县、久治县、称多县、格尔木市、都兰县、天峻县 新疆维吾尔自治区：（第一组）乌尔禾区、塔城市、额敏县 　　　　　　　　　　（第二组）鄯善县、托克逊县、哈密市、奇台县、尉犁县、若羌县、于 田县、民丰县、裕民县、布尔津县、北屯市、阿拉尔市 　　　　　　　　　　（第三组）克拉玛依区、白碱滩区、且末县、沙雅县、阿瓦提镇、莎车 县、麦盖提县、皮山县 澳门特别行政区：（第二组）澳门

注：1. 本表仅摘录抗震设防烈度为 7 度及 7 度以上地区。

　　2. 表中第一组、第二组、第三组是指设计地震第一、二、三组。建筑的设计特征周期应根据其所在地的设计地震
　　　分组和场地类别确定，对 Ⅱ 类场地，第一组、第二组和第三组的设计特征周期，应分别按 0.35s、0.40s 和
　　　0.45s 采用。

1.4　常用管道材料

1.4.1　输送流体用无缝钢管

输送流体用无缝钢管（GB/T 8163—2018）分为冷

轧和热轧两种，其理论质量分别见表 1-54 和表 1-55。

1.4.2　低压流体输送用焊接钢管

低压流体输送用焊接钢管（GB/T 3091—2015）
的理论质量见表 1-56 和表 1-57。

表1-54　冷轧无缝钢管的理论质量

外径/mm	壁　厚/mm							
	1.0	1.2	1.5	1.8	2.0	2.5	3.0	3.5
	理论质量/(kg/m)							
14	0.321	0.379	0.462	0.541	0.592	0.709	0.814	0.906
16	0.370	0.438	0.536	0.629	0.691	0.832	0.962	1.08
18	0.419	0.497	0.610	0.717	0.789	0.956	1.11	1.25
20	0.469	0.556	0.684	0.806	0.888	1.08	1.26	1.42
22	0.518	0.616	0.758	0.895	0.986	1.20	1.41	1.60
25	0.592	0.703	0.869	1.03	1.13	1.39	1.63	1.86
28	0.666	0.792	0.98	1.16	1.28	1.57	1.85	2.11
30	0.715	0.851	1.05	1.25	1.38	1.70	2.00	2.29
32	0.755	0.910	1.13	1.34	1.48	1.82	2.15	2.46
38	0.912	1.087	1.35	1.61	1.78	2.19	2.59	2.98
42	1.01	1.208	1.50	1.79	1.97	2.44	2.89	3.35
45	1.09	1.295	1.61	1.91	2.12	2.62	3.11	3.58
48	1.15	1.382	1.72	2.05	2.27	2.81	3.33	3.84
50	1.21	1.44	1.79	2.14	2.37	2.93	3.48	4.01
57	1.38	1.65	2.05	2.45	2.71	3.36	4.00	4.62

表1-55　热轧无缝钢管的理论质量

外径/mm	壁　厚/mm													
	2.5	3	3.5	4	4.5	5	5.5	6	6.5	7	8	9	10	11	12
	理论质量/(kg/m)													
32	1.82	2.15	2.46	2.76	3.05	3.33	3.59	3.85	4.09	4.32	4.74	—	—	—	—
38	2.19	2.59	2.98	3.35	3.72	4.07	4.41	4.74	5.05	5.35	5.92	—	—	—	—
42	2.44	2.89	3.35	3.75	4.16	4.56	4.95	5.33	5.69	6.04	6.71	7.32	7.88	—	—
45	2.62	3.11	3.58	4.04	4.49	4.93	5.36	5.77	6.17	6.56	7.30	7.99	8.63	—	—
50	2.93	3.48	4.01	4.54	5.05	5.55	6.04	6.51	6.97	7.42	8.29	9.10	9.86	—	—
54	—	3.77	4.36	4.93	5.49	6.04	6.58	7.10	7.61	8.11	9.08	9.99	10.85	11.67	—
57	—	4.00	4.62	5.23	5.83	6.41	6.99	7.55	8.10	8.63	9.67	10.65	11.59	12.48	13.32
60	—	4.22	4.88	5.52	6.16	6.78	7.39	7.99	8.58	9.15	10.26	11.32	12.33	13.29	14.21
63.5	—	4.48	5.18	5.87	6.55	7.21	7.87	8.51	9.14	9.75	10.95	12.10	13.19	14.24	15.24
68	—	4.81	5.57	6.31	7.05	7.77	8.48	9.17	9.86	10.53	11.84	13.10	14.30	15.46	16.57
70	—	4.96	5.74	6.51	7.27	8.01	8.75	9.47	10.18	10.88	12.23	13.54	14.80	16.01	17.16
73	—	5.18	6.00	6.81	7.60	8.38	9.16	9.91	10.66	11.39	12.82	14.21	15.54	16.82	18.05
76	—	5.40	6.26	7.10	7.93	8.75	9.56	10.36	11.14	11.91	13.42	14.87	16.28	17.63	18.94
83	—	—	6.86	7.79	8.71	9.62	10.51	11.39	12.26	13.12	14.80	16.42	18.00	19.53	21.01
89	—	—	7.38	8.38	9.38	10.36	11.33	12.28	13.22	14.16	15.98	17.76	19.48	21.16	22.79
95	—	—	7.90	8.98	10.04	11.10	12.14	13.17	14.19	15.19	17.16	19.09	20.96	22.79	24.56
102	—	—	8.50	9.67	10.82	11.96	13.09	14.21	15.31	16.40	18.55	20.64	22.69	24.69	26.63
108	—	—	—	10.26	11.49	12.70	13.90	15.09	16.27	17.44	19.73	21.97	24.17	26.31	28.41
114	—	—	—	10.85	12.15	13.44	14.72	15.98	17.23	18.47	20.91	23.31	25.65	27.94	30.19
121	—	—	—	11.54	12.93	14.30	15.67	17.02	18.35	19.68	22.29	24.86	27.37	29.84	32.26
127	—	—	—	12.13	13.59	15.04	16.48	17.90	19.32	20.72	23.48	26.19	28.85	31.47	34.03
133	—	—	—	12.73	14.26	15.78	17.29	18.79	20.28	21.75	24.66	27.52	30.33	33.10	35.81
140	—	—	—	—	15.04	16.65	18.24	19.83	21.40	22.96	26.04	29.08	32.06	34.99	37.88
146	—	—	—	—	15.70	17.39	19.06	20.72	22.36	24.00	27.23	30.41	33.54	36.62	39.66
152	—	—	—	—	16.37	18.13	19.87	21.60	23.32	25.03	28.41	31.74	35.02	38.25	41.43
159	—	—	—	—	17.15	18.99	20.82	22.64	24.45	26.24	29.79	33.29	36.75	40.15	43.50
168	—	—	—	—	—	20.10	22.04	23.97	25.89	27.79	31.57	35.29	38.97	42.59	46.17
180	—	—	—	—	—	21.59	23.70	25.75	27.70	29.87	33.93	37.95	41.92	45.85	49.72
194	—	—	—	—	—	23.31	25.60	27.82	30.00	32.28	36.70	41.06	45.38	49.64	53.86
203	—	—	—	—	—	—	29.14	31.50	33.83	38.47	43.05	47.59	52.08	56.52

（续）

外径 /mm	壁　厚/mm														
	2.5	3	3.5	4	4.5	5	5.5	6	6.5	7	8	9	10	11	12
	理论质量/(kg/m)														
219	—	—	—	—	—	—	—	31.52	34.06	36.60	41.63	46.61	51.54	56.43	61.26
245	—	—	—	—	—	—	—	—	38.23	41.09	46.76	52.38	57.95	63.48	68.95
273	—	—	—	—	—	—	—	—	42.64	45.92	52.28	58.60	64.86	71.07	77.24
299	—	—	—	—	—	—	—	—	—	57.41	64.37	71.27	78.13	84.93
325	—	—	—	—	—	—	—	—	—	—	62.54	70.14	77.68	85.18	92.63
351	—	—	—	—	—	—	—	—	—	—	67.67	75.91	84.10	92.23	100.32
377	—	—	—	—	—	—	—	—	—	—	—	81.68	90.51	99.29	108.02
402	—	—	—	—	—	—	—	—	—	—	—	87.21	96.67	106.06	115.41
426	—	—	—	—	—	—	—	—	—	—	—	92.55	102.59	112.58	122.52
450	—	—	—	—	—	—	—	—	—	—	—	97.87	108.50	119.08	130.61
480	—	—	—	—	—	—	—	—	—	—	—	104.52	115.90	127.22	139.49
500	—	—	—	—	—	—	—	—	—	—	—	108.96	120.83	132.65	145.41

表 1-56　小直径低压流体输送用焊接钢管的理论质量

公称口径 /mm	公称外径 /mm	普通钢管		加厚钢管	
		公称壁厚/mm	理论质量/(kg/m)	公称壁厚/mm	理论质量/(kg/m)
6	10.2	2.0	0.40	2.5	0.47
8	13.5	2.5	0.68	2.8	0.74
10	17.2	2.5	0.91	2.8	0.99
15	21.3	2.8	1.28	3.5	1.54
20	26.9	2.8	1.66	3.5	2.02
25	33.7	3.2	2.41	4.0	2.93
32	42.4	3.5	3.36	4.0	3.79
40	48.3	3.5	3.87	4.0	4.86
50	60.3	3.8	5.29	4.5	6.19
65	76.1	4.0	7.11	4.5	7.95
80	88.9	4.0	8.38	5.0	10.35
100	114.3	4.0	10.88	5.0	13.48
125	139.7	4.0	13.39	5.5	18.20
150	168.3	4.5	18.18	6.0	24.02

注：1. 表列为焊接钢管的理论质量，镀锌焊接钢管的理论质量应增加 3%～6%。

2. 表中的公称口径为近似内径的名义尺寸，不表示公称外径减去两个公称壁厚所得的内径。

表 1-57　大直径低压流体输送用焊接钢管的理论质量

公称外径 /mm	公称壁厚/mm														
	4.0	4.5	5.0	5.5	6.0	6.5	7.0	8.0	9.0	10.0	11.0	12.5	14.0	15.0	16.0
	理论质量/(kg/m)														
177.8	17.14	19.23	21.31	23.37	25.42	—	—	—	—	—	—	—	—	—	—
193.7	18.71	21.00	23.27	25.53	27.77	—	—	—	—	—	—	—	—	—	—
219.1	21.22	23.82	26.40	28.97	31.53	34.08	36.61	41.65	46.63	51.57	—	—	—	—	—
244.5	23.72	26.63	29.53	32.42	35.29	38.15	41.00	46.66	52.27	57.83	—	—	—	—	—
273.0	—	—	33.05	36.28	39.51	42.72	45.92	52.28	58.60	64.86	—	—	—	—	—
323.9	—	—	39.32	43.19	47.04	50.88	54.71	62.32	69.89	77.41	84.88	95.99	—	—	—
355.6	—	—	—	47.49	51.73	55.96	60.18	68.58	76.93	85.23	93.48	105.77	—	—	—
406.4	—	—	—	54.38	59.25	64.10	68.95	78.60	88.20	97.76	107.26	121.43	—	—	—
457.2	—	—	—	61.27	66.76	72.25	77.72	88.62	99.48	110.29	121.04	137.09	—	—	—
508	—	—	—	68.16	74.28	80.39	86.49	98.65	110.75	122.81	134.82	152.75	—	—	—
559	—	—	—	75.08	81.83	88.57	95.29	108.71	122.07	135.39	148.66	168.47	188.17	201.24	214.26
610	—	—	—	81.99	89.37	96.74	104.10	118.77	133.39	147.97	162.49	184.19	205.78	220.10	234.38

（续）

公称外径/mm	公称壁厚/mm															
	6.0	6.5	7.0	8.0	9.0	10.0	11.0	13.0	14.0	15.0	16.0	18.0	19.0	20.0	22.0	25.0
	理论质量/(kg/m)															
660	96.77	104.76	112.73	128.63	144.49	160.30	176.06	207.43	223.04	238.60	254.11	284.99	300.35	315.67	346.15	391.50
711	104.32	112.93	121.53	138.70	155.81	172.88	189.89	223.78	240.65	257.47	274.24	307.63	324.25	340.82	373.82	422.94
762	111.86	121.11	130.34	148.76	167.13	185.45	203.73	240.13	258.26	276.33	294.36	330.27	348.15	365.98	401.49	454.39
813	119.41	129.28	139.14	158.82	178.45	198.03	217.56	256.48	275.86	295.20	314.48	352.91	372.04	391.13	429.16	485.83
864	126.96	137.46	147.94	168.88	189.77	210.61	231.40	272.83	293.47	314.06	334.61	375.55	395.94	416.29	456.83	517.27
914	134.36	145.47	156.58	178.75	200.87	222.94	244.96	288.86	310.73	332.56	354.34	397.74	419.37	440.95	483.96	548.10
1016	149.45	161.82	174.18	198.87	223.51	248.09	272.63	321.56	345.95	370.29	394.58	443.02	467.16	491.26	539.30	610.99
1067	157.00	170.00	182.99	208.93	234.83	260.67	286.47	337.91	363.56	389.16	414.71	465.66	491.06	516.41	566.97	642.43
1118	164.54	178.17	191.79	218.99	246.15	273.25	300.30	354.26	381.17	408.02	434.83	488.30	514.96	541.57	594.64	673.88
1168	171.94	186.19	200.42	228.86	257.24	285.58	313.87	370.29	398.43	426.52	454.56	510.49	538.39	566.23	621.77	704.70
1219	179.49	194.36	209.23	238.92	268.56	298.16	327.70	386.64	416.04	445.39	474.68	533.13	562.28	591.38	649.44	736.15
1321	194.58	210.71	226.84	259.04	291.20	323.31	355.37	419.34	451.26	483.12	514.93	578.41	610.08	641.69	704.78	799.03
1422	209.52	226.90	244.27	278.97	313.62	348.22	382.77	451.72	486.13	520.48	554.79	623.25	657.40	691.51	759.57	861.30
1524	224.62	243.25	261.88	299.09	336.26	373.38	410.44	484.43	521.34	558.21	595.03	668.52	705.20	741.82	814.91	924.19
1626	239.71	259.61	279.49	319.22	358.90	398.53	438.11	517.13	556.56	595.95	635.28	713.80	752.99	792.13	870.26	987.08

注：根据需方要求，经供需双方协议，并在合同中注明，可供表中规定以外尺寸的钢管。

1.4.3　低中压锅炉用无缝钢管

低中压锅炉用无缝钢管（GB 3087—2008）的理论质量见表1-58。

表1-58　低中压锅炉用无缝钢管的理论质量

外径/mm	壁厚/mm													
	2.0	2.5	3.0	3.5	4.0	4.5	5.0	6.0	7.0	8.0	9.0	10.0	11.0	12.0
	理论质量/(kg/m)													
18	0.789	0.956	1.11	—	—	—	—	—	—	—	—	—	—	—
19	0.838	1.02	1.18	—	—	—	—	—	—	—	—	—	—	—
20	0.888	1.08	1.26	—	—	—	—	—	—	—	—	—	—	—
22	0.986	1.20	1.41	1.58	1.78	—	—	—	—	—	—	—	—	—
24	1.09	1.33	1.55	1.77	1.97	—	—	—	—	—	—	—	—	—
25	1.13	1.39	1.63	1.86	2.07	—	—	—	—	—	—	—	—	—
29	—	1.63	1.92	2.20	2.47	—	—	—	—	—	—	—	—	—
30	—	1.70	2.00	2.29	2.56	—	—	—	—	—	—	—	—	—
32	—	1.82	2.15	2.46	2.76	—	—	—	—	—	—	—	—	—
35	—	2.00	2.37	2.72	3.06	—	—	—	—	—	—	—	—	—
38	—	2.19	2.59	2.98	3.35	—	—	—	—	—	—	—	—	—
42	—	2.44	2.89	3.35	3.75	4.16	4.56	—	—	—	—	—	—	—
40	—	2.31	2.73	3.15	3.55	—	—	—	—	—	—	—	—	—
45	—	2.62	3.11	3.58	4.04	4.49	4.93	—	—	—	—	—	—	—
48	—	2.81	3.33	3.84	4.34	4.83	5.30	—	—	—	—	—	—	—
51	—	2.99	3.55	4.10	4.64	5.16	5.67	—	—	—	—	—	—	—
57	—	—	4.00	4.62	5.23	5.83	6.41	—	—	—	—	—	—	—
60	—	—	4.22	4.88	5.52	6.16	6.78	—	—	—	—	—	—	—
63.5	—	—	4.48	5.18	5.87	6.55	7.21	—	—	—	—	—	—	—

（续）

外径 /mm	壁　　厚/mm												
	2.0	2.5	3.0	3.5	4.0	4.5	5.0	6.0	7.0	8.0	9.0	10.0	11.0	12.0
	理论质量/（kg/m）													
70	—	—	4.96	5.74	6.51	7.27	8.01	9.47	—	—	—	—	—	—
76	—	—	—	6.26	7.10	7.93	8.75	10.36	11.91	13.42	—	—	—	—
83	—	—	—	6.86	7.79	8.71	9.62	11.39	13.12	14.80	—	—	—	—
89	—	—	—	—	8.38	9.38	10.36	12.28	14.16	15.98	—	—	—	—
102	—	—	—	—	9.67	10.82	11.96	14.21	16.40	18.55	20.64	22.69	24.69	26.63
108	—	—	—	—	10.26	11.49	12.70	15.09	17.44	19.73	21.97	24.17	26.31	28.41
114	—	—	—	—	10.85	12.15	13.44	15.98	18.47	20.91	23.31	25.65	27.94	30.19
121	—	—	—	—	11.54	12.93	14.30	17.02	19.68	22.29	24.86	27.37	29.84	32.26
127	—	—	—	—	12.13	13.59	15.04	17.90	20.72	23.48	26.19	28.85	31.47	34.03
133	—	—	—	—	12.73	14.26	15.78	18.79	21.75	24.66	27.52	30.33	33.10	35.81
159	—	—	—	—	—	17.15	18.99	22.64	26.24	29.79	33.29	36.75	40.15	43.50
168	—	—	—	—	—	18.14	20.10	23.97	27.79	31.57	35.29	38.97	42.59	46.17
194	—	—	—	—	—	21.03	23.31	27.82	32.28	36.70	41.06	45.38	49.64	53.86
219	—	—	—	—	—	—	31.52	36.60	41.63	46.61	51.54	56.43	61.26
245	—	—	—	—	—	—	35.36	41.09	46.76	52.38	57.95	63.48	68.95
273	—	—	—	—	—	—	—	45.92	52.28	58.60	64.86	71.07	77.24
325	—	—	—	—	—	—	—	—	62.54	70.14	77.68	85.18	92.63
377	—	—	—	—	—	—	—	—	—	—	90.51	99.29	108.02
426	—	—	—	—	—	—	—	—	—	—	—	112.58	122.52

1.4.4　高压化肥设备用无缝钢管

高压化肥设备用无缝钢管（GB 6479—2013）的理论质量见表1-59。

1.4.5　高压锅炉用无缝钢管

高压锅炉用无缝钢管（GB/T 5310—2017）的理论质量见表1-60。

表1-59　高压化肥设备用无缝钢管的理论质量

（外径 D/mm）× （壁厚 δ/mm）	理论质量 W /（kg/m）	（外径 D/mm）× （壁厚 δ/mm）	理论质量 W /（kg/m）	（外径 D/mm）× （壁厚 δ/mm）	理论质量 W /（kg/m）
14×4	0.986	68×9	13.09	133×17	48.63
15×4	1.09	68×10	14.30	154×23	74.30
15×4.5	1.17	68×13	17.63	159×18	62.59
19×5	1.73	70×10	14.80	159×19	65.60
24×4.5	2.16	83×9	16.42	159×20	68.55
24×6	2.66	83×10	18.00	159×28	90.45
25×5	2.47	83×11	19.53	168×28	96.67
25×6	2.81	83×15	25.15	180×19	75.43
25×7	3.11	102×11	24.68	180×22	85.72
35×6	4.29	102×14	30.38	180×30	110.97
35×9	5.77	102×17	35.64	219×35	158.81
43×7	6.21	102×21	41.95	273×18	113.19
43×10	8.14	108×14	32.45	273×20	124.78
49×8	8.09	127×14	39.01	273×34	200.39
49×10	9.62	127×17	46.12	273×40	229.83
57×9	10.65	127×21	54.89	—	—

1.4.6　石油裂化用无缝钢管

石油裂化用无缝钢管（GB 9948—2013）的理论质量见表1-61。

1.4.7　直缝电焊钢管

直缝电焊钢管（GB/T 13793—2016）的理论质量见表1-62。

表1-60　高压锅炉用无缝钢管的理论质量

外径 D/mm	公称壁厚 δ/mm 理论质量/(kg/m)																								
	2.0	2.2	2.5	2.8	3.0	3.2	3.5	4.0	4.5	5.0	5.5	6.0	6.5	7.0	7.5	8.0	9.0	10	11	12	13	14	16	18	20
10	0.395	0.423	0.462	—	—	—	—	—	—	—	—	—	—	—	—	—	—	—	—	—	—	—	—	—	—
12	0.493	0.532	0.586	0.635	0.666	—	—	—	—	—	—	—	—	—	—	—	—	—	—	—	—	—	—	—	—
16	0.690	0.749	0.832	0.911	0.962	—	—	—	—	—	—	—	—	—	—	—	—	—	—	—	—	—	—	—	—
22	0.986	1.07	1.20	1.33	1.41	1.48	1.60	1.78	1.94	2.10	2.24	—	—	—	—	—	—	—	—	—	—	—	—	—	—
25	1.13	1.24	1.39	1.53	1.63	1.72	1.86	2.07	2.27	2.47	2.64	2.81	—	—	—	—	—	—	—	—	—	—	—	—	—
28	1.28	1.40	1.57	1.74	1.85	1.96	2.11	2.37	2.61	2.84	3.05	3.26	3.45	—	—	—	—	—	—	—	—	—	—	—	—
32	1.48	1.62	1.82	2.02	2.15	2.27	2.46	2.76	3.05	3.33	3.59	3.85	4.09	4.32	—	—	—	—	—	—	—	—	—	—	—
38	1.78	1.94	2.19	2.43	2.59	2.75	2.98	3.35	3.72	4.07	4.41	4.73	5.05	5.35	5.64	5.92	6.44	—	—	—	—	—	—	—	—
42	—	—	2.44	2.71	2.89	3.06	3.32	3.75	4.16	4.56	4.95	5.33	5.69	6.04	6.38	6.71	7.32	—	—	—	—	—	—	—	—
48	—	—	2.80	3.12	3.33	3.54	3.84	4.34	4.83	5.30	5.76	6.21	6.65	7.08	7.49	7.89	8.66	9.37	—	—	—	—	—	—	—
51	—	—	2.99	3.33	3.55	3.77	4.10	4.64	5.16	5.67	6.17	6.66	7.13	7.60	8.05	8.48	9.32	10.11	10.85	11.54	—	—	—	—	—
57	—	—	3.36	3.74	3.99	4.25	4.62	5.23	5.83	6.41	6.98	7.55	8.09	8.63	9.16	9.67	10.65	11.59	12.48	13.32	—	—	—	—	—
60	—	—	—	—	4.22	4.48	4.88	5.52	6.16	6.78	7.39	7.99	8.58	9.15	9.71	10.26	11.32	12.33	13.29	14.20	—	—	—	—	—
63	—	—	—	—	4.44	4.72	5.14	5.82	6.49	7.15	7.80	8.43	9.06	9.67	10.26	10.85	11.98	13.07	14.11	15.09	—	—	—	—	—
70	—	—	—	—	4.96	5.27	5.74	6.51	7.27	8.01	8.75	9.47	10.18	10.88	11.56	12.23	13.54	14.80	16.00	17.16	18.27	—	—	—	—
76	—	—	—	—	—	—	—	7.10	7.93	8.75	9.56	10.36	11.14	11.91	12.67	13.42	14.87	16.28	17.63	18.94	20.20	21.40	—	—	—
83	—	—	—	—	—	—	—	7.79	8.71	9.62	10.51	11.39	12.26	13.12	13.96	14.80	16.42	18.00	19.52	21.01	22.44	23.82	26.44	28.85	31.07
89	—	—	—	—	—	—	—	8.38	9.38	10.36	11.33	12.28	13.22	14.15	15.07	15.98	17.76	19.48	21.16	22.79	24.36	25.89	28.80	31.25	34.03
102	—	—	—	—	—	—	—	—	10.82	11.96	13.09	14.20	15.31	16.40	17.48	18.54	20.64	22.69	24.68	26.63	28.53	30.38	33.93	37.29	40.44
108	—	—	—	—	—	—	—	—	11.49	12.70	13.90	15.09	16.27	17.43	18.59	19.73	21.97	24.17	26.31	28.41	30.46	32.45	36.30	39.95	43.40
114	—	—	—	—	—	—	—	—	12.15	13.44	14.72	15.98	17.23	18.49	19.70	20.91	23.30	25.65	27.94	30.18	32.38	34.52	38.67	42.61	46.36
121	—	—	—	—	—	—	—	—	—	14.30	15.67	17.02	18.35	19.68	20.99	22.29	24.86	27.37	29.84	32.26	34.62	36.94	41.43	45.72	49.81
133	—	—	—	—	—	—	—	—	—	15.78	17.29	18.79	20.28	21.75	23.21	24.66	27.52	30.33	33.09	35.81	38.47	41.08	46.16	51.05	55.73
146	—	—	—	—	—	—	—	—	—	—	—	20.71	22.36	23.99	25.62	27.22	30.41	33.54	36.62	39.65	42.64	45.57	51.29	56.82	62.14
159	—	—	—	—	—	—	—	—	—	—	—	22.64	24.44	26.24	28.02	29.79	33.29	36.74	40.15	43.50	46.80	50.06	56.42	62.59	68.55
168	—	—	—	—	—	—	—	—	—	—	—	—	25.89	27.79	29.68	31.56	35.29	38.96	42.59	46.16	49.69	53.17	59.97	66.58	72.99
194	—	—	—	—	—	—	—	—	—	—	—	—	—	32.28	34.49	36.69	41.06	45.37	49.64	53.86	58.02	62.14	70.23	78.12	85.82
219	—	—	—	—	—	—	—	—	—	—	—	—	—	—	39.12	41.63	46.61	51.54	56.42	61.26	66.04	70.77	80.10	89.22	98.15
245	—	—	—	—	—	—	—	—	—	—	—	—	—	—	—	—	52.38	57.95	63.47	68.95	74.37	79.75	90.35	100.76	110.97
273	—	—	—	—	—	—	—	—	—	—	—	—	—	—	—	—	58.59	64.86	71.06	77.24	83.35	89.42	101.40	113.19	124.78
299	—	—	—	—	—	—	—	—	—	—	—	—	—	—	—	—	64.36	71.27	78.12	84.93	91.69	98.39	111.66	124.73	137.60
325	—	—	—	—	—	—	—	—	—	—	—	—	—	—	—	—	—	—	—	—	100.02	107.37	121.92	136.27	150.43
351	—	—	—	—	—	—	—	—	—	—	—	—	—	—	—	—	—	—	—	—	108.36	116.35	132.18	147.81	163.25
377	—	—	—	—	—	—	—	—	—	—	—	—	—	—	—	—	—	—	—	—	116.69	125.32	142.44	159.35	176.07
426	—	—	—	—	—	—	—	—	—	—	—	—	—	—	—	—	—	—	—	—	—	142.24	161.77	181.10	200.24

表 1-61　石油裂化用无缝钢管的理论质量

外径/mm	壁厚/mm															
	1	1.5	2	2.5	3	3.5	4	5	6	8	10	12	14	16	18	20
	理论质量/(kg/m)															
10	0.222	0.314	0.395	—	—	—	—	—	—	—	—	—	—	—	—	—
14	0.321	0.462	0.592	0.709	—	—	—	—	—	—	—	—	—	—	—	—
18	—	—	0.789	0.956	—	—	—	—	—	—	—	—	—	—	—	—
19	—	—	0.838	1.02	—	—	—	—	—	—	—	—	—	—	—	—
25	—	—	1.13	1.39	1.63	—	—	—	—	—	—	—	—	—	—	—
32	—	—	—	1.82	2.15	2.46	2.76	—	—	—	—	—	—	—	—	—
38	—	—	—	—	2.59	2.98	3.35	—	—	—	—	—	—	—	—	—
45	—	—	—	—	3.11	3.58	4.04	4.93	—	—	—	—	—	—	—	—
57	—	—	—	—	—	5.23	6.41	7.55	—	—	—	—	—	—	—	—
60	—	—	—	—	—	5.52	6.78	7.99	10.26	12.33	—	—	—	—	—	—
83	—	—	—	—	—	—	11.39	14.80	18.00	21.01	—	—	—	—	—	—
89	—	—	—	—	—	—	12.28	15.98	19.48	22.79	—	—	—	—	—	—
102	—	—	—	—	—	—	14.20	18.54	22.69	26.63	—	—	—	—	—	—
114	—	—	—	—	—	—	15.98	20.91	25.65	30.18	34.52	38.67	—	—	—	—
127	—	—	—	—	—	—	17.90	23.48	28.85	34.03	39.01	43.80	—	—	—	—
141	—	—	—	—	—	—	19.97	26.24	32.30	38.17	43.85	49.32	—	—	—	—
152	—	—	—	—	—	—	21.60	28.41	35.02	41.43	47.64	53.66	—	—	—	—
159	—	—	—	—	—	—	22.64	29.79	36.74	43.50	50.06	56.42	—	—	—	—
168	—	—	—	—	—	—	23.97	31.56	38.96	46.16	53.17	59.97	—	—	—	—
219	—	—	—	—	—	—	31.52	41.63	51.54	61.26	70.77	80.10	—	—	—	—
273	—	—	—	—	—	—	—	—	—	—	—	77.24	89.42	101.40	113.19	124.78

表 1-62　直缝电焊钢管的理论质量

外径/mm	壁厚/mm													
	2	2.5	3	3.5	4	4.5	5	6	7	8	9	10	11	12
	理论质量/(kg/m)													
25	1.134	1.387	—	—	—	—	—	—	—	—	—	—	—	—
32	1.480	1.819	2.145	—	—	—	—	—	—	—	—	—	—	—
38	1.776	2.189	2.589	2.978	—	—	—	—	—	—	—	—	—	—
45	2.12	2.62	3.11	3.58	—	—	—	—	—	—	—	—	—	—
54	2.56	3.17	3.77	4.36	—	—	—	—	—	—	—	—	—	—
60	2.86	3.54	4.22	4.88	—	—	—	—	—	—	—	—	—	—
70	3.35	4.16	4.96	5.74	—	—	—	—	—	—	—	—	—	—
76	3.65	4.53	5.40	6.26	—	—	—	—	—	—	—	—	—	—
89	4.29	5.33	6.36	7.38	8.38	—	—	—	—	—	—	—	—	—
102	4.93	6.13	7.32	8.50	9.67	—	—	—	—	—	—	—	—	—
108	—	—	7.77	9.02	10.26	11.49	12.70	—	—	—	—	—	—	—
114	—	—	8.21	9.54	10.85	12.15	13.44	—	—	—	—	—	—	—
121	—	—	8.73	10.14	11.54	12.93	14.30	—	—	—	—	—	—	—
127	—	—	9.17	10.66	12.13	13.59	15.04	17.90	—	—	—	—	—	—
133	—	—	—	11.18	12.72	14.26	15.78	18.79	—	—	—	—	—	—
159	—	—	—	—	15.3	17.1	19.0	22.6	26.2	—	—	—	—	—
168.3	—	—	—	—	16.2	18.2	20.1	24.0	27.8	—	—	—	—	—
219.1	—	—	—	—	—	23.8	26.4	31.5	36.6	41.6	46.6	—	—	—
244.5	—	—	—	—	—	26.6	29.5	35.3	41.0	46.7	52.3	—	—	—
273	—	—	—	—	—	—	33.0	39.5	45.9	52.3	58.6	64.9	71.1	—
325	—	—	—	—	—	—	—	47.2	54.9	62.5	70.1	77.7	85.2	—
377	—	—	—	—	—	—	—	54.9	63.9	72.8	81.7	90.5	99.3	108.0
426	—	—	—	—	—	—	—	62.1	72.3	82.5	92.5	102.6	112.6	122.5
480	—	—	—	—	—	—	—	70.1	81.6	93.1	104.5	115.9	127.2	138.5
508	—	—	—	—	—	—	—	74.3	86.5	98.6	110.7	122.8	134.8	146.8

1.4.8　流体输送用不锈钢无缝钢管

流体输送用不锈钢无缝钢管（GB/T 14976—

2012）规格和密度见表 1-63 ~ 表 1-65。

表 1-63　热轧流体输送用不锈钢无缝钢管规格　　　（单位：mm）

外　径	壁　厚	外　径	壁　厚
68, 70, 73, 76, 80, 83, 89	4.5~12	168	7~18
95, 102, 108	4.5~14	180, 194, 219	8~18
114, 121, 127, 133	5~14	245	10~18
140, 146, 152, 159	6~16	237, 351, 377, 426	12~18

注：壁厚系列：4.5, 5, 6, 7, 8, 9, 10, 11, 12, 13, 14, 15, 16, 17, 18。

表 1-64　冷拔流体输送用不锈钢无缝钢管规格　　　（单位：mm）

外径	壁厚	外径	壁厚	外径	壁厚	外径	壁厚
6, 7, 8	0.5~2.0	25, 27	0.5~6.0	63, 65	1.5~10	90, 95, 100	3.0~15
9, 10, 11	0.5~2.5	28	0.5~6.5	68	1.5~12	102, 108	3.5~15
12, 13	0.5~3.0	30, 32, 34, 35	0.5~7.0	70	1.6~12	114, 127	3.5~15
14, 15	0.5~3.5	36, 38, 40	0.5~7.0	73	2.5~10	133, 140	3.5~15
16, 17	0.5~4.0	42	0.5~7.5	75	2.5~10	146, 159	3.5~15
18, 19, 20	0.5~4.5	45, 48	0.5~8.5	76	2.5~12	—	—
21, 22, 23	0.5~5.0	50, 51	0.5~9.0	80, 83	2.5~15	—	—
24	0.5~5.5	54, 56, 57, 60	0.5~10.0	85, 89	2.5~15	—	—

注：壁厚系列：0.5, 0.6, 0.8, 1.0, 1.2, 1.4, 1.6, 2.0, 2.2, 2.5, 2.8, 3.0, 3.5, 4.0, 4.5, 5.0, 5.5, 6.0, 6.5, 7.0, 7.5, 8.0, 8.5, 9.0, 9.5, 10, 11, 12, 13, 14, 15。

表 1-65　流体输送用不锈钢无缝钢管的密度

组织类型	序号	牌号	密度 ρ /(g/cm^3)	组织类型	序号	牌号	密度 ρ /(g/cm^3)
奥氏体型	1	06Cr19Ni10	7.93	奥氏体型	8	06Cr19Ni13Mo3	7.98
	2	022Cr19Ni10	7.93		9	022Cr19Ni13Mo3	7.98
	3	06Cr23Ni13	7.98		10	06Cr17Ni12Mo2Ti	8.00
	4	06Cr25Ni20	7.98		11	06Cr18Ni12Mo2Cu2	7.98
	5	06Cr18Ni11Ti	7.95		12	022Cr18Ni14Mo2Cu2	7.98
	6	06Cr18Ni11Nb	7.98	马氏体型	13	06Cr13	7.70
	7	06Cr17Ni12Mo2	7.98				

注：不锈钢管每米理论质量可按下列公式计算：

$$W = 3.1416\delta(D - \delta)\rho$$

式中，D、δ 以 mm 计，ρ 以 g/cm^3 计。

1.4.9　铝及铝合金管

铝及铝合金管（GB/T 4436—2012）见表 1-66 和表 1-67。

1.4.10　一般用途的加工铜及铜合金无缝圆管

一般用途的加工铜及铜合金无缝圆管（GB/T 16866—2006）见表 1-68 和表 1-69。

表 1-66　铝及铝合金冷拉（轧）圆管　　　（单位：mm）

外径	壁厚	外径	壁厚
6	0.5~1.0	26, 28, 30, 32, 34, 35, 36, 38, 40, 42, 45, 48, 50, 52, 55, 58, 60	0.75~5.0
8	0.5~2.0		
10	0.5~2.5	65, 70, 75	1.5~5.0
12, 14, 15	0.5~3.0	80, 85, 90, 95	2.0~5.0
16, 18	0.5~3.5	100, 105, 110	2.5~5.0
20	0.5~4.0	115	3.0~5.0
22, 24, 25	0.5~5.0	120	3.5~5.0

注：壁厚系列：0.5, 0.75, 1.0, 1.5, 2.0, 2.5, 3.0, 3.5, 4.0, 4.5, 5.0。

表 1-67 铝及铝合金挤压圆管 （单位：mm）

外 径	壁 厚
25	5.0
28	5.0, 6.0
30, 32	5.0, 6.0, 7.0, 7.5, 8.0
34, 36, 38	5.0, 6.0, 7.0, 7.5, 8.0, 9.0, 10.0
40, 42	5.0, 6.0, 7.0, 7.5, 8.0, 9.0, 10.0, 12.5
45, 48, 50, 52, 55, 58	5.0, 6.0, 7.0, 7.5, 8.0, 9.0, 10.0, 12.5, 15.0
60, 62	5.0, 6.0, 7.0, 7.5, 8.0, 9.0, 10.0, 12.5, 15.0, 17.5
65, 70	5.0, 6.0, 7.0, 7.5, 8.0, 9.0, 10.0, 12.5, 15.0, 17.5, 20.0
75, 80	5.0, 6.0, 7.0, 7.5, 8.0, 9.0, 10.0, 12.5, 15.0, 17.5, 20.0, 22.5
85, 90	5.0, 6.0, 7.0, 7.5, 8.0, 9.0, 10.0, 12.5, 15.0, 17.5, 20.0, 22.5, 25.0
95	5.0, 6.0, 7.0, 7.5, 8.0, 9.0, 10.0, 12.5, 15.0, 17.5, 20.0, 22.5, 25.0, 27.5
100, 105, 110, 115	5.0, 6.0, 7.0, 7.5, 8.0, 9.0, 10.0, 12.5, 15.0, 17.5, 20.0, 22.5, 25.0, 27.5, 30.0
120, 125, 130	7.5, 8.0, 9.0, 10.0, 12.5, 15.0, 17.5, 20.0, 22.5, 25.0, 27.5, 30.0, 32.5
135, 140, 145	10.0, 12.5, 15.0, 17.5, 20.0, 22.5, 25.0, 27.5, 30.0, 32.5
150, 155	10.0, 12.5, 15.0, 17.5, 20.0, 22.5, 25.0, 27.5, 30.0, 32.5, 35.0
160, 165, 170, 175, 180, 185, 190, 195, 200	10.0, 12.5, 15.0, 17.5, 20.0, 22.5, 25.0, 27.5, 30.0, 32.5, 35.0, 37.5, 40.0
205, 210, 215, 220, 225, 230, 235, 240, 245, 250, 260, 270, 280, 290, 300, 310, 320, 330, 340, 350, 360, 370, 380, 390, 400, 450	15.0, 17.5, 20.0, 22.5, 25.0, 27.5, 30.0, 32.5, 35.0, 37.5, 40.0, 42.5, 45.0, 47.5, 50.0

表 1-68 一般用途拉制铜及铜合金无缝圆管

外径/mm	壁厚/mm
3, 4	0.2~1.25
5, 6, 7	0.2~1.5
8, 9, 10, 11, 12, 13, 14, 15	0.2~3.0
16, 17, 18, 19, 20	0.3~4.5
21, 22, 23, 24, 25, 26, 27, 28, 29, 30, 31, 32, 33, 34, 35, 36, 37, 38, 39, 40	0.4~5.0
42, 44, 45, 46, 48, 49, 50	0.75~6.0
52, 54, 55, 56, 58, 60	0.75~8.0
62, 64, 65, 66, 68, 70	1.0~11.0
72, 74, 75, 76, 78, 80	2.0~13.0
82, 84, 85, 86, 88, 90, 92, 94, 96, 100, 105, 110, 115, 120, 125, 130, 135, 140, 145, 150	2.0~15.0
155, 160, 165, 170, 175, 180, 185, 190, 195, 200, 210, 220, 230, 240, 250	3.0~15.0
260, 270, 280, 290, 300, 310, 320, 330, 340, 350, 360	4.0~5.0

注：壁厚系列：0.2, 0.3, 0.4, 0.5, 0.6, 0.75, 1.0, 1.25, 1.5, 2.0, 2.5, 3.0, 3.5, 4.0, 4.5, 5.0, 6.0, 7.0, 8.0, 9.0, 10.0, 11.0, 12.0, 13.0, 14.0, 15.0。

表 1-69 一般用途挤制铜及铜合金无缝圆管

外径/mm	壁厚/mm
20, 21, 22	1.5, 2.0, 2.5, 3.0, 4.0
23, 24, 25, 26	1.5, 2.0, 2.5, 3.0, 3.5, 4.0
27, 28, 29, 30, 32, 34, 35, 36	2.5, 3.0, 3.5, 4.0, 4.5, 5.0, 6.0
38, 40, 42, 44, 45, 46, 48	2.5, 3.0, 3.5, 4.0, 4.5, 5.0, 6.0, 7.5, 9.0, 10.0
50, 52, 54, 55	2.5, 3.0, 3.5, 4.0, 4.5, 5.0, 6.0, 7.5, 9.0, 10.0, 12.0, 15.0, 17.5
56, 58, 60	4.0, 4.5, 5.0, 6.0, 7.5, 9.0, 10.0, 12.5, 15.0, 17.5
62, 64, 65, 68, 70	4.0, 4.5, 5.0, 6.0, 7.5, 9.0, 10.0, 12.5, 15.0, 17.5, 20.0
72, 74, 75, 78, 80	4.0, 4.5, 5.0, 6.0, 7.5, 9.0, 10.0, 12.5, 15.0, 17.5, 20.0, 22.5, 25.0
85, 90, 95, 100	7.5, 10.0, 12.5, 15.0, 17.5, 20.0, 22.5, 25.0, 27.5, 30.0
105, 110	10.0, 12.5, 15.0, 17.5, 20.0, 22.5, 25.0, 27.5, 30.0

（续）

外径/mm	壁厚/mm
115, 120	10.0, 12.5, 15.0, 17.5, 20.0, 22.5, 25.0, 27.5, 30.0, 32.5, 35.0, 37.5
125, 130	10.0, 12.5, 15.0, 17.5, 20.0, 22.5, 25.0, 27.5, 30.0, 32.5, 35.0
135, 140	10.0, 12.5, 15.0, 17.5, 20.0, 22.5, 25.0, 27.5, 30.0, 32.5, 35.0, 37.5
145, 150	10.0, 12.5, 15.0, 17.5, 20.0, 22.5, 25.0, 27.5, 30.0, 32.5, 35.0
155, 160, 165, 170, 175, 180	10.0, 12.5, 15.0, 17.5, 20.0, 22.5, 25.0, 27.5, 30.0, 32.5, 35.0, 37.5, 40.0, 42.5
185, 190, 195, 200, 210, 220	10.0, 12.5, 15.0, 17.5, 20.0, 22.5, 25.0, 27.5, 30.0, 32.5, 35.0, 37.5, 40.0, 42.5, 45.0
230, 240, 250	10.0, 12.5, 15.0, 20.0, 25.0, 27.5, 30.0, 32.5, 35.0, 37.5, 40.0, 42.5, 45.0, 50.0
260, 280	10.0, 12.5, 15.0, 20.0, 25.0, 30.0
290, 300	20.0, 25.0, 30.0

1.4.11　医用气体和真空用无缝铜管

医用气体和真空用无缝铜管主要参数（YS/T 650—2007）见表 1-70。

1.4.12　工业用硬聚氯乙烯（PVC-U）管

工业用硬聚氯乙烯（PVC-U）管主要参数（GB/T 4219.1—2008）见表 1-71。

表 1-70　医用气体和真空用无缝铜管主要参数

公称直径/mm	外径/mm	壁厚/mm 类型 A	壁厚/mm 类型 B	理论质量/(kg/m) A	理论质量/(kg/m) B	硬态（Y）最大工作压力 p/(N/mm^2) A	硬态（Y）最大工作压力 p/(N/mm^2) B	半硬态（Y$_2$）最大工作压力 p/(N/mm^2) A	半硬态（Y$_2$）最大工作压力 p/(N/mm^2) B	软态（M）最大工作压力 p/(N/mm^2) A	软态（M）最大工作压力 p/(N/mm^2) B
4	6	1.0	0.8	0.140	0.117	24.00	18.80	19.23	14.93	15.83	12.3
6	8	1.0	0.8	0.197	0.162	17.50	13.70	13.89	10.87	11.44	8.95
8	10	1.0	0.8	0.253	0.207	13.70	10.70	10.87	8.55	8.95	7.04
10	12	1.2	0.8	0.364	0.252	13.67	8.87	10.87	7.04	8.96	5.80
15	15	1.2	1.0	0.465	0.393	10.79	8.87	8.55	7.04	7.04	5.80
—	18	1.2	1.0	0.566	0.477	8.87	7.31	7.04	5.81	5.80	4.79
20	22	1.5	1.2	0.864	0.701	9.08	7.19	7.21	5.70	6.18	4.70
25	28	1.5	1.2	1.116	0.903	7.05	5.59	5.60	4.44	4.61	3.65
32	35	2.0	1.5	1.854	1.411	7.54	5.54	5.98	4.44	4.93	3.65
40	42	2.0	1.5	2.247	1.706	6.23	4.63	4.95	3.68	4.08	3.03
50	54	2.5	2.0	3.616	2.921	6.06	4.81	4.81	3.77	3.96	3.14
65	67	2.5	2.0	4.529	3.652	4.85	3.85	3.85	3.06	3.17	3.05
—	76	2.5	2.0	5.161	4.157	4.26	3.38	3.38	2.69	2.80	2.68
80	89	2.5	2.0	6.074	4.887	3.62	2.88	2.87	2.29	2.36	2.28
100	108	3.5	2.5	10.274	7.408	4.19	2.97	3.33	2.36	2.74	1.94
125	133	3.5	2.5	12.731	9.164	3.38	2.40	2.68	1.91	—	—
150	159	4.0	3.5	17.415	15.287	3.23	2.82	2.56	2.24	—	—

注：最大工作压力（p）指定工作条件为 65℃时，硬态管允许应力（S）为 63N/mm^2，半硬态管允许应力（S）为 50N/mm^2，软态管允许应力（S）为 41.2N/mm^2。

表 1-71　工业用硬聚氯乙烯（PVC-U）管主要参数

公称外径/mm	壁厚/mm 管系列 S 和标准尺寸比 SDR						
	S20 SDR41	S16 SDR33	S12.5 SDR26	S10 SDR21	S8 SDR17	S6.3 SDR13.6	S5 SDR11
16	—	—	—	—	—	—	2.0
20	—	—	—	—	—	—	2.0
25	—	—	—	—	—	2.0	2.3
32	—	—	—	—	2.0	2.4	2.9
40	—	—	—	2.0	2.4	3.0	3.7
50	—	—	2.0	2.4	3.0	3.7	4.6

（续）

公称外径 /mm	壁 厚/mm						
	管系列 S 和标准尺寸比 SDR						
	S20 SDR41	S16 SDR33	S12.5 SDR26	S10 SDR21	S8 SDR17	S6.3 SDR13.6	S5 SDR11
63	—	2.0	2.5	3.0	3.8	4.7	5.8
75	—	2.3	2.9	3.6	4.5	5.6	6.8
90	—	2.8	3.5	4.3	5.4	6.7	8.2
110	—	3.4	4.2	5.3	6.6	8.1	10.0
125	—	3.9	4.8	6.0	7.4	9.2	11.4
140	—	4.3	5.4	6.7	8.3	10.3	12.7
160	4.0	4.9	6.2	7.7	9.5	11.8	14.6
180	4.4	5.5	6.9	8.6	10.7	13.3	16.4
200	4.9	6.2	7.7	9.6	11.9	14.7	18.2
225	5.5	6.9	8.6	10.8	13.4	16.6	—
250	6.2	7.7	9.6	11.9	14.8	18.4	—
280	6.9	8.6	10.7	13.4	16.6	20.6	—
315	7.7	9.7	12.1	15.0	18.7	23.2	—
355	8.7	10.9	13.6	16.9	21.1	26.1	—
400	9.8	12.3	15.3	19.1	23.7	29.4	—

1.4.13 输送用橡胶软管

各类输送用橡胶软管主要参数见表 1-72。

1.4.14 ABS 塑料管

ABS 塑料管主要参数见表 1-73。

表 1-72 各类输送用橡胶软管主要参数

种类	型号	规格，内径/mm	工作压力/MPa		用 途
通用输水织物增强橡胶软管（HG/T 2184—2008）	1 型	10，12.5，16，19，20，22，25，27，32，38，40，50，63，76，80，100	a 级	0~0.3	输送 60℃ 以下的生活用水、工业用水
	2 型		b 级	0.3~0.5	
	3 型		c 级	0.5~0.7	
			d 级	0.7~1.0	
			e 级	1.0~2.5	
压缩空气用织物增强橡胶软管（GB/T 1186—2007）	1 型	4，5，6.3，8，10，12.5，16，20，25，31.5，38，40，51，63，76，80，100，102	≤1.0MPa		输送压缩空气，需根据压缩空气含油量选择 A、B、C 级类别，根据工作温度选择 N-T 类或 L-T 类软管
	2 型		≤1.6MPa		
	3 型		≤2.5MPa		
饱和蒸汽用橡胶软管及软管组合件（HG/T 3036—2009）	1 型	9.5，13，16，19，25，32，38，45，50，51，63，75，76，100，102	≤0.6		输送 ≤0.6MPa 及对应温度的饱和蒸汽
	2 型		≤1.8		输送 ≤1.8MPa 及对应温度的饱和蒸汽
气体焊接设备 焊接、切割和类似作业用橡胶软管（GB/T 2550—2016）	红色	4，4.8，5，6.3，7.1，8，9.5，10，12.5，16，20，25，32，40，50	≤0.3MPa		输送乙炔和其他可燃性气体（LPG、MPS、天然气和甲烷除外）
	蓝色		中型 ≤2MPa（全尺寸），轻型 ≤1MPa（公称内径 ≤6.3mm）		输送氧气
	黑色				输送空气、氮气、氩气和二氧化碳等气体
	橙色				输送液化石油气（LPG）和甲基乙炔-丙二烯混合物（MPS）、天然气和甲烷
	红色/橙色				除焊剂燃气外（本表中括的）所有燃气
	红色-焊剂				焊剂燃气

（续）

种类	型号	规格，内径/mm	工作压力/MPa	用　　途
耐稀酸碱橡胶软管（HG/T 2183—2014）	A 型	12.5, 16, 20, 22, 25, 31.5, 40, 45, 50, 63, 80	0.3	输送酸碱液体
			0.5	
			0.7	
	B 型	31.5, 40, 45, 50, 63, 80	负压	吸引酸碱液体
	C 型		负压	排吸酸碱液体
			0.3	
			0.5	
			0.7	
在 2.5MPa 及以下压力下输送液态或气态液化石油气（LPG）和天然气的橡胶软管及软管组合件（GB 10546—2013）	D 型	12, 15, 16, 19, 25, 32, 38, 50, 51, 63, 75, 76, 80, 100, 150, 200, 250, 300	2.5	输送液态或气态液化石油气（LPG）和天然气，工作压力≤2.5MPa，工作温度-30~70℃
	D-LT 型			
	SD 型			
	SD-LTR 型			
	SD-LTS 型			

表 1-73　ABS 塑料管主要参数

公称直径/mm	外径/mm	壁厚/mm	理论质量/（kg/m）	公称直径/mm	外径/mm	壁厚/mm	理论质量/（kg/m）
15	20	2.0	0.119	50	63	5.6	1.060
20	25	2.5	0.185	65	75	5.7	1.302
25	32	3.2	0.304	80	90	7.5	2.040
32	40	4.0	0.475	100	110	7.5	2.535
40	50	4.6	0.687	—	—	—	—

1.4.15　S 型钎焊不锈钢金属软管

S 型钎焊不锈钢金属软管主要参数（YB/T 5307—2006）见表 1-74。

表 1-74　S 型钎焊不锈钢金属软管

公称内径 d/mm	最小内径 d_{min}/mm	软管外径 D/mm	软管性能参数		管嘴尾端直径/mm	套环内径/mm	外套螺母/mm	理论质量/（kg/m）
			20℃工作压力	20℃爆破压力				
			/MPa					
6	5.9	10.8	1.47	4.41	5.75	11.10	M14×1.5	0.209
8	7.9	12.8	1.18	3.53	7.75	12.90	M16×1.5	0.238
10	9.85	15.6	0.98	2.94	9.75	15.80	M18×1.5	0.367
12	11.85	18.2	0.93	2.795	11.75	18.40	M20×1.5	0.434
14	13.85	20.2	0.885	2.650	13.75	20.40	M22×1.5	0.494
(15)	14.85	21.2	0.83	2.50	14.75	21.40	M24×1.5	0.533
16	15.85	22.2	0.785	2.35	15.75	22.40	M27×1.5	0.553
(18)	17.85	24.3	0.735	2.205	17.75	24.50	M30×1.5	0.630
20	19.85	29.3	0.685	2.06	19.70	29.50	M33×2	0.866
(22)	21.85	31.3	0.635	1.91	21.70	31.50	M36×2	0.946
25	24.80	35.3	0.59	1.765	24.70	35.50	M39×2	1.347
30	29.80	40.3	0.49	1.47	29.70	40.50	M45×2	1.555
32	31.80	44	0.44	1.325	31.70	44.20	M48×2	1.864
38	37.75	50	0.39	1.18	37.70	50.20	M56×2	2.142
40	39.75	52	0.345	1.03	39.70	52.20	M58×2	2.207

（续）

公称内径 d /mm	最小内径 d_{min} /mm	软管外径 D /mm	软管性能参数		管嘴尾端直径 /mm	套环内径 /mm	外套螺母 /mm	理论质量 /（kg/m）
			20℃工作压力	20℃爆破压力				
			/MPa					
42	41.75	54	0.345	1.03	41.70	54.20	M60×2	2.342
48	47.75	60	0.295	0.885	47.70	60.20	M68×2	2.634
50	49.75	62	0.245	0.735	49.70	62.20	M70×2	2.714
52	51.75	64	0.245	0.735	51.70	64.20	M72×2	2.795

注：1. 表中带括号规格不推荐使用。
　　2. 用作非腐蚀性的液压油、燃油、润滑油和蒸汽系统的输送管道时的使用温度范围为 0~400℃。
　　3. 软管交货分不带管接头和带管接头两种。理论质量为不带管接头的。

1.5　其他常用材料及附件

1.5.1　板材

1. 冷轧和热轧钢板（表 1-75~表 1-76）

表 1-75　钢板厚度系列

品种	厚度/mm											
冷轧钢板（GB/T 708—2006）	0.20	0.25	0.30	0.35	0.40	0.45	0.55	0.60	0.65	0.70	0.75	0.80
	0.90	1.00	1.1	1.2	1.3	1.4	1.5	1.6	1.7	1.8	2.0	2.2
	2.5	2.8	3.0	3.2	3.5	3.8	3.9	4.0	4.2	4.5	4.8	5.0
热轧钢板（GB/T 709—2006）（部分）	0.35	0.50	0.55	0.60	0.65	0.70	0.75	0.80	0.90	1.0	1.2	1.3
	1.4	1.5	1.6	1.8	2.0	2.2	2.5	2.8	3.0	3.2	3.5	3.8
	3.9	4.0	4.5	5.0	6.0	7.0	8.0	9.0	10	11	12	13
	14	15	16	17	18	19	20	21	22	25	26	28
	30	32	34	36	38	40	42	45	48	50		

表 1-76　钢板每平方米理论质量

厚度/mm	理论质量/（kg/m³）	厚度/mm	理论质量/（kg/m³）	厚度/mm	理论质量/（kg/m³）	厚度/mm	理论质量/（kg/m³）
0.20	1.570	1.3	10.205	4.5	35.33	20	157.00
0.25	1.963	1.4	10.99	4.8	37.69	21	164.90
0.30	2.355	1.5	11.78	5.0	39.25	22	172.70
0.35	2.748	1.6	12.56	6.0	47.10	25	196.30
0.40	3.140	1.7	13.35	7.0	54.95	26	204.10
0.45	3.533	1.8	14.13	8.0	62.80	28	219.80
0.50	3.925	2.0	15.70	9.0	70.05	30	235.50
0.55	4.318	2.2	17.27	10.0	78.50	32	251.20
0.60	4.710	2.5	19.63	11	86.35	34	266.90
0.65	5.103	2.8	21.98	12	94.20	36	28260
0.70	5.495	3.0	23.55	13	102.10	38	298.30
0.75	5.888	3.2	25.12	14	109.90	40	314.00
0.80	6.280	3.5	27.48	15	117.80	42	329.70
0.90	7.065	3.8	29.83	16	125.60	45	353.30
1.00	7.850	3.9	30.62	17	133.10	48	376.80
·1.1	8.635	4.0	31.40	18	141.30	50	392.50
1.2	9.420	4.2	32.97	19	149.20	—	—

2. 铝及铝合金板（GB/T 3880.1—2012）（表 1-77 和表 1-78）

3. 铜及黄铜板（GB/T 2040—2017）（表 1-79~表 1-81）

表 1-77　铝及铝合金板厚度及理论质量

厚度/mm	理论质量/(kg/m³)	厚度/mm	理论质量/(kg/m³)	厚度/mm	理论质量/(kg/m³)	厚度/mm	理论质量/(kg/m³)
0.3	0.855	1.5	4.275	5.0	14.25	16	45.60
0.4`	1.140	1.8	5.130	6.0	17.10	18	51.30
0.5	1.425	2.0	5.700	7.0	19.95	20	57.00
0.6	1.710	2.3	6.555	8.0	22.80	22	62.70
0.7	1.995	2.5	7.125	9.0	25.65	25	71.25
0.8	2.280	2.8	7.980	10.0	28.50	30	85.50
0.9	2.565	3.0	8.550	12	34.20	35	99.75
1.0	2.850	3.5	9.975	14	39.90	40	114.0
1.2	3.420	4.0	11.40	15	42.75	50	142.5

注：板材的理论质量按 7A04（LC4）等牌号的密度 2.85g/cm³ 计算。

表 1-78　铝合金密度换算系数

新（旧）牌号	密度换算系数	新（旧）牌号	密度换算系数
7A04(LC4)，7A09(LC9)，7075	1.000	5A02(LF2)，5A43(LF43) 5A66(LT66)，5052	0.940
1×××系纯铝	0.951	5A03(LF3)，5083(LF4)	0.987
2A06(LY6)	0.969	5A05(LF5)	0.930
2A11(LY11)，2A14(LD10) 2014	0.982	5A06(LF6)，5A41(LT41)	0.926
		5005，6A02(LD2)	0.947
2A12(LY12)，2024	0.975	5050，5454，5554	0.944
2A16(LY16)	0.996	5086，5456，5754	0.933
2017	0.979	6A02(LD2)	0.947
3A21(LF21)，3003	0.958	8A06(L6)	0.951
3004	0.954		

表 1-79　冷轧铜及黄铜板厚度及理论质量

厚度/mm	理论质量/(kg/m³) 纯铜	黄铜	厚度/mm	理论质量/(kg/m³) 纯铜	黄铜
0.20	1.78	1.70	1.80	16.02	15.30
0.25	—	2.12	2.00	17.80	17.00
0.30	2.67	2.55	2.20	19.58	—
0.35	—	2.98	2.25	—	19.12
0.40	3.56	3.40	2.50	22.25	21.25
0.45	—	3.82	2.75	—	23.38
0.50	4.45	4.25	2.80	24.92	—
0.55	—	4.68	3.0	26.70	25.50
0.60	5.34	5.10	3.5	31.15	29.75
0.70	6.23	5.95	4.0	35.60	34.00
0.80	7.12	6.80	4.5	40.05	38.25
0.90	8.01	7.65	5.0	44.50	42.50
1.00	8.90	8.50	5.5	48.95	46.75
1.10	9.79	9.35	6.0	53.40	51.00
1.20	10.68	10.20	6.5	57.85	55.25
1.30	11.57	—	7.0	62.30	59.50
1.35	—	11.48	7.5	66.75	63.75
1.50	13.35	12.75	8.0	71.20	68.00
1.60	14.69	—	9.0	80.10	76.50
1.65	—	14.02	10.0	89.00	85.00

注：纯铜密度按 8.9g/cm³ 计算，黄铜密度按 8.5g/cm³ 计算。

表 1-80　热轧铜及黄铜板厚度及理论质量

厚度/mm	理论质量/(kg/m²)		厚度/mm	理论质量/(kg/m²)	
	纯铜	黄铜		纯铜	黄铜
4.0	35.60	34.00	25.0	222.5	212.5
4.5	40.05	38.25	26.0	231.4	221.0
5.0	44.60	42.50	27.0	—	229.5
5.5	48.95	46.75	28.0	249.2	238.0
6.0	53.40	51.00	29.0	—	246.5
6.5	57.85	55.25	30.0	267.0	255.0
7.0	62.30	59.50	32.0	284.8	272.0
7.5	66.71	63.75	34.0	302.6	289.0
8.0	71.20	68.00	35.0	311.5	297.5
9.0	80.10	76.50	36.0	320.4	306.0
10.0	89.0	85.0	38.0	338.2	323.0
11.0	97.9	93.5	40.0	356.0	340.0
12.0	106.8	102.0	42.0	373.8	357.0
13.0	115.7	110.5	44.0	391.6	374.0
14.0	124.6	119.0	45.0	400.5	382.5
15.0	133.5	127.5	46.0	409.4	391.0
16.0	142.4	136.0	48.0	427.2	408.0
17.0	151.3	144.5	50.0	445.0	425.0
18.0	160.2	153.0	52.0	462.8	442.0
19.0	169.1	161.5	54.0	480.6	459.0
20.0	178.0	170.0	55.0	489.5	467.5
21.0	186.9	178.5	56.0	498.4	476.0
22.0	195.8	187.0	58.0	516.2	493.0
23.0	204.7	195.5	60.0	534.0	510.0
24.0	213.6	204.0			

注：纯铜密度按 8.9g/cm³ 计算，黄铜密度按 8.5g/cm³ 计算。

表 1-81　各种牌号黄铜密度及换算系数

黄铜牌号	密度/(g/cm³)	换算系数
H68，H65，H62，HPb63-3，HPb59-1，HAl67-2.5，HAl66-6-3-2，HMn58-2，HMn57-3-1，HMn55-3-1	8.50	1
H59，HAl60-1-1	8.40	0.9882
HSn62-1	8.45	0.9941
HAl77-2，HSi80-3	8.60	1.0118
HNi65-5	8.66	1.0188
H90	8.80	1.0353
H96	8.85	1.0412

4. 热轧花纹钢板（GB/T 33974—2017）（表 1-82）

5. 铝及铝合金花纹板（GB/T 3618—2006）（表 1-83）

表 1-82　花纹钢板基本厚度及理论质量

基本厚度/mm	理论质量/(kg/m²)			
	菱形	扁豆	圆豆	组合型
1.4	11.9	11.2	11.1	11.1
1.5	12.7	11.9	11.9	11.9
1.6	13.6	12.7	12.8	12.8
1.8	15.4	14.4	14.4	14.4
2.0	17.1	16.0	16.2	16.1
2.5	21.1	19.9	20.1	20.0
3.0	25.6	23.9	24.6	24.3
3.5	30.0	27.9	28.8	28.4
4.0	34.4	31.9	32.8	32.4
4.5	38.3	35.9	36.7	36.4

（续）

基本厚度/mm	理论质量/(kg/m²)			
	菱形	扁豆	圆豆	组合型
5.0	42.2	39.8	40.7	40.3
5.5	46.6	43.8	44.9	44.4
6.0	50.5	47.7	48.8	48.4
7.0	58.4	55.6	56.7	56.2
8.0	67.1	63.6	64.9	64.4
10.0	83.2	79.3	80.8	80.2
11.0	91.1	87.2	88.7	88.0
12.0	98.9	95.0	96.5	95.9
13.0	106.8	102.9	104.4	103.7
14.0	114.6	110.7	112.2	111.6
15.0	122.5	118.6	120.1	119.4
16.0	130.3	126.4	127.9	127.3

表1-83　铝及铝合金花纹板板厚及理论质量

花纹板种类	新（旧）牌号	板厚/mm											
		1.0	1.2	1.5	1.8	2.0	2.5	3.0	3.5	4.0	4.5	5.0	6.0
		理论质量/(kg/m²)											
1号（方格型）	2A12	3.45	4.01	4.84	5.68	6.23	7.62	9.01	—	—	—	—	—
2号（扁豆型）	2A11、5A02、5052、3105、3003	—	—	—	—	6.90	8.30	9.70	11.10	12.50	—	—	—
3号（五条型）	1×××、3003、5A02、5052、3105、5A43	—	—	4.67	—	6.02	7.38	8.73	10.09	11.44	12.80	—	—
4号（三条型）	2A11、1×××、3003、5A02、5052	—	—	—	—	6.06	7.46	8.85	10.26	11.66	—	—	—
5号（指针型）	1×××、5A02、5052、5A43	—	—	4.62	—	5.96	7.30	8.64	9.98	11.32	—	—	—
6号（菱型）	2A11	—	—	—	—	—	9.10	—	11.95	—	15.35	18.20	
7号（四条型）	6061、5A02、5052	—	—	—	—	6.00	7.35	8.70	10.05	11.40	—	—	—

6. 硬聚氯乙烯板（GB/T 22789.1—2008）（表1-84）　　8. 石棉橡胶板（表1-86）

7. 工业用橡胶板（GB/T 5574—2008）（表1-85）

表1-84　硬聚氯乙烯板公称厚度及理论质量

公称厚度/mm	理论质量/(kg/m²)	公称厚度/mm	理论质量/(kg/m²)	公称厚度/mm	理论质量/(kg/m²)
2.0	2.96	7.5	11.10	16	23.70
2.5	3.70	8.0	11.84	17	25.20
3.0	4.44	8.5	12.60	18	26.60
3.5	5.18	9.0	13.30	19	28.10
4.0	5.92	9.5	14.10	20	29.60
4.5	6.66	10	14.80	22	32.60
5.0	7.40	11	16.30	25	37.00
5.5	8.14	12	17.80	28	41.40
6.0	8.88	13	19.20	30	44.40
6.5	9.62	14	20.70	—	—
7.0	10.04	15	22.20	—	—

表1-85　工业用橡胶板厚度及理论质量

厚度/mm	理论质量/(kg/m²)	厚度/mm	理论质量/(kg/m²)	厚度/mm	理论质量/(kg/m²)
0.5	0.75	5	7.5	18	27
1.0	1.50	6	9	20	30
1.5	2.25	8	12	22	33
2.0	3.00	10	15	25	37.5
2.5	3.75	12	18	30	45
3.0	4.5	14	21	40	60
4.0	6.0	16	24	50	75

表 1-86　石棉橡胶板的牌号及性能

品种	牌号	厚度/mm	宽度/mm	长度/mm	密度/(g/cm³)	运用范围	
						温度/℃	压力/MPa
石棉橡胶板 （GB/T 3985—2008）	XB450（紫色）	0.5, 1.0, 1.5, 2.0, 2.5, 3.0	500 620 1200 1260 1500	500 620 1260	1.6~2.0	≤450	≤6
	XB350（红色）	0.8, 1.0, 1.5 2.0, 2.5, 3.0		1000 1260		≤350	≤4
	XB200（灰色）	3.5, 4.0, 4.5 5.0, 5.5, 6.0		1350 1500 4000		≤200	≤1.5
耐油石棉橡胶板 （GB/T 539—2008）	NY400（石墨色）	0.4, 0.5, 0.6	500 620 1200 1260 1500	500 620 1000 1260 1350 1500	1.6~2.0	≤400	≤4
	NY250（浅蓝色）	0.8, 1.0, 1.1 1.2, 1.5, 2.0				≤250	≤2.5
	NY150（灰白色）	2.5, 3.0				≤150	≤1.5

1.5.2　型材

1. 热轧圆钢、方钢及六角钢（GB/T 702—2017）（表 1-87）

表 1-87　热轧圆钢、方钢及六角钢直径及理论质量

直径 /mm	理论质量/(kg/m)			直径 /mm	理论质量/(kg/m)		
	圆钢	方钢	六角钢		圆钢	方钢	六角钢
5.5	0.186	0.237	—	45	12.5	15.9	13.77
6	0.222	0.283	—	48	14.2	18.1	15.66
6.5	0.260	0.332	—	50	15.4	19.6	17.00
7	0.302	0.385	—	53	17.3	22.0	19.10
8	0.395	0.502	0.435	56	19.3	24.6	21.32
9	0.499	0.636	0.551	60	22.2	28.3	24.50
10	0.617	0.785	0.680	63	24.5	31.2	26.98
12	0.888	1.13	0.979	70	30.2	38.5	33.30
13	1.04	1.33	1.15	75	34.7	44.2	—
14	1.21	1.54	1.33	80	39.5	50.2	—
15	1.39	1.77	1.53	85	44.5	56.7	—
16	1.58	2.01	1.74	90	49.9	63.6	—
17	1.78	2.27	1.96	95	55.6	70.8	—
18	2.00	2.54	2.20	100	61.7	78.5	—
19	2.23	2.83	2.45	105	68.0	86.5	—
20	2.47	3.14	2.72	110	74.6	95.0	—
21	2.72	3.46	3.00	115	81.5	104	—
22	2.98	3.80	3.29	120	88.8	113	—
24	3.55	4.52	3.92	125	96.3	123	—
25	3.85	4.91	4.25	130	104	133	—
26	4.17	5.31	4.60	140	121	154	—
28	4.83	6.15	5.33	150	139	177	—
30	5.55	7.06	6.12	160	158	201	—
32	6.31	8.04	6.96	170	178	227	—
34	7.13	9.07	7.86	180	200	254	—
36	7.99	10.2	8.81	190	223	283	—
38	8.90	11.3	9.82	200	247	314	—
40	9.86	12.6	10.88	220	298	—	—
42	10.9	13.8	11.99	250	385	—	—

注：方钢及六角钢的直径是指其内切圆直径。

2. 热轧扁钢（GB/T 702—2017）（表 1-88）

表 1-88　热轧扁钢尺寸及理论质量

厚度/mm　　理论质量/（kg/m）

宽度/mm	3	4	5	6	7	8	9	10	11	12	14	16	18	20	22	25	28	30	32	36	40	45	50	56	60
10	0.24	0.31	0.39	0.47	0.55	0.63	—	—	—	—	—	—	—	—	—	—	—	—	—	—	—	—	—	—	—
12	0.28	0.38	0.47	0.57	0.66	0.75	—	—	—	—	—	—	—	—	—	—	—	—	—	—	—	—	—	—	—
14	0.33	0.44	0.55	0.66	0.77	0.88	—	—	—	—	—	—	—	—	—	—	—	—	—	—	—	—	—	—	—
16	0.38	0.50	0.63	0.75	0.88	1.00	1.15	1.26	—	—	—	—	—	—	—	—	—	—	—	—	—	—	—	—	—
18	0.42	0.57	0.71	0.85	0.99	1.13	1.27	1.41	—	—	—	—	—	—	—	—	—	—	—	—	—	—	—	—	—
20	0.47	0.63	0.78	0.94	1.10	1.26	1.41	1.57	1.73	1.88	—	—	—	—	—	—	—	—	—	—	—	—	—	—	—
22	0.52	0.69	0.86	1.04	1.21	1.38	1.55	1.73	1.90	2.07	—	—	—	—	—	—	—	—	—	—	—	—	—	—	—
25	0.59	0.78	0.98	1.18	1.37	1.57	1.77	1.96	2.16	2.36	2.75	3.14	3.53	—	—	—	—	—	—	—	—	—	—	—	—
28	0.66	0.88	1.10	1.32	1.54	1.76	1.98	2.20	2.42	2.64	3.08	3.53	3.96	—	—	—	—	—	—	—	—	—	—	—	—
30	0.71	0.94	1.18	1.41	1.65	1.88	2.12	2.36	2.59	2.83	3.30	3.77	4.24	4.71	—	—	—	—	—	—	—	—	—	—	—
32	0.75	1.00	1.26	1.51	1.76	2.01	2.26	2.55	2.76	3.01	3.52	4.02	4.52	5.02	—	—	—	—	—	—	—	—	—	—	—
35	0.82	1.10	1.37	1.65	1.92	2.20	2.47	2.75	3.02	3.30	3.85	4.40	4.95	5.50	6.04	6.87	7.69	—	—	—	—	—	—	—	—
40	0.94	1.26	1.57	1.88	2.20	2.51	2.83	3.14	3.45	3.77	4.40	5.02	5.65	6.28	6.91	7.85	8.79	—	—	—	—	—	—	—	—
45	1.06	1.41	1.77	2.12	2.47	2.83	3.18	3.53	3.89	4.24	4.95	5.65	6.36	7.07	7.77	8.83	9.89	10.60	11.30	12.72	—	—	—	—	—
50	1.18	1.57	1.96	2.36	2.75	3.14	3.53	3.93	4.32	4.71	5.50	6.28	7.07	7.85	8.64	9.81	10.99	11.78	12.56	14.13	—	—	—	—	—
55	—	1.73	2.16	2.59	3.02	3.45	3.89	4.32	4.75	5.18	6.04	6.91	7.77	8.64	9.50	10.79	12.09	12.95	13.82	15.54	—	—	—	—	—
60	—	1.88	2.36	2.83	3.30	3.77	4.24	4.71	5.18	5.65	6.59	7.54	8.48	9.42	10.36	11.78	13.19	14.13	15.07	16.96	18.84	21.20	—	—	—
65	—	2.04	2.55	3.06	3.57	4.08	4.59	5.10	5.61	6.12	7.14	8.16	9.18	10.20	11.23	12.76	14.29	15.31	16.33	18.37	20.41	22.96	—	—	—
70	—	2.20	2.75	3.30	3.85	4.40	4.95	5.50	6.04	6.59	7.69	8.79	9.89	10.99	12.09	13.74	15.39	16.49	17.58	19.78	21.98	24.73	—	—	—
75	—	2.36	2.94	3.53	4.12	4.71	5.30	5.89	6.48	7.07	8.24	9.42	10.60	11.78	12.95	14.72	16.48	17.66	18.84	21.20	23.55	26.49	—	—	—
80	—	2.51	3.14	3.77	4.40	5.02	5.65	6.28	6.91	7.54	8.79	10.05	11.30	12.56	13.82	15.70	17.58	18.84	20.10	22.61	25.12	28.26	31.40	35.17	—
85	—	—	3.34	4.00	4.67	5.34	6.01	6.67	7.34	8.01	9.34	10.68	12.01	13.34	14.68	16.68	18.68	20.02	21.35	24.02	26.69	30.03	33.36	37.37	40.04
90	—	—	3.53	4.24	4.95	5.65	6.36	7.07	7.77	8.48	9.89	11.30	12.72	14.13	15.54	17.66	19.78	21.20	22.61	25.43	28.26	31.79	35.32	39.56	42.39
95	—	—	3.73	4.47	5.22	5.97	6.71	7.46	8.20	8.95	10.44	11.93	13.42	14.92	16.41	18.64	20.88	22.37	23.86	26.85	29.83	33.56	37.29	41.76	44.74
100	—	—	3.92	4.71	5.50	6.28	7.07	7.85	8.64	9.42	10.99	12.56	14.13	15.70	17.27	19.62	21.98	23.55	25.12	28.26	31.40	35.32	39.25	43.96	47.10
105	—	—	4.12	4.95	5.77	6.59	7.42	8.24	9.07	9.89	11.54	13.19	14.84	16.48	18.13	20.61	23.08	24.73	26.38	29.67	32.97	37.09	41.21	46.16	49.46
110	—	—	4.32	5.18	6.04	6.91	7.77	8.64	9.50	10.36	12.09	13.82	15.54	17.27	19.00	21.59	24.18	25.90	27.63	31.09	34.54	38.86	43.18	48.36	51.81
120	—	—	4.71	5.65	6.59	7.54	8.48	9.42	10.36	11.30	13.19	15.07	16.96	18.84	20.72	23.55	26.38	28.26	30.14	33.91	37.68	42.39	47.10	52.75	56.52
125	—	—	—	5.89	6.87	7.85	8.83	9.81	10.79	11.78	13.74	15.70	17.66	19.62	21.58	24.53	27.48	29.44	31.40	35.32	39.25	44.16	49.06	54.95	58.88
130	—	—	—	6.12	7.14	8.16	9.18	10.20	11.23	12.25	14.29	16.33	18.37	20.41	22.45	25.51	28.57	30.62	32.66	36.74	40.82	45.92	51.02	57.15	61.23
140	—	—	—	—	7.69	8.79	9.89	10.99	12.09	13.19	15.39	17.58	19.78	21.98	24.18	27.48	30.77	32.97	35.17	39.56	43.96	49.46	54.95	61.54	65.94
150	—	—	—	—	8.24	9.42	10.60	11.78	12.95	14.13	16.48	18.84	21.20	23.55	25.90	29.44	32.97	35.32	37.68	42.39	47.10	52.99	58.88	65.94	70.65
160	—	—	—	—	8.79	10.05	11.30	12.56	13.82	15.07	17.58	20.10	22.61	25.12	27.63	31.40	35.17	37.68	40.19	45.22	50.24	56.52	62.80	70.34	75.36
170	—	—	—	—	9.34	10.68	12.01	13.34	14.68	16.01	18.68	21.35	24.02	26.69	29.36	33.36	37.37	40.04	42.70	48.04	53.38	60.05	66.72	74.73	80.07
180	—	—	—	—	9.89	11.30	12.72	14.13	15.54	16.96	19.78	22.61	25.43	28.26	31.09	35.32	39.56	42.39	45.22	50.97	56.52	63.58	70.65	79.13	84.78
190	—	—	—	—	—	—	13.42	14.92	16.41	17.90	20.88	23.86	26.85	29.83	32.81	37.29	41.76	44.74	47.73	53.69	59.66	67.12	74.58	83.52	89.49
200	—	—	—	—	—	—	14.13	15.70	17.27	18.84	21.98	25.12	28.26	31.40	34.54	39.25	43.96	47.10	50.24	56.52	62.80	70.65	78.50	87.92	94.20

3. 热轧工字钢（GB/T 706—2016）（表 1-89）

4. 热轧槽钢（GB/T 706—2016）（表 1-90）

表 1-89 热轧工字钢截面尺寸及理论质量

型号	尺寸			理论质量
	h/mm	b/mm	d/mm	/（kg/m）
32a	320	130	9.5	52.72
32b	320	132	11.5	57.74
32c	320	134	13.5	63.77
36a	360	136	10.0	60.04
36b	360	138	12.0	65.69
36c	360	140	14.0	71.34
40a	400	142	10.5	67.60
40b	400	144	12.5	73.88
40c	400	146	14.5	80.16
45a	450	150	11.5	80.42
45b	450	152	13.5	87.49
45c	450	154	15.5	94.55
50a	500	158	12.0	93.65
50b	500	160	14.0	101.50
50c	500	162	16.0	109.35
56a	560	166	12.5	106.32
56b	560	168	14.5	115.11
56c	560	170	16.5	123.90
63a	630	176	13.0	121.41
63b	630	178	15.0	131.30
63c	630	180	17.0	141.19

型号	尺寸			理论质量
	h/mm	b/mm	d/mm	/（kg/m）
10	100	68	4.5	11.26
12.6	126	74	5.0	14.22
14	140	80	5.5	16.89
16	160	88	6.0	20.51
18	180	94	6.5	24.14
20a	200	100	7.0	27.93
20b	200	102	9.0	31.07
22a	220	110	7.5	33.07
22b	220	112	9.5	36.52
25a	250	116	8.0	38.11
25b	250	118	10.0	42.03
28a	280	122	8.5	43.49
28b	280	124	10.5	47.89

表 1-90 热轧槽钢截面尺寸及理论质量

型号	尺寸			理论质量
	h/mm	b/mm	d/mm	/（kg/m）
18a	180	68	7.0	20.17
18	180	70	9.0	23.00
20a	200	73	7.0	22.64
20	200	75	9.0	25.78
22a	220	77	7.0	25.00
22	220	79	9.0	28.45
25a	250	78	7.0	27.41
25b	250	80	9.0	31.34
25c	250	82	11.0	35.26
28a	280	82	7.5	31.43
28b	280	84	9.5	35.82
28c	280	86	11.5	40.22
32a	320	88	8.0	38.08
32b	320	90	10.0	43.11
32c	320	92	12.0	48.13
36a	360	96	9.0	47.81
36b	360	98	11.0	53.47
36c	360	100	13.0	59.12
40a	400	100	10.5	58.93
40b	400	102	12.5	65.20
40c	400	104	14.5	71.49

型号	尺寸			理论质量
	h/mm	b/mm	d/mm	/（kg/m）
5	50	37	4.5	5.44
6.3	63	40	4.8	6.63
8	80	43	5.0	8.05
10	100	48	5.3	10.01
12.6	126	53	5.5	12.32
14a	140	58	6.0	14.54
14b	140	60	8.0	16.73
16a	160	63	6.5	17.24
16	160	65	8.5	19.75

5. 热轧等边角钢（GB/T 706—2016）（表1-91）　　　6. 热轧不等边角钢（GB/T 706—2016）（表1-92）

表1-91　热轧等边角钢截面尺寸及理论质量

型号	尺寸			理论质量 /(kg/m)
	b/mm	d/mm	r/mm	
7.5	75	5	9	5.82
		6		6.91
		7		7.98
		8		9.03
		10		11.09
8	80	5	9	6.21
		6		7.38
		7		8.53
		8		9.66
		10		11.87
9	90	6	10	835
		7		9.66
		8		10.95
		10		13.48
		12		15.94
10	100	6	12	9.37
		7		10.83
		8		12.28
		10		15.12
		12		17.90
		14		20.61
		16		23.26
11	110	7	12	11.93
		8		13.53
		10		16.69
		12		19.78
		14		22.81
12.5	125	8	14	15.50
		10		19.13
		12		22.70
		14		26.19
14	140	10	14	21.49
		12		25.52
		14		29.49
		16		33.39
16	160	10	16	24.73
		12		29.39
		14		33.99
		16		38.52
18	180	12	16	33.16
		14		38.38
		16		43.54
		18		48.63
20	200	14	18	42.89
		16		48.68
		18		54.40
		20		60.06
		24		71.17

型号	尺寸			理论质量 /(kg/m)
	b/mm	d/mm	r/mm	
2	20	3	3.5	0.89
		4		1.15
2.5	25	3	3.5	1.12
		4		1.46
3	30	3	4.5	1.37
		4		1.79
3.6	36	3	4.5	1.66
		4		2.16
		5		2.65
4	40	3	4.5	1.85
		4		2.42
		5		2.98
4.5	45	3	5	2.09
		4		2.74
		5		3.37
		6		3.99
5	50	3	5.5	2.33
		4		3.06
		5		3.77
		6		4.47
5.6	56	3	6	2.62
		4		3.45
		5		4.25
		8		6.57
6.3	63	4	7	3.91
		5		4.82
		6		5.72
		8		7.47
		10		9.15
7	70	4	8	4.37
		5		5.40
		6		6.41
		7		7.40
		8		8.37

表1-92 热轧不等边角钢

型号	尺寸			理论质量 /(kg/m)
	B/mm	b/mm	d/mm	
2.5/1.6	25	16	3	0.91
			4	1.18
3.2/2.0	32	20	3	1.17
			4	1.52
4.0/2.5	40	25	3	1.48
			4	1.94
4.5/2.8	45	28	3	1.69
			4	2.20
5.0/3.2	50	32	3	1.91
			4	2.49
5.6/3.6	56	36	3	2.15
			4	2.82
			5	3.47
6.3/4.0	63	40	4	3.19
			5	3.92
			6	4.64
			7	5.34
7.0/4.5	70	45	4	3.57
			5	4.40
			6	5.22
			7	6.01
7.5/5.0	75	50	5	4.81
			6	5.70
			8	7.43
			10	9.10
8.0/5.0	80	50	5	5.01
			6	5.94
			7	6.85
			8	7.75
9.0/5.6	90	56	5	5.66
			6	6.72
			7	7.76
			8	8.78
10.0/6.3	100	63	6	7.55
			7	8.72
			8	9.88
			10	12.14
10.0/8.0	100	80	6	8.35
			7	9.66
			8	10.95
			10	13.48
11.0/7.0	110	70	6	8.35
			7	9.66
			8	10.95
			10	13.48
12.5/8.0	125	80	7	11.07
			8	12.55
			10	15.47
			12	18.33
14.0/9.0	140	90	8	14.16
			10	17.48
			12	20.72
			14	23.91
16.0/10.0	160	100	10	19.87
			12	23.59
			14	27.25
			16	30.84
18.0/11.0	180	110	10	22.27
			12	26.46
			14	30.59
			16	34.65
20.0/12.5	200	125	12	29.71
			14	34.44
			16	39.05
			18	43.59

1.6 新型管材介绍

1.6.1 压缩空气用铝合金管道

压缩空气用铝合金管道俗称超级管道，管道由氧化铝材料压制而成（符合 EN755.2，EN755.8 和 EN573.3 标准），经过瓷质阳极氧化处理，内壁形成非常光滑的、致密的 Al_2O_3 保护层。外壁采用特殊材料干粉喷涂（管路亮漆效果属于 MO 级），涂漆经 QUALICOAT 认证。使得内外永久不被腐蚀，具有较强的耐酸和耐碱性，适用于所有规格的压缩空气系统。超级管道系统的连接和安装都十分方便，超级管道安装好后，系统的改装和扩展都十分简便，良好的性能广泛适用于各行各业。

法国 Legris SA（乐可利），流体控制专家，世界快速接头的发明者及本领域的领先者。专业生产各类管连接件。主要产品：快速接头、多种材质的气管、功能调速阀、全系列的球阀、快换式接头、TRANSAIR 空压配管系统及各类附件。压缩空气用铝合金管道常见规格见表1-93。

表1-93　压缩空气用铝合金管道常见规格

外径/mm	16.5	25	40	50.8	63	76.3	101.8	168.3
内径/mm	13	22	37	47.4	59	72.3	97.2	161.3

1.6.2　环氧树脂涂塑复合钢管

环氧树脂涂塑复合钢管是以钢管为基材，采用静电喷涂的方式，将环氧粉末均匀地喷涂在金属的内外壁上，再通过高温固化，使粉末涂层牢牢地涂敷在钢管表面（环氧树脂涂层厚度为 0.3～0.5mm），形成热固性粘接能力好的环氧树脂有机物而构成的涂塑复合管材，从而起到防腐的作用。执行的基本标准为 CJ/T 120—2016《给水涂塑复合钢管》。

环氧树脂涂塑复合钢管不仅具有钢管的高强度、易连接、耐水流冲击等优点，还克服了钢管遇水易腐蚀、污染、结垢及塑料管强度不高、消防性能差等缺点，设计寿命可达 50 年。

环氧树脂涂塑复合钢管的特性：

1）力学性能高。涂层具有和钢铁等同的强度，并且表面具有很强的内聚力，分子结构致密，韧性好、耐冲击、耐压强度高。

2）耐热性能好，耐热性一般为 80～100℃。环氧树脂的耐热性可达 200℃或更高。长期工作建议工作温度≤65℃。

3）优良的电绝缘性。涂层采用环氧树脂属于热固性树脂，具有良好的抗静电性能。

4）涂层稳定性好，不和大多数物质发生化学反应，防腐性能好。

5）管面涂层附着力强，它对金属、陶瓷、玻璃、混凝土、木材等极性基材以优良的附着力。

6）涂层固化收缩率小，一般为 1%～2%。环氧树脂是热固性树脂中固化收缩率最小的品种之一，其线胀系数也很小，一般为 $6×10^{-5}$/℃。所以固化后体积变化不大。

7）具有内壁光滑、摩擦阻力小、不结垢的特点，外壁更加美观豪华。

8）价格性能比合理，综合造价低，比铜管、不锈钢管更经济。

由于环氧树脂涂层具有以上优良特性，我们可以根据工作介质、压力、温度的不同，选择不同的钢管基材进行定制，如：GB/T 3091—2015《低压流体输送用焊接钢管》、GB/T 8163—2018《输送流体用无缝钢管》、SY/T 5037—2018《普通流体输送管道用埋弧焊钢管》等。

主要缺点：

1）安装时不宜进行弯曲，涂层面经电焊切割等作业时，切割面应用生产厂家配有的无毒常温固化胶进行二次探测喷涂。

2）不耐有机溶剂，故汽油、柴油等介质的管道不能使用。

可采用的安装方法：螺纹连接、法兰连接、沟槽卡箍连接。

安徽省宏源管道科技有限公司在 CJ/T 120—2016《给水涂塑复合钢管》的基础上，通过对喷涂涂层成分的研发试验，生产的产品已广泛应用于输送动力气体、可燃气体、矿井气、供暖空调、冷热循环水、生活饮用冷热水、饮用净水等的给水系统及消防管道，酸碱盐等化工管道等。并且开发了管材及管件焊接连接时，焊接管道内外接口处施工现场探测涂层修补技术及设备，使得这一防腐优良的管道广泛应用于各类介质和压力等级的管道系统。

1.7　动力管道的图例和表面涂色标志

1.7.1　动力管道参考图例

动力管道设计文件中的图例包括管路介质的类别代号、管路系统中的各种管路、管件、阀门与控制元件的图形符号和管径的标志。本节所列的动力管道图例主要参照了 GB/T 6567.1～GB/T 6567.5—2008《技术制图　管路系统的图形符号》中的有关规定及动力管道专业的使用习惯编制。

管路介质的类别代号用相应的英语名称或词组的第一位大写字母或字母组合表示。必要时可在类别代号的右下角注上阿拉伯数字，以区别该类介质的不同状态和性质。表1-94所列为常用的管路介质的类别符号。

表1-95所列为常用的管路系统中管路、管件、阀门与控制元件的图形符号。

管径的标注，对无缝钢管或有色金属管管路，应采用"外径×壁厚"标注，如 $\phi108×4$，其中 ϕ 允许省略。对水、煤气输送钢管、铸铁钢管、塑料管等其他管路应采用公称通径"DN"标注。

管路标高的标注，一般注管中心的标高；必要时，也可注管底的标高。标高的单位一律为 m，一般注至小数点以后两位。零点标高注成±0.00，正标高前可不加"+"号，但负标高前必须加注"-"号。标高一般应标注在管路的起始点、末端、转弯及交点处。

表 1-94 常用的管路介质的类别代号

序号	名称	管线代号	序号	名称	管线代号	序号	名称	管线代号
1	饱和蒸汽管	S	31	连续排污管	CB	61	发生炉热煤气管	HGG
2	过热蒸汽管	OS	32	定期排污管	PB	62	发生炉冷煤气管	CGG
3	生产蒸汽管	PS	33	溢水管	OF	63	发生炉水煤气管	WGG
4	生活蒸汽管	DS	34	补给水管	M	64	发生炉富氧煤气管	RGG
5	供暖蒸汽管	HS	35	盐溶液管	SA	65	混合煤气管	MIG
6	伴热蒸汽管	TS	36	硫酸管	SFA	66	天然气管	NG
7	吹扫蒸汽管	BLS	37	盐酸管	HA	67	沼气管	MG
8	二次蒸汽管	SS	38	碱溶液（氢氧化钠）管	SL	68	空气放空管	V
9	废蒸汽管	WS	39	膨胀管	EXP	69	氧气放空管	VOX
10	凝结水管（自流）	CW	40	压缩空气管	A	70	氢气放空管	VH
11	凝结水管（压力）	CWP	41	净化压缩空气管	CCA	71	氮气放空管	VN
12	供暖热水供水管	H	42	吸气管	SUA	72	氩气放空管	VAR
13	供暖热水回水管	HR	43	鼓风空气管	B	73	煤气放空管	VG
14	生产热水管（循环自流）	PH	44	饱和空气管	STA	74	二氧化碳放空管	VCD
15	生产热水管（循环压力）	PHP	45	氧气管	OX	75	乙炔放空管	VAC
16	生活热水供水管	DH	46	液氧管	LOX	76	蒸汽放空管	ES
17	生活热水回水管	DHR	47	氮气管	N	77	供油管（不分类型）	O
18	给水管	W	48	液氮管	LN	78	回油管（不分类型）	OR
19	软化水管	SW	49	污氮管	DN	79	原油供油管	CRO
20	除盐水管	DMW	50	加热氮气管	HN	80	原油回油管	CROR
21	循环水供水管	CWS	51	氢气管	HY	81	柴油供油管	DO
22	循环水回水管	CWR	52	氩气管	AR	82	柴油回油管	DOR
23	含酚热循环水供水管	HC	53	乙炔管	AC	83	煤油管	KO
24	含酚热循环水回水管	HCR	54	二氧化碳管	CD	84	重油供油管	HO
25	含酚冷循环水供水管	CC	55	气态丙烷管（液化石油气）	PG	85	重油回油管	HOR
26	含酚冷循环水回水管	CCR	56	液态丙烷管（液化石油气）	LPG	86	焦油管	T
27	循环管	CP	57	煤气管（不分类型）	G	87	乳化液管	E
28	酚水管	P	58	高炉煤气管	BFG	88	润滑油管	LO
29	排水管	D	59	焦炉煤气管	COG	89	汽油管	GO
30	生产排水管	PD	60	转炉煤气管	LDG	90	机油管	MO

表 1-95 常用管路系统图形符号

序号	名称	图形符号	序号	名称	图形符号
1	截止阀（内螺纹 DN≤32mm）		8	底阀	
2	闸阀		9	隔膜阀	
3	节流阀		10	旋塞阀	
4	球阀		11	弹簧式安全阀	
5	蝶阀		12	重锤式安全阀	
6	升降式止回阀（流向自左向右）		13	减压阀（左高右低）	
7	旋启式止回阀（流向自左向右）		14	疏水阀	

（续）

序号	名称	图形符号	序号	名称	图形符号
15	角阀		33	回转塞板	
16	三通阀		34	可见管路	
17	四通阀		35	不可见管路	
			36	假想管路	
18	手动调节阀		37	挠性管、软管	
19	自动调节阀		38	保护管	
20	电动阀		39	保温管	
21	电磁阀		40	夹套管	
22	水封疏水器		41	蒸汽伴热管	
23	水封阀		42	交叉管	
24	浮子式调节阀		43	相交管	
25	分配阀		44	介质流向	
26	脉冲式安全阀		45	90°弯折管（朝向观察者）	
27	浮球阀		46	90°弯折管（背离观察者）	
28	温度计（指示）		47	管路坡度	
29	压力表（指示）		48	螺纹连接	
30	流量计（指示）		49	法兰连接	
31	流量计（记录）		50	承插连接	
32	流量孔板		51	焊接连接	

（续）

序号	名称	图形符号	序号	名称	图形符号
52	弯头（管）		72	矩形补偿器	
53	三通		73	弧形补偿器	
54	四通		74	球形铰接器	
55	活接头		75	固定管架（一般形式）	
56	外接头		76	固定支（托）架	
57	内外螺纹接头		77	固定吊架	
58	同心异径管接头		78	活动管架（一般形式）	
59	同底偏心异径管接头		79	活动支（托）架	
60	同顶偏心异径管接头		80	活动吊架	
61	双承插管接头		81	活动弹性支（托）架	
62	快换接头		82	活动弹性吊架	
63	螺纹管帽		83	导向管架（一般形式）	
64	螺纹堵头		84	导向支（托）架	
65	法兰盖		85	导向吊架	
66	盲板		86	导向弹性支（托）架	
67	管间盲板		87	导向弹性吊架	
68	爆破膜		88	活动 T 形架	
69	水表		89	导向 T 形架	
70	波形补偿器		90	双向限位导向架	
71	套管补偿器		91	双向限位导向 T 形架	

（续）

序号	名称	图形符号	序号	名称	图形符号
92	0.6MPa 压缩空气用气点		109	地沟	
93	0.3MPa 压缩空气用气点		110	地沟检查井及编号	MH–XX
94	过滤器		111	检查井引出的转角地沟	XX°
95	离心泵		112	地沟转角	XX°
96	手摇泵		113	热力地沟及管道	S CW
97	喷射器、升水器		114	通行地沟安装孔及编号	
98	煤气连续排水器		115	通行地沟进风口及编号	
99	煤气定期排水器		116	通行地沟排风口及编号	
100	压缩空气配气（集水）器		117	方形伸缩穴及编号	SE–XX
101	直通式压缩空气油水分离器		118	带检查点的套管	
102	直角式压缩空气油水分离器		119	漏气检查点	
103	卧式压缩空气油水分离器		120	中压煤气排水管	
104	压缩空气用气点压力及数量	$\left(A_3\right)_2$	121	杂散电流检查点	
105	氧气用气点及数量	$\left(OX\right)_2$	122	漏斗	
106	乙炔用气点及数量	$\left(AC\right)_2$	123	放散管	
107	二氧化碳用气点及数量	$\left(CD\right)_2$	124	阀门编号	V_1、V_2、…、V_m
108	煤气用气点	$\left(G\right)$			

1.7.2 动力管道表面涂色和标志

为了区别管道内的流体介质，便于生产管理、操作及检修，管道的外表面或保温层外表面一般都应涂刷表面色和标志色。

在 GB 7231—2003《工业管道的基本识别色、识别符号和安全标识》中，对工业管道涂刷的基本识别色和识别符号的含义及使用做了规定。

1. 基本识别色

基本识别色用于标识管道内流体的种类和状态。动力管道中基本识别色及其主要适用介质如下：

艳绿色——水。
大红——蒸汽。
淡灰——空气。
中黄——气体（空气和氧气除外）。
棕色——可燃液体。
紫色——酸或碱。
淡蓝——氧气。
黑色——其他液体。

基本识别色的使用可以从以下五种方法中选择一种：

1）涂刷在管道的全长上。
2）在管道上涂刷宽 150mm 的色环标识。
3）在管道上以长方形的识别色标牌标识。
4）在管道上以带箭头的长方形识别色标牌标识。
5）在管道上以系挂的识别色标牌标识。

当采用2）、3）、4）、5）的方法时，其标识的场所应该包括所有管道的起点、终点、交叉点、转弯处、阀门和穿墙孔两侧等的管道上和其他需要标识的部位，二个标识之间的最小距离应为 10m；3）、4）、5）的标牌的最小尺寸应以能清楚观察识别色来确定。

2. 识别符号

识别符号用于标识管道内流体的性质、名称、流向和主要工艺参数等。

物质名称标识可采用物质全称或化学分子。

管道内介质流向用箭头表示，如果管道内介质的流向是双向的，则以双箭头标识。

物质的压力、温度、流速等主要工艺参数的标识，使用方可按需自行确定采用。

常用管道的涂色见表 1-96。

3. 安全标识

（1）危险标识 管道内的物质，凡属于 GB 13690 所列的危险化学品，其管道应设置危险标识。

危险标识的表示方法：在管道上涂 150mm 宽黄色，在黄色两侧各涂 25mm 宽黑色的色环或色带，安全色范围应符合 GB 2893 的规定。

危险标识的表示场所：基本识别色的标识上或附近。

（2）消防标识

工业生产中设置的消防专用管道应遵守 GB 13495 的规定，并在管道上标识"消防专用"识别符号。

表 1-96 常用管道的涂色

管道名称	颜色		管道名称	颜色	
	识别色	识别符号		基本识别色	识别符号
水管	艳绿色	绿底白字	气体（空气和氧气除外）管	中黄色	黄底白字
蒸气管	红色	红底白字	酸或碱管	紫色	紫底白字
空气管	淡灰色	灰底白字	可燃液体管	棕色	棕底白字
氧气管	淡蓝色	淡蓝白字	其他液体管	黑色	黑底白字

1.8 动力工程专业常用规范及标准图

1.8.1 动力专业设计中常用规范及技术标准

GB 50028—2006　　　　《城镇燃气设计规范》
GB 50029—2014　　　　《压缩空气站设计规范》
GB 50030—2013　　　　《氧气站设计规范》
GB 50041—2008　　　　《锅炉房设计规范》
GB 50049—2011　　　　《小型火力发电厂设计规范》
GB 50074—2014　　　　《石油库设计规范》
GB 50156—2012　　　　《汽车加油加气站设计与施工规范》（2014 年版）
GB 50177—2005　　　　《氢气站设计规范》
GB 50195—2013　　　　《发生炉煤气站设计规范》

GB 50264—2013　　　　　　　《工业设备及管道绝热工程设计规范》
GB 50251—2015　　　　　　　《输气管道工程设计规范》
GB 50253—2014　　　　　　　《输油管道工程设计规范》
GB 50316—2000　　　　　　　《工业金属管道设计规范》（2008 年版）
GB 50016—2014　　　　　　　《建筑设计防火规范》（2018 年版）
GB 50160—2008　　　　　　　《石油化工企业设计防火规范》（2018 年版）
GB 50187—2012　　　　　　　《工业企业总平面设计规范》
GB 50032—2003 ¹　　　　　　 《室外给水排水和燃气热力工程抗震设计规范》
GB 6222—2005　　　　　　　　《工业企业煤气安全规程》
YB 9069—1996　　　　　　　　《炼焦工艺设计技术规定》
CJJ 34—2010　　　　　　　　　《城镇供热管网设计规范》
CJJ 63—2018　　　　　　　　　《聚乙烯燃气管道工程技术标准》
CJJ/T 81—2013　　　　　　　 《城镇供热直埋热水管道技术规程》
GB 50235—2010　　　　　　　《工业金属管道工程施工规范》
GB 50184—2011　　　　　　　《工业金属管道工程施工质量验收规范》
GB 50236—2011　　　　　　　《现场设备、工业管道焊接工程施工规范》
GB 50683—2011　　　　　　　《现场设备、工业管道焊接工程施工质量验收规范》
CJJ 28—2014　　　　　　　　　《城镇供热管网工程施工及验收规范》
CJJ 33—2005　　　　　　　　　《城镇燃气输配工程施工及验收规范》
CJJ 94—2009　　　　　　　　　《城镇燃气室内工程施工与质量验收规范》
GB50751—2012　　　　　　　 《医用气体工程技术规范》
TSG G0001—2012　　　　　　《锅炉安全技术监察规程》
TSG D0001—2009　　　　　　《压力管道安全技术监察规程——工业管道》

1.8.2　动力专业国家建筑标准设计图

动力专业国家建筑标准设计图见表 1-97。

表 1-97　动力专业国家建筑标准设计图

序号	图集号及标准类别	图集名称	图集主要内容	主编单位	备注
1	99R101 标准图	燃煤锅炉房工程设计施工图集	锅炉房设计实例，锅炉设备及锅炉房辅助设备设计施工安装图	中国建筑标准设计研究所、全国工程建设标准设计动力专业专家委员会	—
2	03R102 标准图	蓄热式电锅炉房工程设计施工图集	蓄热式电锅炉房工程实例、蓄热式电锅炉选用安装图、施工安装图	国电华北电力设计院工程有限公司	新编
3	02R110 标准图	燃气（油）锅炉房工程设计施工图集	锅炉房典型设计、锅炉房工程实例、锅炉设备选用安装图、热工控制及检测、燃气（油）锅炉房配套辅机设备施工安装图	中元国际工程设计研究院（原机械部设计研究总院）	新编
4	05R103 标准图	热交换站工程设计施工图集	适用于新建、扩建、改建的民用和工业建筑中，以水蒸气或高温热水为热源介质，以热水为供热介质的热交换站工程实例、自控及仪表安装、主要设备及热交换站的施工与验收	北京市热力工程设计公司、中国建筑设计研究院机电专业设计研究院	新编
5	14R105 标准图	换热器选用与安装	适用于供暖、供冷系统用板式换热器、板式换热机组、管壳式换热器及热电厂首站用热网加热器的选用与安装	北京市煤气热力工程设计院有限公司	新编

（续）

序号	图集号及标准类别	图集名称	图集主要内容	主编单位	备注
6	14R106 标准图	民用建筑内的燃气锅炉房设计	适用于新建、改建、扩建的民用建筑内的燃气锅炉房设计（含油气两用锅炉）。蒸汽锅炉额定压力≤1.0MPa；热水锅炉额定出口水压≤1.0MPa、额定出口水温≤95℃的热力系统设计	华东建筑设计研究院有限公司、中国建筑标准设计研究院	新编
7	06R115 标准图	地源热泵冷热源机房设计与施工	适用于新建、改建和扩建的工业及民用建筑中地源热泵冷热源机房的设计、安装与验收	同方股份有限公司、中国建筑标准设计研究院	新编
8	12R116 12K512 标准图	污水源热泵系统设计与安装	适用于采取城市地下污水管渠内，以生活污水为主的原生污水作为热源低位冷热源，已获得相关部门批准的污水源热泵供热、空调工程项目的设计与施工	哈尔滨工业大学、中国建筑标准设计研究院	新编
9	06R201 标准图	直燃型溴化锂吸收式制冷（温）水机房设计与安装	适用于民用及工业建筑中以燃气燃油直接燃烧为热源，以水为制冷剂，溴化锂溶液为吸收液，交替或同时制取空调、工艺用冷水及生活热水的直燃型溴化锂吸收式制冷（温）机房工程	中国中元国际工程有限公司	新编
10	07202 标准图	空调用电制冷机房设计与施工	适用于工业及民用建筑集中空调用电制冷机房的设计、安装	中国建筑设计研究院	新编
11	08R301 标准图	气体站工程设计与施工	适用于气体动力站初步设计和施工图设计，收集了压缩空气站、氧气站、氢气站、氮气站和真空站房的典型示例	中国电子工程设计院	新编
12	16R303 标准图	医用气体工程设计	适用于新建、改建和扩建的综合医院、专科医院、社区医院等医疗卫生机构和养老建筑的集中式医用气体系统	中国中元国际工程有限公司、华东中国建筑设计研究院有限公司	修编
13	17R410 标准图	热水管道直埋敷设	适用于温度不大于130℃、压力不大于1.6MPa、管径不大于1200mm工厂预制直埋管的敷设	北京市热力工程设计有限公司、全国工程建设标准设计动力专家委员会	新编
14	08R419 标准图	混凝土模块砌体热力管道地沟	适用于非抗震区和抗震设防烈度为6、7、8度地区；工作压力小于1.6MPa、介质温度小于150℃的热水热力管道和工作压力小于1.4MPa、介质温度小于300℃的蒸汽热力管道、管径DN范围100~600mm；地沟结构埋深0.8m≤h≤1.6m	北京特泽热力工程设计有限责任公司	新编
15	12R422 标准图	混凝土模块砌体燃气阀室及管沟	本图集适用于抗震设防烈度为8度（含设计基本地震加速度为0.15g和0.30g）及8度以下地区，设计覆土厚度为0.3~1.5m的城镇室外燃气阀室及管沟的设计、施工及安装工程	北京市煤气热力工程设计院有限公司	新编

（续）

序号	图集号及标准类别	图集名称	图集主要内容	主编单位	备注
16	13SR425 标准图	室外热力管道检查井	适用于环境类别为二 b 类、非抗震设防区及抗震设防烈度不高于 8 度、地下水无侵蚀性的一般砂性土、黏性土地区，及 III 级以下湿陷性黄土地区的工业及民用工程室外热力管道检查井的设计、施工和安装	中铁工程设计院有限公司	新编
17	05R501 标准图	建筑公用设备专业常用压力管道设计	图集着重介绍了建筑公用设备专业常用压力管道布置、管道设计计算、管道材料、管道的绝热与防腐、管道施工与验收、压力管道设计单位质量保证体系文件的编制	中国中元国际工程有限公司	新编
18	05R502 标准图	燃气工程设计施工	适用于城镇居民住宅、商业建筑、小型燃气锅炉房、直燃机房等民用用户的室内外燃气供应系统的设计、安装及产品选用	北京市煤气热力工程设计院有限公司	新编
19	13R503 标准图	动力工程设计常用数据	目录、编制说明、常用基础数据、方案设计阶段估算指标、锅炉房、中继泵站和热力站、热力管网与水力计算、管道及附件、气油管道和附录 10 个部分组成	中国建筑标准设计研究院	修编
20	10R504 10K509 标准图	暖通动力施工安装图集（一）（水系统）	适用于新建、改建和扩建的民用及工业建筑采暖空调专业水系统的常用设备、仪表与附件的安装及系统常见做法；适用介质为蒸汽、热水；工作压力小于等于 2.5MPa，温度小于等于 200℃	中国建筑标准设计研究院	新编
21	02R111 标准图	小型立、卧式油罐图集	适用于储存工业及民用设施中使用的轻质燃料油，共有 5～100m³ 10 种规格的卧式、埋地卧式储油罐和 1m³、3m³ 立式储油罐的设计、制造、安装图	大庆石油化工设计院	新编
22	02R112 标准图	拱顶油罐图集	适用于储存工业及民用设施中使用的柴油，共有 40～10000m³ 13 种规格拱顶油罐的设计、制造、安装图	大庆石油化工设计院	—
23	03SR113 标准图	中央液态冷热源环境系统设计施工图集	适用于工业与民用建筑的供暖、空调及生活热水供热，图集给出机房设计安装图	中国建筑标准设计研究院、北京恒有源科技发展有限公司	新编
24	98R401-1 标准图	常压密闭水箱	常用密闭水箱与常温除氧设备配套，用于储存除氧水，也可用于热水供暖系统高位水箱和蒸汽供暖冷凝水回收。共有 8 种规格的总装配图及零部件制作图	中国建筑标准设计研究院	—
25	03R401-2 标准图	开式水箱	用于暖通空调、动力专业，内容为开式水箱的设计选用及制造安装图。热水系统膨胀水箱 0.5～5.0m³ 20 余种规格的矩形、圆形水箱；蒸汽系统凝结水 0.5～10m³ 20 余种规格的矩形、圆形水箱及其他形式水箱	中国建筑标准设计研究院	—

（续）

序号	图集号及标准类别	图集名称	图集主要内容	主编单位	备注
26	03R402 标准图	除污器	用于排除在安装和运行时掉进管道中的污物，以保护设备安全运行及防止管道堵塞	中国建筑标准设计研究院	—
27	94R404 标准图	热力管道焊制管件及设计选用图	用于工业与民用建筑中的蒸汽、热水、压缩空气等热力管道工程的标准管配件（弯头、异径管、三通）的制作图	北京钢铁设计研究总院	—
28	16R405 标准图	暖通动力常用仪表安装	适用于液体、气体、蒸汽等介质管道或容器上流量仪表、热量表、温度仪表、压力仪表、液位计及湿度计的设计与安装选用	中机国际工程设计研究院有限责任公司（原机械部第八设计研究院）	代替01R405、01R406、03R420、03R421
29	05R407 标准图	蒸汽凝结水回收及疏水装置的选用与安装	适用于一般工业及民用建筑工程热力设备及管道的疏水、空气及其他惰性气体管路系统的排水以及蒸汽热力系统凝结水的回收等	机械工业部第一设计研究院	代替96R407
30	18R409 标准图	管道穿墙、屋面防水套管	适用于公称直径 DN = 25～1000mm 钢制管道穿墙、屋面、楼板等建构筑物围护结构套管的制作、选用及施工安装	中机国际工程设计研究院有限责任公司	—
31	03R411-1 标准图	室外热力管道安装（地沟敷设）	适用于一般工业及民用建筑工程室外地沟敷设热力管道的设计安装和施工	北京中铁工建筑工程设计院	
32	03R411-2 标准图	室外热力管道地沟	适用于一般工业及民用建筑工程室外热力管道地沟敷设的设计安装和施工，与03R411-1《室外热力管道安装（地沟敷设）》配合使用	北京中铁工建筑工程设计院	
33	97R412 标准图	室外热力管道支座	适用于室外热力管道、凝结水管道和压缩空气管道支座的设计、制作加工及安装	铁道部专业设计院	
34	01R413 标准图	室外热力管道安装（架空敷设）	适用于室外热力管道架空敷设方式的安装	北京中铁工建筑工程设计院	含局部修改版01(03)R413
35	01R414 标准图	室外热力管道安装（架空支架）	适用于室外热力管道架空敷设方式的支架设计、制作及安装，与01R413配合使用	北京中铁工建筑工程设计院	含局部修改版01(03)R414
36	01R415 标准图	室内动力管道装置安装（热力管道）	适用于一般工业及民用建筑室内热力管道的设计、安装和施工，包括热力管道方形、波纹、套筒补偿器三种补偿方式的安装图、选用表和固定支架	北京中铁工建筑工程设计院	新编
37	01R416 标准图	室内动力管道装置安装（乙炔氧气管道）	适用于室内乙炔、氧气管道及装置的施工安装	北京中铁工建筑工程设计院	新编
38	18R417-2 标准图	装配式管道支吊架（含抗震支吊架）	适用于一般工业与民用建筑室内管道的装配式支吊架（含抗震支吊架）的工程安装	华东建筑设计研究院有限公司、中国建筑标准设计研究院有限公司	代替03R417-2

（续）

序号	图集号及标准类别	图集名称	图集主要内容	主编单位	备注
39	08R418-1~2、08K507-1~2 标准图	管道和设备绝热（2008年合订本）	介绍了室内外架空敷设、地沟敷设和直埋敷设管道的保温、保冷经济厚度选用表、推荐绝热厚度选用表、防烫伤绝热厚度选用表、防结露绝热层厚度选用表、多种保温（冷）结构图；管道保温（冷）工程量面积、体积计算表；辅助材料用量表；施工安装以及检验与验收说明等	中国建筑标准设计研究院、上海建筑设计研究院有限公司	代替原98R418、98R419
40	92R423 标准图	变角形过滤器	用于排除管道中的污物，以保护设备安全运行及防止管道堵塞	中国海洋石油总公司海洋石油勘探开发研究中心	—

注：由于设计规范、标准的持续更新，在参考标准图时应查阅相关设计规范、标准，并按照新的要求进行取舍、变更和参考设计，不可硬套标准图。

第2章　管道系统及其选择

2.1　压力管道的定义和分类

2.1.1　压力管道的定义

1. 质检总局修订的《特种设备目录》(2014 年第 114 号) 中压力管道的定义范围

1) 1996 年 4 月原国家劳动部以"劳部发 [1996] 140 号文"发出关于颁发《压力管道安全管理与监察规定》的通知,标志着我国压力管道的管理进入了法制管理阶段。2003 年 3 月 11 日国务院第 373 号令公布了《特种设备安全监察条例》,并于同年 6 月 1 日起实施,2009 年 1 月 24 日国务院第 549 号令对其修订,同年 5 月 1 日起实施。

2) 根据《中华人民共和国特种设备安全法》《特种设备安全监察条例》的规定,国家质检总局修订了《特种设备目录》,经国务院批准,于 2014 年 10 月 30 日公布施行。同时,《关于公布〈特种设备目录〉的通知》(国质检锅 [2004] 31 号)和《关于增补特种设备目录的通知》(国质检特 [2010] 22 号)予以废止。

3)《特种设备目录》([2014] 114 号)中规定:压力管道,是指利用一定的压力,用于输送气体或者液体的管状设备,其范围规定为最高工作压力大于或者等于 0.1MPa(表压),介质为气体、液化气体、蒸汽或者可燃、易爆、有毒、有腐蚀性、最高工作温度高于或者等于标准沸点的液体,且公称直径大于或者等于 50mm 的管道。公称直径小于 150mm,且其最高工作压力小于 1.6MPa(表压)的输送无毒、不可燃、无腐蚀性气体的管道和设备本体所属管道除外。其中,石油天然气管道的安全监督管理还应按照《安全生产法》《石油天然气管道

保护法》等法律法规实施。

2. 质检总局办公厅(质检办特 [2015] 675 号)关于压力管道介质范围的补充通知

1)《特种设备目录》([2014] 114 号)的压力管道定义中"公称直径小于 150mm,且其最高工作压力小于 1.6MPa(表压)的输送无毒、不可燃、无腐蚀性气体的管道"所指的无毒、不可燃、无腐蚀性气体,不包括液化气体、蒸汽和氧气。

2) 列入《特种设备目录》([2014] 114 号)的压力管道元件公称直径均应大于等于 50mm。

2.1.2　压力管道分类

按压力管道的用途可将压力管道分为长输(油气)管道(GA)、公用管道(GB)、工业管道(GC)和动力管道(GCD)四个类别。

(1) 长输(油气)管道(GA)　是指产地、储存库、使用单位之间的用于输送商品介质的管道。

(2) 公用管道(GB)　是指城市或乡镇范围内的用于公用事业或民用的燃气管道和热力管道。

(3) 工业管道(GC)　是指企业、事业单位所属的用于输送工艺介质的工艺管道、公用工程管道及其他辅助管道。

(4) 动力管道(GCD)　是指火力发电厂用于输送蒸汽、汽水两相介质的管道。

国家市场监督管理总局 2019 年 1 月 16 日发布《市场监管总局关于特种设备行政许可有关事项的公告》(2019 年 第 3 号),公告中附件 1《特种设备生产单位许可目录》将压力管道划分为 7 个级别,见表 2-1。2019 年 6 月 1 日起《特种设备生产和充装单位许可规则》(TSG 07—2019)实施,原有《压力容器压力管道设计许可规则》(TSG R1001—2008)废止。

表 2-1　压力管道设计、安装许可参数级别

许可级别	许可范围	备注
GA1	1. 设计压力大于或者等于 4.0MPa(表压,下同)的长输输气管道 2. 设计压力大于或者等于 6.3MPa 的长输输油管道	GA1 级覆盖 GA2 级
GA2	GA1 级以外的长输管道	—
GB1	燃气管道	—
GB2	热力管道	—

（续）

许可级别	许可范围	备注
GC1	1. 输送《危险化学品目录》中规定的毒性程度为急性毒性类别 1 介质、急性毒性类别 2 气体介质和工作温度高于其标准沸点的急性毒性类别 2 液体介质的工艺管道 2. 输送 GB 50160《石油化工企业设计防火规范》、GB 50016《建筑设计防火规范》中规定的火灾危险性为甲、乙类可燃气体或者甲类可燃液体（包括液化烃），并且设计压力大于或者等于 4.0MPa 的工艺管道 3. 输送流体介质，并且设计压力大于或者等于 10.0MPa，或者设计压力大于或者等于 4.0MPa 且设计温度高于或者等于 400℃ 的工艺管道	GC1 级、GCD 级覆盖 GC2 级
GC2	1. GC1 级以外的工艺管道 2. 制冷管道	—
GCD	动力管道	—

2.1.3　流体类别简介

根据 GB 50316—2000《工业金属管道设计规范》（2008 版）中的规定，按流体介质的性质将流体分为五类。

（1）A1 类流体　A1 类流体指剧毒流体，在输送过程中如有极少量的流体泄漏到环境中，被人吸入或与人体接触时，能造成严重中毒，脱离接触后，不能治愈。相当于 GBZ 230—2010《职业性接触毒物危害程度分级》中Ⅰ级（极度危害）的毒物。

（2）A2 类流体　A2 类流体指有毒流体，接触此类流体后，会有不同程度的中毒，脱离接触后可治愈。相当于 GBZ 230—2010《职业性接触毒物危害程度分级》中Ⅱ级及以下（高度、中度、轻度危害）的毒物。

（3）B 类流体　B 类流体指这些流体在环境或操作条件下是一种气体或可闪蒸产生气体的液体，这些流体能点燃并在空气中连续燃烧。

（4）D 类流体　D 类流体指不可燃、无毒、设计压力小于或等于 1.0MPa 和设计温度为 −20~186℃ 的流体。

（5）C 类流体　C 类流体指不包括 D 类流体的不可燃、无毒的流体。

2.2　管道按介质分类

本手册包括热力管道、燃气管道、气体管道、真空管道、高纯气体管道及医用气体管道。

2.2.1　热力管道

（1）蒸汽管道

1）饱和蒸汽管道（压力 PN≤1.6MPa）。

2）过热蒸汽管道（压力 PN≤1.6MPa，温度 $t<350℃$）。

（2）废汽管道　例如锻锤废汽管道。

（3）热水管道

1）低温水管道，供水温度小于或者等于 95℃，

回水温度小于或者等于 70℃。

2）高温水管道，供水温度与回水温度有三种组合：150~90℃、130~70℃、110~70℃。

（4）凝结水管道

1）自流式凝结水管道。

2）余压式凝结水管道。

3）压力式凝结水管道。

2.2.2　燃气管道

1）发生炉冷煤气管道。

2）水煤气管道。

3）城市燃气管道（压力 PN≤0.2MPa，发热量 $Q=12570~18850kJ/m^3$）。

4）液化石油气管道。

5）天然气管道。

2.2.3　气体管道

1）压缩空气管道（压力 PN≤1.6MPa）。

2）氧气管道（压力 PN≤1.6MPa）。

3）氮气管道（压力 PN≤1.6MPa）。

4）乙炔管道（压力 PN≤0.15MPa）。

5）氢气管道（压力 PN≤1.6MPa）。

6）二氧化碳管道（压力 PN≤0.8MPa）。

7）氨气管道（压力 PN≤2.0MPa）（见 12.7 节）。

2.2.4　真空管道

真空管道见第 13 章。

2.2.5　高纯气体管道

高纯气体管道见第 14 章。

2.2.6　医用气体管道

医用气体管道见第 15 章。

2.3　热力管道系统

热力管道系统包括热水系统、蒸汽系统和凝结水系统。

热力管道系统根据热力管道的数目不同，可分

为单管、双管和多管系统。

热力管道系统又可以根据系统中的热媒的密封程度，分为开式系统和闭式系统。闭式系统中热媒是在完全封闭的系统中循环，热媒不被取出而只是放出热量。在开式系统中，热媒被部分或全部取出，直接用于生产或生活（淋浴）设施。

确定热力管道系统时，首先决定热源的种类及热媒的选择。

以热电厂、区域锅炉房及工厂自备锅炉房作为集中供热系统的热源，这是目前最常见的形式。

集中供热系统热媒的选择，主要取决于各用户热负荷的特点和参数要求，也取决于热源（热电厂或区域锅炉房）的种类。集中供热系统的热媒主要是水与蒸汽。

以水为热媒与蒸汽相比，有下列优点：

1）热能利用效率高，可节约燃料 20% ~ 40%。

2）能够远距离输送，供热半径大。

3）在热电厂供热情况下，可充分利用低压抽汽，提高热电厂的经济效果。

4）蓄热能力大。因为热水系统中水的流量大，其比热容大，所以当热水系统中水力工况和热力工况发生短期失调的情况时，也不会影响整个热水系统的供热工况。

5）便于质调节。

以蒸汽为热媒与水相比，有下列优点：

1）蒸汽作为热媒，其适用面广，能满足各种用户的用热要求。

2）蒸汽的放热系数大，可节约用户的散热器面积，即节约工程的初投资。

3）与热水系统比较，可节约输送热媒的电能消耗。

4）蒸汽密度小，在高层建筑物中或地形起伏不平的区域蒸汽系统中，不会产生像水那样大的静压力，因此用户入口连接方式简单。

2.3.1　热水系统

1. 供水温度与回水温度的选择

1）低温水压力为 0.101325MPa（一个标准大气压）下，汽化温度为 100℃，故低温水热水系统的供水温度应小于或等于 95℃为宜，回水温度一般为 70℃。

2）高温水热水系统的供水温度可采用 110℃、130℃、150℃，相应的回水温度为 70 ~ 90℃。当生产有特殊需要时，供水温度可高于 150℃。

2. 热水制备方式

（1）利用锅炉制备热水　例如用各种型号的热水锅炉、蒸汽-热水两用锅炉，以及由已有的蒸汽锅炉改装的热水锅炉制备热水。

（2）利用热交换器（换热器）制备热水　以蒸汽为热媒，通过热交换器将水加热，或以高温水为热媒，通过热交换器将低温水加热供应给各用户。热交换器可集中设置在锅炉房、换热站内或用户的入口处。

（3）利用蒸汽喷射器制备热水　以蒸汽为热媒，通过蒸汽喷射器将低温水加热和加压；或通过汽水混合器将水加热；或通过蒸汽喷射器和汽水混合加热器两级加热和加压。此种制备热水的方式，可通过集中设站或分散设站来实现。

（4）利用淋水式加热器制备热水　淋水式加热器是一种蒸汽与水直接混合的加热设备。以蒸汽为热媒，通过淋水式加热器可集中制备热水供用户采暖。

（5）利用容积式加热器制备热水　以蒸汽为热媒，利用容积式加热器制备热水，这是加热生活用热水（淋浴用热水）常用的一种热水制备方式。容积式加热器一般设在浴室内。例如全厂或某一个及数个居民区集中设浴室时，则容积式加热器即可设置在全厂或区域集中锅炉房内，集中供应生活热水。如浴室距离锅炉房较远，则容积式加热器可设置在浴室内。

3. 热水系统的定压方式

采用高温水热水系统时，为保证热水系统正常运行，需维持稳定的水力工况和保证系统中水不发生汽化所需的压力，应设置定压设备。热水系统定压方式很多，诸如补水泵定压、膨胀水箱定压、氮气定压、空气定压、蒸汽定压等，无论采用哪种定压方式，都必须满足下列各项要求：

1）在循环水泵运行时，应保证整个热水系统中高温水不发生汽化。

2）在循环水泵停止运行时，热水系统的静压线应高于与系统直接连接用户的最高充水高度。

3）在循环水泵运行或停止时，与系统直接连接的用户室内系统的压力，不得超过散热器的允许压力。例如铸铁 60 型散热器的允许压力为 0.4MPa，M-132、四柱、双柱等散热器的允许压力为 0.6MPa。

4）定压装置必须操作简单。

5）采用惰性气体定压时，为调整压力所消耗的气体量最少。

6）定压装置的投资最省。

下面介绍几种常用的定压方式：

1）开式膨胀水箱定压。开式膨胀水箱定压如图 2-1 所示。此种定压方式是利用膨胀水箱安装在用户系统的最高处来对系统进行定压，设备简单、工作安全可靠，是低温水热水系统常用的定压方式。膨胀水箱一般安装在高层建筑的最高处，它同时还起着容纳系统水膨胀体积之用。

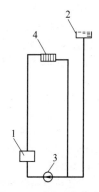

图 2-1　开式膨胀水箱定压
1—热水锅炉　2—开式膨胀水箱
3—循环水泵　4—散热器

缺点：

① 它直接相通大气，使得空气中的二氧化碳、水生成弱酸和铁制品反应腐蚀管路，降低了其他主要设备的寿命。

② 水箱高度受限，当建筑物较高而且远离热源，或为高温水供热时，膨胀水箱的架设高度难以满足要求。

③ 室外安装，冬天容易冻坏。

④ 循环泵供水压力增加，能耗增加，运行费用增加。

⑤ 只能在较高处安装，要另外配置补水设备进行补水。

2）补水泵定压。图 2-2 为补水泵定压。补水泵 4 的启动或停止是由电接点压力表 6 表盘上的触点开关控制，是一种间歇补水定压方式。当热水系统的水压低于管网系统的静压线时，补水泵就启动补水，直到系统中水压达到静压线时，补水泵就停止运行。

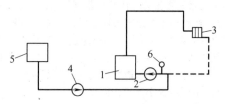

图 2-2　补水泵定压
1—热水锅炉　2—循环水泵　3—散热器
4—补水泵　5—补水箱　6—电接点压力表

3）采用低位闭式膨胀水箱自动稳压补水装置定压。此种低位闭式膨胀水箱自动稳压补水装置定压如图 2-3 所示，是目前高温水热水系统经常采用的一种定压方式。稳压罐内的气体一般是空气，也可以附设氮气瓶，使氮气充入罐中。

利用气体可压缩的性质，水泵将水压入稳压罐

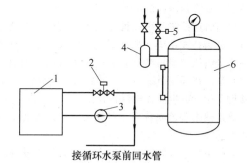

接循环水泵前回水管

图 2-3　低位闭式膨胀水箱自动稳压补水装置定压
1—软水箱　2—泄水电磁阀　3—补水泵
4—空气罐　5—排气电磁阀　6—稳压罐

内使气体被压缩，此时稳压罐内气体压力逐渐升高，待此压力升高到高温水热水系统中定压点的压力时即为罐内气体压力下限，大于此压力 0.03~0.05MPa 时定为压力上限。其工作原理是：当系统中由于泄漏等原因致使水压降低到压力下限时，水泵即启动并向稳压罐内补水，使稳压罐内压力升高并向高温水热水系统补水，直到罐内压力达到压力上限时才停止补水。当系统中水受热膨胀时，迫使高温水热水系统中压力升高，此时水从高温水热水系统中倒流回稳压罐中，罐内由于水位上升，致使罐内上部空气压力超过补水压力上限值时，泄水电磁阀开始泄水，将水泄入软水箱中储存，直到罐内气体压力降到补水压力上限值时才停止泄水。

当系统中的气体通过空气罐进入稳压罐内，或因补气量大造成罐内气体增多，即罐内气体体积增大，迫使罐内水位下降。当下降到传感器所控制的最低水位时，排气电磁阀自动打开排气，直到罐内压力下降到补水泵启动注水时，使水位传感器上移后才停止排气。

闭式膨胀水箱一般叫作定压罐，它的有效容积大，定压准确，高度智能化，具有自动补水、排气功能，能较大限度地排尽系统中的空气，延长管路和其他主要设备的使用寿命。

低位闭式膨胀水箱自动稳压补水装置，一般设置在集中锅炉房内。如果区域锅炉房供热范围较大，也可将此装置分设在各换热站内。

2.3.2　蒸汽系统

1. 蒸汽系统的种类

蒸汽系统是由热源、室外蒸汽管网、室内蒸汽管网三部分组成。

大型工厂蒸汽供热的热源是工厂自备热电厂或集中锅炉房，中小型工厂蒸汽供热的热源是工厂自备锅炉房，也可以是远离工厂的区域锅炉房或热

电厂。

由于各种工厂的生产性质及工艺流程不同，各用热设备对蒸汽压力、温度等参数要求不一，厂区蒸汽管网有单管制、双管制及多管制等系统。

2. 蒸汽系统的选择

1）凡是用户用汽参数相同的中小型工厂，均采用单管蒸汽系统。

2）凡是用户用汽参数相差较大，可采用双管蒸汽系统。例如，某机械工厂锻工车间锻锤需用 0.9MPa 蒸汽，而其他生产车间需要 0.5MPa 蒸汽，则此时从锅炉房引出两根蒸汽管道，其中一根蒸汽管道单独供应锻锤用汽，另一根供给其他车间用汽，此种系统即为双管蒸汽系统。

3）供暖期短，供暖通风用汽量占全厂总用汽量 50% 以下时，为节约初投资费用，可采用单管蒸汽系统。供暖期较长，供暖通风热负荷超过全厂总负荷一半时，如供暖通风以蒸汽为热媒时，则可采用双管蒸汽系统，其中一根蒸汽管道供应采暖通风用汽，只在供暖期运行；另一根蒸汽管道专供生产及生活用汽，全年运行。如果供暖通风以水为热媒，而生产和生活用蒸汽时，可分别采用热水系统和蒸汽系统。

4）凡全厂绝大多数用户以蒸汽为热媒，只有个别用户（如办公楼、计量室、试验室、托儿所、中小学等）以水为热媒，则可在这些用户附近或在某一用户内建一换热站。全厂仍可采用单管蒸汽系统，而以换热站为中心自成一个热水系统。

总之，根据用户的性质、热媒的种类、热负荷大小、用户分散程度等综合因素，并通过技术经济比较后才能正确选择供热系统。

图 2-4 及图 2-5 分别为单管蒸汽系统和双管蒸汽系统。

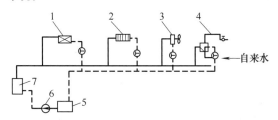

图 2-4 单管蒸汽系统
1—生产工艺用户 2—蒸汽采暖用户 3—热水采暖用户
4—生活用热用户 5—凝结水箱 6—泵 7—锅炉

3. 工业废汽利用系统

机械工厂锻工车间蒸汽锻锤的废汽，其压力为 0.04~0.06MPa，温度为 110℃ 左右，可用于建筑物的低压蒸汽供暖、低温水供暖、淋浴及加热锅炉给

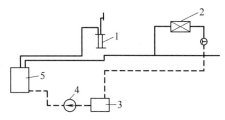

图 2-5 双管蒸汽系统
1—具有锻锤用户 2——般用户
3—凝结水箱 4—泵 5—锅炉

水等。由于锻锤废汽中含有少量的杂质及油，因此在利用废汽前必须经填料分离器及油分离器进行处理。图 2-6 为锻锤废汽利用系统。

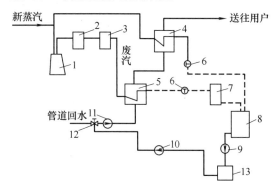

图 2-6 锻锤废汽利用系统
1—蒸汽锻锤 2—填料分离器 3—油分离器
4—汽水加热器 5—第一级加热器 6—疏水阀
7—活性炭过滤器 8—凝结水箱 9—凝结水泵
10—补水泵 11—循环水泵 12—补水调节器
13—补水箱

锻锤废汽首先通过填料分离器 2 及油分离器 3 除去锻锤活塞杆填函碎片和油质后，进入第一级加热器 5，利用废汽的余热加热热水供暖的回水。当锻锤停止工作或废汽量不够时，应设汽水加热器 4，利用锅炉房引来的新蒸汽（压力为 0.6MPa）在汽水加热器 4 中加热热水系统中的循环水，以满足用户对供水温度的要求。如需加热锅炉的补给水，则将废汽经过填料分离器和油分离器处理后，直接引至锅炉房加热补给水。一般锻工车间紧邻锅炉房，废汽处理设备设在锻工车间，经过处理后的废汽沿很短的蒸汽管道送往锅炉房。

废汽凝结水经过活性炭过滤器 7 处理后，其各项技术指标符合锅炉给水质量标准后，才能送至锅炉房的补水箱 13 中。

4. 蒸汽系统的特点

1）蒸汽的密度比水小得多，在高层建筑或地形起伏较大的地区，不会像水那样产生很高的静压，因而与用户的连接方式简单。

2）蒸汽作为热媒，其适用面广，可转换成低压蒸汽、低温水和高温水。

3）蒸汽在散热器中属凝结放热，它比对流换热系数大，可减少散热器面积，节约工程的初投资。

4）由于选用不当，维护管理不善或因产品质量不高等原因，致使疏水阀工作失灵，使蒸汽系统长期存在的跑、冒、滴、漏等现象难以根除，这是蒸汽系统不如热水系统节能的主要原因。

5）蒸汽系统不如热水系统那样，可以根据室外气温的变化而进行调节。

2.3.3　凝结水系统

1. 凝结水回收原则

1）凡是符合锅炉给水水质要求的凝结水，都应尽可能回收，使回水率达到 80% 以上。

2）加热有强腐蚀性物质的凝结水不应回收利用。加热油槽和有毒物质的凝结水，严禁回收利用，并应在处理达标后排放，以免造成环境污染。

3）高温凝结水宜利用其二次蒸汽。不宜回收的凝结水宜利用其热量。

4）对可能被污染的凝结水，应装设水质监测仪器和净化装置，经处理后达到锅炉给水水质要求的凝结水才予以回收。

5）凝结水的回收系统宜采用闭式系统。当输送距离较远或架空敷设利用余压难以使凝结水返回时，宜采用加压凝结水回收系统。

2. 凝结水系统的分类

1）按照凝结水系统是否与大气相通，可分为开式系统和闭式系统两种。

凡是凝结水箱上面设有放气管并使系统与大气相通的都是开式系统。其特点是产生二次蒸汽损失和外部空气侵入，避免不了管道金属腐蚀。但因此种系统结构简单、操作方便、初投资少，目前仍常被应用于工程设计。

凡是凝结水箱不设排气管直通大气，使系统呈封闭状态的即为闭式系统。其特点是从用户的用热设备到凝结水箱，以及由凝结水箱到热源，所有的管段都必须处于不小于 5kPa 压力之下，因此管路腐蚀较轻。此种系统虽结构复杂、初投资较大，但随着社会的经济发展以及此系统产生的节能环保经济效益，目前在工程设计上已得到广泛使用。

2）按凝结水流动的动力不同，凝结水系统又可分为自流式、余压及加压凝结水系统三种。

3. 自流式凝结水系统

自流式凝结水系统是依靠管网始末端的位能差

作为动力，将各用户的凝结水送至锅炉房的凝结水箱或凝结水泵站的水箱中去。

自流式凝结水系统又可分为低压自流式凝结水系统、高压自流式凝结水系统和闭式满管凝结水系统。

（1）低压自流式凝结水系统　低压自流式凝结水系统如图 2-7 所示。系统中凝结水箱为开式水箱，一般凝结水箱设置在厂区最低处的锅炉房或凝结水泵站内。室外凝结水管网要求从最远一个用户一直坡向凝结水箱，管网总压力损失要小于其始末端的位能差值。这种凝结水系统适用于低压（70kPa）蒸汽系统的回水，且厂区较小的工厂。

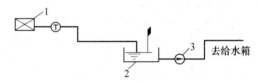

图 2-7　低压自流式凝结水系统
1—用汽设备　2—凝结水箱　3—凝结水泵

（2）高压自流式凝结水系统　高压自流式凝结水系统如图 2-8 所示。在用户入口处设置具有一定高度的二次蒸发箱。凝结水箱为开式水箱，并设置在厂区最低处的锅炉房或凝结水泵站内。高压（PN ≥ 0.2MPa）蒸汽的凝结水，首先进入二次蒸发箱内排除二次蒸汽后，凝结水依靠二次蒸发箱与凝结水箱之间的位能差，沿室外凝结水管网返回到凝结水箱。

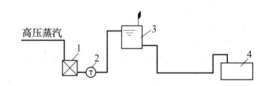

图 2-8　高压自流式凝结水系统
1—用户　2—疏水阀　3—二次蒸发箱　4—凝结水箱

由于此种系统为开式系统，管路腐蚀严重，且二次蒸汽向大气中排放，不但造成热量损失同时也污染周围环境。

（3）闭式满管凝结水系统　闭式满管凝结水系统如图 2-9 所示。蒸汽凝结水进入离地面 2~3m 高的二次蒸发箱内，首先分离出二次蒸汽并将此部分蒸汽送入低压供暖系统加以利用，剩余的凝结水依靠位能差自流返回至凝结水箱。

此种凝结水系统要求二次蒸发箱内保持 20kPa 的稳定压力。从二次蒸发箱 3 内流出的凝结水，首先经过多级水封 4 再流入室外凝结水管网，最后返

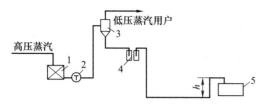

图 2-9　闭式满管凝结水系统
1—用户　2—疏水阀　3—二次蒸发箱
4—多级水封　5—凝结水箱

回到凝结水箱 5 内。

闭式满管凝结水系统适用于地形平坦，且二次蒸汽可以利用的工厂高压蒸汽系统。采用此种凝结水系统，应进行水力计算并绘制出水压图，以确定二次蒸发箱的高度和二次蒸汽的压力，并使所有用户的凝结水均能返回锅炉房的凝结水箱。

4. 余压凝结水系统

余压凝结水系统是依靠疏水阀的背压，将凝结水送至凝结水箱，如图 2-10 所示。

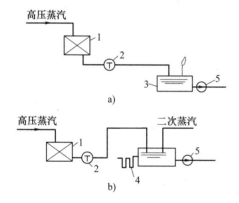

图 2-10　余压凝结水系统
a）开式余压凝结水系统　b）闭式余压凝结水系统
1—用户　2—疏水阀　3—二次蒸发箱
4—多级水封　5—凝结水泵

余压凝结水系统又分为开式余压凝结水系统（图 2-10a）和闭式余压凝结水系统（图 2-10b）两种。

开式余压凝结水系统为常用的凝结水系统。闭式余压凝结水系统中凝结水箱上需设置安全水封，在凝结水箱内需保持 20kPa 压力，二次蒸汽可送至低压采暖用户供热。

采用余压凝结水系统时，凝结水管的管径应按汽水混合状态进行计算。

5. 加压凝结水系统

加压凝结水系统如图 2-11 所示。当室外地形起伏较大或锅炉房处于全厂地势较高处，完全依靠余压不能使凝结水返回到锅炉房的凝结水箱时，可在室外地形较低处设凝结水泵站，其中设置凝结水箱和凝结水泵。各用户的凝结水依靠位能差或疏水阀后的背压，沿室外凝结水管网返回至凝结水泵站的凝结水箱，然后用凝结水泵将凝结水送回到锅炉房的凝结水箱。此种凝结水系统适用于地形起伏不平、用户分散、供热区域大的工厂。

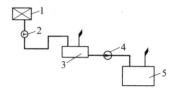

图 2-11　加压凝结水系统
1—用热设备　2—疏水阀　3—中间凝结水箱
4—凝结水泵　5—总凝结水箱

采用加压凝结水系统回收凝结水时，应符合下列要求：

1）凝结水泵站的位置应按全厂用户分布情况确定。

2）当一个凝结水系统有几个凝结水泵站时，凝结水泵的选择应符合并联运行的要求。

3）凝结水泵站内的水泵宜设置 2 台，其中 1 台备用，每台凝结水泵的流量应满足每小时最大凝结水回收量，其扬程应按凝结水系统的压力损失、泵站至凝结水箱的提升高度和凝结水箱的压力进行计算。

4）凝结水泵应设置自动启动和停止运行的装置。

5）每个凝结水泵站中的凝结水箱宜设置 1 个，常年不间断运行的系统宜设置 2 个，凝结水有被污染的可能时应设置 2 个，其总有效容积宜为 15 ~ 20min 的最大凝结水回收量。

当采用疏水加压器（凝结水自动泵）作为加压泵时，在各用汽设备的凝结水管道上应装设疏水阀。当疏水加压器兼有疏水阀和加压泵两种作用时，其装设位置应接近用汽设备，并使其上部水箱低于系统的最低点。

6. 加压闭式凝结水系统

加压闭式凝结水系统如图 2-12 所示。此系统与上述加压凝结水系统基本相似，区别在于 3 号设备选用闭式凝结水回收装置，可吸收系统产生的二次蒸汽。回收装置内部设有除污装置、自动调压装置、汽蚀消除装置、阻汽疏水装置、汽水分离装置、二次蒸汽吸收定压装置以及增压单元等。此系统最大的优点是能够最大限度地回收凝结水的热量，达到降低供热系统能耗的目的。

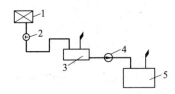

图 2-12 加压闭式凝结水回收系统
1—用热设备 2—疏水阀 3—闭式凝结水回收装置
4—凝结水泵 5—总凝结水箱

2.4 燃气管道系统

2.4.1 发生炉煤气管道系统

煤气发生炉制气是指以空气和蒸汽的混合物为汽化剂制取发生炉煤气的一种生产过程。混合发生炉煤气的低热值：无烟煤系统或焦炭系统不小于 $5000kJ/m^3$，烟煤系统不小于 $5650kJ/m^3$。发生炉煤气一般分为热煤气和冷煤气两种。热煤气用于冶金工厂。冷煤气则广泛用于各种机械制造工业。

冷煤气因其原料不同，其生产过程也不同。

（1）焦炭（无烟煤）冷煤气 煤气发生炉生成的粗煤气出炉温度约为500℃，先经过双竖管由循环冷却水冷却到80℃，再进入单级洗涤塔，与洗涤塔顶部喷下的冷却水逆流接触换热冷却到 30~40℃，由洗涤塔上部导出，最后煤气通过捕滴器除去水再沿室外架空煤气管网送往各用户。

（2）烟煤冷煤气 煤气发生炉生成的粗煤气出炉温度约为500℃，进入双竖管由循环冷却水冷却到80℃。经隔离水封去电捕焦油器脱出煤气中所夹带的95%以上的焦油雾，再进入三级洗涤塔。煤气在塔内与冷却水接触冷却至35℃左右，同时将焦油和杂质洗涤脱除自塔底排出，出洗涤塔的冷煤气经捕滴器捕捉水滴后，再经排送机将煤气进行加压后送往各用户。

（3）水煤气 电子工业及玻璃熔炼工业常用低热值高的水煤气作燃料。水煤气泛指蒸汽与碳在高温下反应生成的氢和一氧化碳的可燃混合气体，其中氢占 50%，一氧化碳占 35%~40%（按体积分数）。

常用的水煤气生产方法是以空气和蒸汽为汽化剂在移动床汽化炉中间歇循环制取。因此水煤气生产过程分为鼓风升温和蒸汽制气两个过程周期地循环交替进行，此种生产方法通称为间歇式水煤气法。

厂区发生炉煤气管道一般为枝状管网。由于厂区各种工业管道密集，为便于检修，厂区煤气管道

多为架空敷设。车间煤气管道也是枝状管网，多沿车间两侧及中间柱子敷设，较大直径的煤气管道在厂房顶部敷设。

2.4.2 城镇燃气输配系统

1. 城镇燃气管道的分类

城镇燃气输配系统一般由门站、燃气管网、储气设施、调压设施、管理设施、监控系统等组成。

城镇燃气输配系统压力级制的选择，以及门站、储配站、调压站、燃气干管的布置，应根据燃气供应来源、用户的用气量及其分布、地形地貌、管材设备供应条件、施工和运行等因素，经过多方案比较，择优选取技术经济合理、安全可靠的方案。

城镇燃气干管的布置，应根据用户用量及其分布，全面规划，并宜按逐步形成环状管网供气进行设计。

城镇燃气管道应按燃气设计压力 p 分为 7 级，并应符合表 2-2 的要求。

表 2-2 城镇燃气设计压力（表压）分级

名称		压力/MPa
高压燃气管道	A	$2.5<p\leqslant4.0$
	B	$1.6<p\leqslant2.5$
次高压燃气管道	A	$0.8<p\leqslant1.6$
	B	$0.4<p\leqslant0.8$
中压燃气管道	A	$0.2<p\leqslant0.4$
	B	$0.01\leqslant p\leqslant0.2$
低压燃气管道		$p<0.01$

按管网形状分为：

（1）环状管网 这种管网是城市燃气管网的基本形式，在同一环状管网中，输气压力处于同一级制。

（2）枝状管网 以干管为主管，呈放射状形式，由主管引出许多分配管而不形成环网。

（3）环枝管网 这是环状与枝状混合使用的一种管网形式，是工程设计中经常采用的燃气管网形式。

2. 单级燃气管道系统

单级燃气管道系统的特点是直接利用气源的输气起始压力，输气主管和分配支管所构成的管网系统的燃气压力均相同。

（1）低压单级管网 图 2-13 为低压单级管网。低压燃气进入储气罐 1，然后经储气罐进入调压室 2，将进入管网的起点压力降至 0.005MPa 以下，并保持压力值稳定，最后经环状管网 3 送往各分配管道，再进入各用户。

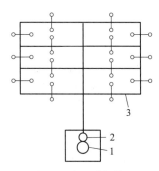

图2-13　低压单级管网

1—储气罐　2—调压室　3—环状管网

低压单级管网的优缺点如下：

1）系统简单、安全，易于维护管理。

2）输送过程不需增压，能耗小。

3）不受停电影响，停电时仍能正常供气。

4）供气范围较大，其供气半径为1.5km。

5）管径较大，因而燃气管网初投资大。

综上所述，低压单级管网适用于单一气源的小城镇。

（2）中压单级管网　中压单级管网系统的气源输出压力为0.005~0.15MPa（图2-14）。由气源1输出的燃气进入储配站2的低压储气罐，经储气罐送出的低压燃气经压缩机增压后，送入中压输气环状干管3和中压输气分配管4，然后进入中低压用户调压器5使燃气压力直接降为低压。由环状输气干管引出的中压输气枝状干管6，其输气压力与环状输气干管的压力相同。

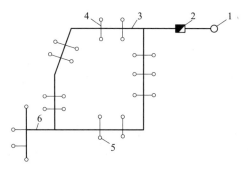

图2-14　中压单级管网

1—气源　2—储配站　3—中压输气环状干管
4—中压输气分配管　5—用户调压器
6—中压输气枝状干管

中压单级管网的优缺点如下：

1）中压单级管网与低压单级管网相比，其压力高，燃气管径较小，节约管道投资费用。

2）各用户处使用的压力比较稳定，管网运行的水力工况较好。

3）调压器数量较多，投资增大。

中压单级管网一般适用于供气量中等规模、建筑层数较低而建筑物又较分散的中小城市。

（3）中低压两级管网　中低压两级管网是我国城市输配工程中应用最广泛的一种燃气管网系统。

中低压两级管网按气源种类不同，可分为人工气源型和天然气源型两种。

人工气源型中低压两级管网构成如下：由气源厂生产的低压燃气沿低压燃气管道送入低压储气罐，经储配站加压机加压后再输入中压管网。中压管网中的燃气在几个区域调压站降压后进入区域低压燃气管网，最后进入庭院分配至各户使用。

天然气源型中低压两级管网系统中，气源的终端直接与中压管网的连接构成，这是与人工气源型的区别之处。

中低压两级管网的优缺点如下：

1）中压管网的输气压力最高不超过0.3MPa，因此所有管道均可用铸铁管。

2）采用低压储气罐，加工制造容易。

3）管道和设备的安全距离能够得到保证。

4）需增加加压设备及调压设备，维护较复杂，运行费用较高。

5）输气运行过程中伴随着加压过程，其能耗损失大。

6）中低压两级管网的成本高于单级管网的供气成本。

总之，中低压两级管网优点较多，特别是在城市采用此种系统，其最高输气压力不超过0.15MPa，即使在人口稠密的街区道路敷设，其安全距离也易于保证，且管材、施工手段也较易解决，是目前我国城市采用最多的燃气输气管网。

2.4.3　天然气管道系统

天然气管道系统指从天然气田向远离气田的城镇和工业区长距离输送大量的纯天然气的系统，通常由集输管网、气体净化设备、起点站、输气干线、输气支线、压气站、燃气分配站（终点调压计量站）、管理维修站、通信及遥控设备、阴极保护站或其他电保护装置等组成，如图2-15所示。

由气井开采的天然气在井场装置中经节流后，在分离器中除去油、游离水及机械杂质等，计量后沿集气支管进入集气站。

当天然气中硫化氢、二氧化碳、凝析油的含量和含水量超过管道输气规定的标准时，需设天然气处理厂进行净化处理。

在起点站对天然气进行除尘、调压、计量后送

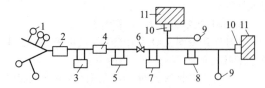

图 2-15　天然气管道系统

1—井场装置　2—集气站　3—矿场压气站
4—天然气处理厂　5—起点站站　6—管线上阀门
7—中间压气站　8—终点压气站　9—储气设备
10—燃气分配站　11—城镇

入长输天然气管线，如天然气压力低，则需设起点压气站。

为了长距离输送天然气，通常每隔一段距离设置中间压气站，使天然气压力由 2.5~4.0MPa 升高到 5~7.5MPa。在终点压气站将天然气压力降至城镇或工业区供应系统所需压力。

2.4.4　液化石油气管道系统

通常将液态石油气从气源厂运输到储配站（灌瓶站、储存站）的方式，有以下几种：采用管道输送、铁路槽车运输、汽车槽车运输和槽船运输。其中采用管道输送方式具有运行安全、管理简单、运行费用低等优点，这种方式适用于输送液化石油气量大，或虽气量不大但运输距离较小的情况。其缺点是管材金属消耗量大，即工程初投资大。

液化石油气管道按其设计压力划分，一般可分为下列三级：

Ⅰ级液化石油气管道：PN>4MPa。

Ⅱ级液化石油气管道：1.6<PN≤4MPa。

Ⅲ级液化石油气管道：PN≤1.6MPa。

本手册仅讨论Ⅲ级液化石油气管道系统，即在工厂内自建液化石油气的汽化站，然后用管道送至各工业用户。液态液化石油气由槽车首先送至厂区内的汽化站，汽化后沿室外架空或埋地的液化石油气管送至各工业设备。

对于液化石油气用量较少的用户（如试验室），可在车间一侧设置小型汽化间，从厂外以瓶装方式用汽车送至汽化站，然后再从汽化间以管道输送至各用气设备。

2.5　气体管道系统

2.5.1　压缩空气管道系统

压缩空气管道系统由压缩空气站、室外压缩空气管道、车间入口装置及车间内部压缩空气管道等四部分组成。

压缩空气站是压缩空气的气源，其中设有大中型空气压缩机组，如活塞式 L 型空气压缩机组及螺杆式 LG 型空气压缩机组。

空气压缩机采用水冷式系统，冷却前从气缸排出的压缩空气的温度为 180℃，经后冷却器冷却后的压缩空气温度约为 40℃。由于自然界中空气都是或多或少地含有水蒸气的湿空气，当空气经过压缩后其压力增大和温度升高，仍为不饱和的湿空气，如果经中间冷却器或后冷却器冷却后，空气温度降低，压缩空气所含水蒸气为过饱和状态。对于某些高精尖的产品，要求无油无尘的压缩空气，所以压缩空气需经干燥和净化，以达到用户要求的干燥度和纯度。因此，一般压缩空气站设有空气压缩机、后冷却器、储气罐和干燥过滤装置。

压缩空气管道系统，可按下列原则选择：

（1）根据压力不同选择　如工厂各用户要求的压缩空气压力相同，则集中供应一种压力的压缩空气，各用户不需减压即可直接使用，此种压缩空气管道系统最简单。

如工厂各用户要求供应各种压力的压缩空气，此时压缩空气站可按最高压力的压缩空气供应，在各车间入口处按不同压力要求进行减压，以满足不同用户的要求。

如工厂各用户需要的压力悬殊，则可按不同压力分别输送压缩空气，此种系统最复杂，且投资最大。

（2）根据质量要求不同选择　如工厂所有用户都对压缩空气质量（干燥度、含油量等指标）有相同要求，则可以在压缩空气站内集中设置干燥及净化装置，全厂供应单一的净化压缩空气。

如工厂只有个别用户对压缩空气质量有要求，而大多数用户要求供应普通的压缩空气时，则可集中供应普通的压缩空气，而在个别用户的入口处装置小型干燥净化设备，以满足其对压缩空气的质量要求。

如工厂内对压缩空气有质量要求的用户与无质量要求的用户数量相当时，则可在压缩空气站内设置干燥净化装置，分成两个压缩空气管道系统向有质量要求和无质量要求的用户，分别供应两种质量不同的压缩空气。

（3）根据用户负荷特点选择　对于一些特殊用户，可根据其负荷特点选择压缩空气管道系统。如锻工车间以压缩空气为动力的锻锤、铸工车间风动送砂的风泵和大型造型机都是一种间断的用气设备，其瞬时压缩空气的最大消耗量和小时平均消耗量相差悬殊，其负荷曲线波动很大。为了不影响其他车间用气设备的工作，一般应采用单独一根压缩空气管道供气。

如果上述车间距压缩空气站较远，则应在用气设备附近（车间外面）装置储气罐，以缓冲压缩空气的高峰负荷，保持压力稳定。

2.5.2　氧气管道系统

（1）氧气供应方式　工业用氧气的供应方式，一方面要根据用氧设备的工作制度、用氧的技术条件（氧气的压力、纯度、消耗量等）及供应距离确定，另一方面要根据本厂、本地区氧气生产情况确定。

当工厂自建氧气站或工厂附近有氧气站时，对于氧气消耗量大、使用氧气压力在 15MPa 以下的用户，可用管道输送氧气。

当工厂和邻近无氧气站时，可根据当地氧气的生产情况，采用气态氧瓶装供应或以液态氧瓶装供应。例如当用户与供氧单位距离较远，应优先采用液氧供应方式，以液态槽车送到厂内，在厂内氧气负荷集中或靠近主要用户的适当地点，建立一座液氧汽化站，以瓶装或管道供应各用户。以气态瓶装供氧气时，对于一些用氧量大的用户（例如金属焊接结构车间和金工装配车间），可在用户附近建立氧气汇流排，作为氧气储存和供应站，然后再以管道输送到各用户。对于一些分散的用氧量小的用户，则采用瓶装气态氧供应。

（2）氧气管道系统设计原则

1）氧气站的生产能力，应按氧气平衡各用户小时平均用量总和来确定，并要考虑到与邻近企业和地方生产之间的协作关系。

2）根据各用户的氧气压力、使用制度等不同要求分别供应氧气，供氧系统应具备满足用户高峰负荷的能力。

3）氧气管道系统力求简单，特别是注意氧气在输送过程中的安全问题。

（3）氧气管道系统　按氧气压力不同，可分为下列五个区间：

1）氧气压力 PN≤0.6MPa。

2）氧气压力 0.6MPa<PN≤3.0MPa。

3）氧气压力 3.0MPa<PN≤10.0MPa。

4）氧气压力 PN>10.0MPa。

5）液态氧气管道系统。

氧气管道系统的形式有树枝状和辐射状两种。树枝状系统输送距离大，适合供应气割、气焊及火焰淬火等一般用户。辐射状系统主要用于供氧技术条件要求较高、压力较稳定、流量较大的氧气用户，例如电炉炼钢吹氧。

低压氧气管道（PN≤3.0MPa）系统如图 2-16

所示。

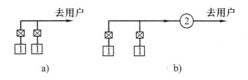

图 2-16　低压氧气管道系统

1—分馏塔　2—低压储气器

低压氧气管道系统是利用从分馏塔 1 出来的氧气压力直接送至用户（图 2-16a）。此种系统适用于分馏塔出来的氧气不参与和空气的切换，在用户处氧气不需加压、氧气消耗量均衡的用户，例如往高炉鼓风机吸入侧加氧供富氧鼓风的系统。如果氧气参与和空气的切换或在用户处氧气要加压，氧气消耗量不均衡的情况下，为了均衡蓄冷器切换时氧气瞬间停歇以及氧气产量与用量的不平衡，在分馏塔出口之后设置低压储气器，在小型空分设备多采用储气囊，大中型空分设备多采用湿式储气柜（图 2-16b）。国产空气设备分馏出来的氧气压力不同，因此采用此种系统时，需按实际选用的空分设备分馏出来的氧气压力确定。

高压氧气管道（PN>10.0MPa）系统如图 2-17所示，该系统是用于专供高压充瓶用氧的系统。氧气加压后的压力为 15MPa，采用的氧压机 2 一般为活塞式。由于充瓶操作制度是间歇的，故用低压储气器 4 作为平衡容器，充气台 3 一般设两组，倒换使用。

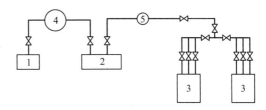

图 2-17　高压氧气管道系统

1—分馏塔　2—氧压机　3—充气台

4—低压储气器　5—水分离器

中压氧气管道（3.0MPa<PN≤10.0MPa）系统（图 2-18）为大中型工厂常用系统。当各用户的用氧量连续均匀时，活塞式氧压机 4 以等于用户用氧压力工作。在分馏塔 1 与活塞式氧压机之间配置湿式储气柜 2 或缓冲罐 3。湿式储气柜的作用是当分馏塔出来的氧气在蓄冷器参与和空气切换，当氧三通阀放空停止送氧时，用湿式储气柜作为调节储器；缓冲罐的作用是当分馏塔出来的氧气不参与和空气切换时，减少活塞式氧压机吸气脉动动作引起

气流在管路中产生脉冲。

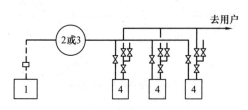

图 2-18 中压氧气管道系统
1—分馏塔 2—湿式储气柜 3—缓冲罐
4—活塞式氧压机

当各用户使用氧气制度是连续的,周期性地出现高峰低谷负荷时,活塞式氧压机也是以等于用户用氧压力工作,湿式储气柜 2 的作用是当低谷负荷时,停止一台或几台活塞式氧压机工作,空分设备产氧量进入储气器储存;到高峰负荷时,由储气器补充供氧,活塞式氧压机全部工作。

2.5.3 乙炔管道系统

(1)乙炔供应方式 对用户集中、厂区面积不大的工厂可建集中乙炔站,用管道输送乙炔气供给用户。

当工厂面积较大,对边远车间用气设备要求压力较高的车间,可建集中溶解乙炔站。对乙炔站附近车间用气采用管道输送乙炔气;对较远车间用户,则采用瓶装供气,或设置乙炔汇流排集中供气。

对乙炔用量小,用户不多而又分散时,可采用瓶装乙炔供应。

(2)乙炔管道系统 乙炔管道系统一般为树枝状单管系统。为防止乙炔爆炸破坏管道,根据乙炔爆炸试验结果,乙炔管道的管径极限规定如下:

1)乙炔工作压力 $p = 0.02 \sim 0.15MPa$ 时的中压乙炔管道的管内径不应超过 80mm。

2)乙炔工作压力 $p = 0.15 \sim 2.5MPa$ 时的高压乙炔管道内径不应超过 20mm。

当乙炔消耗量较大,总管内径超过上述规定的管径极限时,可以采用辐射状管道系统或双管系统。

在乙炔站内,乙炔管道出站之前装置中央水封。厂区乙炔管道系统中,在通往各用户的支管上应装阀门,在车间入口处设中央水封。在车间用气点及用气设备前装阀门及岗位回火防止器。厂区乙炔管道系统如图 2-19 所示,车间乙炔管道系统如图 2-20 所示。

GB 50031—1991《乙炔站设计规范》因出版年代较早,相关的《建筑设计防火规范》等早已更新,引用时必须查阅相关规范,以使设计符合现有法规及规范的规定。

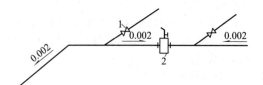

图 2-19 厂区乙炔管道系统
1—阀门 2—集水器

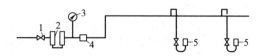

图 2-20 车间乙炔管道系统
1—阀门 2—水封 3—压力表
4—流量表 5—岗位水封

2.5.4 氢气管道系统

氢气的用途是作为熔炼石英光学玻璃和加工石英器皿的燃料,以及作为硬质合金生产的保护气体等。

氢气供应方式如下:

1)从氢氧站送出的氢气,沿氢气管道以中压输送至各用户。此种供应方式适用于氢气消耗量较大,且用户较多的情况。

2)采用瓶装方式将氢气瓶送至氢气汇流排,然后用管道输送氢气到用户。此种方式适用于氢气消耗量较小,用户数量较少甚至只有一个用户的情况。

氢气管道系统一般为树枝状。

2.5.5 二氧化碳管道系统

1. 二氧化碳的供应方式

(1)工厂自建二氧化碳站 此二氧化碳站是利用燃烧焦炭锅炉的烟气或石灰窑烟气建立的二氧化碳站。生产的二氧化碳可以用管道输送,也可以用瓶装液态二氧化碳供应用户。此种供应方式适用于二氧化碳消耗量大的工厂。

(2)瓶装液态二氧化碳 对于要求二氧化碳纯度较高的用户,例如二氧化碳作为保护气体进行焊接时,二氧化碳纯度越高,焊缝的塑性越好,此时可采用外购瓶装液态二氧化碳,在用户处经管道系统汽化干燥后供应焊枪使用。

当工厂附近有乙醇厂出售廉价的二氧化碳时,可用瓶装二氧化碳供应用户。

(3)二氧化碳发生器 当工厂使用二氧化碳数量较小,而该地区又无二氧化碳供应时,可在厂内安装小型二氧化碳发生器,以气态二氧化碳供应用气设备。二氧化碳发生器是利用碳酸钙矿石和盐酸反应，来制取二氧化碳气体的。每台二氧化碳发生器的每小时产量为 $0.6 \sim 1m^3$，气体压力有中压（$0.05 \sim 0.15MPa$）和高压（$0.15MPa$ 以上）两种。

　　2. 二氧化碳管道系统

　　由集中式二氧化碳站直接以气态供应各用户使用，其管道系统为树枝状。图 2-21 为厂区二氧化碳管道系统，图 2-22 为车间二氧化碳管道系统。

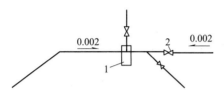

图 2-21　厂区二氧化碳管道系统
1—集水器　2—阀门

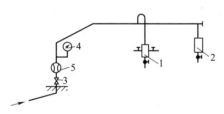

图 2-22　车间二氧化碳管道系统
1—配气器　2—集水器　3—阀门
4—压力表　5—流量表

参 考 文 献

［1］中华人民共和国国家质量监督检验检疫总局. 压力容器压力管道设计许可规则：TSG R1001—2008［S］. 北京：中国计量出版社，2008.

［2］中华人民共和国卫生部. 职业性接触毒物危害程度分级：GBZ 230—2010［S］. 北京：人民卫生出版社，2010.

［3］中华人民共和国住房和城乡建设部. 石油化工企业设计防火规范：GB 50160—2008［S］. 2018 年版. 北京：中国计划出版社，2018.

［4］中华人民共和国公安部. 建筑设计防火规范：GB 50016—2014［S］. 2018 年版. 北京：中国计划出版社，2018.

［5］中华人民共和国原化学工业部. 工业金属管道设计规范：GB 50316—2000［S］. 北京：中国计划出版社，2008.

［6］中华人民共和国建设部. 城镇燃气设计规范：GB 50028—2006［S］. 北京：中国建筑工业出版社，2006.

［7］中国机械工业联合会. 锅炉房设计规范：GB 50041—2008［S］. 北京：中国计划出版社，2008.

［8］中国机械工业联合会. 压缩空气站设计规范：GB 50029—2014［S］. 北京：中国计划出版社，2014.

［9］中国机械工业联合会. 氧气站设计规范：GB 50030—2013［S］. 北京：中国计划出版社，2013.

［10］中华人民共和国信息产业部. 氢气站设计规范：GB 50177—2005［S］. 北京：中国计划出版社，2005.

第3章　管道的布置及敷设

3.1　概述

在确定管道的布置及敷设方式时，应考虑到管道线路所在地区的气象、水文地质、地形地貌、建筑物及地下构筑物、交通线的密集程度，是否与总图布置及其他管道线路协调一致，并考虑到技术经济合理、施工维修管理方便、节能环保等因素，市政管道还应取得城市规划等部门的同意。

根据下列资料，综合考虑管线的布置：

1) 厂区或建筑区域的地形图及总平面图。

2) 厂区或建筑区域的水文地质及气象资料。

3) 各建筑物及构筑物的负荷资料。

4) 厂区或建筑区的近期及远期的发展规划。

5) 厂区或建筑区的地下电缆、给排水管道、冷冻管道、热力管道及城市燃气、氧气、乙炔、压缩空气等动力管道的布置概况。

6) 城市规划或已建成综合管廊的情况。

3.2　管道的布置及敷设原则

3.2.1　厂区管道的布置及敷设

1) 管道的布置力求短直，主干线应通过用户密集区，并靠近负荷大的用户。

2) 应因地制宜地确定厂区管道的敷设方法。一般厂区标高差较大及多障碍、多石方、地下水位较高和湿陷性黄土地区宜采用架空敷设。在气候寒冷、降雨量小及无地下水危害的地区宜采用地下敷设。

3) 管道的走向宜平行于厂区或建筑区的干道或建筑物。

4) 沿围墙或绿化带敷设的架空管道宜低支架架空敷设，低支架架空高度一般为1m左右，中支架敷设架空管道管底至人行道路面垂直距离一般不小于2.5m；沿道路敷设的架空管道，管底至厂区道路路面垂直距离一般不小于5.0m；管道穿越铁路时，管底至厂区铁路轨顶的垂直距离不小于5.5m。

5) 架空管道应尽可能沿建筑物、构筑物及山坡布置，并尽可能采用低支架敷设，也可穿越用汽（气）车间，并结合车间内部管道敷设。

6) 管道布置不应穿越电石库，以及堆放易燃易爆材料和具有腐蚀性液体等由于汽、水泄漏将会引起事故的场所，也不宜穿越建筑物扩建场地和物料堆场，尽可能减少与公路、铁路、河流、沟谷的交叉，以减少交叉时必须采取的特殊措施。当管道必须穿越道路时，管道与道路中心线交角不得小于45°。

7) 管道布置时，应尽量利用管道的自然弯角作为管道热膨胀时的自然补偿，如采用矩形补偿器时，则矩形补偿器应尽可能布置在两固定支架之间的中心点上，如因地方限制不可能布置在中心点上时，应保证较短的一边直线管道的长度不小于该段全长的1/3；直埋敷设或地沟敷设的管道采用套管补偿器、波形补偿器时，补偿器应布置在检查井内。

8) 从主干线上分出的支管上，一般情况下都应设置截断阀门，以便当建筑物内部管道系统发生故障时，可以进行截断检修，不影响全厂或整个系统供热、供气。

9) 管道的敷设坡度不宜小于0.2%，进入建筑物的管道宜坡向干管。管道的高处宜设放气阀，低处宜设放水阀。直接埋地的放气管、放水管与管道有相对位移处应采取保护措施；地上敷设的管道可不设坡度。

10) 易燃、可燃气体管道应架空敷设，支架应采用非燃烧材料。沿建筑物的外墙或屋面敷设时，该建筑物应为一、二级耐火等级的丁、戊类生产厂房。

11) 易燃、可燃气体管道应消除由于管道内气体流动与管壁摩擦而产生的静电，管道应全部可靠接地，电阻不应大于10Ω，所有法兰及螺纹连接处应焊有导电的跨线。管道应每隔80m接地一次。

3.2.2　车间管道的布置及敷设

1) 车间管道一般沿墙或柱子架空敷设，高度以不妨碍通行和起重机运行及便于检修为原则，并尽量不挡门窗，且宜避开消防及电气等设施；立管宜从干、支管上方或侧面引出；接设备的支管，局部可采用埋地敷设。

2) 车间的易燃、可燃气体管道不应穿越易燃易爆品仓库、烟道、进风道、地沟和配电室等地方，如需要穿越不使用易燃、可燃气体的生活间时，必须设有软金属套管，但不得穿过防火墙。

3) 车间内部管道的敷设坡度不宜小于0.2%，最低点应设有排水装置。

4) 车间内部管道可与车间其他管道共架，安装程序，按下列层次参考：

① 裸电线安装在各类管道之上。

② 乙炔管道敷设在电线下面。

③ 液化石油气管道敷设在乙炔管道的下面。

④ 燃气管道一般敷设在液化石油气管道的下面。

⑤ 氢气管道敷设在燃气管道的下面。

⑥ 热力管道敷设在上述管道的下面。

⑦ 上水、冷冻水管道敷设在热力管道的下面。

⑧ 车间内管道安装最小净距见本章 3.9.4 节中的表 3-48。

3.2.3 热力管道的布置及敷设

1. 热力管道的布置方式

1）热力管道一般采用枝状布置。其优点是系统简单、造价低、运行管理方便，缺点是没有供热的后备性能，即当管路上某处发生故障，在损坏地点以后的所有用户供热中断，甚至造成整个系统停止供热。

对要求严格的、有特殊要求的某些企业，在任何情况下都不允许中断供热，可以采用两根主干线供热的方法，每根管道的供热、供汽能力为系统总供热量的 50%~75%，此种复线枝状管网的优点是在任何情况下都不中断供热。

环状管网（主干线呈环状）的优点是具备供热的后备性能，但投资和金属消耗量都很大，因此实际工作中极少采用。

在一些小型工厂中，热力管道的布置采用辐射状管网，即从锅炉房内分别引出管道直接送往每个用户，全部管道上的截断阀门都安装在锅炉房的蒸汽或热水分气（水）缸上。其优点是控制方便，并可以分片供热，但投资和金属消耗量都将增大。对于占地面积小而厂房密集的小型工厂，可以采用此种布置方式。

2）地处山区工厂的热力管道，布置时应注意地形特点，因地制宜地布置管线，并应注意避免地质滑坡和洪峰口对管线的影响。对于这类工厂一般采用沿山坡或道路低支架布置（靠山坡一侧）；当管道公称直径 DN≤500mm 时，可沿建筑物外墙敷设；爬山热力管道宜采用阶梯形布置；跨越冲沟或河流时，宜采用沿桥或栈桥布置，或采用拱形管道布置，但应使管道的底标高高于最高洪水位。

3）当热水热力网满足下列条件，且技术经济合理时，可采用开式热力网。

① 具有水处理费用较低的丰富的补给水资源。

② 具有与生活热水热负荷相适应的廉价低位能热源。

④ 开式热水热力网在生活热水热负荷足够大且

技术经济合理时，可不设回水管。

5）蒸汽管网宜采用单管制。当符合下列情况时，可采用双管或多管制：

① 各用户间所需蒸汽参数相差较大或季节性热负荷占总热负荷比例较大且技术经济合理。

② 热负荷分期增长。

6）蒸汽换热系统宜采用间接换热方式。当被加热介质泄漏不会产生危害时，其凝结水应全部回收并设置凝结水管道。当蒸汽供热系统的凝结水回收率较低时，是否设置凝结水管道，应根据用户凝结水量、凝结水管网投资等因素进行技术经济比较后确定。对不能回收的凝结水，应充分利用其热能和水资源。

7）当凝结水回收时，用户热力站应设闭式凝结水箱，并应将凝结水送回热源。热力网凝结水管采用无内防腐的钢管时，应采取措施保证任何时候凝结水管都充满水。

8）供热建筑面积大于 $1000 \times 10^4 m^2$ 的供热系统应采用多热源供热，且各热源热力网干线应连通。在技术经济合理时，热力网干线宜连接成环状管网。

9）供热系统的主环线或多热源供热系统中热源间的连通干线设计时，应考虑不同事故工况下的切换手段。

10）自热源向同一方向引出的干线之间宜设连通管线。连通管线应结合分段阀门设置。连通管线可作为输配干线使用。

11）对供热可靠性有特殊要求的用户，有条件时应由两个热源供热，或者设置自备热源。

12）管径小于或等于 300mm 的供热管道，可穿越建筑物的地下室或用开槽施工法自建筑物下专门敷设的通行管沟内穿过。用暗挖法施工穿过建筑物时可不受管径限制。

13）热力网管道可与自来水管道、电压 10kV 以下的电力电缆、通信线路、压缩空气管道、压力排水管道和重油管道一起敷设在综合管沟内。在综合管沟内，热力网管道应高于自来水管道和重油管道，并且自来水管道应做绝热层和防水层。

14）地上敷设的供热管道可与其他管道敷设在同一管架上，但应便于检修，且不得架设在腐蚀性介质管道的下方。

15）供热管网选线时宜避开土质松软地区、地震断裂带、滑坡危险地带以及高地下水位区等不利地段。

2. 热力管道的敷设

1）城镇供热管道的布置应在城镇规划的指导下，根据热负荷分布、热源位置、其他管线及构筑物、园林绿地、水文地质条件等因素，经技术经济比较确定。

　　2）城镇供热管道的位置应符合下列规定：

　　① 城镇道路上的供热管道应平行于道路中心线，并宜敷设在车行道以外，同一条管道应只沿街道的一侧敷设。

　　② 穿过厂区的供热管道应敷设在易于检修和维护的位置。

　　③ 通过非建筑区的供热管道应沿公路敷设。

　　④ 城镇街道上和居住区内的供热管道宜采用地下敷设。当地下敷设困难时，可采用地上敷设，但设计时应注意美观。

　　3）工厂区的供热管道，宜采用地上敷设。

　　4）热水供热管道地下敷设时，宜采用直埋敷设；供热管道如热水或蒸汽管道采用管沟敷设时，宜采用不通行管沟敷设，穿越不允许开挖检修的地段时，应采用通行管沟敷设。当采用通行管沟敷设困难时，可采用半通行管沟敷设。蒸汽管道采用直埋敷设时，应采用保温性能良好、防水性能可靠、保护耐腐蚀的预制保温管直埋敷设，其设计寿命不应低于 25 年，其设计方法和要求见第 4 章有关内容。

　　5）工作人员经常进入的通行管沟应有照明设备和良好的通风。人员在管沟内工作时，管沟内空气温度不得超过 40℃。

　　通行管沟应设事故人孔。设有蒸汽管道的通行管沟，事故人孔间距不应大于 100m；热水管道的通行管沟，事故人孔间距不应大于 400m。

　　6）整体混凝土结构的通行管沟，每隔 200m 宜设一个安装孔。安装孔宽度不应小于 0.6m 且应大于管沟内最大管道的外径加 0.1m，其长度应满足 6m 长的管子进入管沟。当需要考虑设备进出时，安装孔宽度还应满足设备进出的需要。

　　7）地上敷设供热管道穿越行人过往频繁地区时，管道保温结构下表面距地面不应小于 2.0m；在不影响交通的地区，应采用低支架，管道保温结构下表面距地面不应小于 0.3m。

　　8）供热管道跨越水面、峡谷地段时，在桥梁主管部门同意的条件下，可在永久性的公路桥上架设。供热管道架空跨越通航河流时，航道的净宽与净高应符合 GB 50139—2014《内河通航标准》的规定。

　　9）供热管道跨越不通航河流时，管道保温结构表面与 50 年一遇的最高水位垂直净距不应小于 0.5m。跨越重要河流时，还应符合河道管理部门的有关规定。

　　河底敷设管道必须远离浅滩、锚地，并应选择在较深的稳定河段，埋设深度应按不妨碍河道整治和保证管道安全的原则确定。对于一至五级航道河流，管道（管沟）应敷设在航道底设计标高 2m 以下；对于其他河流，管道（管沟）应敷设在稳定河底 1m 以下。对于灌溉渠道，管道（管沟）应敷设在渠底设计标高 0.5m 以下。管道河底直埋敷设或管沟敷设时，应进行抗浮计算。

　　10）供热管道同河流、铁路、公路等交叉时应垂直相交。特殊情况下，管道与铁路或地下铁路交叉不得小于 60°，管道与河流或公路交叉不得小于 45°。

　　11）地下敷设供热管道与铁路或不允许开挖的公路交叉，交叉段的一侧留有足够的抽管检修地段时，可采用套管敷设。

　　12）套管敷设时，套管内不应采用填充式保温，管道保温层与套管间应留有不小于 50mm 的空隙。套管内的管道及其他钢部件应采取加强防腐措施。采用钢套管时，套管内外表面均应做防腐处理。

　　13）地下敷设的供热管道和管沟应有一定坡度，其坡度不宜小于 0.002。进入建筑物的管道宜坡向干管。地上敷设的管道可不设坡度。

　　14）地下敷设的供热管道的覆土深度应符合下列规定：

　　① 管沟盖板或检查井盖板覆土深度不应小于 0.2m。

　　② 直埋敷设的管道的最小覆土深度应考虑土壤和地面活荷载对管道强度的影响并保证管道不发生纵向失稳。具体应按 CJJ/T 81—2013《城镇供热直埋热水管道技术规程》的规定执行。

　　15）热力网管沟内不得穿过燃气管道。当给水、排水管道或电缆交叉穿入热力网管沟时，必须加套管或采用厚度不小于 100mm 的混凝土防护层与管沟隔开，同时不得妨碍供热管道的检修和管沟的排水，套管伸出管沟外的长度不应小于 1m。

　　16）当热力网管沟与燃气管道交叉的垂直净距小于 300mm 时，必须采取可靠措施防止燃气泄漏进管沟。

　　17）管沟敷设的热力网管道进入建筑物或穿过构筑物时，管道穿墙处应封堵严密。

　　18）地上敷设的供热管道同架空输电线或电气化铁路交叉时，管道的金属部分（包括交叉点两侧 5m 范围内钢筋混凝土结构的钢筋）应接地。接地电阻不应大于 10Ω。

　　19）热力管道的敷设方式分为下列三种：

　　① 地上架空敷设（低支架敷设、中支架敷设、高支架敷设）。

　　② 地下敷设（通行管沟敷设、半通行管沟敷设、不通行管沟敷设、无沟敷设即直埋敷设）。

③ 综合管廊敷设或共沟式敷设。

20) 一般在热力地沟分支处都应设置检查井或人孔。直线管段长度在 100~150m 的距离内虽无分支，也宜设置检查井或人孔；所有管道上必须设置的阀门，都应安装在检查井或人孔内。

21) 城镇热力管道的敷设应优先考虑地下敷设和综合管廊敷设的方式。

3. 管道材料及连接

1) 城镇供热管网管道应采用无缝钢管、电弧焊或高频焊接钢管。材质应符合国家有关规定。

2) 热力网凝结水管道宜采用具有防腐内衬、内防腐涂层的钢管或非金属管道。非金属管道的承压能力和耐温性能应满足设计技术要求。

3) 热力网管道的连接应采用焊接；管道与设备、阀门等连接宜采用焊接。当设备、阀门等需要拆卸时，应采用法兰连接。对管道公称直径 DN ≤ 25mm 的放气阀，可采用螺纹连接，但连接放气阀的管道应采用厚壁管。

4) 室外供暖计算温度低于-5℃ 地区露天敷设的不连续运行的凝结水管道放水阀门，室外供暖计算温度低于-10℃ 地区露天敷设的热水管道设备附件均不得采用灰铸铁制品。室外供暖计算温度低于-30℃ 地区露天敷设的热水管道，应采用钢制阀门及附件。蒸汽管道在任何条件下均应采用钢制阀门及附件。

5) 弯头的壁厚不应小于直管壁厚。焊接弯头应采用双面焊接。

6) 钢管焊制三通应对支管开孔进行补强。承受干管轴向荷载较大的直埋敷设管道，应对三通干管进行轴向补强，其技术要求按 CJJ/T 81—2013《城镇供热直埋热水管道技术规程》的规定执行。

7) 变径管制作应采用压制或钢板卷制，壁厚不应小于管道壁厚。

4. 管道附件与设施

1) 热力网管道干线、支干线、支线的起点应安装关断阀门。

2) 热力网干线应装设分段阀门。分段阀门的间距宜为：输送干线，2000~3000m；输配干线，1000~1500m。蒸汽热力网可根据管线安全性和维修方便确定是否安装分段阀门。

热力网的关断阀门和分段阀门均应采用双向密封阀门。

3) 蒸汽管道的低点和垂直升高的管段前应设启动疏水和经常疏水装置。同一坡向的管段，顺坡情况下每隔 400~500m，逆坡时每隔 200~300m 应设启动疏水和经常疏水装置。

4) 地下敷设的管道安装补偿器、阀门、放水和

除污装置等设备附件时，应设检查井。检查井应符合下列规定：

① 人行通道宽度不应小于 0.6m。

② 干管保温结构表面与检查井地面距离不应小于 0.6m。

③ 检查井地面应低于管沟内底不小于 0.3m。

④ 检查井内爬梯高度大于 4m 时，应设护栏或在爬梯中间设平台。

⑤ 对检查井的其他要求见本章 3.6.1 节。

5) 当检查井内需更换的设备、附件不能从人孔进出出时，应在检查井顶板上设安装孔。安装孔的尺寸和位置应保证需更换设备的出入和便于安装。

6) 当检查井内装有电动阀门时，应采取措施保证安装地点的空气温度、湿度满足电气装置的技术要求。

7) 当地下敷设的管道只需安装放气阀门且埋深很小时，可不设检查井，只在地面设检查井口，放气阀门的安装位置应便于工作人员在地面进行操作；当埋深较大时，在保证安全的条件下，也可只设检查人孔。

8) 中高支架敷设的管道，安装阀门、放水、放气、除污装置的地方应设操作平台。在跨越河流、峡谷等地段，必要时应沿架空管道设检修便桥。

9) 中高支架操作平台的尺寸应保证维修人员操作方便。检修便桥宽度不应小于 0.6m。平台或便桥周围应设防护栏杆。

10) 架空敷设的管道上露天安装的电动阀门，其驱动装置和电气部分的防护等级应满足露天安装的环境条件，为防止无关人员操作应有防护措施。

11) 地上敷设的管道与地下敷设的管道连接处，地面不得积水，连接处的地下构筑物应高出地面 0.3m 以上。管道穿入构筑物的孔洞应采取防止雨水进入的措施，或采取可靠的防腐措施。

12) 管道活动支座应采用滑动支座或刚性吊架。当管道敷设于高支架、悬臂支架或通行管沟内时，宜采用滚动支座或使用减摩材料的滑动支座。当管道运行时有垂直位移且对邻近支座的荷载影响较大时，应采用弹簧支架或弹簧吊架。

13) 工作压力大于或等于 1.6MPa 且公称直径 DN ≥ 350mm 的管道上的闸阀应安装旁通阀。旁通阀的直径可按阀门直径的 1/10 选用。

14) 当供热系统补水能力有限，需控制管道充水流量或蒸汽管道启动暖管需控制汽量时，管道阀门应装设口径较小的旁通阀作为控制阀门。

15) 当动态水力分析需延长输送干线分段阀门关闭时间以降低压力瞬变值时，宜采用主阀并联旁通阀

的方法解决。旁通阀直径可取主阀直径的1/4。主阀和旁通阀应联锁控制，旁通阀必须在开启状态主阀方可进行关闭操作，主阀关闭后旁通阀才可关闭。

16）公称直径 DN≥500mm 的阀门，宜采用电驱动装置。由监控系统远程操作的阀门，其旁通阀也应采用电驱动装置。

17）管道公称直径 DN≥500mm 的热水管网干管在低点、垂直升高管段前、分段阀门前宜设阻力小的永久性除污装置。

3.2.4　发生炉煤气、水煤气管道的布置及敷设

1）架空煤气管道可与水管、热力管、不燃气体管、燃油管和氧气管伴随敷设，并应符合 GB 50195《发生炉煤气站设计规范》的相关要求。

2）厂区架空煤气管道与水管、热力管、不燃气体管和燃油管在同一支柱或栈桥上敷设时，其上下平行敷设的垂直净距不应小于250mm；其他小管道利用小型支架架设在大煤气管道侧面时，其最小水平净距也应符合 GB 50195—2013《发生炉煤气站设计规范》中附录 C 的规定。

3）当利用煤气管道及其支架设置其他管道的托架、吊架时，应采取措施消除管道不同热胀冷缩的相互影响。

4）煤气管道与输送腐蚀性介质管道共架敷设时，煤气管道应架设在上方，对易漏气、漏油、漏腐蚀性液体的部位，应在煤气管道上采取保护措施。

5）煤气管道不应在燃料、木材场内敷设。

6）煤气管道不应穿过不使用煤气的建筑物。

7）煤气管道布置及敷设的其他要求：

① 煤气管道支架上不应敷设电缆，但采用桥架铺装或钢管布线的电缆可敷设在支架上。

② 厂区架空煤气管道与架空电力线路交叉时，煤气管道应敷设在电力线路的下面，并应在煤气管道上电力线路两侧设有标明电线危险、禁止通行的栏杆；交叉点两侧的煤气管道及其支架必须可靠接地，其电阻值不应大于10Ω。

③ 厂区冷煤气管道的坡度不宜小于0.5%，车间冷煤气管道的坡度不宜小于0.3%，且管道最低点应设有排水器。

④ 车间煤气管道应架空敷设，当与设备连接的支管架空敷设有困难时，可敷设在空气流通但人不能通行的地沟内。除供同一用户用的空气管道外，不应与其他管线敷设在同一地沟内。

⑤ 冷煤气管道的隔断装置选择，应符合 GB 6222—2005《工业企业煤气安全规程》的有关规定。管道直径小于50mm 的支管，可采用旋塞。管道检修需要隔断的部位，应增设带垫圈及撑铁的盲板或

眼镜阀，但封闭式插板阀可单独使用。

⑥ 吹扫用的放散管应设在下列部位：

a. 煤气管道最高处。

b. 煤气管道的末端。

c. 煤气管道进入车间和设备的进口阀门前，但阀门紧靠干管的可不设放散管。

⑦ 煤气管道和设备上的放散管管口高度，应考虑在放散时排出的煤气对放散操作及其周围环境的影响，并应符合下列规定：

a. 应高出煤气管道和设备及其平台4m，与地面距离不应小于10m。

b. 厂房内或距厂房10m 以内的煤气管道和设备上的放散管管口高度，应高出厂房顶部4m。

⑧ 厂区煤气管道上的阀门、计量装置、调节阀等处以及经常检查处，宜设置人孔或手孔。在独立检修的管段上，人孔不应少于2个，且人孔的直径不应小于600mm；在直径小于600mm 的煤气管道上，宜设手孔，其直径应与管道直径相同。

⑨ 煤气排送机前的低压煤气总管上宜设有爆破阀门或泄压水封。

3.2.5　城镇燃气管道的布置及敷设

1. 一般规定

1）本节适用于压力不大于4.0MPa（表压）的城镇燃气（不包括液态燃气）室外输配工程的设计。

2）城镇燃气输配系统一般由门站、燃气管网、储气设施、调压设施、管理设施、监控系统等组成。城镇燃气输配系统设计，应符合城镇燃气总体规则，在可行性研究的基础上，做到远期、近期结合，以近期为主，经技术经济比较后确定合理的方案。

3）城镇燃气输配系统压力级制的选择，门站、储配站、调压站、燃气干管的布置，应根据燃气供应来源、用户的用气量及其分布、地形地貌、管材设备供应条件、施工和运行等因素，经过多方案比较，择优选取技术经济合理、安全可靠的方案。

城镇燃气干管的布置，应根据用户用量及其分布，全面规划，宜按逐步形成环状管网供气进行设计。

4）采用天然气作气源时，平衡城镇燃气逐月、逐日的用气不均性，应由气源方（即供气方）统筹调度解决。

用户方对城镇燃气用户应做好用气量的预测，在各类用户全年的综合用气负荷资料的基础上，制订逐月、逐日用气量计划。

5）平衡城镇燃气逐小时的用气不均匀性，除应符合上条要求外，城镇燃气输配系统应具有合理的调峰供气措施，并应符合下列要求：

① 城镇燃气输配系统的调峰气总容量，应根据

计算月平均日用总量、气源的可调量大小、供气和用气不均匀情况和运行经验等因素综合确定。

② 确定调峰气总容量时，应充分利用气源的可调量（如主气源的可调节供气能力和输气干线的调峰能力等）。采用天然气作气源时，平衡小时的用气不均性所需调峰气量宜由供气方解决，不足时由城镇燃气输配系统解决。

③ 储气方式的选择应因地制宜，经方案比较，择优选取技术经济合理、安全可靠的方案。对来气压力较高的天然气输配系统宜采用管道储气的方式。

6）城镇燃气管道应按燃气设计压力分为 7 级，并应符合表 2-1 的要求。

7）城镇燃气输配系统各种压力级制的燃气管道之间应通过调压装置相连。当有可能超过最大允许工作压力时，应设置防止管道超压的安全保护设备。

2. 压力不大于 1.6MPa 的室外燃气管道

1）中压和低压燃气管道宜采用聚乙烯管、机械接口球墨铸铁管、钢管或钢骨架聚乙烯塑料复合管，并应符合下列要求：

① 聚乙烯管应符合 GB 15558.1—2015《燃气用埋地聚乙烯（PE）管道系统　第 1 部分：管材》和 GB 15558.2—2005《燃气用埋地聚乙烯（PE）管道系统　第 2 部分：管件》的规定。

② 机械接口球墨铸铁管应符合 GB/T 13295—2013《水及燃气管道用球墨铸铁管、管件和附件》的规定。

③ 钢管采用焊接钢管、镀锌钢管或无缝钢管时，应分别符合 GB/T 3091—2015《低压流体输送用焊接钢管》、GB/T 8163—2018《输送流体用无缝钢管》的规定。

④ 钢骨架聚乙烯塑料复合管应符合 CJ/T 125—2014《燃气用钢骨架聚乙烯塑料复合管及管件》的规定。

⑤ 次高压燃气管道应采用钢管，其管材和附件应符合本节 6 中 4）的要求。次高压钢制燃气管道直管段计算壁厚应计算确定。最小公称壁厚不应小于表 3-1 的规定。

表 3-1　钢制燃气管道最小公称壁厚

（单位：mm）

钢管公称直径	公称壁厚
100~150	4.0
200~300	4.8
350~450	5.2
500~550	6.4
600~700	7.1
750~900	7.9
950~1000	8.7
1050	9.5

2）地下燃气管道不得从建筑物和大型构筑物（不包括架空的建筑物和大型构筑物）的下面穿越。

地下燃气管道与建筑物、构筑物或相邻管道之间的水平和垂直净距，不应小于表 3-2 和表 3-3 的规定。

表 3-2　地下燃气管道与建筑物、构筑物或相邻管道之间的水平净距　（单位：m）

项目		地下燃气管道压力				
		低压	中压B	中压A	次高压B	次高压A
建筑物	基础	0.7	1.0	1.5	—	—
	外墙面（出地面处）	—	—	—	5.0	13.5
给水管		0.5	0.5	0.5	1.0	1.5
污水、雨水排水管		1.0	1.2	1.2	1.5	2.0
电力电缆（含电车电缆）	直埋	0.5	0.5	0.5	1.0	1.5
	在导管内	1.0	1.0	1.0	1.0	1.5
通信电缆	直埋	0.5	0.5	0.5	1.0	1.5
	在导管内	1.0	1.0	1.0	1.0	1.5
其他燃气管道	DN≤300mm	0.4	0.4	0.4	0.4	0.4
	DN>300mm	0.5	0.5	0.5	0.5	0.5
热力管	直埋	1.0	1.0	1.0	1.5	2.0
	在管沟内（至外壁）	1.0	1.5	1.5	2.0	4.0
电杆（塔）的基础	≤35kV	1.0	1.0	1.0	1.0	1.0
	>35kV	2.0	2.0	2.0	5.0	5.0
通信照明电杆（至电杆中心）		1.0	1.0	1.0	1.0	1.0
铁路路堤坡脚		5.0	5.0	5.0	5.0	5.0
有轨电车钢轨		2.0	2.0	2.0	2.0	2.0
街树（至树中心）		0.75	0.75	0.75	1.2	1.2

表 3-3　地下燃气管道与构筑物或相邻管道之间的垂直净距　（单位：m）

项目		地下燃气管道（当有套管时，以套管计）
给水管、排水管或其他燃气管道		0.15
热力管、热力管的管沟底或顶		0.15
电缆	直埋	0.5
	在导管内	0.15
铁路（轨底）		1.20
有轨电车（轨底）		1.00

注：1. 如受地形限制不能满足表 3-2 和表 3-3 时，经与有关部门协商，采用有效的安全防护措施后，表 3-2 和表 3-3 规定的净距，均可适当缩小，但低压燃气管道不影响建（构）筑物和相邻管道基础的稳固性，中压燃气管道距建筑物基础不应小于 0.5m 且距建筑物外墙面不应小于 1m，高压燃气管道距建筑物外墙面不应小于 3.0m。其中当对次高压 A 燃气管道采取有效的安全防护措施或当管道壁厚不小于 9.5mm 时，管道距建筑物外墙面不应小于 6.5m；当管壁厚度不小于 11.9mm 时，管道距建筑物外墙面不应小于 3.0m。

2. 表 3-2 和表 3-3 规定除地下燃气管道与热力管的净距不适于聚乙烯管和钢骨架聚乙烯塑料复合管外，其他规定均适用于聚乙烯管和钢骨架聚乙烯塑料复合管。聚乙烯燃气管道与热力管道的净距应按 CJJ 63—2018《聚乙烯燃气管道工程技术标准》执行。

3）地下燃气管道埋设的最小覆土厚度（路面至管顶）应符合下列要求：

① 埋设在车行道下时，不得小于 0.9m。

② 埋设在非车行道（含人行道）下时，不得小于 0.6m。

③ 埋设在机动车不可能到达的地方时，不得小于 0.3m。

④ 埋设在水田下时，不得小于 0.8m。

注意：不能满足上述规定时，应采用有效的安全防护措施。

4）输送湿燃气的燃气管道，应埋设在土壤冰冻线以下。燃气管道坡向凝水缸的坡度不宜小于 0.3%。

5）地下燃气管道的基础宜为原土层。凡可能引起管道不均匀沉降的地段，其基础应进行处理。

6）地下燃气管道不得在堆积易燃易爆材料和具有腐蚀性液体的场地下面穿越，并不宜与其他管道或电缆同沟敷设。当需要同沟敷设时，必须采取有效的安全防护措施。

7）地下燃气管道从排水管（沟）、热力管沟、隧道及其他各种用途沟槽内穿过时，应将燃气管

敷设于套管内。套管伸出构筑物外壁不应小于表 3-2 中燃气管道与该构筑物的水平净距。套管两端应采用柔性的防腐、防水材料密封。

8）燃气管道穿越铁路、高速公路、电车轨道和城镇主要干道时应符合下列要求：

① 穿越铁路和高速公路的燃气管道，其外面应加套管。

② 穿越铁路的燃气管道的管套，应符合下列要求：

a. 套管埋设的深度：铁路轨底至套管顶不应小于 1.20m，并应符合铁路管理部门的要求。

b. 套管宜采用钢管或钢筋混凝土管。

c. 套管内径应比燃气管道外径大 100mm 以上。

d. 套管两端与燃气管的间隙应采用柔性的防腐、防水材料密封，其一端应装设检漏管。

e. 套管端部距路堤坡脚外距离不应小于 2.0m。

③ 燃气管道穿越电车轨道和城镇主要干道时宜敷设在套管或地沟内。穿越高速公路的燃气管道的套管、穿越电车轨道和城镇主要干道的燃气管道的套管或地沟，应符合下列要求：

a. 套管内径应比燃气管道外径大 100mm 以上，套管或管沟两端应密封，在重要地段的套管或管沟端部宜安装检漏管。

b. 套管端部距电车轨道边轨不应小于 2.0m，距道路边缘不应小于 1.0m。

④ 燃气管道宜垂直穿越铁路、高速公路、电车轨道和城镇主要干道。

9）燃气管道通过河流时，可采用穿越河底或采用管桥跨越的形式。当条件许可时也可利用道路桥梁跨越河流，并应符合下列要求：

① 利用道路桥梁跨越河流的燃气管道，其管道的输送压力不应大于 0.4MPa。

② 当燃气管道随桥梁敷设或采用管桥跨越河流时，必须采取安全防护措施。

③ 燃气管道随桥梁敷设，宜采取以下安全防护措施：

a. 敷设于桥梁上的燃气管道应采用加厚的无缝钢管或焊接钢管，尽量减少焊缝，对焊缝进行 100% 无损检测。

b. 跨越通航河流的燃气管道管底标高，应符合通航净空的要求，管架外侧应设置护桩。

c. 在确定管道位置时，应与随桥敷设的其他可燃的管道保持一定间距。

d. 管道应设置必要的补偿和减振措施。

e. 对管道应做较高等级的防腐保护。对于采用阴极保护的埋地钢管与随桥管道之间应设置绝缘

装置。

10）燃气管道穿越河底时，应符合下列要求：

① 燃气管道宜采用钢管。

② 燃气管道至河床的覆土厚度，应根据水流冲刷条件及规划河床确定，对不通航河流不应小于0.5m；对通航的河流不应小于1.0m，还应考虑疏浚和投锚深度。

③ 稳管措施应根据计算确定。

④ 在埋设燃气管道位置的河流两岸上、下游应设立标志。

11）跨越河流的燃气管道的支座（架）应采用不燃烧材料制作。

12）穿越或跨越重要河流的燃气管道，在河流两岸均应设置阀门。

13）在次高压、中压燃气干管上，应设置分段阀门，并应在阀门两侧设置放散管。在燃气支管的起点处，应设置阀门。

14）地下燃气管道上的检测管、凝水缸的排水管、水封阀和阀门，均应设置护罩或护井。

15）室外架空的燃气管道，可沿建筑物外墙或支柱敷设，并应符合下列要求：

① 中压和低压燃气管道，可沿建筑耐火等级不低于二级的住宅或公共建筑的外墙敷设；次高压B、中压和低压燃气管道，可沿建筑耐火等级不低于二级的丁、戊类生产厂房的外墙敷设。

② 沿建筑物外墙的燃气管道距住宅或公共建筑物的房间门、窗洞口的净距：中压燃气管道不应小于0.5m，低压燃气管道不应小于0.3m。燃气管道距生产厂房建筑物门、窗洞口的净距不限。

③ 架空燃气管道与铁路、道路、其他管线交叉时的垂直净距不应小于表3-4的规定。

④ 输送湿燃气的管道应采取排水措施，在寒冷地区还应采取保暖措施。燃气管道坡向凝水缸的坡度不宜小于0.3%。

⑤ 工业企业内燃气管道沿支柱敷设时，应符合 GB 6222—2005《工业企业煤气安全规程》的规定。

3. 门站和储配站

1）本部分适用于城镇燃气输配系统中，接受气源

表 3-4　架空燃气管道与铁路、道路、其他管线交叉时的垂直净距

建筑物和管线名称		最小垂直净距/m	
		燃气管道下	燃气管道上
铁路轨顶		6.00	—
城市道路路面		5.50	—
厂区道路路面		5.00	—
人行道路路面		2.20	—
架空电力线	电压<3kV 以下	—	1.50
	电压为 3～10kV	—	3.00
	电压为 35～66kV	—	4.00
其他管道	管径≤300mm	同管道直径，但不小于 0.10	同管道直径，但不小于 0.10
	管径>300mm	0.30	0.30

注：1. 厂区内部的燃气管道，在保证安全的情况下，管底至道路路面的垂直净距可取4.5m；管底至铁路轨顶的垂直净距，可取5.5m。在车辆和人行道以外的地区，可在从地面到管底高度不小于0.35m的低支柱上敷设燃气管道。

2. 电气机车铁路除外。

3. 架空电力线与燃气管道的交叉垂直净距尚应考虑导线的最大垂度。

来气并进行净化、加臭、储存、控制供气压力、气量分配、计量和气质检测的门站和储配站的工程设计。

2）门站和储配站站址选择应符合下列要求：

① 站址应符合城市规划的要求。

② 站址应具有适宜的地形、工程地质、供电、给排水和通信等条件。

③ 门站和储配站应少占农田、节约用地，并应注意与城市景观等协调。

④ 门站站址应结合长输管线位置确定。

⑤ 根据城镇燃气输配系统具体情况，储配站与门站可合建。

⑥ 储配站内的储气罐与站外的建筑物、构筑物的防火间距应符合 GB 50016—2014《建筑设计防火规范》（2018 年版）的有关规定。站内露天燃气工艺装置与站外建筑物、构筑物的防火间距应符合甲类生产厂房与厂外建筑物、构筑物的防火间距的要求。

3）储配站内的储气罐与站内的建筑物、构筑物的防火间距应按表3-5执行。

表 3-5　储气罐与站内的建筑物、构筑物的防火间距　　　（单位：m）

储气罐总容积/m³	≤1000	>1000～10000	>10000～50000	>50000～200000	>200000
明火、散发火花地点	20	25	30	35	40
调压室、压缩机室、计量室	10	12	15	20	25
控制室、变配电室、汽车库等辅助建筑	12	15	20	25	30
机修间、燃气锅炉房	15	20	25	30	35
办公、生活建筑	18	20	25	30	35

（续）

储气罐总容积/m³	≤1000	>1000~10000	>10000~50000	>50000~200000	>200000
消防泵房、消防水池取水口	20				
站内道路（路边）	10	10	10	10	10
围墙	15	15	15	15	18

注：1. 低压湿式储气罐与站内的建筑物、构筑物的防火间距，应按本表确定。

2. 低压干式储气罐与站内的建筑物、构筑物的防火间距，当可燃气体的密度大于空气的密度时，应按本表增加25%；不大于空气的密度时，可按本表确定。

3. 固定容积储气罐与站内的建筑物、构筑物的防火间距应按本表的规定执行。总容积按其几何容积（m³）和设计压力（绝对压力，10^2kPa）的乘积计算。

4. 低压湿式或干式储气罐的水封室、油泵房和电梯间等附属设施与该储罐的间距按工艺要求确定。

5. 露天燃气工艺装置与储气罐的间距按工艺要求确定。

4）储气罐或罐区之间的防火间距应符合下列要求：

① 湿式储气罐之间、干式储气罐之间、湿式储气罐与干式储气罐之间的防火间距，不应小于相邻较大罐的半径。

② 固定容积储气罐之间的防火间距，不应小于相邻较大罐直径的2/3。

③ 固定容积储气罐与低压湿式或干式储气罐之间的防火间距，不应小于相邻较大罐的半径。

④ 数个固定容积储气罐的总容积大于200000m³时，应分组布置。组与组之间的防火间距：卧式储罐，不应小于相邻较大罐长度的一半；球形储罐，不应小于相邻较大罐的直径，且不应小于20.0m。

⑤ 储气罐与液化石油气罐之间防火间距应符合GB 50016—2014《建筑设计防火规范》（2018年版）的有关规定。

5）门站和储配站总平面布置应符合下列要求：

① 总平面应分区布置，即分为生产区（包括储罐区、调压计量区、加压区等）和辅助区。

② 站内的各建筑物、构筑物之间以及与站外建筑物、构筑物之间的防火间距应符合GB 50016—2014《建筑设计防火规范》（2018年版）的有关规定。站内建筑物的耐火等级不应低于《建筑设计防火规范》（2018年版）"二级"的规定。

③ 站内露天工艺装置区边缘距明火或散发火花地点不应小于20m，距办公、生活建筑不应小于18m，距围墙不应小于10m。与站内生产建筑的间距按工艺要求确定。

④ 储配站生产区应设置环形消防车通道，消防车通道宽度不应小于3.5m。

6）当燃气无臭味或臭味不足时，门站或储配站内应设置加臭装置。无毒燃气泄漏到空气中，达到爆炸下限的20%时，应能察觉；有毒燃气泄漏到空气中，达到对人体有害的浓度时，应能察觉；对于以一氧化碳为有毒成分的燃气，空气中的一氧化碳含量达到0.02%（体积分数）时，应能察觉。

7）门站和储配站的工艺设计应符合下列要求：

① 功能应满足城镇燃气输配系统输气调度和调峰的要求。

② 站内应根据城镇燃气输配系统调度要求分组设置计量和调压装置，装置前应设过滤器；门站进站总管上宜设置分离器。

③ 调压装置应根据燃气流量、压力降等工艺条件确定设置加热装置。

④ 站内计量调压装置和加压设备应根据工作环境要求露天或在厂房布置，在寒冷或风沙地区宜采用全封闭式厂房。

⑤ 进出站管线应设置切断阀门和绝缘法兰。

⑥ 储配站内进罐管线上宜设置控制进罐压力和流量的调节装置。

⑦ 当长输管道采用清管工艺时，其清管器的接收装置宜设置在门站内。

⑧ 站内管道上应根据系统要求设置安全保护及放散装置。

⑨ 站内设备、仪表、管道等安装的水平间距和标高均应便于观察、操作和维修。

8）站内宜设置自动化控制系统，并宜作为城镇燃气输配系统的数据采集监控系统的远端站。

9）站内燃气计量和气质的检验应符合下列要求：

① 站内设置的计量仪表应符合表3-6的规定。

表3-6　站内设置的计量仪表

进出站参数	功能		
	指示	记录	累计
流量	+	+	+
压力	+	+	—
温度	+	+	—

注：表中"+"表示应设置。

② 宜设置测定燃气组分、发热量、密度、湿度和各项有害杂质含量的仪表。

10）燃气储存设施的设计应符合下列要求：

① 储配站所建储罐容积应根据城镇燃气输配系统所需储气总容量、管网系统的调度平衡和气体混配要求确定。

② 储配站的储气方式及储罐形式应根据燃气进站压力、供气规模、输配管网压力等因素，经技术经济比较后确定。

③ 确定储罐单体或单组容积时，应考虑储罐检修期间供气系统的调度平衡。

④ 储罐区宜设有排水设施。

11）低压储气罐的工艺设计应符合下列要求：

① 低压储气罐宜分别设置燃气进出气管，各管应设置关闭性能良好的切断装置，并宜设置水封阀，水封阀的有效高度应取设计工作压力（以水注表示）乘以 0.1mm/Pa 加 500mm。燃气进出气管的设计应能适应气罐地基沉降引起的变形。

② 低压储气罐应设储气量指示器。储气量指示器应具有显示储量及可调节的高低限位声、光报警装置。

③ 储气罐高度超越当地有关的规定时应设高度障碍标志。

④ 湿式储气罐的水封高度应经过计算后确定。

⑤ 寒冷地区湿式储气罐的水封应设有防冻措施。

⑥ 干式储气罐密封系统，必须能够可靠地连续运行。

⑦ 干式储气罐应设置紧急放散装置。

⑧ 干式储气罐应配有检修通道。稀油密封干式储气罐外部应设置检修电梯。

12）高压储气罐的工艺设计应符合下列要求：

① 高压储气罐宜分别设置燃气进、出气管，不需要起混气作用的高压储气罐，其进、出气管也可合为一条；燃气进、出气管的设计宜进行柔性计算。

② 高压储气罐应分别设置安全阀、放散管和排污管。

③ 高压储气罐应设置压力检测装置。

④ 高压储气罐宜减少接管开孔数量。

⑤ 高压储气罐宜设置检修排空装置。

⑥ 当高压储气罐罐区设置检修用集中放散装置时，集中放散装置的放散管与站外建筑物、构筑物的防火间距不应小于表 3-7 的规定；集中放散装置的放散管与站内建筑物、构筑物的防火间距不应小于表 3-8 的规定；放散管管口高度应高出其 25m 内的建构筑物 2m 以上，且不得小于 10m。

表 3-7　集中放散装置的放散管与站外建筑物、构筑物的防火间距

项目		防火间距/m
明火、散发火花地点		30
民用建筑		25
甲、乙类液体储罐，易燃材料堆场		25
室外变、配电站		30
甲、乙类物品库房，甲、乙类生产厂房		25
其他厂房		20
铁路（中心线）		40
公路、道路（路边）	高速，Ⅰ、Ⅱ级，城市快速	15
	其他	10
架空电力线（中心线）	>380V	2.0 倍杆高
	≤380V	1.5 倍杆高
架空通信线（中心线）	国家Ⅰ、Ⅱ级	1.5 倍杆高
	其他	1.5 倍杆高

表 3-8　集中放散装置的放散管与站内建筑物、构筑物的防火间距

项目	防火间距/m
明火、散发火花地点	30
办公、生活建筑	25
可燃气体储气罐	20
室外变、配电站	30
调压室、压缩机室、计量室及工艺装置区	20
控制室、配电室、汽车库、机修间和其他辅助建筑	25
燃气锅炉房	25
消防泵房、消防水池取水口	20
站内道路（路边）	2
围墙	2

⑦ 集中放散装置宜设置在站内全年最小频率风向的上风侧。

13）站内工艺管道应采用钢管。燃气管道设计压力大于 0.4MPa 时，其管材性能应分别符合 GB/T 9711《石油天然气工业管线输送系统用钢管》、GB/T 8163《输送流体用无缝钢管》；设计压力不大于 0.4MPa 时，其管材性能应符合 GB/T 3091《低压流体输送用焊接钢管》的规定。

阀门等管道附件的压力级别不应小于管道设计压力。

14）燃气加压设备的选型应符合下列要求：

① 储配站燃气加压设备应结合城镇燃气输配系统总体设计采用的工艺流程、设计负荷及排气压力及调度要求确定。

② 燃气加压设备应根据吸排气压力、排气量选择机型。所选用的设备应便于操作维护、安全可靠，并符合节能、高效、低振和低噪声的要求。

③ 燃气加压设备的排气能力应按厂方提供的实测值为依据。站内燃气加压设备的形式应一致，加压设备的规格应能满足运行调度要求，并不宜多于两种。储配站内装机总台数不宜过多。每 1~5 台压缩机宜另设 1 台备用。

15）压缩机室的工艺设计应符合下列要求：

① 压缩机宜按独立机组配置进出气管及阀门、旁通、冷却器、安全放散、供油和供水等各项辅助设施。

② 压缩机的进出气管宜采用地下直埋或管沟敷设，并宜采取减振降噪措施。

③ 管道设计应设有能满足投产置换、正常生产维修和安全保护所必需的附属设备。

④ 压缩机及其附属设备的布置应符合下列要求：

a. 压缩机宜采取单排布置。

b. 压缩机之间及压缩机与墙壁之间的净距不宜小于 1.5m。

c. 重要通道的宽度不宜小于 2m。

d. 机组的联轴器及带传动装置应采取安全防护措施。

e. 高出地面 2m 的检修部位应设置移动或可拆卸式的维修平台或扶梯。

f. 维修平台及地坑周围应设防护栏杆。

⑤ 压缩机室宜根据设备情况设置检修用起吊设备。

⑥ 当压缩机采用燃气为动力时，其设计应符合 GB 50251《输气管道工程设计规范》和 GB 50183《石油天然气工程设计防火规范》的有关规定。

⑦ 压缩机组前必须设有紧急停车按钮。

16）压缩机的控制室宜设在主厂房一侧的中部或主厂房的一端。控制室与压缩机室之间应设有能观察各台设备运转的隔声耐火玻璃窗。

17）储配站控制室内的二次检测仪表及操作调节装置宜按表 3-9 的规定设置。

18）压缩机室、调压计量室等具有爆炸危险的生产用房应符合 GB 50016—2014《建筑设计防火规范》（2018 年版）的"甲类生产厂房"设计的规定。

19）门站和储配站内的消防设施设计应符合《建筑设计防火规范》（2018 年版）的规定，并符合下列要求：

① 储配站在同一时间内的火灾次数应按一次考虑。储罐区的消防用水量不应小于表 3-10 的规定。

表 3-9　储配站控制室内的二次检测仪表及操作调节装置

参数名称		现场显示	控制室		
			显示	记录或累计	报警联锁
压缩机室进气管压力		—	+	—	+
压缩机室出气管压力		—	+	+	—
机组	吸气压力	+	—	—	—
	吸气温度	+	—	—	—
	排气压力	+	+	—	+
	排气温度	+	—	—	—
压缩机室	供电电压	—	+	—	—
	电流	—	+	—	—
	功率因数	—	+	—	—
	功率	—	+	—	—
机组	电压	+	—	—	—
	电流	+	—	—	—
	功率因数	—	+	—	—
	功率	—	+	—	—
压缩机室	供水温度	—	+	—	—
	供水压力	—	+	—	+
机组	供水温度	+	—	—	—
	回水温度	+	—	—	—
	水流状态	+	+	—	—
润滑油	供油压力	—	+	—	+
	供油温度	+	—	—	—
	回油温度	+	—	—	—
电机防爆通风系统排风压力		—	+	—	+

注：表中"+"表示应设置。

② 当设置消防水池时，消防水池的容量应按火灾延续时间 3h 计算确定。当火灾情况下能保证连续向消防水池补水时，其容量可减去火灾延续时间内的补水量。

③ 储配站内消防给水管网应采用环形管网，其给水干管不应少于 2 条。当其中一条发生故障时，其余的进水管应能满足消防用水总量的供给要求。

④ 站内室外消火栓宜选用地上式消火栓。

⑤ 门站的工艺装置区可不设消防给水系统。

表 3-10　储罐区的消防用水量

储罐容积/m³	>500~10000	>10000~50000	>50000~100000	>100000~200000	>200000
消防用水量/（L/s）	15	20	25	30	35

注：固定容积的可燃气体储罐以组为单位，总容积按其几何容积（m³）和设计压力（绝对压力，10^2kPa）的乘积计算。

⑥ 门站和储配站内建筑物灭火器的配置应符合 GB 50140《建筑灭火器配置设计规范》的有关规定。储配站内储罐区应配置干粉灭火器，配置数量按储罐台数每台设置 2 个；每组相对独立的调压计量等工艺装置区应配置干粉灭火器，数量不少于 2 个（注：干粉灭火器指 8kg 手提式干粉灭火器；根据场所危险程度可设置部分 35kg 手推式干粉灭火器）。

20）门站和储配站供电系统应符合 GB 50052—2009《供配电系统设计规范》中"二级负荷"设计的规定。

门站和储配站电气防爆设计符合下列要求：

① 站内爆炸危险场所的电力装置设计应符合 GB 50058《爆炸危险环境电力装置设计规范》的规定。

② 其爆炸危险区域等级和范围的划分宜符合 GB 50028—2006《城镇燃气设计规范》中附录 D 的规定。

③ 站内爆炸危险厂房和装置区内应装设可燃气体浓度检测报警装置。

21）储气罐和压缩机室、调压计量室等具有爆炸危险的生产用房应有防雷接地设施，其设计应符合 GB 50057—2010《建筑物防雷设计规范》中"第二类防雷建筑物"的规定。

22）门站和储配站的静电接地设计应符合 HG/T 20675《化工企业静电接地设计规程》的规定。

23）门站和储配站边界的噪声应符合 GB 12348《工业企业厂界环境噪声排放标准》的规定。

4. 调压站与调压装置

1）本部分适用于城镇燃气输配系统中不同压力级制管道之间连接的调压站、调压箱（柜）和调压装置的设计。

2）调压装置的设置应符合下列要求：

① 自然条件和周围环境许可时，宜设置在露天，但应设置围墙、护栏或车挡。

② 设置在地上单独的调压箱（悬挂式）内时，对居民和商业用户燃气进口压力不应大于 0.4MPa；对工业用户（包括锅炉房）燃气进口压力不应大于 0.8MPa。

③ 设置在地上单独的调压柜（落地式）内时，对居民、商业用户和工业用户（包括锅炉房）燃气进口压力不宜大于 1.6MPa。

④ 设置在地上单独的建筑物内时，应符合 12）中的要求。

⑤ 当受到地上条件限制，且调压装置进口压力不大于 0.4MPa 时，可设置在地下单独的建筑物内或地下单独的箱体内，并应分别符合 5）和 14）中的要求。

⑥ 液化石油气和相对密度大于 0.75 的燃气调压装置不得设于地下室、半地下室内和地下单独的箱体内。

3）调压站（含调压柜）与其他建筑物、构筑物的水平净距应符合表 3-11 的规定。

表 3-11　调压站（含调压柜）与其他建筑物、构筑物的水平净距　　（单位：m）

设置形式	调压装置入口燃气压力级制	建筑物外墙面	重要公共建筑、一类高层民用建筑	铁路（中心线）	城镇道路	公共电力变配电柜
地上单独建筑	高压 A	18.0	30.0	25.0	5.0	6.0
	高压 B	13.0	25.0	20.0	4.0	6.0
	次高压 A	9.0	18.0	15.0	3.0	4.0
	次高压 B	6.0	12.0	10.0	3.0	4.0
	中压 A	6.0	12.0	10.0	2.0	4.0
	中压 B	6.0	12.0	10.0	2.0	4.0
调压柜	次高压 A	7.0	14.0	12.0	2.0	4.0
	次高压 B	4.0	8.0	8.0	2.0	4.0
	中压 A	4.0	8.0	8.0	1.0	4.0
	中压 B	4.0	8.0	8.0	1.0	4.0
地下单独建筑	中压 A	3.0	6.0	6.0	—	3.0
	中压 B	3.0	6.0	6.0	—	3.0
地下调压箱	中压 A	3.0	6.0	6.0	—	3.0
	中压 B	3.0	6.0	6.0	—	3.0

注：1. 当调压装置露天设置时，则指距离装置的边缘。

　　2. 当建筑物（含重要公共建筑）的某外墙为无门、窗洞口的实体墙，且建筑物耐火等级不低于二级时，燃气进口压力级别为中压 A 或中压 B 的调压柜一侧或两侧（非平行）时，可贴靠上述外墙设置。

　　3. 当达不到本表净距要求时，采取有效措施，可适当缩小净距。

4) 地上调压箱和调压柜的设置应符合下列要求:

① 调压箱（悬挂式）:

a. 调压箱的箱底距地坪的高度宜为 1.0~1.2m, 可安装在用气建筑物的外墙壁上或悬挂于专用的支架上; 当安装在用气建筑物的外墙上时, 调压器进出口管公称直径不宜大于 50mm。

b. 调压箱到建筑物的门、窗或其他通向室内的孔槽的水平净距应符合下列规定: 当调压器进口燃气压力不大于 0.4MPa 时, 不应小于 1.5m; 当调压器进口燃气压力大于 0.4MPa 时, 不应小于 3.0m; 调压箱不应安装在建筑物的窗下和阳台下的墙上; 不应安装在室内通风机进风口墙上。

c. 安装调压箱的墙体应为永久性的实体墙, 其建筑物耐火等级不应低于二级。

d. 调压箱上应有自然通风孔。

② 调压柜（落地式）:

a. 调压柜应单独设置在牢固的基础上, 柜底距地坪高度宜为 0.30m。

b. 距其他建筑物、构筑物的水平净距应符合表 3-12 的规定。

c. 体积大于 1.5m³ 的调压柜应有爆炸泄压口, 爆炸泄压口不应小于上盖或最大柜壁面积的 50%（以较大者为准）。爆炸泄压口宜设在上盖上。通风口面积可包括在计算爆炸泄压口面积内。

d. 调压柜上应有自然通风口, 其设置应符合下列要求:

当燃气相对密度大于 0.75 时, 应在柜体上部、下部各设 1% 柜底面积通风口; 调压柜四周应设护栏。

当燃气相对密度不大于 0.75 时, 可仅在柜体上部设 4% 柜底面积通风口; 调压柜四周宜设护栏。

③ 调压箱或柜的安装位置应能满足调压器安全装置的安装要求。

④ 调压箱或柜的安装位置应使调压箱或柜不被碰撞, 在开箱或柜作业时不影响交通。

5) 地下调压箱的设置应符合下列要求:

① 地下调压箱不宜设置在城镇道路下, 距其他建筑物、构筑物的水平净距应符合表 3-12 的规定。

② 地下调压箱上应有自然通风口, 其设置应符合 4) 中④的规定。

③ 安装地下调压箱的位置应能满足调压器安全装置的安装要求。

④ 地下调压箱的设计应方便检修。

⑤ 地下调压箱应有防腐保护。

6) 单独用户的专用调压装置除按 2)、3)、4)

中的要求设置外, 尚可按下列形式设置, 但应符合下列要求:

① 当商业用户调压装置进口压力不大于 0.4MPa, 或工业用户（包括锅炉房）调压装置进口压力不大于 0.8MPa 时, 可设置在用气建筑物专用单层毗连建筑物内。

a. 该建筑物与相邻建筑应用无门窗和洞口的防火墙隔开, 与其他建筑物、构筑物水平净距应符合表 3-12 的规定。

b. 该建筑物耐火等级不应低于二级, 并应具有轻型结构屋顶爆炸泄压口及向外开启的门窗。

c. 地面应采用撞击时不会产生火花的材料。

d. 室内通风换气次数每小时不应小于 2 次。

e. 室内电气、照明装置应符合 GB 50058—2014《爆炸危险环境电力装置设计规范》中"Ⅰ区"设计的规定。

② 当调压装置进口压力不大于 0.2MPa 时, 可设置在公共建筑的顶层房间内:

a. 房间应靠建筑外墙, 不应布置在人员密集房间的上面或贴邻, 并满足上面①中 b、c、e 的要求。

b. 房间内应设有连续通风装置, 并能保证每小时通风换气次数大于 3 次。

c. 房间内应设置燃气浓度检测监控仪表及声、光报警装置。该装置应与通风设施和紧急切断阀联锁, 并将信号引入该建筑物监控室。

d. 调压装置应设有超压自动切断保护装置。

e. 室外进口管道应设有阀门, 并能在地面操作。

f. 调压装置和燃气管道应采用钢管焊接和法兰连接。

③ 当调压装置进口压力不大于 0.4MPa, 且调压器进出口管公称直径不大于 100mm 时, 可设置在用气建筑物的平屋顶上, 但应符合下列条件:

a. 应在屋顶承重结构受力允许的条件下, 且建筑物耐火等级不应低于二级。

b. 建筑物应有通向屋顶的楼梯。

c. 调压箱（柜）或露天调压装置与建筑物烟囱的水平净距不应小于 5m。

④ 当调压装置进口压力不大于 0.4MPa 时, 可设置在生产车间、锅炉房和其他工业生产用气房间内, 或当调压装置进口压力不大于 0.8MPa 时, 可设置在独立、单层建筑的生产车间或锅炉房内, 但应符合下列条件:

a. 应满足上面①中 b、d 的要求。

b. 调压器进出口管公称直径不应大于 80mm。

c. 调压装置宜设不燃烧体护栏。

d. 调压装置除在室内设进口阀门外, 还应在室外引入管上设置阀门。

注意：当调压器进出口管公称直径大于 80mm 时，应将调压装置设置在用气建筑物的专用单层房间内，其设计应符合上面①的要求。

7）调压箱（柜）或调压站的噪声应符合 GB 3096—2008《声环境质量标准》的规定。

8）设置调压器场所的环境温度应符合下列要求：

① 当输送干燃气时，无供暖的调压器的环境温度应能保证调压器的活动部件正常工作。

② 当输送湿燃气时，无防冻措施的调压器的环境温度应大于 0℃；当输送液化石油气时，其环境温度应大于液化石油气的露点。

9）调压器的选择应符合下列要求：

① 调压器应能满足进口燃气的最高、最低压力的要求。

② 调压器的压力差，应根据调压器前燃气管道的最低设计压力与调压器后燃气管道的设计压力之差确定。

③ 调压器的计算流量应按该调压器所承担的管网小时最大输送量的 1.2 倍确定。

10）调压站（调压箱、调压柜）的工艺设计应符合下列要求：

① 低压管网不成环的区域调压站和连续生产使用的用户调压装置宜设置备用调压器，其他情况下的调压器可不设备用。

调压器的燃气进出口管道之间应设旁通管，用户调压箱（悬挂式）可不设旁通管。

② 高压和次高压燃气调压站室外进出口管道上必须设置阀门；中压燃气调压站室外进口管道上应设置阀门。

③ 调压站室外进出口管道上阀门距调压站的距离：当为地上独立建筑时，不宜小于 10m；当为毗连建筑物时，不宜小于 5m；当为调压柜时，不宜小于 5m；当为露天调压装置时，不宜小于 10m。

当通向调压站的支管阀门距调压站小于 100m 时，室外支管阀门与调压站进口阀门可合为一个。

④ 在调压器燃气入口处应安装过滤器。

⑤ 在调压器燃气入口或出口处，应设防止燃气出口压力过高的安全保护装置（当调压器本身带有安全保护装置时可不设）。

⑥ 调压器的安全保护装置宜选用人工复位型。安全保护（放散或切断）装置必须设定启动压力值并具有足够的能力。启动压力应根据工艺要求确定，当工艺无特殊要求时应符合下列要求：

a. 调压器出口为低压时，启动压力应使与低压管道直接相连的燃气用具处于安全工作压力以内。

b. 当调压器出口压力小于 0.08MPa 时，启动压力不应超过出口工作压力上限的 50%。

c. 当调压器出口压力等于或大于 0.08MPa，但不大于 0.4MPa 时，启动压力不应超过出口工作压力上限 0.04MPa。

d. 当调压器出口压力大于 0.4MPa 时，启动压力不应超过出口工作压力上限的 10%。

e. 调压站放散管管口应高出调压站屋檐 1.0m 以上。

调压柜的安全放散管管口距地面的高度不应小于 4m；设置在建筑物墙上的调压箱的安全放散管管口应高出该建筑物屋檐 1.0m。

地下调压站和地下调压箱的安全放散管管口也应按地上调压柜安全放散管管口的规定设置。

注意：清洗管道吹扫用的放散管、指挥器的放散管与安全水封放散管属于同一工作压力时，允许将它们连接在同一放散管上。

f. 调压站内调压器及过滤器前后均应设置指示式压力表，调压器后应设置自动记录式压力仪表。

11）地上调压站内调压器的布置应符合下列要求：

① 调压器的水平安装高度应便于维护检修。

② 平行布置 2 台以上调压器时，相邻调压器外缘净距、调压器与墙面之间的净距和室内主要通道的宽度均宜大于 0.8m。

12）地上调压站的建筑物设计应符合下列要求：

① 建筑耐火等级不应低于二级。

② 调压器室与毗连房间之间应用实体隔墙隔开，其设计应符合下列要求：

a. 隔墙厚度不应小于 24cm，且应两面抹灰。

b. 隔墙内不得设置烟道和通风设备，调压室的其他墙壁也不得设有烟道。

c. 隔墙有管道通过时，应采用填料密封或将墙洞用混凝土等材料填实。

③ 调压器室及其他有漏气危险的房间，应采取自然通风措施，换气次数每小时不应小于 2 次。

④ 城镇无人值守的燃气调压室电气防爆等级应符合 GB 50058—2014《爆炸危险环境电力装置设计规范》中"1 区"设计的规定。

⑤ 调压室内的地面应采用撞击时不会产生火花的材料。

⑥ 调压器室应有泄压措施，其设计应符合 GB 50016—2014《建筑设计防火规范》（2018 年版）的规定。

⑦ 调压器室的门、窗应向外开启，窗应设防护

栏和防护网。

⑧ 重要调压站宜设保护围墙。

⑨ 设于空旷地带的调压站及采用高架遥测天线的调压站应单独设置避雷装置,其接地电阻应小于10Ω。

13) 燃气调压站供暖应根据气象条件、燃气性质、控制测量仪表结构和人员工作的需要等因素确定。当需要供暖时严禁在调压室内用明火供暖,但可采用集中供热或在调压站内设置燃气、电气供暖系统,其设计应符合下列要求:

① 燃气供暖锅炉可设在与调压器室毗连的房间内。

调压器室的门、窗与锅炉室的门、窗不应设置在建筑的同一侧。

② 供暖系统宜采用热水循环式。

烟囱出口与燃气安全放散管出口的水平距离应大于5m。

③ 燃气供暖锅炉应有熄火保护装置或设专人值班管理。

④ 采用防爆式电气供暖装置时,可对调压器室或单体设备用电加热供暖。电供暖设备的外壳温度不得大于115℃。电供暖设备应与调压设备绝缘。

14) 地下调压站的建筑物设计应符合下列要求:

① 室内净高不应低于2m。

② 宜采用混凝土整体浇筑结构。

③ 必须采取防水措施。在寒冷地区应采取防寒措施。

④ 调压器室顶盖上必须设置两个呈对角位置的人孔,孔盖应能防止地表水侵入。

⑤ 室内地坪应采用撞击时不产生火花的材料,并应在一侧人孔下的地坪设置集水坑。

⑥ 调压室顶盖应采用混凝土整体浇筑。

15) 当调压站内、外燃气管道为绝缘连接时,调压器及其附属设备必须接地,接地电阻应小于100Ω。

5. 钢质燃气管道和储罐的防腐

1) 钢质燃气管道和储罐必须进行外防腐。其防腐设计应符合 CJJ 95—2013《城镇燃气埋地钢质管道腐蚀控制技术规程》和其他相关规范等的有关规定。

2) 地下燃气管道防腐设计,必须考虑土壤电阻率。对高压、中压输气干管宜沿燃气管道途经地段选点,测定其土壤电阻率。应根据土壤的腐蚀性、管道的重要程度及所经地段的地质、环境条件确定其防腐等级。

3) 地下燃气管道的外防腐涂层的种类,根据工程的具体情况,可选用石油沥青、聚乙烯防腐胶带、环氧煤沥青、聚乙烯防腐层、氯磺化聚乙烯、环氧粉末喷涂等。当选用上述涂层时,应符合有关标准的规定。

4) 采用涂层保护埋地敷设的钢质燃气干管应同时采用阴极保护。

市区外埋地敷设的钢质燃气干管,当采用阴极保护时,宜采用强制电流方式,并应符合 GB/T 21448《埋地钢质管道阴极保护设计规范》的有关规定。

市区内埋地敷设的钢质燃气干管,当采用阴极保护时,宜采用牺牲阳极法,并应符合《埋地钢质管道阴极保护设计规范》的有关规定。

5) 地下燃气管道与交流电力线接地体的净距不应小于表 3-12 的规定。

表 3-12 地下燃气管道与交流电力线接地体的净距 (单位: m)

电压等级/kV	10	35	110	220
铁塔或电杆接地体	1	3	5	10
电站或变电所接地体	5	10	15	30

6. 压力大于 1.6MPa 的室外燃气管道

1) 本部分适用于压力大于 1.6MPa(表压)但不大于 4.0MPa(表压)的城镇燃气(不包括液态燃气)室外管道工程的设计。

2) 城镇燃气管道通过的地区,应按沿线建筑物的密集程度划分为四个管道地区等级,并依据管道地区等级做出相应的管道设计。

3) 城镇燃气管道地区等级的划分应符合下列规定:

① 沿管道中心线两侧各 200m 范围内,任意划分为 1.6km 长并能包括最多供人居住的独立建筑物数量的地段,作为地区分级单元。

注意:在多单元住宅建筑物内,每个独立住宅单元按一个供人居住的独立建筑物计算。

② 管道地区等级应根据地区分级单元内建筑物的密集程度划分,并应符合下列规定:

a. 一级地区:有 12 幢或 12 幢以下供人居住的独立建筑物。

b. 二级地区:有 12 幢以上,80 幢以下供人居住的独立建筑物。

c. 三级地区:介于二级和四级之间的中间地区,有 80 幢或 80 幢以上供人居住的独立建筑物,但不够四级地区条件的地区、工业区或距人员聚集的室外场所 90m 内敷设管线的区域。

d. 四级地区:4 层或 4 层以上建筑物(不计地

下室层数）普遍且占多数、交通频繁、地下设施多的城市中心城区或镇的中心区域等。

③ 二、三、四级地区的长度可按下列规定调整：

a. 四级地区垂直于管道的边界线距最近地上 4 层或 4 层以上建筑物不应小于 200m。

b. 二、三级地区垂直于管道的边界线距该级地区最近建筑物不应小于 200m。

④ 确定城镇燃气管道地区等级，宜按城市规划为该地区的今后发展留有余地。

4）高压燃气管道采用的钢管和管道附件材料应符合下列要求：

① 燃气管道所用钢管、管道附件材料的选择，应根据管道的使用条件（设计压力、温度、介质特性、使用地区等）、材料的焊接性等因素，经技术经济比较后确定。

② 燃气管道选用的钢管应符合 GB/T 9711《石油天然气工业　管线输送系统用钢管》和 GB/T 8163《输送流体用无缝钢管》的规定，或符合不低于上述标准相应技术要求的其他钢管标准。三级和四级地区高压燃气管道材料钢级不应低于 L245。

③ 燃气管道所采用的钢管和管道附件应根据选用的材料、管径、壁厚、介质特性、使用温度及施工环境温度等因素，对材料提出冲击试验和（或）落锤撕裂试验要求。

④ 当管道附件与管道采用焊接连接时，两者材质应相同或相近。

⑤ 管道附件中所用的锻件，应符合 NB/T 47008《承压设备用碳素钢和合金钢锻件》、NB/T 47009《低温承压设备用合金钢锻件》的有关规定。

⑥ 管道附件不得采用螺旋焊缝钢管制作，严禁采用铸铁制作。

5）燃气管道强度设计应根据管段所处地区等级和运行条件，按可能同时出现的永久荷载和可变荷载的组合进行设计。当管道位于地震设防烈度 7 度及 7 度以上地区时，应考虑管道所承受的地震荷载。

6）钢质燃气管道直管段计算壁厚应按式（3-1）计算，计算所得到的厚度应按钢管标准规格向上选取钢管的公称壁厚。最小公称壁厚不应小于表 3-1 的规定。

$$\delta = \frac{pD}{2R_{eL}\phi F} \tag{3-1}$$

式中　δ——钢管计算壁厚（mm）；

　　　p——设计压力（MPa）；

　　　D——钢管外径（mm）；

　　　R_{eL}——钢管的最低下屈服强度（MPa）；

F——强度设计系数，按表 3-13 和表 3-14 选取。

ϕ——焊缝系数。当采用上面 4 中②规定的钢管标准时取 1.0。

表 3-13　城镇燃气管道的强度设计系数

地区等级	强度设计系数 F
一级	0.72
二级	0.60
三级	0.40
四级	0.30

表 3-14　穿越铁路、公路和人员聚集场所的管道以及门站、储配站、调压站内管道的强度设计系数（F）

管道及管段	地区等级			
	一级	二级	三级	四级
有套管穿越 Ⅲ、Ⅳ 级公路的管道	0.72	0.6	0.4	0.3
无套管穿越 Ⅲ、Ⅳ 级公路的管道	0.6	0.5		
有套管穿越 Ⅰ、Ⅱ 级公路、高速公路、铁路的管道	0.6	0.6		
门站、储配站、调压站内管道及其上、下游各 200m 的管道，截断阀室管道及其上、下游各 50m 的管道（其距离从站和阀室边界线起算）	0.5	0.5		
人员聚集场所的管道	0.4	0.4		

7）对于采用经冷加工后又经加热处理的钢管，当加热温度高于 320℃（焊接除外）时，或采用经过冷加工或热处理的钢管撇成弯管时，则在计算该钢管或弯管壁厚时，其下屈服强度应取该管材最低下屈服强度的 75%。

8）城镇燃气管道的强度设计系数 F 应符合表 3-13 的规定。

9）穿越铁路、公路和人员聚集场所的管道以及门站、储配站、调压站内管道的强度设计系数，应符合表 3-14 的规定。

10）下列计算或要求应符合 GB 50251《输气管道工程设计规范》的相应规定：

① 受约束的埋地直管段轴向应力计算和轴向应力与环向应力组合的当量应力校核。

② 受内压和温差共同作用下弯头的组合应力计算。

③ 管道附件与没有轴向约束的直管段连接时的热膨胀强度校核。

④ 弯头和弯管的管壁厚度计算。

⑤ 燃气管道径向稳定校核。

11）一级或二级地区地下燃气管道与建筑物之间的水平净距不应小于表3-15的规定。

12）三级地区地下燃气管道与建筑物之间的水平净距不应小于表3-16的规定。

表3-15　一级或二级地区地下燃气管道与建筑物之间的水平净距　（单位：m）

燃气管道公称直径 DN/mm	地下燃气管道压力/MPa		
	1.61	2.50	4.00
900<DN≤1050	53	60	70
750<DN≤900	40	47	57
600<DN≤750	31	37	45
450<DN≤600	24	28	35
300<DN≤450	19	23	28
150<DN≤300	14	18	22
DN≤150	11	13	15

注：1. 当燃气管道强度设计系数不大于0.4时，一级或二级地区地下燃气管道与建筑物之间的水平净距可按表3-16确定。

2. 水平净距是指管道外壁到建筑物出地面处外墙面的距离。建筑物是指平常有人的建筑物。

3. 当燃气管道压力与表中数不相同时，可采用直线方程内插法确定水平净距。

表3-16　三级地区地下燃气管道与建筑物之间的水平净距

（单位：m）

燃气管道公称直径 DN/mm 和壁厚 δ/mm	地下燃气管道压力/MPa		
	1.61	2.50	4.00
A. 所有管径，δ<9.5	13.5	15.0	17.0
B. 所有管径，9.5≤δ<11.9	6.5	7.5	9.0
C. 所有管径，δ≥11.9	3.0	5.0	8.0

注：1. 当对燃气管道采取有效的保护措施时，δ<9.5mm的燃气管道也可采用表中B行的水平净距。

2. 水平净距是指管道外壁到建筑物出地面处外墙面的距离。建筑物是指平常有人的建筑物。

3. 当燃气管道压力与表中数不相同时，可采用直线方程内插法确定水平净距。

13）高压地下燃气管道与构筑物或相邻管道之间的水平和垂直净距，不应小于表3-2和表3-3次高压A的规定。但高压A和高压B地下燃气管道与铁路路基坡脚的水平净距分别不应小于8m和6m；与有轨电车钢轨的水平净距分别不应小于4m和3m（注：当达不到本条净距要求时，采取有效的防护措施后，净距可适当缩小）。

14）四级地区地下燃气管道输配压力不宜大于1.6MPa（表压）。

15）高压燃气管道的布置应符合下列要求：

① 高压燃气管道不宜进入城市四级地区；当受条件限制需要进入或通过四级地区时，应遵守下列规定：

高压A地下燃气管道与建筑物外墙面之间的水平净距不应小于30m（当管壁厚度δ≥9.5mm或对燃气管道采取有效的保护措施时，不应小于15m）。

高压B地下燃气管道与建筑物外墙面之间的水平净距不应小于16m（当管壁厚度δ≥9.5mm或对燃气管道采取有效的保护措施时，不应小于10m）。

管道分段阀门应采用遥控或自动控制。

② 高压燃气管道不应通过军事设施、易燃易爆仓库、国家重点文物保护单位的安全保护区、飞机场、火车站、海（河）港码头。当受条件限制管道必须在上述区域内通过时，必须采取安全防护措施。

③ 高压燃气管道宜采用埋地方式敷设。当个别地段需要采用架空敷设时，必须采取安全防护措施。

16）当管道安全评估中危险性分析证明，可能发生事故的次数和结果合理时，可采用与表3-15、表3-16和上述15）中不同的净距和采用与表3-13、表3-14不同的强度设计系数F。

17）焊接支管连接口的补强应符合下列规定：

① 补强的结构形式可采用增加主管道或支管道壁厚，或同时增加主、支管道壁厚，或三通或拔制扳边式接口的整体补强形式，也可采用补强圈补强的局部补强形式。

② 当支管道公称直径大于或等于1/2主管道公称直径时，应采用三通。

③ 当支管道的公称直径小于或等于50mm时，可不做补强计算。

④ 开孔削弱部分按等面积补强，其结构和数值计算应符合GB 50251《输气管道工程设计规范》的相应规定。其焊接结构还应符合下述规定：

a. 主管道和支管道的连接焊缝应保证全焊透，其角焊缝腰高应大于或等于1/3的支管道壁厚，且不小于6mm。

b. 补强圈的形状应与主管道相符，并与主管道紧密贴合。焊接和热处理时补强圈上应开一排气孔，管道使用期间应将排气孔堵死，补强圈宜按JB/T 4736《补强圈钢制压力容器用封头》选用。

18）燃气管道附件的设计和选用应符合下列规定：

① 管件的设计和选用应符合GB/T12459《钢制对焊管件　类型与参数》、GB/T 13401《钢制对焊管件　技术规范》、GB/T 17185《钢制法兰管

件》、SY/T 0510《钢制对焊管件规范》和 SY/T 5257《油气输送用钢制感应加热弯管》等有关标准的规定。

② 钢制管法兰的选用应符合 GB/T 9112～9124《钢制管法兰》、GB/T 13402《大直径钢制管法兰》或 HG 20592～20635《钢制管法兰、垫片、紧固件》的规定。法兰、垫片和紧固件应考虑介质特性配套选用。

③ 绝缘法兰、绝缘接头的设计应符合 SY/T 0516《绝缘接头与绝缘法兰技术规范》的规定。

④ 非标钢制异径接头、凸形封头和平封头的设计，可参照 GB 150《压力容器》的有关规定。

⑤ 除对焊管件之外的焊接预制单体（如集气管、清管器接收筒等），若其所用材料、焊缝及检验不同于 GB 50028《城镇燃气设计规范》所列要求时，可参照 GB150.1～150.4《压力容器》进行设计、制造和检验。

⑥ 管道与管件的管端焊接接头形式宜采用 GB 50251《输气管道工程设计规范》的相应规定。

⑦ 用于改变管道走向的弯头、弯管应符合《输气管道工程设计规范》的相应规定，且弯曲后的弯管的外侧减薄处应不小于按式（3-1）计算得到的计算厚度。

19）燃气管道阀门的设置应符合下列要求：

① 在高压燃气干管上，应设置分段阀门。分段阀门的最大间距：以四级地区为主的管段不应大于 8km；以三级地区为主的管段不应大于 13km；以二级地区为主的管段不应大于 24km；以一级地区为主的管段不应大于 32km。

② 在高压燃气支管的起点处，应设置阀门。

③ 燃气管道阀门的选用应符合相关标准的规定，并应选择适用于燃气介质的阀门。

④ 在防火区内关键部位使用的阀门，应具有耐火性能。需要通过清管或电子检管器的阀门，应选用全通径阀门。

20）高压燃气管道及管件设计应考虑日后清管或电子检管的需要，并宜预留安装电子检管器收发装置的位置。

21）埋地管线的锚固件应符合下列要求：

① 埋地管线上弯管或迂回管处产生的纵向力，必须由弯管处的锚固件、土壤摩阻，或管子中的纵向应力加以抵消。

② 若弯管处不用锚固件，则靠近推力起源点处的管子接头处应设计成能承受纵向拉力。若接头未采取此种措施，则应加装适用的拉杆或拉条。

22）高压燃气管道的地基、埋设的最小覆土厚

度、穿越铁路和电车轨道、穿越高速公路和城镇主要干道、通过河流的形式和要求等应符合本节 2 中有关规定。

23）市区外地下高压燃气管道沿线应设置里程桩、转角桩、交叉和提示牌等永久性标志。市区内地下高压燃气管道应设立管位警示标志。在距管顶不小于 500mm 处应埋设警示带。

7. 室内燃气管道

1）用户室内燃气管道的最高压力不应大于表 3-17 的规定。

表 3-17　用户室内燃气管道的最高压力（表压）（单位：MPa）

燃气用户		最高压力
工业用户	独立、单层建筑	0.8
	其他	0.4
商业用户		0.4
居民用户（中压进户）		0.2
居民用户（低压进户）		<0.01

注：1. 液化石油气管道的最高压力不应大于 0.14MPa。
　　2. 管道井内的燃气管道的最高压力不应大于 0.2MPa。
　　3. 室内燃气管道压力大于 0.8MPa 的特殊用户设计应按有关专业规范执行。

2）燃气供应压力应根据用气设备的燃烧器的额定压力及其允许的压力波动范围确定。民用低压用气设备的燃烧器的额定压力宜按表 3-18 采用。

表 3-18　民用低压用气设备的燃烧器的额定压力（表压）（单位：MPa）

燃烧器	人工煤气	天然气			液化石油气
		矿井气	天然气、油田伴生气、液化石油气混空气		
民用燃具	1.0	1.0	2.0		2.8 或 5.0

3）在城镇低压和中压 B 供气管道上严禁直接安装加压设备。

4）当城镇供气管道压力不能满足用气设备要求而需要安装加压设备时，应符合下列要求：

① 加压设备前必须设低压储气罐。其容积应保证加压时不影响地区管网的压力工况。储气罐容积应按生产量较大者确定。

② 储气罐的起升压力应小于城镇供气管道的最低压力。

③ 储气罐进出口管道上应设切断阀，加压设备应设旁通阀和出口止回阀；由城镇低压管道供气时，储气罐进口处的管道上应设止回阀。

④ 储气罐应设上、下限位的报警装置和储量下限位与加压设备停机和自动切断阀联锁。

⑤ 当城镇供气管道压力为中压 A 时，应有进口压力过低保护装置。

5）室内燃气管道宜选用钢管，也可选用铜管、不锈钢管、铝塑复合管和连接用软管。

室内燃气管道选用钢管时应符合下列规定：

① 钢管的选用应符合下列规定：

a. 低压燃气管道应选用热镀锌钢管（热浸镀锌），其质量应符合 GB/T 3091《低压流体输送用焊接钢管》的规定。

b. 中压和次高压燃气管道宜选用无缝钢管，其质量应符合 GB/T 8163《输送流体用无缝钢管》的规定；燃气管道的压力小于或等于 0.4MPa 时，可选用符合 GB/T 3091《低压流体输送用焊接钢管》规定的焊接钢管。

② 钢管的壁厚应符合下列规定：

a. 选用符合 GB/T 3091 规定的焊接钢管时，低压宜采用普通管，中压应采用加厚管。

b. 选用无缝钢管时，其壁厚不得小于 3mm，用于引入管时不得小于 3.5mm。

c. 当屋面上的燃气管道和高层建筑沿外墙架设的燃气管道，在避雷保护范围以外，采用焊接钢管或无缝钢管时，其管道壁厚均不得小于 4mm。

③ 钢管螺纹连接时应符合下列规定：

a. 室内低压燃气管道（地下室、半地下室等部位除外）、室外压力小于或等于 0.2MPa 的燃气管道，可采用螺纹连接。

管道公称直径大于 100mm 时不宜选用螺纹连接。

b. 管件选择应符合下列要求：

管道公称压力 PN≤0.01MPa 时，可选用可锻铸铁螺纹连接。

管道公称压力 PN≤0.2MPa 时，应选用钢或铜合金螺纹连接。

管道公称压力 PN≤0.2MPa 时，应采用 GB/T 7306.2—2000《55°密封管螺纹　第 2 部分：圆锥内螺纹与圆锥外螺纹》规定的螺纹（锥/锥）连接。

c. 密封填料宜采用聚四氟乙烯生料带、尼龙密封绳等性能良好的填料。

④ 钢管焊接或法兰连接可用于中低压燃气管道（阀门、仪表处除外），并应符合有关标准的规定。

燃气引入管不得敷设在卧室、卫生间、易燃易爆品的仓库、有腐蚀性介质的房间、发电间、配电间、变电室、不使用燃气的空调机房、通风机房、计算机房、电缆沟、暖气沟、烟道和进风道、垃圾道等地方。

住宅燃气引入管宜设在厨房、外走廊、与厨房相连的阳台内（寒冷地区输送湿燃气时阳台应封闭）等便于检修的非居住房间内。当确有困难时，可从楼梯间引入（高层建筑除外），但应采用金属管道且引入管阀门宜设在室外。

商业和工业企业的燃气引入管宜设在使用燃气的房间或燃气表间内。

燃气引入管宜沿外墙地面上穿墙引入。室外露明管段的上端弯曲处应加 DN 不小于 15mm 清扫用三通和丝堵，并做防腐处理。寒冷地区输送湿燃气时应保温。

引入管可埋地穿过建筑物外墙或基础引入室内。当引入管穿过墙或基础进入建筑物后应在短距离内出室内地面，不得在室内地面下水平敷设。

6）燃气引入管穿墙与其他管道的水平净距应满足安装和维修的需要，当与地下管沟或下水道距离较近时，应采取有效的防护措施。

7）输送湿燃气的引入管，埋设深度应在土壤冰冻线以下，并宜有不低于 1% 坡向室外管道的坡度。

8）燃气引入管穿过建筑物基础、墙或管沟时，均应设置在套管中，并应考虑沉降的影响，必要时应采取补偿措施。

套管与基础、墙或管沟等之间的间隙应填实，其厚度应为被穿过结构的整个厚度。

套管与燃气引入管之间的间隙应采用柔性防腐、防水材料密封。

建筑物设计沉降量大于 50mm 时，可对燃气引入管采取如下补偿措施：

① 加大引入管穿墙处的预留洞尺寸。

② 引入管穿墙前水平或垂直弯曲 2 次以上。

③ 引入管穿墙前设置金属柔性管或波纹补偿器。

9）燃气引入管的最小公称直径应符合下列要求：

① 输送人工煤气和矿井气时不应小于 25mm。

② 输送天然气时不应小于 20mm。

③ 输送气态液化石油气时不应小于 15mm。

10）燃气引入管阀门宜设在建筑物内，对重要用户还应在室外另设阀门。

11）敷设在地下室、半地下室、设备层和地上密闭房间以及竖井、住宅汽车库（不使用燃气，并能设置钢套管的除外）的燃气管道应符合下列要求：

① 管材、管件及阀门、阀件的公称压力应按提高一个压力等级进行设计。

② 管道应采用钢牌号为 10、20 的无缝钢管或具

有同等及以上性能的其他金属管材。

③ 除阀门、仪表等部位和采用加厚管的低压管道外，均应焊接和法兰连接；应尽量减少焊缝数量，钢管道的固定焊口应进行 100%射线照相检验，活动焊口应进行 10%射线照相检验，其质量不得低于 GB 50236—2011《现场设备、工业管道焊接工程施工规范》中的Ⅲ级；其他金属管材的焊接质量应符合相关标准的规定。

12）燃气立管宜明设，当设在便于安装和检修的管道竖井内时，应符合下列要求：

① 燃气立管可与空气、惰性气体、上下水、热力管道等设在一个公用竖井内，但不得与电线、电气设备或氧气管、进风管、回风管、排气管、排烟管、垃圾道等共用一个竖井。

② 竖井内的燃气管道应符合上面 11）的相关要求，并尽量不设或少设阀门等附件。竖井内的燃气管道的最高压力不得大于 0.2MPa；燃气管道应涂黄色防腐识别漆。

③ 竖井应每隔 2~3 层做相当于楼板耐火极限的不燃烧体进行防火分隔，且应设法保证平时竖井内自然通风和火灾时防止产生"烟囱"作用的措施。

④ 每隔 4~5 层设一个燃气浓度检测报警器，上、下两个报警器的高度差不应大于 20m。

⑤ 管道竖井的墙体应为耐火极限不低于 1.0h 的不燃烧体，井壁上的检查门应采用丙级防火门。

13）燃气水平干管和立管不得穿过易燃易爆仓库、配电间、变电室、电缆沟、烟道、进风道和电梯井等。

14）燃气支管宜明设。燃气支管不宜穿过起居室（厅）。敷设在起居室（厅）、走道内的燃气管道不宜有接头。

当穿过卫生间、阁楼或壁柜时，燃气管道应采用焊接连接（金属软管不得有接头），并应设在钢套管内。

住宅内暗埋的燃气支管应符合下列要求：

① 暗埋部分不宜有接头，且不应有机械接头。暗埋部分宜有涂层或覆塑等防腐蚀措施。

② 暗埋的管道应与其他金属管道或部件绝缘，暗埋的柔性管道宜采用钢盖板保护。

③ 暗埋的管道必须在气密性试验合格后覆盖。

④ 覆盖层厚度不应小于 10mm。

⑤ 覆盖层面上应有明显标志，标明管道位置，或采取其他安全保护措施。

住宅内暗封的燃气支管应符合下列要求：

① 暗封管道应设在不受外力冲击和暖气烘烤的部位。

② 暗封部位应可拆卸，检修方便，并应通风良好。

商业和工业企业室内暗埋的燃气支管应符合下列要求：

① 可暗埋在楼层地板内。

② 可暗封在管沟内，管沟应设活动盖板，并填充干砂。

③ 燃气管道不得暗封在可以渗入腐蚀性介质的管沟中。

④ 当暗封燃气管道的管沟与其他管沟相交时，管沟之间应密封，燃气管道应设套管。

民用建筑室内燃气水平干管，不得暗埋在地下土层或地面混凝土层内。

工业和试验室的室内燃气管道可暗埋在混凝土地面中，其燃气管道的引入和引出处应设钢套管。钢套管伸出地面 5~10cm。钢套管两端应采用柔性的防水材料密封，管道应有防腐绝缘层。

燃气管道不应敷设在潮湿或有腐蚀性介质的房间内。当确需敷设时，必须采取防腐蚀措施。

输送湿燃气的燃气管道敷设在气温低于 0℃的房间或输送气态液化石油气的管道处的环境温度低于其露点温度时，均应采取保温措施。

15）燃气水平干管宜明设，当建筑设计有特殊美观要求时可敷设在能安全操作、通风良好和检修方便的吊顶内，管道应符合上面 11）的相关要求；当吊顶内设有可能产生明火的电气设备或空调回风管时，燃气水平干管宜设在与吊顶底平的独立密封∩形管槽内，管槽底宜采用可卸式活动百叶或带孔板。

燃气水平干管不宜穿过建筑物的沉降缝。

燃气立管不得敷设在卧室或卫生间内。立管穿过通风不良的吊顶时应设在套管内。

16）室内燃气管道穿过承重墙、地板或楼板时必须加钢套管，钢套管内管道不得有接头，钢套管与承重墙、地板或楼板之间的间隙应填实，钢套管与燃气管道之间的间隙应采用柔性防腐、防水材料密封。

17）沿墙、柱、楼板和加热设备构件上明设的燃气管道应采用管支架、管卡或吊卡固定。管支架、管卡或吊卡等固定件的安装不应妨碍管道的自由膨胀和收缩。

18）燃气水平干管和高层建筑立管应考虑工作环境温度下的极限变形。当自然补偿不能满足要求时，应设置补偿器；补偿器宜采用Ⅱ形或波纹管形，不得采用填料型。补偿量计算温差可按下列条件选取：

① 有空气调节的建筑物内取 20℃。

② 无空气调节的建筑物内取 40℃。

③ 沿外墙和屋面敷设时可取 70℃。

19）输送干燃气的室内燃气管道可不设置坡度。输送湿燃气（包括气态液化石油气）的管道，其敷设坡度不宜小于 0.3%。燃气表前后的湿燃气水平支管应分别坡向立管和燃具。

20）室内燃气管道和电气设备、相邻管道之间的净距不应小于表 3-19 的规定。

表 3-19　室内燃气管道与电气设备、相邻管道之间的净距

管道和设备		与燃气管道的净距/m	
		平行敷设	交叉敷设
电气设备	明装的绝缘电线或电缆	25	10（注）
	暗装或管内绝缘电线	5（从所做的槽或管子的边缘算起）	1
	电压小于 1000V 的裸露电线	100	100
	配电盘或配电箱、电表	30	不允许
	电插座、电源开关	15	不允许
相邻管道		保证燃气管道、相邻管道的安装和维修	2

注：1. 当明装电线加绝缘套管且套管的两端各伸出燃气管道 10cm 时，套管与燃气管道的交叉净距可降至 1cm。

　　2. 当布置确有困难，在采取有效措施后，可适当减小净距。

21）地下室、半地下室、设备层和地上密闭房间敷设燃气管道时，应符合下列要求：

① 净高不宜小于 2.2m。

② 应有良好的通风设施，房间换气次数不得小于 3 次/h；并应有独立的事故机械通风设施，其换气次数不应小于 6 次/h。

③ 应有固定的防爆照明设备。

④ 应采用非燃烧体实体墙与电话间、变配电室、修理间、储藏室、卧室、休息室隔开。

⑤ 应按 GB 50028—2006《城镇燃气设计规范》中 10.8 节的规定设置燃气监控设施。

⑥ 燃气管道应符合上面 13）的相关要求。

⑦ 当燃气管道与其他管道平行敷设时，应敷设在其他管道的外侧。

⑧ 地下室内燃气管道末端应设放散管，并应引出地上。放散管的出口位置应保证吹扫放散时的安全和卫生要求。

注：地上密闭房间包括地上无窗或窗仅用作采光的密闭房间等。

22）液化石油气管道和烹调用液化石油气燃烧设备不应设置在地下室、半地下室内。当确需要设置在地下一层、半地下室时，应针对具体条件采取有效的安全措施，并进行专题技术论证。

23）室内燃气管道的下列部位应设置阀门：

① 燃气引入管。

② 调压器前和燃气表前。

③ 燃气用具前。

④ 测压计前。

⑤ 放散管起点。

室内燃气管道阀门宜采用球阀。

24）工业企业用气车间、锅炉房以及大中型用气设备的燃气管道上应设放散管，放散管管口应高出屋脊或平屋顶 1m 以上或设置在地面上安全处，并应采取防止雨雪进入管道和放散物进入房间的措施。

当建筑物位于防雷区之外时，放散管的引线应接地，接地电阻应小于 10Ω。

25）高层建筑的燃气立管应有承受自重和热伸缩推力的固定支架和活动支架。

26）室内燃气管道采用软管时，应符合下列规定：

① 燃气用具连接部位、试验室用具或移动式用具等处可采用软管连接。

② 中压燃气管道上应采用符合 GB/T 14525《波纹金属软管通用技术条件》、GB/T 10546《在 2.5MPa 及以下压力下输送液态或气态液化石油气（LPG）和天然气的橡胶软管及软管组合件　规范》或同等性能以上的软管。

③ 低压燃气管道上应采用符合 HG 2486《家用煤气软管》或 CJ/T 197《燃气用具连接用不锈钢波纹软管》规定的软管。

④ 软管最高允许工作压力不应小于管道设计压力的 4 倍。

⑤ 软管与家用燃具连接时，其长度不应超过 2m，并不得有接口。

⑥ 软管与移动式的工业燃具连接时，其长度不应超过 30m，接口不应超过 2 个。

⑦ 软管与管道、燃具的连接处应采用压紧螺母（锁母）或管卡（喉箍）固定。在软管的上游与硬管的连接处应设阀门。

⑧ 橡胶软管不得穿越墙、顶棚、地面、窗和门。

8. 居民生活用气

1) 居民生活的各类用气设备应采用低压燃气，用气设备前（灶前）的燃气压力应在（0.75~1.5）P_n 的范围内（P_n 为燃具的额定压力）。

2) 居民生活用气设备严禁设置在卧室内。

3) 住宅厨房内宜设置排气装置和燃气浓度检测报警器。

4) 家用燃气灶的设置应符合下列要求：

① 燃气灶应安装在有自然通风和自然采光的厨房内。利用卧室的套间（厅）或利用与卧室连接的走廊作厨房时，厨房应设门并与卧室隔开。

② 安装燃气灶的房间净高不得低于 2.2m。

③ 燃气灶与墙面的净距不得小于 10cm。当墙面为可燃或难燃材料时，应加防火隔热板。

燃气灶的灶面边缘和烤箱的侧壁距木质家具的净距不得小于 20cm，当达不到时，应加防火隔热板。

④ 放置燃气灶的灶台应采用不燃烧材料。当采用难燃材料时，应加防火隔热板。

⑤ 厨房为地上暗厨房（无直通室外的门或窗）时，应选用带有自动熄火保护装置的燃气灶，并应设置燃气浓度检测报警器、自动切断阀和机械通风设施。燃气浓度检测报警器应与自动切断阀和机械通风设施联锁。

5) 家用燃气热水器的设置应符合下列要求：

① 燃气热水器应安装在通风良好的非居住房间、过道或阳台内。

② 有外墙的卫生间内，可安装密闭式热水器，但不得安装其他类型热水器。

③ 装有半密闭式热水器的房间，房间门或墙的下部应设有效截面积不小于 $0.02m^2$ 的格栅，或在门与地面之间留有不小于 30mm 的间隙。

④ 房间净高宜大于 2.4m。

⑤ 可燃或难燃烧的墙壁和地板上安装热水器时，应采取有效的防火隔热措施。

⑥ 热水器的给排气筒宜采用金属管道连接。

6) 单户住宅采暖和制冷系统采用燃气时，应符合下列要求：

① 应有熄火保护装置和排烟设施。

② 应设置在通风良好的走廊、阳台或其他非居住房间内。

③ 设置在可燃或难燃烧的地板和墙壁上时，应采取有效的防火隔热措施。

9. 商业用气

1) 商业用气设备宜采用低压燃气设备。

2) 商业用气设备应安装在通风良好的专用房间内。商业用气设备不得安装在易燃易爆物品的堆存处，也不应设置在兼作卧室的警卫室、值班室、人防工程等处。

3) 商业用气设备设置在地下室、半地下室（液化石油气除外）或地上密闭房间内时，应符合下列要求：

① 燃气引入管应设手动快速切断阀和紧急自动切断阀。停电时紧急自动切断阀必须处于关闭状态。

② 用气设备应有熄火保护装置。

③ 用气房间应设置燃气浓度检测报警器，并由管理室集中监视和控制。

④ 宜设烟气一氧化碳浓度检测报警器。

⑤ 应设置独立的机械送排风系统。通风量应满足下列要求：

a. 正常工作时，换气次数不应小于 6 次/h；事故通风时，换气次数不应小于 12 次/h；不工作时，换气次数不应小于 3 次/h。

b. 当燃烧所需的空气由室内吸取时，应满足燃烧所需的空气量。

c. 应满足排除房间热力设备散失的多余热量所需的空气量。

4) 商业用气设备的布置应符合下列要求：

① 用气设备之间及用气设备与对面墙之间的净距应满足操作和检修的要求。

② 用气设备与可燃或难燃的墙壁、地板和家具之间应采取有效的防火隔热措施。

5) 商业用气设备的安装应符合下列要求：

① 大锅灶和中餐炒菜灶应有排烟设施，大锅灶的炉膛或烟道处应设爆破门。

② 大型用气设备的泄爆装置，应符合 GB 50028—2006《城镇燃气设计规范》中 10.6.6 条的规定。

6) 商业用户中燃气锅炉和燃气直燃型吸收式冷（温）水机组的设置应符合下列要求：

① 宜设置在独立的专用房间内。

② 设置在建筑物内时，燃气锅炉房宜布置在建筑物的首层，不应布置在地下二层及二层以下；燃气常压锅炉和燃气直燃机可设置在地下二层。

③ 燃气锅炉房和燃气直燃机不应设置在人员密集场所的上一层、下一层或贴邻的房间内及主要疏散口的两旁，不应与锅炉和燃气直燃机无关的甲、乙类及使用可燃液体的丙类危险建筑贴邻。

④ 燃气相对密度（空气等于 1）大于或等于 0.75 的燃气锅炉和燃气直燃机，不得设置在建筑物地下室和半地下室。

⑤ 宜设置专用调压站或调压装置，燃气经调压后供应机组使用。

7) 商业用户中燃气锅炉和燃气直燃型吸收式冷 (温) 水机组的安全技术措施应符合下列要求:

① 燃烧器应是具有多种安全保护自动控制功能的机电一体化的燃具。

② 应有可靠的排烟设施和通风设施。

③ 应设置火灾自动报警和自动灭火系统。

④ 设置在地下室、半地下室或地上密闭房间时应符合上面 3) 及 7 中 23) 的规定。

8) 当需要将燃气应用设备设置在靠近车辆的通道处时,应设置护栏或车挡。

9) 屋顶上设置燃气设备时应符合下列要求:

① 燃气设备应能适应当地气候条件。设备连接件、螺栓、螺母等应耐腐蚀。

② 屋顶应能承受设备的荷载。

③ 操作面应有 1.8m 宽的操作距离和 1.1m 高的护栏。

④ 应有防雷和静电接地措施。

10. 工业企业生产用气

1) 工业企业生产用气设备的燃气用量,应按下列原则确定:

① 定型燃气加热设备,应根据设备铭牌标定的用气量或标定的热负荷,采用经当地燃气热值折算的用气量。

② 非定型燃气加热设备应根据热平衡计算确定,或参照同类型用气设备的用气量确定。

③ 使用其他燃料的加热设备需要改用燃气时,可根据原燃料实际消耗量计算确定。

2) 工业企业生产用气设备的燃烧器选择,应根据加热工艺要求、用气设备类型、燃气供给压力及附属设施的条件等因素,经技术经济比较后确定。

3) 工业企业生产用气设备的烟气余热宜加以利用。

4) 工业企业生产用气设备应有下列装置:

① 每台用气设备应有观察孔或火焰监测装置,并宜设置自动点火装置和熄火保护装置。

② 用气设备上应有热工检测仪表,加热工艺需要和条件允许时,应设置燃烧过程的自动调节装置。

5) 工业企业生产用气设备燃烧装置的安全设施应符合下列要求:

① 燃气管路上应安装低压和超压报警以及紧急自动切断阀。

② 烟道和封闭式炉膛均应设置泄爆装置,泄爆装置的泄压口应设在安全处。

③ 鼓风机和空气管道应设静电接地装置。接地电阻不应大于 100Ω。

④ 用气设备的燃气总阀门与燃烧器阀门之间,

应设置放散管。

6) 燃气燃烧需要带压空气和氧气时,应有防止空气和氧气回到燃气管路和回火的安全措施,并应符合下列要求:

① 燃气管路上应设背压式调压器,空气和氧气管路上应设泄压阀。

② 在燃气、空气或氧气的混气管路与燃烧器之间应设阻火器。混气管路的最高压力不应大于 0.07MPa。

③ 使用氧气时,其安装应符合有关标准的规定。

阀门设置应符合下列规定:

① 各用气车间的进口和燃气设备前的燃气管道上均应单独设置阀门,阀门安装高度不宜超过 1.7m。燃气管道阀门与用气设备阀门之间应设放散管。

② 每个燃烧器的燃气接管上,必须单独设置有启闭标志的燃气阀门。

③ 每个机械鼓风的燃烧器,在风管上必须设置有启闭标志的阀门。

④ 大型或并联装置的鼓风机,其出口必须设置阀门。

⑤ 放散管、取样管、测压管前必须设置阀门。

7) 工业企业生产用气设备应安装在通风良好的专用房间内。当特殊情况需要设置在地下室、半地下室或通风不良的场所时,应符合 7 中 23) 及 9 中 3) 的规定。

11. 燃烧烟气的排除

1) 燃气燃烧所产生的烟气必须排至室外。设有直排式燃具的室内容积热负荷指标超过 $207W/m^3$ 时,必须设置有效的排气装置将烟气排至室外。

注:有直通洞口 (哑口) 的毗邻房间的容积也可一并作为室内容积计算。

2) 家用燃具排气装置的选择应符合下列要求:

① 灶具和热水器或采暖炉应分别采用竖向烟道进行排气。

② 住宅采用自然换气时,排气装置应按 CJJ 12—2013《家用燃气燃烧器具安装及验收规程》中 4.6.1 条的规定选择。

③ 住宅采用机械换气时,排气装置应按《家用燃气燃烧器具安装及验收规程》中 4.6.2 条的规定选择。

3) 浴室用燃气热水器的给排气口应直接通向室外,其排气系统与浴室必须有防止烟气泄漏的措施。

4) 商业用户厨房中的燃具上方应设排气扇或排气罩。

5) 燃气用气设备的排烟设施应符合下列要求:

① 不得与使用固体燃料的设备共用一套排烟设施。

② 每台用气设备宜采用单独烟道。当多台设备合用一个总烟道时，应保证排烟时互不影响。

③ 在容易积聚烟气的地方，应设置泄爆装置。

④ 应设有防止倒风的装置。

⑤ 从设备顶部排烟或设置排烟罩排烟时，其上部应有长度不小于 0.3m 的垂直烟道方可接水平烟道。

⑥ 有防倒风排烟罩的用气设备不得设置烟道闸板；无防倒风排烟罩的用气设备，在至总烟道的每个支管上应设置闸板，闸板上应有直径大于 15mm 的孔。

⑦ 安装在低于 0℃ 房间的金属烟道应做保温。

6）烟囱的设置应符合下列要求：

① 住宅建筑的各层烟气排出可合用一个烟囱，但应有防止串烟的措施。多台燃具共用烟囱的烟气进口处，在燃具停用时的静压值应小于或等于零。

② 当用气设备的烟囱伸出室外时，其高度应符合下列要求：

a. 当烟囱离屋脊小于 1.5m 时（水平距离），应高出屋脊 0.6m。

b. 当烟囱离屋脊 1.5～3.0m 时（水平距离），烟囱可与屋脊等高。

c. 当烟囱离屋脊的距离大于 3.0m 时（水平距离），烟囱应在屋脊水平线下 10° 的直线上。

d. 在任何情况下，烟囱应高出屋面 0.6m。

e. 当烟囱的位置临近高层建筑时，烟囱应高出沿高层建筑物 45° 的阴影线。

③ 烟囱出口的排烟温度应高于烟气露点 15℃ 以上。

④ 烟囱出口应有防止雨雪进入和防倒风的装置。

7）用气设备排烟设施的烟道抽力（余压）应符合下列要求：

① 热负荷 30kW 以下的用气设备，烟道的抽力（余压）不应小于 3Pa。

② 热负荷 30kW 以上的用气设备，烟道的抽力（余压）不应小于 10Pa。

③ 工业企业生产用气工业炉窑的烟道抽力，不应小于烟气系统总阻力的 1.2 倍。

8）水平烟道的设置应符合下列要求：

① 水平烟道不得通过卧室。

② 居民用气设备的水平烟道长度不宜超过 5m，弯头不宜超 4 个（强制排烟式除外）；商业用户用气设备的水平烟道长度不宜超过 6m；工业企业生产用气设备的水平烟道长度，应根据现场情况和烟囱抽力确定。

③ 水平烟道应有大于或等于 1% 坡向用气设备的坡度。

④ 多台设备合用一个水平烟道时，应顺烟气流动方向设置导向装置。

⑤ 用气设备的烟道距难燃或不燃顶棚或墙的净距不应小于 5cm，距燃烧材料的顶棚或墙的净距不应小于 25cm。

注：当有防火保护时，其距离可适当减小。

9）排气装置的出口位置应符合下列规定：

① 建筑物内半密闭自然排气式燃具的竖向烟囱出口应符合上面 6）中②的规定。

② 建筑物壁装的密闭式燃具的给排气口距上部窗口和下部地面的距离不得小于 0.3m。

③ 建筑物壁装的半密闭强制排气式燃具的排气口距门窗洞口和地面的距离应符合下列要求：

a. 排气口在窗的下部和门的侧部时，距相邻卧室的窗和门的距离不得小于 1.2m，距地面的距离不得小于 0.3m。

b. 排气口在相邻卧室的窗的上部时，距窗的距离不得小于 0.3m。

c. 排气口在机械（强制）进风口的上部，且水平距离小于 3.0m 时，距机械进风口的垂直距离不得小于 0.9m。

10）高海拔地区安装的排气系统的最大排气能力，应按在海平面使用时的额定热负荷确定；高海拔地区安装的排气系统的最小排气能力，应按实际热负荷（海拔的减小额定值）确定。

3.2.6 液化石油气管道的布置及敷设

1. 液化石油气管道的布置及敷设原则

1）液态液化石油气管道不得在城市道路、公路和高速公路路面下敷设（交叉穿越管道除外）。管道埋设深度应根据管道所经地段的冻土深度、地面荷载、地形和地质条件、地下水深度、管道稳定性要求及管线穿过地区的等级综合确定。管道埋设的最小覆土深度应符合下列规定：

① 应埋设在土壤冰冻线以下。

② 当埋设在机动车经过的地段时，覆土深度不得小于 1.2m。

③ 当埋设在机动车不可能到达的地段时，覆土深度不得小于 0.8m。

④ 当不能满足上述规定时，应采取有效的安全防护措施。

2）输送液态液化石油气管道的选线应符合下列规定：

① 应符合沿线城镇规划、公共安全和管道保护的要求，并应综合考虑地质、气象等条件。

② 应选择地形起伏小，便于运输和施工管理的

区域。

③ 不得穿过居住区和公共建筑群等人员聚集的地区及仓库区、危险物品场区等，不得穿越与其无关的建筑物。

④ 不得穿过水源保护区、工厂、大型公共场所和矿产资源区等。

⑤ 应避开地质灾害多发区。

⑥ 应避免或减少穿越或跨越河流、铁路、公路和地铁等障碍和设施。

3）液态液化石油气管道应采用埋地敷设，当受到条件限制时，可采用地上敷设并应考虑温度补偿。

4）液态液化石油气管道应根据敷设形式、所处环境和运行条件，按可能同时出现的永久荷载、可变荷载和偶然荷载的组合进行设计，并应符合 GB 50253《输油管道工程设计规范》的有关规定。

5）敷设液态液化石油气管道的地区等级划分应符合下列规定：

① 管道地区等级应根据地区分级单元内建筑物的密集程度划分，并应符合下列规定：

一级地区：供人居住的独立建筑物小于或等于 12 幢。

二级地区：供人居住的独立建筑物大于 12 幢，且小于 80 幢。

三级地区：供人居住的独立建筑物大于或等于

80 幢，但不够四级地区条件的地区、工业区，管道与供人居住的独立建筑物或人员聚集的运动场、露天剧场（影院）、农贸市场等室外公共场所的距离小于 90m 区域。

四级地区：4 层或 4 层以上建筑物（不计地下室层数）应普遍并占多数，交通频繁、地下设施多的城市中心城区或城镇的中心区域。

② 确定液化石油气管道穿过的地区等级，应以城镇规划为依据。

③ 沿管道中心线两侧各 200m 范围内，任意划分为 1.6km 长，划分等级的边界线应垂直于管道，并能包括最多供人居住的独立建筑物数量的地段，作为地区分级单元。在多单元住宅建筑物内，每个独立住宅单元按一个供人居住的独立建筑物计算。

④ 二、三级地区的边界线距该级地区最近建筑物不应小于 200m。

⑤ 划分四级地区与其他等级地区边界线时，距下一地区等级边界线最近地上 4 层或 4 层以上建筑物不应小于 200m。

6）埋地液态液化石油气管道与建筑或相邻管道等之间的水平净距不应小于表 3-20 的规定，埋地管道与相邻管道或道路之间的垂直净距不应小于表 3-21 的规定。

表 3-20　埋地液态液化石油气管道与建筑或相邻管道等之间的水平净距

项　　目		水平净距/m		
		管道Ⅰ级	管道Ⅱ级	管道Ⅲ级
特殊建筑（军事设施、易燃易爆物品仓库、国家重点文物保护单位、飞机场、火车站、码头、地铁及隧道出入口等）		100	100	100
居住区、学校、影剧院、体育馆等重要公共建筑		50	40	25
其他民用建筑		25	15	10
给水管		2	2	2
污水、雨水排水管		2	2	2
热力管	直埋	2	2	2
	在管沟内（至外壁）	4	4	4
其他燃料管道		2	2	2
埋地电缆	电力线（中心线）	2	2	2
	通信线（中心线）	2	2	2
电杆（塔）的基础	≤35kV	2	2	2
	>35kV	5	5	5
通信照明电杆（至电杆中心）		2	2	2
公路、道路（路边）	高速、Ⅰ、Ⅱ级公路、城市快速	10	10	10
	其他	5	5	5
铁路（中心线）	国家线	25	25	25
	企业专用线	10	10	10
树木（至树中心）		2	2	2

注：1. 特殊建筑的水平净距应以划定的边界线为准。

2. 居住区指居住 1000 人或 300 户以上的地区，居住 1000 人或 300 户以下的地区按本表其他民用建筑执行。

3. 敷设在地上的液态液化石油气管道与建筑的水平净距应按本表的规定增加 1 倍。

表 3-21　埋地液态液化石油气管道与相邻
管道或道路之间的垂直净距

项　目		垂直净距/m
给水管		0.20
污水、雨水排水管（沟）		0.50
热力管、热力管的管沟底或顶		0.50
其他燃料管道		0.20
通信线、	直埋	0.50
电力线	在导管内	0.25
铁路、有轨电车（轨底）		2.00
高速公路、	开挖	1.20
公路（路面）	不开挖	2.00

注：当有套管时，垂直净距的计算应以套管外壁为准。

7）管道不得在堆积易燃易爆材料和具有腐蚀性液体的场地下面穿越，不得与其他管道或电缆同沟敷设，且不得穿过各种设施的阀井、阀室、地下涵洞、沟槽等地下空间。

8）站内室外液化石油气管道的设置应符合下列规定：

① 宜采用单排低支架敷设，管底与地面的净距宜为 0.3m。

② 当管道跨越道路采用支架敷设时，其管底与地面的净距不应小于 4.5m。

③ 当采用支架敷设时，应考虑温度补偿。

④ 液态管道两阀门之间应设管道安全阀，高点应设置排气阀，低点应设置排污阀。

⑤ 管道安全阀与管道之间应设置阀门，管道安全阀的整定压力应符合 GB 150.1～150.4《压力容器》的有关规定。

9）当液化石油气管道埋地敷设时，应符合 GB 51142—2015《液化石油气供应工程设计规范》中 4.3 节的规定。

10）液态液化石油气管道阀门的设置应符合下列规定：

① 应采用专用阀门，其性能应符合相关标准的有关规定。

② 阀门应根据管段长度、管段所处位置的重要性和检修的需要，并应考虑发生事故时能将事故管段及时切断等因素进行设置。

③ 管道的起点、终点和分支点应设置阀门。

④ 穿越铁路、公路、高速公路、城市快速路、大型河流和地上敷设的液态液化石油气管道两侧应设置阀门。管道沿线每隔 5000m 处应设置分段阀门，阀门宜具有远程控制功能。

⑤ 使用清管器或电子检管器管段的阀门应选用全通径阀门。

11）管道分段阀门之间应设置放散阀。地上敷设管道两阀门之间应设置管道安全阀，管道安全阀与管道之间应设置阀门。安全阀和放散阀的放散管管口距地面高度不应小于 2.5m。管道安全阀的整定压力应符合 GB150.1～GB 150.4《压力容器》的有关规定。

12）液化石油气管道的阀门不宜设置在地下阀门井内。

13）钢质液化石油气管道和液化石油气储罐应进行外防腐。防腐设计应符合 CJJ 95《城镇燃气埋地钢质管道腐蚀控制技术规程》、GB/T 21447《钢质管道外腐蚀控制规范》和 SY/T 6784《钢质储罐腐蚀控制标准》的有关规定。

14）埋地敷设的液化石油气管道的外防腐设计应根据土壤的腐蚀性、管道的重要程度及所经地段的地质、环境条件等确定。

15）输送液态液化石油气埋地敷设的钢质管道应同时采用外防腐层与阴极保护联合防护，并应符合相关标准的有关规定。

16）液态液化石油气管道按设计压力 p 应分为 3 级，并应符合表 3-22 的规定。

表 3-22　液态液化石油气管道设计压力
（表压）等级

管道级别	设计压力 p（表压）/MPa
Ⅰ级	$p>4.0$
Ⅱ级	$1.6<p\leqslant4.0$
Ⅲ级	$p\leqslant1.6$

17）液态液化石油气管道与铁路或公路交叉时，应在其下面穿越。根据不同条件可以采用开槽或顶管施工方法。液态液化石油气管道穿越铁路示意图如图 3-1 所示，其要求如下：

① 穿越铁路干线或Ⅰ、Ⅱ级公路应采用顶管法施工，并做顶管施工大样图设计。

② 保护套管可以采用钢管或预应力钢筋混凝土管。对套管的强度应进行验算。钢管应采用焊接连接。钢筋混凝土套管接口形式有凹凸口连接和平口连接，一般在连接处内侧设置钢胀圈。套管与钢胀圈之间、钢胀圈与套管之间垫以新型"防水耐滑"材料等。

③ 为防止将管道送入套管时，因摩擦而破坏管道绝缘层，管道上每隔一定距离设置一个保护支架。保护支架一般采用夹式支架，用螺栓将两个半圆环固定在管道外面。在小型套管中沿周边等分焊上三个支腿，即成三支点支架（图 3-1）。在大型套管中，在底部焊上两个支腿，即成双支点支架（图 3-2）。

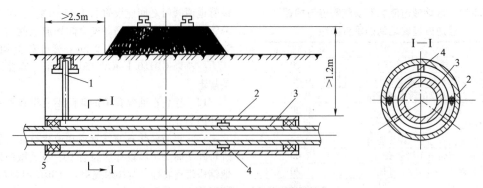

图 3-1 液态液化石油气管道穿越铁路

1—检漏管 2—钢套管 3—输送管道 4—夹式支架 5—新型"防水耐滑"材料

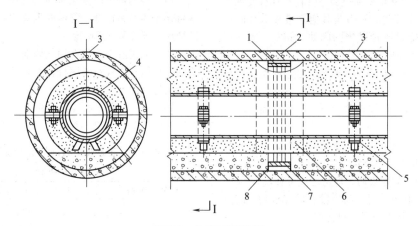

图 3-2 大型套管的构造

1—新型"防水耐滑"材料 2—防水卷材 3—钢筋混凝土套管 4—输送管道
5—双支点支架 6—干砂 7—钢胀圈 8—焊接钢筋

18）液态液化石油气管道与河流、湖泊等交叉时，可利用架空跨越或河底埋设方式。

河底埋设方式比较隐蔽和安全。但施工时往往需河流改道、导流或断流等。

河底埋设的设计要点如下：

① 管道穿越地点宜选择水面窄，河床稳定、平坦，河面宽度在洪水和枯水期变化较小，河床地质构造较单一的地段。

② 河底管道周围宜回填粗砂或级配卵石，管槽宜回填密度和粒度较大的物料，以防止管道外露受冲刷以及在静水浮力和水流冲击作用下失稳而遭破坏。

③ 管道壁厚宜适当加厚。管道焊缝应全部经过无损检测，并应做特加强绝缘层防腐。

④ 重要的河流两侧应设置阀室和放散管。

⑤ 为了防止河岸坍塌和受冲刷，在回填管沟时应分层夯实，并干砌或浆砌石护坡。

⑥ 穿越部分长度要大于河床和不稳定的河岸部分。有河床规划时，应按规划河床断面设计，穿越部分长度要大于规划河床。

⑦ 管道应埋在稳定河床土层中。埋深应大于最大冲刷深度和锚泊深度。当有河道疏浚计划时，应按疏浚后的河床深度确定冲刷深度。对小河渠，埋深一般应超过河床底 1m。液态液化石油气管道的河底敷设如图 3-3 所示。

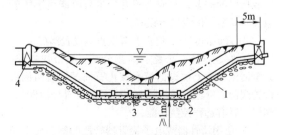

图 3-3 液态液化石油气管道的河底敷设

1—规划河底断面 2—配重块 3—管道 4—阀门

架空跨越可以避免水下开挖和不影响河流正常通航。

架空跨越一般采用管道梁式架空敷设，大型跨越可以采用拱形管道、悬挂管道等方式。

19）架空跨越的设计要点如下：

① 管道穿越地点宜选择水面窄、河床稳定、两岸和河床工程地质条件有利的地方。

② 架空管道的高度应高于河流的历史最高洪水位。在通航的河道上还需满足航行的要求。

③ 架空管道支柱应采用非燃烧材料，管道应根据计算设置补偿器。

④ 大河两侧应设置阀室和放散管，两阀门之间应设置管道安全阀。

⑤ 管道焊缝应全部进行无损检测。

⑥ 管道架空敷设穿越铁路、公路和人行道时，应有一定安全高度，在架空管道交叉处不应安装管道附件以及排水和放空等设施。

⑦ 为了保证液化石油气的气压，寒冷地区的液化石油气管道应有伴热管。

2. 管道及附件

1）液化石油气管道的设计应符合下列规定：

① 应采用无缝钢管，并应符合 GB/T 8163《输送流体用无缝钢管》的有关规定，或采用符合不低于上述标准技术要求的相关标准的有关规定的无缝钢管。

② 钢管和管道附件材料应满足设计压力、设计温度及介质特性、使用寿命、环境条件的要求，并应符合压力管道有关安全技术要求及相关标准的有关规定。

③ 液态液化石油气管道材料的选择应考虑低温下的脆性断裂和运行温度下的塑性断裂。

④ 当施工环境温度低于或等于 -20℃ 时，应对钢管和管道附件材料提出韧性要求。

⑤ 不得采用电阻焊钢管、螺旋焊缝钢管制作管件。

⑥ 当管道附件与管道采用焊接连接时，两者材质应相同或相近。

⑦ 锻件应符合 NB/T 47008《承压设备用碳素钢和合金钢锻件》和 NB/T 47009《低温承压设备用合金钢锻件》的有关规定。

2）液态液化石油气管道和站内液化石油气储罐、其他容器、设备、管道配置的阀门及附件的公称压力（等级）应高于输送系统的设计压力。

3）站内液化石油气管道与管道之间宜采用焊接连接，管道与储罐、其他容器、设备及阀门可采用法兰或螺纹连接。当每对法兰或螺纹接头间电阻值

大于 0.03Ω 时，应采用金属导体跨接。

4）焊接应符合 GB 50236《现场设备、工业管道焊接工程施工规范》的有关规定。

5）液化石油气储罐、其他容器、设备和管道不得采用灰铸铁阀门及附件，严寒和寒冷地区应采用钢质阀门及附件。

6）液态液化石油气管道宜采用自然补偿或 Π 形补偿器，不得采用填料型补偿器。

7）当埋地液态液化石油气管道采用弹性敷设时，应符合 GB 50253《输油管道工程设计规范》的有关规定。

3.2.7　压缩空气管道的布置及敷设

1）压缩空气管道的布置及敷设原则：

① 压缩空气管道应满足用户对压缩空气流量、压力及净化等级的要求，并应考虑近期发展的需要。

② 室外压缩空气管道的敷设方式应根据气象、水文、地质、地形等条件和施工、运行、维修等因素确定。室外管道一般采用辐射状和树枝状系统。

2）输送饱和压缩空气的管道应设置能排放管道系统内积存冷凝液的装置。设有坡度的管道，坡度不宜小于 0.2%。

3）工作温度大于 100℃ 的架空压缩空气管道，应有热补偿措施。当用户需要利用压缩空气的压缩热时，管道应进行保温。寒冷地区室外架空敷设的压缩空气管道，应采取防冻措施。

4）埋地敷设的压缩空气管道应根据土壤的腐蚀性做相应的防腐处理。室外输送饱和压缩空气的埋地管道应敷设在冰冻线以下。

5）埋地压缩空气管道穿越铁路、道路时，应符合下列规定：

① 管顶至铁路轨底的净距不应小于 1.2m。

② 管顶至道路路面结构底层的垂直净距不应小于 0.5m。

③ 当不能满足①、②的要求时，应采用防护套管或管沟，其两端应伸出铁路路肩或路堤坡脚外，且不得小于 1.0m。当铁路路基或路边有排水沟时，套管应伸出排水沟沟边 1.0m。

6）压缩空气管道的连接，除设备、阀门等处用法兰或螺纹连接外，宜采用焊接。干燥和净化压缩空气管道的连接应符合 GB 50073《洁净厂房设计规范》的有关规定。

7）厂（矿）区敷设的压缩空气管道与其他管线及建筑物、构筑物之间的最小水平间距，应符合 GB 50187《工业企业总平面设计规范》的有关规定。

8）车间压缩空气管道的布置与敷设应符合下列

规定：

① 车间压缩空气管道入口，一般设入口装置，入口装置如图 3-4 所示。

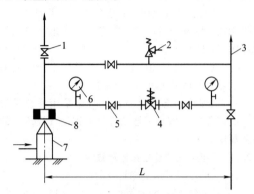

图 3-4　压缩空气管道的入口装置

1—截止阀　2—安全阀　3—减压后供气管　4—减压阀
5—截止阀　6—压力表　7—油水分离器　8—流量计

入口装置所需附件根据需要而定。当用户不需要未经减压的气体时，可取消截止阀 1。用户需两种压力供气时，也可并联两组减压装置。当供气压力为 0.8MPa、使用压力不大于 0.3MPa 时须经减压阀；使用压力为 0.4～0.6MPa 时，可用两个截止阀减压后供气。压缩空气管道入口装置尺寸见表 3-23。

表 3-23　压缩空气管道入口装置尺寸

（单位：mm）

减压阀公称直径	20	25	32	40	50	65	80	100	125	150
L	1000	1100	1200	1300	1400	1700	1800	2000	2200	2400

② 在脉冲性的瞬时用气负荷较大时，宜装稳压及缓冲用储气罐。

③ 在符合安全要求的前提下，可与其他管道共架敷设。

④ 从车间干管上部引出的支管，应沿墙或柱子引下来，距地面 1.2～1.5m 处安装截断阀门，供用气设备用。如果用气设备距墙或柱子较远，可用橡胶软管直接引向用气设备，也可将支管继续引下再埋地敷设引向设备，如图 3-5 和图 3-6 所示。

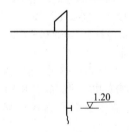

图 3-5　直接引向用气设备

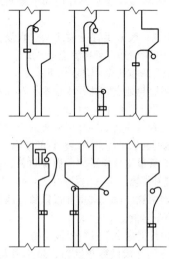

图 3-6　立管上部的安装

⑤ 如果一个供气点上需要多个用气接头，则可安装分气筒（配气器）或配气管，如图 3-7～图 3-10 所示。图 3-10 中的水袋安装尺寸见表 3-24。

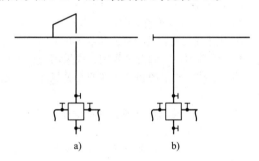

图 3-7　带配气器支管

a）中间带配气器　b）终点带配气器

表 3-24　水袋安装尺寸

（单位：mm）

DN	d_N	h	d	s	t
≤65	DN	80	比 d_N 小 2	10	10
80	65	100	68	10	10
100	65	100	68	10	10
125	70	100	68	10	10
150	125	150	122	14	15
200	125	150	122	14	15
250	125	150	122	14	15
300	125	150	122	14	15
350	200	200	204	24	15

上述图中的中间配气器安装在管道的中部。其用途是利用一根支管供几个用气设备，但不起排除油水作用。终点配气器安装在管道的末端或最低点，既能排除管道中的油水，又能接用气设备。

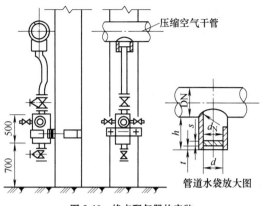

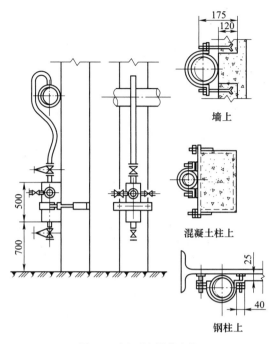

墙上

混凝土柱上

钢柱上

图 3-8　中间配气器的安装

图 3-10　终点配气器的安装

管道水袋放大图

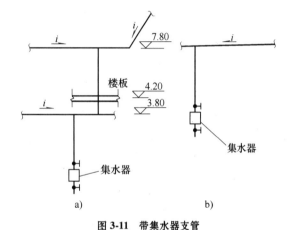

a)　　　　　　　　　　b)

图 3-11　带集水器支管

a) 最低点带集水器　b) 终点带集水器

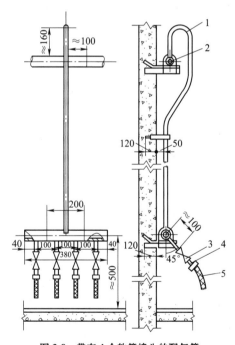

图 3-9　带有 4 个软管接头的配气管

1—支管　2—干管　3—阀门
4—软管接头　5—软管

⑥ 在车间内部管道的末端和最低点应安装集水
器，如图 3-11 所示。

3.2.8　氧气管道的布置及敷设

1. 氧气管道的布置及敷设原则

1) 氧气管道宜采用架空敷设。当架空敷设有困
难时，可采用不通行地沟敷设或直接埋地敷设。

2) 氧气管道的连接应采用焊接，但与设备、阀
门连接处可采用法兰或螺纹连接。螺纹连接处应采
用聚四氟乙烯带作为填料，不得采用涂铅红的麻或
棉丝，或其他含油脂的材料。

3) 氧气管道应设置导除静电的接地装置，并应
符合下列规定：

① 厂区架空或地沟敷设管道，在分岔处或无分
支管道每隔 80~100m 处，以及与架空电力电缆交叉
处应设接地装置。

② 进出车间或用户建筑物处应设接地装置。

③ 直接埋地敷设管道应在埋地之前及出地后接
地一次。

④ 车间或用户建筑物内部管道应与建筑物的静
电接地干线相连接。

⑤ 每对法兰或螺纹接头间应设跨接导线，电阻应小于 0.03Ω。

4）氧气管道的弯头、分岔头不得紧靠安装在阀门的出口侧，其间宜设长度不小于 5 倍管道公称直径且不应小于 1.5m 的直管段。

2. 厂区氧气管道架空

厂区管道架空敷设时，应符合下列规定：

1）氧气管道应敷设在不燃烧体的支架上。

2）除氧气管道专用的导电线路外，其他导电线路不得与氧气管道敷设在同一支架上。

3）当沿建筑物的外墙或屋顶上敷设时，该建筑物应为一、二级耐火等级，并应是与氧气生产或使用有关的车间或建筑物。

4）氧气管道、管架与建筑物、构筑物、铁路、道路等之间的最小净距应符合 GB 50030—2013《氧气站设计规范》中附录 B 的规定。

5）氧气管道与其他气体、液体管道共架敷设时，宜布置在其他管道外侧，并宜布置在燃油管道的上面。各种管线之间的最小净距应符合《氧气站设计规范》中附录 C 的规定。

6）氧气管道上设有阀门时，应设置操作平台。

7）寒冷地区的含湿气体管道应采取防护措施。

3. 厂区管道直接埋地敷设或采用不通行地沟敷设

厂区管道直接埋地敷设或采用不通行地沟敷设时，应符合下列规定：

1）氧气管道严禁埋设在不使用氧气的建筑物、构筑物或露天堆场下面或穿过烟道。

2）氧气管道采用不通行地沟敷设时，地沟上应设防止可燃物料、火花和雨水侵入的不燃烧体盖板；严禁氧气管道与油品管道、腐蚀性介质管道和各种导电线路敷设在同一地沟内，并不得与该类管线地沟相通。

3）直接埋地或不通行地沟敷设的氧气管道上不应装设阀门或法兰连接点。当必须设阀门时，应设独立阀门井。

4）氧气管道不应与燃气管道同沟敷设。当氧气管道与同一使用目的燃气管道同沟敷设时，沟内应填满沙子，并严禁与其他地沟直接相通。

5）埋地深度应根据地面上的荷载决定，管顶距地面不宜小于 0.7m。含湿气体管道应敷设在冻土层以下，并应在最低点设排水装置。管道穿过铁路和道路时应设套管，其交叉角不宜小于 45°。

6）氧气管道与建筑物、构筑物及其他埋地管线之间的最小净距应符合《氧气站设计规范》中附录 D 的规定。

7）直接埋地管道应根据埋设地带土壤的腐蚀等级采取相应的防腐蚀措施。

8）当氧气管道与其他不燃气体或水管同沟敷设时，氧气管道应布置在上面，地沟应能排除积水。

4. 车间内氧气管道的敷设

车间内氧气管道的敷设应符合下列规定：

1）氧气管道不得穿过生活间、办公室。

2）车间内氧气管道宜沿墙、柱或专设的支架架空敷设，其高度应不妨碍交通和便于检修。

3）氧气管道与其他管线共架敷设时，应符合 GB 50030—2013《氧气站设计规范》中 11.0.2 条第 5 款的规定。

4）当不能架空敷设时，可采用不通行地沟敷设，但应符合《氧气站设计规范》中 11.0.3 条第 2 款~第 4 款和第 8 款的规定。

5）进入用户车间的氧气主管应在车间入口处装设切断阀、压力表，并宜在适当位置设放散管。

6）氧气管道的放散管应引至室外，并应高出附近操作面 4m 以上的无明火场所。

7）氧气管道不得穿过高温作业及火焰区域。当必须穿过时，应在该管段增设隔热措施，其管壁温度不应超过 70℃。

8）穿过墙壁、楼板的氧气管道应敷设在套管内，套管内不得有焊缝，管子与套管间的间隙应采用不燃烧的软质材料填实。

9）氧气管道不应穿过不使用氧气的房间。当必须通过不使用氧气的房间时，其在房间内的管段上不得设有阀门、法兰和螺纹连接，并应采取防止氧气泄漏的措施。

10）供切割、焊接用氧的管道与切割、焊接工具或设备用软管连接时，供氧嘴头及切断阀应设置在用不燃烧材料制作的保护箱内。

3.2.9　氢气管道的布置及敷设

1）厂区内氢气管道架空敷设时，应符合下列规定：

① 应敷设在不燃烧体的支架上。

② 寒冷地区，湿氢气管道应采取防冻设施。

③ 与其他架空管线之间的最小净距，宜按 GB 50177—2005《氢气站设计规范》中附录 B 的规定执行；与建筑物、构筑物等之间的最小净距，宜按《氢气站设计规范》中附录 C 的规定执行。

2）厂区内氢气管道直接埋地敷设时，应符合下列规定：

① 埋地敷设深度，应根据地面荷载、土壤冻结深度等条件确定，管顶距地面不宜小于 0.7m。湿氢气管道应敷设在冻土层以下；当敷设在冻土层内时，应采取防冻措施。

②应根据埋设地带的土壤腐蚀性等级，采取相应的防腐蚀措施。

③与建筑物、构筑物及其他埋地敷设管线之间的最小净距，宜按《氢气站设计规范》中附录 E、附录 D 的规定执行。

④不得敷设在露天堆场下面或穿过热力沟。当必须穿过热力沟时，应设套管。套管和套管内的管段不应有焊缝。

⑤敷设在铁路或不便开挖的道路下面时，应加设套管。套管的两端伸出铁路路基、道路路肩或延伸至排水沟沟边均为 1m。套管内的管段不应有焊缝，套管的端部应设检漏管。

⑥回填土前，应从沟底起直至管顶以上 300mm 范围内，用松散的土填平夯实或用砂填满再回填土。

3）厂区内氧气管道明沟敷设时，应符合下列规定：

①管道支架应采用不燃烧体。

②在寒冷地区，湿氢气管道应采取防冻措施。

③不应与其他管道共沟敷设。

4）氢气放空管应设阻火器。阻火器应设在管口处。放空管的设置应符合下列规定：

①应引至室外，放空管管口应高出屋脊 1m。

②应有防雨雪侵入和杂物堵塞的措施。

③压力大于 0.1MPa 时，阻火器后的管材应采用不锈钢管。

3.2.10　管道节点及详图索引

1. 管道入口装置

1）热力管道入口留洞如图 3-12 所示并见表 3-25。

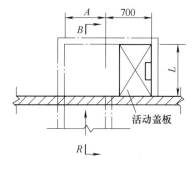
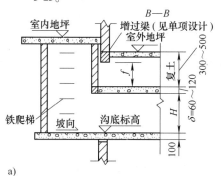

a)

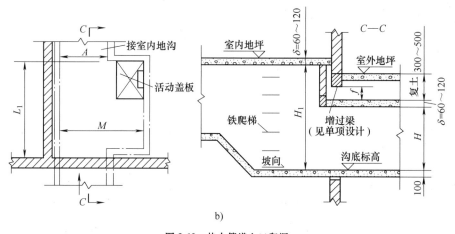

b)

图 3-12　热力管道入口留洞

a）减压装置设在地面上　b）减压装置设在入口地沟内

注：1. A、H 尺寸与室外地沟尺寸相同。

2. f 尺寸为预留沉降缝：

Ⅰ级湿陷性地区 $f=150mm$。

Ⅱ级湿陷性地区 $f=200mm$。

Ⅲ级湿陷性地区 $f=300mm$。

3. 减压装置设在地沟内尺寸仅适用于一次减压，二次减压时须相应加大 M、L 值。

4. 入口留洞尺寸：宽×高 = $(A+280mm)×(H+\delta+f+100mm)$

表 3-25　热力管道入口留洞尺寸表

（单位：mm）

DN	L	L_1	M	H
25	700	2500	1200	1200
32				
40				
50		3000		
65				1300
80	1000	3500	1400	
100				1400
125		4000		
150	1300	—	—	—
200				

注：DN 是指减压阀前管道公称直径。

2）车间热力管道入口系统如图 3-13 所示。

3）车间燃气管道入口装置：

① 架空燃气管道车间入口装置如图 3-14 所示并见表 3-26。

② 埋地燃气管道车间入口装置如图 3-15 所示。

③ 车间动力管道入口系统见表 3-27。

2. 节点示意

1）动力管道支管安装节点见表 3-28。

2）疏水阀的安装见表 3-29。

3）疏水阀的安装尺寸见表 3-30。

4）减压阀的安装如图 3-16 所示。减压阀的安装尺寸见表 3-31。

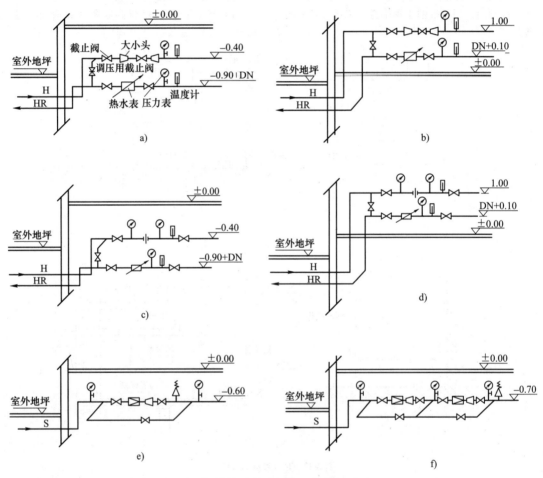

图 3-13　车间热力管道入口系统

a）调压截止阀供暖入口地沟内装置　b）调压截止阀供暖入口地面上装置　c）调压孔板减压供暖入口地沟内装置

d）调压孔板减压供暖入口地面上装置　e）蒸汽系统一次减压入口装置　f）蒸汽系统二次减压入口装置

注：1. 蒸汽系统图适用于地沟敷设，也可地面上敷设，此时各有关尺寸不应小于地沟内安装尺寸。

2. 车间入口减压装置上是否带有过滤器或除污器，由设计确定。

3. 入口装置中的减压方式、减压阀型号、流量计型号均由设计确定。

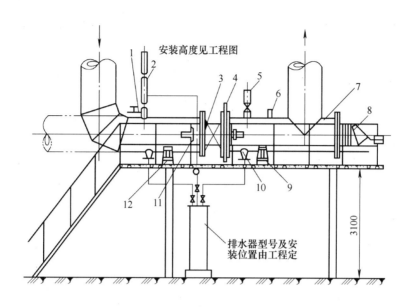

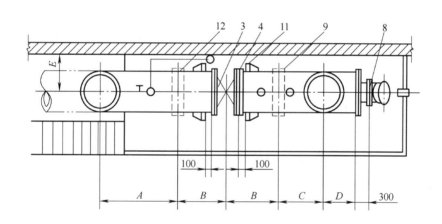

图 3-14　架空燃气管道车间入口装置

1—取样管　2—放散管　3—闸阀　4—盲板及盲板环
5—吹扫管　6—压力表接口　7—煤气管　8—安全阀　9—固定支座
10—集水管　11—支撑　12—活动支座

注：1. 图中各有关尺寸见表 3-27。

　　2. 本图适用于管道 DN＝300～1200mm，当 DN<300mm 时，可根据具体工程设置简易平台或不设平台。

5）排水器安装示意图。

① 连续排水器的安装如图 3-17 所示。连续排水器的安装尺寸见表 3-32。

② 定期排水器的安装如图 3-18 所示。

③ 埋地低中压铸铁排水器的安装如图 3-19 所示。埋地低中压铸铁排水器的安装尺寸见表 3-33。

埋地低中压钢制排水器安装示意图和埋地低中压铸铁排水器安装示意图基本相似。

表 3-26　架空燃气管道车间入口装置尺寸　　　　　　　　　（单位：mm）

燃气管道公称直径	A	B	C	D	E	放散管公称直径	吹散管公称直径	安全阀公称直径	燃气管道阀门型号
300	600	700	500	500	600	80	20	200	明杆楔式双闸板闸阀 Z42W-0.3 Z42W-1
350	600	700	500	500	600	100	20	200	明杆楔式双闸板闸阀 Z42W-0.3 Z42W-1
400	600	700	500	500	600	100	20	200	明杆楔式双闸板闸阀 Z42W-0.3 Z42W-1
450	700	800	600	600	700	125	25	400	伞齿轮传动明杆楔式双闸板闸阀 Z542W-1
500	700	800	600	600	700	125	25	400	伞齿轮传动明杆楔式双闸板闸阀 Z542W-1
600	700	800	600	600	700	125	25	400	伞齿轮传动明杆楔式双闸板闸阀 Z542W-1
700	800	1000	700	700	800	125	25	400	伞齿轮传动明杆楔式双闸板闸阀 Z542W-1
800	800	1000	700	700	800	125	25	400	伞齿轮传动明杆楔式双闸板闸阀 Z542W-1
900	900	1000	800	800	900	150	40	400	伞齿轮传动明杆楔式双闸板闸阀 Z542W-1
1000	900	1000	800	800	900	150	40	400	伞齿轮传动明杆楔式双闸板闸阀 Z542W-1
1100	1000	1100	900	900	1000	150	50	400	电动明杆楔式双闸板闸阀 Z942W-1
1200	1000	1100	900	900	1000	150	50	400	电动明杆楔式双闸板闸阀 Z942W-1

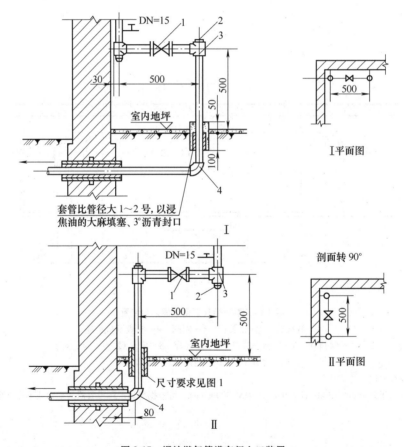

图 3-15　埋地燃气管道车间入口装置

1—阀门　2—螺塞　3—三通　4—弯头

注：1. 本图仅适用于管道 DN≤80mm。

2. 当水煤气管道 DN≤65mm 时，入口阀门后应装网式阻火器。

表 3-27　车间动力管道入口系统

种类	适用范围	系统图	种类	适用范围	系统图
氢气管	使用点无明火	高出屋脊 1m　阻火器　供至使用点　氢气流量计　±0.00	氢气管	使用点有明火	高出屋脊 1m　供至使用点　阻火器　氢气流量计　±0.00
氧气管	一般情况	高出附近操作面 4m 以上的无明火场所　OX　OX　供至使用点　氢气流量计　±0.00	蒸汽凝结水管	不带减压阀	蒸汽流量计　过滤器　±0.00

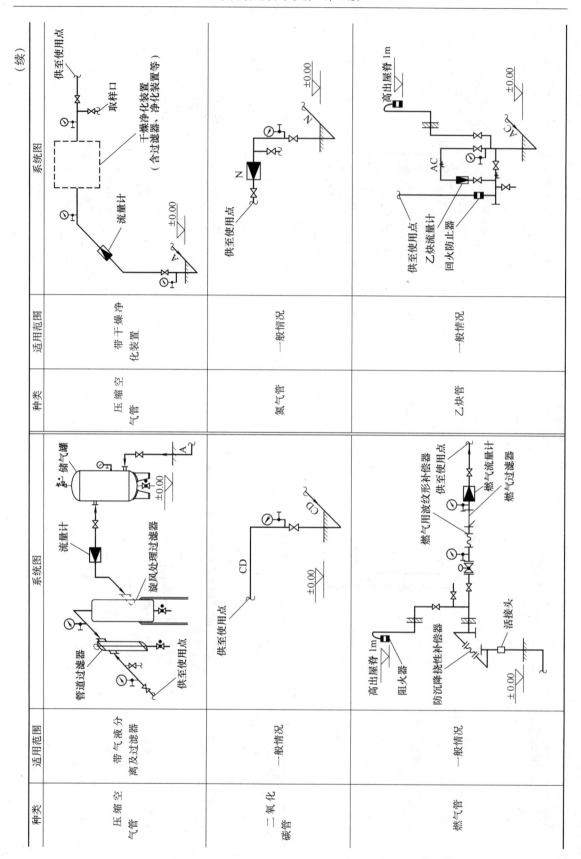

（续）

种类	适用范围	系统图
压缩空气管	带干燥净化装置	
氮气管	一般情况	
乙炔管	一般情况	
压缩空气管	带气液分离及过滤器	
二氧化碳管	一般情况	
燃气管	一般情况	

表 3-28　动力管道支管安装节点

名称	说明	系统图	名称	说明	系统图
压缩空气、二氧化碳、氩气、混合气、氮气支管	适用于车间带分支接头的支管（主管中间）	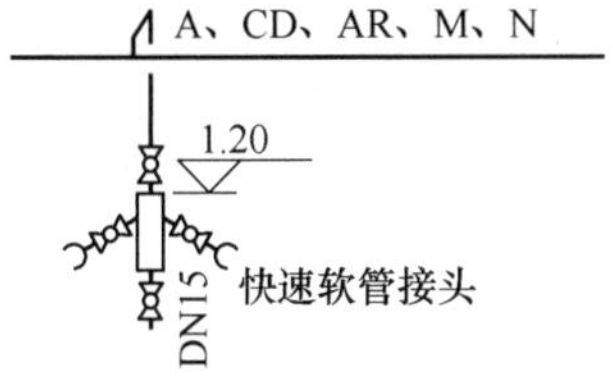 A、CD、AR、M、N　1.20　DN15　快速软管接头	氧气支管	适用于车间支管（主管中间）	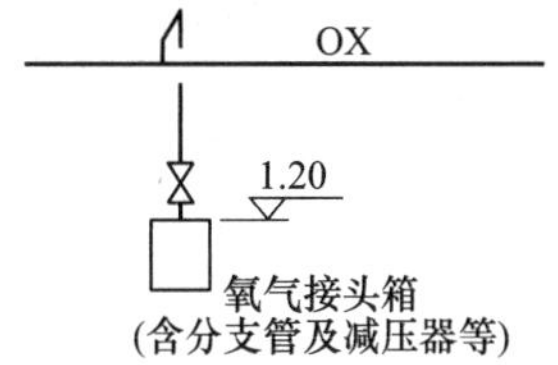 OX　1.20　氧气接头箱（含分支管及减压器等）
压缩空气、二氧化碳、氩气、混合气、氮气支管	适用于车间带分支接头的支管（主管末端）	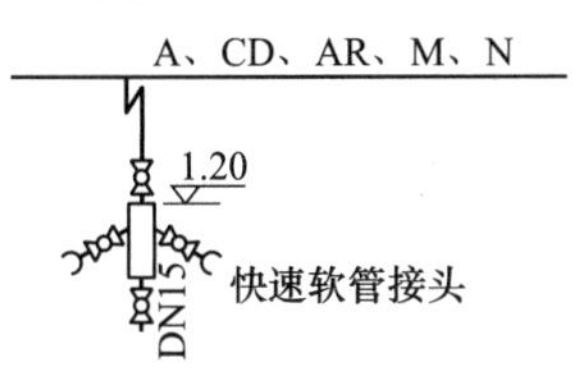 A、CD、AR、M、N　1.20　DN15　快速软管接头	乙炔支管	适用于车间支管（主管中间）	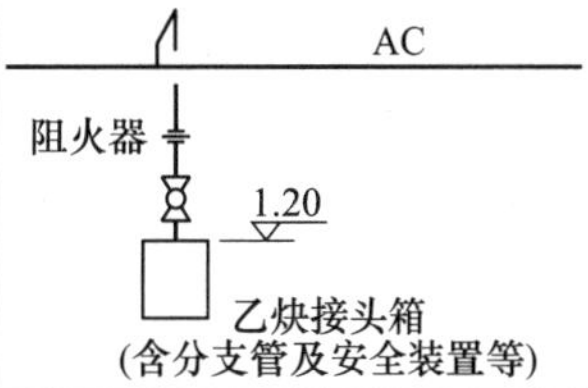 AC　阻火器　1.20　乙炔接头箱（含分支管及安全装置等）
燃气支管	适用于车间支管（主管中间）	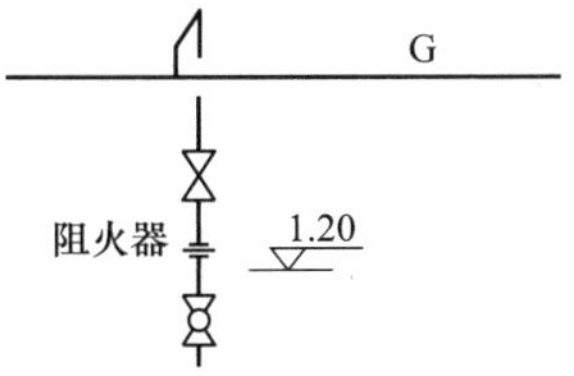 G　阻火器　1.20	氢气支管	适用于车间支管（主管中间）	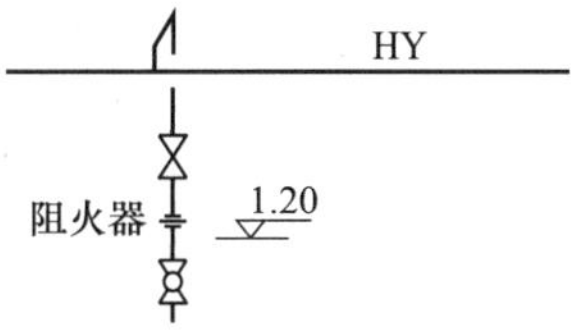 HY　阻火器　1.20

表 3-29　疏水阀的安装

安装方式	系统图	安装方式	系统图
无旁通管水平安装	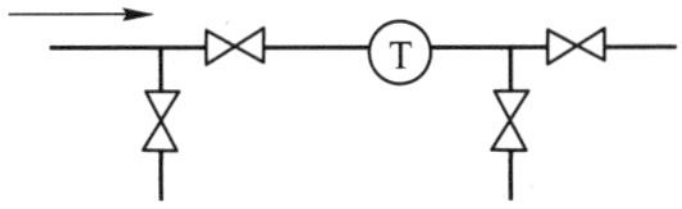	旁通管水平安装	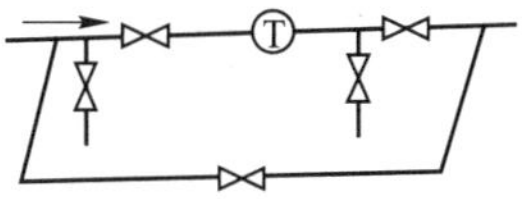
旁通管垂直安装	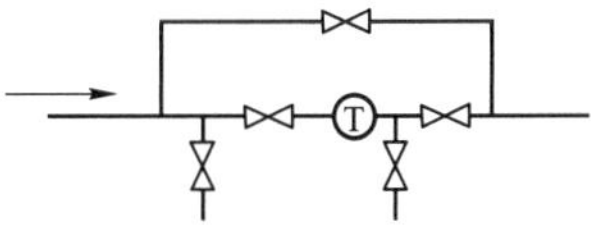	旁通管垂直安装（上返）	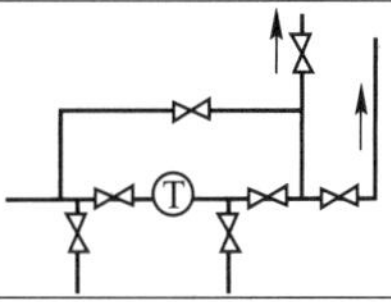
无旁通管并联安装	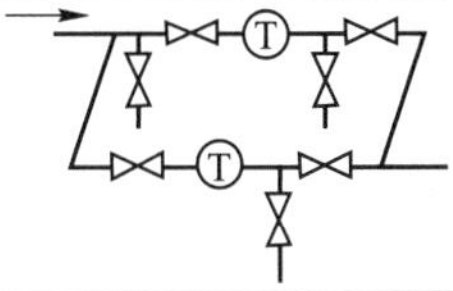	有旁通管并联安装	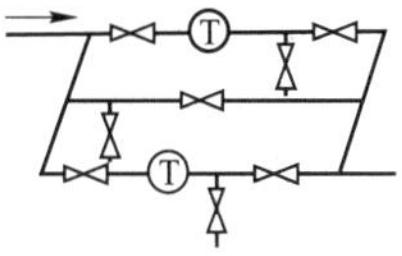
浮筒式疏水阀安装	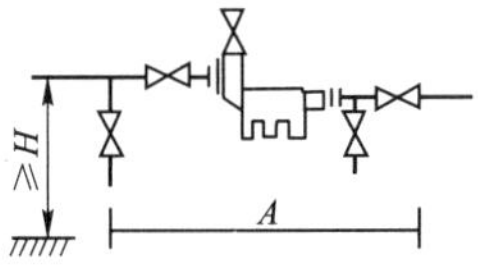 ≥H　A	倒吊桶式疏水阀安装	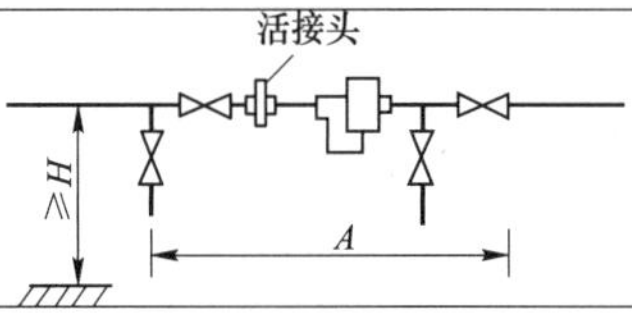 活接头　≥H　A
热动力式或脉冲式疏水阀安装	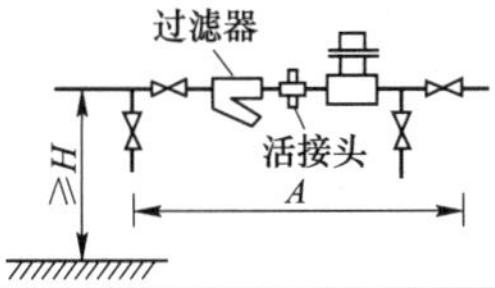 过滤器　≥H　活接头　A	疏水阀旁通管安装	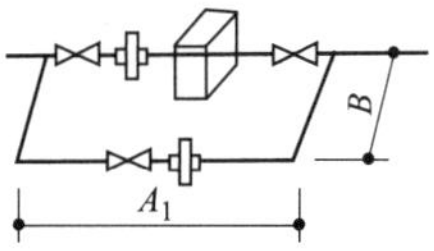 B　A₁
垂直安装的高压疏水装置	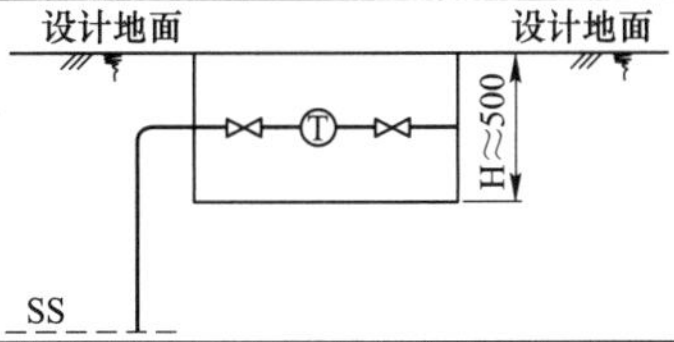 设计地面　设计地面　H≈500　SS		

表 3-30　疏水阀的安装尺寸　　　　　　　　　　（单位：mm）

疏水器类型	疏水阀安装尺寸 公称直径	DN=15	DN=20	DN=25	DN=32	DN=40	DN=50	疏水阀旁通管尺寸 公称直径	DN=15	DN=20	DN=25	DN=32	DN=40	DN=50
浮筒式	A	680	740	840	930	1070	1340	A_1	800	860	960	1050	1190	1500
	H	190	210	260	380	380	460	B	200	200	220	240	260	300
倒吊桶式	A	680	740	830	900	960	1140	A_1	800	860	950	1020	1080	1300
	H	180	190	210	230	260	290	B	200	200	220	240	260	300
热动力式	A	790	860	940	1020	1130	1360	A_1	910	980	1060	1140	1250	1520
	H	170	180	180	190	210	230	B	200	200	220	240	260	300
脉冲式	A	750	790	870	960	1050	1260	A_1	870	910	990	1080	1170	1420
	H	170	180	180	190	210	230	B	300	200	220	240	260	300

注：1. 疏水阀安装是否带旁通由工程设计确定。

　　2. 疏水阀安装图中考虑止回阀的配置，如遇系统上返以及其他情况需要配置止回阀，由工程设计确定。

　　3. 安装配管时，推荐采用焊接（也允许采用螺纹连接）。管道 DN=40mm 及以下者用螺纹截止阀，DN=50mm 以上用法兰截止阀。

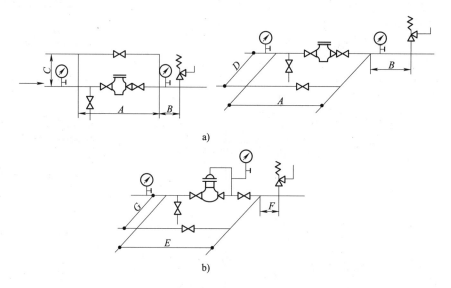

图 3-16　减压阀的安装

a）Y43H-16 膜片式或 Y41T-16 活塞式　b）薄膜式或 Y641T-16 波纹式

　　注：1. 阀后管径比减压阀型号大 2 号，阀前管径与减压阀相同。

　　　　2. 减压阀安装一律采用法兰截止阀。

　　　　3. 低压部分可以采用低压截止阀。

表 3-31　减压阀的安装尺寸　　　　　　　　　　（单位：mm）

DN	A	B	C	D	E	F	G
25	1100	400	350	200	1350	250	200
32							
40	1300	500	400	250	1500	300	250
50	1400		450		1600		
65			500	350	1650	350	300
80	1500	550	650	350	1750	350	350
100	1600		750	400	1850	400	400
125	1800	600	800	450			
150	200	650	850	500			

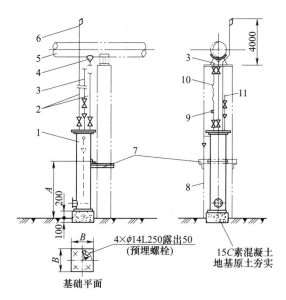

图 3-17　连续排水器的安装

1—连续排水器　2—凝结水管　3—蒸汽管　4—漏斗
5—煤气管　6—放散管　7—支管
8—排水器（接含酚水道）　9—检查用旋塞（DN=15mm）
10—普通耐热橡胶软管（DN=20mm，PN=0.5MPa）
11—自来水管

表 3-32　连续排水器的安装尺寸

（单位：mm）

排水器规格	DN=300 H=2300	DN=300 H=3300	DN=500 H=2500	DN=500 H=1800（双级）	DN=500 H=2300（双级）
A	1500	2000	1500	1200	1500
B	460			670	
R	200			320	

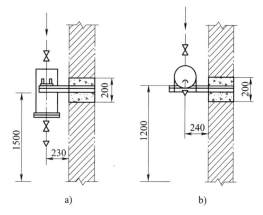

图 3-18　定期排水器的安装

a) 立式定期排水器的安装　b) 卧式定期排水器的安装

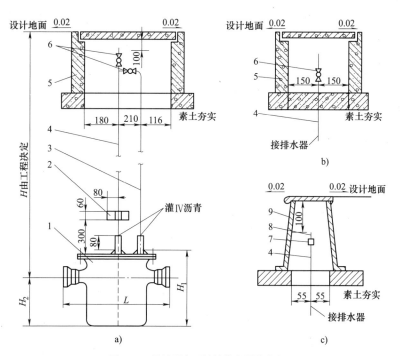

图 3-19　埋地低中压铸铁排水器的安装

a) 中压铸铁排水器的安装（冻结地区）　b) 中压铸铁排水器的安装（非冻结地区）
c) 低压铸铁排水器安装示意图（冻结及非冻结地区）

1—排水器　2—钢板　3—回水管（DN=20mm）　4—抽水管（DN=20mm）　5—护罩（φ500mm，H=400mm 钢筋混凝土）
6—旋塞（DN=20mm）　7—管箍（DN=20mm）　8—螺塞（DN=20mm）　9—护罩（铸铁）

表 3-33　埋地低中压铸铁排水器的安装尺寸　　　　　　（单位：mm）

DN	75	100	150	200	250	300	350	400	450	500	600	700
H_1	5305	613	711	786	833	890	967	1064	1166	1269	1321	1373
H_2	320	390	461	511	532	563	614	685	761	837	838	839
L	950	960	1082	1102	1134	1166	1178	1180	1192	1214	1276	1338

3.3　管道架空敷设

在下列情况下，应首先考虑动力管道架空敷设的方式：

1）工厂厂区地形复杂（如遇有河流、丘陵、高山、峡谷、溶洞等）或铁路密集处。

2）厂区地质为湿陷性黄土层或腐蚀性大的土壤，或为永久性冻土区时。

3）地下水位高或年降雨量较大地区。

4）厂区地下管道纵横交错、稠密复杂，难于再敷设动力管道时。

5）厂区具有架空敷设的燃气、化工工艺管道等，可考虑与其他动力管道共架敷设的情况下，采用架空敷设既经济又节省占地面积。

地上架空敷设按照支架高度不同，可分为三种：低支架、中支架及高支架。

3.3.1　低支架敷设

在山区建厂时，应尽量采用低支架敷设。管道可沿山脚、田埂、围墙等不妨碍交通和不影响工厂扩建的地段进行敷设。低支架敷设的管道保温层外表面至地面的净距一般不宜小于 0.3m。

低支架敷设时，当管道跨越铁路、公路时，可采用竖向Ⅱ形管道高支架敷设，Ⅱ形管道可兼作管道补偿器，并且在管道最高处设置弹簧支架和放气装置。低支架的材料有砖、钢筋混凝土等。低支架敷设是最经济的一种敷设方法。

3.3.2　中支架敷设

在人行交通频繁地段宜采用中支架敷设。中支架敷设时，管道保温层外表面至地面的距离一般不宜小于 2.5m。当管道跨越铁路或公路时，应采用Ⅱ形管道高支架敷设。

中支架的材料一般为钢材、钢筋混凝土、毛石和砖等，其中以砖砌和毛石结构最为经济。

3.3.3　高支架敷设

一般在交通要道和管道跨铁路、公路时，都应采用高支架敷设。高支架敷设时，管道保温层外表面至地面的净距一般为 5.0m 以上，距铁路轨顶净高为 5.5m 以上。

3.3.4　地上架空敷设支架的形式

地上架空敷设所有的支架形式按外形分类有 T形、Ⅱ形、单层、双层、多层，以及单片平面支架或塔式支架等形式，如图 3-20 所示。为了减少支架数量必须加大管间距，因而需要采用某些辅助跨越结构，例如在相邻管架上附加纵横梁、桁架、悬索或吊架等，从而构成组合式管架。组合式管架如图 3-21 所示。

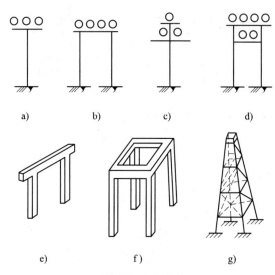

图 3-20　支架形式

a）单层 T 形　b）单层Ⅱ形　c）双层　d）双层 H 形干形
e）单片平面支架　f）空间支架　g）塔式支架

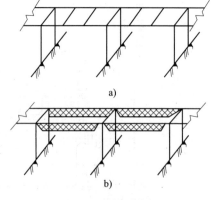

图 3-21　组合式管架

a）纵梁式　b）横梁式

按管道敷设方式分，支架有高支架、低支架、管枕、墙架等几种形式；按用途分，有允许管道在支架上有位移的支架（活动架）和固定管道用的支架（固定支架）；按管架结构力学特点分，有刚性、柔性和半铰接支架；按支架材料分，有钢支架、钢筋混凝土支架等。

3.3.5　几种常用的管架结构形式

（1）独立式管架（图 3-22）　此种管架适于在管径较大、管数量不多的情况下采用，有单腿柱和双腿柱两种（根据管架宽度和推力大小而定）。这种形式应用较为普遍，设计和施工也较简单。

（2）悬臂式管架（图 3-23）　悬臂式管架与一般独立式管架的不同点在于把柱顶的横梁改为纵向悬臂，作管路的中间支座，加大了独立式管架的间距，使造型轻巧、美观。其缺点是管路排列不多，一般管架宽度在 1.0m 之内。

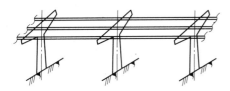

图 3-22　独立式管架

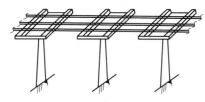

图 3-23　悬臂式管架

（3）梁式管架（图 3-24）　梁式管架可分为单层和双层，又有单梁和双梁之分。常用的梁式管架为单层双梁结构。梁式管架跨度一般为 8~12m，适用于管路推力不太大的情况。可根据管路跨度不同，在纵向梁上按需要架设不同间距的横梁，作为管道的支点或固定点。

（4）桁架式管架（图 3-25）　桁架式管架适用于管路数量众多，而且作用在管架上推力大的路线上。跨度一般为 16~24m，这种形式的管架外形比

较宏伟，刚度也大，但投资和钢材耗量也大。

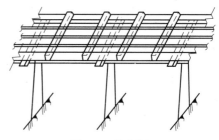

图 3-24　梁式管架

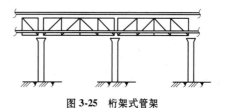

图 3-25　桁架式管架

（5）悬杆式管架（图 3-26）　悬杆式管架适用于管道较小、多根排列的情况。该形式管架要求管路较直，跨度一般为 15~20m，中间悬梁一般悬吊在跨中 1/3 长度处。其优点是造型轻巧，柱距大，结构受力合理。缺点是钢材耗量多，横向刚性差（对风力和振动的抵抗力较好），施工和维修要求较高，常需校正标高（用花篮螺栓），而且拉杆金属易被腐蚀性气体腐蚀。

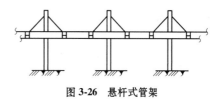

图 3-26　悬杆式管架

（6）悬索式管架（图 3-27）　当管路直径较小，遇到宽阔马路、河流等情况，需跨越大跨度时，可采用小垂度悬索式管架。悬索下垂度 f 与跨度 L 之比，一般可选 1/20~1/10。

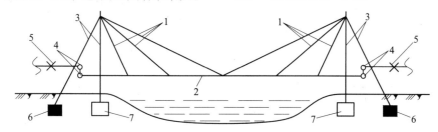

图 3-27　悬索式管架

1—斜拉钢索　2—管道　3—钢拉杆　4—旋转补偿器　5—固定支架　6—配重块　7—土建基础

（7）钢绞线铰接管架（图 3-28）　管架与管架之间设拉杆，在沿管路方向，由于支架底部能够转动，不会产生弯矩，固定支架及端部的中间支架采用钢绞线斜拉杆，这样整体是稳定的。作用于管架的轴向推力，全部由水平拉杆或斜拉杆承受。这种形式适用于管路推力大和管架变位量大的情况。

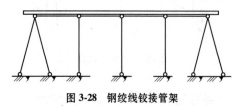

图 3-28　钢绞线铰接管架

（8）拱形管架（图 3-29）　当管路跨越公路、河流、山谷等障碍物时，利用管路自身的刚度，撖成弧状，形成一个无铰拱，使管路本身除输送介质外，兼作支承结构，拱形又可考虑作为管路的补偿设施，这种形式称为拱形管架。

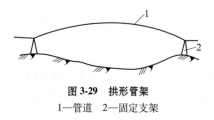

图 3-29　拱形管架
1—管道　2—固定支架

（9）下悬管道（图 3-30）　这种下悬管道适用于小直径管路越过公路、河流、山谷等障碍物，管路内介质或凝结水允许有一定积存时，利用管路自身的刚度作为支承结构。

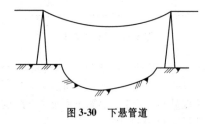

图 3-30　下悬管道

（10）墙架　当管径较小，管道数量也少，且有可能沿建筑物或构筑物的墙壁敷设时，可以采用图 3-31 所示的各种形式的墙架。

（11）长臂支架　长臂支架可分为单长臂支架和双长臂支架两种，如图 3-32 及图 3-33 所示。

单长臂支架适用于 DN150mm 以下的管道，双长臂支架适用于管径大、根数多的管道。长臂支架的优点是增大支架跨距，解决了小管径架空敷设时管架过密的问题。

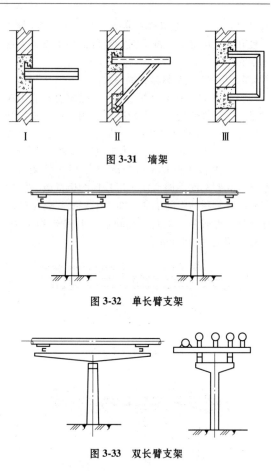

图 3-31　墙架

图 3-32　单长臂支架

图 3-33　双长臂支架

3.4　地沟敷设

地沟敷设分为通行地沟敷设、半通行地沟敷设和不通行地沟敷设三种形式。

3.4.1　通行地沟敷设

在下列条件下，可以考虑采用通行地沟敷设：

1）当管道通过不允许挖开的路段时。

2）管道数量多或管径较大，管道一侧垂直排列高度大于或等于 1.5m 时（包括保温层在内）。

通行地沟敷设的优点是维护和管理方便，操作人员可经常进入地沟内进行检修。缺点是基建投资大，占地面积大。

在通行地沟内采用单侧布置和双侧布置两种方法，如图 3-34 所示。布置尺寸参见全国通用建筑标准——动力设施标准图集：03R411-1《室外热力管道安装（地沟敷设）》。自管子保温层表面至沟壁的距离不小于 200mm；至沟顶的距离不小于 200mm；至沟底的距离不小于 200mm，管间距不小于 200mm。通道的净宽应不小于 0.7m，通行地沟的净高不低于 1.8m。

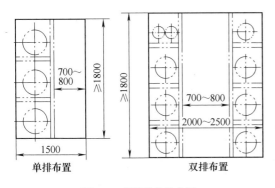

图 3-34　通行地沟的布置

通行地沟的弯角处和直线段每隔 200m 距离（装有蒸汽管道时，不宜大于 100m）设一个人孔或安装孔，安装孔的长度应能安下长度为 12.5m 的热轧钢管，一般为 0.8m×5m，以保证该线段最大一根管子或附件的装卸所必需的条件。在安装孔内，需设铁爬梯或扒钉，供操作人员出入地沟之用，因此安装孔又是由地沟至地面的出入口，安装孔的位置可以选择下列各处：地沟转弯处、地沟交叉点处、地沟分支处以及各地沟尽头处。安装孔可作为自然通风用。当检修管道时，把所有安装孔上的盖板揭开，即可进行自然通风。

通行地沟的照明应根据运行维护的频繁程度和经济条件决定。供生产用的热力管道，设永久性照明；以供暖为主的管道，设临时性照明。一般每隔 8～12m 距离以及在管道附件（阀门、仪表等）处，可装置电气照明设备，并注意电气线路免受水蒸气的影响，应相应地采取适当的保护措施。电气照明设备的电压不超过 36V。

通行地沟内温度不应超过 45℃。当自然通风不能满足要求时，可采取机械通风。

沟盖板须做出 3%～5% 的横向坡度，以排出融化的雪水或雨水。在地下水位较高的地区，地沟壁、盖板和底板都应设置可靠的防水层，以防止地下水渗入地沟内部，地沟内底板也应有 0.2%～0.3% 的纵向坡度，以排出管道及附件（法兰、阀门等）因损坏和失修而泄漏的水，并将这部分积水顺地沟底板坡度排至安装孔的集水坑内，然后用排水管或水泵抽送至厂区排水井中。

3.4.2　半通行地沟敷设

当热力管道通过的地面不允许挖开，或当管子数量较多，且采用架空敷设又不合理，以及采用不通行地沟敷设的地沟宽度受到限制时，可采用半通行地沟敷设。

由于维护检修人员需进入半通行地沟内对热力管道进行检修，因此半通行地沟的高度一般不小于 1.2m。当采用单侧布置时，通道净宽宜不小于 0.5m；当采用双侧布置时，通道宽度不小于 0.7m。在直线长度超过 60m 时，应设置一个检修出入口人孔，人孔应高出周围地面。

在半通行地沟内布置管道时，自管道或保温层外表面至以下各处的净距宜符合下列要求：

沟壁：不小于 200mm；沟底：不小于 200mm；沟顶：不小于 200mm；管间距：不小于 200mm。

半通行地沟内管道的布置如图 3-35 所示。布置尺寸参见全国通用建筑标准——动力设施标准图集：03R411-1《室外热力管道安装（地沟敷设）》。

3.4.3　不通行地沟敷设

不通行地沟敷设适用于下列条件：土壤干燥，地下水位低，管道根数不多且管径小，维修量不大的热力管道，采用地下直接埋设的管道，以及管道转弯处与补偿器处等。

不通行地沟外形尺寸较小，占地面积小，并能保证管道在地沟里自由变形，同时地沟所耗费的材料较少。它的最大缺点是难于发现管中的缺陷和事故，维护和检修也不方便。

不通行地沟的横剖面形状有矩形、半圆形和圆形三种，常用的不通行地沟为矩形剖面。地沟壁的材料有砖、混凝土及钢筋混凝土等材料。

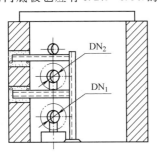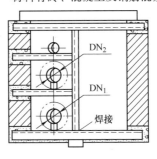

a)

图 3-35　半通行地沟内管道的布置

a）三管

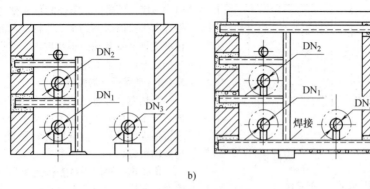

b)

图 3-35　半通行地沟内管道的布置（续）

b）四管

不通行地沟的沟底应设纵向坡度，坡度和坡向应与敷设的管道一致。地沟盖板上部应有复土层，并应采取措施防止地面水渗入。

在不通行地沟内布置管道时，自管道或保温层外表面至以下各处的净距宜符合下列要求：

沟壁：不小于 100mm；沟底：不小于 150mm；

沟顶：不小于 50mm；管间距：不小于 200mm。

不通行地沟内管道的布置如图 3-36 所示。

不通行地沟管道布置尺寸参见全国通用建筑标准——动力设施标准图集：03R411-1《室外热力管道安装（地沟敷设）》。

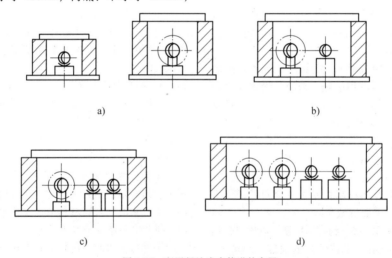

a)　　　　　　　　　　　　　　　　　　　b)

c)　　　　　　　　　　　　　　　　　　　d)

图 3-36　不通行地沟内管道的布置

a）单管　b）双管　c）三管　d）四管

3.5　综合管廊

3.5.1　综合管廊的简介

由于传统直埋管线占用道路下方地下空间较多，管线的敷设往往不能和道路的建设同步，造成道路频繁开挖，不但影响了道路的正常通行，同时也带来了噪声和扬尘等环境污染，一些城市的直埋管线频繁出现安全事故。因而在我国一些经济发达的城市，借鉴国外先进的市政管线建设和维护方法，兴建了综合管廊工程。

综合管廊工程建设在我国正处于起步阶段，一般情况下多为新建工程，也有一些建于 20 世纪 90 年代的综合管廊，以及一些地下人防工程根据功能的改变，需要改建和扩建为综合管廊。

综合管廊在我国有共同沟、综合管沟、共同管道等多种称谓，在日本称为共同沟，在我国台湾省称为共同管道，在欧美等国家多称为"Urban Municipal Tunnel"。

综合管廊是指按照统一规划、设计、施工和维护原则，建于城市地下用于敷设城市工程管线的市政公用设施。

3.5.2　综合管廊的分类

综合管廊宜分为干线综合管廊、支线综合管廊及缆线管廊。

（1）干线综合管廊　干线综合管廊是用于容纳城市主干工程管线，采用独立分舱方式建设的综合管廊。

干线综合管廊一般设置于机动车道道路绿化带下面，主要连接原站（如自来水厂、发电厂、热力厂等）与支线综合管廊。其一般不直接服务于沿线地区。干线综合管廊内主要容纳的管线为高压电力电缆、信息主干电缆或光缆、给水主干管道、热力主干管道等，有时结合地形也将排水管道容纳在内。

（2）支线综合管廊　支线综合管廊是用于容纳城市配给工程管线，采用单舱或双舱方式建设的综合管廊。

支线综合管廊主要用于将各种管线从干线综合管廊分配、输送至各直接用户。其一般设置在道路绿化带、人行道或非机动车道下面，容纳直接服务于沿线地区的各种管线。

（3）缆线管廊　缆线管廊是采用浅埋沟道方式建设，设有可开启盖板但其内部空间不能满足人员正常通行要求，用于容纳电力电缆和通信线缆的管廊。

缆线管廊一般设置在道路的人行道下面，其埋深较浅。

前两种综合管廊内一般要求设置工作通道及照明、通风等设备。后一种综合管廊一般工作通道不要求通行，管廊内部不要求设置照明、通风等设备，仅设置供维护时可开启的盖板或工作手孔即可。

3.5.3　基本规定及布局

1）给水、雨水、污水、再生水、天然气、热力、电力、通信等城市工程管线可纳入综合管廊。

2）综合管廊工程建设应以综合管廊工程规划为依据。

3）综合管廊工程应结合新区建设、旧城改造、道路新（扩、改）建，在城市重要地段和管线密集区规划建设。

4）城市新区主干路下的管线宜纳入综合管廊，综合管廊应与主干路同步建设。城市老（旧）城区综合管廊建设宜结合地下空间开发、旧城改造、道路改造、地下主要管线改造等项目同步进行。

5）综合管廊工程规划与建设应与地下空间、环境景观等相关城市基础设施衔接、协调。

6）综合管廊应统一规划、设计、施工和维护，并应满足管线的使用和运营维护要求。

7）综合管廊工程规划应结合城市地下管线现状，在城市道路、轨道交通、给水、雨水、污水、再生水、天然气、热力、电力、通信等专项规划以及地下管线综合规划的基础上，确定综合管廊的布局。

8）当遇到下列情况之一时，宜采用综合管廊：

① 交通运输繁忙或地下管线较多的城市主干道以及配合轨道交通、地下道路、城市地下综合体等建设工程地段。

② 城市核心区、中央商务区、地下空间高强度成片集中开发区、重要广场、主要道路的交叉口、道路与铁路或河流的交叉处、过江隧道等。

③ 道路宽度难以满足直埋敷设多种管线的路段。

④ 重要的公共空间。

⑤ 不宜开挖路面的路段。

9）天然气管道应在独立舱室内敷设。

10）热力管道采用蒸汽介质时应在独立舱室内敷设。

11）热力管道不应与电力电缆同舱敷设。

12）110kV 及以上电力电缆，不应与通信电缆同侧布置。

13）给水管道与热力管道同侧布置时，给水管道宜布置在热力管道下方。

14）综合管廊的管道安装净距（图 3-37）不宜小于表 3-34 的规定。

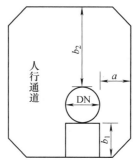

图 3-37　管道安装净距

表 3-34　综合管廊的管道安装净距　（单位：mm）

管道公称直径 DN	综合管廊的管道安装净距					
	铸铁管、螺栓连接钢管			焊接钢管、塑料管		
	a	b_1	b_2	a	b_1	b_2
DN<400	400	400				
400≤DN<800	500	500	800	500	500	800
800≤DN<1000						
1000≤DN<1500	600	600		600	600	
DN≥1500	700	700		700	700	

3.6　专用构筑物

3.6.1　检查井

在地下敷设动力管道时，在管道分支处和装有套管补偿器、波形补偿器、阀门、排水装置处都应设置检查井，以便对这些管道附件进行维护和检修。检查井为一矩形或圆形地下小室，圆形地下小室又称人孔。

检查井的井壁用砖或钢筋混凝土浇灌而成，井盖为钢筋混凝土现浇或预制板，井底用混凝土做成。在检查井底部做一蓄水的小坑（集水坑），其尺寸为400mm×400mm×300mm，用于蓄集管道与配件处由于连接不严密而渗漏出来的水，以及从土壤或地面渗透进来的水。坑内的积水可由移动式水泵或喷射器定期抽出排到地面。在有条件的地方，例如排水管标高低于检查井底标高，也可在集水坑下面设一排水管直接排入排水管中。

检查井的布置原则如下：

1）检查井的平面尺寸（净空尺寸），常用的规格尺寸有：1400mm×1400mm、2000mm×2000mm、2400mm×2400mm、2800mm×2800mm 等四种。检查井的布管图参见全国通用建筑标准——动力设施标准图集：03R411-1《室外热力管道安装（地沟敷设）》。

对于管道根数较多的检查井的平面尺寸，常用规格尺寸还有：2100mm×1800mm、3100mm×2100mm、3500mm×2700mm、4000mm×4000mm、4000mm×1500mm、4000mm×2500mm、4500mm×1500mm、4500mm×4000mm 等。

2）检查井的净空高度不应小于1.8m，一般净空高度为1.8~2.0m。

3）检查井的净面积大于4m² 时，人孔的数量不应少于2个，等于或小于4m² 时人孔为1个。人孔的直径不应小于0.7m。人孔口高出地面不应小于0.15m。

4）检查井底部的排水坑位置在人孔的正下面，以便排除坑内积水。在人孔下面的井壁装有铁梯，铁梯用φ16mm圆钢制成并嵌入井壁内。检查井的底部应有坡度并坡向排水坑。

5）检查井的面积大小和井内管道及阀门附件的布置，都应满足管道安装、操作及维修的要求。

6）所有管道都应坡向检查井，坡度不小于0.2%。所有支管（蒸汽管除外）在检查井内应设排水装置和排水管，以便在支管发生故障时及时排除室内管道系统中的水。

7）检查井内积水可用蒸汽（压缩空气）喷射抽水器抽出。抽水器的制造和安装图可参见全国通用建筑标准——动力设施标准图集：03R411-1《室外热力管道安装（地沟敷设）》，其他要求见本章3.2.3节中4 的规定。

3.6.2 伸缩穴

在动力管道采用地沟或无沟敷设时，为了安装管道补偿器，必须留出专用的扩大部分，即伸缩穴。伸缩穴的高度与其所连接的地沟高度相同，其平面尺寸可根据管道补偿器的尺寸，以及补偿器在管道受热变形时发生自由移动所需的间隔尺寸而定。伸缩穴有单面伸缩穴和双面伸缩穴两种形式如图3-38所示。

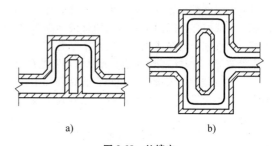

图 3-38 伸缩穴
a）单面伸缩穴 b）双面伸缩穴

在伸缩穴内布置动力管道时，应将介质温度较高的管道布置在最外侧，这是其热位移较大的缘故。其动力管道根数较多时，可采用双面布置管道补偿器，以避免单面伸出部分过长。

矩形补偿器的安装图参见全国通用建筑标准——动力设施标准图表：03R411-1《室外热力管道安装（地沟敷设）》。

3.7 管道的排水、放空、吹扫装置

3.7.1 热水管网及凝结水管网

热水管网及凝结水管网的各最高点（包括分段阀门划分的每个管段的高点），应装设放气阀，以排放管网中的空气。放气管 DN 不得小于15mm；各最低点（包括分段阀门划分的每个管段的低点）应装排水阀以排除管中积水。排水管的直径由被排水的热力管段的公称直径和长度决定，放水时间不超过表3-35的规定。

表 3-35 热水管道放水时间

管道公称直径/mm	放水时间/h
≤300	2~3
350~500	4~6
≥600	5~7

热水管网及凝结水管网的放水及放气装置如图3-39 和图3-40 所示。

凝结水管及热水管的放水管管径及放气管管径可参表3-36 和表3-37 进行选用。

凝结水管及热水管放水装置如图3-41 所示。

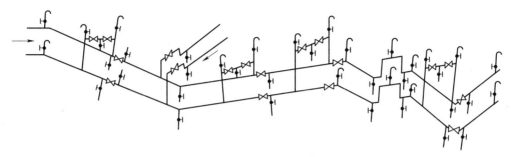

图 3-39　热水管网的放水及放气装置

图 3-40　凝结水管网的放水及放气装置

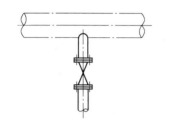

图 3-41　凝结水管及热水管放水装置

表 3-36　凝结水管及热水管的放水管径

（单位：mm）

水管公称直径	25~125	150	200~300	350~400	450~600
放水管公称直径	25	40	50	80	150

表 3-37　热水管的放气管管径

（单位：mm）

热水管公称直径	25~80	100~150	200~300	350~450
放气管公称直径	15	25	25	32

3.7.2　蒸汽管网

蒸汽管网的低位点、垂直上升的管段前应设启动疏水和经常疏水装置。其间距及要求见本章 3.2.3 节中 4 的要求。蒸汽管网的放水及放气装置如图

3-42 所示。

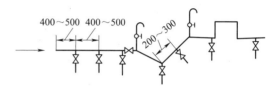

图 3-42　蒸汽管网的放水及放气装置

经常疏水装置与管道连接处应设聚集凝结水的短管，短管直径为管道直径的 1/3~1/2，短管底部设法兰堵板。经常疏水管应连接在短管侧面。

经常疏水装置排出的凝结水，宜排入压力相近的凝结水管道。为防止汽管停用或压力下降时凝结水倒流入蒸汽管，在疏水阀后应安装止回阀。装设疏水阀处应装有检查疏水阀用的检查阀或其他检查附件，在不带过滤装置的疏水阀前应装设过滤器。

在同时敷设几种压力的蒸汽管道时，高压蒸汽管道的疏水可经孔板减压排入低压蒸汽管中，以利用二次蒸汽。

蒸汽管道放水管是由集水管和启动疏水管两部分所组成的。当蒸汽压力为 1.6MPa 以下，蒸汽管道 DN=25~125mm 时，可按图 3-43 及表 3-38 选用；当蒸汽压力为 1.6MPa 以下，蒸汽管道 DN=150~500mm 时，可按图 3-44 及表 3-39 选用。

当蒸汽压力大于 1.6MPa 且小于 4MPa 时，应按 DL/T 5054—2016《火力发电厂汽水管道设计规范》中的有关规定选用。

表 3-38　安装尺寸（1）　　　　（单位：mm）

蒸汽管公称直径	L_1	L_2	L_3	L_4	L_5	$R_1 \geqslant$	$R_2 \geqslant$	ϕ_1	ϕ_2
25	120	50	100	—	160	—	100	32×3.5	28×3
32	120	50	100	—	200	—	125	38×3.5	32×3.5
40	130	50	100	—	230	—	150	45×3.5	32×3.5
50	130	50	100	190	290	100	200	57×3.5	32×3.5
65	140	50	100	210	310	115	250	73×4	32×3.5
80	140	50	100	230	360	130	300	73×4	32×3.5
100	150	50	100	250	500	150	400	73×4	32×3.5
125	150	50	120	280	530	175	500	73×4	32×3.5

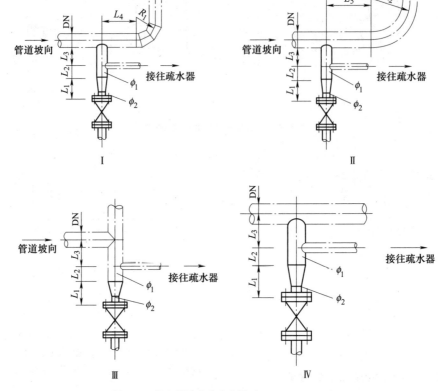

图 3-43 集水管及启动疏水管（DN = 25～125mm）

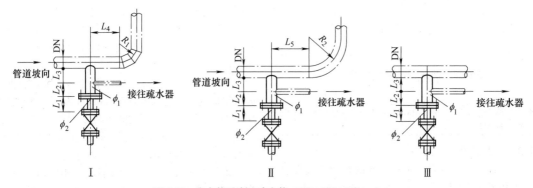

图 3-44 集水管及启动疏水管（DN = 150～500mm）

表 3-39 安装尺寸（2）　　　　　　　　　　（单位：mm）

蒸汽管道公称直径	L_1	L_2	L_3	L_4	L_5	$R_1 \geqslant$	$R_2 \geqslant$	ϕ_1	ϕ_2
150	150	140	120	300	550	200	600	108×4	45×3.5
200	170	140	120	375	875	250	800	108×4	57×3.5
250	180	140	120	380	980	300	1000	133×4	57×3.5
300	180	140	120	400	1150	350	1300	159×5	57×3.5
350	180	160	120	450	1200	400	1600	219×6	89×4
400	180	160	120	475	—	450	—	219×6	89×4
450	180	170	120	500	—	500	—	273×8	108×4
500	180	170	120	600	—	650	—	273×8	108×4

3.7.3　煤气管网

煤气管道最低点应装设排水器，发生炉煤气管一般用连续排水器，直管段每 150～200m 至少有 1 个。埋地管及 DN=200mm 以下的架空发生炉煤气管，允许用定期排水器。埋地城市煤气管应全部采用定期排水器，排水器间距不得大于 500m，排水管径一般为 DN=25～50mm。

管道最低点的排水点宜布置在固定支架处，平行敷设的煤气管道，如压力不同时，排水器应分别设置。

室外架空煤气管道的排水器应尽量设在地面上，供暖区内的排水器应设防冻措施。当必须设专用排水器小室时，室内应有良好通风，并保持气温不低于 0℃。

车间煤气干管排水器允许放在室内，支管应从干管上方或侧面引出，不得以支管作为排水管，短小支管允许带旋塞的 U 形管排水。按气流方向，人孔应装在阀门后及排水器、伸缩器和孔板附近，人孔盖上应备有 $\phi 1in(\phi 25.4mm)$ 的蒸汽吹扫口及测压取样用旋塞。

车间内管道 DN=500mm 以上煤气管道至少应有 2 个人孔，用于自然放散时进空气。人孔不得作为煤气管放散的排出口。

管道 DN<1000mm 的煤气管人孔可装在管子的上面；管道 DN≥1000mm 的煤气管人孔可装在管子的侧面。

钢制煤气管道一般应考虑用蒸汽吹扫，吹扫口应使用孔板及阀门，蒸汽压为 0.02MPa 左右，最高不得超过煤气管道的试验压力。蒸汽吹扫口一般每 100m 至少 1 个。

煤气管道低点的排水管不应直接排入下水或雨水管网内，必须先泄入集水坑，或临时通过软管排水。

当煤气管排水含有酚时，必须经专用的酚水下水管道送回煤气站集中处理，不得排入生活下水道。

3.7.4　燃气、压缩空气、氧气、乙炔、氢气等管道常用的放气及排水管径

1）燃气管道放散管及排水管管径见表 3-40。

2）压缩空气、氧气、乙炔、氢气管道放气管及排水管管径见表 3-41。

表 3-40　燃气管道放散管及排水管管径　　　（单位：mm）

管道种类	管道长度 /m	公 称 直 径							
		25～50	65～100	125～250	300～350	400～500	600～800	900～1200	1300～2000
用户放散管		25	40	50	60	100	125	150	—
干管放散管	20	—	40	50	80	100	125	150	200
	50	—	40	70	100	100	200	250	300
	100	—	40	80	150	150	250	300	350
	200	—	50	125	200	200	300	350	350
	300	—	70	150	250	250	350	350	350
	400	—	70	200	300	300	350	350	350
	500	—	80	200	300	300	350	350	350
	1000	—	100	200	300	300	350	350	350
排水管		25～50							

表 3-41　压缩空气、氧气、乙炔、氢气管道放气管及排水管管径　　　（单位：mm）

管道种类	管道公称直径						备注
	25～50	65	80	100	125	150	
放气管	15	15	150	20	20	20	
排水管	氧、乙炔、氢气管道室外最低点和车间入口处用 DN=15～20mm 的排水管接至凝结水排水器，压缩空气管道室外最低点和室内管道末端及入口装置中设置排水器						经干燥处理后的气体一般情况下可不考虑排水

3.8　埋地管道间距及与建（构）筑物的间距

3.8.1　埋地管道相互间最小水平净距

埋地管道相互间最小水平净距见表 3-42。

3.8.2　埋地管道交叉最小净距

埋地管道交叉最小净距见表 3-43。

3.8.3　埋地管道与建（构）筑物的最小水平净距

埋地管道与建（构）筑物的最小水平净距见表 3-44。

表 3-42　埋地管道相互间最小水平净距　　　　　　　　（单位：m）

名称		上水管	排水管	雨水管	热力管		燃气管			氧气、乙炔管	压缩空气管	石油管	电力电缆	通信电缆	排水明沟	架空管架基础边
					有沟	无沟	低压	中压	高压							
热力管	有沟	1.5	1.5	1.5	—	—	1	1.5	2	1.5	1	1.5	2	1	1.5	1.5
	无沟	1.5	1.5	1.5	—	—	1	1.5	2	1.5	1.5	1.5	2	1	1.5	1.5
燃气管	低压	1	1	1	1	1	—	—	—	1	1.5	1.5	1	1	1.5	1
	中压	1.5	1.5	1.5	1.5	1.5	—	—	—	1.5	1.5	1.5	1	1	1.5	1
	高压	2	2	2	2	2	—	—	—	2	2	2	1	1	1.5	1
氧气、乙炔管		1.5	1.5	1.5	1.5	1.5	1	1.5	2	—	1.5	1.5	1	1	1	1.5
压缩空气管		1	1.5	1.5	1	1	1	1.5	2	1.5	—	1.5	1	1	1.5	1
石油管		2	1.5	1.5	1.5	1.5	1.5	1.5	2	1.5	1.5	—	1	1	1.5	1
架空管架基础边		2	2	2	1.5	1.5	1	1	1	1.5	1.5	1	1.5	1.5	1.5	—

注：1. 表中数据不适用于沉陷性大孔土壤地区。

2. 本表距离是指正常情况下的距离，如地位不够时则可根据具体情况，施工中采取特殊措施，管线间距离可适当缩小。

3. 热力管与电缆之间不能保持要求距离时，应采取隔热措施保证电缆处土壤温度不大于 10℃。

4. 电缆和石油管之间的距离不足 2m 时，电缆必须装在管子或夹壁内。

表 3-43　埋地管道交叉最小净距　　　　　　　　（单位：m）

名　称	上水管	排水管	雨水管	热力管	燃气管	氧气、乙炔管	压缩空气管	石油管	电力电缆	通信电缆	明沟沟底	涵洞基础底	铁路轨底	道路路面
热力管道	0.15	0.15	0.15	0.1	0.15	0.25	0.15	0.15	0.5	0.5	0.5	0.5	1.2	0.7
燃气管道	0.15	0.15	0.15	0.25	0.1	0.25	0.25	0.25	0.5	0.5	0.5	0.5	1.2	0.7
氧气、乙炔管	0.15	0.15	0.15	0.25	0.25	—	0.25	0.25	0.5	0.5	0.5	0.5	1.2	0.7
压缩空气管	0.15	0.15	0.15	0.25	0.25	0.25	0.1	0.25	0.5	0.25	0.5	0.5	1.2	0.7
石油管	0.25	0.25	0.25	0.25	0.25	0.25	0.25	0.25	0.5	0.25	0.5	0.5	1.2	—

注：1. 电缆采用穿管敷设时，与其他管道交叉最小净距可缩小 0.25m。

2. 电缆与热力管沟相交时，如不能保证 0.5m 的距离，则必须采取绝热措施。

表 3-44　埋地管道与建（构）筑物的最小水平净距　　　　　　　　（单位：m）

名　称		建筑物基础边	标准轨距铁路钢轨外边缘	道路路面边	道路边沟边	围墙或篱栅	高压电杆	低压及通信电杆	乔木中心	灌木中心	架空管架基础边
热力管		1.5	3.0	1.0	1.0	1.0	2.0	1.5	1.5	1.5	1.5
燃气管	低压	2	3.0	1.0	1.0	1.0	2.0	1.5	1.5	1.0	1.0
	中压	3	3.0	1.0	1.0	1.0	2.0	1.5	1.5	1.0	1.0
	高压	4	3.0	1.0	1.0	1.0	2.0	1.5	1.5	1.0	1.0
氧气、乙炔管		3	3.0	1.0	1.0	1.0	2.0	1.5	1.5	1.5	1.5
压缩空气管		1.5	3.0	1.0	1.0	1.0	2.0	1.5	1.5	1.0	1.5
石油管		3.0	3.0	1.0	1.0	1.0	2	1.5	1.5	1.0	1.0
架空管道基础边		3.0	3.0	1.0	1.0	—	杆高	1.0	1.5	1.0	—

注：1. 表中数据不适用沉陷性大孔土地区。

2. 管道埋深如大于建筑物基础时，管道与建筑物基础边距离应根据当地土壤摩擦角进行校正列数据。

3. 管线与铁路、道路间的水平净距除应符合表列规定外，当管线埋深大于 1.5m 时，管线外壁至路基坡脚的净距不应小于管线埋深。

3.9　架空管道间距及与建（构）筑物的间距

3.9.1　厂区架空管道间的相互最小净距

厂区架空管道间的相互最小净距见表 3-45。

3.9.2　厂区架空管道与建（构）筑物间的最小水平净距

厂区架空管道与建（构）筑物间的最小水平净距见表 3-46。

3.9.3　厂区架空管道与建（构）筑物间的最小垂直净距

厂区架空管与建（构）筑物间的最小垂直净距见表 3-47。

3.9.4　室内管道间及与电气设备间的最小净距

室内管道间及与电气设备间的最小净距见表 3-48。

表 3-45　厂区架空管道间的相互最小净距　　（单位：m）

名称	氧气管		乙炔管		热力管		燃气管		压缩空气管	
	平行	交叉	平行	交叉	平行	交叉	平行	交叉	平行	交叉
氧气管	—	—	0.5	0.25	0.25	0.1	0.5	0.25	0.25	0.1
乙炔管	0.5	0.25	—	—	0.25	0.25	0.5	0.25	0.25	0.25
热力管	0.25	0.1	0.25	0.25	—	—	0.25	0.1	0.25	0.1
燃气管	0.5	0.25	0.5	0.25	0.25	0.1	—	—	0.25	0.1
压缩空气管	0.25	0.1	0.25	0.25	0.25	0.1	0.25	0.1	—	—

注：1. 氧气管与同一使用目的燃气管平行敷设时，最小平行净距减少到 0.25m。

2. 氧气管道的阀门及附件接头与燃气、燃油管道的阀门及附件的接头，应沿管道轴线方向错开一个距离，如果设置在同一处，则应适当扩大管道之间的净距。

表 3-46　厂区架空管道与建（构）筑物的最小水平净距　　（单位：m）

建（构）筑物	热力	压缩空气	氧气	乙炔	燃气	≤1	6~10	35
一、二级耐火等级的丁、戊类厂房	允许沿外墙敷设				φ≥0.5 时为 0.5　φ<0.5 时与管径同	1.0	1.5	3.0
二、二级耐火等级的设有爆炸危险厂房	允许沿外墙敷设		2.0		2.0	1.0	1.5	3.0
三、四级耐火度等级的建筑物	—	3.0			3.0			
有爆炸危险的厂房	—	4.0			5.0	杆（塔）高的 1.5 倍		
标准轨距铁路钢轨外边缘	3.0				—	3.0		5.0
道路路面边缘	1.0				1.5	0.5		1.0
架空电力线路　电压<1kV	1.5				1.5	2.5		5.0
架空电力线路　电压为 6~10kV	2.0				3.0	2.5		—
架空电力线路　电压为 35~110kV	4.0				4.0	5.0		—
熔化金属地点、明火地点	10.0					—		—

注：架空管线与地上建（构）筑物、铁路、道路等的间距，应自管架、管枕及管线最突出部分算起。

表 3-47　厂区架空管道与建（构）筑物的最小垂直净距　　（单位：m）

建（构）筑物或管线名称		建（构）筑物或管线名称	
标准轨铁路钢轨	5.5	架空输电线路　电压为 1~10kV	2.0
道路路面	5.0	架空输电线路　电压为 35~110kV	4.0
人行横道	2.5	—	—

注：对于管线，净空高度应从管外壁算起，电力线路指在最大计算弧垂情况下，与其他垂直相交的净空高度。

表 3-48　室内管道间及与电气设备间的最小净距　　（单位：m）

名称	电线管		电缆		绝缘导线		裸母线		滑触线		连接悬挂式母线		开关插座、配电箱	热力管		燃气管		上下水管		压缩空气管	
	平行	交叉	平行	交叉	平行	交叉	平行	交叉	平行	交叉	平行	交叉		平行	交叉	平行	交叉	平行	交叉	平行	交叉
热力管	1.0/0.3	0.3	1.0/0.3	0.3	1.0/0.5	0.5	1.0	0.5	1.0	1.0/0.5	1/0.5	0.3	0.5	0.15	0.1	0.25	0.15	0.15	0.1	0.15	0.1
燃气管	—	0.5/0.1	—	0.5/0.3	1.0/0.3	—	1.0/0.3	—	1.5/0.5	—	1.5/0.5	—	1.5	0.25		0.25/0.15	—	0.5/0.25	—	0.25/10	—
氧气管	0.5	0.5	0.5	0.3	0.5	0.3	1.5	0.5	1.5	0.5	1.5		1.5	0.25	0.1	0.25	0.1	0.25	0.25	0.25	0.1
乙炔管	1.0	0.25	1.0	0.5	1.0	0.5	3.0	1.0	3.0	1.0	3.0		3.0	0.25	0.1	0.25	0.25	0.25	0.25	0.25	0.1
压缩空气管	0.1	0.1	0.5	0.5	0.15	0.15	0.5		0.5		0.5			0.15	0.1	0.25	0.1	0.15	0.1	—	—
燃气、氧气、乙炔气出口	—	—	—	—	—	—	5.0		5.0		5.0		5.0								

注：1. 表热力管栏中分式中，分子指电气管在上面，分母指电气管在下面；燃气管栏中，分子指垂直净距，分母指交叉净距，注数字的无特殊要求，但要考虑施工、维修的方便。

2. 绝缘导线与燃气管及乙炔管不能保持上述距离时，可在导线上套以钢管或绝缘橡胶，但其间距仍不得小于 0.1m。

3. 电气管与热力管不能保持上述距离时，可在热力管或电气管外包以绝缘层，此时平行距离可减至 0.2m，交叉时只需考虑施工、维修方便即可。

4. 照明灯具与其他管道设备之间最小允许距离，按上表中开关插座考虑，但燃气、乙炔、氧气管道若采用无缝钢管且接头不在灯具附近时，允许将距离适当缩短。

3.10　管线定向钻进技术

1. 基本规定

1) 管线定向钻进宜用于过河、过路、过建筑物等障碍物的管线施工。

2) 定向钻进施工适用于给水、燃气、热力、电力、电信、排水和市政管线等的敷设。

3) 管线定向钻进工程应具备下列资料: 城市道路规划和管线规划资料、地形地貌测量资料、地质勘察资料、地下管线和地下障碍物调查探测资料, 以及铁路、道路、河流及周边环境等相关资料, 并对其真实性进行复核和确认。

4) 管线定向钻进工程所敷单根管线或管束的外径不宜大于 1m。

5) 下列特殊地区的定向钻穿越工程, 为保证导向精度, 宜使用有线测量导向控制系统实施导向孔钻进:

① 河面宽度超过 40m。

② 地上和地下管线、建(构)筑物密集, 且穿越长度大于 60m。

③ 对穿越管位精度有特殊要求的敏感地区。

④ 现场干扰大, 无线导向系统无法准确定位的地区。

2. 设计要点

1) 穿越公路、铁路、河流敷设管线的最小覆土厚度应符合相关行业标准的规定。当无标准规定时, 管线敷设最小覆土深度应大于钻孔的最终回扩直径的 6 倍, 并应符合表 3-49 的规定。

表 3-49　管线敷设最小覆土深度

被穿越对象	最小覆土深度
城市道路	与路面垂直净距 1.5m
公路	与路面垂直净距 1.8m; 路基坡脚地面以下 1.2m
高速公路	与路面垂直净距 2.5m; 路基坡脚地面以下 1.5m
铁路	路基坡脚处地表下 5m; 路堑地形轨顶下 3m; 0 点断面轨顶下 6m
河流	一级主河道百年一遇最大冲刷深度线以下 3m; 二级河道河底设计标高以下 3m, 最大冲刷深度线以下 2m
地面建筑	根据基础结构类型和穿越方式, 经计算后确定

注: 当行业标准规定不可穿越上述对象时, 应根据行业标准执行。

2) 新敷设的管线与建筑物和既有地下管线的垂直净距和水平净距应符合相关行业标准的规定, 无标准规定时应满足下列规定:

① 敷设在建筑物基础以上时, 与建筑物的水平净距不得小于 1.5m。

② 敷设在建筑物基础以下时, 与建筑物基础的水平净距必须在持力层扩散角范围以外, 还应考虑土层扰动后的变化, 扩散角不得小于 45°。

③ 在建筑物基础下敷设管线时, 必须经有关部门批准和设计验算后确定敷设深度。

④ 与既有地下管线平行敷设时, $\phi200mm$ 以上的管线, 水平净距不得小于最终扩孔直径的 2 倍。$\phi200mm$ 以下的管线, 水平净距不得小于 0.6m。

⑤ 从既有地下管线上部交叉敷设时, 垂直净距应大于 0.5m。

⑥ 从既有地下管线下部交叉敷设时, 垂直净距应符合下列要求:

a. 黏性土的地层应大于最终扩孔直径的 1 倍。

b. 粉性土的地层应大于最终扩孔直径的 1.5 倍。

c. 砂性土的地层应大于最终扩孔直径的 2 倍。

d. 小直径管线(一般小于 $\phi200mm$ 的管线)垂直净距不得小于 0.5m。

⑦ 遇可燃性管线和特种管线及弯曲孔段应考虑加大水平净距和垂直净距。达不到上述距离时, 应采取有效的技术安全防护措施。

3) 首段和末段钻孔轴线是斜直线时, 这两段钻孔直线的长度不宜小于 10m 且两段斜直线应在穿越公路规划红线和河流河道蓝线之外。穿越水平直线段宜在地面以下 3~6m 区间内。

4) 进行管线轨迹设计时应符合管线区域内现有的规划要求。

5) 管线(束)两端接入工作坑应满足管线弯曲敷设的要求。

6) 定向钻进管线工程穿越主要道路、高速公路、河流、铁路、地下构筑物, 以及对沉降要求较高的定向钻进管线时, 必须进行孔内加固设计。

3. 管材选择

1) 所用管材的规格及性能应符合国家标准和行业的相关规定。

2) 采用定向钻进法敷设管线的壁厚应根据埋深、回拉长度及土层条件综合确定, 各专业管线最小壁厚可按相关行业标准执行。

4. 导向轨迹设计

1) 管线定向钻进轨迹设计应包括下列内容:

① 钻孔类型和轨迹形式。

② 选择造斜点。

③ 确定曲线段、曲率半径。

④ 计算各段钻孔轨迹参数。

2) 定向钻进导向孔轨迹线段宜由斜直线段、曲线段、水平直线段等组成, 应根据管线技术要求、施工现场条件、施工机械等进行轨迹设计。

3）管线导向轨迹设计可按图 3-45 采用作图法或计算法确定。

① 作图法：入土角、出土角和曲线段的确定可按图 3-45 进行。

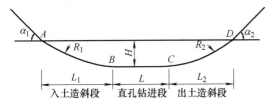

图 3-45　敷设管线时导向孔的轨迹
A—钻进入土点　D—钻进出土点　B—管线水平段起点
（穿越障碍起点）　C—管线水平段终点（穿越障碍起点）
α_1/α_2—管线入/出土角（°）　H—管线埋深（m）
R_1/R_2—管线入/出土时的弯曲半径（m）
L_1—管线入土造斜段投影的长度（m）
L_2—管线出土造斜段投影的长度（m）
L—管线水平直线段长度（穿越障碍距离）（m）

② 计算法：入土角、出土角和曲线段的计算可按图 3-45 及下列公式计算：

a. 管线入土角：

$$\alpha_1 = 2\arctan\sqrt{\frac{H}{2R_1 - H}} \qquad (3\text{-}2)$$

b. 管线出土角：

$$\alpha_2 = 2\arctan\sqrt{\frac{H}{2R_2 - H}} \qquad (3\text{-}3)$$

c. 管线入土曲线段水平长度：

$$L_1 = \sqrt{H(2R_1 - H)} \qquad (3\text{-}4)$$

d. 管线出土曲线段水平长度：

$$L_2 = \sqrt{H(2R_2 - H)} \qquad (3\text{-}5)$$

4）入土角应符合下列条件：

① 入土角应根据设备机具的性能进行确定。

② 入土点距穿越障碍起点的距离应满足造斜要求。

③ 应能达到敷管深度的要求，并满足管材最小曲率半径的要求。

④ 地面始钻式的入土角宜为 8°~20°。

5）出土角应根据敷设管线类型、材质、管径确定。

地面始钻式的出土角：钢管 0°~8°，塑料管 0°~20°。

6）定向钻进敷设的管线最小允许曲率半径应采用下列公式计算：

① 钢管最小允许曲率半径应采用下式计算，也可采用不小于 1200D 估算：

$$R_{min} = 206D\frac{S}{K_2} \qquad (3\text{-}6)$$

式中　R_{min}——钢管最小曲率半径（m）；
　　　206——常数（MPa）；
　　　　D——管线的外径（mm）；
　　　　S——安全系数，$S = 1 \sim 2$；
　　　K_2——管线的屈服极限（MPa）。

② HDPE 管的最小曲率半径计算：

$$R'_{min} = \frac{ED}{2\delta_p} \qquad (3\text{-}7)$$

式中　R'_{min}——HDPE 管最小曲率半径（mm）；
　　　　E——弹性模量（MPa）；
　　　　D——管线的外径（mm）；
　　　δ_p——弯曲应力（MPa）。

③ MPP 管的最小曲率半径计算：

$$R''_{min} = 75D \qquad (3\text{-}8)$$

式中　R''_{min}——MPP 管最小曲率半径（mm）；
　　　　D——管线的外径（mm）。

7）钻孔轨迹的曲线半径应满足钻杆的曲率半径，钻杆的曲率半径应由钻杆的抗弯强度值所确定，可按 $R \geqslant 1200D$ 选取（R 为钻杆曲率半径；D 为钻杆外径）。

8）若敷设管线为集束管，必须将集束管作为一个整体进行导向孔轨迹设计。

9）导向孔轨迹设计时，应根据地下既有管线或地下构筑物分布情况来调整曲线的形态。

5. 工作坑（井）

1）工作坑（井）土方开挖方式分无支护开挖和有支护开挖两类。

① 场地开阔，且位移限制要求不严，经验算能保证土坡稳定时，可采用无支护的放坡开挖。采用放坡开挖的基坑工程必须配备必要的应急对策措施。

② 放坡开挖受限制时，应采用有支护的土方开挖方式。

2）支护结构按其工作机理和材料特性，可分为水泥土挡墙体系和板式支护体系两类。

① 水泥土挡墙体系，一般不设支撑，适用于开挖深度不超过 7m 的基坑。超过 7m 时，可采用水泥土复合结构支护体系。

② 板式支护体系由围护墙、支撑或土层锚杆及防渗帷幕等组成，适用于开挖深度超过 4m 的基坑。当环境对位移限制不严且开挖深度小于或等于 4m 时，可采用悬臂式桩墙支护。

③ 工作坑（井）通常支护方法和适用条件可按表 3-50 选用。

表 3-50　工作坑（井）支护方法和适用条件

工作坑（井）支护方法	适　用　条　件
钢筋混凝土板式支护体系、喷锚	1）土质比较软而且地下水又比较丰富 2）渗透系数大于 $1×10^{-4}$ cm/s 的砂性土，覆土比较深的条件下
钢板桩	1）土质比较好，地下水又少，深度大于 3m 时 2）渗透系数在 $1×10^{-4}$ cm/s 左右的砂性土
放坡开挖	土质条件较好，地下水较少，深度小于 3m 时

注：1. 如果工作坑（井）距建筑物较近时，围护应专项进行设计。
　　2. 采用任何一种支护方法的工作坑（井），其整体刚度、稳定性和支撑强度必须通过验算。施工时应对其位移进行全过程监测。
　　3. 工作坑（井）的降水方法应根据水文地质条件确定。

3）回拉后应根据管线回拉力大小、材料物性、长度和温度等静置一段时间，待轴向变形伸长量回缩后方可切断管线。当无法判定时，宜静置 24h 以上再切断管线。

4）当工作坑占地面积大于 $4m^2$，深度大于 1.5m 时，应根据现场条件、工程地质条件和水文地质条件、开挖深度、施工季节和施工作业设备采取相应支护措施，宜采用放坡开挖或基坑侧壁围护等措施。

5）起始工作坑设置应满足下列要求：
① 应满足导向距离的要求。
② 应设在被敷设管线的中心线上。
③ 回收钻进液坑设置在便于回收钻进液的位置上。
④ 在钻进液调制箱旁设置钻进液储备装置。
⑤ 钻进液储备装置和回收钻进液坑底及周边应进行围护。

6）接收工作坑应满足下列要求：
① 应满足回收储存钻进液、回扩、管线回拖等要求。
② 应设置在被敷设管线的中心线上。
③ 位置应满足导向距离的要求。
④ 应便于钻杆的连接操作。

7）流入钻进液坑的废浆应及时外运，避免污染环境。

8）工作井结构形式应由设计单位确定，井的尺寸可按工艺方法不同而定。管线洞口应设置密封止水装置，防止渗漏。

6. 设备选型及安装
1）管线定向钻进钻机类型及性能应按表 3-51 选用。
2）定向钻机安装应符合下列要求：
① 钻机应安装在管线中心线延伸的起始位置。
② 调整机架方位应符合设计的钻孔轴线。

表 3-51　管线定向钻进钻机类型及性能

分类	小型	中型	大型
回拉力/kN	<100	100~450	>450
扭矩/kN·m	<3	3~30	>30
回转速度/(r/min)	>180	100~180	<100
功率/kW	<100	100~180	>180
钻杆长度/m	1.0~3.0	3.0~9.0	9.0~12.0
传动方式	钢绳和链条	链条或齿轮齿条	齿轮齿条
敷管深度/m	<6	6~15	>15

③ 按钻机倾角指示装置调整机架，应符合轨迹设计规定的入土角，施工前应用导向仪复查或采用测量计算的方法复核。

④ 钻机应安装牢固、平稳。经检验合格后方能试运转，并应根据穿越管线直径的大小、长度和钻具的承载能力调整回拉力。

3）导向仪的配置应根据机型、穿越障碍物类型、探测深度和现场测量条件及定向钻机类型选用。施工前应进行校准，合格后方可使用。

4）定向钻进导向钻头类型可参照表 3-52 选用。

表 3-52　定向钻进导向钻头类型选择

土层类别	钻头类型
淤泥质黏土	较大掌面的铲形钻头
软黏土	中等掌面的铲形钻头
砂性土	小锥形掌面的铲形钻头
砂、砾石层	镶焊硬质合金，中等尺寸弯接头钻头

5）钻杆的使用应符合下列规定：
① 钻杆的规格、型号应符合扩孔扭矩和回拉力的要求。
② 钻杆的曲率半径不应小于钻杆外径的 1200 倍。
③ 钻杆的螺纹应洁净，旋扣前应涂上丝扣油。
④ 弯曲和有损伤的钻杆不得使用。
⑤ 钻杆内不得混进土体和杂物，以免堵塞钻杆和钻具的喷嘴。

参 考 文 献

[1] 中华人民共和国住房和城乡建设部. 城镇供热管网设计规范：CJJ 34—2010 [S]. 北京：中国建筑工业出版社，2010.

[2] 中国机械工业联合会. 发生炉煤气站设计规范：GB 50195—2013 [S]. 北京：中国计划出版社，2013.

[3] 中华人民共和国建设部. 城镇燃气设计规范：GB 50028—2006 [S]. 北京：中国建筑工业出版社，2006.

[4] 中华人民共和国住房和城乡建设部. 液化石油气供应工程设计规范：GB 51142—2015 [S]. 北京：中国建筑工业出版社，2015.

[5] 中国机械工业联合会. 压缩空气站设计规范：GB 50029—2014 [S]. 北京：中国计划出版社，2014.

[6] 中国机械工业联合会. 氧气站设计规范：GB 50030—2013 [S]. 北京：中国计划出版社，2013.

[7] 中华人民共和国信息产业部. 氢气站设计规范：GB 50177—2005 [S]. 北京：中国计划出版社，2005.

[8] 中华人民共和国住房和城乡建设部. 城市综合管廊工程技术规范：GB 50838—2015 [S]. 北京：中国计划出版社，2015.

[9] 上海市非开挖技术协会. 管线定向钻进技术规范：DG/TJ 08-2075—2010 [S]. 武汉：中国地质大学出版社，2010.

第4章 供热管道直埋技术

4.1 热水管道直埋技术

4.1.1 管道布置

1) 直埋热水管道的布置应符合现行的 CJJ 34—2010《城镇供热管网设计规范》中的有关规定。直埋供热管道与有关设施相互净距应符合表 4-1 的规定。

2) 直埋供热管道穿越河底时的覆土深度应根据水流冲刷条件和管道稳定条件确定。

4.1.2 管道敷设

1) 直埋热水管道的坡度不宜小于 0.002,管道高位处宜设放气阀,低位处宜设放水阀,直接埋地的放气管、放水管与管道有相对位移处应采取保护措施。

2) 管道应尽量利用转角作自然补偿,但 10°~60° 的弯头不宜做自然补偿。

3) 从干管上直接引出分支管时,分支管上应设固定支墩或设轴向型补偿器或弯管补偿器,并应符合下列规定:

① 分支点至支线上固定支墩的距离不宜大于 9m。

② 分支点至轴向型补偿器或弯管的距离不宜大于 20m。

③ 分支点有干线轴向位移时,轴向位移量不宜大于 50mm。

4) 三通、弯头等应力比较集中的部位,应进行验算,验算不通过时可采取设固定支墩或补偿器等保护措施。

5) 当需要减少管道轴向力时,可采取设置补偿器或对管道进行预拉伸处理等措施。

6) 当地基软硬不一致时,应对地基进行过渡性处理。

7) 直埋固定支墩应采取可靠的防腐措施,钢构件不得裸露。

8) 管道上阀门、补偿器及弯管等附件应采用焊接连接方式。

9) 补偿器和管道轴线应一致,距补偿器 12m 范围内管道不应有变坡或转角。

10) 管道的隔断阀门、放气放水阀门应设在阀门小室内。

表 4-1 直埋供热管道与有关设施相互净距

设施名称		最小水平净距/m	最小垂直净距/m
给水、排水管道		1.5	0.15
排水盲沟		1.5	0.50
燃气管道(钢管)	≤0.4MPa	1.0	0.15
	≤0.8MPa	1.5	0.15
	>0.8MPa	2.0	0.15
燃气管道(聚乙烯管)	≤0.4MPa	1.0	燃气管在上 0.5
	≤0.8MPa	1.5	
	>0.8MPa	2.0	在下 1.0
压缩空气或 CO_2 管		1.0	0.15
乙炔、氧气管		1.5	0.25
铁路钢轨		钢轨外侧 3.0	轨底 1.2
电车钢轨		钢轨外侧 2.0	轨底 1.0
铁路、公路路基边坡底脚或边沟的边缘		1.0	—
通信、照明或 10kV 以下电力线路的电杆		1.0	—
高压输电线铁塔基础边缘(35~220kV)		3.0	—
桥墩(高架桥、栈桥)		2.0	—
架空管道支架基础		1.5	—
地铁隧道结构		5.0	0.80
电气铁路接触网电杆基础		3.0	—
乔木、灌木		1.5	—
建筑物基础	DN≤250mm	2.5	—
	DN≥300mm	3.0	—
电缆	通信电缆及管块	1.0	0.15
	电力及控制电缆 ≤35kV	2.0	0.50
	≤110kV	2.0	1.00

注:直埋热水管道与电缆平行敷设时,电缆处的土壤温度与月平均土壤自然温度比较,全年任何时候,对于 10kV 的电缆不高出 10℃;对于 35~110kV 的电缆不高出 5℃时,可减少表中所列净距。

4.1.3 管道敷设方式

热水管道直埋敷设,分为无补偿敷设方式和有补偿敷设方式及一次性补偿器敷设方式三种。

1. 无补偿直埋敷设方式

在热水管道的直埋敷设中,利用土壤与保温管外护层表面的摩擦力固定管道,使整个管线不需设置补偿器或起补偿作用的管件,充分发挥钢材塑性的潜力,使管线形成一种自身平衡状态。在管沟回填土前,管道不需要预热。该敷设方式投资省,但要注意下列事项：

1）管道的运行温度满足式（4-33）。

2）管道的保温结构应是一个整体。

3）管道的覆土深度不宜小于 0.7m，对管道的薄弱构件（三通、弯头、阀门等）必须进行应力验算，有必要时采取保护措施。

4）管道上阀门应采用钢制焊接高强度保温阀门。

5）保温管位移大的部位（三通、弯头），宜填砂或柔性材料，其厚度不小于 150mm，或设置泡沫塑料缓冲垫。缓冲垫如图 4-1 所示，缓冲垫厚度 H 见表 4-2，缓冲垫的长度及个数见表 4-3，缓冲垫放置位置如图 4-2 所示。

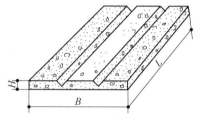

图 4-1　缓冲垫图

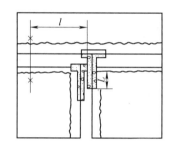

图 4-2　缓冲垫放置位置

表 4-2　缓冲垫厚度 H（单位：mm）

DN	50~80	100~200	250~400	400~600
H	40~60	50~90	60~100	80~120

表 4-3　缓冲垫的长度及个数

至固定支架距离 l/cm	当套管外径/mm 为下列数值时每根管子缓冲垫的个数						
	100~125	140~180	200~250	300	350~450	500~560	630~780
12~24	1	1	1	1	1	1	1
24~36	1	1	2	2	2	2	2
36~48	—	2	2	2	2	2	2
48~66	—	—	3	3	3	3	3
66~84	—	—	3	3	3	4	4
84~108	—	—	—	—	4	4	4
108~120	—	—	—	—	—	5	5
L/mm	1000	1000	1000	1200	1200	1200	1200
B/mm	330	500	675	800	1200	1600	2400

2. 有补偿直埋敷设方式

当管道的运行温度不满足式（4-33），管道平面布置时不允许出现锚固段，此时钢材的塑性难以使管道形成自身的平衡状态，或者所有管段都满足冷安装的强度条件和稳定性条件很困难，应采用有补偿直埋敷设方式，管线上需设补偿器和固定支墩，此时应注意以下事项：

1）为安全起见，补偿器的额定补偿量不应小于两固定墩间管段的热伸长量的 1.1~1.2 倍，管段因热膨胀和水压试验时所产生的轴向推力，不得超过固定支墩所能承受的推力。

2）补偿器的选用，应根据介质工况、工程实际情况，采用直埋式不锈钢波纹补偿器，为保护补偿器自身安全，补偿器应设其强度不低于管道强度的限位装置。

3）固定支墩，应根据管道的轴向力、土壤的抗压强度和固定管件的尺寸等条件进行设计。固定支墩一般为钢筋混凝土结构。

4）管道弯头部位宜填砂，以减轻因热膨胀对保温结构的挤压。

3. 一次性补偿直埋敷设方式

这种直埋敷设方式是利用一次性补偿器吸收管道安装时在预热状态下的一部分膨胀量，从而减小最高使用温度时的热应力。一次性补偿器设置在管道的直线部分，按照某种间距安装或仅在长直管段两端头安装，在直埋管线预热时，在补偿器补偿一次，焊接固定后成为管线的一部分。

一次性补偿器应根据管线长度、固定支墩间距、管道热位移量及补偿器的最大压缩量等资料进行选择。其补偿量应大于管段 2 倍最大过渡段长度的膨胀量，在直线管段上可串联两个补偿器，中间不需设置固定支墩，补偿器需保温，其保温结构同直管段。

管道焊接后，除一次性补偿器附近管线的沟槽外，其余部分的沟槽可立即回填。预热前将一次性补偿器的补偿量调整到预热温度的伸长量，在首次加热过程中，当一次性补偿器的补偿量达到补偿管段所要提前释放的热膨胀量时，就把该补偿器焊死，最终实现管道的整体焊接。

4.1.4　管道保温结构

1. 直埋热水保温管的一般规定

保温管及管件应为工作管、保温层、外护管为一体的工厂预制的产品。

在设计温度下和使用年限内，保温管和管件的保温结构不得损坏，保温管的最小轴向剪切强度不应小于 0.08MPa。

保温管及管件应符合现行国家标准 GB/T 29047—2012《高密度聚乙烯外护管硬质聚氨酯泡沫塑料预制直埋保温管及管件》或现行行业标准 CJ/T 129—2000《玻璃纤维增强塑料外护层聚氨酯泡沫塑料预制直埋保温管》的相关规定。

2. 适用于 140℃ 以下的供热介质预制保温管结构（图 4-3）

保温管结构的组成：由工作钢管、防腐层、保温层、外护层及渗漏报警线组成。

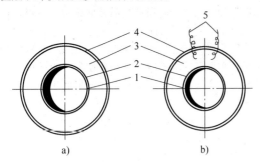

图 4-3　预制保温管结构图

a) 常用的结构图　b) 带有事故渗漏报警的结构图

1—工作钢管　2—防腐层　3—保温层
4—外护层　5—渗漏报警线

注：该预制保温管结构图亦适用于 140℃
以下蒸汽管直埋敷设。

（1）工作钢管　工作钢管用于输送热介质，一般采用无缝钢管或螺旋缝埋弧焊接钢管，材质不低于 Q235-B。

（2）防腐层　在工作钢管外壁刷一层金属防锈涂料，该涂料是水溶性，钢管外表面无需除锈，只需去除泥砂等杂物，它能溶解钢管表面的浮锈，把浮锈和钢管牢固结合成整体，固化后具有较强的防水、防腐能力，而且又能与聚氨酯泡沫塑料牢固结合，从而使聚氨酯泡沫塑料保温材料与钢管结合成一个完整的保温体。该涂料耐温可达 300℃，具有施工简便，价格较低等优点。

（3）保温层　保温层应饱满，不得有空洞，必须与工作钢管和外护层牢固地粘为一个整体，其粘接力应大于土壤与外护层的摩擦力。材料为硬质聚氨酯泡沫塑料。该材料是一种热固性泡沫塑料，其原料为多元醇、异氰酸酯、催化剂和发泡剂，按一定配比一次加入混合均匀后注模而成，这种成形方法浪费原料多，仅适合小批量或现场施工用。在工厂进行预制保温管发泡时，一般先将除异氰酸酯以外的三种原料按一定配比混合均匀后，再与异氰酸酯分别由计量泵按配方比例连续打入发泡机的混合室继续混合。各种原料在混合室内混合均匀后通过分配管，注入模具或"管中管"空腔，起化学反应发泡成形。该方法用专门的发泡机代替手工操作，称为机械发泡，亦称一步法。机械发泡成形工艺示意图如图 4-4 所示。

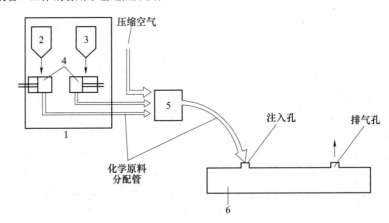

图 4-4　机械发泡成形工艺示意图

1—发泡机　2—多元醇组合料储槽　3—异氰酸酯储槽　4—计量泵　5—混合头　6—模具

（4）外护层　外护层应连续、完整和严密，必须能与保温层粘接为一体，其粘接力应大于土壤与外护层的摩擦力。预制保温管的外护层主要有两种。

1）玻璃钢：它是一种纤维增强复合不饱和聚酯树脂塑料。它具有强度大、密度小、热导率低、耐水耐腐等优点，同时具有良好的电绝缘性能及较高的力学性能。当预制保温管受外力作用时，玻璃钢外护层可将应力均匀分散传递到保温层聚氨酯泡沫塑料上，使局部受力转换成均匀受力，从而保证了保温管在运输、施工、运行过程中不受损伤，尤其在地下水位较高地区，敷设预制保温管时，由于玻璃钢能承受地下水的浸蚀，所以保证了保温管能长期安全运行。

2）高密度聚乙烯管（亦称夹克）：它是由高密度聚乙烯塑料制成，它具有强度大、密度小、脆化温度低等优点。

（5）渗漏报警线　用于检测管道泄漏报警中的导线。生产预制保温管时，在保温层中安装两根导线，一根为裸铜线，另一根为镀锌铜线。报警线与报警显示器连接，当某段直埋管发生泄漏时，通过报警线的传导，会立即在报警显示器上显示出发生管道泄漏的准确位置及泄漏程度，以便检修人员能迅速赶往事故地点排除故障，保证热网管道安全持续运行。限于工程投资，目前国内直埋热水管道，安装报警系统的工程还仅限于一些重要供热工程。

安装报警线应注意以下事项：

1）导线应平行布置，在任何地方均不得交叉。

2）导线应尽量拉直放置，接头应牢固。

3）导线之间、导线与工作钢管之间，电阻应大于 20MΩ。

3. 材料技术性能

（1）聚氨酯泡沫塑料技术性能

1）密度≥60kg/m³。

2）闭孔率≥88%。

3）抗压强度≥300kPa。

4）吸水率≤10%。

5）热导率≤0.033W/（m·K）。

6）耐热性≤150℃。

（2）玻璃钢技术性能

1）密度为 1800~2000kg/m³。

2）抗压强度≥300kPa。

3）耐酸碱盐 24h 无变化。

4）外护层浸入在 0.05MPa 的水中 1h 应无渗透。

（3）高密度聚乙烯管技术性能

1）密度：940~965kg/m³。

2）断后伸长率>350%。

3）纵向回缩率≤3%。

4）耐环境应力开裂 F_{50}≥300h。

4.1.5　管段类型

直埋热水管段可根据管段变形和应力分布特点，分为三种类型，如图 4-5 所示。

（1）过渡段（或称摩擦段）　如图 4-5 中 AB 段。当介质温度发生变化时，设置补偿器 A 点处的管道处于自由伸缩状态，管道截面位置由 A 点逐渐移向 B 点，由于管道与周围土壤摩擦力 f 的作用，使管道热伸长受阻，当 B 点处的摩擦力增加到与温度膨胀力相等时，管道就不能再向有补偿器的 A 点处伸长，而进入了自然锚固状态。在这类管段中，管道的热

伸长由 A 点自由伸缩逐渐过渡到 B 点的锚固状态，管道的轴向温度应力从 A 点处为零逐渐增加到 B 点处最大值，各处管道都有不同程度的热伸长，从而使温度应力得到全部或部分的释放。因此从强度分析来看，不属于整个管道的最薄弱环节。这种管段的设计计算的主要任务是计算管段的热伸长，以便合理地确定补偿器的补偿量。

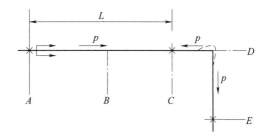

图 4-5　管段类型图

（2）锚固段（或称嵌固段）　如图 4-5 中 BC 段。这类管段由于土壤摩擦力 f 的作用，使管段进入自然锚固状态，管道的热伸长完全受阻而变为热应力留存在管壁中。由此可见，锚固段是全线应力最大的直线管段，也是直管段强度验算的重点。同时，在工作状态下的热胀应力对管段形成的轴向压缩应力，可能使管道纵向失稳而隆出地面，因此在核算管道机械强度的同时，还应进行稳定性验算。

（3）L 形管段　如图 4-5 中 C-D-E 段。该管段与地沟或架空敷设的 L 形自然补偿器相似，区别在于受周围土壤的约束作用，使直管臂只能在弯头附近较短的长度内产生侧向补偿变形（如图 4-5 中 D 点虚线所示），直管臂的变形及应力状态与过渡段类似，因此也可看作过渡段。L 形管段附近沟槽经过特殊处理才能构成 L 形补偿器，L 形管段的计算，重点是弯头元件的强度验算及疲劳分析。

4.1.6　管道热力计算

1. 直埋管道保温层经济厚度计算

直埋管道保温层经济厚度按式（4-1）计算：

$$D\ln\frac{D}{d} = 2\sqrt{\frac{[b\tau\lambda(t-t_1)]}{ps}} - \frac{2\lambda}{\alpha} \quad (4\text{-}1)$$

式中　D、d——保温层外径、内径（m）；

　　　　t——介质温度（℃）；

　　　　t_1——距地面 H 处的土壤温度（℃）；

　　　　λ——保温层热导率 [W/（m·K）]；

　　　　α——保温层外表向土壤的表面传热系数 [W/（m²·K）]；

　　　　b——现行热价 [元/（W·h）]；

　　　　τ——年运行时间（h）；

p ——保温材料单位造价（元/m³）；

s ——保温工程投资年分摊率。

$$\alpha = \frac{2\lambda_t}{D\ln(4H/D)} \quad (4\text{-}2)$$

$$\delta = \frac{D - d}{2} \quad (4\text{-}3)$$

式中　δ ——保温层厚度（m）；

H ——管道中心距地面深度（m）；

λ_t ——土壤热导率 [W/(m·K)]。

1）按单利计息时

$$s = \frac{i(n+1)}{2n} \quad (4\text{-}4)$$

2）按复利计息时

$$s = \frac{i(1+i)^n}{(1+i)^n - 1} \quad (4\text{-}5)$$

式中　n ——计息年数，取 7 年；

i ——年利率（%）。

将式 $D\ln\dfrac{D}{d}$ 改写成 $d\dfrac{D}{d}\ln\dfrac{D}{d} = dX\ln X$，通过查表 4-4 即可求得 D 值。

表 4-4　$X\ln X$ 函数表

X	$X\ln X$	X	$X\ln X$	X	$X\ln X$	X	$X\ln X$	X	$X\ln X$	X	$X\ln X$	X	$X\ln X$	X	$X\ln X$
1.005	0.0050	1.170	0.1837	1.335	0.3857	1.500	0.6082	1.665	0.8489	1.830	1.1059	1.995	1.3778	2.160	1.6634
1.010	0.0100	1.175	0.1895	1.340	0.3922	1.505	0.6152	1.670	0.8564	1.835	1.1139	2.000	1.3863	2.165	1.6723
1.015	0.0151	1.180	0.1953	1.345	0.3986	1.510	0.6223	1.675	0.8640	1.840	1.1220	2.005	1.3948	2.170	1.6812
1.020	0.0202	1.185	0.2011	1.350	0.4015	1.515	0.6294	1.680	0.8716	1.845	1.1300	2.010	1.4033	2.175	1.6900
1.025	0.0253	1.190	0.2070	1.355	0.4117	1.520	0.6364	1.685	0.8792	1.850	1.1380	2.015	1.4117	2.180	1.6989
1.030	0.0304	1.195	0.2129	1.360	0.4182	1.525	0.6430	1.690	0.8868	1.855	1.1462	2.020	1.4203	2.185	1.7028
1.035	0.0356	1.200	0.2188	1.365	0.4247	1.530	0.6507	1.695	0.8944	1.860	1.1543	2.025	1.4288	2.190	1.7167
1.040	0.0408	1.205	0.2247	1.370	0.4313	1.535	0.6578	1.700	0.9021	1.865	1.1624	2.030	1.4373	2.195	1.7257
1.045	0.0460	1.210	0.2307	1.375	0.4379	1.540	0.6649	1.705	0.9097	1.870	1.1705	2.035	1.4459	2.200	1.7346
1.050	0.0512	1.215	0.2366	1.380	0.4445	1.545	0.6721	1.710	0.9174	1.875	1.1786	2.040	1.4544	2.205	1.7436
1.055	0.0565	1.220	0.2426	1.385	0.4511	1.550	0.6793	1.715	0.9251	1.880	1.1868	2.045	1.4630	2.210	1.7525
1.060	0.0618	1.225	0.2486	1.390	0.4577	1.555	0.6865	1.720	0.9328	1.885	1.1950	2.050	1.4716	2.215	1.7615
1.065	0.0671	1.230	0.2546	1.395	0.4644	1.560	0.6937	1.725	0.9405	1.890	1.2031	2.055	1.4802	2.220	1.7705
1.070	0.0724	1.235	0.2607	1.400	0.4711	1.565	0.7009	1.730	0.9483	1.895	1.2113	2.060	1.4888	2.225	1.7795
1.075	0.0777	1.240	0.2667	1.405	0.4778	1.570	0.7082	1.735	0.9560	1.900	1.2195	2.065	1.4974	2.230	1.7885
1.080	0.0831	1.245	0.2723	1.410	0.4845	1.575	0.7155	1.740	0.9638	1.905	1.2277	2.070	1.5060	2.235	1.7975
1.085	0.0885	1.250	0.2789	1.415	0.4912	1.580	0.7227	1.745	0.9715	1.910	1.2360	2.075	1.5147	2.240	1.8065
1.090	0.0939	1.255	0.2851	1.420	0.4919	1.585	0.7300	1.750	0.9793	1.915	1.2442	2.080	1.5233	2.245	1.8155
1.095	0.0994	1.260	0.2912	1.425	0.5047	1.590	0.7373	1.755	0.9871	1.920	1.2525	2.085	1.5320	2.250	1.8245
1.100	0.1048	1.265	0.2974	1.430	0.5115	1.595	0.7447	1.760	0.9950	1.925	1.2607	2.090	1.5407	2.255	1.8337
1.105	0.1103	1.270	0.3036	1.435	0.5183	1.600	0.7520	1.765	1.0028	1.930	1.2690	2.095	1.5494	2.260	1.8427
1.110	0.1158	1.275	0.3098	1.440	0.5251	1.610	0.7667	1.770	1.0106	1.935	1.2723	2.100	1.5581	2.265	1.8518
1.115	0.1214	1.280	0.3160	1.445	0.5319	1.615	0.7741	1.775	1.0135	1.940	1.2856	2.105	1.5668	2.270	1.8609
1.120	0.1269	1.285	0.3222	1.450	0.5388	1.620	0.7815	1.780	1.0264	1.945	1.2939	2.110	1.5755	2.275	1.8700
1.125	0.1325	1.290	0.3285	1.455	0.5456	1.625	0.7890	1.785	1.0343	1.950	1.3023	2.115	1.5843	2.280	1.8791
1.130	0.1381	1.295	0.3348	1.460	0.5525	1.630	0.7964	1.790	1.0422	1.955	1.3106	2.120	1.5930	2.285	1.8882
1.135	0.1437	1.300	0.3411	1.465	0.5594	1.635	0.8033	1.795	1.0501	1.960	1.3190	2.125	1.6018	2.290	1.8974
1.140	0.1494	1.305	0.3474	1.470	0.5663	1.640	0.8113	1.800	1.0580	1.965	1.3273	2.130	1.6105	2.295	1.9065
1.145	0.1550	1.310	0.3537	1.475	0.5733	1.645	0.8188	1.805	1.0660	1.970	1.3357	2.135	1.6193	2.300	1.9157
1.150	0.1607	1.315	0.3601	1.480	0.5802	1.650	0.8263	1.810	1.0739	1.975	1.3441	2.140	1.6281		
1.155	0.1664	1.320	0.3665	1.485	0.5872	1.655	0.8338	1.815	1.0819	1.980	1.3525	2.145	1.6369		
1.160	0.1722	1.325	0.3729	1.490	0.5942	1.660	0.8413	1.820	1.0899	1.985	1.3610	2.150	1.6458		
1.165	0.1779	1.330	0.3793	1.495	0.6012			1.825	1.0979	1.990	1.3694	2.155	1.6546		

注：当用上式计算的保温层厚度不足 20mm 时，按 20mm 计。考虑到生产中产生的误差、加上保温层尺寸变形等影响因素，选用时应对计算保温层厚度乘上系数 1.5。

将每年热损失费用和年扣除的保温结构费用叠加并画成曲线，此曲线的最低点对应的保温层厚度便是经济保温层厚度。计算出来的经济保温层厚度仍需乘以系数 1.5。经济保温层厚度曲线如图 4-6 所示。

2. 热损失计算

1）当供、回水管道保温层厚度相同时，单位长度供、回水管总热损失按式（4-6）计算。保温管道

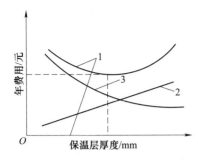

图 4-6　经济保温层曲线图
1—年总费用　2—年扣除的保温结构费用
3—年热损失费

断面图如图 4-7 所示。

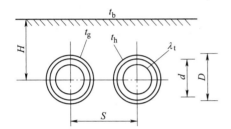

图 4-7　保温管道断面图

$$Q = \frac{2\left(\dfrac{t_g + t_h}{2} - t_b\right)}{A + B + C} \tag{4-6}$$

$$A = \frac{\ln\left(\dfrac{D}{d}\right)}{2\pi\lambda} \tag{4-7}$$

$$B = \frac{\ln\left[\dfrac{2H}{D} + \sqrt{\left(\dfrac{2H}{D}\right)^2 - 1}\right]}{2\pi\lambda_t} \tag{4-8}$$

$$C = \frac{\ln\sqrt{\left(\dfrac{2H}{D}\right)^2 + 1}}{2\pi\lambda_t} \tag{4-9}$$

式中　Q——供、回水管总热损失（W/m）；

t_g——供水温度（℃）；

t_h——回水温度（℃）；

t_b——运行期地表平均温度（℃）；

D——保温层外径（m）；

d——保温层内径（m）；

λ——保温层热导率［W/（m·K）］；

λ_t——土壤热导率［W/（m·K）］；

H——管中心覆土深度（m）。

2）当供、回水管道保温层厚度不同时，供、回水管热损失分别按式（4-10）计算，保温管道断面图如图 4-8 所示。

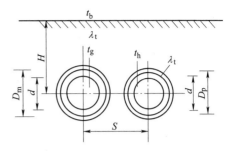

图 4-8　保温管道断面图

供水管的热损失为

$$Q_m = \frac{(R_{mp} + R_{ep})(t_g - t_b) - R_{2p}(t_h - t_b)}{(R_{mm} + R_{em})(R_{mp} + R_{ep}) - R_{2p}^2} \tag{4-10}$$

回水管的热损失为

$$Q_p = \frac{(R_{mm} + R_{em})(t_h - t_b) - R_{2p}(t_g - t_b)}{(R_{mm} + R_{em})(R_{mp} + R_{ep}) - R_{2p}^2} \tag{4-11}$$

$$R_{em} = \frac{1}{2\pi\lambda}\ln\frac{D_m}{d} \tag{4-12}$$

$$R_{ep} = \frac{1}{2\pi\lambda_t}\ln\frac{D_p}{d} \tag{4-13}$$

$$R_{mm} = \frac{1}{2\pi\lambda}\ln\left[\frac{2H}{D_m} + \sqrt{\left(\frac{2H}{D_m}\right)^2 - 1}\right] \tag{4-14}$$

$$R_{mp} = \frac{1}{2\pi\lambda_t}\ln\left[\frac{2H}{D_p} + \sqrt{\left(\frac{2H}{D_p}\right)^2 - 1}\right] \tag{4-15}$$

$$R_{2p} = \frac{1}{2\pi\lambda_t}\ln\sqrt{\left(\frac{2H}{S}\right)^2 + 1} \tag{4-16}$$

总热损失　$Q = Q_m + Q_p$

式中　D_m——供水管保温层外径（m）；

D_p——回水管保温层外径（m）；

d——供、回水管保温层内径（m）；

S——两管道中心距（m）；

R_{mp}——土壤对回水管的热阻（m·K/W）；

R_{ep}——回水管热阻（m·K/W）；

R_{2p}——土壤热阻（m·K/W）；

R_{mm}——土壤对供水管热阻（m·K/W）；

R_{em}——供水管热阻（m·K/W）；

Q——供、回水管总热损失（W/m）；

Q_m——供水管热损失（W/m）；

Q_p——回水管热损失（W/m）。

3. 保温厚度计算

直埋供热管道散热热阻主要考虑主保温层和土壤的热阻，当其埋设深度（管中心至地面的距离）

$H \geqslant 4D$ 时，其保温厚度按式（4-17）计算：

$$\begin{cases} \ln D = \dfrac{\lambda_t(t_s' - t_T)\ln d + \lambda(t - t_s')\ln(4H)}{\lambda_t(t_s' - t_T) + \lambda(t - t_s')} \\ \delta = \dfrac{D - d}{2} \end{cases} \quad (4\text{-}17)$$

式中　λ_t——土壤的热导率 $[W/(m \cdot K)]$，工程计算中无资料时，可取 $\lambda_t = 1.75W/(m \cdot K)$；

t_T——土壤温度（℃），一般取管道中心埋设深度处的自然土壤温度作为管道对外散热的温度；

t_s'——需控制的或假设的保温层表面温度（℃），工程中可先按式（4-18）计算：
$$t_s' = 33.4 + 0.028(t - 50) \quad (4\text{-}18)$$

H——管道的埋设深度（m）；

λ——保温材料的热导率 $[W/(m \cdot K)]$；

d——管道保温内径（即工作钢管外径）（m）；

D——管道保温外径（m）；

δ——管道保温层厚度（m）；

t——工作钢管外壁温度（℃）。

4. 保温层外表面温度计算

保温层外表面温度按式（4-19）计算。

$$t_s = \dfrac{\lambda t \ln \dfrac{4H}{D} + \lambda_t t_T \ln \dfrac{D}{d}}{\lambda_t \ln \dfrac{D}{d} + \lambda \ln \dfrac{4H}{D}} \quad (4\text{-}19)$$

式中符号说明同式（4-17）。

5. 管道的散热损失计算

管道的散热损失按式（4-20）计算。

$$Q = \dfrac{2\pi(t - t_T)}{\dfrac{1}{\lambda}\ln \dfrac{D}{d} + \dfrac{1}{\lambda_t}\ln \dfrac{4H}{D}} \quad (4\text{-}20)$$

式中　Q——单位长度热损失（W/m）。

【例 4-1】　有一根 $\phi 325mm \times 8mm$ 的热水管道，直埋敷设。管内介质温度 $t = 90℃$，管道埋设深度 $H = 1.5m$，土壤温度 $t_T = 5℃$，土壤热导率 $\lambda_t = 1.75$ $[W/(m \cdot K)]$，采用聚氨酯泡沫塑料保温，玻璃钢作保护层。

求：1）保温层厚度。

2）保温层表面温度。

3）散热损失。

解：假设保温层表面温度按式（4-18）计算：

$t_s' = 33.4 + 0.028(t - 50)$

　　$= [33.4 + 0.028 \times (90 - 50)]℃ = 34.52℃$

取 $t_s' = 35℃$。

聚氨酯泡沫塑料热导率：

$$\lambda = 0.029W/(m \cdot ℃)$$

1）保温层厚度按式（4-17）计算：

$\ln D = \dfrac{\lambda_t(t_s' - t_T)\ln d + \lambda(t - t_s')\ln(4H)}{\lambda_t(t_s' - t_T) + \lambda(t - t_s')}$

$= \dfrac{1.75 \times (35-5)\ln 0.325 + 0.029 \times (90-35)\ln(4 \times 1.5)}{1.75 \times (35-5) + 0.029 \times (90-35)}$

$= \dfrac{1.75 \times 30 \times (-1.1239) + 0.029 \times 55 \times 1.7918}{1.75 \times 30 + 0.029 \times 55}$

$= -1.0378$

$D = 0.355m$

$\delta = \dfrac{D - d}{2} = \dfrac{0.355 - 0.325}{2}m = 0.015m$

实际 $D = d + 2\delta = 0.325m + 2 \times 0.015m = 0.355m$ 与计算相符。

2）保温层表面实际温度，按式（4-19）计算：

$t_s = \dfrac{\lambda t \ln \dfrac{4H}{D} + \lambda_t t_T \ln \dfrac{D}{d}}{\lambda_t \ln \dfrac{D}{d} + \lambda \ln \dfrac{4H}{D}}$

$= \dfrac{0.029 \times 90 \times \ln \dfrac{4 \times 1.5}{0.355} + 1.75 \times 5 \times \ln \dfrac{0.355}{0.325}}{1.75 \times \ln \dfrac{0.355}{0.325} + 0.029 \times \ln \dfrac{4 \times 1.5}{0.355}}℃$

$= \dfrac{0.029 \times 90 \times 2.8273 + 1.75 \times 5 \times 0.0883}{1.75 \times 0.0883 + 0.029 \times 2.8273}℃$

$= \dfrac{8.1519}{0.2365}℃$

$= 34.47℃$

计算保温层表面温度与假设的保温层表面温度基本相符。

3）散热损失按式（4-20）计算：

$Q = \dfrac{2\pi(t - t_T)}{\dfrac{1}{\lambda}\ln \dfrac{D}{d} + \dfrac{1}{\lambda_t}\ln \dfrac{4H}{D}}$

$= \dfrac{2 \times 3.1416 \times (90 - 5)}{\dfrac{1}{0.029}\ln \dfrac{0.355}{0.325} + \dfrac{1}{1.75}\ln \dfrac{4 \times 1.5}{0.355}}W/m$

$= \dfrac{2 \times 3.1416 \times 85}{\dfrac{1}{0.029} \times 0.0883 + \dfrac{1}{1.75} \times 2.8273}W/m$

$= \dfrac{534.07}{4.6604}W/m$

$= 114.60W/m$

常年运行工况允许的最大热损失按国家标准 GB/T 4272—2008《设备及管道绝热技术通则》，

90℃时为 86W/m²，换算成 ϕ325mm×8mm 的管道每米允许的最大热损失为

$Q' = 84\pi d = 84 \times 3.1416 \times 0.325\text{W/m} = 85.77\text{W/m}$

计算结果：$Q = 114.6\text{W/m} > Q'$，而且对 ϕ325mm×8mm 的管道保温层厚度仅 0.015m，考虑计算误差及方便施工，现取 $\delta = 0.03$m，重新计算：

$D = d + 2\delta = 0.325\text{m} + 2 \times 0.03\text{m} = 0.385\text{m}$

保温层表面的实际温度：

$$t_s = \frac{0.029 \times 90 \times \ln\frac{4 \times 1.5}{0.385} + 1.75 \times 5 \times \ln\frac{0.385}{0.325}}{1.75 \times \ln\frac{0.385}{0.325} + 0.029 \times \ln\frac{4 \times 1.5}{0.385}}℃$$

$$= \frac{7.168 + 1.482}{0.2965 + 0.0796}℃$$

$$= \frac{8.65}{0.3761}℃ = 23℃$$

散热损失：

$$Q = \frac{2 \times 3.1416 \times (90 - 5)}{\frac{1}{0.029}\ln\frac{0.385}{0.325} + \frac{1}{1.75}\ln\frac{4 \times 1.5}{0.385}}\text{W/m}$$

$$= \frac{534.07}{5.842 + 1.5693}\text{W/m}$$

$$= 72.06\text{W/m}$$

当保温厚度为 30mm 时，保温层表面实际温度为 23℃，散热损失为 72.06W/m，是国家规定的热损失 86W/m 的 84%，计算合适。

【例 4-2】　有一根 ϕ820mm×10mm 的热水管道，直埋敷设。管内介质温度 $t = 120$℃，管道埋设深度 $H = 1.5$m，土壤温度 $t_T = 5$℃，土壤热导率 $\lambda_t = 1.75$ ［W/(m·K)］，采用聚氨酯泡沫塑料保温，聚乙烯作保护层。

求：1) 保温层厚度。

2) 保温层表面温度。

3) 散热损失。

解：假设保温层表面温度按式（4-18）计算：

$t'_s = 33.4 + 0.028(t - 50)$

$= [33.4 + 0.028 \times (120 - 50)]℃ = 35.36℃$

取 $t'_s = 36$℃。

聚氨酯泡沫塑料热导率：

$\lambda = 0.029\text{W/(m·℃)}$

1) 保温层厚度按式（4-17）计算：

$$\ln D = \frac{\lambda_t(t'_s - t_T)\ln d + \lambda(t - t'_s)\ln(4H)}{\lambda_t(t'_s - t_T) + \lambda(t - t'_s)}$$

$$= \frac{1.75 \times (36-5)\ln 0.82 + 0.029 \times (120-36)\ln(4 \times 1.5)}{1.75 \times (36-5) + 0.029 \times (120-36)}$$

$$= \frac{1.75 \times 31 \times (-0.1985) + 0.029 \times 84 \times 1.7918}{1.75 \times 31 + 0.029 \times 84}$$

$= -0.11297$

$D = 0.894\text{m}$

$\delta = \frac{D - d}{2} = \frac{0.894 - 0.820}{2}\text{m} = 0.037\text{m}$

实际 $D = d + 2\delta = 0.820\text{m} + 2 \times 0.037\text{m} = 0.894\text{m}$ 与计算相符。

2) 保温层表面实际温度，按式（4-19）计算：

$$t_s = \frac{\lambda_t\ln\frac{4H}{D} + \lambda_t t_T\ln\frac{D}{d}}{\lambda_t\ln\frac{D}{d} + \lambda\ln\frac{4H}{D}}$$

$$= \frac{0.029 \times 120 \times \ln\frac{4 \times 1.5}{0.894} + 1.75 \times 5 \times \ln\frac{0.894}{0.820}}{1.75 \times \ln\frac{0.894}{0.820} + 0.029 \times \ln\frac{4 \times 1.5}{0.894}}℃$$

$$= \frac{0.029 \times 120 \times 1.9038 + 1.75 \times 5 \times 0.0864}{1.75 \times 0.0864 + 0.029 \times 1.9038}℃$$

$= 35.57℃$

计算保温层表面温度与假设的保温层表面温度基本相符。

3) 散热损失按式（4-20）计算：

$$Q = \frac{2\pi(t - t_T)}{\frac{1}{\lambda}\ln\frac{D}{d} + \frac{1}{\lambda_t}\ln\frac{4H}{D}}$$

$$= \frac{2 \times 3.1416 \times (120 - 5)}{\frac{1}{0.029}\ln\frac{0.894}{0.820} + \frac{1}{1.75}\ln\frac{4 \times 1.5}{0.894}}\text{W/m}$$

$$= \frac{2 \times 3.1416 \times 115}{\frac{1}{0.029} \times 0.0864 + \frac{1}{1.75} \times 1.9038}\text{W/m}$$

$= 177.66\text{W/m}$

常年运行工况允许的最大热损失按国家标准 GB/T 4272—2008《设备及管道绝热技术通则》，120℃时为 104W/m²，换算成 ϕ820mm×10mm 的管道每米允许的最大热损失为

$Q' = 104\pi d = 104 \times 3.1416 \times 0.820\text{W/m}$

$= 267.92\text{W/m}$

计算结果：$Q = 177.66\text{W/m} < Q'$。

当保温厚度为 37mm 时，保温层表面实际温度为 35.57℃，散热损失为 177.66W/m，是国家规定的热损失 267.92W/m 的 66%，计算合适。

4.1.7　管道受力计算及应力验算

直埋供热管道受力计算及应力验算的任务是计算管道由内压、外部荷载和热胀冷缩引起的力、力矩和应力，从而确定管道的结构尺寸，采取适当的措施，保证计算的管道安全可靠和经济合理。

管道受力计算及应力验算是用应力分类方法和

安定性方法，并按 DL/T 5366—2014《发电厂汽水管道应力计算技术规程》的方法进行计算。在管道应力计算中，计算参数应按下列规定取值：

1）计算压力应取管网设计压力。

2）工作循环最高温度应取供热管网设计供水温度；工作循环最低温度，对于全年运行的管道应取 30℃，对于只在供暖期运行的管道应取 10℃。

3）计算安装温度应取安装时的最低温度。

4）计算应力变化范围时，计算温差应采用工作循环最高温度与工作循环最低温度之差。

5）计算轴向力时，计算温差应采用工作循环最高温度与计算安装温度之差。

直埋供热管道钢材的基本许用应力，应根据钢材有关特性，取下列两式中最小值：

$$[\sigma] = \sigma_b / 3 \qquad (4\text{-}21)$$

$$[\sigma] = \sigma_s / 1.5 \qquad (4\text{-}22)$$

式中　$[\sigma]$——钢材在计算温度下的基本许用应力（MPa）；

σ_b——钢材在计算温度下的抗拉强度最小值（MPa）；

σ_s——钢材在计算温度下的屈服点最小值（MPa）。

直埋供热管道的应力验算应采用应力分类法，并应符合下列规定：

1）一次应力的当量应力不应大于钢材的许用应力。

2）一次应力和二次应力的当量应力变化范围不应大于 3 倍钢材的许用应力。

3）局部应力集中部位的一次应力、二次应力和峰值应力的当量应力变化幅度不应大于 3 倍钢材的许用应力。

常用钢材的基本许用应力值 $[\sigma]$ 见表 4-5，常用钢材的特性数据见表 4-6。

表 4-5　常用钢材的力学性能

钢号	10	20	Q235	Q235
壁厚/mm	≤16	≤16	≤16	>16
抗拉强度最大值/MPa	335	410	375	375
抗拉强度最小值/MPa	205	245	235	225
许用应力/MPa	112	137	125	125

表 4-6　常用钢材的特性数据

钢材物理特性		弹性模量 E /（10^4MPa）			线膨胀系数 γ /[10^{-4}cm/（m·℃）]		
钢号		10	20	Q235	10	20	Q235
计算温度 /℃	20	19.8	19.8	20.6	—	—	—
	100	19.1	18.2	20.0	11.9	11.2	12.2
	130	18.8	18.1	19.8	12.0	11.4	12.4
	140	18.7	18.0	19.7	12.2	11.5	12.5
	150	18.6	18.0	19.6	12.3	11.6	12.6

1. 管壁厚度的计算

管道的理论壁厚的计算见本手册第 9 章 9.1 节所述。对于直埋供热管道的最小壁厚以及温度高、内压力大的钢管的壁厚，应按 DL/T 5366—2014《发电厂汽水管道应力计算技术规程》的方法进行计算。

2. 保温管外壳与土壤之间的摩擦力计算

直埋保温管外壳承受的土壤压力按式（4-23）计算：

$$p = 9.8\rho\left(H + \frac{D}{2}\right) \qquad (4\text{-}23)$$

式中　p——土壤对外套管的压力（Pa）；

ρ——土壤密度（kg/m³）；

H——管顶覆土深度（m）；

D——外套管外径（m）。

直埋保温管外套管和土壤之间的单位长度摩擦力，按式（4-24）计算：

$$f = \mu\left(\frac{1+K_0}{2}\pi D\sigma_v + G - \frac{\pi}{4}D^2\rho \cdot 9.8\right) \qquad (4\text{-}24)$$

$$\sigma_v = \rho \cdot 9.8H \,(\text{地下水位以上})$$

$$\sigma_v = \rho \cdot 9.8H_w + \rho_{sw} \cdot 9.8(H - H_w) \qquad (4\text{-}25)$$

式中　f——每 1m 管长的摩擦力（N/m）；

μ——摩擦系数，按表 4-7 取用；

K_0——土壤静压力系数，$K_0 = 1 - \sin\varphi$；

G——包括介质在内的保温管单位长度自重（N/m）；

ρ_{sw}——地下水位线以下的土壤有效密度（kg/m³）；

H_w——地下水位深度（m）；

σ_v——管道中心线处土壤应力（Pa）；

φ——回填土内摩擦角（°），砂土可取 30°。

表 4-7　外壳管与土壤间的摩擦系数

外壳管材料	中砂		粉质黏土	
	最大摩擦系数 μ_{max}	最小摩擦系数 μ_{min}	最大摩擦系数 μ_{max}	最小摩擦系数 μ_{min}
高密度聚乙烯或玻璃钢	0.4	0.2	0.4	0.15

4.1.8　直管段的轴向力和热伸长

1. 管道的屈服温差

管道的屈服温差按式（4-26）计算，以判断管道是否进入塑性状态：

$$\Delta T_g = \frac{1}{\alpha E}[n\sigma_s - (1-\nu)\sigma_t] \qquad (4\text{-}26)$$

$$\sigma_t = \frac{p_a d}{2\delta} \qquad (4\text{-}27)$$

式中　ΔT_g——管道的屈服温差（℃）

α ——管材的线膨胀系数 $[\mathrm{m/(m \cdot \text{℃})}]$；

E ——管材的弹性模量（MPa）；

n ——屈服点增强系数，n 取 1.3；

σ_s ——管材的屈服点（MPa）；

ν ——管材的泊松系数，对钢材 ν 取 0.3；

σ_t ——管道内压产生的环向应力（MPa）；

p_a ——管道的计算内压（MPa）；

d ——管道的内径（m）；

δ ——管道的公称壁厚（m）。

2. 直管段的过渡长度

最大过渡段长度，即当直埋管道经若干次温度变化而推动，其单位长度摩擦力减至最小，并稳定不变时形成的过渡段长度，可按式（4-28）计算：

$$L_{\max} = \frac{[\alpha E(t_1 - t_0) - \nu \sigma_t]A \times 10^6}{f_{\min}} \quad (4\text{-}28)$$

当 $t_1 - t_0 > \Delta T_g$ 时，取 $t_1 - t_0 = \Delta T_g$。

最小过渡段长度，即直埋管道第一次温度变化时，受最大单位摩擦作用形成的过渡段长度，可按式（4-29）计算：

$$L_{\min} = \frac{[\alpha E(t_1 - t_0) - \nu \sigma_t]A \times 10^6}{f_{\max}} \quad (4\text{-}29)$$

当 $t_1 - t_0 > \Delta T_g$ 时，取 $t_1 - t_0 = \Delta T_g$。

式中　$L_{\max}$ ——管道的最大过渡段长度（m）；

$L_{\min}$ ——管道的最小过渡段长度（m）；

$f_{\max}$ ——管道的最大单位长度摩擦力（N/m）；

$f_{\min}$ ——管道的最小单位长度摩擦力（N/m）；

t_1 ——管道工作循环最高温度（℃）；

t_0 ——管道计算安装温度（℃）；

A ——管道管壁的横截面积（m²）。

其余符号同前。

3. 过渡段内轴向力变化范围

在管道工作循环最高温度下，过渡段内任一截面上的轴向力变化范围按式（4-30）和式（4-31）计算：

最大轴向力　$N_{\max} = f_{\max}L + F_z$　　　（4-30）

当 $L \geq L_{\max}$ 时，取 $L = L_{\max}$。

最小轴向力　$N_{\min} = f_{\min}L + F_z$　　　（4-31）

式中　L ——过渡段内计算截面距活动端的距离（m）；

$N_{\max}$ ——计算截面的最大轴向力（N）；

$N_{\min}$ ——计算截面的最小轴向力（N）；

F_z ——活动端对管道伸缩的阻力（N）。

其余符号同前。

4. 锚固段内的轴向力

在管道工作循环最高温度下，锚固段内的轴向力按式（4-32）计算：

$$N_a = [\alpha E(t_1 - t_0) - \nu \sigma_t]A \times 10^6 \quad (4\text{-}32)$$

当 $t_1 - t_0 > \Delta T_g$ 时，取 $t_1 - t_0 = \Delta T_g$。

式中　N_a ——锚固段的轴向力（N）。

5. 直管的当量应力变化范围

对于直管的当量应力变化范围应进行验算，并应满足式（4-33）的要求：

$$\sigma_p = (1 - \nu)\sigma_t + \alpha E(t_1 - t_0) \leq 3[\sigma]$$

$$(4\text{-}33)$$

式中　σ_p ——内压、热胀应力的当量应力变化范围（MPa）。

其余符号同前。

当不能满足式（4-33）的条件时，管系中不应有锚固段存在，且设计布置的过渡段长度应满足式（4-34）的要求：

$$L \leq \frac{(3[\sigma] - \sigma_t)A}{1.6F_{\max}} \times 10^6 \quad (4\text{-}34)$$

式中　L ——设计布置的过渡段长度（m）。

其余符号同前。

6. 两过渡段间驻点 Z 位置

两端为活动端且无固定点的直埋直线管段，当管道温度发生变化时，全线管道分别向两端或管段中部产生热位移，位移为零的点即为驻点。图 4-9 驻点 Z 的位置可根据轴向力平衡原理，按式（4-35）计算：

$$L_1（或 L_2） = \left(L - \frac{F_1 - F_2}{f_{\min}}\right)/2 \quad (4\text{-}35)$$

式中　L ——两过渡段管线总长度（m）；

L_1、L_2 ——驻点 Z 左侧和右侧过渡段长度（m）；

F_1、F_2 ——驻点 Z 左侧和右侧活动端对管伸缩的阻力（N）；

$f_{\min}$ ——管道最小单位摩擦力（N/m）。

当 F_1 或 F_2 的数值与过渡段长度有关，采用迭代计算时，计算精度应达到 F_1 或 F_2 的误差不大于 10%。

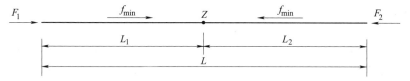

图 4-9　驻点 Z 位置图

7. 过渡段热伸长量计算

当 $t_1-t_0 \leqslant \Delta T_y$ 或 $L \leqslant L_{\min}$，整个过渡段处于弹性状态工作时：

$$\Delta L = \left[\alpha(t_1 - t_0) - \frac{f_{\min}L}{2EA \times 10^6} \right] L \quad (4\text{-}36)$$

当 $t_1-t_0 > \Delta T_y$ 或 $L > L_{\min}$，过渡段中部分进入塑性状态工作时：

$$\Delta L = \left[\alpha(t_1 - t_0) - \frac{f_{\min}L}{2EA \times 10^6} \right] L - \Delta l_p$$

$$(4\text{-}37)$$

$$\Delta l_p = \alpha(t_1 - \Delta T_y - t_0)(L - L_{\min}) \quad (4\text{-}38)$$

式中　ΔL——过渡段的热伸长量（m）；

L——过渡段长度（m）；

Δl_p——过渡段的塑性压缩变形量（m）；

ΔT_y——管道的屈服温差。

其余符号同前。

8. 过渡段内任一点的热位移

可采用下列步骤进行计算：

1）计算整个过渡段的热伸长量。

2）以计算点到活动端的距离作为一个假想的过渡段，计算该段的热伸长量。

3）整个过渡段与假想过渡段热伸长量之差即为计算点的热位移量。

采用套筒补偿器、波纹补偿器、球形补偿器对过渡段的热伸长或分支三通热位移进行补偿时，选用补偿器的能力应符合：当过渡段的一端为固定点或锚固点时，补偿器补偿能力不应小于计算热伸长量（或热位移量）的 1.1 倍；当过渡段的一端为驻点时，补偿器补偿能力不应小于计算热伸长量（或热位移量）的 1.2 倍，但不应大于按过渡段最大长度计算出的热伸长量的 1.1 倍。

9. 转角管段的应力计算

直埋管道的水平弯头和纵向弯头的升温弯矩及轴向应力应按有限元法或弹性抗弯铰解析法进行计算。计算弯头弯矩时，管道的计算温差按工作循环最高温度与计算安装温度之差取用。计算转角段的轴向力时，管道的计算温差按工作循环最高温度与计算安装温度之差取用。

Z 形、Ⅱ形管段均可分割成两个 L 形管段，分割的原则是将"Z"形管段以垂直臂上的驻点将管段分为两个 L 形管段，对于两侧转角相同的 Z 形管段，驻点可按垂直臂中点考虑；Ⅱ形管段自外伸臂的顶点将两个外伸臂连同两侧的直管段分为两个 L 形管段。

采用弹性抗弯铰解析法进行计算时，L 形管段的臂长应符合式（4-39）计算要求：

$$L_1、L_2 \geqslant 2.3 \Big/ \left(\frac{DC}{4EI_z \times 10^6} \right)^{\frac{1}{4}} \quad (4\text{-}39)$$

式中　D——管道保温外壳的外径（m）；

C——土壤横向压缩反力系数（N/m^3）；

I_z——管道横截面二次矩（m^4）。

10. 埋地弯头在弯矩作用下的最大环向应力

按下列各式计算：

$$\sigma_{bt} = \frac{\beta_b M r_{bo}}{I_b} \times 10^{-6} \quad (4\text{-}40)$$

式中　σ_{bt}——弯头在弯矩作用下的最大环向应力（MPa）；

β_b——弯头平面弯曲环向应力加强系数；

M——弯头的弯矩变化范围（N·m）；

r_{bo}——弯头工作管横截面的外半径（m）；

I_b——弯头横截面二次矩（m^4）。

$$\beta_b = 0.9 (1/\lambda)^{2/3} \quad (4\text{-}41)$$

式中　λ——弯头工作管的尺寸系数。

$$\lambda = R\delta/r_{bm}^2 \quad (4\text{-}42)$$

式中　R——弯头的计算弯曲半径（m）；

δ——弯头的公称壁厚（m）；

r_{bm}——弯头工作管横截面的平均半径（m）。

$$r_{bm} = r_{bo} - \delta/2 \quad (4\text{-}43)$$

埋地弯头的强度验算按下列各式进行：

$$\sigma_{bt} + 0.5\sigma_{pt} \leqslant 3[\sigma] \quad (4\text{-}44)$$

$$\sigma_{pt} = \frac{pD_n}{2\delta} = \frac{pr_n}{\delta} \quad (4\text{-}45)$$

式中　σ_{pt}——埋地弯头在内压作用下弯头顶（底）部的环向应力（MPa）；

D_n——弯头内径（m）；

r_n——弯头内半径（m）；

$[\sigma]$——弯头钢材的基本许用应力（MPa）；

p——管道的计算压力（MPa）。

其余符号同前。

11. 管道稳定性验算

直埋管道纵向失稳的主要原因是管道工作温度和敷设温度差所产生的轴向应力。在锚固段，由于管道温度应力全部转化成轴向应力，其值相当大。在过渡段，由于有位移，轴向应力大大降低，纵向失稳的可能性也大大减小。

由于管道周围土壤在径向和轴向对管道有约束，正常状态下埋地管道在地下保持稳定，当周围土壤的约束力较小或因周围开挖而减小，受压管道会在横向约束最弱的区域丧失稳定。

当直埋管存在少许弯曲部分，随温度升高弯曲段两侧将产生轴向位移，此时弯曲段将产生额外的横向位移。这种位移可造成管道从地下突出。特别是当出现蠕变现象后，直管道在温差不变时，仍继续朝弯曲段移动，进一步助长弯曲段的挠度，将使纵向失稳不可避免地发生，所以须对管道进行稳定性验算。管道的稳定条件按下列各式计算：

$$F_{kp} = 3.97 \sqrt[11]{F^2 q^4 A^2 E^5 I^2} \quad (4-46)$$

由温差引起的热膨胀压缩力：

$$F_t = \alpha E(t_1 - t_2)A \quad (4-47)$$

管道的稳定条件应为

$$F_{kp} \geqslant F_t = \alpha E(t_1 - t_2)A \quad (4-48)$$

由式（4-46）及式（4-48）推导、改写成临界最小覆土深度的计算公式：

$$H_{kp} = \frac{K - g_管 - g_介}{D\gamma} \quad (4-49)$$

$$g = \gamma H D_0 + g_管 + g_介 \quad (4-50)$$

式中　H_{kp}——临界最小覆土深度（m）；

F_{kp}——临界压缩力（N）；

F_t——管道位移的阻力（N）；

g——管道上部单位长度土壤重力和管道重力之和（N）；

K——管道稳定性计算的中间量；

$$K = \frac{0.081\alpha^{1.83} E A^{1.5}(t_1 - t_2)^{1.83}}{\mu^{0.33} I^{0.5}} \quad (4-51)$$

D_0——管道保温外径（m）；

μ——土壤与管道的摩擦系数，取 $\mu = 0.4$；

γ——土壤的平均重度（kg/m^3），取 $\gamma = 17000 \sim 18000$N/$m^3$；

$g_管$——管道保温厚的单位长度总荷载（N/m）；

$g_介$——管内介质单位长度荷载（N/m）；

A——管道的横截面积（m^2），$A = 0.785(D^2 - d^2)$；

D——管道外径（m）；

I——管道截面的二次矩（m^4），$I = 0.049(D^4 - d^4)$；

d——管道内径（m）；

H——管顶上部覆土深度（m）；

α——管道的线膨胀系数［m/(m·K)］；

E——钢材的弹性模量（Pa）；

t_1——介质温度（℃）；

t_2——安装温度（℃）。

【例 4-3】　某一直埋管道，管径 $\phi 325$mm×9mm，保温厚度 50mm，介质温度 $t_1 = 100$℃，安装温度 $t_2 = 0$℃，计算管道的最小覆土深度 H_{kp}。

$g_管 = 706.3$N/m；

$g_介 = 681$N/m；

$A = 0.785 \times (0.325^2 - 0.307^2)m^2$
$\quad = 8.93 \times 10^{-3} m^2$；

$I = 0.049 \times (0.325^4 - 0.307^4)m^4$
$\quad = 1.11 \times 10^{-4} m^4$；

$D_0 = 0.425$m；

$\gamma = 17000$N/m^3；

$E = 19.8 \times 10^{10}$Pa；

$\alpha = 1.22 \times 10^{-5}$m/(m·K)。

由式（4-51）得：

$$K = \frac{0.081 \times (1.22 \times 10^{-5})^{1.83} \times (19.8 \times 10^{10})}{0.4^{0.33} \times (1.11 \times 10^{-4})^{0.5}} \times$$
$$\frac{(8.93 \times 10^{-3})^{1.5} \times (100 - 0)^{1.83}}{0.4^{0.33} \times (1.11 \times 10^{-4})^{0.5}} N/m$$
$$= 8090 N/m$$

$$H_{kp} = \frac{8090 - 706.3 - 681}{0.425 \times 17000} m$$
$$= 0.928 m$$

在实际工程中，水平直管段的覆土深度安全系数取 1.3，上拱安全系数取 1.6，两者取最大值，故覆土深度应为 0.928×1.6m=1.48m 较为安全。

由上述计算可知，管道的稳定性与覆土深度、土壤的密实度有关，当增加覆土深度有困难时，可以采取增加固定支墩的方法。直埋供热管道除了满足上述稳定条件外，还应考虑：为了减少热损失，尽量埋在冻土层以下；应满足农田、园林绿化及其他管线敷设要求。

根据上式计算，直埋敷设管道最小覆土深度见表 4-8。

表 4-8　直埋热水管道的最小覆土深度 H

管道公称直径 DN/mm	机动车道/m	非机动车道/m
50～125	0.8	0.7
150～300	1.0	0.7
350～500	1.2	0.9
600～700	1.3	1.0
800～1000	1.3	1.1
1100～1200	1.3	1.2

12. 管道对固定支架的推力

管道对固定支架、固定墩的推力，包括下列三个部分：

1）管道热胀冷缩受到土壤约束产生的作用力。

2）内压产生的不平衡力。

3）活动端位移产生的作用力。

管道作用于固定墩、固定支架两侧作用力的合成应遵循下列原则：

1）合成力应是其两侧管道单侧作用力的矢

量和。

2) 根据两侧管段摩擦力下降造成的轴向力变化的差异，应按最不利情况进行合成。

3) 两侧管段由热胀受约束引起的作用力和活动端作用力的合力相互抵消时，荷载较小方向力应乘以 0.8 的抵消系数。

4) 当两侧管段均为锚固段时，抵消系数应取 0.9。

5) 两侧内压不平衡力的抵消系数应取 1.0。

13. 无补偿敷设管道的位移计算

保温管由安装温度 t_1 升至温度 t_2 时，若管段 L_f 不受约束自由膨胀，管端位移量按式（4-52）计算：

$$U_t = \alpha L_f(t_2 - t_1) \qquad (4\text{-}52)$$

式中 U_t——管端位移量（m）；

L_f——管线长度（m）。

由于直埋保温管在土壤中敷设，因此土壤与保温管的外套管之间的摩擦力将减少管线的膨胀量。管端实际位移减少量按式（4-53）计算：

$$U'_f = \varepsilon_m L_f = \frac{f L_f^2}{2EA} \qquad (4\text{-}53)$$

式中 U'_f——位移减少量（m）；

ε_m——L_f 管段上的平均应变；

L_f——摩擦长度（m）；

f——单位长度摩擦力（N/m）；

A——钢管管壁截面积（mm^2）；

E——钢材的弹性模量（MPa）。

温度变化时，管端实际位移量 U（m）按式（4-54）计算：

$$U = U_t - U'_f = \alpha L_f(t_1 - t_2) - \frac{f L_f^2}{2EA} \qquad (4\text{-}54)$$

表 4-9 给出当 $\Delta t = t_2 - t_1 = 120\,℃$ 时管段过渡段最大长度及热伸长。

此表的制表原始条件如下：管内压力取 1.6MPa、许用应力 125MPa、泊松比 $\nu = 0.3$、线胀系数 $\alpha = 1.26 \times 10^{-5}$ m/(m·℃)、弹性模量 $E = 1.96 \times 10^5$ MPa、覆土深度 $H = 1.2$m、摩擦系数 $\mu = 0.2$、土壤密度 $\rho = 1800$kg/m^3。

表 4-9 管段过渡段最大长度及热伸长

（单位：m）

直钢管规格/mm			过渡段最大长度 L_{max}	热伸长 ΔL
公称通径 DN	管道外径 d_y	壁厚 S_{nom}		
40	48	3	92	0.071
50	54	3.5	108	0.083
70	76	4	159	0.122
80	89	4	162	0.125

（续）

直钢管规格/mm			过渡段最大长度 L_{max}	热伸长 ΔL
公称通径 DN	管道外径 d_y	壁厚 S_{nom}		
100	108	4	155	0.120
125	133	4.5	191	0.148
150	159	4.5	202	0.157
200	219	6	291	0.227
250	273	6	301	0.236
300	325	7	362	0.284
350	377	7	304	0.269
400	426	7	337	0.268
450	478	7	334	0.267
500	529	8	376	0.301
600	630	8	360	0.291
700	720	8	408	0.330
800	820	10	448	0.362
900	920	12	553	0.445
1000	1020	13	592	0.477

14. 预热温度计算

$$t_{PH} = t_2 - \frac{[\sigma]_j^t + \nu\sigma_t}{E\alpha} \qquad (4\text{-}55)$$

式中 t_{PH}——管线预热温度（℃）；

t_2——介质的最高工作温度（℃）；

$[\sigma]_j^t$——钢材的基本许用应力（MPa）；

σ_t——钢管的切应力（MPa）；

ν——泊松比；

E——钢材的弹性模量（MPa）；

α——钢材的线膨胀系数 [m/(m·K)]。

【例 4-4】 某一直埋供热工程，供、回水管道均为 $\phi 325$mm × 8mm，供水温度 $t = 130\,℃$，工作压力 $p_0 = 0.8$MPa；回水温度 $t = 70\,℃$，工作压力 $p_0 = 0.4$MPa。采用聚氨酯泡沫塑料保温，其热导率 $\lambda = 0.03$W/(m·K)，外护层为玻璃钢。供、回水管平均埋深 $H = 1.5$m，土壤温度 $t_T = 5\,℃$，土壤热导率 $\lambda_t = 1.75$W/(m·K)。

求：1) 供水管的保温层厚度、表面温度、热损失。

2) 回水管的保温层厚度、表面温度、热损失。

3) 按照现行规程应力验算法判断直管段能否布置锚固段。

解：

1) 供水管道的计算：

保温层内径 $D_i = 0.325$m，保温层外径为 D_0，保温层厚度 δ。

① 假定保温层表面温度 t'_s 按式（4-18）计算：

$$t'_s = 33.4 + 0.028(t - 50)$$

$$= [33.4 + 0.028 \times (130 - 50)]℃$$

$$= 35.64℃$$

② 保温层外径 D_0 按式（4-17）计算：

$$\ln D_0 = \frac{\lambda_t(t'_s - t_T)\ln D_i + \lambda(t - t'_s)\ln(4H)}{\lambda_t(t'_s - t_T) + \lambda(t - t'_s)}$$

$$= \frac{1.75 \times (35.64 - 5) \times \ln 0.325}{1.75 \times (35.64 - 5) + 0.03 \times (130 - 35.64)} +$$

$$\frac{0.03 \times (130 - 35.64)\ln(4 \times 1.5)}{1.75 \times (35.64 - 5) + 0.03 \times (130 - 35.64)}$$

$$= \frac{1.75 \times 30.64 \times (-1.124) + 0.03 \times 94.36 \times 1.79}{1.75 \times 30.64 + 2.83}$$

$$= \frac{-55.203}{56.45}$$

$$D_0 = 0.376 \text{m}$$

保温层厚度：$\delta = \dfrac{D_0 - D_i}{2}$

$$= \frac{0.376 - 0.325}{2}\text{m}$$

$$= 0.0255\text{m}, \text{取} \delta = 0.03\text{m}。$$

实际 $D_0 = D_i + 2\delta = 0.325\text{m} + 2 \times 0.03\text{m} = 0.385\text{m}。$

③ 保温层表面实际温度 t_s 按式（4-19）计算：

$$t_s = \frac{\lambda t \ln\dfrac{4H}{D_0} + \lambda_t t_T \ln\dfrac{D_0}{D_i}}{\lambda_t \ln\dfrac{D_0}{D_i} + \lambda \ln\dfrac{4H}{D_0}}$$

$$= \frac{0.03 \times 130\ln\dfrac{4 \times 1.5}{0.385} + 1.75 \times 5\ln\dfrac{0.385}{0.325}}{1.75\ln\dfrac{0.385}{0.325} + 0.03\ln\dfrac{4 \times 1.5}{0.385}}℃$$

$$= \frac{0.03 \times 130 \times 2.746 + 1.75 \times 5 \times 0.169}{1.75 \times 0.169 + 0.03 \times 2.746}℃$$

$$= \frac{12.188}{0.46}℃$$

$$= 26.5℃$$

④ 管道的散热损失 Q_1 按式（4-20）计算：

$$Q_1 = \frac{2\pi(t - t_T)}{\dfrac{1}{\lambda}\ln\dfrac{D_0}{D_i} + \dfrac{1}{\lambda_t}\ln\dfrac{4H}{D_0}}$$

$$= \frac{2\pi(130 - 5)}{\dfrac{1}{0.03}\ln\dfrac{0.385}{0.325} + \dfrac{1}{1.75}\ln\dfrac{4 \times 1.5}{0.385}}\text{W/m}$$

$$= \frac{785}{5.647 + 1.569}\text{W/m}$$

$$= \frac{785}{7.216}\text{W/m}$$

$$= 108.8\text{W/m}$$

2）回水管道的计算：

保温内径 $D_i = 0.325\text{m}$，保温层外层 $D_0(\text{m})$。

回水管道的保温层厚度 δ，保温层表面实际 t_s，管道的散热损失计算方法，与供水管相同，分别计算如下：

① 假定保温层表面温度 t'_s：

$$t'_s = 33.4 + 0.028(t - 50)$$

$$= [33.4 + 0.028 \times (70 - 50)]℃$$

$$= 33.96℃。$$

② 保温层外径 D_0：

$$\ln D_0 = \frac{\lambda_t(t'_s - t_T)\ln D_i + \lambda(t - t'_s)\ln(4H)}{\lambda_t(t'_s - t_T) + \lambda(t - t'_s)}$$

$$= \frac{1.75 \times (33.96 - 5)\ln 0.325 + 0.03 \times (70 - 33.96)\ln(4 \times 1.5)}{1.75 \times (33.96 - 5) + 0.03 \times (70 - 33.96)}$$

$$= \frac{-55.023}{50.798}$$

$$= -1.083$$

$$D_0 = 0.339\text{m}$$

保温层厚度：

$$\delta = \frac{D_0 - D_i}{2}$$

$$= \frac{0.339 - 0.325}{2}\text{m}$$

$$= 0.007\text{m}, \text{取} 0.03\text{m}。$$

$$D_0 = D_i + 2\delta$$

$$= (0.325 + 2 \times 0.03)\text{m}$$

$$= 0.385\text{m}$$

③ 保温层表面实际温度 t_s：

$$t_s = \frac{\lambda t \ln\dfrac{4H}{D_0} + \lambda_t t_T \ln\dfrac{D_0}{D_i}}{\lambda_t \ln\dfrac{D_0}{D_i} + \lambda \ln\dfrac{4H}{D_0}}$$

$$= \frac{0.03 \times 70 \times \ln\dfrac{4 \times 1.5}{0.385} + 1.75 \times 5 \times \ln\dfrac{0.385}{0.325}}{1.75 \times \ln\dfrac{0.385}{0.325} + 0.03 \times \ln\dfrac{4 \times 1.5}{0.385}}℃$$

$$= \frac{5.767 + 1.482}{0.296 + 0.0823}℃$$

$$= 19.2℃$$

④ 管道的散热损失 Q_2：

$$Q_2 = \frac{2\pi(t - t_T)}{\dfrac{1}{\lambda}\ln\dfrac{D_0}{D_i} + \dfrac{1}{\lambda_t}\ln\dfrac{4H}{D_0}}$$

$$= \frac{2\pi(70 - 5)}{\dfrac{1}{0.03}\ln\dfrac{0.385}{0.325} + \dfrac{1}{1.75}\ln\dfrac{4 \times 1.5}{0.385}}\text{W/m}$$

$$= \frac{408.2}{5.64 + 1.569}\text{W/m}$$

$$= 56.6\text{W/m}$$

⑤ 供、回水管道总热损失 Q：
$$Q = Q_1 + Q_2$$
$$= (88.45 + 56.6)\text{W/m}$$
$$= 94.11\text{W/m}$$

3）按照现行规程应力验算法验算：

长直管段的强度条件：管网供水最高温度 130℃，安装温度取 10℃。

按照式（4-33）和式（4-27）：
$$\sigma_p = (1 - \nu)\sigma_t + \alpha E(t_1 - t_0) \le 3[\sigma]$$
$$\sigma_t = \frac{p_a d}{2\delta}$$
$$\sigma_t = [0.8 \times 0.309/(2 \times 0.008)]\text{MPa} = 15.45\text{MPa}$$
$$\sigma_p = (1 - 0.3) \times 15.45 + 1.244 \times 10^{-5} \times$$
$$198000 \times (130 - 10)\text{MPa}$$
$$= 306.4\text{MPa} \le 3[\sigma] = 3 \times 125\text{MPa}$$
$$= 375\text{MPa}$$

本工程回水管道温度 70℃，远小于供水管最高水温，肯定也满足式（4-33），本工程根据现行规程应力验算方法，直管段允许存在锚固段。

【例 4-5】 某一直埋供热工程，供、回水管道均为 $\phi 820\text{mm} \times 12\text{mm}$，供水温度 $t = 130℃$，工作压力 $p_0 = 1.2\text{MPa}$；回水温度 $t = 70℃$，工作压力 $p_0 = 0.4\text{MPa}$，工作循环最低温度按规程取 10℃，外护管外径 960mm，管顶覆土深度 1.2m，保温管单位长度自重（含介质）7398N/m。管线平面布置图如图 4-10 所示。

供水管 $\phi 820 \times 12$

| 过渡段 | 锚固段 | 过渡段 |
| 479.00 | 1000 | 479.00 |

15.00　　　　　　　　　　　　　　　　15.00

图 4-10　管线平面布置图

1）验算此管道能否存在锚固段。
2）求锚固段的轴向力。
3）求工作循环最高温度的过渡段最大长度及热伸长。

解：

1）长直管段的强度条件：管网供水最高温度 130℃，安装温度取 10℃。

按照式（4-33）和式（4-27）：
$$\sigma_p = (1 - \nu)\sigma_t + \alpha E(t_1 - t_0) \le 3[\sigma]$$
$$\sigma_t = \frac{p_a d}{2\delta}$$
$$\sigma_t = [1.6 \times 0.796/(2 \times 0.012)]\text{MPa} = 53.1\text{MPa}$$
$$\sigma_p = (1 - 0.3) \times 53.1 + 1.24 \times 10^{-5} \times$$
$$198000 \times (130 - 10)$$
$$= 331.8\text{MPa} \le 3[\sigma] = 3 \times 125\text{MPa}$$

$$= 375\text{MPa}$$

本工程回水管道温度 70℃，远小于供水管最高水温，肯定也满足式（4-33），本工程根据现行规程应力验算方法，直管段允许存在锚固段。

2）根据式（4-26）：
$$\Delta T_g = \frac{1}{\alpha E}[n\sigma_s - (1 - \nu)\sigma_t]$$
$$= 1/(12.4 \times 10^{-6} \times 198000) \times$$
$$[1.3 \times 235 - (1 - 0.3) \times 53.1]℃$$
$$= 109.3℃$$

根据式（4-32）锚固段的轴向力：
$$N_a = [\alpha E(t_1 - t_0) - \nu\sigma_t]A \times 10^6$$
$$t_1 - t_0 = (130 - 10)℃ = 120℃ > \Delta T_g = 109.3℃$$
取　$t_1 - t_0 = 109.3℃$
$$N_a = [\alpha E(t_1 - t_0) - \nu\sigma_t]A \times 10^6$$
$$= (12.4 \times 10^{-6} \times 198000 \times 109.3 -$$
$$0.3 \times 53.1) \times 0.03046 \times 10^6 \text{N}$$
$$= 7688815\text{N}$$

3）根据式（4-25）土壤应力：
$$\sigma_v = \rho \cdot 9.8H$$
$$= 1800 \times 9.8 \times 1.68\text{Pa} = 29635\text{Pa}$$

根据式（4-24）直埋保温管外套管和土壤之间的单位长度摩擦力：
$$f = \mu\left(\frac{1 + K_0}{2}\pi D\sigma_v + G - \frac{\pi}{4}D^2\rho \cdot 9.8\right)$$
$$= 0.2 \times \left(\frac{1 + 0.5}{2} \times 3.14 \times 0.96 \times 29635 + 7370 -\right.$$
$$\left.\frac{3.14}{4} \times 0.96^2 \times 1800 \times 9.8\right)\text{N}$$
$$= 12327\text{N}$$

根据式（4-28）最大过渡段长度：
$$L_{max} = \frac{[\alpha E(t_1 - t_0) - \nu\sigma_t]A \times 10^6}{f_{min}}$$
$$= N_a/f$$
$$= (7688815/12327)\text{m}$$
$$= 624\text{m}$$

根据式（4-38）过渡段的塑性压缩变形量
$$L_y = \alpha(t_1 - \Delta T_y - t_0)(L - L_{min})$$
$$= 12.4 \times 10^{-6} \times (130 - 95.9 - 10)(615 - 307)\text{m}$$
$$= 0.032\text{m}$$

根据式（4-37）管段热伸长：
$$\Delta L = \left[\alpha(t_1 - t_0) - \frac{f_{min}L}{2EA \times 10^6}\right]L - \Delta l_y$$
$$= \left[12.4 \times 10^{-6} \times (130 - 10) - \frac{8502 \times 615}{2 \times 0.03046 \times 198000}\right] \times$$
$$615\text{m} - 0.032\text{m}$$
$$= 0.617\text{m}$$

4.1.9　管道设计要点

1）直埋管道适用于输送蒸汽、热水、冷水、石油等气体和液体。广泛应用在热力管网、地热、制冷、市政建设、石油化工及冶金等工业部门。

2）直埋管道设计及施工应遵守 CJJ 34—2010《城镇供热管网设计规范》、CJJ/T 81—2013《城镇供热直埋热水管道技术规程》、CJJ 28—2014《城镇供热管网工程施工及验收规范》、DL/T 5366—2014《发电厂汽水管道应力计算技术规程》等有关规定。

3）直埋管道的沟槽开挖尺寸如图 4-11 所示。其中 H 值由设计确定，一般应大于 600mm。供、回水管道宜同沟敷设，两管（包括保护壳）净距最小为 200mm。管沟的土方开挖宽度为保温管直径的两倍加上两管的间距，再加管道外壁至沟底边的距离的两倍之和，取管外壁至沟底边距离为 150mm。

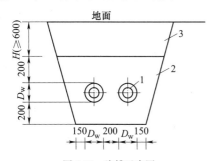

图 4-11　沟槽示意图

1—保温管（D_w 为保温管外径）　2—填砂　3—回填土

4）补偿器宜选用直埋带限位装置的波纹补偿器和矩形补偿器。普通轴向型波纹补偿器和套筒补偿器可直埋，但应置于检查井内。

5）所有检查井都应采用 C15 或 C20 混凝土浇注的防水井，严防地下水渗漏到井内。

6）直埋管道穿过公路时，应加套管或做成管沟，沟上面敷设混凝土盖板。

7）管道穿井壁或墙壁时应加套管并用防水材料堵塞套管两端，如图 4-12 所示。

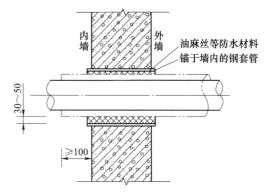

图 4-12　管道穿井壁或墙壁结合示意图

8）固定墩设置位置。除了根据敷设方式和计算要求设置固定墩位置外，一般固定墩设在以下部位：

① 设备（如热源）附近；② 变径处；③ L 形管段长、短臂端部；④ 分支处。

9）常用的跨越、平面三通如图 4-13 所示，常用几种固定支墩形式示意图如图 4-14 所示，常用跨越、平面三通尺寸见表 4-10。

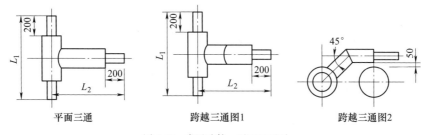

平面三通　　　　跨越三通图1　　　　跨越三通图2

图 4-13　常用跨越、平面三通图

表 4-10　常用跨越、平面三通尺寸

干管公称通径/mm	支管公称通径/mm	干管长度 L_1/mm	支管长度 L_2/mm
50～300	50～80	900	750
100～200	100～150	1100	750
200～300	200～300	1600	750

10）预应力拉伸。实际工程中最常用的预应力安装为敞沟预热安装方式和采用一次性补偿器预热安装方式。管道焊接和沟槽回填等安装过程都在等于和高于预热温度下进行。当管道温度下降至环境温度时，管道处于拉应力状态，当管道温度升高超过预热温度时，管道处于压应力状态从而产生预应力效果。在运行工况下，由于一定量的热膨胀得到提前释放，无补偿管段的内力和应力，以及有补偿管段中补偿装置处的热膨胀都有较大程度的下降。预应力安装和冷安装相比，管道的轴向内力、固定墩的推力和管段的热伸长量将会下降，从而管道整

体和局部的稳定性将有所提高。

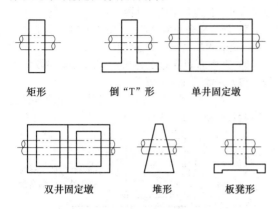

矩形　　　　　倒"T"形　　　　单井固定墩

双井固定墩　　　　堆形　　　　　板凳形

图 4-14　常用几种固定支墩形式示意图

4.1.10　直埋保温管的安装及验收

1. 直埋保温管的安装

（1）管道安装前的准备工作　管道安装应遵照 CJJ 28—2014《城镇供热管网工程施工及验收规范》及有关规定进行。

管道安装前应具备的土建条件是：管沟已按设计标高和坡度挖好并经测量检验合格；沟底按设计要求和规范规定铲平夯实并填好砂垫层；沿沟管道固定口焊接位置工作坑已挖好；沿沟及两侧道路障碍已清除；临时施工用的道路、水、电已开通。

用于直埋保温管道工程中的保温管、阀门、法兰、补偿器等标准产品均需按设计要求购置，并提交出厂合格证明书和技术文件。

（2）管道安装　管道运输吊装应保护好管壳，宜用宽度大于 50mm 的吊带吊装或用两个吊钩钩住钢管两端吊装。预制保温管下管时，可单根吊入沟内安装，也可以 2 根或多根组焊完后吊入沟内安装。

管道安装前应先将外套管套在管壁上，有报警装置时，应使相邻两管报警线正对在管上方或两侧。管道安装，当固定间管道中心线为一直线时，坡度准确、管中心线高程的偏差不超过 10mm，水平方向的偏差不超过 30mm。管道每个焊口折角不得大于 5°。

直埋保温管道有补偿器时，弯管补偿器和矩形补偿器的预拉伸量应符合设计规定。弯管变形部位的外侧，按设计规定施工或垫以泡沫塑料等柔性材料。管道安装时，宜按补偿段划分施工段；若设计规定有预伸长要求时，应以一个预伸长段作为一个施工段分段，每个分段都应一次连续施工完毕。

有报警系统的预制保温管安装时，信号线、报警线应正对管道上方或两侧并用压线钳连接，信号线接头外加 75mm 专用收缩套封闭。信号线、报警

线安装前和安装后都应测出电阻值；报警线每 2000m 绝缘电阻应在 0.4M Ω ~ +∞。信号线的绝缘电阻应为 +∞。报警线和信号线放入专用固定槽内，用粘胶固定。报警线安装完毕后，将接头套管就位，并进行保温材料充填。

（3）管道焊接　焊工应持有效合格证，并应在合格证准予的范围内焊接，当首次使用钢材品种、焊接材料、焊接方法和焊接工艺时，在实施焊接前应进行焊接工艺评定。焊接准备和方法，按 CJJ 28—2014《城镇供热管网工程施工及验收规范》中的规定执行。焊接工艺试验按 GB 50236—2011《现场设备、工业管道焊接工程施工规范》的规定进行。

管道坡口一律采用 V 形，坡口角单边 30°~35°。考虑到大管径的焊接质量，公称通径等于或大于 800mm 的管道的焊接应在管内再补焊一遍。焊缝内部质量标准应符合 GB 50236—2011 标准中 IV 级规定。有缝钢管对口时，纵缝之间相互连接支管时，开孔边缘距管件焊缝应不小于 100mm。

焊缝应进行 100% 外观质量检验，焊缝外观检验合格后，尚应进行无损探伤。当设计无规定时，干线管道与设备、管件连接处和折点处的焊缝应进行 100% 无损探伤检测；穿越铁路、高速公路的管道在铁路路基两侧各 10m 范围内，穿越城市主要道路的不通行管沟在道路两侧各 5m 范围内，穿越江、河或湖等的管道在岸边各 10m 范围内的焊缝应进行 100% 无损探伤。不具备强度试验条件的管道焊缝，应进行 100% 无损探伤检测；现场制作的各种承压设备和管件，应进行 100% 无损探伤检测。

2. 阀门、补偿器、固定支座安装

用于直埋供热管网上的阀门，安装前应进行铭牌、规格型号及外观检查。要求清除阀门口的封闭物和其他杂物，阀门的开关手轮应放在便于操作的位置，水平安装的闸阀、截止阀、阀杆应处于上半周范围内。蝶阀、节流阀的阀杆应垂直向上，阀门应在关闭状态下进行安装。

矩形补偿器安装时应按设计规定进行预拉伸（压缩），全部预拉伸（压缩）长度允许偏差 ±10mm。其垂直臂长度偏差及平面歪扭偏差应不超过 ±10mm。波纹补偿器安装前应进行外观、尺寸检查，管口周长的允许偏差，直径大于 1000mm 的为 ±6mm；直径小于或等于 1000mm 的为 ±4mm，波顶直径偏差为 ±5mm。用调整螺杆调整安装长度，应使其两端面平行，平行度不大于 0.003DN，且不大于 3mm。对带有内套筒的波纹补偿器，应使内套筒方向与介质流动方向一致，严禁反装。

套筒式补偿器安装时，应使其芯管与套管中心

重合，其坡度应与管道保持一致。芯管前 10m 内不应有偏斜。芯管外露长度应大于设计规定的伸缩长度，芯管端部与套筒内挡圈之间的距离应大于管道冷收缩量。填料的品种及规格应符合设计要求，填料应逐圈装入，逐圈压紧，各圈接头应相互错开。

补偿器应进行防腐和保温，采用的防腐和保温材料不得腐蚀补偿器。

固定墩宜采用现场灌注方法并在管道安装前施工。固定墩的基础和周围的回填土应严格按设计规定和要求施工。设有补偿器的管段，两个固定支座间应成一条直线，坡度准确，管中心偏差不应超过 10mm，水平方向的偏差不超过 20mm。

3. 管网试压及冲洗

1）试压供热管网工程施工完成后应按设计要求进行强度试验和严密性试验，当设计无要求时应符合 CJJ 28—2014《城镇供热管网工程施工及验收规范》的下列规定：

强度试验压力应为 1.5 倍设计压力，且不得小于 0.6MPa；严密性试验压力应为 1.25 倍设计压力，且不得小于 0.6MPa；当设备有特殊要求时，试验压力应按产品说明书或根据设备性质确定；开式设备应进行满水试验，以无渗漏为合格。

压力试验应按强度试验、严密性试验的顺序进行，试验介质宜采用清洁水。

强度试验升压到试验压力，稳压 10min 无渗漏、无压降后降至设计压力，稳压 30min 无渗漏、无压降为合格；严密性试验升压至试验压力，当压力趋于稳定后，检查管道、焊缝、管路附件及设备等无渗漏，固定支架无明显的变形等，一级管网及站内稳压在 1h，前后压降不大于 0.05MPa，为合格，二级管网稳压在 30min，前后压降不大于 0.05MPa，为合格。

2）冲洗供热管网的清洗应在试运行前进行，并应符合现行国家标准 GB 50235—2010《工业金属管道工程施工规范》的相关规定。清洗方法应根据设计及供热管网的运行要求、介质类别确定。可采用人工清洗、水力冲洗和气体吹洗。当采用人工清洗时，管道的公称直径应大于或等于 800mm；蒸汽管道应采用蒸汽吹洗。

4. 验收

（1）试运行　试运行应在单位工程验收合格、热源具备供热条件后进行。试运行前应编制试运行方案。在环境温度低于 5℃ 时，应制定防冻措施。试运行方案应由线管部门审查同意，并应进行技术交底。

试运行应符合下列规定：

供热管线工程应与热力站工程联合进行试运行；试运行应有完善可靠的通信系统及安全保障措施；

试运行应在设计的参数下运行。试运行的时间应在达到试运行的参数条件下连续运行 72h。试运行应缓慢升温，升温速度不得大于 10℃/h，在低温试运行期间，应对管道、设备进行全面检查，支架的工作状况应作重点检查。在低温试运行正常以后，方可缓慢升温至试运行温度下运行；在试运行期间管道法兰、阀门、补偿器及仪表等处的螺栓应进行热拧紧。热拧紧时的运行压力应降低至 0.3MPa 以下；试运行期间应观察管道、设备的工作状态，并应运行正常。试运行应完成各项检查，并应做好试运行记录；试运行期间出现不影响整体试运行安全的问题，可待试运行结束后处理；当出现需要立即解决的问题时，应先停止试运行，然后进行处理。问题处理完后，应重新进行 72h 试运行；试运行完成后应对运行资料、记录等进行整理，并应存档。

（2）验收　供热管网工程的竣工验收应在单位工程验收和试运行合格后进行。

竣工验收应包括下列主要项目：

承重和受力结构；结构防水效果；补偿器、防腐和保温；热机设备、电气和自控设备；其他标准设备安装和非标准设备的制造安装；竣工资料。

竣工验收时应提供下列资料：

施工技术资料应包括施工组织设计及审批文件、图纸会审（审查）记录、技术交底记录、工程洽商（变更）记录等；施工管理资料应包括工程概况、施工日志、施工过程中的质量事故相关资料；工程物资资料应包括工程用原材料、构配件等质量证明文件及进场检验或复试报告、主要设备合格证书及进场验收文件、质监部门核发的特种设备质量证明文件和设备竣工图、安装说明书、技术性能说明书、专用工具和备件的移交证明；施工测量监测资料应包括工程定位及复核记录、施工沉降和位移等观（量）测记录；施工试验及检测报告应包括回填压实检测记录、混凝土抗压（渗）报告及统计评定记录、砂浆强度报告及统计评定记录、管道无损检测报告和相关记录、喷射混凝土配比、管道的冲洗记录、管道强度和严密性试验记录、管网试运行记录等；施工质量验收资料应包括检验批、分项、分部工程质量验收记录、单位工程质量评定记录；工程竣工验收资料应包括竣工报告、竣工测量报告、工程安全和功能、工程观感及内业资料核查等相关记录。

4.2　蒸汽管道直埋技术

4.2.1　概况

蒸汽管道由于输送的介质温度都较高，管道热位移大，就不能采用热水管道的保温材料和保温结构形式进行直埋敷设。在热水管道直埋技术发展的基础上，从 20 世纪 90 年代初期，国内不少科研、生产厂家就开始研制、生产适合高温蒸汽管道直埋敷设的保温材料和保温结构形式，并实施到工程中。由于缺乏理论根据，又无实践经验，因而出现了这样那样的问题，有的工程几乎全部失败而改为架空敷设或地沟敷设。但经过十几年的不间断的研究、实践和改进，现已取得了实质性进展。由于蒸汽管道直埋敷设技术比较复杂，有诸多技术问题需要通过工程实践进一步改进和完善。

4.2.2 蒸汽直埋管道的结构形式

目前蒸汽管道直埋敷设就其保温结构形式，基本上可归纳为以下三种形式，即内滑动外固定、内滑动内固定和外滑动内固定。

（1）内滑动外固定 所谓内滑动就是工作钢管与保温结构是脱开的，工作钢管受热膨胀时，钢管运动，发生位移，而保温结构层与外套管成一整体结构，不产生运动。工作钢管外表面有约 4mm（螺旋钢管约 7mm）的减阻层（亦称润滑层），保温结构内层为耐高温的硬质微孔硅酸钙或硅酸镁瓦块作隔热层，外层采用热导率低、防水、防腐性能好的聚氨酯泡沫塑料作保温层，外保护层根据保温层外径大小采用不同规格的成品螺旋焊接钢管作外套管，亦可用钢板卷焊，卷焊的外套管焊缝需 100% 进行 X 射线探伤，也可采用玻璃钢或聚乙烯管作外护层。这种复合保温管一般在工厂生产，接头补口在现场进行。该形式的固定墩一般采用钢筋混凝土将工作钢管固定，不设导向支架。内滑动外固定墩简图详见图 4-15。图 4-15a 为玻璃钢作外护层，马鞍形（三通）作固定支座，支座焊于土建预埋件上；图 4-15b 为环形钢板辅以加强肋埋于土建支墩中，环形钢板把固定支墩处的保温结构完全隔开。

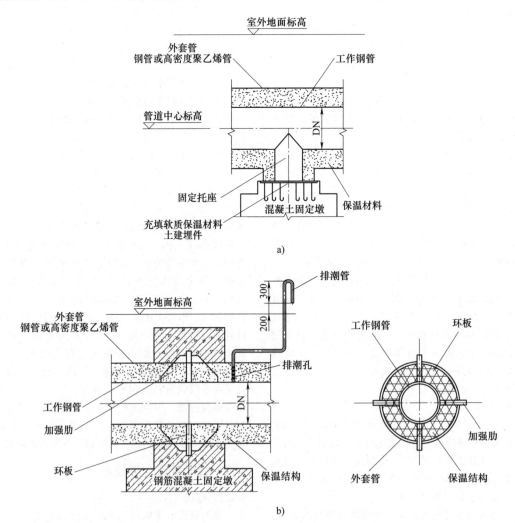

a)

b)

图 4-15 内滑动外固定墩简图

（2）内滑动内固定　所谓内固定就是固定端处将工作钢管固定在外套管上，不用钢筋混凝土结构固定。其固定端应有隔热措施，以减少热桥效应。同时，固定端应有足够的强度，以满足管道水平推力的要求。内固定结构形式的外套管应采用钢管，其钢管壁厚和强度应能满足焊接固定支架时承受的水平推力要求。内滑动内固定支架的结构形式详见图 4-16，保温结构同内滑动外固定。

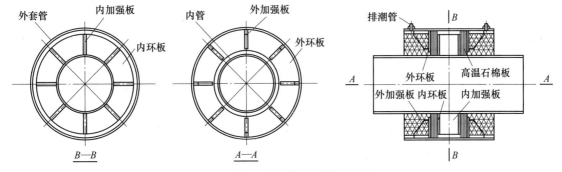

图 4-16　内滑动内固定支架结构形式图

（3）外滑动内固定　所谓外滑动就是保温材料和工作钢管紧密结合，捆绑成一个整体，保温结构和工作钢管在管道热膨胀时同时运动。外套管与保温结构层之间有 10～20mm 的间隙，既起到进一步保温作用，又是排潮的良好通道，使排潮管真正起到排潮作用，同时也起到信号管的作用，使排潮管的设置不受管线位置的限制，一般固定支架两侧均设有排潮管。工作钢管与外套管之间每隔一段距离设一组隔热导向支架（导向环），以减少管道位移时的摩擦力。管道的导向支架可采用滑动导向架，大管径的亦可采用滚动支架，以减少摩擦阻力。合肥华峰暖通设备有限公司生产的外滑动内固定管件结构详见图 4-17～图 4-21。

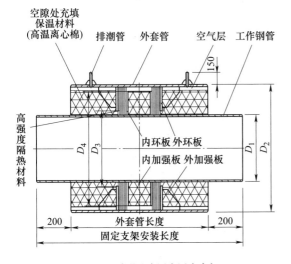

图 4-17　外滑动内固定固定支架

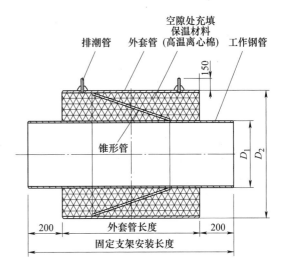

图 4-18　外滑动内固定隔断式固定支架

外滑动保温材料一般采用纤维细长的软质材料，如高温离心棉管壳、硅酸铝管壳、复合硅酸盐保温壳，且在浸泡烘干后，其收缩率不应超过 5%。常用保温材料主要技术性能见表 4-11。保温厚度应经过保温计算，可参见本章 4.1.6 节管道热力计算。外套管表面温度不得大于 50℃，以减少表面热损失并保证外套管表面防腐层的安全使用寿命。

4.2.3　蒸汽管道直埋敷设的防腐保温结构

1）内滑动外固定防腐保温结构详见图 4-22。

2）内滑动内固定防腐保温结构详见图 4-23。

3）外滑动内固定防腐保温结构详见图 4-24。

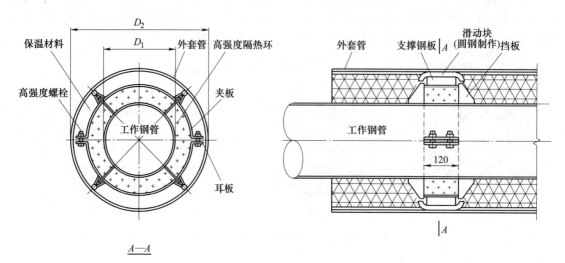

图 4-19　外滑动内固定导向支架

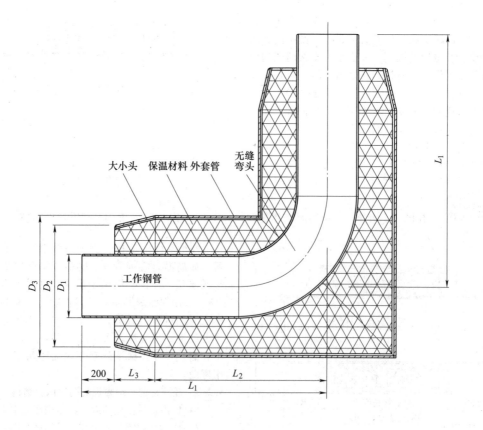

图 4-20　外滑动内固定直埋弯头

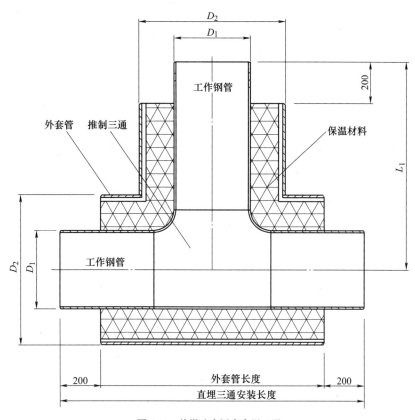

图 4-21 外滑动内固定直埋三通

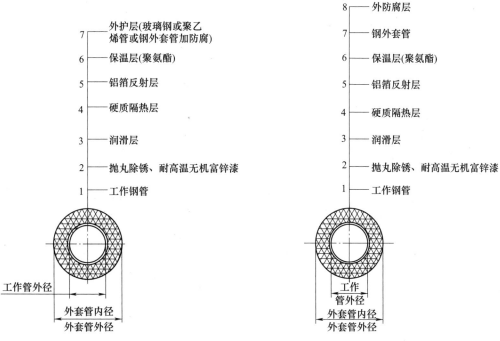

| 图 4-22 内滑动外固定防腐保温结构图 | 图 4-23 内滑动内固定防腐保温结构图 |

表 4-11　常用保温材料主要技术性能

材料	密度/(kg/m³)	极限使用温度/℃	推荐使用温度/℃	常温表面传热系数/[W/(m²·K)]	抗压强度/MPa	备注
高温离心棉	48~50	450	350	$\alpha = 0.027 + 0.00018T$ 常温≤0.033 350℃时≤0.58	—	吸湿率≤2%wt 渣球含量≤0.1%wt 防火性能:不燃 A 级 纤维直径<5μm 纤维长度>150mm
硅酸钙制品	170	650	550	0.055	0.4	
	220			0.062	0.5	
	240			0.064	0.5	
泡沫石棉	30	普通型 500 防水型-50~500		0.046	—	压缩回弹性率分别为:80%、50%、30%
	40			0.053		
	50			0.059		
岩棉、矿渣棉制品	原棉 150	~650	600	≤0.044	—	
	毡:60~80	~400	400	≤0.049		
	100~120	~600	400	≤0.049		
	80	~400	350	≤0.044		
	板:100~120	~600	350	≤0.046		
	150~160	~600	350	≤0.048		
	管:200	~600	350	≤0.044		
玻璃棉制品	纤维直径 ϕ≤5μm,60	~400	300	0.042	—	
	纤维直径 ϕ≤8μm,40 64~120	~350 ~400	300	≤0.044 ≤0.042		
普通硅酸铝制品	130~150	900	600	0.036	—	
硬质聚氨酯泡沫塑料	30~60	-80~-100	-65~-80	0.0275	≥0.2	
聚苯乙烯泡沫塑料	≥30	-65~-70	—	0.041	—	
泡沫玻璃	150	-200~400	—	0.060	0.5	
	180			0.064	0.7	

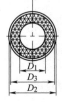

8 — 聚脲涂层(厚度≥1mm,抗静压15kV以上)
　　或3PE(厚度2.5~4mm)
　　或三布五油(环氧煤沥青涂料)
7 — 外套管外表面抛丸除锈(GB/T 8923.1—2011)
6 — 外套管:双面埋弧焊螺旋钢管
　　(GB/T 9711—2017,L245)
5 — 不锈钢带打包
4 — 气垫隔热反对流,反辐射层(双层纳米气囊)
3 — 单层或多层复合保温层和兼有密封保温
　　性能的外滑动导向管托
2 — 抛丸除锈Sa2.5级、耐高温无机富锌漆
　　(GB/T 8923.1—2011)
1 — 无缝钢管(GB 8163—2018)

保温材料:高温离心棉制品
热导率:0.033W/(m·K)(常温)
厚度:140mm
松密度:48~50kg/m³

D_1　D_3　D_2

图 4-24　外滑动内固定防腐保温结构图

4.2.4　蒸汽管道直埋敷设三种防腐保温结构的比较

（1）内滑动外固定　工程造价低,外护层密封性能较差,施工周期较长,该形式适合地下水位较低、土质干燥的地区,但补偿器需设在井内,土壤摩擦力较大。

（2）内滑动内固定　工程造价较低,外护层密封性好,施工周期较短,适用地区较广泛。

（3）外滑动内固定　工程造价较高,施工周期短,外护层密封性好,尤其适用于地下水位较高地区,但对外套管焊缝质量要求较高,一旦出现泄漏,维修较困难。

4.2.5　蒸汽直埋管道的热补偿

蒸汽直埋管道的热补偿和架空管道的热补偿形式基本相同,直埋管道的走向及平面布置首先应充分考虑利用管道本身的自然补偿,当自然补偿不能满足要求时,应采用补偿器补偿。由于蒸汽管道温度较高，管道热伸长量也较大，因此，补偿器应有足够大的补偿量，较小的刚度。同时，应保证补偿器的制造质量，以确保蒸汽直埋管道的安全运行。蒸汽直埋管道一般使用波形补偿器。直管段部分采用轴向型，或专门为蒸汽直埋管道设计的补偿器。不得使用有填料函的套筒式补偿器。补偿器和工作钢管一样，采用外套管全封闭。外滑动形式的外套管表面温度如超过50℃，且直管段较长，外套管具有一定的热伸长量时，外套管也应采取补偿措施。蒸汽直埋管道用波形补偿器和外套管保温主要技术性能详见表4-12。

表 4-12 蒸汽直埋管道用波形补偿器和外套管保温主要技术性能

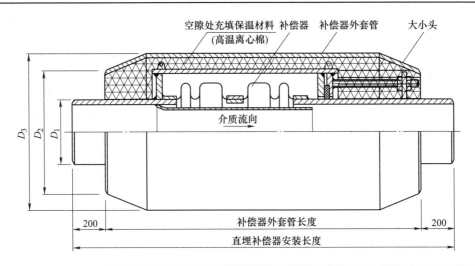

序号	规格型号	轴向补偿量 /mm	轴向刚度 /（N/mm）	有效截面积 /cm²	接口尺寸 /（mm×mm）	径向最大外形尺寸 /mm	补偿器安装长度 /mm	压力等级范围 /MPa
1	16 VCFZ（BFC）100-J	30~95	70	154	φ108×4	220	1800	0.25~2.5
2	16 VCFZ（BFC）150-J	50~102	107	298	φ159×4.5	280	2000	0.25~2.5
3	16 VCFZ（BFC）200-J	50~133	80	528	φ219×6	340	2300	0.25~2.5
4	16 VCFZ（BFC）250-J	80~180	155	776	φ273×8	410	2300	0.25~2.5
5	16 VCFZ（BFC）300-J	80~183	209	1071	φ325×8	418	2300	0.25~2.5
6	16 VCFZ（BFC）350-J	80~201	211	1262	φ377×8	520	2300	0.25~2.5
7	16 VCFZ（BFC）400-J	100~202	229	1605	φ426×10	580	2500	0.25~2.5
8	16 VCFZ（BFC）450-J	100~210	200	1990	φ426×10	630	2600	0.25~2.5
9	16 VCFZ（BFC）500-J	100~223	182	2430	φ529×10	690	2800	0.25~2.5
10	16 VCFZ（BFC）600-J	100~228	367	3474	φ630×10	800	3000	0.25~2.5
11	16 VCFZ（BFC）700-J	100~228	406	4717	φ720×10	890	3200	0.25~2.5
12	16 VCFZ（BFC）800-J	100~240	445	6080	φ820×12	1020	3200	0.25~2.5
13	16 VCFZ（BFC）900-J	100~240	482	7605	φ920×12	1150	3300	0.25~2.5
14	16 VCFZ（BFC）1000-J	100~240	580	9365	φ1020×12	1290	3400	0.25~2.5

说明：刚度值为产品预拉伸后。VC 为江苏威创代号，J 代表接管连接型式，F 代表法兰连接型式。

4.2.6 蒸汽直埋管道的疏排水

为保证蒸汽直埋管道运行的安全，蒸汽直埋管道应进行疏排水。直管段每 150~200m 范围内应有疏排水装置，管道最低点应设疏水装置。具体应根据管线布置、现场实际情况设置。蒸汽直埋管道疏排水一般采用上排水方式，依靠管道内的蒸汽压力将凝结水排出。疏排水阀门采用钢制阀门，如果热网供汽量变化较大，且流量较小，温降较大有凝结水析出，或输送饱和蒸汽时，还应设置自动疏水装置。整套疏水装置应设在疏水阀门箱内，阀门箱应设在便于操作和维修的地方，阀门箱可采用双开门并加锁，阀门箱底宜高出地面 100~200mm，以防雨水进入。排水管应引至安全地方，不可直接排入城市下水系统，但经过冷却后排入。另外，疏水管应尽量靠近固定端安装,并应充分考虑疏水管本身的热补偿,以免疏排水管因管道热位移过大而受到损坏。疏水阀门箱和直埋疏水管结构示意详见图4-25和图4-26。

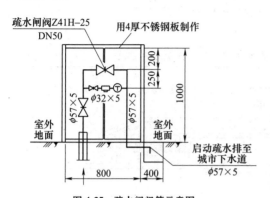

图4-25　疏水阀门箱示意图

注:阀门箱宽度为400mm。

4.2.7　蒸汽直埋管道外钢套管的绝缘防腐

常用的防腐层材料应符合 CJJ/T 104—2014《城镇供热直埋蒸汽管道技术规程》中的规定。

1)聚乙烯防腐层应符合现行国家标准 GB/T 23257—2017《埋地钢质管道聚乙烯防腐层》的有关规定。

2)纤维缠绕增强玻璃钢防腐层应符合现行行业标准 CJ/T 129—2000《玻璃纤维增强塑料外护层聚氨酯泡沫塑料预制直埋保温管》的有关规定。

3)熔结环氧粉末防腐层应符合现行行业标准 SY/T 0315—2013《钢质管道熔结环氧粉末外涂层技术规范》的有关规定。

4)环氧煤沥青防腐层应符合现行行业标准 SY 0447—2014《埋地钢质管道环氧煤沥青防腐层技术标准》的有关规定。

5)聚脲防腐层应符合现行行业标准 HG/T 3831—2006《喷涂聚脲防护材料》的有关规定。

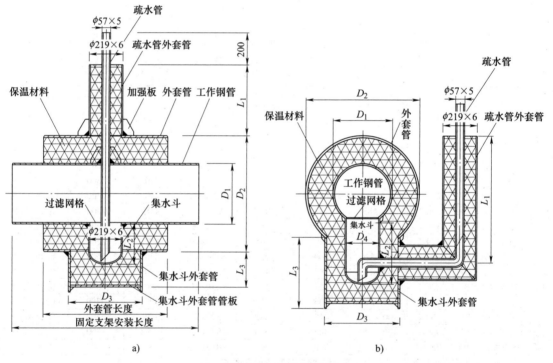

a)

b)

图4-26　直埋疏水管结构示意图

a)上排水　b)侧排水

6)防腐层应进行电火花检漏,并应符合现行行业标准 SY/T 0063—1999《管道防腐层检漏试验方法》的有关规定。检测电压应根据防腐层种类和防腐等级确定,以不打火花为合格。

7)外护管采用外防腐的同时,应采取阴极保护

措施。

蒸汽直埋管道钢套管绝缘防腐的好坏直接关系到直埋管的寿命,钢套管的防腐应根据土壤的腐蚀性,通常根据土壤的导电性(即电阻率)来确定,按照土壤的电阻率,防腐等级划分为普通级、加强

级和特加强级（详见第 11 章 11.7.3 管道防腐措施）。对于一般埋地管道，可采用石油沥青防腐层、环氧煤沥青防腐层、其他有机材料防腐层。但对于直埋蒸汽管道，选择防腐层时，还应充分考虑管道外表面的温度，即防腐材料应耐温耐磨，并具有较高的机械强度，施工运输过程中不会损伤。

为适应蒸汽直埋管道的防腐要求，很多生产厂家开发适合于蒸汽直埋管道使用的防腐涂料，目前使用较为普遍的外套管防腐材料主要有聚脲、3PE 防腐涂层、树脂玻璃钢及聚乙烯防腐胶带等：

1）聚脲和树脂玻璃钢可采用机械喷涂方法，聚脲表面具有较高的强度，是一种无缝薄膜，喷涂后数分钟便可搬运或踩踏，其表面附着力很强，且耐温性能也较好，一般耐温在 100～130℃（厚度 ≥ 1mm，耐静压 15kV 以上）；工厂作业时应采用抛丸除锈。然后喷涂底漆，一般采用耐温较好的富锌底漆或其他专用底漆。现场防腐施工前，钢管外表面应充分除锈，处理等级应达到 Sa2.5 级。现场补口可采用机械喷涂或快干手刷型涂料。

2）3PE 防腐钢管涂层（三层聚乙烯防腐涂层）：第一层是与钢管接触的环氧粉末防腐涂层。中间层为带有分支结构功能团的共聚粘合剂。面层为高密度聚乙烯防腐涂层。

3PE 防腐涂层具有环氧树脂和聚乙烯材料的高抗渗性、机械性能高等特点，是性能较佳的管道防腐涂层。3PE 防腐胶带使用温度一般不大于 50℃，缠绕厚度在 2.5～4mm，补口时应使用收口胶带。

3）三布五油防腐原料主要有环氧树脂、煤焦油沥青、填料制成的涂料，用玻璃布作为加强骨料而成的防腐层。三布五油防腐具有涂膜坚韧丰满、附着力强，具有优良的耐化学介质腐蚀性、耐水性突出，抗微生物侵蚀等特性。树脂玻璃钢或环氧煤沥青厚度应按三布五油施工，每层都应充分固化，固化时间严格按规范要求，一般四布五油施工周期在 5～7 天，如现场补口条件恶劣，防腐层表面难以固化，应改用其他防腐方法，如聚脲或 3PE 等。

4.2.8　直埋管道的阴极保护

为防止直埋管防腐层漏铁部位局部腐蚀最经济、最有效的方法是采用阴极保护和涂层联合保护方案，可大大延长直埋管的使用寿命，阴极保护可分为外加电流保护法和牺牲阳极保护法。

外加电流保护法是借助于专用设备，将交流电转换为直流电，向被保护金属构筑物通以阴极电流使之阴极极化实现保护的一种方法。外加电流保护法具有输出电流连续，可保护范围大，不受环境电阻率限制，保护装置寿命长的特点。

牺牲阳极保护法是将要保护的金属体与一种电位更负的金属和合金相连，被保护的金属体作为阴极，负电位的金属或合金作为阳极，阳极在自身不断消耗的同时产生的电流使被保护体阴极极化受到保护。牺牲阳极保护法具有不需外部电源，对邻近构筑物无干扰，投产调试后可不需管理，保护电流分布均匀的特点。通常根据工程的实际情况来采取不同的阴极保护方式。蒸汽直埋管一般采用牺牲阳极保护法。

（1）牺牲阳极材料的选择　目前，普遍使用的牺牲阳极材料有三种，即镁阳极、锌阳极和铝阳极，镁阳极相对密度小、电位负、对钢的驱动电压大，主要应用于土壤环境；铝合金和锌合金阳极通常在海水介质的船舶、港工设施中应用比较广泛，在土壤介质中应用较少。

对于被保护管道所处环境地下水位较高，属较强腐蚀性介质，可采用规格为 22kg 级镁合金牺牲阳极，为了保证牺牲阳极输出电流稳定，提高阳极电流效率，降低阳极接地电阻，阻止阳极表面钝化层形成，阳极周围一定要填加严格按比例配成的填充料。

（2）保护电流密度的选择　金属构件施加阴极保护时，使金属达到完全保护时所需要的电流密度为最小保护电流密度，在设计时称为阴极保护电流密度，选取的阴极保护电流密度是影响金属构件防蚀效果的主要参数，它与最小保护电位（钢为 -0.85V）相对应。如果选取的保护电流密度偏低，会造成保护不足，金属构件达不到完全保护，产生不同程度的腐蚀；反之，则会造成不必要的浪费。

阴极保护电流密度与许多因素有关，如被保护金属的种类、表面状态、表面防腐涂层的种类和质量、介质的性质、有效保护年限以及外界条件的影响等。这些因素的差异可使阴极保护电流密度由几个 $\mu A/m^2$ 变化到数百个 mA/m^2。管线涂层采用聚脲或三层 PE 结构，借鉴国内外热力管道保护文献，一般选取阴极保护电流密度为 $i=1.5mA/m^2$。阴极保护设计主要技术指标如下：

1）实施阴极保护后，被保护管各点对地电位应低于 -0.85V（相对于 $Cu/CuSO_4$ 电极），或对地电位较自然电位负向变化 0.3V 以上。

2）镁阳极设计寿命大于 20 年。

3）延长管道使用寿命 20 年。

4.2.9　蒸汽直埋管道的排潮

蒸汽直埋管道保温层应设置排潮设施，以排除保温结构内的潮气，同时也起到信号管的作用，可以发现直埋管是否有泄漏。排潮管一般靠近固定端设置，与外套管焊接时，应保证焊接质量。排潮管应做防腐，防腐层与外套管做法相同。在地下水位较高或土壤腐蚀严重地区，排潮管还应设置外保护钢套管。在安装排潮管时，应根据现场实际情况确定安装位置，排潮口处应有安全警示牌以保证排潮口安全，不被破坏。排潮管公称通径一般为 DN = 32~50mm。蒸汽直埋管道排潮管示意图详见图 4-27

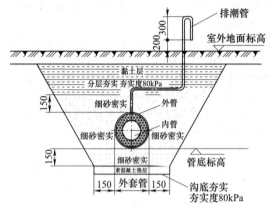

图 4-27　蒸汽直埋管道排潮管示意图

和图 4-15b。

4.2.10　蒸汽直埋管道检查井和阀门井

根据 CJJ/T 104—2014《城镇供热直埋蒸汽管道技术规程》对检查井设置的规定：

1）当地下水位高于井室底面或井室附近有地下供、排水设施时，井室应采用钢筋混凝土结构，并应采取防水措施。

2）管道穿越井壁处应采取密封措施，并应考虑管道的热位移对密封的影响，密封处不得渗漏。

3）井室应对角布置两个人孔，阀门宜设远程操作机构，当井室深度大于 4m 时，宜设计为双层井室，两层人孔宜错开布置，远程操作机构应布置在上层井室内。

4）疏水井室宜采取主副井布置。城市蒸汽直埋管道主干管如设有分段阀门或支管阀门，阀门应设在井室内或阀门箱内，对于地下水位较高的南方地区，阀门井内壁可采用钢板衬里，并设有透气孔、阀门操作孔、人孔和疏排水装置，阀门井和加长杆阀门及阀门箱安装示意图详见图 4-28 和图 4-29。

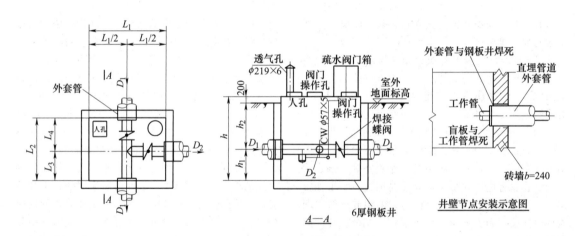

图 4-28　阀门井安装示意图

4.2.11　蒸汽直埋管道固定支架推力计算

1. 计算方法

内固定外滑动和外固定内滑动蒸汽直埋管固定支架推力计算方法与架空管道计算方法基本相同，详见第 7 章 7.6 节固定支吊架推力计算和本章 4.1.7 节管道受力计算及应力验算。

2. 蒸汽直埋管道固定支架推力计算实例

【例 4-6】某供热管网采用一根 $\phi630\text{mm} \times 10\text{mm}$ 无缝钢管，输送介质为 $p = 1.15\text{MPa}$，$t = 300℃$ 的过热蒸汽，管道采用直埋敷设，内固定外滑动结构形式，摩擦系数 $\mu = 0.3$，采用复式轴向型波纹补偿器，管线布置如图 4-30 所示。主要设计技术参数如下：

1）补偿器采用江苏威创能源设备有限公司产品；

总刚度：$K_w = 367\text{N/mm}$（预拉伸后）；

补偿量：$\Delta x = 270\text{mm}$；

补偿器总长：$L = 3000\text{mm}$。

2）管道单位长度计算荷载 $K = 2536\text{N/m}$。

3）管道热伸长量按 3.57mm/m 计算。

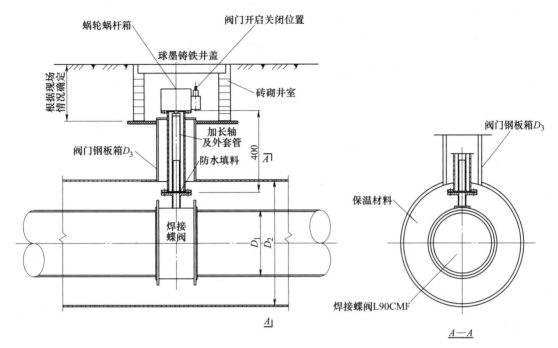

图 4-29　加长杆阀门及阀门箱安装示意图

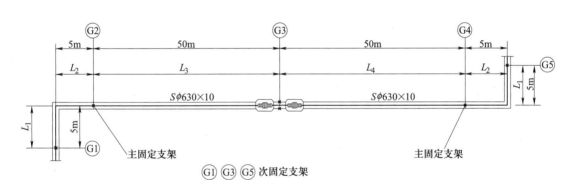

图　4-30

4) 固定支架水平推力计算:

G2 和 G4 主固定支架水平推力:

$$F_{H_1} = (p_0A + F_A + \mu KL_3) - 0.7K\cos\alpha(L_1/2 + L_2) - 0.7F_x$$

式中　p_0——输送介质压力, $p_0 = 1.15\text{MPa}$;

　　　A——波型补偿器有效截面积, $A = 3474\text{cm}^2$, $p_0A = 399510\text{N}$;

　　　F_A——由补偿器刚度产生的弹性力 (N)。

$$F_A = 3.57 \times 50 \times 367N = 65510\text{N}$$

$$\mu KL_3 = 0.3 \times 2536 \times 50N = 38040\text{N}$$

$$0.7K\cos\alpha(L_1/2 + L_2) = 0.7 \times 2536\cos\alpha(5/2 + 5)\text{N} = 9452.94\text{N}$$

$$0.7F_x = 7000\text{N}　(假定 F_x = 10000\text{N})$$

$$F_{H_1} = (399510 + 65510 + 38040)\text{N} - 6990\text{N} - 7000\text{N} = 489070\text{N}$$

G3 次固定支架水平推力:

$$F_{H_2} = (p_0A + F_A + \mu KL_3) - 0.7(p_0A + F_A + \mu KL_3) = (489070 - 0.7 \times 489070)\text{N} = 146721\text{N}$$

【例 4-7】　上例中, 改用内滑动外固定, 其他条件不变。其固定支架水平推力计算如下:

G2, G4 主固定支架水平推力:

$$F_{H_1} = (p_0A + F_A + \mu KL_3) - 0.7K\cos\alpha(L_1/2 + L_2) - 0.7F_x$$

式中　p_0——输送介质压力, $p_0 = 1.15\text{MPa}$;

　　　A——波型补偿器有效截面积, $A = 3474\text{cm}^2$;

F_A——由补偿器刚度产生的弹性力（N）。

$$p_0A = 399510N$$

$$F_A = 3.57 \times 50 \times 367N = 65510N$$

$$\mu KL_3 = 0.3 \times 2536 \times 50N = 38040N$$

$$0.7K\cos\alpha(L_1/2 + L_2) = 0.7 \times 2536\cos\alpha(5/2 + 5)N$$
$$= 6990N$$

$$0.7F_x = 7000N(假定\ F_x = 10000N)$$

$$F_{H_1} = (399510 + 65510 + 38040)N - 6990N - 7000N$$
$$= 489070N$$

G3 次固定支架水平推力：

$$F_{H_2} = (p_0A + F_A + \mu KL_3) - 0.7(p_0A + F_A + \mu KL_3)$$
$$= (489070 - 0.7 \times 489070)N = 146721N$$

以上固定支架受力还应与管道水压试验产生的内压力相比较，取其大者作为固定支架受力的设计依据。

4.2.12　蒸汽直埋管道的设计原则

1）蒸汽直埋管道属于 GB2 或 GC2 类压力管道，其设计、施工及验收应遵守下列规范、标准：

① TSG D0001—2009《压力管道安全技术监察规程——工业管道》。

② GB 50316—2000《工业金属管道设计规范》（2008 年版）。

③ GB/T 20801.1~6—2006《压力管道规范—工业管道》。

④ GB 50185—2010《工业设备及管道绝热工程施工质量验收规范》。

⑤ GB 50235—2010《工业金属管道工程施工规范》。

⑥ GB 50236—2011《现场设备、工业管道焊接工程施工规范》。

⑦ CJJ 28—2014《城镇供热管网工程施工及验收规范》。

⑧ CJJ 34—2010《城镇供热管网设计规范》。

⑨ CJJ/T 81—2013《城镇供热直埋热水管道技术规程》。

⑩ CJJ 104—2014《城镇供热直埋蒸汽管道技术规程》。

2）蒸汽直埋管道与有关设施的相互水平或垂直距离应符合表 4-1 的规定。其最小覆土深度应符合表 4-8 的规定，如有必要尚应进行稳定性验算。

3）蒸汽直埋管道应设不小于 0.002 的坡度，最低点应设疏排水装置。

4）蒸汽直埋管道的结构形式应根据工程造价、土质情况、地下水位高低、施工周期及使用寿命等因素综合考虑。

5）蒸汽直埋管道工作管管材应根据蒸汽的设计压力和设计温度来选择，设计压力 $p = 1.0~1.6MPa$，温度在 $250~350℃$ 范围内，采用 20 无缝钢管（GB/T 8163—2018），管径 $DN \geqslant 250mm$ 可采用双面螺旋焊接钢管（GB/T 9711—2017），250℃ 以下可采用 10~20 无缝钢管或 Q235-B 钢，不得使用 Q235-A 钢材。

6）外套管可采用 Q235-A、B（GB/T 9711—2017 双面螺旋焊接钢管或卷焊钢管。内滑动外固定结构形式的外套管可采用高密度聚乙烯管、玻璃钢或其他非金属高分子材料，但应保证外套管有足够的强度和防腐性能。

7）城市供热蒸汽直埋管道各分支线宜设关断阀门，阀门可选用 PN = 2.5MPa 的铸钢闸阀或焊接金属密封蝶阀。

4.2.13　蒸汽直埋管道的施工安装及验收

1. 管材的堆放、保管、吊装及运输

1）管材存放场地应平整，无杂物，无积水，并有足够的承载能力。

2）管材应放在距热源 2m 以外，并有消防设施。

3）堆放管材必须垫管枕，管枕宽度应大于 150mm，高度大于 100mm。存放时，同类管子应放在一起。12m 长管要从地面开始逐层放垫块。短时间堆放，每层也可不放垫块，但高度不得大于 1.5m。

4）管材在存放期间，钢管两头应加封堵，露天存放时，应用毡布覆盖，禁止太阳暴晒、雨淋。

5）管材吊装时，应用宽度大于 50mm 的吊带吊装。装卸时，应做到稳起轻放，防止磕碰。

6）管材堆放、吊装严禁使用铁器撬动或钢丝绳直接捆绑外套管。

2. 直埋管道的安装

（1）安装工序　管沟的开挖→沟底基础处理→沟底填砂→下管→工作钢管焊接、检验→水压试验→接头保温→外套管焊接、检验→补口处外套管防腐→管道周围填砂→回填土。

（2）土建工程

1）单管蒸汽直埋管道的沟槽断面示意图如图 4-31 所示。

2）当沟槽底部承载力 $\leqslant 80kPa$ 时，沟槽底部应做 100mm 厚的素混凝土垫层，做垫层前，应先夯实。当底部土层为湿陷性黄土时，应换土，并夯实。

3）补口处的沟槽宽度和深度应比不补口处的宽度和深度大 500mm 左右。

4）直埋管道周围用砂填实，砂粒直径不大于 8mm，砂层中不可含有黏土、砖头、石块、铁件等杂物。

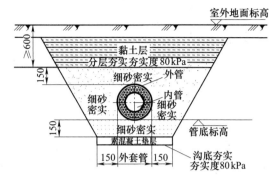

图 4-31　单管蒸汽直埋管道沟槽断面示意图

（3）管道的安装

1）管道的安装应在沟槽开挖和沟底土层处理合格后进行。

2）管道下沟前应认真检查外套管表面的防腐层，如有破损，应立即修补。

3）管道对焊时，应保证工作钢管与外套管的同心度，施工时，如地下水位较高，应有排水设施，以保证焊接接头和外套管补口的焊接施工质量。

4）外套管补口焊缝不得采用搭接焊，应采用双面坡口对接焊，且焊缝错开量应符合相关标准。外套管补口方法详见图 4-32。

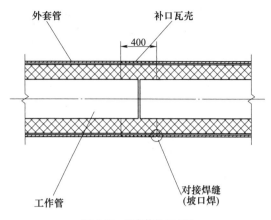

图 4-32　外套管补口方法

5）蒸汽直埋管道工作内管宜采用氩弧焊，外套管宜采用氩弧焊打底，即氩电连焊，以保证焊接质量。工作钢管接头焊缝应进行 100% X 射线探伤，外滑动结构形式的外套管应进行 100% 超声波检测，试验合格后作气密性试验，试验压力不小于 0.2MPa。

6）直埋管出入地面的防雨措施。直埋管出入地面与架空管道连接处应安装防雨帽，防止雨水进入直埋管内，直埋管出入地面防雨帽安装示意图如图 4-33 所示。

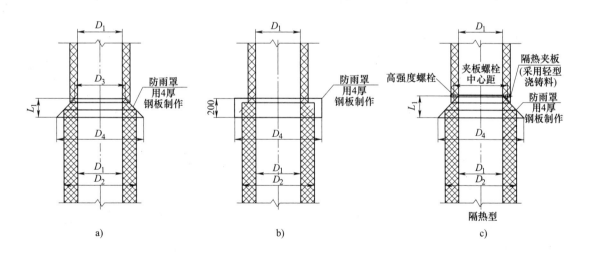

图 4-33　直埋管防雨帽安装示意图

4.3　厂家典型产品介绍

4.3.1　外滑动内固定蒸汽直埋管

表 4-13～表 4-16 为合肥华峰暖通设备有限公司生产的外滑动内固定蒸汽直埋管产品规格型号。

该厂生产各种规格的热水和蒸汽预制保温直埋管道。

表 4-13　外滑动蒸汽直埋保温管

（蒸汽温度 = 350℃）

（保温材料为：离心玻璃棉+双层铝箔反射层）

序号	工作管规格/(mm×mm)	外套管规格/(mm×mm)	保温层厚度/mm	外套管表面计算温度/℃
1	φ57×3.5	φ273×6	80	44.08
2	φ76×4	φ325×6	90	45.38
3	φ89×4.5	φ325×6	80	49.46
	φ89×4.5	φ377×6	100	45.08
4	φ108×4	φ377×6	100	47.27
	φ108×4	φ426×6	120	43.18
5	φ133×4	φ478×6	130	44.43
6	φ159×4.5	φ478×6	100	49.26
	φ159×4.5	φ530×7	150	43.69
7	φ219×6	φ630×8	150	48.08
8	φ325×8	φ820×10	210	46.20
9	φ377×9	φ920×10	240	44.57
10	φ426×9	φ920×10	210	46.55
	φ426×9	φ1020×10	260	43.26
11	φ478×9	φ1020×10	230	47.54
	φ478×9	φ1120×10	280	44.90
12	φ530×9	φ1120×10	260	49.07
	φ530×9	φ1220×12	300	45.80
13	φ630×10	φ1320×12	280	50.00
	φ630×10	φ1420×12	300	45.46
14	φ720×10	φ1420×12	300	50.00
	φ720×10	φ1520×14	350	46.90
15	φ820×10	φ1620×14	350	48.20

表 4-14　外滑动蒸汽直埋保温管

（蒸汽温度 = 300℃）

（保温材料为：离心玻璃棉+双层铝箔反射层）

序号	工作管规格/(mm×mm)	外套管规格/(mm×mm)	保温层厚度/mm	管表面计算温度/℃
1	φ57×3.5	φ219×6	50	46.57
2	φ76×4	φ273×6	70	43.70
3	φ108×4	φ325×8	80	45.06
4	φ133×4	φ377×6	90	45.55
5	φ159×4.5	φ426×6	100	45.56
6	φ219×6	φ530×7	120	46.12
7	φ273×8	φ630×8	130	48.23
8	φ325×8	φ720×8	150	47.73
9	φ377×9	φ820×10	170	47.50
10	φ426×9	φ920×10	200	45.94
11	φ478×9	φ1020×10	210	46.02
12	φ530×9	φ1120×10	240	44.90
13	φ630×10	φ1220×12	250	46.58
14	φ720×10	φ1320×12	250	48.00
	φ720×10	φ1420×12	300	44.42
15	φ820×10	φ1420×12	250	49.86
	φ820×10	φ1520×14	300	45.60

表 4-15　外滑动蒸汽直埋保温管

（蒸汽温度 = 250℃）

（保温材料为：离心玻璃棉+双层铝箔反射层）

序号	工作管规格/(mm×mm)	外套管规格/(mm×mm)	保温层厚度/mm	管表面计算温度/℃
1	φ57×3.5	φ219×6	50	40.60
2	φ76×4	φ219×6	50	43.58
3	φ89×4.5	φ273×6	60	42.00
4	φ108×4	φ273×6	60	44.08
5	φ133×4	φ325×6	60	46.80
6	φ159×4.5	φ377×6	70	46.14
7	φ219×6	φ478×6	90	45.43
8	φ273×8	φ530×7	100	46.72
9	φ325×8	φ630×8	120	45.62
10	φ377×9	φ720×8	120	46.90
11	φ426×9	φ820×10	150	44.59
12	φ478×9	φ920×10	160	44.36
13	φ530×9	φ1020×10	180	44.56
14	φ630×10	φ1120×12	200	43.97
15	φ720×10	φ1220×12	200	46.11
16	φ820×10	φ1320×12	200	47.41

表 4-16　外滑动蒸汽直埋保温管

（蒸汽温度 = 200℃）

（保温材料为：离心玻璃棉+双层铝箔反射层）

序号	工作管规格/(mm×mm)	外套管规格/(mm×mm)	保温层厚度/mm	管表面计算温度/℃
1	φ57×3.5	φ219×6	40	38.05
2	φ76×4	φ219×6	40	40.80
3	φ89×4.5	φ219×6	40	42.44
4	φ108×4	φ273×6	50	40.67
5	φ133×4	φ273×6	50	42.87
6	φ159×4.5	φ325×6	50	44.91
7	φ219×6	φ426×6	70	42.84
8	φ273×8	φ478×6	70	46.22
9	φ325×8	φ530×7	70	48.36
10	φ377×9	φ630×8	80	48.07
11	φ426×9	φ720×8	100	44.52
12	φ478×9	φ820×10	110	44.80
13	φ530×9	φ920×10	140	41.56
14	φ630×10	φ1020×10	140	43.92
15	φ720×10	φ1120×12	140	45.20
16	φ820×10	φ1220×12	150	45.76

注：表 4-13～表 4-16 说明：

1. 保温材料的热导率［W/(m·K)］按下式计算：$\lambda_{cp} = 0.045 + 0.0001t_{cp}$。

2. 土壤的热导率为：$\lambda_t = 1.75W/(m·K)$。

3. 空气的热导率为：$\lambda_{TP2} = 0.03W/(m·K)$。

4.3.2　内滑动内固定蒸汽直埋管

内滑动内固定蒸汽直埋管结构如图 4-34 所示。

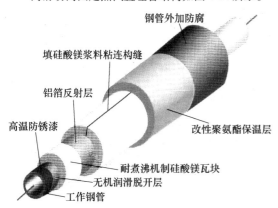

钢管外加防腐

填硅酸镁浆料粘连构缝

铝箔反射层

高温防锈漆

改性聚氨酯保温层

耐煮沸机制硅酸镁瓦块

无机润滑脱开层

工作钢管

图 4-34　内滑动内固定蒸汽直埋管结构示意图

表 4-17～表 4-20 为开封北冰洋工程设备有限公司生产的内滑动内固定蒸汽直埋管产品规格型号。

该厂生产各种规格的热水和蒸汽预制保温直埋管道及补偿器等热力管道相关产品。

表 4-17　内滑动蒸汽直埋保温管

（蒸汽温度 = 200℃）

（保温材料为：硅酸镁瓦壳+聚氨酯+铝箔反射层）

序号	工作管规格/（mm×mm）	外套管规格/（mm×mm）	耐煮沸硅酸镁瓦块厚度/mm	改性聚氨酯厚度/mm	外套管表面计算温度/℃
1	φ57×3.5	φ219×6	40	30	16.3
2	φ76×4	φ273×6	54	30	17.5
3	φ89×4.5	φ273×6	52	30	18.6
4	φ108×4	φ273×6	43	30	20.2
5	φ133×4	φ325×6	55	30	22.1
6	φ159×4.5	φ325×6	42	30	22.7
7	φ219×6	φ426×6	62	30	26.1
8	φ273×7	φ478×6	72	30	28.8
9	φ325×7	φ529×7	61	30	29.4
10	φ377×7	φ630×8	85	30	31.3
11	φ426×8	φ720×8	105	30	31.3
12	φ478×8	φ720×8	80	30	31.7
13	φ529×8	φ820×8	98	35	32.0
14	φ630×8	φ920×10	96	35	32.2
15	φ720×9	φ1020×10	96	40	33.8
16	φ820×9	φ1120×10	96	40	33.9

表 4-18　内滑动蒸汽直埋保温管

（蒸汽温度 = 250℃）

（保温材料为：硅酸镁瓦壳+聚氨酯+铝箔反射层）

序号	工作管规格/（mm×mm）	外套管规格/（mm×mm）	耐煮沸硅酸镁瓦块厚度/mm	改性聚氨酯厚度/mm	外套管表面计算温度/℃
1	φ57×3.5	φ219×6	41	30	19.4
2	φ76×4	φ273×6	58	30	20.7
3	φ89×4.5	φ273×6	52	30	22.0
4	φ108×4	φ325×6	68	30	23.8
5	φ133×4	φ377×6	81	30	24.8
6	φ159×4.5	φ377×6	68	30	26.7
7	φ219×6	φ478×6	88	30	29.2
8	φ273×7	φ529×7	86	30	30.6
9	φ325×7	φ630×8	107	30	32.9
10	φ377×7	φ630×8	81	30	33.5
11	φ426×8	φ720×8	100	35	31.3
12	φ478×8	φ820×8	124	35	33.5
13	φ529×8	φ920×10	146	35	34.8
14	φ630×8	φ1020×10	146	35	35.8
15	φ720×9	φ1120×10	151	35	37.6
16	φ820×9	φ1220×10	151	35	37.8

表 4-19　内滑动蒸汽直埋保温管

（蒸汽温度 = 300℃）

（保温材料为：硅酸镁瓦壳+聚氨酯+铝箔反射层）

序号	工作管规格/（mm×mm）	外套管规格/（mm×mm）	耐煮沸硅酸镁瓦块厚度/mm	改性聚氨酯厚度/mm	外套管表面计算温度/℃
1	φ57×3.5	φ273×6	66	30	22.4
2	φ76×4	φ325×6	83	30	23.9
3	φ89×4.5	φ325×6	77	30	25.4
4	φ108×4	φ377×6	93	30	26.3
5	φ133×4	φ377×6	81	30	28.5
6	φ159×4.5	φ426×6	91	30	29.4
7	φ219×6	φ529×7	113	30	32.2
8	φ273×7	φ630×8	136	30	33.9
9	φ325×7	φ720×8	150	35	33.3
10	φ377×7	φ820×8	175	35	34.2
11	φ426×8	φ820×8	150	35	34.6
12	φ478×8	φ920×10	167	40	33.6
13	φ529×8	φ1020×10	191	40	34.8
14	φ630×8	φ1120×10	191	40	36.0
15	φ720×9	φ1220×10	196	40	36.6
16	φ820×9	φ1320×10	196	40	37.1

表 4-20　内滑动蒸汽直埋保温管

（蒸汽温度＝350℃）

（保温材料为：硅酸镁瓦壳＋
聚氨酯＋铝箔反射层）

序号	工作管规格/(mm×mm)	外套管规格/(mm×mm)	耐煮沸硅酸镁瓦块厚度/mm	改性聚氨酯厚度/mm	外套管表面计算温度/℃
1	φ57×3.5	φ325×6	93	30	24.6
2	φ76×4	φ377×6	110	30	26.2
3	φ89×4.5	φ377×6	103	30	27.7
4	φ108×4	φ426×6	118	30	28.7
5	φ133×4	φ478×6	132	30	31.0
6	φ159×4.5	φ529×7	143	30	32.1
7	φ219×6	φ630×8	163	30	35.2
8	φ273×7	φ720×8	181	30	37.1
9	φ325×7	φ720×8	155	30	38.4
10	φ377×7	φ820×8	174	35	36.6
11	φ426×8	φ920×10	198	35	37.2
12	φ478×8	φ1020×10	222	35	38.9
13	φ630×8	φ1220×10	241	40	38.7
14	φ720×9	φ1320×10	246	40	38.7
15	φ820×9	φ1420×10	246	40	37.0

表 4-17～表 4-20 中减阻层（润滑层）厚度均为 4mm。

4.3.3　直埋热力管道相关产品

1. 直埋预制保温管机制硅酸镁瓦块

河南省开封市北冰洋建设工程有限公司生产各种规格的热水和蒸汽的直埋预制保温管道，也生产机制硅酸镁瓦块，见表 4-21。

表 4-21　机制硅酸镁瓦块性能

性能	参数	备注
密度	≤200kg/m³	—
含水率	≤1.8%	—
抗压强度	≥410kPa	—
增水率	≥98.1%	—
线收缩率	≤0.8%	—
体积吸水率	≤4.5%	—
热导率	0.52W/(m·K)	常温
工作温度	650℃	

2. 注油式穿墙止水套管

河南金景环保设备有限公司在原有 ZCZT 型穿墙止水套管的基础上研发了新一代管道止水元件——注油式穿墙止水套管，在保持原有型号穿墙止水套管的优点的同时，采用优质成形填料加半固态密封油的复合密封结构，止水可靠、耐磨损，并可在线填充半固态密封油来带压堵漏。主要适用于地下水位较高或检查井在河道中布置的情况，它能有效地杜绝地下水或河水渗漏到检查井中，保证阀门、补偿器等设备处在无水状态。ZCZT 型穿墙止水套管技术参数见表 4-22。

表 4-22　ZCZT 型穿墙止水套管技术参数

公称直径 DN	芯管外径/mm	大外径 D/mm	补偿量 ΔL/mm	安装长度 L_{max}/mm 墙壁厚度/mm 300	400	600	摩擦力 $F/10^4$N
50	57	220	150	790			0.16
80	89	255	150	795			0.23
100	108	325	200	865			0.38
125	133	340	200	865			0.59
150	159	375	200	870	970		0.73
200	219	445	200	920	1020		1.14
250	273	515	250	950	1050		1.76
300	325	570	250	950	1050		1.98
350	377	650	250	950	1050	1250	2.44
400	426	710	300	950	1050	1250	2.69
450	478	750	300	955	1055	1255	2.93
500	529	810	350	1005	1105	1305	3.16
600	630	915	350	1005	1105	1305	3.68
700	720	1015	350		1130	1330	4.23
800	820	1130	400		1130	1330	5.38
900	920	1230	400		1130	1330	6.21
1000	1020	1330	400		1130	1330	7.80
1200	1220	1540	400		1155	1355	9.53
1400	1420	1760	400		1175	1375	11.25
1600	1620	1960	400		1175	1375	13.68

ZCZT 型穿墙止水套管如图 4-35 所示。

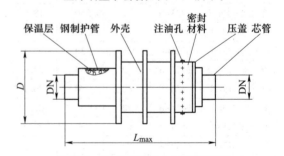

图 4-35　ZCZT 型穿墙止水套管示意图

第 5 章　管道水力计算

5.1　概述

5.1.1　管道水力计算原则

管道水力计算的任务是根据介质流量和允许的压力损失确定管径，或者根据管径和介质流量来验算压力损失。

确定管道直径时，应根据运行中可能出现的最大流量和允许的最大压力损失来计算。

一般设计车间管道时，接至每一设备的支管，应以设备最大负荷考虑；车间干管负荷，应以全部设备的最大耗量乘以设备同时使用系数和考虑设备实际工作耗量的负荷系数，并考虑一定的热损失或漏损的损耗系数。在无法取得设备同时使用系数时，可将其中主要设备按最大耗量计算，其余按平均耗量计算。

厂区管道负荷，以各车间入口计算负荷相加计算，对于工厂车间较多时，还可以适当考虑车间之间的同时使用系数。

耗能设备同时使用系数、设备负荷系数，应按用户性质、工艺要求、现场生产实际等情况，由工艺设计人提供，或工艺与管道设计人共同协商决定。损耗系数应按负荷波动及管道运行情况决定。

蒸汽疏水阀后余压回水凝结水的管道的计算，应按汽水混合物状态计算，除二次蒸汽外，还应计入 5%~10% 的漏汽量。由凝结水泵输送的压力回水管，管径应按凝结水泵的流量进行计算。

管道设计在考虑发展富余量时，必须有可靠的依据。

考虑到管道标准所允许的管径和管道壁厚的偏差，以及管道和附件所采用的阻力系数与实际情况的偏差等影响，在进行管道压力损失计算时，应考虑 15% 的富余量。

5.1.2　常用水力计算软件简介

目前国内采用比较多的大型水力计算软件有：管网流体分析软件 STANET、天然气静态管网模拟软件 WinFlow、长输管道模拟软件 Pipeline Studio 等，另外还有诸多自编的实用计算软件。

1. 管网流体分析软件 STANET

STANET 管网流体分析软件是北京湃蒲澜泰克管道工程技术服务有限公司代理的，一款由德国 Fischer-Uhrig Engineering 软件公司开发设计的管网流体分析软件，该软件可以模拟集中供热/供冷、蒸汽、自来水、天然气、污水等介质在稳态及动态等不同条件下的水力工况，软件能模拟管网运行时各节点的流量及压力变化等参数，用户通过模拟结果，可以分析管网的当前运行状态、管网存在的问题及不同运行条件下的水力工况变化。STANET 系列产品不仅是一个高效、便捷、准确的模拟计算工具，更是一个强大的工程设计优化平台，广泛应用于国内外各设计院和热力公司，得到了国内外用户的认可和肯定。

关于 STANET 水力计算软件的主要功能、水压图绘制案例详见本章 [例 5-26]。

2. 天然气静态管网模拟软件 WinFlow

WinFlow 支持长输管道、城镇配气管网及集气管网的规划、设计、生产运行和在线分析等工作，在国内主要应用于城市天然气管网的规划设计。该软件的主要特点有：支持 Windows 操作平台，方便管网建模；运行速度快，适用于城市燃气管网，压力系统复杂、多节点环状管网的计算；管网模型查错、纠错功能全面，可提高建模准确率和工作效率等。

5.2　负荷计算

5.2.1　各类动力管道负荷计算

蒸汽、热水、压缩空气、氧气、乙炔、二氧化碳等各类动力管道负荷计算见表 5-1。

表 5-1　各类动力管道负荷计算

管道种类	计算公式	损耗系数 K_1	同时使用系数 K_2	不平衡系数 K_3	设备负荷系数 K_4
过热蒸汽	$q_m = K_1 q_{max}^m$	1.05~1.10	—	—	—
饱和蒸汽		1.05~1.10	—	—	—
废汽		1.20~1.25	—	—	—
热水		1.05	—	—	—
凝结水余压回水	$q_m = q_{max}^m$	—	—	—	—
凝结水自流回水	$q_m = 1.5 q_{max}^m$	—	—	—	—

（续）

管道种类	计算公式	损耗系数 K_1	同时使用系数 K_2	不平衡系数 K_3	设备负荷系数 K_4
压缩空气	$q_V = \phi_1 K_1 K_3 q_{cp}^V$	1.20~1.40	—	1.1~1.3	—
	$q_V = \phi_1 K_1 K_2 K_4 q_{max}^V$		见表5-2	—	见表5-4
氧气		1.10~1.20			
乙炔	$q_V = K_1 q_{max}^V$	1.15			
氢气		1.15	—		
氮气		1.15			
二氧化碳	$q_V = K_1 K_2 q_{max}^V$	1.15	见表5-3		
煤气	$q_V = \phi_2 K_1 q_{max}^V$	1.03	—	—	—

注：q_m—设计计算质量负荷（t/h）；q_V—设计计算体积负荷（m^3/h）；K_1—损耗系数；K_2—用气设备同时使用系数，见表5-2、表5-3；K_3—不平衡系数；K_4—设备负荷系数，可按式（5-1）计算或见表5-4；ϕ_1—海拔修正系数，见表5-5；ϕ_2—温度修正系数，见表5-6；q_{max}^m—最大质量负荷（t/h）；q_{max}^V—最大体积耗气量（m^3/h）；q_{cp}^V—平均体积耗气量（m^3/h）。

设备负荷系数：

$$K_4 = \frac{\text{设备在每班内实际用气时间}}{\text{每班工作时间}} \times \frac{\text{设备在用气时间的平均负荷}}{\text{设备在同一用气时间的最大负荷}} \quad (5-1)$$

表5-2　压缩空气用气设备的同时使用系数 K_2

用气设备数量	2	3	4	5	6	7	8
压缩空气 K_2	1	0.9	0.8	0.8	0.8	0.77	0.75
用气设备数量	10	12	15	20	30	50	70
压缩空气 K_2	0.7	0.67	0.6	0.58	0.5	0.5	0.43

表5-3　二氧化碳用气设备的同时使用系数 K_2

用气设备数量	2	5	6~10	≥11
二氧化碳 K_2	1	0.5	0.4	0.35

表5-4　压缩空气的设备负荷系数 K_4

设备名称	K_4	设备名称	K_4
铆枪	0.3~0.5	模锻锤	0.45~0.65
风铲	0.15~0.7	压力机	0.55~0.75
风锤	0.2~0.5	风钻	0.1~0.2
捣固器	0.3~0.5	风砂轮机	0.5~0.7
液体混合喷嘴	0.6~0.8	吹洗喷嘴	0.08~0.2
喷砂室	0.6~0.8	风动起重机	0.02~0.06
喷漆室	0.6~0.8	风动夹具	0.02~0.08
自由锻锤	0.35~0.55	造型机	0.1~0.2

表5-5　海拔修正系数 ϕ_1

海拔/m	0	305	610	914	1219	1524	1829
ϕ_1	1.00	1.03	1.07	1.10	1.14	1.17	1.20
海拔/m	2134	2438	2743	3048	3658	4572	
ϕ_1	1.23	1.26	1.29	1.32	1.37	1.43	

表5-6　温度修正系数 ϕ_2

温度/℃	5	10	15	20	25	30	35	40
ϕ_2	1.027	1.049	1.073	1.098	1.13	1.16	1.19	1.24

5.2.2　燃气管道负荷计算

1. 居民生活和商业用户的燃气计算

居民生活和商业用户的燃气计算流量可按式（5-2）计算：

$$q = \frac{q_a}{365 \times 24} K_m K_d K_h \quad (5-2)$$

式中　q——管道计算流量（m^3/h）；

　　　q_a——年用气量（m^3/a）；

　　　K_m——月高峰系数，可取1.1~1.3；

　　　K_d——日高峰系数，可取1.05~1.2；

　　　K_h——小时高峰系数，可取2.2~3.2。

式（5-2）中年用气量 q_a 应根据燃气用户的不同分别计算：

（1）居民用户年用气量　可按式（5-3）计算：

$$q_a = N\pi q_z \quad (5-3)$$

式中　q_a——居民年用气量（m^3/a）；

　　　N——城镇人口（人）；

　　　π——气化率（%）；

　　　q_z——用气指标 [$m^3/(人·a)$]，可按表5-7的用热指标进行折算。

表 5-7　城镇居民生活用热指标

［单位：MJ/（人·a）］

城镇地区	有集中采暖用户	无集中采暖用户
东北地区	2303~2721	1884~2303
华东、中南地区	—	2093~2303
北京	2721~3140	2512~2931
成都	—	2512~2931

注：1. 本表指一户装有一个燃气表的用户，在住宅内做饭和热水的用气量，不适用于瓶装液化石油气居民。

　　2. "采暖"指非燃气采暖。

（2）商业公共建筑用户年用气量　可按式（5-4）计算：

$$q_a = \sum N q_z \tag{5-4}$$

式中　q_a——年用气量（m^3/a）；

　　　N——食堂就餐人数（人），宾馆床位数（床），餐馆座位数（座），门诊就诊年次数（次），医院床位数（床），托幼园入园人数（人），理发年次数（次）；

　　　q_z——用气指标 $\{m^3/[人（床、座、次）·a]\}$，可按表 5-8 的用气量指标进行折算。

表 5-8　几种公共建筑用气量指标

类别		单位	用气量指标
职工食堂		MJ/（人·a）	1884~2303
饮食业		MJ/（座·a）	7955~9211
托儿所幼儿园	全托	MJ/（人·a）	1884~2512
	半托	MJ/（人·a）	1256~1675
医院		MJ/（床·a）	2931~4187
旅馆招待所	有餐厅	MJ/（床·a）	3350~5024
	无餐厅	MJ/（床·a）	670~1047
高级宾馆		MJ/（床·a）	8374~10467
理发店		MJ/（人·次）	3.35~4.19

注：职工食堂的用气量指标，包括做副食和热水在内。

（3）工业用户年用气量　工业用户使用其他燃料折算或燃气的年用气量可按式（5-5）计算：

$$q_a = \frac{1000 q'_a H'_D \eta'}{H_D \eta} \tag{5-5}$$

式中　q_a——年用气量（m^3/a）；

　　　q'_a——其他燃料年用量（t/a）；

　　　H'_D——其他燃料低发热值（kJ/kg）；

　　　H_D——燃气的低发热值（kJ/m^3）；

　　　η'——其他燃料设备的热效率（%）；

　　　η——燃气设备热效率（%）。

工业用户如有产品耗热量指标时，可按式（5-6）折算成燃气的年用气量：

$$q_a = \frac{1}{H_D} \sum q_i N_i \tag{5-6}$$

式中　q_a——年用气量（m^3/a）；

　　　q_i——某产品单位耗热量指标（kJ/件）；

　　　N_i——某产品全年总产量（件/a）；

　　　H_D——燃气低位发热值（kJ/m^3）。

（4）采暖（制冷）用户年用气量　可按式（5-7）估算或由采暖通风专业提出的年耗热量进行折算。

$$q_a = \frac{3.6 A q_z n}{H_D \eta} \tag{5-7}$$

式中　q_a——年用气量（m^3/a）；

　　　A——使用燃气采暖（制冷）的建筑面积（m^2）；

　　　q_z——建筑物耗热（制冷）指标（W/m^2）；

　　　η——采暖（制冷）系统的热效率（%）；

　　　H_D——燃气低发热值（kJ/m^3）；

　　　n——采暖（制冷）负荷最大利用小时数（h）。

（5）汽车加气的年用气量　可按式（5-8）计算：

$$q_a = 0.01 N L q_z \tag{5-8}$$

式中　q_a——年用气量（m^3/a）；

　　　N——用气车数量；

　　　L——用气车年行驶里程（km）；

　　　q_z——用气车耗气量指标（m^3/100km），需要时可用汽油耗量指标折算。

在计算一个城市的年用气量时，应考虑一部分未预见气量，包括管道漏损气量 3% 左右和特殊用户预留气量。未预见气量一般为总气量的 5%。

2. 独立居民小区和庭院燃气支管（包括室内燃气管道）的计算

流量宜按式（5-9）计算：

$$q = K_t (\sum K N q_n) \tag{5-9}$$

式中　q——燃气管道的计算流量（m^3/h）；

　　　K_t——不同类型用户的同时工作系数；当缺乏资料时，可取 $K_t = 1$；

　　　K——燃具同时工作系数，居民生活用燃具可按表 5-9 和表 5-10 确定，公共建筑和工业用燃具可按加热工艺要求确定；

　　　N——同一类型燃具的数量；

　　　q_n——燃具的额定流量（m^3/h）。

表 5-9　居民生活用燃具的同时工作系数 K （续）

同类型燃具数量 N	燃气双眼灶 K	燃气双眼灶和快速热水器 K	同类型燃具数量 N	燃气双眼灶 K	燃气双眼灶和快速热水器 K
1	1.0	1.0	40	0.39	0.18
2	1.0	0.56	50	0.38	0.178
3	0.85	0.44	60	0.37	0.176
4	0.75	0.38	70	0.36	0.174
5	0.68	0.35	80	0.35	0.172
6	0.64	0.31	90	0.345	0.171
7	0.60	0.29	100	0.34	0.17
8	0.58	0.27	200	0.31	0.16
9	0.56	0.26	300	0.30	0.15
10	0.54	0.25	400	0.29	0.14
15	0.48	0.22	500	0.28	0.138
20	0.45	0.21	700	0.26	0.134
25	0.43	0.20	1000	0.25	0.13
30	0.40	0.19	2000	0.24	0.12

注：1. "燃气双眼灶"是指一户居民装设一个双眼灶的同时工作系数；当每一户居民装设两个单眼灶时，也可参照本表计算。

2. "燃气双眼灶和快速热水器"是指一户居民装设一个双眼灶和一个快速热水器的同时工作系数。

3. 液态液化石油气管道计算

流量可按式（5-10）计算：

$$q_V = \sum q_n \tag{5-10}$$

式中　q_V——管道计算体积流量（m^3/h）；

$\sum q_n$——各分区用户额定体积流量之和（m^3/h）。

表 5-10　居民燃气热水器、采暖炉同时工作系数 K

燃具数量	热水器、浴槽水加热器	采暖炉	燃具数量	热水器、浴槽水加热器	采暖炉
1	1.0	1.0	5	0.83	0.92
2	1.0	1.0	6	0.77	0.89
3	1.0	1.0	7	0.72	0.86
4	0.90	0.95	8	0.68	0.84

表 5-9（续）

燃具数量	热水器、浴槽水加热器	采暖炉	燃具数量	热水器、浴槽水加热器	采暖炉
9	0.65	0.82	16	0.56	0.78
10	0.63	0.81	17	0.55	0.78
11	0.61	0.80	18	0.54	0.77
12	0.60	0.80	19	0.53	0.76
13	0.59	0.80	20	0.52	0.76
14	0.58	0.79	>21	0.50	0.75
15	0.57	0.79			

注：K 值可按实际情况确定，但不得小于本表的规定值。

5.2.3　采暖通风及生活用热热负荷计算

1. 机械工厂采暖通风热负荷计算

按式（5-11）计算：

$$Q = [Q_{z1}(t_n - t_w) + Q_{z2}(t_{n1} - t_{w1})]V \tag{5-11}$$

式中　Q——建筑物的采暖通风热负荷（W）；

Q_{z1}——建筑物的采暖热指标 $[W/(m^3 \cdot ℃)]$，即在室内外温度差 1℃ 时，每 $1m^3$ 建筑物体积的采暖热负荷，见表 5-11；

Q_{z2}——建筑物的通风热指标 $[W/(m^3 \cdot ℃)]$，即在室内外温度差 1℃ 时，每 $1m^3$ 建筑物体积的通风热负荷，见表 5-11；

V——建筑物的体积（m^3）；

t_n——采暖的室内计算温度（℃），见表 5-12 和表 5-13；

t_w——采暖的室外计算温度（℃），按全国各城市采暖通风的气象资料选取；

t_{n1}——通风的室内计算温度（℃）；见表 5-12 和表 5-13；

t_{w1}——通风的室外计算温度（℃），按全国各城市采暖通风的气象资料选取。

表 5-11　机械工厂各主要建筑物的采暖通风热负荷概算指标

建筑物名称	建筑物体积/1000m³	采暖热指标/[W/(m³·℃)]	通风热指标/[W/(m³·℃)]
铸铁车间①	10~50	0.35~0.29	0.93~0.58
	50~100	0.29~0.26	0.81~0.47
	100~150	0.26~0.21	0.70~0.35
	150 以上	0.21	0.58~0.29
铸钢车间①	10~50	0.35~0.29	0.70~0.47
	50~100	0.29~0.21	0.52~0.29
	150 以上	0.21	0.41~0.23
铸铜车间	5~10	0.47~0.41	1.70~1.51
	10~20	0.41~0.29	1.51~1.28
	20~30	0.29~0.23	1.28~1.05
金工装配车间	10~50	0.52~0.47	0.09~0.07
	50~100	0.47~0.44	0.07~0.05
	100~150	0.44~0.41	—
	150~200	0.41~0.38	—
	200 以上	0.38~0.29	—
汽车厂、拖拉机厂金工装配车间	10~50	0.47~0.35	0.52~0.47
	50~100	0.35~0.29	0.47~0.41
	100 以上	0.29~0.23	0.41~0.35

（续）

建筑物名称	建筑物体积/1000m³	采暖热指标/[W/(m³·℃)]	通风热指标/[W/(m³·℃)]
轴承厂生产工场	10~50	0.41~0.35	0.47~0.41
	50~100	0.35~0.29	0.41~0.35
	100~150	0.29~0.23	0.35~0.29
工具机修车间	10~50	0.50~0.44	0.08~0.06
	50~100	0.44~0.41	0.17~0.12
木工车间	5 以下	0.70~0.64	0.41~0.35
	5~10	0.64~0.52	0.35~0.33
	10~50	0.52~0.47	0.33~0.23
	50 以上	0.47~0.41	0.23~0.17
焊接车间	50~100	0.44~0.41	0.47~0.29
	100~150	0.41~0.35	0.41~0.23
	150~250	0.35~0.33	0.35~0.17
	250 以上	0.33~0.29	0.29~0.12
油漆车间	50 以下	0.64~0.58	1.74~1.16
	50~100	0.58~0.52	1.16~0.93
锻工车间②	10 以下	0.70	—
	10~50	0.64	—
	50~100	0.58	—
	100 以上	0.52	—
热处理车间②	10 以下	0.70	—
	10~50	0.64	—
	50~100	0.58	—
电镀车间	2~5	0.70~0.64	4.07~3.49
	5~10	0.64~0.58	3.49~2.91
	10~50	0.58~0.52	2.91~2.33
	50 以上	0.52~0.47	2.33~2.09
中央试验室	5 以下	0.81~0.70	1.05
	5~10	0.70~0.58	0.93
	10 以上	0.58~0.47	0.81
压缩空气站	0.5 以下	2.33~1.16	—
	0.5~1.0	1.16~0.80	—
	1~2	0.80~0.70	—
	2~5	0.70~0.52	—
	5~10	0.52~0.47	—
生活间及办公室	0.5~1	1.16~0.76	—
	1~2	0.93~0.52	—
	2~5	0.87~0.47	—
	5~10	0.76~0.41	—
	10~20	0.64~0.35	—

注：1. 本表摘自原机械工业部第一设计院编的《机器制造工厂采暖通风设计手册》。各车间热指标是根据该手册中有
关部分规定的建筑围护结构的保温情况而编制的。当情况不同时，指标应适当增大或减小。

2. 本表中各车间除注明为其他类型工厂的车间外，均指重型机械厂和矿山机械厂各车间的概算指标。采用时应注
意工厂的性质。

3. 各车间的建筑物体积，指外轮廓体积。

4. 采用采暖指标时，在室外温度较低的地区，采用接近小的数字，在室外温度较高的地区，采用接近大的数字。

5. 采用通风指标时，数值决定于通风的要求。

6. 确定各车间通风耗热量时，t_{w1} 可采用与室外采暖温度相同，但对于只有全面换气的车间及辅助建筑物，则 t_{w1} 可
采用室外通风计算温度。

7. 采暖地区暖风幕用热指标，应按具体情况酌情增加。

8. 本表的概算指标，不包括空气调节的用热。

① 一般说来，机械化程度高的车间，通风热指标应比本表高 20%~30%。

② 采暖指标主要用于值班采暖，工作时考虑车间部分地点可能采暖，指标可采用表上数值的 1/3~1/5。

表 5-12　某些民用建筑的室内计算温度　　　　　　（单位：℃）

房间名称	一般	范围	房间名称	一般	范围
1. 居住建筑			厕所	16	14~18
住宅的卧室和起居室	18	16~20	3. 工业建筑中的辅助建筑		
盥洗室	18	16~20	办公室	18	18~20
浴室	25	25~27	女工卫生间	23	20~25
厨房	10	5~15	哺乳室	20	20~25
厕所	16	14~18	淋浴室	25	25~27
储藏室	5	可不采暖	淋浴室更衣室	23	20~25
门厅、走廊、楼梯间	14	可不采暖	存衣室	14	12~18
2. 一般公共建筑			盥洗室	14	12~18
办公室	18	18~20	厕所	12	10~14

表 5-13　工业车间的室内计算温度　　　　　　（单位：℃）

车　　间	劳动特征	室内计算温度
主要放散对流热的车间，散热强度小于 116W/m³	轻体力劳动	18~21
	中等体力劳动	16~18
	重体力劳动	14~16
主要放散对流热的车间，散热强度大于 116W/m³	轻体力劳动	16~25
	中等体力劳动	13~22
	重体力劳动	10~20
放散大量辐射和对流热的车间，作业地带辐射强度大于 698W/m³		8~15
放散大量湿气的车间，散热强度小于 116W/m³	轻体力劳动	18~21
	中等体力劳动	16~18
	重体力劳动	14~16
放散大量湿气的车间，散热强度大于 116W/m³	轻体力劳动	18~23
	中等体力劳动	17~20
	重体力劳动	16~19

2. 民用建筑采暖、通风、空调热负荷及年热耗量计算

（1）民用建筑采暖热负荷　按式（5-12）计算：

$$Q_h = Q_{zh}A \times 10^{-3} \qquad (5-12)$$

式中　Q_h——采暖设计热负荷（kW）；

Q_{zh}——采暖热指标（W/m²）（见表 5-14）；

A——采暖建筑物的建筑面积（m²）。

表 5-14　采暖热指标推荐值 Q_{zh}

（单位：W/m²）

建筑物类型	居住区综合	学校办公	医院托幼	商店
未采取节能措施	60~67	60~80	65~80	65~80
采取节能措施	45~55	50~70	55~70	55~70

建筑物类型	食堂餐厅	影剧院展览馆	大礼堂体育馆	住宅	旅馆
未采取节能措施	115~140	95~115	115~165	58~64	60~70
采取节能措施	100~130	80~105	100~150	40~45	50~60

注：1. 表中数值适用于我国东北、华北、西北地区。

　　2. 热指标中，已包括约 5% 的管网热损失。

（2）民用建筑通风热负荷　按式（5-13）计算：

$$Q_V = K_V Q_h \qquad (5-13)$$

式中　Q_V——通风设计热负荷（kW）；

Q_h——采暖设计热负荷（kW）；

K_V——建筑物通风热负荷系数，可取 0.3~0.5。

（3）民用建筑空调热负荷估算

1）空调冬季热负荷按式（5-14）计算：

$$Q_a = Q_{za}A \times 10^{-3} \qquad (5-14)$$

式中　Q_a——空调冬季设计热负荷（kW）；

Q_{za}——空调热指标（W/m²）（见表 5-15）；

A——空调建筑物的建筑面积（m²）。

2）空调夏季热负荷按式（5-15）计算：

$$Q_c = \frac{Q_{zc}A \times 10^{-3}}{COP} \qquad (5-15)$$

式中　Q_c——空调夏季设计热负荷（kW）；

Q_{zc}——空调冷指标（W/m²）（见表 5-15）；

A——空调建筑物的建筑面积（m²）；

COP——吸收式冷机的制冷系数，可取 1.2~1.5。

表 5-15　空调热指标 Q_{za} 和冷指标 Q_{zc} 的推荐值

（单位：W/m^2）

建筑物类型	办公	医院	旅馆、宾馆
热指标 Q_{za}	80~100	90~120	90~120
冷指标 Q_{zc}	80~110	70~100	80~110

建筑物类型	商店、展览馆	影剧院	体育馆
热指标 Q_{za}	100~120	115~140	130~190
冷指标 Q_{zc}	125~180	150~200	140~200

注：1. 表中数值适用于我国东北、华北、西北地区。
　　2. 寒冷地区热指标取较小值，冷指标取较大值；严寒地区热指标取较大值，冷指标取较小值。

（4）民用建筑采暖全年耗热量　按式（5-16）计算：

$$Q_h^a = 0.0864 N Q_h \frac{t_i - t_a}{t_i - t_{o,h}} \qquad (5\text{-}16)$$

式中　Q_h^a——采暖全年耗热量（GJ）；

　　　N——采暖期天数；

　　　Q_h——采暖设计热负荷（kW），按式（5-12）计算；

　　　t_i——采暖室内计算温度（℃）；

　　　t_a——采暖期平均室外温度（℃）；

　　　$t_{o,h}$——采暖室外计算温度（℃）。

（5）民用建筑采暖期通风全年耗热量　按式（5-17）计算：

$$Q_V^a = 0.0036 T_V N Q_V \frac{t_i - t_a}{t_i - t_{o,v}} \qquad (5\text{-}17)$$

式中　Q_V^a——采暖期通风全年耗热量（GJ）；

　　　T_V——采暖期内通风装置每日平均运行小时数（h）；

　　　Q_V——通风设计热负荷（kW），按式（5-13）计算；

　　　N——采暖期天数；

　　　t_i——通风室内计算温度（℃）；

　　　t_a——采暖期平均室外温度（℃）；

　　　$t_{o,v}$——冬季通风室外计算温度（℃）。

（6）民用建筑空调采暖全年耗热量　按式（5-18）计算：

$$Q_a^a = 0.0036 T_a N Q_a \frac{t_i - t_a}{t_i - t_{o,a}} \qquad (5\text{-}18)$$

式中　Q_a^a——空调采暖全年耗热量（GJ）；

　　　T_a——采暖期内空调装置每日平均运行小时数（h）；

　　　N——采暖期天数；

　　　Q_a——空调冬季设计热负荷（kW），按式（5-14）计算；

　　　t_i——空调室内计算温度（℃）；

　　　t_a——采暖期室外平均温度（℃）；

　　　$t_{o,a}$——冬季空调室外计算温度（℃）。

（7）民用建筑供冷期制冷全年耗热量　按式（5-19）计算：

$$Q_c^a = 0.0036 Q_c T_{c,\,max} \qquad (5\text{-}19)$$

式中　Q_c^a——供冷期制冷耗热量（GJ）；

　　　Q_c——空调夏季设计热负荷（kW），按式（5-15）计算；

　　　$T_{c,max}$——空调夏季最大负荷利用小时数（h）。

3. 生活热水热负荷及年耗热量计算

（1）根据热水量定额计算生活热水设计热负荷　按式（5-20）计算：

$$Q = \sum K_h \frac{m q_r c (t_r - t_i)}{24 \times 3600} \qquad (5\text{-}20)$$

式中　Q——设计热负荷（kW）；

　　　m——用水计算单位数（人数或床位数）；

　　　q_r——热水用水定额［L/(人·日) 或 L/(床·日)］见表 5-16；

　　　c——水的比热容［kJ/(kg·℃)］；

　　　t_r——热水温度（℃）；

　　　t_i——冷水温度（℃）；

　　　K_h——小时变化系数，见表 5-17、表 5-18、表 5-19。

表 5-16　热水用水定额

序号	建筑物名称	单位	最高日用水定额/L	使用时间/h
1	住宅			
	有自备热水供应和沐浴设备	每人每日	40~80	24
	有集中热水供应和沐浴设备	每人每日	60~100	24
2	别墅	每人每日	70~110	24
3	酒店式公寓	每人每日	80~100	24
4	宿舍			
	Ⅰ类、Ⅱ类	每人每日	70~100	24 或定时供应
	Ⅲ类、Ⅳ类	每人每日	40~80	24 或定时供应
5	招待所、培训中心、普通旅馆			
	设公共盥洗室	每人每日	25~40	24 或定时供应

（续）

序号	建筑物名称	单位	最高日用水定额/L	使用时间/h
	设公共盥洗室、淋浴室	每人每日	40~60	24 或定时供应
	设公共盥洗室、淋浴室、洗衣室	每人每日	50~80	24 或定时供应
	设单独卫生间、公用洗衣室	每人每日	60~100	24 或定时供应
6	宾馆、客房			
	旅客	每床位每日	120~160	24
	员工	每人每日	40~50	24
7	医院住院部			
	设公共盥洗室	每床位每日	60~100	24
	设公共盥洗室、淋浴室	每床位每日	70~130	24
	设单独卫生间	每床位每日	110~200	24
	医务员工	每人每班	70~130	8
	门诊部、诊疗所	每病人每次	7~13	8
	疗养院、休养所住房部	每床位每日	100~160	24
8	养老院	每床位每日	50~70	24
9	幼儿园、托儿所			
	有住宿	每儿童每日	20~40	24
	无住宿	每儿童每日	10~15	10
10	公共浴室			
	淋浴	每顾客每次	40~60	12
	淋浴、浴盆	每顾客每次	60~80	12
	桑拿浴（淋浴、按摩池）	每顾客每次	70~100	12
11	理发室、美容院	每顾客每次	10~15	12
12	洗衣房	每千克干衣	15~30	8
13	餐饮业			
	营业餐厅	每顾客每次	15~20	10~12
	快餐店、职工及学生食堂	每顾客每次	7~10	12~16
	酒吧、咖啡厅、茶座、卡拉 OK 房	每顾客每次	3~8	8~18
14	办公楼	每人每班	5~10	8
15	健身中心	每人每次	15~25	12
16	体育场（馆）运动员淋浴	每人每次	17~26	4
17	会议厅	每座位每次	2~3	4

注：1. 热水温度按 60°C 计。

2. 表中数据摘自 GB 50015—2003《建筑给水排水设计规范》（2009 年版）。

表 5-17　住宅的热水小时变化系数 K_h 值

居住人数	50	100	150	200	250
K_h	6.58	5.12	4.49	4.13	3.91
居住人数	300	500	1000	3000	6000
K_h	3.70	3.28	2.86	2.48	2.34

表 5-18　旅馆的热水小时变化系数 K_h 值

居住人数	60	150	300
K_h	9.65	6.84	5.61
居住人数	450	600	900
K_h	4.97	4.58	4.19

表 5-19　医院的热水小时变化系数 K_h 值

床位数	35	50	75	100
K_h	7.62	4.55	3.78	3.54
床位数	200	300	500	1000
K_h	2.93	2.60	2.23	1.95

（2）根据卫生器具小时热水用水量计算设计热负荷　按式（5-21）计算：

$$Q = \sum \frac{q_h c(t_r - t_i) n_o b}{3600} \quad (5-21)$$

式中　Q——设计热负荷（kW）；

q_h——卫生器具热水的小时用水量（L/h），见表 5-20；

n_o——同类卫生器具数；

b——卫生器具同时使用百分数：公共浴室和工业企业生活间、学校、剧院及体育场馆等的浴室内的淋浴器和洗脸盆，均按 $b=100\%$ 计；旅馆客房卫生间内浴盆按 $b=60\%~70\%$ 计，其他器具不计；医院、疗养院的病房卫生间的浴盆按 $25\%~50\%$ 计，其他器具不计；设有浴盆的住宅，仅按浴盆数量计算，不计其他卫生器具，浴盆同时使用百分数见表 5-21。

表 5-20　卫生器具的一次和 1h 热水用水量和水温

序号	卫生器具名称	一次用水量/L	小时用水量/L	使用水温/℃
1	住宅、旅馆、别墅、宾馆、酒店式公寓			
	带有淋浴器的浴盆	150	300	40
	无淋浴器的浴盆	125	250	40
	淋浴器	70～100	140～200	37～40
	洗脸盆、盥洗槽水嘴	3	30	30
	洗脸盆（池）	—	180	50
2	宿舍、招待所、培训中心			
	淋浴器：有淋浴小间	70～100	210～300	37～40
	无淋浴小间	—	450	37～40
	盥洗槽水嘴	3～5	50～80	30
3	餐饮业			
	洗涤盆（池）	—	250	50
	洗脸盆工作人员用	3	60	30
	洗脸盆顾客用	—	120	30
	淋浴器	40	400	37～40
4	幼儿园、托儿所			
	浴盆：幼儿园	100	400	35
	托儿所	30	120	35
	淋浴器：幼儿园	30	180	35
	托儿所	15	90	35
	盥洗槽水嘴	15	25	30
	洗涤盆（池）	—	180	50
5	医院、疗养院、休养所			
	洗手盆	—	15～25	35
	洗涤盆（池）	—	300	50
	淋浴器	—	200～300	37～40
	浴盆	125～150	250～300	40
6	公共浴室			
	浴盆	125	250	40
	淋浴器：有淋浴小间	100～150	200～300	37～40
	无淋浴小间	—	450～540	37～40
	洗脸盆	5	50～80	35
7	办公楼洗手盆	—	50～100	35
8	理发室、美容院洗脸盆	—	35	35
9	实验室			
	洗脸盆	—	60	50
	洗手盆	—	15～25	30
10	剧场			
	淋浴器	60	200～400	37～40
	演员用洗脸盆	5	80	35
11	体育场馆淋浴器	30	300	35
12	工业企业生活间			
	淋浴器：一般车间	40	360～540	37～40
	脏车间	60	180～480	40
	洗脸盆或盥洗槽水嘴：一般车间	3	90～120	30
	脏车间	5	100～150	35
13	净身器	10～15	120～180	30

注：1. 一般车间指现行的 GBZ 1—2010《工业企业设计卫生标准》中规定的 3、4 级卫生特征的车间，脏车间指该标准中规定的 1、2 级卫生特征的车间。

　　2. 表中数据摘自 GB 50015—2003《建筑给水排水设计规范》（2009 年版）。

表 5-21　住宅浴盆同时使用百分数 b

浴盆数 n	1	2	3	4	5	6	7	8	9
$b(\%)$	100	85	75	70	65	60	57	55	52
浴盆数 n	10	25	50	100	150	200	300	400	≥1000
$b(\%)$	49	39	34	31	29	27	26	25	24

（3）生产用热水的设计热负荷　可根据工艺提供的设计小时耗水量和用水温度按式（5-22）计算：

$$Q = \sum \frac{qc(t_r - t_i)}{3600} \qquad (5-22)$$

式中　Q——设计热负荷（kW）；

　　　q——生产用热水设计小时耗水量（L/h）；

　　　c——水的比热容 [kJ/(kg · ℃)]；

　　　t_r、t_i——热水和冷水温度（℃）。

工厂企业全厂职工饮用水加热所需蒸汽量，可按下列方法确定：

① 根据开水炉规格选用，见表 5-22。

② 根据饮用水人数，蒸汽量按式（5-23）计算：

$$q = \frac{3n(105 - t)c}{2244} \qquad (5-23)$$

式中　q——蒸汽耗量（kg/d）；

　　　n——饮用水人数（人）；

　　　t——冷水温度，一般取 $t = 10℃$；

　　　c——水的比热容 [kJ/(kg · ℃)]；

　　　3——每人一天的饮水量约 3kg/d。

工厂职工蒸饭用的蒸汽消耗量按表 5-23 和表 5-24 确定。

表 5-22　蒸汽开水炉选用

型号	充水量 /(kg/h)	可供应人数	蒸汽量 /(kg/h)	汽压 /MPa	管径/mm			炉子直径 /mm	炉子高度 /mm
					蒸汽	回水	上水		
I	60	80	14	0.15	20	13	13	400	800
	120	160	28	0.15	20	20	13	400	800
II	100	140	23	0.15	20	20	12	500	850
	200	280	46	0.15	25	20	12	500	850
III	160	200	37	0.15	25	20	13	600	950
	320	400	74	0.15	32	25	13	600	950
IV	200	260	46	0.15	25	20	13	600	1100
	400	520	92	0.15	32	25	13	600	1100

表 5-23　工作人员食量

类别	一人一次食量/kg	一人一次汤量/kg	类别	一人一次食量/kg	一人一次汤量/kg
一般食堂	0.22~0.24	0.2~0.3	学校	0.22~0.275	0.2~0.3
医院	0.18	0.2~0.3	工厂	0.275	0.2~0.3

表 5-24　各种蒸锅的蒸汽消耗量

种类	蒸饭量或汤量/kg	管径/mm	压力/MPa	需用时间/min	蒸汽消耗量/kg	
					一次	1h
蒸饭锅	100	25	0.21~0.25	20	21.32	63.96
	76	20		18	18.14	60.48
	61	20		16	15.42	57.83
	46	20		16	14.97	56.14
	38	20		16	13.61	54.43
	31	20		15	12.70	50.80
	23.4	15		15	11.34	45.36
	15.4	15		15	9.72	38.88
	7.6	15		15	6.80	27.22
蒸菜锅	271	20	0.21~0.25	—	—	57.15
	216	20		—	—	54.43
	180	20		—	—	50.80
	135	20		—	—	45.36
	70	20		45	—	30

（4）生活热水热负荷概算（CJJ 34—2010《城镇供热管网设计规范》）

1）生活热水平均热负荷按式（5-24）计算：

$$Q_{w,a} = q_w A \times 10^{-3} \qquad (5-24)$$

式中　$Q_{w,a}$——生活热水平均热负荷（kW）；

　　　　q_w——生活热水热指标（W/m²）；居住区，可按表 5-25 选用；

　　　　A——总建筑面积（m²）。

2）生活热水最大热负荷按式（5-25）计算：

$$Q_{w,max} = K_h Q_{w,a} \qquad (5-25)$$

式中　$Q_{w,max}$——生活热水最大热负荷（kW）；

　　　　$Q_{w,a}$——生活热水平均热负荷（kW）；

　　　　K_h——小时变化系数，见表 5-17、表 5-18、表 5-19。

3）生活热水全年耗热量按式（5-26）计算：

$$Q_w^a = 30.24 Q_{w,a} \qquad (5-26)$$

式中　Q_w^a——生活热水全年耗热量（GJ）；

$Q_{w,a}$——生活热水平均热负荷（kW）。

表 5-25　居住区采暖期生活热水日平均热指标推荐值 q_w

（单位：W/m²）

用水设备情况	热指标
住宅无生活热水设备，只对公共建筑供热水	2~3
全部住宅有沐浴设备，并供给生活热水	5~15

注：1. 冷水温度较高时，采用较小值。冷水温度较低时，采用较大值。

　　2. 热指标中，已包括约10%的管网热损失。

5.3　管道水力计算的常用数据

5.3.1　管道常用流速

各种流体介质在管道内的常用流速可查表 5-26，表 5-26 内流速 v 为经济流速，当采用时压力降在允许范围内，否则应以允许压力降计算确定管径。

表 5-26　常用管道流速

工作介质	管道种类	流速 v/（m/s）
过热蒸汽	DN>200mm	30~50
	DN=100~200mm	25~40
	DN<100mm	20~35
饱和蒸汽	DN>200mm	25~40
	DN=100~200mm	20~35
	DN<100mm	15~30
二次蒸汽	利用	15~30
	不利用	60
锻锤废汽	利用	20~40
	不利用	60
乏汽	从压力容器中排出	80
	从无压容器中排出	15~30
	从安全阀排出	200~400
给水	水泵入口	0.5~1.0
	离心泵出口	2~3
	往复泵出口	1~2
	给水总管	1.5~3.0
凝结水	凝结水泵入口	0.5~1.0
	凝结水泵出口	1~2
	自流回水	<0.5
	压力回水	1~2
	余压回水	0.5~2.0
人工燃气	DN≥800mm	12~18
	DN=400~700mm	10~12
	DN=300mm	8
	DN=200mm	7
	DN=100~150mm	6
	DN≤80mm	4

（续）

工作介质	管道种类	流速 $v/(\mathrm{m/s})$
天然气	低压管道 $p<0.01\mathrm{MPa}$	按允许压力降确定
	中压管道 $0.01\mathrm{MPa}\leqslant p\leqslant0.4\mathrm{MPa}$	8~25
液化石油气	气体	5~10
	液体	0.8~1.4，最大<3.0
压缩空气	车间	8~15
	厂区	8~10
氧气、氮气	$p\leqslant0.1\mathrm{MPa}$	按允许压力降确定
	$p=0.1\sim3.0\mathrm{MPa}$	≤15
	$p\geqslant10.0\mathrm{MPa}$	≤6
乙炔气	$p=0.02\sim0.15\mathrm{MPa}$ 厂区和车间管道	≤8
	$p\leqslant2.5\mathrm{MPa}$ 站内管道	≤4
氢气	碳素钢管 $p<0.1\mathrm{MPa}$	按允许压力降确定
	$p=0.1\sim1.6\mathrm{MPa}$v	12
	$p>1.6\mathrm{MPa}$	8
	不锈钢管 $p=0.1\sim1.6\mathrm{MPa}$	≤15
二氧化碳	$DN\leqslant50\mathrm{mm}$	≤8
	$DN\geqslant65\mathrm{mm}$	≤12
热水、热网循环水	$DN=25\sim80\mathrm{mm}$	0.5~1.0
	$DN=100\sim200\mathrm{mm}$	≤2.0
	$DN=250\sim350\mathrm{mm}$	≤2.5
	$DN\geqslant400\mathrm{mm}$	≤3.0

5.3.2 粗糙度 K 和粗糙度换算系数 m

一般的管径计算图表，均按设定 K 值（管内壁绝对粗糙度）制定。如果实际采用 K 值不同时，应将管径计算图表中查得的单位阻力损失 R 乘以修正系数 m 值。流速、流量与粗糙度无关。

粗糙度换算系数 m 值见表5-27。

表5-27 粗糙度换算系数 m 值

K/mm	K'/mm				
	0.1	0.2	0.5	0.8	1.0
0.1	1	1.189	1.495	1.68	1.778
0.2	0.841	1.0	1.259	1.41	1.495
0.5	0.699	0.795	1.0	1.13	1.189
0.8	0.6	0.71	0.89	1.0	1.06
1.0	0.562	0.669	0.842	0.95	1.0

注：1. 表中 K 值为计算图表中的粗糙度值；K′为计算管道的实际粗糙度值。

2. $m=\sqrt[4]{\dfrac{K'}{K}}$。

3. 计算实际管道单位压力降 $R'=Rm$，R 为计算图表中的单位压力降。

5.3.3 摩擦阻力系数 λ

管道的摩擦阻力系数 λ 与雷诺数 Re 及管壁相对粗糙度 K/d 相关，常用钢管内处于湍流状态时的摩擦阻力系数见表5-28。

表5-28 常用钢管摩擦阻力系数 λ

管道公称直径/mm	绝对粗糙度 K/mm					
	0.1	0.2	0.3	0.5	1	2
15	0.0332	0.0419	0.0488	0.0599	0.0819	0.120
20	0.0304	0.0379	0.0438	0.0532	0.0714	0.101
25	0.0294	0.0352	0.0395	0.0485	0.0645	0.0893
32	0.0264	0.0325	0.0371	0.0442	0.0581	0.0793

（续）

管道公称直径/mm	绝对粗糙度 K/mm					
	0.1	0.2	0.3	0.5	1	2
40	0.0249	0.0304	0.0345	0.0408	0.0532	0.0714
50	0.0234	0.0284	0.0321	0.0379	0.0485	0.0645
65	0.0219	0.0265	0.0296	0.0348	0.0443	0.0579
80	0.0207	0.0250	0.0279	0.0326	0.0408	0.0532
100	0.0196	0.0234	0.0262	0.0304	0.0379	0.0485
125	0.0191	0.0222	0.0246	0.0284	0.0352	0.0446
150	0.0178	0.0211	0.0234	0.0270	0.0332	0.0418
200	0.0167	0.0196	0.0217	0.0249	0.0304	0.0379
250	0.0159	0.0186	0.0203	0.0234	0.0284	0.0352
300	0.0153	0.0178	0.0196	0.0223	0.0270	0.0332
350	0.0148	0.0172	0.0187	0.0215	0.0258	0.0316
400	0.0144	0.0167	0.0183	0.0207	0.0249	0.0304
450	0.0140	0.0164	0.0179	0.0201	0.0240	0.0293
500	0.0137	0.0159	0.0174	0.0196	0.0234	0.0284

5.3.4　介质密度 ρ 对流速和压降值的修正

管径计算图表中，气体介质密度 ρ 是一设定值，但实际上，气体介质密度 ρ 会随压力的变化而变化，因此管内气体的实际流速和实际单位压力降应按式（5-27）和式（5-28）进行修正。

管内气体实际流速　$v' = v \dfrac{\rho}{\rho'}$　　　　（5-27）

管内气体实际单位压力降　$R' = R \dfrac{\rho}{\rho'}$　　　（5-28）

式中　v——计算图表中查得的流速（m/s）；

　　　v'——管内气体实际的流速（m/s）；

　　　ρ——计算图表中设定的气体介质密度（kg/m³）；

　　　ρ'——管内气体介质的实际密度（kg/m³）；

　　　R——计算图表中查得的单位压力降（Pa/m）；

　　　R'——管内气体实际的单位压力降（Pa/m）。

5.3.5　平均密度计算

管道内气体介质密度 ρ 会随气体流动造成的压力变化而变化，管道水力计算中可采用平均密度，平均密度可按式（5-29）近似计算。

$$\rho = (\rho_1 + \rho_2)/2 \qquad (5\text{-}29)$$

式中　ρ_1——起点压力下的介质密度（kg/m³）；

　　　ρ_2——终点压力下的介质密度（kg/m³）。

5.3.6　理想气体密度计算公式

通过理想气体状态方程的推导，气体密度按下列公式近似计算。

$$\rho = 1000pM/RT \qquad (5\text{-}30)$$

式中　ρ——气体介质密度（kg/m³）；

　　　p——气体绝对压力（MPa）；

　　　M——气体摩尔质量（kg/kmol）；

　　　R——摩尔气体常数，$R = 8.314$ kJ/(kmol·K)；

　　　T——气体绝对温度（K）。

5.4　管径和压力损失计算

5.4.1　管径确定

1. 管径确定原则

1）管径应根据流体的流量、性质、流速及管道允许的压力损失等因素确定。

2）对大直径厚壁合金钢管道管径的确定，应进行建设费用和运行费用方面的经济比较。

3）对液化石油气、氢气、乙炔等易燃易爆介质的管道流速和管径限制应满足相关规范要求。

4）除另有规定或采取有效措施外，容易堵塞的液体管道公称直径不宜小于 25mm。

2. 管径计算公式

按体积流量计算　$d = 18.8\sqrt{q_V/v}$　　（5-31）

按质量流量计算　$d = 594.5\sqrt{q_m/(v\rho)}$　（5-32）

按允许的压力降计算

$$d = 37.26\sqrt[5]{\frac{\lambda q_V^2 \rho}{\Delta R}} \qquad (5\text{-}33)$$

式中　d——管道内径（mm）；

　　　q_V——工作状态下的体积流量（m³/h）；

　　　q_m——工作状态下的质量流量（t/h）；

　　　v——工作状态下的流速（m/s）；

　　　ρ——工作状态下的密度（kg/m³）；

　　　λ——摩擦阻力系数，见表 5-28；

　　　ΔR——允许的单位长度压力降（Pa/m）。

气体工作状态下的介质体积流量 q_V 与标准状态下（温度 0℃，绝对压力 0.1MPa）体积流量 q_0 按式（5-34）换算：

$$q_V = \frac{q_0(273 + t)}{2730p} \qquad (5\text{-}34)$$

式中　q_0——标准状态下介质体积流量（Nm^3/h）；

　　　　t——工作状态下，介质的温度（℃）；

　　　　p——工作状态下，介质的绝对压力（MPa）。

5.4.2　管道压力损失计算

　　管道中介质流动造成的管道总压降包括直管段的摩擦阻力损失、管道组成件的局部阻力损失及管内介质的静压差三部分，其中管道的摩擦阻力和局部阻力还应考虑15%的安全裕度，总压降按式（5-35）计算。

$$\Delta p = 1.15\left[\frac{\rho v^2}{2}\left(\frac{10^3\lambda}{d}L + \Sigma\zeta\right)\right] + 10\rho(H_2 - H_1) \tag{5-35}$$

式中　Δp——介质沿管道内流动总压降（Pa）；

　　　　v——介质的平均计算流速（m/s）；

　　　　ρ——介质的平均密度（kg/m^3）；

　　　　λ——摩擦阻力系数，钢管可查表5-28；

　　　　d——管道内径（mm）；

　　　　L——管道直线段总长度（m）；

　　　　$\Sigma\zeta$——局部阻力系数的总和（m）；

　H_1、H_2——管道起点和终点的标高（m）。

　　如局部阻力损失采用当量长度法计算，设当量长度 $L_d = \zeta\dfrac{d}{10_3\lambda}$，则式（5-35）可改为式（5-36）。

$$\Delta p = 1.15\frac{\rho w^2}{2}\cdot\frac{10^3\lambda}{d}(L + \Sigma L_d) + 10\rho(H_2 - H_1) \tag{5-36}$$

　　在气体管道中，静压头 $10\rho(H_2 - H_1)$ 很小，可以忽略不计。式（5-36）中 $\dfrac{\rho w^2}{2}\cdot\dfrac{10^3\lambda}{d}$ 即为单位长度的摩擦阻力损失。

5.4.3　允许单位压降（比压降）的计算

　　1. 蒸汽、热水、蒸汽凝结水、压力回水、压缩空气、二氧化碳管等管道的允许单位压力降

　　可按式（5-37）计算。

$$R = \frac{(p_1 - p_2) \times 10^6}{1.15(L + L_d)} \tag{5-37}$$

式中　R——允许单位压力降（Pa/m）；

　　　　p_1——起点压力（MPa）；

　　　　p_2——终点压力（MPa）；

　　　　L——管道直线段长度（m）；

　　　　L_d——管道局部阻力当量长度（m），可查表5-55~表5-60，估算时厂区：$L_d = (10\% \sim 15\%)L$，车间：$L_d = (30\% \sim 50\%)L$。

　　2. 蒸汽凝结水自流回水管的允许单位压力降

　　可按式（5-38）计算：

$$R = 0.5 \times 10^4 i \tag{5-38}$$

式中　R——允许单位压力降（Pa/m）；

　　　　i——管道的坡度数。

　　3. 蒸汽凝结水余压回水管的允许单位压力降

　　可按式（5-39）计算。

$$R = \frac{(p_1 - p_2 - p_3) \times 10^6}{1.15(L + L_d)} \tag{5-39}$$

式中　R——允许单位压力降（Pa/m）；

　　　　p_1——起点压力（MPa），与疏水阀阀前压力 p_H 有关：当 $p_H \geqslant 0.3MPa$ 时，$p_1 = 0.7p_H - 0.08MPa$；当 $0.3MPa > p_H > 0.07MPa$ 时，$p_1 = 0.4P_H$；

　　　　p_2——终点压力（MPa）；

　　　　p_3——管道翻高等压力损失（MPa）；

　　　　L——管道直段长度（m）；

　　　　L_d——管道局部阻力损失当量长度（m），可查表5-58。

　　4. 氧气管道的允许单位压力降

　　按式（5-40）计算：

$$R = \frac{(p_1 - p_2) \times 10^6}{1.15(L + L_d)} \tag{5-40}$$

式中　R——允许单位压力降（Pa/m）；

　　　　p_1——起点压力（MPa）；

　　　　p_2——终点压力（MPa）；

　　　　L——管道直线段长度（m）；

　　　　L_d——管道局部阻力当量长度（m），查表5-59；估算时厂区 $L_d = (10\% \sim 15\%)L$；车间 $L_d = (15\% \sim 20\%)L$。

　　5. 乙炔管道的允许单位压力降

　　按式（5-41）计算：

$$R = \frac{(p_1 - p_2) \times 10^6}{L + L_d} \tag{5-41}$$

式中　R——允许单位压力降（Pa/m）；

　　　　p_1——起点压力（MPa）；

　　　　p_2——终点压力（MPa）；

　　　　L——管道直线段长度（m）；

　　　　L_d——管道局部阻力当量长度（m），查表5-60。

5.4.4　燃气管道水力计算

　　1. 低压燃气管道（$p < 0.01MPa$ 由调压站至用户）摩擦阻力损失计算

　　根据燃气在管道中不同的运动状态，低压燃气管道单位长度的摩擦阻力损失宜按式（5-42）~式（5-45）计算：

　　1）层流状态：$Re \leqslant 2100$　$\lambda = 64/Re$

$$\frac{\Delta p}{l} = 1.13 \times 10^{10}\frac{q}{d^4}\nu\rho\frac{T}{T_0} \tag{5-42}$$

2）临界状态：$Re = 2100 \sim 3500$

$$\lambda = 0.03 + \frac{Re - 2100}{65Re - 10^5}$$

$$\frac{\Delta p}{l} = 1.9 \times 10^6 \left(1 + \frac{11.8q - 7 \times 10^4 d\nu}{23q - 10^5 d\nu}\right) \frac{q^2}{d^5} \rho \frac{T}{T_0}$$

$$(5\text{-}43)$$

3）湍流状态：$Re > 3500$

① 钢管：$\lambda = 0.11 \left(\dfrac{K}{d} + \dfrac{68}{Re}\right)^{0.25}$

$$\frac{\Delta p}{l} = 6.9 \times 10^6 \left(\frac{K}{d} + 192.2 \frac{d\nu}{q}\right)^{0.25} \frac{q^2}{d^5} \rho \frac{T}{T_0}$$

$$(5\text{-}44)$$

② 铸铁管：$\lambda = 0.102236 \left(\dfrac{1}{d} + 5158 \dfrac{d\nu}{q}\right)^{0.284}$

$$\frac{\Delta p}{l} = 6.4 \times 10^6 \left(\frac{1}{d} + 5158 \frac{d\nu}{q}\right)^{0.284} \frac{q^2}{d^5} \rho \frac{T}{T_0}$$

$$(5\text{-}45)$$

式中 Δp——燃气管道摩擦阻力损失（Pa）；

λ——燃气管道的摩擦阻力系数；

l——燃气管道的计算长度（m）；

q——燃气管道的计算流量（m³/h）；

d——管道内径（mm）；

ρ——燃气的密度（kg/m³）；

T——设计中所采用的燃气温度（K）；

T_0——$T_0 = 273.15$K；

Re——雷诺数；

ν——0℃和101.325kPa 时，燃气的运动黏度（m²/s）；

K——管壁内表面的当量绝对粗糙度，对钢管：输送天然气和气态液化石油气时取 0.1mm，输送人工燃气时取 0.15mm。

2. 次高压、中压燃气管道（$p \geqslant 0.01$MPa）摩擦阻力损失计算

次高压和中压燃气管道，根据燃气管道不同材质，其单位长度摩擦阻力损失采用式（5-46）~式（5-47）计算：

① 钢管：$\lambda = 0.11 \left(\dfrac{K}{d} + \dfrac{68}{Re}\right)^{0.25}$

$$\frac{p_1^2 - p_2^2}{L} = 1.4 \times 10^9 \left(\frac{K}{d} + 192.2 \frac{d\nu}{q}\right)^{0.25} \frac{q^2}{d^5} \rho \frac{T}{T_0}$$

$$(5\text{-}46)$$

② 铸铁管：$\lambda = 0.102236 \left(\dfrac{1}{d} + 5158 \dfrac{d\nu}{q}\right)^{0.284}$

$$\frac{p_1^2 - p_2^2}{L} = 1.3 \times 10^9 \left(\frac{1}{d} + 5158 \frac{d\nu}{q}\right)^{0.284} \frac{q^2}{d^5} \rho \frac{T}{T_0}$$

$$(5\text{-}47)$$

式中 p_1——燃气管道的起点压力（kPa）（绝对）；

p_2——燃气管道的终点压力（kPa）（绝对）；

λ——燃气管道的摩擦阻力系数；

L——燃气管道的计算长度（km）；

q——燃气管道的计算流量（m³/h）；

d——管道内径（mm）；

ρ——燃气的密度（kg/m³）；

T——设计中所采用的燃气温度（K）；

T_0——$T_0 = 273.15$K；

ν——0℃和 101.325kPa 时，燃气的运动黏度（m²/s）；

K——管壁内表面的当量绝对粗糙度，对于钢管取 0.2mm。

3. 燃气管道局部阻力计算

按式（5-48）计算：

$$\Delta p = \sum \zeta \frac{\rho v^2}{2} \qquad (5\text{-}48)$$

式中 Δp——局部阻力损失（Pa）；

$\sum \zeta$——计算段中局部阻力系数总和，局部阻力系数 ζ 可查表 5-61；

v——管内燃气平均流速（m/s）；

ρ——燃气的平均密度（kg/m³）。

室外燃气管道的局部阻力损失也可按燃气管道摩擦阻力损失的 5%~10% 进行估算。

4. 低压燃气管道的允许阻力损失计算

城镇燃气低压管道从调压站到最远燃具的管道允许阻力损失按式（5-49）计算。

$$\Delta p_d = 0.75p_n + 150\text{Pa} \qquad (5\text{-}49)$$

式中 Δp_d——从调压站到最远燃具的管道允许阻力损失（Pa），Δp_d 含室内燃气管道允许的阻力损失；

p_n——低压燃具的额定压力（Pa）。

室内低压燃气管道允许的阻力损失，不应大于表 5-29 的规定。

表 5-29 室内低压燃气管道允许的阻力损失

燃气种类	从建筑物引入管至管道末端阻力损失/Pa	
	单层建筑	多层建筑
人工煤气	150	250
天然气	250	350
液化石油气	350	600

注：表中阻力损失包括燃气计量装置的损失。

5. 燃气的附加压力计算

计算低压燃气管道阻力损失时，应考虑因高程差而引起的燃气附加压力。燃气的附加压力按式

（5-50）计算。

$$p_F = 10(\rho_k - \rho_m)h \qquad (5\text{-}50)$$

式中　p_F——燃气的附加压力（Pa）；

　　　ρ_k——空气的密度，对标准大气压 $\rho_k = 1.293kg/m^3$；

　　　ρ_m——燃气的密度（kg/m³）；

　　　h——燃气管道终点、起点的高程差（m）；气体上升时，h 为正值；气体下降时，h 为负值。

6. 液态液化石油气管道阻力计算

液态液化石油气管道的摩擦阻力按式（5-51）计算。

$$\Delta p = 10^{-3}\lambda \frac{l}{d} \cdot \frac{\rho v^2}{2} \qquad (5\text{-}51)$$

式中　Δp——管道摩擦阻力损失（MPa）；

　　　l——管道计算长度（m）；

　　　v——管道中液态液化石油气的平均流速（m/s）；一般为 0.8~1.4m/s，最大不应超过3m/s；

　　　d——管道内径（mm）；

　　　ρ——最高工作温度下液态液化石油气的密度（kg/m³）；40℃时流态丙烷密度为422kg/m³；

　　　λ——管道的摩擦阻力系数，粗略估算时取 0.022~0.025，也可按式（5-52）计算。

$$\lambda = 0.11\left(\frac{K}{d} + \frac{68}{Re}\right)^{0.25} \qquad (5\text{-}52)$$

式中　K——管壁内表面当量绝对粗糙度，对钢管取 0.2mm；

　　　Re——雷诺数，按式（5-53）计算。

$$Re = \frac{dv}{\nu} \qquad (5\text{-}53)$$

式中　v——管道中液态液化石油气平均流速（m/s）；

　　　ν——最高工作温度下，液态液化石油气的运动黏度（m²/s）。

在进行液态液化石油气管道水力计算时，一般不具体进行局部阻力计算，而是取管道摩擦阻力损失的 5%~10% 作为局部阻力值，计入管道的压力降中。

5.5 水压图

热水管网设计和运行中，常常以水压图的形式表示出系统各点压力大小和分布情况。如供暖区域的地形，室外热力管网连接的各用户室内系统的高度，循环水泵的扬程以及全部管网、用户系统的压力损失等，都直接影响水压图的变化。

一般只绘制干线水压图，对于地形复杂的地区，还应绘制支线的水压图。

5.5.1 绘制水压图时，水力工况应满足的条件

1）循环水泵停止运行时，应保持必要的静压力。静压力应符合下列要求：

① 管网最高点的水不会汽化，并应有 20~50kPa 的富余压力。当水温超过 100℃ 时，压力应不低于该水温下的汽化压力和富余压力之和。水温在 100~150℃ 时的汽化压力见表 5-30。

表 5-30　水温在 100~150℃时的汽化压力

水温/℃	100	110	120	130	140	150
汽化压力/kPa	0	45.08	100.94	172.48	263.62	378.28

② 与热水网直接连接的用户系统充满水。

③ 不应使低点的用热设备破裂。

目前国内散热器允许压力如下：

铸铁散热器 0.4MPa；钢排管散热器 1.0MPa；钢制板式散热器 0.5~0.8MPa。

2）当循环水泵工作时，供水管网任何一点的压力，应符合上述要求。

3）当循环水泵工作时，回水管网任何一点的压力，不应低于 50kPa，且不应超过直接连接用户系统的允许压力。

4）供、回水管网的压差，应满足用户系统所需要的压头或设备阻力损失。

常用设备所需的压头或设备阻力损失的推荐值为：

水-水加热器系统 100kPa；汽-水加热器系统 30~50kPa；供暖系统≤20kPa；暖风系统≤50kPa；大型供暖系统≤50kPa；水喷射器供暖系统 80~120kPa；热源内部的压力损失 50~150kPa；除污器阻力 10~15kPa；计量孔板≤30kPa；调节阀阻力 30~50kPa。

5）保证循环水泵运行时不产生汽蚀。

循环水泵吸水侧的压力，根据回水温度选取，不得小于该温度下所需最小压头，见表 5-31。

为了循环系统的安全，泵的吸入侧应保持不低于 50kPa 的正压头。

6）静水压线位置的确定。为保证管网停止运行时，整个用户室内系统不发生超压、倒空、汽化等现象，就要选好静水压线的位置。

① 最高静水压线，等于最低用户地面标高加上散热器工作压力。如果静水压线超过这个高度，散热器会因超压而破裂。

② 最低静水压线，等于最高用户室内系统最高点的标高加上供水温度下的饱和压力，再加上 20~

50kPa 的富余压力。如果静水压线低于这个位置，则系统内易发生汽化。

管网运行时，动水压头要大于静水压头；若是高温水时，室内系统的回水管压头要高于沸腾温度相应的饱和压头。

表 5-31　循环水泵吸入侧的最小压力

水温/℃	0	10	20	30	40	50	60
最大吸水高度/m	6.4	6.2	5.9	5.4	4.7	3.7	2.3
最小正压头/kPa	—	—	—	—	—	—	—
水温/℃	75	80	90	100	110	120	
最大吸水高度/m	0	—	—	—	—	—	
最小正压头/kPa	—	20	30	60	110	175	

例如：某供暖系统供回水温度 95℃/70℃，建筑物为七层，最高层地坪的标高为 25m。散热器选用铸铁 60 翼型，承受压力为 400kPa（相当于 40mH₂O），设锅炉房的地坪标高为 ±0.00，最高散热器距地坪标高为 4.5m，管网最低散热器距地坪标高为 3.81m。求静水压线位置。

保证最高点用户系统不倒空所需水压头不低于：

$4.5mH_2O + 25mH_2O + 3mH_2O = 32.5mH_2O$，即 325kPa

其中 $3mH_2O$ 为富余压力。

保证最低点用户系统散热器不压裂，所需水压头不高于最大允许压力：

$3.81mH_2O + 40mH_2O = 43.81mH_2O$，即 438.1kPa

结论：静水压线在 325～438.1kPa 之间均合适。因此取静水压线为 330kPa 能满足要求。

5.5.2　水压图绘制的方法和步骤

以图 5-1 为例，下面是管网平面图，上面是水压头。

1）一般以循环水泵入口中心线的高度为基准面，即此处为坐标原点 O。纵坐标 OY 表示标高，横坐标 OX 表示距离，分别绘出 OX、OY。

在 OX 轴上，与平面图相对应画出直线段、分支段的距离，标出建筑物地面标高和建筑物高度，各地面标高的连线即为管线地形的纵剖面。

2）静水压线是循环水泵停止运行时，管网中各点压力的连接线，是一条水平直线。静水压线的高度，不应超过底层散热器的承压能力，也要保证最高点用户系统不汽化，不倒空。

用户 1、2 采用 95℃/70℃ 热水采暖，用户 3、4 采用 130℃/70℃ 高温水采暖。为保证最高点用户 2 系统不汽化、不倒空，其静水压线为：建筑物标高 40m 相当于 $40×10^4Pa$，加上 $2×10^4Pa$ 的富余压力，应定为 $42×10^4Pa$。而高温水采暖的最高点用户 4 系统，其静水压线为：建筑物标高 14m 相当于 $14×10^4Pa$，130℃ 水的汽化压力 $17.3×10^4Pa$，富余压力

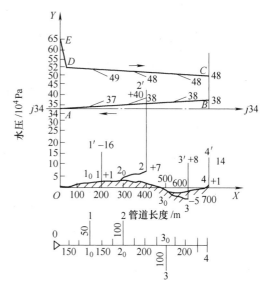

图 5-1　热水网路水压图

$2×10^4Pa$，总计 $(14+17.3+2)×10^4Pa = 33.3×10^4Pa$，可取 $34×10^4Pa$。如果取 $42×10^4Pa$ 为静水压线，则用户 1、3、4 底层的散热器已超过铸铁散热器的允许压力（0.4MPa），易破裂，为此取静水压线为 $34×10^4Pa$（图中 $j—j$），可满足用户 1、3、4 与系统直接连接的需要；而用户 2 则要采用间接连接。

3）回水管动水压线（图 5-1 中 BA）是循环水泵运行中回水管上各点的压力连线。用户回水管的始端压力最高，沿程克服阻力，到循环水泵入口处最低。其坡度可根据水力计算结果或平均比压降确定。

回水管动水压线，最高点不应超过系统设备或散热器的承受能力，最低点应比所有直接连接用户的最高点高出 50kPa。最适宜的回水管动水压线位置应在最高和最低的范围内，为控制回水管动水压线的位置，就要保持回水管上某点压力恒定或在小范围内波动，该点称为定压点。定压方式常用补水泵定压或膨胀水箱定压。

4）供水管动水压线（图 5-1 中 DC）是循环水泵运行时，供水管上各点的压力连线。热源处供水干管的始端压力最高，至最远用户处压力最低。其坡度可根据水力计算结果或平均比压降确定。

图 5-1 中，A 点为定压点，标高 34m（$34×10^4Pa$），$j—j$ 为静水压线 $34×10^4Pa$，B 点为最远用户回水点标高 $(34+4)×10^4Pa = 38×10^4Pa$，$4×10^4Pa$ 是 BA 回水管沿程总压降，C 点是最远用户供水点的动压 $(38+10)×10^4Pa = 48×10^4Pa$，$10×10^4Pa$ 是 CB 用户内部总压力降，D 点是热源出口的动压 $(48+4)×10^4Pa = 52×10^4Pa$，$4×10^4Pa$ 是 DC 供水管总压降，E

点是供水管路上的最高扬程（$52+13$）$\times 10^4\text{Pa}=65\times 10^4\text{Pa}$，$13\times 10^4\text{Pa}$ 是 ED（换热器内）总压降，EA 是循环水泵的扬程，$EA=EO-AO=(65-34)\times 10^4\text{Pa}=31\times 10^4\text{Pa}$。

动水压线 $ABCDE$ 线和静水压线 j—j，构成该管网系统的水压图。

5.5.3　几种类型的水压图

1. 补给水泵旁通管定压系统

补给水泵旁通管定压系统及水压图如图 5-2 所示。图中旁通管中 J 点为定压点，j—j 为静水压线。当 J 点压力偏低时，压力信号传至补给水调节阀 2，使阀门开大，增加向管网内的补水量；当 J 点压力偏高时补给水调节阀门关小，管网内的补水量减少。当补水调节阀 2 全关时，由于某种原因，管网系统内压力不断升高（水温升高），这时从 J 点来的压力信号使泄水调节阀 3 打开放水，使管网系统的压力恢复到定压点的压力，阀门 3 才会关上。当循环水泵停止运行时，整个管网压力下降，阀 3 全闭，阀 2 全开，又使整个管网系统维持在稳定的定压线上。

利用旁通管 4 补水定压的方法，可以降低运行时动水压曲线；同时，调节旁通管上两个阀门的开度，能使管网的动水压线升高或降低，对调节管网系统的运行压力，有较大的灵活性。

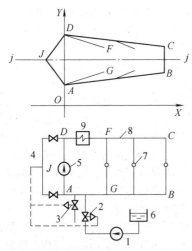

图 5-2　补给水泵旁通管定压系统及水压图
1—补给水泵　2—补水调节阀　3—泄水调节阀
4—旁通管　5—循环水泵　6—补给水箱
7—用户　8—管网系统　9—锅炉或加热器

2. 补给水泵间歇补水定压系统

补给水泵间歇补水定压系统及水压图如图 5-3 所示。图中补给水泵 3 的开、停是由电触点压力表 5 来控制。当循环水泵吸入口压力达到相当于水压图中 H_A 的压力时，补给水泵 3 停止运行；当循环水泵

吸入口压力降到相当于水压图中 H'_A 的压力时，补给水泵 3 就启动补水。所以在循环水泵吸入口处，压力总是保持在 H_A 和 H'_A 之间。

补给水泵间歇补水定压方式较补给水泵连续补水方式耗电少，设备简单。但动水压线是在 H_A 和 H'_A 间波动，范围一般在 $5\times 10^4\text{Pa}(5\text{mH}_2\text{O})$ 左右，电触点压力表的控制开关动作频繁，易损坏。因而此种定压方式宜用于低温水供暖，规模不大的系统中。

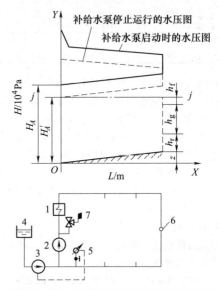

图 5-3　补给水泵间歇补水定压系统及水压图
z—地形标高　　h_r—建筑物标高

h_g—汽化压力　h_f—富余压力　j—j 静水压线

1—热水锅炉　2—循环水泵　3—补给水泵

4—补给水箱　5—电触点压力表　6—用户

7—安全阀

3. 回水干管设置加压泵系统

回水干管设置加压泵系统及水压图如图 5-4 所示。从图 5-4 中可见，当管网系统的地形高差很大，且热源又在高处，为保证低处用热设备在允许压力范围内，所以选用循环水泵时，扬程不能太高，先满足高处用户压力的要求，然后在低处用户的回水管上设置回水加压泵 6。

当循环水泵 1 和回水加压泵 6 停止运行时，后部低处用户的回水干管压力就会升高，当达到 j_2—j_2 静水压线的压力时，自动截止阀 7 关闭，防止因水柱升高使设备破坏。回水管路上的止回阀 9 保护后面的用户免受前面管网的高静水压力的作用，这样就将管网分成压力状况不同的两个区域。前面管网的静水压线 j_1—j_1，靠热源的补给水泵 3 和调节阀 5 的作用来保证。后面管网的静水压线 j_2—j_2，通过节

流调节阀 8 降压后来保证。

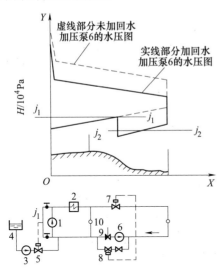

图 5-4　回水干管设置加压泵系统及水压图
1—循环水泵　2—锅炉或加热器
3—补给水泵　4—补给水箱　5—补水调节阀
6—回水加压泵　7—自动截止阀
8—节流调节阀　9—止回阀　10—热用户

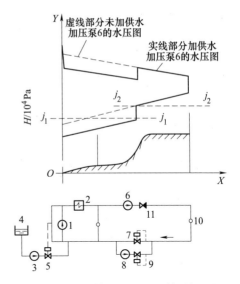

图 5-5　供水干管设置加压泵系统及水压图
1—循环水泵　2—锅炉或加热器　3—补给水泵
4—补给水箱　5—补水调节阀　6—供水加压泵
7—阀前压力调节器　8—泵站补给水泵
9—泵站补水调节阀　10—用户　11—止回阀

4. 供水干管设置加压泵系统

供水干管设置加压泵系统及水压图如图 5-5 所示。当管网系统的地形高低悬殊，热源地势较低，最远处管网地势高时，为避免低处用户超压，选用循环水泵扬程较低。当远处用户压力不够时，设置供水加压泵 6。虚线部分供水干管出口处压力高，回水干管的动水压线压力也高，这样对低处用户不利。在供水干管后部设置供水加压泵 6，同时，顺着地势在回水干管上设置阀前压力调节器 7，其动压线如图 5-5 中实线所示。

利用阀前压力调节器 7 节流作用，降低前面管网回水管的压力，可保证低处用户的设备安全。当管网系统中的循环水泵和加压水泵都停止运行时，供水干管上的止回阀 11 起着保护前面的用户，免受后面管网的高静水压力的作用；当回水干管压力降到静水压线 j_2—j_2 位置时，阀前压力调节器 7 自行关闭，将管网系统分成压力状况不同的两个区域。前面管网的静水压线 j_1—j_1，靠热源的补给水泵 3 和补水调节阀 5 来定压，后面管网的静水压线 j_2—j_2 靠泵站补给水泵 8 和补水调节阀 9 来定压。泵站补给水泵 8 的扬程为 j_2—j_2 与 j_1—j_1 两条静水压线之间的差值。

5. 双热源供热系统

双热源供热系统及水压图如图 5-6 所示。在一个管网系统中有两个热源，是城市集中供热方式中经常出现的。在高峰负荷时，两个热源同时工作；低负荷时，一个热源工作。图 5-6 中虚线水压图，是热源 A 工作，热源 B 停用时的水压图。多热源同时工作，应做综合水压图。

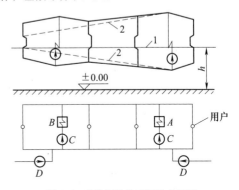

图 5-6　双热源供热系统及水压图
1—静压线　2—B 热源停用时水压图
A、B—锅炉或加热器　C—循环水泵
D—补给水泵　h—补给水泵扬程

6. 环网供热系统

环网供热系统及水压图如图 5-7 所示。环形管网系统一般是多个热源共同工作，在城市供热中最为常见，其优点是安全可靠。热源有主要热源、调峰热源和备用热源。

环网供热系统水压图的绘制，应从靠近热源的第一个分段阀开始单向展开，图中的双点画线 2、3

即是。循环水泵的扬程，应满足单向供水的要求。环网系统正常工作的动水压线，是在已知热源处供、回水管压头和管网系统双向分支流区域，求出管网系统最低分布压头点 a，以此点分界，做水压图向两侧展开。

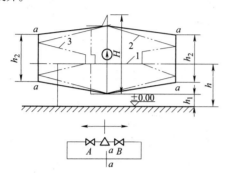

图 5-7　环网供热系统及水压图
1—静压线　2—当 A 阀关闭时的动压线
3—当 B 阀关闭时的动压线
H—循环水泵扬程　h—补给水泵扬程
h_1—网路水循环时补给水泵压头

7. 长距离供热系统

长距离供热系统的水压图如图 5-8 所示。图中地势平坦，但供热系统的输送干线在 10km 以上时，一般供、回水干管要装加压泵。虚线为不设加压泵的水压图。点画线为流量降低时的水压图。

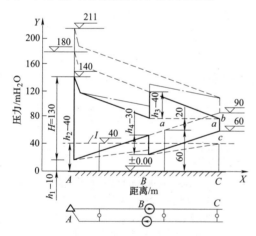

图 5-8　长距离供热系统供、回水干管设置加压泵水压图
A—热源　B—加压泵　C—最末用户
I—静压线　H—循环水泵扬程
h_1—补给水泵扬程　h_2—网路水循环时补给水压
h_3—供水管上加压泵扬程　h_4—回水管上加压泵扬程
注：估算 $1\text{mH}_2\text{O}=10\text{kPa}$。

供水管动态压力线最低点 b 和回水管动态压力线最高点 a，是装加压泵的极限位置。但一般供回水

加压泵设在同一泵房内，选在 B 点。B 点是距热源 A 设泵最经济合理的地方。图 5-8 中实线为供回水干管设置加压泵的水压图。

在长距离供热系统的供回水干管上设置加压泵，既可以把介质送得更远，又能保证用热设备不超压，是一项投资省、运行管理方便的措施。

本章中例 5-26 是一个长距离供热系统，供参考。

5.6　供热管网的调节与水力平衡

5.6.1　供热管网调节的目的

供热管网的管径、设计压力、供回水温度等参数是按照系统的设计工况确定的，随着室外气温的不断变化，供热负荷也在不断变化，运行时需要适时地调节热网运行参数，保持供热量和需求热量的基本相等，并将供热量维持在最小值。

水力失调是集中供热系统比较突出的问题，水力失调引起热源或换热站附近用户室温超标，远端用户室温低，影响供热质量。

供热管网调节的目的，一是使系统中各用户的室内温度比较适宜，二是避免不必要的热量浪费，实现热水采暖的经济运行。

5.6.2　供热管网的运行调节方式

1. 质调节

质调节是对供水温度进行改变，而不改变循环水流量。质调节主要适用于一、二级热网，其优点在于：水力平衡稳定，热网的自动化调节容易实现，从而使得热源厂和热网运行更加安全；其缺点在于：实现了节热功能，但是浪费了电能。

2. 量调节

量调节是供水温度始终保持不变，只对循环水流量进行改变。其比较适合用于一级热网，但是由于热网平衡控制存在问题，因此在我国运用得较少。而将量调节应用在二级热网中，技术上很难实现。在平衡控制方面，二级热网较难；并且随着室外气温不断地升高，管网水流量逐渐地减少，此时较严重的垂直热力失调容易在室内供暖系统中产生。流量在管道中变化主要是通过压力变化来实现，而水是不可压缩的，具有非常快的传递速度，因此，量调节能够实现调节上的同步。

3. 间歇调节

间歇调节就是改变每天的供热小时数。这种调节不会使网络的循环水量和供水温度改变，只会将每天的供热时间不断地减少，因此，其只能作为供暖初期和末期的一种辅助调节措施，间歇调节的优点是按照热用户的需求定时进行供热。

4. 分阶段改变流量的质调节

把供暖期按室外温度分成几个阶段，在每个阶段流量不变，改变管网供水温度。分阶段改变流量的质调节主要适用于一、二级热网，在热网平衡控制上这种调节较容易实现，但是实现上要比质调节困难。分阶段改变流量的质调节综合质调节和量调节的优点，节省电耗。

户内部安装恒温阀，热力入户入口安装自力式压差控制阀，热网循环水泵采用变频控制。这种以用户为主动变流量的变流量运行方式是今后的发展方向，也是最节能的。

5.6.3　供热管网水力调节的主要设备

1. 手动平衡阀

手动平衡阀是最早使用的水力平衡产品，它适合以热源为主变动流量系统，适用于小面积的楼宇自控系统。由于调节时各用户之间流量相互耦合作用，真正把庞大的热用户调节平衡是很难实现的。

2. 自力式流量控制阀

自力式流量控制阀是应用最多最广泛的水力平衡产品之一，具有操作简单、性能稳定等特点，安装自力式流量控制阀的热用户，可按设计一次调节达到平衡状态。自力式流量控制阀由自动阀芯、手动阀芯组成。在管网压力变化时，自动阀芯就会在压力的作用下自动开大或关小阀口来维持设定流量数值不变。自力式流量控制阀适用于定流量的质调节系统。

3. 自力式压差控制阀

自力式压差控制阀能够恒定被控用户压差、消除外网压力波动，也是目前应用最多最广泛的水力平衡产品。自力式压差控制阀具有操作简单、快捷等特点，可以根据热用户内部的阻力情况，合理确定压差，满足不同用户的要求。

自力式压差控制阀适合以用户为主动变流量运行的热网。热网流量的变化取决于用户的用热要求，热源的变化与调控以用户为主，用户需要多少热量，热源就得提供多少热量。当用户室内温度达到设计值时，户内恒温阀自动关小，用户回水压力降低，压差增大，压差阀就会配合恒温阀工作，自动关小阀门开度来恒定用户压差。

5.6.4　混水装置

混水装置是解决供暖系统水力失衡的一种有效措施，其组成如图 5-9 所示，它的基本功能：智能控制器根据室外气温变化和用户对室内温度要求，在用户端流量恒定环境下，自动调节进入建筑物的高温热水流量，确保舒适供暖，节省热量。

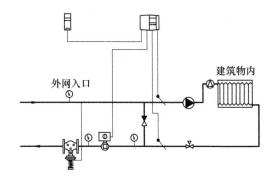

图 5-9　混水装置的组成

混水系统的主要优点：

1）实现系统水力平衡，自动解决区域性冷热不均。

2）实现气候补偿，按需供暖。改善舒适性，自动消除室外温度变化造成的过热过冷。

3）实现按建筑物功能限时、限量供暖，自动调节热量供应，节能降耗。

4）降低回水温度，减少管网散热损失。

5）实现热网变流量，增大供、回水温差，减小循环水量，为热源厂或换热站循环水泵变频调节提供保障，降低运行能耗。

5.7　管道水力计算图表

管道水力计算图表是工程设计中进行管道水力计算时广泛使用的资料。本节所列的各种介质的管道水力计算图表都是在一定的压力 p、温度 t、介质密度 ρ 和管道的绝对粗糙度 K 的条件下制作的。在使用这些计算图表时，应根据工程设计时的实际情况，对管道介质的计算流量、流速和单位压力降作相应的修正。介质的计算流量的修正可参见本章的式（5-34）或表 5-5、表 5-6；管道绝对粗糙度 K 对管道单位阻力损失的修正见表 5-27；管道介质密度 ρ 对管道内流速和单位压力降的修正见式（5-27）和式（5-28）。

5.7.1　各种介质管道水力计算图表

1）压缩空气、饱和蒸汽管道计算图如图 5-10 所示。

2）蒸汽管道管径计算见表 5-32。

3）钢管的压缩空气管道计算见表 5-33。

4）不锈钢管的压缩空气管道计算见表 5-34。

5）过热蒸汽管道计算图表可分别见图 5-11 和表 5-35。

6）余压凝结水管管径计算可分别查图 5-12 或表 5-36、表 5-37、表 5-38。

参见［例 5-17］。

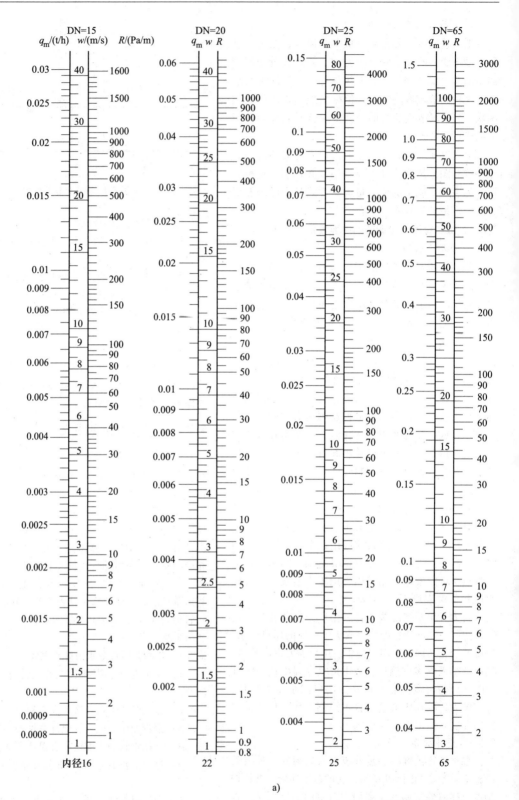

a)

图 5-10　压缩空气、饱和

($\rho = 1\mathrm{kg/m^3}$

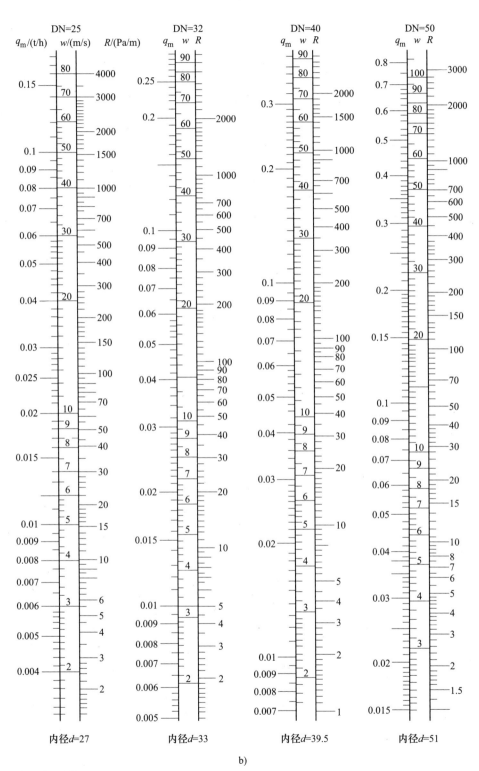

b)

蒸汽管道计算图

$K = 0.2\text{mm}$）

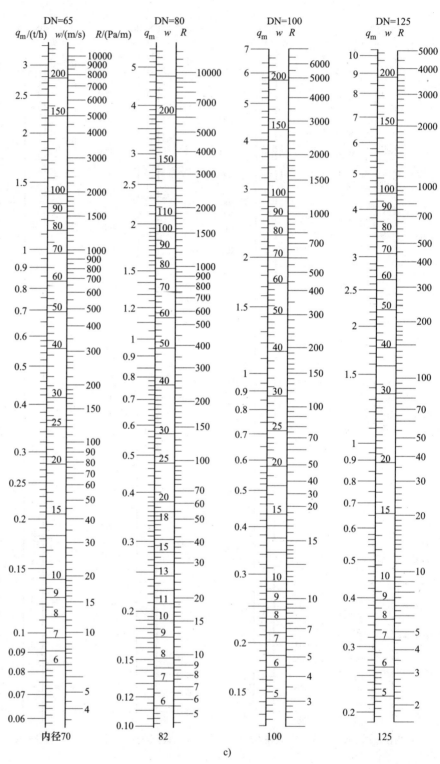

c)

图 5-10 压缩空气、饱和
($\rho = 1 \text{kg/m}^3$

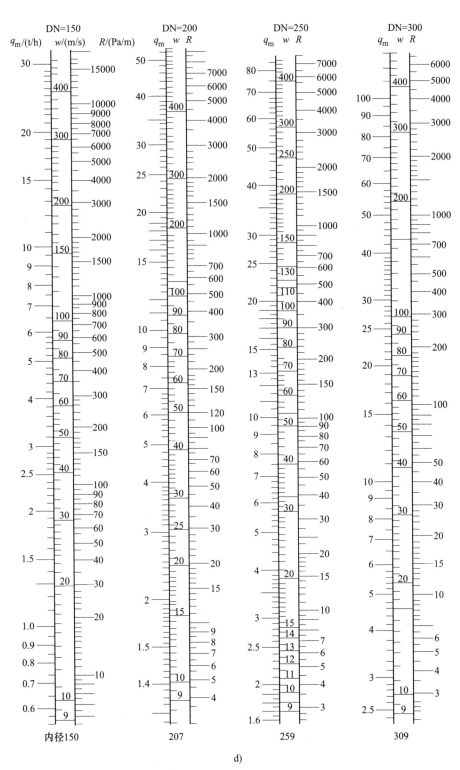

d)

蒸汽管道计算图（续）

$K = 0.2\,\mathrm{mm}$)

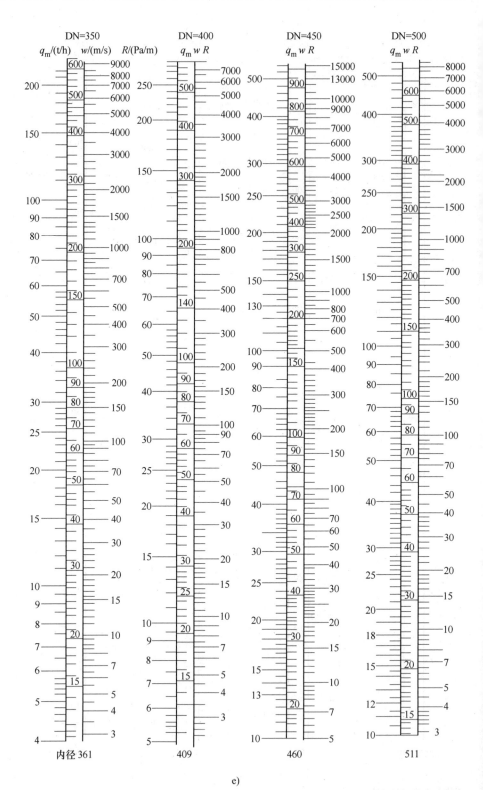

e)

图 5-10　压缩空气、饱和
$(\rho = 1 \mathrm{kg/m^3}$

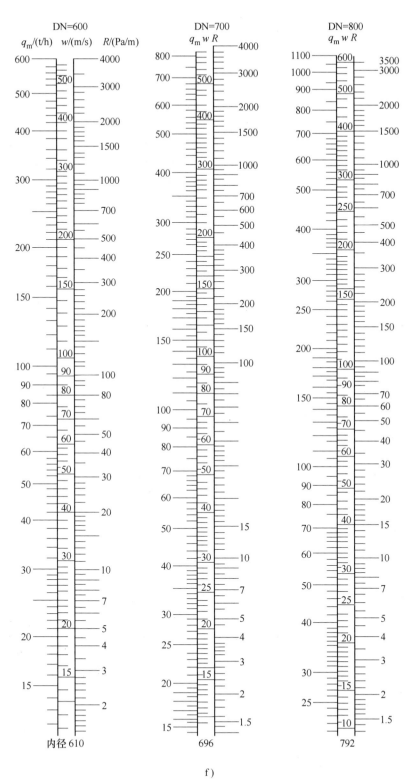

f)

蒸汽管道计算图（续）

$K = 0.2\text{mm}$）

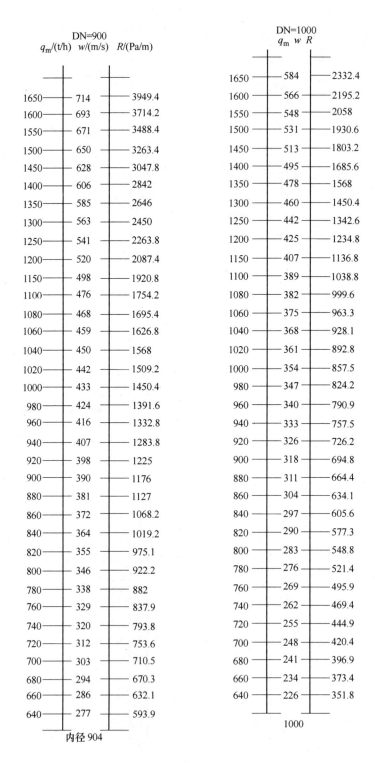

g)

图 5-10　压缩空气、饱和蒸汽管道计算图（续）

$(\rho = 1\text{kg/m}^3 \quad K = 0.2\text{mm})$

表 5-32　蒸汽管道管径计算（$K = 0.2$mm）

DN/mm	w/(m/s)	p/MPa(表压) 0.07		0.1		0.2		0.3		0.4		0.5		0.6	
	q_m/(kg/h) R/(Pa/m)	q_m	R	q_m	R	q_m	R	q_m	R	q_m	R	q_m	R	q_m	R
15	10	6.7	114.0	7.8	134.0	11.3	193	14.9	256	18.4	317	21.8	374	25.3	435
	15	10	256	11.7	300	17	437	22.4	577	27.6	663	32.4	825	37.6	958
	20	13.4	446	15	535	22.7	780	29.8	1020	30.8	1260	43.7	1500	50.5	1730
20	10	12.2	78.0	14.1	80.0	20.7	184	27.1	174	33.5	216	39.8	256	46	295
	15	18.2	175	21.1	202	31.1	302	38.6	353	50.3	486	57.7	538	69	665
	20	24.3	310	28.2	369	41.4	535	54.2	695	67	862	79.6	1024	92	1180
25	15	29.4	131.0	34.4	153.5	50.2	325	65.8	294	81.2	362	96.2	439	111	497
	20	39.2	230	45.8	274	66.7	401	87.8	523	108	655	128	762	149	682
	25	49	356	57.3	426	83.3	618	110	817	136	1020	161	1190	186	1380
32	15	51.6	92.0	60.2	108.0	88	158	115	206	142	248	169	270	195	357
	20	67.7	158	80.2	191	117	271	154	367	190	447	226	548	260	617
	25	85.6	250	100	296	147	443	193	574	238	697	282	832	325	964
	30	103	356	120	430	176	633	230	823	284	1030	338	1210	390	1380
40	20	90.6	138.0	105	160	154	233	202	308	249	359	283	415	343	524
	25	113	214	132	252	194	368	258	484	311	592	354	647	428	816
	30	136	312	158	361	232	530	306	680	374	855	444	1020	514	1180
	35	157	415	185	495	268	715	354	947	437	1170	521	1400	594	1570
50	20	134	107.0	157	128.0	229	185	301	242	371	300	443	358	508	405
	25	168	169	197	197	287	287	377	370	465	470	554	561	630	637
	30	202	241	236	286	344	414	452	538	558	676	664	805	764	920
	35	234	327	270	390	400	565	530	939	650	930	776	1100	885	1240
65	20	257	71.0	299	85.0	437	123	512	162	706	196	838	236	970	271
	25	317	110	374	131	542	189	715	251	880	306	1052	370	1200	415
	30	380	157	448	188	650	274	858	360	1060	446	1262	532	1440	547
	35	445	216	525	258	762	374	1005	495	1240	607	1478	730	1685	816
80	25	454	91.0	528	106.0	773	155	1012	204	1297	270	1480	296	1713	342
	30	556	135	630	152	926	223	1213	291	1498	360	1776	425	2053	484
	35	634	177	738	206	1082	304	1415	396	1749	490	2074	580	2400	671
	40	726	232	844	270	1237	398	1620	520	1978	640	2370	757	2740	865
100	25	673	70.0	784	82.0	1149	121	1502	157	1856	185	2201	231	2547	267
	30	808	102	940	118	1377	174	1801	226	2220	280	2640	331	3058	384
	35	944	139	1099	161	1608	237	2108	310	2600	382	3083	452	3568	524
	40	1034	166	1250	208	1832	307	2396	400	2980	500	3514	587	4030	661
125	25	1034	52.0	1205	60	1762	89	2310	117	2852	143	3380	169	3910	196
	30	1241	75	1447	87	2118	128	2770	166	3420	206	4063	244	4960	282
	35	1450	102	1690	119	2477	175	3200	228	4000	281	4740	333	5485	389
	40	1600	133	1930	155	2826	228	3700	296	4560	366	5420	435	6264	490
150	25	1515	43.0	1768	50	2584	71	3380	96	4169	117	4960	140	5737	162
	30	1818	62	2120	71	3100	105	4066	138	5015	170	5760	189	6875	232
	35	2121	84	2404	98	3620	144	4739	187	5850	231	6948	275	8036	317
	40	2400	107	2830	128	4114	186	5416	244	6080	301	7920	352	9180	414
200	35	4038	61.0	4710	71	6800	105	9020	136	11250	172	13212	200	15290	231
	40	4616	80	5376	93	7800	137	10320	178	12720	220	15100	261	17450	301
	50	5786	125	6740	148	9800	212	12920	280	15910	353	18790	405	21880	472
	60	6930	180	8057	209	11750	304	15450	400	19060	495	22615	586	26200	680

（续）

DN/mm	p/MPa(表压)	0.07		0.1		0.2		0.3		0.4		0.5		0.6	
	q_m/(kg/h) R/(Pa/m) w/(m/s)	q_m	R	q_m	R	q_m	R	q_m	R	q_m	R	q_m	R	q_m	R
250	30	5320	30	6318	36	9250	53	12120	71	14950	86	17730	100	20500	118
	35	6300	42	7370	49	10800	72	14120	94	17450	124	20680	138	23930	159
	40	7237	54	8430	64	12300	94	16145	123	19910	172	23640	180	27380	208
	50	9050	90	10530	101	15330	145	20190	192	24900	237	29560	281	34200	324
	60	14840	123	12650	144	18400	210	24200	276	28870	318	35450	403	41100	468
300	30	7718	25	8980	29	13150	42	17220	55	21240	68	25210	81	29180	93
	35	9018	34	10500	39	15370	58	20130	75	24010	92	29470	111	34080	128
	40	10280	44	11900	51	17520	75	22980	100	28370	121	33600	144	38800	166
	50	12860	69	14960	60	21800	117	28700	154	35400	189	42000	224	48640	260
	60	15430	99	17870	115	26180	168	34430	220	42500	273	50400	322	58380	375

DN/mm	p/MPa(表压)	0.7		0.8		0.9		1.0		1.1		1.2		1.3	
	q_m/(kg/h) R/(Pa/m) w/(m/s)	q_m	R	q_m	R	q_m	R	q_m	R	q_m	R	q_m	R	q_m	R
15	10	28.7	492	32	548	35.4	605	39	671	42.2	724	45.6	781	48.8	835
	15	43	1110	48	1230	53.2	1370	54.8	1510	63.3	1630	68.4	1760	73	1870
	20	57.4	1970	63.8	2180	71	2410	78	2680	84.4	2890	91.2	3120	97.2	3310
20	10	52.2	335	58.2	384	64.5	415	70.5	450	76.6	492	83	534	89.4	576
	15	78.4	755	87.5	844	96.7	934	106	1020	115	1110	124	1190	134	1300
	20	104	1340	116	1490	129	1660	141	1800	153	1970	166	2130	179	2300
25	15	127	564	141	639	156	684	172	776	181	784	199	880	216	965
	20	169	1000	188	1120	208	1230	229	1360	242	1400	253	1420	286	1690
	25	211	1570	235	1740	250	1780	286	2130	302	2180	316	2220	358	2650
32	15	222	396	253	462	274	499	303	546	326	580	350	620	388	710
	20	296	706	338	822	367	887	404	997	435	1040	466	1100	517	1260
	25	370	1110	422	1280	457	1360	505	1520	543	1610	582	1720	646	1980
	30	444	1590	506	1850	548	1955	606	2190	652	2330	699	2480	756	2710
40	20	389	594	435	665	480	737	527	805	573	875	613	930	663	1010
	25	430	968	533	997	600	1140	658	1260	710	1380	767	1460	830	1580
	30	584	1340	652	1500	720	1650	770	1820	858	1960	920	2090	995	2280
	35	666	1740	754	2000	840	2240	926	2490	997	2650	1075	2850	1150	3040
50	20	578	466	646	520	713	573	782	628	850	683	912	728	985	790
	25	724	730	805	806	892	896	979	985	1065	1070	1140	1140	1233	1240
	30	868	1050	970	1170	1070	1290	1174	1420	1276	1540	1370	1640	1480	1780
	35	1010	1440	1130	1590	1249	1750	1380	1950	1487	2090	1605	2260	1714	2400
65	20	1101	309	1230	344	1360	278	1490	398	1619	453	1748	490	1878	526
	25	1345	460	1530	534	1900	555	1870	656	2015	702	2170	755	2320	802
	30	1610	660	1830	763	2040	855	2240	940	2450	1010	2600	1080	2780	1150
	35	1885	903	2145	1050	2380	1170	2625	1300	2830	1400	3050	1500	3258	1580
80	25	1947	390	2176	426	2400	479	2636	529	2860	572	3084	615	3318	665
	30	2333	559	2676	659	2880	690	3159	757	3430	822	3700	885	3980	955
	35	2723	761	3041	850	3360	980	3682	1080	4005	1140	4323	1210	4650	1290
	40	3110	994	3480	1120	3840	1230	4216	1350	4576	1470	4940	1580	5306	1700
100	25	2888	302	3231	339	3565	375	3916	411	4250	435	4583	499	4930	516
	30	3470	437	3879	487	4280	515	4690	589	5100	631	5510	692	5915	743
	35	4050	594	4530	615	5000	737	5480	804	5960	875	6424	940	6905	1020
	40	4610	770	5118	848	5696	958	6240	1040	6780	1130	7276	1210	7872	1320

（续）

DN/mm	p/MPa(表压) → q_m/(kg/h), R/(Pa/m), w/(m/s)	0.7		0.8		0.9		1.0		1.1		1.2		1.3	
	w/(m/s)	q_m	R	q_m	R	q_m	R	q_m	R	q_m	R	q_m	R	q_m	R
125	25	4440	222	4963	248	5482	294	6020	302	6350	327	7050	352	7570	379
	30	5334	321	5960	358	6578	395	7217	434	7840	430	8450	506	9080	544
	35	6235	438	6960	488	7700	542	8438	593	9160	642	9880	692	10560	737
	40	7118	570	7950	687	8776	719	9628	721	10460	840	11280	902	12120	970
150	25	6501	184	7280	205	8032	226	8810	228	9565	270	10330	291	11000	313
	30	7810	264	8730	295	9150	330	10560	358	11480	388	12380	418	13300	450
	35	9210	359	10182	403	11250	443	12330	487	13400	530	14470	571	15520	613
	40	10400	467	11646	525	12876	580	14080	635	15336	1080	16560	750	17760	800
200	35	17350	262	19390	293	21410	324	23500	356	25500	386	27380	410	29600	448
	40	19830	343	22120	383	24440	421	26800	463	29140	503	31460	542	33980	590
	50	24800	537	23730	585	30680	665	33600	725	36500	787	39410	850	42300	915
	60	29720	770	33200	860	36770	950	40230	1040	43700	1130	49300	1230	50685	1310
250	30	23290	132	26010	148	28770	164	31520	172	34230	195	36720	204	39700	226
	35	27200	181	30380	202	33520	222	36800	245	39980	266	42800	282	46300	308
	40	31030	235	34700	264	38300	290	42050	319	45670	347	49900	384	52890	401
	50	38800	288	43380	412	48000	456	52600	500	57150	544	61700	584	66200	630
	60	46500	530	52000	593	57530	655	63000	717	68500	780	74000	845	78400	880
300	30	33100	106	37000	119	40840	131	44800	143	48700	156	52600	169	56500	182
	35	38700	145	43220	162	47760	178	52380	196	56850	213	61000	226	66000	247
	40	44180	189	49320	211	54500	232	59760	255	64900	277	69620	295	75250	321
	50	55140	294	61680	329	67180	352	74700	388	81200	433	87680	467	94000	503
	60	66220	425	74000	474	81920	524	89640	574	97500	625	105100	678	113000	724

表 5-33 钢管的压缩空气管道计算 （K=0.2mm）

DN/mm	p/MPa(表压) → q_v/(m³/h), R/(Pa/m), w/(m/s)	0.3		0.4		0.5		0.6		0.7	
	w/(m/s)	q_v	R	q_v	R	q_v	R	q_v	R	q_v	R
15	4	11.2	99.3	14.0	124.2	16.8	149.1	19.7	173.8	22.5	193.7
	6	16.8	223.4	21.1	279.4	25.3	335.5	29.5	391.1	33.7	447.2
	8	22.5	397.1	28.1	496.8	33.7	596.5	39.3	695.3	44.9	795.0
	10	28.1	620.4	35.1	776.2	42.1	932.0	49.1	1086.0	56.1	1242.0
20	4	20.4	66.4	25.6	83.1	30.7	99.8	35.8	116.3	40.9	133.0
	6	30.7	149.4	38.8	187.0	46.0	224.5	53.7	261.7	61.3	299.2
	8	40.9	265.7	51.1	332.4	61.3	399.1	71.5	465.2	81.8	531.9
	10	51.1	415.1	63.9	519.3	76.7	623.5	89.4	726.9	102.2	831.1
25	4	33.0	48.3	41.3	60.5	49.5	72.6	57.8	84.6	66.0	96.8
	6	49.5	108.7	61.9	136.0	74.3	163.3	86.6	190.4	99.0	217.7
	8	66.0	193.3	82.5	241.8	99.0	290.4	115.5	338.5	132.0	387.0
	10	82.5	302.0	103.1	377.9	123.8	453.7	303.7	528.9	165.0	604.7
32	8	115.7	133.6	144.6	167.2	173.6	200.8	202.5	234.0	231.4	267.6
	10	144.6	208.3	180.8	261.3	217.0	313.7	253.1	365.7	289.3	418.1
	12	173.6	300.7	217.0	376.2	260.4	451.7	303.7	526.6	347.1	602.1
40	8	152.2	111.7	190.2	139.8	228.3	167.8	266.3	195.6	304.4	223.7
	10	190.2	174.5	237.8	218.4	285.4	212.2	332.9	305.6	380.5	349.5
	12	228.3	251.3	285.4	314.5	342.4	377.6	399.5	440.1	456.6	503.2

（续）

DN/mm	p/MPa(表压) qᵥ/(m³/h) R/(Pa/m) w/(m/s)	0.3 qᵥ	0.3 R	0.4 qᵥ	0.4 R	0.5 qᵥ	0.5 R	0.6 qᵥ	0.6 R	0.7 qᵥ	0.7 R
$\phi57\times3.5$	8	226.3	86.4	282.9	108.1	339.5	129.8	396.1	151.3	452.7	173.0
	10	282.9	135.0	353.7	169.0	424.4	202.9	495.1	236.5	565.9	270.4
	12	339.5	194.5	424.4	243.3	509.3	292.1	594.2	340.5	679.0	389.3
$\phi73\times4$	8	382.5	61.6	478.2	77.0	573.8	92.5	669.4	107.8	765.1	123.3
	10	478.2	96.2	597.7	120.4	717.2	144.5	836.8	168.5	956.3	192.6
	12	573.8	138.5	717.2	173.3	860.7	208.1	1004.0	242.6	1148.0	277.4
$\phi89\times4$	8	594.0	46.6	742.5	58.3	891.0	70.0	1040.0	81.6	1188.0	93.3
	10	742.5	72.8	928.2	91.1	1114.0	109.3	1299.0	127.5	1485.0	145.7
	12	891.0	104.8	1114.0	131.1	1337.0	157.5	1559.0	183.6	1782.0	209.9
$\phi108\times4$	8	905.4	35.6	1132.0	44.5	1358.0	53.5	1584.0	62.3	1811.0	71.3
	10	1132.0	55.6	1415.0	69.6	1698.0	83.6	1981.0	97.4	2263.0	111.4
	12	1358.0	80.1	1698.0	100.2	2037.0	120.3	2377.0	140.3	2716.0	160.4
$\phi133\times4.5$	8	1392.0	27.1	1740.0	33.9	2088.0	40.7	2436.0	47.5	2784.0	54.3
	10	1740.0	42.4	2175.0	53.0	2610.0	63.7	3045.0	74.2	3480.0	84.8
	12	2088.0	61.0	2610.0	76.3	3132.0	91.7	3654.0	106.8	4176.0	122.2
$\phi159\times4.5$	8	2037.0	21.4	2546.0	26.8	3056.0	32.2	3565.0	37.5	4074.0	42.9
	10	2546.0	33.4	3183.0	41.8	3820.0	50.2	4456.0	58.6	5093.0	67.0
	12	3056.0	48.2	3820.0	60.3	4584.0	72.3	5347.0	84.3	6111.0	96.4
$\phi219\times6$	8	3879.0	14.3	4849.0	17.9	5819.0	21.5	6789.0	25.1	7759.0	28.7
	10	4849.0	22.4	6062.0	28.0	7274.0	33.6	8486.0	39.2	9699.0	44.8
	12	5819.0	32.3	7274.0	40.3	8729.0	48.4	10184.0	56.5	11638.0	64.6
$\phi273\times8$	8	5980.0	11.0	7475.0	13.7	8970.0	16.5	10465.0	19.2	11960.0	21.9
	10	7475.0	17.1	9344.0	21.4	11212.0	25.7	13081.0	30.0	14950.0	34.3
	12	8970.0	24.6	11212.0	30.8	13455.0	37.0	15697.0	43.2	17940.0	49.3
$\phi325\times8$	8	8645.0	8.7	10806.0	10.9	12967.0	13.1	15128.0	15.3	17289.0	17.5
	10	10860.0	13.6	13507.0	17.0	16209.0	20.5	18910.0	23.8	21612.0	27.3
	12	12967.0	19.6	16209.0	24.5	19451.0	29.5	22692.0	34.3	25934.0	39.3

DN/mm	p/MPa(表压) qᵥ/(m³/h) R/(Pa/m) w/(m/s)	0.8 qᵥ	0.8 R	0.9 qᵥ	0.9 R	1.0 qᵥ	1.0 R	1.1 qᵥ	1.1 R	1.2 qᵥ	1.2 R
15	4	25.3	223.5	28.1	248.4	30.9	273.3	33.7	298.0	36.5	322.9
	6	37.9	502.8	42.1	558.9	46.3	614.9	50.5	670.5	54.7	726.6
	8	50.5	893.8	56.1	993.5	61.8	1093.0	67.4	1192.0	73.0	1292.0
	10	63.2	1397.0	70.2	1552.0	77.2	1708.0	84.2	1863.0	91.2	2018.0
20	4	46.0	149.5	51.1	166.2	56.2	182.9	61.2	199.4	66.4	216.1
	6	69.0	336.4	76.7	373.9	84.3	411.4	92.0	448.6	99.7	486.1
	8	92.0	598.0	102.2	664.7	112.4	731.4	122.7	797.5	132.9	864.2
	10	115.0	934.4	127.8	1039.0	140.5	1143.0	153.3	1246.0	166.1	1350.0
25	4	74.3	108.8	82.5	120.9	90.8	133.1	99.0	145.1	107.3	175.2
	6	111.4	244.8	123.8	272.1	136.1	299.4	148.5	326.4	160.9	353.7
	8	148.5	435.1	165.0	483.7	181.5	532.2	198.0	580.3	214.5	628.9
	10	185.6	679.9	206.3	755.7	226.9	831.6	247.5	906.8	268.1	982.6
32	8	260.4	300.9	289.3	334.4	318.2	368.0	347.1	401.2	376.1	434.8
	10	325.4	470.1	361.6	522.5	397.8	574.9	433.9	626.9	470.1	679.4
	12	390.5	676.9	433.9	752.4	477.3	827.9	520.7	902.8	564.1	978.3

（续）

DN/mm	p/MPa(表压)	0.8		0.9		1.0		1.1		1.2	
	q_v/(m³/h) R/(Pa/m) w/(m/s)	q_v	R	q_v	R	q_v	R	q_v	R	q_v	R
40	8	342.4	251.5	380.5	279.5	418.5	307.6	456.6	335.4	494.6	363.4
	10	428.1	392.9	475.6	436.7	523.2	480.6	570.7	524.0	618.3	567.8
	12	513.7	565.8	570.7	628.9	627.8	692.0	684.9	754.6	742.0	817.7
φ57×3.5	8	509.3	194.6	565.9	216.3	622.5	238.0	679.0	259.5	735.6	281.2
	10	636.6	304.0	707.3	337.9	778.1	371.8	848.8	405.4	919.5	439.3
	12	763.9	437.8	848.8	486.6	933.7	535.4	1019.0	583.8	1103.0	632.6
φ73×4	8	860.7	138.6	956.3	154.1	1052.0	169.5	1148.0	184.8	1243.0	200.3
	10	1076.0	216.6	1195.0	240.7	1315.0	264.9	1434.0	288.8	1554.0	313.0
	12	1291.0	311.8	1434.0	346.6	1578.0	381.4	1721.0	415.9	1865.0	450.7
φ89×4	8	1337.0	104.9	1485.0	116.6	1634.0	128.3	1782.0	139.9	1931.0	151.6
	10	1671.0	163.9	1856.0	182.1	2042.0	200.4	2228.0	218.5	2413.0	236.8
	12	2005.0	236.0	2228.0	262.3	2450.0	288.6	2673.0	314.7	2896.0	341.0
φ108×4	8	2037.0	80.2	2263.0	89.1	2490.0	98.0	2716.0	106.9	2943.0	115.8
	10	2546.0	125.2	2829.0	139.2	3112.0	153.2	3395.0	167.0	3678.0	181.0
	12	3056.0	180.3	3395.0	200.5	3735.0	220.6	4074.0	240.5	4414.0	260.6
φ133×4.5	8	3132.0	61.0	3480.0	67.9	3828.0	74.7	4176.0	81.4	4524.0	88.2
	10	3915.0	95.4	4350.0	106.0	4785.0	116.7	5220.0	127.2	5656.0	137.9
	12	4698.0	137.4	5220.0	152.7	5743.0	168.0	6265.0	183.2	6787.0	198.5
φ159×4.5	8	4584.0	48.2	5093.0	53.6	5602.0	58.9	6111.0	64.3	6621.0	69.6
	10	5729.0	75.3	6366.0	83.7	7003.0	92.1	7639.0	100.4	8276.0	108.8
	12	6875.0	108.4	7639.0	120.5	8403.0	132.6	9167.0	144.6	9931.0	156.7
φ219×6	8	8729.0	32.3	9699.0	35.9	10669.0	39.5	11638.0	43.0	12608.0	46.6
	10	10911.0	50.4	12123.0	56.0	13336.0	61.7	14548.0	67.2	15760.0	72.9
	12	13093.0	72.6	14548.0	80.7	16003.0	88.8	17458.0	96.8	18913.0	104.9
φ273×8	8	13455.0	24.7	14950.0	27.4	16445.0	30.2	17940.0	32.9	19435.0	35.6
	10	16819.0	38.5	18687.0	42.8	20556.0	47.1	22425.0	51.4	24294.0	55.7
	12	20182.0	55.5	22425.0	61.7	24667.0	67.9	26910.0	74.0	29152.0	80.2
φ325×8	8	19451.0	19.6	21612.0	21.8	23773.0	24.0	25934.0	26.2	28095.0	28.4
	10	24313.0	30.7	27015.0	34.1	29716.0	37.5	32418.0	40.9	35119.0	44.3
	12	29176.0	44.1	32418.0	49.1	35659.0	54.0	38901.0	58.9	42143.0	63.8

DN/mm	p/MPa(表压)	1.3		1.4		1.5		1.6	
	q_v/(m³/h) R/(Pa/m) w/(m/s)	q_v	R	q_v	R	q_v	R	q_v	R
15	4	39.3	347.7	42.1	372.6	44.9	397.5	47.7	422.2
	6	59.0	782.2	63.2	838.3	67.4	894.4	71.6	950.0
	8	78.6	1391.0	84.2	1490.0	89.8	1590.0	95.5	1689.0
	10	98.3	2173.0	105.3	2329.0	112.3	2484.0	119.3	2639.0
20	4	71.5	232.6	76.7	249.3	81.8	265.9	86.9	282.5
	6	107.3	523.3	115.0	560.9	122.7	598.4	130.3	635.6
	8	143.1	930.4	153.3	997.1	163.5	1064.0	173.8	1130.0
	10	178.9	1454.0	191.6	1558.0	204.4	1662.0	217.2	1766.0
25	4	115.5	169.2	123.8	181.4	132.0	193.5	140.0	205.5
	6	173.3	380.3	185.6	408.1	198.0	435.4	210.4	462.5
	8	231.0	677.0	247.5	725.5	264.0	774.0	280.5	822.2
	10	288.8	1058.0	309.4	1134.0	330.0	1209.0	350.6	1285.0

（续）

DN/mm	w/(m/s)	1.3 q_v	1.3 R	1.4 q_v	1.4 R	1.5 q_v	1.5 R	1.6 q_v	1.6 R
32	8	405.0	468.1	433.9	501.6	462.9	535.2	491.8	568.4
	10	506.2	731.3	542.4	783.8	578.6	836.2	614.7	888.2
	12	607.5	1053.0	650.9	1129.0	694.3	1204.0	737.7	1279.0
40	8	532.7	391.2	570.7	419.3	608.8	447.3	646.8	475.1
	10	665.9	611.3	713.4	655.1	761.0	698.9	808.5	742.4
	12	799.0	880.3	856.1	943.4	913.2	1007.0	970.2	1069.0
φ57×3.5	8	792.2	302.7	848.8	324.4	905.4	346.1	962.0	367.6
	10	990.3	472.9	1061.0	506.9	1132.0	540.8	1202.0	574.4
	12	1188.0	681.0	1273.0	729.9	1358.0	778.7	1443.0	827.1
φ73×4	8	1339.0	215.6	1434.0	231.1	1530.0	246.5	1626.0	261.9
	10	1674.0	336.9	1793.0	361.1	1913.0	385.2	2032.0	409.2
	12	2008.0	485.1	2152.0	519.9	2295.0	554.7	2439.0	589.2
φ89×4	8	2079.0	163.2	2228.0	174.9	2376.0	186.6	2525.0	198.2
	10	2599.0	254.9	2784.0	273.2	2970.0	291.5	3156.0	309.6
	12	3119.0	367.1	3341.0	393.4	3564.0	419.7	3787.0	445.8
φ108×4	8	3169.0	124.7	3395.0	133.6	3622.0	142.6	3848.0	151.4
	10	3961.0	194.8	4244.0	208.8	4527.0	222.8	4810.0	236.6
	12	4753.0	280.6	5093.0	300.7	5432.0	320.8	5772.0	340.7
φ133×4.5	8	4872.0	95.0	5220.0	101.8	5568.0	108.6	5917.0	115.3
	10	6091.0	148.4	6526.0	159.0	6961.0	169.7	7396.0	180.2
	12	7309.0	213.7	7831.0	229.0	8353.0	244.3	8875.0	259.5
φ159×4.5	8	7130.0	75.0	7639.0	80.3	8148.0	85.7	8658.0	91.0
	10	8912.0	117.1	9549.0	125.5	10186.0	133.9	10822.0	142.2
	12	10695.0	168.7	11459.0	180.8	12223.0	192.8	12987.0	204.8
φ219×6	8	13578.0	50.2	14548.0	53.8	15518.0	57.4	16488.0	61.0
	10	16973.0	78.4	18185.0	84.1	19397.0	89.7	20610.0	95.3
	12	20367.0	113.0	21822.0	121.0	23277.0	129.1	24732.0	137.2
φ273×8	8	20930.0	38.4	22425.0	41.1	23920.0	43.9	25415.0	46.6
	10	26162.0	59.9	28031.0	64.2	29900.0	68.5	31769.0	72.8
	12	31395.0	86.3	33637.0	92.5	35880.0	98.7	38122.0	104.8
φ325×8	8	30257.0	30.5	32418.0	32.7	34579.0	34.9	36740.0	37.1
	10	37821.0	47.7	40522.0	51.1	43224.0	54.5	45925.0	57.9
	12	45385.0	68.7	48627.0	73.6	51868.0	78.5	55110.0	83.4

表 5-34　不锈钢管的压缩空气管道计算（K = 0.05mm）

外径×壁厚 /mm×mm	w/(m/s)	0.3 q_v	0.3 R	0.4 q_v	0.4 R	0.5 q_v	0.5 R	0.6 q_v	0.6 R	0.7 q_v	0.7 R	0.8 q_v	0.8 R	0.9 q_v	0.9 R
φ6×1	4	0.7	389	0.9	487	1.1	584	1.3	681	1.4	779	1.6	876	1.8	973
	6	1.1	857	1.4	1095	1.6	1315	1.9	1533	2.2	1752	2.4	1970	2.7	2190
	8	1.4	1556	1.8	1947	2.2	2337	2.5	2724	2.9	3115	3.3	3502	3.6	3893
	10	1.8	2431	2.3	3041	2.7	3652	3.2	4257	3.6	4867	4.1	5473	4.5	6083
φ10×2	4	1.6	226	2.0	282	2.4	339	2.9	395	3.3	452	3.7	503	4.1	565
	6	2.4	508	3.1	635	3.7	763	4.3	889	4.9	1017	5.5	1143	6.1	1271
	8	3.3	903	4.1	1130	4.9	1356	5.7	1581	6.5	1808	7.3	2032	8.1	2259
	10	4.1	1411	5.1	1785	6.1	2119	7.1	2470	8.1	2824	9.2	3176	10.2	3630

（续）

外径×壁厚 /mm×mm	w/(m/s)	0.3 q_v	0.3 R	0.4 q_v	0.4 R	0.5 q_v	0.5 R	0.6 q_v	0.6 R	0.7 q_v	0.7 R	0.8 q_v	0.8 R	0.9 q_v	0.9 R
φ14×2	4	4.5	115	5.7	144	6.8	173	7.9	202	9.1	231	10.2	260	11.3	288
	6	6.8	259	8.5	325	10.2	390	11.9	454	13.6	519	15.3	584	17.0	649
	8	9.1	461	11.3	577	13.6	693	15.8	807	18.1	923	20.4	1038	22.6	1154
	10	11.3	720	14.1	901	17.0	1082	19.8	1262	22.6	1442	25.5	1622	28.3	1803
φ18×2 φ20×3	4	8.9	75	11.1	94	13.3	112	15.5	131	17.7	150	20.0	168	22.2	187
	6	13.3	168	16.6	210	20.2	253	23.3	294	26.6	337	29.9	379	33.3	421
	8	17.7	299	22.2	374	26.6	449	31.1	523	35.5	598	39.9	673	44.4	748
	10	22.2	467	27.7	584	33.3	702	38.8	818	44.4	935	49.9	1051	55.5	1169
φ25×2.5	4	18.1	47.2	22.6	59.0	27.2	70.9	31.7	82.6	36.2	94.4	40.7	106	45.3	118
	6	27.2	106	34.0	133	40.7	159	47.5	186	54.3	213	61.1	239	67.9	266
	8	36.2	189	45.3	236	54.3	283	63.4	330	72.4	378	81.5	425	90.5	472
	10	45.3	295	56.6	369	67.9	443	79.2	516	90.5	590	101.9	664	113.2	738
φ32×3	8	61.2	136	76.5	170	91.8	204	107.1	238	122.4	272	137.7	306	153.0	340
	10	76.5	212	95.6	265	114.8	319	133.9	372	153.0	425	172.1	478	191.3	531
	12	91.8	306	114.8	382	137.7	459	160.7	535	183.6	612	206.6	688	229.5	764
φ38×3	8	92.7	104	115.9	130	139.1	156	162.2	182	185.4	209	208.6	234	231.8	261
	10	115.9	163	144.9	204	173.8	244	202.8	285	231.8	326	260.8	366	289.7	407
	12	139.1	234	173.8	293	208.6	352	243.4	410	278.1	469	312.9	527	347.7	586
φ45×3.5	8	123.9	86.8	154.9	109	185.9	130	216.9	152	247.9	174	278.9	195	309.9	217
	10	154.9	136	198.7	170	232.4	204	271.1	237	309.9	272	348.6	305	387.3	339
	12	185.9	195	232.4	244	278.9	293	325.4	342	371.8	391	418.3	440	464.8	489
φ57×3.5	8	226.3	59.6	282.9	74.6	339.5	89.6	396.1	104	452.7	119	509.3	134	565.9	149
	10	282.9	93.2	353.7	117	424.4	140	495.1	163	565.9	187	636.6	210	707.3	233
	12	339.5	134	424.4	168	509.3	202	594.2	235	679.0	269	763.9	302	848.8	336

外径×壁厚 /mm×mm	w/(m/s)	1.0 q_v	1.0 R	1.1 q_v	1.1 R	1.2 q_v	1.2 R	1.3 q_v	1.3 R	1.4 q_v	1.4 R	1.5 q_v	1.5 R	1.6 q_v	1.6 R
φ6×1	4	2.0	1071	2.2	1168	2.4	1265	2.5	1362	2.7	1460	2.9	1558	3.1	1654
	6	3.0	2410	3.3	2627	3.5	2847	3.8	3065	4.1	3285	4.3	3505	4.6	3722
	8	4.0	4284	4.3	4671	4.7	5062	5.1	5449	5.4	5840	5.8	6230	6.2	6618
	10	5.0	6693	5.4	7298	5.9	7909	6.3	8514	6.8	9124	7.2	9735	7.7	10340
φ10×2	4	4.5	621	4.9	678	5.3	734	5.7	791	6.1	847	6.5	904	6.9	960
	6	6.7	1393	7.3	1525	7.9	1652	8.6	1779	9.1	1906	9.8	2034	10.4	2160
	8	9.0	2486	9.8	2710	10.6	2937	11.4	3162	12.2	3389	13.0	3615	13.9	3840
	10	11.2	3884	12.2	4235	13.2	4589	14.3	4940	15.3	5295	16.3	5649	17.3	6000
φ14×2	4	12.4	317	13.6	346	14.7	375	15.8	404	17.0	433	18.1	462	19.2	490
	6	18.7	714	20.4	779	22.1	844	23.8	908	25.5	973	27.2	1039	28.9	1103
	8	24.9	1269	27.2	1384	29.4	1500	31.7	1615	34.0	1730	36.2	1846	38.5	1961
	10	31.1	1983	34.0	2163	36.8	2344	39.6	2523	42.4	2704	45.3	2885	48.1	3064
φ18×2 φ20×3	4	24.4	206	26.6	224	28.8	243	31.1	262	33.3	281	35.5	299	37.7	318
	6	36.6	463	39.9	505	43.3	547	46.6	589	49.9	631	53.2	673	56.6	715
	8	48.8	823	53.2	897	57.7	972	62.1	1047	66.5	1122	71.0	1197	75.4	1271
	10	61.0	1286	66.5	1402	72.1	1519	77.6	1636	83.2	1753	88.7	1870	94.3	1986
φ25×2.5	4	49.8	130	54.3	142	58.9	154	63.4	165	67.9	177	72.4	189	77.0	201
	6	74.7	292	81.5	319	88.3	345	95.1	372	101.9	398	108.6	425	115.4	451
	8	99.6	520	108.6	567	117.7	614	126.8	661	135.8	708	144.9	756	153.9	803
	10	124.5	812	135.8	885	147.1	959	158.4	1033	169.8	1107	181.1	1181	192.4	1254

（续）

外径×壁厚 /mm×mm	p/MPa（表压） q_v/（m³/h） R/（Pa/m） w/（m/s）	1.0		1.1		1.2		1.3		1.4		1.5		1.6	
		q_v	R	q_v	R	q_v	R	q_v	R	q_v	R	q_v	R	q_v	R
$\phi32\times3$	8	168.3	374	183.6	408	198.9	442	214.2	476	229.5	510	244.8	544	260.1	578
	10	210.4	584	229.5	637	248.6	690	267.8	743	286.9	796	306.0	850	325.1	903
	12	252.5	841	275.4	917	298.4	994	321.3	1070	344.3	1147	367.2	1223	390.2	1299
$\phi38\times3$	8	255	287	278.1	313	301.3	339	324.5	365	347.7	391	370.8	417	394.0	443
	10	318.7	448	347.7	489	376.6	529	405.6	570	434.6	611	463.6	652	492.5	692
	12	382.4	645	417.2	703	452.0	762	486.7	821	521.5	879	556.3	938	591.0	997
$\phi45\times3.5$	8	340.9	239	371.8	261	402.8	282	433.8	304	464.8	326	495.8	348	526.8	369
	10	426.1	373	464.8	407	503.5	441	542.3	475	581.0	509	619.7	543	658.5	577
	12	511.3	538	557.8	586	604.2	635	650.7	684	697.0	733	743.7	782	790.2	830
$\phi57\times3.5$	8	622.5	164	679.0	179	735.6	194	792.2	209	848.8	224	905.4	239	962.0	254
	10	778.1	257	848.8	280	919.5	303	990.3	326	1061	350	1132	373	1202	396
	12	933.7	370	1019	403	1103	437	1188	470	1273	504	1358	537	1443	571

7）自流凝结水管管径计算见表 5-39。

参见［例 5-18］。

8）压力供水管管道计算图如图 5-13 所示。

9）热水管道水力计算见表 5-40。

10）人工煤气管道水力计算图如图 5-14～图 5-17 所示。

11）天然气管道水力计算图如图 5-18～图 5-21 所示。

12）人工煤气管道摩擦阻力损失见表 5-41～表 5-44。

13）天然气管道摩擦阻力损失见表 5-45～表 5-48。

14）气态液化石油气管道水力计算图如图 5-22～图 5-27 所示。

15）中、低压氧气管道计算图表可分别见图 5-28 或表 5-49。

16）乙炔管道计算图表可分别见图 5-29 或表 5-50。

17）氮气管道计算见表 5-51。

18）氢气管道计算见表 5-52。

19）二氧化碳气体管道估算参考表 5-53。

20）二氧化碳密度 ρ 见表 5-54。

【例 5-1】　压缩空气 $p = 0.7\text{MPa}$（绝对），$t = 40℃$，$\rho = 7.64\text{kg/m}^3$，$q_m = 0.4\text{t/h}$，$DN = 50\text{mm}$。

查表：$w = 54\text{m/s}$　$R = 820\text{Pa/m}$

有效值：$w' = \dfrac{w}{\rho} = \dfrac{54}{7.64}\text{m/s} = 7.07\text{m/s}$

$R' = \dfrac{R}{\rho} = \dfrac{820}{7.64}\text{Pa/m} = 107\text{Pa/m}$

【例 5-2】　饱和蒸汽 $p = 1.4\text{MPa}$（绝对），$\rho = 6.974\text{kg/m}^3$，$q_m = 2\text{t/h}$，$DN = 80\text{mm}$。

查表：$w = 105\text{m/s}$　$R = 1700\text{Pa/m}$

有效值：$w' = \dfrac{w}{\rho} = \dfrac{105}{6.974}\text{m/s} = 15.1\text{m/s}$

$R' = \dfrac{R}{\rho} = \dfrac{1700}{6.974}\text{Pa/m} = 244\text{Pa/m}$

【例 5-3】　饱和蒸汽计算 $p = 0.9\text{MPa}$（绝对），$\rho = 4.568\text{kg/m}^3$，$q_m = 8.5\text{t/h}$，$DN = 150\text{mm}$。

查表：$w = 133\text{m/s}$　$R = 1300\text{Pa/m}$

有效值：$w' = \dfrac{w}{\rho} = \dfrac{133}{4.568}\text{m/s} = 29.1\text{m/s}$

$R' = \dfrac{R}{\rho} = \dfrac{1300}{4.568}\text{Pa/m} = 285\text{Pa/m}$

【例 5-4】　压缩空气 $p = 0.64\text{MPa}$（绝对），$\rho = 8.01\text{kg/m}^3$，$q_m = 80\text{t/h}$，$DN = 450\text{mm}$。

查表：$w' = 135\text{m/s}$　$R = 330\text{Pa/m}$

有效值：$w' = \dfrac{w}{\rho} = \dfrac{135}{8.01}\text{m/s} = 16.85\text{m/s}$

$R' = \dfrac{R}{\rho} = \dfrac{330}{8.01}\text{Pa/m} = 41.2\text{Pa/m}$

【例 5-5】　饱和蒸汽 $p = 0.4\text{MPa}$（绝对），$\rho = 2.124\text{kg/m}^3$，$q_m = 150\text{t/h}$，$DN = 700\text{mm}$。

查表：$w = 110\text{m/s}$　$R = 130\text{Pa/m}$

有效值：$w' = \dfrac{w}{\rho} = \dfrac{110}{2.124}\text{m/s} = 51.8\text{m/s}$

$R' = \dfrac{R}{\rho} = \dfrac{130}{2.124}\text{Pa/m} = 61.2\text{Pa/m}$

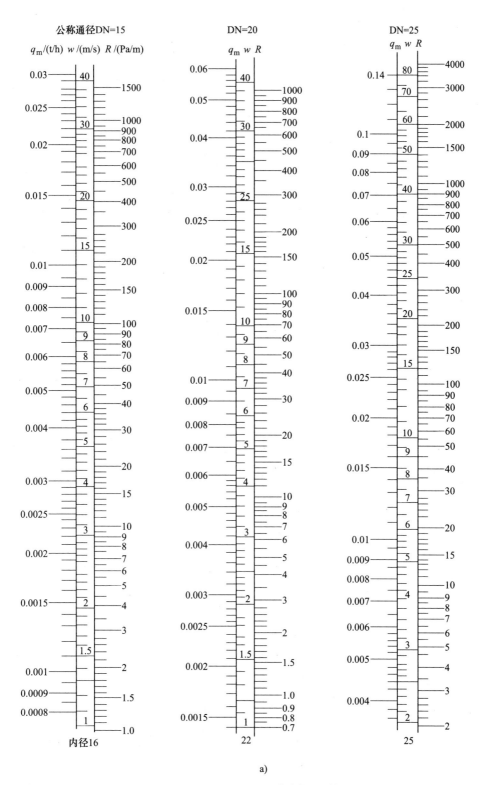

a)

图 5-11　DN = 15 ~ 600mm 过热蒸汽管道计算图

$(\rho = 1\text{kg/m}^3 \quad K = 0.1\text{mm})$

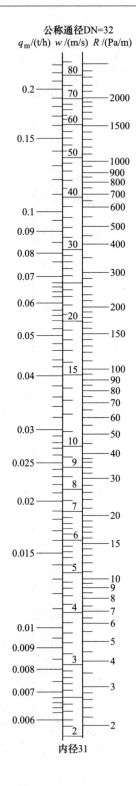

公称通径DN=32

q_m/(t/h) w/(m/s) R/(Pa/m)

内径31

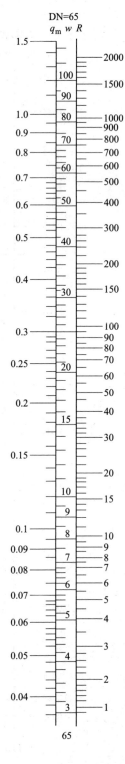

DN=65

q_m w R

65

b)

图 5-11　DN=15～600mm

（$\rho = 1\text{kg/m}^3$

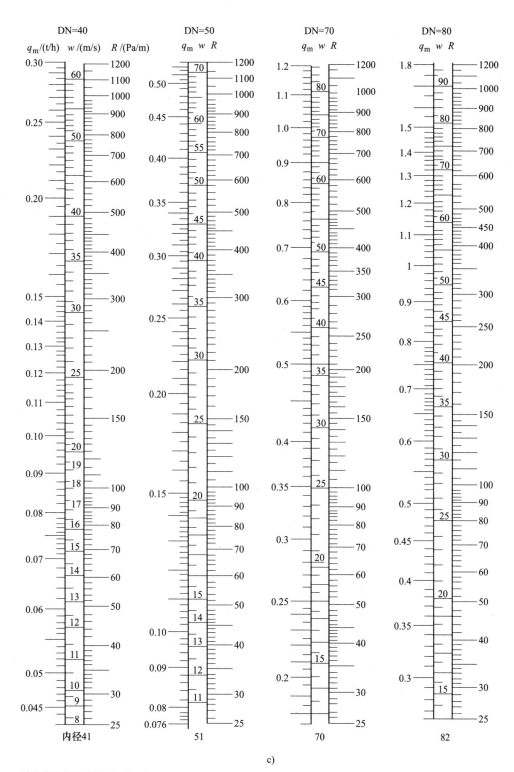

c)

过热蒸汽管道计算图（续）

$K = 0.1mm$）

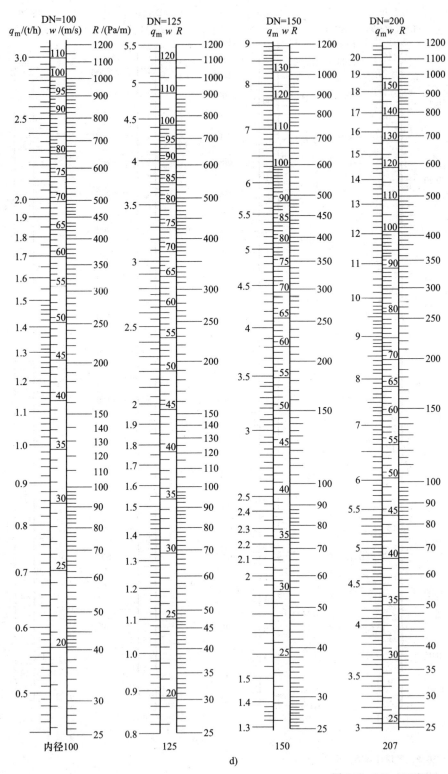

d)

图 5-11　DN＝15～600mm

（ρ＝1kg/m³

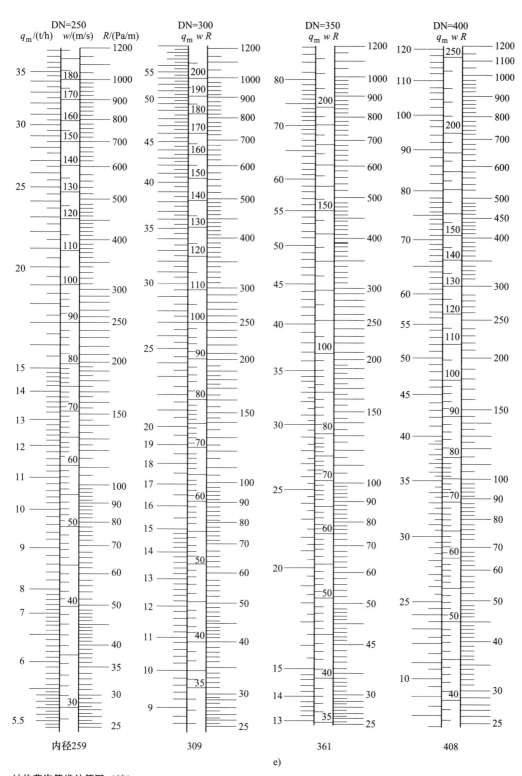

e)

过热蒸汽管道计算图（续）

$K = 0.1$mm）

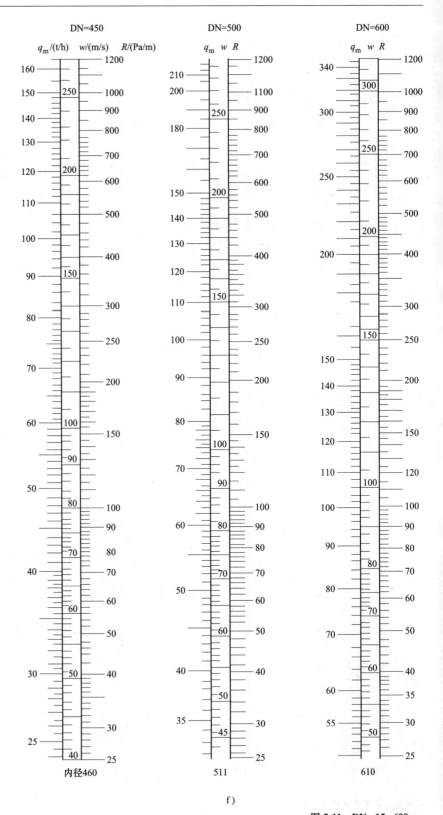

f)

图 5-11　DN = 15 ~ 600mm

($\rho = 1\text{kg/m}^3$

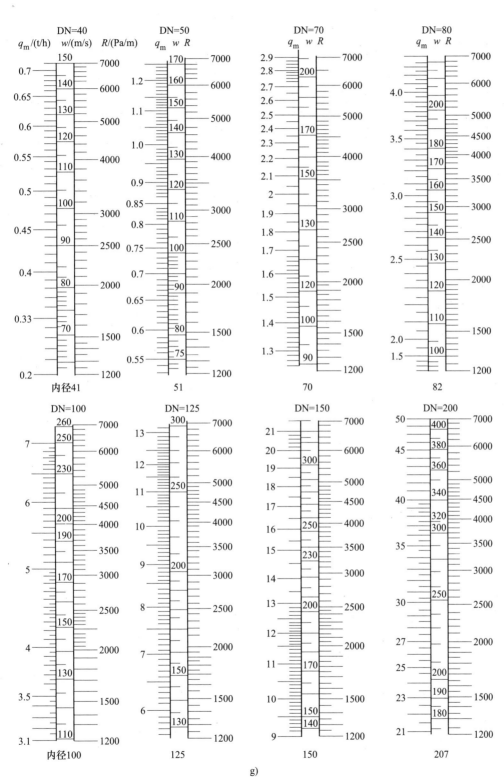

g)

过热蒸汽管道计算图（续）

$K = 0.1\text{mm}$）

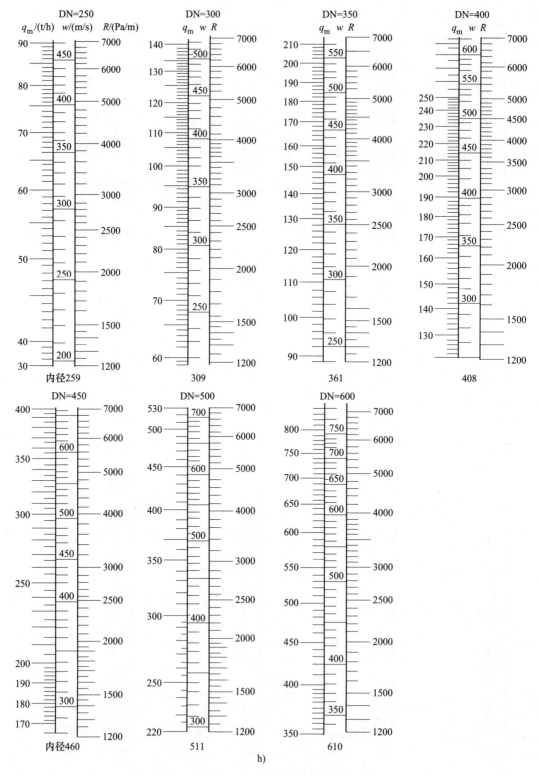

图 5-11　DN=15~600mm 过热蒸汽管道计算图（续）

$(\rho = 1 \text{kg/m}^3 \quad K = 0.1 \text{mm})$

表 5-35　DN=700~1000mm 过热蒸汽管道水力计算（$K=0.1mm$　$\rho=1kg/m^3$）

流量 $q_m/(t/h)$	DN=700mm		DN=800mm		DN=900mm		DN=1000mm	
	$w/(m/s)$	$R/(Pa/m)$	$w/(m/s)$	$R/(Pa/m)$	$w/(m/s)$	$R/(Pa/m)$	$w/(m/s)$	$R/(Pa/m)$
50	36.13	12.46	27.66	6.25				
100	72.24	48.70	55.31	24.34				
150	108.37	109.66	82.97	54.71				
200	144.49	194.81	110.63	97.35				
250	180.61	304.39	138.28	152.11				
300	216.73	438.33	165.94	219.04	131.11	118.63		
350	252.86	596.62	193.60	298.14	152.96	161.44		
400	288.98	779.25	221.25	389.40	174.81	210.91		
450	325.10	986.29	248.91	492.87	196.67	266.89		
500	361.22	1217.58	276.56	608.44	218.52	329.54	177.00	191.40
550	397.35	1473.22	304.22	736.25	240.37	398.70	194.70	231.59
600	433.47	1753.31	331.88	876.16	262.22	474.54	212.40	275.62
650	469.59	2057.69	359.54	1028.26	284.08	556.92	230.10	323.47
700	505.71	2386.45	387.19	1192.55	305.93	645.90	247.80	375.14
750	541.84	2739.45	414.85	1369.03	327.78	741.44	265.50	430.63
800	577.96	3117.00	442.50	1557.62	349.63	843.62	283.20	489.98
850			470.16	1758.40	371.48	952.37	300.90	553.15
900			497.81	1971.36	393.33	1067.71	318.60	620.14
950			525.47	2196.45	415.19	1189.67	336.30	690.97
1000			553.13	2433.78	437.04	1318.16	354.00	765.60
1100			608.44	2944.87	480.74	1594.97	389.40	926.38
1200			663.75	3504.64	524.44	1898.15	424.80	1102.46
1300					568.15	2227.69	460.20	1293.86
1400					611.85	2583.59	495.60	1500.58
1500					655.56	2965.86	531.00	1722.60
1600					699.26	3374.49	566.40	1959.94
1700					742.96	3809.48	601.80	2212.58
1800					786.67	4270.84	637.20	2480.54
1900					830.37	4758.56	672.60	2763.82
2000					874.07	5272.64	708.00	3062.40
2100							743.40	3376.30
2200							778.80	3705.50
2300							814.20	4050.02
2400							849.60	4409.86
2500							885.00	4785.00
2600							920.40	5175.46
2700							955.80	5581.22
2800							991.20	6002.30
2900							1026.60	6438.70
3000							1062.00	6890.40

表 5-36　余压凝结水管道汽水混合物密度 ρ

（单位：kg/m³）

p_1/MPa \ p_2/MPa	0.1	0.12	0.14	0.16	0.18	0.2	0.3	0.4	0.5	0.6	0.7
0.12	57	—	—	—	—	—	—	—	—	—	—
0.15	26	52.5	169	—	—	—	—	—	—	—	—
0.2	14.8	23.1	37.0	63.9	136.5	—	—	—	—	—	—
0.25	11.0	15.8	22.6	32.3	47.6	73.5	—	—	—	—	—
0.3	9.0	12.5	17.0	22.8	30.5	41.3	—	—	—	—	—
0.35	7.4	10.6	13.9	16.9	23.3	30.5	168	—	—	—	—
0.4	7.0	9.3	12.0	15.3	19.2	24.0	144	—	—	—	—
0.5	5.9	7.6	9.7	12.0	14.7	16.1	43	110.5	—	—	—
0.8	4.3	5.5	6.7	8.1	9.6	11.2	21.8	37.5	64.3	114	232.4
1.0	3.8	4.8	5.8	7.0	8.2	9.4	17.4	27.7	43.8	67.3	101.5
1.5	3.1	3.8	4.6	5.4	6.2	7.2	12.3	18.7	26.9	36.6	48.3
2.0	2.7	3.3	3.9	4.6	5.3	6.1	10.1	14.8	20.4	26.8	34.2
2.5	2.3	3.0	3.5	4.1	4.7	5.3	8.8	12.7	17.1	22.1	27.5
3.0	2.2	2.7	3.2	3.8	4.3	4.9	7.9	11.2	14.9	19.0	23.8
3.5	2.0	2.5	3.0	3.5	4.0	4.6	7.0	10.2	13.6	17.2	20.8

注：p_1 为起始点的压力（绝对），p_2 为终点的压力（绝对）。

【例 5-6】　过热蒸汽 $q_m = 0.2$t/h，DN = 50mm，$p = 0.2$MPa（绝对），$t = 200℃$，$\rho = 0.91$kg/m³。

查图：$w = 27.2$m/s　$R = 173$Pa/m

实际数：$w' = \dfrac{27.2}{0.91}$m/s $= 29.9$m/s

$R' = \dfrac{173}{0.91}$Pa/m $= 190.1$Pa/m

【例 5-7】　已知：过热蒸汽 $q_m = 5.0$t/h，DN = 150mm，$p = 0.6$MPa（绝对），$t = 300℃$，$\rho = 2.26$kg/m³。

查图：$w = 78.7$m/s　$R = 375$Pa/m

实际数：$w' = \dfrac{78.7}{2.26}$m/s $= 34.8$m/s

$R' = \dfrac{375}{2.26}$Pa/m $= 165.9$Pa/m

【例 5-8】　已知：过热蒸汽 $q_m = 45$t/h，DN = 300mm，$p = 1.3$MPa（绝对），$t = 250℃$，$\rho = 5.55$kg/m³。

查图：$w = 167$m/s　$R = 700$Pa/m

实际数：$w' = \dfrac{167}{5.55}$m/s $= 30.1$m/s

$R' = \dfrac{700}{5.55}$Pa/m $= 126$Pa/m

【例 5-9】　已知：过热蒸汽 $q_m = 200$t/h，DN = 600mm，$p = 0.8$MPa（绝对），$t = 280℃$，$\rho = 3.21$kg/m³。

查表：$w = 190$m/s　$R = 395$Pa/m

实际数：$w' = \dfrac{190}{3.21}$m/s $= 59.2$m/s

$R' = \dfrac{395}{3.21}$Pa/m $= 123.1$Pa/m

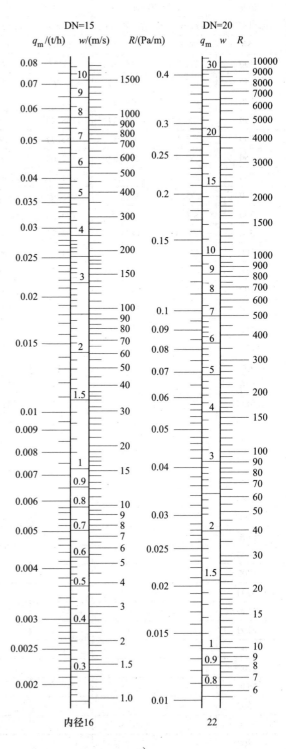

a)

图 5-12

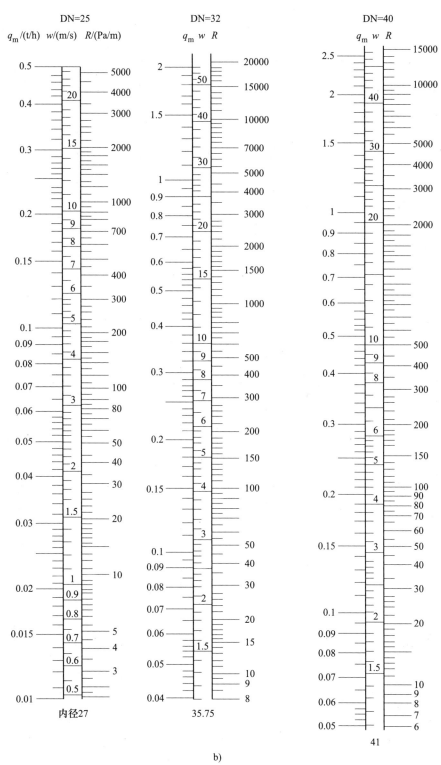

b)

余压凝结水管管径计算图

$(\rho = 10\text{kg/m}^3 \quad K = 0.5\text{mm})$

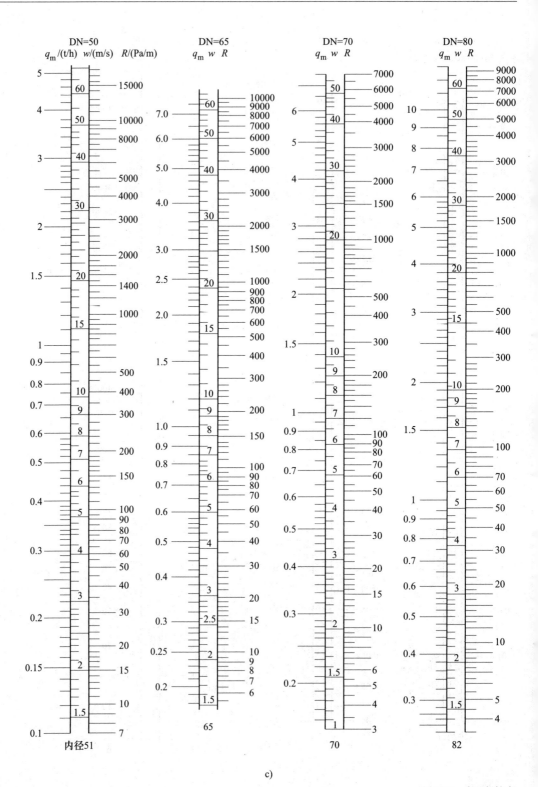

c)

图 5-12 余压凝结水

$(\rho = 10 \text{kg/m}^3$

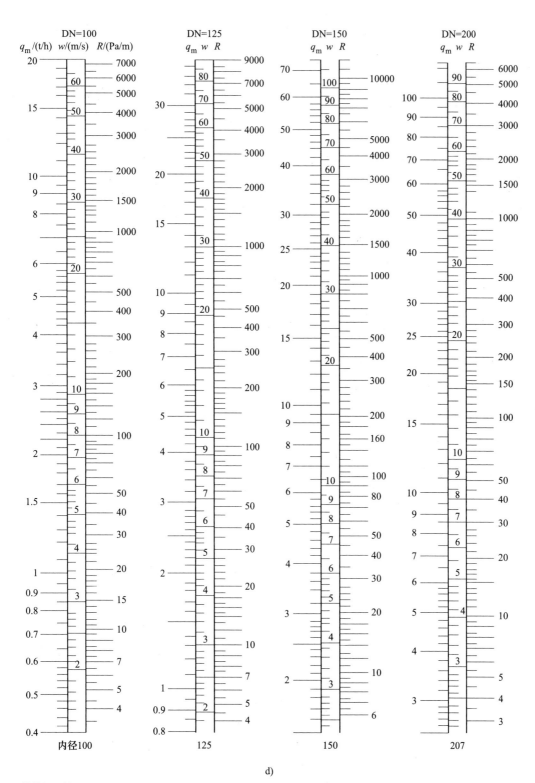

d)

管管径计算图（续）

$K = 0.5mm$）

表5-37 余压凝结水管管径计算 (一)

主表：p_1（起点压力，横向）与 p_2（终点压力，纵向）对应的管径计算值。

p_2\p_1 /MPa	0.01	0.02	0.03	0.04	0.05	0.06	0.07	0.08	0.09	0.10	0.11	0.12	0.13	0.14	0.15	0.16	0.17	0.18	0.19	0.20	0.30	0.40	0.50	0.60	0.70	0.80
0.00	2.3	2.34	2.38	2.41	2.43	2.46	2.5	2.52	2.55	2.57	2.58	2.60	2.61	2.62	2.63	2.65	2.67	2.68	2.69	2.70	2.76	2.86	2.90	2.95	2.97	3.0
0.01		2.25	2.30	2.33	2.35	2.38	2.4	2.42	2.45	2.47	2.48	2.5	2.52	2.54	2.56	2.57	2.58	2.59	2.60	2.61	2.71	2.77	2.82	2.88	2.90	2.95
0.02			2.23	2.26	2.30	2.32	2.34	2.36	2.39	2.41	2.43	2.45	2.46	2.47	2.49	2.50	2.51	2.52	2.54	2.55	2.65	2.72	2.77	2.80	2.84	2.87
0.03				2.18	2.20	2.25	2.29	2.31	2.32	2.35	2.38	2.4	2.41	2.42	2.44	2.45	2.46	2.48	2.49	2.50	2.61	2.68	2.72	2.76	2.80	2.83
0.04					2.15	2.19	2.23	2.25	2.26	2.29	2.32	2.34	2.35	2.37	2.38	2.40	2.41	2.43	2.44	2.45	2.57	2.63	2.67	2.72	2.75	2.78
0.05						2.13	2.17	2.19	2.20	2.24	2.26	2.28	2.3	2.32	2.33	2.35	2.36	2.38	2.39	2.40	2.53	2.57	2.62	2.68	2.70	2.73
0.06							2.10	2.12	2.15	2.18	2.20	2.22	2.24	2.26	2.28	2.30	2.31	2.32	2.34	2.35	2.47	2.52	2.57	2.61	2.64	2.69
0.07								2.04	2.09	2.12	2.14	2.16	2.18	2.20	2.23	2.24	2.25	2.26	2.28	2.30	2.40	2.45	2.52	2.55	2.59	2.62
0.08									2.03	2.05	2.09	2.12	2.14	2.16	2.18	2.19	2.20	2.22	2.24	2.26	2.37	2.42	2.49	2.52	2.56	2.58
0.09										2.02	2.04	2.07	2.10	2.12	2.14	2.15	2.16	2.18	2.20	2.24	2.33	2.38	2.45	2.49	2.52	2.55
0.10											2.00	2.03	2.06	2.08	2.10	2.11	2.12	2.14	2.16	2.21	2.29	2.35	2.42	2.46	2.48	2.52
0.11												1.98	2.02	2.04	2.06	2.08	2.09	2.10	2.13	2.18	2.27	2.33	2.40	2.44	2.47	2.50
0.12													1.97	1.98	2.02	2.05	2.06	2.07	2.09	2.16	2.25	2.31	2.37	2.42	2.44	2.47
0.13														1.97	1.98	2.02	2.03	2.04	2.06	2.14	2.23	2.28	2.35	2.40	2.42	2.45
0.14															1.96	1.98	2.00	2.01	2.03	2.12	2.20	2.25	2.32	2.37	2.40	2.42
0.15																1.94	1.97	1.98	2.00	2.09	2.17	2.23	2.30	2.35	2.38	2.40
0.16																	1.93	1.94	1.96	2.06	2.14	2.20	2.27	2.32	2.35	2.38
0.17																		1.90	1.92	2.03	2.10	2.17	2.24	2.29	2.32	2.35
0.18																			1.88	2.00	2.06	2.14	2.21	2.26	2.29	2.33
0.19																					2.02	2.10	2.17	2.22	2.26	2.30
0.20																					1.98	2.07	2.14	2.19	2.23	2.17
0.25																					1.87	1.96	2.03	2.07	2.13	2.09
0.30																						1.87	1.95	2.00	2.05	2.0
0.35																						1.80	1.85	1.92	1.96	1.95
0.40																							1.80	1.85	1.90	1.90
0.45																								1.75	1.80	1.85

μ 值（DN_1—热水管径，纵向；DN_2—汽水混合物管径，横向）：

DN_1/mm \ DN_2/mm	25	32	40	50	65	80	100	125	150	200	250	300
10	2.16	2.86	3.28									
15	1.72	2.27	2.60	3.23								
20		1.68	1.90	2.40	3.16							
25			1.50	1.89	2.48	3.04						
32				1.43	1.87	2.30	2.80					
40					1.64	2.00	2.44	3.04				
50						1.60	1.96	2.45	3.80			
65							1.49	1.87	2.44	3.09		
80								1.52	1.83	2.52	3.16	
100									1.50	1.83	2.07	2.59 / 3.09

注：1. 符号：DN_1—热水管径；DN_2—汽水混合物管径；p_1—起点压力（表压）；p_2—终点压力（表压）。

2. 当实际采用的管径 DN_2 与计算得管径 DN_2 不同时，实际压力降应按下式校正

$$R_2 = R_1\left(\frac{DN_1}{DN_2}\right)^{5.25} = R_1\left(\frac{\mu_1}{\mu_2}\right)^{5.25}。$$

表 5-38　余压凝结水管管径计算（二）

DN_1/mm ＼ R/(Pa/m) q_m/(t/h)，w/(m/s)	20		50		80		100		150		200		250		300		350		400		450		500	
	q_m	w	q_m	w	q_m	w	q_m	w	q_m	w	q_m	w	q_m	w	q_m	w	q_m	w	q_m	w	q_m	w	q_m	w
10	0.047	0.10	0.076	0.16	0.095	0.22	0.11	0.28	0.14	0.36	0.17	0.42	0.18	0.44	0.20	0.45	0.21	0.47	0.23	0.49	0.24	0.51	0.25	0.53
15	0.07	0.11	0.11	0.17	0.15	0.27	0.165	0.32	0.20	0.40	0.23	0.43	0.25	0.45	0.28	0.48	0.30	0.49	0.32	0.52	0.34	0.54	0.36	0.56
20	0.175	0.14	0.26	0.23	0.34	0.30	0.39	0.33	0.45	0.44	0.54	0.47	0.60	0.50	0.66	0.55	0.70	0.59	0.77	0.64	0.83	0.68	0.89	0.72
25	0.30	0.15	0.48	0.24	0.62	0.32	0.70	0.35	0.85	0.45	0.95	0.48	1.07	0.54	1.17	0.59	1.27	0.64	1.35	0.68	1.40	0.72	1.52	0.76
32	0.48	0.17	0.76	0.27	0.95	0.34	1.10	0.40	1.30	0.47	1.50	0.54	1.70	0.61	1.85	0.66	2.00	0.72	2.15	0.77	2.30	0.83	2.40	0.86
40	0.80	0.19	1.30	0.31	1.64	0.40	1.85	0.45	2.22	0.53	2.60	0.63	2.90	0.70	3.15	0.76	3.40	0.82	3.60	0.87	3.85	0.93	4.10	0.99
50	1.60	0.24	2.50	0.37	3.15	0.47	3.60	0.53	4.40	0.65	5.00	0.74	5.60	0.83	6.10	0.91	6.60	0.97	7.00	1.03	7.50	1.11	7.80	1.17
65	3.70	0.29	5.80	0.45	7.00	0.54	8.00	0.62	10.0	0.78	11.5	0.89	13.0	1.01	14.0	1.09	15.0	1.16	16.0	1.24	17.5	1.36	18.2	1.42
80	5.60	0.31	9.00	0.51	11.2	0.63	13.0	0.73	15.5	0.88	18.0	1.01	20.0	1.12	22.0	1.24	23.8	1.34	25.5	1.43	27.0	1.62	28.5	1.60
100	10.0	0.37	15.6	0.59	20.0	0.74	22.0	0.81	27.0	1.00	31.0	1.15	35.0	1.29	38.0	1.40	41.5	1.53	44.5	1.62	47.0	1.74	53.0	1.80
125	18.0	0.42	28.5	0.67	36.0	0.85	41.0	0.97	49.0	1.16	58.0	1.37	61.0	1.51	70.0	1.65	75.0	1.78	80.0	1.89	85.0	2.01	90.0	2.13
150	29.0	0.48	46.0	0.75	58.0	0.95	65.0	1.07	80.0	1.31	90.0	1.48	103	1.68	112	1.85	123	2.00	130	2.13	138	2.34	145	2.38
200	64.0	0.57	100	0.90	130	1.16	145	1.30	177	1.59	205	1.84	228	2.06	250	2.24	270	2.42	290	2.60	307	2.75	324	2.90

表 5-39　自流凝结水管管径计算（$K=0.1$mm，$\rho=0.96195$t/m^3）

R/(Pa/m) ＼ DN/mm q_m/(t/h)，w/(m/s)	15		20		25		32		40		50		65		80		100		125		150		200	
	q_m	w	q_m	w	q_m	w	q_m	w	q_m	w	q_m	w	q_m	w	q_m	w	q_m	w	q_m	w	q_m	w	q_m	w
20	0.073	0.11	0.16	0.13	0.30	0.16	0.62	0.17	0.90	0.17	1.51	0.22	3.01	0.26	5.34	0.30	9.31	0.33	16.98	0.39	27.09	0.44	62.86	0.54
40	0.102	0.15	0.23	0.18	0.42	0.21	0.88	0.26	1.27	0.28	2.14	0.31	4.25	0.37	7.56	0.42	13.16	0.49	23.93	0.56	38.19	0.62	88.95	0.76
60	0.124	0.18	0.28	0.23	0.52	0.26	1.07	0.31	1.55	0.34	2.60	0.37	5.21	0.45	9.24	0.51	16.46	0.52	29.30	0.69	46.95	0.77	108.85	0.93
80	0.144	0.21	0.32	0.26	0.60	0.30	1.24	0.35	1.79	0.39	3.01	0.44	6.02	0.52	10.70	0.58	18.57	0.69	33.79	0.78	53.09	0.86	125.61	0.99
100	0.161	0.24	0.36	0.29	0.67	0.34	1.38	0.40	2.01	0.44	3.36	0.48	6.71	0.58	11.92	0.67	20.72	0.76	37.78	0.89	60.52	0.99	140.67	1.21
120	0.177	0.26	0.39	0.32	0.74	0.36	1.52	0.44	2.20	0.48	3.70	0.54	7.35	0.64	13.07	0.73	22.74	0.83	41.27	0.97	66.12	1.08	153.96	1.32
140	0.191	0.28	0.42	0.35	0.80	0.40	1.64	0.47	2.37	0.52	3.98	0.57	7.95	0.69	14.12	0.79	24.58	0.90	44.66	1.05	71.71	1.17	166.34	1.43
160	0.195	0.29	0.45	0.36	0.85	0.43	1.76	0.50	2.54	0.56	4.25	0.61	8.48	0.73	15.11	0.84	26.27	0.97	47.87	1.12	76.48	1.24	177.90	1.53
180	0.216	0.32	0.48	0.39	0.90	0.46	1.86	0.53	2.69	0.58	4.52	0.66	9.01	0.79	16.01	0.89	27.88	1.03	51.54	1.21	81.06	1.32	188.90	1.62
200	0.228	0.34	0.51	0.41	0.95	0.47	1.97	0.57	2.84	0.62	4.77	0.69	9.51	0.82	16.87	0.94	29.34	1.07	53.37	1.25	85.46	1.39	198.62	1.71

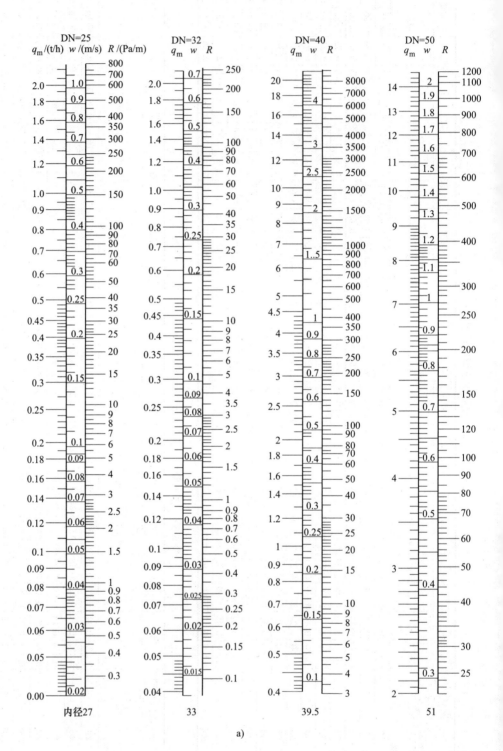

a)

图 5-13　压力供

($\rho = 958 \text{kg/m}^3$

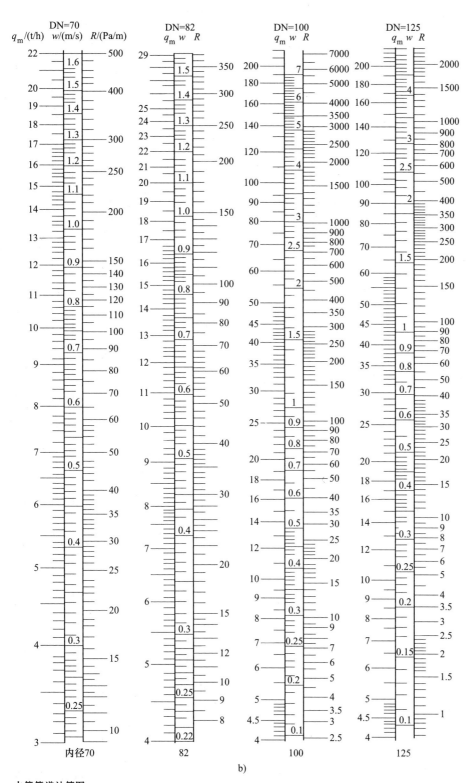

b)

水管管道计算图

$K = 0.2mm$)

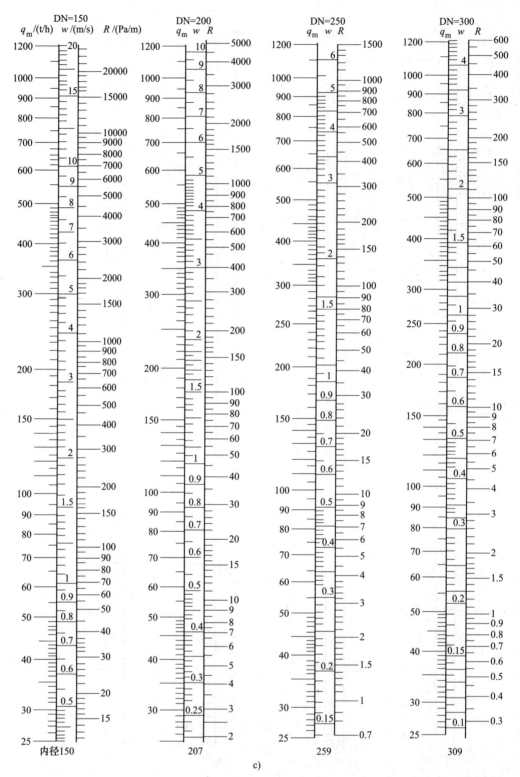

c)

图 5-13　压力供水管

($\rho = 958 \text{kg/m}^3$

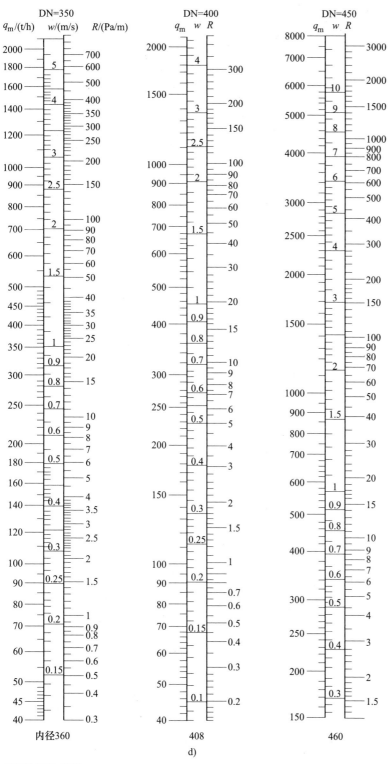

d)

管道计算图（续）

$K = 0.2$mm）

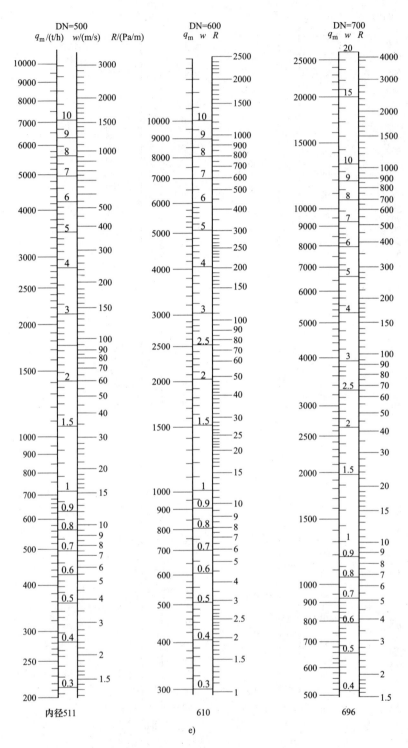

图 5-13　压力供水管管道计算图（续）

（$\rho = 958\,\mathrm{kg/m^3}$　$K = 0.2\,\mathrm{mm}$）

表 5-40　热水管道水力计算（$\rho=958.4\,\text{kg/m}^3$　$K=0.5\,\text{mm}$　$t=100\text{℃}$）

DN/mm	25		32		40		50		65		80		100		125		150		200		250	
$\dfrac{\phi\times s}{\text{mm}}$	32×2.5		38×2.5		45×2.5		57×3.5		76×3.5		89×3.5		108×4		133×4		159×4.5		219×6		273×6	
q/(t/h)	w/(m/s)	R/(Pa/m)	w/(m/s)	R/(Pa/m)	w/(m/s)	R/(Pa/m)	w/(m/s)	R/(Pa/m)	w/(m/s)	R/(Pa/m)	w/(m/s)	R/(Pa/m)	w/(m/s)	R/(Pa/m)	w/(m/s)	R/(Pa/m)	w/(m/s)	R/(Pa/m)	w/(m/s)	R/(Pa/m)	w/(m/s)	R/(Pa/m)
0.5	0.25	55.7	0.17	19.2																		
1	0.51	214.6	0.34	73.1	0.23	27.1																
1.5	0.76	482.9	0.51	164.4	0.35	58.7	0.22	18.5														
2	1.01	858.7	0.68	292.2	0.46	104.3	0.30	32.6														
3			1.02	657.6	0.69	234.6	0.44	71.1	0.23	13.3												
4					0.92	417.1	0.59	126.6	0.31	23.4												
5					1.15	651.8	0.74	197.8	0.39	35.6												
6					1.38	938.0	0.89	284.8	0.47	51.2	0.33	20.5										
7							1.03	387.6	0.54	69.7	0.38	27.8										
8							1.18	506.3	0.62	90.9	0.44	36.4	0.30	13.0								
9							1.33	640.7	0.70	115.2	0.49	46.0	0.33	16.1								
10							1.48	791.1	0.78	142.2	0.55	56.7	0.37	19.8								
15									1.16	319.9	0.82	127.8	0.55	44.6	0.35	13.6						
20									1.55	568.7	1.10	227.2	0.74	79.3	0.47	24.3						
25									1.94	888.6	1.37	355.0	0.92	123.8	0.59	37.9						
30											1.65	511.1	1.11	178.3	0.71	54.7						
35											1.92	659.7	1.29	242.6	0.83	74.4						
40													1.48	316.9	0.95	97.2	0.66	37.0	0.35	6.8		
45													1.66	401.1	1.06	113.0	0.74	46.9	0.39	8.5		
50													1.85	495.2	1.18	151.9	0.82	57.9	0.43	10.6		
60															1.42	218.6	0.98	83.4	0.52	15.2		
70															1.65	297.6	1.15	113.5	0.60	20.7		
80															1.89	388.8	1.31	148.2	0.69	27.0		
90																	1.48	187.6	0.78	34.3		
100																	1.64	231.6	0.86	42.3	0.54	12.5
150																	2.46	521.1	1.29	95.2	0.81	28.0
200																			1.72	169.2	1.08	49.9

（续）

DN/mm	300		350		400		450		500		600		700		800		900		1000		1200	
φ×s/mm	325×7		377×7		426×7		478×7		529×7		630×7		720×8		820×8		920×8		1020×10		1220×12	
q/(t/h)	w/(m/s)	R/(Pa/m)	w/(m/s)	R/(Pa/m)	w/(m/s)	R/(Pa/m)	w/(m/s)	R/(Pa/m)	w/(m/s)	R/(Pa/m)	w/(m/s)	R/(Pa/m)	w/(m/s)	R/(Pa/m)	w/(m/s)	R/(Pa/m)	w/(m/s)	R/(Pa/m)	w/(m/s)	R/(Pa/m)	w/(m/s)	R/(Pa/m)
200	0.76	19.8	0.56	8.8																		
300	1.15	44.7	0.84	19.8																		
400	1.53	79.4	1.12	35.2	0.88	18.3																
500	1.91	124.0	1.40	55.0	1.09	28.3	0.86	15.2														
600	2.29	178.6	1.68	79.2	1.31	40.8	1.03	21.9														
700			1.96	107.8	1.52	55.5	1.20	29.7	1.11	22.4												
800			2.24	140.8	1.74	72.4	1.37	38.8	1.25	28.4												
900			2.52	178.3	1.96	91.7	1.54	49.1	1.39	35.1												
1000			2.80	220.1	2.18	113.2	1.71	60.7	1.67	50.6	0.98	13.8										
1200					2.61	163.0	2.06	87.3	1.95	68.8	1.17	19.8										
1400							2.40	118.9	2.23	89.9	1.36	27.0	1.04	13.4								
1600							2.74	155.3	2.51	113.8	1.56	35.2	1.19	17.4								
1800									2.78	140.4	1.75	44.5	1.34	22.1	1.03	11.1						
2000											1.95	55.0	1.49	27.3	1.14	13.6						
2500											2.43	85.8	1.86	42.7	1.43	21.3	1.13	11.6				
3000											2.92	123.7	2.23	61.4	1.71	32.4	1.36	16.7				
3500											3.41	168.3	2.61	83.7	2.00	41.7	1.58	22.6				
4000											3.89	219.8	2.98	109.3	2.28	54.5	1.81	29.5				
5000											4.87	343.5	3.72	170.7	2.86	85.2	2.26	46.2	1.85	27.2		
6000													4.47	245.9	3.43	122.7	2.71	66.4	2.22	39.2	1.55	15.4
7000													5.21	334.6	4.00	167.0	3.16	90.5	2.58	53.4	1.81	21.0
8000													5.96	437.1	4.57	218.1	3.61	118.2	2.95	69.8	2.07	27.3
9000															5.14	276.1	4.07	149.5	3.32	88.2	2.33	34.7
10000															5.71	340.8	4.52	184.6	3.69	108.8	2.58	42.7
12000																	5.42	265.6	4.44	156.8	3.10	61.6

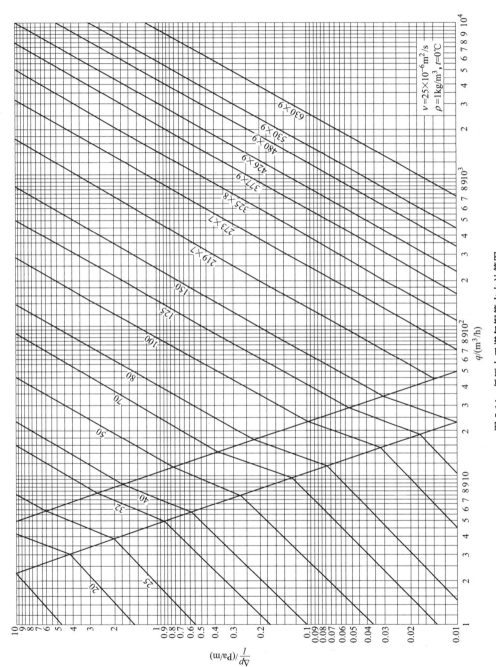

图 5-14　低压人工煤气钢管水力计算图

注：1. 图中燃气密度按 $\rho=1kg/m^3$ 计算，使用时应根据不同燃气密度进行修正，$\dfrac{\Delta p}{l}=\left(\dfrac{\Delta p}{l}\right)_{\rho=1}\cdot\rho$。

　　2. 钢管当量绝对粗糙度按 0.17mm 计算。

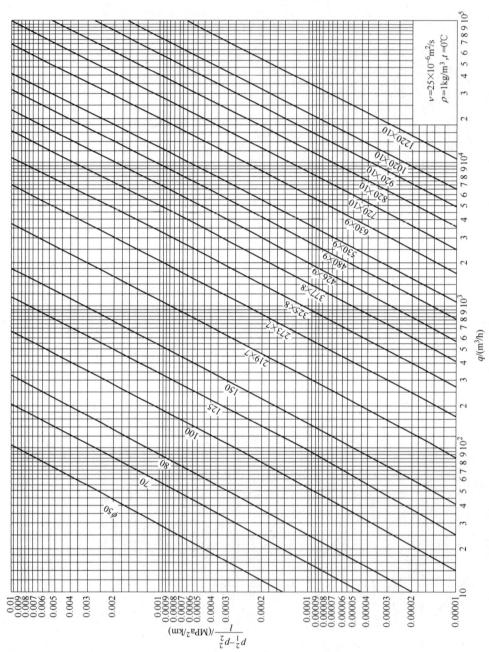

图 5-15　高中压人工煤气钢管水力计算图　$\dfrac{\Delta p}{l} = \left(\dfrac{\Delta p}{l}\right)_{\rho=1} \rho_\circ$

注：1. 图中燃气密度按 $\rho = 1\mathrm{kg/m^3}$ 计算，使用时应根据不同燃气密度进行修正。

　　2. 钢管当量绝对粗糙度按 0.17mm 计算。

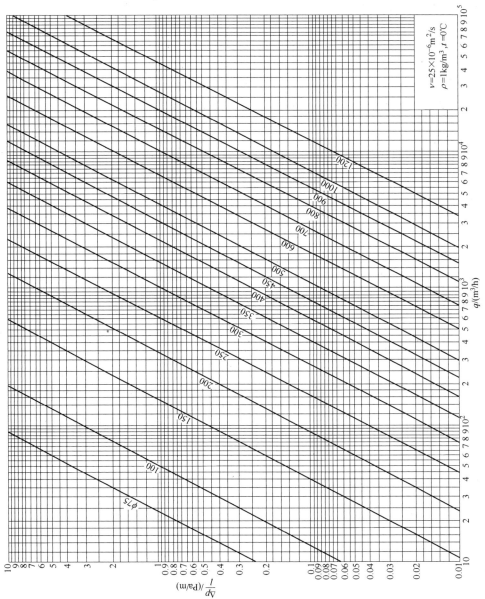

图 5-16　低压人工煤气铸铁管水力计算图

注：1. 图中燃气密度按 $\rho = 1 \text{kg/m}^3$ 计算，使用时应根据不同燃气密度进行修正，$\dfrac{\Delta p}{l} = \left(\dfrac{\Delta p}{l}\right)_{\rho=1} \rho_\circ$

　　2. 铸铁管当量绝对粗糙度按 1mm 计算。

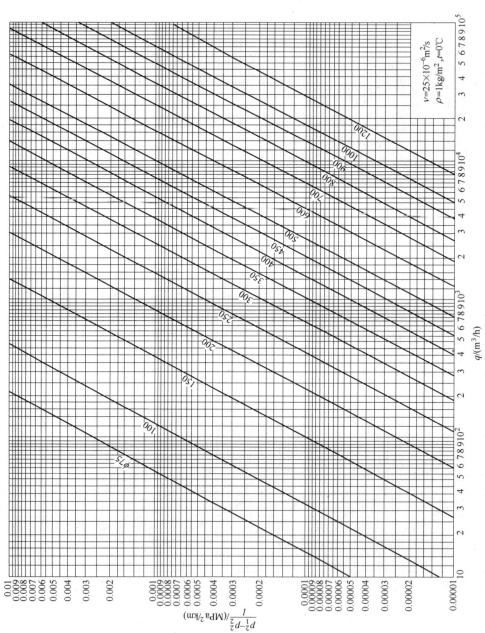

图 5-17　中压人工煤气铸铁管水力计算图　使用时应根据不同燃气密度进行修正，$\frac{\Delta p}{l} = \left(\frac{\Delta p}{l}\right)_{\rho=1} \rho_0$。

注：1. 图中燃气密度按 $\rho=1\text{kg}/\text{m}^3$ 计算。

　　2. 铸铁管当量绝对粗糙度按 1mm 计算。

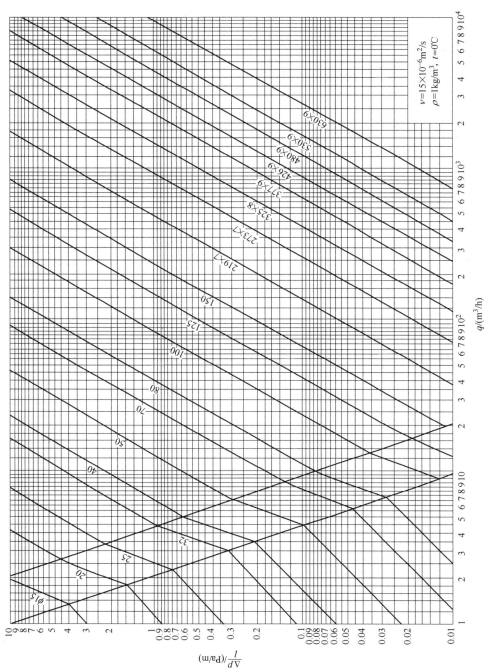

图 5-18　低压天然气钢管水力计算图

$$\frac{\Delta p}{l} = \left(\frac{\Delta p}{l}\right)_{\rho=1} \cdot \rho$$

$\nu = 15 \times 10^{-6} \text{m}^2/\text{s}$, $t = 0^\circ\text{C}$
$\rho = 1 \text{kg/m}^3$

注:　1. 图中燃气密度按 $\rho = 1 \text{kg/m}^3$ 计算，使用时应根据不同燃气密度进行修正，$\dfrac{\Delta p}{l} = \left(\dfrac{\Delta p}{l}\right)_{\rho=1} \cdot \rho_\circ$

　　2. 钢管当量绝对粗糙度按 0.17mm 计算。

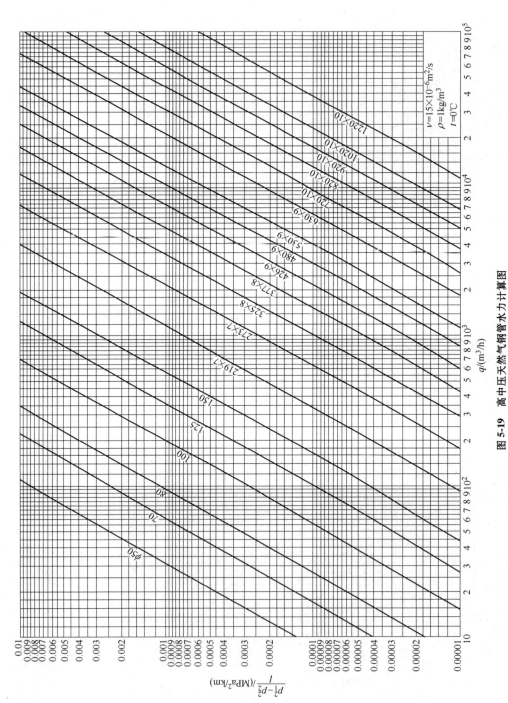

图 5-19　高中压天然气钢管水力计算图

注：1. 图中燃气密度按 $\rho = 1 \mathrm{kg/m^3}$ 计算，使用时应根据不同燃气密度进行修正，$\dfrac{\Delta p}{l} = \left(\dfrac{\Delta p}{l}\right)_{\rho=1} \rho$。

　　2. 钢管当量绝对粗糙度按 0.17mm 计算。

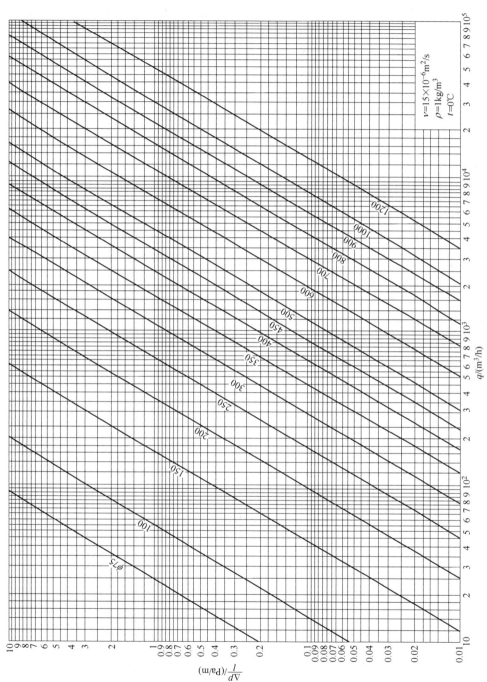

图 5-20　低压天然气铸铁管水力计算图

注：1. 图中燃气密度按 $\rho=1\text{kg/m}^3$ 计算，使用时应根据不同燃气密度进行修正，$\dfrac{\Delta p}{l}=\left(\dfrac{\Delta p}{l}\right)_{\rho=1}\rho_\circ$

　　2. 铸铁管当量绝对粗糙度按 1mm 计算。

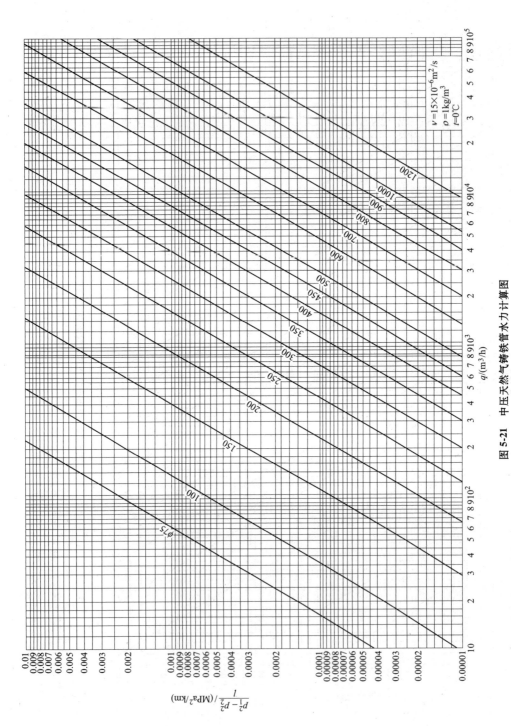

图 5-21　中压天然气铸铁管水力计算图

注：1. 图中燃气密度按 $\rho = 1\,\mathrm{kg/m^3}$ 计算，使用时应根据不同燃气密度按 $\dfrac{\Delta p}{l} = \left(\dfrac{\Delta p}{l}\right)_{\rho=1} \rho_0$ 进行修正。

　　2. 铸铁管当量绝对粗糙度按 $1\,\mathrm{mm}$ 计算。

表 5-41　低压人工煤气钢管摩擦阻力损失（$\rho=1.0\,\text{kg/m}^3$，$\nu=24.76\times10^{-6}\,\text{m}^2/\text{s}$，$t=15℃$）

（单位：Pa/m）

流量/(m³/h)	管子外径×壁厚/(mm×mm)															
	φ21.3×2.75	φ26.8×2.75	φ33.5×3.25	φ42.3×3.25	φ48×3.5	φ60×3.5	φ75.5×3.75	φ88.5×4.0	φ114×4.0	φ140×4.0	φ165×4.5	φ219×6	φ273×6	φ325×6	φ377×7	φ426×7
0.5	2.37															
1	4.74	1.44														
2	9.49	2.87	1.11													
3	22.94	4.31	1.67													
4	49.68	9.11	2.24													
5	75.20	15.29	4.32													
10		61.90	19.09	4.79												
15			40.47	10.02	5.16	1.48										
20			69.41	17.02	8.72	2.48										
25				25.75	13.14	3.72	1.11									
30				36.20	18.42	5.19	1.54									
35				48.36	24.54	6.88	2.03									
40				62.22	31.51	8.80	2.59	1.14								
45				77.79	39.31	10.94	3.21	1.41								
50				95.05	47.95	13.30	3.89	1.70	0.45							
60					67.74	18.68	5.43	2.37	0.62							
70						24.93	7.22	3.14	0.82							
80						32.05	9.24	4.01	1.04	0.36						
90						40.04	11.50	4.98	1.29	0.45						
100						48.90	14.00	6.05	1.57	0.54						
150							30.02	12.87	3.29	1.12	0.50					
200							51.90	22.12	5.59	1.89	0.84					
250								33.79	8.48	2.85	1.25					
300								47.87	11.93	4.00	1.75	0.44				
350									15.96	5.32	2.32	0.58				

（续）

| 流量 /(m³/h) | \multicolumn{16}{c}{管子外径×壁厚/（mm×mm）} | | | | | | | | | | | | | | | |
	φ21.3×2.75	φ26.8×2.75	φ33.5×3.25	φ42.3×3.25	φ48×3.5	φ60×3.5	φ75.5×3.75	φ88.5×4.0	φ114×4.0	φ140×4.0	φ165×4.5	φ219×6	φ273×6	φ325×6	φ377×7	φ426×7
400									20.56	6.83	2.98	0.74	0.24			
450									25.73	8.52	3.70	0.92	0.30			
500									31.46	10.39	4.51	1.11	0.36			
600										14.67	6.34	1.55	0.50			
700										19.67	8.47	2.07	0.66	0.27		
800											10.90	2.65	0.84	0.35		
900											13.64	3.30	1.05	0.43		
1000											16.67	4.01	1.27	0.52	0.25	
1500												8.63	2.67	1.09	0.53	0.28
2000												14.93	4.63	1.86	0.89	0.48
2500												22.93	7.06	2.83	1.35	0.72
3000													10.00	3.99	1.90	1.01
3500													13.44	5.35	2.54	1.35
4000													17.37	6.90	3.26	1.73
4500														8.64	4.08	2.16
5000														10.57	4.98	2.63
6000														15.02	7.06	3.72

注：对于不同种类的人工煤气，单位长度摩擦阻力损失按下式校正：

$$\frac{\Delta p}{l} = \frac{\Delta p_0}{l}\rho$$

式中　$\dfrac{\Delta p}{l}$ ——计算低压人工煤气单位长度摩擦阻力损失（Pa/m）；

$\dfrac{\Delta p_0}{l}$ ——本表中 $\rho = 1 kg/m^3$ 低压人工煤气的单位长度摩擦阻力损失；

ρ ——计算低压人工煤气密度（kg/m³）。

表5-42 低压人工煤气铸铁管摩擦阻力损失 ($\rho=1.0\text{kg/m}^3$, $\nu=24.76\times10^{-6}\text{m}^2/\text{s}$, $t=15℃$)

(单位: Pa/m)

流量 /(m³/h)	管子外径×壁厚/(mm×mm)								
	φ93×9	φ118×9	φ143×9	φ169×9	φ220×9.2	φ271.6×10	φ322.8×10.8	φ374×11.7	φ425.6×12.5
30	1.87	0.48							
35	2.44	0.63							
40	3.08	0.78							
45	3.78	0.96							
50	4.53	1.16							
60	6.22	1.59							
70	8.13	2.07							
80	10.26	2.61	0.91						
90	12.61	3.20	1.11						
100	15.16	3.84	1.33						
125	22.42	5.66	1.96	0.80					
150	30.91	7.78	2.69	1.10					
175	40.60	10.19	3.51	1.43					
200	51.45	12.88	4.43	1.80					
250	76.60	19.07	6.54	2.66					
300	106.25	26.31	9.00	3.65	0.92				
350		34.58	11.80	4.77	1.21				
400		43.86	14.93	6.03	1.52	0.53			
450		54.13	18.38	7.41	1.86	0.65			
500		65.39	22.15	8.92	2.24	0.78			
600			30.62	12.29	3.08	1.07			
700			40.32	16.14	4.03	1.40	0.59		
800				20.46	5.09	1.77	0.75		
900				25.23	6.26	2.17	0.92		
1000				30.46	7.53	2.61	1.10	0.54	
1250					11.18	3.85	1.63	0.79	
1500					15.45	5.31	2.24	1.08	0.58
1750					20.33	6.96	2.93	1.42	0.75
2000					25.83	8.82	3.71	1.79	0.95
2500					38.61	13.11	5.50	2.65	1.40
3000						18.17	7.59	3.65	1.93
3500						23.96	9.98	4.79	2.52
4000						30.50	12.67	6.07	3.19
4500							15.65	7.48	3.93
5000							18.91	9.03	4.72
6000							26.29	12.51	6.55

注: 对于不同种类的人工煤气, 单位长度摩擦阻力损失按下式校正:

$$\frac{\Delta p}{l} = \frac{\Delta p_0}{l}\rho$$

式中 $\dfrac{\Delta p}{l}$——计算低压人工煤气的单位长度摩擦阻力损失 (Pa/m);

$\dfrac{\Delta p_0}{l}$——本表中 $\rho=1\text{kg/m}^3$ 低压人工煤气的单位长度摩擦阻力损失 (Pa/m);

ρ——计算低压人工煤气密度 (kg/m³)。

表 5-43　中压人工煤气钢管摩擦阻力损失（$\rho=1.0\text{kg/m}^3$，$\nu=24.76\times10^{-6}\text{m}^2/\text{s}$，$t=15℃$）

（单位：Pa^2/m）

流量/(m³/h)	管子外径×壁厚/(mm×mm)							
	φ60×3.5	φ75.5×3.75	φ88.5×4.0	φ114×4.0	φ140×4.0	φ165×4.5	φ219×6	φ273×6
10	145.73	44.03	19.63					
20	505.40	151.09	67.02	17.91				
30	1113.38	329.16	145.16	38.51	13.09			
40	1790.35	526.71	231.65	61.27	21.37	9.60		
50	2705.49	790.99	346.64	91.27	31.75	14.24		
60	3799.53	1104.90	482.66	126.55	43.91	19.67		
70	5071.37	1467.86	639.37	166.99	57.81	25.86		
80	6520.33	1879.49	816.53	212.49	73.40	32.80		
90	8145.91	2339.51	1013.98	262.99	90.66	40.46	10.40	
100	9947.78	2847.71	1231.58	318.43	109.55	48.83	12.53	
150		6107.20	2618.90	668.39	227.95	101.05	25.76	
200		10557.97	4500.75	1137.52	385.20	169.98	43.06	14.10
250			6874.08	1724.20	580.46	255.12	64.28	20.97
300			9737.43	2427.56	813.23	356.17	89.29	29.05
350				3247.11	1083.21	472.96	118.04	38.28
400				4182.53	1390.20	605.35	150.45	48.67
450				5233.59	1734.05	753.23	186.50	60.17
500				6400.16	2114.67	916.55	226.14	72.79
600				9079.43	2985.90	1289.27	316.13	101.31
700					4003.49	1723.22	420.27	134.14
800					5167.18	2218.19	538.46	171.25
900					6476.80	2774.07	670.63	212.59
1000					7932.24	3390.75	816.72	258.14
1200					11280.31	4806.30	1150.51	361.74
1400						6464.50	1539.62	481.94
1600						8365.15	1983.92	618.65
1800						10508.11	2483.30	771.79
2000							3037.70	941.34
2200							3647.08	1127.25
2400							4311.40	1329.50
2600							5030.64	1548.08
2800							5804.79	1782.96
3000							6633.81	2034.14
3500							8946.42	2733.34
4000								3534.22
4500								4436.73
5000								5440.82
5500								6546.45
6000								7753.61

注：1. 中压燃气管道的终点压力按下式计算：

$$p_2 = \sqrt{p_1^2 - \Delta p l}$$

式中　Δp——表中查得的中压燃气管道的单位长度摩擦阻力损失（Pa^2/m）。

2. 对于不同种类的人工煤气，单位长度摩擦阻力损失，按下式校正：

$$\frac{\Delta p}{l} = \frac{\Delta p_0}{l}\rho$$

式中　$\dfrac{\Delta p}{l}$——计算中压人工煤气单位长度摩擦阻力损失（Pa/m）；

$\dfrac{\Delta p_0}{l}$——表中 $\rho=1\text{kg/m}^3$ 中压人工煤气单位长度摩擦阻力损失；

ρ——计算中压人工煤气密度（kg/m^3）。

表 5-44　中压人工煤气铸铁管摩擦阻力损失（$\rho = 1.0\,\text{kg/m}^3$，$\nu = 24.76 \times 10^{-6}\,\text{m}^2/\text{s}$，$t = 15\text{℃}$）

（单位：Pa^2/m）

流量/(m³/h)	管子外径×壁厚/(mm×mm)					
	$\phi93\times9$	$\phi118\times9$	$\phi143\times9$	$\phi169\times9$	$\phi220\times9.2$	$\phi271.6\times10$
10	57.31	14.73				
20	189.01	48.51	16.91			
30	380.47	97.48	33.95	13.91		
40	625.69	160.05	55.70	22.81		
50	921.02	235.23	81.81	33.48		
60	1263.98	322.33	112.01	45.82	11.70	
70	1652.71	420.82	146.13	59.76	15.25	
80	2085.76	530.30	184.01	75.22	19.18	
90	2561.99	650.44	225.54	92.15	23.49	
100	3080.45	780.96	270.60	110.52	28.16	
150	6282.04	1581.97	546.28	222.66	56.63	19.86
200	10456.84	2617.22	900.84	366.47	93.05	32.60
250		3874.75	1329.61	539.88	136.78	47.88
300		5346.78	1829.43	741.49	187.51	65.59
350		7027.85	2389.02	970.27	244.92	85.59
400		8913.94	3033.68	1225.42	308.78	107.81
450		11001.97	3735.04	1506.29	378.89	132.18
500		13289.55	4501.02	1812.38	455.12	158.64
600			6223.46	2498.55	625.39	217.63
700			8195.50	3281.19	818.73	284.45
800			10413.16	4158.28	1034.51	358.85
900			12873.47	5128.27	1272.19	440.63
1000			15574.11	6189.91	1531.37	529.62
1200				8584.38	2112.90	728.65
1400				11335.68	2776.90	955.06
1600					3521.77	1208.15
1800					4346.29	1487.37
2000					5249.50	1792.29
2200					6230.63	2122.56
2400					7289.04	2477.89
2600					8424.22	2858.01
2800					9635.74	3262.72
3000					10923.23	3691.84
3500						4870.41
4000						6198.57
4500						7674.84
5000						9298.11
5500						11067.51
6000						12982.35

注：1. 中压燃气管道的终点压力按下式计算

$$p_2 = \sqrt{p_1^2 - \Delta pl}$$

式中　Δp——表中查得的中压燃气管道的单位长度摩擦阻力损失（Pa^2/m）。

2. 对于不同种类的人工煤气，单位长度摩擦阻力损失，按下式校正：

$$\frac{\Delta p}{l} = \frac{\Delta p_0}{l}\rho$$

式中　$\dfrac{\Delta p}{l}$——计算中压人工煤气单位长度摩擦阻力损失（Pa/m）；

$\dfrac{\Delta p_0}{l}$——表中 $\rho = 1\,\text{kg/m}^3$ 中压人工煤气单位长度摩擦阻力损失；

ρ——计算中压人工煤气密度（kg/m^3）。

表 5-45　低压天然气钢管管壁摩擦阻力损失 （$\rho = 0.73\,\text{kg/m}^3$　$\nu = 14.3 \times 10^{-6}\,\text{m}^2/\text{s}$　$t = 15\,℃$）

（单位：Pa/m）

流量/(m³/h)	管子外径×壁厚/(mm×mm)															
	φ21.3×2.75	φ26.8×2.75	φ33.5×3.25	φ42.3×3.25	φ48.0×3.5	φ60.0×3.5	φ75.5×3.75	φ88.5×4.0	φ114×4.0	φ140×4.0	φ165×4.5	φ219×6	φ273×6	φ325×6	φ377×7	φ426×7
0.5	0.99															
1	1.98	0.60														
2	7.85	1.53	0.46													
3	19.63	4.48	1.16													
4	33.68	7.60	2.37													
5	51.37	11.50	3.56													
10		42.43	12.87	3.17	1.63											
15			27.67	6.72	3.43	0.97										
20			47.93	11.53	5.85	1.64										
25				17.57	8.89	2.47	0.73									
30				24.86	12.53	3.47	1.01									
35				33.39	16.79	4.63	1.34									
40				43.15	21.68	5.94	1.72	0.75								
45				54.14	27.13	7.42	2.14	0.93								
50				66.37	33.20	9.05	2.60	1.13	0.29							
60					47.17	12.79	3.66	1.58	0.41							
70						17.16	4.88	2.10	0.54							
80						22.16	6.28	2.70	0.69	0.24						
90						27.79	7.85	3.36	0.86	0.29						
100						34.05	9.59	4.10	1.04	0.35						
150							20.84	8.84	2.21	0.74	0.33					
200							36.35	15.34	3.80	1.27	0.55					
250								23.59	5.81	1.93	0.84					
300								33.59	8.23	2.72	1.18	0.29				
350									11.07	3.64	1.57	0.38				
400									14.32	4.69	2.02	0.49	0.16			
450									17.98	5.87	2.52	0.61	0.19			
500									22.06	7.19	3.08	0.75	0.24			
600										10.21	4.36	1.05	0.33			
700										13.75	5.86	1.40	0.44	0.18		
800											7.57	1.80	0.56	0.23		
900											9.51	2.26	0.70	0.29		
1000											11.66	2.76	0.86	0.35	0.17	
1500												6.00	1.85	0.74	0.35	0.19
2000												10.48	3.20	1.27	0.60	0.32
2500												16.19	4.92	1.95	0.92	0.49
3000													7.01	2.77	1.30	0.69
3500													9.46	3.72	1.75	0.92
4000													12.27	4.82	2.26	1.19
4500														6.06	2.84	1.49
5000														7.44	3.48	1.82
6000														10.62	4.95	2.59

表 5-46　低压天然气铸铁管摩擦阻力损失（$\rho=0.73\text{kg/m}^3$　$\nu=14.3\times10^{-6}\text{m}^2/\text{s}$　$t=15\text{℃}$）

（单位：Pa/m）

流量 /(m³/h)	管子外径×壁厚/(mm ×mm)								
	φ93 ×9	φ118 ×9	φ143 ×9	φ169 ×9	φ220 ×9.2	φ271.6 ×10	φ322.8 ×10.8	φ374 ×11.7	φ425.6 ×12.5
30	1.18	0.30							
35	1.54	0.39							
40	1.94	0.48							
45	2.39	0.60							
50	2.87	0.73							
60	3.95	1.00							
70	5.17	1.31							
80	6.54	1.65	0.57						
90	8.05	2.03	0.70						
100	9.70	2.44	0.84						
125	14.42	3.60	1.24	0.50					
150	19.97	4.97	1.70	0.69					
175	26.34	6.52	2.23	0.90					
200	33.52	8.26	2.82	1.14					
250	50.26	12.30	4.18	1.69					
300	70.15	17.05	5.77	2.32	0.58				
350		22.51	7.59	3.05	0.76				
400		28.68	9.63	3.86	0.96	0.33			
450		35.53	11.90	4.75	1.18	0.41			
500		43.07	14.38	5.73	1.42	0.49			
600			19.99	7.94	1.96	0.68			
700			26.46	10.47	2.58	0.89	0.38		
800				13.32	3.26	1.12	0.47		
900				16.49	4.03	1.38	0.58		
1000				19.97	4.86	1.66	0.70	0.34	
1250					7.25	2.47	1.04	0.50	
1500					10.07	3.42	1.43	0.69	0.36
1750					13.33	4.50	1.88	0.90	0.48
2000					17.00	5.72	2.38	1.14	0.60
2500					25.62	8.57	3.55	1.70	0.89
3000						11.23	4.64	2.21	1.16
3500						15.84	6.52	3.10	1.62
4000						20.26	8.31	3.94	2.06
4500							10.30	4.88	2.54
5000							12.50	5.90	3.07
6000							17.49	8.23	4.27

表 5-47 中压天然气钢管摩擦阻力损失 ($\rho = 0.73 \text{kg/m}^3$, $\nu = 14.3 \times 10^{-6} \text{m}^2/\text{s}$, $t = 15°C$)

(单位: kPa/km)

流量 /(m³/h)	管子外径×壁厚/(mm×mm)							
	φ60×3.5	φ75.5×3.75	φ88.5×4.0	φ114×4.0	φ140×4.0	φ165×4.5	φ219×6	φ273×6
10	94.87	28.44	12.63					
20	334.39	98.75	43.52	11.54				
30	707.17	206.52	90.45	23.79	8.27			
40	1210.43	350.46	152.68	39.89	13.81	6.18		
50	1843.03	529.96	229.87	59.69	20.59	9.19		
60	2604.42	744.68	321.81	83.11	28.57	12.73		
70	3494.27	994.44	428.35	110.09	37.72	16.77		
80	4512.38	1279.10	549.43	140.59	48.08	21.32		
90	5658.63	1598.58	684.96	174.59	59.49	26.36	6.71	
100	6932.94	1952.81	834.91	212.06	72.07	31.88	8.10	
150		4244.08	1800.02	450.91	151.65	66.60	16.76	
200		7400.61	3122.78	774.90	258.58	112.93	28.19	9.15
250			4802.39	1183.50	392.54	170.65	42.31	13.66
300			6383.48	1676.45	553.36	239.65	59.05	18.99
350				2253.63	740.95	319.87	78.41	25.12
400				2914.94	955.25	411.26	100.34	32.04
450				3660.35	1196.21	513.78	124.84	39.73
500				4489.80	1463.81	627.43	151.89	48.20
600				6400.79	2078.85	880.02	213.61	67.44
700					2800.27	1192.93	285.46	89.73
800					3628.01	1542.13	367.41	115.04
900					4562.04	1935.58	459.43	143.37
1000					5602.32	2373.25	561.50	174.70
1200					8001.60	3381.22	795.77	246.34
1400						4565.97	1070.17	329.92
1600						5927.45	1384.66	425.42
1800						7465.63	1739.21	532.81
2000							2133.82	652.09
2200							2568.47	783.25
2400							3043.16	926.28
2600							3557.88	1081.18
2800							4112.62	1274.94
3000							4707.39	1426.56
3500							6369.40	1925.00
4000								2497.54
4500								3144.16
5000								3864.86
5500								4659.63
6000								5528.47

表 5-48　中压天然气铸铁管摩擦阻力损失（$\rho = 0.73\text{kg/m}^3$，$\nu = 14.3 \times 10^{-6}\text{m}^2/\text{s}$，$t = 15^{\circ}\text{C}$）

（单位：kPa/km）

流量 /(m³/h)	管子外径×壁厚/(mm×mm)					
	φ93×9	φ118×9	φ143×9	φ169×9	φ220×9.2	φ271.6×10
10	35.90	9.22				
20	118.72	30.40	10.58			
30	239.61	61.18	21.27	8.71		
40	395.04	100.60	34.93	14.29		
50	582.93	148.07	51.36	20.99		
60	801.90	203.19	70.39	28.74	7.32	
70	1050.92	265.65	91.91	37.51	9.55	
80	1329.24	335.23	115.85	47.24	10.02	
90	1636.24	411.74	142.12	57.92	14.73	
100	1971.45	495.02	170.68	69.50	17.66	
150	4058.72	1009.13	346.08	140.47	35.58	12.45
200	6811.53	1679.19	573.08	231.91	58.55	20.46
250		2499.23	849.17	342.65	86.24	30.09
300		3465.56	1172.71	471.92	118.43	41.27
350		4575.71	1542.57	619.19	154.95	53.92
400		5827.96	1957.92	784.04	195.68	67.99
450		7221.57	2418.15	966.15	240.51	83.45
500		8754.30	2922.76	1165.26	289.35	100.27
600			4063.63	1613.71	298.82	137.85
700			5378.23	2128.12	523.64	180.55
800			6864.96	2707.59	663.50	228.24
900			8522.69	3351.45	818.14	280.81
1000			10350.56	4059.19	987.35	338.16
1200				5664.82	1368.88	466.96
1400					1807.12	614.17
1600					2301.37	779.48
1800					2851.12	962.62
2000					3456.00	1163.40
2200					4115.69	1381.67
2400					4829.97	1617.29
2600					5598.66	1870.17
2800					6421.59	2140.22
3000					7298.65	2427.36
3500						3219.62
4000						4117.62
4500						5120.83
5000						6228.87
5500						7441.45
6000						8758.36

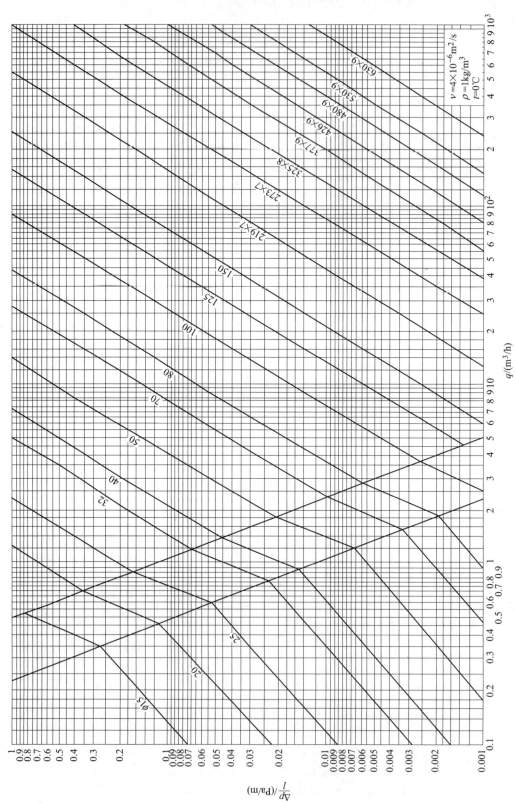

图 5-22　低压气态液化石油气钢管水力计算图

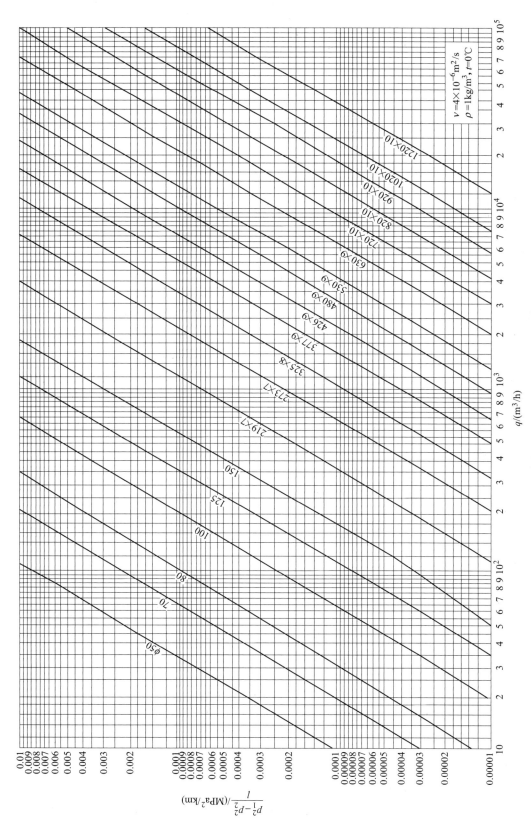

图 5-23　高中压气态液化石油气钢管水力计算图

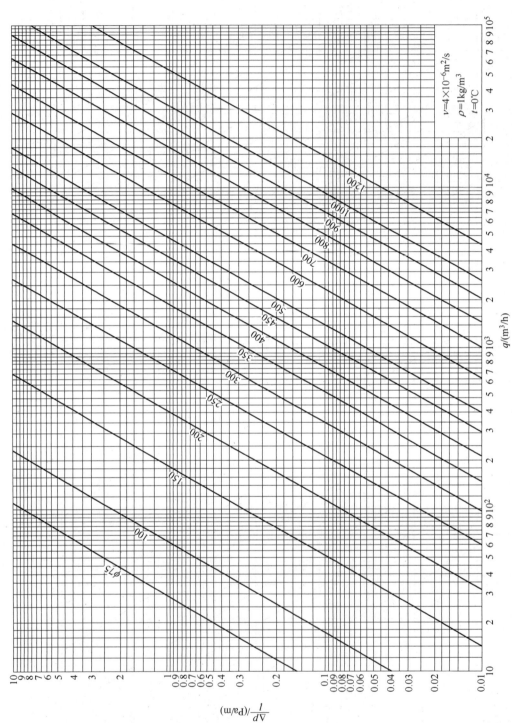

图 5-24　低压气态液化石油气铸铁管水力计算图

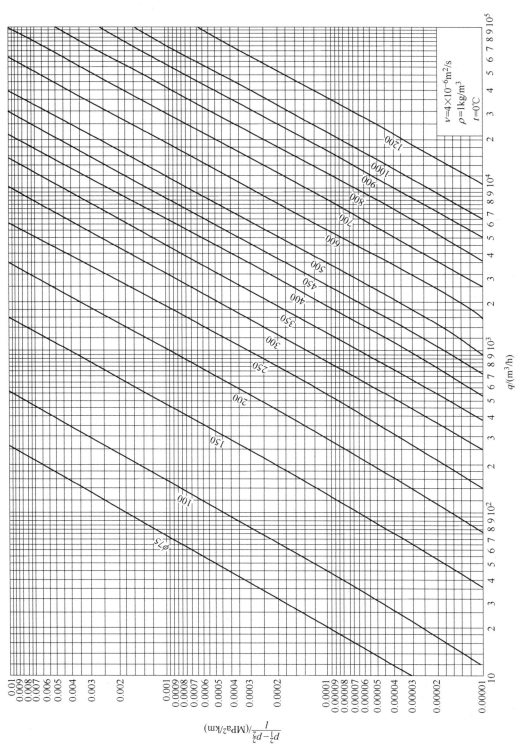

图 5-25　中压气态液化石油气铸铁管水力计算图

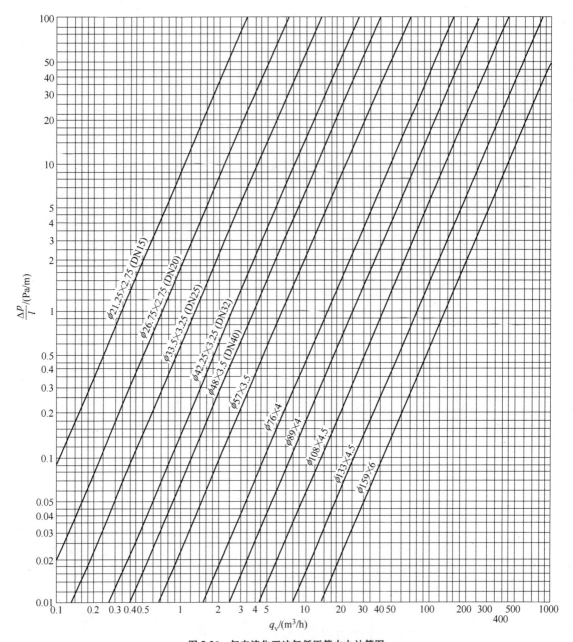

图 5-26　气态液化石油气低压管水力计算图

气体组分：C_3H_8 50%、C_4H_{10} 50%（体积分数），在 0℃时，$\rho = 2.3615\text{kg/m}^3$（$\rho_{相对} = 1.826$）。

当 ρ' 与本图 ρ 不同时，查出的 $\dfrac{\Delta p}{l} \cdot \dfrac{p'}{2.3615}$ 为实际值。

【例 5-10】　已知：过热蒸汽 $q_m = 0.9t/h$，DN = 50mm，$p = 2\text{MPa}$（绝对），$t = 280℃$，$\rho = 8.17\text{kg/m}^3$。

查图：$w = 122\text{m/s}$　$R = 3490\text{Pa/m}$

实际数：$w' = \dfrac{122}{8.17}\text{m/s} = 14.93\text{m/s}$

$R' = \dfrac{3490}{8.17}\text{Pa/m} = 427\text{Pa/m}$

【例 5-11】　过热蒸汽 $q_m = 100t/h$，DN = 300mm，$p = 3.5\text{MPa}$（绝对），$t = 300℃$，$\rho = 14.3\text{kg/m}^3$。

查图：$R = 3450\text{Pa/m}$　$w = 370\text{m/s}$

实际数：$w' = \dfrac{370}{14.3}\text{m/s} = 25.9\text{m/s}$

$R' = \dfrac{3450}{14.3}\text{Pa/m} = 241\text{Pa/m}$

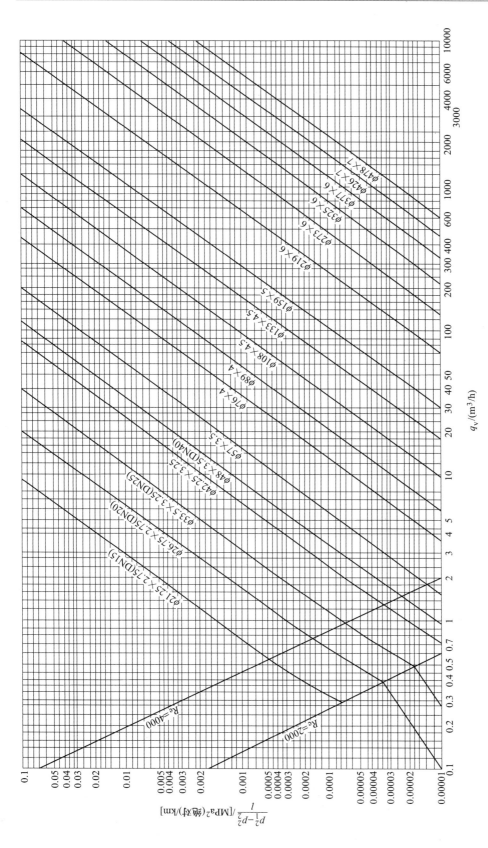

图 5-27　气态液化石油气高、中压管水力计算图

气体组分：C_3H_8 50%　C_4H_{10} 50%（体积分数），$K=0.2mm$。在 10℃时，$\rho=2.2612kg/m^3$，$\nu=3.287\times10^{-6}m^2/s$。

当 ρ'、ν'、K' 与上图不同时，查出的 $[(p_1^2-p_2^2)/l]\varepsilon$ 为实际值。

层流区、过渡区 $\varepsilon=\dfrac{\rho'\nu'}{\rho\nu}$；素流区 $\varepsilon=\left(\dfrac{K'w+68\nu'}{Kw+68\nu'}\right)^{0.25}$，$w$ 为流速（m/s）。

表5-49　中、低压氧气管道计算 （t=20℃　K=0.8mm）

高压氧气管道　p=15~22MPa　t=20℃

DN/mm	q_v/(m³/h)
16×3	<120
30×5	121~500
42×6	501~1000
50×7.5	1001~1500
60×10	1501~2000

p	w	DN15 q_v	DN15 R	DN20 q_v	DN20 R	DN25 q_v	DN25 R	DN32 q_v	DN32 R	DN40 q_v	DN40 R	DN50 q_v	DN50 R	DN65 q_v	DN65 R	DN80 q_v	DN80 R	DN100 q_v	DN100 R	DN125 q_v	DN125 R	DN150 q_v	DN150 R
≤0.1	6	4	85.8	7	58.3	12	42.8	21	29.7	27	25.3	38	19.8	69.8	13.2	10.8	9.9	162	7.5	2670	5.3	—	—
0.5	7	—	—	42.9	510	74	352	114	270	170	220	297	150	502	120	780	80	1187	65	1855	50	2670	40
0.5	8	—	—	48.1	670	85	470	130	350	194	270	340	200	573	160	892	110	1357	80	2120	60	3060	50
0.5	9	—	—	55.1	850	96	600	147	440	218	340	382	250	645	200	1005	140	1526	110	2383	80	3440	64
1.0	4	—	—	45	300	78	220	119	160	180	130	310	90	528	70	816	50	1245	40	1940	30	2800	24
1.0	5	—	—	56	480	97	340	149	250	215	190	388	140	660	110	1020	80	1555	60	2430	45	3500	40
1.0	6	—	—	67	700	117	490	179	370	270	280	466	210	792	165	1220	110	1867	90	2810	65	4200	52
1.5	4	—	—	65	440	112	320	174	240	260	190	450	140	762	110	1187	70	1800	60	3820	90	4080	35
1.5	5	—	—	82	700	141	490	217	370	326	280	565	210	955	160	1495	120	2260	90	3530	70	5100	50
1.5	6	—	—	98	1010	169	710	260	530	392	410	680	300	1145	240	1780	160	2710	130	4230	90	6120	70
2.0	3	—	—	64	330	111	230	171	180	265	140	446	100	753	80	1170	55	1780	40	2770	30	4000	25
2.0	4	—	—	85	580	148	420	228	310	342	240	593	180	1084	140	1560	95	2370	75	3770	55	5350	46
2.0	5	—	—	107	920	185	640	285	490	428	370	742	270	1255	220	1950	150	2970	120	4620	90	6680	70

注：p—表压 （MPa）；w—氧气流速 （m/s）；q_v—氧气在自由状态下流量 （m³/h）；R—单位压力降 （Pa/m）；DN—公称通径 （mm）。

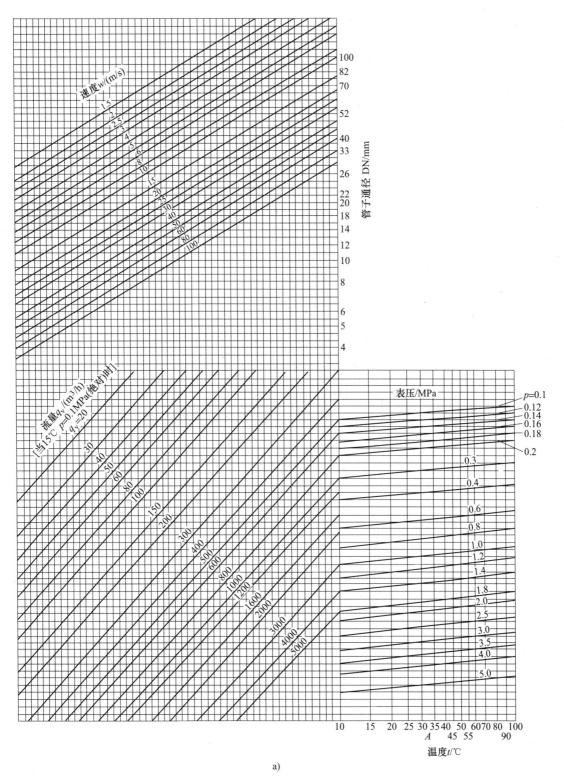

a)

图 5-28　中、低压氧气管道计算图

（ $t = 20℃$ 、 $K = 0.8mm$ ）

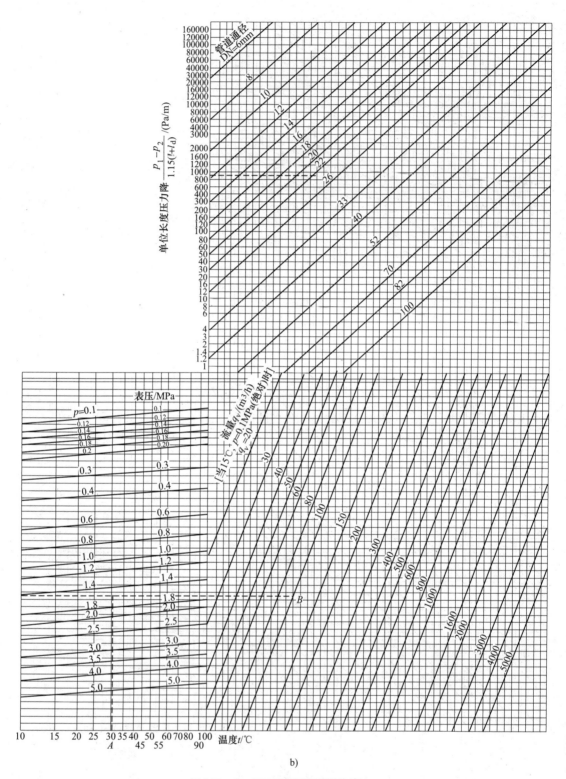

b)

图 5-28　中、低压氧气管道计算图（续）

（$t=20℃$、$K=0.8mm$）

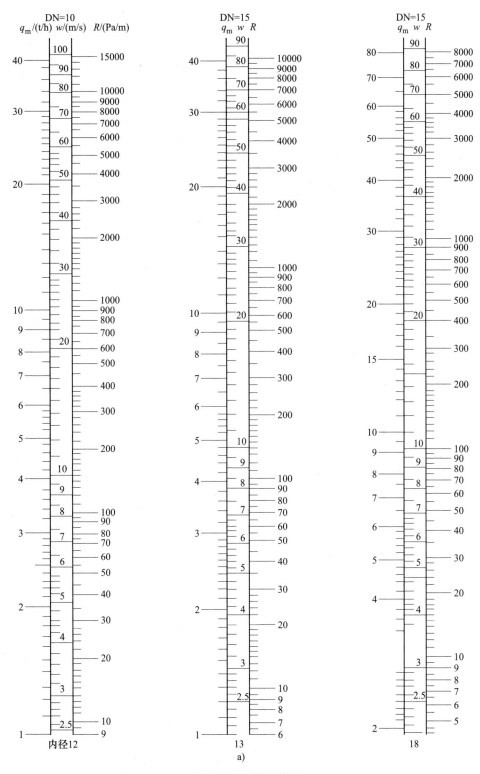

图 5-29　乙炔管道计算图

$p = 0.1\text{MPa}$（绝对）

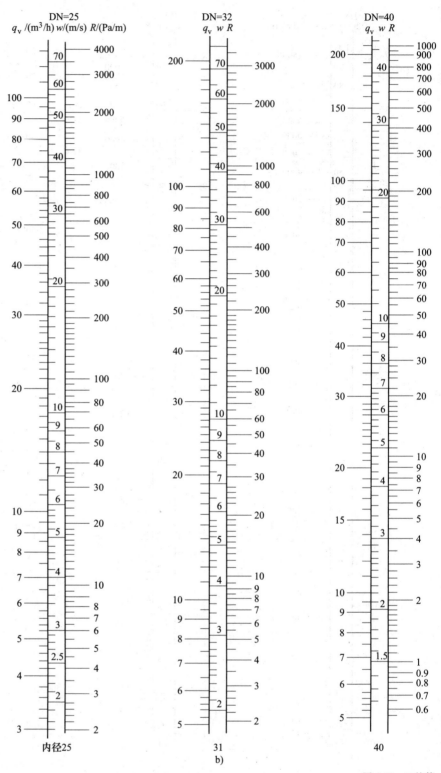

图 5-29 乙炔管
$p = 0.1 \text{MPa}$

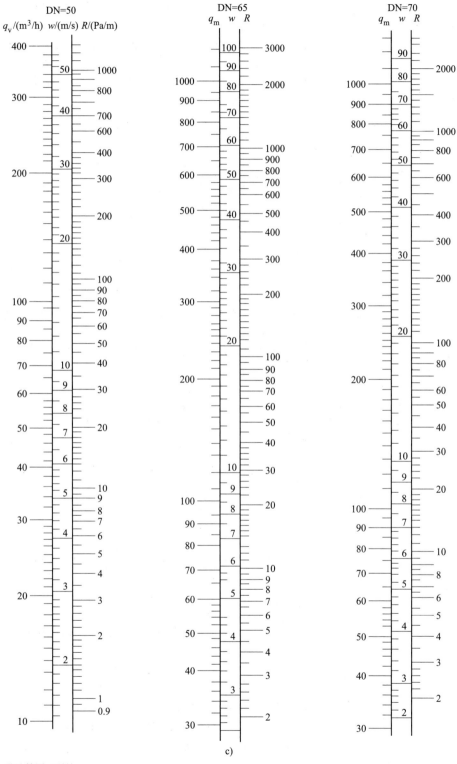

c)

道计算图（续）

（绝对）

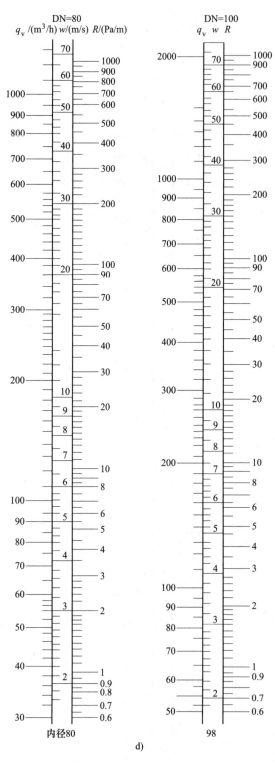

DN=80
q_v /(m³/h) w/(m/s) R/(Pa/m)

内径80

DN=100
q_v　w　R

98

d)

图 5-29　乙炔管道计算图（续）

$p=0.1$MPa（绝对）

【**例 5-12**】　过热蒸汽流量为 500t/h，压力为 1.6MPa（表压），温度为 250℃，求管径、流速和单位压力降。

解：查表 1-32 过热水蒸气表，当 $p=1.7$MPa（绝对），$t=250$℃ 时，求得实际密度 $\rho=7.375$kg/m³。

查表 5-35 得 DN=700mm 时 $q_m=500$t/h，$w=361.22$m/s，$R=1217.58$Pa/m。

实际值：$w' = \dfrac{w}{\rho} = \dfrac{361.22}{7.375}$m/s $= 48.98$m/s

$$R' = \frac{1217.58}{7.375}\text{Pa/m} = 165.1\text{Pa/m}$$

【**例 5-13**】　余压凝结水管管径计算。已知 DN=25mm，$q_m=0.15$t/h，$\rho=20$kg/m³。

解：查图 5-12，$R=473$Pa/m，$w=7.3$m/s。

实际值：$R' = \dfrac{473}{20/10}$Pa/m $= 236.5$Pa/m

$$w' = \frac{7.3}{20/10}\text{m/s} = 3.65\text{m/s}$$

【**例 5-14**】　用图 5-27，解气态液化石油气管道 $\phi57$mm×3.5mm，输送流量 $q=50$m³/h，管长为 0.1km，在初始压力 $p_1=0.15$MPa（绝对）时的终点压力 p_2。

解：在图 5-27 横坐标上找 $q_v=50$m³/h 的点作垂线与 $\phi57×3.5$ 相交得出该点的纵坐标值 $\dfrac{p_1^2-p_2^2}{l} = 0.007$MPa²/km。将 $p_1=0.15$MPa 代入上式得出该点的纵坐标值 $p_2 = \sqrt{p_1^2-0.007l} = \sqrt{0.15^2-0.007×0.1}$ MPa $= 0.147$MPa（绝对）。

当气态液化石油气的参数与图表条件不同时，查出的 $\dfrac{p_1^2-p_2^2}{l}$ 值应按图 5-27 中图注进行修正。

5.7.2　各种介质管道的局部阻力系数和当量长度计算表

1）饱和蒸汽、压缩空气管道（$K=0.2$mm）局部阻力当量长度见表 5-55。

2）过热蒸汽管道（$K=0.1$mm）局部阻力当量长度见表 5-56。

3）水管（$K=0.2$mm）局部阻力当量长度见表 5-57。

4）凝结水管（$K=0.5$mm）局部阻力当量长度见表 5-58。

5）氧气管道局部阻力当量长度见表 5-59。

6）乙炔管道局部阻力当量长度见表 5-60。

7）燃气管道局部阻力系数 ζ 值见表 5-61。

8）热力网管道局部阻力与沿程阻力的比值见表 5-62。

表 5-50　乙炔管道计算（$t=20℃$　$K=0.2\text{mm}$）

0.03MPa / 0.07MPa

w	DN10 q_v	DN10 R	DN15 q_v	DN15 R	DN20 q_v	DN20 R	DN25 q_v	DN25 R	DN32 q_v	DN32 R	DN40 q_v	DN40 R	DN50 q_v	DN50 R	0.07 DN15 q_v	R	DN20 q_v	R	DN25 q_v	R
1	—	—	—	—	—	—	—	—	—	—	—	—	—	—	0.94	3.3	1.73	2.0	3.3	1.5
2	0.734	9.34	1.65	6.2	3.24	4.5	4.59	3.7	7.52	2.8	11.75	2.4	17.64	1.9	1.88	11.5	3.50	7.1	6.5	5.5
3	1.10	20.7	2.48	12.6	4.87	10	6.88	8.4	11.28	6.6	17.60	5.2	26.45	4.3	2.80	23.8	5.20	14.0	9.8	12.0
4	1.468	37.4	3.31	25.1	6.48	17.8	9.18	14.9	15.01	11.7	23.50	9.5	35.30	7.2	3.80	42.0	6.90	26.0	13.0	20
5	1.836	60.2	4.14	38.9	8.11	27.8	11.49	23.1	18.81	18.3	29.40	14.5	44.18	12.0	4.70	63.0	8.70	40.0	16.3	30
6	2.20	84	4.95	56.1	9.74	40.0	13.75	33.7	22.57	25.8	35.20	20.6	52.95	17.2	5.70	91.0	10.40	54.0	19.6	42
7	2.57	114.8	5.78	75.6	11.33	54.3	16.10	46.0	26.30	35.6	41.20	28.6	61.75	23.4	6.60	120	12.10	73.0	23.0	57
8	2.94	149	6.60	102.4	13.00	71.4	18.35	58.2	30.0	46.4	47.90	38.7	70.60	30.5	7.50	153	13.80	93.0	26.0	72

0.07MPa / 0.15MPa

w	0.07 DN32 q_v	R	DN40 q_v	R	DN50 q_v	R	0.15 DN15 q_v	R	DN20 q_v	R	DN25 q_v	R	DN32 q_v	R	DN40 q_v	R	DN50 q_v	R
1	5.2	1.1	6.97	0.95	12	0.7	1.39	4.9	2.55	2.9	4.8	2.2	7.7	1.7	10.25	1.4	17.7	1.0
2	11	4.4	14	3.4	24	2.5	2.75	17	5.10	11.0	9.6	8.0	15.4	6.0	20.5	5.0	35.2	3.5
3	16	8.7	21	7.2	36	5.2	4.15	36	7.60	21	14.3	17	23.0	12	31.0	10.7	52.0	8.0
4	21	14.0	28	12.3	48	8.8	5.50	60	10.0	36	19.1	29	31	21	41.0	18.0	70.4	13
5	26	22.0	35	18.5	60	13.4	6.90	95	12.7	56	24.0	45	38	32	51	27	89.0	20
6	31	30	41.5	25.5	72	18.9	8.30	130	15.3	80	29.0	63	46	45	62	39	106	28
7	37	42	47.7	33.0	84	25.2	9.60	180	17.8	107	33.5	83	54	61	72	52	124	37
8	42	54	55.5	45.0	96	32.4	11.0	225	20.4	135	38.0	106	62	80	82	67	142	48

注：p 为（平均）表压（MPa）；w 为乙炔气流速（m/s）；q_v 为乙炔在自由状态下流量（m³/h）；R 为乙炔在工作状态下单位压力降（Pa/m）；DN 为公称通径（mm）。

表 5-51　氮气管道计算

参数	w	10 q_v	10 R	15 q_v	15 R	20 q_v	20 R	25 q_v	25 R	32 q_v	32 R	40 q_v	40 R	50 q_v	50 R	65 q_v	65 R	80 q_v	80 R	100 q_v	100 R
$t=40℃$ $p\le0.1$MPa	6	—	—	4.0	75.0	7.0	50.0	12.0	37.5	21.0	26.1	27	23.2	38.0	17	69	11.6	108	8.7	162	6.5
	9	—	—	—	—	11.0	116.0	18.0	87.0	30	61.0	39	51.0	58	38.6	100	27.0	160	21.3	245	15.5
	12	—	—	—	—	—	—	—	—	39	106	51	89.0	76	67.6	136	46.4	210	34.8	320	26.1
$t=40℃$ $p=0.6$MPa	6	9.36	6.81	21.06	414.0	37.44	282.0	58.44	237.0	96	154	149	120	233.4	102	395.4	59	615	49.0	936	45
	9	14.04	15.3	31.59	932.0	56.16	498.0	87.66	534.0	144	346	224.1	269	350.1	229	593.1	134	922.5	111	1404	52
	12	18.72	27.4	42.12	1658.0	74.88	1125.0	116.88	1018.0	192	649	298.8	531	466.8	406	790.8	238	1230	196	1872	154
$t=40℃$ $p=0.7$MPa	6	10.91	—	24.52	482.0	43.60	335.0	68.2	278.0	111.8	185.0	174.6	140	273	119.0	461	68	717	57.0	1091	41.0
	9	16.37	—	36.68	1078.0	65.4	752.0	102.2	625.0	167.7	415	261.9	314	409.5	268	691.5	158	1075.5	112	1636.5	101
	12	21.82	—	49.04	1930	87.2	1340.0	136.4	1115.0	223.6	740	349.2	560	546	477	922	281	1434	225	2182	181
$t=40℃$ $p=0.8$MPa	6	12.48	—	28.10	552.0	49.8	382.0	77.8	317.0	127.6	208	199.5	159.0	311.2	135.0	527	81.0	819	65.0	1248	38.0
	9	18.72	—	42.15	1245.0	74.7	860.0	116.7	713.0	191.4	458	299.25	358	466.8	310	790.5	181	1228.5	144	1872	116
	12	24.96	—	56.20	2280	99.6	1528.0	155.6	1270	255.2	815	399	640	622.4	542	1054	322	1638	262	2496	208

注：p 为表压（MPa）；w 为氮气流速（m/s）；q_v 为氮气流量（m³/h）；R 为单位压力降（Pa/m）。

表 5-52　氢气管道计算

1. 不考虑压力降（由于氢气密度 ρ、速度 w 很小）

参数	w	q_v　DN/mm									
		10	15	20	25	32	40	50	65	80	100
$t=40℃$ $p=0.15$MPa	2	0.78	1.755	3.118	4.87	7.98	12.46	19.49	32.95	51.2	78
	4	1.56	3.51	6.24	9.72	15.96	23.92	38.98	65.9	102.4	156
	6	2.34	7.025	12.45	19.41	23.94	37.38	58.47	98.85	153.6	234
$t=40℃$ $p=0.6$MPa	2	3.12	7.02	12.48	19.48	32.0	49.8	77.8	131.8	202.4	312
	4	6.24	14.04	24.96	38.96	64.0	99.6	155.6	263.6	404.8	624
	6	9.36	21.06	37.44	58.44	96.0	149.4	233.4	395.4	615.0	936

2. 考虑压力降（$p\le0.1$MPa）

w	DN/mm	15	20	25	32	40	50	65	80	100	125
6m/s	q_v	4	7	12	21	27	38	69	108	162	267
	R	5.43	3.69	2.74	1.88	1.6	1.25	0.83	0.62	0.47	0.33

注：DN—mm；q_v—m³/h；w—m/s；R—Pa/m。

表 5-53 二氧化碳气体管道估算

DN/mm	L≤300m, R≤130Pa/m			L≤500m, R≤80Pa/m			L≤700m, R≤55Pa/m			L≤1000m, R≤40Pa/m			L≤1500m, R≤25Pa/m		
	q_m	q_v	w	q_m	q_v	w	q_m	q_v	w	q_m	q_v	w	q_m	q_v	w
25	≤67	≤31	<5	≤52	≤26	≤2.5	≤46	≤23	≤3.5	≤37	≤19	<3	≤32	≤16	≤2
32	68~137	35~69	<6	53~109	27~55	<5	47~94	24~48	<4	38~78	19~40	<3.5	33~67	17~34	<3.5
40	138~219	77~111	<7	110~172	56~87	<5.5	95~149	49~75	<6	79~123	41~62	<4	68~106	35~54	<4
50	220~440	115~223	<8	173~350	90~175	<6.5	150~300	76~152	<5.5	124~250	63~127	<5	107~210	55~107	<4.5
65	441~850	232~431	<8.5	351~660	182~335	<7	310~570	158~289	<5.5	251~470	128~238	<5	211~405	110~206	<5
80	851~1500	440~761	<11	661~1180	345~599	<8.5	571~1010	297~512	<7.5	471~840	244~426	<6	406~720	210~365	<5
100	1501~2500	775~1270	<12	1181~1980	610~1003	<9.5	1011~1730	535~878	<8.5	841~1430	430~752	<7	721~1200	375~620	<5.5
125	2501~4500	1310~2282	<13.7	1981~3550	1010~1800	<11	1731~3080	900~1560	<10	1431~2530	740~1284	<8	1221~2150	635~1900	<7

注：1. 本表估算：管道起始点表压 p_1=0.3MPa，允许总压力降 Δp=0.05MPa，介质平均压力 p_{cp}=0.275MPa（表压），局部阻力为30%。

2. q_m 为自由状态下质量流量（kg/h）；q_v 为自由状态下体积流量（m³/h）；w 为工作状态下流速（m/s）。

表 5-54 二氧化碳密度 ρ

温度/°C	+31.0	+30.0	+27.5	+25	+22.5	+20.0	+17.5	+15.0	+12.5	+10.0	+7.5	+5.0	+2.5	+0.0	-2.5	-5.0	-7.5
压力/MPa（绝对）	7.496	7.334	6.935	6.559	6.18	5.816	5.516	5.193	4.883	4.595	4.32	4.05	3.795	3.55	3.32	3.105	2.90
液态 ρ'/(kg/m³)	463.9	596.4	661.0	705.8	741.2	770.7	795.5	817.9	838.5	858.0	876.0	893.1	910.0	924.8	940.0	953.8	968.0
气态 ρ''/(kg/m³)	463.9	334.4	275.1	249.0	212.0	190.2	178.7	158.0	144.7	133.0	122.3	113.0	104.3	96.3	89.0	82.4	76.2

温度/°C	-10	-12.5	-15.0	-17.5	-20.0	-22.5	-25.0	-27.5	-30.0	-32.5	-35.0	-37.5	-40.0	-42.5	-45	-47.5	-50.0
压力/MPa（绝对）	2.699	2.51	2.334	2.171	2.00	1.868	1.714	1.57	1.455	1.33	1.226	1.12	1.025	0.933	0.849	0.767	0.691
液态 ρ'/(kg/m³)	980.8	993.8	1006.1	1018.5	1029.9	1041.7	1052.6	1063.6	1074.2	1084.5	1094.9	1105.0	1115.0	1125.0	1134.5	1144.4	1153.5
气态 ρ''/(kg/m³)	70.5	65.3	60.2	55.7	51.4	47.5	43.8	40.2	37.0	33.9	31.2	28.7	26.2	23.9	21.8	19.9	18.1

温度/°C	-55.0	-56.6	-60	-65	-70	-75	-80	-85	-90	-95	-100	
压力/MPa（绝对）	0.566	0.528	0.418	0.293	0.202	0.137	0.10	0.0914	0.0596	0.0379	0.0236	0.0142
液态 ρ'/(kg/m³)	1172.1	固态	1512.4	1521.9	1534.6	1546.1	1556.5	1564	1566.1	1574.8	1582.2	1588.9	1595.2
气态 ρ''/(kg/m³)	14.8	13.8	气态	13.84	10.97	7.74	5.39	3.71	2.71	2.51	1.672	1.087	0.693	0.428

注：在0℃、0.1MPa（绝对）时，二氧化碳气体的密度 ρ=1.9769kg/m³，是空气密度的1.529倍。

饱和二氧化碳液体密度计算公式：$\rho' = \rho_k' + 0.001442(t_k - t) + 0.1318\sqrt[3]{t_k - t} = 0.8734 + 0.001442(31 - t)$

饱和二氧化碳气体密度计算公式：$\rho'' = \rho_k'' + 0.001442(t_k - t) - 0.1318\sqrt[3]{t_k - t} = 0.0544 + 0.001442(31 - t)$

式中，ρ_k 为临界温度下的密度，ρ_k = 0.4639kg/L；t 为饱和温度范围内二氧化碳温度，t=+30~-5℃，t_k 为临界温度，t_k=+31℃。

表5-55　饱和蒸汽、压缩空气管道（K=0.2mm）局部阻力当量长度

（单位：m）

当量长度：$L_d = \zeta \dfrac{d}{\lambda}$

序号	名称	符号	32	40	50	65	100	125	150	200	250	300	350	400	450	500	600
1	闸阀		0.34	0.41	0.54	0.81	1.3	1.7	2.1	3.2	4.2	7.0	8.5	9.8	14.2	15.2	20.1
2	升降式止回阀		5.6	6.8	9.1	14.7	23.1	30.6	41.3	66.0	92.7	122.2	—	—	—	—	—
3	旋启式止回阀		1.5	1.8	2.4	3.5	5.6	7.4	9.3	13.8	18.3	22.7	27.5	31.9	36.9	42	52
4	截止阀		5.6	6.8	9.1	14.7	23.1	30.6	41.3	66.0	92.9	122.2	—	—	—	—	—
5	直通截止阀		3.4	3.4	4.2	6.2	9.8	9.9	10.0	—	—	—	—	—	—	—	—
6	旋塞阀		0.7	1.4	3.6	—	—	—	—	—	—	—	—	—	—	—	—
7	汽水分离器		0.9	1.1	1.4	2.1	3.2	4.3	5.4	8.0	10.5	13.1	15.9	18.4	21.3	24.2	30.1
8	加湿器		11.4	13.6	18.1	27.2	42.7	56.6	71.2	106.4	140.5	174.6	211.4	245.6	284	323	401
9	套管补偿器		—	—	—	—	1.3	1.7	2.1	3.2	4.2	5.2	6.3	7.4	8.4	9.7	12.0
10	光滑矩形补偿器		2.3	2.7	3.6	5.4	9.5	11.3	14.2	21.3	28.1	34.9	42.3	49.1	56.8	64.6	80.2
11	褶皱矩形补偿器		3.4	4.1	5.6	8.4	13.3	18.1	22.8	35.1	46.4	57.6	71.9	83.5	99.4	113.1	140.4
12	波形补偿器		—	—	—	4.3	6.8	9.1	11.4	18.1	25.3	33.2	44.4	54	65.3	74.3	92.2
13	合流三通		3.4	4.1	5.4	8.1	12.8	17.0	21.4	31.9	42.2	52.4	63.4	73.7	85.2	96.9	120.3
14	分流三通		2.3	2.7	3.6	5.4	8.5	11.3	14.2	21.3	28.1	34.9	42.3	49.1	56.8	64.6	80.2
15	分流　直通		1.1	1.4	1.8	2.7	4.3	5.7	7.1	10.6	14.1	17.5	21.1	24.6	28.4	32.3	40.1
16	支通		1.7	2.0	3.7	4.1	6.4	8.5	10.7	16	21.1	26.2	31.7	36.8	42.6	48.5	60.2
17	合流　直通		1.7	2.0	3.7	4.1	6.4	8.5	10.7	16	21.1	26.2	31.7	36.8	42.6	48.5	60.2

序号	名称		图示															
18	合流	支通	(图)	80.2	64.6	56.8	49.1	42.3	34.9	28.1	21.3	14.2	11.3	8.5	5.4	3.6	2.7	2.3
19	Z形管		(图)	20.1	16.2	14.2	12.3	10.6	8.7	7.0	5.3	3.6	2.8	2.1	1.4	0.9	0.68	0.6
20	光滑弯管	$R=3d$	(图 90°)	20.1	16.2	14.2	12.3	10.6	8.7	7.0	5.3	3.6	2.8	2.1	1.4	0.9	0.68	0.6
21		$R=4d$	(图)	12.0	9.7	8.5	7.4	6.3	5.2	4.2	3.2	2.1	1.7	1.3	0.8	0.54	0.41	0.3
22		$R=5d$	(图)	8.0	6.5	5.7	4.9	4.2	3.5	2.8	2.1	1.4	1.1	0.9	0.5	0.36	0.27	0.2
23	褶皱弯管	$R=2d$	(图 90°)	44.1	35.5	31.2	27.0	23.3	19.2	15.5	11.7	7.8	6.2	4.7	3.0	1.99	1.5	1.3
24		$R=3d$	(图)	32.8	25.8	22.9	19.7	16.9	14	11.2	8.5	5.7	4.5	3.4	2.2	1.5	1.1	0.9
25		$R=4d$	(图)	24.6	19.4	17.0	14.7	12.7	10.5	8.4	6.4	4.3	3.4	2.6	1.6	1.1	0.82	0.7
26	焊接弯管	单缝	(图 90°)	52.1	42	36.9	31.9	27.5	22.7	18.3	13.8	9.3	7.4	5.6	3.5	2.4	1.8	1.5
27		双缝	(图 90°)	40.1	32.3	28.4	24.6	21.1	17.5	14.1	10.6	7.1	5.7	4.3	2.7	1.8	1.4	1.1
28		三缝	(图 90°)	32.8	25.8	22.9	19.7	16.9	14	11.2	8.5	5.7	4.5	3.4	2.7	1.5	0.82	0.9
29	焊接异径管		(图)	12.0	9.7	8.5	7.4	6.3	5.2	4.2	3.2	2.1	1.7	1.3	0.8	0.64	0.41	0.3

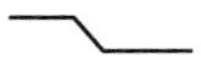

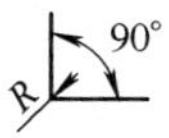

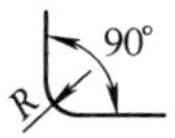

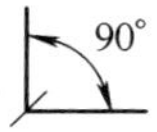

表 5-56 过热蒸汽管道 （K=0.1mm） 局部阻力当量长度

当量长度：$L_d=\zeta\dfrac{d}{\lambda}$

（单位：m）

序号	名称		符号	32	40	50	65	100	125	150	200	250	300	350	400	450	500	600
1	闸阀			0.4	0.5	0.7	1.0	1.5	2.0	2.5	3.7	4.9	8.1	9.8	11.4	15.5	18.7	23.2
2	升降式止回阀			7.0	8.3	11.0	17.6	27.5	36.3	48.9	77.2	108.6	142.3	—	—	—	—	—
3	旋启式止回阀			1.8	2.2	2.9	4.2	6.6	8.7	11.0	16.2	21.4	26.4	32	37.1	42.8	48.7	60.2
4	截止阀			7.0	8.3	11.0	17.6	27.9	36.3	48.9	77.2	108.6	142.3	—	—	—	—	—
5	直通截止阀			4.2	4.2	5.1	7.5	11.7	11.8	11.8	—	—	—	—	—	—	—	—
6	旋塞阀			0.8	1.7	4.4	—	—	—	—	—	—	—	—	—	—	—	—
7	汽水分离器			10.4	12.5	16.5	24.5	43.4	50.4	63.2	93.4	123.4	152.6	184.5	214	247	281	347
8	加湿器			13.9	16.8	21.9	32.6	51	67.2	84.3	124.5	164.5	203.3	246	285.3	329.1	374.4	463
9	套管补偿器			—	—	—	—	1.53	2	2.5	3.7	4.9	6.1	7.4	8.6	9.9	11.2	13.9
10	光滑矩形补偿器			2.8	3.3	4.4	6.5	10.2	13.4	16.9	24.9	32.9	40.7	49.2	57.1	65.2	74.9	92.6
11	褶皱矩形补偿器			4.2	5	6.8	10.1	15.8	21.5	27.0	41.1	54.3	67.1	83.6	97	115.2	131	162.1
12	波形补偿器			—	—	—	5.2	8.2	10.8	13.5	21.2	30	36.6	46.7	59.9	72.4	86.1	106.5
13	合流三通			4.2	5	6.6	9.8	15.3	20.2	25.3	27.4	49.4	61	73.8	85.6	98.7	112.3	138.9
14	分流三通			2.8	3.3	4.4	6.5	10.2	13.4	18.9	24.9	32.9	40.7	49.2	57.1	65.8	74.9	92.6
15	分流	直通		1.4	1.7	2.2	3.3	5.1	6.7	8.4	12.5	18.5	20.3	24.6	28.5	32.9	37.4	46.3
16		支通		2.1	2.5	3.3	4.9	7.7	10.1	12.6	18.7	24.7	30.5	36.9	42.8	49.4	56.2	69.5
17	合流	直通		2.1	2.5	3.3	4.9	7.7	10.1	12.6	18.7	24.7	30.5	36.9	42.8	49.4	56.2	69.5
18		支通		2.8	3.3	4.4	6.5	10.2	13.4	16.9	24.9	32.9	40.7	49.2	57.1	65.8	74.9	92.6
19	Z形管			0.7	0.8	1.1	1.6	2.6	3.4	4.2	6.3	8.2	10.17	12.3	14.27	16.5	18.7	23.2

序号	名称		符号	32	40	50	65	100	125	150	200	250	300	350	400	450	500	600
20	光滑弯管	R=3d	90°	0.7	0.8	1.1	1.6	2.6	3.4	4.2	6.3	8.2	10.17	12.3	14.27	16.5	18.7	23.2
21		R=4d		0.4	0.5	0.7	1.0	1.5	2.0	2.5	3.7	4.9	6.1	7.4	8.6	9.9	11.2	13.9
22		R=5d		0.3	0.3	0.4	0.7	1.0	1.3	1.7	2.5	3.3	4.1	4.9	5.7	6.6	7.5	9.2
23	褶皱弯管	R=2d	90°	1.5	1.8	2.4	3.6	5.6	7.4	9.3	13.7	18.1	22.4	27.1	31.4	36.2	41.2	50.9
24		R=3d		1.1	1.3	1.8	2.6	4.05	5.4	6.7	10	13.2	16.3	19.7	22.8	26.5	30	37.1
25		R=4d		0.8	1.0	1.3	2.0	3.06	4.0	5.1	7.5	9.9	12.2	14.8	17.1	19.7	22.5	27.8
26	焊接弯管	单缝	90°	1.8	2.2	2.9	4.2	6.6	8.7	11.0	16.2	21.4	26.4	32	37.1	42.8	48.7	60.2
27		双缝	90°	1.4	1.7	2.2	3.3	5.1	6.7	8.4	12.5	16.5	20.3	24.6	28.5	32.9	37.4	46.3
28		三缝	90°	1.1	1.3	1.8	2.6	4.1	5.4	6.7	10	13.2	16.3	19.7	22.8	26.5	30	37.0
29	焊接异径管			0.4	0.5	0.7	1.0	1.4	2.0	2.5	3.7	4.9	6.1	7.4	8.6	9.9	11.2	13.9

表 5-57 水管 (K=0.2mm) 局部阻力当量长度   (单位: m)

当量长度: $L_d = \zeta \dfrac{d}{\lambda}$

序号	名称	符号	32	40	50	65	100	125	150	200	250	300	350	400	450	500	600
1	闸阀		0.34	0.41	0.54	0.81	1.3	1.7	2.1	3.2	4.2	7.0	8.5	9.8	14.2	16.2	20.1
2	升降式止回阀		5.6	6.8	9.1	14.7	23.1	30.6	41.3	66	92.7	122.2	—	—	—	—	—
3	旋启式止回阀		1.5	1.8	2.4	3.5	5.6	7.4	9.3	13.8	18.3	22.7	27.5	31.9	36.9	43	52.1

（续）

当量长度：$L_d = \zeta \dfrac{d}{\lambda}$

序号	名称		符号	32	40	50	65	100	125	150	200	250	300	350	400	450	500	600
4	截止阀			5.6	6.8	9.1	14.7	23.1	30.6	41.3	66	92.7	122.2	—	—	—	—	—
5	直通截止阀			3.4	3.4	4.2	6.2	9.8	9.9	10.0	—	—	—	—	—	—	—	—
6	旋塞阀			0.7	1.4	3.6	—	—	—	—	—	—	—	—	—	—	—	—
7	过滤器			6.7	8.2	10.9	16.3	25.6	34	42.7	63.8	84.3	104.8	126.8	147.4	170.4	193.8	240.6
8	套管补偿器			—	—	—	—	1.3	1.7	2.1	3.2	4.2	5.2	6.3	7.4	8.5	9.7	12.0
9	光滑矩形补偿器			2.3	2.7	3.6	5.4	8.5	11.3	14.2	21.3	28.1	34.9	42.3	49.1	56.8	64.6	80.2
10	褶皱矩形补偿器			3.4	4.1	5.6	8.4	13.3	18.1	22.8	35.1	46.4	57.6	71.9	83.9	99.4	113.1	140.4
11	波形补偿器			—	—	—	4.3	6.8	9.1	11.4	18.1	25.3	33.2	44.4	54.0	65.3	74.3	92.2
12	合流三通			3.4	4.1	5.4	8.1	12.8	17.0	21.4	31.5	42.2	52.4	63.4	73.7	85.2	96.9	120.3
13	分流三通			2.3	2.7	3.6	5.4	8.5	11.3	14.2	21.3	28.1	34.9	42.3	49.1	56.8	64.6	80.2
14	分流	直通		1.1	1.4	1.8	2.7	4.3	5.7	7.1	10.6	14.1	17.5	21.1	24.6	28.4	32.3	40.1
15		支通		1.7	2.0	2.7	4.1	6.4	8.5	10.7	16.0	21.1	26.2	31.7	36.8	42.6	48.5	60.2
16	合流	直通		1.7	2.0	2.7	4.1	6.4	8.5	10.7	16.0	21.1	26.2	31.7	36.8	42.6	48.5	60.2
17		支通		2.3	2.7	3.6	5.4	8.5	11.3	14.2	21.3	28.1	34.9	42.3	49.1	56.8	64.6	80.2

序号	名称	示意图															
18	Z形管	(Z形)	0.6	0.68	0.9	1.4	2.1	2.8	3.6	5.3	7.0	8.7	10.6	12.3	14.2	16.2	20.1
19	光滑弯管 R=3d	(90°)	0.6	0.68	0.9	1.4	2.1	2.8	3.6	5.3	7.0	8.7	10.6	12.3	14.2	16.2	20.1
20	光滑弯管 R=4d		0.3	0.41	0.54	0.8	1.3	1.7	2.1	3.2	4.2	5.2	6.3	7.4	8.5	9.7	12.0
21	光滑弯管 R=5d		0.2	0.27	0.36	0.8	0.9	1.1	1.4	2.1	2.8	3.5	4.2	4.9	5.7	6.5	8.0
22	褶皱弯管 R=2d	(90°)	1.3	1.5	1.99	3.0	4.7	6.2	7.8	11.7	15.5	19.2	23.3	27.0	31.2	35.5	44.1
23	褶皱弯管 R=3d		0.9	1.1	1.5	2.2	3.4	4.5	5.7	8.5	11.2	14.0	16.9	19.7	22.9	25.8	32.8
24	褶皱弯管 R=4d		0.7	0.82	1.1	1.6	2.6	3.4	4.3	6.4	8.4	10.5	12.7	14.7	17.0	19.4	24.6
25	焊接弯管 单缝	(90°)	1.5	1.8	2.4	3.5	5.6	7.4	9.3	13.8	18.3	22.7	27.5	31.9	36.5	42.0	52.1
26	焊接弯管 双缝	(90°)	1.1	1.4	1.8	2.7	4.3	5.7	7.1	10.6	14.1	17.5	21.1	24.6	28.4	32.3	40.1
27	焊接弯管 三缝	(90°)	0.9	0.82	1.5	2.7	3.4	4.5	5.7	8.5	11.2	14.0	16.9	19.7	22.9	25.8	32.8
28	焊接异径管	(异径管)	0.3	0.41	0.54	0.8	1.3	1.7	2.1	3.2	4.2	5.2	6.3	7.4	8.5	9.7	12.0

表 5-58　凝结水管（$K=0.5\text{mm}$）局部阻力当量长度　　　　（单位：m）

序号	名称		符号	当量长度：$L_d = \zeta \dfrac{d}{\lambda}$											
				20	25	32	40	50	65	100	125	150	200	250	300
1	闸阀			0.12	0.17	0.26	0.3	0.4	0.5	0.99	1.05	1.7	2.5	3.4	5.6
2	升降式止回阀			2.0	2.9	4.3	5.1	6.8	11.2	17.8	23.9	32.3	52.1	74.2	98.4
3	旋启式止回阀			0.53	0.75	1.1	1.3	1.7	2.7	4.3	5.7	7.2	10.9	14.6	18.3
4	截止阀			2.0	2.9	4.3	5.1	6.8	11.2	17.8	23.9	32.3	52.1	74.2	98.4
5	直通截止阀			1.3	1.7	2.6	2.5	3.1	4.8	7.6	7.7	7.8	—	—	—
6	旋塞阀			0.25	0.34	0.52	1.0	2.7	—	—	—	—	—	—	—
7	过滤器			2.5	3.4	5.2	6.1	8.1	12.4	19.7	26.5	33.4	50.4	67.4	84.3
8	套管补偿器			—	—	—	—	—	0.89	1.33	1.7	2.5	3.4	4.2	
9	光滑矩形补偿器			0.82	1.15	1.72	2.0	2.7	4.1	6.6	8.8	11.1	16.8	22.5	28.1
10	褶皱矩形补偿器			1.2	1.7	2.6	3.1	4.2	6.4	10.5	14.1	18.4	27.7	37.1	47.8
11	波形补偿器			—	—	—	—	—	3.1	5.2	7.1	8.9	13.4	19.1	25.3
12	合流三通			1.2	1.7	2.6	3.0	4.0	6.2	9.9	13.3	16.7	25.2	33.7	42.2
13	分流三通			0.82	1.15	1.72	2.0	2.7	4.1	6.6	8.8	11.1	16.8	22.5	28.1
14	分流	直通		0.41	0.57	0.86	1.0	1.4	2.1	3.3	4.4	5.6	8.4	11.2	14.1
15		支通		0.61	0.86	1.3	1.5	2.0	3.1	4.9	6.6	8.4	12.6	16.8	21.1
16	合流	直通		0.61	0.86	1.3	1.5	2.0	3.1	4.9	6.6	8.4	12.6	16.8	21.1
17		支通		0.82	1.15	1.72	2.0	2.7	4.1	6.6	8.8	11.1	16.8	22.5	28.1
18	Z 形管			0.2	0.29	0.43	0.5	0.68	1.0	1.6	2.2	2.8	4.2	5.6	7.0
19	光滑弯管	$R=3d$		0.2	0.29	0.43	0.5	0.68	1.0	1.6	2.2	2.8	4.2	5.6	7.0
20		$R=4d$		0.12	0.17	0.26	0.3	0.4	0.6	0.99	1.33	1.7	2.5	3.4	4.2
21		$R=5d$		0.08	0.12	0.17	0.2	0.27	0.4	0.66	0.88	1.1	1.7	2.3	2.8
22	褶皱弯管	$R=2d$		0.45	0.63	0.95	1.1	1.5	2.3	3.6	4.9	6.1	9.2	12.4	15.5
23		$R=3d$		0.33	0.46	0.69	0.8	1.1	1.7	2.6	3.5	4.5	6.7	9.0	11.2
24		$R=4d$		0.25	0.34	0.52	0.6	0.8	1.2	2.0	2.7	3.3	5.0	6.7	8.4
25	焊接弯管	单缝		0.53	0.75	1.1	1.3	1.7	2.7	4.3	5.7	7.2	10.9	14.6	18.3
26		双缝		0.41	0.57	0.86	1.0	1.4	2.1	3.3	4.4	6.6	8.4	11.2	14.7
27		三缝		0.33	0.46	0.69	0.8	1.1	1.7	2.6	3.5	4.5	6.7	9.0	11.2
28	焊接异径管			0.12	0.17	0.26	0.3	0.4	0.6	0.99	1.33	1.7	2.5	3.4	4.2

表 5-59　氧气管道局部阻力当量长度　　（单位：m）

名称	符号	ζ	当量长度：$L_d = \zeta \dfrac{d}{\lambda}$														
			25	32	40	50	65	80	100	125	150	175	200	250	300	350	400
闸阀	⟶⋈⊢	0.5~1.0	—	—	—	0.62	0.94	1.18	1.5	1.65	1.96	2.6	—	—	3.7	4.5	5.2
直杆截止阀	⟶⋈⊢	4~9	5	5.8	7.4	8.1	8.5	9.4	12.3	17	21.6	30	35	—	—	—	—
斜杆截止阀	⟶⋈⊢	2	1.1	1.45	1.9	2.37	3.6	4.7	6	8	10	—	—	—	—	—	—
旋启式止回阀	⟶⋈⊢	1.3~3	0.73	0.94	1.2	1.6	2.6	3.29	4.5	6.4	8.3	11.7	14.2	20	25.9	32.6	40.5
升降式止回阀	⟶⋈⊢	7.5	4.18	5.5	7	9.4	13.4	17.7	22.8	30	37.8	48	56.67	—	—	—	—
单缝弯头 30°	∠30°	0.2	—	—	—	—	—	—	—	—	0.98	1.3	1.5	2	2.47	3.0	3.55
45°	∠45°	0.3	—	—	—	—	—	—	—	—	1.5	2.0	2.2	3.0	3.1	4.5	5.3
60°	∠60°	0.7	—	—	—	—	—	—	—	—	3.4	4.54	5.2	7	8.7	10.4	12.4
90°	⌐90°	1.3	—	—	—	—	—	—	—	—	6.4	8.4	9.7	13	16	19.3	23
双缝弯头 R=d	⊂	0.7	—	—	—	—	—	—	—	—	3.4	4.54	5.2	7	8.7	10.4	12.4
三缝弯头 R=d	⊂	0.5	—	—	—	—	—	—	—	—	2.45	3.26	3.7	5	6.2	7.5	8.87
四缝弯头 R=d	⊂	0.5	—	—	—	—	—	—	—	—	2.45	3.26	3.7	5	6.2	7.5	8.87
锻压弯头 R=(1.5~2)d	⌐90°	0.5	0.28	0.36	0.47	0.62	0.9	1.12	1.5	2	2.45	3.26	3.7	5	6.2	7.5	8.87
揻弯 R=3d	⌐90°	0.3	0.17	0.22	0.28	0.38	0.54	0.71	1.18	1.21	1.5	2	2.2	3	3.7	4.5	5.3
揻弯 R≥4d	⌐90°	0.1	0.06	0.07	0.09	0.13	0.17	0.23	0.3	0.4	0.5	0.65	0.74	1.0	1.23	1.5	1.77
矩形补偿器 R=1.5d	⊓⊔	2.7~3.4															

表 5-60　乙炔管道局部阻力当量长度　　（单位：m）

名称	符号	当量长度 L_d										
		10	15	20	25	32	40	50	65	70	80	100
球阀	⋈	1.9	2.0	3.0	4.3	5.4	7.4	9.3	15	16	18.7	22
闸阀	⋈	0.13	0.14	0.21	0.3	0.38	0.52	0.65	1.05	1.1	1.3	1.54
标准弯头 R=(2~8)d	⌐90°	0.10	0.10	0.15	0.22	0.27	0.37	0.46	0.75	0.8	0.94	1.1
三通分流支通	⊥	0.95	1.0	1.5	2.15	2.7	3.7	4.6	7.5	8.0	9.4	11
三通分流直通	⊥	0.31	0.32	0.48	0.69	0.86	1.2	1.5	2.4	2.6	3.0	3.5
光滑矩形补偿器	⊓	0.86	0.90	1.35	1.95	2.45	3.35	4.2	6.75	7.2	8.4	9.9
矩形补偿器	⊓⊔	1.05	1.1	1.65	2.37	2.97	4.07	5.1	8.4	8.8	10	12

表 5-61　燃气管道局部阻力系数 ζ 值

名称	符号	ζ	名称	符号	ζ					
					DN = 15mm	DN = 20mm	DN = 25mm	DN = 32mm	DN = 40mm	DN ≥ 50mm
变径管	⬭	0.35①	90°直角弯头	90°	2.2	2.1	2	1.8	1.6	1.1
三通直流	⊥	1.0②	旋塞	⋈	4	2	2	2	2	2
三通分流	⋏	1.5②	截止阀	⋈	11	7	6	6	6	5
四通直流	＋	2.0②	闸阀	⋈	DN = 50~100mm		DN = 150~200mm		DN ≥ 250mm	
四通分流	⋔	3.0②			0.5		0.25		0.15	
搋制 90°弯头	90°	0.3								

① 对应于小管径管段。
② 对应于小流量管段。

表 5-62　热力网管道局部阻力与沿程阻力的比值

补偿器类型	公称通径 DN /mm	局部阻力与沿程阻力的比值		补偿器类型	公称直径 DN /mm	局部阻力与沿程阻力的比值	
		蒸汽管道	热水及凝结水管道			蒸汽管道	热水及凝结水管道
输送干线				输配管线			
套筒或波纹管补偿器（带内衬筒）	≤1200	0.2	0.2	套筒或波纹管补偿器（带内衬筒）	≤400	0.4	0.3
					450~1200	0.5	0.4
方形补偿器	200~350	0.7	0.5	方形补偿器	150~250	0.8	0.6
	400~500	0.9	0.7		300~350	1.0	0.8
	600~1200	1.2	1.0		400~500	1.0	0.9
					600~1200	1.2	1.0

5.8　管道计算示例

【例 5-15】　已知输送饱和蒸汽的钢管，其工作压力 $p = 0.4$MPa（表压），流量 $q_m = 2$t/h，求该管道的管径、介质流速和单位压力降。

解：1）查饱和水蒸气表（表 1-31），得 0.5MPa（绝对）时的饱和水蒸气密度 $\rho' = \dfrac{1}{\nu''} = \dfrac{1}{0.3747}$kg/m³ = 2.67kg/m³，再查饱和蒸汽管道计算图（图 5-10c），当 $q_m = 2$t/h 取 DN = 100mm 时，$w = 70$m/s，$R = 600$Pa/m。

经介质密度修正，实际值为

$$w' = \frac{w}{\rho'} = \frac{70}{2.67}\text{m/s} = 26.22\text{m/s}$$

$$R' = \frac{R}{\rho'} = \frac{600}{2.67}\text{Pa/m} = 225\text{Pa/m}$$

2）查蒸汽管道管径计算表（表 5-32），$p = 0.4$MPa 和 $q_m = 2000$kg/h，用插入法得 DN = 100mm 时 $w = 27$m/s，$R = 225$Pa/m。

【例 5-16】　已知输送过热蒸汽的钢管其工作压力 $p = 1.2$MPa（表压），$t = 250$℃，流量 $q_m = 45$t/h，求该管道的管径、介质流速和单位压力降。

解：查过热水蒸气表（表 1-32），得 1.3MPa（绝对）和 250℃ 时的过热蒸汽密度 $\rho' = \dfrac{1}{\nu''} = \dfrac{1}{0.1769}$kg/m³ = 5.65kg/m³，再查过热蒸汽管道计算图（图 5-11e），当 $q_m = 45$t/h 取 DN = 300mm 时，$w = 167$m/s，$R = 700$Pa/m。

经介质密度修正，实际值为

$$w' = \frac{w}{\rho'} = \frac{167}{5.65}\text{m/s} = 29.56\text{m/s}$$

$$R' = \frac{R}{\rho'} = \frac{700}{5.65}Pa/m = 123.9Pa/m$$

【例 5-17】 已知钢制余压凝结水管道其流量 $q_m = 1t/h$，起始点压力 $p_1 = 0.5MPa$（绝对），终点压力 $p_2 = 0.2MPa$（绝对），求该管道的管径、介质流速和单位压力降。

解：1）由凝结水管道起终点压力 p_1 和 p_2 查表 5-36 中的汽水混合物密度，得该管内的汽水混合物平均密度 $\rho' = 16.1kg/m^3$。

再查图 5-12c，当 $q_m = 1t/h$ 取 DN = 65mm 时，$w = 8.40m/s$，$R = 168Pa/m$。

经介质密度修正，实际值为

$$w' = \frac{w}{\rho'}\rho = \frac{8.40}{16.1} \times 10m/s = 5.21m/s$$

$$R' = \frac{R}{\rho'}\rho = \frac{168}{16.1} \times 10Pa/m = 104Pa/m$$

2）可由表 5-37 和表 5-38 余压凝结水管管径计算表计算该凝结水管管径，步骤如下：

先由 $q_m = 1t/h$ 查表 5-38 得 $DN_1 = 25mm$ 时，$w = 0.54m/s$，$R = 250Pa/m$；再从表 5-37 中的 $p_1 = 0.4MPa$（表压）和 $p_2 = 0.1MPa$（表压）查得 $\mu = 2.35$，接着在此表的左下角由 $DN_1 = 25mm$ 和最接近 $\mu = 2.35$（2.48）处查得凝结水管管径 $DN_2 = 65mm$。

【例 5-18】 自流凝结水管的敷设坡度 $i = 0.005$，用户的蒸汽耗量 $q_{max}^m = 1t/h$，求该自流凝结水管管径。

解：根据表 5-1 中有关自流凝结水流量计算公式 $q_m = 1.5q_{max}^m = 1.5 \times 1t/h = 1.5t/h$。

该凝结水管的单位压力降由式（5-38）计算

$$R = 0.5 \times 10^4 i = 0.5 \times 10^4 \times 0.005Pa/m = 25Pa/m$$

查表 5-39 自流凝结水管管径计算表，根据 $q_m = 1.5t/h$ 和 $R = 25Pa/m$，用插入法得凝结水管管径 DN = 50mm，$w = 0.22m/s$。

【例 5-19】 已知压缩空气平均工作压力 $p = 0.6MPa$（表压），$t = 40°C$，$q_m = 0.6t/h$，求该压缩空气用钢管时的管径、流速和单位压力降。

解：1）查图法。根据 $p = 0.6MPa$（表压）和 $t = 40°C$，查表 1-36 得压缩空气的密度 $\rho' = 7.64kg/m^3$。再查压缩空气管道计算图（图 5-10b），当 $q_m = 0.6t/h$ 选 DN = 50mm 时 $w = 82m/s$，$R = 1900Pa/m$。

经介质密度修正，实际值为

$$w' = \frac{w}{\rho'} = \frac{82}{7.64}m/s = 10.7m/s$$

$$R' = \frac{R}{\rho'} = \frac{1900}{7.64}Pa/m = 249Pa/m$$

2）查表法。查表 5-33 钢管的压缩空气管道计算表时，应将压缩空气的质量流量换算成自由状态下的体积流量。自由状态（20°C）下的空气密度 $\rho = 1.201kg/m^3$，$q_v = \frac{q_m}{\rho} = \frac{600}{1.201}m^3/h = 500m^3/h$。

查表 5-33，当 $p = 0.6MPa$（表压）和 $q_v = 500m^3/h$ 时，取 DN = 50mm（$\phi57mm \times 3.5mm$），$w = 10.1m/s$，$R = 242Pa/m$。

【例 5-20】 某厂区压缩空气管网如图 5-30 所示，各车间压缩空气耗量见表 5-63。压缩空气站供气干管出口处压力 0.70MPa（表压），最远端车间入口处的压力 0.65MPa（表压），求该厂区压缩空气主干管各段的管径。

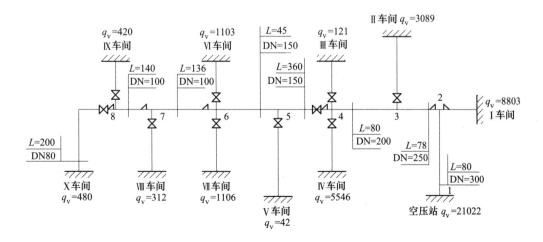

图 5-30　某厂区压缩空气管道计算简图

注：q_v 的单位为 m^3/h，L 的单位为 m。

表 5-63　各车间压缩空气耗量（$t = 10℃$）

车间名称	I	II	III	IV	V	VI	VII	VIII	IX	X
平均耗量/（m^3/h）	5030	1765	69	3169	24	630	632	178	240	274
计量耗量 $q_v = q_{cp}^v K_1 K_3$	8803	3089	121	5546	42	1103	1106	312	420	480

注：式中 K_1 损耗系数取 1.40，K_3 不平衡系数取 1.25，q_v 的单位为 m^3/h。

解： 厂区压缩空气管网的计算可采用表 5-64 的格式进行。先将管网主干管按节点分段，填入各分段的计算流量和计算长度。

1）计算管网主干管平均工作压力下的压缩空气密度。

管网起始压力 $p_1 = 0.70MPa$（表压），终点（X车间）压力 $p_2 = 0.65MPa$（表压），管网平均压力

$$p_{cp} = \frac{p_1 + p_2}{2} = \frac{0.7 + 0.65}{2}MPa = 0.675MPa（表压）$$

根据 $p_{cp} = 0.675MPa$（表压）和 $t = 40℃$，查表 1-36，得工作状态下的压缩空气密度 $\rho = 8.45kg/m^3$。

2）估算管网主干管各段的管径。

根据表 5-26 推荐的常用流速，按式（5-31）估算各段管径并填入表 5-64，在图 5-30 中标出相应的异径接头。

3）按最远端用户概略计算主干管的允许单位压力降。

从空压站至最远端 X 车间的距离为 $L = (80 + 78 + 80 + 360 + 45 + 136 + 140 + 200)m = 1119m$，厂区管道的局部阻力当量长度取 $L_d = 10\%L = 0.1 \times 1119m = 112m$。

由空压站至最远端的平均允许单位压力降

$$R = \frac{(p_1 - p_2) \times 10^6}{1.15(L + L_d)}$$
$$= \frac{(0.7 - 0.65) \times 10^6}{1.15 \times (1119 + 112)}Pa/m$$
$$= 35Pa/m$$

即计算中管网主干管各段的单位压力降应与 $R =$

35Pa/m 相差不多才行。

4）计算主干管各段的压缩空气流速、单位压力降和总阻力损失。

根据工作状态下各管段压缩空气的计算流量 q_m、密度 ρ 和估算管径，查图 5-10 并进行修正，将各段的压缩空气的实际流速、单位压力降和总阻力损失填入表 5-64。

5）校核主干管各节点处的压缩空气工作压力，如满足各用户入口处的要求即可。

【例 5-21】 北京某住宅小区有 860 户居民，共 3100 人，其中 368 户装有双眼灶和燃气热水器，492 户仅装双眼灶，双眼灶的热负荷为 8kW，燃气热水器的热负荷为 16kW，该住宅小区使用的天然气低位热值为 $36000kJ/m^3$，计算该住宅小区的天然气小时计算用量。

解： 1）采用同时工作系数法计算可按式（5-9）：$q = K_t(\sum KNq_n)$，其中取 $K_t = 0.8$，将双眼灶和燃气热水器的热负荷折算成额定燃气流量分别为

$$q_1 = 8 \times 3600/36000 m^3/h = 0.8 m^3/h$$
$$q_2 = 16 \times 3600/36000 m^3/h = 1.6 m^3/h$$

使用双眼灶和双眼灶及快速热水器的居民用户的同时工作系数，可查表 5-9，分别为 $K_1 = 0.28$ 和 $K_2 = 0.15$。

$$q = K_t(\sum KNq_n)$$
$$= 0.8 \times [0.28 \times 492 \times 0.8 +$$
$$0.15 \times 368 \times (0.8 + 1.6)]m^3/h$$
$$= 194 m^3/h$$

表 5-64　厂区压缩空气管道水力计算

分段符号	计算流量		直线段长度 L	局部阻力当量长度 L_d				计算长度	公称管径 DN /mm	分段内压缩空气平均密度 ρ/（kg/m^3）	查表 $\rho = 1kg/m^3$		修正后 $\rho = 8.45kg/m^3$		分段内总的阻力损失 /Pa
	q_v /（m^3/h）	q_m /（t/h）		阀门	三通	弯头	异径管				R /（Pa/m）	w /（m/s）	R' /（Pa/m）	w' /（m/s）	
1—2	21022	26.3	80					80	300		280	96	33.1	11.4	2648
2—3	12219	15.30	78		34.9		5.2	118.1	250		240	80	28.4	9.5	3354
3—4	9130	11.41	80		14.1			98.3	200		430	95	50.9	11.2	5003
4—5	3463	4.33	360	3.2	10.6		3.2	377	150	8.45	330	68	39.1	8.0	14741
5—6	3421	4.28	45		7.1			52.1	150		320	67	37.9	7.9	1975
6—7	1212	1.52	136		7.1		2.1	145.2	100		110	34	13.0	4.0	1888
7—8	900	1.13	140		4.3			144.3	100		190	39	22.5	4.6	3247
8—X 车间	480	0.6	200	1.3	4.3	2.1	1.3	209	80		155	31.5	18.3	3.7	3825

注：表中 $q_m = q_v \times 1.25$，1.25 为空气在 0.1 绝对大气压 10℃ 时的密度，kg/m^3。

2）采用居民生活用气指标计算可按式（5-2）和式（5-3）。其中居民用热指标查表 5-7，并折算成用气量为

$$q' = \frac{3100\text{MJ}/(人 \cdot a)}{36.0\text{MJ}/\text{m}^3} = 86.1\text{m}^3/(人 \cdot a)$$

取 $K_m = 1.3$，$K_d = 1.2$，$K_h = 3.2$，气化率 $\pi = 100\%$。

$$
\begin{aligned}
q &= \frac{q_a}{365 \times 24} K_m K_d K_h = \frac{N\pi q'}{365 \times 24} K_m K_d K_h \\
&= \frac{3100 \times 1 \times 86.1}{365 \times 24} \times 1.3 \times 1.2 \times 3.2\text{m}^3/\text{h} \\
&= 152.1\text{m}^3/\text{h}
\end{aligned}
$$

【例 5-22】　某居民小区分 Ⅰ、Ⅱ 两区，统一由燃气调压站供气，燃气为焦炉煤气，参数如下：

$\rho = 0.46\text{kg}/\text{m}^3$，$\nu = 24.76 \times 10^{-6}\text{m}^2/\text{s}$，低位发热量 $Q_{d \cdot net} = 16270\text{kJ}/\text{m}^3$，调压站出口燃气压力为 1500Pa。

居民小区资料如下：

Ⅰ区住宅楼号 A B C D E G H I J 共计
户数　　　 48 72 72 96 96 60 60 72 128 704

F 楼为公共建筑用户，燃气计算流量为 81.7m³/h。

Ⅱ区共有居民 812 户，燃气从 Ⅰ 区干管接出。Ⅰ 区燃气管网简图如图 5-31 所示。

本居民小区内 50% 住户仅装双眼灶，双眼灶额定流量 1.25m³/h；另 50% 住户同时装有双眼灶和燃气快速热水器，额定流量 2.21m³/h。

计算 Ⅰ 区燃气主干管各管段的管径、流量和压

力降。

解：1）各管段燃气流量计算。

0-1 段，该管段供应整个居民小区（包括 Ⅰ、Ⅱ 区住宅和公共建筑 F 楼）所有用户的燃气。共计安装双眼灶居民 758 户、安装双眼灶和燃气快速热水器居民 758 户，公共建筑 F 楼用户的燃气量 81.7m³/h。

居民燃具同时工作系数可查表 5-9，758 户双眼灶的 $K_1 = 0.26$；758 户双眼灶和燃气快速热水器的 $K_2 = 0.134$。

0—1 段的计算流量按式（5-9）计算：

$$
\begin{aligned}
q &= K_t(\textstyle\sum KNq_n) \\
&= 1 \times [0.26 \times 758 \times 1.25 + 0.134 \times 758 \times \\
&\quad (1.25 + 2.21)]\text{m}^3/\text{h} + 81.7\text{m}^3/\text{h} \\
&= 679.5\text{m}^3/\text{h}
\end{aligned}
$$

1—2—8 段，该管段供应 Ⅰ 区的 A、B、C、J 号住宅楼，公共建筑 F 楼和 Ⅱ 区住宅楼。共有居民 1132 户。

居民燃具同时工作系数经查表 5-9，得 566 户双眼灶的 $K_1 = 0.28$；566 户双眼灶和燃气快速热水器的 $K_2 = 0.138$。

1—2—8 段的计算流量

$$
\begin{aligned}
q &= K_t(\textstyle\sum KNq_n) \\
&= 1 \times [0.28 \times 566 \times 1.25 + 0.138 \times 566 \times (1.25 + \\
&\quad 2.21)]\text{m}^3/\text{h} + 81.7\text{m}^3/\text{h} \\
&= 550.1\text{m}^3/\text{h}
\end{aligned}
$$

按上述方法可计算其他各管段的计算流量，结果见表 5-65。

表 5-65　Ⅰ区燃气干管各段计算流量汇总　　　　　　　　（单位：m³/h）

项目＼管段	0—1			1—2—8			8—12			12—14			14—14'			14'—18		
	户数	K	q	户数	K	q	户数	K	q	户数	K	q	户数	K	q	户数	K	q
双眼灶	758	0.26	246.4	566	0.28	198.1	542	0.28	189.7	506	0.28	177.1	64	0.37	29.6	64	0.37	29.6
双眼灶+热水器	758	0.134	351.4	566	0.138	270.3	542	0.138	258.8	506	0.138	241.6	64	0.176	39.0	64	0.176	39.0
公共建筑用户	—	—	81.7	—	—	81.7	—	—	81.7	—	—	81.7	—	—	81.7	—	—	—
合计流量	—	—	679.5	—	—	550.1	—	—	530.2	—	—	500.4	—	—	150.3	—	—	68.6

项目＼管段	1—24—26			26—27			27—30			26—33			33—35			35—41		
	户数	K	q	户数	K	q	户数	K	q	户数	K	q	户数	K	q	户数	K	q
双眼灶	192	0.31	74.4	96	0.34	40.8	48	0.39	23.4	96	0.34	40.8	81	0.35	35.4	66	0.37	30.5
双眼灶+热水器	192	0.16	106.3	96	0.17	56.5	48	0.18	29.9	96	0.17	56.5	81	0.172	48.2	66	0.176	40.2
合计流量	—	—	180.7	—	—	97.3	—	—	53.3	—	—	97.3	—	—	83.6	—	—	70.7

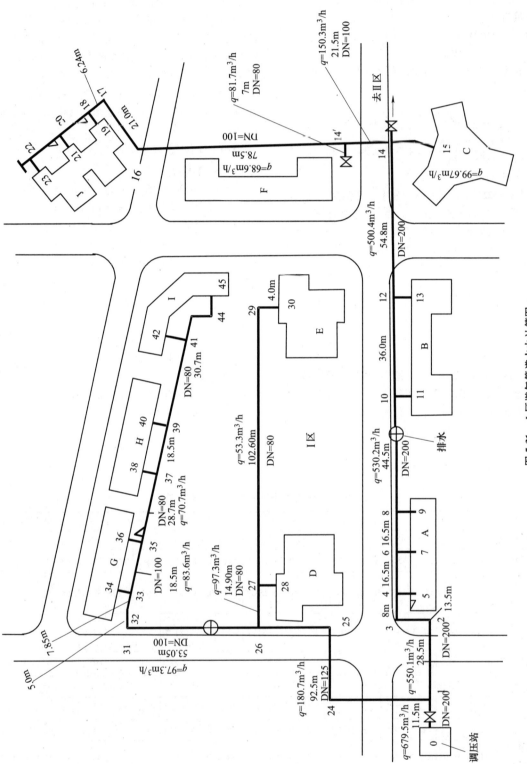

图 5-31　I 区燃气管道水力计算图

2）各管段管径估算。按式（5-31）计算，燃气流速按表 5-26 选取。

0—1 段取 $w = 8\text{m/s}$

$$d = 18.8\sqrt{q_{\text{v}}/w} = 18.8\sqrt{679.5/8}\,\text{mm} = 173\text{mm}$$

取 $DN = 200\text{mm}(\phi 219\text{mm} \times 6\text{mm})$。

1—2—8 段，取 $w = 7\text{m/s}$

$$d = 18.8\sqrt{q_{\text{v}}/w} = 18.8\sqrt{550.1/7}\,\text{mm} = 167\text{mm}$$

取 $DN = 200\text{mm}(\phi 219\text{mm} \times 6\text{mm})$。

1—24—26 段，取 $w = 6\text{m/s}$

$$d = 18.8\sqrt{q_{\text{v}}/w} = 18.8\sqrt{180.7/6}\,\text{mm} = 103\text{mm}$$

取 $DN = 125\text{mm}(\phi 133\text{mm} \times 4.5\text{mm})$。

在管径估算时，考虑到焦炉煤气虽经净化，但管道的结垢还比较严重，在选取管径时均作适当放宽。

按上述方法估算各管段的管径，结果可填入表 5-66 中。

表 5-66 I 区燃气干管各段水力计算

管段	计算流量 $q/(\text{m}^3/\text{h})$	管段长度 L/m	管段 DN/mm	局部阻力 局部阻力系数 $\sum\zeta$	$\frac{d}{\lambda}/\text{m}$	当量长度 L_{d}/m	计算长度 $(L+L_{\text{d}})/\text{m}$	单位长度压力降 查图值 $\frac{\Delta p}{l}/(\text{Pa/m})$	实际值 $(\Delta p/l)\rho/(\text{Pa/m})$	管段总压力降 $\Delta p/\text{Pa}$	调压站至管段末端总压力降 $/\text{Pa}$
0—1	679.5	11.5	200	—	—	1.15	12.65	1.85	0.85	10.8	10.8
1—8	550.1	83.0	200	—	—	8.30	91.30	1.25	0.58	53.0	63.8
8—12	530.2	80.5	200	—	—	8.05	88.55	1.20	0.55	48.7	112.5
12—14	500.4	54.8	200	—	—	5.48	60.28	1.10	0.51	31.7	144.2
14—14′	150.3	21.5	100	—	—	2.15	23.65	3.10	1.43	33.8	178.0
14′—18	68.6	105.5	100	—	—	10.55	116.05	0.72	0.33	38.3	216.3
1—26	180.7	92.5	125	—	—	9.25	101.75	1.50	0.69	70.2	81.0
26—27	97.3	14.9	80	1.5	3.2	4.8	19.70	5.4	2.48	48.9	129.9
27—30	53.3	106.6	80	1.0+1.1=2.1	3.2	6.72	113.32	1.8	0.83	94.1	224.0
26—33	97.3	65.9	100	—	—	6.59	72.49	1.4	0.64	46.6	127.4
33—35	83.6	18.5	100	—	—	1.85	20.35	1.05	0.48	9.8	137.2
35—41	70.7	77.9	80	0.35+3×1=3.35	3.2	10.72	88.62	3.0	1.38	122.3	259.5

3）各管段水力计算采用表 5-66 进行格式化计算。

表 5-66 计算说明：

① 局部阻力计算按管径大小采用两种方法：$DN > 80\text{mm}$ 时，局部阻力当量长度取管段长度的 10%计算；$DN \leqslant 80\text{mm}$ 时，局部阻力当量长度按 $L_{\text{d}} = \sum\zeta\,\dfrac{d}{\lambda}$ 计算，ζ 值查表 5-61，λ 值查表 5-28。

② 管段的单位长度压力降是根据管段的计算流量和管径查表 5-14，得 $\Delta p/l$ 值后再经实际燃气的密度进行修正。

4）燃气管道允许压力降的确定。

调压站出口燃气压力为 1500Pa，燃气用具额定压力为 1000Pa±200Pa，室内管道允许压力损失为 250Pa。所以调压站至室内进口的压力损失最大可达 450Pa，最小可为 50Pa。

从表 5-66 的计算结果看，从调压站至 I 区最远的三个节点 18、30 和 41，总压力降分别为 216.3Pa、224Pa 和 259.5Pa，均为允许的 50～450Pa。计算合格，所取管径合理。

【例 5-23】 室内燃气管道计算，五层住宅楼 1 单元，每户装双眼灶一台，额定用气量 1.4m³/h，使用人工煤气、燃气密度 $\rho = 0.46\text{kg/m}^3$。运动粘度 $\nu = 24.76\times10^{-6}\,\text{m}^2/\text{s}$。

解： 1）先作出燃气管道的平面图（图 5-32）及管道系统图（图 5-33），在系统图上对计算的管段进行编号 1~14，并将各管段的长度 L_1 标在系统图上。

根据室内燃气管道的计算流量公式［式（5-9）］ $q = K_{\text{t}}(\sum KNq_{\text{n}})$ 和居民生活用燃具的同时工作系数（表 5-9），将燃气系统各管段的计算流量列表进行计算，见表 5-67。

2）系统各管段的水力计算可采用表 5-68 进行。

以管段 1—2 为例进行计算：

① 局部阻力系数 ζ。查表 5-61 燃气管道局部阻力系数 ζ 值。

直角弯头 5 个，$\zeta = 2.2$，旋塞 1 个，$\zeta = 4$

$$\sum\zeta = 2.2\times5 + 4\times1 = 15$$

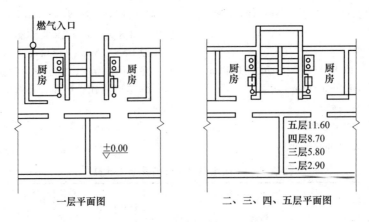

一层平面图　　　　二、三、四、五层平面图

图 5-32　室内燃气管道平面图

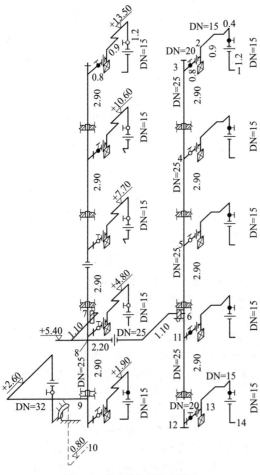

图 5-33　室内燃气管道系统图

计算 $\dfrac{d}{\lambda}$，λ 值查表 5-28（$K = 0.2$mm），$\dfrac{d}{\lambda} =$

$\dfrac{0.015}{0.0419}$m = 0.36m。

计算当量长度 $L_d = \sum \zeta \dfrac{d}{\lambda} = 15 \times 0.36$m = 5.4m

② 确定计算长度 $L = L_1 + L_d = (2.5 + 5.4)$m = 7.9m。

③ 计算单位长度的摩擦阻力损失 $\Delta p/L$，查表 5-41 低压人工煤气钢管摩擦阻力损失表，DN = 15mm（$\phi21.3$mm×2.75mm），用插入法求得 $q = 1.4$m³/h，$\Delta p_0/L = 6.64$Pa/m。

密度修正：$\Delta p/L = \Delta p_0/L \times 0.46 = 6.64 \times 0.46$Pa/m = 3.05Pa/m。

④ 计算管段阻力降：$\Delta p = \Delta p/L \cdot L = 3.05 \times 7.9$Pa = 24.1Pa。

⑤ 根据式（5-50）计算附加压头：

$p_F = 10(\rho_k - \rho_m)h = 10 \times (1.293 - 0.46) \times (-1.2)$Pa = -10Pa

⑥ 管段实际压力损失：$\Delta p - p_F = [24.1 - (-10)]$Pa = 34.1Pa。

各管段的实际压力损失均可重复①~⑥的计算步骤算出，计算结果见表 5-68。

【**例 5-24**】　一供热热水管网系统，供水温度 120℃，回水温度 80℃。用户 E、F、D 的计算热负荷分别为 3.35GJ/h、4.19GJ/h 和 2.51GJ/h，建筑物地面标高分别为 -1m、2m、2.5m，建筑物顶标高分别为 19m、20m、22.5m。热水管网平面布置如图 5-34 所示。热用户内部阻力均为 $\Delta p = 50$kPa，热源厂地面标高为 ±0m，热源厂热交换器内压力损失为 130kPa（13m）。试进行此热网的水力计算，并画出水压图。

表 5-67　1 单元住宅楼燃气管道各管段计算流量汇总

管段号	1—2	2—3	3—4	4—5	5—6	6—7	7—8	8—9	9—10	6—11	11—12	12—13	13—14
户数 N	1	1	1	2	3	5	8	9	10	2	1	1	1
额定流量 q_n/(m³/h)	1.4	1.4	1.4	2.8	4.2	7.0	11.2	12.6	14	2.8	1.4	1.4	1.4
同时工作系数 K	1.0	1.0	1.0	1.0	0.85	0.68	0.58	0.56	0.54	1.0	1.0	1.0	1.0
额定流量 q_j/(m³/h)	1.4	1.4	1.4	2.8	3.57	4.76	6.5	7.06	7.56	2.8	1.4	1.4	1.4

表 5-68　室内燃气管道水力计算

管段号	额定流量/(m³/h)	同时工作系数	计算流量/(m³/h)	管段长度 L_1/m	管径 d/mm	局部阻力系数 Σζ	(d/λ)/m	当量长度 L_d/m	计算长度 L/m	单位长度压力损失 $\frac{\Delta p}{L}$/(Pa/m)	Δp/Pa	管段终端始端标高差 ΔH/m	附加压头 p_F/Pa	管段实际压力损失/Pa	管段局部阻力系数计算及其他说明
1—2	1.4	1	1.4	2.5	15	15	0.36	5.4	7.9	3.05	24.1	-1.2	-10	34.1	90°直角弯头 ζ=5×2.2, 旋塞 ζ=4　$\frac{\Delta p}{L}$ = 6.64 × 0.46 = 3.05
2—3	1.4	1	1.4	0.8	20	6.2	0.53	3.3	4.1	0.92	3.8	—	—	3.8	90°直角弯头 ζ=2×2.1, 旋塞 ζ=2　$\frac{\Delta p}{L}$ = 2.0 × 0.46 = 0.92, 余类推
3—4	1.4	1	1.4	2.9	25	1.0	0.77	0.77	3.67	0.34	1.2	+2.9	+24.2	-23.0	三通直流 ζ=1.0
4—5	2.8	1	2.8	2.9	25	1.0	0.77	0.77	3.67	0.72	2.6	+2.9	+24.2	-21.6	三通直流 ζ=1.0
5—6	4.2	0.85	3.57	2.3	25	1.5	0.77	1.2	3.5	0.92	3.2	+2.3	+19.2	-16.0	三通分流 ζ=1.5
6—7	7.0	0.68	4.76	4.4	25	9.5	0.77	7.3	11.7	1.75	20.5	—	—	20.5	三通分流 ζ=1.5, 90°直角弯头 ζ=4×2.0
7—8	11.2	0.58	6.50	0.6	25	1.5	0.77	1.2	1.8	3.65	6.6	+0.6	+4.9	1.7	三通分流 ζ=1.5
8—9	12.6	0.56	7.06	2.1	25	1.5	0.77	1.2	3.3	4.57	15.1	+2.2	+18.3	-3.2	三通分流 ζ=1.5
9—10	14.0	0.54	7.56	11.0	32	11	0.98	10.8	21.8	1.15	25.1	+3.4	+28.3	-3.2	90°直角弯头 ζ=5×1.8, 旋塞 ζ=2
管道 1—2—3—4—5—6—7—8—9—10 总压力降 Δp = -6.9Pa															
14—13	1.4	1	1.4	2.5	15	15	0.36	5.4	7.9	3.05	24.1	-1.2	-10	34.1	同 1—2 管段
13—12	1.4	1	1.4	0.8	20	6.2	0.53	3.3	4.1	0.92	3.8			3.8	同 2—3 管段
12—11	1.4	1	1.4	2.9	25	1.0	0.77	0.77	3.67	0.34	1.2	-2.9	-24.2	25.4	同 3—4 管段
11—6	2.8	1	2.8	0.6	25	1.5	0.77	1.2	1.8	0.72	1.3	-0.6	-5.0	6.3	
管道 14—13—12—11—6—7—8—9—10 总压力降 Δp = 85.4Pa															

注：表中计算未包括燃气表的阻力损失，具体设计中应予以考虑。

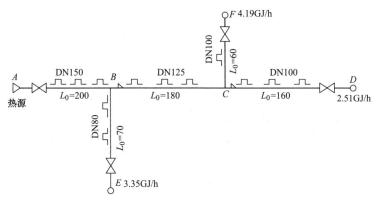

图 5-34　热水管网平面布置图

解：1）计算热水网各用户的质量流量。

$$q_{mE} = 1.05 \frac{3.35 \times 10^9}{4.19 \times 10^3 (120 - 80)} t/h = 21 t/h$$

$$q_{mF} = 1.05 \frac{4.19 \times 10^9}{4.19 \times 10^3 (120 - 80)} t/h = 26.25 t/h$$

$$q_{mD} = 1.05 \frac{2.51 \times 10^9}{4.19 \times 10^3 (120 - 80)} t/h = 15.73 t/h$$

2）主干管（$ABCD$）各管段的水力计算，确定主干管各段的管径、流速和压降。

① 主干管 AB 的计算流量：$q_{AB} = (21 + 26.25 + 15.73) t/h = 63 t/h$。

查表 5-40 热水管道水力计算表，$q_{AB} = 63 t/h$，$DN = 150mm$ 时，$w = 1.035 m/s$，$R = 91.95 Pa/m$。

查表 5-69 水管局部阻力当量长度。主干管 AB 的 $DN = 150mm$ 的局部阻力当量长度，闸门 1 只，$1 \times 2.1m = 2.1m$，矩形补偿器 3 只，$3 \times 14.2m = 42.6m$，局部阻力当量长度之和 $\sum L_d = (2.1 + 42.6) m = 44.7m$，管段 AB 的计算长度 $L = L_0 + \sum L_d = (200 + 44.7) m = 244.7m$，管段 AB 的总压力降：$\Delta p_{AB} = RL = 91.95 \times 244.7 Pa = 22.5 kPa$。

② 按主干管 AB 的方法，可进行主干管 BC 段、CD 段和分支管 BE 段、CF 段的水力计算，并将各段水力计算结果列于表 5-69。

3）水压图的制作。

先画出 OX、OY 坐标轴，OX 横坐标表示距离（m），OY 纵坐标表示高度（m），O 点为循环水泵入口标高，然后将建筑物距热源直线段、分支段的距离，地面标高和建筑物高度画在图上（见图 5-35）。

表 5-69　各段热水网水力计算结果

管段	热负荷 $Q/(GJ/h)$	流量 $q_m/(t/h)$	管段长度 L_0	局部阻力当量长度和 $\sum L_d$	计算长度 $L = L_0 + \sum L_d$	管径 DN/mm	流速 $w/(m/s)$	比压降 $R/(Pa/m)$	管段总压力降 $\Delta p/kPa$
AB	10.05	63	200	44.7	244.7	150	1.035	91.95	22.5
BC	6.7	42	180	43.1	223.1	125	0.99	107.1	23.9
CD	2.51	15.73	160	34.2	194.2	100	0.59	50.7	10.0
BE	3.35	21.0	70	24.47	94.47	80	1.15	250.5	23.7
CF	4.19	26.25	60	18.3	78.3	100	0.96	133.9	10.6

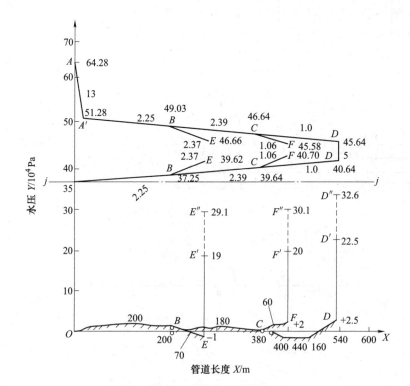

图 5-35　热水管网水压图

$E(-1)$、$F(+2)$、$D(+2.5)$ 代表建筑物地面标高。$E'(+19)$、$F'(+20)$、$D'(+22.5)$ 代表建筑物顶标高。$E'E''$、$F'F''$、$D'D''$ 的高度代表汽化压力。120℃热水汽化压力为 100.94kPa 取 10.1×10^4Pa，所以，E''、F''、D'' 的水压分别为 29.1×10^4Pa、30.1×10^4Pa、32.6×10^4Pa，安全裕度取 2×10^4Pa，最高点的静压力应为 $(32.6+2) \times 10^4$Pa $= 34.6 \times 10^4$Pa，所以取静水压线 j—j 为 35×10^4Pa。

根据上面的计算结果，热水管网各节点的压力可由 j 点往前推算：回水管 B 点，$(35+2.25) \times 10^4$Pa $= 37.25 \times 10^4$Pa，C 点 $(37.25+2.39) \times 10^4$Pa $= 39.64 \times 10^4$Pa，D 点 $(39.46+1.0) \times 10^4$Pa $= 40.64 \times 10^4$Pa。D 点用户供水压力为 $(40.64+5) \times 10^4$Pa（用户内部阻力）$= 45.64 \times 10^4$Pa，供水管 C 点 $(45.64+1.0) \times 10^4$Pa $= 46.64 \times 10^4$Pa，供水管 B 点 $(46.64+2.39) \times 10^4$Pa $= 49.03 \times 10^4$Pa，供水管 A' 点 $(49.03+2.25) \times 10^4$Pa $= 51.28 \times 10^4$Pa，供水管 A 点 $[51.28+13$（热交换器内阻力）$] \times 10^4$Pa $= 64.28 \times 10^4$Pa。分支管 E 点供水压力 $(49.03-2.37) \times 10^4$Pa $= 46.66 \times 10^4$Pa，E 点回水压力 $(37.25+2.37) \times 10^4$Pa $= 39.62 \times 10^4$Pa；分支管 F 点供水压力 $(46.64-1.06) \times 10^4$Pa $= 45.58 \times 10^4$Pa，F 点回水压力 $(39.64+1.06) \times 10^4$Pa $= 40.70 \times 10^4$Pa。E、F 用户压力降基本符合 5×10^4Pa，故设计合理。循环水泵扬程为 $(64.28-35) \times 10^4$Pa $= 29.28 \times 10^4$Pa（29.28m）。定压点为 35×10^4Pa（35m）。

【例 5-25】　锅炉出口饱和蒸汽压力 1.0MPa，管道采用地沟敷设，干管负荷不考虑热损失和各车间的同时使用系数，其他条件如图 5-36 所示，试确定各管段的管径。

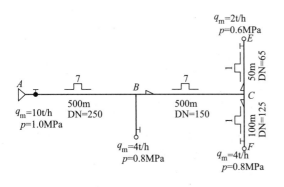

图 5-36　饱和蒸汽管道计算图

解：1）先假设局部阻力当量长度之和为整个直线段长度之和的 50%，则主干管 $ABCF$ 的单位平均压力降可控制为

$$
\begin{aligned}
R'_{ABCF} &= \frac{\Delta p}{L_{ABCF}(1+\alpha)} \\
&= \frac{(1.0-0.8) \times 10^6}{(500+500+100) \times (1+0.5)} \text{Pa/m} \\
&= 121.2 \text{Pa/m}
\end{aligned}
$$

2）AB 管段的计算：

B 点的压力 p'_B 可由单位平均压力降求出：

$p'_B = (1.0 - 500 \times 1.5 \times 121.2 \times 10^{-6})$MPa $= 0.909$MPa

查表 1-31 得：$\rho'_B = 5.10$kg/m³，$\rho'_A = 5.53$kg/m³，AB 段的平均密度 $\rho'_{AB} = (5.53+5.10)/2$kg/m³ $= 5.315$kg/m³。

查图 5-10d 得：$q_m = 10$t/h，DN = 200mm，$w = 82$m/s，$R = 330$Pa/m，密度修正后的实际流速与单位压力降应为 $w' = w/\rho'_{AB} = (82/5.315)$m/s $= 15.43$m/s，$R' = R/\rho'_{AB} = (330/5.315)$Pa/m $= 62.09$Pa/m，流速和压力降都符合要求，故不需修改管径。

当量长度计算，据 DN = 200mm 查表 5-55，AB 管段局部阻力当量长度：

闸阀　　1 只　　1×3.2m $= 3.2$m
光滑矩形伸缩器　7 只　7×21.3m $= 149.1$m
局部阻力当量长度之和为 $(3.2+149.1)$m $= 152.3$m
AB 管段的计算长度为 $(500+152.3)$m $= 652.3$m
AB 管段的实际压力降

$\Delta p_{AB} = R'L_j = 62.09 \times 652.3 \times 10^{-6}$MPa $= 0.0405$MPa

B 点的实际压力

$p_B = (1.0-0.0405)$MPa $= 0.9595$MPa

查表 1-31 得：$\rho_B = 5.34$kg/m³，AB 段实际平均密度 $\rho_{AB} = (5.53+5.34)/2$kg/m³ $= 5.435$kg/m³，与假定的蒸汽平均密度 $\rho'_{AB} = 5.315$kg/m³ 不符，应重新修改计算。

假定 AB 管段的平均密度 $\rho'_{AB} = 5.435$kg/m³，则密度修正后的实际流速与单位压力降应为 $w' = 82/5.435$m/s $= 15.09$m/s，$R' = 330/5.435$Pa/m $= 60.72$Pa/m，AB 管段的实际压力降：$\Delta p_{AB} = 60.72 \times 652.3 \times 10^{-6}$MPa $= 0.03961$MPa，B 点的实际压力 $p_B = (1-0.03961)$MPa $= 0.9604$MPa，查表 1-31 得，$\rho_B = 5.339$kg/m³，则 AB 段实际平均密度 $\rho_{AB} = (5.53+5.339)/2$kg/m³ $= 5.4345$kg/m³，与假定的蒸汽平均密度 $\rho'_{AB} = 5.435$kg/m³ 基本相符，故不需修改重算。

据以上计算，AB 段 $w' = 82/5.4345$m/s $= 15.09$m/s，$R' = 330/5.4345$Pa/m $= 60.72$Pa/m，$\Delta p_{AB} = 60.72 \times 652.3 \times 10^{-6}$MPa $= 0.0396$MPa，$p_B = (1-0.0396)$MPa $=$

0.9604MPa，$\rho_B = 5.339\text{kg/m}^3$，$\rho_{AB} = 5.4345\text{kg/m}^3$。

3）BC 管段的计算：

C 点的压力 p'_C 可由单位平均压力降求出：

$$p'_C = (0.9604 - 121.2 \times 1.5 \times 500 \times 10^{-6})\text{MPa}$$
$$= 0.8695\text{MPa}$$

查表 1-31 得：

$p'_C = 4.90\text{kg/m}^3$，BC 段的平均密度 $\rho'_{BC} = (5.339 + 4.90)/2\text{kg/m}^3 = 5.12\text{kg/m}^3$。

查图 5-10d 得 $q_m = 6\text{t/h}$，$DN - 150\text{mm}$，$w = 94\text{m/s}$，$R = 640\text{Pa/m}$，密度修正后的实际流速和单位压力降应为 $w' = w/\rho'_{BC} = (94/5.12)\text{m/s} = 18.36\text{m/s}$，$R' = R/\rho'_{BC} = (640/5.12)\text{Pa/m} = 125\text{Pa/m}$，流速和压力降都基本符合要求，故不需修改管径。

当量长度计算，据 $DN = 150\text{mm}$ 查表 5-55，BC 段局部阻力当量长度：

分流直通 $DN = 200\text{mm}$，1 只，$1 \times 10.6\text{m} = 10.6\text{m}$

异径管 $DN_1 = 200\text{mm}$，$DN_2 = 150\text{mm}$，1 只，$1 \times 3.2\text{m} = 3.2\text{m}$

矩形补偿器，7 只，$7 \times 14.2\text{m} = 99.4\text{m}$

局部阻力当量长度之和为 $(10.6 + 3.2 + 99.4)\text{m} = 113.2\text{m}$

BC 管段的计算长度为 $(500 + 113.2)\text{m} = 613.2\text{m}$

BC 管段的实际压力降

$$\Delta p_{BC} = R'L_j = 125 \times 613.2 \times 10^{-6}\text{MPa}$$
$$= 0.07665\text{MPa}$$

C 点的实际压力 $p_C = (0.9604 - 0.07665)\text{MPa} = 0.884\text{MPa}$，查表 1-31 得，$\rho_C = 4.97\text{kg/m}^3$，$BC$ 段实际平均密度 $\rho_{BC} = (5.339 + 4.97)/2\text{kg/m}^3 = 5.15\text{kg/m}^3$ 与假定的平均密度 ρ'_{BC} 相差不多，不需修改重算。

据以上计算，BC 段 $w' = (94/5.15)\text{m/s} = 18.25\text{m/s}$，$R' = (640/5.15)\text{Pa/m} = 124\text{Pa/m}$，$\Delta p_{BC} = 124 \times 613.2 \times 10^{-6}\text{MPa} = 0.076\text{MPa}$，$p_C = (0.9604 - 0.076)\text{MPa} = 0.8844\text{MPa}$，$\rho_C = 4.97\text{kg/m}^3$，$\rho_{BC} = 5.15\text{kg/m}^3$。

CF、CE 管段按上述的方法计算，现将计算结果列于表 5-70。

表 5-70 厂区饱和蒸汽热网水力计算

管段编号	蒸汽流量 q_m /(t/h)	管段长度 /m	假定压力、密度 始端压力 /MPa	假定压力、密度 终端压力 /MPa	假定压力、密度 平均密度 /(kg/m³)	应控制平均压降 /(Pa/m)	管径 ($\phi \times \delta$) /(mm×mm)	$\rho = 1\text{kg/m}^3$ 时 压降 /(Pa/m)	$\rho = 1\text{kg/m}^3$ 时 流速 /(m/s)	平均密度时 压降 /(Pa/m)	平均密度时 流速 /(m/s)	当量长度 /m	总长度 /m	总的阻力损失 /MPa	实际压力、密度 始端压力 /MPa	实际压力、密度 终端压力 /MPa	实际压力、密度 平均密度 /(kg/m³)
AB	10	500	1.0	0.909	5.315	121.2	219×6	330	82	60.72	15.09	152.3	652.3	0.04	1.0	0.96	5.4345
BC	6	500	0.96	0.8695	5.12	121.2	159×4.5	640	94	124	18.25	113.2	613.2	0.076	0.96	0.884	5.15
CF	4	100	0.884	0.866	4.97	121.2	133×4	750	91	151	18.3	29.3	129.3	0.02	0.884	0.864	4.94
CE	2	50	0.884	0.6	4.3	—	73×4	4000	144	930	33.5	22.51	72.51	0.07	0.884	0.814	4.82

注：1. CF 段当量长度分流三通 $DN = 150\text{mm}$，1 个，14.2m；异径管 $DN = 150\text{mm}$，1 个，2.1m；矩形补偿器 1 个，$DN = 125\text{mm}$，11.3m；闸阀 $DN = 125\text{mm}$，1 个，1.7m；总计 29.3m。

2. CE 段当量长度分流三通 $DN = 150\text{mm}$，1 个，14.2m；异径管 $DN = 150\text{mm}$，1 个，2.1m；矩形补偿器 $DN = 65\text{mm}$，1 个，5.4m；闸阀 $DN = 65\text{mm}$，1 个，0.81m；总计 22.51m。

3. 在用户入口处的压力如果太大，可以用阀门调节或装减压阀。

【例 5-26】 STANET 水力计算软件介绍及案例。

（1）STANET 水力平衡分析软件在供热系统中的作用

1）新建管网的规划和设计。规划和设计新建管网时，软件可以根据热负荷、流速、经济比摩阻等优化管网的管道规格。

2）热力管网的运行工况分析及问题诊断。软件可以模拟实际运行工况下热网的水力运行参数，分析出全网中的不热用户及问题管段，通过调节热源或者用户的参数来模拟各种调节方案，并通过对运行参数的分析找到改善运行工况的办法，进而改善供热状态，提高供热服务质量。

3）制定热网改造方案。用户可根据管网的新增采暖负荷、经济比摩阻、流速及流量等参数对管网进行改造，软件可对用户的多种改造方案进行模拟计算，确定经济合理的技术方案，降低管网改造成本。

4）多热源及环网计算。软件通过迭代计算，可以计算包含多个环路的管网，并且计算准确，简单快捷。软件有多热源可以提高供热系统的质量和运行可靠性，提高调整的灵活性及合理利用能源等多个方面的优势。软件可以根据环境温度的变化及各个热源的运行成本，制定出各热源的出口参数及合理的投运方案。

5）供热负荷预测。软件根据气象条件、热源基本信息、生产负荷、热力站运行参数以及用户室内温度等生产运行相关的各类信息的分析，预测未来的供热负荷，从而确定经济合理的运行方案，进行科学的调度运行。

6）提高运行管理水平。根据热负荷预测制定一份详细的运行方案，指导运行人员的日常操作，使运行人员明确知道不同工况下执行的温度水平和压力水平，提高运行管理水平。

7）降低能源消耗，节约运行费用。软件可以根据室外温度的变化，计算出不同环境条件下热网系统对热源输出流量、压力、供回水温差等参数的要求，真正实现"看天供暖"，从而降低能源消耗，节约运行成本。

8）软件可以利用 GIS。GIS 已在集中供热系统中得到了广泛应用，GIS 可以提升集中供热信息化的构建，而且能够优化科学管理，保障城市供热的科学性。

9）大数据的处理。软件可对历史数据进行大数据处理，从而可以搭建室内温度及室外温度变化相关关系模型，满足采暖热用户舒适度的要求。

10）动态水力计算——水锤分析。软件可模拟管网中阀门突然关闭或开启、水泵机组突然停车等工况容易引起的水锤现象。

软件可提出对应措施，有效提高管网在事故工况下的安全性和可靠性。

11）水泵（变频泵）的设置。根据水泵的流量-扬程特性曲线确定水泵的型号，使水泵的工作点在水泵高效工作范围内。软件可以模拟多台水泵并联运行，并且可以选用不同型号的水泵并联运行。软件根据不同工况计算出水泵转速。

（2）STANET 水力平衡分析软件的特点及优势

1）强大的导入及导出功能。软件能直接导入 AutoCAD 文件，可大幅减少用户建模时间。同时，软件也可导出 AutoCAD 文件，方便用户读取及修改。

2）计算管网热损失。软件可以输入管道参数，并根据实际情况计算管道的热损失，从而可以对热网进行更加准确的模拟。软件内置国际通用的 IAPWS-IF97 国际水蒸气规范，可依据压力、温度等参数，自动计算出热网各节点的密度、粘度等参数，从而使热网的计算结果更加准确可靠。

3）创建供回水管道。大多数水力计算软件只能创建单根管道，而 STANET 软件能同时创建供回水管道，可以在供回水管中设置具有不同扬程的水泵（供水小，回水大），可以使管网中水泵的设计更加经济、合理，并且能实现一供两回或两供一回等复杂管网的水力计算。

4）可以在相同管网中实现不同的回水温度。软件可以在相同的管网中输入不同的回水温度，适用于新兴的大温差长输管网，可以使新型大温差机组和原有普通温差机组混合使用。

5）强大的属性图例功能。根据水力计算结果，用户可以在软件内建立自己的属性图例，可以直观地观看温度、压力、比摩阻等管网关键参数在管网中的分布情况。为解决管网问题，调整管网参数，提供方便快捷的参考依据。

6）强大的编辑功能。软件具有排序、分类、过滤、批处理的功能，可以统计管网中的管径及长度等，并可极大地提高操作人员的工作效率。

7）强大的控制功能。软件的控制功能十分强大，用户可以通过自定义公式来实现各种调节功能，包括管网供水温度调节、阀门开度调节、水泵转速自动调节等功能。

8）自定义结果参数。用户可以根据需要自定义网络中没有的结果参数，方便用户分析计算结果。

9）结果报告的输出。用户可根据自己的需要输出个性化的结果报告。

（3）利用 STANET（集中供热模块）软件绘制水压图案例 某城市冬季采用热电厂高温水供热，供热首站设在电厂内部，最远供热距离 21km。一次管网供回水温度 120/70℃，管网设计压力 1.6MPa，最大流量 9200t/h，供热主管 DN=1200mm。

按照软件要求，输入总体控制参数、各节点编号、高程、距离、流量等相关参数，对本供热系统进行简单快速建模。由于供热半径远、沿途地形高差大，在回水管道上设置加压泵站。

经简单调整，软件输出的水力计算简图详见图 5-37，一次网供热干线水压图详见图 5-38。

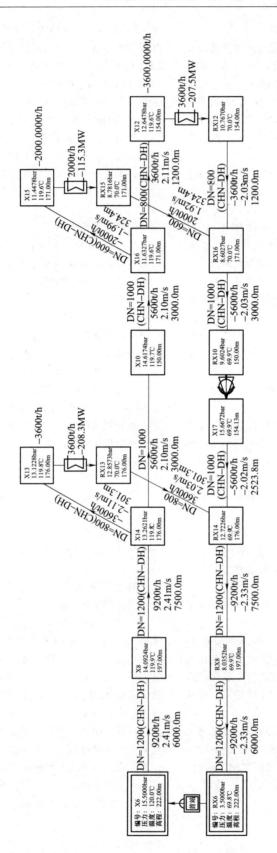

图5-37 水力计算简图

注：1bar＝10⁵Pa。

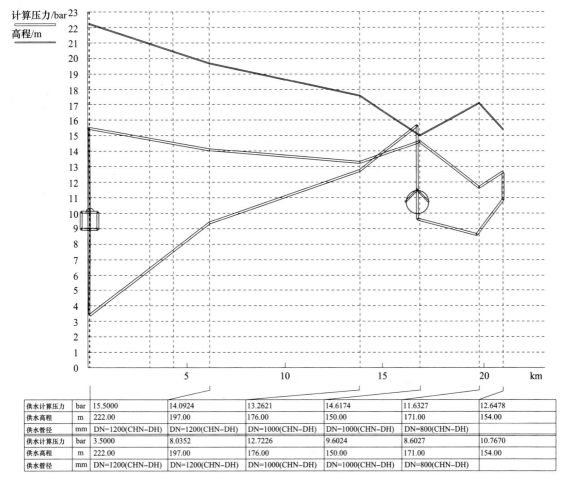

供水计算压力	bar	15.5000	14.0924	13.2621	14.6174	11.6327	12.6478
供水高程	m	222.00	197.00	176.00	150.00	171.00	154.00
供水管径	mm	DN=1200(CHN–DH)	DN=1200(CHN–DH)	DN=1000(CHN–DH)	DN=1000(CHN–DH)	DN=800(CHN–DH)	
供水计算压力	bar	3.5000	8.0352	12.7226	9.6024	8.6027	10.7670
供水高程	m	222.00	197.00	176.00	150.00	171.00	154.00
供水管径	mm	DN=1200(CHN–DH)	DN=1200(CHN–DH)	DN=1000(CHN–DH)	DN=1000(CHN–DH)	DN=800(CHN–DH)	

图 5-38　一次网供热干线水压图

注：$1bar = 10^5 Pa$。

第6章 管道热补偿

6.1 概述

热力管道设计时必须重视热胀冷缩的问题。为使管道在热状态下稳定和安全，减少管道热胀冷缩时所产生的应力，管道受热时的热伸长量应考虑补偿。

6.1.1 管道热补偿方法

1）利用管道自身弯曲的自然补偿。

2）采用补偿器（GB/T 12777 等标准称为"膨胀节"，而实际工程中和现有手册、图集中大多数称为"补偿器"，本书为方便工程技术人员使用，采用"补偿器"这一名词）。

6.1.2 目前常用的热补偿器

1）方（矩）形补偿器。

2）波纹（波形）补偿器。

3）旋转式补偿器。

4）套管式补偿器。

5）球形补偿器。

6）波纹套筒复合式补偿器。

6.1.3 管道热补偿设计原则

1）首先应从管道布置上考虑自然补偿。

2）应考虑管道的冷紧。

3）在上述两条件未能满足管道热伸长补偿要求时，必须采用补偿器。

4）在选择补偿器时，应因地制宜选择合适的补偿器。

5）补偿器的位置应使管道布置美观、协调。

6.2 管道热伸长量计算

管道热伸长量按式（6-1）计算。

$$\Delta L = L\alpha(t_2 - t_1) \qquad (6-1)$$

式中 ΔL——管道热伸长量（m）；

L——计算管长（m）；

α——管道的平均线膨胀系数 $[\times 10^{-6}/℃]$，见表 6-1；

t_2——管道内介质温度（℃）；

t_1——管道设计安装温度（℃），可取用 20℃。

表 6-1 常用管材的线膨胀系数（从 20℃至下列温度） （单位：$10^{-6}/℃$）

钢号	Q235	Q345	10	20，20G	15CrMoG	12Cr1MoVG	06Cr19Ni10
标准号	GB/T 3091—2008	GB/T 8163—2008	GB 3087—2008	GB 3087—2008 GB 5310—2008	GB 5310—2008	GB 5310—2008	GB/T 14976—2012
设计温度/℃ 20	—	—	—	—	—	—	—
50	—	—	—	—	—	—	16.54
100	12.2	8.31	11.9	11.16	11.9	13.6	16.84
150	—	—	—	—	—	—	17.06
200	13	10.99	12.6	12.12	12.6	13.7	17.25
250	13.23	11.6	12.7	12.45	12.9	13.85	17.42
260	13.27	11.78	12.72	12.52	12.96	13.88	—
280	13.36	12.05	12.76	12.65	13.08	13.94	—
300	13.45	12.31	12.8	12.78	13.2	14	17.61
320	—	12.49	12.84	12.99	13.3	14.04	—
340	—	12.68	12.88	13.2	13.4	14.08	—
350	—	12.77	12.9	13.31	13.45	14.1	17.79
360	—	12.86	12.92	13.41	13.5	14.12	—
380	—	13.04	12.96	13.62	13.6	14.16	—
400	—	13.22	13	13.83	13.7	14.2	17.99
410	—	—	13.1	13.84	13.73	14.23	—
420	—	—	13.2	13.85	13.76	14.26	—
430	—	—	13.3	13.86	13.79	14.29	—
440	—	—	13.4	13.87	13.82	14.32	—
450	—	—	13.5	13.88	13.85	14.35	18.19
460	—	—	—	13.89	13.88	14.38	—

（续）

钢号	Q235	Q345	10	20, 20G	15CrMoG	12Cr1MoVG	06Cr19Ni10
标准号	GB/T 3091—2008	GB/T 8163—2008	GB 3087—2008	GB 3087—2008 GB 5310—2008	GB 5310—2008	GB 5310—2008	GB/T 14976—2012
设计温度/℃ 470	—	—	—	13.9	13.91	14.41	—
480	—	—	—	13.91	13.94	14.44	—
490	—	—	—	13.97	14.47	14.47	—
500	—	—	—	14	14.5	14.5	18.34

注：本表数据摘自（DL/T 5054—2016）《火力发电厂汽水管道设计规范》。

常用管材的弹性模量见表 6-2。

表 6-2　常用管材的弹性模量　（单位：GPa）

钢号	Q235	Q345	10	20, 20G	15CrMoG	12Cr1MoVG	06Cr19Ni10
标准号	GB/T 3091—2008	GB/T 8163—2008	GB 3087—2008	GB 3087—2008 GB 5310—2008	GB 5310—2008	GB 5310—2008	GB/T 14976—2012
设计温度/℃ 20	206	206	198	198	206	208	195
100	200	200	191	183	199	205	191
200	192	189	181	175	190	201	184
250	188	185	176	171	187	197	181
260	187	184	175	170	186	196	—
280	186	183	173	168	183	194	—
300	184	181	171	166	181	192	177
320	—	179	168	165	179	190	—
340	—	177	166	163	177	188	—
350	—	176	164	162	176	187	173
360	—	175	163	161	175	186	—
380	—	173	160	159	173	183	—
400	—	171	157	158	172	181	169
410	—	—	156	155	171	180	—
420	—	—	155	153	170	178	—
430	—	—	155	151	169	177	—
440	—	—	154	148	168	175	—
450	—	—	153	146	167	174	164
460	—	—	—	144	166	172	—
470	—	—	—	141	165	170	—
480	—	—	—	129	164	168	—
490	—	—	—	—	164	166	—
500	—	—	—	—	163	165	160

注：本表数据摘自（DL/T 5054—2016）《火力发电厂汽水管道设计规范》，并进行了重新编排。

6.3　管道自然补偿

6.3.1　概述

热力管道布置时应充分利用管道自身自然弯曲（柔性）来补偿管道的热伸长。

当弯管转角小于 150°时，能用作自然补偿；大于 150°时不能用作自然补偿。

自然补偿的管道臂长一般不应超过 25m，弯曲应力不应超过 $[\sigma_{bw}]=80\text{MPa}$。

动力管道设计中自然补偿常用的为 L 形直角弯、Z 形折角弯及空间立体弯三类自然补偿。

6.3.2　平面自然补偿管段短臂长度的计算

1. L 形直角弯自然补偿

L 形自然补偿管段如图 6-1 所示，其短臂长度 l 按式（6-2）计算，也可由图 6-2 查得。

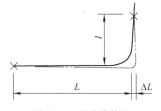

图 6-1　L 形补偿管段

$$l = 1.1\sqrt{\frac{\Delta LD}{300}} \qquad (6\text{-}2)$$

式中　l——L形自然补偿短臂长度（m）；

　　　ΔL——长臂 L 的热伸长量（mm）；

　　　D——管道外径（mm）。

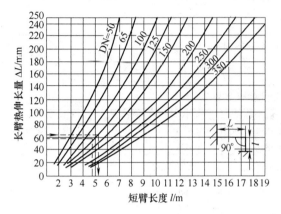

图 6-2　L形短臂长度线算图

【例 6-1】 已知：蒸汽管管材为 10 号钢，管径为 $\phi108mm\times4mm$，蒸汽温度 220℃，管道设计安装温度为 20℃，直角弯头长臂 $L=25m$。

求：L形自然补偿短臂最小长度 l。

解： 1) 采用式（6-2）计算。

由式（6-1）计算 ΔL，α 查表 6-1（10 号钢 220℃）得 $12.64\times10^{-6}/℃$。

$$\Delta L = L\alpha(t_2 - t_1)$$
$$= 25\times12.64\times10^{-6}\times(220-20)m$$
$$= 0.063m$$

由式（6-2）计算 l 得

$$l = 1.1\times\sqrt{\frac{63\times108}{300}}m = 5.2m$$

2) 采用查曲线图法。

根据 ΔL，在图 6-2 纵坐标上 63mm 处向右与DN=100mm 斜线相交，由交点垂直向下与横坐标相交，查得 $l=5.1m$（如虚线所示）。与计算法基本相符。

2. Z形折角弯自然补偿

Z形自然补偿管段如图 6-3 所示，其短臂长度 l 按式（6-3）计算，也可由图 6-4 查得。

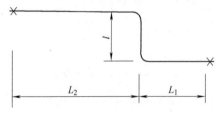

图 6-3　Z形自然补偿管段

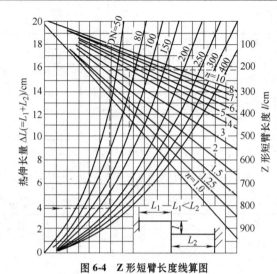

图 6-4　Z形短臂长度线算图

$$图中 n = \frac{L_1+L_2}{L_1}$$

$$l = \left[\frac{6\Delta LED}{10[\sigma_{bw}](1+1.2n)}\right]^{\frac{1}{2}} \qquad (6\text{-}3)$$

式中　l——Z形自然补偿短臂长度（m）；

　　　ΔL——（L_1+L_2）的总热伸长量（m）；

　　　E——管道材料的弹性模量（GPa），见表 6-2；

　　　D——管道外径（mm）；

　　　$[\sigma_{bw}]$——弯曲许用应力（MPa），采用 $[\sigma_{bw}]\leq80MPa$，查表 1-24；

　　　n——等于 $\frac{L_1+L_2}{L_1}$ 且 $L_1<L_2$。

【例 6-2】 已知：蒸汽管道管材为 10 号钢，管径为 $\phi219mm\times6mm$，$L_1=6m$，$L_2=9m$，计算温差 $\Delta t=200℃$。

求：Z形自然补偿短臂长度 l。

解： 1) 采用式（6-3）计算。

由式（6-1）计算 ΔL，α 查表 6-1（10 号钢 220℃）得 $12.64\times10^{-6}/℃$，查表 1-24 得 $[\sigma_{bw}]$ 取 70MPa。

$$\Delta L = (L_1+L_2)\alpha\Delta t$$
$$= (6+9)\times12.64\times10^{-6}\times200m$$
$$= 0.038m$$

$$n = \frac{L_1+L_2}{L_1} = \frac{6+9}{6} = 2.5$$

由式（6-3）计算得

$$l = \left[\frac{6\times0.038\times179\times219}{10\times70\times(1+1.2\times2.5)}\right]^{\frac{1}{2}}m = 1.8m$$

2) 采用查曲线图法：

根据 ΔL，在图 6-4 纵坐标上 3.8cm 处水平向右与 DN=200mm 斜线相交点，垂直向上与 n=2.5 斜线相交，由该点折向右方与纵坐标相交，查得 l = 210cm=2.1m（如虚线所示），取用 l=2.1m。

6.3.3　空间自然补偿管段的近似验算

空间立体管段，其自补偿能力是否满足要求，可按式（6-4）判别。

$$\frac{DN\Delta L}{(L-U)^2} \leq 20.8 \qquad (6-4)$$

式中　DN——管道公称直径（mm）；

ΔL——管道三个方向热伸长量的向量和（cm）；

L——管道展开总长度（m）；

U——管道两端固定点之间的直线距离（m）。

式（6-4）的使用条件：一根管道，管材管径一致；两端必须是固定点；中间无限位支吊架；无分支管。

【例 6-3】　已知某锅炉房一段蒸汽管道，管径为 ϕ159mm×5mm，采用 20 号无缝钢管，蒸汽压力 1.0 MPa，蒸汽温度 300℃，管道设计安装温度为 20℃，管道布置尺寸如图 6-5 所示。

要求验算其自补偿能力是否满足。

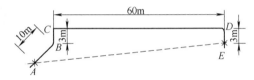

图 6-5　某立体管段尺寸

解：本管段满足式（6-4）的使用条件，故采用式（6-4）验算其自补偿能力。

热伸长量按式（6-1）计算。线膨胀系数查表 6-1 得 α=12.78×10^{-6}/℃。

AB 段热伸长量：

ΔL_{AB}=10×12.78×10^{-6}×（300-20）m＝0.03578m
　　　　＝3.578cm

CD 段热伸长量：

ΔL_{CD}=60×12.78×10^{-6}×（300-20）m＝0.2147m
　　　　＝21.47cm

BC 段=DE 段，其热伸长量：

$\Delta L_{BC}=\Delta L_{DE}$=3×12.78×10^{-6}×（300-20）m
　　　　＝0.01073m=1.073cm

管段三个方向热伸长量的向量和：

$$\Delta L = \sqrt{\Delta L_{AB}^2 + (\Delta L_{BC} - \Delta L_{DE})^2 + \Delta L_{CD}^2}$$
$$= \sqrt{(3.578)^2 + (1.073-1.073)^2 + (21.47)^2}\ cm$$
$$= 21.77cm。$$

两固定点 A、E 之间的直线距离：

$$U = \sqrt{AB^2 + CD^2} = \sqrt{10^2 + 60^2}\ m=60.8m。$$

管道展开总长度：

$L=AB+BC+CD+DE=$（10+3+60+3）m=76m

管道公称直径 DN=159mm。

由式（6-4）得

$$\frac{DN\Delta L}{(L-U)^2} = \frac{159 \times 21.77}{(76-60.8)^2} = 14.98 < 20.8$$

故本管段自补偿能力满足要求，管道布置是安全的。

6.3.4　管道自补偿能力判别

动力管道中，一般热力管道可只判别其热补偿是否满足要求，不进行复杂的应力计算。一根两端点间、无限位支吊点的无分支的管道，其自补偿能力是否满足要求，按以下进行判别：［本判别摘自 DL/T 5054—2016《火力发电场汽水管道设计规范》附录 C］

1）首先，按式（6-5）、（6-6）计算 u、v 值。

$$u = L/a - 1 \qquad (6-5)$$

$$v = nD/L \qquad (6-6)$$

式中　L——固定点间的管道展开长度（m）；

a——固定点间的直线距离（m）；

D——管道外径（mm）；

n——管道强度特性，按式（6-7）计算；

$$n = 10^{-3} E^t \alpha^t (t - t_{er})/[\sigma]^t \qquad (6-7)$$

式中　t——设计温度（℃）；

t_{er}——设计安装温度（℃）；

E^t——设计温度下管材的金属弹性模量（kN/mm^2），见表 6-2；

α^t——设计温度下管材的线膨胀系数（10^{-6}/℃），见表 6-1；

$[\sigma]^t$——钢材在设计温度时的许用应力（MPa），见表 1-24。

2）利用图 6-6 估算管道补偿能力曲线进行判别：当所求出的 u、v 值在估算管道补偿能力曲线上查得的对应点落在 A 区域内时，则管道可以满足自补偿；当落在 B 区域内时，应精确计算后确定；当落在 C 区域内时，则不能满足自补偿。

3）如果管道某段的横截面是变化的，则在确定管道的展开长度时，可用折算展开长度 L' 代替实际展开长度 L。若将大端管道长度折合成小端管道长度，可按式（6-8）计算。

$$L' = L\left(\frac{r_b}{r_m}\right)^3 \frac{S_b}{S_m} \qquad (6-8)$$

式中　L'——管道折算长度（m）；

r_m——大端管道横截面平均半径（mm）；

S_m——大端管道壁厚（mm）；

r_b——小端管道平均半径（mm）；

S_b——小端管道壁厚（mm）。

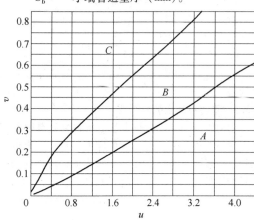

图 6-6　估算管道补偿能力曲线

4）相同温度、相同材质、相同外径、形状相似的管系可按照应力与管道长度成反比的原则考虑；相同温度、相同材质、相同形状与尺寸，但管外径不同的管系可按照应力与管外径成正比的原则考虑。

6.4　管道热补偿器类型

6.4.1　方（矩）形补偿器

1．概述

方（矩）形补偿器是动力管道设计中最常用的

一种补偿器，它是由四个 90°弯头组成，常用的有四种类型，如图 6-7 所示。

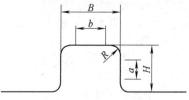

图 6-7　方（矩）形补偿器

1 型（$b=2a$）　　2 型（$b=a$）

3 型（$b=0.5a$）　　4 型（$b=0$）

方（矩）形补偿器的自由臂（导向支架至补偿器外伸臂的距离），一般为 40 倍公称直径的长度。

方（矩）形补偿器安装时一般必须预拉伸，预拉伸值：当介质温度 250℃以下时，为计算热伸长量的 50%；当介质温度 250~400℃时，为计算热伸长量的 70%。

方（矩）形补偿器选择见表 6-3。

2．方（矩）形补偿器弹性力计算

方（矩）形补偿器的弹性力 F_K 按式（6-9）计算。

$$F_K = \frac{98\sigma_{bw}W}{H} \qquad (6-9)$$

式中　F_K——方（矩）形补偿器的弹性力（N）；

σ_{bw}——管道弹性弯曲应力（MPa）；

W——管道截面系数（cm³）；

H——补偿器外伸臂长度（cm）。

表 6-3　方（矩）形补偿器选择

补偿能力 ΔL/mm	型号	公称直径/mm											
		20	25	32	40	50	65	80	100	125	150	200	250
		外伸臂长 $H(=a+2R)$/mm											
30	1	450	520	570	—	—	—	—	—	—	—	—	—
	2	530	580	630	670	—	—	—	—	—	—	—	—
	3	600	760	820	850	—	—	—	—	—	—	—	—
	4	—	760	820	850	—	—	—	—	—	—	—	—
50	1	570	650	720	760	790	860	930	1000	—	—	—	—
	2	690	750	830	870	880	910	930	1000	—	—	—	—
	3	790	850	930	970	970	980	980	—	—	—	—	—
	4	—	1060	1120	1140	1050	1240	1240	—	—	—	—	—
75	1	680	790	860	920	950	1050	1100	1220	1380	1530	1800	—
	2	830	930	1020	1070	1080	1150	1200	1300	1380	1530	1800	—
	3	980	1060	1150	1220	1180	1220	1250	1350	1450	1600	—	—
	4	—	1350	1410	1430	1450	1450	1350	1450	1530	1650	—	—
100	1	780	910	980	1050	1100	1200	1270	1400	1590	1730	2050	—
	2	970	1070	1170	1240	1250	1330	1400	1530	1670	1830	2100	2300
	3	1140	1250	1360	1430	1450	1470	1500	1600	1750	1830	2100	—
	4	—	1600	1700	1780	1700	1710	1720	1730	1840	1980	2190	—
150	1	—	1100	1260	1270	1310	1400	1570	1730	1920	2120	2500	—
	2	—	1330	1450	1540	1550	1660	1760	1920	2100	2280	2630	2800
	3	—	1560	1700	1800	1830	1870	1900	2050	2230	2400	2700	2900
	4	—	—	—	2070	2170	2200	2200	2260	2400	2570	2800	3100

（续）

补偿能力 ΔL/mm	型号	公称直径 mm											
		20	25	32	40	50	65	80	100	125	150	200	250
		外伸臂长 H(=a+2R)/mm											
200	1	—	1240	1370	1450	1510	1700	1830	2000	2240	2470	2840	—
	2	—	1540	1700	1800	1810	2000	2070	2250	2500	2700	3080	3200
	3	—	—	2000	2100	2100	2220	2300	2450	2670	2850	3200	3400
	4	—	—	—	—	2720	2750	2770	2780	2950	3130	3400	3700
250	1	—	—	1530	1620	1700	1950	2050	2230	2520	2780	3160	—
	2	—	—	1900	2010	2040	2260	2340	2560	2800	3050	3500	3800
	3	—	—	—	—	2370	2500	2600	2800	3050	3300	3700	3800
	4	—	—	—	—	—	3000	3100	3230	3450	3640	4000	4200

注：表中 ΔL 是按安装时冷拉 ΔL/2 计算的。

方（矩）形补偿器的弹性力 F_K，也可由表 6-4 查得。表 6-4 根据式（6-9）计算得出。

撅弯方形补偿器的补偿能力和弹性力也可由线算图查得（图 6-8）。

直角焊接弯方形补偿器的补偿能力和弹性力由线算图图 6-9~图 6-21 查得。

表 6-4　方（矩）形补偿器的弹性力 （单位：N）

H/mm \ DN/mm	25	32	40	50	70	80	100	125	150	200	250	300	350	400	500	600
D/mm×δ/mm	32×2.5	38×2.5	45×2.5	57×3.5	76×3.5	89×3.5	108×4	133×4	159×4.5	219×6	273×7	325×8	377×9	426×9	529×9	630×9
250	660	1020	1480	3270	—	—	—	—	—	—	—	—	—	—	—	—
500	330	510	740	1630	3040	4250	7250	11200	18100	46000	83500	—	—	—	—	—
750	220	340	500	1090	2020	2830	4800	—	—	—	—	—	—	—	—	—
1000	170	260	370	820	1520	2120	3600	5600	9030	22900	41700	67700	10300	—	—	—
1250	—	—	300	650	1220	1700	2900	—	—	—	—	—	—	—	—	—
1500	—	—	250	550	1020	1420	2400	3740	6000	1530	28000	45250	68500	—	—	—
1750	—	—	210	470	870	1220	2100	—	—	—	—	—	—	—	—	—
2000	—	—	190	410	760	1060	1800	2800	4500	11500	20800	33900	61500	66300	103500	148000
2250	—	—	170	360	680	950	1600	—	—	—	—	—	—	—	—	—
2500	—	—	150	330	610	850	1450	2240	3600	9150	16700	27000	41200	53000	82800	118500
2750	—	—	140	300	550	780	1320	—	—	—	—	—	—	—	—	—
3000	—	—	130	270	510	710	1200	1870	3000	7650	14000	22600	34300	44000	69000	98700
3250	—	—	—	—	470	660	1100	—	—	—	—	—	—	—	—	—
3500	—	—	—	—	440	610	1030	1600	2600	6550	12000	19350	29400	37800	59000	84500
3750	—	—	—	—	410	570	970	—	—	—	—	—	—	—	—	—
4000	—	—	—	—	380	530	910	1400	2260	5750	10500	16950	25700	33100	51750	74000
4250	—	—	—	—	360	500	850	—	—	—	—	—	—	—	—	—
4500	—	—	—	—	340	470	800	1250	2000	5100	9250	15000	22900	29400	46000	65500
4750	—	—	—	—	320	450	760	—	—	—	—	—	—	—	—	—
5000	—	—	—	—	310	430	730	1120	1800	4600	8350	13600	20600	26500	41300	59000
5250	—	—	—	—	—	410	690	—	—	—	—	—	—	—	—	—
5500	—	—	—	—	—	390	660	1020	1650	4200	7600	12300	18700	24000	37600	53700
5750	—	—	—	—	—	370	630	—	—	—	—	—	—	—	—	—
6000	—	—	—	—	—	360	600	940	1500	3800	6950	11300	17200	22000	34500	49200
6500	—	—	—	—	—	—	—	860	1400	3500	6400	10400	15800	20400	31800	45500
7000	—	—	—	—	—	—	—	800	1300	3270	5950	9700	14700	18900	29600	42000
7500	—	—	—	—	—	—	—	750	1200	3050	5550	9050	13700	17700	27600	39400
8000	—	—	—	—	—	—	—	700	1130	2860	5200	8500	12900	16600	25800	36900
8500	—	—	—	—	—	—	—	—	—	2700	4900	8000	12100	15600	24300	34700
9000	—	—	—	—	—	—	—	—	—	2540	4650	7550	11450	14700	23000	32800
9500	—	—	—	—	—	—	—	—	—	2410	4400	7150	10850	13900	21800	31000
10000	—	—	—	—	—	—	—	—	—	2300	4200	6800	10300	13200	20700	29500

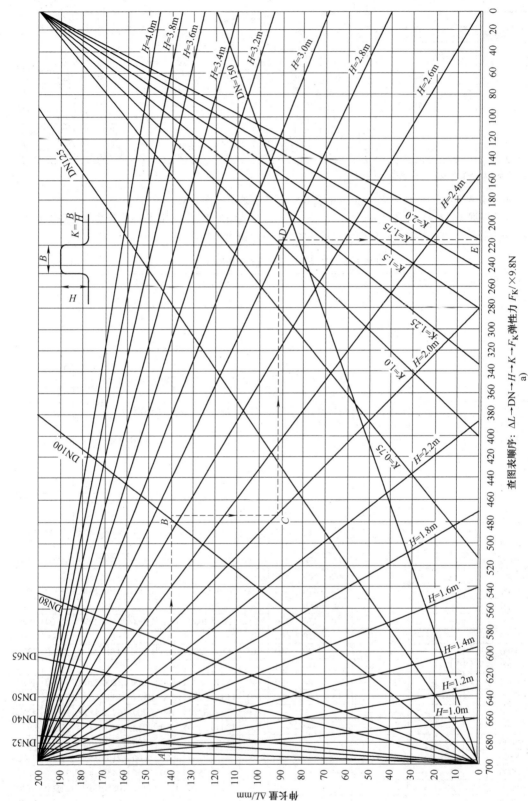

查图表顺序：$\Delta L \rightarrow DN \rightarrow H \rightarrow K \rightarrow F_K$ 弹性力 $F_K / \times 9.8N$

a)

图 6-8　方形补偿器线算图

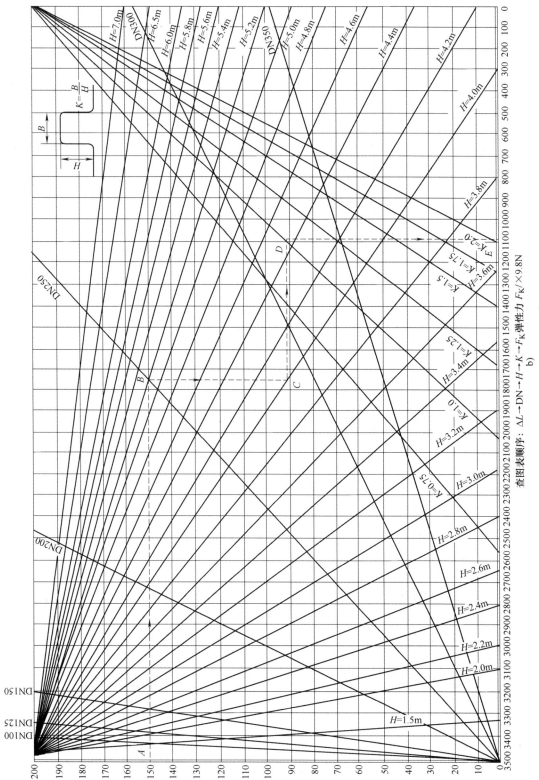

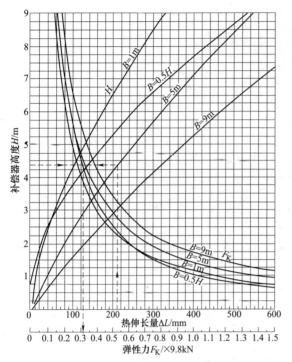

图 6-9 ϕ159mm×4.5mm 直角焊接弯方形补偿器线算图

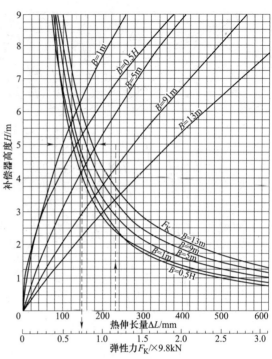

图 6-10 ϕ219mm×6mm 直角焊接弯方形补偿器线算图

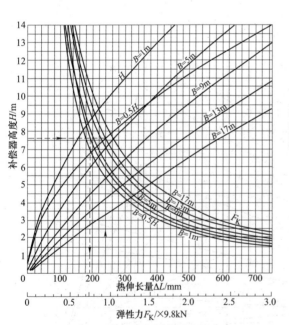

图 6-11 ϕ273mm×7mm 直角焊接弯方形补偿器线算图

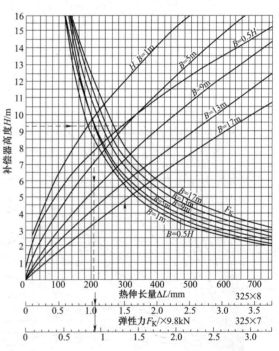

图 6-12 ϕ325mm×7mm、ϕ325mm×8mm
直角焊接弯方形补偿器线算图

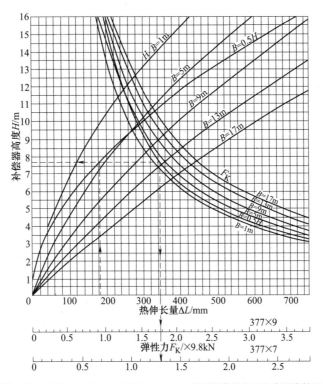

图 6-13　ϕ377mm×7mm、ϕ377mm×9mm 直角焊接弯方形补偿器线算图

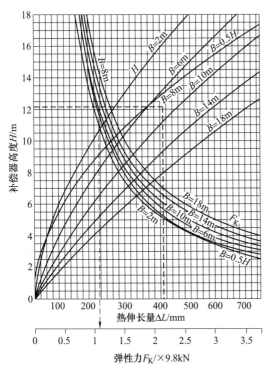

图 6-14　ϕ426mm×6mm 直角
焊接弯方形补偿器线算图

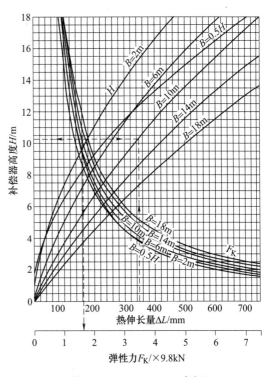

图 6-15　ϕ480mm×6mm 直角
焊接弯方形补偿器线算图

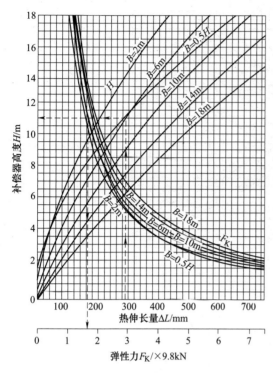

图 6-16　φ529mm×6mm 直角焊接
弯方形补偿器线算图

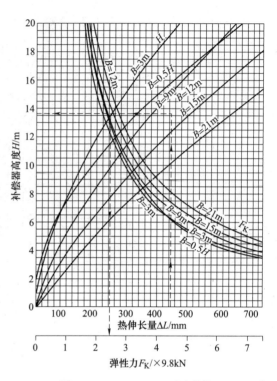

图 6-17　φ630mm×7mm 直角焊接
弯方形补偿器线算图

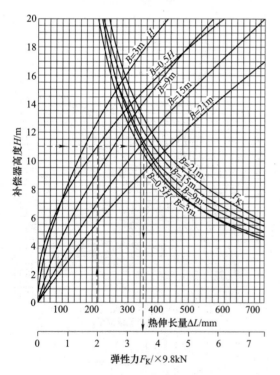

图 6-18　φ720mm×7mm 直角焊接
弯方形补偿器线算图

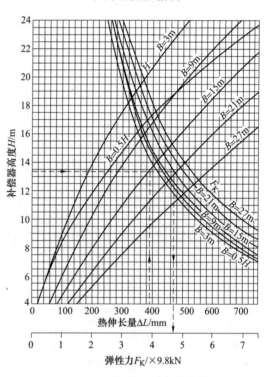

图 6-19　φ820mm×8mm 直角焊接
弯方形补偿器线算图

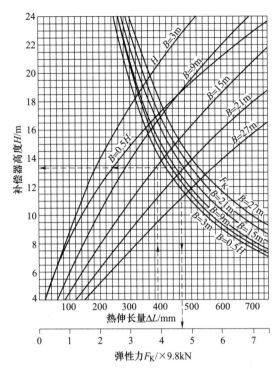

图 6-20 ϕ920mm×9mm 直角焊接
弯方形补偿器线算图

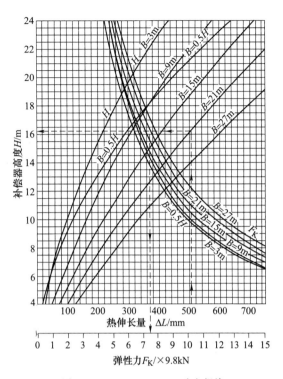

图 6-21 ϕ1020mm×10mm 直角焊接
弯方形补偿器线算图

表 6-3 和上述线算图编制时弹性弯曲应力取用 107.8MPa(1100kgf/cm²)，当设计采用的许用弯曲应力 $[\sigma_{bw}]'_L$ 不同时，查图的热伸长量 ΔL 及实际弹性力 F'_K 应按式（6-10）~式（6-12）换算。

$$\Delta L = \Delta L' \frac{107.8}{[\sigma_{bw}]'_L} \qquad (6-10)$$

$$F'_K = F_K \frac{[\sigma_{bw}]'_L}{107.8} \qquad (6-11)$$

$$F'_K = F_K \frac{\Delta L'}{\Delta L} \qquad (6-12)$$

式中 ΔL——查图的热伸长量（mm）；

$\Delta L'$——计算热伸长量（mm）；

$[\sigma_{bw}]'_L$——实际采用的冷态许用弯曲应力（MPa）；

F_K——查图所得的弹性力（N）；

F'_K——实际弹性力（N）。

线算图图 6-7 中管径 DN 为公称直径，壁厚为常用壁厚。

方形补偿器线算图使用时，当设计采用的管道壁厚与线算图不一致时，可按式（6-13）近似验算。

$$F'_K = F_K \frac{W'}{W} \qquad (6-13)$$

式中 F'_K——实际弹性力（N）；

F_K——查图所得的弹性力（N）；

W——线算图用壁厚管道截面系数（cm³）；

W'——设计用壁厚管道截面系数（cm³）。

6.4.2 波纹（波形）补偿器

1. 概述

波纹（波形）补偿器（又称膨胀节）由于具有配管简单、支架费用低及维修管理方便等优点，在动力管道补偿设计中被广泛推广使用。

目前国内动力管道上常用的波纹补偿器产品：公称直径 DN = 25 ~ 5000mm，公称压力为 0.25 ~ 4.0MPa，工作温度不大于 450℃；波纹管常用材质为 304L（022Cr19Ni10）、316L（022Cr17Ni12Mo2）等奥氏体不锈钢。

波纹补偿器的设计制造依据：GB/T 12777《金属波纹管膨胀节通用技术条件》、EJMA——美国膨胀节制造商协会有关标准。

波纹补偿器按结构形式可分为三大类：轴向型、横向型、角向型，如图 6-22 所示；可分别使用于轴向位移补偿、平面横向位移补偿、角位移补偿。

波纹补偿器按照其能否吸收盲板力即波纹管的压力推力可分为：无约束型补偿器和约束型补偿器两大类。

无约束型补偿器包括：单式轴向型补偿器、外压轴向型补偿器和复式自由型补偿器。

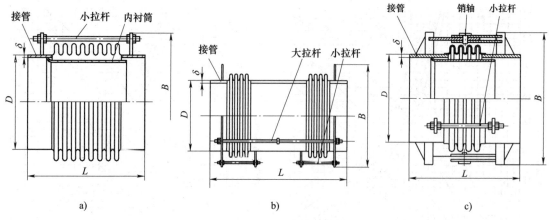

图 6-22　波纹补偿器类型

a）轴向型　b）横向型　c）角向型

约束型补偿器主要包括 4 种：吸收角位移的单式铰链型补偿器、单式万向铰链型补偿器；吸收横向位移的复式拉杆型补偿器、复式铰链型补偿器和复式万向铰链型补偿器；吸收轴向位移的内（外）压直通式直管压力平衡补偿器、旁通式直管压力平衡补偿器；吸收轴向、横向任意位移的弯管压力平衡型补偿器。

波纹补偿器的品种繁多：有通用型的，也有专用的，如热力管道直埋式波纹补偿器，煤气管道专用补偿器等。

2. 波纹补偿器适用范围

1）变形与位移量大而空间位置受到限制的管道。

2）变形与位移量大而工作压力低的大直径管道。

3）由于工艺操作条件或从经济角度考虑要求阻力降和湍流程度尽可能小的管道。

4）需要限制接管荷载的敏感设备进口管道。

5）要求吸收隔离高频机械振动的管道。

6）考虑吸收地震或地基沉陷的管道。

3. 波纹补偿器设置

1）当管道准备选用补偿器吸收其热膨胀时，首先应确定固定管架的位置，复杂的管系可以通过设置固定管架将其划分成形状简单的独立膨胀管段（如直管段、"L" 形管段、"Z" 形管段、"Π" 形管段等），然后进行补偿设计。由于波纹补偿器构件传递扭矩和吸收扭转的能力较差，在设置固定管架和布置补偿器时，应尽量避免独立管段组成的平面超过两个，以免扭转荷载作用于补偿器上。

2）对任意直管段上两固定支架之间只能安装一套波纹补偿器。

3）轴向型波纹补偿器一端应布置在靠近固定支架处，另一端应安设直线导向管架，如图 6-23 所示，第一导向管架与波纹补偿器间距 L_1 为 4 倍公称直径，第一与第二导向管架间距 L_2 为 14 倍公称直径，其余中间管架最大间距 L_3 可按式（6-14）计算。

$$L_3 \leqslant 1.57 \sqrt{\frac{10^7 \cdot EI}{p_0 A \pm K_X \Delta L}} \qquad (6\text{-}14)$$

式中　L_3——中间管架最大间距（mm）；

E——管道材料的弹性模量（GPa），见表 6-2；

I——管道截面惯性矩（cm⁴），见表 6-5；

p_0——设计压力（MPa）；

A——波纹补偿器有效面积（mm²）；

K_X——波纹补偿器刚度（N/mm）；

ΔL——波纹补偿器额定轴向位移（mm）。

表 6-5　管道截面惯性矩计算数据

管道外径 D/mm	管道名义壁厚 t_n/mm	截面惯性矩 I/cm⁴	管道外径 D/mm	管道名义壁厚 t_n/mm	截面惯性矩 I/cm⁴
133	4	338	273	7	5177
	6	384		11	7783
159	4.5	652	325	8	10014
	7	967		13	15532
194	11	2657	377	10	19426
219	6	2279		15	27991
	9	3279	426	9	25640
	12	4194		11	30896

式（6-14）中，当补偿器受压缩时采用（+）$K_X \Delta L$，受拉伸时采用（-）$K_X \Delta L$。

4）选用波纹补偿器时应考虑预拉伸量或预压缩量 50%，安装和订货时应提出要求。

5）弯曲角不等于 90°的管段补偿设计原则：

当其弯曲角为 $80° \leqslant \alpha \leqslant 100°$ 时，可以作为直角处理，按照"L"形管段选用补偿器。

当其弯曲角为 $60° \leqslant \alpha < 80°$ 或 $100° < \alpha \leqslant 120°$ 时，在进行补偿设计时，必须考虑由于弯曲角过大或过小引起的附加角位移。

当其弯曲角在 $\alpha < 60°$ 或 $\alpha > 120°$ 时，应在弯曲角处设置固定管架，以使管系的热膨胀可以被有效地吸收。

图 6-23　导向管架间距

4. 波纹补偿器选用

1）波纹补偿器的图例与符号见表 6-6。

2）直管段波纹补偿器的选用见表 6-7。

3）"L"形管段补偿器的选用见表 6-8。

表 6-6　波纹补偿器的图例与符号

图例	符号	说明	图例	符号	说明
✕	—	固定支架	DW	DW	单式万向铰链型补偿器
=	—	直线导向支架	FL	FL	复式拉杆型补偿器
▯	—	平面导向管架	FJ	FJ	复式铰链型补偿器
DZ	DZ	单式轴向型补偿器	FW	FW	复式万向铰链型补偿器
WZ	WZ	外压轴向型补偿器	WP	WP	弯管压力平衡型补偿器
MWZ	MWZ	直埋外压轴向型补偿器	ZP	ZP	直管压力平衡型补偿器
DJ	DJ	单式铰链型补偿器	MPP	MPP	直埋旁通直管压力平衡型补偿器

表 6-7　直管段波纹补偿器的选用

序号	选用图例	补偿器类型	补充说明
1	DZ	单式轴向型补偿器	—
2	WZ	外压轴向型补偿器	外压轴向型补偿器补偿量大，可用于长直管段的补偿
3	MWZ	直埋外压轴向型补偿器	用于直埋管道土壤锚固力不足的管段补偿

（续）

序号	选用图例	补偿器类型	补充说明
4	 ZP	直管压力平衡型补偿器	不需要考虑波纹补偿器的压力推力
5	 MPP	直埋旁通直管压力平衡型补偿器	用于直埋管道土壤锚固力不足、管道两端受力苛刻的管段补偿
6	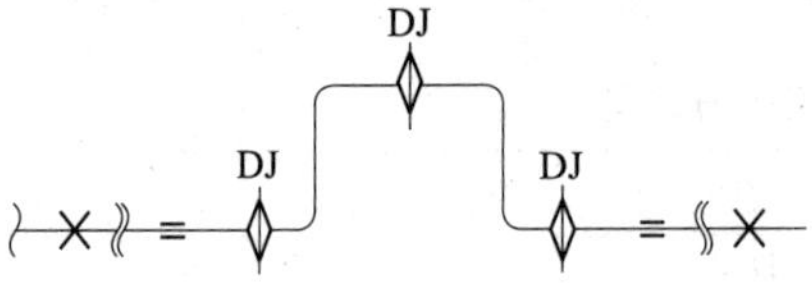 DJ DJ DJ	三个单式铰链型补偿器	三个单式铰链型补偿器组成一个"Π"形补偿器用于长直管段的补偿

表 6-8 "L"形管段补偿器的选用

序号	选用图例	补偿器类型	补充说明
1	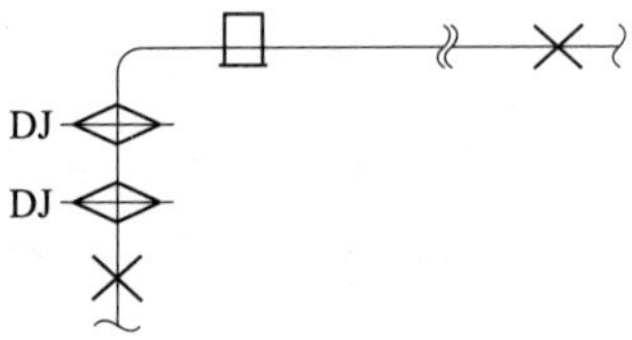 DJ DJ	两个单式铰链型补偿器	—
2	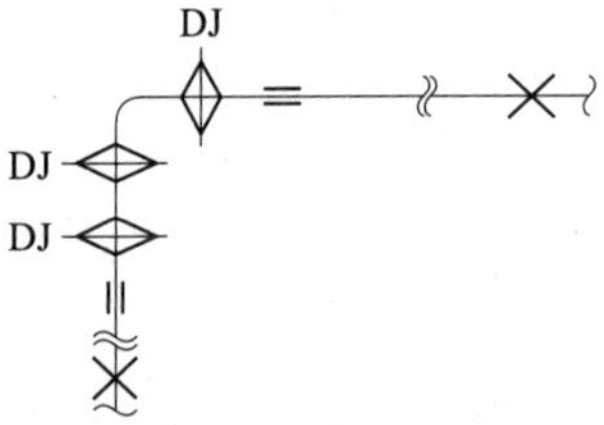 DJ DJ DJ	三个单式铰链型补偿器	当"L"形管段中短臂较长时，必须考虑该臂的热补偿问题，通常采用三个单式铰链型补偿器补偿"L"形管段的热位移
3	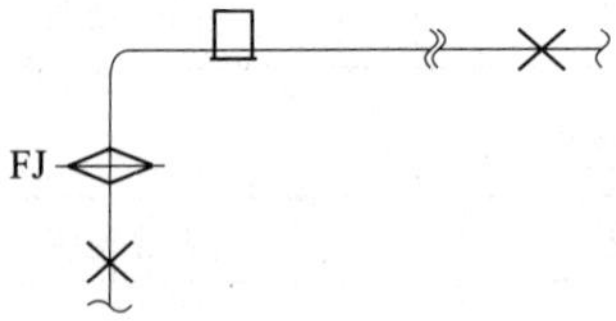 FJ	复式铰链型补偿器	复式拉杆型补偿器布置图例同复式铰链型补偿器
5	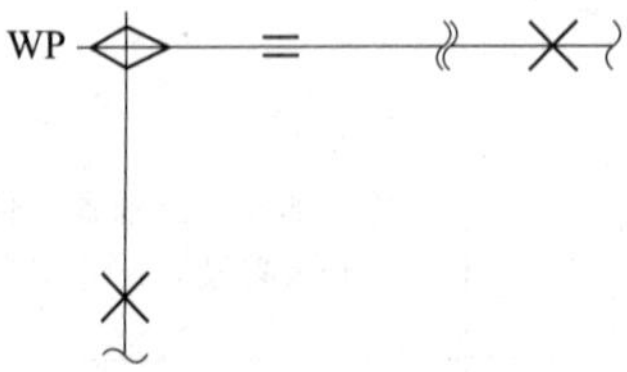 WP	弯管压力平衡型补偿器	—

注：短臂长短的判断方法：
  补偿器布置于短臂上，若补偿器变形后，其轴向缩短量与该短臂的热伸长量相当，则可按短臂较短处理。
  补偿器布置于短臂上，若补偿器变形后，其轴向缩短量远小于短臂的热伸长量，则可按短臂较长处理。

4）平面"Z"形管段补偿器的选用见表 6-9。　　　　5）立体"Z"形管段补偿器的选用见表 6-10。

表 6-9　平面"Z"形管段补偿器的选用

序号	选用图例	补偿器类型	补充说明
1	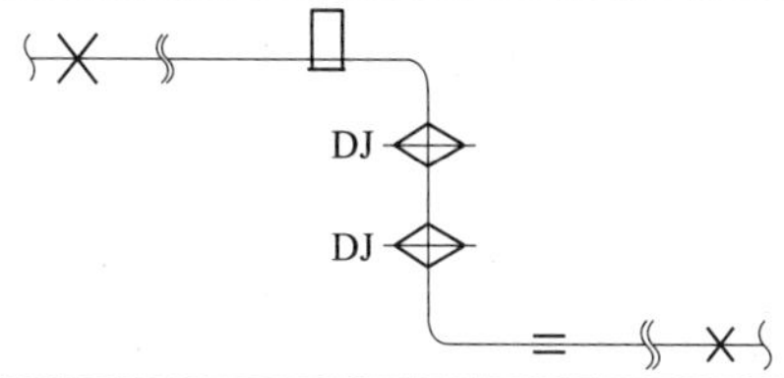	两个单式铰链型补偿器组合	—
2	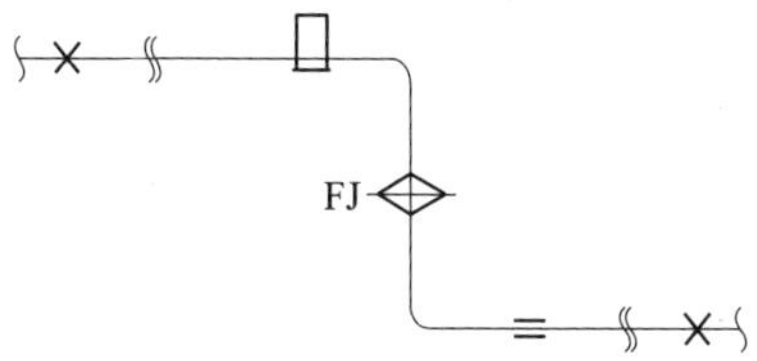	复式铰链型补偿器	复式拉杆型补偿器布置图例同复式铰链型补偿器
3	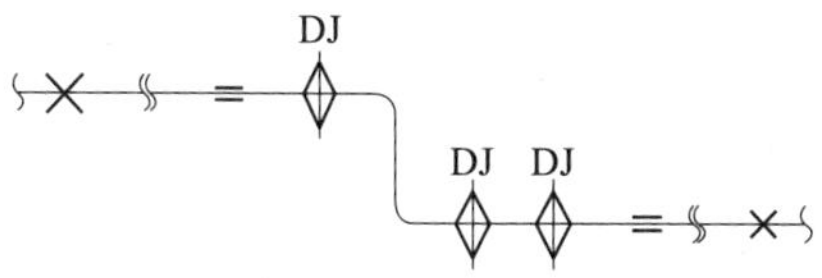	三个单式铰链型补偿器组合	用于中间管段长度较小时
4	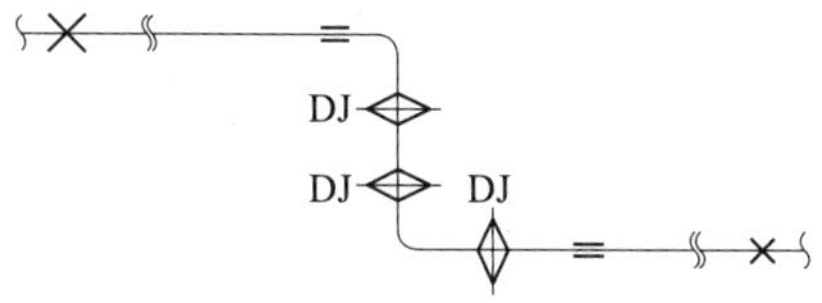	三个单式铰链型补偿器组合	当"Z"形管段中短臂较长时，必须考虑该臂的热补偿问题，通常采用三个单式铰链型补偿器补偿"Z"形管段的热位移
5	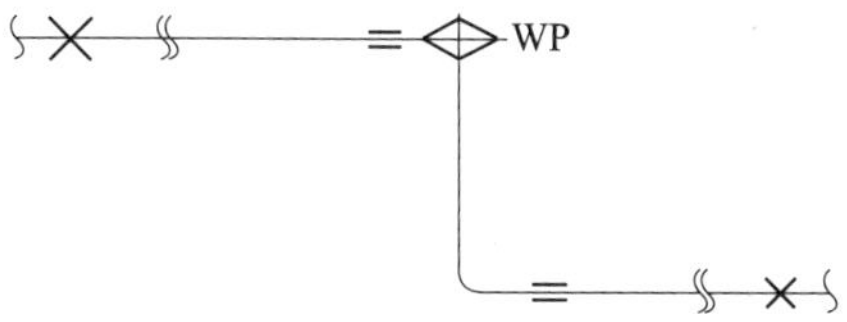	弯管压力平衡型补偿器	—

表 6-10　立体"Z"形管段补偿器的选用

序号	选用图例	补偿器类型	补充说明
1	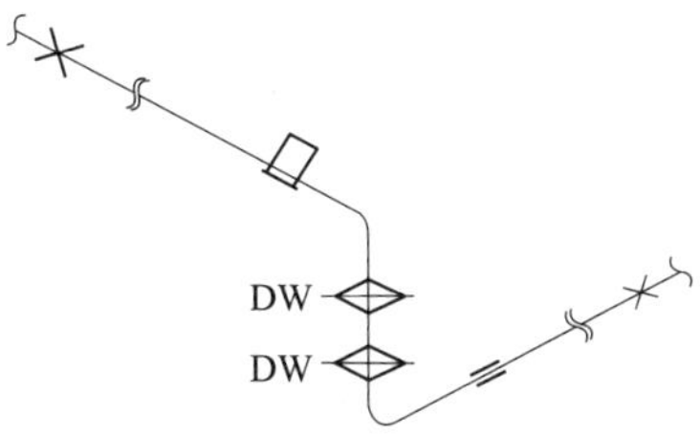	两个单式万向铰链型补偿器组合	—
2	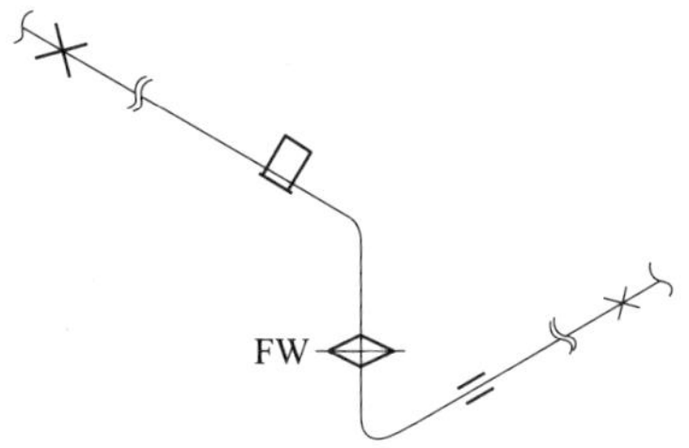	复式万向铰链型补偿器	复式拉杆型补偿器布置图例同复式万向铰链型补偿器

（续）

序号	选用图例	补偿器类型	补充说明
3		两个单式万向铰链型补偿器+一个单式铰链型补偿器组合	当"Z"形管段中短臂较长时，必须考虑该管臂的热补偿问题，通常采用两个单式万向铰链型补偿器+一个单式铰链型补偿器组合补偿"Z"形管段的热位移
4		弯管压力平衡型补偿器	—

6）"Π"形管段补偿器的选用见表6-11。

表6-11　"Π"形管段补偿器的选用

序号	选用图例	补偿器类型	补充说明
1		两个单式铰链型补偿器	—
2		复式铰链型补偿器	复式拉杆型补偿器布置图例同复式铰链型补偿器
3		三个单式铰链型补偿器	—
4		弯管压力平衡型补偿器	—

5. 波纹管补偿器的补偿及推力计算

1）补偿器的内压推力可按式（6-15）计算。

$$F_n = p_0 A \qquad (6\text{-}15)$$

式中　F_n——波节环面上的内压推力（N）；

　　　p_0——管道设计压力（MPa）；

　　　A——波节环面的有效面积（mm^2）。

在计算固定点推力时，还应根据管道布置情况考虑介质压力作用在管道断面上的影响。

2）仅吸收轴向热位移的波纹补偿器，只有轴向推力，包括内压推力和弹性推力，补偿器的补偿能力及推力的判断或计算可按照下列公式计算：

① 补偿器吸收的位移量可按式（6-16）计算。

$$X \leqslant X_0 \qquad (6\text{-}16)$$

② 所需补偿器个数可按式（6-17）计算。

$$n \geqslant X_f / X_0 \qquad (6\text{-}17)$$

③ 单波轴向吸收的位移量可按式（6-18）计算。

$$e_x = X/n \leqslant X_0/n \qquad (6\text{-}18)$$

④ 补偿器弹性推力可按式（6-19）计算。

$$F_x = K_x X \qquad (6\text{-}19)$$

式中　F_x——补偿器弹性推力（N）；

　　　X——补偿器吸收的轴向位移量（mm）；

　　　X_0——补偿器最大轴向补偿量，根据制造厂的数值，并考虑温度、疲劳次数的修正（mm）；

　　　X_f——管道系统沿补偿器轴向全补偿量（mm）；

　　　e_x——单波轴向位移量（mm）；

　　　n——补偿器的个数；

　　　K_x——补偿器的轴向刚度（N/mm）。

3）仅吸收横向热位移的波纹补偿器，其推力包括轴向内压推力、横向弹性推力和弯矩。不同形式的补偿器的补偿能力及推力计算应符合下列规定：

① 单（复）式补偿器的补偿能力及推力可按下列公式计算：

a. 补偿器吸收的横向位移量可按式（6-20）计算。

$$Y \leqslant Y_0 \qquad (6\text{-}20)$$

b. 补偿器两端的横向推力可按式（6-21）计算。

$$F_y = K_y Y \qquad (6\text{-}21)$$

c. 补偿器两端的弯矩可按式（6-22）计算。

$$M_y = F_y \frac{L}{2} \qquad (6\text{-}22)$$

d. 内压推力可按式（6-15）计算。

式中　Y——补偿器吸收的横向位移量（mm）；

　　　Y_0——补偿器最大横向补偿量，根据制造厂的数值，并考虑温度、疲劳次数的修正（mm）；

　　　K_y——补偿器横向刚度（N/mm）；

　　　F_y——补偿器两端横向弹性推力（N）；

　　　M_y——补偿器两端弯矩（N·m）；

　　　L——补偿器长度，对于复式补偿器，等于两个波纹补偿器与中间连接管段长度之和（m）。

② 带铰点的角式补偿器的补偿能力及推力可按下列公式计算：

a. 补偿器吸收的横向位移可按式（6-23）计算。

$$Y \leqslant Y_0 \qquad (6\text{-}23)$$

b. 补偿器两端的横向推力可按式（6-24）计算。

$$F_y = K_y Y \qquad (6\text{-}24)$$

c. 补偿器两端的弯矩可按式（6-25）计算。

$$M_y = F_y \frac{L-l}{2} \qquad (6\text{-}25)$$

d. 补偿器两端的弯矩和横向推力也可按式（6-26）~式（6-28）计算。

$$\theta \leqslant \theta_0 \qquad (6\text{-}26)$$

$$M_y = K_\theta \theta \qquad (6\text{-}27)$$

$$F_y = \frac{2}{L-l} M_y \qquad (6\text{-}28)$$

e. 内压推力可按（6-15）式计算。

式中　θ——补偿器吸收的角位移（°）；

　　　θ_0——补偿器的最大角向补偿量，根据制造厂的数值，并考虑温度、疲劳次数的修正（°）；

　　　K_θ——补偿器的角向刚度［Nm/（°）］；

　　　l——单个补偿器长度（m）。

4）吸收轴向和横向双向位移波纹补偿器，其推力包括轴向内压推力、轴向弹性推力、横向弹性推力和弯矩。补偿器的补偿能力和推力可按下列公式判断或计算：

① 补偿能力可按下式（6-29）计算。

$$\frac{X_1}{X_0} + \frac{Y_1}{Y_0} \leqslant l \qquad (6\text{-}29)$$

式中　X_1——补偿器吸收双向位移时的轴向位移（mm）；

　　　Y_1——补偿器吸收双向位移时的横向位移（mm）。

X_0、Y_0 分别为补偿器单独进行单向补偿时的最大轴向补偿量和最大横向补偿量。

② 弹性推力可按下列公式计算：

a. 补偿器两端的轴向推力可按式（6-30）计算。

$$F_x = K_x X_1 \qquad (6\text{-}30)$$

b. 补偿器两端的横向推力可按式（6-31）计算。

$$F_y = K_y Y_1 \qquad (6\text{-}31)$$

c. 补偿器两端的弯矩可按式（6-32）计算。

$$M_y = F_y \frac{L}{2} \qquad (6\text{-}32)$$

d. 当采用角式波纹补偿器，补偿器两端的弯矩可按式（6-33）计算。

$$M_y = F_y \frac{L-1}{2} \qquad (6\text{-}33)$$

e. 内压推力可按式（6-15）计算。

5）波纹补偿器的冷紧值应根据管道横向和轴向热位移的具体情况综合考虑。对于吸收管道轴向位移的波纹补偿器，安装时，补偿器的预定位的变形量可按式（6-34）计算。

$$\Delta X = X\left(r - \frac{t_{amb} - t_{min}}{t_{max} - t_{min}}\right) \qquad (6\text{-}34)$$

式中　ΔX——设计冷紧比为 r 值（通常取 50%）时，波纹补偿器预变形的实际拉伸或压缩量（mm）；

t_{amb}——管道安装温度，宜取用安装时实际环境温度（℃）；

t_{min}——最低使用温度（℃）；

t_{max}——最高使用温度（℃）。

对于承受管道横向位移的波纹补偿器，冷紧应在补偿器横向的管道上进行，冷紧比宜取 50%。波纹补偿器不应靠冷紧来加大其补偿能力。

6）当波纹补偿器所产生的轴向推力较大，宜装设跨桥装置。跨桥与土建结构只允许有一个固定点。跨桥断面上的许用应力宜取 30~50MPa。补偿器所吸收的轴向位移，宜取跨桥长度范围内包括补偿器的管段热伸长量的 85%。

6. 波纹补偿器产品规格型号介绍

表 6-12~表 6-17 为摘录洛阳双瑞特种装备有限公司产品规格型号。表 6-18~表 6-24 为摘录江苏威创能源设备有限公司产品规格型号。南京晨光东螺波纹管有限公司等其他的波纹补偿器生产厂的外形尺寸和性能与上述厂家的产品大同小异，故不一一列举。

表 6-12　单式轴向型补偿器外形尺寸和性能

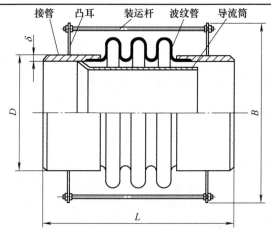

设计疲劳寿命：1000 次（Ⅰ型）；500 次（Ⅱ型）

公称直径/mm	疲劳寿命	波纹管有效面积/cm²	接口尺寸 $(D/mm)\times(\delta/mm)$	设计压力/MPa				径向最大外形尺寸 B/mm
				1.0	1.6	2.0	2.5	
				[轴向补偿量/mm]/[轴向刚度/(N/mm)]/[产品质量/kg]/[总长/mm]				
50	Ⅰ	35	60×3.5	16/158/3/353	12/191/3/326	10/223/3/308	9/244/3/299	200
	Ⅱ			18/158/3/353	15/191/3/326	12/223/3/308	11/244/3/299	
65	Ⅰ	56	76×4	18/162/4/365	14/202/4/332	15/396/4/404	13/449/4/380	218
	Ⅱ			21/162/4/365	16/202/4/332	18/396/4/404	15/449/4/380	
80	Ⅰ	76	89×4	28/201/5/392	22/247/5/356	19/320/4/356	17/347/4/344	235
	Ⅱ			33/201/5/392	26/247/5/356	22/320/4/356	20/347/4/344	
100	Ⅰ	113	108×4	35/215/8/421	26/280/7/370	23/405/7/387	20/446/7/370	266
	Ⅱ			41/215/8/421	30/280/7/370	27/405/7/387	24/446/7/370	
125	Ⅰ	172	133×6	37/192/10/390	28/239/9/352	31/547/13/480	26/584/12/420	297
	Ⅱ			43/192/10/390	33/239/9/352	36/547/13/480	30/584/12/420	
150	Ⅰ	240	159×6	42/262/12/460	32/327/11/408	36/553/14/470	31/807/14/497	325
	Ⅱ			49/262/12/460	37/327/11/408	42/553/14/470	37/807/14/497	

（续）

公称直径/mm	疲劳寿命	波纹管有效面积/cm²	接口尺寸(D/mm)×(δ/mm)	设计压力/MPa				径向最大外形尺寸 B/mm
				1.0	1.6	2.0	2.5	
				[轴向补偿量/mm]/[轴向刚度/(N/mm)]/[产品质量/kg]/[总长/mm]				
200	I	465	219×6	61/314/20/520	45/392/18/456	45/609/21/497	37/765/20/464	403
	II			71/314/20/520	54/392/18/456	53/609/21/497	44/765/20/464	
250	I	721	273×8	73/372/32/560	54/464/29/488	47/612/28/488	47/798/32/533	469
	II			85/372/32/560	64/464/29/488	56/612/28/488	56/798/32/533	
300	I	989	325×8	79/379/50/696	54/521/44/588	52/607/45/624	46/899/48/633	529
	II			93/379/50/696	64/521/44/588	61/607/45/624	55/899/48/633	
350	I	1301	377×8	81/430/58/718	62/526/53/642	65/708/59/620	56/906/57/620	581
	II			95/430/58/718	73/526/53/642	77/708/59/620	67/906/57/620	
400	I	1742	426×8	109/572/89/840	81/715/78/732	92/848/86/748	87/1126/96/756	662
	II			128/572/89/840	96/715/78/732	110/848/86/748	104/1126/96/756	
450	I	2083	478×8	108/610/120/840	81/763/106/732	95/869/115/748	90/1165/127/756	706
	II			127/610/120/840	96/763/106/732	113/869/115/748	106/1165/127/756	
500	I	2507	529×8	127/604/175/1030	95/755/156/904	111/1043/185/936	91/1263/172/869	769
	II			150/604/175/1030	112/755/156/904	131/1043/185/936	109/1263/172/869	
600	I	3546	630×8	125/674/193/1030	93/843/162/904	115/1035/203/912	104/1231/198/912	876
	II			148/674/193/1030	111/843/162/904	137/1035/203/912	124/1231/198/912	
700	I	4458	720×10	146/665/259/1027	112/813/233/913	135/978/288/896	115/1340/277/896	954
	II			171/665/259/1027	133/813/233/913	161/978/288/896	136/1340/277/896	
800	I	5825	820×10	190/764/343/1102	138/982/296/946	154/1224/351/1040	151/1602/384/1056	1076
	II			224/764/343/1102	164/982/296/946	182/1224/351/1040	179/1602/384/1056	
900	I	7181	920×10	196/801/388/1120	129/1144/315/904	153/1216/380/992	150/1571/416/1008	1167
	II			231/801/388/1120	153/1144/315/904	181/1216/380/992	177/1571/416/1008	
1000	I	8874	1020×10	253/805/648/1340	166/1150/525/1088	186/1297/613/1188	180/1735/656/1212	1294
	II			298/805/648/1340	197/1150/525/1088	221/1297/613/1188	214/1735/656/1212	
1100	I	10586	1120×10	247/869/689/1300	185/1086/602/1140	186/1329/655/1156	179/1757/703/1180	1390
	II			290/869/689/1300	219/1086/602/1140	220/1329/655/1156	212/1757/703/1180	
1200	I	12643	1220×12	304/944/930/1460	228/1180/805/1268	224/1476/866/1284	217/1889/922/1300	1507
	II			357/944/930/1460	271/1180/805/1268	266/1476/866/1284	257/1889/922/1300	
1300	I	14693	1320×12	311/965/1002/1460	233/1206/868/1268	228/1502/934/1284	220/1912/993/1300	1606
	II			365/965/1002/1460	276/1206/868/1268	271/1502/934/1284	262/1912/993/1300	
1400	I	17031	1420×12	340/890/1163/1390	254/1112/1002/1212	247/1389/1069/1228	211/1906/1024/1228	1717
	II			400/890/1163/1390	302/1112/1002/1212	294/1389/1069/1228	251/1906/1024/1228	

表 6-13　外压轴向型补偿器外形尺寸和性能

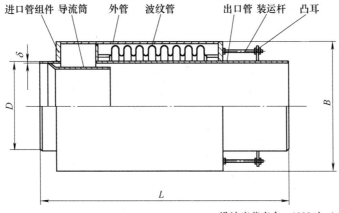

设计疲劳寿命：1000 次（I 型）；500 次（II 型）

（续）

公称直径/mm	疲劳寿命	波纹管有效面积/cm²	接口尺寸 (D/mm)×(δ/mm)	设计压力/MPa				径向最大外形尺寸 B/mm
				1.0	1.6	2.0	2.5	
				[轴向补偿量/mm]/[轴向刚度/(N/mm)]/[产品质量/kg]/[总长/mm]				
50	I	57	60×3.5	60/43/33/1143	68/73/33/1172	66/73/33/1167	60/79/32/1113	133
	II			70/43/33/1143	80/73/33/1172	78/73/33/1167	70/79/32/1113	
65	I	76	76×4	62/46/41/1183	83/67/45/1321	76/71/44/1265	66/80/36/1077	159
	II			73/46/41/1183	97/67/45/1321	89/71/44/1265	77/80/36/1077	
80	I	118	89×4	112/48/66/1273	85/59/59/1096	75/64/57/1037	85/94/63/1122	219
	II			132/48/66/1273	101/59/59/1096	90/64/57/1037	101/94/63/1122	
100	I	180	108×4	153/52/82/1504	134/56/76/1414	114/77/75/1356	96/108/74/1306	219
	II			180/52/82/1504	159/56/76/1414	135/77/75/1356	114/108/74/1306	
125	I	253	133×6	102/106/97/1246	95/106/96/1230	75/203/95/1171	64/228/90/1087	273
	II			120/106/97/1246	113/106/96/1230	89/203/95/1171	76/228/90/1087	
150	I	469	159×6	256/131/213/2355	161/131/177/1745	144/159/175/1697	165/152/198/1961	325
	II			303/131/213/2355	191/131/177/1745	171/159/175/1697	196/152/198/1961	
200	I	727	219×6	280/58/298/2526	251/102/301/2399	218/135/294/2306	214/177/312/2324	406
	II			332/58/298/2526	298/102/301/2399	259/135/294/2306	254/177/312/2324	
250	I	1009	273×8	259/99/343/2198	198/175/326/1938	167/238/318/1849	150/280/313/1801	457
	II			306/99/343/2198	235/175/326/1938	198/238/318/1849	178/280/313/1801	
300	I	1385	325×8	271/169/512/2478	205/226/449/2136	188/347/464/2101	197/315/478/2148	520
	II			320/169/512/2478	245/226/449/2136	223/347/464/2101	235/315/478/2148	
350	I	1772	377×8	325/123/618/2698	275/248/628/2596	264/248/625/2568	233/324/604/2479	580
	II			386/123/618/2698	326/248/628/2596	314/248/625/2568	277/324/604/2479	
400	I	2083	426×8	289/158/637/2523	251/295/651/2449	240/295/649/2422	221/453/672/2385	620
	II			343/158/637/2523	297/295/651/2449	286/295/649/2422	263/453/672/2385	
450	I	2525	478×8	297/179/737/2619	320/239/858/2917	296/377/895/2890	283/377/891/2858	670
	II			352/179/737/2619	380/239/858/2917	351/377/895/2890	338/377/891/2858	
500	I	3483	529×8	314/166/829/2546	285/270/865/2500	255/432/897/2445	243/432/893/2419	770
	II			374/166/829/2546	340/270/865/2500	302/432/897/2445	291/432/893/2419	
600	I	4608	630×8	346/227/1089/2801	284/461/1080/2653	272/461/1075/2624	254/717/1122/2599	890
	II			411/227/1089/2801	337/461/1080/2653	325/461/1075/2624	302/717/1122/2599	
700	I	5876	720×10	357/260/1430/2865	362/414/1609/3141	346/414/1600/3104	330/546/1698/3094	990
	II			424/260/1430/2865	429/414/1609/3141	413/414/1600/3104	394/546/1698/3094	
800	I	7313	820×10	300/289/1449/2405	255/517/1452/2299	229/815/1496/2249	218/815/1489/2222	1090
	II			357/289/1449/2405	303/517/1452/2299	272/815/1496/2249	261/815/1489/2222	
900	I	8858	920×10	377/308/1941/2995	314/525/1963/2851	316/675/2067/2886	253/1042/1880/2479	1180
	II			447/308/1941/2995	374/525/1963/2851	376/675/2067/2886	301/1042/1880/2479	
1000	I	10788	1020×12	379/302/2299/2746	308/542/2329/2571	261/978/2416/2469	266/1196/2581/2519	1310
	II			452/302/2299/2746	368/542/2329/2571	310/978/2416/2469	315/1196/2581/2519	
1100	I	12767	1120×12	400/351/2859/2967	324/658/2834/2772	307/941/3013/2723	287/1410/3144/2741	1420
	II			477/351/2859/2967	386/658/2834/2772	350/941/3013/2723	341/1410/3144/2741	
1200	I	14655	1220×12	346/732/3074/2822	322/732/3044/2765	291/1138/3237/2656	292/1455/3419/2753	1510
	II			407/732/3074/2822	383/732/3044/2765	336/1138/3237/2656	346/1455/3419/2753	
1300	I	16879	1320×12	323/727/3333/2668	290/790/3288/2583	264/1169/3475/2546	268/1421/3683/2595	1600
	II			380/727/3333/2668	344/790/3288/2583	313/1169/3475/2546	318/1421/3683/2595	
1400	I	19260	1420×12	280/761/3283/2241	232/964/3185/2113	212/1449/3357/2085	215/1749/3551/2127	1710
	II			330/761/3283/2241	276/964/3185/2113	252/1449/3357/2085	256/1749/3551/2127	

表6-14 双向直埋外压轴向型补偿器外形尺寸和性能

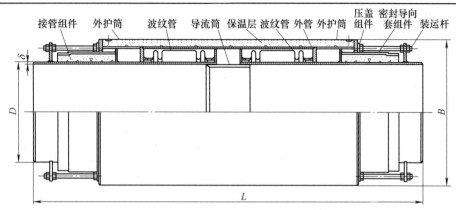

设计疲劳寿命：1000次（Ⅰ型）；500次（Ⅱ型）

公称直径/mm	疲劳寿命	波纹管有效面积/cm²	接口尺寸(D/mm)×(δ/mm)	设计压力/MPa				径向最大外形尺寸 B/mm
				1.0	1.6	2.0	2.5	
				[轴向补偿量/mm]/[轴向刚度/(N/mm)]/[产品质量/kg]/[总长/mm]				
50	Ⅰ	57	60×3.5	60/44/91/2294	70/72/77/2140	68/72/77/2136	66/72/77/2132	220
	Ⅱ			70/44/91/2294	82/72/77/2140	80/72/77/2136	78/72/77/2132	
65	Ⅰ	76	76×4	60/48/95/2274	82/67/102/2274	74/73/98/2202	66/81/81/1932	250
	Ⅱ			72/48/95/2274	98/67/102/2274	88/73/98/2202	78/81/81/1932	
80	Ⅰ	118	89×4	112/49/140/2124	86/60/130/1952	76/65/126/1888	84/94/133/1974	295
	Ⅱ			132/49/140/2124	102/60/130/1952	90/65/126/1888	100/94/133/1974	
100	Ⅰ	180	108×4	154/53/172/2418	134/57/161/2324	114/77/158/2270	96/109/158/2218	295
	Ⅱ			180/53/172/2418	158/57/161/2324	136/77/158/2270	114/109/158/2218	
125	Ⅰ	253	133×6	102/106/210/2158	96/106/210/2144	76/204/207/2086	64/229/200/1998	342
	Ⅱ			120/106/210/2158	114/106/210/2144	90/204/207/2086	76/229/200/1998	
150	Ⅰ	469	159×6	306/33/529/3962	214/99/452/3144	192/120/448/3084	220/114/501/3438	395
	Ⅱ			404/33/529/3962	254/99/452/3144	228/120/448/3084	262/114/501/3438	
200	Ⅰ	727	219×6	374/44/753/4188	334/77/760/4024	290/101/742/3900	286/133/784/3926	465
	Ⅱ			442/44/753/4188	398/77/760/4024	346/101/742/3900	340/133/784/3926	
250	Ⅰ	1009	273×8	346/75/872/3754	264/132/833/3410	222/179/812/3290	214/211/805/3228	540
	Ⅱ			408/75/872/3754	314/132/833/3410	264/179/812/3290	238/211/805/3228	
300	Ⅰ	1385	325×8	362/127/1285/4128	274/170/1134/3670	250/260/1169/3626	262/237/1204/3690	615
	Ⅱ			426/127/1285/4128	326/170/1134/3670	298/260/1169/3626	314/237/1204/3690	
350	Ⅰ	1772	377×8	434/92/1558/4462	366/187/1575/4326	352/187/1568/4294	310/244/1516/4172	720
	Ⅱ			514/92/1558/4462	434/187/1575/4326	420/187/1568/4294	370/244/1516/4172	
400	Ⅰ	2083	426×8	386/119/1610/4230	334/221/1638/4130	320/221/1631/4098	294/340/1687/4044	720
	Ⅱ			458/119/1610/4230	396/221/1638/4130	382/221/1631/4098	350/340/1687/4044	
450	Ⅰ	2525	478×8	396/135/1862/4360	426/180/2146/4760	394/283/2230/4720	378/283/2223/4676	810
	Ⅱ			470/135/1862/4360	508/180/2146/4760	468/283/2230/4720	450/283/2223/4676	
500	Ⅰ	3483	529×8	418/125/2121/4258	380/203/2202/4196	352/324/2286/4130	324/324/2268/4092	910
	Ⅱ			498/125/2121/4258	452/203/2202/4196	404/324/2286/4130	388/324/2268/4092	
600	Ⅰ	4608	630×8	460/170/2783/4644	380/346/2748/4448	362/346/2734/4406	338/538/2846/4372	1002
	Ⅱ			548/170/2783/4644	450/346/2748/4448	432/346/2734/4406	402/538/2846/4372	
700	Ⅰ	5876	720×10	476/195/3647/4734	482/311/4050/5100	462/311/4032/5048	440/410/4267/5038	1100
	Ⅱ			566/195/3647/4734	572/311/4050/5100	550/311/4032/5048	526/410/4267/5038	
800	Ⅰ	7313	820×10	400/217/3735/4118	340/388/3731/3978	306/611/3836/3908	292/611/3819/3876	1210
	Ⅱ			476/217/3735/4118	404/388/3731/3978	362/611/3836/3908	348/611/3819/3876	
900	Ⅰ	8858	920×10	502/232/4925/4916	418/394/4974/4720	422/507/5219/4772	336/782/4795/4226	1310
	Ⅱ			596/232/4925/4916	498/394/4974/4720	502/507/5219/4772	400/782/4795/4226	

（续）

公称直径/mm	疲劳寿命	波纹管有效面积/cm²	接口尺寸(D/mm)×(δ/mm)	设计压力/MPa				径向最大外形尺寸 B/mm
				1.0	1.6	2.0	2.5	
				[轴向补偿量/mm]/[轴向刚度/(N/mm)]/[产品质量/kg]/[总长/mm]				
1000	I	10788	1020×12	506/227/5884/4582	412/407/5982/4356	348/734/6185/4212	354/897/6598/4288	1410
	II			602/227/5884/4582	492/407/5982/4356	412/734/6185/4212	420/897/6598/4288	
1100	I	12767	1120×12	534/264/7298/4882	432/494/7224/4626	410/706/7655/4606	288/1410/6773/3916	1510
	II			636/264/7298/4882	516/494/7224/4626	488/706/7655/4606	340/1410/6773/3916	
1200	I	14655	1220×12	462/550/7830/4694	428/550/7756/4612	388/854/8260/4548	388/1091/8705/4604	1610
	II			544/550/7830/4694	510/550/7756/4612	460/854/8260/4548	462/1091/8705/4604	
1300	I	16879	1320×12	322/728/7315/3858	290/790/7284/4390	264/1169/7651/4330	268/1422/8054/4402	1710
	II			380/728/7315/3858	460/790/7284/4390	416/1169/7651/4330	424/1422/8054/4402	
1400	I	19260	1420×12	280/761/6997/3328	232/965/6818/3202	212/1449/7147/3174	216/1749/7518/3218	1880
	II			330/761/6997/3328	276/965/6818/3202	252/1449/7147/3174	256/1749/7518/3218	

表 6-15　单式铰链型补偿器外形尺寸和性能

接管　立板　副铰链板　销轴　波纹管　主铰链板　导流筒

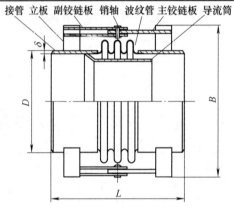

设计疲劳寿命：1000 次（I 型）；500 次（II 型）

公称直径/mm	疲劳寿命	接口尺寸(D/mm)×(δ/mm)	设计压力/MPa				径向最大外形尺寸 B/mm
			1.0	1.6	2.0	2.5	
			[角位移量/(°)]/[角向刚度/[N·m/(°)]]/[产品质量/kg]/[总长/mm]				
50	I	60×3.5	25/1/6/380	20/2/10/381	12/8/10/381	12/8/8/390	211
	II		30/1/6/380	23/2/10/381	14/8/10/381	14/8/8/390	
65	I	76×4	19/3/8/380	21/5/9/410	18/7/9/430	18/7/9/428	235
	II		22/3/8/380	24/5/9/410	21/7/9/430	21/7/9/428	
80	I	89×4	13/10/10/410	22/6/10/408	11/20/10/420	10/20/11/439	249
	II		16/10/10/410	26/6/10/408	12/20/10/420	12/20/11/439	
100	I	108×4	23/5/17/519	20/9/18/519	19/9/18/519	14/29/18/528	272
	II		28/5/17/519	24/9/18/519	23/9/18/519	16/29/18/528	
125	I	133×6	28/7/23/540	19/24/24/540	18/24/25/600	18/25/26/620	295
	II		33/7/23/540	22/24/24/540	22/24/25/600	21/25/26/620	
150	I	159×6	21/13/26/584	20/25/30/570	18/44/31/570	15/70/33/595	319
	II		25/13/26/584	24/25/30/570	21/44/31/570	18/70/33/595	
200	I	219×6	25/33/49/694	22/54/56/683	23/85/59/683	22/85/64/697	436
	II		30/33/49/694	26/54/56/683	27/85/59/683	26/85/64/697	
250	I	273×8	22/79/70/690	18/126/75/739	17/126/76/760	19/194/97/826	497
	II		26/79/70/690	21/126/75/739	21/126/76/760	22/194/97/826	
300	I	325×8	25/131/96/738	22/157/107/848	20/242/118/888	19/247/125/908	579
	II		30/131/96/738	26/157/107/848	24/242/118/888	23/247/125/908	

（续）

公称直径 /mm	疲劳寿命	接口尺寸 (D/mm)× (δ/mm)	设计压力/MPa				径向最大外形尺寸 B/mm
			1.0	1.6	2.0	2.5	
			[角位移量/°]/{角向刚度/[N·m/°]}/[产品质量/kg]/[总长/mm]				
350	I	377×8	27/152/142/864	22/222/147/924	20/331/156/964	20/351/179/1016	646
	II		32/152/142/864	26/222/147/924	24/331/156/964	24/351/179/1016	
400	I	426×8	25/198/164/884	23/317/202/1052	21/472/210/1052	19/561/222/1076	696
	II		30/198/164/884	28/317/202/1052	25/472/210/1052	23/561/222/1076	
450	I	478×8	20/324/192/1034	19/490/226/1106	17/766/239/1106	17/766/277/1214	735
	II		24/324/192/1034	22/490/226/1106	20/766/239/1106	20/766/277/1214	
500	I	529×8	21/341/261/1058	19/581/291/1170	17/892/328/1270	17/1107/382/1329	832
	II		25/341/261/1058	22/581/291/1170	20/892/328/1270	20/1107/382/1329	
600	I	630×8	17/703/307/1056	16/775/354/1148	15/1222/381/1148	15/1581/432/1280	931
	II		20/703/307/1056	20/775/354/1148	17/1222/381/1148	18/1581/432/1280	
700	I	720×10	21/707/420/1150	17/1336/475/1332	17/1620/565/1332	17/2012/633/1464	1049
	II		24/707/420/1150	21/1336/475/1332	20/1620/565/1332	20/2012/633/1464	
800	I	820×10	19/942/542/1170	16/1766/662/1432	16/2170/773/1432	16/2675/862/1584	1153
	II		23/942/542/1170	19/1766/662/1432	19/2170/773/1432	19/2675/862/1584	
900	I	920×10	18/1227/661/1230	15/2276/796/1512	13/3408/966/1512	13/4181/1068/1644	1272
	II		21/1227/661/1230	18/2276/796/1512	18/3408/966/1512	16/4181/1068/1644	
1000	I	1020×12	14/1983/832/1290	11/3587/1050/1600	11/4464/1454/1800	11/5592/1421/1555	1384
	II		16/1983/832/1290	13/3587/1050/1600	13/4464/1454/1800	13/5592/1421/1555	
1100	I	1120×12	12/3199/1090/1344	10/6518/1325/1652	10/7793/1785/1742	9/12371/1883/1800	1518
	II		15/3199/1090/1344	11/6518/1325/1652	11/7793/1785/1742	11/12371/1883/1800	
1200	I	1220×12	12/4194/1319/1524	10/7505/1636/1852	10/9235/2136/1852	8/15632/2193/1880	1632
	II		14/4194/1319/1524	11/7505/1636/1852	11/9235/2136/1852	10/15632/2193/1880	
1300	I	1320×12	11/4927/1780/1661	10/8534/2173/1820	10/10570/2695/1820	9/18336/2855/1925	1771
	II		13/4927/1780/1661	12/8534/2173/1820	12/10570/2695/1820	11/18336/2855/1925	
1400	I	1420×12	12/5832/2089/1680	10/10339/2429/1795	10/13299/3008/1795	9/22184/3134/1900	1907
	II		14/5832/2089/1680	12/10339/2429/1795	12/13299/3008/1795	10/22184/3134/1900	

表6-16　单式万向铰链型补偿器外形尺寸和性能

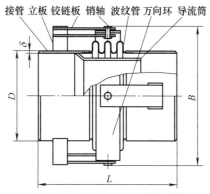

接管　立板　铰链板　销轴　波纹管　万向环　导流筒

设计疲劳寿命：1000 次（Ⅰ型）；500 次（Ⅱ型）

公称直径 /mm	疲劳寿命	接口尺寸 (D/mm)× (δ/mm)	设计压力/MPa				径向最大外形尺寸 B/mm
			1.0	1.6	2.0	2.5	
			[角位移量/(°)]/{角向刚度/[N·m/(°)]}/[产品质量/kg]/[总长/mm]				
50	I	60×3.5	25/1/11/380	20/2/16/381	12/8/16/381	12/8/15/390	236
	II		30/1/11/380	23/2/16/381	14/8/16/381	14/8/15/390	

（续）

公称直径 /mm	疲劳寿命	接口尺寸 (D/mm)× (δ/mm)	设计压力/MPa				径向最大外形尺寸 B/mm
			1.0	1.6	2.0	2.5	
			[角位移量/(°)]/[角向刚度/[N·m/(°)]]/[产品质量/kg]/[总长/mm]				
65	I	76×4	19/3/15/380	21/5/16/410	18/7/16/430	18/7/16/428	261
	II		22/3/15/380	24/5/16/410	21/7/16/430	21/7/16/428	
80	I	89×4	13/10/17/410	22/6/17/408	11/20/18/420	10/20/18/439	275
	II		16/10/17/410	26/6/17/408	12/20/18/420	12/20/18/439	
100	I	108×4	23/5/29/519	20/9/29/519	19/9/29/519	14/29/30/528	302
	II		28/5/29/519	24/9/29/519	23/9/29/519	16/29/30/528	
125	I	133×6	28/7/35/540	19/24/35/540	18/24/35/600	18/25/36/620	325
	II		33/7/35/540	22/24/35/540	22/24/35/600	21/25/36/620	
150	I	159×6	21/13/39/584	20/25/43/570	18/44/43/570	15/70/44/595	349
	II		25/13/39/584	24/25/43/570	21/44/43/570	18/70/44/595	
200	I	219×6	25/33/71/694	22/54/76/683	23/85/78/683	22/85/89/697	470
	II		30/33/71/694	26/54/76/683	27/85/78/683	26/85/89/697	
250	I	273×8	22/79/104/690	18/126/106/739	17/126/104/760	19/194/147/826	547
	II		26/79/104/690	21/126/106/739	21/126/104/760	22/194/147/826	
300	I	325×8	25/131/132/738	22/157/139/848	20/242/171/888	19/247/205/908	637
	II		30/131/132/738	26/157/139/848	24/242/171/888	23/247/205/908	
350	I	377×8	27/152/194/864	22/222/212/924	20/331/219/964	20/351/311/1016	708
	II		32/152/194/864	26/222/212/924	24/331/219/964	24/351/311/1016	
400	I	426×8	25/198/230/884	23/317/290/1052	21/472/296/1052	19/561/361/1076	766
	II		30/198/230/884	28/317/290/1052	25/472/296/1052	23/561/361/1076	
450	I	478×8	20/324/254/1034	19/490/332/1106	17/766/361/1106	17/766/421/1214	815
	II		24/324/254/1034	22/490/332/1106	20/766/361/1106	20/766/421/1214	
500	I	529×8	21/341/363/1058	19/581/420/1170	17/892/470/1270	17/1107/611/1329	912
	II		25/341/363/1058	22/581/420/1170	20/892/470/1270	20/1107/611/1329	
600	I	630×8	17/703/456/1056	16/775/548/1148	15/1222/625/1148	15/1581/757/1280	1017
	II		20/703/456/1056	20/775/548/1148	17/1222/625/1148	18/1581/757/1280	
700	I	720×10	21/707/614/1150	17/1336/697/1332	17/1620/958/1332	17/2012/1014/1464	1145
	II		24/707/614/1150	21/1336/697/1332	20/1620/958/1332	20/2012/1014/1464	
800	I	820×10	19/942/809/1170	16/1766/1051/1432	16/2170/1251/1432	16/2675/1464/1584	1277
	II		23/942/809/1170	19/1766/1051/1432	19/2170/1251/1432	19/2675/1464/1584	
900	I	920×10	18/1227/993/1230	15/2276/1267/1512	13/3408/1708/1512	13/4181/1886/1644	1390
	II		21/1227/993/1230	18/2276/1267/1512	16/3408/1708/1512	16/4181/1886/1644	
1000	I	1020×12	14/1983/1272/1290	11/3587/1702/1600	11/4464/2572/1800	11/5592/2613/1555	1534
	II		16/1983/1272/1290	13/3587/1702/1600	13/4464/2572/1800	13/5592/2613/1555	
1100	I	1120×12	12/3199/1610/1344	10/6518/2130/1652	10/7793/3593/1742	9//12371/3849/1800	1690
	II		15/3199/1610/1344	11/6518/2130/1652	11/7793/3593/1742	11/12371/3849/1800	
1200	I	1220×12	12/4194/2026/1524	10/7505/2706/1852	10/9235/4377/1852	8//15632/4532/1880	1808
	II		14/4194/2026/1524	11/7505/2706/1852	11/9235/4377/1852	10/15632/4532/1880	
1300	I	1320×12	11/4927/2844/1661	10/8534/3409/1820	10/10570/5150/1820	9//18336/5475/1925	1935
	II		13/4927/2844/1661	12/8534/3409/1820	12/10570/5150/1820	11/18336/5475/1925	
1400	I	1420×12	12/5832/3582/1680	10/10339/3931/1795	10/13299/5962/1795	9//22184/6041/1900	2051
	II		14/5832/3582/1680	12/10339/3931/1795	12/13299/5962/1795	10/22184/6041/1900	

表 6-17　复式拉杆型补偿器外形尺寸和性能

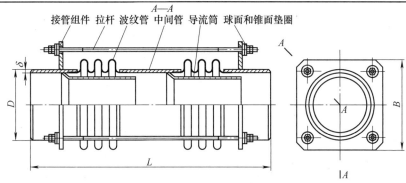

接管组件　拉杆　波纹管　中间管　导流筒　球面和锥面垫圈

设计疲劳寿命：1000 次（Ⅰ型）；500 次（Ⅱ型）

公称直径/mm	疲劳寿命	接口尺寸(D/mm)×(δ/mm)	设计压力/MPa				径向最大外形尺寸 B/mm
			1.0	1.6	2.0	2.5	
			[横向位移量/mm]/[横向刚度/(N/mm)]/[产品质量/kg]/[总长/mm]				
50	Ⅰ	60×3.5	88/2/21/840	84/2/21/832	75/2/21/832	63/2/22/850	170
	Ⅱ		103/2/21/840	98/2/21/832	87/2/21/832	74/2/22/850	
65	Ⅰ	76×4	75/2/26/840	88/4/28/870	87/4/28/870	85/5/26/848	190
	Ⅱ		88/2/26/840	104/4/28/870	102/4/28/870	99/5/26/848	
80	Ⅰ	89×4	63/3/29/840	83/6/31/848	81/6/31/848	66/7/30/868	210
	Ⅱ		74/3/29/840	97/6/31/848	95/6/31/848	78/7/30/868	
100	Ⅰ	108×4	81/6/38/882	76/8/40/882	73/8/40/882	76/12/44/908	230
	Ⅱ		96/6/38/882	90/8/40/882	87/8/40/882	90/12/44/908	
125	Ⅰ	133×6	92/7/45/894	76/9/47/920	65/13/46/920	75/15/50/920	260
	Ⅱ		109/7/45/894	91/9/47/920	77/13/46/920	89/15/50/920	
150	Ⅰ	159×6	94/9/56/964	92/14/61/990	78/21/59/990	67/30/69/1090	298
	Ⅱ		112/9/56/964	110/14/61/990	93/21/59/990	80/30/69/1090	
200	Ⅰ	219×6	173/9/132/1554	144/12/129/1554	129/15/128/1554	144/19/162/1706	370
	Ⅱ		205/9/132/1554	171/12/129/1554	153/15/128/1554	171/19/162/1706	
250	Ⅰ	273×8	164/13/170/1730	138/17/169/1742	127/25/172/1742	139/35/188/1768	436
	Ⅱ		194/13/170/1730	164/17/169/1742	151/25/172/1742	165/35/188/1768	
300	Ⅰ	325×8	165/14/230/1778	147/31/228/1784	108/38/225/1784	123/50/239/1804	482
	Ⅱ		196/14/230/1778	174/31/228/1784	129/38/225/1784	146/50/239/1804	
350	Ⅰ	377×8	265/12/326/2364	249/21/331/2364	236/29/339/2364	211/37/366/2416	556
	Ⅱ		316/12/326/2364	296/21/331/2364	281/29/339/2364	251/37/366/2416	
400	Ⅰ	426×8	241/17/377/2404	234/27/386/2416	220/37/395/2416	194/48/420/2456	605
	Ⅱ		287/17/377/2404	279/27/386/2416	262/37/395/2416	231/48/420/2456	
450	Ⅰ	478×8	260/20/446/2454	248/34/478/2486	266/45/494/2486	221/62/521/2492	656
	Ⅱ		310/20/446/2454	296/34/478/2486	314/45/494/2486	263/62/521/2492	
500	Ⅰ	529×8	248/25/508/2498	233/46/566/2530	253/59/617/2530	238/80/687/2562	720
	Ⅱ		295/25/508/2498	278/46/566/2530	299/59/617/2530	283/80/687/2562	
600	Ⅰ	630×8	244/38/657/2476	190/70/691/2488	214/87/773/2488	177/118/803/2600	805
	Ⅱ		290/38/657/2476	227/70/691/2488	253/87/773/2488	210/118/803/2600	
700	Ⅰ	720×10	235/58/808/2640	232/97/913/2652	231/127/966/2652	206/165/1185/2744	913
	Ⅱ		280/58/808/2640	276/97/913/2652	275/127/966/2652	245/165/1185/2744	
800	Ⅰ	820×10	219/76/959/2660	212/135/1168/2712	211/175/1308/2712	211/215/1577/2804	1025
	Ⅱ		261/76/959/2660	252/135/1168/2712	252/175/1308/2712	251/215/1577/2804	
900	Ⅰ	920×10	253/63/1247/3180	250/104/1584/3272	264/133/1703/3272	180/227/1984/3364	1120
	Ⅱ		301/63/1247/3180	298/104/1584/3272	312/133/1703/3272	214/227/1984/3364	
1000	Ⅰ	1020×12	259/92/1666/3224	190/218/2030/3256	270/178/2187/3256	189/318/2881/3370	1231
	Ⅱ		308/92/1666/3224	226/218/2030/3256	322/178/2187/3256	225/318/2881/3370	

（续）

公称直径 /mm	疲劳寿命	接口尺寸 (D/mm)× (δ/mm)	设计压力/MPa				径向最大外形尺寸 B/mm
			1.0	1.6	2.0	2.5	
			[横向位移量/mm]/[横向刚度/(N/mm)]/[产品质量/kg]/[总长/mm]				
1100	I	1120×12	276/96/1908/3376	260/165/2298/3408	259/203/2815/3408	193/316/3366/3660	1329
	II		327/96/1908/3376	309/165/2298/3408	309/203/2815/3408	229/316/3366/3660	
1200	I	1220×12	293/128/2370/3426	209/283/3180/3458	202/366/3393/3458	193/473/3831/3560	1720
	II		349/128/2370/3426	249/283/3180/3458	240/366/3393/3458	230/473/3831/3560	
1300	I	1320×12	317/153/2678/3458	273/248/3913/3576	266/309/4334/3576	262/405/4796/3630	1840
	II		376/153/2678/3458	325/248/3913/3576	317/309/4334/3576	312/405/4796/3630	
1400	I	1420×12	284/166/3083/3428	241/263/4144/3546	225/355/4580/3546	222/455/5309/3640	1940
	II		337/166/3083/3428	287/263/4144/3546	267/355/4580/3546	265/455/5309/3640	

表 6-18 单式轴向型补偿器外形尺寸和性能

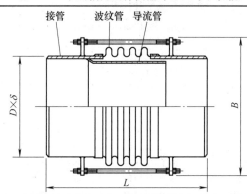

序号	规格型号	轴向补偿量 /mm	轴向刚度 /(N/mm)	接口尺寸 (D/mm)×(δ/mm)	径向最大外形尺寸 B/mm	产品长度 L/mm	压力等级范围/MPa
1	16VCDZ100—J	20~30	417~208	108×4	310	320~390	0.25~2.5
2	16VCDZ150—J	21~30	456~285	159×4.5	370	340~400	0.25~2.5
3	16VCDZ200—J	32~49	480~320	219×6	445	350~400	0.25~2.5
4	16VCDZ250—J	32~49	930~620	273×8	500	420~490	0.25~2.5
5	16VCDZ300—J	36~54	1253~835	325×8	550	470~560	0.25~2.5
6	16VCDZ350—J	40~60	1265~843	377×8	620	500~610	0.25~2.5
7	16VCDZ400—J	40~60	1373~915	426×10	700	510~620	0.25~2.5
8	16VCDZ500—J	43~65	2452~1635	426×10	850	530~630	0.25~2.5
9	16VCDZ600—J	47~70	1740~1160	529×10	1000	580~760	0.25~2.5
10	16VCDZ700—J	24~71	5944~1982	630×10	1110	470~790	0.25~2.5
11	16VCDZ800—J	24~97	6365~1591	720×12	1265	480~590	0.25~2.5
12	16VCDZ900—J	27~96	5150~1288	820×12	1350	550~1050	0.25~2.5
13	16VCDZ1000—J	28~125	10075~2519	1020×12	1450	550~1050	0.25~2.5

表 6-19 复式轴向型补偿器外形尺寸和性能

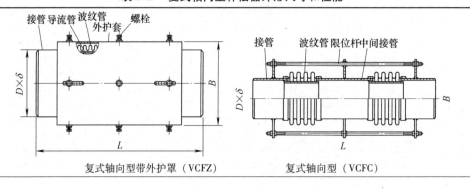

复式轴向型带外护罩（VCFZ）　　　　复式轴向型（VCFC）

（续）

序号	规格型号	轴向补偿量 /mm	轴向刚度 /(N/mm)	接口尺寸 (D/mm)×(δ/mm)	径向最大外形 尺寸 B/mm	产品长度 L/mm	压力等级 范围/MPa
1	16VCFZ（VCFC）100—J	30~55	145	108×4	220	450~860	0.25~2.5
2	16VCFZ（VCFC）150—J	50~82	214	159×4.5	280	550~960	0.25~2.5
3	16VCFZ（VCFC）200—J	50~133	160	219×6	340	700~1160	0.25~2.5
4	16VCFZ（VCFC）250—J	80~140	310	273×8	410	700~1310	0.25~2.5
5	16VCFZ（VCFC）300—J	80~143	418	325×8	460	700~1450	0.25~2.5
6	16VCFZ（VCFC）350—J	80~161	422	377×8	520	800~1480	0.25~2.5
7	16VCFZ（VCFC）400—J	100~162	458	426×10	580	800~1510	0.25~2.5
8	16VCFZ（VCFC）500—J	100~183	365	529×10	690	800~1780	0.25~2.5
9	16VCFZ（VCFC）600—J	100~188	734	630×10	800	900~1790	0.25~2.5
10	16VCFZ（VCFC）700—J	100~188	813	720×10	890	1000~1790	0.25~2.5
11	16VCFZ（VCFC）800—J	100~200	890	820×12	1020	1000~1850	0.25~2.5
12	16VCFZ（VCFC）900—J	100~200	965	920×12	1150	1000~1850	0.25~2.5
13	16VCFZ（VCFC）1000—J	100~200	1160	1020×12	1290	1000~1850	0.25~2.5

表 6-20　外压轴向型补偿器外形尺寸和性能

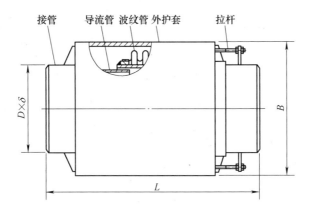

序号	规格型号	轴向补偿量 /mm	轴向刚度 /(N/mm)	接口尺寸 (D/mm)×(δ/mm)	径向最大外形 尺寸 B/mm	产品长度 L/mm	压力等级 范围/MPa
1	16VCZW100—J	30~80	180~460	108×4	340	490~880	0.25~4.0
2	16VCZW150—J	32~80	169~410	219×4.5	440	500~860	0.25~4.0
3	16VCZW200—J	40~140	310~720	219×6	529	560~880	0.25~4.0
4	16VCZW250—J	48~146	389~862	273×8	570	560~1090	0.25~4.0
5	16VCZW300—J	56~172	420~910	325×8	650	720~1360	0.25~4.0
6	16VCZW350—J	60~172	463~1059	377×8	675	720~1360	0.25~4.0
7	16VCZW400—J	601~72	637~1273	426×10	740	720~1360	0.25~4.0
8	16VCZW500—J	72~168	799~1598	529×10	880	760~1360	0.25~2.5
9	16VCZW600—J	72~168	1536~3568	630×10	1030	760~1510	0.25~2.5
10	16VCZW700—J	76~180	1815~3630	720×12	1120	760~1510	0.25~2.5
11	16VCZW800—J	76~180	1291~2583	820×12	1260	760~1510	0.25~2.5
12	16VCZW900—J	76~180	1548~2809	900×12	1380	760~1510	0.25~2.5
13	16VCZW1000—J	76~180	1573~2936	1020×12	1480	760~1510	0.25~2.5

表6-21　铰链型补偿器外形尺寸和性能

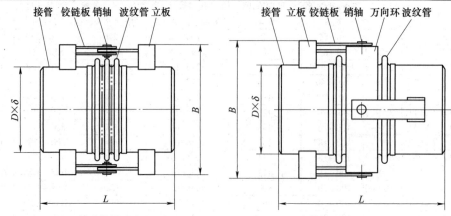

单式铰链型（VCJL）　　　　　　　　　万向铰链型（VCWJ）

序号	规格型号	角度补偿量 θ/(°)	角向刚度/ [N·m/(°)]	接口尺寸 (D/mm)×(δ/mm)	径向最大外形 尺寸 B/mm	产品长度 L/mm	压力等级范 围/MPa
1	16VCJL（VCWJ）100×4—J	±69~12	12	108×4	250~410	540	0.25~2.5
2	16VCJL（VCWJ）150×8—J	±4~12	61	159×4.5	330~460	720	0.25~2.5
3	16VCJL（VCWJ）200×6—J	±8~12	83	219×6	400~560	760	0.25~2.5
4	16VCJL（VCWJ）250×6—J	±7.8~12	131	273×8	480~710	820	0.25~2.5
5	16VCJL（VCWJ）300×6—J	±7.5~12	244	325×8	540~810	900	0.25~2.5
6	16VCJL（VCWJ）350×6—J	±7.5~12	310	377×8	451~900	1030	0.25~2.5
7	16VCJL（VCWJ）400×6—J	±6.9~11	406	426×10	660~980	1030	0.25~2.5
8	16VCJL（VCWJ）500×6—J	±4.5~9	939	529×10	800~1280	1100	0.25~2.5
9	16VCJL（VCWJ）600×6—J	±4.5~8	2072	630×10	930~1350	1260	0.25~2.5
10	16VCJL（VCWJ）700×6—J	±3.9~6	3108	720×12	1030~1500	1260	0.25~2.5
11	16VCJL（VCWJ）800×6—J	±3.6~6	3863	820×12	1130~1500	1260	0.25~2.5
12	16VCJL（VCWJ）900×6—J	±3.6~6	4040	920×12	1250~1730	1340	0.25~2.5
13	16VCJL（VCWJ）1000×4—J	±2.4~6	12705	1020×12	1370~2000	1000	0.25~2.5
14	16VCJL（VCWJ）1100×4—J	±2.4~6	14292	1120×12	1510~2200	1280	0.25~2.5
15	16VCJL（VCWJ）1200×4—J	±3~6	11936	1220×12	1620~2400	1520	0.25~2.5

表6-22　直管压力平衡型补偿器外形尺寸和性能

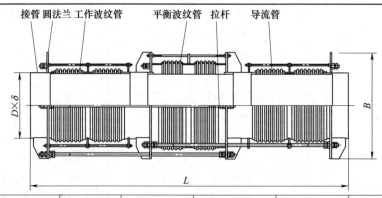

序号	规格型号	轴向补偿量 /mm	轴向刚度 /(N/mm)	接口尺寸 (D/mm)×(δ/mm)	径向最大外形 尺寸 B/mm	产品长度 L/mm	压力等级 范围/MPa
1	10VCZYP200—J	42~80	560~320	219×6	700	1560~1960	0.25~1.6
2	10VCZYP250—J	42~80	594~384	273×8	760	1560~1960	0.25~1.6
3	10VCZYP300—J	56~96	830~516	325×8	820	1650~2200	0.25~1.6

（续）

序号	规格型号	轴向补偿量 /mm	轴向刚度 /(N/mm)	接口尺寸 (D/mm)×(δ/mm)	径向最大外形尺寸 B/mm	产品长度 L/mm	压力等级范围/MPa
4	10VCZYP350—J	56~96	847~560	377×8	880	1650~2200	0.25~1.6
5	10VCZYP400—J	68~106	916~612	426×10	940	2000~2800	0.25~1.6
6	10VCZYP450—J	68~106	823~941	478×10	1050	2000~2800	0.25~1.6
7	10VCZYP500—J	68~106	934~585	529×10	1140	2000~2800	0.25~1.6
8	10VCZYP600—J	76~112	1321~943	630×10	1240	2100~3100	0.25~1.6
9	10VCZYP700—J	76~112	2141~1162	720×12	1340	2100~3100	0.25~1.6
10	10VCZYP800—J	88~120	1778~1043	820×12	1440	2100~3100	0.25~1.6
11	10VCZYP900—J	88~126	1643~947	920×12	1600	2100~3200	0.25~1.6
12	10VCZYP1000—J	88~126	1724~1097	1020×12	1800	2100~3200	0.25~1.6

表 6-23 直管旁通外压式压力平衡型补偿器外形尺寸和性能

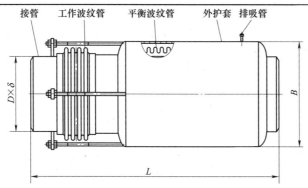

单式直管旁通外压式压力平衡补偿器（VCZYPD）

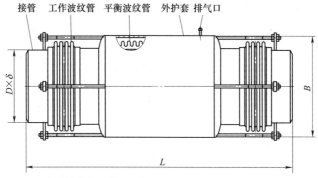

复式直管旁通外压式压力平衡型补偿器（VCZYPS）

序号	规格型号	轴向补偿量 /mm	轴向刚度/ (N/mm)	接口尺寸 (D/mm)×(δ/mm)	径向最大外形尺寸 B/mm	产品长度 L/mm	压力等级范围 /MPa
1	16VCZYPD100—J	60	780	108×4	260	1200	0.25~2.5
	16VCZYPS100—J	120	674			1560	
2	16VCZYPD150—J	80	814	159×4.5	380	1250	0.25~2.5
	16VCZYPS150—J	160	626			1620	
3	16VCZYPD200—J	100	870	219×6	426	1550	0.25~2.5
	16VCZYPS200—J	200	635			2080	
4	16VCZYPD250—J	110	958	273×8	529	1750	0.25~2.5
	16VCZYPS250—J	220	596			2350	
5	16VCZYPD300—J	130	1032	325×8	630	1800	0.25~2.5
	16VCZYPS300—J	250	647			2560	
6	16VCZYPD400—J	145	1410	426×10	720	2050	0.25~2.5
	16VCZYPS400—J	290	821			2850	

（续）

序号	规格型号	轴向补偿量 /mm	轴向刚度/ (N/mm)	接口尺寸 $(D/\text{mm}) \times (\delta/\text{mm})$	径向最大外形尺寸 B/mm	产品长度 L/mm	压力等级范围 /MPa
7	16VCZYPD500—J	155	1912	426×10	920	2200	0.25~2.5
	16VCZYPS500—J	310	908			3000	
8	16VCZYPD600—J	160	1830	529×10	1200	3200	0.25~2.5
	16VCZYPS600—J	310	924			4300	
9	16VCZYPD700—J	180	1928	630×10	1300	3250	0.25~2.5
	16VCZYPS700—J	360	981			4400	
10	16VCZYPD800—J	190	2098	720×12	1450	3250	0.25~2.5
	16VCZYPS800—J	380	1236			4480	
11	16VCZYPD900—J	230	2206	820×12	1600	3300	0.25~2.5
	16VCZYPS900—J	460	1369			4500	
12	16VCZYPD1000—J	230	2368	1020×12	1750	3300	0.25~2.5
	16VCZYPS1000—J	460	1454			4500	

表 6-24　大拉杆横向补偿器外形尺寸和性能

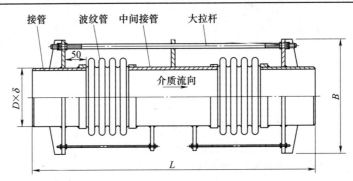

序号	规格型号	轴向补偿量 /mm	轴向刚度/ (N/mm)	接口尺寸 $(D/\text{mm}) \times (\delta/\text{mm})$	径向最大外形尺寸 B/mm	产品长度 L/mm	压力等级范围 /MPa
1	VCDH100—J	100~350	4~0.6	108×4	250×250	1200~3000	0.25~6.0
2	VCDH150—J	100~350	12~2	159×4.5	300×300	1200~3000	0.25~6.0
3	VCDH200—J	100~350	32~6	219×6	360×360	1200~3000	0.25~6.0
4	VCDH250—J	100~350	33~8	273×8	420×420	1200~3000	0.25~6.0
5	VCDH300—J	109~320	28~10	325×8	480×480	1500~3000	0.25~6.0
6	VCDH350—J	100~300	56~13	377×8	580×580	1500~3000	0.25~6.0
7	VCDH400—J	90~280	130~17	426×10	630×630	1500~3000	0.25~4.0
8	VCDH500—J	80~260	160~41	529×10	750×750	1500~3000	0.25~4.0
9	VCDH600—J	100~250	127~27	630×10	880×880	2000~3500	0.25~4.0
10	VCDH700—J	100~220	280~57	720×10	950×950	2000~3500	0.25~2.5
11	VCDH800—J	80~180	402~79	820×12	1080×1080	2000~3500	0.25~2.5
12	VCDH900—J	120~250	369~98	920×12	1180×1180	2500~4000	0.25~2.5
13	VCDH1000—J	108~240	416~106	1020×12	1310×1310	2500~4000	0.25~2.5

7. 煤气管道通用波纹补偿器

煤气管道用补偿器，用于煤气管道系统，波纹管成型后一般需要进行固溶、喷砂和酸洗钝化处理，以提高波纹管耐蚀性能。洛阳双瑞特种装备有限公司生产的煤气管道用补偿器，江苏威创能源设备有限公司生产的 VCMZP 型煤气管道专用补偿器、VCMP-A 型煤气管道挠性补偿器等都被广泛采用。

洛阳双瑞特种装备有限公司生产的煤气管道用

补偿器外形结构参见图 6-24，适用于 DN = 200 ~ 2400mm 工作压力 $p \le 0.03$MPa 及 0.1MPa 的煤气管道。

江苏威创能源设备有限公司生产的：VCMZP 型煤气管道专用补偿器外形结构参见图 6-24；VCMP-A 型煤气管道挠性补偿器外形尺寸和性能见表 6-25，设计压力 0.15MPa，设计温度 -20 ~ 80℃，疲劳寿命 1000 次。

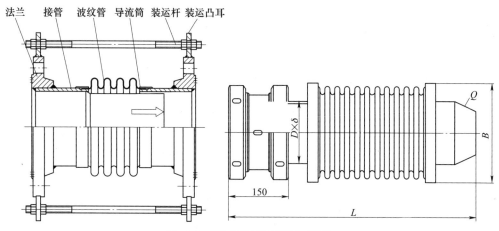

图 6-24　煤气管道用补偿器外形结构

表 6-25　VCMP-A 型煤气管道挠性补偿器外形尺寸和性能

序号	规格型号	$(D/\text{mm}) \times (\delta/\text{mm})$	Q	B/mm	产品总长 L/mm	轴向位移 /mm	横向位移 /mm	角向位移 /(°)	轴向刚度 /(N/mm)	横向刚度 /(N/mm)	角向刚度/ [N·m/(°)]
1	VCMP32—A	42×3.5	$R11/4$	66	330	27	27	75	13	2.2	0.05
2	VCMP40—A	48×4.0	$R11/2$	78	330	26	22	62	24	5.5	0.1
3	VCMP50—A	60×5.0	$R2$	93	330	23	16	45	38	13	0.3

6.4.3　旋转式补偿器

1. 概述

无推力旋转式补偿器是热力管道热膨胀补偿方面的一种新型补偿器。旋转式补偿器的结构如图 6-25 所示,其构造主要由密封定座、密封压盖、大小头、减磨定心轴承、密封材料、旋转筒体等构件组成。安装在热力管道上需两个以上组对成组,形成相对旋转吸收管道热位移,从而减少管道应力,其动作原理如图 6-26 所示。

旋转式补偿器的优点:补偿量大,可根据自然地形及管道长度布置,最大一组补偿器可补偿 500m 管段;不产生由介质压力产生的盲板力,固定支架可做得很小,特别适用于大口径管道;密封性能优越,长期运行不需维护;节约投资;旋转式补偿器可安装在蒸汽直埋管和热水直埋管上,可节约投资和提高运行安全性。

旋转式补偿器已由专业制造厂生产,江苏宏鑫旋转补偿器科技有限公司生产的产品已在热力工程中推广应用。

旋转式补偿器在管道上一般按 120～500m 安装一组(可根据自然地形确定),有十多种安装形式,可根据管道的走向确定布置形式。采用该型补偿器后,固定支架间距增大,为避免管段挠曲要适当增加导向支架,为减少管段运行的摩擦力,在滑动支架上应安装滚动支座。

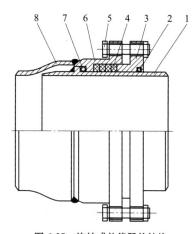

图 6-25　旋转式补偿器的结构
1—旋转筒体　2—减磨定心轴承　3—密封压盖
4—密封材料　5—压紧螺栓　6—密封座
7—减磨定心轴承/端面密封填料　8—大小头
注:SZG 型系列耐高压自密封旋转式
补偿器中的"7"为端面密封填料。

2. 旋转式补偿器的选型

GSJ-V 型系列无推力旋转式补偿器分为五个等级:

1)适用低压管道补偿器:压力 0～1.6MPa、温度−60～300℃。

2)适用中、低压管道补偿器:压力 1.6～2.5MPa、温度−60～425℃。

3)适用中压管道补偿器:压力 2.5～4.0MPa、

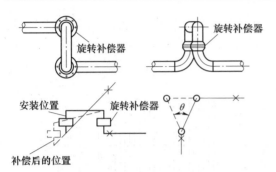

图 6-26　旋转式补偿器动作原理

温度-60~450℃。

　　4）适用高压管道补偿器：压力 4.0~6.4MPa、温度-60~500℃。

　　5）适用超高压管道补偿器：压力 6.4~12.5MPa、温度-60~550℃。

　　上述 GSJ-V 型系列为江苏宏鑫旋转补偿器科技有限公司的产品，当使用温度超过400℃时本体材质采用合金钢：06Cr19Ni10、15CrMoG、12Cr1MoVG、P11、P91 等材料。

　　3. 旋转式补偿器动作原理、布置方式

　　GSJ-V 型系列旋转式补偿器的补偿原理，是通过成双旋转筒和 L 力臂形成力偶，使大小相等，方向相反的一对力，由力臂环绕着 z 轴中心旋转，以达到力偶两侧直管段上产生的热膨胀量的吸收。

　　（1）Π形组合旋转式补偿器（图6-27和图6-28）　当补偿器布置于两固定支架之间时，则热管运行时的两端有相同的热膨胀量和相同的热膨胀推力，将力偶回绕着中心 O 旋转了 θ 角，以达到吸收两端方向相反、大小相等的热膨胀量 ΔL。

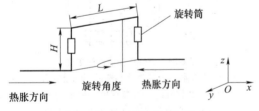

图 6-27　Π形组合补偿器立体图

　　当补偿器布置不在两固定支架中心，而偏向热管较短的一端，在运行时的力偶臂 L 的中心 O 偏向较短的一端环绕来吸收两端方向相反、大小不等的膨胀量 ΔL_1、ΔL_2。

　　此类补偿器的布置和球形补偿器类似，当在吸收热膨胀量时，在力偶臂旋转到 0.5θ 时出现热管道发生最大的摆动 y 值。因此，离补偿器第一只导向支架的布置距离要加大（见表6-26）。

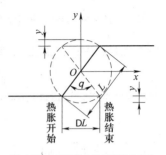

图 6-28　Π形组合补偿器平面图

表 6-26　补偿器两侧导向支架离补偿器的距离

公称直径/mm	≤100	≤200	≤350	≤500	≥600
导向支架距补偿器距离/m	≥20	≥25	≥30	≥35	≥40

　　一般情况下应根据自然地形、补偿量的大小和安装条件来确定 L 的大小，在条件许可的情况下 L 尽量选择大一点。

　　虽然吸收热膨胀随着转角 θ 或力偶臂 L 的加大而增加，但为了限止 y 摆动过大，对 θ 值不超过表6-27的推荐值，L 一般在 3~6m 范围内为宜。

　　该补偿器适应性较广，对平行路径、转角路径和直线路径及直埋转为架空，均可布置。

　　（2）选型要点

　　1）Π形组合补偿器高 H = 旋转筒长+2×1.5DN，见表6-28。

　　2）GSJ-V 型系列旋转式补偿器是一种全新的补偿装置，它的补偿能力特别大，为此当使用本补偿器进行长距离补偿时可按表6-29设置导向支架。

　　3）Π形组合补偿器由于有横向摆动，故两侧一定距离内不准设置导向支架见表6-28。

表 6-27　转角 θ 的极限值

公称直径/mm	≤200	300	400	500 以上
θ/(°)（Π形组合）	35	35	30	25

表 6-28　H 尺寸

公称直径/mm	旋转筒长/mm	H/mm（Π形组合）	公称直径/mm	旋转筒长/mm	H/mm（Π形组合）	公称直径/mm	旋转筒长/mm	H/mm（Π形组合）
80	250	490	250	300	1050	500	400	1900
100	250	550	300	350	1250	600	400	2200
125	280	655	350	350	1400	700	400	2500
150	300	750	400	350	1550	800	400	2800
200	300	900	450	380	1730			

　　4）θ 角的大小直接影响密封材料的使用寿命，管子直径越大，θ 角应越小，θ 角的极限值见表6-27，计算出的 θ 值不应超过此极限值。转角 θ 越小，

则摩擦力越小。

表 6-29　长距离补偿时导向支架的间距

公称直径/mm	导向支柱间距/m	公称直径/mm	导向支柱间距/m	公称直径/mm	导向支柱间距/m
≤100	50	200	60	≤500	80
125	50	250	60	≤600	100
150	50	≤350	70	≥720	120

5）∏形组合补偿器的补偿量的确定。

当∏形组合补偿器安装于两固定支架中央，其中任一端的补偿量 ΔL 计算见式（6-35）。

$$\Delta L = 0.7071L\sqrt{1 - \cos\theta} \qquad (6-35)$$

两固定支架之间的总的补偿量为 $2\Delta L$。

当两固定支架之间的 ∏ 形组合补偿器偏装于某一固定支架且短臂热管为长臂的 1/2 时［长短臂热管道要求 $\Delta L_2 = (L_2/L_1)\Delta L_1$］。

长臂热管的热膨胀量按式（6-35）计算。

短臂热管的热膨胀量 ΔL_2 为 $0.5\Delta L_1$。

（3）旋转力偶的摩擦力矩及其推力

1）推动力偶的移动，必须克服一对旋转筒的摩擦力矩。热管道输送蒸汽的工作压力为 PN = 1.6MPa，蒸汽温度对合金密封填料的膨胀系数略比钢材高附加紧力造成的附加力矩不予考虑的情况下，确定其摩擦力矩。

合金密封填料箱内摩擦力矩为 M_1，抗盲板力的摩擦力矩为 M_2，热管道在运行情况下的一对旋转筒的总的摩擦力矩 $M(\mathrm{N \cdot cm})$ 见式（6-36）。

$$M = 1.2(M_1 + M_2) \qquad (6-36)$$

表 6-30 为一对旋转筒的旋转摩擦力矩 M。

表 6-30　一对旋转筒的旋转摩擦力矩 M

公称直径/mm	$M/(\mathrm{N \cdot cm})$（∏形组合）	公称直径/mm	$M/(\mathrm{N \cdot cm})$（∏形组合）	公称直径/mm	$M/(\mathrm{N \cdot cm})$（∏形组合）
100	137352	250	928056	450	3890300
125	210312	300	1714056	500	4883080
150	303312	350	2337380	600	8227704
200	584232	400	3026230		

2）∏形组合旋转式补偿器的力偶臂 L 一般应根据现场实际情况确定，一般取 3～6m。力偶臂必须和一对大小相等、方向相反的力相互垂直。所以，在热膨胀过程中，使力偶旋转（即一对旋转筒动作）的力 F 见式（6-37）。

$$F = \frac{M}{L\cos\frac{\theta}{2}} \qquad (6-37)$$

式中　F——旋转式补偿器的旋转力（N）；

　　　M——一对旋转筒总摩擦力矩（N·cm）；

　　　L——力偶臂长（cm）；

　　　θ——旋转角（°）。

（4）旋转式补偿器常用的布置方式（表 6-31）

表 6-31　旋转式补偿器常用布置方式

序号	布置方式	序号	布置方式
1		6	弹簧支架
2		7	弹簧支架
3		8	弹簧支架
4		9	
5	弹簧支架	10	

6.4.4　套管（套筒）式补偿器

1. 概述

套管（套筒）式补偿器适用于热力管道上作热补偿器，一般在室外热力网上使用。

新型套管式补偿器克服了老的套管式补偿器易泄漏、检修频繁、推力大的缺点，保存了原套管式补偿器补偿量大，设计、施工、安装方便，投资省的特点。目前国内套管式补偿器有：洛阳双瑞特种装备有限公司生产的压力自紧式双重密封套筒补偿器；江苏威创能源设备有限公司生产的 VCDTTB 单

式、复式套筒式补偿器；河南省开封市河南金景环保设备有限公司生产的无推力补偿器等。

2. 压力自紧式双重密封套筒补偿器

该型补偿器采用填料函和机械密封双重密封结构，密封性能好、可靠性高。

补偿能力：单向 250mm；双向 200+200mm，特殊补偿需求可另行设计制造。

压力自紧式双重密封套筒补偿器结构简图如图 6-29 所示，选用规格见表 6-32 及表 6-33。

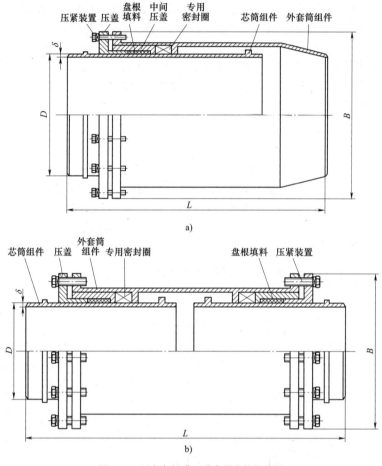

图 6-29　压力自紧式双重密封套筒补偿器

a）单向压力自紧式双重密封套筒补偿器　b）双向压力自紧式双重密封套筒补偿器

表 6-32　单向压力自紧式双重密封补偿器系列

序号	公称直径/mm	补偿量 X/mm	焊接端管		最大外径 B/mm	总长 L/mm	质量/kg	摩擦力/N
			D/mm	δ/mm				
1	100		108	6	265	1104	83	574
2	125		133	6	290	1104	94	870
3	150	250	159	6	316	1104	110	1228
4	200		219	8	394	1108	163	2310
5	250		273	8	446	1108	200	3574

（续）

序号	公称直径/mm	补偿量 X/mm	焊接端管		最大外径 B/mm	总长 L/mm	质量/kg	摩擦力/N
			D/mm	δ/mm				
6	300		325	8	500	1108	234	5051
7	350		377	8	552	1112	274	6782
8	400		426	8	611	1112	309	8647
9	450		478	8	663	1137	368	10873
10	500		530	10	718	1140	452	13304
11	600		630	10	819	1152	560	18842
12	700	250	720	10	909	1152	634	29136
13	800		820	10	1009	1152	741	37747
14	900		920	10	1115	1154	904	46906
15	1000		1020	10	1232	1154	1019	75633
16	1100		1120	12	1332	1182	1165	91105
17	1200		1220	12	1436	1182	1359	106579
18	1300		1320	14	1536	1182	1465	124681
19	1400		1420	14	1640	1182	1643	144205

表 6-33　双向压力自紧式双重密封补偿器系列

序号	公称直径/mm	补偿量 X/mm	焊接端管		最大外径 B/mm	总长 L/mm	质量/kg	摩擦力/N
			D/mm	δ/mm				
1	100		108	6	265	1222	148	1148
2	125		133	6	290	1222	172	1740
3	150		159	6	316	1222	200	2456
4	200		219	8	394	1230	292	4620
5	250		273	8	446	1230	358	7148
6	300		325	8	500	1230	416	10102
7	350		377	8	552	1238	492	13564
8	400		426	8	611	1238	552	17294
9	450		478	8	663	1288	663	21746
10	500	200+200	530	10	718	1294	808	26608
11	600		630	10	819	1318	1006	37684
12	700		720	10	909	1318	1143	58272
13	800		820	10	1009	1318	1335	75494
14	900		920	10	1115	1322	1620	93812
15	1000		1020	10	1232	1322	1828	151266
16	1100		1120	12	1332	1378	2102	182210
17	1200		1220	12	1436	1378	2439	213158
18	1300		1320	14	1536	1378	2633	249362
19	1400		1420	14	1640	1378	2934	288410

3. VCDTTB 单式、复式套筒式补偿器

该补偿器主要由填料管、移动管、柔性石墨盘根、堵漏剂和压紧件等组成。VCDTTB 单式、复式套筒式补偿器产品规格见表 6-34。

4. 套管式补偿器摩擦力计算

1）由管内介质压力产生的摩擦力按式（6-38）计算。

$$F_c = K p_0 \pi D B \mu \qquad (6-38)$$

式中　F_c——由管内介质压力产生的摩擦力（N）；

　　　p_0——管内介质的工作压力（表压）（Pa）；

　　　K——系数，当 DN≤400mm 时 $K = 2.0 \times 10^4$，当 DN>400 时取 $K = 1.75 \times 10^4$；

D——套管补偿器的芯管外径（cm）；

B——填料的长度（cm）；

μ——填料的摩擦系数，对采用油浸和涂石墨粉的石棉圈 $\mu = 0.1$；采用橡胶填料 $\mu = 0.15$。

2）由拉紧螺栓产生的摩擦力按式（6-39）计算。

$$F_c = 9.8 \frac{400 n}{A_t} \pi D B \mu \qquad (6-39)$$

式中　F_c——由拉紧螺栓产生的摩擦力（N）；

　　　n——螺栓个数；

　　　A_t——填料的横断面积（cm²）。

表 6-34　VCDTTB 单式、复式套筒式补偿器产品规格

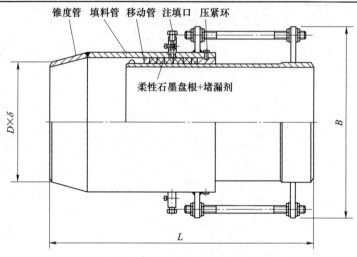

VCDTTB单式套筒式补偿器

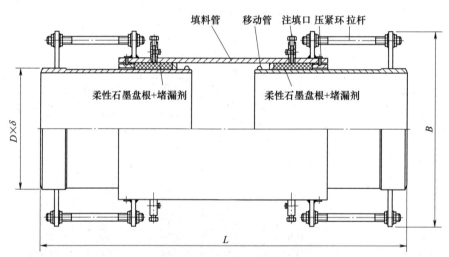

VCDTTB 复式套筒式补偿器

序号	规格型号	轴向补偿量/mm	接口尺寸 $(D/mm) \times (\delta/mm)$	最大外形尺寸 B/mm	产品长度 L/mm 单式	复式
1	VCDTTB100—1.6/250—J/F	250	108×4	250	870	1479
2	VCDTTB125—1.6/250—J/F	250	133×4	280	870	1479
3	VCDTTB150—1.6/250—J/F	250	159×4.5	300	870	1479
4	VCDTTB200—1.6/300—J/F	300	219×6	375	1000	1700
5	VCDTTB250—1.6/300—J/F	300	273×8	430	1000	1700
6	VCDTTB300—1.6/300—J/F	300	325×8	510	1100	1870
7	VCDTTB350—1.6/300—J/F	300	377×8	550	1100	1870
8	VCDTTB400—1.6/300—J/F	300	426×10	610	1100	1870
9	VCDTTB450—1.6/300—J/F	300	478×10	655	1100	1870
10	VCDTTB500—1.6/300—J/F	300	530×10	705	1100	1870
11	VCDTTB600—1.6/300—J/F	300	630×10	815	1100	1870
12	VCDTTB700—1.6/300—J/F	300	720×10	920	1100	1870
13	VCDTTB800—1.6/300—J/F	300	820×10	1020	1100	1870
14	VCDTTB900—1.6/300—J/F	300	920×12	1120	1100	1870
15	VCDTTB1000—1.6/300—J/F	300	1020×12	1200	1100	1870

其余符号同前。

通过 1)、2) 的计算，取计算结果中的较大值。

6.4.5 球形补偿器

1. 概述

球形补偿器的结构如图 6-30 所示，其构造主要由球体与密封装置等元件组成，安装在热力管道上受热后以球体回转中心自由转动，吸收管道热位移，从而减少管道应力。其动作原理如图 6-31 所示。球形补偿器的优点：补偿能力大，占据空间小，流体阻力小，对固定管架的作用力小，安装方便，投资省等。缺点：存在侧向位移，易泄漏，要求加强维修，应成对使用，单只球形补偿器没有补偿能力。该型补偿器对于三向位移的蒸汽、热水、热油、煤气等各种工业管道和城市供热管道上最宜采用。球形补偿器还可在某些设备的活动部分上作管道的活动关节用。

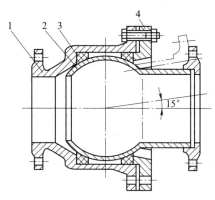

图 6-30　球形补偿器的结构
1—壳体　2—球体　3—密封圈　4—压紧法兰

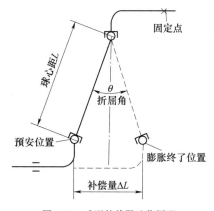

图 6-31　球形补偿器动作原理

球形补偿器在管道上一般距离 400~500m 安装一组，安装形式有水平、垂直、倾斜等。采用该型补偿器后，固定支架间距增大，为避免管段挠曲，

应适当增设导向支架，同时，为减少管段运行的摩擦力，在导向支架上应安放滚动支座。垂直安装时，球体外露部分必须向下安装，以防污物堵塞而造成球体磨损。

2. 球形补偿器摩擦力矩计算

球形补偿器球体与密封填料之间的摩擦力，决定于螺栓的紧力及管内介质压力，摩擦力的近似计算按式 (6-40)。

$$F_c = 2.5\mu p_0 \pi D_c L \qquad (6-40)$$

式中　F_c——摩擦力（N）；

μ——摩擦系数，一般取 0.1~0.15；

p_0——管内介质压力（Pa）；

D_c——摩擦面的平均直径（m）；

L——密封面工作长度（m）。

摩擦力对球心的摩擦力矩按式 (6-41) 计算。

$$M_K = F_c \frac{D_c}{2} \qquad (6-41)$$

式中　M_K——摩擦力对球心的摩擦力矩（N·m）；

F_c、D_c 同上。

张家口市第二机床厂生产的球形补偿器旋转摩擦力矩 M_K 见表 6-35。该表中数据是工厂根据球形补偿器测定的，设计中建议采用 50% 的安全系数，蒸汽压力为 1.6MPa。

表 6-35　球形补偿器旋转摩擦力矩 M_K

DN/mm	50	80	100	125	150
M_K/N·m	245	558.6	999.6	1764	2430.4
DN/mm	200	250	300	350	400
M_K/N·m	5262.6	9251.2	15699.6	23755.2	25166.4
DN/mm	450	500	600		
M_K/N·m	51881.2	65121	112935.2		

3. 球形补偿器选用

表 6-36 为张家口市第二机床厂生产的球形补偿器外形尺寸，设计最高工作温度：一般情况不大于 280℃，特殊订货可达 400℃；最高工作压力：一般情况不大于 1.6MPa，特殊订货可达 2.5MPa；最大折屈角±15°。

表 6-37 为北京冶金设备研究院生产的球形补偿器外形尺寸及技术参数。工作压力为 1.6MPa，工作温度不大于 300℃，全折屈角 $\theta \leq 30°$。

表 6-38 为江苏东方热力机械有限公司生产的 QB 型球形补偿器外形尺寸及技术参数。工作压力有 1.0MPa、1.6MPa、2.5MPa，工作温度 ≤300℃，全折屈角 $\theta \leq 30°$。

表 6-36　张家口第二机床厂生产的球形补偿器外形尺寸　　　　（单位：mm）

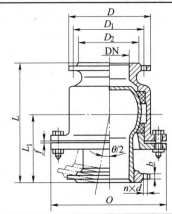

公称直径		L	L₁	O	D	D₁	D₂	b	d	螺栓		质量/kg
/mm	/in									n	螺纹	
40	1½	192	120	156	145	110	85	20	18	4	M16	10
50	2	204	126	176	160	125	100	22	18	4	M16	13
65	2½	260	152	198	180	145	120	22	18	4	M16	20
80	3	290	168	225	195	160	135	24	18	8	M16	26.6
100	4	310	178	252	215	180	155	26	18	8	M16	30.5
125	5	350	206	305	245	210	185	28	18	8	M16	52
150	6	352	198	328	280	240	210	28	23	8	M20	57.5
200	8	450	254	470	335	295	265	28	23	12	M20	112
250	10	520	294	545	405	355	320	32	25	12	M22	183
300	12	572	330	640	460	410	375	32	25	12	M22	256
350	14	690	386	708	520	470	435	34	25	16	M22	450
400	16	806	480	790	530	490	445	36	23	20	M20	480
450	18	896	542	870	580	540	495	40	23	24	M20	550
500	20	965	587	955	630	590	545	44	23	28	M20	800
600	24	1080	652	1090	730	690	645	54	23	40	M20	900
700	28	1270	710	1300	860	815	766	60	27	28	M24	1070
800	32	1480	830	1450	960	915	866	70	27	32	M24	1250
900	36	1650	950	1630	1060	1015	966	80	27	32	M24	1420
1000	40	1810	1100	1810	1160	1115	1066	90	27	32	M24	1600

表 6-37　北京冶金设备研究院生产的球形补偿器外形尺寸及技术参数　　（单位：mm）

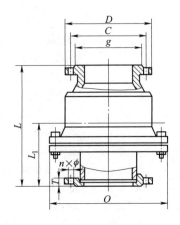

（续）

公称直径		L	L₁	O	D	C	g	T	φ	螺栓		质量	转矩
/mm	/in									n	螺纹	/kg	/(N·m)
32	1¼	155	95	155	135	100	78	16	18	4	M16	6.17	58.8
40	1½	180	108	175	145	110	85	16	18	4	M16	12.8	98.0
50	2	215	125	205	160	125	100	16	18	4	M16	15.8	127.4
65	2½	240	140	240	180	145	120	16	18	4	M16	24.5	323.4
80	3	265	155	280	195	160	135	20	18	8	M16	31.8	558.6
100	4	300	181	310	215	180	155	20	18	8	M16	52	999.6
125	5	360	216	350	245	210	185	22	18	8	M16	71	1764.0
150	6	390	230	395	280	240	210	22	23	8	M20	77.2	2430.4
200	8	420	245	440	335	295	265	24	23	12	M20	108	5262.6
250	10	520	299	550	405	355	320	26	25	12	M22	203	9251.2
300	12	585	332	630	460	410	375	28	25	12	M22	282	15699.6
350	14	690	380	700	520	470	435	32	25	16	M22	428	23755.2
400	16	740	420	810	580	525	485	36	30	16	M27	532	25166.4
450	18	820	468	880	640	585	545	38	30	20	M27	720	51881.2
500	20	880	495	960	795	650	608	42	34	20	M30	899	65121.0
600	24	1030	570	1120	840	770	718	46	41	20	M36	1226	112935.2

表 6-38　江苏东方热力机械有限公司生产的 QB 型球形补偿器外形尺寸及技术参数

（单位：mm）

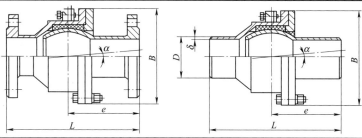

公称直径/mm	径向最大尺寸B/mm	转矩/kN·m			接口端口尺寸 (D/mm)×(δ/mm)	产品总长 L/mm		球心距 e/mm		产品质量/kg	
		1.0MPa	1.6MPa	2.5MPa		接管连接	法兰连接	接管连接	法兰连接	接管连接	法兰连接
50	180	0.07	0.11	0.17	57×5	200	260	110	170	19	24
65	205	0.14	0.23	0.36	73×5	240	300	115	175	27	33
80	230	0.32	0.51	0.80	89×5	260	320	115	175	38	46
100	270	0.54	0.86	1.34	108×6	300	360	130	190	58	68
125	300	1.04	1.67	2.61	133×6	330	390	145	205	79	91
150	335	1.52	2.43	3.80	159×6	330	410	150	230	87	101
200	415	2.15	3.45	5.39	219×8	350	430	150	230	121	141
250	480	4.22	6.75	10.55	273×10	425	505	190	270	243	271
300	550	6.34	10.15	15.86	325×10	475	555	210	290	338	375
350	625	8.31	13.30	20.78	377×10	490	595	220	320	514	569
400	705	10.83	17.32	27.06	426×10	555	655	250	350	596	665
450	765	15.34	24.55	38.36	478×10	600	700	270	370	864	956
500	840	20.81	33.30	52.03	529×12	670	820	300	450	985	1111
600	915	26.22	41.95	65.55	630×12	700	850	320	470	1375	1640
700	1090	31.78	50.84	79.44	720×12	775	925	350	500	1555	1819
800	1200	38.26	61.22	95.65	820×14	855	1055	380	580	1735	2111
900	1340	45.20	72.32	113.1	920×14	920	1120	410	610	1915	2260
1000	1460	52.74	84.38	131.9	1020×16	1000	1200	445	665	2100	2499
1100	1600	60.91	97.46	152.3	1120×16	1130	1430	480	780	2425	2886
1200	1780	69.78	111.7	174.5	1220×16	1250	1550	550	850	2860	3400

6.4.6　波纹套筒复合式补偿器

1. 概述

波纹套筒复合式补偿器是一种新型产品。主要针对原有波纹管补偿器不能完全实现热力管网的长期可靠运行和带压堵漏要求，提出一种改进结构，由可分别独立工作的波纹管和填料函两种密封结构组成，可以防止因波纹管（波纹元件）意外泄漏而使管道中介质外溢发生紧急停车，在密封材料过度磨损之后又能够方便地在线补充密封材料，确保供热管线的长期可靠运行。

波纹套筒复合式补偿器的结构如图6-32所示，由一组波纹管、填料室及其他结构件组成。

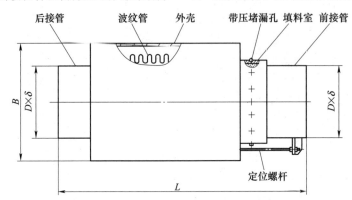

图6-32　波纹套筒复合式补偿器的结构

波纹套筒复合式补偿器已由专业制造厂生产，河南金景环保设备有限公司生产的产品已在热力工程中推广应用。

2. 波纹套筒复合式补偿器的选型

河南金景环保设备有限公司的该类型产品选型见表6-39～表6-42。

表6-39　波纹套筒复合式补偿器 PN=0.59MPa（6kgf/cm²）

公称直径 /mm	规格型号	轴向位移 /mm	补偿器刚度 /(N/mm)	总长 L/mm	有效面积 /cm²	焊接端管		外径 B/mm	质量/kg
						直径 D/mm	壁厚 δ/mm		
50	WBTB—6—50—A	30	94	900	57	57	4	159	26
	WBTB—6—50—B	60	47	1200					35
	WBTB—6—50—C	90	31	1500					44
65	WBTB—6—65—A	35	109	940	77	76	4	194	34
	WBTB—6—65—B	70	62	1280					45
	WBTB—6—65—C	105	36	1620					56
80	WBTB—6—80—A	50	78	1000	120	89	4	245	51
	WBTB—6—80—B	100	39	1390					68
	WBTB—6—80—C	150	20	1780					85
100	WBTB—6—100—A	50	96	1055	179	108	5	273	74
	WBTB—6—100—B	100	48	1475					101
	WBTB—6—100—C	150	32	1895					138
125	WBTB—6—125—A	60	74	1170	266	133	5	299	96
	WBTB—6—125—B	120	37	1645					133
	WBTB—6—125—C	180	28	2120					170
150	WBTB—6—150—A	80	150	1210	490	159	6	377	131
	WBTB—6—150—B	160	75	1715					180
	WBTB—6—150—C	240	50	2220					229
200	WBTB—6—200—A	80	228	1240	760	219	6	465	202
	WBTB—6—200—B	160	114	1735					263
	WBTB—6—200—C	240	76	2230					324

（续）

公称直径 /mm	规格型号	轴向位移 /mm	补偿器刚度 /（N/mm）	总长 L/mm	有效面积 /cm²	焊接端管		外径 B/mm	质量/kg
						直径 D/mm	壁厚 δ/mm		
250	WBTB—6—250—A	90	226	1335	1060	273	7	530	281
	WBTB—6—250—B	180	113	1875					379
	WBTB—6—250—C	270	75	2415					477
300	WBTB—6—300—A	90	156	1395	1431	325	7	580	220
	WBTB—6—300—B	180	78	1940					434
	WBTB—6—300—C	270	52	2485					528
350	WBTB—6—350—A	95	168	1395	1675	377	8	630	356
	WBTB—6—350—B	190	84	1940					482
	WBTB—6—350—C	285	56	2485					608
400	WBTB—6—400—A	80	306	1365	2123	426	8	680	383
	WBTB—6—400—B	160	153	1865					529
	WBTB—6—400—C	240	102	2365					680
450	WBTB—6—450—A	85	262	1405	2613	478	8	740	492
	WBTB—6—450—B	170	131	1960					665
	WBTB—6—450—C	255	87	2515					838
500	WBTB—6—500—A	90	306	1415	2883	530	10	780	577
	WBTB—6—500—B	180	153	1970					785
	WBTB—6—500—C	270	102	2525					891
550	WBTB—6—550—A	90	306	1415	3567	560	10	840	636
	WBTB—6—550—B	180	153	1970					864
	WBTB—6—550—C	270	102	2525					1092
600	WBTB—6—600—A	95	438	1380	4666	630	10	940	714
	WBTB—6—600—B	190	292	1895					960
	WBTB—6—600—C	285	219	2410					1196
700	WBTB—6—700—A	100	495	1455	5955	720	10	1050	912
	WBTB—6—700—B	200	330	1995					1202
	WBTB—6—700—C	300	248	2525					1492
800	WBTB—6—800—A	100	557	1485	7400	820	10	1150	1154
	WBTB—6—800—B	200	371	2025					1533
	WBTB—6—800—C	300	279	2555					1912
900	WBTB—6—900—A	100	489	1535	9055	920	10	1260	1261
	WBTB—6—900—B	200	326	2100					1743
	WBTB—6—900—C	300	245	2665					2225
1000	WBTB—6—1000—A	90	451	1490	11004	1020	12	1380	1498
	WBTB—6—1000—B	180	300	2015					1983
	WBTB—6—1000—C	270	226	2540					2468
1100	WBTB—6—1100—A	95	775	1510	13043	1120	12	1490	1690
	WBTB—6—1100—B	190	517	2055					2236
	WBTB—6—1100—C	285	388	2600					2782
1200	WBTB—6—1200—A	95	684	1510	14129	1220	12	1580	2032
	WBTB—6—1200—B	190	513	2055					2517
	WBTB—6—1200—C	285	342	2600					3002

表6-40 波纹套筒复合式补偿器 PN＝0.98MPa （10kgf/cm²）

公称直径 /mm	规格型号	轴向位移 /mm	补偿器刚度 /（N/mm）	总长 L/mm	有效面积 /cm²	焊接端管		外径 B/mm	质量/kg
						直径 D/mm	壁厚 δ/mm		
50	WBTB—10—50—A	30	94	900	57	57	4	159	26
	WBTB—10—50—B	60	47	1200					35
	WBTB—10—50—C	90	31	1500					44
65	WBTB—10—65—A	35	109	940	77	76	4	194	34
	WDTB 10—65—B	70	62	1280					45
	WBTB—10—65—C	105	36	1620					56
80	WBTB—10—80—A	50	78	1000	120	89	4	245	51
	WBTB—10—80—B	100	39	1390					68
	WBTB—10—80—C	150	20	1780					85
100	WBTB—10—100—A	50	96	1055	179	108	5	273	74
	WBTB—10—100—B	100	48	1475					101
	WBTB—10—100—C	150	32	1895					138
125	WBTB—10—125—A	50	74	1170	266	133	5	299	106
	WBTB—10—125—B	100	37	1645					143
	WBTB—10—125—C	150	21	2120					180
150	WBTB—10—150—A	80	146	1210	490	159	6	377	144
	WBTB—10—150—B	160	73	1715					193
	WBTB—10—150—C	240	49	2220					242
200	WBTB—10—200—A	80	126	1240	760	219	6	465	221
	WBTB—10—200—B	160	63	1735					283
	WBTB—10—200—C	240	42	2230					344
250	WBTB—10—250—A	90	252	1335	1060	273	7	530	279
	WBTB—10—250—B	180	126	1875					370
	WBTB—10—250—C	270	84	2415					461
300	WBTB—10—300—A	90	310	1395	1431	325	7	580	353
	WBTB—10—300—B	180	155	1940					457
	WBTB—10—300—C	270	103	2485					571
350	WBTB—10—350—A	95	310	1395	1675	377	8	630	391
	WBTB—10—350—B	190	155	1940					517
	WBTB—10—350—C	285	103	2485					643
400	WBTB—10—400—A	85	330	1365	2123	426	8	680	421
	WBTB—10—400—B	170	165	1865					567
	WBTB—10—400—C	255	110	2365					713
450	WBTB—10—450—A	100	308	1405	2613	478	8	740	541
	WBTB—10—450—B	200	154	1960					714
	WBTB—10—450—C	300	103	2515					887
500	WBTB—10—500—A	100	362	1415	2883	530	10	780	635
	WBTB—10—500—B	200	181	1970					843
	WBTB—10—500—C	300	120	2525					1051
550	WBTB—10—550—A	100	362	1415	3567	560	10	840	700
	WBTB—10—550—B	200	181	1970					928
	WBTB—10—550—C	300	120	2525					1156
600	WBTB—10—600—A	95	400	1380	4666	630	10	940	785
	WBTB—10—600—B	190	200	1895					1031
	WBTB—10—600—C	285	133	2410					1277

（续）

公称直径 /mm	规格型号	轴向位移 /mm	补偿器刚度 /（N/mm）	总长 L/mm	有效面积 /cm²	焊接端管		外径 B/mm	质量/kg
						直径 D/mm	壁厚 δ/mm		
700	WBTB—10—700—A	95	446	1455	5955	720	10	1050	1016
	WBTB—10—700—B	190	223	1995					1356
	WBTB—10—700—C	285	150	2525					1696
800	WBTB—10—800—A	95	508	1485	7400	820	10	1150	1268
	WBTB—10—800—B	190	254	2025					1647
	WBTB—10—800—C	285	169	2555					2026
900	WBTB—10—900—A	100	556	1535	9055	920	10	1260	1386
	WBTB—10—900—B	200	278	2100					1868
	WBTB—10—900—C	300	186	2665					2350
1000	WBTB—10—1000—A	100	620	1490	11004	1020	12	1380	1648
	WBTB—10—1000—B	200	310	2015					2130
	WBTB—10—1000—C	300	207	2540					2612
1100	WBTB—10—1100—A	100	794	1510	13043	1120	12	1490	1861
	WBTB—10—1100—B	200	397	2055					2346
	WBTB—10—1100—C	300	265	2600					2831
1200	WBTB—10—1200—A	100	860	1510	14129	1220	12	1580	2233
	WBTB—10—1200—B	200	431	2055					2718
	WBTB—10—1200—C	300	287	2600					3203

表 6-41　波纹套筒复合式补偿器 PN=1.57MPa（16kgf/cm²）

公称直径 /mm	规格型号	轴向位移 /mm	补偿器刚度 /（N/mm）	总长 L/mm	有效面积 /cm²	焊接端管		外径 B/mm	质量/kg
						直径 D/mm	壁厚 δ/mm		
50	WBTB—16—50—A	30	94	900	57	57	4	159	29
	WBTB—16—50—B	60	47	1200					38
	WBTB—16—50—C	90	31	1500					47
65	WBTB—16—65—A	35	109	940	77	76	4	194	40
	WBTB—16—65—B	70	62	1280					51
	WBTB—16—65—C	105	36	1620					62
80	WBTB—16—80—A	40	132	1000	120	89	5	245	57
	WBTB—16—80—B	80	66	1390					79
	WBTB—16—80—C	120	44	1780					101
100	WBTB—16—100—A	40	128	1055	179	108	6	273	81
	WBTB—16—100—B	80	85	1475					108
	WBTB—16—100—C	120	64	1895					135
125	WBTB—16—125—A	60	146	1170	266	133	6	299	118
	WBTB—16—125—B	120	73	1645					155
	WBTB—16—125—C	180	49	2120					192
150	WBTB—16—150—A	70	149	1210	490	159	6	377	158
	WBTB—16—150—B	140	99	1715					207
	WBTB—16—150—C	210	75	2220					256
200	WBTB—16—200—A	75	256	1240	760	219	7	465	243
	WBTB—16—200—B	150	128	1735					304
	WBTB—16—200—C	225	85	2230					365
250	WBTB—16—250—A	80	325	1335	1060	273	7	530	307
	WBTB—16—250—B	160	163	1875					398
	WBTB—16—250—C	240	109	2415					489

（续）

公称直径 /mm	规格型号	轴向位移 /mm	补偿器刚度 /(N/mm)	总长 L/mm	有效面积 /cm²	焊接端管		外径 B/mm	质量/kg
						直径 D/mm	壁厚 δ/mm		
300	WBTB—16—300—A	80	414	1395	1431	325	8	580	387
	WBTB—16—300—B	160	212	1940					471
	WBTB—16—300—C	240	141	2485					585
350	WBTB—16—350—A	85	460	1395	1675	377	8	630	430
	WBTB—16—350—B	170	230	1940					556
	WBTB—16—350—C	255	153	2485					682
400	WBTB—16—400—A	85	612	1365	2123	426	8	680	463
	WBTB—16—400—B	170	306	1865					609
	WBTB—16—400—C	255	204	2365					755
450	WBTB—16—450—A	85	678	1405	2613	478	8	740	596
	WBTB—16—450—B	170	339	1960					749
	WBTB—16—450—C	255	226	2515					902
500	WBTB—16—500—A	85	794	1415	2883	530	10	780	697
	WBTB—16—500—B	170	397	1970					875
	WBTB—16—500—C	255	265	2525					1053
550	WBTB—16—550—A	85	794	1415	3567	560	10	840	769
	WBTB—16—550—B	170	397	1970					997
	WBTB—16—550—C	255	265	2525					1225
600	WBTB—16—600—A	95	816	1380	4666	630	10	940	863
	WBTB—16—600—B	190	408	1895					1105
	WBTB—16—600—C	285	279	2410					1355
700	WBTB—16—700—A	95	973	1455	5955	720	10	1050	1126
	WBTB—16—700—B	190	487	1995					1466
	WBTB—16—700—C	285	324	2525					1806
800	WBTB—16—800—A	95	1196	1485	7400	820	10	1150	1395
	WBTB—16—800—B	190	598	2025					1774
	WBTB—16—800—C	285	395	2555					2153
900	WBTB—16—900—A	100	1348	1535	9055	920	10	1260	1525
	WBTB—16—900—B	200	674	2100					2007
	WBTB—16—900—C	300	449	2665					2389
1000	WBTB—16—1000—A	100	1516	1490	11004	1020	12	1380	1647
	WBTB—16—1000—B	200	758	2015					2129
	WBTB—16—1000—C	300	506	2540					2609
1100	WBTB—16—1100—A	100	1770	1510	13043	1120	12	1490	2046
	WBTB—16—1100—B	200	735	2055					2492
	WBTB—16—1100—C	300	490	2600					3058
1200	WBTB—16—1200—A	100	1986	1510	14129	1220	14	1580	2457
	WBTB—16—1200—B	200	993	2055					2942
	WBTB—16—1200—C	300	662	2600					3427

表 6-42　波纹套筒复合式补偿器 PN=2.45MPa（25kgf/cm²）

公称直径 /mm	规格型号	轴向位移 /mm	补偿器刚度 /(N/mm)	总长 L/mm	有效面积 /cm²	焊接端管		外径 B/mm	质量/kg
						直径 D/mm	壁厚 δ/mm		
50	WBTB—25—50—A	25	96	900	57	57	4	159	36
	WBTB—25—50—B	50	48	1200					45
	WBTB—25—50—C	75	32	1500					54

（续）

公称直径 /mm	规格型号	轴向位移 /mm	补偿器刚度 /(N/mm)	总长 L/mm	有效面积 /cm²	焊接端管		外径 B/mm	质量/kg
						直径 D/mm	壁厚 δ/mm		
65	WBTB—25—65—A	30	144	940	77	76	4	194	46
	WBTB—25—65—B	60	72	1280					51
	WBTB—25—65—C	90	48	1620					86
80	WBTB—25—80—A	35	270	1000	120	89	5	245	62
	WBTB—25—80—B	70	135	1390					84
	WBTB—25—80—C	105	90	1780					106
100	WBTB—25—100—A	40	256	1055	179	108	6	273	94
	WBTB—25—100—B	80	128	1475					121
	WBTB—25—100—C	120	85	1895					148
125	WBTB—25—125—A	60	300	1170	266	133	6	299	130
	WBTB—25—125—B	120	150	1645					167
	WBTB—25—125—C	180	100	2120					202
150	WBTB—25—150—A	60	395	1210	490	159	6	377	190
	WBTB—25—150—B	120	197	1715					239
	WBTB—25—150—C	180	132	2220					288
200	WBTB—25—200—A	70	456	1240	760	219	8	465	295
	WBTB—25—200—B	140	228	1735					353
	WBTB—25—200—C	210	152	2230					414
250	WBTB—25—250—A	80	664	1335	1060	273	8	530	428
	WBTB—25—250—B	160	332	1875					519
	WBTB—25—250—C	240	221	2415					610
300	WBTB—25—300—A	80	728	1395	1431	325	8	580	525
	WBTB—25—300—B	160	364	1940					609
	WBTB—25—300—C	240	243	2485					693
350	WBTB—25—350—A	85	960	1395	1675	377	10	630	635
	WBTB—25—350—B	170	480	1940					761
	WBTB—25—350—C	255	320	2485					889
400	WBTB—25—400—A	85	1208	1365	2123	426	10	680	675
	WBTB—25—400—B	170	604	1865					821
	WBTB—25—400—C	255	403	2365					967
450	WBTB—25—450—A	85	1315	1405	2613	478	10	740	835
	WBTB—25—450—B	170	657	1960					988
	WBTB—25—450—C	255	438	2515					1141
500	WBTB—25—500—A	85	1418	1415	2883	530	10	780	957
	WBTB—25—500—B	170	709	1970					1135
	WBTB—25—500—C	255	473	2525					1313
550	WBTB—25—550—A	85	1588	1415	3567	560	12	840	1043
	WBTB—25—550—B	170	794	1970					1271
	WBTB—25—550—C	255	397	2525					1499
600	WBTB—25—600—A	85	1632	1380	4666	630	12	940	1275
	WBTB—25—600—B	170	816	1895					1520
	WBTB—25—600—C	255	408	2410					1766
700	WBTB—25—700—A	85	1946	1455	5955	720	12	1050	1459
	WBTB—25—700—B	170	973	1995					1799
	WBTB—25—700—C	255	487	2525					2039
800	WBTB—25—800—A	85	2392	1485	7400	820	14	1150	1675
	WBTB—25—800—B	170	1196	2025					2054
	WBTB—25—800—C	255	598	2555					2433

（续）

公称直径 /mm	规格型号	轴向位移 /mm	补偿器刚度 /(N/mm)	总长 L/mm	有效面积 /cm²	焊接端管		外径 B/mm	质量/kg
						直径 D/mm	壁厚 δ/mm		
900	WBTB—25—900—A	90	2696	1535	9055	920	14	1260	1825
	WBTB—25—900—B	180	1348	2100					2307
	WBTB—25—900—C	270	674	2665					2789
1000	WBTB—25—1000—A	90	3032	1490	11004	1020	16	1380	1978
	WBTB—25—1000—B	180	1516	2015					2459
	WBTB—25 1000—C	270	758	2540					2942
1100	WBTB—25—1100—A	100	3540	1510	13043	1120	18	1490	2457
	WBTB—25—1100—B	200	1770	2055					2903
	WBTB—25—1100—C	300	735	2600					3349
1200	WBTB—25—1200—A	100	3972	1510	14129	1220	18	1580	2757
	WBTB—25—1200—B	200	1986	2055					3241
	WBTB—25—1200—C	300	993	2600					3726

参 考 文 献

［1］ 电力规划设计总院 . 火力发电厂汽水管道设计规范：DL/T 5054—2016［S］. 北京：中国标准出版社，2016.

［2］ 全国船用机械标准化技术委员会 . 金属波纹管膨胀节通用技术条件：GB/T 12777—2008［S］. 北京：中国标准出版社，2008.

［3］ 航天工业部第七设计研究院 . 工业锅炉房设计手册［M］. 2 版 . 北京：中国建筑工业出版社，1986.

［4］ 中小型热电联产工程设计手册编写组 . 中小型热电联产工程设计手册［M］. 北京：中国电力出版社，2006.

第7章　管道支吊架的跨距及荷载

7.1　概述

　　管道支吊架的跨距大小直接决定着管道支吊架的数量。跨距太小造成管道支吊架过密，支吊架费用增高。在保证管道安全和正常运行的前提下，应尽可能地增大管道支吊架的跨距，以降低支吊架费用。

　　管道支吊架允许跨距取决于管材的强度、管子截面积、外荷载大小、管道敷设的坡度以及管道允许的最大挠度。

　　水平管道支吊架最大间距应同时满足管道强度和刚度两个条件。强度条件是控制管道自重弯曲应力不超过设计温度下材料许用应力的一半。刚度条件是限制管道自重产生的弯曲扰度，一般管道设计扰度不应超过15mm。装置外管道的扰度允许适当放宽，但不应超过38mm。

　　对于有特殊要求的管道需用更小的扰度值，可按国家现行管道设计规范的有关规定执行。

　　对于不允许积液并带有坡度的管道，支吊架间距除满足上述条件外，它与扰度及坡度值间的关系还应符合下式的规定：

$$L_s \leqslant \frac{2Y_s i_s}{\sqrt{1 + i_s^2} - 1}$$

式中　Y_s——管道自重弯曲扰度（mm）；
　　　　L_s——支吊架间距（mm）；
　　　　i_s——管道坡度。

　　对有压力脉动的管道，决定管道支吊架间距时，应核算管道的固有频率，防止管道产生共振。管道固有频率简约计算公式为

$$T_0 = \sqrt{\frac{m}{k}}$$

式中　m——管道质量（kg）；
　　　　k——管道刚度系数（N/m）。

7.2　管道支吊架允许跨距计算

7.2.1　按强度条件确定管道支吊架允许跨距

　　管道自重弯曲应力不应超过管材的许用外载弯曲应力值，以保证管道的安全。

　　对于连续敷设、均布荷载的水平直管，支吊架最大允许跨距按式（7-1）计算：

$$L_{\max} = 2.24 \sqrt{\frac{1}{q} W \phi [\sigma]_t} \qquad (7\text{-}1)$$

式中　$L_{\max}$——管道支吊架最大允许跨距（m）；
　　　　q——管道单位长度计算荷载（N/m），q＝管材重+保温重+附加重，见表7-1、表7-2；
　　　　W——管道截面系数（cm^3），见表1-23；
　　　　ϕ——管道横向焊缝系数，见表7-3；
　　　　$[\sigma]_t$——钢管热态许用应力（MPa），见表1-24。

7.2.2　按刚度条件确定管道支吊架允许跨距

　　管道在一定跨距下总有一定的挠度，由管道自重产生的弯曲挠度不应超过支吊架跨距的0.005（当疏水，放水坡度 $i_0 = 0.002$ 时）。

　　对于连续敷设均布荷载的水平直管支吊架最大允许跨距按式（7-2）计算：

$$L_{\max} = 0.19 \sqrt[3]{\frac{100}{q} E_t I i_0} \qquad (7\text{-}2)$$

式中　q——管道单位长度计算荷载（N/m），q＝管材重+保温重+附加重，见表7-1、表7-2；
　　　　E_t——在计算温度下钢材弹性模量（MPa），见表6-2；
　　　　I——管道截面二次矩（cm^4），见表1-23；
　　　　i_0——管道放水坡度，$i_0 \geqslant 0.002$。

　　注：式（7-1）和式（7-2）不适合按火力发电厂内汽水管道要求进行敷设和计算的热力管道。

表7-1　不保温管单位长度计算荷载

公称尺寸/mm	（外径/mm）× （壁厚/mm）	管道每米质量 /（kg/m）	凝结水每米 质量/（kg/m）	管内充满水每米 质量/（kg/m）	不保温管单位计算荷载	
					气体管/（N/m）	液体管/（N/m）
DN = 15	18×2	0.789	0.04	0.20	8.13	9.70
	22×3	1.41	0.04	0.20	14.22	15.79
DN = 20	25×2.5	1.39	0.062	0.31	14.24	16.67
	28×3	1.85	0.066	0.33	18.83	21.38

（续）

公称尺寸/mm	(外径/mm) × (壁厚/mm)	管道每米质量 /（kg/m）	凝结水每米 质量/（kg/m）	管内充满水每米 质量/（kg/m）	不保温管单位计算荷载	
					气体管/（N/m）	液体管/（N/m）
DN = 25	32×3	2.15	0.11	0.53	22.16	26.28
	32×3.5	2.46	0.10	0.49	25.10	28.93
DN = 32	38×3	2.59	0.16	0.80	26.97	33.25
	38×3.5	2.98	0.15	0.76	30.69	36.67
DN = 40	45×3	3.11	0.24	1.20	32.85	42.27
	45×3.5	3.58	0.224	1.13	37.31	46.19
DN = 50	57×3.5	4.62	0.39	1.96	49.13	64.53
	57×4	5.19	0.38	1.88	54.63	69.34
DN = 65	73×3.5	6.00	0.68	3.42	65.51	92.38
	73×4	6.81	0.66	3.32	73.25	99.33
DN = 80	89×4	8.38	1.03	5.15	92.28	132.68
DN = 100	108×4	10.26	1.18	7.85	112.19	177.60
DN = 125	133×4	12.73	1.84	12.27	142.88	245.17
DN = 150	159×4.5	17.15	2.65	17.67	194.17	341.46
DN = 200	219×6	31.52	5.05	33.65	358.62	639.09
DN = 250	273×7	45.92	7.90	52.69	527.79	967.03
DN = 300	325×8	62.54	11.25	74.99	723.62	1348.69
DN = 350	377×7	63.87	15.52	103.5	778.54	1641.32
	377×8	72.80	15.35	102.4	864.45	1718.11
	377×9	81.68	15.15	101.0	949.57	1791.46
DN = 400	426×7	72.33	20.0	133.3	905.44	2016.52
	426×8	82.47	19.80	132.0	1002.92	2103.21
	426×9	92.55	19.61	130.70	1099.91	2189.32
DN = 450	478×7	81.31	25.40	169.20	1046.46	2456.64
	478×8	92.73	25.20	168.00	1156.49	2556.86
	478×9	104.10	25.00	166.50	1266.02	2653.65
DN = 500	529×7	90.11	31.25	208.30	1190.12	2926.37
	529×8	102.81	31.00	206.70	1312.20	3035.21
	529×9	115.42	30.76	205.10	1433.52	3143.19
DN = 600	630×9	137.81	44.10	294.0	1784.54	4236.05
	630×10	153.55	43.80	292.0	1936.00	4370.85
	630×11	167.91	43.52	290.0	2074.13	4492.10
DN = 700	720×9	157.73	58.04	386.9	2116.70	5342.82
	720×10	175.00	57.71	384.7	2282.89	5490.66
	720×12	209.42	57.05	380.3	2614.07	5785.15
DN = 800	820×9	183.89	75.74	504.92	2546.97	6757.23
	820×10	199.66	75.36	502.40	2697.95	6887.21
	820×12	239.00	74.61	497.39	3076.51	7223.99
DN = 900	920×10	224.31	95.38	635.85	3136.16	8438.17
	920×12	268.58	94.53	630.21	3562.11	8817.13
	920×14	312.65	93.69	624.60	3986.19	9194.42
DN = 1000	1020×10	248.95	117.75	785.00	3597.33	10143.05
	1020×12	298.15	116.81	778.73	4070.76	10564.19
	1020×14	347.16	115.87	772.49	4542.32	10983.77
DN = 1100	1120×10	273.60	142.48	949.85	4081.74	12002.04
	1120×12	327.70	141.44	942.95	4602.26	12465.08
	1120×14	381.67	140.41	936.08	5121.60	12927.13

（续）

公称尺寸/mm	(外径/mm) × (壁厚/mm)	管道每米质量/(kg/m)	凝结水每米质量/(kg/m)	管内充满水每米质量/(kg/m)	不保温管单位计算荷载	
					气体管/(N/m)	液体管/(N/m)
DN = 1200	1220×10	298.25	169.56	1130.40	4589.22	14015.06
	1220×12	357.31	168.43	1122.88	5157.51	14520.66
	1220×14	416.17	167.31	1115.38	5723.94	15024.51

注：不保温管计算荷载为

气体管荷载 =（管材每米质量 + 凝结水每米质量）×9.81，凝结水量按管子容积计算：DN ≤ 100mm，按 20%；DN = 100~500mm，按 15%；DN ≥ 600mm，按 10% 计。

液体管荷载 =（管材每米质量 + 管内充满水每米质量）×9.81。

表 7-2　保温管道保温结构单位长度质量

公称尺寸/mm	(外径/mm) × (壁厚/mm)	保温结构单位长度质量/(kg/m)														
		密度 150kg/m³					密度 250kg/m³					密度 350kg/m³				
		100℃	150℃	200℃	250℃	300℃	100℃	150℃	200℃	250℃	300℃	100℃	150℃	200℃	250℃	300℃
DN = 15	22×3	0.78	1.23	3.21	4.08	6.10	2.05	3.00	8.40	10.18	12.18	2.87	4.20	11.76	14.25	17.06
DN = 20	28×3	0.86	1.35	4.30	5.30	6.39	2.25	3.23	8.83	12.73	14.80	3.15	4.52	12.36	17.82	20.72
DN = 25	32×3	1.43	2.04	5.48	6.60	7.85	2.38	4.58	10.98	15.18	17.61	3.33	6.41	15.37	21.25	24.66
DN = 32	38×3	1.55	2.18	5.73	6.87	9.47	3.63	4.88	13.61	15.78	20.75	5.08	6.83	19.06	22.09	25.57
DN = 40	45×3	1.68	2.36	6.05	8.54	9.87	3.93	5.20	14.24	18.99	21.52	5.50	7.28	19.93	26.58	30.14
DN = 50	57×3.5	1.92	3.48	7.80	10.58	12.16	4.40	7.35	17.63	20.26	25.88	6.16	10.29	24.68	28.36	36.23
DN = 65	73×4	3.03	3.95	10.04	13.17	14.84	6.58	8.25	21.95	27.83	30.93	9.21	11.55	30.73	38.96	43.30
DN = 80	89×4	3.42	4.41	10.90	14.18	17.86	7.35	9.15	23.63	29.76	36.58	10.29	15.61	33.08	41.47	51.21
DN = 100	108×4	4.97	6.15	13.55	17.24	21.29	8.28	12.38	28.70	35.48	42.93	11.59	17.33	40.22	49.67	60.10
DN = 125	133×4	5.70	6.99	16.96	21.08	25.59	11.65	14.00	35.13	42.65	50.83	16.31	19.60	49.18	59.71	71.17
DN = 150	159×4.5	6.45	7.88	18.61	22.97	27.74	13.13	18.40	38.21	50.38	59.33	18.38	25.76	58.94	70.53	83.06
DN = 200	219×6	8.21	11.75	24.78	32.70	38.45	16.45	22.78	54.50	64.09	79.09	23.17	31.89	76.30	89.72	104.09
DN = 250	273×7	9.78	13.85	31.30	40.22	46.70	23.08	30.53	67.03	77.83	95.36	32.31	42.74	93.84	108.96	125.02
DN = 300	325×8	11.31	15.87	38.19	44.78	55.55	26.45	34.75	74.63	92.41	111.55	37.03	48.65	112.61	129.38	147.09
DN = 350	377×9	12.83	17.90	42.24	53.07	60.71	29.83	38.98	88.45	107.85	121.68	41.76	61.43	123.83	150.99	170.35
DN = 400	426×9	14.22	22.70	49.80	57.51	69.86	32.95	42.85	95.85	116.43	138.66	46.13	67.41	143.47	163.00	194.13
DN = 450	478×9	18.75	25.02	54.14	66.65	75.53	36.40	52.88	111.08	133.61	157.48	58.38	74.03	155.51	187.06	209.18
DN = 500	529×9	20.49	27.26	58.36	71.61	85.88	39.70	57.44	119.35	143.13	168.25	63.60	80.41	178.03	200.38	235.55
DN = 600	630×10	23.93	31.68	71.49	86.63	102.57	52.80	66.45	144.38	170.95	199.19	73.92	93.03	202.13	239.33	278.86
DN = 700	720×10	27.00	35.61	84.80	101.45	119.14	59.35	82.18	198.50	229.28	320.99	83.09	115.05	236.71	277.90	320.99
DN = 800	820×10	30.41	44.94	94.04	112.16	131.27	66.65	91.90	186.93	229.63	263.49	93.31	128.66	276.41	321.48	368.88
DN = 900	920×10	33.81	49.68	103.29	129.65	150.44	73.98	101.65	204.78	250.73	299.35	115.92	141.03	302.52	351.02	401.84
DN = 1000	1020×10	37.22	54.68	119.42	140.85	163.10	81.28	111.38	234.75	271.83	323.70	127.58	169.30	328.65	398.48	453.18
DN = 1100	1120×10	39.63	57.46	126.23	156.00	171.94	85.49	116.81	260.00	312.39	339.12	134.08	178.59	381.90	436.97	474.77
DN = 1200	1220×10	42.53	62.17	135.65	167.30	192.03	92.55	126.23	278.83	334.10	377.19	145.07	192.87	409.38	467.74	507.74

注：1. 100℃、150℃ 为室外架空热水采暖管道。

　　2. 200~300℃ 为室外架空蒸汽管道。

　　3. 经济保温厚度热价按 85 元/10⁶kJ。

表 7-3　管道强度焊缝系数

横向焊缝系数		纵向焊缝系数	
焊接情况	φ	焊接情况	φ
手工有垫环对焊	0.9	直缝焊接钢管	0.8
手工无垫环对焊	0.7	螺旋焊接钢管	0.6
手工双面加强焊	0.95	无缝钢管	1.0
自动双面焊	1.0		
自动单面焊	0.8		

7.2.3　水平弯管支吊架允许跨距的确定

水平90°弯管两支吊架间的管道展开长度，不应大于水平直管段上支吊架最大允许跨距的0.73倍。

7.2.4　尽端直管支吊架允许跨距的确定

尽端直管两支吊架间的管道长度不应大于水平直管段上支吊架最大允许跨距的0.81倍。

7.3　管道支吊架最大允许跨距

7.3.1　保温蒸汽管道最大允许跨距（见表7-4~表7-6）

7.3.2　保温液体管道最大允许跨距（见表7-7、表7-8）

7.3.3　不保温管道最大允许跨距（见表7-9）

表7-4　保温蒸汽管道最大允许跨距（$p=1.3$MPa，$t=200$℃）

公称尺寸/mm	(外径/mm)×(壁厚/mm)	管道单位长度计算荷载/(N/m)			强度条件计算最大跨距/m			刚度条件计算最大跨距/m			允许最大跨距推荐值/m		
		密度150	密度250	密度350	密度150	密度250	密度350	密度150	密度250	密度350	密度150	密度250	密度350
DN=15	22×3	45.71	96.62	129.59	2.66	1.83	1.58	1.88	1.47	1.33	1.9	1.5	1.3
DN=20	28×3	61.01	105.45	140.08	3.07	2.33	2.03	1.97	1.64	1.49	2.0	1.6	1.5
DN=25	32×3	75.92	129.87	172.94	3.21	2.45	2.13	2.12	1.77	1.61	2.1	1.8	1.6
DN=32	38×3	83.18	160.48	213.95	3.73	2.69	2.33	2.48	1.99	1.81	2.5	2.0	1.8
DN=40	45×3	92.20	172.54	228.36	4.27	3.12	2.72	2.87	2.33	2.12	2.9	2.3	2.1
DN=50	57×3.5	125.65	222.08	291.24	5.05	3.80	3.32	3.47	2.87	2.62	3.5	2.9	2.6
DN=65	73×4	171.74	288.58	374.71	5.97	4.61	4.04	4.21	3.54	3.25	4.2	3.5	3.3
DN=80	89×4	199.21	324.09	416.79	6.86	5.38	4.74	4.94	4.20	3.86	4.9	4.2	3.9
DN=100	108×4	245.12	393.74	506.75	7.60	5.99	5.28	5.64	4.81	4.43	5.6	4.8	4.4
DN=125	133×4	309.26	487.51	625.34	8.42	6.70	5.92	6.47	5.56	5.12	6.5	5.6	5.1
DN=150	159×4.5	376.73	569.79	772.37	9.70	7.88	6.77	7.55	6.57	5.94	7.6	6.6	5.9
DN=200	219×6	601.71	893.27	1107.12	12.22	10.03	9.01	9.80	8.59	7.99	9.8	8.6	8.0
DN=250	273×7	833.27	1185.35	1448.36	14.02	11.75	10.63	11.55	10.27	9.61	11.6	10.3	9.6
DN=300	325×8	1098.26	1455.74	1828.32	15.57	13.52	12.06	13.13	11.95	11.08	13.1	12.0	11.1
DN=350	377×9	1363.94	1817.26	2164.34	17.02	14.91	13.66	14.75	13.40	12.65	14.8	13.4	12.7
DN=400	426×9	1588.45	2040.20	2507.35	18.10	15.97	14.40	15.88	14.61	13.64	15.9	14.6	13.6
DN=450	478×9	1797.13	2355.71	2791.57	19.15	16.72	15.36	17.14	15.67	14.80	17.1	15.7	14.8
DN=500	529×9	2006.03	2680.96	3180.00	20.12	17.40	15.98	18.32	16.64	15.72	18.3	16.6	15.7
DN=600	630×10	2637.32	3352.37	3918.90	22.06	19.56	18.09	20.66	19.07	18.10	20.7	19.1	18.1
DN=700	720×10	3114.78	3941.57	4605.02	23.28	20.69	19.14	22.38	20.69	19.64	22.4	20.7	19.1
DN=800	820×10	3620.48	4531.73	5409.53	24.64	22.02	20.16	24.28	22.53	21.24	24.3	22.0	20.2

注：1. 管道保温材料密度单位为 kg/m³。

　　2. 管道横向焊缝系数 $\phi=0.7$。

　　3. 管材许用应力 $[\sigma]_t=123$MPa。

　　4. 钢材弹性模量 $E_t=1.81×10^5$MPa。

　　5. 放水坡度 $i_0=0.002$。

表7-5　保温蒸汽管道最大允许跨距（$p=1.3$MPa，$t=250$℃）

公称尺寸/mm	(外径/mm)×(壁厚/mm)	管道单位长度计算荷载/(N/m)			强度条件计算最大跨距/m			刚度条件计算最大跨距/m			允许最大跨距推荐值/m		
		密度150	密度250	密度350	密度150	密度250	密度350	密度150	密度250	密度350	密度150	密度250	密度350
DN=15	22×3	54.24	114.09	154.01	2.31	1.59	1.37	1.75	1.36	1.23	1.8	1.4	1.2
DN=20	28×3	70.82	143.71	193.64	2.69	1.89	1.63	1.84	1.45	1.31	1.8	1.5	1.3
DN=25	32×3	86.91	171.08	230.62	2.84	2.02	1.74	1.99	1.58	1.43	2.0	1.6	1.4
DN=32	38×3	90.36	177.77	239.67	3.39	2.41	2.08	2.36	1.87	1.71	2.4	1.9	1.7
DN=40	45×3	116.63	219.14	293.60	3.59	2.62	2.26	2.60	2.11	1.91	2.6	2.1	1.9
DN=50	57×3.5	152.91	247.88	327.34	4.33	3.40	2.96	3.19	2.71	2.47	3.2	2.7	2.5
DN=65	73×4	202.44	346.26	455.45	5.20	3.98	3.47	3.91	3.27	2.99	3.9	3.3	3.0

（续）

公称尺寸 /mm	(外径/mm) × (壁厚/mm)	管道单位长度计算荷载 /(N/m)			强度条件计算最大跨距 /m			刚度条件计算最大跨距 /m			允许最大跨距推荐值 /m		
		密度150	密度250	密度350	密度150	密度250	密度350	密度150	密度250	密度350	密度150	密度250	密度350
DN=80	89×4	231.39	384.23	501.06	6.02	4.67	4.09	4.61	3.90	3.57	4.6	3.9	3.6
DN=100	108×4	281.31	460.25	599.45	6.71	5.24	4.59	5.28	4.48	4.10	5.3	4.5	4.1
DN=125	133×4	349.67	561.28	728.64	7.49	5.91	5.19	6.09	5.20	4.77	6.1	5.2	4.8
DN=150	159×4.5	409.51	688.40	886.07	8.80	6.78	5.98	7.20	6.06	5.57	7.2	6.1	5.6
DN=200	219×6	679.41	987.34	1238.77	10.88	9.02	8.05	9.23	8.15	7.56	9.2	8.2	7.6
DN=250	273×7	892.53	1291.30	1596.69	12.81	10.65	9.58	11.08	9.80	9.13	11.1	9.8	9.1
DN=300	325×8	1162.91	1630.16	1992.83	14.30	12.08	10.93	12.64	11.30	10.56	12.6	11.3	10.6
DN=350	377×9	1470.19	2007.58	2430.53	15.68	13.41	12.19	14.12	12.72	11.94	14.1	12.7	11.9
DN=400	426×9	1664.08	2242.09	2698.94	16.72	14.40	13.13	15.35	13.89	13.06	15.4	13.9	13.1
DN=450	478×9	1919.86	2576.73	3101.08	17.52	15.12	13.78	16.46	14.92	14.03	16.5	14.9	13.8
DN=500	529×9	2136.01	2837.63	3399.25	18.44	15.99	14.61	17.62	16.02	15.08	17.6	16.0	14.6
DN=600	630×10	2785.84	3613.02	4283.83	20.30	17.82	16.37	19.90	18.25	17.24	19.9	17.8	16.4
DN=700	720×10	3278.11	4230.18	5009.09	21.46	18.89	17.36	21.59	19.83	18.74	21.5	18.9	17.4
DN=800	820×10	3798.24	4950.62	5851.67	22.75	19.93	18.33	23.44	21.47	20.30	22.8	19.9	18.3

注：1. 管道保温材料密度单位为 kg/m^3。
　　2. 管道横向焊缝系数 $\phi = 0.7$。
　　3. 管材许用应力 $[\sigma]_t = 110MPa$。
　　4. 钢材弹性模量 $E_t = 1.71 \times 10^5 MPa$。
　　5. 放水坡度 $i_0 = 0.002$。

表 7-6　保温蒸汽管道最大允许跨距（$p = 1.3MPa$，$t = 300℃$）

公称尺寸 /mm	(外径/mm) × (壁厚/mm)	管道单位长度计算荷载 /(N/m)			强度条件计算最大跨距 /m			刚度条件计算最大跨距 /m			允许最大跨距推荐值 /m		
		密度150	密度250	密度350	密度150	密度250	密度350	密度150	密度250	密度350	密度150	密度250	密度350
DN=15	22×3	74.06	133.71	181.58	1.90	1.41	1.21	1.56	1.28	1.16	1.6	1.3	1.2
DN=20	28×3	81.52	164.02	222.09	2.41	1.70	1.46	1.74	1.38	1.24	1.7	1.4	1.2
DN=25	32×3	99.17	194.91	264.07	2.54	1.82	1.56	1.89	1.50	1.36	1.9	1.5	1.4
DN=32	38×3	115.87	226.53	273.81	2.86	2.05	1.86	2.16	1.73	1.62	2.2	1.7	1.6
DN=40	45×3	129.67	243.96	328.52	3.27	2.38	2.05	2.49	2.02	1.83	2.5	2.0	1.8
DN=50	57×3.5	168.42	303.01	404.55	3.95	2.95	2.55	3.06	2.52	2.29	3.1	2.5	2.3
DN=65	73×4	218.83	376.67	498.02	4.79	3.65	3.18	3.78	3.16	2.88	3.8	3.2	2.9
DN=80	89×4	267.49	451.13	594.65	5.37	4.13	3.60	4.36	3.66	3.34	4.4	3.7	3.3
DN=100	108×4	321.04	533.33	701.77	6.02	4.67	4.07	5.02	4.24	3.87	5.0	4.2	3.9
DN=125	133×4	393.92	641.52	841.06	6.76	5.30	4.63	5.81	4.94	4.51	5.8	4.9	4.5
DN=150	159×4.5	466.30	776.20	1009.00	7.90	6.12	5.37	6.84	5.77	5.29	6.8	5.8	5.3
DN=200	219×6	735.81	1139.98	1379.74	10.01	8.05	7.31	8.92	7.71	7.23	8.9	7.7	7.2
DN=250	273×7	985.92	1463.27	1754.24	11.68	9.59	8.75	10.63	9.32	8.78	10.6	9.3	8.8
DN=300	325×8	1267.58	1817.93	2166.57	13.13	10.96	10.04	12.19	10.81	10.19	12.2	10.8	10.0
DN=350	377×9	1545.72	2143.25	2620.70	14.65	12.44	11.25	13.77	12.35	11.55	13.8	12.4	11.3
DN=400	426×9	1785.24	2404.33	2904.33	15.47	13.18	11.92	14.87	13.37	12.50	14.9	13.4	11.9
DN=450	478×9	2006.97	2810.90	3318.08	16.42	13.87	12.77	16.09	14.38	13.61	16.1	13.9	12.8
DN=500	529×9	2276.00	3084.05	3744.27	17.11	14.70	13.34	17.10	15.46	14.49	17.1	14.7	13.3
DN=600	630×10	2942.21	3890.05	4671.62	18.92	16.45	15.02	19.39	17.67	16.62	18.9	16.5	15.0
DN=700	720×10	3451.26	4532.12	5431.80	20.04	17.49	15.97	21.05	19.23	18.10	20.0	17.5	16.0
DN=800	820×10	3985.71	5282.79	6316.66	21.28	18.48	16.90	22.89	20.84	19.64	21.3	18.5	16.9

注：1. 管道保温材料密度单位为 kg/m^3。
　　2. 管道横向焊缝系数 $\phi = 0.7$。
　　3. 管材许用应力 $[\sigma]_t = 101MPa$。
　　4. 钢材弹性模量 $E_t = 1.67 \times 10^5 MPa$。
　　5. 放水坡度 $i_0 = 0.002$。

表7-7　保温液体管道最大允许跨距（$t = 100$℃）

公称尺寸 /mm	(外径/mm) × (壁厚/mm)	管道单位长度计算荷载 /(N/m)			强度条件计算最大跨距 /m			刚度条件计算最大跨距 /m			允许最大跨距推荐值 /m		
		密度 150	密度 250	密度 350	密度 150	密度 250	密度 350	密度 150	密度 250	密度 350	密度 150	密度 250	密度 350
DN = 15	22×3	23.44	35.89	43.93	3.54	2.85	2.59	2.43	2.11	1.97	2.4	2.1	2.0
DN = 20	28×3	29.77	43.46	52.29	4.17	3.45	3.15	2.58	2.28	2.14	2.6	2.3	2.1
DN = 25	32×3	40.25	49.56	58.87	4.19	3.77	3.46	2.70	2.52	2.38	2.7	2.5	2.4
DN = 32	38×3	48.40	68.80	83.02	4.65	3.90	3.55	3.07	2.73	2.56	3.1	2.7	2.6
DN = 40	45×3	58.76	80.77	96.17	5.09	4.34	3.98	3.45	3.10	2.92	3.5	3.1	2.9
DN = 50	57×3.5	83.87	107.71	124.98	5.87	5.18	4.81	4.10	3.78	3.59	4.1	3.8	3.6
DN = 65	73×4	129.06	163.83	189.63	6.54	5.81	5.40	4.79	4.43	4.21	4.8	4.4	4.2
DN = 80	89×4	166.24	204.78	233.62	7.14	6.43	6.02	5.43	5.06	4.85	5.4	5.1	4.9
DN = 100	108×4	226.31	259.40	291.25	7.51	7.02	6.62	5.99	5.72	5.50	6.0	5.7	5.5
DN = 125	133×4	301.09	359.46	405.17	8.10	7.42	6.99	6.75	6.36	6.11	6.8	6.4	6.1
DN = 150	159×4.5	404.73	470.22	521.72	8.89	8.25	7.83	7.62	7.25	7.00	7.6	7.3	7.0
DN = 200	219×6	719.58	801.45	866.39	10.62	10.06	9.67	9.54	9.20	8.97	9.5	9.2	9.0
DN = 250	273×7	1062.97	1193.40	1283.94	11.79	11.13	10.73	11.01	10.60	10.34	11.0	10.6	10.3
DN = 300	325×8	1459.64	1608.16	1711.19	12.83	12.22	11.85	12.35	11.96	11.71	12.3	12.0	11.7
DN = 350	377×9	1917.27	2084.04	2201.08	13.79	13.23	12.87	13.61	13.24	13.00	13.6	13.2	12.9
DN = 400	426×9	2328.82	2512.56	2641.56	14.20	13.67	13.32	14.46	14.09	13.86	14.2	13.7	13.3
DN = 450	478×9	2837.59	3010.73	3226.15	14.48	14.05	13.57	15.22	14.92	14.58	14.5	14.1	13.6
DN = 500	529×9	3344.19	3532.65	3767.06	14.80	14.40	13.95	15.98	15.69	15.48	14.8	14.4	14.0
DN = 600	630×10	4605.55	4888.82	5096.15	15.86	15.39	15.07	17.73	17.38	17.15	15.9	15.4	15.1
DN = 700	720×10	5755.53	6072.88	6305.77	16.27	15.84	15.54	18.85	18.52	18.29	16.3	15.8	15.5
DN = 800	820×10	7185.46	7541.05	7802.58	16.62	16.23	15.95	19.97	19.66	19.43	16.6	16.2	16.0
DN = 900	920×10	8769.85	9136.86	9575.35	16.92	16.57	16.19	21.00	20.72	20.39	16.9	16.6	16.2
DN = 1000	1020×10	10508.10	10940.36	11394.56	17.16	16.82	16.48	21.94	21.65	21.36	17.2	16.8	16.5
DN = 1100	1120×10	12386.92	12840.66	13317.35	17.37	17.07	16.76	22.83	22.56	22.28	17.4	17.1	16.8
DN = 1200	1220×10	14432.29	14922.99	15438.18	17.56	17.26	16.97	23.65	23.39	23.12	17.6	17.3	17.0

注：1. 管道保温材料密度单位为 kg/m³。

2. 管道横向焊缝系数 $\phi = 0.7$。

3. 管材许用应力 $[\sigma]_t = 111$ MPa。

4. 钢材弹性模量 $E_t = 2.0 \times 10^5$ MPa。

5. 放水坡度 $i_0 = 0.002$。

表7-8　保温液体管道最大允许跨距（$t = 150$℃）

公称尺寸 /mm	(外径/mm) × (壁厚/mm)	管道单位长度计算荷载 /(N/m)			强度条件计算最大跨距 /m			刚度条件计算最大跨距 /m			允许最大跨距推荐值 /m		
		密度 150	密度 250	密度 350	密度 150	密度 250	密度 350	密度 150	密度 250	密度 350	密度 150	密度 250	密度 350
DN = 15	22×3	27.85	45.22	56.99	3.24	2.54	2.27	2.26	1.92	1.78	2.3	1.9	1.8
DN = 20	28×3	34.63	53.01	65.66	3.87	3.13	2.81	2.44	2.12	1.97	2.4	2.1	2.0
DN = 25	32×3	46.29	71.16	89.11	3.90	3.15	2.81	2.56	2.22	2.06	2.6	2.2	2.1
DN = 32	38×3	54.58	81.08	100.21	4.38	3.59	3.23	2.93	2.57	2.39	2.9	2.6	2.4
DN = 40	45×3	65.37	93.27	113.67	4.82	4.04	3.66	3.30	2.93	2.75	3.3	2.9	2.8
DN = 50	57×3.5	98.67	136.63	165.47	5.41	4.60	4.18	3.86	3.46	3.25	3.9	3.5	3.3
DN = 65	73×4	138.03	180.26	212.63	6.33	5.54	5.10	4.65	4.26	4.03	4.7	4.3	4.0
DN = 80	89×4	175.94	222.44	285.81	6.94	6.17	5.44	5.29	4.89	4.50	5.3	4.9	4.5
DN = 100	108×4	237.93	299.00	347.56	7.33	6.53	6.06	5.85	5.42	5.15	5.9	5.4	5.2
DN = 125	133×4	311.04	382.51	437.45	7.97	7.19	6.72	6.63	6.16	5.92	6.6	6.2	5.9
DN = 150	159×4.5	418.71	521.96	594.17	8.74	7.83	7.34	7.48	6.95	6.66	7.5	7.0	6.7
DN = 200	219×6	754.31	862.51	951.88	10.37	9.70	9.23	9.33	8.92	8.63	9.3	8.9	8.6

（续）

公称尺寸/mm	(外径/mm)×(壁厚/mm)	管道单位长度计算荷载/(N/m)			强度条件计算最大跨距/m			刚度条件计算最大跨距/m			允许最大跨距推荐值/m		
		密度150	密度250	密度350	密度150	密度250	密度350	密度150	密度250	密度350	密度150	密度250	密度350
DN=250	273×7	1102.85	1266.48	1386.26	11.57	10.80	10.32	10.81	10.32	10.01	10.8	10.3	10.0
DN=300	325×8	1504.37	1689.58	1825.95	12.63	11.92	11.47	12.14	11.68	11.38	12.1	11.7	11.4
DN=350	377×9	1967.01	2173.80	2394.04	13.61	12.95	12.34	13.41	12.97	12.56	13.4	13.0	12.3
DN=400	426×9	2411.95	2609.68	2850.61	13.95	13.41	12.83	14.19	13.82	13.42	14.0	13.4	12.8
DN=450	478×9	2899.10	3172.35	3379.84	14.32	13.69	13.26	15.01	14.57	14.26	14.3	13.7	13.3
DN=500	529×9	3410.56	3706.65	3932.04	14.66	14.06	13.65	15.77	15.33	15.04	14.7	14.1	13.7
DN=600	630×10	4681.63	5022.72	5283.47	15.73	15.18	14.80	17.52	17.11	16.83	15.7	15.2	14.8
DN=700	720×10	5839.99	6296.80	6619.25	16.15	15.55	15.16	18.64	18.17	17.87	16.2	15.6	15.2
DN=800	820×10	7328.07	7788.75	8149.36	16.46	15.96	15.61	19.71	19.31	19.03	16.5	16.0	15.6
DN=900	920×10	8925.53	9435.36	9966.59	16.77	16.31	15.87	20.74	20.36	19.99	16.8	16.3	15.9
DN=1000	1020×10	10679.41	11235.64	11803.83	17.02	16.59	16.19	21.68	21.32	20.97	17.0	16.6	16.2
DN=1100	1120×10	12565.74	13147.93	13753.98	17.25	16.86	16.49	22.57	22.23	21.90	17.3	16.7	16.5
DN=1200	1220×10	14624.97	15253.36	15907.16	17.44	17.08	16.72	23.39	23.06	22.74	17.4	17.1	16.7

注：1. 管道保温材料密度单位为 kg/m³。

2. 管道横向焊缝系数 $\phi = 0.7$。

3. 管材许用应力 $[\sigma]_t = 111\text{MPa}$。

4. 钢材弹性模量 $E_t = 1.96 \times 10^5 \text{MPa}$。

5. 放水坡度 $i_0 = 0.002$。

表 7-9　不保温管道最大允许跨距

公称尺寸/mm	(外径/mm)×(壁厚/mm)	气体管最大允许跨距/m				液体管最大允许跨距/m			
		管道计算荷载/(N/m)	强度条件计算	刚度条件计算	推荐值	管道计算荷载/(N/m)	强度条件计算	刚度条件计算	推荐值
DN=15	22×3	14.22	4.53	2.52	2.5	15.79	4.30	2.43	2.4
DN=20	28×3	18.83	5.25	3.03	3.0	21.38	4.92	2.90	2.9
DN=25	32×3	22.16	5.66	3.29	3.3	26.28	5.20	3.11	3.1
DN=32	38×3	26.97	6.22	3.71	3.7	33.25	5.61	3.46	3.4
DN=40	45×3	32.85	6.80	4.17	4.2	42.47	5.98	3.83	3.8
DN=50	57×3.5	49.13	7.66	4.89	4.9	64.53	6.69	4.46	4.4
DN=65	73×4	73.25	8.69	5.77	5.8	99.34	7.47	5.21	5.2
DN=80	89×4	92.28	9.57	6.56	6.6	132.68	7.98	5.83	5.8
DN=100	108×4	112.19	10.68	7.54	7.5	177.60	8.49	6.47	6.4
DN=125	133×4	142.88	11.77	8.62	8.6	245.16	8.99	7.20	7.2
DN=150	159×4.5	194.17	12.83	9.70	9.7	341.46	9.68	8.03	8.0
DN=200	219×6	358.63	15.04	12.00	12.0	639.09	11.26	9.89	9.9
DN=250	273×7	527.79	16.74	13.86	13.8	967.02	12.37	11.33	11.3
DN=300	325×8	723.63	18.22	15.55	15.5	1348.69	13.35	12.64	12.6
DN=350	377×9	949.57	19.59	17.15	17.1	1791.46	14.26	13.88	13.9
DN=400	426×9	1099.9	20.66	18.50	18.5	2189.31	14.64	14.71	14.6
DN=450	478×9	1266.03	21.66	19.84	19.8	2653.65	14.96	15.50	15.0
DN=500	529×9	1433.52	22.61	21.12	21.1	3143.20	15.27	16.26	15.3
DN=600	630×10	2073.40	24.71	23.75	23.7	4490.52	16.06	18.36	16.0
DN=700	720×10	2282.89	25.82	25.57	25.5	5490.66	16.65	19.09	16.6
DN=800	820×10	2697.95	27.11	27.59	27.1	6887.21	16.97	20.19	17.0
DN=900	920×10	3136.16	28.28	29.49	28.3	8438.17	17.24	21.20	17.2
DN=1000	1020×10	3597.33	29.33	31.26	29.3	10143.05	17.46	22.13	17.4
DN=1100	1120×10	4081.74	30.26	32.94	30.2	12002.04	17.65	22.99	17.6
DN=1200	1220×10	4589.22	31.12	34.53	31.1	14015.06	17.81	23.80	17.8

注：1. 管子横向焊缝系数 $\phi = 0.7$。

2. 管材许用应力 $[\sigma]_t = 111\text{MPa}$。

3. 钢材弹性模量 $E_t = 1.98 \times 10^5 \text{MPa}$。

4. 放水坡度 $i_0 = 0.002$。

7.3.4　煤气管道支吊架跨距的确定

煤气管道支吊架允许最大跨距仍按上述原则进行计算，即按煤气管道在正常操作下的荷载，坡度 0.005 时的挠度不超过 $f = L/600$ 计算，管壁的应力在 127.5MPa 以下。

（1）没有附加荷载时的跨距（当 $f < L/600$ 时）按式（7-3）计算：

$$L = 0.1089 \sqrt[3]{\frac{1}{q}EI} \qquad (7\text{-}3)$$

管壁应力：

$$\sigma = \frac{M}{W} = \frac{qL^2}{8W} \qquad (7\text{-}4)$$

挠度简化公式：

$$f = \frac{qL^4}{1579I} \qquad (7\text{-}5)$$

式中　I——截面二次矩（cm^4），见表 1-23；
　　　W——截面系数（cm^3），见表 1-23；
　　　E——弹性模量（MPa），20℃ 时，Q235-A，$E = 2.06 \times 10^5$ MPa；
　　　M——弯矩（N·m）；
　　　L——支吊架跨距（m）；
　　　q——煤气管单位总荷载（N/m），见表 7-12、表 7-14，q =（管材每米质量+保温每米质量）×9.81+附加荷载。

附加荷载包括管内积水、积污重，管外冰雪重。对于管内积水仅考虑一个排水器损坏时，管内可能出现的积水重。表 7-10 中所列管内积水高度数据可供设计时选用和参考。

为简化计算，雪荷载、风荷载可忽略不计，保温材料厚度按岩棉计算，$\delta = 40$ mm。

（2）煤气管上附加其他管道时的跨距计算　煤气管上附加蒸汽或氧气等管道时，如支吊架间有 6 个以上支承点时，附加管的荷载按均布荷载加煤气管荷载考虑，当少于 6 个支承点时，则应计算附加管后的附加弯矩和挠度，以校核总的弯曲应力和挠度不超过允许范围，即

$$\sigma = \frac{\sum M}{W} \leqslant 127.5\text{MPa} \quad \Sigma f \leqslant L/600$$

总弯矩和总挠度为煤气管及各附加荷载分别计算值的代数总和：

总弯矩　$\Sigma M = M_D + M_d$
总挠度　$\Sigma f = f_D + f_d$

式中，M_D、M_d 及 f_D、f_d 指大管本身及小管对大管形

成集中荷载而附加之弯矩及挠度。附加弯矩和挠度按表 7-11 计算。

【例 7-1】　DN = 500mm 的煤气管道，无绝缘，求无附加荷载时的跨距。

解：按公式 $L = 0.1089 \sqrt[3]{\frac{1}{q}EI}$

查表 7-12，得 $q = 1042$N/m；
查表 7-13，得 $I = 28200$cm^4；

$L = 0.1089 \sqrt[3]{1/1042 \times 28200 \times 1.98 \times 10^5}$ m = 19m

$$f = \frac{qL^4}{1579I} = \frac{1042 \times 19^4}{1579 \times 28200} \text{cm}$$

$$= 3.05\text{cm} < \left(\frac{19}{600}\text{m} = 3.167\text{cm}\right)$$

根据挠度计算结果 f 不超过 $L/600$，管道支吊架的跨距可以采用 19m。

冷煤气管道荷载及支吊架跨距见表 7-12～表 7-14。为考虑管壁腐蚀，表 7-13、表 7-14 中管壁计算厚度比实际厚度小 1mm。

7.3.5　加强管道

在管道设计过程中，有时考虑到跨越道路和排洪沟，或平行共架敷设的几根管道，其允许支吊架跨距相差较大，必须适当加大某些管道的支吊架跨距，以满足跨越或共架时经济合理的要求。除用加大管径的方法来增加跨距外，还采用增加管道截面系数的方法来加强管道，这种方法可使管道跨距增加 30%～50%，而多耗金属不会超过管子质量的 10%，支吊架间距较长时，可以在支吊架处管道上方和跨距中部管道下方均焊加强板，加强板一般用扁钢制成，如图 7-1 所示。设计中可根据具体要求，选用不同形式的加强板。

1. 加强管道支吊架最大允许跨距的计算

加强管道最大允许跨距仍按本章式（7-1）和式（7-2）计算，公式中的截面二次矩 I 和截面系数 W 应采用加强后的管道计算值。

1）当管道上方采用两条并列的加强板时（见图 7-1a、b），管道在焊接加强板后，组合断面的重心位置按式（7-6）计算：

$$Y_s = \frac{AD_w/2 + 2a\delta(D_w + a\cos\alpha/2)}{A + 2a\delta} \qquad (7\text{-}6)$$

式中　A——管壁断面积（cm^2）；
　　　D_w——管子外径（cm）；
　　　δ——加强板厚度（cm）；
　　　a——加强板高度（cm）；
　　　α——加强板对管道断面中心垂直线的倾角。

表 7-10　管内积水高度

工作状态	正常操作				事故水重	
公称尺寸/mm	DN≤100	DN=100~900	DN=900~1500	DN≥1600	DN≤500	DN>500
积水高度/mm	满管	100	150	200	满管	500

表 7-11　煤气管道上附加其他管道时弯矩及挠度

荷载分布形式	弯矩公式/N·m	挠度公式/cm
均布荷载 Q，集中荷载 F，距端 a，跨距 L	均布荷载：$M_d = \dfrac{QL^2}{8}$　集中荷载：$M_d = \dfrac{Fa(L-a)}{L}$	$f_d = \dfrac{5 \times 10^4}{384} \cdot \dfrac{QL^4}{EI}$　$f_d = \dfrac{Fa}{3E}\left(\dfrac{L^2-a^2}{3}\right)^{\frac{3}{2}} \times 10^4$
$L/2$，$L/2$；$F/2$，F，$F/2$；L	$F_d = \dfrac{1}{2}qL$　$M_d = \dfrac{FL}{4} = \dfrac{qL^2}{8}$	$f_d = \dfrac{FL^3 \times 10^4}{48EI}$　$= \dfrac{qL^4 \times 10^4}{96EI}$
$L/3$，$L/3$，$L/3$；$F/2$，F，F，$F/2$；L	$F_d = \dfrac{1}{3}qL$　$M_d = \dfrac{FL}{3} = \dfrac{qL^2}{9}$	$f_d = \dfrac{23FL^3 \times 10^4}{648EI}$　$= 118\dfrac{qL^4}{EI}$
$L/4$，$L/4$，$L/4$，$L/4$；$F/2$，F，F，F，$F/2$；L	$F_d = \dfrac{1}{4}qL$　$M_d = \dfrac{FL}{2} = \dfrac{qL^2}{8}$	$f_d = \dfrac{19FL^3 \times 10^4}{384EI}$　$= 124\dfrac{qL^4}{EI}$
$L/5$，$L/5$，$L/5$，$L/5$，$L/5$；$F/2$，F，F，F，F，$F/2$；L	$F_d = \dfrac{1}{5}qL$　$M_d = \dfrac{3}{5}FL = \dfrac{qL^2}{8.33}$	$f_d = \dfrac{63FL^3 \times 10^4}{1000EI}$　$= 126\dfrac{qL^4}{EI}$
$L/6$，$L/6$，$L/6$，$L/6$，$L/6$，$L/6$；$F/2$，F，F，F，F，F，$F/2$	$F_d = \dfrac{qL}{6}$　$M_d = \dfrac{3FL}{4} = \dfrac{qL^2}{8}$	$f_d = \dfrac{11FL^3 \times 10^4}{144EI}$　$= 127\dfrac{qL^4}{EI}$

注：Q—均布荷载（N/m）；q—附加管道荷载（N/m）；F—集中荷载（N）；M_d—弯矩（N·m）；f_d—挠度（cm）；L—跨距（m）；I—截面二次矩（cm⁴）；E—管子弹性模量（MPa）。

表 7-12　冷煤气管道荷载

（外径/mm）×（厚壁/mm）	管材每米质量/(kg/m)	保温每米质量/(kg/m)	操作水每米质量/(kg/m)	事故水每米质量/(kg/m)	正常操作下总荷载/(N/m)		事故状态下总荷载/(N/m)	
					无保温	有保温	无保温	有保温
108×4	10.26	4.00	2.00	7.80	120.23	159.46	177.11	216.34
133×4	12.73	4.50	3.00	12.00	154.26	198.39	242.52	286.65
159×4.5	17.15	5.00	4.00	17.00	207.41	256.44	334.89	383.92
219×6	31.52	6.00	8.00	30.00	387.55	446.39	603.30	662.14
273×6	39.50	7.50	19.00	50.00	573.68	647.23	877.69	951.24
325×6	47.20	9.50	21.00	70.00	668.81	761.97	1149.33	1242.49
377×6	54.80	10.50	23.00	100.00	762.95	865.92	1518.05	1621.02
426×6	62.10	11.50	25.00	130.00	854.15	966.93	1883.84	1996.61

（续）

（外径/mm）×（厚壁/mm）	管材每米质量/(kg/m)	保温每米质量/(kg/m)	操作水每米质量/(kg/m)	事故水每米质量/(kg/m)	正常操作下总荷载/(N/m) 无保温	有保温	事故状态下总荷载/(N/m) 无保温	有保温
529×6	77.30	14.00	29.00	200.00	1042.44	1179.73	2719.36	2856.65
630×6	92.40	16.00	33.00	250.00	1229.74	1386.65	3357.76	3514.67
720×6	105.60	18.00	35.00	300.00	1378.80	1555.32	3977.54	4154.05
820×6	120.30	20.00	36.00	330.00	1532.76	1728.89	4415.89	4612.02
920×6	135.20	—	39.00	360.00	1708.30	—	4856.20	—
1020×6	145.00	—	74.00	390.00	2196.67	—	5295.54	—
1120×6	164.92	—	78.00	420.00	2382.01	—	5735.85	—
1220×6	179.60	—	82.00	450.00	2565.39	—	6174.20	—
1320×7	227.00	—	85.00	480.00	3059.64	—	6933.23	—
1420×7	244.00	—	88.00	510.00	3255.77	—	7394.14	—
1520×7	260.90	—	92.00	540.00	3460.73	—	7854.07	—
1620×7	278.30	—	145.00	580.00	4151.11	—	8416.96	—
1720×7	293.40	—	150.00	620.00	4348.32	—	8957.30	—
1820×7	312.70	—	156.00	660.00	4596.33	—	9538.83	—
2020×8	397.00	—	164.00	740.00	5501.47	—	11150.05	—

表 7-13　冷煤气管道支吊架跨距（无附加荷载时）

（外径/mm）×（壁厚/mm）	截面二次矩/cm⁴	抗弯截面系数/cm³	无保温 总荷载/(N/m)	最大跨距/m	断面压应力/MPa	有保温 总荷载/(N/m)	最大跨距/m	断面压应力/MPa
108×4	136	25	120.23	6.6	26.18	159.46	6.0	28.70
133×4	258	39	154.26	7.5	27.81	198.39	6.9	30.27
159×4.5	516	65	207.41	8.6	29.50	256.44	8.0	31.56
219×6	1920	160	387.55	10.8	35.32	446.39	10.3	37.00
273×6	4488	329	573.68	12.6	34.60	647.23	12.1	36.00
325×6	7653	472	668.81	14.3	36.22	761.97	13.7	37.87
377×6	10090	535	762.95	15.0	40.11	865.92	14.4	41.95
426×6	14630	685	854.15	16.4	41.92	966.93	15.7	43.49
529×6	28200	1070	1042.44	19.0	43.96	1179.73	18.3	46.13
630×6	48080	1520	1229.74	21.5	46.75	1386.65	20.7	48.86
720×6	71650	1990	1378.80	23.7	48.65	1555.32	22.7	50.34
820×6	106100	2590	1532.76	26.1	50.39	1728.89	25.0	52.15
920×6	150000	3260	1708.30	28.2	52.09	—	—	—
1020×6	206000	4020	2196.67	28.8	56.65	—	—	—
1120×6	272000	4860	2382.01	30.8	58.12	—	—	—
1220×6	352130	5770	2565.39	32.7	59.43	—	—	—
1320×7	540000	8200	3059.64	35.6	59.11	—	—	—
1420×7	654000	9200	3255.77	37.2	61.21	—	—	—
1520×7	835000	11000	3460.73	39.5	61.36	—	—	—
1620×7	982000	12100	4151.11	39.3	66.23	—	—	—
1720×7	1230000	14300	4348.22	41.7	66.09	—	—	—
1820×7	1434000	15780	4596.33	43.0	67.32	—	—	—
2020×8	2247000	22250	5501.47	47.1	68.56	—	—	—

表 7-14　冷煤气管道支吊架跨距（附加 20% 和 50% 荷载）

（外径/mm）×（壁厚/mm）	附加20%荷载 无保温 附加荷载/(N/m)	总荷载/(N/m)	跨距/m	断面压应力/MPa	有保温 附加荷载/(N/m)	总荷载/(N/m)	跨距/m	断面压应力/MPa	附加50%荷载 无保温 附加荷载/(N/m)	总荷载/(N/m)	跨距/m	断面压应力/MPa	有保温 附加荷载/(N/m)	总荷载/(N/m)	跨距/m	断面压应力/MPa
108×4	24	145	6.2	27.8	31	191	5.6	29.9	60	180	5.7	29.2	78	235	5.2	31.7
133×4	30	184	7.1	29.7	39	237	6.5	32.1	76	230	6.6	32.1	98	294	6.0	33.9
159×4.5	41	249	8.1	31.4	50	307	7.5	33.2	104	312	7.5	33.7	127	382	7.0	36.0

（续）

（外径/mm）× （壁厚/mm）	附加 20%荷载								附加 50%荷载							
	无保温				有保温				无保温				有保温			
	附加荷载/（N/m）	总荷载/（N/m）	跨距/m	断面压应力/MPa	附加荷载/（N/m）	总荷载/（N/m）	跨距/m	断面压应力/MPa	附加荷载/（N/m）	总荷载/（N/m）	跨距/m	断面压应力/MPa	附加荷载/（N/m）	总荷载/（N/m）	跨距/m	断面压应力/MPa
219×6	77	465	10.2	37.8	89	535	9.7	39.3	193	581	9.4	40.1	226	677	9.0	42.8
273×6	115	688	11.9	37.0	129	777	11.4	38.3	284	858	11.0	39.4	323	971	10.5	40.6
325×6	123	791	135	38.1	142	904	12.9	39.8	304	971	12.6	40.8	353	1118	12.0	42.6
377×6	153	916	14.1	42.5	174	1039	13.5	44.2	382	1147	13.1	46.0	431	1294	12.6	48.0
426×6	171	1025	15.4	44.3	193	1157	14.8	46.2	422	1275	14.3	47.5	481	1442	13.7	49.4
529×6	208	1250	17.9	46.7	235	1412	17.2	48.8	520	1559	16.6	50.1	588	1765	16.0	52.7
630×6	245	1475	20.2	49.5	277	1667	19.4	51.6	618	1844	18.8	53.6	686	2069	18.1	55.7
720×6	275	1653	22.3	51.6	314	1863	21.4	53.6	686	2059	20.7	55.4	775	2334	19.9	58.0
820×6	306	1839	24.5	53.2	343	2069	23.5	55.1	765	2295	22.8	57.5	863	2589	21.9	59.9
920×6	343	2050	26.5	55.2	—	—	—	—	853	2560	24.6	59.4	—	—	—	—
1020×6	441	2638	27.1	60.2	—	—	—	—	1098	3295	25.2	65.0	—	—	—	—
1120×6	471	2854	29.0	61.7	—	—	—	—	1187	3570	26.9	66.4	—	—	—	—
1220×6	510	3079	30.8	63.2	—	—	—	—	1285	3854	28.5	67.8	—	—	—	—
1320×7	608	3668	33.5	62.7	—	—	—	—	1530	4589	31.1	67.7	—	—	—	—
1420×7	647	3903	35.0	65.0	—	—	—	—	1628	4884	32.4	69.7	—	—	—	—
1520×7	696	4158	37.2	65.3	—	—	—	—	1736	5197	34.5	70.3	—	—	—	—
1620×7	834	4982	36.9	70.1	—	—	—	—	2079	6227	34.3	75.7	—	—	—	—
1720×7	873	5217	39.2	70.0	—	—	—	—	2177	6531	36.3	75.2	—	—	—	—
1820×7	922	5511	40.5	71.6	—	—	—	—	2295	6894	37.6	77.2	—	—	—	—
2020×8	1098	6600	44.3	72.7	—	—	—	—	2746	8247	41.1	78.2	—	—	—	—

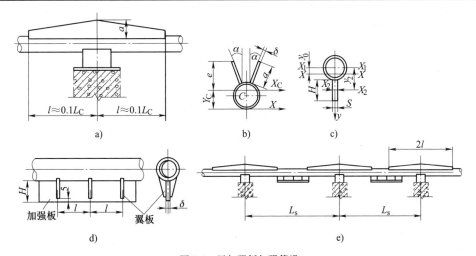

图 7-1　用加强板加强管道

a）管子在支吊架上方加强板的布置　b）上加强板加强的断面　c）下加强板加强的断面

d）加强板在管道下方的布置　e）加强板在支吊架之间和支吊架之上的布置

组合断面对轴 X_C 的截面二次矩和断面系数按式（7-7）、式（7-8）计算：

$$I_C = I + A\left(Y_C - \frac{D_w}{2}\right)^2 + 2a\delta\left(D_w + \frac{a\cos\alpha}{2} - Y_C\right)^2$$

$$（7-7）$$

$$W_C = I_C/e \tag{7-8}$$

式中　I——无加强板的管子二次截面矩（cm^4）；

　　　　A——管壁断面积；

　　　　e——通过质心 C 的轴 X_C 与焊有加强板的组合断面最远边线之间的距离（cm）。

2）在管道下方采用加强板时（见图 7-1c、d）加强组合断面的重心位置按式（7-9）计算：

$$y_0 = \frac{A_2 y_2}{A_1 + A_2} \qquad (7\text{-}9)$$

式中　A_1——管道壁断面面积（cm²）；

　　　　A_2——加强板的截面积（cm²）；

　　　　y_2——管道与加强板二形心之间的距离（cm），$y_2 = D_w/2 + H/2$；

　　　　D_w——管道外径（cm）；

　　　　H——加强板高度（cm）；

　　　　y_0——中性轴的位置（cm）。

对中性轴 X—X 的截面二次矩按式（7-10）计算：

$$I_s = I_1 + A_1 y_0^2 + I_2 + A_2 (y_2 - y_0)^2 \qquad (7\text{-}10)$$

式中　I_1——A_1 对通过其本身形心的轴 X_1—X_1 的截面二次矩（cm⁴），$I_1 = 0.049(D_w^4 - d^4)$；

　　　　I_2——A_2 对通过其本身形心的轴 X_2—X_2 的截面二次矩（cm⁴），$I_2 = \dfrac{\delta H^3}{12}$；

　　　　δ——加强板厚度（cm）。

对中性轴 X—X 的截面弯矩按式（7-11）计算：

$$W_s = \frac{I_s}{y_2 - y_0 + \dfrac{H}{2}} \qquad (7\text{-}11)$$

3）加强板长度计算。上加强板长度按照管道弯曲力矩和 σW 数值相等的条件来决定，按式（7-12）计算：

$$M_x = \sigma W \qquad (7\text{-}12)$$

式中　σ——弯曲应力（MPa），一般取 50～60MPa；

　　　　W——无加强板的管道截面系数（cm³）。

距支吊架 X 处的弯曲力矩（见图 7-2）大致可按式（7-13）确定：

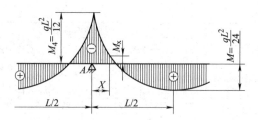

图 7-2　决定加强板长度的计算示意图

$$M_x = \sigma W = q\frac{LX}{2} - q\frac{X^2}{2} - q\frac{L^2}{12} \qquad (7\text{-}13)$$

解上述长度 X 的方程式得上加强板长度 X。

下加强板（图 7-1d）长度可参照图 7-2 计算，其翼板间距 l 视加强板规格而定，见表 7-15。

表 7-15　翼板间距

扁钢规格/mm×mm	翼板间距/mm
80×5	1000
100×8	1000
150×10	1500
200×20	1500
200×30	1500
250×30	1500
300×30	1500

2. 加强管道支吊架跨距

表 7-16、表 7-17 中加强管支吊架跨距 L_s 按式（7-14）计算：

$$L_C = L\sqrt{W_C/W} \qquad (7\text{-}14)$$

式中　L_C——加强管支架跨距（m）；

　　　　L——未加强的管子跨距（m）；

　　　　W——未加强管的截面系数（cm³）；

　　　　W_C——加强管的截面系数（cm³）。

表 7-16　上加强板加强管道最大允许跨距

公称通径/mm	(外径/mm)×(壁厚/mm)	加强板尺寸/cm 高度 a	加强板尺寸/cm 厚度 δ	加强板尺寸/cm 长度 l	不加强管断面 截面二次矩 I/cm⁴	不加强管断面 抗弯截面系数 W/cm³	加强管断面 截面二次矩 I_C/cm⁴	加强管断面 抗弯截面系数 W_C/cm³	支吊架跨距 不加强管 L/m	支吊架跨距 加强管 L_C/m	跨距增长值 $\left(\dfrac{L_C}{L} - 1\right)$ (%)
50	57×3.5	5	0.4	70	46.3	12.4	110	22.6	4.9	6.6	34.7
65	73×4	6	0.6	90	51.8	14.2	215	32.7	5.7	8.6	50
80	89×4	6	0.6	100	96.6	21.7	370	51.6	6.5	10.0	53
100	108×4	10	0.8	120	177	32.8	903	82.6	7.5	11.9	58
150	159×4.5	10	0.8	140	652	82	2118	160	9.7	13.5	39
200	219×6	15	1.2	180	2279	208.1	8400	432	12.0	17.3	44
250	273×7	20	1.2	190	5177	379.3	18114	729	13.8	19.1	38
300	325×8	20	1.2	210	10014	616.2	29564	1143	15.5	21.1	36
350	377×9	20	1.4	230	17620	935	46464	1619	17.0	22.5	32
400	426×9	25	1.4	250	25640	1204	73245	2182	18.5	24.9	34

表 7-17　下加强板加强管道最大允许跨距

公称通径/mm	(外径/mm)×(壁厚/mm)	加强板(H/mm)×(δ/mm)	不加强管断面		加强管断面		支吊架跨距		跨距增长值
			I/cm^4	W/cm^3	I_C/cm^4	W_C/cm^3	不加强管 L/m	加强管 L_C/m	$\left(\dfrac{L_C}{L}-1\right)$ (%)
50	57×3.5	80×5	46.3	12.4	154	19.06	4.9	6.1	24.5
65	73×4	100×8	51.8	14.2	426.75	45.11	5.7	10.1	77
80	89×4	100×8	96.6	21.7	573.7	55.11	6.5	10.3	58
100	108×4	100×8	177	32.8	780.81	68.13	7.5	10.8	44
150	159×4.5	150×10	652	82.0	3058	183.44	9.7	14.5	49
200	219×6	200×20	2279	208.1	12412	605.17	12.0	20.4	70
250	273×7	200×30	5177	379.3	23746	1091.77	13.8	23.4	70
300	325×8	250×30	10014	616.2	45854	1679	15.5	25.6	65
350	377×9	300×30	17620	935	79653	2402.8	17.0	27.2	60

7.3.6　拱形管道

拱形管道除本身输送介质外，同时又作为支承结构跨越铁路、道路、河流及需要大跨距敷设的管道结构。

1. 拱形管道的设计

拱形管道的结构通常都是等截面的，同时考虑到材料、制作方便等因素，宜采用等截面圆弧形无铰拱的形式，以下公式均以此为依据。

确定拱形管道的几何尺寸时，首先要确定合理的矢跨比 V，矢跨比的大小主要和垂直荷载、水平风荷载、温度变化有关：

自重大的 V 采用 1:8 较好；风荷载大的 V 采用 1:10 较好；温差大的 V 采用 1:5 较好。

但当跨距、高度受到限制时，也常根据跨距及高度的特殊要求来确定其矢跨比。图 7-3 为拱管示意图。

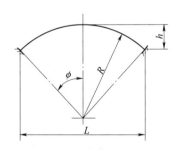

图 7-3　拱管示意图

h—矢高（cm）　R—圆拱半径（cm）
L—跨距（cm）　ϕ—半圆心角

拱管半径 R 按式（7-15）计算：

$$R = K_R L \qquad (7-15)$$

式中，K_R 及以下各式中 K_{xx} 均见表 7-18。

拱管的矢高 h 按式（7-16）计算：

$$h = K_h R \qquad (7-16)$$

拱管半圆心角 ϕ 按式（7-17）~式（7-19）计算：

$$\sin\phi = L/2R \qquad (7-17)$$

$$\cos\phi = 1 - h/R \qquad (7-18)$$

$$\phi = \arcsin\frac{L}{R} = \arccos\left(1 - \frac{h}{R}\right) \qquad (7-19)$$

拱管弧长 s 按式（7-20）计算：

$$s = K_s R \qquad (7-20)$$

（1）拱管作用力的计算

1）由垂直荷载所产生的力。水平推力 F_{Hg} 按式（7-21）计算：

$$F_{Hg} = K_{Hg} qR \qquad (7-21)$$

式中　q——拱管单位长度计算荷载（N/cm），一般 $q = 1.2q_1$；

　　　q_1——拱管单位长度的标准荷载（包括管材保温结构、介质等重量）（N/cm）。

轴向力 F_{Ng} 按式（7-22）计算：

$$F_{Ng} = K_{Ng} qR \qquad (7-22)$$

剪力 F_{Qg} 按式（7-23）计算：

$$F_{Qg} = K_{Qg} qR \qquad (7-23)$$

弯矩 M_g 按式（7-24）计算：

$$M_g = K_{Mg} qR^2 \qquad (7-24)$$

2）由温度差 Δt 变化所产生的力。水平推力 F_{Ht} 按式（7-25）计算：

$$F_{Ht} = 1.3K_{Ht}\frac{2EI\alpha\Delta t}{R^2} \qquad (7-25)$$

式中　E——拱管的弹性模量（MPa），见表 6-2；

　　　α——拱管的线膨胀系数[cm/(m·℃)]，见表 6-1；

　　　I——拱管的截面二次矩（cm^4），见表 1-23；

　　　Δt——拱管管壁计算温度差（℃）。

轴向力 F_{Nt} 按式（7-26）计算：

$$F_{Nt} = 1.3K_{Nt}\frac{2E\alpha I\Delta t}{R^2} \qquad (7-26)$$

剪力 F_{Qt} 按式（7-27）计算：

$$F_{Qt} = 1.3K_{Qt}\frac{2E\alpha I\Delta t}{R^2} \qquad (7-27)$$

表 7-18　拱形管道简化计算系数

符号	f/L						
	1：5	1：6	1：7	1：8	1：9	1：10	1：12
$\phi/(\text{rad})$	0.761012754	0.643501109	0.556599318	0.489957326	0.437337892	0.394791120	0.330297355
ϕ	43°36′10″	36°52′12″	31°6′33″	28°4′21″	25°3′28″	22°37′12″	18°55′29″
$\sin\phi$	0.689655172	0.600000000	0.528301887	0.470588235	0.423529412	0.384615385	0.324324324
$\cos\phi$	0.724137913	0.800000000	0.849056604	0.882352941	0.905882353	0.923076923	0.943945946
K_R	0.725000000	0.83333333	0.946428571	1.062500000	1.180555555	1.300000000	1.541666666
K_f	0.275862069	0.200000000	0.150943396	0.117647059	0.094117647	0.076923077	0.054054054
K_s	1.522025508	1.287002717	1.113198636	0.979914692	0.874675783	0.789582239	0.660594710
K_{Hg}	0.916811890	0.940611320	0.955612117	0.965627829	0.972627007	0.977701462	0.984397608
K_{Ng}	1.188734647	1.138589721	1.10421248	1.082592708	1.066311101	1.054336395	1.038310392
K_{Qg}	0.081205861	0.049565905	0.032267358	0.022097808	0.015759466	0.011616452	0.006820645
K_{Mg}	0.006301834	0.003234291	0.001814755	0.001091446	0.000693655	0.000461011	0.000226080
K_{Ht}	66.0517984	129.816239	232.595026	383.099443	612.149936	922.676301	1885.42139
K_{Nt}	47.8306126	103.852992	197.486343	342.440685	554.535824	851.701201	1783.50672
K_{Qt}	45.5529644	77.8897437	122.880391	182.635032	259.263502	354.875500	611.488018
K_{Mt}	12.02773291	17.187582573	23.2835847	30.31633324	38.28612677	47.19313248	67.81909075
K_{Mp}	0.212762046	0.148717988	0.109474760	0.083839873	0.066222507	0.053612808	0.037192169
K_{MK}	0.011262322	0.005039600	0.002494724	0.001338592	0.000766596	0.000463123	0.000191813
K_{S0}	0.837577018	0.689070848	0.585801977	0.509748421	0.451349990	0.405065408	0.336288679
K_{My}	0.154887921	0.093262472	0.059953884	0.040635169	0.028741626	0.021047809	0.012243770
K_{Mz}	0.146301949	0.115950630	0.091632300	0.073346433	0.059665124	0.049310622	0.035119572

弯矩 M_t 按式（7-28）计算：

$$M_t = 1.3K_{Mt}\frac{2EI\alpha\Delta t}{R} \qquad (7-28)$$

3）由侧向水平风压所产生的力。弯矩 M_p 按式（7-29）计算：

$$M_p = K_{Mp}q_pR^2 \qquad (7-29)$$

式中　q_p——拱管所受的侧向水平均布荷载（N/cm）；

$$q_p = 1.3K_1K_zW_zd\times10^2 \qquad (7-30)$$

1.3——荷载系数；

d——拱管受风面有效直径（cm）；

W_z——标准风压值（MPa），见表 7-19；

K_z——风压高度折减系数，见表 7-20；

K_1——空气动力系数，一般 $K_1=0.7$。

表 7-19　各地风压值

地名	W_z/Pa	地名	W_z/Pa	地名	W_z/Pa
汉口	313.81	天津	509.94	上海	686.46
成都	353.04	重庆	519.75	包头	686.46
昆明	362.84	徐州	588.39	四平	696.27
石家庄	392.26	吉林	588.39	宁波	735.49
太原	402.07	青岛	598.20	温州	735.49
西安	431.49	沈阳	608.01	济南	833.56
兰州	451.10	长春	657.04	广州	980.66
北京	451.10	哈尔滨	657.04	福州	1216.01
洛阳	480.52	大连	666.85	厦门	1216.01
南京	490.33	塘沽	666.85		
佳木斯	500.13	张家口	676.65		

表 7-20　风压高度折减系数

拱顶距地面高度/m	5	6	8	10	15
K_z	0.62	0.66	0.74	0.8	0.91

扭矩 M_K 按式（7-31）计算：

$$M_K = K_{MK}q_pR^2 \qquad (7-31)$$

剪力 F_{Qp} 按式（7-32）计算：

$$F_{Qp} = \phi q_pR \qquad (7-32)$$

（2）拱管的强度计算　压应力 σ 按式（7-33）计算：

$$\sigma = \frac{F_{N0}}{100A} + \frac{M}{100W} \qquad (7\text{-}33)$$

式中　F_{N0}——总轴向力；

$$F_{N0} = F_{Ng} + F_{Nt} \qquad (7\text{-}34)$$

M——合成总弯矩（N·cm）；

$$M = \sqrt{(M_g + M_t)^2 + M_p^2} \qquad (7\text{-}35)$$

A——管壁截面积（cm^2）；

W——管道截面系数（cm^3）。

切应力 τ（MPa）按式（7-36）计算：

$$\tau = \left(\frac{F_Q}{\pi r_0 \delta} + \frac{M_K r}{2\pi r_0^3 \delta}\right) \times 10^{-2} \qquad (7\text{-}36)$$

式中　F_Q——总剪力（N）；

$$F_Q = \sqrt{(F_{Qg} + F_{Qt})^2 + F_{Qp}^2} \qquad (7\text{-}37)$$

r——管道外半径（cm）；

r_0——管道平均半径（cm）；

$$r_0 = r - \frac{\delta}{2}$$

主应力 σ_3 按式（7-38）计算：

$$\sigma_3 = \sqrt{\sigma^2 + 3\tau^2} \leqslant \sigma_c \qquad (7\text{-}38)$$

式中　σ_c——材料的计算强度（MPa）。

$$\sigma_c = m_1 m_2 R_{eL} \qquad (7\text{-}39)$$

式中　m_1——工作条件系数，一般取 $m_1 = 0.9$；

m_2——材料的匀质系数，Q235-A 取 $m_2 = 0.9$，对于 10 钢、15 钢、20 钢、25 钢建议取 $m_2 = 0.85$；

R_{eL}——材料在使用温度下的屈服强度（MPa），见表 7-21。

（3）拱管的稳定性验算　当量计算长度 S_0 按式（7-40）计算：

$$S_0 = K_{S0} R \qquad (7\text{-}40)$$

长细比 λ 按式（7-41）计算：

$$\lambda = \frac{S_0}{i} \qquad (7\text{-}41)$$

式中　i——管道截面的回旋半径（cm）。

$$i = \sqrt{\frac{I}{A}} \qquad (7\text{-}42)$$

相对偏心矩 l_1 按式（7-43）计算：

$$l_1 = n_1\left[\left(\frac{M_p}{N_0} + \frac{2\phi R}{1000}\right)\frac{A}{W} + 0.05\right] \qquad (7\text{-}43)$$

式中　n_1——管道截面形状影响系数，当 $20 \leqslant \lambda \leqslant 150$ 时，$n_1 = 1.3 \sim 0.003\lambda$；$\lambda > 150$ 时，$n_1 = 1.0$。

拱管稳定性验算之应力 σ_1 按式（7-44）计算：

$$\sigma_1 = \frac{F_{N0}}{100A}\left(\frac{1}{\phi_M} + l_1\theta\right) \leqslant \sigma_c \qquad (7\text{-}44)$$

式中　ϕ_M——纵向挠屈系数，当 $\lambda > 180$ 时，$\phi_M = 9000/\lambda^2$；$\lambda \leqslant 180$ 时，$\phi_M = 1 - 0.004\lambda$；

θ——系数，当 $0 < \lambda \leqslant 50$ 时，$\theta = 0.67$；$50 < \lambda \leqslant 100$ 时，$\theta = 0.6 + 0.0015\lambda$；$\lambda > 100$ 时，$\theta = 0.75$。

当相对偏心矩 $l_1 \leqslant 4$ 时，σ_1 应改用式（7-45）计算：

$$\sigma_1 = \frac{F_N}{100A\phi_{BH}} \leqslant \sigma_c \qquad (7\text{-}45)$$

式中　ϕ_{BH}——偏心受压构件承载能力的降低系数（参考《钢铁企业燃气设计参考资料煤气部分》P307~308）。

（4）拱管支吊架荷载计算　垂直荷载 F_{N1} 按式（7-46）计算：

$$F_{N1} = qR\phi \qquad (7\text{-}46)$$

纵向水平推力 F_{Hx} 按式（7-47）计算：

$$F_{Hx} = F_{Hg} + F_{Ht} \qquad (7\text{-}47)$$

横向水平推力 F_{Hy} 按式（7-48）计算：

$$F_{Hy} = \phi R q_p \qquad (7\text{-}48)$$

纵向弯矩 M_x 按式（7-49）计算：

$$M_x = M_g + M_t \qquad (7\text{-}49)$$

横向弯矩 M_y 按式（7-50）计算：

$$M_y = K_{My} q_p R^2 \qquad (7\text{-}50)$$

扭矩 M_z 按式（7-51）计算：

$$M_z = K_{Mz} q_p R^2 \qquad (7\text{-}51)$$

2. 拱管计算方法举例

如图 7-4 所示拱形管道，输送 1.0MPa 的过热蒸汽，温度为 200℃，保温材料用岩棉管壳，保温厚度为 10cm，当地风压 $W_z = 490.33$Pa，规格为 ϕ325mm ×8mm，无缝钢管。按上述步骤计算如下：

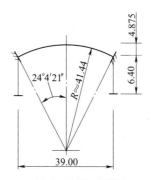

图 7-4　拱管计算例图

注：图中尺寸单位为 m。

（1）拱形管道的计算

1）计算数据。矢跨比 $V=\dfrac{1}{8}$，由表 7-18 查得：

$$\sin\phi = 0.470588235$$
$$\cos\phi = 0.882352941$$
$$\phi = 28°4'21''$$
$$\phi = 0.489957326\text{rad}$$

2）管道几何特征及其常数，查表 1-23，规格为 $\phi325\text{mm}\times8\text{mm}$ 的管：

管壁截面积　　$A = 79.67\text{cm}^2$

截面系数　　　$W = 616.4\text{cm}^3$
截面二次矩　　$I = 10016\text{cm}^4$
管道回旋半径　$i = 11.1\text{cm}$
管道半径　　　$r = 16.25\text{cm}$
管道平均半径　$r_0 = 15.85\text{cm}$

材料的计算强度按式（7-39）计算：

$$\sigma_c = m_1 m_2 R_{eL} = 0.9 \times 0.85 \times 220.6\text{MPa}$$
$$= 168.76\text{MPa}$$

R_{eL} 由表 7-21 查得。

表 7-21　常用钢材的屈服强度

钢号	各种温度下的屈服强度 R_{eL}/MPa			
	20℃	100℃	200℃	300℃
Q235-B	233.4	212.8	246.1	146.1
10	259.9	210.8	220.6	176.5
15	215.7	—	205.9	171.6
20	282.4	—	229.5	166.7
25	318.7	330.5	322.6	198.1

线膨胀系数见表 6-1，$\alpha = 1.26\times10^{-3}\text{cm/(m·℃)}$
弹性模量见表 6-2，$E = 1.81\times10^5\text{MPa}$
空气动力系数 $K_1 = 0.7$
风压高度折减系数见表 7-20，$K_z = 0.74$
保温层外直径 $d_0 = (0.325+2\times0.1)\text{m} = 0.525\text{m}$
$$= 52.5\text{cm}$$
管材每厘米质量 $q_1 = 0.625\text{kg/cm}$
保温每厘米质量 $q_2 = 0.00137\text{kg/cm}$

3）荷载：

$$q = 1.2(q_1+q_2)\times9.81$$
$$= 1.2\times(0.625+0.00137)\times9.81\text{N/cm}$$
$$= 7.374\text{N/cm}$$

$$q_p = 1.3K_1 K_z W_z d\times10^2$$
$$= 1.3\times0.7\times0.74\times4.9\times10^{-4}\times52.5\times10^2 \text{N/cm}$$
$$= 1.73\text{N/cm}$$

$\Delta t = 200℃$

（2）计算方法

1）拱管的几何尺寸：

$$R = K_R L = 1.0625\times3900\text{cm} = 4144\text{cm}$$
$$h = K_h R = 0.117647\times4144\text{cm} = 487.53\text{cm}$$
$$S = K_S R = 0.979914692\times4144\text{cm} = 4061\text{cm}$$

2）计算常数：

$$qR = 7.374\times4144\text{N} = 30557.9\text{N}$$
$$qR^2 = 7.374\times4144^2\text{N·cm} = 126631755\text{N·cm}$$
$$q_p R = 1.73\times4144\text{N} = 7169\text{N}$$
$$q_p R^2 = 1.73\times4144^2\text{N·cm} = 29708833\text{N·cm};$$
$$\frac{2E\alpha I\Delta t}{R} = \frac{2\times1.81\times10^5\times1.26\times10^{-3}\times10016\times200}{4144}$$
$$= 220487$$
$$\frac{2E\alpha I\Delta t}{R^2} = \frac{2\times1.81\times10^5\times1.26\times10^{-3}\times10016\times200}{4144^2}$$
$$= 53.2$$

3）作用力计算。由垂直荷载 q 作用所产生的力：

$$F_{Hg} = K_{Hg} qR = 0.965627829\times30557.9\text{N} = 29507.6\text{N}$$
$$F_{Ng} = K_{Ng} qR = 1.08259278\times30557.9\text{N} = 33081.8\text{N}$$
$$F_{Qg} = K_{Qg} qR = 0.022097808\times30557.9\text{N} = 675.26\text{N}$$
$$M_g = K_{Mg} qR^2 = 0.001091446\times126631755\text{N·cm}$$
$$= 138212\text{N·cm}$$

由温度变化 Δt 所产生的力：

$$F_{Ht} = 1.3K_{Ht}\frac{2EI\alpha\Delta t}{R^2}$$
$$= 1.3\times383.099443\times53.2\text{N} = 26495\text{N}$$

$$F_{Nt} = 1.3K_{Nt}\frac{2EI\alpha\Delta t}{R^2}$$
$$= 1.3\times342.440685\times53.2\text{N} = 23683\text{N}$$

$$F_{Qt} = 1.3K_{Qt}\frac{2E\alpha I\Delta t}{R^2}$$
$$= 1.3\times182.635032\times53.2\text{N} = 12631\text{N}$$

$$M_t = 1.3K_{Mt}\frac{2E\alpha I\Delta t}{R}$$
$$= 1.3\times30.31633324\times220487\text{N·cm}$$
$$= 8689665\text{N·cm}$$

由侧向水平风荷载作用 q_p 所产生的力：

$$M_p = K_{Mp} q_p R^2 = 0.083839873\times29708833\text{N·cm}$$
$$= 2490785\text{N·cm}$$

$$M_K = K_{MK} q_p R^2$$
$$= 0.001338592 \times 29708833 \text{N} \cdot \text{cm}$$
$$= 39768 \text{N} \cdot \text{cm}$$

$$F_{Qp} = \phi q_p R = 0.489957326 \times 7169 \text{N}$$
$$= 3513 \text{N}$$

4）拱管强度计算：

$$F_{N0} = F_{Nt} + F_{Ng} = （23683 + 33081.8）\text{N} = 56764.8 \text{N}$$

$$F_Q = \sqrt{(F_{Qg} + F_{Qt})^2 + F_{Qp}^2}$$
$$= \sqrt{(675.26 + 12631)^2 + 3513^2} \text{N}$$
$$= 13762 \text{N}$$

$$M = \sqrt{(M_g + M_t)^2 + M_p^2}$$
$$= \sqrt{(138212 + 8689665)^2 + 2490785^2} \text{N} \cdot \text{cm}$$
$$= 9172536 \text{N} \cdot \text{cm}$$

$$\sigma = \frac{N_0}{100A} + \frac{M}{100W} = \left(\frac{56755.8}{7967} + \frac{9172536}{61640}\right) \text{MPa}$$
$$= 155.93 \text{MPa}$$

$$\tau = \left(\frac{F_Q}{\pi r_0 \delta} + \frac{M_K r}{2 \pi r_0^3 \delta}\right) \times 10^{-2}$$
$$= \left(\frac{13762}{3.14 \times 15.85 \times 0.8} + \frac{39768 \times 16.25}{2 \times 3.14 \times 15.85^3 \times 0.8}\right)$$
$$\times 10^{-2} \text{MPa}$$
$$= 3.78 \text{MPa}$$

$$\sigma_3 = \sqrt{\sigma^2 + 3\tau^2} = \sqrt{155.93^2 + 3 \times 3.78^2} \text{MPa}$$
$$= 156 \text{MPa} < 168.76 \text{MPa}$$

5）拱管稳定性计算：

$$S_0 = K_{S0} R = 0.509748421 \times 4144 \text{cm}$$
$$= 2112 \text{cm}$$

$$\lambda = S_0 / i = 2112 / 11.1 = 190$$

$$\phi_M = 9000 / \lambda^2 = 0.249$$

$$l_1 = n_1 \left[\left(\frac{M_p}{F_{N0}} + \frac{2\phi R}{1000}\right) \frac{A}{W} + 0.05\right]$$
$$= 1 \times \left[\left(\frac{2490785}{56764.8} + \frac{2 \times 0.489957326 \times 4144}{1000}\right) \times \frac{79.67}{616.4} + 0.05\right] \text{cm}$$
$$= 6.25 \text{cm}$$

$$\sigma_1 = \frac{F_{N0}}{100A}\left(\frac{1}{\phi_M} + l_1 \theta\right)$$

$$= \frac{56764.8}{100 \times 79.67} \times \left(\frac{1}{0.249} + 6.25 \times 0.75\right) \text{MPa}$$
$$= 62 \text{MPa} < 168.76 \text{MPa}$$

σ_3 和 σ_1 均小于 σ_c，故可满足要求。

6）拱管作用于支吊架上的力：

$$N_1 = qR\phi = 30557.9 \times 0.489957326 \text{N}$$
$$= 14972 \text{N}$$

$$F_{Hx} = F_{Hg} + F_{Ht} = （29507.6 + 26495）\text{N}$$
$$= 56003 \text{N}$$

$$F_{Hy} = \phi R q_p = 0.489957326 \times 7169 \text{N}$$
$$= 3513 \text{N}$$

$$M_x = M_g + M_t = （138212 + 8689665）\text{N} \cdot \text{cm}$$
$$= 8827877 \text{N} \cdot \text{cm}$$

$$M_y = K_{My} q_p R^2 = 0.040635169 \times 29708833 \text{N} \cdot \text{cm}$$
$$= 1207223 \text{N} \cdot \text{cm}$$

$$M_z = K_{My} q_p R^2 = 0.073346433 \times 29708833 \text{N} \cdot \text{cm}$$
$$= 2179036 \text{N} \cdot \text{cm}$$

7.4 管道固定支吊架间距的确定

1. 管道固定支吊架间距确定的原则

管道固定支吊架用来承受管道因热胀冷缩所产生的推力，为此，支吊架和基础必须坚固。固定支吊架的间距直接影响管网的经济性，因此要求固定支吊架布置合理，使固定支吊架允许间距加大，以减少其数量。固定支吊架间距必须满足下列条件：

1）管段的热伸长量不得超过补偿器的允许补偿量。

2）管段因膨胀产生的推力不得超过固定支吊架所能承受的允许推力值。

3）不宜使管道产生纵向弯曲。

2. 热力管道固定支吊架最大间距

见表 7-22。

3. 热力管道直管段允许不装补偿器的最大长度

见表 7-23（适用于带有支管的干管）。

4. 煤气管道固定支吊架最大间距

见表 7-24。

表 7-22　热力管道固定支吊架最大间距　　　　　　　　（单位：m）

补偿器形式	管道敷设方式	公称尺寸/mm														
		DN=25	DN=32	DN=40	DN=50	DN=65	DN=80	DN=100	DN=125	DN=150	DN=200	DN=250	DN=300	DN=350	DN=400	DN=450	DN=500
方（矩）形补偿器	架空和地沟	30	35	45	50	55	60	65	70	80	90	100	115	130	130	130	130
	无沟	—	—	45	50	55	60	65	70	70	90	90	110	110	125	125	125
波纹管补偿器	轴向复式	—	—	—	—	—	—	30	30	40	40	50	50	50	70	70	80
	横向复式	—	—	—	—	—	—	—	30	30	50	50	50	60	60	70

（续）

补偿器形式	管道敷设方式	公称尺寸/mm															
		DN=25	DN=32	DN=40	DN=50	DN=65	DN=80	DN=100	DN=125	DN=150	DN=200	DN=250	DN=300	DN=350	DN=400	DN=450	DN=500
套管补偿器	架空和地沟	—	—	—	70	70	70	85	85	85	105	105	120	120	140	140	140
旋转补偿器 球形补偿器	架空	—	—	—	—	—	—	100	100	120	120	130	130	140	140	150	150
L形自然补偿器	L长边最大距离	15	18	20	24	24	30	30	30	30	—	—	—	—	—	—	—
	L短边最小距离	2	2.5	3.0	3.5	4.0	5.0	5.5	6.0	6.0	—	—	—	—	—	—	—

注：表中热伸长量 ΔL 按 2.4mm/m 计。

表 7-23　热力管道直管段允许不装补偿器的最大长度　　　　（单位：m）

房屋种类	热媒（水）温度/℃																	
	60	70	80	90	95	100	110	120	130	140	143	151	158	164	170	175	179	183	188
	蒸汽压力/MPa																	
	—	—	—	—	—	—	0.05	0.1	0.18	0.27	0.3	0.4	0.5	0.6	0.7	0.8	0.9	1.0	1.2
民用和公共房屋	55	45	40	35	33	32	30	26	25	22	22	22	—	—	—	—	—	—	—
工业房屋	65	57	50	45	42	40	37	32	30	27	27	27	25	25	24	24	24	24	24

注：表中管段位移量是依据工业厂房不超过 50mm，民用、公共建筑不超过 40mm 编制的。

表 7-24　煤气管道固定支吊架最大间距

公称尺寸/mm	固定支吊架最大间距/m					
	波形补偿器			鼓形补偿器		
	120℃	100℃	80℃	120℃	100℃	80℃
DN=250	50	60	75	55	65	85
DN=300	50	60	75	55	65	85
DN=350	70	80	100	55	65	85
DN=400	70	80	100	55	65	85
DN=450	65	75	95	55	65	85
DN=500	65	75	95	55	65	85
DN=600	65	75	95	55	65	85
DN=700	60	75	90	55	65	85
DN=800	60	70	90	55	65	85
DN=900	60	70	90	55	65	85
DN=1000	60	55	75	80	100	125
DN=1100	45	55	70	80	100	125
DN=1200	45	55	70	80	100	125
DN=1300	45	55	70	80	100	125
DN=1400	45	55	70	80	100	125
DN=1500	40	50	65	80	100	125
DN=1600	40	50	65	80	100	125
DN=1700	40	50	65	80	100	125
DN=1800	40	50	65	80	100	125
DN=2000	40	50	65	80	100	125

注：1. 本表按波形、鼓形补偿器的一波之最大伸缩量的 1/2~1/3，采用四波，工作压力为 0.02MPa 得出。一般固定支吊架最大距离采用约 60m。

2. 如三波、二波、单波时，其最大间距可分别减少 1/4~3/4。

7.5　支吊架荷载计算

管道支吊架承受的荷载一般可分为三类：

（1）垂直荷载　包括管道、管道附件、保温结构、管内输送介质的荷载以及在某些情况下考虑管道水压试验时的水重，还有冰雪、积灰、平台和行人等荷载。

（2）沿管道轴线方向的水平荷载　包括补偿器

的反弹力，不平衡内压力，管道移动时的摩擦反力（如刚性活动支吊架等）或管架变位弹力（如柔性管架等）。

（3）与管道轴线方向交叉的侧向水平荷载　包括风荷载，拐弯管道或支吊架传来的推力，管道横向位移产生的摩擦力等。

此外，当支吊架处于地震区或管道不可避免地要产生振动时，支吊架还将承受动力荷载。

7.5.1　垂直荷载

（1）水平直管和水平弯管垂直荷载（图 7-5）按式（7-52）计算：

$$F_{Jgz} = 1.5 F_{JB} \qquad (7-52)$$

式中　F_{Jgz}——作用在一个支吊架上的总垂直荷载（N）；

F_{JB}——作用在一个支吊架上的基本荷载（N）。

$$F_{JB} = \frac{1}{2} q(L_1 + L_2) + 9.81 K_{fp} m \qquad (7-53)$$

式中　q——管道单位长度计算荷载（N/m），$q = [$管材每米质量+保温结构每米质量+冷凝水每米质量（或充满水每米质量）$] \times 9.81$，见表 7-1、表 7-2；

L_1、L_2——支吊架与两侧相邻支吊架的间距（m）；

m——管道附件质量（kg）；

K_{fp}——荷重分配系数，图 7-5 中，支吊架 A 为 $K_{fp}^A = \dfrac{b}{L}$；支吊架 B 为 $K_{fp}^B = \dfrac{a}{L}$。

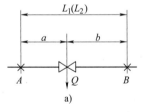

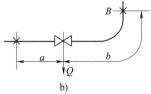

图 7-5　水平直管和水平弯管垂直荷载分布图

（2）垂直管道（图 7-6）　可按两支点间管道和附件的总荷载平均分配给两侧支吊架承受。

（3）弹簧支吊架邻近的刚性支吊架的垂直荷载　按式（7-54）计算：

$$F_{Jgz} = 1.5 F_{JB} + F_z + 0.2 \sum F_{gz} \qquad (7-54)$$

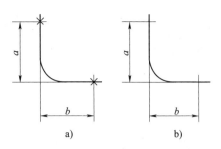

图 7-6　垂直管道荷载分配简图

式中　F_z——垂直方向的热胀冷缩作用力（N），一般采用数值较大的冷缩作用力；

$\sum F_{gz}$——该刚性支吊架与其两管道上相邻的刚性支吊架间各个热位移向下的弹簧支吊架的工作荷载总和（N）。

（4）弹簧支吊架的垂直荷载　可按下列方法计算。

1）热位移向下的弹簧支吊架的垂直荷载：

$$F_{Jgz} = 1.5 F_{JB}$$

2）热位移向上的弹簧支吊架的垂直荷载取 $1.2 F_{az}$（弹簧的安装荷载）和 $1.5 F_{JB}$ 中较大值。

7.5.2　沿管道轴向的水平荷载

沿管道轴向的水平荷载，即通常所说的轴向水平推力，包括以下内容。

1. 补偿器的反弹力 F_K

当管道膨胀时，补偿器被压缩变形，由于补偿器的刚度而产生一个抵抗压缩的力，这个力通过管道反作用于固定支吊架，这就是补偿器的反弹力。

当使用套管式补偿器时，反弹力则为套管填料函的摩擦作用力。

当使用波形补偿器时，此力为波纹管刚度所产生的推力。

当采用球形补偿器时，此力为球补转动摩擦力。

2. 管道内的不平衡内压力 F

在两个固定支吊架之间所设的补偿器为套管式补偿器、轴向波形补偿器，而在补偿器一侧又有阀门，且阀门关闭或堵板或固定支吊架设在靠近弯管段的情况下，由于内压力的作用，将有使补偿器脱开的趋势。为了不使补偿器脱开，固定支吊架必须有足够的刚度，以抵抗使补偿器脱开的力量。

1）当固定支吊架布置在带有弯管段或者在装有阀门或堵板的管段上时，内压推力按式（7-55）计算：

$$F = p_0 A \qquad (7-55)$$

式中　p_0——介质工作压力（MPa）；

A——套管补偿器的套筒外径横截面积或轴

向波形补偿器的有效截面积（mm²）。

2）当支吊架布置在两个不同直径的套管补偿器或轴向波形补偿器之间时，内压推力按式（7-56）计算：

$$F = p_0(A_1 - A_2) \qquad (7\text{-}56)$$

式中　A_1——直径较大的补偿器的横截面积（mm²）；

　　　　A_2——直径较小的补偿器的横截面积（mm²）。

3. 作用于活动支吊架的轴向水平推力（管道移动的摩擦力，对固定支吊架为其相应的反作用力）

（1）刚性活动支吊架的摩擦力 F_{mc} 按式（7-57）计算：

$$F_{Jgx} = F_{mc} = 1.5\mu F_{JB} \qquad (7\text{-}57)$$

式中　μ——摩擦系数，按表 7-25 选用。

（2）弹簧支吊架邻近的刚性支吊架的摩擦力 $F_{Jgx(y)}$ 按式（7-58）计算。

$$F_{Jgx(y)} = \mu(1.5F_{JB} + F_z + 0.2\sum F_{gz}) \qquad (7\text{-}58)$$

（3）轴向水平荷载的牵制系数　当管架上敷设有多根管道时，它们之间会发生牵制作用，牵制作用的大小与管道在支吊架上的布置方式有关：

1）支吊架上管道根数越多，牵制作用越大。

2）常温管道的重量所占比例越大，牵制作用越大。

3）管道中介质温度高的和温度低的，重量大的和轻的，其排列越对称，越均衡，牵制作用越大。

4）双层支吊架上的管道牵制作用比单层的大。

5）高温管道偏设于一侧时，牵制作用小。

6）管道同时启动运行，牵制作用小。

支吊架设计时，应在满足工艺安装要求的条件下使管道布置尽可能有较大效果的牵制作用，以减少管架的轴向水平荷载。因此，当管道支吊架上有三根以上管道时，应将多根管的轴向水平荷载 $\sum F_{mc}$ 乘以牵制系数，管道布置的牵制系数见表 7-26。

表 7-25　摩擦系数 μ

接触情况		μ
滑动支座	钢与钢接触	0.3
	不锈钢与不锈钢	0.2
	聚四氟乙烯板与聚四氟乙烯板	0.1
	钢与混凝土接触	0.6
	钢与木接触	0.28~0.4
滚动支座	钢与钢接触	0.1
滚柱支座 （钢与钢接触）	沿滚柱轴向移动	0.3
	沿滚柱径向移动	0.1
管道与土壤		0.6
管道与保温材料		0.6
管道与橡胶材料		0.15

表 7-26　牵制系数 K_q

支吊架层数	管道根数	$a = \dfrac{主要热管重量}{全部管线重量}$	牵制系数 K_q	
			对管架柱	计算横梁水平弯矩
单层	1~2	—		1
	3	<0.5		0.5
		0.5≤a≤0.7		0.57~0.67
		>0.7		1
	≥4	0.15~0.8	按图 7-7 查取	
双层	上下共 2	—		1
	上下共 3	—	同单层三根管	
	≥4（上下共）	—	查图 7-7	1~2 根管：1；3 根管：同单层；≥4 根管：查图 7-7

注：主要热管指支吊架上温度高，直径大（荷重大），布置最不利的一根热管。

7.5.3　与管道轴向交叉的侧向水平荷载

（1）风荷载　管道支吊架承受的管道径向风荷载 F_t 按式（7-59）计算：

$$F_t = 1.3KK_zW_zDL \times 10^2 \qquad (7\text{-}59)$$

式中　1.3——荷载系数；

　　　　K——风载体型系数，见表 7-27；

　　　　K_z——风压高度折减系数，见表 7-20；

　　　　W_z——基本风压值（MPa），见表 7-19；

D——管道外径（cm），如为保温管道，则为保温层的外径，多根管道并排敷设时，取最大的直径；

L——相邻管架的间距（cm），两侧间距不等时，取平均值。

对于活动支吊架，风荷载 F_t 应不大于计算管道的横向摩擦力，否则，F_t 按计算管道的横向摩擦力取用。

（2）其他荷载　包括拐弯管道（或支管）传来的侧向水平推力（对于固定支吊架而言）或管道横向位移引起的侧向摩擦力（对活动支吊架而言）。

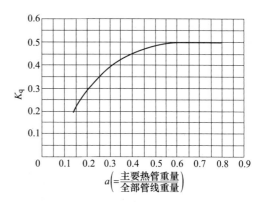

图 7-7　牵制系数 K_q

表 7-27　架空管道风载体型系数 K

序号	简图	K 值					
		$W_z D^2 \geq 2.0$		$W_z D^2 \leq 0.3$		$0.3 < W_z D^2 < 2.0$	
1	单管 K D	+0.6		+1.2		在 +0.6~+1.2 之间按插入法求得 $K_{插}$	
2	K D S K D	S	K	S	K	S	K
		$\leq \dfrac{D}{4}$	+1.2	$\leq \dfrac{D}{4}$	+2.40	$\leq \dfrac{D}{4}$	$+1.20\gamma$
		$\dfrac{D}{2}$	+0.9	$\dfrac{D}{2}$	+1.80	$\dfrac{D}{2}$	$+0.90\gamma$
		$\dfrac{3D}{4}$	+0.75	$\dfrac{3D}{4}$	+1.50	$\dfrac{3D}{4}$	$+0.75\gamma$
		D	+0.70	D	+1.40	D	$+0.70\gamma$
		$1.5D$	+0.65	$1.5D$	+1.30	$1.5D$	$+0.65\gamma$
		$2.0D$	+0.63	$2.0D$	+1.26	$2D$	$+0.63\gamma$
		$\geq 3D$	+0.60	$\geq 3D$	+1.20	$\geq 3D$	$+0.60\gamma$
		$S \geq 3D$ 按单管取用		$S \geq 3D$ 按单管取用		$S \geq 3D$ 按单管取用	
3	前后双管 (K 为总值) K D S D	$\leq \dfrac{D}{2}$	+0.68	$\leq \dfrac{D}{2}$	+1.36	$\leq \dfrac{D}{2}$	$+0.68\gamma$
		D	+0.86	D	+1.72	D	$+0.86\gamma$
		$1.5D$	+0.94	$1.5D$	+1.88	$1.5D$	$+0.94\gamma$
		$2D$	+0.99	$2D$	+1.98	$2D$	$+0.99\gamma$
		$4D$	+1.08	$4D$	+2.16	$4D$	$+1.08\gamma$
		$6D$	+1.11	$6D$	+2.22	$6D$	$+1.11\gamma$
		$8D$	+1.14	$8D$	+2.28	$8D$	$+1.14\gamma$
		$\geq 10D$	+1.20	$\geq 10D$	+2.40	$\geq 10D$	$+1.20\gamma$
		$S \geq 10D$ 按单管的 2 倍取用		$S \geq 10D$ 按单管的 2 倍取用		$S \geq 10D$ 按单管的 2 倍取用	
4	密排多管 (K 为总值) K D D D D S S S	+1.4		+28		$K = +1.4\gamma$	

注：1. W_z 为相应计算高度的风压值。

2. 序号 2、3、4 中，若管径 D 不等，就按平均管径查得 K 值。计算 P_t 时，序号 2 各按 D_1 及 D_2 计算；序号 3、4 中取 D 值最大者计算。

3. 表中 $\gamma = \dfrac{K_{插}}{+0.6}$。

7.6　固定支吊架推力计算

固定支吊架承受的荷载由下列诸力组成：

1）垂直荷载。

2）沿管道径向的风荷载，当有其他侧向水平推力时，按实际情况决定。

3）沿管道轴向的水平推力，包括：

① 各补偿器的反弹力之和。

② 各管道不平衡内压力之和。

③ 中间活动支吊架通过管道传给固定支吊架的反作用力：当用刚性活动支吊架时为固定支吊架至补偿器间各活动支吊架的摩擦反力之和；当用柔性活动支吊架时为固定支吊架至补偿器间各活动支吊架的变位反力之和；当用半铰接活动支吊架时则忽略不计。

表7-28～表7-31为各种不同形式补偿器在不同管道布置情况下固定支吊架推力计算表。

7.6.1　方（矩）形补偿器和自然补偿固定支吊架推力计算公式

见表7-28。

表7-28　方（矩）形补偿器和自然补偿固定支吊架推力计算公式

管道布置图	刚性支吊架计算式	柔性、半铰接支吊架计算式	计算条件
	$F_H = F_{K1} - 0.7F_{K2} + \mu\,(q_1 L_1 - 0.7q_2 L_2)$	$F_H = F_{K1} - 0.7F_{K2}$	假定左边大于右边
	$F_H = F_{K1} + \mu q_1 L_1$	$F_H = F_{K1}$	阀门关闭时（阀门打开时同上）
	$F_H = F_{K1} + \mu q_1 L_1$	$F_H = F_{K1}$	对固定支吊架来说是侧向推力
	$F_H = F_{K1} + \mu q_1 L_1$ $F_H = F_{K1} - 0.7F_x + \mu\left[q_1 L_1 - 0.7q_2\left(\dfrac{L_3}{2} + L_2\right)\cos\alpha\right]$	$F_H = F_{K1}$ $F_H = F_{K1} - 0.7F_x$ $F_{Hy} = F_y$	左边合力大于右边阀门打开时
	$F_H = F_{K1} - 0.7F_x + \mu\left[qL_1 - 0.7q\left(\dfrac{L_3}{4} + L_2\right)\cos\alpha\right]$ $F_{Hy} = F_y + \mu q\left(L_2 + \dfrac{L_3}{4}\right)\sin\alpha$	$F_H = F_{K1} - 0.7F_x$ $F_{Hy} = F_y$	左边合力大于右边合力
	$F_H = F_K - 0.7F_x + \mu\left[qL_1 - 0.7q\left(\dfrac{L_3}{2} + L_2\right)\cos\alpha\right]$ $F_H = F_K + \mu q L_1$	$F_H = F_K - 0.7F_x$ $F_H = F_K$	阀门打开时阀门关闭时
	$F_H = F_{x1} - 0.7F_{x2}$ $+\mu q\left[\left(L_1 + \dfrac{L_2}{2}\right)\cos\alpha_1 - 0.7\left(L_3 + \dfrac{L_4}{2}\right)\cos\alpha_2\right]$ $F_H = F_{y1} + \mu q\left(L_1 + \dfrac{L_2}{2}\right)\sin\alpha_1$ $-0.7F_{y2} + \mu q\left(L_3 + \dfrac{L_4}{2}\right)\sin\alpha_2$	$F_H = F_{x1} - 0.7F_x^2$ $F_H = F_{y1} - 0.7F_y^2$	左边合力大于右边合力 上部合力大于下部合力

注：F_H—固定支吊架承受的轴向推力（N）；F_{Hy}—固定支吊架承受的侧向推力（N）；F_K—矩形补偿器的弹性力（N），计算方法见第6章；F_x—自然补偿管道在x轴方向的弹性力（N），计算方法见第6章；F_y—自然补偿管道在y轴方向的弹性力（N），计算方法见第6章；μ—管座与管架的摩擦系数，钢与钢：$\mu = 0.3$（见表7-25）；q—管道单位长度计算荷载（N/m），见表7-1、表7-2；L_1、L_2、L_3、L_4—管道长度（m）；α—管道拐弯角度。

7.6.2　套管补偿器固定支吊架推力计算公式

见表 7-29。

7.6.3　波形补偿器固定支吊架推力计算公式

见表 7-30。

表 7-29　套管补偿器固定支吊架推力计算公式

管道布置图	刚性支吊架计算式	柔性、半铰接支吊架计算式	计算条件
	$F_H = F_{C1} - 0.7F_{C2} + p_0(A_1 - A_2)$	$F_H = F_{C1} - 0.7F_{C2} + p_0(A_1 - A_2)$	—
	$F_H = F_{C1} + p_0 A_1$	$F_H = F_{C1} + p_0 A_1$	阀门关闭时
	$F_H = F_{C1} - 0.7F_{C2} + \mu(q_1 L_1 - 0.7q_2 L_2)$ $+ p_0(A_1 - A_2)$	—	—
	$F_H = F_{C1} + \mu q L_1 + p_0 A_1$	—	阀门关闭时
	$F_H = F_{C1} - 0.7F_{C2} + \mu q_1 L_1 + p_0(A_1 - A_2)$	—	—
	$F_H = F_{C1} - 0.7F_{C2} - \mu q_2 L_2 + p_0(A_1 - A_2)$	—	—
	$F_H = F_{C1} + \mu q L_1 + p_0 A_1$	—	—
	$F_H = F_C + p_0 A_1 - F K_2 - 0.7\mu q_2 L_2$	—	—
	$F_H = F_{C1} + p_0 A_1 + \mu q L_1$ $F_H = F_{C1} + p_0 A_1 + \mu\left[qL_1 - 0.7q\left(\dfrac{L_3}{2} + L_2\right)\cos\alpha \right]$ $-0.7F_x$	—	阀门关闭时 阀门打开时
	$F_H = F_{C1} + p_0 A_1$ $F_H = F_{C1} + p_0 A_1 - \mu q_2\left(\dfrac{L_3}{2} + L_2\right)\cos\alpha - 0.7F_x$	—	阀门关闭时 阀门打开时
	$F_H = F_{C1} + p_0 A_1 + \mu\left[qL_1 - 0.7q_2\left(\dfrac{L_3}{4} + L_2\right)\cos\alpha \right]$ $F_{Hy} = F_y + \mu q_2\left(L_2 + \dfrac{L_3}{4}\right)\sin\alpha$	—	—

注：F_H—固定支吊架承受的轴向推力（N）；F_{Hy}—固定支吊架承受的侧向推力（N）；F_K—矩形补偿器的弹性力（N），计算方法见第 6 章；F_x—自然补偿管道在 x 轴方向的弹性力（N），计算方法见第 6 章；F_y—自然补偿管道在 y 轴方向的弹性力（N），计算方法见第 6 章；F_C—套管补偿器的摩擦力（N），由产品厂提供；p_0—管内介质的工作压力（MPa）；μ—管座与管架的摩擦系数，钢与钢：$\mu = 0.3$（见表 7-25）；q—管道单位长度计算荷载（N/m），见表 7-1、表 7-2；L_1、L_2、L_3—管道长度（m）；α—管道拐弯角度。

表 7-30　波形补偿器固定支吊架推力计算公式

管道布置图	刚性支吊架计算式	柔性、半铰链支吊架计算式	计算条件
	$F_H = F_A + F_B + q\mu L_1 - 0.7(F'_A + F'_B + q\mu L_2)$	$F_H = F_A + F_B - 0.7(F'_A + F'_B)$	假定左边大于右边
	$F_H = F_A + F_B + q\mu L_1 + p_0 A$	$F_H = F_A + F_B + p_0 A$	阀门关闭时
	$F_H = F_A + F_B + \mu q L + p_0 A$	$F_H = F_A + F_B + p_0 A$	—
	$F_H = F_A + F_B + F_0 A + q\mu L_1$ $-0.7\left[F_x + q\mu\left(\dfrac{L_3}{2} + L_2\right)\cos\alpha\right]$ $F_{Hy} = F_y + \mu q\left(L_2 + \dfrac{L_3}{2}\right)\sin\alpha$	$F_H = F_A + F_B + p_0 A - 0.7 F_x$ $F_{Hy} = F_y$	左边合力大于右边合力
	$F_H = F_A + F_B + q\mu L_1 + p_0 A_1$ $-0.7(F'_A + F'_B + q\mu L_2 + p_0 A_2)\cos\alpha$ $F_{Hy} = (F'_A + F'_B + q\mu L_2 + p_0 A')\sin\alpha$	$F_H = F_A + F_B + p_0 A_1$ $-0.7(F'_A + F'_B + p_0 A_2)\cos\alpha$ $F_{Hy} = (F'_A + F'_B + p_0 A')\sin\alpha$	左边合力大于右边合力
	$F_H = F_A + F_B + p_0 A + q\mu L_1$ $-0.7\left[F_x + \mu q_2\left(\dfrac{L_3}{4} + L_2\right)\cos\alpha\right]F_{Hy}$ $= F_y + \mu q\left(L_2 + \dfrac{L_3}{4}\right)\sin\alpha$	$F_H = F_A + F_B + p_0 A - 0.7 F_x$ $F_{Hy} = F_y$	阀门打开时
	$F_H = F_A + \mu q L_2$	—	—
	$F_H = F_A + \mu q L_1 - 0.7(F'_A + \mu q L_2)$	—	左边合力大于右边合力

注:F_H—固定支吊架承受的轴向推力(N);F_{Hy}—固定支吊架承受的侧向推力(N);F_x—自然补偿管道在 x 轴方向的弹性力(N),计算方法见第 6 章;F_y—自然补偿管道在 y 轴方向的弹性力(N),计算方法见第 6 章;F_A—波形补偿器的弹性力(N),由产品厂提供:按式(7-60)计算;K_w—波纹管总刚度(N/mm),由产品厂提供;e_x—设计补偿量(mm);F_B—波形补偿器波壁承受的内压轴向力(N);p_0—管内介质的工作压力(MPa);A—管道的内截面积(mm²);μ—管座与管架的摩擦系数,钢与钢:$\mu = 0.3$(见表 7-25);q—管道单位长度计算荷载(N/m),见表 7-1、表 7-2;L_1、L_2、L_3、L_4、L_s—管道长度(m);α—管道拐弯角度。

$$F_A = K_w e_x \tag{7-60}$$

波纹管内压引起的轴向推力按式（7-61）和式（7-62）计算：

$$F = F_B + p_0A \qquad (7\text{-}61)$$

或

$$F = p_0A_i \qquad (7\text{-}62)$$

式中　A_i——波纹管有效截面积（mm^2），由生产厂家提供。

7.6.4　球形补偿器固定支吊架推力计算公式

见表 7-31。

7.6.5　煤气管道固定支吊架推力计算

煤气管道一般采用波形补偿器进行热补偿。管道布置图及支吊架推力计算公式见表 7-30。

各种管径波形补偿器固定支吊架推力见表 7-32。

表 7-31　球形补偿器固定支吊架推力计算公式

管道布置图	刚性支吊架计算式	柔性、半铰链支吊架计算式	计算条件
	$F_H = F_d + \mu q L_2$	$F_H = F_d$	—
	$F_H = F_d + \mu q L_2 - 0.7(F_d + \mu q L_3)$	$F_H = F_d - 0.7F_d$	左边合力大于右边合力
	$F_d = \dfrac{M}{l_1}$　$l_1 = \dfrac{\Delta L_1}{\Delta L}l;\ \ l_2 = \dfrac{\Delta L_2}{\Delta L}l$　最小球心距：$l = \dfrac{\Delta L}{2\sin\dfrac{\theta}{2}}$	—	—

注：F_H—固定支吊架轴向推力（N）；F_d—球补转动摩擦力（N）；M—球补转动摩擦力矩（N·m），由产品厂提供；l—球心距，由设计者确定（m）；θ—转动角；L_1、L_2、L_3—O 点距球中心距离（m）；ΔL—总热伸长量（mm）；Y_1、Y_2—圆弧摆动引起的横向位移（mm）；ΔL_1、ΔL_2—管段 L_1、L_2 热膨胀引起的热位移（mm）；Δl_1、Δl_2—管段 l_1、l_2 热膨胀引起的热位移（mm）。

表 7-32　煤气管道波形补偿器固定支吊架推力

序号	公称尺寸/mm	一波补偿量 Δ/mm	一波预拉量 /mm	补偿器作用力		管道盲板力 p_0A/N	$(F_A + F_B)$ /N	$(F_A + F_B + p_0A)$ /N
				弹性力 F_A/N	波壁内压力 F_B/N			
1	DN = 200	29	15	300	180	63	480	543
2	DN = 250	29	15	655	170	105	826	930

序号	公称尺寸	一波补偿量 Δ/mm	一波预拉量 /mm	补偿器作用力		管道盲板力 p_0A/N	(F_A+F_B) /N	$(F_A+F_B+p_0A)$ /N
				弹性力 F_A/N	波壁内压力 F_B/N			
3	DN＝300	29	15	713	197	150	900	1063
4	DN＝350	37	19	715	275	240	990	1200
5	DN＝400	37	19	760	305	250	1065	1315
6	DN＝450	35	18	805	335	340	1140	1480
7	DN＝500	34	17.5	860	955	390	1215	1605
8	DN＝600	32.5	17	955	400	560	1355	1915
9	DN＝700	32.5	17	1035	510	770	1545	2315
10	DN＝800	32	17	1115	510	1000	1625	2625
11	DN＝900	32	16.5	1210	565	1300	1775	3075
12	DN＝1000	26.5	13.5	1880	615	1570	2495	4065
13	DN＝1200	25.5	13	2145	720	2260	2865	5105
14	DN＝1400	25	13	2400	810	3080	3210	6290
15	DN＝1600	24	12.5	2675	935	4020	3610	7630
16	DN＝1800	22	11.5	3000	1015	5090	4015	9105
17	DN－2000	22	11.5	3275	1130	6280	4405	10685

7.6.6　固定支吊架推力计算实例

1. 轴向波形补偿器固定支吊架推力计算实例

××热电厂供热管网南线长约230m，共选用3组 DN＝300mm的复式轴向型波形补偿器，其布置如图 7-8所示。

（1）已知条件

1）规格 $\phi325mm\times8mm$，材料为20钢，$F_x=980N$。

2）工作压力：$p_0=0.9MPa$。

3）工作温度：$t=250℃$。

4）输送介质：过热蒸汽。

5）管道单位长度计算荷载，查表7-5，$q=1145.3N/m$（包括保温材料荷载及其他荷载）。

6）补偿器型号：16GZBSK300×16-FA。

复式轴向型（设中间固定支座），南京晨光机器 厂生产，轴向总刚度 $K_w=225.6N/mm$。

波纹管有效截面积 $A_i=1075cm^2$。

波纹管计算寿命为4575次时的轴向总补偿量 $e_x=210mm/2=105mm$。

（2）固定支吊架水平推力计算

1）1号、7号柱主固定支吊架水平推力 F_H 为

$$F_H = F_A + F + q\mu L_1 - 0.7\left[F_x + q\mu\left(\frac{L_3}{2} + L_2\right)\cos\alpha\right]$$

式中　　　F_A——波形补偿器的弹性力（N），按 式（7-60）计算：

$$F_A = K_w e_x = 225.6 \times 105N = 23688N;$$

F——波纹管内压引起的水平推力 （N），按式（7-62）计算：

$$F = p_0 A_i = 0.9 \times 107500N = 96750N;$$

$q\mu L_1$——管道自重产生的摩擦反力（N），

$$q\mu L_1 = 1145.3 \times 0.3 \times 34N = 11682N;$$

F_x——自然补偿管道在 x 轴方向的弹 性力（N），$F_x = 980N$；

$q\mu\left(\frac{L_3}{2} + L_2\right)\cos\alpha$——自然补偿管段自重摩擦反力产 生的水平推力（N）。

$$\cos\alpha = 0.894$$

$$q\mu\left(\frac{L_3}{2} + L_2\right)\cos\alpha = 1145.3 \times 0.3 \times \left(\frac{8}{2} + 16\right)$$
$$\times 0.894N$$
$$= 6143N$$

$$F_H = [23688 + 96750 + 11682 - 0.7 \times (980 + 6143)]N$$
$$= 127134N$$

2）中间固定支吊架（2号~6号柱）水平推力 F_H 为

$$F_H = F_A + F_B + q\mu L_1 - 0.7(F'_A + F'_B + q\mu L'_1)$$

$$F_A = F'_A = K_w e_x = 23688N$$

$$F_B = F'_B = F - p_0A$$
$$= [96750 - 0.9 \times 0.785 \times (325 - 8 \times 2)^2]N$$
$$= 29292N$$

$$q\mu L_1 = q\mu L'_1 = 11682N$$

$$F_H = [23688 + 29292 + 11682 - 0.7 \times (23688 + 29292 + 11682)]N$$
$$= 19398.6N$$

2. 直管压力平衡型波形补偿器固定支吊架推力 计算实例

××供热管网采用两根 $\phi820mm\times10mm$ 无缝钢

管，输送介质为 $p = 1.0\text{MPa}$，$t = 300℃$ 的过热蒸汽，采用直管压力平衡型波形补偿器，其布置如图 7-9 所示。

其主要技术参数如下：

1）补偿器采用南京晨光机器厂产品：

总刚度：$K_w = 675\text{N/m}$；补偿量：$\Delta x = 300\text{mm}$；补偿器总长：$L = 4490\text{mm}$。

2）管道单位长度计算荷载 $q = 3000\text{N/m}$。

3）滑动支吊架和导向支吊架上滑动面采用烧结聚四氟乙烯板，下滑动面采用不锈钢板，摩擦系数 $\mu = 0.2$。

4）管道热伸长量按 3.9mm/m 计算，两固定吊架之间距离 $L = 64\text{m}$。

5）固定支吊架水平推力计算。

4 号、20 号主固定支吊架水平推力：

$$F_{H1} = (F_A + \mu q L_3) - 0.7q(L_1/2 + L_2)\cos\alpha - 0.7F_x$$

式中　F_A——由补偿器刚度产生的弹性力（N）。

$$F_A = 3.9 \times 64 \times 675\text{N} = 168480\text{N}$$

$$\mu q L_3 = 0.2 \times 3000 \times 64\text{N} = 38400\text{N}$$

$$0.7q(L_1/2 + L_2)\cos\alpha = 0.7 \times 300 \times (15/2 + 10)\cos\alpha$$

$$N = 2530\text{N}$$

$$0.7F_x = 7000\text{N}（假定 \ F_x = 10000\text{N}）$$

$$F_{H1} = (168480 + 38400 - 2530 - 7000)\text{N}$$

$$= 197350\text{N}（单管）$$

$$197350\text{N} \times 2 = 394700\text{N}（双管）$$

8 号、12 号、16 号次固定支吊架水平推力：

$$F_{H2} = (P_A + \mu q L_3) - 0.7(P_A + \mu q L_3)$$

$$= [197350 - 0.7 \times (168480 + 38400)]\text{N}$$

$$= 52534\text{N}（单管）$$

$$52534\text{N} \times 2 = 105068\text{N}（双管）$$

3. 横向波形补偿器固定支吊架推力计算实例

××热电厂西线供热管网采用 DN = 500mm 的复式横向波形补偿器，其布置如图 7-10 所示。

（1）已知条件

1）规格 $\phi529\text{mm} \times 9\text{mm}$，材料为 20 钢。

2）工作压力 $p_0 = 0.95\text{MPa}$。

3）工作温度 $t = 250℃$。

4）输送介质为过热蒸汽。

5）管道单位长度计算荷载，查表 7-5，得 $q = 2229.62\text{N/m}$。

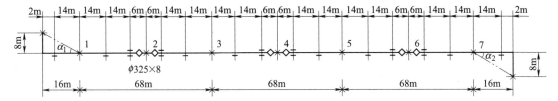

图 7-8　复式轴向型波形补偿器计算例题图

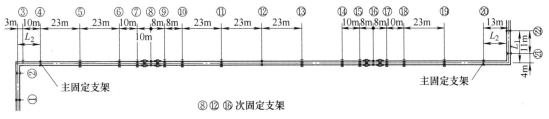

图 7-9　直管压力平衡型波形补偿器计算例题图

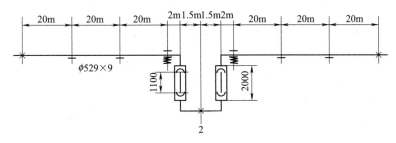

图 7-10　横向波形补偿器计算例题图

6）横向波形补偿器采用沈阳弗·泰公司产品。

总刚度 $K_w = 186 \text{N/mm}$。

补偿量 $e_x = 200 \text{mm}$。

补偿器总长 $L = 2000 \text{mm}$；

铰链中心距 $l_1 = 1100 \text{mm}$。

（2）固定支吊架水平推力计算

1）1 号固定支吊架水平推力计算：

$$F_H = F_A + \mu q L_1$$

式中　F_A——横向波形补偿器的弹性力（N）；

$$F_A = 186 \times 200 \text{N} = 37200 \text{N}$$

$\mu q L_1$——管道自重产生的摩擦反力（N）。

$$\mu q L_1 = 0.3 \times 2229.62 \times 62 \text{N} = 41471 \text{N}$$

$$F_H = (37200 + 41471) \text{N} = 78671 \text{N}$$

2）2 号固定支吊架水平推力计算：

$$F_H = F_A + \mu q L_1 - 0.7(F'_A + \mu q L_2)$$

式中　$F_A = 37200 \text{N}$；

$$\mu q L_1 = 0.3 \times 2229.62 \times 1.5 \text{N} = 1003.33 \text{N}。$$

$$\begin{aligned} F_H &= [37200 + 1003.33 - 0.7 \times (37200 \\ &\quad + 1003.33)] \text{N} \\ &= 11460 \text{N} \end{aligned}$$

4. 球形补偿器固定支吊架推力计算实例

某热电厂西线供热管网管线总长约 140m，采用一组球形补偿器，补偿器垂直安装，其布置及位移示意图如图 7-11 及图 7-12 所示。

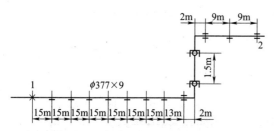

图 7-11　某热电厂供热管网管线布置图

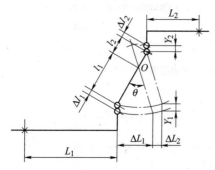

图 7-12　某热电厂供热管网球形补偿器布置及位移示意图

（1）已知条件

1）规格 $\phi 377 \text{mm} \times 9 \text{mm}$，材料为 20 钢。

2）工作压力 $p_0 = 0.8 \text{MPa}$。

3）工作温度 $t = 250 ℃$。

4）工作介质：过热蒸汽。

5）管道单位长度计算荷载，查表 7-5 得 $q = 1466.87 \text{N/m}$。

6）球形补偿器总补偿量 $\Delta l = \Delta l_1 + \Delta l_2 = 448 \text{mm}$，其中 $\Delta l_1 = 384 \text{mm}$，$\Delta l_2 = 64 \text{mm}$。

转动角 θ 取 22°。

转动摩擦力矩 $M = 23771 \text{N} \cdot \text{m}$。

（2）固定支吊架推力计算

1）1 号固定支吊架推力计算：

$$F_{H1} = F_d + \mu q L_1$$

式中　F_d——球形转动摩擦力（N）；

$\mu q L_1$——活动支座上的摩擦反力总和。

$$F_d = \frac{M}{l_1}$$

式中　M——转动摩擦力距；

$M = 23771 \text{N} \cdot \text{m}$；

l_1——O 点距球中的心距（m）；

$$l_1 = \frac{\Delta l_1}{\Delta l} l$$

l——球心距。

最小球心距：

$$l = \frac{\Delta l}{2 \sin \dfrac{\theta}{2}} = \frac{448}{2 \sin 11°} \text{mm} = 1174 \text{mm}, \quad l \text{ 取 } 1.5 \text{m};$$

$$l_1 = \frac{384}{448} \times 1.5 \text{m} = 1.286 \text{m};$$

$$F_d = 23771/1.286 \text{N} = 18484 \text{N};$$

$$\mu q L_1 = 0.3 \times 1466.87 \times 120 \text{N} = 52807 \text{N};$$

$$F_{H1} = (18484 + 52807) \text{N} = 71291 \text{N}。$$

2）2 号固定支吊架推力计算：

计算方法同前，结果为

$$l_2 = \frac{\Delta l_2}{\Delta l} l = \frac{64}{448} \times 1.5 \text{m} = 0.214 \text{m}$$

$$F'_d = \frac{23771}{0.214} \text{N} = 111079 \text{N}$$

$$\mu q L_2 = 0.3 \times 1466.87 \times 20 \text{N} = 8801 \text{N}$$

$$F_{H2} = F'_d + \mu q L_2 = (111079 + 8801) \text{N} = 119880 \text{N}$$

5. 套筒式补偿器固定支吊架推力计算实例

管线布置示意图如图 7-13 所示。

（1）已知条件

1）规格 $\phi 325 \text{mm} \times 8 \text{mm}$，内截面积 $A_1 = 74953 \text{mm}^2$；规格 $\phi 219 \text{mm} \times 6 \text{mm}$，内截面积 $A_2 = 33637 \text{mm}^2$。

2）工作温度 $t = 250 ℃$。

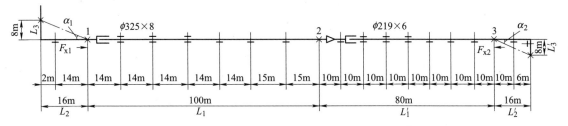

图 7-13 套筒式补偿器计算例题图

3）工作压力 $p_0 = 0.8\text{MPa}$。

4）工作介质为过热蒸汽。

5）管道单位长度计算荷载，查表 7-5 得：

$$q_1 = 1145.3\text{N/m}$$
$$q_2 = 645.46\text{N/m}$$

6）单位长度热伸长量 $\Delta l = 3.2\text{mm/m}$。

7）套筒式补偿器。

DN = 300mm 的套筒式补偿器：补偿量 $\Delta l_{\max} = 350\text{mm}$，摩擦力 $F_{c1} = 13857\text{N}$。

DN = 200mm 的套筒式补偿器：补偿量 $\Delta l_{\max} = 300\text{mm}$，摩擦力 $F_{c2} = 6159\text{N}$。

8）自然弯管：$F_{x1} = F_{x2} = 980\text{N}$。

（2）固定支吊架推力计算

1）1 号固定支吊架水平推力计算：

$$F_{H1} = F_{c1} + p_0 A_1 - \mu q_1 \left(\frac{L_3}{2} + L_2\right)\cos\alpha_1 - 0.7F_{x1}$$

式中 F_{c1} —— $F_{c1} = 13857\text{N}$；

$p_0 A_1$ —— 内推压力（N），$p_0 A_1 = 0.8 \times 74953\text{N} = 59962\text{N}$；

$\mu q_1 \left(\dfrac{L_3}{2} + L_2\right)\cos\alpha_1$ —— 弯管段管道自重产生的摩擦反力（N），

$$\cos\alpha_1 = 0.894$$

$$\mu q_1 \left(\frac{L_3}{2} + L_2\right)\cos\alpha_1 = 0.3 \times 1145.3 \times \left(\frac{8}{2} + 16\right) \times 0.894\text{N}$$
$$= 6143.4\text{N}$$

$$F_{x1} = 980\text{N}$$

$$F_{H1} = (13857 + 59962 - 6143.4 - 0.7 \times 980)\text{N}$$
$$= 66990\text{N}$$

2）2 号固定支吊架推力计算：

$$F_{H2} = F_{c1} - 0.7F_{c2} + \mu q_1 L_1 + p_0(f_1 - f_2)$$
$$= [13857 - 0.7 \times 6159 + 0.3 \times 1145.3 \times 100 + 0.8 \times (74953 - 33637)]\text{N}$$
$$= 76958N$$

3）3 号固定支吊架推力计算：

$$F_{H3} = F_{c2} + p_0 A_2 + \mu\left[q_2 L_1' - 0.7q_2\left(\frac{L_3'}{2} + L_2'\right)\cos\alpha_2\right] - 0.7F_{x2}$$

式中 $\cos\alpha_2 = 0.894$；

$$F_{H3} = \{6159 + 0.8 \times 33637 + 0.3 \times [645.46 \times 80 - 0.7 \times 645.46 \times \left(\frac{8}{2} + 16\right) \times 0.894] - 0.7 \times 980\}\text{N}$$
$$= 45930\text{N}。$$

6. 旋转式补偿器计算实例

苏州市某热电有限公司二期热网工程主管规格为 $\phi480\text{mm} \times 10\text{mm}$，选用 GSJ-V 型旋转式补偿器，根据自然地形条件设置补偿器，如图 7-14 所示。

（1）自然条件 该热网管段，为河道淤泥回填土，地耐力不足 78.4kN，全长 542m。

（2）设计特点 设中间固定支柱 1 只，向两边平均间距 271m 设置，滑动支架 2×15 只，考虑到补偿滑动托座长，采用轴承式滚动托座（摩擦系数为 0.1，实际摩擦系数为 0.02），滑动管托根据补偿量放大，最大补偿量约 1.1m，两端各放旋转式补偿器 1 组，补偿器旋转臂长为 4.5m，其最大补偿能力为 1.5m，最大侧向位移 0.06m，滑动支架每间隔 60m 设一组导向支架。

（3）注意事项 实施长距离补偿需考虑采用摩擦系数低的轴承式滚动支架，增加管道强度，降低对固定支架的推力。

（4）固定支架推力计算

1）根据旋转力偶摩擦力矩，其推力的计算公式：

$$M = 1.2(M_1 + M_2)$$

查表：DN = 450mm 的管道，$M = 2890300\text{N} \cdot \text{cm}$。

根据补偿量计算 $\theta = 26°28'$，臂长 450cm。

旋转摩擦推力 8890N。

2）管道的摩擦力。

$\phi480\text{mm} \times 10\text{mm}$ 无缝管每米质量 116kg/m，保温每米质量 60kg/m。

管道对支架的摩擦推力为(116+60)×271×9.81×0.1N=46790N。

3) 对固定支柱总推力为(8890+46790)×1.2N=66816N。

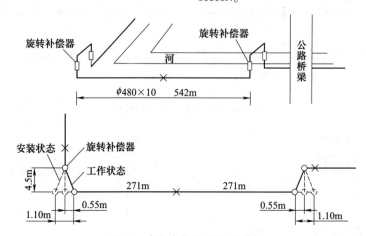

图 7-14 根据自然地形设置补偿器

第8章　管道支吊架及支座

8.1　概述

管道支吊架是管道系统中的一个重要组成部分。它对管道起着支承重力，平衡介质反力，限制位移和防止振动等作用。因此在管道设计时，合理布置和正确选择结构合适的支吊架，能改善管道的应力分布，确保管道安全运行，并延长管道的使用寿命。

8.1.1　管道支吊架的分类

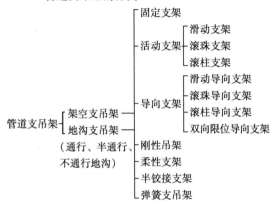

8.1.2　管道支吊架选择原则

1）在管道上不允许有任何位移的地方应装设固定支架，以承受管道重力、水平推力和力矩。固定支架应生根在牢固的厂房结构或独立的支柱上。

2）在管道上无垂直位移，或垂直位移很小的地方可装设活动支架或刚性吊架，以承受管道重力，增强管道的稳定性。活动支架的形式应根据管道对支架摩擦作用力的不同来选取。

①对由于摩擦而产生的作用力无严格限制时，可采用滑动支架。

②当要求减小管道轴向摩擦作用力时，可用滚柱支架。

③当要求减小管道水平位移的摩擦作用力时，可采用滚珠支架。

滚柱和滚珠支架结构较为复杂，一般只用于介质温度较高和管径较大的管道上。

在架空管道上，当不便装设活动支架时，可采用刚性吊架。

3）在水平管道上只允许管道单向水平位移的地方，在铸铁阀件的两侧和矩形补偿器两侧4DN处，应装设导向支架。

4）轴向波形补偿器导向支架距离，应根据波纹管的要求设置。轴向波纹管和套管式补偿器应设置双向限位导向支架，防止横向和竖向位移超过补偿器的允许值。

根据 EJMA 介绍，补偿器距第一导向支座为4DN 左右。第二导向支座距第一导向支座为14DN 左右。其他导向支座间的距离 L_{max}（mm）可按式（8-1）计算。

$$L_{max} = 1.572\sqrt{\frac{E_t I}{p_0 A_i \pm K_w e_x}} \qquad (8-1)$$

式中　　E_t——在计算温度下钢材的弹性模量（MPa），见表6-2；

　　　　I——管道截面二次矩（mm⁴），见表1-23；

　　　　p_0——设计压力（MPa）；

　　　　A_i——波纹管有效截面积（mm²）；

　　　　K_w——波纹管总刚度（N/mm）；

　　　　e_x——设计补偿量（mm）。

5）在管道具有垂直位移的地方，应装设弹簧吊架。在不便装设弹簧吊架时，可采用弹簧支架。在同时具有水平位移时，应采用滚珠弹簧支架。

6）垂直管道在通过楼板或屋顶时，应装设套管。套管不应限制管道位移和承受管道垂直荷载。

7）对于室外敷设的大直径架空煤气管道的独立活动支架，为减少摩擦推力，应设计成柔性的和半铰接的，或采用可靠的滚动支架，避免采用刚性架或滑动支架。采用柔性支架时，摩擦力以柱的弹力代替，半铰接的支架可以不计算摩擦力。

8.2　支吊架结构强度计算

8.2.1　常用支吊架生根结构构件的强度计算

支吊架结构构件应按结构荷载进行强度计算，常用生根结构构件的强度按表8-1～表8-3所列公式进行计算。

支吊架构件所用的钢材按下列原则采用：

1）受剪螺杆用 A5 或 Q255—A（A4）。

2）拉杆用 Q255—A（A4）。

3）螺母用 Q235—A（A3）。

4）需要进行强度计算的部件用 Q235—A（A3）或 Q255—A（A4）。

5）不需进行强度计算的部件用 Q195（A0 或A1）。

常用构件钢材的许用应力见表8-4。

表 8-1　常用生根结构构件的强度计算

序号	结构形式及受载情况	计　算　公　式
1		构件1—梁 $$\sigma_{hc} = l\left(\frac{F_{Jgz}}{W_x} + \frac{F_{Jgx}}{W_z}\right) \times 10^{-2} \leqslant \sigma_{xu}$$ $$f_{hc} = \frac{l^3}{300E}\sqrt{\left(\frac{F_{Jgz}}{I_x}\right)^2 + \left(\frac{F_{Jgx}}{I_z}\right)^2} \leqslant f_{xu}$$
2		式中　σ_{hc}——合成应力（MPa） 　　　σ_{xu}——许用应力（MPa） 　　　l——梁的伸出长度（cm） 　　　F_{Jgx}——水平力（N） 　　　F_{Jgz}——垂直力（N） 　　　W_x——对 x 轴的截面系数（cm^3） 　　　W_z——对 z 轴的截面系数（cm^3）
3		f_{hc}——梁的合成挠度（cm） 　　　f_{xu}——梁的许用挠度（cm） 　　　E——钢材的弹性模量（MPa） 　　　I_x——对 x 轴的截面二次矩（cm^4） 　　　I_z——对 z 轴的截面二次矩（cm^4）
4		构件2—梁箍螺杆 $$\sigma_{hc} = \frac{0.048}{\pi d_0^2}\left(1 + \frac{l}{B}\right)(F_{Jgz} + 2F_{Jgx}) \leqslant \sigma_{xu}$$ 式中　d_0——螺纹的直径（cm） 　　　l——支架伸出长度（cm） 　　　B——柱的宽度（cm）
5		构件1 $$\sigma_{hc} = \frac{1}{100A_1}(1.5F_{Jgz}\tan\alpha + F_{Jgy}) + \frac{F_{Jgx}lI_{z1}}{100W_{z1}(I_{z1} + I_{x2}\sin^3\alpha)} \leqslant \sigma_{xu}$$ 构件2 $$\sigma_{hc} = 1.5\frac{F_{Jgz}}{100\psi A_2\cos\alpha} + \frac{F_{Jgx}lI_{z2}}{100W_{z2}\left(\frac{1}{\sin^2\alpha}I_{z1} + I_{x2}\sin\alpha\right)} \leqslant \sigma_{xu}$$ 式中　A_1、A_2——梁的截面积（cm^2） 　　　ψ——压杆的纵向挠曲系数，见表8-2和表8-3
6		—

（续）

序号	结构形式及受载情况	计　算　公　式
7	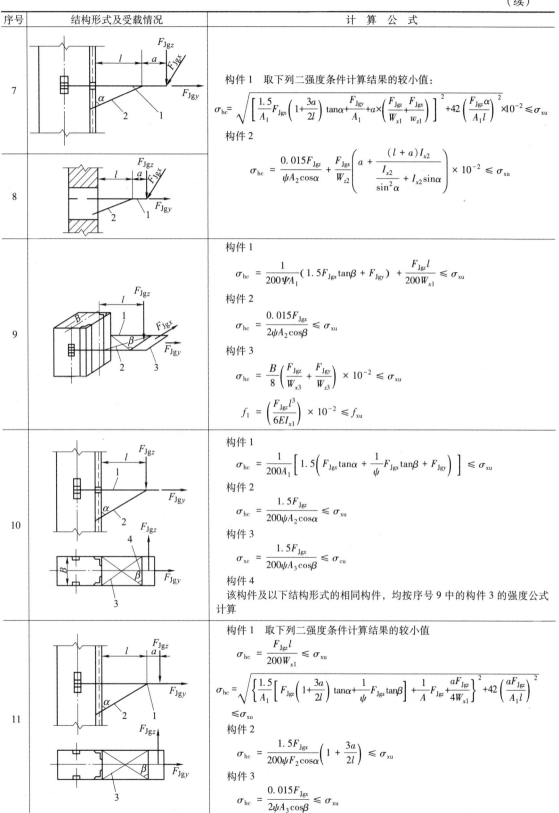	构件 1　取下列二强度条件计算结果的较小值：$$\sigma_{hc}=\sqrt{\left[\frac{1.5}{A_1}F_{Jgx}\left(1+\frac{3a}{2l}\right)\tan\alpha+\frac{F_{Jgy}}{A_1}+a\times\left(\frac{F_{Jgz}}{W_{x1}}+\frac{F_{Jgx}}{w_{z1}}\right)\right]^2+42\left(\frac{F_{Jgz}\alpha}{A_1l}\right)^2}\times10^{-2}\leqslant\sigma_{xu}$$ 构件 2
8		$$\sigma_{hc}=\frac{0.015F_{Jgz}}{\psi A_2\cos\alpha}+\frac{F_{Jgx}}{W_{z2}}\left(a+\frac{(l+a)I_{x2}}{\dfrac{I_{x2}}{\sin^2\alpha}+I_{x2}\sin\alpha}\right)\times10^{-2}\leqslant\sigma_{xu}$$
9		构件 1 $$\sigma_{hc}=\frac{1}{200\psi A_1}(1.5F_{Jgx}\tan\beta+F_{Jgy})+\frac{F_{Jgz}l}{200W_{x1}}\leqslant\sigma_{xu}$$ 构件 2 $$\sigma_{hc}=\frac{0.015F_{Jgx}}{2\psi A_2\cos\beta}\leqslant\sigma_{xu}$$ 构件 3 $$\sigma_{hc}=\frac{B}{8}\left(\frac{F_{Jgz}}{W_{x3}}+\frac{F_{Jgy}}{W_{z3}}\right)\times10^{-2}\leqslant\sigma_{xu}$$ $$f_1=\left(\frac{F_{Jgz}l^3}{6EI_{x1}}\right)\times10^{-2}\leqslant f_{xu}$$
10		构件 1 $$\sigma_{hc}=\frac{1}{200A_1}\left[1.5\left(F_{Jgx}\tan\alpha+\frac{1}{\psi}F_{Jgx}\tan\beta+F_{Jgy}\right)\right]\leqslant\sigma_{xu}$$ 构件 2 $$\sigma_{hc}=\frac{1.5F_{Jgz}}{200\psi A_2\cos\alpha}\leqslant\sigma_{xu}$$ 构件 3 $$\sigma_{xc}=\frac{1.5F_{Jgx}}{200\psi A_3\cos\beta}\leqslant\sigma_{cu}$$ 构件 4　该构件及以下结构形式的相同构件，均按序号 9 中的构件 3 的强度公式计算
11		构件 1　取下列二强度条件计算结果的较小值 $$\sigma_{hc}=\frac{F_{Jgz}l}{200W_{x1}}\leqslant\sigma_{xu}$$ $$\sigma_{hc}=\sqrt{\left\{\frac{1.5}{A_1}\left[F_{Jgz}\left(1+\frac{3a}{2l}\right)\tan\alpha+\frac{1}{\psi}F_{Jgx}\tan\beta\right]+\frac{1}{A}F_{Jgz}+\frac{aF_{Jgz}}{4W_{x1}}\right\}^2+42\left(\frac{aF_{Jgz}}{A_1l}\right)^2}$$ $$\leqslant\sigma_{xu}$$ 构件 2 $$\sigma_{hc}=\frac{1.5F_{Jgx}}{200\psi F_2\cos\alpha}\left(1+\frac{3a}{2l}\right)\leqslant\sigma_{xu}$$ 构件 3 $$\sigma_{hc}=\frac{0.015F_{Jgx}}{2\psi A_3\cos\beta}\leqslant\sigma_{xu}$$

（续）

序号	结构形式及受载情况	计 算 公 式
	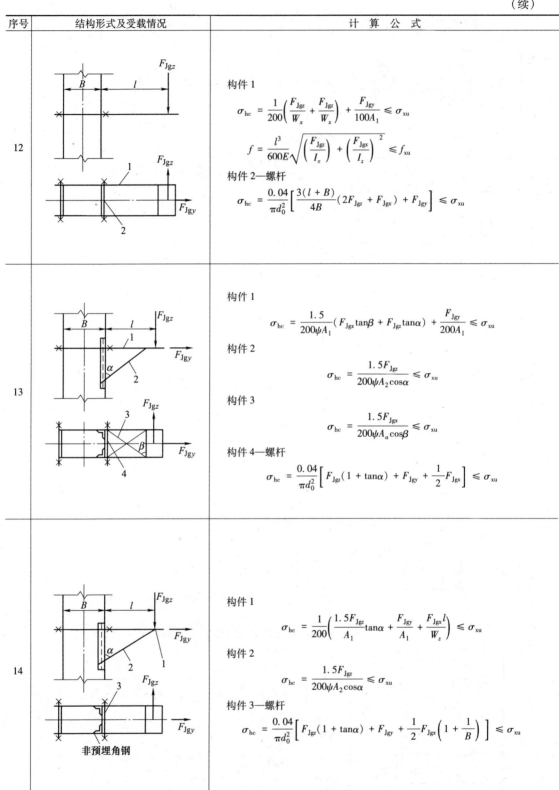	

序号 12

构件 1

$$\sigma_{hc} = \frac{1}{200}\left(\frac{F_{Jgz}}{W_x} + \frac{F_{Jgz}}{W_x}\right) + \frac{F_{Jgy}}{100A_1} \leqslant \sigma_{xu}$$

$$f = \frac{l^3}{600E}\sqrt{\left(\frac{F_{Jgz}}{I_x}\right)^2 + \left(\frac{F_{Jgx}}{I_z}\right)^2} \leqslant f_{xu}$$

构件 2—螺杆

$$\sigma_{hc} = \frac{0.04}{\pi d_0^2}\left[\frac{3(l+B)}{4B}(2F_{Jgz}+F_{Jgx}) + F_{Jgy}\right] \leqslant \sigma_{xu}$$

序号 13

构件 1

$$\sigma_{hc} = \frac{1.5}{200\psi A_1}(F_{Jgx}\tan\beta + F_{Jgz}\tan\alpha) + \frac{F_{Jgy}}{200A_1} \leqslant \sigma_{xu}$$

构件 2

$$\sigma_{hc} = \frac{1.5F_{Jgz}}{200\psi A_2\cos\alpha} \leqslant \sigma_{xu}$$

构件 3

$$\sigma_{hc} = \frac{1.5F_{Jgx}}{200\psi A_a\cos\beta} \leqslant \sigma_{xu}$$

构件 4—螺杆

$$\sigma_{hc} = \frac{0.04}{\pi d_0^2}\left[F_{Jgz}(1+\tan\alpha) + F_{Jgy} + \frac{1}{2}F_{Jgx}\right] \leqslant \sigma_{xu}$$

序号 14

构件 1

$$\sigma_{hc} = \frac{1}{200}\left(\frac{1.5F_{Jgz}}{A_1}\tan\alpha + \frac{F_{Jgy}}{A_1} + \frac{F_{Jgx}l}{W_z}\right) \leqslant \sigma_{xu}$$

构件 2

$$\sigma_{hc} = \frac{1.5F_{Jgz}}{200\psi A_2\cos\alpha} \leqslant \sigma_{xu}$$

构件 3—螺杆

$$\sigma_{hc} = \frac{0.04}{\pi d_0^2}\left[F_{Jgz}(1+\tan\alpha) + F_{Jgy} + \frac{1}{2}F_{Jgx}\left(1+\frac{1}{B}\right)\right] \leqslant \sigma_{xu}$$

非预埋角钢

（续）

序号	结构形式及受载情况	计 算 公 式
15	 双槽钢裂	构件1—双槽钢梁 $$\sigma_{hc} = \frac{F_{Jgz}ab}{200(a+b)W_x} \leqslant \sigma_{xu}$$ 当为单槽钢梁时，此强度条件为 $$2\sigma_{hc} \leqslant \sigma_{xu}$$
16		构件2—梁箍螺杆 当 $a<b$ 时： $$\sigma_{hc} = \frac{4ab^2 F_{jgz}}{100\pi d_0^2 l^2}\left(\frac{1}{a} + \frac{1.2}{D} + \frac{2}{l}\right) \leqslant \sigma_{xu}$$ 当 $a>b$ 时： $$\sigma_{hc} = \frac{4ab^2 F_{Jgz}}{100\pi d_0^2 l^2}\left(\frac{1}{b} + \frac{1.2}{B} + \frac{2}{l}\right) \leqslant \sigma_{xu}$$
17		构件1—双槽钢梁　取下列二强度条件计算结果的较小值： $$\sigma_{hc} = \frac{a}{200W_x L}[F_{Jgz1}(b+c) + F_{Jgz2}c] \leqslant \sigma_{xu}$$ $$\sigma_{hc} = \frac{c}{200W_x L}[F_{Jgz1}a + F_{Jgz2}(a+b)] \leqslant \sigma_{xu}$$ 当为单槽钢梁时，此强度条件为 $$2\sigma_{xu} = \sigma_{xu}$$
18	 I—I 断面 	构件2—梁箍螺杆　取下列二强度条件计算结果的较小值： $$\sigma_{hc} = \frac{0.04}{\pi d_0^2 l^2}$$ $$\left\{F_{Jgz1}(1-a)\left(1 + 1.2\frac{a}{D} + \frac{2a}{l}\right) + F_{Jgz2}c^2\left[3 + \frac{1.2}{D}(1-c) - \frac{2c}{l}\right]\right\} \leqslant \sigma_{xu}$$ $$\sigma_{hc} = \frac{0.04}{\pi d_0^2 l^2}$$ $$\left\{F_{Jgz1}a^2\left[3 + \frac{1.2}{B}(1+a) - \frac{2a}{l}\right] + F_{Jgz2}(1-c)^2\left[1 + 1.2\frac{c}{B} + \frac{2c}{l}\right]\right\} \leqslant \sigma_{xu}$$ $$M_A = \frac{1}{L^2}[F_{Jgz1}(L-a)^2 a + F_{Jgz2}(L-c)c^2]$$ $$M_B = \frac{1}{L^2}[F_{Jgz1}(L-a)a^2 + F_{Jgz2}(L-c)^2 c]$$

注：上列计算三角架斜撑结构公式中的系数 1.5 是考虑简化为构件受拉压计算应力的修正系数。

表 8-2 受压构件纵向挠曲系数 (一)

结构形式				
计算长度 l_{Js}	$2l$	$0.7l$	$0.5l$	l

表 8-3 受压构件纵向挠曲系数 (二)

λ	0	10	20	30	40	50	60	70	80	90	100
Ψ	1.0	0.99	0.97	0.95	0.92	0.89	0.86	0.81	0.75	0.69	0.60

表 8-4 钢材的许用应力

钢号	Q195 (A0 或 A1)	Q215—A (A2)	Q235—A (A3)	Q255—A (A4)	Q275—A (A5)
许用拉压应力 σ_{xu}/MPa	103	118	130	141	152
许用剪切应力 τ_{xu}/MPa	62	72	78	84	91

拉杆螺纹的许用应力根据螺纹直径分别采用:

当 $d_0 = 6 \sim 16$mm 时, $\sigma_{xu} = 43 \sim 54$MPa。

当 $d_0 = 16 \sim 30$mm 时, $\sigma_{xu} = 54 \sim 86$MPa。

托架除满足强度要求外, 还应满足下列刚度条件:

1) 对于固定支架: $f_{xu} \leq 0.002L$ [f_{xu} 为梁的许用挠度 (cm); L 为梁的长度 (cm)]。

2) 对于活动支架: $f_{xu} \leq 0.004L$。

压杆的细长比 λ 一般不大于 100, 计算公式如下:

$$\lambda = l_{Js}\sqrt{A/I_{min}} \qquad (8\text{-}2)$$

式中 A——压杆的断面积 (cm²);

I_{min}——压杆最小截面二次矩 (cm⁴)。

8.2.2 常用支吊架生根结构构件的强度计算曲线图

为方便起见, 设计者也可按图 8-1~图 8-7 和表 8-5 来查强度。

作图条件:

1) 型钢材料均采用 Q235—A (A3), 其许用拉压应力为 $\sigma_{xu} = 130$MPa。

2) 固定支架和活动支架的刚度条件同表 8-1。

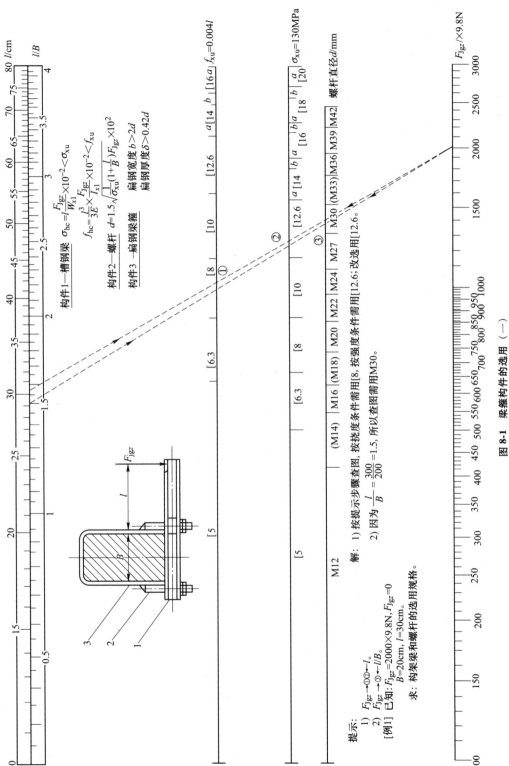

图 8-1　梁箍构件的选用（一）

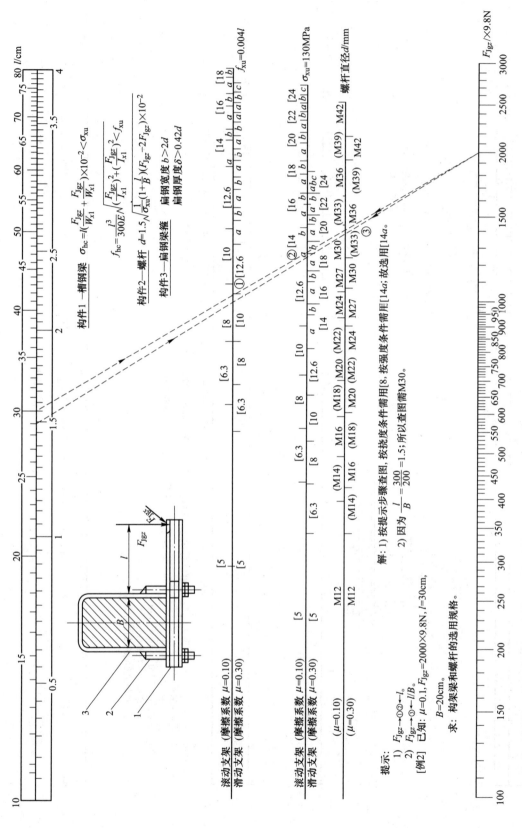

图 8-2　梁箍构件的选用（二）

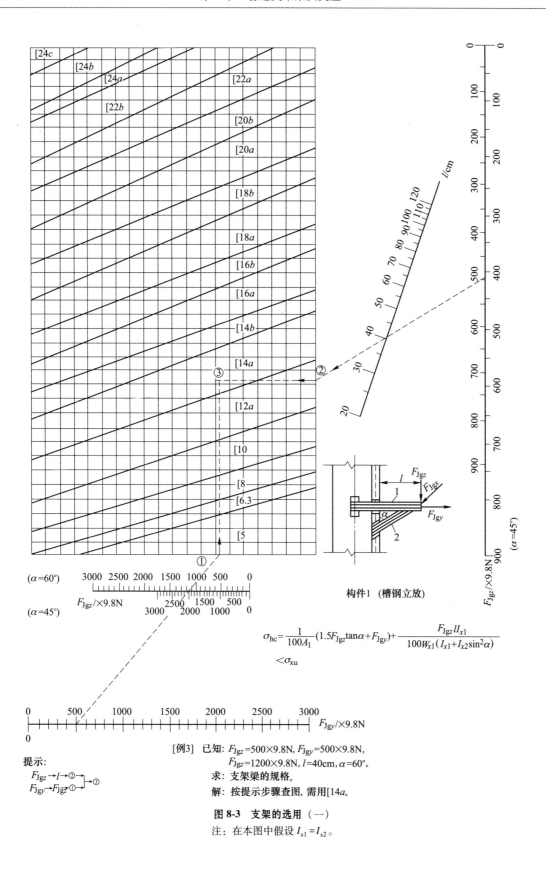

构件1 （槽钢立放）

$$\sigma_{hc} = \frac{1}{100A_1}(1.5F_{Jgz}\tan\alpha + F_{Jgy}) + \frac{F_{Jgz}lI_{x1}}{100W_{x1}(I_{x1}+I_{x2}\sin^2\alpha)}$$

$$<\sigma_{xu}$$

提示：

$$F_{Jgz} \rightarrow l \rightarrow ② $$
$$\rightarrow ③$$
$$F_{Jgy} \rightarrow F_{Jgz} \rightarrow ①$$

[例3] 已知：$F_{Jgz}=500\times9.8N$，$F_{Jgy}=500\times9.8N$，
$F_{Jgz}=1200\times9.8N$，$l=40cm$，$\alpha=60°$。

求：支架梁的规格。

解：按提示步骤查图，需用[14a。

图 8-3 支架的选用 （一）

注：在本图中假设 $I_{x1} = I_{x2}$。

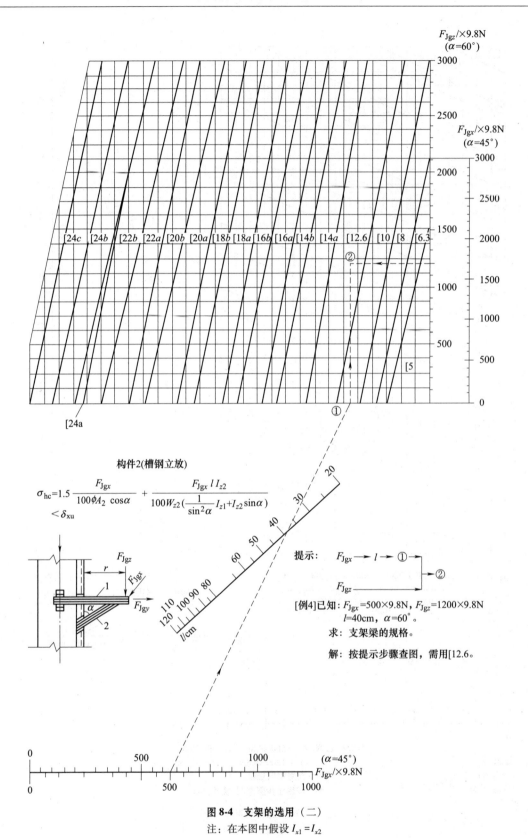

图 8-4　支架的选用（二）

注：在本图中假设 $I_{x1}=I_{x2}$

构件2(槽钢立放)

$$\sigma_{hc}=1.5\,\frac{F_{Jgx}}{100\phi A_2\,\cos\alpha}+\frac{F_{Jgx}\,l\,I_{z2}}{100W_{z2}\left(\dfrac{1}{\sin^2\alpha}I_{z1}+I_{z2}\sin\alpha\right)}$$

$$<\delta_{xu}$$

提示：$F_{Jgx}\longrightarrow l\longrightarrow$ ① ⎫
　　　　　　　　　　　　　　　 ⎬ → ②
　　　F_{Jgz}　　　　　　　　 ⎭

[例4]已知：$F_{Jgx}=500\times9.8N$，$F_{Jgz}=1200\times9.8N$
　　　　　$l=40cm$，$\alpha=60°$。

求：支架梁的规格。

解：按提示步骤查图，需用[12.6。

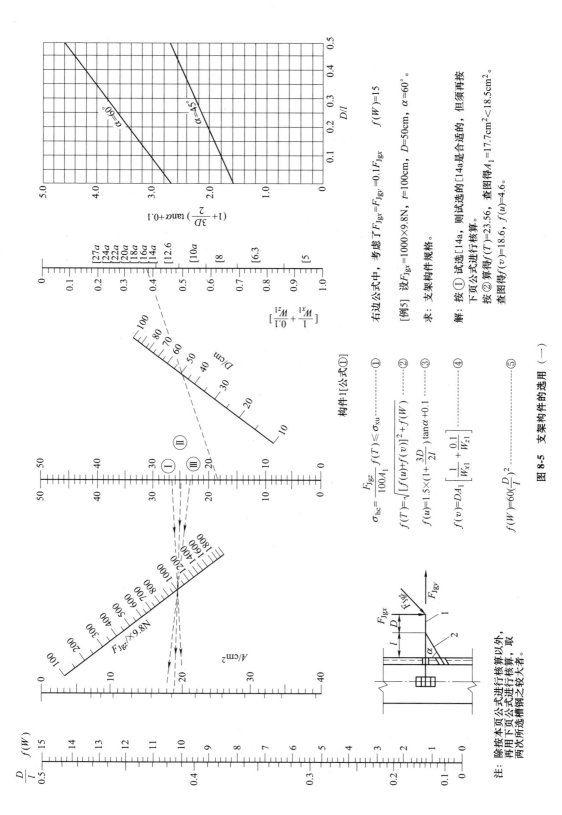

图 8-5　支架构件的选用（一）

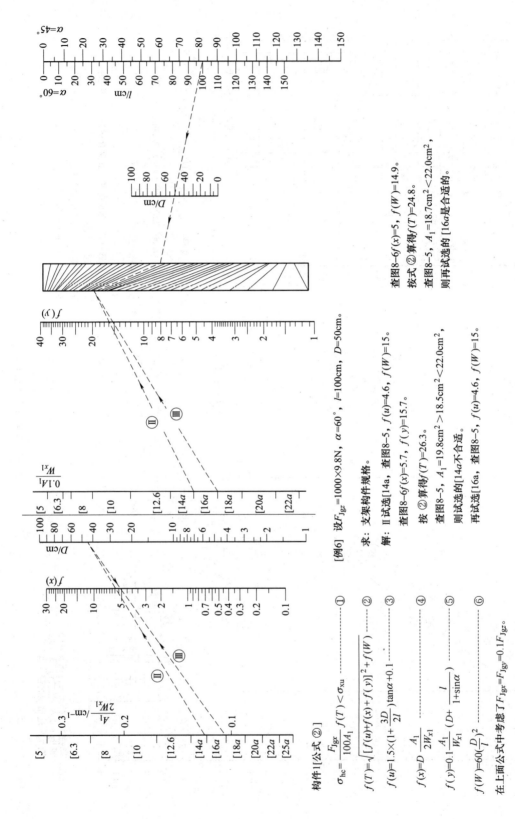

图 8-6　支架构件的选用（二）

构件1[公式②]

$$\sigma_{hc}=\frac{F_{Jgx}}{100A_1}\,f(T)<\sigma_{xu} \quad\text{——①}$$

$$f(T)=\sqrt{[f(u)+f(x)+f(y)]^2+f(W)} \quad\text{——②}$$

$$f(u)=1.5\times(1+\frac{3D}{2l})\tan\alpha+0.1 \quad\text{——③}$$

$$f(x)=D\,\frac{A_1}{2W_{x1}} \quad\text{——④}$$

$$f(y)=0.1\frac{A_1}{W_{x1}}\left(D+\frac{l}{1+\sin\alpha}\right) \quad\text{——⑤}$$

$$f(W)=60(\frac{D}{l})^2 \quad\text{——⑥}$$

在上面公式中考虑了 $F_{Jgx}=F_{Jgy}=0.1F_{Jgz}$。

[例6]　设 $F_{Jgz}=1000\times9.8\mathrm{N}$，$\alpha=60°$，$l=100\mathrm{cm}$，$D=50\mathrm{cm}$。

求：　支架构件规格。

解：　Ⅱ试选[14a，查图8-5，$f(u)=4.6$，$f(W)=15$。
查图8-6得 $f(x)=5.7$，$f(y)=15.7$。
按②算得 $f(T)=26.3$。
查图8-5，$A_1=19.8\mathrm{cm}^2>18.5\mathrm{cm}^2<22.0\mathrm{cm}^2$，
则试选的[14a不合适。
再试选[16a，查图8-5，$f(u)=4.6$，$f(W)=15$。

查图8-6得 $f(x)=5$，$f(W)=14.9$。
按式②算得 $f(T)=24.8$。
查图8-5，$A_1=18.7\mathrm{cm}^2<22.0\mathrm{cm}^2$，
则再试选的[16a是合适的。

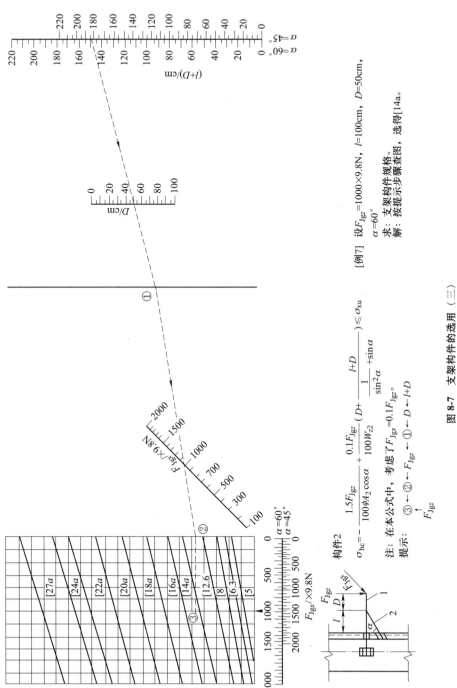

图 8-7　支架构件的选用（三）

表 8-5　梁箍的强度构件

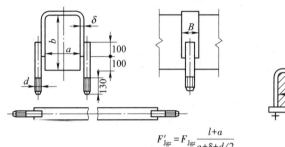

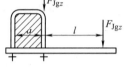

$$F'_{Jgz} = F_{Jgz} \frac{l+a}{a+\delta+d/2}$$

注：F_{Jgz} 为支吊架垂直方向的荷载（N）。

(a/mm)×(b/mm) 尺寸/mm 允许荷载 F'_{Jgz}/N	200×400			250×500			250×600			250×650			600×600		
	d	δ	B	d	δ	B	d	δ	B	d	δ	B	d	δ	B
4413	M12	10	38	M12	10	30	M12	10	30	M12	10	30	M12	10	30
12749	M16	10	40	M16	10	40	M16	10	40	M16	10	40	M16	10	40
19613	M20	10	50	M20	10	50	M20	10	50	M20	10	50	M20	10	50
29420	M24	10	60	M24	10	60	M24	10	60	M24	10	60	M24	10	60
39226	M27	10	70	M27	10	70	M27	10	70	M27	10	70	M27	10	70
46091	M30	10	75	M30	10	75	M30	10	75	M30	10	75	M30	10	75
68646				M36	14	90	M36	14	90	M36	14	90	M36	14	90

(a/mm)×(b/mm) 尺寸/mm 允许荷载 F'_{Jgz}/N	300×650			300×700			300×800			350×700			350×800		
	d	δ	B	d	δ	B	d	δ	B	d	δ	B	d	δ	B
4413	M12	10	38	M12	10	30	M12	10	30	M12	10	30	M12	10	30
12749	M16	10	40	M16	10	40	M16	10	40	M16	10	40	M16	10	40
19613	M20	10	50	M20	10	50	M20	10	50	M20	10	50	M20	10	50
29420	M24	10	60	M24	10	60	M24	10	60	M24	10	60	M24	10	60
39226	M27	10	70	M27	10	70	M27	10	70	M27	10	70	M27	10	70
46091	M30	10	75	M30	10	75	M30	10	75	M30	10	75	M30	10	75
68646	M36	14	90	M36	14	90	M36	14	90	M36	14	90	M36	14	90

8.3　弹簧支吊架

支吊架用弹簧和弹簧组件，是根据设计弹簧支吊架所承受的最大荷载和垂直方向热位移值来选择。

8.3.1　弹簧承受的最大荷载计算

1）当热位移向上时，因安装荷载大于工作荷载，应以安装荷载作为选择弹簧的依据。近似计算式如下：

$$F_{az} = F_{gz} \frac{\lambda_{max}}{\lambda_{max} - \Delta z_t} \qquad (8-3)$$

式中　F_{az}——弹簧安装荷载（N）；

　　　F_{gz}——弹簧工作荷载（N）；

　　　λ_{max}——弹簧最大允许变形量（mm）；

　　　Δz_t——管道支吊点垂直热位移值（mm）。

2）当热位移向下时，因工作荷载大于安装荷

载，应以工作荷载作为选择弹簧的依据。

8.3.2　垂直热位移计算

空间管道的热位移计算很复杂，虽精确计算方法较多，但常用电算法计算。垂直方向的热位移可用简化计算法进行计算，即将水平直管段等分为两段，并分别以端点作用一集中力的悬臂梁的变形来表达，所以也称悬臂梁挠度法。

1）水平管段的转角点（弯头处）热位移按下式计算：

$$\Delta z_{Js} = \frac{\Delta z_t L_{Js}^3}{L_1^3 + L_2^3 + \cdots + L_n^3} \qquad (8-4)$$

式中　Δz_{Js}——计算水平管段转弯点垂直位移值（mm）；

　　　L_1、L_2、L_n——水平各管段长度（mm）；

　　　L_{Js}——需要计算的水平管段长度（m）；

Δz_t——管系在垂直方向的总热位移值（mm）。

$$\Delta z_t = H\alpha\Delta t \qquad (8-5)$$

式中　H——两固定点间的垂直距离（m）；

　　　α——管道线膨胀系数（℃$^{-1}$），见表 6-1；

　　　Δt——热态和冷态温差（℃）。

2）计算方法示例。如图 8-8 所示的管段，其水平管段热位移按式（8-4）计算。

L_1 管段：　　$\Delta z_{t1} = \dfrac{\Delta z_t L_1^3}{L_1^3 + L_2^3}$

L_2 管段：　　$\Delta z_{t2} = \dfrac{\Delta z_t L_2^3}{L_1^3 + L_2^3}$

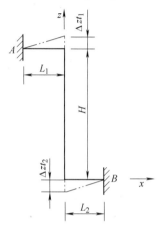

图 8-8　平面管段垂直热位移分配

8.3.3　支吊架弹簧的选择方法

支吊架弹簧由专业厂生产。表 8-6 为弹簧厂生

产的第三代弹簧系列，有 3 种型号 20 个荷载级别，共 60 种规格，是目前最新的、广泛应用的系列弹簧。

选择弹簧时应遵循下列原则：

1）荷载变化不应超过工作荷载的 35%。

2）弹簧的安装荷载或工作荷载不应大于弹簧的最大允许荷载。

3）弹簧串联安装时，应选用最大允许荷载相同的弹簧。此时热位移值应按弹簧的最大允许荷载下的变形量比例分配。并联安装时，应选用相同的型号，其荷载由两侧弹簧平均承受。

支吊架弹簧的选用，除利用《管道静力分析程序》通过计算机直接选择外，还可根据管道支吊点的工作荷载和热位移的大小及方向，直接从表 8-7（适用于荷载变化系数 0.25）或表 8-8（适用于荷载变化系数≤0.35）中选择弹簧型号及冷态整定荷载。

表 8-7 和表 8-8（见书后插页）列出最大工作变形量分别为 75mm、150mm、225mm 的 ZH1、ZH2、ZH3 三种变形量，20 种荷载系列的弹簧工作荷载与工作荷载下变形量的关系表。弹簧在工作行程范围内（最小工作荷载下变形量与最大工作荷载下变形量之间）的相对位移量与弹簧变形量之间的关系表，以及热位移向上或向下时，弹簧变形量与允许最大位移量之间的关系表。表 8-7 和表 8-8 还用粗线条框出工作荷载经济范围，其中实线框出热位移向下时工作荷载的经济范围；虚线框出热位移向上时工作荷载的经济范围。

表 8-6　支吊架弹簧规格

工作荷载范围/N		弹簧编号	ZH1 型					
			规格	工作下变形量/mm		弹性系数	质量/kg
F_{min}	F_{max}		$(d/mm)\times(D/mm)\times(H_0/mm)$	f_{min}	f_{max}	$K/(mm/N)$	
196	490	101	5.5×75.5×140			0.153	0.25
304	755	102	7×87×150			0.099	0.50
460	1157	103	8×93×160			0.065	0.66
715	1784	104	10×115×160			0.042	1.02
1098	2745	105	12×132×160	30		0.027	1.59
1716	3677	106	14×144×180			0.020	2.47
2284	4903	107	16×161×180			0.015	3.42
3049	6531	108	18×168×190			0.0115	4.70
4059	8708	109	20×180×200			0.0096	5.90
5403	11571	110	22×192×200		75	0.0065	7.38
7207	15445	111	25×195×230			0.0049	10.80
9610	20593	112	28×208×250			0.0036	14.30
12817	27458	113	30×210×250			0.0027	17.00
17161	36774	114	35×245×260			0.0020	23.60
22849	49032	115	40×250×320	35		0.0015	37.40
30478	65311	116	45×275×330			0.0012	47.30
40638	87082	117	50×280×370			0.00086	64.00
54004	115717	118	55×285×430			0.00065	84.20
72078	154453	119	60×300×440			0.00049	100.30
96104	205937	120	70×350×460			0.00036	146.00

（续）

工作荷载范围/N		ZH1 型						
F_{min}	F_{max}	弹簧编号	规格 $(d/mm)×(D/mm)×(H_0/mm)$	工作下变形量/mm		弹性系数 $K/(mm/N)$	质量/kg
				f_{min}	f_{max}		
196	490	201	5.5×75.5×280	60	150	0.3059	0.41
304	755	202	7×87×300			0.1986	0.84
460	1157	203	8×93×300			0.1296	1.11
715	1784	204	10×115×300			0.0840	1.73
1098	2745	205	12×132×320			0.0547	2.68
1716	3677	206	14×144×340			0.0408	4.19
2284	4903	207	16×161×340			0.0306	5.75
3049	6531	208	18×168×360			0.0229	8.00
4059	8708	209	20×180×380			0.0172	10.00
5403	11571	210	22×192×380			0.01295	12.00
7207	15445	211	25×195×440	70		0.00970	18.50
9610	20593	212	28×208×470			0.00728	24.60
12817	27458	213	30×210×480			0.00547	28.20
17161	36774	214	35×245×480			0.00408	40.00
22849	49032	215	40×250×600			0.00306	65.00
30478	65311	216	45×275×600	70		0.00229	81.10
40638	87082	217	50×280×700			0.00172	111.30
54004	115717	218	55×285×800			0.00130	148.10
72078	154453	219	60×300×820			0.00097	175.50
96104	205937	220	70×350×850			0.00073	252.10
196	490	301	5.5×75.5×400	90	225	0.4593	0.58
304	755	302	7×87×450			0.2982	1.18
460	1157	303	8×93×450			0.1946	1.56
715	1784	304	10×115×450			0.1260	2.44
1098	2745	305	12×132×480			0.08197	3.77
1716	3677	306	14×144×500			0.06117	6.00
2284	4903	307	16×161×500			0.04589	8.10
3049	6531	308	18×168×550			0.03445	11.29
4059	8708	309	20×180×550			0.02585	14.00
5403	11571	310	22×192×550			0.01945	16.80
7207	15445	311	25×195×650	105		0.01457	26.30
9610	20593	312	28×208×680			0.01093	34.90
12817	27458	313	30×210×700			0.00820	40.00
17161	36774	314	35×245×700			0.00612	56.00
22849	49032	315	40×250×880			0.00459	92.60
30478	65311	316	45×275×880	105		0.00344	115.00
40638	87082	317	50×280×1020			0.00258	158.50
54004	115717	318	55×285×1180			0.00194	212.00
72078	154453	319	60×300×1200			0.00134	251.00
96104	205937	320	70×350×1250			0.00109	359.00

注：F_{min}—最小工作荷载（N）；F_{max}—最大工作荷载（N）；d—弹簧钢丝直径（mm）；D—弹簧直径（mm）；H_0—弹簧自由高度（mm）；f_{min}—最小变形量（mm）；f_{max}—最大变形量（mm）；$1/K$—弹簧刚度（N/mm）。

表 8-7 和表 8-8（见本书最后的插页）是按电力标准 DL/T 5054—2016《火力发电厂汽水管道设计技术规定》所采用的"热态吊零"的荷载分配方法编制的。如采用"冷态吊零"而使用该表时，则热位移向上查"向下"，热位移向下查"向上"。

使用举例：

【例 8-1】　工作荷载 $F_{gz} = -13386N$，热位移 $\Delta z_t = -40mm$，荷载变化系数 $c \leqslant 0.35$。求：选择支吊架弹簧。

解：1）在表 8-8 荷载栏中的热位移向下时工作荷载经济范围内，查得符合工作荷载为 13386N 的是 11 号弹簧。

2）由荷载 13386N 向右查荷载变化系数 $c \leqslant 0.35$，向下热位移栏得知，此时 ZH2 型的允许最大热位移量为 45.5mm，满足热位移 40mm 要求。因此确定选用 ZH211 弹簧。

3）由荷载 13386N 向右查变形量栏得知，工作荷载下变形量为 130mm，然后可算得安装荷载下变形量为 90mm（130-40）。

4）由变形量 ZH2 栏中 90mm 向左查 11 号弹簧的荷载（即冷态整定荷载）为 9267N。

【例 8-2】　工作荷载 $F_{gz} = -98850N$，热位移 $\Delta z_t = +36mm$，荷载变化系数 $c \leqslant 0.25$。求：选择支吊架弹簧。

解：1）在表 8-7 的荷载栏中热位移向上时工作荷载经济范围内，查得 19 号弹簧工作荷载为 98850N。

2）由荷载 98850N 向右查荷载变化系数 $c \leqslant 0.25$，向上热位移栏得知，此时 ZH3 型弹簧允许最大热位移量为 36mm，刚好满足要求，因此选用一只 ZH319 弹簧。

3）由荷载 98850N 向右查位移量栏得知，工作荷载下位移量为 39mm，然后可算得安装荷载下位移量为 75mm（39+36）。

4）由位移量栏 ZH3 中 75mm 向左查 19 号弹簧的冷态整定荷载为 123560N。

【例 8-3】　工作荷载 $F_{gz} = -431.5N$，热位移 $\Delta z_t = +8mm$。荷载变化系数 $c \leqslant 0.35$。求：选择支吊架弹簧。

解：1）在表 8-8 的荷载栏中热位移向上时工作荷载经济范围内，查得 02 号弹簧工作荷载为 433N。向左从允许最大热位移量栏得知 ZH1 型弹簧允许最大热位移量为 13mm，还有裕度。

2）由于要求热位移量小于 ZH1 型工作荷载经济范围内，允许最大热位移量的最小值，则可选小一号的弹簧。因此查得 ZH101 弹簧工作荷载为 431.5N，相应的允许最大热位移量为 9mm，仍有裕度。

3）查 01 号弹簧位移量栏得知，在工作荷载下的位移量为 36mm，然后得算得安装荷载下位移量为 44mm（36+8）。

4）由位移量栏 ZH1 中 44mm 向右查 01 号弹簧其冷态整定荷载为 483.5N。

【例 8-4】　对于"冷态吊零"，工作荷载 $F_{gz} = $

$-35549N$，热位移 $\Delta z_t = +72mm$，荷载变化系数 $c \leqslant 0.25$。求：选择支吊架弹簧。

解：1）由于"冷态吊零"向上热位移，故应从表 8-7 荷载栏中，热位移向下时工作荷载经济范围内查找，得知 14 号弹簧工作荷载为 35303N 和 35794N，其相应的允许最大热位移量（ZH3）分别为 54mm、54.7mm，不能满足要求，则需串联两个 ZH214 弹簧，用插入法可算得允许最大热位移为 72.5mm，选用合适。

2）由 20 号弹簧位移量中，查得每只 ZH214 弹簧相应工作荷载下的位移量为 75mm，然后可以算得弹簧在热态时的位移量为 39mm（75-72/2）。

3）由位移量栏 ZH2 中 38.40mm 向左查 14 号弹簧相应工作荷载为 26478N 和 26968N，用插入法可算得弹簧在热态时的工作荷载为 26723N。

应该指出：对于"冷态吊零"而言，如果不需要了解弹簧在热态下的工作荷载及变形量，只需进行步骤 1）即完成弹簧的选择。

弹簧选择好后，图样上应标明下列内容，以便订货：

1）管道名称或代号。

2）支吊架编号。

3）弹簧组件型号。

4）弹簧组件整定荷载（指单只弹簧组件冷态荷载）。

5）热位移值的大小及方向（指单只弹簧位移量）。

6）弹簧组件的并联数及串联数。

8.3.4　吊架弹簧

1）中间连接吊架弹簧（TH1）如图 8-9 所示，并见表 8-9。

2）上下连接吊架弹簧（TH2）如图 8-10 所示，并见表 8-10。

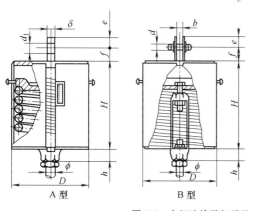

图 8-9　中间连接吊架弹簧

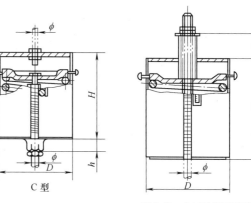

图 8-10　上下连接吊架弹簧

表8-9 中间连接吊架弹簧

编号	工作荷载范围/N	φ/mm	D/mm	H/mm	h/mm	e/mm	f/mm	d₁/mm	δ/mm	b/mm	d/mm	质量/kg A型	B型	C型
101	196~490		88	158								3.090	3.150	2.987
102	304~755		100	168								4.079	4.139	3.976
103	460~1157	12	107		30	18	26	17.5		19	12	4.721	4.781	4.618
104	715~1784		129	178								6.390	6.450	6.287
105	1098~2745		146						12			8.108	8.168	8.005
106	1716~3677		159	198								10.18	10.24	10.007
107	2284~4903	16	180	209		22	32	22		22	16	16.561	16.718	16.400
108	3049~6531		187	219	35							19.007	19.164	18.846
109	4059~8708	20	200	237		25	38	26		26	20	23.862	24.147	23.562
110	5403~11571		214	241					18			28.430	28.715	28.122
111	7207~15445	24		279	40	30	45	33		30	24	35.377	35.744	34.866
112	9610~20593	30	230	316	45	35	53	39	25	34	30	48.548	49.476	47.524
113	12817~27458											50.605	51.533	49.581
114	17161~36774	36	273	346	55	45	65	45		38	36	80.751	82.920	79.308
115	22849~49032	42		415	60	60	75	52		45	45	100.86	103.42	97.955
116	30478~65311	48	302	440	70	65	85	62	32	52	48	131.60	135.94	127.76
117	40638~87082	56	309	498	80	70	100	72	40	60	56	168.11	174.47	162.49
118	54004~115717			561	85							192.94	199.30	187.32
119	72078~154453	64	328	596	90	80	110	78	48	70	64	241.30	251.20	234.03
120	96104~205937	72	380	642		90	120	86		80	72	347.35	357.35	334.59
201	196~490		88	273								4.126	4.186	4.023
202	304~755		100									5.478	5.536	5.375
203	460~1157	12	107	293	30	18	26	17.5	12	19	12	6.226	6.286	6.123
204	715~1784		129									8.409	8.469	8.306
205	1098~2745		146	313								10.926	10.988	10.823
206	1716~3677		159	323								13.762	13.822	13.659
207	2284~4903	16	189	339		22	32	22		22	16	22.002	22.159	21.841
208	3049~6531		187	359	35							25.809	25.966	25.648
209	4059~8708	20	200	387		25	38	26		26	20	31.966	32.520	31.668
210	5403~11571		214	391					18			37.604	37.889	37.296
211	7207~15445	24		459	40	30	45	33		30	24	48.580	49.129	48.089
212	9610~20593	30	230	506	45	35	53	39		34	30	65.425	66.353	64.401
213	12817~27458			516					25			69.300	70.228	68.276
214	17161~36774	36	273	536	55	45	65	45		38	36	107.31	109.40	105.86
215	22849~49032	42		665	60	50	75	52		45	42	142.72	145.55	140.09
216	30478~65311	48	302	680	70	65	85	62	32	52	48	181.44	185.78	177.60
217	40638~87082	56	309	798	80	70	100	72	40	60	56	237.47	243.83	231.85
218	54004~115717			901	85							281.90	288.26	276.28
219	72078~154453	64	328	946	90	80	110	78	48	70	64	345.40	359.29	338.12
220	96104~205937	72	380	1002		90	120	86		80	72	497.11	501.12	478.36
301	196~490		88	368								5.021	5.081	4.918
302	304~755		100									6.930	6.990	6.827
303	460~1157	12	107	418	30	18	26	17.5		19	12	7.871	7.931	7.768
304	715~1784		129									10.592	10.652	10.489
305	1098~2745		146	448					12			13.787	13.847	13.684
306	1716~3677		159	453								17.372	17.432	17.269
307	2284~4903	16	180	469		22	32	22		22	16	27.471	27.628	27.310
308	3049~6531		187	519	35							33.132	33.289	32.971
309	4059~8708	20	200	527		25	38	26		26	20	39.867	40.152	39.570
310	5403~11571		214	531					18			46.543	46.828	46.235
311	7207~15445	24		639	40	30	45	33		30	24	61.851	62.400	61.360

（续）

编号	工作荷载范围/N	φ/mm	D/mm	H/mm	h/mm	e/mm	f/mm	d_1/mm	δ/mm	b/mm	d/mm	质量/kg A型	质量/kg B型	质量/kg C型
312	9610~20593	30	230	686	45	35	53	39	25	34	30	81.873	82.801	80.849
313	12817~27458			706								87.689	88.617	86.665
314	17161~36774	36	273	726	55	45	65	45		38	36	133.77	135.94	132.32
315	22849~49032	42		915	60	50	76	52	32	45	42	184.75	187.58	182.12
316	30478~65311	48	302	930	70	65	85	62		52	48	231.64	235.98	227.80
317	40638~87082	56	309	1088	80	70	100	72	40	60	56	305.69	312.05	300.07
318	54004~115717			1251	85							371.10	377.46	365.44
319	72078~154453	64	328	1296	90	80	110	78	48	70	64	449.22	459.12	441.95
320	96104~205937	72	380	1372		90	120	86		80	72	632.08	642.08	619.33

注：1. 弹簧编号 101~120 的最大允许荷载下的变形量为 75mm；201~220 的最大允许荷载下的变形量为 150mm；301~
320 的最大允许荷载下的变形量为 225mm。

2. 拉杆与弹簧连接处为右螺纹。

3. 标记示例：中间弹簧 13，弹簧号 214，弹簧压缩荷载-9222N，热位移-40mm：TH1-B214$\dfrac{-40}{-9222}$。

表 8-10　上下连接吊架弹簧

编号	工作荷载范围/N	φ/mm	D/mm	H/mm	h/mm	质量/kg
101	196~490	12	88	158	60	2.414
102	304~755		100	168		3.378
103	460~1157		107	178		4.004
104	715~1784		129			5.613
105	1098~2745		146			7.277
106	1716~3677		159	193		9.302
107	2284~4903	16	180	209		15.150
108	3049~6531		187	219		17.566
109	4059~8708	20	200	237		21.425
110	5403~11571		214	241		24.963
111	7207~15445	24		279		30.667
112	9610~20593	30	230	316		40.462
113	12817~27458					42.519
114	17161~36774	36	273	346		70.629
115	22849~49032	42		415		87.120
116	30478~65311	48	302	440		112.86
117	40638~87082	56	309	498		137.86
118	54004~115717			561		161.34
119	72078~154453	64	328	596		199.11
120	96104~205937	72	380	642		284.88
201	196~490	12	88	273	120	3.462
202	304~755		100	293		4.771
203	460~1157		107			5.503
204	715~1784		129			7.626
205	1098~2745		146	313		10.071
206	1716~3677		159	323		12.842
207	2284~4903	16	180	339		20.530
208	3049~6531	16	187	359		24.276
209	4059~8708	20	200	387		29.342
210	5403~11571		214	391		33.951
211	7207~15445	24		459		43.481
212	9610~20593	30	230	516		56.551
213	12817~27458					60.426

（续）

编号	工作荷载范围/N	φ/mm	D/mm	H/mm	h/mm	质量/kg
214	17161~36774	36	273	536		95.551
215	22849~49032	42		665		126.91
216	30478~65311	48	302	680		160.35
217	40638~87082	56	309	798		202.03
218	54004~115717			901		244.38
219	72078~154453	64	328	946		295.63
220	96104~205937	72	380	1002		417.49

注：1. 弹簧编号101~120的最大允许荷载下的变形量为75mm；201~220的最大允许荷载下的变形量为150mm。

2. 标记示例：弹簧编号214，压缩荷载-9410N，热位移 35mm；TH2-214 $\frac{-35}{-9410}$。

8.3.5　支架弹簧（TH3）

支架弹簧如图8-11所示，并见表8-11。

8.3.6　橡胶弹性吊架

橡胶弹性吊架主要技术性能和安装尺寸见表8-12和表8-13，如图8-12所示。

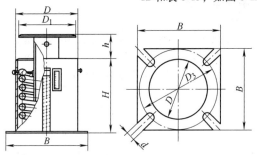

图 8-11　支架弹簧

表 8-11　支架弹簧

编号	工作荷载范围/N	D/mm	H/mm	D_1/mm	D_3/mm	h/mm	B/mm	d/mm	质量/kg
101	196~490	88	158	75	130		140		3.945
102	304~755	100	168	90	140		150		5.031
103	460~1157	107		95	150		160	17.5	5.814
104	715~1784	129	178	120	170		180		8.327
105	1098~2745	146		135	190		200		10.405
106	1716~3677	159	193	150	200		210		12.695
107	2284~4903	180	209	165	240		250		22.169
108	3049~6531	187	219	170	250		260		24.958
109	4059~8708	200	237	185	260		270		29.209
110	5403~11571	214	241	200	280	80	290	26	34.26
111	7207~15455		279						39.744
112	9610~20593	230	316	215	290		310		49.607
113	12817~27458								51.737
114	17161~36774	273	346	250	350		370		94.927
115	22849~49032		415						112.81
116	30478~65311	302	440	280	380		400		140.30
117	40638~87082	309	498	290	390		410	33	165.27
118	54004~115717		561						195.46
119	72078~154453	328	596	300	410		430		237.24
120	96104~205937	380	662	350	470		490		337.86
201	196~490	88	273	75	130		140		5.198
202	304~755	100		90	140		150		6.679
203	460~1157	107	293	95	150	140	160	17.5	7.568
204	715~1784	129		120	170		180		10.985
205	1098~2745	146	313	135	190		200		13.844
206	1716~3677	159	323	150	200		210		16.880

（续）

编号	工作荷载范围/N	D/mm	H/mm	D_1/mm	D_3/mm	h/mm	B/mm	d/mm	质量/kg
207	2284~4903	180	339	165	240		250		28.118
208	3049~6531	187	359	170	250	140	260	26	32.238
209	4059~8708	200	387	185	260		270		37.674
210	5403~11571	214	391	200	280		290		44.506
211	7207~15445		459						53.776
212	9610~20593	230	506	215	290		310		66.914
213	12817~27458		516						70.864
214	17161~36774	273	536	250	350		370	26	122.92
215	22849~49032		665						155.37
216	30478~65311	302	680	280	380	140	400		190.07
217	40638~87082	309	798	290	390		410	33	232.84
218	54004~115717		901						281.84
219	72078~154453	328	946	300	410		430		337.10
220	96104~205937	380	1002	350	470		490		472.26

注：1. 弹簧编号 101~120 的最大允许荷载的变形量 $f_{max}=75mm$，弹簧编号 201~220 的最大允许荷载下的变形量 $f_{max}=150mm$。

2. 本结构荷载支承面均有 $\delta=4mm$ 聚四氟乙烯板。

3. 标记示例：117 号弹簧，压缩荷载-55260N，热位移 9mm：$TH3-117\dfrac{9}{-55260}$。

表 8-12　橡胶弹性吊架主要技术性能

型号规格	额定荷载/N	固有频率/Hz
JXD—（Ⅰ）—1	100	20~21
JXD—（Ⅰ）—2	250	15~17
JXD—（Ⅰ）—3	500	15~17
JXD—（Ⅰ）—4	1250	15~17
JXD—（Ⅰ）—5	2500	15~17
JXD—（Ⅰ）—6	4000	15~17
JXD—（Ⅱ）—1	100	14~15
JXD—（Ⅱ）—2	250	11~12
JXD—（Ⅱ）—3	500	11~12
JXD—（Ⅱ）—4	1250	11~12
JXD—（Ⅱ）—5	2500	11~12
JXD—（Ⅱ）—6	4000	11~12

注：橡胶件弹性模量 4.41MPa，橡胶硬度 50°±5°（邵氏 A），橡胶密度 1200~1300kg/m³，框架变形量（按静力计）不大于 0.3mm。

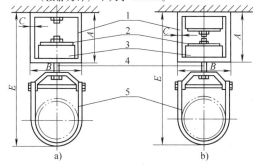

图 8-12　橡胶弹性吊架

a) JXD—（Ⅰ）　b) JXD—（Ⅱ）

1—金属框架　2—垫片　3—橡胶件

4—螺栓　5—金属套管

表 8-13　橡胶弹性吊架安装尺寸

（单位：mm）

型号规格	A	B	C	D(宽)	E	管子公称直径	推荐安装间距/m
JXD—（Ⅰ）—1	60	40	3	25	130	25	2~3
JXD—（Ⅰ）—2	70	50	3	32	170	50	2.5~3.5
JXD—（Ⅰ）—3	80	64	4	45	210	80	3~4
JXD—（Ⅰ）—4	100	84	5	70	260	100	5~6
JXD—（Ⅰ）—5	120	120	6	105	310	125	7~8
JXD—（Ⅰ）—6	140	160	8	145	360	150	8~10
JXD—（Ⅱ）—1	70	40	3	25	140	25	2~3
JXD—（Ⅱ）—2	80	50	3	32	180	50	2.5~3.5
JXD—（Ⅱ）—3	90	64	4	45	220	80	3~4
JXD—（Ⅱ）—4	120	84	5	70	280	100	5~6
JXD—（Ⅱ）—5	140	120	6	105	330	125	7~8
JXD—（Ⅱ）—6	160	160	8	145	380	150	8~10

8.4　常用支吊架

8.4.1　室内管道支吊架

国家建筑标准设计图集 05R417—1《室内管道支吊架》（以 D_o 表示管子外径）适用范围：

1）本图集适用于一般工业企业动力站房、车间及民用建筑室内热力管道，温度为 250℃及以下的蒸汽、热水管道，凝结水管道。保温材料密度按 300kg/m³ 设计。

2）沿墙敷设的热力管道，其管道外壁或保温层外壁与墙之间净空距离约 100mm。

3）固定支架水平推力按矩形补偿器计算，固定支架间距按 60m（补偿器居中，无阀门）考虑。选用时如超出此规定，应核算支架强度。

4）不保温管道按"L"形自然补偿（长臂为 30m，短臂为 10m），管内介质温度为 100℃考虑。

5）保温管道管径 DN≤100mm 和不保温管道管径 DN≤150mm 的支架，一般可设置在厚度不小于 240mm 的砖墙上，也可设置在砖壁柱或钢筋混凝土

柱上；保温管道管径 DN>100mm 和不保温管道管径 DN>150mm 的支架，一般应设置在砖壁柱或钢筋混凝土柱上，否则应经土建设计人员核算其强度。

6）本图集支架荷载及水平推力见表 8-14 和表 8-15。

① 不保温单管滑动支架（图 8-13）主要尺寸见表 8-16。

② 不保温双管滑动支架（图 8-14）主要尺寸见表 8-17。

表 8-14　单管和同径双管支架荷载及水平推力

公称直径/mm		≤25	32	40	50	65	80	100	125	150	200	250	300
管子尺寸(外径/mm)×(壁厚/mm)		32×3.5	38×3.5	45×3.5	57×3.5	73×3.5	89×3.5	108×4	133×4	159×4.5	219×6	273×7	325×8
计算间距/m	保温	2.0	2.0	3.0	3.0	3.0	3.0	3.0	6.0	6.0	6.0	6.0	6.0
	不保温	3.0	3.0	3.0	6.0	6.0	6.0	6.0	6.0	6.0	6.0	6.0	6.0
垂直荷载/N	单管 保温	248	282	483	598	853	1044	1343	3691	4735	8166	11535	15373
	单管 不保温	130	165	208	291	832	1118	1599	2207	3074	5753	8704	12139
	双管 保温	496	564	966	1196	1706	2088	2686	7382	9470	16332	23070	30746
	双管 不保温	260	330	416	582	1164	2236	3198	4414	6148	11506	17408	24278
计算最大水平推力/N	单管 保温	678	803	942	1302	1971	2343	3290	4025	5474	12867	17579	23435
	单管 不保温	315	416	582	844	1320	1622	2488	2951	4272	11206	15788	21650
	双管 保温	1356	1606	1884	2604	3942	4686	6580	8050	10948	25734	35158	46870
	双管 不保温	630	832	1062	1688	2640	3244	4976	5902	8544	22412	31576	43300

表 8-15　异径双管支架荷载及水平推力

公称直径/mm	DN₁	100	100	100	125	125	125	150	150	150	200	200	200	250	250	250	300	300	300
	DN₂	50	65	80	65	80	100	80	100	125	100	125	150	100	125	150	125	150	200
管子尺寸(外径/mm)×(壁厚/mm)	$D_o×S_1$	108×4	108×4	108×4	133×4	133×4	133×4	159×4.5	159×4.5	159×4.5	219×6	219×6	219×6	273×7	273×7	273×7	325×8	325×8	325×8
	$D_o×S_2$	57×3.5	73×3.5	89×3.5	73×3.5	89×3.5	108×3.5	89×3.5	108×4	133×4	108×4	133×4	159×4.5	108×4	133×4	159×4.5	133×4	159×4.5	219×6
计算间距/m	保温	3	3	3	3	3	3	3	3	6	6	6	6	6	6	6	6	6	6
	不保温	6	6	6	6	6	6	6	6	6	6	6	6	6	6	6	6	6	6
垂直荷载/N	保温	1941	2196	2387	2699	2890	3189	3412	3711	8426	10352	11857	12901	14221	15226	16270	19064	20108	23539
	不保温	1890	2431	2717	3039	3325	3806	4192	4673	5281	7352	7960	8827	10303	10911	11778	14346	15213	17892
计算最大水平推力/N	保温	4592	5261	5633	5996	6368	7315	7817	8764	9499	16157	16892	18341	20869	21604	23053	27460	28909	36302
	不保温	3332	3808	4110	4271	4573	5439	5894	6760	7223	13694	14157	15478	18276	18739	20060	24601	25922	32856

③ 保温单管滑动支架（图 8-15）主要尺寸见表 8-18。

④ 保温单管导向支架（图 8-16）主要尺寸见表 8-19。

⑤ 保温双管滑动支架（图 8-17）主要尺寸见表 8-20。

⑥ 不保温异径双管滑动支架（图 8-18）主要尺寸见表 8-21。

⑦ 保温异径双管滑动支架（图 8-19）主要尺寸见表 8-22。

⑧ 滑动支座（图 8-20）主要尺寸见表 8-23。

⑨ 单管固定支架（图 8-21）主要尺寸见表 8-24。

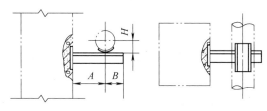

图 8-13　不保温单管滑动支架

注：不保温单管滑动支架可生根在砖墙上，夹于混凝土柱
　　上或焊于混凝土柱预埋钢板上。选用时应根据支架生
　　根在构筑物上的形式而定。

表 8-16　不保温单管滑动支架主要尺寸

（单位：mm）

公称直径	管子外径 D_o	A	B	H
25	32	120	50	18
32	38	120	50	21
40	45	130	60	25
50	57	130	60	31
65	73	140	70	39
80	89	150	80	47
100	108	160	80	56
125	133	170	100	70
150	159	180	110	83
200	219	210	140	113
250	273	240	160	140
300	325	270	180	166

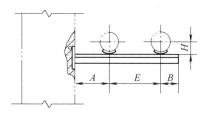

图 8-14　不保温双管滑动支架

注：不保温双管滑动支架可生根在砖墙上，夹于
　　混凝土柱上或焊于混凝土柱预埋板上。选用
　　时应根据支架生根在构筑物上的形式而定。

表 8-17　不保温双管滑动支架主要尺寸

（单位：mm）

公称直径	管子外径 D_o	A	E	B	H
25	32	120	150	50	18
32	38	120	160	50	21
40	45	130	170	60	25
50	57	130	180	60	31
65	73	140	190	70	39
80	89	150	210	80	47
100	108	160	230	80	56
125	133	170	250	100	70
150	159	180	280	110	83

（续）

公称直径	管子外径 D_o	A	E	B	H
200	219	210	340	140	113
250	273	240	390	160	140
300	325	270	450	180	166

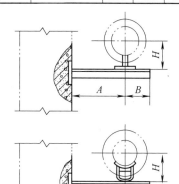

图 8-15　保温单管滑动支架

注：保温单管滑动支架可生根在砖墙上，夹于混凝土
　　柱上或焊于混凝土柱预埋板上。选用时应根据支
　　架生根在构筑物上的形式而定。

表 8-18　保温单管滑动支架主要尺寸

（单位：mm）

公称直径	管子外径 D_o	A	B	H
25	32	190	70	116
32	38	200	70	119
40	45	210	70	123
50	57	220	80	129
65	73	230	90	157
80	89	240	100	165
100	108	250	120	174
125	133	270	120	187
150	159	300	150	230
200	219	330	180	260
250	273	370	210	287
300	325	400	230	313

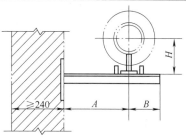

图 8-16　保温单管导向支架

注：保温单管导向支架可生根在砖墙上，夹于混凝土柱上
　　或焊于混凝土柱预埋板上。选用时应根据支架生根在
　　构筑物上的形式而定。

表 8-19　保温单管导向支架主要尺寸

（单位：mm）

公称直径	管子外径 D_o	A	B	H
25	32	190	70	116
32	38	200	70	119
40	45	210	70	123
50	57	220	80	129
65	73	230	90	157
80	89	240	100	165
100	108	250	120	174
125	133	270	120	187
150	159	300	150	230
200	219	330	180	260
250	273	370	210	287
300	325	400	230	313

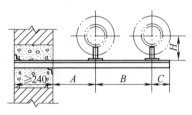

图 8-17　保温双管滑动支架

注：1. 保温双管滑动支架可生根于砖墙土，夹于混凝土柱
上或焊于混凝土柱预埋钢板上。选用时应根据支架
生根在构筑物上的形式而定。
2. DN = 125~300mm 双管支架采用斜撑结构。

表 8-20　保温双管道滑动支架主要尺寸

（单位：mm）

公称直径	管子外径 D_o	A	B	C	H
25	32	190	300	70	116
32	38	200	320	70	119
40	45	210	330	70	123
50	57	220	350	80	129
65	73	230	370	90	157
80	89	240	390	100	165
100	108	250	420	120	174
125	133	270	450	120	187
150	159	300	510	150	230
200	219	330	580	180	260
250	273	370	640	210	287
300	325	400	720	230	313

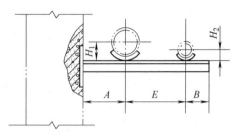

图 8-18　不保温异径双管滑动支架

注：不保温异径双管滑动支架可生根于砖墙上，夹于混凝
土柱上或焊于混凝土柱预埋钢板上。选用时应根据支
架生根在构筑物上的形式而定。

表 8-21　不保温异径双管滑动支架主要尺寸

（单位：mm）

公称直径 DN$_1$	DN$_2$	A	E	B	H_1	H_2
100	50	160	200	60	56	31
	65	160	210	70	56	39
	80	160	220	80	56	47
125	65	170	220	70	70	39
	80	170	230	80	70	47
	100	170	240	80	70	56
150	80	180	250	80	83	47
	100	180	260	80	83	56
	125	180	270	100	83	70
200	100	210	300	80	113	56
	125	210	310	100	113	70
	150	210	320	110	113	83
250	100	240	330	80	141	58
	125	240	340	100	141	71
	150	240	350	110	141	84
300	125	270	380	100	167	71
	150	270	390	110	167	84
	200	270	400	140	167	114

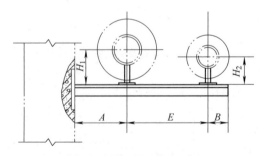

图 8-19　保温异径双管滑动支架

注：1. 保温异径双管滑动支架可生根在砖墙上，夹于
混凝土柱上或焊于混凝土柱预埋钢板上。选用
时应根据支架生根在构筑物上的形式而定。
2. DN = 150~125mm 以上双管支架采用斜撑结构。

表 8-22 保温异径双管滑动支架主要尺寸 （单位：mm）

公称直径		A	E	B	H_1	H_2
DN_1	DN_2					
100	50	250	360	80	174	129
	65	250	370	90	174	157
	80	250	380	100	174	165
125	65	270	390	90	187	157
	80	270	410	100	187	165
	100	270	430	120	187	174
150	80	300	440	100	230	165
	100	300	460	120	230	174
	125	300	480	120	230	187
200	100	330	480	120	260	174
	125	330	510	120	260	187
	150	330	540	150	260	230
250	100	370	520	120	287	174
	125	370	540	120	287	187
	150	370	570	150	287	230
300	125	400	580	120	313	187
	150	400	610	150	313	230
	200	400	640	180	313	260

⑩ 保温双管固定支架（图 8-22）主要尺寸见表 8-25。

⑪ 保温异径双管固定支架（图 8-23）主要尺寸见表 8-26。

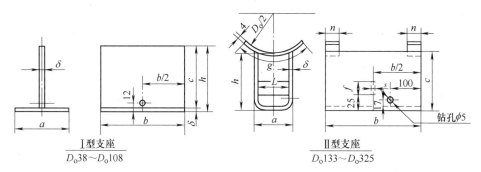

图 8-20 滑动支座

表 8-23 滑动支座主要尺寸 （单位：mm）

管子外径 D_o	h	a	b	c	δ	L	s	f	g	n	质量/kg	类型
32	100	50	200	96	4	—	—	—	—	—	0.92	Ⅰ 型
38	100	50	200	96	4	—	—	—	—	—	0.92	
45	100	60	200	96	4	—	—	—	—	—	0.98	
57	100	60	250	96	4	—	—	—	—	—	1.22	
73	120	80	250	114	6	—	—	—	—	—	2.28	
89	120	80	250	114	6	—	—	—	—	—	2.28	
108	120	80	250	114	6	—	—	—	—	—	2.28	
133	120	100	250	125	5	—	—	—	130	50	3.78	Ⅱ 型
159	150	100	300	160	5	—	—	—	130	50	5.52	
219	150	120	300	160	5	—	—	—	150	50	5.81	
273	150	160	300	160	5	148	6	80	200	60	7.31	
325	150	160	300	160	6	148	6	80	200	60	7.31	

注：1. Ⅰ型支座 b=200mm 的不可钻孔。

2. Ⅱ型支座底板也可用钢板拼接。

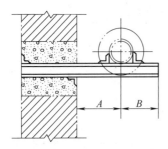

图 8-21　单管固定支架

注：单管固定支架可生根在砖墙上，夹于混凝土柱上或焊于混凝土预埋钢板上。选用时应根据推力大小、支架在构筑物上的形式而定。

表 8-24　单管固定支架主要尺寸

（单位：mm）

公称直径	管子外径 D_o	A		B
		保温	不保温	
25	32	190	120	50
32	38	200	120	55
40	45	210	130	60
50	57	220	130	70
65	73	230	140	85
80	89	240	150	100
100	108	250	160	110
125	133	270	170	130
150	159	300	180	155
200	219	330	210	200
250	273	370	240	240
300	325	400	270	270

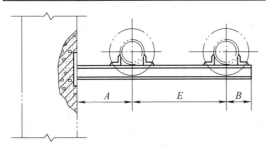

图 8-22　保温双管固定支架

注：1. 保温双管固定支架可生根在砖墙上，夹于混凝土柱上或焊于混凝土预埋钢板上。选用时应根据生根在构筑物上的形式确定。

2. DN=125~300mm 双管固定支架采用斜撑结构。

表 8-25　保温双管固定支架主要尺寸

（单位：mm）

公称直径	管子外径 D_o	A	E	B
25	32	190	300	50
32	38	200	320	55
40	45	210	330	60

（续）

公称直径	管子外径 D_o	A	E	B
50	57	220	350	70
65	73	230	370	85
80	89	240	390	100
100	108	250	420	110
125	133	270	450	130
150	159	300	570	155
200	219	330	580	200
250	273	370	640	240
300	325	400	720	270

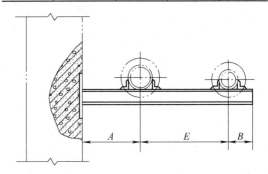

图 8-23　保温异径双管固定支架

注：1. 保温异径双管固定支架可生根在砖墙上，夹于混凝土柱上或焊于混凝土柱预埋钢板上。选用时应根据生根在构筑物上的形式而定。

2. DN=150~125mm 以上的异径双管支架采用斜撑结构。

表 8-26　保温异径双管固定支架主要尺寸

（单位：mm）

公称直径		A	E	B
DN_1	DN_2			
100	50	250	360	70
100	65	250	370	85
100	80	250	380	100
125	65	270	390	85
125	80	270	410	100
125	100	270	430	110
150	80	300	440	100
150	100	300	460	110
150	125	300	480	130
200	100	330	480	110
200	125	330	510	130
200	150	330	540	155
250	100	370	520	110
250	125	370	540	130
250	150	370	570	155
300	125	400	580	130
300	150	400	610	155
300	200	400	640	200

8.4.2　室外热力管道支座

国家建筑标准设计图集 97R412《室外热力管道支座》（以 D 表示管子外径）简介：

本图集适用于室外公称直径 DN20~DN600 温度不大于 350℃ 的蒸汽、热水、凝结水、压缩空气管道的支座设计、加工及安装。使用时，应根据滑动支座的热位移量，固定支座的水平推力来选择支座的形式。当热位移量及水平推力与本图集不符时，应重新核算结构件的尺寸。加工安装时应按 97R412/3 支座本体组装技术条件进行。

1）弧形板滑动支座如图 8-24 所示。

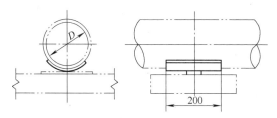

图 8-24　弧形板滑动支座（97R412/4）

注：1. 弧形板规格　$D = 25 \sim 89$mm，钢板 200mm × 3mm（厚度）；$D = 108 \sim 720$mm，钢板 200mm × 3mm（厚度）。

2. $D \leqslant 108$mm 管子也可用平板代替弧形板，宽度也可缩小。

2）曲面槽滑动支座（图 8-25）主要尺寸见表 8-27。

3）搣弯座板式滑动支座（图 8-26）主要尺寸见表 8-28 和表 8-29。

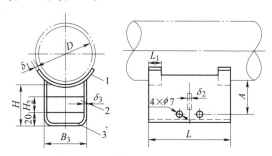

图 8-25　曲面槽滑动支座（97R412/5—11）

1—弧形板　2—肋板　3—曲面槽

注：1. $L = 200$mm，$H = 50$mm，无肋板和 4×φ7mm 孔。

2. $L = 200$mm，$H = 100$mm，无 4×φ7mm 孔。

3. 曲面槽也可用焊接代替搣弯。

4. 尺寸 A 应根据管道保温厚度决定。

表 8-27　曲面槽滑动支座主要尺寸　　　　　　（单位：mm）

管子外径 D	支座尺寸								质量/kg	图号
	L	L_1	H	H_2	B_3	δ_1	δ_2	δ_3		
159	200	50	50	—	108	4	4	—	1.82	97R412/5
	200	50	100	60	108	4	4	4	2.64	97R412/6
	300	50	100	60	108	4	4	4	3.65	97R412/7
	400	50	100	60	108	4	4	4	4.65	97R412/8
	200	50	150	100	112	4	6	6	4.87	97R412/9
	300	50	150	100	112	4	6	6	6.86	97R412/10
	400	50	150	100	112	4	6	6	8.83	97R412/11
219	200	50	50	—	128	4	4	—	2.07	97R412/5
	200	50	100	60	128	4	4	4	2.93	97R412/6
	300	50	100	60	128	4	4	4	3.99	97R412/7
	400	50	100	60	128	4	4	4	5.06	97R412/8
	200	50	150	100	132	4	6	6	5.28	97R412/9
	300	50	150	100	132	4	6	6	7.36	97R412/10
	400	50	150	100	132	4	6	6	9.43	97R412/11
273	200	50	50	—	152	4	6	—	3.11	97R412/5
	200	60	100	60	152	4	6	6	4.59	97R412/6
	300	60	100	60	152	4	6	6	6.31	97R412/7
	400	60	100	60	152	4	6	6	8.03	97R412/8
	200	60	150	100	156	4	8	8	7.47	97R412/9
	300	60	150	100	156	4	8	8	10.38	97R412/10
	400	60	150	100	156	4	8	8	13.29	97R412/11
325	200	50	50	—	192	4	6	—	3.80	97R412/5
	200	60	100	60	192	4	6	6	5.41	97R412/6
	300	60	100	60	192	4	6	6	7.39	97R412/7
	400	60	100	60	192	4	6	6	9.37	97R412/8
	200	60	150	100	196	4	8	8	8.62	97R412/9
	300	60	150	100	196	4	8	8	11.85	97R412/10
	400	60	150	100	156	4	8	8	15.17	97R412/11

（续）

管子外径 D	支座尺寸								质量/kg	图号
	L	L_1	H	H_2	B_3	δ_1	δ_2	δ_3		
377	200	50	50	—	202	4	6	—	3.93	97R412/5
	200	80	100	60	202	4	6	6	5.93	97R412/6
	300	80	100	60	202	4	6	6	7.95	97R412/7
	400	80	100	60	202	4	6	6	9.97	97R412/8
	200	80	150	100	206	4	8	8	9.15	97R412/9
	300	80	150	100	206	4	8	8	12.45	97R412/10
	400	80	150	100	206	4	8	8	15.75	97R412/11
426	200	50	50	—	232	4	6	—	4.48	97R412/5
	200	80	100	60	232	4	6	6	6.66	97R412/6
	300	80	100	60	232	4	6	6	8.85	97R412/7
	400	80	100	60	232	4	6	6	11.04	97R412/8
	200	80	150	100	236	4	8	8	10.14	97R412/9
	300	80	150	100	236	4	8	8	13.64	97R412/10
	400	80	150	100	236	4	8	8	17.24	97R412/11
478	200	50	50	—	252	4	6	—	4.76	97R412/5
	200	80	100	60	252	4	6	6	7.05	97R412/6
	300	80	100	60	252	4	6	6	9.35	97R412/7
	400	80	100	60	252	4	6	6	11.66	97R412/8
	200	80	150	100	256	4	8	8	10.67	97R412/9
	300	80	150	100	256	4	8	8	14.37	97R412/10
	400	80	150	100	256	4	8	8	18.07	97R412/11
529	200	50	50	—	276	4	8	—	6.42	97R412/5
	200	80	100	60	276	4	8	8	9.38	97R412/6
	300	80	100	60	276	4	8	8	12.61	97R412/7
	400	80	100	60	276	4	8	8	15.82	97R412/8
	200	80	150	100	280	4	10	10	13.65	97R412/9
	300	80	150	100	280	4	10	10	18.40	97R412/10
	400	80	150	100	280	4	10	10	23.30	97R412/11

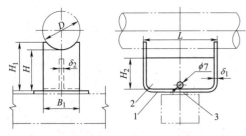

图 8-26　撼弯座板式滑动支座（97R412/13—14）
1—曲面槽　2—肋板　3—支承板

注：1. $L=150$mm，$H=50$mm，100mm，无 $\phi7$mm 孔。

2. 本支座与零件 3 焊死，即可作固定支座使用，但应符合表 8-28 条件。

4）丁字托滑动支座（图 8-27）主要尺寸见表 8-30 和表 8-31。

表 8-28　撼弯座板式滑动支座主要尺寸（一）

支座高度 H/mm	焊缝尺寸		支承板宽 /mm	允许最大推力/N
	总长度/mm	高度/mm		
50	100	4	50	3923
100	100	4	50	2108

表 8-29　撼弯座板式滑动支座主要尺寸（二） （单元：mm）

管子外径 D	支座尺寸							质量/kg	图号
	H	H_1	H_2	L	B_1	δ_1	δ_2		
25	50	55	35	150	30	4	4	0.38	97R412/13—14
	50	55	35	300	30	4	4	0.69	
	100	105	85	150	30	4	4	0.70	
	100	105	85	300	30	4	4	1.25	

（续）

管子外径 D	支座尺寸							质量/kg	图号
	H	H_1	H_2	L	B_1	δ_1	δ_2		
32	50	55	35	150	40	4	4	0.46	
	50	55	35	300	40	4	4	0.82	
	100	105	85	150	40	4	4	0.80	
	100	105	85	300	40	4	4	1.40	
38	50	60	35	150	40	4	4	0.47	
	50	60	35	300	40	4	4	0.83	
	100	110	85	150	40	4	4	0.82	
	100	110	85	300	40	4	4	1.42	
45	50	60	35	150	50	4	4	0.55	
	50	60	35	300	50	4	4	0.96	
	100	110	85	150	50	4	4	0.93	
	100	110	85	300	50	4	4	1.57	
57	50	60	35	150	50	4	4	0.55	
	50	60	35	300	50	4	4	0.96	
	100	110	85	150	50	4	4	0.93	
	100	110	85	300	50	4	4	1.57	
73	50	65	35	150	70	4	4	0.73	97R412/13—14
	50	65	35	300	70	4	4	1.23	
	100	115	85	150	70	4	4	1.17	
	100	115	85	300	70	4	4	1.91	
89	50	65	35	150	80	4	4	0.82	
	50	65	35	300	80	4	4	1.36	
	100	115	85	150	80	4	4	1.29	
	100	115	85	300	80	4	4	2.07	
108	50	70	35	150	90	4	4	0.93	
	50	70	35	300	90	4	4	1.52	
	100	120	85	150	90	4	4	1.43	
	100	120	85	300	90	4	4	2.26	
133	50	75	35	150	100	4	4	1.04	
	50	75	35	300	100	4	4	1.68	
	100	125	85	150	100	4	4	1.58	
	100	125	85	300	100	4	4	2.46	
159	50	80	35	150	110	4	4	1.16	
	50	80	35	300	110	4	4	1.86	
	100	130	85	150	110	4	4	1.73	
	100	130	85	300	110	4	4	2.66	

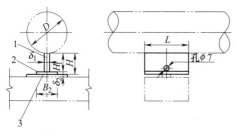

图 8-27　丁字托滑动支座（97R412/15—18）
1—顶板　2—底板　3—支承板
注：1. $L=150mm$，$H=50mm$，无 $\phi7mm$ 孔。
　　2. 丁字托可用钢板焊接。
　　3. 本支座与零件 3 焊牢即可作固定支座使用，但
　　　应符号表 8-30 条件。

表 8-30　丁字把滑动支座主要尺寸（一）

使用管径 D/mm	焊缝尺寸		支承板宽 度/mm	允许最大 推力/N
	总长度/mm	高度/mm		
$H=100mm$				
57 以下	100	4	50	2107
73 以上	100	4	50	2646
$H=50mm$				
89 以下	100	4	50	3920
108 以上	100	4	50	4900

表 8-31　丁字托滑动支座主要尺寸（二）

管子外径 D/mm	最大热位移/mm	最大垂直荷载/N	支座尺寸 H/mm	H_1/mm	L/mm	B_2/mm	δ_1/mm	δ_2/mm	质量/kg	图号
25	100	1177	50	46	150	60	4	4	0.5	
	250	1177	50	46	300	60	4	4	1.0	
	100	588	100	96	150	60	4	4	0.73	
	250	588	100	96	300	60	4	4	1.48	
32	100	1177	50	46	150	60	4	4	0.5	
	250	1177	50	46	300	60	4	4	1.0	
	100	588	100	96	150	60	4	4	0.73	
	250	588	100	96	300	60	4	4	1.48	
38	100	1177	50	46	150	60	4	4	0.5	
	250	1177	50	46	300	60	4	4	1.0	
	100	588	100	96	150	60	4	4	0.73	
	250	588	100	96	300	60	4	4	1.48	
45	100	1765	50	46	150	60	4	4	0.5	
	250	1765	50	46	300	60	4	4	1.0	
	100	882	100	96	150	60	4	4	0.73	
	250	882	100	96	300	60	4	4	1.48	
57	100	1765	50	46	150	60	4	4	0.5	
	250	1765	50	46	300	60	4	4	1.0	
	100	882	100	96	150	60	4	4	0.73	
	250	882	100	96	300	60	4	4	1.48	97R412/15—18
73	100	1765	50	46	150	80	4	4	0.6	
	250	1765	50	46	300	80	4	4	1.18	
	100	1961	100	94	150	80	6	6	1.24	
	250	1961	100	96	300	80	6	6	2.46	
89	100	1765	50	46	150	80	4	4	0.6	
	250	1765	50	46	300	80	4	4	1.18	
	100	1961	100	94	150	80	6	6	1.24	
	250	1961	100	96	300	80	6	6	2.46	
108	100	3923	50	44	150	100	4	4	1.02	
	250	3923	50	44	300	100	6	6	2.04	
	100	1961	100	94	150	100	6	6	1.38	
	250	1961	100	94	300	80	6	6	2.75	
133	100	3923	50	44	150	100	6	6	1.02	
	250	3923	50	44	300	100	6	6	2.04	
	100	3432	100	92	150	100	8	8	1.81	
	250	3432	100	92	300	100	8	8	3.62	
159	100	3923	50	44	150	100	6	6	1.02	
	250	3923	50	44	300	100	6	6	2.04	
	100	3432	100	92	150	100	8	8	1.81	
	250	3432	100	92	300	100	8	8	3.62	

　　5）丁字托加侧板滑动支座（图 8-28）主要尺寸见表 8-32 和表 8-33。

表 8-32　丁字托加侧板滑动支座主要尺寸（一）

H/mm	焊缝尺寸 总长度/mm	高度/mm	支承板宽度/mm	允许最大推力/N
50	200	8	100	27459
100	300	8	150	32950
150	400	8	200	39913

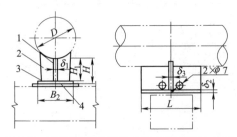

图 8-28　丁字托加侧板滑动支座（97R412/19—20）
1—顶板　2—侧板　3—底板　4—支承板

注：1. $L=200\text{mm}$，$H=50\text{mm}$、100mm、150mm，无 $2\times\phi7\text{mm}$ 孔。

　　2. 最大热位移 150mm。

　　3. 本支座与零件 3 焊死即可作固定支座使用，但应符合表 8-32 条件。

表 8-33　丁字托加侧板滑动支座主要尺寸（二）

管子外径 D/mm	支座尺寸							质量 /kg	图号
	H/mm	H_1/mm	L/mm	B_2/mm	δ_1/mm	δ_2/mm	δ_3/mm		
219	50	44	200	120	6	8	6	2.17	97R412/19—20
	100	92	200	120	8	8	8	3.33	
	150	142	200	120	8	8	8	4.26	
	100	92	300	120	8	8	8	4.66	
	150	142	300	120	8	8	8	5.90	
273	50	44	200	140	6	8	6	2.48	
	100	92	200	140	8	8	8	3.72	
	150	142	200	140	8	8	8	4.73	
	100	92	300	140	8	8	8	5.18	
	150	142	300	140	8	8	8	6.50	
325	50	44	200	160	6	8	6	2.79	
	100	92	200	160	8	8	8	4.11	
	150	142	200	160	8	8	8	5.18	
	100	92	300	160	8	8	8	5.70	
	150	142	300	160	8	8	8	7.08	

6）焊接角钢固定支座（图 8-29）主要尺寸见表 8-34。

7）曲面槽固定支座（图 8-30）主要尺寸见表 8-35 和表 8-36。

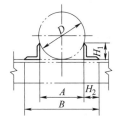

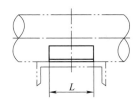

图 8-29　焊接角钢固定支座（97R412/21）

表 8-34　焊接角钢固定支座主要尺寸

管子外径 D/mm	最大轴向推力/N	支座尺寸					规格 （mm）	质量/kg	图号
		A/mm	B/mm	L/mm	H_1/mm	H_2/mm			
25	21967	65	25	100	20	20	L20×20×4	0.23	97R412/21
32	21967	72	32	100	20	20		0.23	
38	21967	78	38	100	20	20		0.23	
45	27458	83	43	100	20	20		0.23	
57	27458	117	57	100	30	30	L30×30×4	0.36	
73	35303	143	73	100	36	36	L60×60×4	0.43	
89	35303	158	88	100	36	36		0.43	
108	43835	172	102	100	36	36		0.43	
133	43835	188	118	100	36	36		0.43	
159	49425	212	148	100	50	32	L50×32×4	0.50	
219	54916	306	206	100	75	50	L75×50×5	0.96	
273	54916	386	260	100	100	63	L100×63×6	1.51	
273	109833	386	260	200	100	63		3.02	
325	54916	424	298	100	100	63		1.51	
325	109833	424	298	200	100	63		3.02	
377	65900	510	350	100	125	80	L125×80×7	2.21	
377	131800	510	350	200	125	80		4.42	
426	65900	544	384	100	125	80		2.21	
426	131800	544	384	200	125	80		4.42	

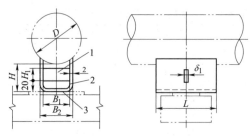

图 8-30　曲面槽固定支座（97R412/22—24）

1—肋板　2—曲面槽　3—支承板

注：1. 曲面槽也可用焊接代替揻弯。

　　2. 支座与支承板焊接时应符合表 8-35 条件。

表 8-35　曲面槽固定支座主要尺寸（一）

使用管径 D/mm	允许最大轴向推力/N	焊缝尺寸		支承板宽度/mm
		总长度/mm	高度/mm	
159~219	13729	200	4	100
	16671	300	4	150
	29419	400	6	200
273~478	20593	200	6	100
	24516	300	6	150
	39226	400	8	200
529~630	27458	200	8	100
	32361	300	8	150
	50013	400	10	200

表 8-36　曲面槽固定支座主要尺寸（二）

管道外径 D/mm	允许最大推力/N	支座尺寸						质量/kg	图号
		H/mm	H_1/mm	B_2/mm	L/mm	δ_1/mm	δ_2/mm		
159	13729	50	—	108	200	—	4	0.43	97R412/22
	16671	100	60	108	200	4	4	2.25	97R412/23
	29419	150	100	112	200	6	6	—	97R412/24
219	13729	50	—	128	200	—	4	0.56	97R412/22
	16671	100	60	128	200	4	4	2.42	97R412/23
	29419	150	100	132	200	6	6	—	97R412/24
273	20593	50	—	152	200	—	6	2.56	97R412/22
	24516	100	60	152	200	6	6	3.91	97R412/23
	39226	150	100	156	200	8	8	—	97R412/24
325	20593	50	—	192	200	—	6	3.09	97R412/22
	24516	100	60	192	200	6	6	4.54	97R412/23
	39226	150	100	196	200	8	8	—	97R412/24
377	20593	50	—	202	200	—	6	3.16	97R412/22
	24516	100	60	202	200	6	6	4.65	97R412/23
	39226	150	100	206	200	8	8	—	97R412/24
426	20593	50	—	232	200	—	6	3.51	97R412/22
	24516	100	60	232	200	6	6	5.08	97R412/23
	39226	150	100	236	200	8	8	—	97R412/24
478	20593	50	—	252	200	—	6	3.74	97R412/22
	24516	100	60	252	200	6	6	5.36	97R412/23
	39226	150	100	256	200	8	8	—	97R412/24

（续）

管道外径	允许最大	支座尺寸						质量/kg	图号
D/mm	推力/N	H/mm	H_1/mm	B_2/mm	L/mm	δ_1/mm	δ_2/mm		
	27458	50	—	276	200	—	8	5.28	97R412/22
529	32361	100	60	276	200	8	8	7.52	97R412/23
	50013	150	100	280	200	10	10	—	97R412/24
	27458	50	—	316	200	—	8	5.90	97R412/22
630	32361	100	60	316	200	8	8	8.29	97R412/23
	50013	150	100	320	200	10	10	—	97R412/24
	27458	50	—	336	200	—	8	6.13	97R412/22
720	32361	100	60	336	200	8	8	8.59	97R412/23
	50013	150	100	340	200	10	10	—	97R412/24

8.4.3　隔热托座

（1）高温隔热托座　高温隔热托座由底座、托架和隔热环组成。托架由上夹板和下夹板组成，隔热环由上隔热环和下隔热环组成；底座由底板和侧板组成，为保证隔热环与管道之间的连接牢固可靠，上下夹板间采用螺栓连接，这样连接既牢固又起到隔热效果。隔热托座的结构如图 8-31 所示，主要尺寸见表 8-37。隔热环可采用镁钢浇注料按比例混合成型，也可采用其他隔热材料如高强度蛭石加工成型，一般要求隔热环具有一定的抗压、抗折强度和较小的导热系数。

镁钢隔热环主要技术性能如下：

抗压强度：$\geqslant 4.0 \text{N/mm}^2$。

抗折强度：$\geqslant 2.8 \text{N/mm}^2$。

热导率：$\leqslant 0.2 \text{W/(m·K)}$。

适用范围：$\leqslant 350℃$。

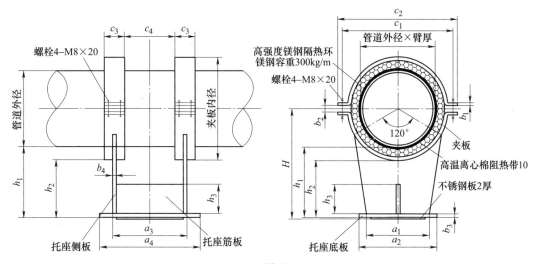

说明

适用范围：

1. 材料：Q235-A。
2. 支座上下滑动面均采用2厚的不锈钢板，施工时应分别与滑动托座和托座底板焊接，毛刺应打平。
3. 标记示例：滑动(导向)托座DN=400。

图 8-31　高温隔热托座的结构

表 8-37　高温隔热托座主要尺寸　　　　　　　　　（单位：mm）

D	H	h_1	h_2	h_3	a_1	a_2	a_3	a_4	b_1	b_2	b_3	b_4	c_1	c_2	c_3	c_4
108	214	160	120	80	68	100	200	250	6	8	6	6	230	270	100	94
133	227	160	120	80	68	100	200	250	6	8	6	6	250	290	100	94
159	240	160	120	80	120	200	200	250	6	8	6	6	280	320	100	94
219	300	190	130	100	120	200	350	400	8	10	8	8	380	420	120	222

（续）

D	H	h_1	h_2	h_3	a_1	a_2	a_3	a_4	b_1	b_2	b_3	b_4	c_1	c_2	c_3	c_4
273	327	190	130	100	180	260	350	400	8	10	8	8	430	470	120	222
325	383	220	130	100	180	260	350	400	8	10	8	8	550	590	120	222
377	409	220	130	100	240	320	400	450	10	12	10	10	600	650	120	270
426	433	220	130	100	240	320	450	500	10	12	10	10	650	700	120	290
478	489	250	140	110	320	370	450	500	10	12	10	10	745	790	150	290
530	515	250	140	110	320	370	450	500	10	12	10	10	800	850	150	290
630	565	250	140	110	360	410	450	500	10	12	10	10	900	950	150	290
720	630	270	150	120	400	450	500	550	12	12	12	12	1050	1000	150	360
820	680	270	150	120	400	450	500	550	12	12	12	12	1150	1100	150	360

（2）上海新奇低温隔热托座　JG/T 202—2007《工程管道用聚氨酯、蛭石绝热材料支吊架》标准对绝热型管道支吊架中绝热支撑件的腐蚀元素含量，焊于管道上的承载卡块或卡环的钢材材质，绝热支撑件的尺寸，安于弧形钢托板之间的接触部分的角度，钢制支吊架的表面防护涂（镀）层，绝热型支吊架的承载能力，绝热型滑动和导向支架的滑动摩擦力系数等做了规定。并对用于低温管道的硬质发泡聚氨酯绝热支撑件的抗压强度、抗折强度、热导率、吸水率或含水量、燃烧性能和尺寸、形状、外观等也做了规定。

低温管道隔热环用硬质发泡聚氨酯绝热支撑件主要技术性能如下：

抗压强度：≥4.5N/mm²。

抗折强度：≥3.5N/mm²。

热导率：≤0.05W/(m·K)。

密度：300±30kg/m³。

吸水率：≤0.01g/cm²。

氧指数：≥30%。

燃烧性能等级：B 级。

适用温度范围：-20~100℃

低温管道滑动导向管座的滑动摩擦阻力系数一般按 0.1~0.2 计算，固定管座处管道上应焊接承力环。上海新奇低温连丽保隔热托座的结构如图 8-32~图 8-35 所示，主要尺寸见表 8-38~表 8-40。

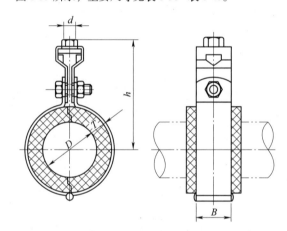

图 8-32　连丽保管夹的结构

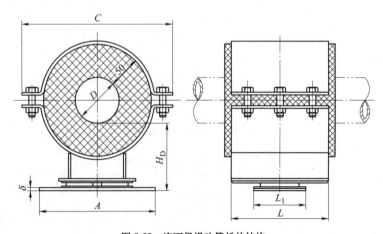

图 8-33　连丽保滑动管托的结构

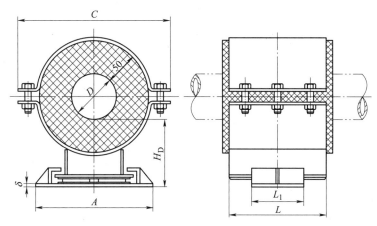

图 8-34　连丽保导向管托的结构

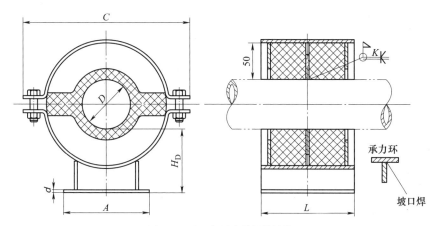

图 8-35　连丽保固定管托的结构

表 8-38　连丽保管夹主要尺寸　　　　　　（单位：mm）

型号	适用管道外径 D	承载力设计值/kN	吊杆螺纹尺寸 d	保冷隔热块厚 T					轴向长度 B
				20	25	30	40	50	
				高度 h					
PA-22×T	22	0.53	M10	86	91	96	106		50
PA-27×T	27	0.67		89	94	99	109	119	
PA-34×T	34	0.83		92	97	102	112	122	
PA-43×T	43	1.04		96	101	106	116	126	
PA-49×T	49	1.19		99	104	109	119	129	
PA-61×T	61	1.48		105	110	115	125	135	
PA-76×T	76	1.86		113	118	123	133	143	
PA-89×T	89	2.18		120	125	130	140	150	
PA-108×T	108	2.7			139	144	154	164	
PA-133×T	133	3.32	M12		153	158	168	178	
PA-159×T	159	3.97			166	171	181	191	
PA-219×T	219	5.47	M16			207	217	227	
PA-273×T	273	6.8					267	277	
PA-325×T	325	8.12					292	302	

表 8-39　连丽保滑动（导向）管托主要尺寸　　　　　　（单位：mm）

型号	适用管道外径 D	承载力设计值/kN	管底高 H_D	轴向长 L	法兰宽 C	轴向滑动 ΔL	径向滑动 ΔA	滑动底座 A	滑动底座 L_1	滑动底板厚 C
PC-76	76	1.9	100	150	245	±25	±20	160	50	4
PC-89	89	2.2	100	150	260	±25	±20	180	50	4
PC-108	108	2.7	100	150	280	±25	±20	200	50	4
PC-133	133	3.3	100	150	300	±25	±20	210	50	4
PC-159	159	4	100	150	330	±25	±20	220	50	4
PC-219	219	8.2	100	150	400	±25	±30	280	75	6
PC-273	273	10	100	150	460	±25	+30	320	75	6
PC-325	325	17	125	200	520	±50	±40	360	100	8
PC-377	377	19	125	200	570	±50	±40	390	100	8
PC-426	426	21	125	200	620	±50	±40	420	100	8
PC-478	478	22	125	200	670	±50	±40	450	100	8
PC-530	530	38	150	300	740	±75	±60	560	150	12
PC-630	630	47	150	300	850	±75	±60	610	150	12

注：1. 保冷隔热块径向厚 50mm。

2. 适用温度 -20~100℃。

3. 滑动（导向）底座偏装后最大滑动量为表中所列±值的两倍。

4. 导向底座径向水平荷载设计值为垂直承载力设计值的 1/2。$\Delta A = 0$。

表 8-40　连丽保固定管托主要尺寸　　　　　　（单位：mm）

型号	适用管道外径 D	轴向力设计值/kN	径向力设计值/kN	管座高 H_D	底板 径向宽 A	底板 轴向长 L	底板 厚 δ	法兰宽 C
PG-76	76	7.9	2.3	100	90	100	6	245
PG-89	89	8.7	2.6	100	100	100	6	260
PG-108	108	9.9	3.3	100	120	100	6	280
PG-133	133	11.5	4	100	130	100	6	300
PG-159	159	13	4.8	100	140	100	6	330
PG-219	219	17	6.5	100	180	100	8	400
PG-273	273	20.5	8.2	100	220	100	8	460
PG-325	325	24	15	125	240	150	10	520
PG-377	377	27	17	125	270	150	10	570
PG-426	426	30	19	125	300	150	10	620
PG-478	478	32	20	125	330	150	10	670
PG-530	530	35	30	150	360	200	12	740
PG-630	630	43	38	150	430	200	12	850

注：1. 保冷隔热块径向厚 50mm。

2. 适用温度 -20~100℃。

3. 承力环材质应与被固定的管道相同。

（3）辽宁固多金低温隔热托座　固德保低温隔热托座主要技术指标：

绝热材料：高密度硬质聚氨基乙酯发泡塑料。

抗压强度：≥4.5N/mm²。

抗折强度：≥3.5N/mm²。

热导率：≤0.05W/(m·K)。

吸水率：<0.01g/cm²。

氧指数：≥30。

适用温度：-196℃（液氮温度）~135℃。

保温厚度：不超过 50mm。

对低于-20℃的低温管道需经计算确定经济合理的保冷厚度。

使用固德保绝热型管道支吊架注意事项：

1）固德保平管托座主要用于对滑动摩擦阻力无限制的场合，或管道离建筑顶板过近无法采用灯笼形吊架，需采用横担秋千架的场合。

2）固德保平管滑动管座或导向管座的滑动摩擦阻力系数小于 0.1。

3）安装承受管道轴向力的固德保平管固定管座和立管吊架、托座之前，均要在管道上焊接承力环。

绝热块与管道间的摩擦力是不足以抵御管道轴向力的。

4）固德保平管固定管座不能承受管道支吊点处的弯矩和扭矩荷载，因而在管道应力计算时，固德保平管固定管座的抗弯刚度和抗扭刚度均应设定为零值。

5）硬质发泡聚氨酯绝热支撑件的吸水率很低，

一般外部不设隔潮层和保护层。

1）固德保（低温）绝热型管道支吊架一览表详见表8-41。

2）灯笼型固德保管夹如图8-36所示，尺寸见表8-42。

3）固德保平管托座如图8-37所示，尺寸见表8-43。

表 8-41　固德保（低温）绝热型管道支吊架一览表

名称	形式简图	型号标记	管径范围	允许滑动量/mm		备注
				轴向	径向	
灯笼形管夹	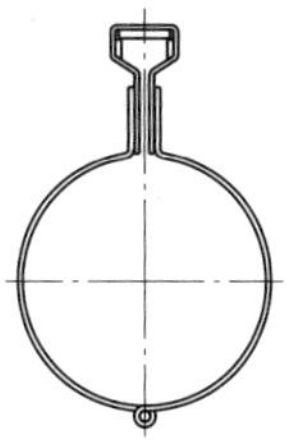	$[D] \times [T]$	DN = 15~300mm 1/2″~12″	—	—	借助于吊杆摆动
平底座式管卡	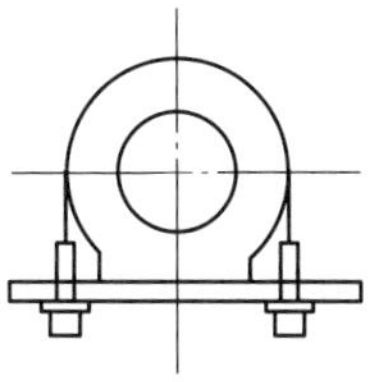	$[D] \times [T]$	DN = 15~600mm 1/2″~24″	—	—	借助于吊杆摆动
平管滑动管座	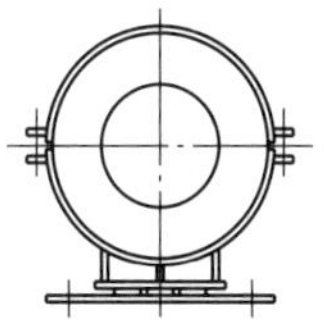	$[D] \times [T]$	DN = 65~150mm	±25	±20	滑动摩擦阻力系数小于 0.1
			DN = 175~250mm	±37.5	±30	
			DN = 300~450mm	±50	±40	
			DN = 500~700mm	±75	±60	
			DN = 750~900mm	±100	±80	
			DN = 1000~1200mm	±125	±100	
平管导向管座	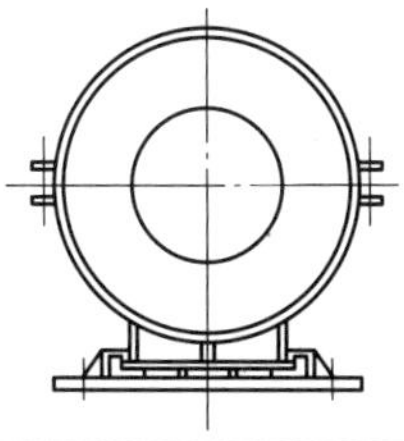	$[D] \times [T]$	DN = 65~150mm	±25		侧向力设计值为垂直荷载设计值的 1/2
			DN = 175~250mm	±37.5		
			DN = 300~450mm	±50	0	
			DN = 500~700mm	±75		
			DN = 750~900mm	±100		
			DN = 1000~1200mm	±125		
平管固定管座	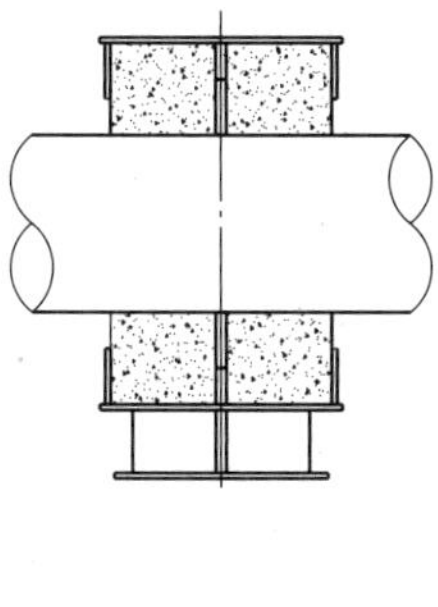	$[D] \times [T]$	DN = 65~1200mm 21/2″~48″	0	0	—

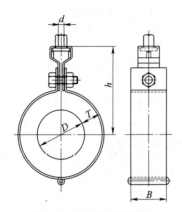

图 8-36 灯笼型固德保管夹

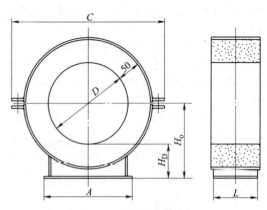

图 8-37 固德保平管托座

表 8-42 灯笼型固德保管夹尺寸 （单位：mm）

序号	型号	适用管道外径 D	吊杆螺纹尺寸 d	保冷隔热块厚 T					轴向长度 B
				20	25	30	40	50	
				高度 h					
1	D22×T	22		86	91	96	106		
2	D25×T	25		88	93	98	108		
3	D27×T	27		89	94	99	109	119	
4	D32×T	32		91	96	101	111	121	
5	D34×T	34		92	97	102	112	122	
6	D38×T	38		94	99	104	114	124	
7	D43×T	43		96	101	106	116	126	
8	D45×T	45		97	102	107	117	127	
9	D49×T	49	M10	99	104	109	119	129	
10	D57×T	57		103	108	113	123	133	
11	D61×T	61		105	110	115	125	135	
12	D73×T	73		112	117	122	132	142	
13	D76×T	76		113	118	123	133	143	
14	D89×T	89		120	125	130	140	150	
15	D102×T	102		—	136	141	151	161	
16	D108×T	108		—	139	144	154	164	50
17	D114×T	114		—	142	147	157	167	
18	D133×T	133		—	153	158	168	178	
19	D140×T	140		—	156	161	171	181	
20	D159×T	159	M12	—	166	171	181	191	
21	D165×T	165		—	169	174	184	194	
22	D168×T	168		—	171	176	186	196	
23	D194×T	194		—	—	194	204	214	
24	D216×T	216		—	—	205	215	225	
25	D219×T	219		—	—	207	217	227	
26	D245×T	245		—	—	—	253	263	
27	D267×T	267	M16	—	—	—	264	274	
28	D273×T	273		—	—	—	267	277	
29	D319×T	319		—	—	—	289	299	
30	D323×T	323		—	—	—	291	301	
31	D325×T	325		—	—	—	292	302	

表 8-43 固德保平管托座尺寸 （单位：mm）

序号	型号	适用管道外径 D	中心高 H_o	管底高 H_D	底座宽 A	轴向长 L	法兰宽 C
1	D73	73	137	100	90	50	240
2	D76	76	138	100	90	50	245
3	D89	89	145	100	100	50	260
4	D102	102	151	100	110	50	270
5	D108	108	154	100	120	50	280
6	D114	114	157	100	120	50	290
7	D133	133	167	100	130	50	300
8	D140	140	170	100	130	50	310
9	D159	159	180	100	140	50	330
10	D165	165	183	100	140	50	340
11	D168	168	184	100	140	50	350
12	D194	194	197	100	160	75	370
13	D216	216	208	100	180	75	400
14	D219	219	210	100	180	75	400
15	D245	245	223	100	200	75	430
16	D267	267	234	100	220	75	450
17	D273	273	237	100	220	75	460
18	D319	319	285	125	240	100	510

注：保冷隔热块径向厚 50mm；适用温度 $-20 \sim 135℃$。

4) 固德保平管滑动托座如图 8-38 所示，尺寸见表 8-44。

5) 固德保平管导向托座如图 8-39 所示，尺寸见表 8-45。

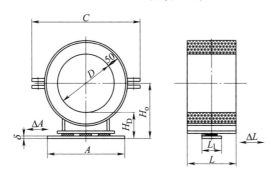

图 8-38 固德保平管滑动托座

表 8-44 固德保平管滑动托座尺寸 （单位：mm）

序号	型号	管道外径 D	中心高 H_o	管底高 H_D	轴向长 L	法兰宽 C	轴向滑动量 ΔL	径向滑动量 ΔA	滑动底座宽 A	滑动底座长 L_1	滑动底板厚 δ
1	D73	73	150	113	100	240	±25	±20	160	50	4
2	D76	76	151	113	100	245	±25	±20	160	50	4
3	D89	89	158	113	100	260	±25	±20	180	50	4
4	D102	102	164	113	100	270	±25	±20	190	50	4
5	D108	108	167	113	100	280	±25	±20	200	50	4
6	D114	114	170	113	100	290	±25	±20	200	50	4
7	D133	133	180	113	100	300	±25	±20	210	50	4
8	D140	140	183	113	100	310	±25	±20	210	50	4
9	D159	159	193	113	100	330	±25	±20	220	50	4
10	D165	165	196	113	100	340	±25	±20	220	50	4
11	D168	168	197	113	100	350	±25	±20	220	50	4
12	D194	194	212	115	150	370	±37.5	±30	260	75	6

（续）

序号	型号	管道外径 D	中心高 H_o	管底高 H_D	轴向长 L	法兰宽 C	轴向滑动量 ΔL	径向滑动量 ΔA	滑动底座宽 A	滑动底座长 L_1	滑动底板厚 δ
13	D216	216	223	115	150	400	±37.5	±30	280	75	6
14	D219	219	225	115	150	400	±37.5	±30	280	75	6
15	D245	245	238	115	150	430	±37.5	±30	300	75	6
16	D267	267	249	115	150	450	±37.5	±30	320	75	6
17	D273	273	252	115	150	460	±37.5	±30	320	75	6
18	D319	319	302	142	200	510	±50	±40	360	100	8

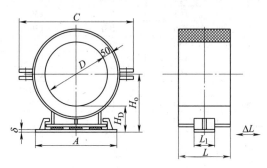

图 8-39　固德保平管导向托座

表 8-45　固德保平管导向托座尺寸　　　　　　（单位：mm）

序号	型号	适用管道外径 D	中心高 H_o	管底高 H_D	轴向长 L	法兰宽 C	轴向滑动量 ΔL	滑动底座宽 A	滑动底座长 L_1	滑动底板厚 δ
1	D73	73	150	113	100	240	±25	160	50	4
2	D76	76	151	113	100	245	±25	160	50	4
3	D89	89	158	113	100	260	±25	180	50	4
4	D102	102	164	113	100	270	±25	190	50	4
5	D108	108	167	113	100	280	±25	200	50	4
6	D114	114	170	113	100	290	±25	200	50	4
7	D133	133	180	113	100	300	±25	210	50	4
8	D140	140	183	113	100	310	±25	210	50	4
9	D159	159	193	113	100	330	±25	220	50	4
10	D165	165	196	113	100	340	±25	220	50	4
11	D168	168	197	113	100	350	±25	220	50	4
12	D194	194	212	115	150	370	±37.5	260	75	6
13	D216	216	223	115	150	400	±37.5	280	75	6
14	D219	219	225	115	150	400	±37.5	280	75	6
15	D245	245	238	115	150	430	±37.5	300	75	6
16	D267	267	249	115	150	450	±37.5	320	75	6
17	D273	273	252	115	150	460	±37.5	320	75	6
18	D319	319	302	142	200	510	±50	360	100	8

注：保冷隔热块径向厚50mm；适用温度-20~135℃。

6）固德保平管固定托座如图 8-40 所示，尺寸见表 8-46。

8.4.4　《管道支吊架手册》简介

（1）适用范围　本手册（用 D_w 表示外径）适用

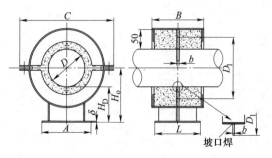

图 8-40　固德保平管固定托座

表 8-46　固德保平管固定托座尺寸　　　　（单位：mm）

序号	型号	适用管道外径 D	中心高 H_o	管座高 H_D	底板			轴向长 B	法兰宽 C	管道上焊接承力环		
					径向宽 A	轴向长 L	厚 δ			外径 D_1	厚 b	焊缝
1	D73	73	137	100	90	100	6	125	240	143	4	单面 3
2	D76	76	138	100	90	100	6	125	245	146	4	单面 3
3	D89	89	145	100	100	100	6	125	260	159	4	单面 3
4	D102	102	151	100	110	100	6	125	270	172	4	单面 3
5	D108	108	154	100	120	100	6	125	280	178	4	单面 3
6	D114	114	157	100	120	100	6	125	290	184	4	单面 3
7	D133	133	167	100	130	100	6	125	300	203	4	单面 3
8	D140	140	170	100	130	100	6	125	310	210	4	单面 3
9	D159	159	180	100	140	100	6	125	330	229	4	单面 3
10	D165	165	183	100	140	100	6	125	340	235	4	单面 3
11	D168	168	184	100	140	100	6	125	350	238	4	单面 3
12	D194	194	197	100	160	100	8	125	370	264	5	单面 4
13	D216	216	208	100	180	100	8	125	400	286	5	单面 4
14	D219	219	210	100	180	100	8	125	400	289	5	单面 4
15	D245	245	223	100	200	100	8	125	430	315	5	单面 4
16	D267	267	234	100	220	100	8	125	450	337	5	单面 4
17	D273	273	237	100	220	100	8	125	460	343	5	单面 4
18	D319	319	285	125	240	150	10	180	510	389	6	单面 4

注：保冷隔热块径向厚 50mm；适用温度 -20~135℃。
　　承力环材质应与被固定的管道相同；承力环与管道采用坡口焊，焊缝不应突出坡脚。

于室内外 DN≤500mm，t≤350℃，p≤4MPa 的蒸汽管道和 t≤265℃的热水管道，也适用于其他保温管道、气体管道，尤其适合于城市供热架空管道。选用时，应根据管道运行时的介质温度选择合适的钢材。

（2）使用要点

1）完整的支吊架通常由管部、连接件和根部三个部分组成。在进行支吊架整体设计时，应按照手册中"管部、连接件、根部配合表"中所指定的搭配原则选择使用。

2）管部中的 p_{max} 值是指在介质温度下所允许的最大承载能力。因此应根据管道在不同的运行工况下可能出现的最大荷载选择使用。

3）管部配置的（烧结）聚四氟乙烯板的厚度为 2mm，连接件配置的聚四氟乙烯板厚度 4mm（如采用不锈钢板，厚度为 2mm），（烧结）聚四氟乙烯板可以在 -180~250℃的范围内长期使用，但不能直接接触明火。（烧结）聚四氟乙烯板及所固定的零部件可由制造厂随支吊架一起供货。

（3）双向限位导向支架　双向限位导向支架主要用于轴向型波纹补偿器或套筒式补偿器，也适用于其他限制横向位移和竖向位移的场合。

（4）索引

1）水平管道焊接支座（SZ3）如图 8-41 所示，尺寸见表 8-47。

2）水平管道固定支座（SZ5）如图 8-42 所示，尺寸见表 8-48。

3）水平管道单拉杆接管吊板（SD3，SD4）如图 8-43 所示，尺寸见表 8-49。

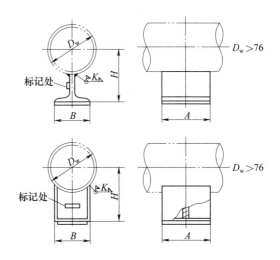

图 8-41　水平管道焊接支座

注：1. 适应范围：t≤350℃，D_w≤219mm，PN≤1.0MPa；D_w≤219，PN≤4MPa。

2. 材料：Q235-A。

3. 当支座滑动面带有聚四氟乙烯作滑动材料时，应在规格中注明"F"字样，厚度一般为 1.5mm。

4. 标记示例：水平管支座 D_w = 219mm，SZ3-219。

表 8-47　水平管道焊接支座尺寸

（单位：mm）

D_w	H	B	A	K	质量/kg
57	119	68	100	2	0.70
73	127				
89	195			3	2.15
108	206				
133	220				
159	240	120	200	4	6.82
219	276				6.87
273	321	180	260	5	14.11
325	351				14.12
377	384	240	320	6	24.29
426	414				24.37
478	439	320	370	8	33.37
530	470				33.49

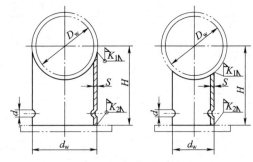

图 8-42　水平管道固定支座

注：1. 适用范围≤300℃。

　　2. 表 8-48 中 S 值为最小壁厚，材质为 Q235-A。

　　3. 标记示例：水平管固定支座 $D_w = 530$mm，$d_w = 426$mm；$S = 9$mm。SZ5-$\dfrac{426 \times 9}{530}$。

表 8-48　水平管道固定支座尺寸

（单位：mm）

D_w	d_w	H	d	S	K	质量/kg	S	K_1	K_2	质量/kg
57	$d_w = D_w$	150	12	3	3	0.50	—	—	6	—
73		150		3		0.70	6	6		1.42
89		180		3.5		1.15	7	8	8	2.30
108		210		4	4	1.87	9			4.21
133		220		4		2.37	10			5.93
159		240		4.5		3.42	14	12	11	10.64
219		280		6		7.06	18	18	16	21.18
273		320	16	7	8	11.54	22	20	18	36.27
325		350		8		16.77	25			52.40
377		380		9		24.94	28	25	22	87.40
426	426	410	20			27.99	32	30	27	111.96
478		440				27.65	36	32	30	124.43
530		470				29.86	—	—	—	—

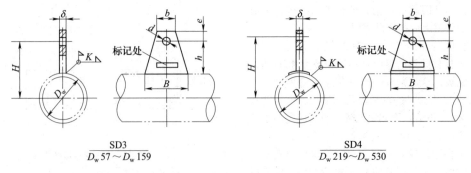

$$\dfrac{\text{SD3}}{D_w\,57 \sim D_w\,159} \qquad \dfrac{\text{SD4}}{D_w\,219 \sim D_w\,530}$$

图 8-43　水平管道单拉杆接管吊板

注：1. 适应范围 $t \leqslant 350$℃，PN≤10MPa（SD3）；PN≤4.0MPa（SD4）。

　　2. 标记示例：水平管吊板 $D_w = 325$mm，SD4-325。

　　4）垂直管道双拉杆接管吊板（CS3，CS4）如图 8-44 所示，尺寸见表 8-50。

　　5）垂直管道焊接支（吊）架托座（CZ3）如图 8-45 所示，尺寸见表 8-51。

表 8-49　水平管道单拉杆接管吊板尺寸　　　　　　　　（单位：mm）

D_w	最大荷载/N	d	H	B	h	b	e	δ	K	质量/kg	型号
57			161								
73	6865	13.5	169	140	132	50	18		3	1.33	
89			177					12			SD3
108			232						4		
133	12749	17.5	245	170	178	60	22			2.14	
159			258						6		
219	20594	22	303	200	193	70	25			5.47	
273	29420	26	335	230	198	80	30	18		6.83	
325			361						6		SD4
377	48052	33	406	250	217	100	35			11.58	
426			430					25			
478	70607	39	477	290	237	120	45			15.25	
530			502								

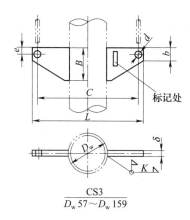

CS3
$D_w 57 \sim D_w 159$

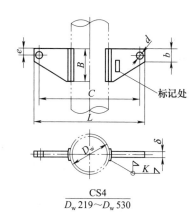

CS4
$D_w 219 \sim D_w 530$

图 8-44　垂直管道双拉杆接管吊板

注：1. 适应范围：A 型用于无保温管道，B 型用于 $t \leqslant 350℃$，$PN \leqslant 10MPa$。

　　2. 材料：Q235-A。

　　3. 标记示例：垂直管吊板，B 型，$D_w = 325mm$，CS4-325B。

表 8-50　垂直管道双拉杆接管吊板尺寸　　　　　　　　（单位：mm）

D_w	最大荷载/N	C A 型	C B 型	L A 型	L B 型	d	B	b	e	δ	K	质量/kg A 型	质量/kg B 型	型号
57	6865	217	437	277	497	13.5	160	35	18	12	3	2.42	6.12	
73	6865	236	456	296	516	13.5	160	35	18	12	3	2.42	6.12	
89	6865	249	469	309	529	13.5	160	35	18	12	3	2.42	6.12	CS3
108	12749	288	588	348	648	13.5	190	40	18	12	5	3.08	8.82	
133	12749	313	613	374	673	13.5	190	40	18	12	5	3.08	8.82	
159	12749	339	639	399	699	13.5	190	40	18	12	5	3.08	8.82	
219	20594	463	783	535	855	17.5	220	45	22	18	4	8.18	14.92	
273	29420	537	857	629	949	22	260	50	25	18	6	10.82	18.26	
325	29420	589	909	681	1001	22	260	50	26	18	6	10.82	18.26	
377	48052	631	971	741	1081	26	300	60	30	25	6	18.96	32.80	CS4
426	48052	680	1020	790	1130	26	300	60	30	25	6	18.96	32.80	
478	70607	774	1134	904	1264	33	330	70	35	25	8	25.24	39.96	
530	70607	824	1184	954	1314	33	330	70	35	25	8	25.24	39.96	

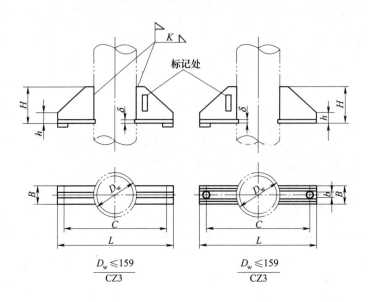

图 8-45　垂直管道焊接支（吊）架托座

注：1. 适应范围：$t \leqslant 350℃$，$PN \leqslant 4.0MPa$。

2. 材料：Q235-A。

3. 当托座滑动面带有聚四氟乙烯作滑动材料时，应在规格中注明"F"字样，聚四氟乙烯板的厚度一般为 1.5mm。

4. 标记示例：托座 $D_w = 426mm$，CZ3-426。

表 8-51　垂直管道焊接支（吊）架托座尺寸　　　　（单位：mm）

D_w	最大荷载/N	d	C	L	H	b	B	h	δ	K	质量/kg
57			439	597							
73	6865		458	616	212		35	42		3	6.28
89		—	471	629		—			12		
108	12749		590	748	242		60	52		4	10.08
133			615	773							
159	20594		673	859	278		90	68		6	18.80
219	29420	25	791	1003	328	80	120	78	18		43.60
273	48052	30	861	1077	338	90	130	83		8	53.78
325			916	1132							
377	70607	36	990	1220	365	110	170	95	25	10	94.36
426			1041	1271							
478	97085	43	1154	1424	395	120	180	100			114.62
530			1206	1476							

6）滑动底板（GH1）如图 8-46 所示，尺寸见表 8-52。

7）导向支架底板（GH2）如图 8-47 所示，尺寸见表 8-53。

8）双向限位导向支架的结构如图 8-48 所示。

9）双向限位导向支座（DZ3）如图 8-49 所示，尺寸见表 8-54。

10）双向限位导向底板（DH3）如图 8-50 所示，尺寸见表 8-55。

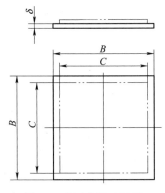

图 8-46　滑动底板（GH1）

注：1. 当滑动面带有聚四氟乙烯作滑动材料时，应在规格中注明"F"字样，聚四氟乙烯板的厚度一般为 4mm。
　　2. 材料：Q235-A。
　　3. 标记示例：底板 B=300mm 带有聚四氟乙烯板，GH1-4F。

表 8-52　滑动底板（GH1）尺寸

（单位：mm）

编号	B	C	δ	质量/kg
1	150	130	8	1.622
2	200	170	8	2.890
3	250	200	12	6.540
4	300	250	12	9.444
5	400	350	6	21.59
6	500	450	16	33.60
7	600	550	20	59.60

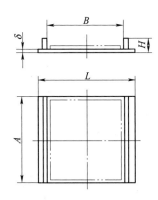

图 8-47　导向支架底板（GH2）

注：1. 当滑动面带有聚四氟乙烯作滑动材料时，应在规格中注明"F"字样，聚四氟乙烯板的厚度一般为 4mm。
　　2. 材料 Q235-A。
　　3. 标记示例：导向底板 B=242mm，GH2-4。

表 8-53　导向支架底板（GH2）尺寸

（单位：mm）

编号	B	L	A	H	δ	质量/kg
1	70	110	100	38	8	1.130
2	122	180	150	40	10	3.003
3	182	250	200	40	10	5.187
4	242	320	250	46	12	9.703
5	322	400	300	46	12	14.09
6	442	520	400	50	15	31.08
7	552	640	500	50	16	46.84

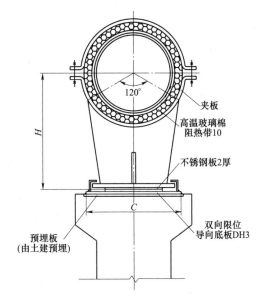

图 8-48　双向限位导向支架的结构

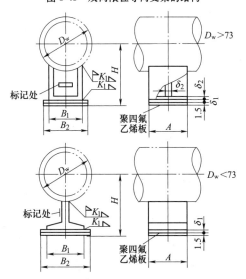

图 8-49　双向限位导向支座

注：1. 适用范围：$t \leqslant 350℃$，$p \leqslant 4.0MPa$。
　　2. 材料：Q235-A。
　　3. 当支座滑动面带有聚四氟乙烯滑动材料时，应在规格中注明"F"字样，聚四氟乙烯板的厚度一般为 1.5mm。
　　4. 标记示例：$D_w=325mm$，双向限位导向支座，DZ3-325F。

表 8-54　双向限位导向支座（DZ3）尺寸　　　　　（单位：mm）

D_w	δ_2	H	A	B_1	B_2	K_1	δ_1	质量/kg
57	6	128.6	100	68	100	3	8	1.32
73	6	136.5	100	68	100	3	8	1.32
89	6	204.5	100	68	100	3	8	2.77
108	6	215.5	100	68	100	3	8	2.77
133	8	229.6	100	68	100	3	8	2.77
159	8	249.5	200	120	160	4	8	8.82
219	8	289.5	200	120	160	4	12	9.87
273	10	334.5	260	180	220	5	12	19.46
325	10	364.5	260	180	220	5	12	19.47
377	12	397.5	320	240	280	6	12	32.68
426	12	431.5	320	240	280	6	16	35.55
478	12	456.5	370	320	360	8	16	49.99
530	16	487.5	370	320	360	8	16	50.11

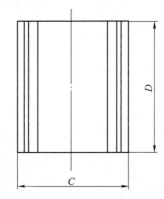

图 8-50　双向限位导向底板

注：1. 适应范围：$t \leqslant 350℃$，$p \leqslant 4MPa$。

2. 材料：Q235-A。

3. 支座上下滑动面一般采用不锈钢板和聚四氟乙烯板，当滑动面采用聚四氟乙烯板时，应在规格中注明 "F" 字样，聚四氟乙烯板的厚度一般为 4mm。

4. 标记示例：$D_w = 325$，双向限位导向底板，DH3-325F。

表 8-55　双向限位导向底板尺寸　　　　　（单位：mm）

D_w	C	D	δ_2	角钢号 d	L_1	L_2	C_1	C_2	K_2	质量/kg
57	150	250	10	4.5/6	23	20	15	80	6	5.41
73	150	250	10	4.5/6	23	20	15	80	6	5.41
89	150	250	10	4.5/6	23	20	15	80	6	5.41
108	150	250	10	4.5/6	23	20	15	80	6	5.41
133	150	250	10	4.5/6	23	20	15	80	6	5.41
159	210	250	10	4.5/6	23	25	15	130	6	6.82

（续）

D_w	C	D	δ_2	角钢号 d	L_1	L_2	C_1	C_2	K_2	质量/kg
219	210	300	12	5.6/8	29	25	15	130	8	9.17
273	290	300	12	6.3/10	29	25	20	200	10	14.86
325	290	350	12	6.3/10	29	25	20	200	10	17.66
377	350	350	12	6.3/10	29	25	20	260	10	19.64
426	350	400	16	6.3/10	36	25	20	260	10	26.85
478	430	400	16	6.3/10	36	25	20	336	10	31.37
530	430	400	16	6.3/10	36	25	22	336	10	31.37
630	590	450	16	6.3/10	40	40	25	460	10	45.38
720	590	450	16	6.3/10	40	40	25	460	10	45.38
820	590	450	16	6.3/10	40	40	25	460	10	45.38

8.4.5　地沟管道支吊架

国家建筑标准设计图集 03R411-1《室外热力管道安装》（地沟敷设）简介：

（1）适用范围　本图集适用于一般工业及民用工程室外 DN≤600mm 地沟敷设的热力管道支架设计。地沟管道输送介质为 $p≤1.25MPa$，$t≤250℃$ 蒸汽管道；$p≤1.25MPa$，$t≤150℃$ 热水、凝结水管道；$p≤1.6MPa$，常温下，无保温压缩空气管、上水管等。

（2）选用要点

1）地沟分不通行（单、双沟）、半通行（单、双侧布置，支架与吊架）及通行（单、双侧布置）三种形式。

2）地沟横断面布置原则。不通行单沟，不通行双沟，管内介质温度外侧高内侧低；半通行与通行地沟支架敷设，大管径保温管道布置在最下层，上层布置小管径或无保温的管道；半通行地沟吊架敷设，管内介质温度高的布置在下方，温度低的在上方。

3）管道保温材料。岩棉、硅酸铝管壳等，密度≤250kg/m³。

保温要求：所有热力管道及其附件均应保温，保温结构、厚度及要求详见标准图集 99R101（原99R500 第十一章）。

4）地沟内管道支架按本章 4.2 节选用，半通行、通行地沟内滑动支架、固定支架，应根据布置管径大小和管架长度，按 97R412 选用，并绘制地沟断面图。

5）支架荷载计算

支架荷载计算参照第 7 章表 7-28～表 7-30。

6）其他使用要求详见 03R411-1 总说明。

（3）索引

1）不通行地沟固定支架（图 8-51）尺寸及管道数量见表 8-56。

2）半通行砖壁地沟滑动支架（图 8-52）主要尺寸见表 8-57 和表 8-58。

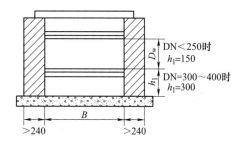

图 8-51　不通行地沟固定支架

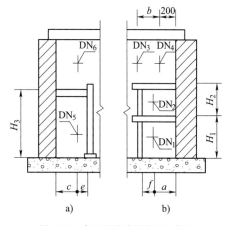

图 8-52　半通行砖壁地沟滑动支架

表 8-56 不通行地沟固定支架尺寸及管道数量 （单位：mm）

沟宽 B	最大管径	管道数量（根）	沟宽 B	最大管径	管道数量（根）
300	—	1	1100	200~300	2
400	—	1		80~150	3
500	200	1		≤65	3
600	300	1	1200	200~350	2
700	350	1		100~125	3
	≤125	2		≤50	4
800	400	1	1300	250~400	2
	125~150	2		125~200	3
	≤100	3		80~100	4
900	400	1	1400	250~400	2
	125~150	2		150~200	3
	≤100	3		65	4
1000	200	2			
	100~125	3			
	≤80	3			

表 8-57 半通行砖壁地沟滑动支架主要尺寸（一） （单位：mm）

DN_5 保温	DN_6 保温	DN_6 不保温	c	e	H_3
250 （300）		150	400 （500）	290	800 （850）
	125	200			
	150				
	200	250			
		300			
	250（300）				
350 （400）	125	200	450 （500）	350	900 （1000）
	150				
	200	250			
		300			

表 8-58 半通行砖壁地沟滑动支架主要尺寸（二） （单位：mm）

布管形式	DN_1 保温	a	f	DN_2、DN_3 保温	DN_2、DN_3 不保温	—
（一根管）	100 （125）	300 （350）	200	≤100	≤150	
				—	200	
				（125）	—	
	150 （200）	350 （400）	240	≤100	≤150	
				125	200	
				150	250	
				（200）	—	

（两根管）	DN_3 保温	—	—	65	80	65	100	—	—	80	100
	DN_3 不保温	80	100	—	—	—	—	125	150	—	—
	DN_4 不保温	80	100	80	80	150	80	125	150	150	150
	b	200	250	280	300	300	300	300	300	350	350

DN_1（保温）	80	100	125	150	200
H_1	550	550，600	600	650	700
DN_2（保温）	80	100	125	150	200
H_2 DN_3（保温）	400	450	450，500	550	—
H_2 DN_3（不保温）	450	500	550	550，600	600

3）半通行钢筋混凝土地沟滑动支架（图 8-53）主要尺寸见表 8-59。

4）半通行地沟固定支架（见图 8-54）主要尺寸见表 8-60。

5）通行地沟滑动支架（图 8-55）主要尺寸见表 8-61。

6）通行地沟固定支架（图 8-56）主要尺寸见表 8-62 和表 8-63。

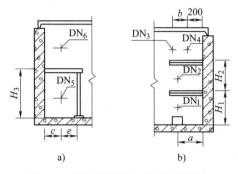

图 8-53　半通行钢筋混凝土地沟滑动支架

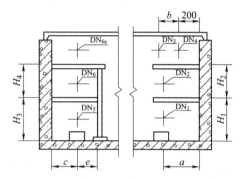

图 8-55　通行地沟滑动支架

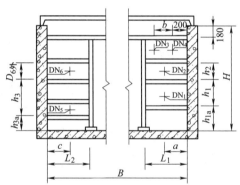

图 8-54　半通行地沟固定支架

![图 8-56 通行地沟固定支架]

图 8-56　通行地沟固定支架

注：半通行地沟分半通行砖壁地沟和半通行钢筋混凝土地
　　沟，两种地沟内固定支架安装尺寸相同。

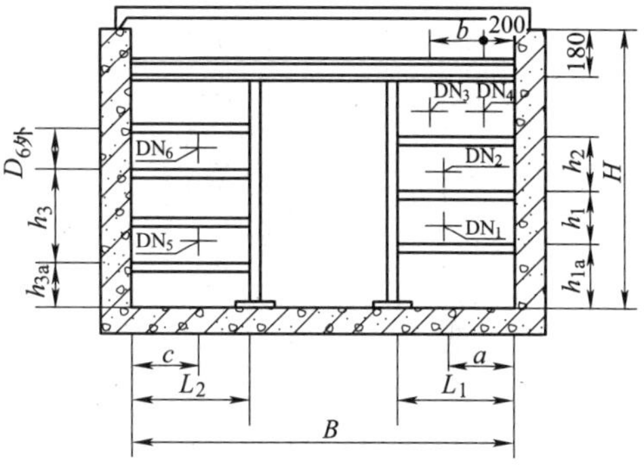

表 8-59　半通行钢筋混凝土地沟滑动支架主要尺寸　　　　　（单位：mm）

DN_5	DN_6		c	e	H_3	布管形式	DN_2 或 DN_3		DN_4	a 或 b
保温	保温	不保温					保温	不保温	不保温	
250 (300)	—	150	400 (450)	290	800 (850)	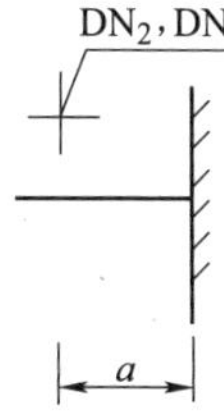 DN₂，DN₃ 一根管 一根管	—	100	—	—
							—	100	—	—
	25	200					80~100	125~150	—	—
	150	—					80~100	125 (200)	—	—
	200	250					—	150 (200)	—	—
	—	300					—	200	—	—
	250 (300)	—					125	—	—	—
							150	—	—	—
							200			

（续）

DN5 保温	DN6 保温	DN6 不保温	c	e	H3	布管形式	DN2或DN3 保温	DN2或DN3 不保温	DN4 不保温	a或b
350 (400)	125	200	450 (500)	350	900 (1000)	DN3　b 200　DN4（两根管）	—	80	80	200
	150	—					65	(100)	80 (100)	280 (250)
	200	250					65 (80)	—	150 (80)	310 (300)
	—	300					100	(125)	80 (150)	300
							80	(150)	150	350 (300)
							100	—	150	350

DN1（保温）	80	100	125	150	200
H1	550	550, 600	600	650	700
DN2（保温）	80	100	125	150	—
H2　DN3（保温）	400	450	450, 500	550	—
H2　DN3（不保温）	450	500	550	550, 600	600

表8-60　半通行地沟固定支架主要尺寸　　　　（单位：mm）

布管形式	a(b)	L1	DN1、DN2、DN3 保温	DN1、DN2、DN3 不保温	DN4	L2	c	DN5、DN6 保温	DN5、DN6 不保温
DN1 DN2 DN3 / DN3 DN4 b 200	350	550	80~125	100~200	—	690	400	125, 150	150, 200
	(200~500)	550	—	80~100	80~100	690	400	200	250
								250	—
	350	590	80~150	100~200	—	740	450	125	150
	(200~300)	590	—	80~150	80~150	740	450	150	200
	400	640	80~150	100~200	—	740	450	200	250
	(200~300)	640	—	80~150	80~150	740	450	250	
	400	640	200	—	—			—	300
	350, 400	650	80~125	100~150	—			300	
	350, 400	650	150	200	—			125	
	(280~310)	650	65	—	80~150	850 (800)	500 (450)	150	
	300	650	80~100	—	80			200	200, 250
	400	650	200	—	—			—	300
								350	—
	350		80~125	100~150	—	850	500	400	—
	400	700	80~150	100~150	—				
	(300~350)	700	80~100	—	100~150				
	400	700	200	—	—				
	350 (400)	700	150	200	—				

横短梁安装尺寸表

DN1、DN5	DN2、DN6	h1a、h3a	h1、h3	DN2	DN3	h2	沟宽 B	沟高 H	最大管径
							1200	1300~1600	150
									200
80	80	150	400	80	保温	400	1700	1500	150
100	80, 100	150	400, 500	80	不保温	450			250
125	80~125	150	450	100	保温	450		1500~1600	200
150	80~125 (150)	250	470 (500)	100	不保温	500	1800	1500	300
200	80~125 (150, 200)	250	450 (550)	125	保温	460		1500	350
				125	不保温	550		1600	300~350
250	80~125	250	600, 550						
	150~250	250	650, 600	150	保温	450	2000	1500~1600	200
300	150~250 (300)	300	700 (750)	150	不保温	500, 450			
350	150~250 (300)	300	750 (800)	200	保温	500			400
400	150~250	300	800	200	不保温	500			

表 8-61　通行地沟滑动支架主要尺寸　　　　　　（单位：mm）

布管形式	DN₂ 或 DN₃ 保温	DN₂ 或 DN₃ 不保温	DN₄ 不保温	a 或 b	DN₁、DN₅ 保温管	H₁、H₃ DN₂、DN₆ 保温
（图：DN₂，a）	—	200	—	400（350）	150	700
	125	—	—	400（350）	200	750
	150	250	—	400（350）	250	800
	200	300	—	400	300	900
（图：DN₃/DN₄，b，200）	65	（125）	150（125）	310（300）	350，400	1000
	80～100	（150）	150	350（300）	DN₂、DN₆ 保温	H₂、H₄
注：DN₄≥200mm 时，用括号内数字	65～80	—	200	350		DN₃、DN₆ 保温 ∥ DN₃、DN₆ₐ 保温
	100	—	200	360	125	500 ∥ 600
	125	（200）	150（200）	350	150	550 ∥ 650
	125	—	200	380	200	600 ∥ 700

下部尺寸：

DN₅ 保温	300 ∣ 250（300）∣ 300 ∣ 350（400）∣ 400
DN₆、DN₆ₐ 保温	— ∣ 125 ∣ 150 ∣ 200 ∣ — ∣ 250 ∣ 300 ∣ 125 ∣ 150 ∣ 200 ∣ 250 ∣ 300 350 ∣ 400
DN₆、DN₆ₐ 不保温	150 ∣ 200 ∣ — ∣ 250 ∣ 300 ∣ — ∣ — ∣ 200 ∣ — ∣ 250 ∣ 300 ∣ — ∣ —
c	450 ∣ 400（450）∣ 450 ∣ 450（500）∣ 500
e	290 ∣ 290 ∣ 290 ∣ 350 ∣ 350

表 8-62　通行地沟固定支架主要尺寸（一）　　　　　　（单位：mm）

布管形式	L₁	a（b）	DN₁、DN₂、DN₃ 保温	DN₁、DN₂、DN₃ 不保温	DN₄ 不保温
（图：DN₁ DN₂ / DN₃，a，L₁；DN₃，b，200，DN₄）	590	350	125，150	≤250（300）	—
	590	（300）	—	125，150	125，150
	640	400	125，150（200）	≤250（300）	—
	640	（300）	—	125，150	125，150
	690	400	125，150	150，200	—
	690	（300）	—	125，150	125，150
	700	400	200	250	—
	700	400	250	300	—
	700	400，350	125，150	150，200	—
	700	（310）	65	—	150
	700	（350）	80～125	—	150
	700	400	200	250	—
	700	400	250	300	—
	780	400，350	125，150	150	—
	780	400	200	200	—
	780	340～380	65～125	200	200
	780	400，350	—	250	—
	780	400	250	300	—

注：当 DN₄≤200mm 时用括号内数字

表 8-63　通行地沟固定支架主要尺寸（二）　　　　　　（单位：mm）

L₂	c	DN₅、DN₆ 保温	DN₅、DN₆ 不保温	沟宽 B	沟高 H	最大管径 DN	DN₁、DN₅	DN₃ 保温	DN₃ 不保温	DN₄ 不保温	L₁，L₂
740	450	125	150	1300	1800	150	150	—	150	150	590
		150	200	1300	1800～2000	200	150	—	—	—	590
		200	250	1400	1800～2000	200	200	—	—	—	640
		250	—	1400	1800～2000	—	200	—	—	—	640
		—	300	1400	1800～2000	250	250	—	—	—	690
		300	—	2100	1800～2000	300	≤250	65～125	—	150	700

（续）

L_2	c	DN5、DN6		沟宽 B	沟高 H	最大管径 DN	DN1、DN5	DN3		DN4	L_1、L_2
		保温	不保温					保温	不保温	不保温	
850 (800)	500 (450)	125	—	2100	1800~2000	350		65~125	—	200	780
		150	—				—				
		200	200,250		1800	400					
		250	—								
		—	300		2000	400	300	—	—	—	740
		300	—	2200	1800	400	350	—	—	—	800
		350	—								
850	500	400	—	2200	2000	400	400	—	—	—	850

DN1、DN5	DN2、DN6	h_{1a}、h_{3a}	h_1、h_3	DN2	DN3	h_2
150	80~125	250	500	125	保温	450
	150		550		不保温	550
200	80~125	250	550	150	保温	450
	150，200		600		不保温	550
250	80~125	250	600	200	保温	500
	150~250		650		不保温	600
300	150~250	300	700			
	300		750			
350	150~250（300~350）	300	750（800）			
400	150~250	300	800			
	300~400		850			

8.4.6　无沟敷设管道固定支架

无沟敷设管道固定支架处，采用埋地管道固定板（图8-57）。

8.4.7　煤气管道支座

1）煤气管道活动支座（图8-58）主要尺寸见表8-64。

2）煤气管道弯管支座（图8-59）主要尺寸见表8-65。

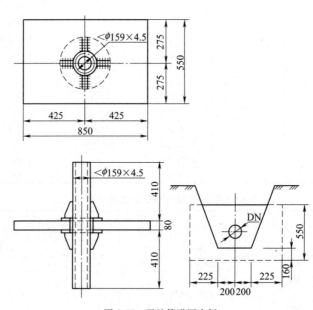

图8-57　埋地管道固定板

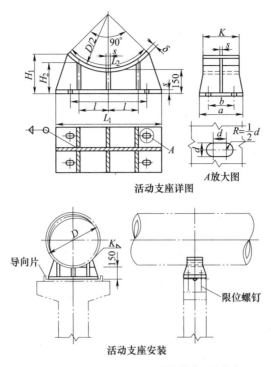

活动支座详图

A放大图

导向片

限位螺钉

活动支座安装

图 8-58　DN＝250～2400mm 煤气管道活动支座

注：1. 支座材料为 Q235-A。

　　2. 本支座用于滑动支架时，加导向片，用于摆动支架加限位螺钉。

表 8-64　煤气管道活动支座主要尺寸　　　　　（单位：mm）

尺　寸											允许受力/kN	
管径及尺寸代号											垂直荷载	轴向推力
$D×\delta$	K	L_1	L_2	H_1	H_2	a	b	d	e	g	s		
273×6	150	200	214	185	176	150	100	14	90	130	4	19.22	5.75
325×6	200	400	225	193	177	250	150	14	100	300	4	29.42	8.83
377×6	200	400	296	201	173	250	150	14	100	300	4	41.08	12.26
426×6	200	400	335	206	168	250	150	14	100	300	4	53.74	16.38
478×6	200	450	375	216	178	250	150	14	125	340	4	70.31	21.18
529×6	200	530	415	223	174	250	150	14	125	360	4	81.88	23.54
630×6	250	640	455	238	196	300	180	18	175	420	6	113.76	34.13
720×6	250	750	565	251	203	300	180	18	200	500	6	139.25	41.68
820×6	250	800	644	266	237	300	180	18	250	600	6	167.69	—
920×6	250	900	723	280	234	300	180	18	275	700	6	199.07	—
1020×6	250	1000	801	295	242	300	180	18	300	800	6	243.20	—
1120×6	300	1000	880	310	230	350	210	22	300	800	8	272.62	—
1220×6	300	1000	958	324	224	350	210	22	300	800	8	308.91	—
1320×7	300	1000	1037	339	215	350	210	22	300	800	8	343.23	—
1420×7	300	1200	1115	353	235	350	210	22	300	900	8	379.51	—
1520×7	300	1200	1194	367	229	350	210	22	350	900	8	445.21	—
1620×7	350	1300	1272	382	251	400	240	26	400	1000	8	452.08	—
1720×7	350	1300	1351	397	243	400	240	26	400	1000	10	490.33	—
1820×7	350	1400	1429	411	236	400	240	26	400	1040	10	527.59	—
2020×8	350	1400	1587	439	225	400	240	26	400	1040	10	617.81	—
2220×8	350	1500	1744	468	250	400	240	26	450	1100	10	654.10	—
2420×8	350	1500	1901	498	230	400	240	26	450	1100	10	704.11	—

表 8-65　煤气管管道弯管支座主要尺寸

（单位：mm）

尺寸																					
DN	250	300	350	400	450	500	600	700	800	900	1000	1100	1200	1300	1400	1500	1600	1800	2000	2200	2400
D	273	325	377	426	478	529	630	720	820	920	1020	1120	1220	1320	1420	1520	1620	1820	2020	2220	2420
H	200	235	265	300	325	350	400	450	500	550	600	650	700	750	800	900	900	1000	1100	1200	1300
a	200	250	250	300	300	300	300	365	365	365	450	450	450	510	510	510	510	650	650	650	650
b	210	260	260	310	310	310	310	375	375	375	465	465	465	520	520	520	520	670	670	670	800
L	260	295	325	350	385	420	460	520	585	630	700	755	800	865	910	960	1010	1110	1220	1350	1650
d	250	284	313	337	359	387	415	490	537	645	689	733	883	847	891	935	1005	1080	1155	1246	1362
e	190	240	240	250	290	290	290	360	360	360	450	450	450	500	500	500	500	650	650	650	790
f	34	36	39	42	50	56	60	60	74	78	74	83	94	94	97	103	107	110	115	120	130
g	89	96	103	110	117	124	131	138	145	152	159	166	173	180	187	194	201	208	215	222	229
h	98	100	121	144	152	160	171	208	223	240	272	288	304	340	375	410	445	480	515	550	580
i	170	182	210	220	230	235	250	270	340	410	430	480	540	570	600	620	660	690	800	850	850
δ	8	8	8	10	10	10	10	12	12	12	12	15	15	15	15	15	20	20	20	20	20
K	212	252	292	330	364	402	510	596	664	768	862	955	1043	1135	1181	1319	1416	1600	1780	1844	2140
m	160	195	225	260	285	310	360	410	460	510	560	610	660	710	760	810	860	960	1060	1160	1260
n	102	122	142	160	177	196	250	292	326	378	425	470	514	560	583	652	698	790	880	912	1060
o	113	138	158	182	199	214	223	243	277	286	300	317	335	352	370	383	400	431	466	490	524
r	91	116	116	140	140	140	140	170	170	170	210	210	210	245	245	245	245	315	315	315	385
c_1	92	112	132	150	167	185	241	262	316	368	415	460	504	550	573	641	687	730	870	962	1050
c_2	—	—	—	—	—	—	—	—	—	—	—	—	486	529	550	610	682	750	850	930	1000
c_3	83	101	118	130	150	170	220	260	285	325	370	415	465	505	530	580	634	702	805	889	950
c_4	—	—	—	—	—	—	—	—	—	—	—	—	440	480	510	550	602	685	765	845	916
c_5	72	88	98	109	133	148	194	240	255	285	320	370	410	450	450	520	564	641	716	795	874
c_6	59	72	84	98	109	120	161	188	212	250	280	320	370	400	420	450	500	570	640	740	809
c_7	42	51	57	89	98	108	115	135	160	180	200	225	335	350	360	390	435	490	560	670	720
c_8	—	—	—	—	—	—	—	—	—	—	—	—	300	305	310	330	370	420	480	570	680
c_9	—	—	—	—	—	—	—	—	—	—	—	—	250	260	260	270	305	350	400	470	500
c_{10}	—	—	—	—	—	—	—	—	—	—	—	—	170	190	205	215	240	280	320	360	375
c	47	57	67	78	86	90	137	167	193	224	260	293	325	358	390	427	460	529	591	670	736
s	—	—	—	—	—	—	—	—	—	—	—	—	100	100	100	200	200	200	300	300	300
ϕ	18	18	18	20	20	20	20	22	22	22	22	24	24	24	24	24	29	29	29	29	29
W/kN	0.157	0.167	0.186	0.206	0.216	0.235	0.275	0.431	0.481	0.53	0.726	0.824	0.902	1.147	1.206	1.361	1.432	1.923	2.148	2.353	2.785
Q/kN	19.22	29.42	40.2	53.74	70.31	81.88	113.75	139.25	167.69	199.07	243.2	272.62	308.9	343.2	379.5	445.2	452.1	527.6	618.0	654.1	704.1
P/kN	35.69	44.62	49.81	56.88	63.84	75.21	50.2	56.09	64.03	71.49	83.16	91.89	99.00	100.00	109.83	118.66	128.46	152.7	177.0	202.01	228.49

3）煤气管道滚动支座（图8-60）主要尺寸见表8-66。

4）煤气管道固定支座（图8-61）主要尺寸见表8-67。

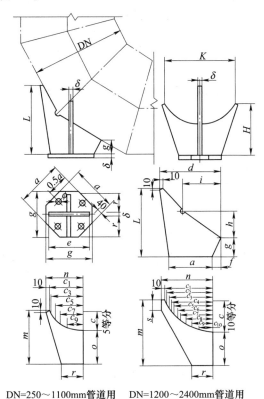

DN=250～1100mm管道用　　DN=1200～2400mm管道用

图 8-59　DN=250~2400mm 煤气管道弯管支座

注：材料为 Q235-A。

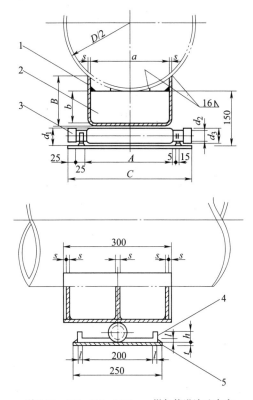

图 8-60　DN=300~1200mm 煤气管道滚动支座

注：1. 1~5构件，与表8-66件1~5对应。

2. 材料为 Q235-A。

表 8-66　煤气管道滚动支座主要尺寸　　（单位：mm）

管径	件1		s	件2		件3					件4	件5	允许受力/kN	
$D\times\delta$	B	展开图		a	b	A	C	d_1	d_2	d_3	l	h	t	垂直荷载	轴向推力
325×6	135	300×482	6	200	94	230	330	50	30	40	8	30	6	29.42	0.88
377×6	136	300×504	6	220	94	250	350	50	30	40	8	30	6	41.09	1.22
426×6	140	300×542	6	250	94	280	380	50	30	40	8	30	6	53.74	1.63
478×6	160	300×632	6	300	94	330	430	50	30	40	8	30	8	70.31	2.11
529×6	166	300×694	6	350	94	380	480	50	30	40	8	30	8	81.88	2.45
630×6	162	300×736	8	400	82	440	540	60	36	45	10	30	8	113.75	3.41
720×6	168	300×802	8	450	82	490	590	60	36	45	10	30	10	139.25	4.17
820×6	179	300×924	8	550	82	590	690	60	36	45	10	30	10	167.69	5.05
920×6	201	300×1018	8	600	82	640	740	60	36	45	10	30	10	199.07	5.98
1020×6	206	300×1078	8	650	82	700	800	60	36	45	10	30	12	243.20	6.96
1120×6	193	300×1102	8	700	72	750	850	70	40	55	12	35	12	272.62	8.14
1220×6	209	300×1186	8	750	72	800	900	70	40	55	12	35	12	308.90	9.22

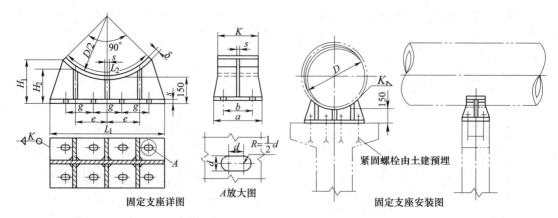

图 8-61　　DN＝250～2400mm 煤气管道固定支座

注：材料为 Q235-A。

表 8-67　煤气管道固定支座主要尺寸　　　　　　　　（单位：mm）

尺寸											允许受力/kN		
管径及尺寸代号											垂直荷载	推力	
$D×\delta$	K	L_1	L_2	H_1	H_2	a	b	d	e	g	s		轴向	横向
273×6	150	200	214	185	176	150	100	14	90	130	5	19.22	37.61
325×6	200	400	225	193	177	250	150	14	100	100	6	29.42	44.57
377×6	200	400	286	201	173	250	150	14	100	100	6	41.09	49.83
426×6	200	400	335	208	168	250	150	14	100	100	6	53.74	56.87
478×6	200	450	375	216	178	250	150	14	125	110	6	70.31	63.87
529×6	200	500	415	223	174	250	150	14	125	120	6	81.88	75.21
630×6	250	600	495	238	196	300	180	18	175	140	8	113.76	50.16
720×6	250	700	565	251	203	380	180	18	200	170	8	139.25	56.04
820×6	250	800	644	266	237	300	180	18	250	200	8	167.69	64.06
920×6	250	900	723	280	234	300	180	18	275	230	8	199.07	71.45
1020×6	250	1000	801	295	242	300	180	18	300	260	8	243.20	183.11
1120×6	300	1000	800	310	230	350	210	22	300	260	10	272.62	91.86
1220×6	300	1000	958	324	224	350	210	22	300	260	10	308.91	105.11
1320×7	300	1000	1037	339	215	350	210	22	200	260	10	343.23	99.73
1420×7	300	1200	1115	353	235	350	210	22	350	310	10	379.51	109.44
1520×7	300	1200	1194	367	229	350	210	22	350	310	10	445.21	118.85
1620×7	350	1300	1272	382	251	400	240	26	400	330	10	452.08	128.76
1720×7	350	1300	1351	397	243	400	240	26	400	330	12	490.33	139.69
1820×7	350	1400	1429	411	236	400	240	26	400	350	12	527.59	151.56
2020×8	350	1400	1587	439	225	400	240	26	400	350	12	617.81	177.25
2220×8	350	1500	1744	468	250	400	240	26	450	370	12	654.10	201.91
2420×8	350	1500	1901	498	230	400	240	26	450	370	12	704.11	228.34

8.4.8　大管背小管支架结构

在管网设计中，常常采用大管背小管的支架形式，如：在煤气管道上架设蒸汽管，压缩空气管等；在较大的蒸汽管上架设凝结水管道或其他气体管道等。采用这类支架结构，管内热介质的温度一般不超过 300℃，并应充分考虑热介质管道的保温结构，

特别是大管子支承结构的保温。大管背小管管径组合，支承结构外形尺寸分别见表 8-68 和表 8-69。

图 8-62～图 8-64 分别为敷设在大管上面的活动支架结构、导向支架结构和固定支架结构。活动支架本体由设计者根据敷设管道的性质、保温层厚度及荷载情况确定。可选用本章介绍的 05R417-1 和

97R412 或《管道支吊架手册》SZ3、SZ5 等支座形式。

被支承管道固定支架的间距，可以采用支承管固定支架的间距，但需根据许用轴向位移核对所采用的支座外形尺寸，要求保证直管段的滑动支座与支架结构的最小接触长度不得小于 100mm。

表 8-68　大管背小管管径组合

（单位：mm）

支承管公称直径	被支承管公称直径
250	50，65，80，100，125
300	50，65，80，100，125，150
350	80，100，125，150
400	100，125，150，200
450	100，125，150，200
500	150，200，250
600	150，200，250
700	150，200，250，300
800	200，250，300
900	200，250，300
1000	200，250，300

表 8-69　支承结构主要外形尺寸

（单位：mm）

支承管外径 D	外形尺寸			宽度 A		长度 B	
	h	h_1	H	活动支座	导向支座	活动支座	导向支座
273	100	90	190	800	170	150	300
	150	90	240				
325~426	100	90	190	300	200	200	300
	150	90	240				
	200	90	290				
529~1020	100	140	240	400	260	250	300
	150	140	290				
	200	140	340				400

注：1. h_1 为滑动支架本体尺寸，由选用的支座形式确定；H 为两管外表面距离，其尺寸与 h_1 有关，本表尺寸仅供参考。

2. 长度和宽度尺寸 A、B 为参考数值，选用时应根据轴向位移和横向位移量进行复核。

3. 允许最大垂直荷载不大于 5394N，允许最大水平推力为 1569~4903N。

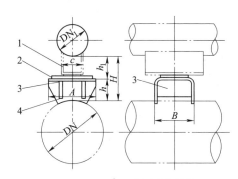
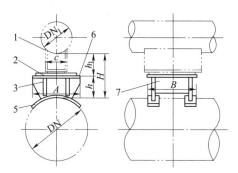

DN=250~350mm活动支架结构　　　　DN=400~1000mm活动支架结构

图 8-62　敷设在大管上面的活动支架结构

1—滑动支架本体　2—聚四氟乙烯板　3、7—肋板　4—U 形板　5—垫板　6—底座

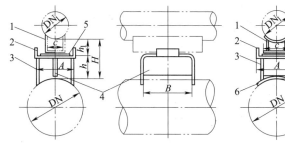
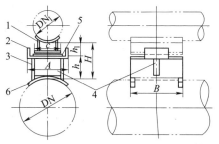

DN=250~350mm导向支架结构　　　　DN=400~1000mm导向支架结构

图 8-63　敷设在大管上面的导向支架结构

1—滑动支架本体　2—导向挡板　3—U 形板　4—肋板　5—聚四氟乙烯板　6—垫板

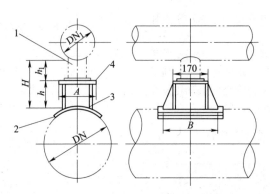

图 8-64　敷设在大管上面的固定支架结构
1—固定支架本体　2—垫板　3—肋板　4—底座

8.5　组合式管架

组合式管架是用纵梁或桁架、拉杆、吊索、悬索等联系结构，把各自独立的管架联系起来，形成一个支承管道的管架系统。一般在独立式管架不能适应工程要求或采用独立式管架不经济时，采用组合式管架。下面着重介绍吊索管架和悬索管架的构造。其结构强度计算详见《建筑结构设计手册》有关部分。

8.5.1　吊索管架

吊索管架是由水平拉杆、吊索、斜拉杆（水平拉杆处斜拉杆及柱顶斜拉杆）、型钢横梁及独立式管架组成（图 8-65）。当管线直径较小，需设置中间支点以扩大管架间距时，采用这种管架。这种管架最好做成双层，上层敷设大管径，依靠自身的刚度跨越，下层敷设小管径，依靠吊索助跨。这样不仅外形美观而且节省材料。

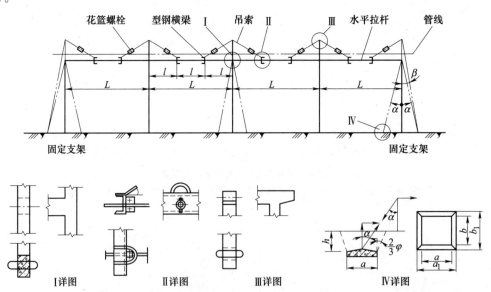

图 8-65　吊索管架系统

吊索一般采用圆钢构成，一端与型钢横梁连接，另一端与管架顶端连接。安装时可用花篮螺栓调整，一般采用对称施工，以拉直为度，不宜明显受力。水平拉杆及斜拉杆通常采用钢绞线或圆钢构成。吊索管架中所有外露金属构件及埋地金属构件均应做防腐处理，一般以红丹打底，外涂沥青漆两遍。埋

地的金属构件需用浸沥青玻璃布将斜拉杆紧紧包扎起来。

8.5.2　悬索管架

当管线需要跨越宽阔的道路、河流时，可采用小垂度悬索管架。

常见的悬索管架由管架、主索、吊架、调节件，

以及固定索线的金属夹具、管架柱斜拉杆和锚板等组成。图 8-66 为跨度小于 40m 的悬索管架。此类管架柱与基础一般采用单向铰接。主索及抗风索宜采用抗拉强度较大的镀锌钢绞线，当跨度不太大时也可用钢筋（图 8-67）。金属夹具最好选用楔形及 UT 形夹具。如主索及斜拉杆采用钢筋时，则用镀锌花篮螺栓，吊架在主索两端采用由角钢构成的刚性吊架（图 8-68）以减少管线摇摆，其余可采用钢筋吊架。如主索采用钢筋，则吊钩可直接焊在钢筋主索上，吊架的吊杆挂在吊钩里。如主索采用钢绞线，则吊架的吊杆可直接挂在主索上。吊杆一旦安装完毕，即应将所有开口焊死，或用钢丝紧紧扎牢，以防发生脱钩事故。主索采用钢绞线时，为防止吊架下滑，在吊架与主索连接处应设置白齿式钢丝绳夹子。

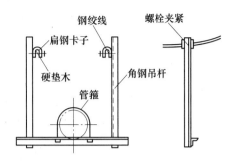

图 8-68　靠柱边处刚性吊架结构

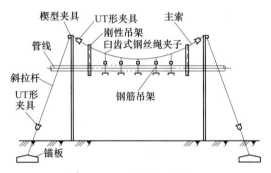

图 8-66　悬索管架的构造

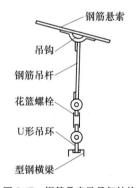

图 8-67　钢筋悬索及吊架结构

悬索管架中的悬索通常按小垂度设计，即悬索下垂度 f 与跨度 L 比不大于 1/10，且一般可在 1/20~1/10 选。

为了减少悬索在使用时下垂度增大，安装时应将悬索按设计要求的下垂度预先抬高约 1/300，管道保温层做好后，应再调整吊架花篮螺栓，使管道标高符合设计值。

管道的保温层宜采用轻质且具有一定韧性的材料，如岩棉、玻璃棉、硅酸铝管壳和聚氨酯泡沫塑料等保温材料，以减轻悬索承受的荷载和避免保温层开裂。

悬索管架所有外露的金属构件均需做好防腐处理。钢绞线安装好后，以红丹打底，刷沥青漆两遍。埋在土内的钢筋斜拉杆部分，除上述措施外，还需用浸沥青玻璃布将其紧紧包扎起来。

端部斜拉杆的锚板应根据计算确定其埋设深度。如悬索跨度较大，则端部可采用钢筋混凝土代替挡土墙式的锚桩。

8.6　装配式成品支吊架（简介）

装配式成品支吊架一般由专业制造厂生产，以下为慧鱼（太仓）建筑锚栓有限公司生产的装配式成品支吊架、抗震支吊架主要规格和性能参数。生产装配式成品支吊架的还有辽宁固多金金属制造有限公司等。

8.6.1　概述

装配式成品支吊架主要由 U 形槽钢、连接件、槽钢螺母、管卡及与建筑结构连接的锚固件组成，如图 8-69 所示。U 形槽钢内缘带有齿牙，以槽钢螺母与带齿槽钢之间的机械咬合与摩擦力承载，保证整个系统的可靠连接。

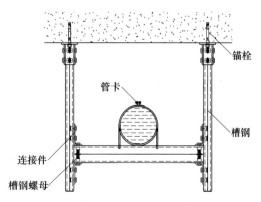

图 8-69　装配式成品支吊架

与传统的型钢焊接支吊架相比，装配式成品支吊架具有以下优点：工厂标准化生产，质量稳定；无现场焊接作业，安装简便；形式统一，整齐美观；可调整和拆卸，维护方便，能重复使用。

随着第五代 GB 18306—2015《中国地震动参数区划图》及 GB 50981—2014《建筑机电工程抗震设计规范》的实施，管道系统的抗震设防要求进一步提高，作为装配式成品支吊架的一种特殊形式，抗震支吊架开始在工程中广泛应用。抗震支吊架通过

设置抗震斜撑承受来自任意水平方向的地震作用，在地震中对管道系统给予可靠保护。

8.6.2　组成部件及典型应用形式

（1）U 形槽钢　U 形槽钢常用材料为 Q235-B 钢材，表面处理方式有预镀锌、电镀锌及环氧喷涂等，锌层厚度不低于 45μm，符合 GB 13912—2002 标准，环氧喷涂平均厚度不低于 60μm，符合 GB/T 18593—2010 标准。常用截面形式如图 8-70 所示，截面参数见表 8-70。

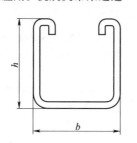 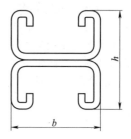

图 8-70　U 形槽钢截面形式

表 8-70　装配式成品支吊架常用槽钢截面参数

名称	宽度 b/mm	高度 h/mm	壁厚 t/mm	截面惯性矩 I/cm⁴	截面抵抗矩 W/cm³
21 槽钢	41.3	20.6	2/2.5	1.07/1.27	0.89/1.07
41 槽钢	41.3	41.3	2/2.5	6.18/7.52	2.70/3.29
62 槽钢	41.3	61.9	2.5	20.98	6.27
21 双拼槽钢	41.3	41.2	2/2.5	4.99/6.11	2.42/2.96
41 双拼槽钢	41.3	82.6	2/2.5	31.03/38.31	7.51/9.27
62 双拼槽钢	41.3	123.8	2.5	114.02	18.42

注：表中数据由慧鱼（太仓）建筑锚栓有限公司提供。

（2）管卡　装配式成品支吊架可根据应用需求配套使用轻型管卡、重型管卡、耐高温管卡、保温管卡等。轻型管卡、重型管卡可用于固定管径 15~500mm 的管道，管卡内衬材料为硅橡胶，有减振、绝缘、降噪功能；耐高温管卡内衬材料为氟橡胶，适用温度范围-50~220℃；保温管卡绝热材料为闭孔聚氨酯硬泡，导热系数为 0.0273W/(m·K)（密度

160kg/m³）、0.0394W/(m·K)（密度 250kg/m³），保温材料厚度 30~60mm。

（3）锚栓　支吊架与混凝土结构的连接一般采用锚栓进行锚固。在混凝土开裂区应选用适用于开裂混凝土的锚栓，有抗震设防要求时，应选用适用于抗震设防区的锚栓。装配式成品支吊架安装常用锚栓技术参数见表 8-71。

表 8-71　常用锚栓技术参数

型号	有效锚固深度/mm	最小间距/mm	最小边距/mm	开裂混凝土		非开裂混凝土	
				许用拉力荷载/kN	许用剪力荷载/kN	许用拉力荷载/kN	许用剪力荷载/kN
FZA18×80 M12	80	80	70	9.5	19.3	14.3	19.3
FAZ Ⅱ M12	50	50	55	6.1	13.9	8.5	16.9
	70	50	55	7.6	16.9	11.9	16.9

（4）典型装配式成品支吊架形式　典型装配式成品支吊架形式有：吊架、支架和悬臂托架，如图 8-71 所示。

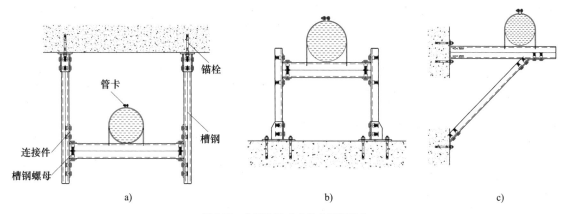

图 8-71　典型装配式成品支吊架形式

a）吊架　b）支架　c）悬臂托架

8.6.3　抗震支吊架

（1）组成部件及分类　抗震支吊架主要由锚固件、抗震连接件、槽钢及抗震斜撑组成。按斜撑布置方向，抗震支吊架分为斜撑与管道横截面平行的侧向抗震支吊架，斜撑与管道横截面垂直的纵向抗震支吊架，如图 8-72 所示。

（2）性能指标要求　为保证抗震支吊架的抗震性能，CJT 476—2015《建筑机电设备抗震支吊架通

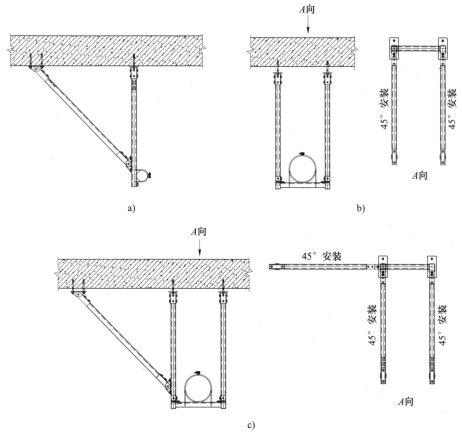

图 8-72　抗震支吊架常用形式

a）侧向抗震支吊架　b）纵向抗震支吊架　c）侧向纵向抗震支吊架

用技术条件》规定，抗震支吊架产品须进行型式检验，检验内容见表 8-72。

表 8-72 型式检验项目及依据

检验项目	检验依据
外观	CJT 476—2015
尺寸	GB/T 1804—2000
部件荷载性能	CJT 476—2015
组件荷载性能	CJT 476—2015
防腐性能	GB/T 24195—2009

组件荷载性能试验过程：经 15 次相同力值振幅的循环加载后，继续受到力值振幅递增的循环荷载，达到规定的终止条件时，确定组件的试验荷载。终止条件为试样断裂或水平位移超过 50mm，循环荷载全程加载公式如式（8-6）和式（8-7）。

$$F = X, N \leqslant 15 \text{ 次} \tag{8-6}$$

$$F = X \times \left(\frac{15}{14}\right)^{\frac{N-15}{2}}, 15 \text{ 次} \leqslant N \leqslant 55 \text{ 次} \tag{8-7}$$

（3）抗震支吊架常用型式 抗震支吊架常用型式如图 8-63。

8.7 城市综合管廊（简介）

所谓综合管廊就是一个共同管沟，就是在城市地下建造一个隧道空间，将城市所有市政管线如给水、雨水、污水、再生水、电信、电力、热力、燃气等集中容纳在综合管廊内，避免埋设或管线维修而导致路面重复开挖，综合管廊设有专门的检修口、吊装口和监测系统，实施统一规划、设计、建设和管理。城市综合管廊的好处是：

1）大幅减少道路的反复开挖和因此而造成的交通拥堵，以前每条管线在检修时都需掘开路面处理，但综合管廊实现了内部操作。

2）架空的电线及地面上树立的电线杆等纳入地下综合管廊，不但可以美化城市景观，还可以防止地震时电线杆折断、倾倒，在各种自然灾害发生时，起到对城市生命管线的安全保护作用。

3）管廊建设也可以防止管道破裂以及大面积的路面塌陷。

4）管廊对于改善城市生态环境，提高城市生活品质具有积极意义。

城市综合管廊工程的规划、设计、建设和运行管理应以 GB 50838—2015《城市综合管廊工程技术规范》为依据，并符合其技术规范要求。图 8-73 为典型的地下综合管廊断面图、模型图。

a)

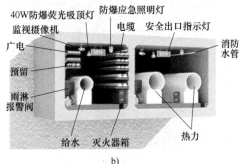
b)

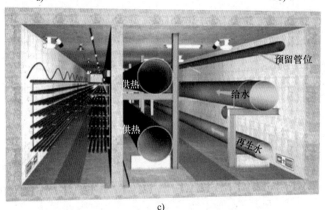
c)

图 8-73 地下综合管廊断面图、模型图

a）单层一室断面　b）单层双室模型 Ⅰ　c）单层双室模型 Ⅱ

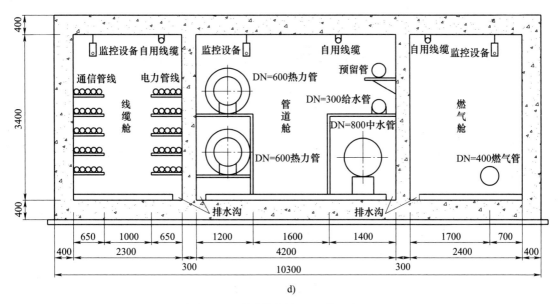

图 8-73　地下综合管廊断面图、模型图（续）

d）单层三室断面图

第9章　管道强度计算和应力验算

9.1　管道强度计算

动力管道强度计算的任务，主要是管壁厚度计算。

9.1.1　管道理论壁厚计算

对于 $\dfrac{D}{D_i} \leq 1.7$（或直管计算壁厚小于管子外径 D 的 1/6 时，D_i 为管道内径），承受内压的直管道理论计算壁厚应按式（9-1）计算。

$$t_s = \frac{pD}{2([\sigma]^t E_j + PY)} \tag{9-1}$$

式中　t_s——直管计算壁厚（mm）；

　　　p——设计压力（MPa）；

　　　D——管道外径（mm）；

　　　E_j——焊接接头系数，无缝钢管，$E_j = 1.00$；焊接钢管，见表 9-1；

　　　$[\sigma]^t$——在设计温度 t 下钢管材料的许用应力（MPa），见表 9-2 和表 1-24；

　　　Y——系数，

对于铁素体钢管：$t \leq 482℃$，$Y = 0.4$；$t = 510℃$，$Y = 0.5$；$t \geq 538℃$，$Y = 0.7$。

对于奥氏体钢管：$t \leq 566℃$，$Y = 0.4$；$t = 593℃$，$Y = 0.5$；$t \geq 621℃$，$Y = 0.7$。

对于其他韧性金属 $Y = 0.4$，对于铸铁材料 $Y = 0$。

9.1.2　管道设计壁厚和名义壁厚

管道设计壁厚按式（9-2）计算。

$$t_{sd} = t_s + C \tag{9-2}$$

式中　t_{sd}——直管设计壁厚（mm）；

　　　t_s——直管计算壁厚（mm）；

　　　C——管道壁厚附加量（mm），按式（9-3）计算。

$$C = C_1 + C_2 \tag{9-3}$$

式中　C_1——管道壁厚负偏差，包括加工、开槽和螺纹深度及材料厚度负偏差（mm）；

　　　C_2——腐蚀或磨蚀裕量（mm）。

管道名义壁厚 t_n（取用壁厚）应不小于管道的设计壁厚 t_{sd}。

9.1.3　管道壁厚负偏差 C_1 及腐蚀裕量 C_2

（1）管道壁厚负偏差 C_1 的确定

1）对于无缝钢管按式（9-4）计算。

$$C_1 = A_1 t_s \tag{9-4}$$

式中　A_1——管道壁厚负偏差系数，根据管道壁厚允许偏差按表 9-3 取用；

　　　t_s——管道计算壁厚（mm）。

根据 GB/T 8163—2018 标准规定，无缝钢管壁厚允许偏差与外径（D）和壁厚（S）相关，见表 9-4 和表 9-5。

2）根据 GB/T 3091—2015 标准规定，低压流体输送用焊接钢管壁厚允许偏差为 ±10% 公称壁厚（t）。

3）对于纵缝、螺旋缝焊接钢管。当焊接钢管产品技术条件中已提供壁厚允许负偏差百分数值时，则按计算无缝钢管壁厚负偏差的方法确定。

当焊接钢管产品技术条件中未提供壁厚允许负偏差百分数值时，壁厚负偏差一般按下列数据取用：

壁厚为 5.5mm 及以下时，$C_1 = 0.5$mm。

壁厚为 6~7mm 时，$C_1 = 0.6$mm。

壁厚为 8~25mm 时，$C_1 = 0.8$mm。

4）在任何情况下，计算采用的管道壁厚负偏差不得小于 0.5mm。

（2）管道壁厚腐蚀裕量 C_2 的确定　对于一般汽水管道，$C_2 = 0$。如果估计到管道在使用中磨损或腐蚀速度小于 0.05mm/a 时，则 C_2 应为设计寿命内的总腐蚀量，一般情况下，单面腐蚀 C_2 可取 1~1.5mm，双面腐蚀 C_2 可取 2~2.5mm。对煤气、氧气、天然气和腐蚀严重的凝结水等动力管道，还可适当增加壁厚。

表 9-1　焊接接头系数 E_j

焊接方法及检测要求		单面对接焊	双面对接焊
电熔焊	100% 无损检测	0.90	1.00
	局部无损检测	0.80	0.85
	不做无损检测	0.60	0.70
电阻焊		0.65（不做无损检测）	
		0.85（100% 涡流检测）	
加热炉焊		0.60	
螺旋缝自动焊		0.80~0.85（无损检测）	

注：1. 无损检测指采用射线或超声波检测。

　　2. 有色金属管道熔化极氩弧焊 100% 无损检测时，单面对接接头系数为 0.85，双面对接接头系数为 0.90。

表 9-2　常用国产管材的许用应力

产品形式及标准号	牌号或级别	室温拉伸强度/MPa		在下列温度（℃）下的许用应力 $[\sigma]'$/MPa																																牌号或级别
		R_m^{20}	R_{eL}^{20} 或 $R_{p0.2}^{20}$	20	200	250	260	270	280	290	300	310	320	330	340	350	360	370	380	390	400	410	420	430	440	450	460	470	480	490	500	510	520	530	540	550	560	570	
无缝钢管																																							
GB/T 8163—2008	Q345	470	325	157	—	149	146	143	140	137	135	132	131	130	129	127	124	122	—	—	—	—	—	—	—	—	—	—	—	—	—	—	—	—	—	—	—	Q345
GB/T 8163—2008	10	335	195	111	—	104	101	98	96	93	91	89	87	85	83	80	78	76	75	73	70	68	66	61	55	49	—	—	—	—	—	—	—	—	—	—	—	10
GB/T 8163—2008	20	410	225	137	—	125	123	120	118	115	113	111	109	106	102	100	97	95	92	89	87	83	78	72	63	55	—	—	—	—	—	—	—	—	—	—	—	20
GB 5310—2008	20G	410	245	137	135	125	123	120	118	115	113	111	109	106	102	100	97	95	92	89	87	83	78	72	63	55	—	—	—	—	—	—	—	—	—	—	—	20G
GB 5310—2008	15MoG	450	270	150	150	137	133	130	126	123	120	118	117	115	114	113	111	110	109	108	107	106	105	104	103	103	102	101	95	78	62	49	39	—	—	—	—	—	15MoG
GB/T 14976—2008	06Cr19Ni10	520	205	137	—	90	89	88	87	86	85	84	83	83	82	81	80	80	79	79	78	78	77	76	76	75	75	74	74	74	73	73	72	71	71	69	67	67	06Cr-19Ni10
焊接钢管																																							
GB/T 3091—2008	Q235	370	225	123	—	113	111	108	105	103	101	97	93	90	88	85	—	—	—	—	—	—	—	—	—	—	—	—	—	—	—	—	—	—	—	—	—	—
GB/T 3091—2008	Q345	470	325	157	—	149	146	143	140	137	135	132	131	130	129	127	124	122	—	—	—	—	—	—	—	—	—	—	—	—	—	—	—	—	—	—	—	—

注：
1. 本表数据摘自《火力发电厂汽水管道设计规范》（DL/T 5054—2016）。
2. R_m^{20}为钢材在20℃时的抗拉强度最小值（MPa）。
3. R_{eL}^{20}为钢材在20℃下的下屈服强度最小值（MPa）。
4. $R_{p0.2}^{20}$为钢材在20℃下0.2%规定非比例延伸屈服强度最小值（MPa）。
5. 相邻金属温度数值之间的许用应力可用算数内插法确定，但需舍弃小数点后的数字。
6. 焊接钢管的许用应力未考虑焊缝质量系数。

表 9-3　管道壁厚负偏差系数

管道壁厚允许偏差（%）	A_1
0	0.050
-5	0.105
-8	0.141
-9	0.154
-10	0.167
-11	0.180
-12.5	0.200
-15	0.235

表 9-4　热轧（扩）钢管壁厚允许偏差

钢管种类	钢管公称外径/mm	S/D	允许偏差/mm
热轧钢管	≤102	—	±12.5%S 或 ±0.40，取其中较大者
	>102	≤0.05	±15%S 或 ±0.40，取其中较大者
		>0.05~0.10	±12.5%S 或 ±0.40，取其中较大者
		>0.10	+12.5%S −10%S
热扩钢管	—		+17%S −12.5%S

表 9-5　冷拔（轧）钢管壁厚允许偏差

钢管种类	钢管公称壁厚 S/mm	允许偏差/mm
冷拔（轧）	≤3	+15%S −10%S 或 ±0.15，取其中较大者
	>3~10	+12.5%S −10%S
	>10	±10%S

9.2　管道应力验算

9.2.1　概述

热力管道的应力，主要是由于管道承受内压力和外部荷载以及热胀或冷缩等多种因素引起的，管道在这些荷载作用下的应力状态是复杂的。管道应力验算的任务是：验算管道在内压、持续外载作用下的一次应力和由于热胀、冷缩及其位移受约束产生的热胀二次应力，以判明所计算的管道是否安全、经济、合理。

按照应力分类，管道承受内压和持续外载（包括自重和支吊架反力等）作用下产生的应力，属于一次应力。一次应力是非自限性的，超过某一限度，将使管道整体变形直至破坏。因此，必须为不发生材料屈服而留有适当的裕度，以防止过度的塑性变形而导致管道破坏。

管道由于热胀、冷缩等变形受约束而产生的应力（即热胀当量应力或称热胀应力范围，属于二次应力），它的特征是有自限性的，二次应力产生的破坏，是在反复交变应力作用下引起的疲劳破坏。对于二次应力的限定，是采用许用应力范围和控制一定的交变循环次数。

9.2.2　一次应力验算

一次应力验算采用极限分析，一般进行下列两项验算：

1）管道在工作状态下，由内压产生的折算应力，不得大于钢管在设计温度下的许用应力，即按式（9-5）验算。

$$\sigma_{zs} \leqslant [\sigma]' \qquad (9-5)$$

式中　$[\sigma]'$——钢管在设计温度下的许用应力（MPa），见表 9-1；

σ_{zs}——内压折算应力（MPa），由式（9-6）计算。

$$\sigma_{zs} = \frac{p[D-(t_n-C)]}{2E_j(t_n-C)} \qquad (9-6)$$

式中　p——设计压力（MPa）；

D——管道外径（mm）；

t_n——管道名义壁厚（mm）；

E_j——焊接接头系数，见表 9-2；

C——管道壁厚附加量（mm）。

对于无缝钢管和在产品技术条件中提供有壁厚允许负偏差百分数值的焊接钢管，C 按式（9-7）计算。

$$C = \frac{t_n A_1}{1+A_1} \qquad (9-7)$$

式中　A_1——管道壁厚负偏差系数，按表 9-3 取用。

当已知验算点的最小壁厚进行校核验算时，应以最小壁厚（t_n–C）代入式（9-6）进行计算。

由式（9-6）可以看出，它是由管道壁厚计算公式演变得来的，只要实际采用的管道壁厚不小于管道计算壁厚，则内压折算应力将不会大于钢管在设计温度下的许用应力。因此，对于壁厚符合规定的管道，可不进行内压折算应力的验算。

2）管道在工作状态下，由内压和持续外载产生的应力，不得大于钢管在设计温度下的许用应力，即按式（9-8）验算。

$$\frac{p(D-t_n)}{2t_n} + \sigma_{zhw} + \sigma_w \leqslant [\sigma]' \qquad (9-8)$$

式中　σ_{zhw}——持续外载轴向应力（MPa），见式（9-9）；

σ_w——持续外载当量应力（MPa），见式（9-10）。

$$\sigma_{zhw} = \frac{F_{zhw}}{100A} \qquad (9-9)$$

式中　F_{zhw}——持续外载轴向力（N）；

　　　A——管壁断面积（cm^2）。

$$\sigma_w = \frac{mM_w}{W\phi} \qquad (9-10)$$

式中　M_w——持续外载当量力矩（N·m），见式（9-11）；

　　　W——管道截面系数（cm^3）见式（9-12）；

　　　m——应力加强系数，见式（9-13）；

　　　ϕ——环向焊接接头系数，按下列取用：

无垫环手工焊时取 0.7；有垫环手工焊时取 0.9；手工双面加强焊时取 0.95；自动单面焊时取 0.8。

按照 DL/T 5210.5—2018《电力建设施工质量验收规程　第 5 部分：焊接》检验的环向焊缝，对碳素钢和低合金钢 ϕ 取 0.9。

当应力验算点在各类弯管上或热压三通、焊制三通、支管与主管交叉点时，取 $\phi=1$；当验算点在直管上时，宜将焊缝系数计算在内。

持续外载当量力矩 M_w 按式（9-11）计算。

$$M_w = \sqrt{M_{xw}^2 + M_{yw}^2 + M_{zw}^2} \qquad (9-11)$$

式中　M_{xw}、M_{yw}、M_{zw}——计算管系（或分支）沿坐标轴 x、y、z 的持续外载力矩（N·m）。

管道截面系数 W 按式（9-12）计算。

$$W = \frac{\pi}{32D}(D^4 - D_i^4) \qquad (9-12)$$

式中　D——管道外径（cm）；

　　　D_i——管道内径（cm）。

管件应力加强系数 m 按式（9-13）计算。

$$m = \frac{0.9}{\lambda^{2/3}} \qquad (9-13)$$

式中　λ——尺寸系数，按下列各公式计算。

对于各种弯管（弯制弯管、热压弯管、焊制弯管）按式（9-14）计算。

$$\lambda = \frac{Rt_n}{r_p^2} \qquad (9-14)$$

式中　t_n——管道名义壁厚，对各类弯管取弯管的壁厚，对三通取三通主管的连接管子壁厚（cm）；

　　　r_p——主管平均半径，对各类弯管取弯管平均半径，对三通取三通主管的连接管子平均半径（cm）；

　　　R——弯曲半径（cm）。

对于未加强焊制三通，按式（9-15）计算。

$$\lambda = \frac{t_n}{r_p} \qquad (9-15)$$

对于厚壁管加强焊制三通，按式（9-16）计算。

$$\lambda = \left(\frac{t_1}{t_n}\right)^{2.5} \frac{t_n}{r_p} \qquad (9-16)$$

对于单筋或蝶式加强焊制三通，按式（9-17）计算。

$$\lambda = 3.25 \frac{t_n}{r_p} \qquad (9-17)$$

对于热压三通，按式（9-18）计算。

$$\lambda = \left(\frac{t_1}{t_n}\right)^{2.5} \frac{t_n}{r_p}\left(1 + \frac{r_1}{r_p}\right) \qquad (9-18)$$

式中　t_1——厚壁管加强三通壁厚，对热压三通取其过渡区的平均壁厚（即三通过渡区的转弯中点与侧壁厚度的平均值）（cm）；

　　　r_1——热压三通过渡区的平均半径（cm）。

对于不等径的热压三通或焊制三通，其应力加强系数按等径三通计算。

当计算得出的应力加强系数小于 1 时，取 $m=1$；对直管，也取 $m=1$。

管道应力计算常用辅助计算数据见表 9-6。

表 9-6　管道应力计算常用辅助计算数据

管道外径 D/mm	管道名义壁厚 t_n/mm	管道内径 D_i/mm	主管平均半径 r_p/mm	按内径计算的断面面积 F_i/cm^3	管壁断面面积 A/cm^3	管道单位质量 q/(kg/m)	截面惯性矩 I/cm^4	截面系数 W/cm^3	弯曲半径 R/mm	弯管尺寸系数 λ	弯管柔性系数 k	弯管应力加强系数 m
133	4	125.0	64.5	122.7	16.2	12.73	338	50.8	600	0.577	2.860	1.299
	6	121.0	63.5	115.0	23.9	18.79	384	72.7		0.893	1.848	1.00
159	4.5	150.0	77.3	176.7	21.8	17.15	652	82.0	650	0.490	3.366	1.448
	7	145.0	76.0	165.1	33.4	26.24	967	121.7		0.788	2.095	1.055
194	11	172.0	91.5	232.4	63.2	49.64	2657	273.9	750	0.985	1.674	1.00

（续）

管道外径 D/mm	管道名义壁厚 t_n/mm	管道内径 D_i/mm	主管平均半径 r_p/mm	按内径计算的断面面积 F_i/cm²	管壁断面面积 A/cm²	管道单位质量 q/(kg/m)	截面惯性矩 I/cm⁴	截面系数 W/cm³	弯曲半径 R/mm	弯管尺寸系数 λ	弯管柔性系数 k	弯管应力加强系数 m
219	9	201.0	105.0	317.3	59.4	46.61	3279	299.5	850	0.694	2.378	1.148
	6	207.0	106.5	336.5	40.1	31.52	2279	208.1	1000	0.529	3.119	1.376
	9	201.0	105.0	317.3	59.4	46.61	3279	299.5	1000	0.816	2.021	1.030
	12	195.0	103.5	298.6	78.0	61.26	4194	383.0		1.120	1.473	1.00
273	7	259.0	133.0	526.9	58.5	45.92	5177	379.3	1000	0.396	4.170	1.670
	11	251.0	131.0	494.8	90.5	71.07	7783	570.1		0.641	2.574	1.211
325	8	309.0	158.5	749.9	79.7	62.54	10014	616.2	1370	0.436	3.782	1.565
	13	299.0	156.0	702.2	127.4	100.03	15532	955.8		0.732	2.255	1.108
377	10	357.0	183.5	1001.0	115.3	90.51	19426	1030.5	1500	0.445	3.704	1.543
	15	347.0	181.0	945.7	170.6	133.91	27991	1484.9		0.687	2.402	1.156
426	9	408.0	208.5	1307.4	117.9	92.55	25640	1203.7	1965	0.407	4.056	1.639
	11	404.0	207.5	1281.9	143.4	112.58	30896	1450.6		0.502	3.287	1.425

9.2.3 管道自重应力的近似计算方法

持续外载产生的轴向应力和当量应力，是由管道自重（管子及附件质量、保温结构质量，对于充水管道还应包括水的质量）和支吊架反力产生的应力。

（1）由管道自重和支吊架摩擦力所产生的持续外载轴向应力的计算

1）对于水平管道，一般只考虑由支吊架摩擦力产生的轴向应力，按式（9‑19）计算。

$$\sigma_{zhw} = \frac{qL\mu}{100A} \qquad (9\text{-}19)$$

式中　σ_{zhw}——由支吊架摩擦力产生的轴向应力（MPa）；

　　q——管道单位荷载（N/m）；

　　μ——摩擦系数；

　　L——验算点至补偿器中心或转弯点的距离（m）；

　　A——管壁断面积（cm²）。

当验算固定点时，如图9‑1所示。

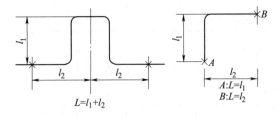

图9-1　两固定点间的管段

支吊架的摩擦系数，按下列数据取用：

对于滑动支架：$\mu = 0.3$。

对于滚珠支架：$\mu = 0.1$。

对于滚柱支架：沿滚柱轴向移动时，$\mu = 0.3$；沿滚柱径向移动时，$\mu = 0.1$。

对于吊架，如图9‑2所示，摩擦系数按式（9‑20）计算。

$$\mu = \frac{\Delta}{L_{ig}} \qquad (9\text{-}20)$$

式中　Δ——吊架本体位移量（mm）；

　　L_{ig}——拉杆可偏移部分长度（mm）。

当吊架拉杆可偏移部分长度未定时，可近似取 $\mu = 0.1$。

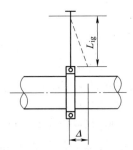

图9-2　吊架拉杆偏移

当管段上有较多的支吊架时，摩擦系数可按平均值计算，如图9‑3所示，μ 按式（9‑21）计算。

$$\mu = \frac{\mu_1 + \mu_2 + \mu_3}{3} \qquad (9\text{-}21)$$

2）对于垂直管道，一般只考虑由管道自重产生的持续外载轴向应力，可按式（9‑9）计算。

式（9‑9）中的 F_{zhw} 为持续外载轴向力，即分配于该验算点所承受的管段重力。

（2）由管道自重所产生的持续外载弯曲应力

由管道自重所产生的持续外载弯曲应力可按式

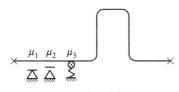

图 9-3　多支点管段

(9-22) 计算。

$$\sigma_{wqw} = \frac{mM_{wqw}}{W\phi} \quad (9-22)$$

式中　σ_{wqw}——持续外载弯曲应力（MPa）；
　　　m——应力加强系数，见式 (9-13)；
　　　W——管道截面系数（cm³），见式 (9-12)；
　　　ϕ——环向焊接接头系数，见式 (9-10)；
　　　M_{wqw}——持续外载弯曲力矩（N·m）。

管道的持续外载弯曲力矩，可按下列方法计算：

1) 对于水平直管，如图 9-4a 所示，按式 (9-23) 计算。

$$M_{wqw} = \frac{ql^2}{10} \quad (9-23)$$

2) 对于带悬臂余头的水平直管，如图 9-4b 所示，按式 (9-24) 计算。

$$M_{wqw} = \frac{ql^2}{8} \quad (9-24)$$

3) 对于水平弯管，如图 9-4c 所示，按式 (9-25) 计算。

$$M_{wqw} = \frac{ql^2}{5.33} \quad (9-25)$$

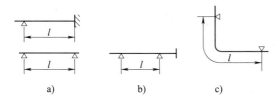

图 9-4　水平管道弯曲力矩计算用图
a) 水平直管　b) 带悬臂余头的水平直管　c) 水平弯管

4) 对于垂直弯管，应根据支吊架布置的具体形式、荷重分配的情况，选用不同的公式计算。

如图 9-5 所示，对支吊架 1 处的弯曲力矩，按式 (9-26) 计算。

$$M_{wqw} = \frac{ql_1^2 + ql_1l_2}{2} \quad (9-26)$$

如图 9-6 所示，对支吊架 1 处的弯曲力矩：

图 9-6a 中水平管段 l_1 较长时，其荷重分配于支吊架 1 和垂直管段支吊架 2，则弯曲力矩按式 (9-27) 计算。

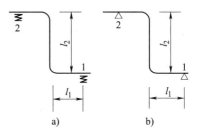

图 9-5　垂直弯管布置（一）
a) 弹簧支架　b) 刚性支架

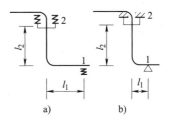

图 9-6　垂直弯管布置（二）
a) 弹簧支架　b) 刚性支架

$$M_{wqw} = \frac{ql_1^2}{8} \quad (9-27)$$

图 9-6b 中水平管段 l_1 较短时，其水平管段的重力全部由支吊架 1 承担，则弯曲力矩按式 (9-28) 计算。

$$M_{wqw} = \frac{ql_1^2}{2} \quad (9-28)$$

9.2.4　二次应力验算

管道由热胀、冷缩和其他位移受约束而产生的热胀二次应力（即热胀当量应力），不得大于按式 (9-29) 计算的许用应力范围，即

$$\sigma_f \le 1.2[\sigma]^{20} + 0.2[\sigma]^t \quad (9-29)$$

式中　$[\sigma]^{20}$——钢管在 20℃ 时的许用应力（MPa）；
　　　$[\sigma]^t$——钢管在设计温度下的许用应力（MPa）；
　　　σ_f——热胀当量应力，取计算管系上危险断面的应力值（MPa），按式 (9-30) 计算。

$$\sigma_f = \frac{mM}{W\phi} \quad (9-30)$$

式中　W——管道截面系数（cm³），见式 (9-12)；
　　　m——应力加强系数，见式 (9-13)；
　　　ϕ——环向焊接接头系数，见式 (9-10)；
　　　M——热胀当量力矩（N·m），按式 (9-31) 计算。

$$M = \sqrt{M_x^2 + M_y^2 + M_z^2} \quad (9-31)$$

式中　M_x、M_y、M_z——计算管系（或分支）沿坐标
　　　　　　　　　　轴x、y、z的热胀作用力矩
　　　　　　　　　　（N·m）。

9.2.5　合成应力验算

当所计算的热胀当量应力不能满足式（9-29）的要求，但内压和持续外载的一次应力低于$[\sigma]'$时，允许将未用足的这部分许用应力加在热胀二次应力验算的许用应力范围内，以扩大二次应力的许用应力范围。此时，应准确计算由内压和持续外载产生的应力。

由内压、持续外载和热胀产生的最大合成应力，不得大于钢管在20℃时与设计温度下许用应力之和的1.2倍，即按式（9-32）计算。

$$\sigma_{hc} \leq 1.2([\sigma]^{20} + [\sigma]') \qquad (9\text{-}32)$$

式中　σ_{hc}——内压、持续外载和热胀的合成应力
　　　　　　（MPa），按式（9-33）计算。

$$\sigma_{hc} = \frac{p(D - t_n)}{400 t_n} + \sigma_{zhw} + \sigma_w + \sigma_f \qquad (9\text{-}33)$$

9.3　用图表法求解管道的推力和应力

9.3.1　平面管道的推力和应力计算

（1）固定点处推力计算　固定点处推力按式（9-34）和式（9-35）计算。

$$F_x = \frac{9.8 K_x CI}{L^2} \qquad (9\text{-}34)$$

$$F_y = \frac{9.8 K_y CI}{L^2} \qquad (9\text{-}35)$$

式中　F_x、F_y——固定点处x、y方向推力（N）；
　　　　L——两固定点间距（m）；
　　　　I——管道截面惯性矩（cm^4），见表9-6；
　　　　C——温度综合系数，如图9-7所示；
　　　　K_x、K_y——管形系数，见表9-7及表9-8。

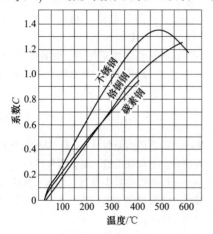

图9-7　温度综合系数C与温度的关系曲线图

（2）管道弯曲应力计算　管道弯曲应力按式（9-36）计算。

$$\sigma_b = \frac{0.098 K_b CD}{L} \qquad (9\text{-}36)$$

式中　σ_b——管道弯曲应力（MPa）；
　　　　D——管道外径（cm）；
　　　　K_b——管形系数，见表9-7及表9-8。

表9-7　L形管形系数

L/H	K_x	K_y	K_b
1.0	11.6	11.6	291
1.2	16.7	12.1	372
1.4	22.3	13.0	470
1.6	31.0	14.0	574
1.8	40.7	14.9	684
2.0	52.3	16.1	825
2.2	66.2	17.3	970
2.4	81.8	18.4	1130
2.6	99.8	20.0	1300
2.8	121	21.3	1490
3.0	145	22.3	1690
3.2	169	24.2	1890
3.4	201	25.7	2100
3.6	230	27.1	2320
3.8	266	28.6	2670
4.0	305	30.5	2830
4.2	345	32.0	3080
4.4	393	33.6	3350
4.6	442	35.0	3640
4.8	494	36.7	3940
5.0	552	38.2	4270
5.2	610	39.8	4600
5.4	678	41.7	4940
5.6	750	43.3	5270
5.8	828	44.6	5630
6.0	910	46.7	6030
6.2	990	48.3	6390
6.4	1075	50.3	6800
6.6	1170	51.8	7230
6.8	1270	53.3	7640
7.0	1380	55.0	8060
7.5	1560	59.3	8270
8.0	2000	63.4	10400

【例9-1】　已知L形管段如图9-8所示，管径ϕ159mm×4.5mm，蒸汽温度200℃，求两固定点的推力及最大弯曲应力。

解：　查表9-6得$I = 652 cm^4$。

查图9-7，碳素钢200℃时，$C = 0.48$。

$\dfrac{L}{H} = \dfrac{30m}{10m} = 3$。查表9-7得：$K_x = 145$，$K_y = 22.3$，

$K_b = 1690$。

表 9-8 Z 形管形系数

a/b	1			1.5			2			3			4		
L/H	K_x	K_y	K_b	K_x	K_y	K_b	K_x	K_y	K_b	K_x	K_y	K_b	K_x	K_y	K_b
0.6	8.97	41.7	677	8.29	37.9	737	7.08	13.1	688	6.3	24.3	592	5.8	21.3	535
0.8	12.4	37.8	560	11.5	34.0	616	10.2	28.1	575	8.9	22.3	503	8.25	19.4	454
1.0	16.7	36.7	502	15.4	33.0	559	13.9	28.1	534	12.2	21.3	422	11.5	18.4	405
1.2	21.8	36.7	468	20.4	34.0	559	17.5	28.1	534	15.5	22.4	429	13.6	19.4	413
1.4	27.5	36.7	492	26.2	35.0	559	21.6	29.1	543	19.4	23.3	445	18.4	20.4	424
1.6	34.4	40.8	536	33.0	36.9	575	29.1	31.1	558	26.2	24.3	492	23.3	20.4	424
1.8	41.7	41.8	584	39.8	37.8	608	36.9	32.0	575	33.0	25.2	486	29.1	21.3	480
2.0	51.8	44.3	643	48.5	39.8	648	44.7	34.0	616	40.7	20.2	543	38.3	23.3	510
2.2	61.2	46.6	701	58.3	41.8	713	55.3	36.9	672	49.5	28.2	592	46.6	24.3	552
2.4	73.7	49.5	740	69.0	44.7	776	66.0	38.8	728	59.2	30.1	648	56.3	26.2	600
2.6	86.4	52.9	820	81.5	47.6	817	76.9	41.7	785	68.8	32.0	697	67.0	28.1	648
2.8	99.0	56.3	884	93.0	51.4	892	88.3	44.7	852	78.5	34.0	745	77.6	29.1	705
3.0	113.5	60.3	940	107	54.4	955	101	47.6	932	89.3	35.9	803	87.3	31.0	750
3.2	128	64.2	1005	120	57.3	1040	114	49.5	980	103	37.9	866	101	33.0	802
3.4	144	68.0	1080	136	61.2	1085	129	52.4	1035	117	39.8	925	114	34.9	852
3.6	163	71.8	1140	163	64.0	1160	145	55.4	1095	132	43.7	937	128	37.0	900
3.8	183	75.7	1205	172	68.0	1225	160	580	1150	147	44.7	1030	142	38.8	947
4.0	204	79.5	1280	191	70.8	1290	176	61.2	1215	161	47.6	1080	158	40.8	1005
4.2	228	83.8	1345	213	74.7	1360	195	64.0	1275	179	49.5	1135	176	42.7	1055
4.4	252	88.0	1415	234	78.6	1430	215	67.0	1330	198	51.4	1190	195	44.6	1110
4.6	287	92.0	1480	245	82.5	1510	234	69.8	1410	217	54.3	1250	213	46.6	1160
4.8	301	96.0	1560	279	85.3	1570	256	72.7	1410	236	56.3	1305	232	48.5	1215
5.0	324	100	1630	304	89.3	1645	280	75.7	1540	253	59.2	1360	252	50.4	1265
5.5	362	107	1735	345	95.2	1756			1637	290	63.1	1445	284	53.3	1345
6.0	476	121	1980	447	109	2010	410	92.2	1880	374	71.0	1660	310	61.2	1540
6.5	563	132	2170	527	119	2200	476	100	2047	444	777	1800	438	66.0	1662
7.0	650	141	2330	617	128	2380	518	108	2220	510	83.5	1950	510	71.8	1815
7.5	757	154	2540	713	137	2570	640	117	2380	598	90.3	2140	590	77.0	1945
8.0	872	165	2750	815	147	2750	747	125	2570	682	96.0	2260	672	82.5	2080

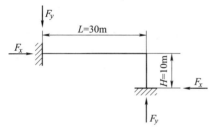

图 9-8　L 形管段

所以

$$F_x = \frac{9.8K_xCI}{L^2} = \frac{9.8 \times 145 \times 0.48 \times 652}{30^2}N = 494N$$

$$F_y = \frac{9.8K_yCI}{L^2} = \frac{9.8 \times 22.3 \times 0.48 \times 652}{30^2}N = 76N$$

固定点合力

$$F = \sqrt{F_x^2 + F_y^2} = \sqrt{494^2 + 76^2}N = 500N$$

弯曲应力

$$\sigma_b = \frac{0.098K_bCD}{L}$$

$$= \frac{0.098 \times 1690 \times 0.48 \times 15.9}{30}MPa$$

$$= 42.13MPa$$

【例 9-2】 已知 Z 形管段如图 9-9 所示，管径 φ159mm×4.5mm，蒸汽温度 200℃，求两固定点的推力及最大弯曲应力。

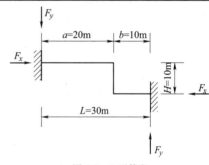

图 9-9　Z 形管段

解：$\dfrac{a}{b} = \dfrac{20m}{10m} = 2$，$\dfrac{L}{H} = \dfrac{30m}{10m} = 3$。查表 9-8 得：

$K_x = 101$，$K_y = 47.6$，$K_b = 932$。

所以

$$F_x = \frac{9.8K_xCI}{L^2} = \frac{9.8 \times 101 \times 0.48 \times 652}{30^2}N = 344N$$

$$F_y = \frac{9.8K_yCI}{L^2} = \frac{9.8 \times 47.6 \times 0.48 \times 652}{30^2}N = 162N$$

固定点合力

$$F = \sqrt{F_x^2 + F_y^2} = \sqrt{344^2 + 162^2}N \approx 380N$$

弯曲应力

$$\sigma_b = \frac{0.098K_bCD}{L} = \frac{0.098 \times 932 \times 0.48 \times 15.9}{30}MPa$$

$$= 23.24MPa$$

9.3.2　立体管道的推力和应力计算

（1）立体管道推力计算　立体管道推力按式

（9-37）计算。

$$
\begin{cases}
F_x(\gamma) = \dfrac{CI\gamma}{510L^2} \\[2mm]
F_y(\omega) = \dfrac{CI\omega}{510L^2} \\[2mm]
F_z(\theta) = \dfrac{CI\theta}{510L^2}
\end{cases}
\qquad (9\text{-}37)
$$

式中　　　　　L——管段长度（m）；

　　　　　　　C——温度综合系数，如图 9-10 所示；

　　γ、ω、θ——管道固定点推力系数，如图 9-11 所示；

　　　　　　　I——管道截面惯性矩（cm^4），见表 9-6；

$F_x(\gamma)$、$F_y(\omega)$、$F_z(\theta)$——管道沿 x、y、z 轴方向的推力（N）。

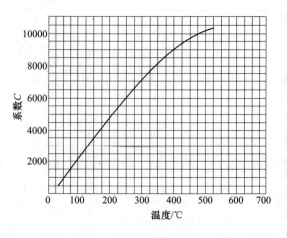

图 9-10　碳素钢温度综合系数 C 与温度的关系曲线图

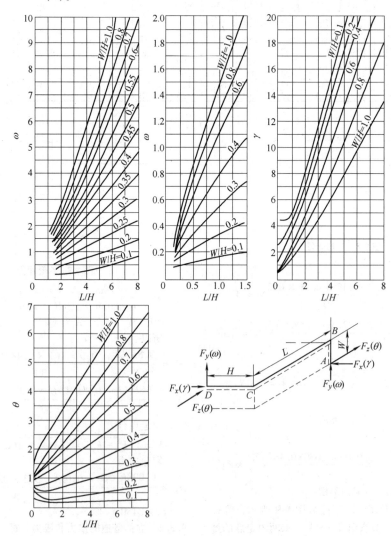

图 9-11　立体管道推力系数（ω、γ、θ）

（2）立体管道应力计算 立体管道应力按式（9-38）计算。

$$\sigma_b = \frac{CDG}{100L} \qquad (9-38)$$

式中 σ_b——管道的最大弯曲应力（MPa）；

D——管道外径（cm）；

G——管道应力系数 a、b、c、d 中的最大值，如图 9-12 所示。

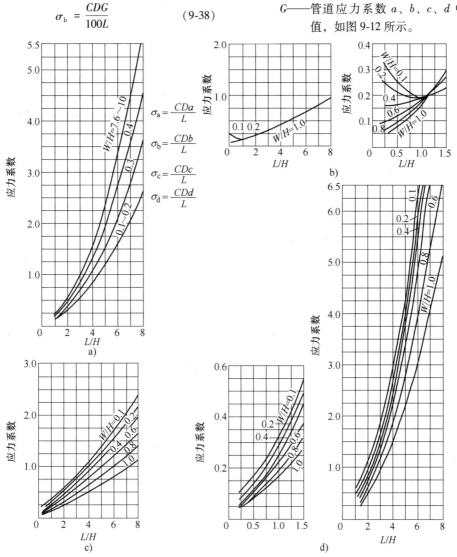

$$\sigma_a = \frac{CDa}{L}$$

$$\sigma_b = \frac{CDb}{L}$$

$$\sigma_c = \frac{CDc}{L}$$

$$\sigma_d = \frac{CDd}{L}$$

图 9-12 立体管道应力系数

【例 9-3】 已知立体管道如图 9-13 所示，φ159mm×4.5mm，温度为 200℃。求沿 x、y、z 轴方向的推力及最大应力。

解： $\dfrac{L}{H} = \dfrac{16\text{m}}{7\text{m}} = 2.3$，$\dfrac{W}{H} = \dfrac{5\text{m}}{7\text{m}} = 0.7$。

查图 9-11 得：$\omega = 2.3$；$\gamma = 4.4$；$\theta = 2.5$。

查图 9-10 得：$C = 4800$。

所以

$$F_x(\gamma) = \frac{CI\gamma}{510L^2} = \frac{4800 \times 652 \times 4.4}{510 \times 16^2}\text{N} = 105\text{N}$$

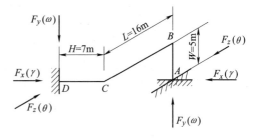

图 9-13 立体管道

$$F_y(\omega) = \frac{CI\omega}{510L^2} = \frac{4800 \times 652 \times 2.3}{510 \times 16^2}\text{N} = 55\text{N}$$

$$F_z(\theta) = \frac{CI\theta}{510L^2} = \frac{4800 \times 652 \times 2.5}{510 \times 16^2}\text{N} = 60\text{N}$$

查图 9-13 得：$a = 0.33$；$b = 0.25$；$c = 0.35$；$d = 0.83$。

所以

$$\sigma_b = \frac{CDG}{100L} = \frac{4800 \times 15.9 \times 0.83}{100 \times 16}\text{MPa} = 39.59\text{MPa}$$

所以最大弯曲应力发生在 D 点。

9.4　卧式压力容器计算

9.4.1　概述

卧式压力容器是动力工程设计中常用的非标设备。压力容器设计计算应按 GB/T 150.1~150.4—2011《压力容器》执行。压力容器设计应取得压力容器设计资格的单位和个人才能设计。

压力容器设计除符合 GB/T 150.1~150.4—2011 标准规定外，还应遵循国家颁布的 TSG 21—2016《固定式压力容器安全技术监察规程》（简称《容规》）等法规。

《容规》所管辖的压力容器，必须同时具备下列三个条件：

1）工作压力大于或者等于 0.1MPa。工作压力，是指在正常工作情况下，压力容器顶部可能达到的最高压力（表压力）。

2）容积大于或者等于 0.03 m³ 并且内直径（非圆形截面指截面内边界最大几何尺寸）大于或者等于 150mm。容积，是指压力容器的几何容积，即由设计图样标注的尺寸计算（不考虑制造公差）并且圆整。一般需要扣除永久连接在压力容器内部的内件的体积。

3）盛装介质为气体、液化气体以及介质最高工作温度高于或者等于其标准沸点的液体。容器内介质为最高工作温度低于其标准沸点的液体时，如果气相空间的容积大于或者等于 0.03m³ 时，也属于《容规》的适用范围。

压力容器的设计压力（p）划分为低压、中压、高压和超高压四个压力等级，具体划分如下：

1）低压（代号 L）：0.1MPa$\leq p<$1.6MPa。

2）中压（代号 M）：1.6MPa$\leq p<$10.0MPa。

3）高压（代号 H）：10.0MPa$\leq p<$100.0MPa。

4）超高压（代号 U）：$p\geq$100.0MPa。

压力容器的介质分为以下两组：

第一组介质，毒性程度为极度、高度危害的化学介质，易爆介质，液化气体。

第二组介质，除第一组以外的介质。

为有利于安全技术监督和管理，将规程适用范围内的压力容器划分为Ⅰ、Ⅱ、Ⅲ三类。一般压力容器分类如图 9-14 和图 9-15 所示。

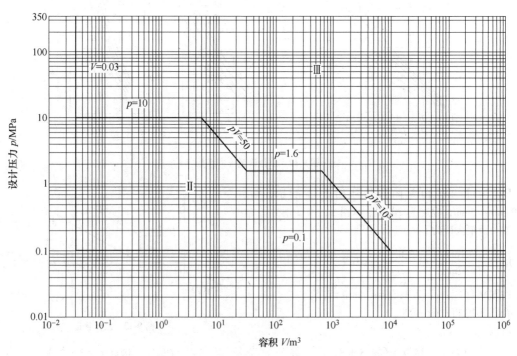

图 9-14　压力容器分类——第一组介质

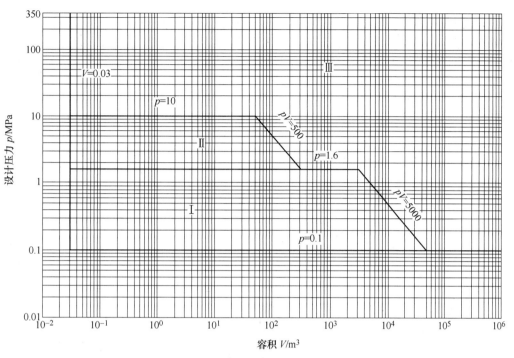

图 9-15　压力容器分类——第二组介质

注：坐标点位于图 9-14 或者图 9-15 的分类线上时，按照较高的类别划分其类别

9.4.2　卧式内压容器计算格式

表 9-9 为一个使用椭圆形封头、圆筒形筒体且无加强圈的单层受内压卧式容器的强度计算书计算格式，表中包括了圆筒组合应力校核，且按水压试验、垫板有加强作用考虑。计算表格依据国标 GB/T 150.1～150.4—2011，表中所用符号、公式等均与 GB/T 150.1～150.4—2011 标准一致。

表 9-9　卧式内压容器计算格式

名称	符号	单位	公式或数值来源	公式	计算	结果
一、设计参数						
1. 工作介质			设计条件			
2. 容器类别			设计条件			
3. 设计压力	p	MPa	设计条件，标准 1[①] 3.1.3,4.3.3			
4. 计算压力	p_c	MPa	标准 1[①]3.1.4,4.3.3			
5. 设计温度	t	℃	设计条件，标准 1[①] 4.1.7,4.3.4			
二、筒体厚度计算						
1. 筒体内径	D_i	mm	设计条件			
2. 材料选用			GB 713—2014			
3. 设计温度下材料的许用应力	$[\sigma]^t$	MPa	标准 2[②] 表 2			
4. 焊接接头系数	ϕ	—	标准 1[①]4.5			
5. 计算厚度	δ	mm	标准 3[③]式(3-1)	$\delta = \dfrac{p_c D_i}{2[\sigma]^t \phi - p_c}$		
6. 材料厚度负偏差	C_1	mm	标准 1[①]4.3.6.1			
7. 腐蚀裕量	C_2	mm	标准 1[①]4.3.6.2			
8. 厚度附加量	C	mm	标准 1[①]4.3.6	$C=C_1+C_2$		
9. 设计厚度	δ_s	mm	标准 1[①]3.1.11	$\delta_s=\delta+C_2$		

（续）

名称	符号	单位	公式或数值来源	公式	计算	结果
10. 名义（取用）厚度	δ_n	mm	标准1[①]3.1.12	$\delta_n > \delta_s + C_1$（向上圆整至材料标准规格的厚度）		
11. 有效厚度	δ_e	mm	标准1[①]3.1.13	$\delta_e = \delta_n - C$		
12. 圆筒的计算应力	σ^t	MPa	标准3[③]式(3-3)	$\sigma^t = \dfrac{p_c(D_i + \delta_e)}{2\delta_e}$ $\sigma^t \leqslant [\sigma]^t \phi$		
13. 圆筒最大工作压力	$[p_w]$	MPa	标准3[③]式(3-6)	$[p_w] = \dfrac{2\delta_e [\sigma]^t \phi}{D_i + \delta_e}$		
三、椭圆封头厚度计算						
1. 封头形状系数	K	—	标准3[③]表5-1			
2. 封头内径	D_i	mm	设计条件			
3. 封头材料选用			GB 713—2014			
4. 设计温度下封头材料的许用应力	$[\sigma]^t$	MPa	标准2[②]表2			
5. 封头焊接接头系数	ϕ	—	标准1[①]4.5			
6. 凸形封头计算厚度	δ_h	mm	标准3[③]式(5-1)	$\delta_h = \dfrac{Kp_c D_i}{2[\sigma]^t \phi - 0.5p_c}$		
7. 材料厚度负偏差	C_1	mm	标准1[①]4.3.6.1			
8. 腐蚀裕量	C_2	mm	标准1[①]4.3.6.2			
9. 厚度附加量	C	mm	标准1[①]4.3.6	$C = C_1 + C_2$		
10. 封头设计厚度	δ_{sh}	mm	标准1[①]3.1.11	$\delta_{sh} = \delta_h + C_2$		
11. 封头名义厚度	δ_{nh}	mm	标准1[①]3.1.12	$\delta_{nh} > \delta_{sh} + C_1$（向上圆整至材料标准规格的厚度）		
12. 封头有效厚度	δ_{eh}	mm	标准1[①]3.1.13	$\delta_{eh} = \delta_{nh} - C$		
13. 封头最大允许工作压力	$[p_w]$	MPa	标准3[③]式(5-3)	$[p_w] = \dfrac{2[\sigma]^t \phi \delta_{eh}}{KD_i + 0.5\delta_{eh}}$ $[p_w] > p_c$		
四、耐压试验压力计算						
1. 试验温度下材料的许用应力	$[\sigma]$	MPa	标准2[②]表2			
2. 设计温度下材料的许用应力	$[\sigma]^t$	MPa	标准2[②]表2			
3. 耐压试验压力	p_T	MPa	标准1[①]4.6.2.2			
液压试验	p_T	MPa	标准1[①]式(5)	$p_T = 1.25p\dfrac{[\sigma]}{[\sigma]^t}$		
气压试验	p_T	MPa	标准1[①]式(6)	$p_T = 1.1p\dfrac{[\sigma]}{[\sigma]^t}$		
五、封头开孔补强计算						
（一）不另行补强的最大开孔直径（两相邻开孔中心的间距应不小于两孔直径之和的2倍）	DN	mm	标准3[③]6.1.3			
（二）D⋯X⋯接管						
1. 封头开孔削弱需要的补强面积计算						
（1）接管外径	d_o	mm	已知条件			
（2）接管名义厚度	δ_{nt}	mm	已知条件			

（续）

名称	符号	单位	公式或数值来源	公式	计算	结果
（3）接管厚度负偏差	C_1	mm	标准 1[①]4.3.6.1			
（4）腐蚀裕量	C_2	mm	标准 1[①]4.3.6.2			
（5）接管厚度附加量	C	mm	标准 1[①]4.3.6	$C = C_1 + C_2$		
（6）接管有效厚度	δ_{et}	mm	标准 1[①]3.1.13	$\delta_{et} = \delta_{nt} - C$		
（7）接管材料选用			标准 2[②]表 6			
（8）设计温度下接管材料的许用应力	$[\sigma]^t$	MPa	标准 2[②]表 6			
（9）开孔直径	d_{op}	mm	标准 3[③]6.3.3.1	$d_{op} = d_o - 2\delta_{nt} + 2C$		
（10）开孔处的圆筒计算厚度	δ	mm	标准 3[③]式(6-2)	$\delta = \dfrac{p_c K_1 D_i}{2[\sigma]^t \phi - 0.5 p_c}$		
（11）椭圆形长短轴比值系数	K_1		标准 3[③]表 5-2			
（12）强度削弱系数	f_r	—	标准 3[③]6.3.2.3	$f_r = [\sigma]_t^t / [\sigma]^t \leqslant 1.0$		
（13）筒体开孔削弱所需的补强面积	A	mm²	标准 3[③]式(6-1)	$A = D_{op}\delta + 2\delta\delta_{et}(1 - f_r)$		
2. 有效补强范围						
（1）有效宽度	B	mm	标准 3[③]式(6-6)			
其中:取二者中较大值	B	mm		$B = 2d_{op}$		
	B	mm		$B = d_{op} + 2(\delta_n + \delta_{nt})$		
（2）有效高度						
1)外伸接管有效高度	h_1	mm	标准 3[③]式(6-7)			
其中:取二者中较小值	h_1	mm		$h_1 = \sqrt{d_{op}\delta_{nt}}$		
	h_1	mm		$h_1 = $ 接管实际外伸高度		
2)内伸接管有效高度	h_2	mm	标准 3[③]式(6-8)			
其中:取二者中较小值	h_2	mm		$h_2 = \sqrt{d_{op}\delta_{nt}}$		
	h_2	mm		$h_2 = $ 接管实际内伸高度		
3. 有效补强面积计算						
（1）筒体开孔处的有效厚度	δ_e	mm	标准 1[①]3.1.13	$\delta_e = \delta_n - C$		
（2）筒体受压所需设计厚度之外的多余金属面积	A_1	mm²	标准 3[③]式(6-10)	$A_1 = (B - d_{op})(\delta_e - \delta) - 2\delta_{et}(\delta_e - \delta)(1 - f_r)$		
（3）接管的计算壁厚	δ_t	mm	标准 3[③]式(3-1)	$\delta_t = \dfrac{p_c D_i}{2[\sigma]^t \phi - p_c}$		
（4）接管受压所需设计厚度之外的多余金属面积	A_2	mm²	标准 3[③]式(6-11)	$A_2 = 2h_1(\delta_{et} - \delta_t)f_r + 2h_2(\delta_{et} - C_2)f_r$		
（5）焊缝金属截面面积	A_3	mm²	标准 3[③]图 6-2			
外侧焊缝高度		mm	见制造图			
内侧焊缝高度		mm	见制造图			
（6）有效补强面积	A_e	mm²	标准 3[③]式(6-9)	$A_e = A_1 + A_2 + A_3$		
4. 补强板面积	A_4	mm²	标准 3[③]式(6-12)	$A_4 \geqslant A - A_e$		
5. 补强圈外径	B	mm	JB/T 4736—2002			
6. 补强板计算厚度	δ'	mm		$\delta' = \dfrac{A_4}{(B - d_o)}$		
7. 补强板名义(取用)厚度	δ_n'	mm				
六、鞍式支座的选取与校核			NB/T 47042—2014			
（一）容器质量	m	kg		$m = \sum m_i$		
容器自身质量	m_1	kg				
充满水或充满介质质量	m_2	kg		$m_2 = rv \times$ 充满度		

（续）

名称	符号	单位	公式或数值来源	公式	计算	结果
隔热层质量	m_3	kg				
其他	m_4	kg				
（二）许用轴向压缩应力计算	$[\sigma]_{ac}$	MPa				
1. 外压应变系数	A	—	标准3[③]图4-2或表4-2			
2. 设计温度下材料的弹性模量	E^t	MPa	标准2[②]表B.13			
3. 常温下材料的弹性模量	E	MPa	标准2[②]表B.13			
4. 设计温度下的外压应力系数	B	MPa	标准3[③]式(4-1)	$B = \dfrac{2AE^t}{3}$		
5. 常温下的外压应力系数	B^0	MPa	标准3[③]式(4-1)	$B^0 = \dfrac{2AE}{3}$		
6. 常温下容器圆筒材料轴向许用压缩应力	$[\sigma]_{ac}$	MPa	标准4[④]7.6	$[\sigma]_{ac} = \min\{0.9R_{eL}, R_{p0.2}, B^0\}$		
7. 设计温度下容器圆筒材料轴向许用压缩应力	$[\sigma]_{ac}^t$	MPa	标准4[④]7.6	$[\sigma]_{ac}^t = \min\{[\sigma]^t, B\}$		
（三）支座反力	F	N	标准4[④]式(2)	$F = \dfrac{mg}{2}$		
（四）鞍式支座选取						
1. 型号　　　轻型			NB/T 47065.1—2018			
重型			NB/T 47065.1—2018			
2. 参数						
（1）支座材料						
（2）鞍座材料许用应力	$[\sigma]_{sa}$	MPa	标准2[②]表2			
（3）鞍座包角	θ	(°)	标准4[④]7.6			
（4）支座轴向宽度	b	mm	标准4[④]7.6			
（5）鞍座实际高度	H	mm	标准4[④]7.6			
（6）鞍座腹板厚度	b_0	mm	标准4[④]7.8.1			
（7）鞍座名义厚度	δ_{rn}	mm	标准4[④]7.6	一般取 $\delta_{rn} = \delta_n$		
（8）鞍座有效厚度	δ_{re}	mm				
（9）垫板每边伸出支座边缘的长度	C	mm				
（10）垫板宽度	b_4	mm	标准4[④]7.6			
（五）系数 $K_1 \sim K_9$ 选取						
1. K_1	K_1	—	标准4[④]表2			
2. K_2	K_2	—	标准4[④]表2			
3. K_3	K_3	—	标准4[④]表4			
4. K_4	K_4	—	标准4[④]表4			
5. K_5	K_5	—	标准4[④]表5			
6. K_6	K_6	—	标准4[④]表5			
7. K_7	K_7	—	标准4[④]表6			
8. K_8	K_8	—	标准4[④]表6			
9. K_9	K_9	—	标准4[④]表8			
（六）圆筒轴向应力计算及校核						
1. 封头曲面深度	h_i	mm	已知条件			
2. 圆筒平均半径	R_a	mm	标准4[④]7.6	$R_a = R_i + \dfrac{\delta_n}{2}$		
3. 圆筒轴向弯矩计算						

（续）

名称	符号	单位	公式或数值来源	公式	计算	结果
（1）圆筒中间横截面内的轴向弯矩	M_1	N·mm	标准4[④]式(3)	$$M_1 = \dfrac{FL}{4}\left[\dfrac{1 + \dfrac{2(R_a^2 - h_i^2)}{L^2}}{1 + \dfrac{4h_i}{3L}} - \dfrac{4A}{L}\right]$$		
（2）鞍座平面内的轴向弯矩	M_2	N·mm	标准4[④]式(4)	$$M_2 = -FA\left[1 - \dfrac{1 - \dfrac{A}{L} + \dfrac{R_a^2 - h_i^2}{2AL}}{1 + \dfrac{4h_i}{3L}}\right]$$		
4. 圆筒轴向应力计算						
（1）圆筒中间截面内最高点处的轴向应力	σ_1	MPa	标准4[④]式(5)	$\sigma_1 = \dfrac{p_c R_a}{2\delta_e} - \dfrac{M_1}{3.14 R_a^2 \delta_e}$		
（2）圆筒中间截面内最低点处的轴向应力	σ_2	MPa	标准4[④]式(6)	$\sigma_2 = \dfrac{p_c R_a}{2\delta_e} + \dfrac{M_1}{3.14 R_a^2 \delta_e}$		
（3）鞍座平面上圆筒截面内最高点处的轴向应力	σ_3	MPa	标准4[④]式(7)	$\sigma_3 = \dfrac{p_c R_a}{2\delta_e} - \dfrac{M_2}{3.14 K_1 R_a^2 \delta_e}$		
（4）鞍座平面上圆筒截面内最低点处的轴向应力	σ_4	MPa	标准4[④]式(8)	$\sigma_4 = \dfrac{p_c R_a}{2\delta_e} + \dfrac{M_2}{3.14 K_1 R_a^2 \delta_e}$		
（5）水压试验时各处轴向应力	$\sigma_{T1}\sim\sigma_{T4}$	MPa	参见 $\sigma_1\sim\sigma_4$			
（6）轴向应力校核条件			标准4[④]表3			
操作工况（盛装物料）				加压时拉力：$\max\{\sigma_1,\sigma_2,\sigma_3,\sigma_4\} \leqslant \phi[\sigma]^t$ 未加压时压应力：$\|\min\{\sigma_1,\sigma_2,\sigma_3,\sigma_4\}\| \leqslant [\sigma]_{ac}^t$		
水压试验工况				加压时拉力：$\max\{\sigma_{T1},\sigma_{T2},\sigma_{T3},\sigma_{T4}\} \leqslant 0.9\phi R_{eL}(R_{p0.2})$ 未加压时压应力：$\|\min\{\sigma_{T1},\sigma_{T2},\sigma_{T3},\sigma_{T4}\}\| \leqslant [\sigma]_{ac}$		
（七）切向剪应力计算及校核						
1. 圆筒切向剪应力	τ	MPa	标准4[④]式(9)	$A > \dfrac{R_a}{2}$ 时，$\tau = \dfrac{K_3 F}{R_a \delta_e}\left(\dfrac{L - 2A}{L + \dfrac{4}{3}h_i}\right)$		
			标准4[④]式(10)	$A \leqslant \dfrac{R_a}{2}$ 时，$\tau = \dfrac{K_3 F}{R_a \delta_e}$		
2. 圆筒切向剪应力校核			标准4[④]7.7.3.2	$\tau \leqslant 0.8[\sigma]^t$		

（续）

名称	符号	单位	公式或数值来源	公式	计算	结果
（八）圆筒周向应力计算及校核						
1. 圆筒的有效宽度	b_2	mm	标准4[④]7.6	$b_2 = b_1 + 1.56\sqrt{R_a\delta_n}$		
2. 圆通横截面最低点的周向应力	σ_5	MPa	标准4[④]式(16)	$\sigma_5 = -\dfrac{kK_5F}{\delta_e b_2}$		
3. 鞍座边角处的周向应力	σ_6	MPa	标准4[④]式(18)	$L/R_a < 8$ 时，$\sigma_6 = -\dfrac{F}{4\delta_e b_2} - \dfrac{12K_6FR_a}{L\delta_e^2}$		
			标准4[④]式(17)	$L/R_a \geqslant 8$ 时，$\sigma_6 = -\dfrac{F}{4\delta_e b_2} - \dfrac{3K_6F}{2\delta_e^2}$		
4. 周向应力校核			标准4[④]7.7.4.3			
（1）σ_5 校核				$\vert\sigma_5\vert \leqslant [\sigma]^t$		
（2）σ_6 校核				$\vert\sigma_6\vert \leqslant 1.25[\sigma]^t$		
（九）鞍式支座有效断面的平均应力校核						
1. 支座承受的水平分力	F_s	N	标准4[④]式(26)	$F_s = K_9F$		
2. 鞍座计算高度	H_s	mm	标准4[④]7.8.1.2			
鞍座实际高度	H	mm	取二者中较小值			
$R_a/3$	$\dfrac{R_a}{3}$	mm				
3. 鞍座腹板厚度						
4. 鞍座有效断面平均应力	σ_9	MPa	标准4[④]式(27)	$\sigma_9 = \dfrac{F_s}{H_s b_0}$		
5. 平均应力校核			标准4[④]式(29)	$\sigma_9 \leqslant \dfrac{2}{3}[\sigma]_{sa}$		

① GB 150.1—2011《压力容器 第1部分：通用要求》。
② GB 150.2—2011《压力容器 第2部分：材料》。
③ GB 150.3—2011《压力容器 第3部分：设计》。
④ NB/T 47042—2014《卧式容器》。

9.4.3　分汽缸和分水缸计算

1. 概述

分汽缸和分水缸是动力管道设计中常用的非标准设计。由于它是受压容器，在设计中必须充分重视。

根据《容规》管辖的容器条件，分汽缸一般都具备管辖的三个条件；而分水缸第三个条件是以水温为界，如分水缸内的水温高于100℃时，则同时具备三个条件，属于《容规》所管辖的压力容器。水温低于100℃的分水缸，不同时具备管辖的三个条件，不属《容规》所管辖，但也是承压容器。

容器内介质参数不同，造成事故的危害程度也不同。分汽缸和分水缸的设计压力 p 如果在 0.1～1.6MPa 范围，则为低压容器，一般 $pV < 5\times10^6$ MPa·L，

属于Ⅰ类压力容器;如果在 1.6MPa~10MPa 范围,则为中压容器,一般 $V>25L$ 且 $pV<5\times10^5$ MPa·L,属于Ⅱ类压力容器。

分汽缸和分水缸的封头,一般推荐采用标准椭圆形封头;筒体一般采用无缝钢管制造,也可用钢板卷制。

分汽缸和分水缸的材料选用:1.0MPa、350℃,一般采用 Q235-A 普通碳素结构钢;1.0~2.5MPa、300~450℃,一般采用 Q345 或 20G。

根据《容规》要求,分汽缸和分水缸上应分别装设安全阀、压力表、温度计及截断阀等安全附件。分汽缸底部应设疏水管,分水缸底部应设防水排污管。按《容规》要求应设手孔或检查孔。安全阀的开启压力不得超过容器的设计压力。安全阀的排气能力必须大于容器的安全泄放量。

当分汽缸或分水缸与锅炉直接相连,且容器的设计压力与锅炉的设计压力相同时,由于锅炉上装有安全阀,故可不装安全阀。若分汽(水)缸设计压力低于进口介质的压力时,在通向容器进口的管道上应装减压阀,在减压阀后的低压侧应装安全阀和压力表。

2. 分汽缸和分水缸筒体直径的确定

在设计分汽缸或分水缸时,一般已知其进出接管的直径。在确定筒体直径时,一般先用最大开孔直径与筒体直径的关系确定筒体直径的大小,然后用筒体断面流速进行校核。

最大开孔直径与筒体直径的关系必须符合 GB 150.3—2011 标准 6.1.1 条规定,即

1)当筒体内径 $D_i \le 1500$mm 时,开孔最大直径 $d_{op} \le D_i/2$,且 $d_{op} \le 520$mm。

2)当筒体内径 $D_i > 1500$mm 时,开孔最大直径 $d_{op} \le D_i/3$,且 $d_{op} \le 1000$mm。

根据上述要求,可初定一种直径,然后按 GB/T 9019—2015《压力容器公称直径》选取相应的标准筒体直径。

分汽缸和分水缸的推荐断面流速:分汽缸断面流速 8~12m/s;分水缸断面流速 0.2~0.3m/s。

根据分汽(水)缸的断面流速,核算筒体直径可按式(9-39)计算。

$$D_i = 1.05\sqrt{\frac{Gv}{\pi w}} \qquad (9-39)$$

式中　D_i——筒体内直径(mm);

　　　G——介质流量(kg/h);

　　　v——介质比体积(m³/kg);

　　　w——筒体断面流速(m/s)。

3. 分汽(水)缸强度计算

分汽缸、分水缸强度计算应包括:筒体壁厚计算;封头壁厚计算;排孔削弱系数计算及筒体壁厚校核;开孔补强计算;安全阀选择计算。

(1)筒体壁厚计算　分汽缸和分水缸筒体壁厚按式(9-40)和式(9-41)计算。

$$\delta = \frac{p_c D_i}{2[\sigma]^t \phi - p_c} \qquad (9-40)$$

式中　p_c——计算压力(MPa);

　　　D_i——圆筒体或封头内直径(mm);

　　　δ——筒体或封头计算厚度(mm);

　　$[\sigma]^t$——设计温度下筒体或封头材料的许用应力(MPa)见表 9-1 或表 1-25;

　　　ϕ——焊接接头系数,按表 9-10 选取。

表 9-10　焊接接头系数 ϕ 值

内容	无损检测	焊接接头系数
双面焊或相当于双面焊的全焊透对接焊缝	100%无损检测	1.00
	局部无损检测	0.85
单面焊的对接焊缝,沿焊缝根部全长具有紧贴基本金属的垫板	100%无损检测	0.90
	局部无损检测	0.80
无法进行无损检测的单面焊环向对接焊缝,无垫板	0.60	

注:此系数仅适用于厚度不超过 16mm、直径不超过 600mm 的壳体环向焊缝。

$$\delta_s = \delta + C \qquad (9-41)$$

式中　δ_s——筒体或封头设计厚度(mm)。

　　　C——厚度附加量(mm),按式(9-44)计算。

(2)封头壁厚计算　分汽缸和分水缸一般都用椭圆形封头,且常用标准椭圆形封头。椭圆形封头壁厚按式(9-42)和式(9-43)计算。

$$\delta = \frac{Kp_c D_i}{2[\sigma]^t \phi - 0.5p_c} \qquad (9-42)$$

式中　K——椭圆形封头形状系数,标准椭圆形封头 $K=1$。

$$\delta_s = \delta + C \qquad (9-43)$$

$$C = C_1 + C_2 \qquad (9-44)$$

式中　C_1——钢板或钢管的厚度负偏差(mm),钢管的厚度负偏差 C_1 按式(9-4)和表 9-3、表 9-4、表 9-5 计算;钢板的厚度负偏差 C_1 按表 9-11 选用。当钢材的厚度负偏差不大于 0.25mm,且不超过名义厚度的 6%时,可取 $C_1 = 0$。

C_2——腐蚀裕量（mm），对于碳素钢和低合金钢，C_2 不小于1mm。

表9-11　钢板厚度负偏差 C_1 值

钢板厚度/mm	负偏差 C_1/mm	钢板厚度/mm	负偏差 C_1/mm
2.0	0.18	6~7	0.6
2.2	0.19	8~25	0.8
2.5	0.2	26~30	0.9
2.8~3.0	0.22	32~34	1.0
3.2~3.5	0.25	36~40	1.1
3.8~4.0	0.3	42~50	1.2
4.5~5.5	0.5	52~60	1.3

（3）名义厚度和实际厚度的取用　名义厚度是将设计厚度加上钢材厚度负偏差后向上圆整至钢材标准规格的厚度，也是图样上标注的厚度。

钢材厚度负偏差由制造单位根据制造工艺条件和考虑钢板的实际厚度自行决定，应确保分汽缸分水缸各部位的实际厚度不小于该部位的名义厚度减去钢材厚度负偏差。

（4）排孔削弱系数计算及筒体壁厚校核　分汽缸和分水缸上开孔一般都是开轴向排孔，如图9-16所示。轴向排孔削弱系数 ν 按式（9-45）确定。

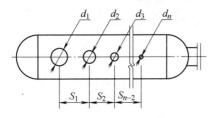

图9-16　分汽缸和分水缸的排孔

$$\nu = \frac{1}{n}(\nu_1 + \nu_2 + \cdots + \nu_{n-1}) \quad (9\text{-}45)$$

式中　ν——排孔削弱系数；

n——排孔个数；

ν_1、ν_2——S_1、S_2 孔节距内的开孔削弱系数，按式（9-46）和式（9-47）计算。

$$\nu_1 = \frac{S_1 - \frac{1}{2}(d_1 + d_2)}{S_1} \quad (9\text{-}46)$$

$$\nu_2 = \frac{S_2 - \frac{1}{2}(d_2 + d_3)}{S_2} \quad (9\text{-}47)$$

式中　S_1、S_2——排孔轴向节距（mm）；

d_1、d_2——排孔开口直径（mm）。

当计算的排孔削弱系数 ν 值小于式（9-40）中焊接接头系数 ϕ 取用值时，则应用排孔削弱系数 ν

代替式（9-40）中的焊接接头系数 ϕ 对筒体进行校核。若排孔削弱系数大于焊接接头系数时，可不进行此项校核。

（5）开孔补强计算

1）不另行补强的最大开孔直径在圆筒或椭圆形封头上（以封头中心为中心80%封头内直径的范围内）开孔时，当满足下述要求可不另行补强：

① 两相邻开孔中心的间距（对曲面间距以弧长计算）应不小于两孔直径之和的2倍。

② 当壳体名义厚度 $\delta_n > 12$mm 时，接管公称直径 DN≤80mm；当壳体名义厚度 $\delta_n ≤ 12$mm 时，接管公称直径 DN≤50mm。

2）开孔补强结构。壳体的开孔补强可按具体条件选用下列补强结构：

① 补强圈补强：以全熔透或非全熔透焊缝将内部或外部补强件与接管、壳体相焊。开孔补强设计按等面积法进行。

若条件许可，推荐以厚壁接管代替补强圈补强。

② 整体补强：增加壳体的厚度，或以全熔透焊缝将厚壁接管或整体补强锻件与壳体相焊。

采用补强圈结构补强时应遵循下列规定：

① 钢材的标准常温抗拉强度≤540MPa。

② 补强圈厚度应不大于 $1.5\delta_n$。

③ 壳体名义厚度 $\delta_n ≤ 38$mm。

3）补强计算。

① 壳体开孔所需补强面积，按式（9-48）计算。

$$A = d_{op}\delta + 2\delta(\delta_{nt} - C)(1 - f_r) \quad (9\text{-}48)$$

式中　A——筒体或封头开孔所需补强面积（mm²）；

d_{op}——开孔直径，等于接管内直径加2倍厚度附加量（mm）；

δ——筒体或封头计算厚度（mm）；

δ_{nt}——开孔接管名义厚度（mm）；

C——接管厚度附加量（mm）；

f_r——强度削弱系数，等于设计温度下接管材料与壳体材料许用应力之比，当该比值大于1.0时，取 $f_r = 1.0$。

在椭圆形封头开孔补强计算时，式（9-48）中 δ 按式（9-49）计算。

$$\delta = \frac{p_c K_1 D_i}{2[\sigma]^t \phi - 0.5p_c} \quad (9\text{-}49)$$

式中　K_1——椭圆形长短轴比值决定的系数，标准椭圆形封头 $K_1 = 0.9$；

其他符号均同封头壁厚计算公式，即式（9-42）、式（9-43）。

② 壳体承受内压所需设计厚度之外的多余金属面积按式（9-50）计算。

$$A_1 = (B - d_{op})(\delta_e - \delta) -$$
$$2(\delta_{nt} - C)(\delta_e - \delta) \times (1 - f_r) \quad (9\text{-}50)$$

式中　A_1——筒体或封头多余金属面积（mm^2）；

B——补强有效宽度（mm），按式（9-51）计算。

$$B = 2d_{op}$$
$$B = d_{op} + 2\delta_n + 2\delta_{nt} \quad (9\text{-}51)$$

取二者中较大值。

③ 接管承受内压所需设计厚度之外的多余金属面积按式（9-52）计算。

$$A_2 = 2h_1(\delta_{nt} - C - \delta_t)f_r + 2h_2(\delta_{nt} - C - C_2)f_r$$
$$(9\text{-}52)$$

式中　A_2——接管多余金属面积（mm^2）；

h_1——接管壳体外侧有效补强高度（mm），按式（9-53）计算；

h_2——接管壳体内侧有效补强高度（mm），按式（9-54）计算；

δ_t——接管计算厚度（mm）；

C——接管厚度附加量（mm）；

C_2——接管腐蚀裕量（mm）；

δ_{nt}——接管名义厚度（mm）。

$$\begin{cases} h_1 = \sqrt{d_{op}\delta_{nt}} \\ h_1 = 接管实际外伸高度 \end{cases} \quad (9\text{-}53)$$

取二者中较小值

$$\begin{cases} h_2 = \sqrt{d_{op}\delta_{nt}} \\ h_2 = 接管实际外伸高度 \end{cases} \quad (9\text{-}54)$$

取二者中较小值。

④补强区内焊缝面积 A_3，按制造图焊缝尺寸计算。

若 $A_1 + A_2 + A_3 \geq A$，则开孔不需另加补强。

若 $A_1 + A_2 + A_3 < A$，则需另加补强，其补强面积 A_4 $\geq A - (A_1 + A_2 + A_3)$。

补强材料一般需与壳体材料相同，若补强材料许用应力小于壳体材料许用应力，则补强面积应按壳体材料与补强材料许用应力之比而增加。若补强材料许用应力大于壳体材料许用应力，则所需补强面积不得减少。

（6）安全阀选择计算

1）分汽缸的安全泄放量。

① 按锅炉或热电站通入分汽缸的最大供汽量计算。

② 按分汽缸进汽管径由式（9-55）计算。

$$W_s = 2.83 \times 10^{-3} \rho v d^2 \quad (9\text{-}55)$$

式中　W_s——泄放量（kg/h）；

ρ——泄放条件下蒸汽密度（kg/m^3）；

v——分汽缸进汽管内流速（m/s），一般取用 30~50m/s；

d——分汽缸进汽管内径（mm）。

2）泄放面积的计算。

① 气体、临界条件下，泄放面积按式（9-6）计算。

$$A = 13.16 \frac{W_s}{CKp_f} \sqrt{\frac{ZT}{M}} \quad (9\text{-}56)$$

式中　A——安全阀泄放面积（mm^2）；

p_f——安全阀排放压力（绝压）（MPa），可取（1.05~1.1）$p_w + 0.1MPa$；

K——安全阀泄放系数，与安全阀的结构有关；K 值应按制造厂提供数据，在没有数据时，可参照下述规定选用：全启式安全阀，$K = 0.60$~0.70；带调节圈的微启式安全阀，$K = 0.40$~0.50；不带调节圈的微启式安全阀，$K = 0.25$~0.35。

C——气体特性系数，见表 9-12；

M——气体的摩尔质量，蒸汽 $M = 18kg/kmol$；

T——气体温度（K）；

Z——气体在操作温度下的压缩系数，可由图 9-17 查得。

表 9-12　不同 γ 值的气体特性系数 C 值

γ	C	γ	C	γ	C
1.00	315	1.26	343	1.52	366
1.02	318	1.28	345	1.54	368
1.04	420	1.30	347	1.56	369
1.06	322	1.32	349	1.58	371
1.08	324	1.34	351	1.60	372
1.10	327	1.36	352	1.62	372
1.12	329	1.38	354	1.64	376
1.14	331	1.40	356	1.66	377
1.16	333	1.42	358	1.68	379
1.18	335	1.44	359	1.70	380
1.20	337	1.46	361	2.00	400
1.22	339	1.48	363	2.20	412
1.24	341	1.50	364		

注：表中 γ 为气体的比定压热容与比定容热容之比。

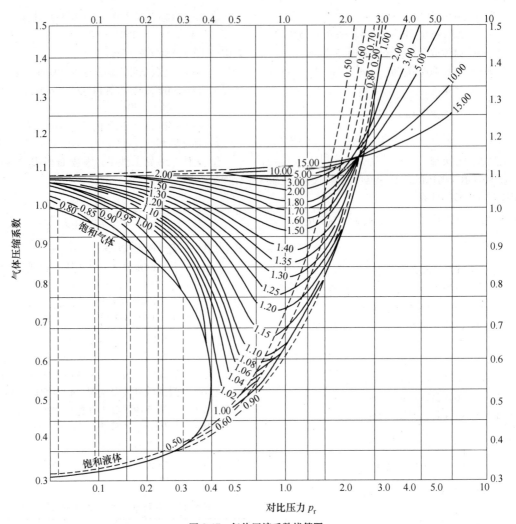

图 9-17 气体压缩系数线算图

注：对比温度 $T_r = \dfrac{\text{介质的泄放温度（K）}}{\text{介质的临界温度（K）}}$；对比压力 $p_r = \dfrac{\text{介质的泄放压力（MPa）}}{\text{介质的临界压力（MPa）}}$（绝压）；曲线中的数字为对比温度 T_r。

② 饱和蒸汽，$p_f \leqslant 10\text{MPa}$ 条件下，泄放面积按式 (9-57) 计算。

$$A = 0.19 \frac{W_s}{K p_f} \qquad (9-57)$$

3）安全阀排汽面积的计算。安全阀排汽面积 A 可按式 (9-58) ~ 式 (9-60) 计算。

对全启式安全阀，即 $h \geqslant \dfrac{1}{4} d_1$ 时

$$A = \frac{\pi}{4} d_1^2 \qquad (9-58)$$

对微启式安全阀，即 $h < \dfrac{1}{20} d_1$ 时

平面型密封 $\qquad A = \pi D h \qquad (9-59)$

锥型密封面 $\qquad A = \pi d_1 h \sin\varphi \qquad (9-60)$

式中 $\quad A$——安全阀排汽面积（mm^2）；

$\qquad h$——安全阀开启高度（mm）；

$\qquad d_1$——安全阀阀座喉部直径（mm）；

$\qquad D$——安全阀阀座直径（mm）；

$\qquad \varphi$——锥型密封面的半锥角（°）。

9.5 压力容器和压力管道计算软件

9.5.1 概述

目前各大设计院对压力管道和压力容器均采用计算机计算，但采用的软件各院不尽相同，计算软件的开发品种较多。

在压力容器计算方面国内软件大部分采用全国化工设备设计技术中心站编制的 SW6-2011V3.0，国外的软件主要采用 PV Elite 等。

在压力管道计算方面采用软件情况：化工、医药、机械行业设计采用美国的 CAESAR Ⅱ，AutoPIPE 较多，热水、蒸汽及石油输送管道常用 sisKMR 软件。国内自主开发的软件有 RJCAD 热力工程设计软件，主要用于热力管网的计算。

9.5.2 压力容器计算软件

1. 压力容器计算软件 SW6-2011V3.0

该软件由全国化工设备设计技术中心站于 2017 年在原有 SW6 软件基础上修改升级而成，SW6-2011V3.0 包括 10 个设备（卧式容器、塔器、固定管板换热器、浮头式换热器、填函式换热器、U 形管换热器、带夹套立式容器、球形储罐、高压容器及非圆形容器）等计算程序，以及零部件计算程序和用户材料数据库管理程序。

SW6-2011V3.0 零部件计算程序可单独计算最为常用的受内、外压的圆筒和各种封头，以及开孔补强、法兰等受压元件，也可对 HG/T 20582—2011《钢制化工容器强度计算规定》中的一些较为特殊的受压元件进行强度计算。

SW6-2011V3.0 以 Windows 为操作平台，不少操作借鉴了类似于 Windows 的用户界面，因而允许用户分多次输入同一台设备原始数据，在同一台设备中对不同零部件原始数据的输入次序不做限制，输入原始数据时还可借助于示意图或帮助按钮给出提示等，极大地方便用户使用。

SW6-2011V3.0 软件编制依据以下标准所提供的数学模型和计算方法进行编制：

1）GB 150.1~150.4—2011《压力容器》。

2）GB/T 151—2014《热交换器》。

3）GB 12337—2014《钢制球形储罐》。

4）HG/T 20582—2011《钢制化工容器强度计算规定》。

5）NB/T 47041—2014《塔式容器》。

2. 压力容器分析软件 PV Elite

PV Elite 是美国 Intergraph 公司设计的，由北京艾思弗公司经销的一款专业的压力容器设计软件，软件支持的规范体系：ASME Ⅷ-1&ASME Ⅷ-2、EN 13445 和 PD 5500。

（1）软件的特点

1）完备性。PV Elite 可为全球压力容器应用领域提供最全面的设计方法，能够模拟分析卧式容器、立式容器、塔器、换热器等常见设备。

2）易用性。在 PV Elite 中创建模型非常简单，建模过程中可随时调用软件内置的在线帮助文档，帮助用户准确了解各项参数的具体定义及设置方法。模块化功能菜单使得设计人员能够快速掌握软件的

使用，提高工作效率。

3）可靠性。PV Elite 经过全球众多用户多年的使用及定期更新和升级，已经证明了软件的可靠性。此外，PV Elite 还通过了 ASME 质量认证（QA）考题测试，计算结果与标准答案相差无几。

（2）软件功能。PV Elite 基于人们熟悉的 Windows 界面，设计了各种便捷的工具栏和对话框。使用 PV Elite 能够很容易地建立容器模型。通过单击设备主体元件，就可以拼接建立各种完整的设备模型主体结构。用户还可以在设备主体元件上加入各种详细的附属元件，如接管、加强圈、梯子平台、支座等。一些元件输入对话框包含预计算状态栏，程序能够通过用户输入的参数即时计算指定元件的 MWAP、最小厚度等。各种元件模型显示分 3D 和 2D 区域，以明确表示各部件间详细的连接形式和方位、标高。PV Elite 的其他功能还包括自定义材料，自定义风荷载、地震荷载，自定义工况，生成 word 格式计算书。

9.5.3 压力管道计算软件

1. 管道应力分析软件 CAESAR Ⅱ

自 1984 年以来，美国 Intergraph ICAS 公司开发的 CAESAR Ⅱ软件便成为世界上广泛使用的管道应力分析软件。该软件在化工、石油、海洋工程方面有很多应用，在我国电力行业也有很多成功应用。

CAESAR Ⅱ是一款整体管道应力分析软件，它可进行管系在承受自重、压力荷载、热荷载、地震荷载等静态荷载和水锤、蒸汽锤以及安全阀泄放等动态荷载下的应力分析。软件遵循国际上通用的管道设计规范，包括：美国机械工程师协会标准 ASME B31.1《动力管道》，ASME B31.3《工艺管道》，ASME B31.4《液态烃和其他液体管道输送系统》，ASME B31.5《制冷管道和传热元件》，ASME B31.8《气体输送和分配管道系统》；英国标准协会标准 BS 806《地上锅炉和其连接用铁制管道装置制造和设计规范》等。但该软件不支持中国规范。

软件的功能特点如下：

1）设置了一个丰富的材料数据库，该数据库中储存了各种常用的材料及其相关数据，供使用者选用。这个数据库中包括了多种常用的 ASTM 材料牌号及其许用应力、线膨胀系数、弹性模量、泊松比等。程序根据选择的牌号会自动计入相应的数据，而与温度有关的数据如许用应力、线膨胀系数等，程序将根据前面输入的计算温度自动在数据库中查询获得。

2）丰富的约束类型，对边界条件提供最广泛的支撑类型选择、补偿器库和法兰库。弹簧边界条件

的输入是指弹簧支吊架参数的输入，CAESAR Ⅱ 在选取弹簧时采用了"热态吊零"原则，即所选取的弹簧在热态下承受的荷载等于管道重力荷载（等于冷态下管系分配给它的荷载）。

3）进行静态分析时通常使用软件推荐的荷载工况来满足管道规范应力要求。对于特殊情况，用户可改变荷载工况，增加或减少荷载工况。目前，CAESAR Ⅱ 软件最多可定义 99 个不同的荷载工况。

4）进行动力分析的管系和结构必须为线性系统，不允许非线性约束的存在。为此 CAESAR Ⅱ 在进行动力分析之前，要求首先进行静力计算，这主要是为了确定非线性约束的状态。

5）CAESAR Ⅱ 软件除自动校核管道一次应力和二次应力外，还提供了一系列设备、机器管口受力校核软件，如 WRC 107、WRC 297、NEMA SM23、API 610、API 617、API 661、HEI Standards、API 560 等设备和机器管口受力校核软件工具。这些校核可以直接从 CAESAR Ⅱ 计算结果文件中读取数据，用户输入设备、机器参数后，程序即可自动分析评判。

2. 管道应力分析软件 AutoPIPE

AutoPIPE 软件包括静态和动态条件下管道应力的计算，管道支吊架设计，设备管嘴荷载分析。AutoPIPE 早在 1986 年就开始在行业内使用，也是少许通过并允许使用于核电安全分析的软件。AutoPIPE 现在融合了中国、美国、英国、德国、日本等国家的设计原则与规范，从而为整个管道系统提供全面的分析。

3. 管道应力分析软件 sisKMR

sisKMR 始于 1984 年，来自德国。经过全世界范围内 30 多年的使用和工程验证，此软件是欧洲国家应用广泛的管道应力分析软件，应用于设计咨询公司、能源公司、EPC 公司、管道生产企业及大学，作为设计计算及教学使用。在国内，此软件应用于各设计院，得到了国内设计人员的认可和肯定。

（1）sisKMR 软件的使用范围 sisKMR 软件适用于热水、蒸汽及石油等介质输送管道的应力分析，适用于埋地、架空管道或埋地与架空相结合等复杂管道敷设方式的应力分析。

（2）sisKMR 软件的特点

1）软件通过了 TÜV 认证，TÜV 是德国最著名的第三方认证机构，也是全球最权威的第三方认证机构之一，计算的结果具有法律效应。

2）软件以梁单元为基础，采用有限元的分析方法，确保计算结果准确。

3）软件已经汉化，使得软件操作更简单，数据输入与建模简单快捷。

4）软件可直接导入 dwg 及 dxf 格式的文件，节省设计人员的建模时间，提高设计人员的工作效率。

5）软件可以对整个管网进行建模分析。

6）软件中有方便快捷的标准计算模块，可以快速针对管网中的局部管段进行应力分析。

7）软件的埋地模型考虑了土壤刚度、聚氨酯泡沫刚度及泡沫垫的刚度，并且将这三个刚度串联组合起来，使埋地模型更加接近于工程实际，弥补了其他设计软件在埋地模型中建模简单的问题。

（3）sisKMR 软件的功能

1）可对管道的壁厚、直管段应力、直管段局部稳定性和直管段整体稳定性进行核算。

2）不仅可以对弯头进行应力校核，而且还可以对规范中无法计算的折角、变径、三通等管件进行应力校核。

3）可以对保温管道中的聚氨酯保温层进行应力校核，防止聚氨酯泡沫破损和脱层。

4）可以计算架空管道各种支吊架的位移与荷载。

5）可以计算固定支架三个方向的受力。

6）可以计算补偿器的补偿量和受力。

7）可以计算直埋管道外护管的外表面温度。

设计人员如果采用手工进行管道应力计算，计算工作量大，而且管网中的关键部件，比如三通、折角、变径等容易破坏的关键节点，没有明确的解析法计算公式，手工没办法计算，通过使用该软件，可以极大地提高设计人员的业务水平和工作效率，还可以对整个管网进行建模计算，这是手工计算无法做到的。另外，通过该软件可以对设计人员的设计结果进行校核，使设计人员对自己的设计结果，特别是一些关键节点做到心中有数。

参 考 文 献

[1] 中华人民共和国原化学工业部. 工业金属管道设计规范：GB 50316—2000 [S]. 北京：中国计划出版社，2008.

[2] 电力规划设计总院. 火力发电厂汽水管道设计规范：DL/T 5054—2016 [S]. 北京：中国计划出版社，2016.

[3] 国家质检总局特种设备安全监察局. 固定式压力容器安全技术监察规程：TSG 21—2016 [S]. 北京：新华出版社，2016.

[4] 全国锅炉压力容器标准化技术委员会. 压力容器 第1部分：通用要求：GB 150.1—2011 [S]. 北京：中国

标准出版社, 2012.

[5] 全国锅炉压力容器标准化技术委员会. 压力容器　第 2 部分: 材料: GB 150.2—2011 [S]. 北京: 中国标准出版社, 2012.

[6] 全国锅炉压力容器标准化技术委员会. 压力容器　第 3 部分: 设计: GB 150.3—2011 [S]. 北京: 中国标准出版社, 2012.

[7] 全国锅炉压力容器标准化技术委员会. 压力容器　第 4 部分: 制造、检验和验收: GB 150.4—2011 [S]. 北京: 中国标准出版社, 2012.

[8] 全国锅炉压力容器标准化技术委员会. 卧式容器: NB/T 47042—2014 [S]. 北京: 新华出版社, 2014.

[9] 全国锅炉压力容器标准化技术委员会. 容器支座　第 1 部分: 鞍式支座: NB/T 47065.1—2018 [S]. 北京: 新华出版社, 2018.

第 10 章　管道组成件的选用

10.1　管子及管件

10.1.1　概述

1. 管子及管件选择的一般要求

管子及管件应依据流体类别、设计压力、设计温度和腐蚀性等，综合考虑材料、附件的经济性及焊接和加工性能，按照国家有关规范的要求进行选择，且应选用标准规格的产品。

对于输送腐蚀性介质的管道，管材或管件应具有耐腐蚀的化学稳定性；对于输送化学危险品介质的管道（例如油品、油气、煤气、氢气、乙炔），还应考虑密封性好、安全性高、排泄快等特殊要求。

1) Q235-A 材料宜用于 C 和 D 类流体管道，设计压力不宜大于 1.6MPa。Q235-A·F 材料宜用于 D 类流体管道，设计压力不宜大于 1.0MPa。

2) 奥氏体不锈钢使用温度高于 525℃（铸件高于 425℃）时，钢中含碳量不应小于 0.04%，并在固熔状态下使用。若含碳量太低，钢的强度会显著下降。

钢材的使用状态应符合 GB 50316—2000《工业金属管道设计规范》（2008 年版）的有关规定。

3) 钛及钛合金用于压力管道受压元件时，应在退火状态使用。纯钛板设计温度不高于 230℃，钛合金设计温度不高于 300℃，钛复合板设计温度不高于 350℃。

4) 球墨铸铁用作受压部件时，其设计温度不应超过 350℃，设计压力不应超过 2.5MPa。在常温下，设计压力不宜超过 4.0MPa。奥氏体球墨铸铁使用温度不得低于-196℃。

5) 灰铸铁和可锻铸铁用于受压管道组成件时，应符合下列规定：

① 灰铸铁管道组成件的设计温度不应小于-10℃且不大于 230℃，设计压力应不大于 2.0MPa。

② 可锻铸铁管道组成件的设计温度应大于-20℃且不大于 300℃，设计压力应不大于 2.0MPa。

③ 灰铸铁和可锻铸铁管道组成件用于可燃介质时，其设计温度不应超过 150℃，设计压力不应超过 1.0MPa。

④ 应采取防止过热、急冷急热、振动以及误操作等安全防护措施。

⑤ 制造、制作、安装过程中不得焊接。

⑥ 不得使用 GC1 级压力管道或剧烈循环工况。

⑦ 灰铸铁和可锻铸铁管、管件、管法兰、阀门的适用压力-温度额定值应符合 GB/T 20801.3—2006《压力管道规范　工业管道　第 3 部分：设计和计算》中表 14 相应标准规定。

6) 螺旋埋弧焊接管是指通过一个或几个金属自耗电极与工件间形成一个或数个电弧，对金属加热而产生金属结合，带有一条螺旋焊缝的钢管，也称螺旋焊管。其特点是生产可以连续作业，生产效率高，材料利用率高。

7) 铜及铜合金管材。铜的化学性能比较稳定，但不耐氨及强氧化性介质的腐蚀；铜的塑性很好，可承受各种形式的冷热压力加工。铜与锡、铅、铝、铁等元素以不同的比例混合，可得到具有不同性能的一系列铜合金。铜与其他金属连接时，有电解液存在的情况下，应考虑产生电化学腐蚀的可能性。铜及铜合金用于压力管道受压元件时一般应为退火状态使用。纯铜设计温度不高于 150℃；铜合金设计温度不高于 200℃。

8) 铝及铝合金管。铝很轻，塑性好，强度低，机加工性能比较差；由于铝很容易氧化形成一层致密的、附着力很强的氧化膜，故具有很好的抗大气腐蚀性能。但由于氧化膜的存在，增加了铝的焊接缺陷，故焊接性能比碳钢差。铝与铜、镁、硅、锰按不同的比例组成多种机械性能和耐腐蚀性能不同的合金。铝管用于输送脂肪酸、硫化氢、二氧化碳及低温介质；铝管的最高使用温度为 200℃，温度高于 160℃时，不宜在压力下使用；铝管还可以用于浓硝酸、醋酸、蚁酸、硫的化合物及硫酸盐；铝管不可用于盐酸、碱液，特别是含氯离子的化合物。不可用对铝有腐蚀的碳酸镁及含碱玻璃棉保温。铝及铝合金用于压力管道受压元件时，设计压力不大于 8MPa，设计温度范围为-269~200℃。设计温度大于 65℃时，一般不选用 $w(\mathrm{Mg}) \geqslant 3\%$ 的铝合金。

在火灾危险区内，不应使用铜、铝材料。铅、锡及其合金管道不得用于 B 类流体。铜、铝材料与其他金属连接时，有电解液存在的情况下，应考虑产生电化学腐蚀的可能性。

2. 剧烈循环操作条件下的管道

剧烈循环操作条件下的管道，宜采用国家标准中所列的无缝钢管和铜、铝、钛、镍无缝管。采用直缝电焊钢管时，应符合 GB 50316—2000《工业金属管道设计规范》（2008 年版）中管道的无损检测要求，并满足该规范中有关焊接接头系数 E_j 的要求。

灰铸铁、可锻铸铁不得在剧烈循环条件下使用。

3. 钢管及钢制管件厚度的规定

剧烈循环操作条件或 A1 类流体的管道，采用不锈钢管子及对焊管件的最小厚度见表 10-1。

外螺纹钢管和外螺纹管件的最小厚度见表 10-2。

内螺纹管件及承插焊管件的厚度，应符合国家标准的规定。

选用 GB/T 3091—2015《低压流体输送用焊接钢管》的系列厚度时，应符合其适用范围。加厚管子，可用于输送设计压力小于或等于 1.6MPa 和设计温度在 0~200℃ 的 C 类流体。普通厚度的管子仅用于 D 类流体。

表 10-1　剧烈循环操作条件或 A1 类流体的管道，采用不锈钢管子及对焊管件的最小厚度

（单位：mm）

DN	最小厚度	DN	最小厚度
15	2.5	150	3.5
20	2.5	200	4
25	3	250	4.5
(32)	3	300	5
40	3	350	5
50	3	400	5
(65)	3.5	450	5
80	3.5	500	6
100	3.5	(550)	6
(125)	3.5	600	6.5

表 10-2　外螺纹钢管和外螺纹管件的最小厚度

流体	材料	公称直径/mm	最小厚度/mm	流体	材料	公称直径/mm	最小厚度/mm	流体	材料	公称直径/mm	最小厚度/mm
所有	碳钢	15	3.5	所有	不锈钢	15	2.7	需要安全防护时	碳钢或不锈钢	15	2.7
		20	3.9			20	2.8			20	2.8
		25	4.5			25	3.2			25	3.5
		32	4.8			32	3.5			32	3.5
		40	5.0			40	3.6			40	3.6
		50	5.9			50	3.9			50	3.9
		>50	不用			>50	不用			65	5.0
										80	5.4
										100	6.0
										150	6.0

10.1.2　不同介质管道选材要求

管材的选择应根据管内介质的种类、性质、压力和温度等使用条件，并结合管道的安装位置、安装环境和敷设方式等多项因素，进行技术经济比较后决定。管材的规格、性能、适用范围和使用条件，应符合相关标准的规定。

本手册所包括的热力管道、气体管道、燃气管道、真空管道及高纯气体管道的管材选用，参见表 10-3。

表 10-3　一般管材的选用

敷设方式		架空或通行地沟			不通行地沟或埋地
管径 DN/mm		<50	≥50	>200	不限
蒸汽管道	PN>1.0MPa, t>200℃	无缝钢管			
	1.0MPa≤PN≤1.6MPa, t≤200℃	加厚焊接钢管	无缝钢管		
	PN<1.0MPa, t≤200℃	焊接钢管	无缝钢管		
热水管道		焊接钢管	无缝钢管或螺旋缝电焊钢管		无缝钢管
凝结水管道		焊接钢管	无缝钢管		
压缩空气管道	无净化要求	焊接钢管	无缝钢管		
	一般干燥、净化处理	钝化处理焊接钢管	钝化处理无缝钢管		
	高干燥、净化处理	不锈钢钢管或铜管			
氮气管道		焊接钢管	无缝钢管		
二氧化碳管道		焊接钢管	无缝钢管		

（续）

敷设方式		架空或通行地沟			不通行地沟或埋地
管径 DN/mm		<50	≥50	>200	不限
氧气管道	PN≤0.6MPa	无缝钢管、焊接钢管、不锈钢焊接钢管、不锈钢无缝钢管			无缝钢管、焊接钢管、不锈钢焊接钢管、不锈钢无缝钢管
	0.6MPa<PN≤3.0MPa	无缝钢管、不锈钢焊接钢管、不锈钢无缝钢管			无缝钢管、不锈钢焊接钢管、不锈钢无缝钢管
	3.0MPa<PN≤10.0MPa	不锈钢无缝钢管、铜及铜合金拉制管			不锈钢无缝钢管、铜及铜合金拉制管
	10.0MPa<PN	不锈钢无缝钢管、铜及铜合金拉制管			不锈钢无缝钢管、铜及铜合金拉制管
乙炔管道①	PN<0.02MPa，低压	无缝钢管或焊接钢管			无缝钢管
	PN≥0.02MPa，高中压①	无缝钢管		—	无缝钢管
氢气管道②		无缝钢管、不锈钢管			
低真空管道		无缝钢管			
高纯气体管道	纯度<99.99%	无缝钢管			
	纯度≥99.999%	内壁电抛光不锈钢无缝钢管			
中低压燃气管道	室内	镀锌钢管或无缝钢管			
	室外	聚乙烯管、球墨铸铁管、钢管或钢骨架聚乙烯管			
液化石油气管道	液态或工作压力≥0.6MPa，气态	无缝钢管			
	工作压力<0.6MPa，气态	焊接钢管			无缝钢管

① 工作压力为 0.02~0.15MPa 的中压乙炔管道，管内径不应超过 80mm；工作压力为 0.15~2.5MPa 的高压乙炔管道，管内径不应超过 20mm。

② 对氢气纯度有严格要求时，管材可按高纯气体的规定选择。

10.1.3　常用管材

1）常用钢管标准、尺寸系列、材料及适用范围见表 10-4。

2）无缝钢管常用规格见表 10-5。

3）氧气、氢气、乙炔和燃气管道用无缝钢管常用规格见表 10-6。

4）不锈钢无缝钢管常用规格见表 10-7。

5）低压流体输送用焊接钢管规格参见第 1 章 1-56。

表 10-4　常用钢管标准、尺寸系列、材料及适用范围

标准号	标准名称	尺寸系列（mm）	材料	适用范围
GB/T 8163—2018	流体输送用无缝钢管	$D=6\sim630$ $\delta=0.25\sim75$	10，20，Q390，Q345，Q420，Q460	适用于设计温度<350℃，设计压力<10MPa 的油品、油气和公用介质的输送
GB/T 3087—2008	低中压锅炉用无缝钢管	$D=10\sim426$ $\delta=1.5\sim26$	10，20	适用于设计压力<10MPa 的过热蒸汽、沸水等介质
GB/T 9948—2013	石油裂化用无缝钢管	$D=10\sim273$ $\delta=1\sim20$	10，20，12CrMo，15CrMo，12Cr2Mo，12Cr5Mo，07Cr19Ni10，07Cr18Ni11Nb	常用于不宜采用 GB/T 8163 的场合
GB/T 5310—2017	高压锅炉用无缝钢管	热轧： $D=22\sim530$ $\delta=2\sim70$ 冷拔： $D=10\sim114$ $\delta=2\sim13$	20G，12CrMoG，15CrMoG，12Cr1MoVG，07Cr18Ni10，07Cr18Ni11Nb，等 14 种	适用于高压过热蒸汽介质
GB/T 14976—2012	流体输送用不锈钢无缝钢管	热轧： $D=68\sim426$ $\delta=4.5\sim15$ 冷拔： $D=6\sim159$ $\delta=0.5\sim15$	06Cr19Ni10，022Cr19Ni10，06Cr18Ni10Ti，06Cr17Ni12Mo2，等 27 种	适用于腐蚀性、高温、低温流体的输送

（续）

标准号	标准名称	尺寸系列（mm）	材料	适用范围
GB/T 3091—2015	低压流体输送用焊接钢管	$D=6\sim150$ 壁厚有普通，加厚两种	Q195，Q215-A，Q235-A 等	加厚管适用于设计温度 0～200℃，设计压力 ≤1.6MPa 的不可燃、无毒流体的输送 普通管适用于设计温度-20～186℃，设计压力 ≤1.0MPa 的不可燃、无毒流体的输送
GB/T 13793—2016	直缝电焊钢管	$D=10\sim508$ $\delta=0.5\sim12.7$	08，10F，10，15，20，Q195，Q215-A，Q235-A 等	适用于水、煤气、空气、供暖蒸汽等普通流体的输送

表 10-5　无缝钢管常用规格　　（单位：mm）

公称直径	常用规格	公称直径	常用规格
10	$\phi14\times2$	125	$\phi133\times4$
15	$\phi18\times2$，$\phi22\times3$	150	$\phi159\times4.5$
20	$\phi25\times2.5$，$\phi28\times3$	200	$\phi219\times6$
25	$\phi32\times2.5$，$\phi32\times3$	250	$\phi273\times7$
32	$\phi38\times2.5$，$\phi38\times3$	300	$\phi325\times8$
40	$\phi45\times2.5$，$\phi45\times3$	350	$\phi377\times9$
50	$\phi57\times3.5$	400	$\phi426\times9$
65	$\phi73\times3.5$，$\phi73\times4$	450	$\phi478\times9$
80	$\phi89\times3.5$，$\phi89\times4$	500	$\phi529\times9$
100	$\phi108\times4$	600	$\phi630\times11$

表 10-6　氧气、氢气、乙炔和燃气管道用无缝钢管常用规格

（单位：mm）

公称直径	常用无缝钢管规格	
	埋地	架空
15	$\phi22\times4$	$\phi22\times3.5$
20	$\phi28\times4$	$\phi28\times3.5$
25	$\phi32\times4$	$\phi32\times3.5$
32	$\phi38\times4$	$\phi38\times3.5$
40	$\phi45\times4$	$\phi45\times3.5$
50	$\phi57\times4$	$\phi57\times3.5$
65	$\phi73\times5$	$\phi73\times4$
80	$\phi89\times5$	$\phi89\times4$
100	$\phi108\times5$	$\phi108\times4$
125	$\phi133\times5$	$\phi133\times4$
150	$\phi159\times5$	$\phi159\times4$
200	$\phi219\times7$	$\phi219\times6$

注：中压乙炔管道的管内径不应超过 80mm。

10.1.4　常用管件选择

管件分类：

金属管件：弯头、斜接弯头、异径管、三通、四通、管箍、活接头、管嘴、螺纹短节、管帽（封头）、堵头（丝堵）、内外丝等。

非金属管件：硬聚氯乙烯管件、聚乙烯管件、PVC/FPR 复合管件、玻璃钢管件、石墨管件、ABS

表 10-7　不锈钢无缝钢管常用规格

（单位：mm）

公称直径	常用规格	公称直径	常用规格
10	$\phi14\times3$	65	$\phi73\times4$
15	$\phi18\times3$	80	$\phi89\times4$
20	$\phi25\times3$	100	$\phi108\times4$
25	$\phi32\times3.5$	125	$\phi133\times4.5$
32	$\phi38\times3.5$	150	$\phi159\times6$
40	$\phi45\times3.5$	200	$\phi219\times6$
50	$\phi57\times3.5$	225	$\phi245\times7$

管件等。

1）采用圆弧弯管时应符合下列规定：

① 按照国家标准制造。弯曲后的弯管，其外侧减薄处厚度不应小于直管的计算厚度加上腐蚀裕量之和。

② 管道中不应使用折皱弯管。

③ 钢管弯曲后的截面圆度（任一横截面上最大外径与最小外经之差），受内压时不应超过名义外径的 8%，受外压时不应超过名义外径的 3%。

2）采用斜接弯管时应符合下列规定：

① 按 GB 50316—2000《工业金属管道设计规范》（2008 年版）的有关规定，进行耐压计算、制造、焊接的斜接弯管，可与制造弯管的直管一样用于相同的工作条件。但斜接弯管的设计压力不宜超

过2.5MPa。

② 斜接弯管一条焊缝方向改变的角度大于45°者，仅可用于输送D类流体，不得用于输送其他类流体。

③ 夹套管道的内管应采用圆弧弯头或弯管，不应采用斜接弯管。

④ 剧烈循环条件下的管道中采用斜接弯管时，其一条焊缝方向改变的角度不应大于22.5°。

3）普通管件及非标准异径管的选用应符合下列规定：

① 普通管件包括弯头、三通、四通、异径管及管帽，应选用工厂制造的标准管件。

② 选用对焊端的圆弧弯头时，应采用长半径（弯曲半径为公称直径的1.5倍）的弯头。短半径弯头仅可在布置特殊需要时使用。

③ 采用钢板热压成型及组焊（两半焊接合成）的管件时，其无损检测应不低于国家标准中规定的要求。

④ 无特殊要求时，宜优先选用钢制管件。螺纹连接的可锻铸铁定型管件，宜用于D类流体的地上管道中。

⑤ 对焊端的标准管件的外径系列及端部名义厚度，应在工程设计中指定。

⑥ 钢板卷焊的非标准异径管设计压力不宜超过2.5MPa，并应按GB 50316—2000《工业金属管道设计规范》（2008年版）的有关规定进行计算。

4）剧烈循环操作条件下采用的管件应符合下列规定：

① 采用锻造件及轧制无缝管件。

② 轧制焊接件的焊接接头系数E_j应不小于0.9。

③ 铸钢件的铸件质量系数E_c不应小于0.9，并应符合《工业金属管道设计规范》中有关铸件质量系数E_c的规定。

④ 不锈钢对焊管件的厚度应符合《工业金属管道设计规范》的有关规定。

5）有关预制突缘短节的选用、焊接支管及预制的支管连接件的选用，应分别符合《工业金属管道设计规范》中相应的有关规定。

6）特殊规定：

① 室外供暖计算温度小于-5℃的地区，架空敷设的不连续运行的热力管道上；室外供暖计算温度小于-10℃的地区，架空敷设的热力管道上，均不应装设灰铸铁的设备和附件。室外供暖计算温度小于-30℃的地区，架空敷设的热力管道上，应装设钢制阀门和附件。

② 氢气、氧气管道的弯头、变径管、三通等管件宜采用无缝或压制焊接件。现场预制加工时，应彻底去除毛刺、焊渣、铁锈和污垢，并应加工到无锐角、突出部及焊瘤。

③ 氧气管道当采用冷弯或热弯弯制碳钢弯头时，弯曲半径不应小于管外径的5倍。采用不锈钢或铜基合金无缝或压制弯头时，弯曲半径不应小于管外径。对工作压力不大于0.1MPa的钢板卷焊管，可以采用弯曲半径不小于管外径的1.5倍的焊制弯头。氧气管道的变径管焊接制作时，变径部分长度不宜小于两端管外径差值的3倍。

高纯气体管道、氢气管道、管内径大于50mm的中压乙炔管道，不应设置盲板、丝堵等死端头。

7）钢制管件简介。

GB/T 12459—2017《钢制对焊管件　类型与参数》、GB/T 13401—2017《钢制对焊管件　技术规范》、GB/T 17185—2012《钢制法兰管件》品种、类别、代号、材料见表10-8。

10.1.5 常用钢制法兰的选用

标准法兰的选用和管材的选用一样，应根据介质种类、公称压力、介质温度等因素，确定法兰的类型、标准号、材质以及法兰垫片的材料。

1. 钢制法兰结构形式的选用

1）平焊法兰多用于介质条件比较缓和的情况，例如低压非净化压缩空气管道、低压蒸汽及热水管道等。

2）对焊法兰焊接接头质量比较好，因此剧烈循环条件下的管道及预计有频繁的大幅度温度循环条件下的管道，应采用对焊法兰，不应采用平焊法兰。

3）螺纹法兰不必焊接，多用于不易焊接或不能焊接的场合。

4）承插焊法兰一般用于PN≤10MPa、DN≤40mm的管道上。有频繁大幅度温度循环时，承插焊法兰和螺纹法兰不宜用于温度高于260℃及低于-45℃的情况。

5）松套法兰常用于介质温度和压力都不高，但介质腐蚀性较强的情况。

6）法兰盖用于管道端部，或与设备上不需连接管道的法兰配合作封盖用。其工作压力及密封面形式应与管道法兰一致。

2. 法兰密封面形式的选用

1）全平面密封面常与平焊法兰配合，用于压力较低、操作条件比较缓和的工况。

2）凸面密封面是应用较广的密封面形式，常与对焊法兰及承插焊法兰配合使用。

3）凹凸面密封面、榫槽面密封面常与对焊法兰及承插焊法兰配合使用。密封好但不便于垫片的更换。

4）环连接密封面常与对焊法兰配合使用，主要用于高温、高压或两者均较高的工况。

3. 常用钢制法兰和法兰盖简介

常用钢制法兰标准、公称压力、公称直径、法兰结构形式见表 10-9。

表 10-8　钢制管件品种、类别、代号、材料

GB/T 12459—217《钢制对焊管件　类型与参数》				GB/T 17185—2012《钢制法兰管件》		
品种	类别	代号		品　种	类　别	代　号
		无缝管件	焊接管件			
45°弯头	长半径	45EL	W45EL	45°弯头	等径	F45ES
	3D	45E3D	W45E3D		异径	F45ER
90°弯头	长半径	90EL	W90EL	90°弯头	长半径等径	F90ELS
	长半径异径	90ELR	W90ELR		长半径异径	F90ELR
	短半径	90ES	W90ES		等径	F90ES
	3D	90E3D	W90E3D		异径	F90E
180°弯头	长半径	180EL	W180EL	45°斜三通	等径	F45TS
	短半径	180ES	W180ES		异径	F45TR
异径管（大小头）	同心	RC	WRC	异径管（大小头）	同心	FRC
	偏心	RE	WRE		偏心	FRE
三通	等径	TS	WTS	三通	等径	FTS
	异径	TR	WTR		异径	FTR
四通	等径	CRS	WCRS	四通	等径	FCRS
	异径	CRR	WCRR		异径	FCRR
翻边短节	长型	LJL	WLJL	Y 形三通	等径	FYTS
	短型	LJS	WLJS		异径	FYTR
管帽	—	C	WC	—	—	—

注：1. 根据用户要求，管件也可采用表中所述之外的其他材料制造。

2. 对于特殊角度弯头，可采用角度数字加相应的产品类型字母代号表示。

3. 标记示例：

公称通径 100mm，公称压力 2.0MPa（class150 级），材料为 WCB 的 45°等径弯头

F45ES　DN100-class150　WCB　GB/T 17185—2012

材料等级为 AF12，公称通径 100mm，壁厚等级 Sch40 的 90°短半径无缝弯头

制造商名称或商标　AF12-DN 100　产品编号或原材料熔炼炉号　90ES　GB/T 12459

表 10-9　常用钢制法兰标准、公称压力、公称直径、法兰结构形式

标准	公称压力/MPa	公称直径/mm	结构形式	密封面形式
GB/T 9112—2010《钢制管法兰　类型与参数》	2.5,6,10,16,25,40,63,100,160,250,320,420	300~4000	整体、带颈螺纹、对焊、带颈承插焊、带颈对焊环板式松套、对焊环板式松套、平焊环板式松套、翻边环板式松套、法兰盖	平面、凸面、凹凸面、榫槽面、环连接面、O 形圈面
GB/T 13402—2019《大直径钢制管法兰》	2.0,5.0,6.3,15.0	650~1500	对焊、整体	凸面、环连接面
JB/T 74—2015《钢制管路法兰　技术条件》	0.25、0.6、1.0、1.6、2.5、4.0、6.3、10.0、16.0、25.0	15~1600	整体、板式平焊、对焊、平焊环板式松套、对焊环板式松套、翻边环板式松套、法兰盖	凸面、凹凸面、榫槽面、环连接面
HG/T 20592~20614—2009《钢制管法兰、垫片、紧固件（PN 系列）》	2.5、6、10、16、25、40、63、100、160	10~2000	板式平焊、带颈平焊、带颈对焊、整体、承插焊、螺纹、对焊环松套、平焊环松套、法兰盖、衬里法兰盖	全平面、凸面、凹凸面、榫槽面、环连接面

（续）

标准	公称压力 /MPa	公称直径 /mm	结构形式	密封面形式
HG/T 20615～20635—2009《钢制管法兰、垫片、紧固件（Class 系列）》	Class 系列 150（20），300（50），600（110），900（150），1500（260），2500（420）	15～600	带颈平焊、带颈对焊、整体、承插焊、螺纹、对焊环松套、长高颈、法兰盖	全平面、凸面、凹凸面、榫槽面、环连接面
SH/T 3406—2013《石油化工钢制管法兰》	11，20，50，68，110，150，250，420	15～1500	DN≤600mm：对焊、平焊、承插焊、螺纹、松套	全平面、凸面、凹凸面、环槽面、坏槽面
			DN≥600mm：对焊、法兰盖	凸面、环槽面

此外还有化工行业欧洲体系标准 HG/T 20592～20635—2009《钢制管法兰、垫片、紧固件》等。

机械行业管路法兰（JB/T 系列）和化工行业钢制管法兰（HG/T 20592 欧洲系列）的部分常用规格尺寸见第 1 章。

10.1.6　常用垫片的选用

1. 常用垫片的分类及适用范围

1）非金属垫片。非金属垫片包括石棉橡胶板垫片、聚四氟乙烯包覆垫片等。垫片形式多为平垫，使用压力一般不高于 2.5MPa。石棉橡胶板垫片应用范围较广，在 D 类及大多数 C 类管道中均可使用。聚四氟乙烯包覆垫片可用于耐腐蚀、防黏结及要求清洁度高的管道。

2）半金属垫片。半金属垫片通常由非金属和金属两种材料缠绕或包覆而成。缠绕式垫片能在高温、低温、冲击、振动及交变负荷下保持良好的密封性能，因此可用于剧毒、可燃介质或温度高、温差大、受机械振动、受压力脉动的管道。最高工作压力可达 25.0MPa，工作温度可达 600℃。

3）金属垫片。金属垫片用金属或合金材料经机械加工而成，例如软铁、合金钢、铜、铝等，一般用于高压管道。材料应根据介质的腐蚀性及温度选定。

2. 常用垫片的选用

1）选用的垫片应使所需的密封负荷与法兰的实际压力、密封面、法兰强度及螺栓连接相适应，垫片的材料应适应流体性质及工作条件。选用金属垫片时，垫片硬度应比法兰密封面硬度低 30HB 以上。

2）用于平面法兰的垫片，应为平面非金属垫片。

3）缠绕式垫片用在凹凸面法兰时宜带内环；用在凸面法兰时宜带外定位环；用在榫槽面法兰时宜采用基本型；用在 PN≥15MPa 的凸面法兰时宜带内外环。

4）用于不锈钢法兰的非金属垫片，其氯离子的含量不得超过 50ppm。

5）氧气管道法兰用的垫片，当工作压力不大于 0.6MPa 时，宜采用聚四氟乙烯、柔性石墨复合垫片；当工作压力大于 0.6～3MPa 时，宜采用缠绕式垫片、聚四氟乙烯或柔性石墨复合垫片；当工作压力大于 3.0～10MPa，宜采用缠绕式垫片、退火软化铜垫片或镍及镍合金垫片；当工作压力大于 10MPa 时，宜采用退火软化铜垫片、镍及镍合金垫片。

6）氢气管道法兰，当工作压力小于 2.5MPa 时，法兰密封面形式宜采用凸面式，垫片宜采用聚四氟乙烯板垫片；当工作压力为 2.5～10.0MPa 时，法兰密封面宜采用凹凸式或榫槽式，垫片宜采用金属缠绕式垫片；当工作压力大于 10MPa 时，法兰密封面宜采用凹凸式或梯形槽式，宜采用退火紫铜板、二号硬钢纸板。

7）高纯气体管道与阀门连接的密封材料，按生产工艺和气体特性的要求，宜采用金属垫或双卡套。螺纹和法兰连接处的密封材料应采用聚四氟乙烯。

3. 常用管道法兰用垫片标准

1）国家标准：

GB/T 9126—2008《管法兰用非金属垫片尺寸》。

GB/T 13403—2008《大直径钢制管法兰用垫片》。

GB/T 13404—2008《管法兰用非金属聚四氟乙烯包覆垫片》。

GB/T 4622.1—2009《缠绕式垫片　分类》。

GB/T 4622.2—2008《缠绕式垫片　管法兰用垫片尺寸》。

GB/T 4622.3—2007《缠绕式垫片　技术条件》。

GB/T 15601—2013《管法兰用金属包覆垫片》。

2）机械行业标准：

JB/T 87—2015《管路法兰用非金属平垫片》。

JB/T 89—2015《管路法兰用金属环垫》。

JB/T 90—2015《管路法兰用缠绕式垫片》。

3）石油化工行业标准：

SH/T 3401—2013《石油化工钢制管法兰用非金属平垫片》。

SH/T 3402—2013《石油化工钢制管法兰用聚四氟乙烯包覆垫片》。

SH/T 3403—2013《石油化工钢制管法兰用金属环垫》。

SH/T 3407—2013《石油化工钢制管法兰用缠绕式垫片》。

4）化工行业标准：

HG/T 20606—2009《钢制管法兰用非金属平垫片（PN 系列）》。

HG/T 20607—2009《钢制管法兰用聚四氟乙烯包覆垫片（PN 系列）》。

HG/T 20608—2009《钢制管法兰用柔性石墨复合垫片（PN 系列）》。

HG/T 20609—2009《钢制管法兰用金属包覆垫片（PN 系列）》。

HG/T 20610—2009《钢制管法兰用缠绕式垫片（PN 系列）》。

HG/T 20611—2009《钢制管法兰用具有覆盖层的齿形组合垫（PN 系列）》。

HG/T 20612—2009《钢制管法兰用金属环形垫（PN 系列）》。

10.2　阀门选择的一般要求

10.2.1　阀门的分类和用途

阀门是控制介质流动的一种管路附件，是管道中不可缺少的配件之一。阀门的种类很多，常用阀门的分类和用途见表 10-10。

表 10-10　常用阀门的分类和用途

分类	主要用途	分类	主要用途
闸阀	一般用于切断流动介质，全启、全闭的操作场合，允许介质双向流动	球阀	一般用途同闸阀并允许作节流用，可用于要求启闭迅速的场合
截止阀	一般用途同闸阀，但不允许介质双向流动。调节参数不严格时，可代替节流阀，但此时不再起关断作用，密封性能较闸阀好	疏水阀	能自动排除蒸汽管路或系统中的凝结水并自动阻止蒸汽逸漏，同时也能排除管路或系统中的空气和其他不凝性气体
旋塞阀	一般用途同球阀，三通、四通旋塞阀还可用作分配和换向	调节阀	自力式调节阀能依靠阀前、阀后给定的压力信号，自动调节介质的流量压力
节流阀	仅用于节制管道和设备中介质的流量、压力，不应作关断用	隔膜阀	用于各种腐蚀性介质的启闭和节流，也可用于带悬浮物介质的管道上
蝶阀	用于各种介质管道及设备上作全开、全闭用，也可作节流用	减压阀	可自动将设备和管路内的介质压力减低到所需压力
止回阀	自动防止管道和设备中的介质倒流。分为升降式止回阀、旋启式止回阀及底阀，其中底阀专用于水泵吸入管端部，保证水泵启动	安全阀	安装在受压设备、容器和管路上，作超压保护装置，能自动泄放设备、容器和管路上的压力

注：1. 在工作压力小于 1.6MPa 的水管道，小于 1.0MPa 的蒸汽管道上，水泵出口管道上，当调节参数要求不严格时，允许使用截止阀作关断和调节用。

2. 双闸板闸阀宜安装在水平管道上，阀杆垂直向上。单闸板闸阀及截止阀安装位置不受限制。

3. 明杆式闸阀的阀杆不与工作介质接触，更适合用于腐蚀性介质的管道上。

4. 升降式水平瓣止回阀只能安装在水平管道上，阀辨垂直向上。升降式垂直瓣止回阀及旋启式止回阀安装在垂直管道上时，介质流向必须朝上。

5. 如需要疏水阀同时排除管路或系统中的空气和其他不凝性气体时，应选用带有放气阀的疏水阀。

6. 减压阀、疏水阀应安装在水平管道上，且应安装在便于操作、检修的地点。安全阀则必须垂直向上安装。

10.2.2　管道阀门的选择

管道阀门应根据管内介质的温度、压力、介质性质、安装及使用要求进行选择。选用阀门时应注意以下事项：

1）压缩空气管道的阀门，主要作为切断气流使用时，可以采用可锻铸铁或铸铁制造。DN≤25mm 时，可采用内螺纹截止阀；DN>25mm 时，可采用法兰截止阀；DN>50mm 时宜采用法兰闸阀。

2）氧气管道工作压力大于 0.1MPa 的阀门，严禁采用闸阀。阀门材料的选用：工作压力小于

0.6MPa 时，阀体、阀盖采用可锻铸铁、球墨铸铁或铸钢，阀杆采用碳钢或不锈钢，阀瓣采用不锈钢；工作压力不小于 0.6~10MPa 时，采用全不锈钢、全铜基合金或不锈钢与铜基合金组合、镍及镍合金；工作压力大于 10MPa 时，采用铜基合金、镍及镍合金。阀门的密封填料，宜采用柔性石墨材料或聚四氟乙烯材料。

3）管内径大于 50mm 的中压乙炔管道，不应选用闸阀。乙炔管道的阀门和附件应采用钢、可锻铁或球墨铸铁制造，也可采用 w（Cu）不超过 70% 的铜合金制造。

乙炔管道工作压力小于等于 0.02MPa 时，阀门和附件的公称压力不应小于 0.6MPa；工作压力为 0.02~0.15MPa、管内径小于等于 50mm 时，阀门及附件的公称压力宜采用 1.6MPa；管径为 65~80mm 时，阀门及附件的公称压力宜采用 2.5MPa；工作压力为 0.15MPa~2.5MPa 时，阀门及附件的公称压力宜采用 25MPa。

如选用旋塞阀，管径不大于 50mm 时，旋塞阀的公称压力不应小于 1.0MPa。

4）氢气管道的阀门，宜采用球阀、截止阀。工作压力大于 0.1MPa 时，严禁采用闸阀。阀门材料的选用：工作压力小于 0.1MPa 时，阀体采用球墨铸铁或铸钢；工作压力为 0.1~2.5MPa 时，阀体采用铸钢，阀杆采用碳钢；工作压力大于 2.5MPa 时，阀体、阀杆均采用不锈钢。阀门的密封填料应采用聚四氟乙烯或石墨处理过的石棉等材料。

5）粗真空（101.59~1.33kPa）系统可选用普通截止阀或闸阀。低真空（13.33Pa~1.33kPa）系统用的阀门，通常选用隔膜式真空阀和低真空截止阀。高真空系统中采用 GDQ-3 型高真空气动挡板阀、GDQ-J 型高真空气动翻板阀和 GI 系列高真空蝶阀。

6）煤气管道上应采用具有高度气密性的煤气工程专用阀件。DN<65mm 的管道上，应使用旋塞阀，大直径管道上则使用闸阀。煤气管道上不应使用青铜及黄铜制作的阀门或其他附件，这是因为煤气中的硫化物对其有腐蚀作用。

液化石油气管道阀门和附件的配置，应按液化石油气系统设计压力提高一级，阀门尽量采用液化石油气专用产品。

7）二氧化碳管道阀门，当压力小于 0.8MPa 时，可采用球墨铸铁或铸铁制造。

8）各种高纯气体所用的阀门及附件，均宜采用不锈钢制作。

9）城市热力网蒸汽管道及室外供暖计算温度低于-30℃ 的地区露天敷设的热水管道，应采用钢制阀门及附件。

10）室外供暖计算温度低于-5℃ 的地区露天敷设的不连续运行的凝结水管道放水阀门，室外供暖计算温度低于-10℃ 的地区露天敷设的热水管道设备附件，均不得采用灰铸铁制品。

11）DN≥600mm 的阀门应采用电动驱动装置，由远动系统操作的阀门，其旁通阀也应采用电动驱动装置。电动装置应设防雨装置。

10.2.3 常用管道阀门选用

1. 阀门型号编制方法

1）阀门型号各单元表示的意义如图 10-1 所示。

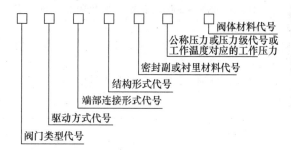

图 10-1 阀门型号各单元表示的意义

2）第一单元——阀门类型代号（表 10-11）。

表 10-11 阀门类型代号

阀门类型		代号
安全阀	弹簧荷载式、先导式	A
	重锤杠杆式	GA
蝶阀		D
倒流防止器		DH
隔膜阀		G
止回阀、底阀		H
截止阀		J
节流阀		L
进排气阀	单一进排气口	P
	复合型	FFP
	排污阀	PW
球阀	整体球	Q
	半球	PQ
蒸汽疏水阀		S
堵阀（电站用）		SD
控制阀（调节阀）		T
柱塞阀		U
旋塞阀		X
减压阀（自力式）		Y
减温减压阀（非自力式）		WY
闸阀		Z
排渣阀		PZ

当阀门又同时具有其他功能作用或带有其他结构时，在阀门类型代号前再加注一个汉语拼音字母，典型功能代号按表 10-12 的规定。

表 10-12　同时具有其他功能
作用或结构的阀门表示代号

其他功能作用或结构名称	代号
保温型（夹套伴热结构）	B
低温型	D①
防水型	F
缓闭型	H
快速型	Q
波纹管阀杆密封型	W

① 指设计和使用温度低于−46℃以下的阀门，并在 D 字母后加下注，标明最低使用温度。

3）第二单元——传动方式代号（表 10-13）。
4）第三单元——连接形式代号（表 10-14）。
5）第四单元——结构形式代号（表 10-15）。
6）第五单元——阀座密封面或衬里材料代号（表 10-16）。
7）第六单元——公称压力或工作温度下的工作压力。数值用 10 倍的兆帕（MPa）数表示。用于电站工业的阀门，当介质最高温度超过 425℃时，标注工作压力。
8）第七单元——阀体材料（表 10-17）。

表 10-13　阀门传动方式代号

传动方式	代号	传动方式	代号
电磁动	0	伞齿轮	5
电磁—液动	1	气动	6
电—液联动	2	液动	7
涡轮	3	气-液联动	8
正齿轮	4	电动	9

注：1. 安全阀、减压阀、疏水阀无驱动方式代号，手轮和手柄直接连接阀杆操作形式的阀门，本代号省略。

2. 对于具有常开或常闭结构的执行机构，在驱动方式代号后加注汉语拼音下标 K 或 B 表示，如常开型用 6_K、7_K；常闭型用 6_B、7_B。

3. 气动执行机构带手动操作的，在驱动方式代号后加注汉语拼音下标表示，如 6_S。

4. 防爆型的执行机构，在驱动方式代号后加注汉语拼音 B 表示，如 6B、7B、9B。

5. 对即是防爆型、还是常开或常闭型的执行机构，在驱动方式代号后加注汉语拼音 B，再加注括号的下标 K 或 B 表示，如 $9B_{(B)}$、$6B_{(K)}$。

表 10-14　阀门连接端连接形式代号

连接形式	代号	连接形式	代号
内螺纹	1	对夹	7
外螺纹	2	卡箍	8
法兰式	4	卡套	9
焊接式	6		

表 10-15　阀门结构形式代号

		结构形式		代号		结构形式		代号
闸阀	闸阀启闭时，阀杆运动方式	闸板结构形式			止回阀	升降式阀瓣	直通流道	1
							立式结构	2
							Z 型流道	3
	阀杆升降移动（明杆）	闸阀的两个密封面为楔式，单块闸板	具有弹性槽	0			Y 型流道	5
			无弹性槽	1		旋启式阀瓣	单瓣结构	4
		闸阀的两个密封面为楔式，两块闸板		2			多瓣结构	5
		闸阀的两个密封面平行，单块平板		3①			双瓣结构	6
		闸板的两个密封面平行，双块闸板		4		蝶形（双瓣）结构		7
	阀杆仅旋转，无升降移动（暗杆）	闸阀的两个密封面为楔式	单块闸板	5	球阀	浮动球	直通流道	1
			双块闸板	6			Y 型三通流道	2
		闸阀的两个密封平行，双块闸板		8			L 型三通流道	4
							T 型三通流道	5
截止阀和节流阀	直通流道	单阀瓣		1			四通流道	6
	Z 型流道			2		固定球	直通流道	7
	三通流道			3			T 型三通流道	8
	角式流道			4			L 型三通流道	9
	Y 型流道			5			半球直通	0
	直通流道	平衡式阀瓣		6	蝶阀	密封副有密封性要求的	单偏心	0
	角式流道			7			中心对称垂直板	1
							双偏心	2
							三偏心	3
							连杆机构	4

（续）

结构形式		代号	结构形式		代号
蝶阀	密封副无密封性要求的		减温减压阀（非自力式）	套筒式	4
	单偏心	5	双座或多级	柱塞式	5
	中心垂直板	6		套筒柱塞式	6
	双偏心	7	堵阀	闸板式	1
	三偏心	8		止回式	2
	连杆机构	9	蒸汽疏水阀	自有浮球式	1
旋塞阀	填料密封型			杠杆浮球式	2
	直通流道	3		倒置桶式	3
	三通 T 型流道	4		液体或固体膨胀式	4
	四通流道	5		钟形浮子式	5
	油封型			蒸汽压力式或膜盒式	6
	直通流道	7		双金属片式	7
	三通 T 型流道	8		脉冲式	8
隔膜阀	屋脊式流道	1		圆盘热动力式	9
	直通式流道	5	排污阀	液面连接排放	
	直通式流道	6		截止型直通式	1
	Y 型角式流道	8		截止型角式	2
柱塞阀	直通流道	1		液底间断排放	
	角式流道	4		截止型直流式	5
减压阀（自动式）	薄膜式	1		截止型直通式	6
	弹簧薄膜式	2		截止型角式	7
	活塞式	3		浮动闸板型直通式	8
	波纹管式	4	安全阀	弹簧荷载弹簧封闭结构	带散热片全启式	0
	杠杆式	5			微启式	1
控制阀（调节阀）	直行程，单级				全启式	2
	套筒式	7			带扳手全启式	4
	套筒柱塞式	5		杠杆式	单杠杆	2
	针形式	2			双杠杆	4
	柱塞式	4		弹簧荷载弹簧不封闭且带扳手结构	微启式、双联阀	3
	滑板式	6			微启式	4
	直行程，两级或多级				全启式	8
	套筒式	8		带控制机构全启式（先导式）		6
	柱塞式	1		脉冲式（全冲量）		9
	套筒柱塞式	9				
	角行程，套筒式	0				
减温减压阀（非自力式）	单座					
	柱塞式	1				
	套筒柱塞式	2				
	套筒式	3				

① 闸板无导流孔的，在结构形式代号后加汉语拼音小写 w 表示，如 3w。

表 10-16　阀门阀座密封面或衬里材料代号

阀座密封面或衬里材料	代号
锡基金（巴氏合金）	B
搪瓷	C
渗氮钢	D
氟塑料	F
陶瓷	G
铁基不锈钢	H
衬胶	J
蒙乃尔合金	M
尼龙塑料	N
渗硼钢	P
衬铅	Q
塑料	S
铜合金	T
橡胶	X
硬质合金	Y
铁基合金密封面中镶嵌橡胶材料	X/H

注：阀门密封副材料均为阀门的本体材料时，密封面材料代号用"W"表示。

表 10-17　阀体材料

阀体材料	代号
钛及钛合金	Ti
碳钢	C
Cr13 系不锈钢	H
铬钼钢	I
可锻铸铁	K
铝合金	L
铬镍系不锈钢	P
球墨铸铁	Q
铬镍钼不锈钢	R
塑料	S
铜及铜合金	T
铬钼钒钢	V
灰铸铁	Z

注：1. PN≤1.6MPa 的灰铸铁阀体和 PN≥2.5MPa 的碳素钢阀体材料可省略代号。
2. CF3、CF8、CF3M、CF8M 等材料牌号可直接标注在阀体上。

2. 常用阀门型号规格
1) 闸阀（表10-18）。

表 10-18　常用闸阀型号规格

型号	阀门名称	适用介质、适用温度/℃	15	20	25	32	40	50	65	80	100	125	150	200	250	300	350	400	450	500	600	700	800	900	1000
Z15T—10	铁制内螺纹暗杆楔式闸阀	水、蒸汽、油品，≤120	✓	✓	✓	✓	✓	✓	✓																
Z15T—10K			✓	✓	✓	✓	✓	✓	✓																
Z15W—10	铁制内螺纹暗杆楔式闸阀	油品，≤80	✓	✓	✓	✓	✓	✓	✓	✓															
Z15W—10K			✓	✓	✓	✓	✓	✓	✓	✓	✓														
Z41T—10	铁制楔式闸阀	水、蒸汽、油品，≤200					✓			✓	✓	✓	✓	✓	✓	✓									
Z41H—10	铁制楔式闸阀						✓			✓	✓	✓	✓	✓	✓	✓	✓								
Z41W—10	铁制楔式闸阀	油品、煤气，≤100					✓			✓	✓	✓	✓	✓	✓	✓	✓	✓							
Z41H—16																						✓			
Z41T—16Q								✓		✓	✓	✓	✓	✓	✓	✓									
Z41H—16Q								✓		✓	✓	✓	✓	✓	✓	✓									
Z41H—25	铁制楔式闸阀	水、蒸汽、油品，≤200						✓		✓	✓	✓	✓	✓	✓	✓									
Z41H—25Q								✓		✓	✓	✓	✓	✓	✓	✓									
Z42W—1	铁制楔式双闸板闸阀	煤气，≤100																			✓	✓	✓		
Z44T—10	铁制平行式双闸板闸阀	水、蒸汽、油品，≤200					✓	✓	✓	✓	✓	✓	✓	✓	✓	✓	✓								
Z44W—10	铁制平行式双闸板闸阀	油品、煤气，≤100					✓	✓	✓	✓	✓	✓	✓	✓	✓	✓	✓	✓	✓	✓					
Z44T—16	铁制平行式双闸板闸阀	水、蒸汽、油品，≤200						✓	✓	✓	✓	✓	✓	✓	✓	✓	✓								
Z44H—16								✓	✓	✓	✓	✓	✓	✓	✓	✓	✓	✓							
Z44T—16Q																✓									
Z44W—16Q	铁制平行式双闸板闸阀	油品、煤气，≤100						✓	✓	✓	✓	✓	✓	✓	✓	✓	✓	✓							
Z45T—2.5	铁制暗杆楔式闸阀	水、油品，≤100																✓	✓	✓	✓				
Z45T—10	铁制暗杆楔式闸阀	水、油品，≤100					✓	✓	✓	✓	✓	✓	✓	✓	✓	✓	✓	✓	✓	✓	✓	✓			
Z45W—10	铁制暗杆楔式闸阀	油品，≤100					✓	✓	✓	✓	✓	✓	✓	✓	✓	✓	✓	✓	✓	✓	✓	✓			
SZ45T—10	铁制暗杆楔式闸阀（地下用）	水、油品，≤100						✓	✓	✓	✓	✓	✓	✓	✓	✓	✓	✓	✓	✓	✓	✓	✓	✓	✓
SZ45W—10	铁制暗杆楔式闸阀（地下用）	油品，≤100						✓	✓	✓	✓	✓	✓	✓	✓	✓	✓	✓	✓	✓	✓	✓	✓	✓	✓
SZ45T—16Q	铁制暗杆楔式闸阀（地下用）	水、油品，≤100						✓	✓	✓	✓	✓	✓	✓	✓	✓	✓	✓	✓	✓	✓	✓	✓	✓	✓

（续）

型号	阀门名称	适用介质，适用温度/℃	公称直径/mm																						
			15	20	25	32	40	50	65	80	100	125	150	200	250	300	350	400	450	500	600	700	800	900	1000
SZ45W—16Q	铁制暗杆楔式闸阀（地下用）	油品，≤100						√	√	√	√	√	√	√	√	√	√	√	√	√	√				
Z045T—16	铁制插口暗杆楔式闸阀（地下用）	水、油品，≤100						√	√	√	√	√	√	√	√	√	√	√	√	√	√				
Z48T—10	铁制暗杆平行式双闸板闸阀	水、蒸汽，≤120																	√	√					
Z48W_y—2.5	铁制手（电）动油封快速启闭煤气阀	煤气、天然气，-10~120														√	√	√	√	√	√	√			
Z948W_y—2.5	动油																					√	√	√	√
Z15W—14T	铜制内螺纹暗杆楔式闸阀	水、蒸汽、油品，≤120	√	√	√	√	√	√	√	√															
Z15W—16T	铜制内螺纹暗杆楔式闸阀	水、蒸汽、油品，≤120	√	√	√	√	√	√	√	√	√														
Z25W 阀门代号（108）	铜制外螺纹暗杆楔式闸阀	水、蒸汽、油品，≤120	√	√																					
Z45W—14T	铜制暗杆楔式闸阀	水、油、气、常温	√	√	√	√	√	√	√	√	√	√	√												
Z45W—16T	铜制暗杆楔式闸阀	水、蒸汽、油品，≤120	√	√	√	√	√	√	√	√	√	√	√												
Z11H—25	内螺纹楔式闸阀	水、蒸汽、油品，≤425	√	√	√	√	√	√																	
Z11Y—25			√	√	√	√	√	√																	
Z11H—40			√	√	√	√	√	√																	
Z11Y—40			√	√	√	√	√	√																	
Z11H—64			√	√	√	√	√	√																	
Z11Y—64			√	√	√	√	√	√																	
Z11Y—25I		油品、蒸汽，≤550	√	√	√	√	√	√																	
Z11Y—40I	内螺纹楔式闸阀		√	√	√	√	√	√																	
Z11Y—64I			√	√	√	√	√	√																	
Z11Y—25P	内螺纹楔式闸阀	弱腐蚀性介质，≤150	√	√	√	√	√	√																	
Z11Y—40P			√	√	√	√	√	√																	
Z11Y—64P			√	√	√	√	√	√																	
Z40H—16C	楔式闸阀	水、蒸汽、油品，≤425						√	√	√	√	√	√	√	√	√	√	√	√						
Z40Y—16C	楔式闸阀	水、蒸汽、油品，≤425						√	√	√	√	√	√	√	√	√	√	√	√	√					
Z40Y—16I	楔式闸阀	油品、蒸汽，≤550						√	√	√	√	√	√	√	√	√	√	√	√	√					

型号	名称	适用介质、温度（℃）
ZA40W—16P ZA40Y—16P ZA40W—16R ZA40Y—16R	楔式闸阀	弱腐蚀性介质，≤150
ZA40H—25 ZA40Y—25	楔式闸阀	水、蒸汽、油品，≤425
ZA40Y—25I	楔式闸阀	油品、蒸汽，≤550
ZA40W—25P ZA40Y—25P ZA40W—25R ZA40Y—25R	楔式闸阀	弱腐蚀性介质，≤150
ZA40H—40 ZA40Y—40	楔式闸阀	水、蒸汽、油品，≤425
ZA40Y—40I	楔式闸阀	油品、蒸汽，≤550
ZA40W—40P ZA40Y—40P ZA40W—40R ZA40Y—40R	楔式闸阀	弱腐蚀性介质，≤150
ZA40H—64 ZA40Y—64	楔式闸阀	水、蒸汽、油品，≤425
ZA40Y—64I	楔式闸阀	油品、蒸汽，≤550
ZA41H—16C ZA41Y—16C ZA41H—25 ZA41Y—25	楔式闸阀	水、蒸汽、油品，≤425
KZA41Y—16C KZA41Y—25	抗硫楔式闸阀	含硫天然气，≤121
ZA41Y—16I ZA41Y—25I	楔式闸阀	油品、蒸汽，≤550

（续）

型号	阀门名称	适用介质、适用温度/℃	15	20	25	32	40	50	65	80	100	125	150	200	250	300	350	400	450	500	600	700	800	900	1000
Z41W—16P	楔式闸阀	弱腐蚀介质，≤150	√	√	√	√	√	√	√	√	√	√	√	√	√	√	√	√			√				
Z41Y—16P			√	√	√	√	√	√	√	√	√	√	√	√	√	√	√	√		√					
Z41W—25P			√	√	√	√	√	√	√	√	√	√	√	√	√	√	√	√							
Z41Y—25P			√	√	√	√	√	√	√	√	√	√	√	√	√	√	√	√							
Z41W—16R	楔式闸阀	弱腐蚀介质，≤150	√	√	√	√	√	√	√	√	√	√	√	√	√	√	√	√			√				
Z41Y—16R			√	√	√	√	√	√	√	√	√	√	√	√	√	√	√	√		√					
Z41W—25R			√	√	√	√	√	√	√	√	√	√	√	√	√	√	√	√							
Z41Y—25R			√	√	√	√	√	√	√	√	√	√	√	√	√	√	√	√			√				
Z41Y—16A	楔式闸阀	还原性、腐蚀性介质、海水，≤200	√	√	√	√	√	√	√	√	√	√	√												
Z41H—40	楔式闸阀	水、蒸汽、油品，≤425	√	√	√	√	√	√	√	√	√	√	√	√	√	√	√	√							
Z41Y—40			√	√	√	√	√	√	√	√	√	√	√	√	√	√	√								
Z41H—64			√	√	√	√	√	√	√	√	√	√	√	√	√	√	√	√							
Z41Y—64			√	√	√	√	√	√	√	√	√	√	√	√	√	√	√								
KZ41Y—40	抗硫楔式闸阀	酸性天然气，≤130	√	√	√	√	√	√	√	√	√	√	√	√	√	√	√	√							
KZ41Y—64			√	√	√	√	√	√	√	√	√	√	√	√	√	√	√								
Z41Y—40I	楔式闸阀	蒸汽、油品，≤550	√	√	√	√	√	√	√	√	√	√	√	√	√	√	√	√							
Z41Y—64I			√	√	√	√	√	√	√	√	√	√	√	√	√	√	√								
Z41W—40P	楔式闸阀	弱腐蚀性介质，≤150	√	√	√	√	√	√	√	√	√	√	√	√	√	√	√	√							
Z41Y—40P			√	√	√	√	√	√	√	√	√	√	√	√	√	√	√								
Z41W—64P			√	√	√	√	√	√	√	√	√	√	√	√	√	√	√	√							
Z41Y—64P			√	√	√	√	√	√	√	√	√	√	√	√	√	√	√								
Z41W—40R	楔式闸阀	弱腐蚀性介质，≤150	√	√	√	√	√	√	√	√	√	√	√	√	√	√	√	√							
Z41Y—40R			√	√	√	√	√	√	√	√	√	√	√	√	√	√	√								
Z41W—64R			√	√	√	√	√	√	√	√	√	√	√	√	√	√	√	√							
Z41Y—64R			√	√	√	√	√	√	√	√	√	√	√	√	√	√	√								
Z42H—25	楔式双闸板闸阀	水、蒸汽、油品，≤300						√	√	√	√	√	√	√	√	√									
TSFZ41Y—16PII	耐磨衬刚玉不锈钢楔式闸阀	高温烟气，≤700							√	√	√	√	√	√	√	√	√	√							
TSFZ41Y—25PII	耐磨衬刚玉不锈钢楔式闸阀	高温烟气，≤700							√	√	√	√	√	√	√	√	√	√	√	√					
TSFZ41Y—40PII	耐磨衬刚玉不锈钢楔式闸阀	高温烟气，≤700								√	√	√	√	√	√	√	√	√							

公称直径/mm

型号	适用介质及温度（℃）
Z61H—25	
Z61Y—25	
Z61H—40	水、蒸汽、油品，≤425
Z61Y—40	
Z61H—64	
Z61Y—64	
Z61Y—25I	
Z61Y—40I	油品、蒸汽，≤550
Z61Y—64I	
Z61W—25P	
Z61Y—25P	
Z61W—40P	弱腐蚀性介质，≤150
Z61Y—40P	
Z61W—64P	
Z61Y—64P	
JZ40H—16C	
JZ40Y—16C	
JZ40H—25	油品等无腐蚀性介质，≤425
JZ40Y—25	
JZ40H—40	
JZ40Y—40	
JZ40W—16P	
JZ40Y—16P	
JZ40W—25P	弱腐蚀性介质，≤150
JZ40Y—25P	
JZ40W—40P	
JZ40Y—40P	
JZ40W—16R	
JZ40Y—16R	
JZ40W—25R	弱腐蚀性介质，≤150
JZ40Y—25R	
JZ40W—40R	
JZ40Y—40R	

名称：承插焊楔式闸阀、保温夹套楔式闸阀

（续）

型号	阀门名称	适用介质、适用温度/℃	15	20	25	32	40	50	65	80	100	125	150	200	250	300	350	400	450	500	600	700	800	900	1000
JZ41H—16C	保温夹套楔式闸阀	油品等无腐蚀性介质，≤425						√		√	√			√	√	√	√	√							
JZ41Y—16C																									
JZ41H—25																									
JZ41Y—25																									
JZ41H—40																									
JZ41Y—40																									
JZ41W—16P	保温夹套闸阀	弱腐蚀性介质，≤150						√		√	√		√	√	√	√	√								
JZ41Y—16P																									
JZ41W—25P																									
JZ41Y—25P																									
JZ41W—40P																									
JZ41Y—40P																									
JZ41W—16R	保温夹套楔式闸阀	弱腐蚀性介质，≤150						√		√	√		√	√	√	√	√	√							
JZ41Y—16R																									
JZ41W—25R																									
JZ41Y—25R																									
JZ41W—40R																									
JZ41Y—40R																									
DZ40Y—25LCB	低温闸阀	丙烯、丙烷、甲醇、乙烯等非腐蚀性介质，-46						√	√	√	√	√	√	√	√	√	√	√							
DZ40Y—16C₃	低温闸阀	丙烷、丙烯、甲醇、乙烯等非腐蚀性介质，-101						√	√	√	√	√	√	√	√	√	√	√							
DZ40Y—25C₃																									
DZ40Y—40C₃																									
Z43ₚF—10C	短系列轻型有导流孔平板闸阀	水、油品、天然气，-29~121									√	√	√	√	√	√	√	√	√	√	√	√			
Z43ₚF—16C																									
Z43ₚF—25																									
Z43ₚF—40																									
KZ43ₚF—10C	抗硫短系列轻型有导流孔平板闸阀	含硫天然气，-29~121									√	√	√	√	√	√	√	√	√	√	√	√	√		
KZ43ₚF—16C																									
KZ43ₚF—25																									
KZ43ₚF—40																									

型号	名称	适用介质及温度/℃
Z43_{wp}F—10C Z43_{wp}F—16C Z43_{wp}F—25 Z43_{wp}F—40	短系列轻型无导流孔平板闸阀	水、油品、天然气，-29~121
KZ43_{wp}F—10C KZ43_{wp}F—16C KZ43_{wp}F—25 KZ43_{wp}F—40	抗硫短系列轻型无导流孔平板闸阀	含硫天然气，-29~121
QZ43_{wp}F—10C QZ43_{wp}F—16C QZ43_{wp}F—25 QZ43_{wp}F—40	快速短系列轻型无导流孔平板闸阀	水、油品、天然气，-29~121
Z47F—6C Z47F—10C Z47F—16 Z47F—25	带导流孔暗杆平板闸阀	水、油品、天然气，-29~121
KZ47F—6C KZ47F—10C KZ47F—16 KZ47F—25	抗硫带导流孔暗杆平板闸阀	含硫天然气，-29~121
Z47_wF—6C Z47_wF—10C Z47_wF—16 Z47_wF—25	无导流孔暗杆平板闸阀	水、油品、天然气，-29~121
KZ47_wF—6C KZ47_wF—10C KZ47_wF—16 KZ47_wF—25	抗硫无导流孔暗杆平板闸阀	含硫天然气，-29~121

（续）

型号	阀门名称	适用介质、适用温度/℃	公称直径/mm																					
			15	20	25	32	40	50	65	80	100	125	150	200	250	300	350	400	450	500	600	700	800	900	1000
Z47F—40	带导流孔暗杆平板闸阀	水、油品、天然气、−29~121						√	√	√	√	√	√	√	√	√	√	√	√	√	√				
Z47F—64								√	√	√	√	√	√	√	√	√	√	√	√	√	√				
KZ47F—40	抗硫带导流孔暗杆平板闸阀	含硫天然气、−29~121						√	√	√	√	√	√	√	√	√	√	√	√	√	√				
KZ47F—64								√	√	√	√	√	√	√	√	√	√	√	√	√	√				
Z47wF—40	无导流孔暗杆平板闸阀	水、油品、天然气、−29~121						√	√	√	√	√	√	√	√	√	√	√	√	√	√				
Z47wF—64								√	√	√	√	√	√	√	√	√	√	√	√	√	√				
KZ47wF—40	抗硫无导流孔暗杆平板闸阀	含硫天然气、−29~121						√	√	√	√	√	√	√	√	√	√	√	√	√	√				
KZ47wF—64								√	√	√	√	√	√	√	√	√	√	√	√	√	√				
Z941T—10	铁制电动楔式闸阀	水、蒸汽，≤200									√	√	√	√	√	√	√	√	√	√	√	√	√		
Z941W—10	铁制电动楔式闸阀	油品，≤100									√	√	√	√	√	√	√	√	√	√	√	√	√		
Z941T—16Q	铁制电动楔式闸阀	水、蒸汽，≤200							√	√	√	√	√	√	√	√	√								
Z941W—16Q	铁制电动楔式闸阀	油品，≤100							√	√	√	√	√	√	√	√	√								
Z542W—1	锥齿轮传动楔式双闸板闸阀	煤气，≤100																√	√	√	√	√	√	√	√
Z942W—1	电动楔式双闸板闸阀	煤气、高炉气，≤100																√	√	√	√	√	√	√	√
Z944T—10	电动平行式双闸板闸阀	水、蒸汽、油品，≤200						√	√	√	√	√	√	√	√	√	√	√	√	√	√	√	√		
Z944W—10	电动平行式双闸板闸阀	油品、煤气，≤100						√	√	√	√	√	√	√	√	√	√	√	√	√					
Z944T—16Q	电动平行式双闸板闸阀	水、蒸汽、油品，≤200						√	√	√	√	√	√	√	√	√	√	√	√						
Z944W—16Q	电动平行式双闸板闸阀	油品、煤气，≤100						√	√	√	√	√	√	√	√	√	√	√	√						
Z940H—16C	电动楔式闸阀	水、蒸汽、油品，≤425						√	√	√	√	√	√	√	√	√	√	√	√	√					
Z940Y—16C	电动楔式闸阀	水、蒸汽、油品，≤425						√	√	√	√	√	√	√	√	√	√	√	√	√					
Z940Y—16P	电动楔式闸阀	弱腐蚀性介质，≤150						√	√	√	√	√	√	√	√	√	√	√							
Z940Y—16R	电动楔式闸阀	弱腐蚀性介质，≤150						√	√	√	√	√	√	√	√	√	√	√							
Z940H—25	电动楔式闸阀	水、蒸汽、油品，≤425					√	√	√	√	√	√	√	√	√	√	√	√	√	√					
Z940Y—25	电动楔式闸阀	水、蒸汽、油品，≤425					√	√	√	√	√	√	√	√	√	√	√	√	√	√					
Z940Y—25P	电动楔式闸阀	弱腐蚀性介质，≤150					√	√	√	√	√	√	√	√	√	√	√	√							
Z940Y—25R	电动楔式闸阀	弱腐蚀性介质，≤150					√	√	√	√	√	√	√	√	√	√	√	√							

型号	名称	适用介质、温度	1	2	3	4	5	6	7	8	9	10	11	12	13	14	15	16	17	18	19	20	21
Z940H—40 Z940Y—40	电动楔式闸阀	水、蒸汽、油品，≤425					√	√	√	√	√	√	√	√	√	√		√				
Z940Y—40P Z940Y—40R	电动楔式闸阀	弱腐蚀性介质，≤150					√	√	√	√	√	√	√	√	√	√		√				
Z940H—64 Z940Y—64	电动楔式闸阀	水、蒸汽、油品，≤425					√	√	√	√	√	√	√	√	√	√		√				
Z941H—16C Z941Y—16C Z941H—25 Z941Y—25 Z941H—40 Z941Y—40	电动楔式闸阀	水、蒸汽、油品，≤425					√	√	√	√	√	√	√	√	√	√	√	√				
Z941Y—16I Z941Y—25I Z941Y—40I	电动楔式闸阀	蒸汽、油品，≤550					√	√	√	√	√	√	√	√	√	√		√				
Z941W—16P Z941Y—16P Z941W—25P Z941Y—25P Z941W—40P Z941Y—40P Z941W—16R Z941Y—16R Z941W—25R Z941Y—25R Z941W—40R Z941Y—40R	电动楔式闸阀	弱腐蚀性介质，≤150					√	√	√	√	√	√	√	√	√	√	√	√				
Z941H—64 Z941Y—64	电动楔式闸阀	水、蒸汽、油品，≤425					√	√	√	√	√	√	√	√	√	√		√				
Z941Y—64I	电动楔式闸阀	蒸汽、油品，≤550					√	√	√	√	√	√	√	√	√	√		√	√	√		

（续）

公称直径/mm

型号	阀门名称	适用介质、适用温度/℃	15	20	25	32	40	50	65	80	100	125	150	200	250	300	350	400	450	500	600	700	800	900	1000
Z941Y—64P	电动楔式闸阀	弱腐蚀性介质，≤150							√	√	√	√	√	√	√	√	√	√	√	√					
Z941W—64P	电动楔式闸阀	弱腐蚀性介质，≤150							√	√	√	√	√	√	√	√	√	√							
Z941Y—64R	电动楔式闸阀	弱腐蚀性介质，≤150							√	√	√	√	√	√	√	√	√	√							
Z941W—64R	电动楔式闸阀	弱腐蚀性介质，≤150							√	√	√	√	√	√	√	√	√	√							
Z9B43F—10C	防爆电动带导流孔平板闸阀	水、油品、天然气，-29~121									√	√	√	√	√	√	√	√	√	√	√	√	√	√	√
Z9B43F—16C	防爆电动带导流孔平板闸阀	水、油品、天然气，-29~121									√	√	√	√	√	√	√	√	√	√	√	√	√	√	
Z9B43F—25	防爆电动带导流孔平板闸阀	水、油品、天然气，-29~121									√	√	√	√	√	√	√	√	√	√	√	√	√		
Z9B43wF—10C	防爆电动无导流孔平板闸阀	水、油品、天然气，-29~121									√	√	√	√	√	√	√	√	√	√	√	√	√	√	√
Z9B43wF—16C	防爆电动无导流孔平板闸阀	水、油品、天然气，-29~121									√	√	√	√	√	√	√	√	√	√	√	√	√	√	
Z9B43wF—25	防爆电动无导流孔平板闸阀	水、油品、天然气，-29~121									√	√	√	√	√	√	√	√	√	√	√	√	√		
KZ943F—10C	抗硫防爆电动带导流孔平板闸阀	含硫天然气，-29~121									√	√	√	√	√	√	√	√	√	√	√	√	√	√	
KZ943F—16C	抗硫防爆电动带导流孔平板闸阀	含硫天然气，-29~121									√	√	√	√	√	√	√	√	√	√	√	√	√		
KZ943F—25	抗硫防爆电动带导流孔平板闸阀	含硫天然气，-29~121									√	√	√	√	√	√	√	√	√	√	√	√			
KZ943wF—10C	抗硫防爆电动无导流孔平板闸阀	含硫天然气，-29~121									√	√	√	√	√	√	√	√	√	√	√	√	√	√	
KZ943wF—16C	抗硫防爆电动无导流孔平板闸阀	含硫天然气，-29~121									√	√	√	√	√	√	√	√	√	√	√	√	√		
KZ943wF—25	抗硫防爆电动无导流孔平板闸阀	含硫天然气，-29~121									√	√	√	√	√	√	√	√	√	√	√	√			
Z9B43F—40	防爆电动带导流孔平板闸阀	水、油品、天然气，-29~121						√	√	√	√	√	√	√	√	√	√	√	√	√	√	√			
Z9B43wF—40	防爆电动无导流孔平板闸阀	水、天然气，-29~121						√	√	√	√	√	√	√	√	√	√	√	√	√	√	√			
KZ943F—40	抗硫防爆电动带导流孔平板闸阀	含硫天然气，-29~121						√	√	√	√	√	√	√	√	√	√	√	√	√	√	√			
KZ943wF—40	抗硫防爆电动无导流孔平板闸阀	含硫天然气，-29~121						√	√	√	√	√	√	√	√	√	√	√	√	√	√	√			
Z9B43F—64	防爆电动带导流孔平板闸阀	水、油品、天然气，-29~121						√	√	√	√	√	√	√	√	√	√	√	√	√	√	√			
Z9B43wF—64	防爆电动无导流孔平板闸阀	水、天然气，-29~121						√	√	√	√	√	√	√	√	√	√	√	√	√	√	√			
KZ9B43F—64	抗硫防爆电动带导流孔平板闸阀	含硫天然气，-29~121						√	√	√	√	√	√	√	√	√	√	√	√	√	√	√			
KZ9B43wF—64	抗硫防爆电动无导流孔平板闸阀	含硫天然气，-29~121						√	√	√	√	√	√	√	√	√	√	√	√	√	√	√			
DKZ44H—10C	真空隔离闸阀	水、蒸汽、空气，≤425							√	√	√	√	√	√	√	√	√	√	√	√	√	√			
DKZ44H—16C	真空隔离闸阀	水、蒸汽、空气，≤425							√	√	√	√	√	√	√	√	√	√	√	√	√	√	√		

2）截止阀（表 10-19）。

表 10-19　常用截止阀型号规格

型号	阀门名称	适用介质、适用温度/℃	公称直径/mm																
			6	8	10	15	20	25	32	40	50	65	80	100	125	150	200	250	300
J11W—10P	内螺纹截止阀	弱腐蚀性介质，≤150					√	√	√	√	√								
J11W—16P	内螺纹截止阀	腐蚀性介质，≤150				√	√	√	√	√									
J11W—16R	内螺纹截止阀					√	√	√	√	√	√								
J11X—10	铁制内螺纹截止阀	水，≤60				√	√	√	√	√	√	√							
J11X—16						√	√	√	√	√	√	√							
J11F—16	铁制内螺纹截止阀	水、蒸汽、油品，≤150				√	√	√	√	√	√								
J11F—16K						√	√	√	√	√	√	√							
J11F—16P	内螺纹截止阀	弱腐蚀性介质，≤150				√	√	√	√	√	√								
J11F—16R	内螺纹截止阀	腐蚀性介质，≤150				√	√	√	√	√	√								
J11T—16	铁制内螺纹截止阀	水、蒸汽、油品，≤200				√	√	√	√	√	√								
J11T—16K						√	√	√	√	√	√	√							
J11H—16						√	√	√	√	√	√								
J11H—16K						√	√	√	√	√	√	√							
J11W—16	铁制内螺纹截止阀	油品，≤100				√	√	√	√	√	√	√							
J11W—16K								√											
J11W—25P	内螺纹截止阀	弱腐蚀性介质，≤150				√	√	√											
J11W—40P						√	√	√	√	√	√								
J11W—64P								√											
J11W—25R	内螺纹截止阀	腐蚀性介质，≤150						√											
J11W—40R							√	√											
J11W—64R								√											
J11H—25	内螺纹截止阀	水、蒸汽、油品，≤425				√	√	√	√	√	√								
J11H—40							√	√	√	√	√								
J11H—64								√											
J11H—25I	内螺纹截止阀	蒸汽、油品，≤550				√	√	√	√	√	√								
J11H—40I							√	√	√	√	√								
J11H—64I								√											
J11W—16T	铜制内螺纹截止阀	水、蒸汽、油品、气体，≤200	√		√	√	√	√	√	√	√								
J11F—16T						√	√	√	√	√	√								
J11H—10K	内螺纹截止阀	水、蒸汽、油品，≤200				√	√	√	√	√	√								

（续）

型号	阀门名称	适用介质、适用温度/℃	6	8	10	15	20	25	32	40	50	65	80	100	125	150	200	250	300
$J_Y11W-40P$	氧气管路用内螺纹截止阀	氧气、常温					√												
J13H—25	内螺纹针形截止阀	水、蒸汽、油品，≤150	√		√	√													
J13H—40																			
J13H—64																			
J13W—64P	内螺纹针形截止阀	弱腐蚀介质，≤150	√		√	√	√	√											
WJ21H—16C	外螺纹针形截止阀	水、蒸汽、油品，≤350				√	√	√											
WJ21H—25								√											
$J_{C_2}1W-16P-II$	高纯介质波纹管截止阀	高纯液体、气体，≤150			√	√		√											
$J_{C_2}1W-40P-II$																			
$J_{C_2}4W-16P-II$																			
$J_{C_2}4W-40P-II$																			
J21H—25	外螺纹连接截止阀	水、蒸汽、油品，≤425	√			√	√	√											
J21H—40																			
J21W—25P	外螺纹连接截止阀	弱腐蚀性介质，≤150	√			√	√	√											
J21W—40P																			
J21W—25R	外螺纹连接截止阀	腐蚀性介质，≤150	√			√	√	√											
J21W—40R																			
J24N—25	外螺纹连接角式截止阀	一般气体、氨气、液氨，≤80	√			√	√												
J24N—40																			
J24W—25P	外螺纹连接角式截止阀	弱腐蚀性介质，≤150	√			√	√	√											
J24W—40P																			
J24W—25R	外螺纹连接角式截止阀	腐蚀性介质，≤150	√			√	√	√											
J24W—40R																			
J24H—40	外螺纹连接角式截止阀	水、蒸汽、油品，≤150	√			√	√	√											
J41X—10	铁制截止阀	水，≤60				√	√	√	√	√	√	√	√	√	√	√	√		
J41X—16	铁制截止阀	水、蒸汽、油品，≤150				√	√	√	√	√	√	√	√	√	√	√	√		
J41F—16	铁制截止阀	水、蒸汽，≤200				√	√	√	√	√	√	√	√	√	√	√	√		
J41T—16	铁制截止阀	水、蒸汽、油品，≤200				√	√	√	√	√	√	√	√	√	√	√	√		
J41H—16						√	√	√	√	√	√	√	√	√	√	√	√		
J41F—16K	铁制截止阀	水、蒸汽、油品，≤120				√	√	√	√	√	√	√	√	√	√	√	√		
J41T—16K						√	√	√	√	√	√	√	√	√	√	√	√		
J41H—16K						√	√	√	√	√	√	√	√	√	√	√	√		

型号	名称	适用介质及温度/℃									
J41H—16Q	铁制截止阀	水、蒸汽、油品，≤350				√	√	√	√	√	√
J41W—16	铁制截止阀	油品，≤100				√	√	√	√	√	√
J41F₅—16	衬塑截止阀	酸、碱、盐等强腐蚀性介质，≤150		√	√	√	√	√	√	√	√
J41F₄₆—16											
J41F₃—16											
J40HX—16G	柱塞式截止阀	水、蒸汽、油品，≤200		√	√	√	√	√	√	√	
J41H—16C	钢制截止阀	水、蒸汽、油品，≤425	√	√	√	√	√	√	√	√	
J41H—25	钢制截止阀		√	√	√	√	√	√	√	√	
J41Y—25											
J41Y—25I	钢制截止阀	蒸汽、油品，≤550	√	√	√	√	√	√	√	√	
J41F—16C	钢制截止阀	石油气、空气、氨气、液氨，≤150	√	√	√	√	√	√	√	√	
J41F—25											
J41N—25	钢制截止阀	石油气、空气、氨气、液氨，≤80	√	√	√	√	√	√	√	√	
J41B—25	钢制截止阀	氨气、液氨，≤150	√	√	√	√	√	√	√	√	
J41W—16P	钢制截止阀	弱腐蚀性介质，≤150	√	√	√	√	√	√	√	√	
J41F—16P											
J41W—25P											
J41F—25P											
J41W—16R	钢制截止阀	腐蚀性介质，≤150	√	√	√	√	√	√	√	√	
J41F—16R											
J41W—25R											
J41F—25R											
J41F—16R₃	钢制截止阀	尿素等强腐蚀性介质，≤150	√	√	√	√	√	√	√	√	
J41F—25R₃											
J41Y—25P	钢制截止阀	弱腐蚀性介质，≤150	√	√	√	√	√	√	√	√	
WJ41H—16C	波纹管截止阀	无腐蚀性介质，≤150	√	√	√	√	√	√	√	√	√
WJ41H—25	波纹管截止阀	无腐蚀性介质，≤150	√	√	√	√	√	√	√	√	
WJ41H—40	波纹管截止阀	无腐蚀性介质，≤150	√	√	√	√	√	√			
WJ41W—16P	波纹管截止阀	弱腐蚀性介质，≤150	√	√	√	√	√	√	√	√	√
WJ41W—25P	波纹管截止阀	弱腐蚀性介质，≤150	√	√	√	√	√	√	√	√	

（续）

型号	阀门名称	适用介质，适用温度/℃	6	8	10	15	20	25	32	40	50	65	80	100	125	150	200	250	300
WJ41W—40P	波纹管截止阀	弱腐蚀性介质，≤150				✓	✓	✓	✓	✓	✓	✓	✓	✓						
J$_Y$41W—16T	氧气管路用铜制截止阀	氧气，常温																	
J$_Y$41Y—16T																			
J$_Y$41W—25T								✓	✓	✓	✓	✓	✓	✓	✓	✓	✓	✓	✓
J$_Y$41Y—25T																			
J$_Y$41W—40T																			
J$_Y$41Y—40T																			
J$_Y$41W—16P	氧气管路用铜制截止阀	氧气，常温																	
J$_Y$41Y—16P																			
J$_Y$41W—25P								✓	✓	✓	✓	✓	✓	✓	✓	✓	✓	✓	✓
J$_Y$41Y—25P																			
J$_Y$41W—40P																			
J$_Y$41Y—40P																			
J41W—25T	黄铜截止阀	氧气，常温				✓	✓	✓	✓	✓	✓	✓	✓	✓	✓	✓	✓	✓	✓
J41W—40T						✓	✓	✓	✓	✓	✓	✓	✓	✓	✓	✓	✓	✓	
SJ41H—25	水封截止阀	蒸汽、空气，≤425			✓	✓	✓	✓	✓	✓	✓	✓	✓	✓	✓	✓			
SJ41H—40	水封截止阀	蒸汽、空气，≤425			✓	✓	✓	✓	✓	✓	✓	✓	✓	✓	✓	✓	✓		
J41H—25Q	铁制截止阀	水、蒸汽、油品，≤350			✓	✓	✓	✓	✓	✓	✓	✓	✓	✓	✓	✓	✓	✓	✓
J41H—25K	铁制截止阀	水、蒸汽、油品，≤300			✓	✓	✓	✓	✓	✓	✓	✓	✓	✓	✓	✓	✓	✓	✓
J41B—25Z	铁制截止阀	氨气、液氨，-40~150			✓	✓	✓	✓	✓	✓	✓	✓	✓	✓	✓	✓	✓	✓	
J41B—25Q					✓	✓	✓	✓	✓	✓	✓	✓	✓	✓	✓	✓	✓	✓	
J41SA—25Z					✓	✓	✓	✓	✓	✓	✓	✓	✓	✓	✓	✓	✓	✓	
J41H—40Q	铁制截止阀	水、蒸汽、油品，≤350			✓	✓	✓	✓	✓	✓	✓	✓	✓	✓	✓	✓	✓		
BJ41W—25P	保温截止阀	尿素、硝酸，≤200						✓	✓	✓	✓	✓	✓	✓					
BJ41W—40P								✓	✓	✓	✓	✓	✓	✓					
BJ41W—64P								✓	✓	✓	✓	✓	✓						
BJ41W—25R	保温截止阀	尿素、醋酸，≤200						✓	✓	✓	✓	✓							
BJ41W—40R								✓	✓	✓	✓	✓	✓	✓					
BJ41W—64R								✓	✓	✓	✓	✓							
J41H—40	钢制截止阀	水、蒸汽、油品，≤425			✓	✓	✓	✓	✓	✓	✓	✓	✓	✓	✓				
J41Y—40					✓	✓	✓	✓	✓	✓	✓	✓	✓	✓	✓				

公称直径/mm

型号	名称	适用介质及温度（℃）
J41N—40	钢制截止阀	石油气、空气、氮气、氨气、液氨，≤80
J41F—40	钢制截止阀	石油气、空气、氮气、氨气、液氨，≤150
J41W—40P J41F—40P J41Y—40P	钢制截止阀	弱腐蚀性介质，≤150
J41W—40R J41F—40R J41Y—40R	钢制截止阀	腐蚀性介质，≤150
J41F—40R₃	钢制截止阀	尿素等强腐蚀性介质，≤150
J41F—40I	钢制截止阀	蒸汽、油品，≤550
J41H—64 J41Y—64	钢制截止阀	水、蒸汽、油品，≤425
J41W—64P J41Y—64P	钢制截止阀	弱腐蚀性介质，≤150
J41W—64R J41Y—64R	钢制截止阀	腐蚀性介质，≤150
J41Y—64I	钢制截止阀	蒸汽、油品，≤550
FJ41Y—25 FJ41Y—40	放空截止阀	石油、天然气，-29~121
FJ41Y—64	放空截止阀	石油、天然气，-29~121
KFJ41Y—25 KFJ41Y—40	抗硫放空截止阀	含硫天然气、煤气，-29~121
KFJ41Y—64	抗硫放空截止阀	含硫天然气、煤气，-29~121
J44F₄₆—16 J44F₃—16	角式铁制截止阀	酸、碱、盐等强腐蚀性介质，≤150
J44B—25Z	角式截止阀	氨气、液氨，-40~150
J44H—40	角式截止阀	水、蒸汽、油品，≤400
J45J—6	直流式衬塑截止阀	腐蚀性介质，≤80
J45H—10	直流式截止阀	水、油品，≤200
J45F₄₆—16 J45F₃—16	直流式衬胶截止阀	酸、碱、盐等强腐蚀性介质，≤150

（续）

型号	阀门名称	适用介质，适用温度/℃	公称直径/mm																
			6	8	10	15	20	25	32	40	50	65	80	100	125	150	200	250	300
BJ45H—25	保温夹套直流式截止阀	油品等非腐蚀性介质，≤300						✓	✓	✓	✓	✓	✓	✓	✓	✓	✓		
BJ45H—40								✓	✓	✓	✓	✓	✓	✓	✓	✓	✓		
BJ45W—16P	保温夹套直流式截止阀	弱腐蚀性介质，≤150																	
BJ45W—25P																			
BJ45Y—25P								✓	✓	✓	✓	✓	✓	✓	✓	✓			
BJ45W—40P																			
BJ45Y—40P																			
BJ45W—16R	保温夹套直流式截止阀	腐蚀性介质，≤150																	
BJ45W—25R								✓		✓	✓	✓	✓	✓	✓	✓	✓		
BJ45W—40R																			
BJ45Y—25R₃	保温夹套直流式截止阀	硫铵、尿素等，≤150						✓		✓	✓	✓	✓	✓	✓	✓			
BJ45Y—40R₃																			
J45W—25R	直流式截止阀	腐蚀性介质，≤150				✓		✓		✓	✓								
J45W—40R																			
J61F（303）	焊接黄铜截止阀	水、油、气，常温				✓		✓	✓	✓	✓								
J61W（305）						✓		✓	✓	✓	✓								
J61F（304）	气嘴焊接黄铜截止阀	水、油、气，常温				✓		✓	✓	✓	✓								
J61W（306）						✓		✓	✓	✓	✓								
MJ61N—16P	氢截止阀	氢，常温				✓				✓									
WJ61H—16C	承插焊接波纹管截止阀	水、蒸汽、油品，≤350			✓	✓		✓	✓	✓	✓	✓	✓	✓					
WJ61H—25					✓	✓		✓	✓	✓	✓	✓	✓	✓					
WJ61W—16P	承插焊接波纹管截止阀	硝酸，≤150			✓	✓		✓	✓	✓	✓	✓	✓	✓					
WJ61W—25P					✓	✓		✓	✓	✓	✓	✓	✓	✓					
SJ61H—25	水封截止阀	水、蒸汽、空气，≤425					✓	✓		✓	✓	✓	✓	✓	✓	✓	✓	✓	
SJ61H—40	水封截止阀	水、蒸汽、空气，≤425					✓	✓		✓	✓	✓	✓	✓	✓	✓			
J61H—25	承插焊连接截止阀	水、蒸汽、油品，≤425			✓	✓	✓	✓											
J61Y—25					✓	✓	✓	✓											
J61H—40					✓	✓	✓	✓											
J61Y—40					✓	✓	✓	✓											
J61H—64	承插焊连接截止阀	水、蒸汽、油品，≤425			✓	✓	✓	✓	✓										
J61Y—64					✓	✓	✓	✓	✓										

型号	名称	适用介质及温度/℃	DN								
J64H—25	承插焊连接锻钢截止阀	水、蒸汽、油品，≤425						√			
J61H—40							√	√			
J61H—64						√	√	√			
J61W—25P	承插焊连接锻钢截止阀	弱腐蚀性介质，≤150						√			
J61Y—25P							√	√			
J61W—40P						√	√	√			
J61Y—40P						√	√	√			
J61W—64P					√	√	√	√			
J61Y—64P					√	√	√	√			
J61Y—25I	承插焊连接锻钢截止阀	蒸汽、油品，≤550						√			
J61Y—40I							√	√			
J61Y—64I						√	√	√			
J61H—40	对接焊连接真空隔离截止阀	水、蒸汽、油品，≤425				√	√	√			
J61Y—40					√	√	√	√			
J61H—64				√	√	√	√	√			
J61Y—64				√	√	√	√	√			
J91W—40	卡套截止阀	油品，≤200	√			√	√	√			
J91H—25	卡套截止阀	水、蒸汽、油品，≤150	√			√	√	√			
J91H—40						√	√	√			
JJ·YI—P	氧气管路用压套截止阀	氧气、常温	DN=5mm								
JJ·BYI—P	氧气管路测量用截止阀	氧气、常温	DN=5mm								
JJ·MI—P	氧气管路用接表式截止阀	氧气、常温	DN=5mm								
J941H—16C	电动截止阀	水、蒸汽、油品，≤425			√	√	√	√	√	√	√
J941H—25C	电动截止阀	水、蒸汽、油品，≤425			√	√	√	√	√	√	
J941H—40C					√	√	√	√	√		
J941H—64C							√	√			
J941W—16P	电动截止阀	硝酸，≤150			√	√	√	√	√	√	√
J941W—25P	电动截止阀	硝酸，≤150			√	√	√	√	√	√	
J941W—40P					√	√	√	√	√		
J941W—64P						√	√	√	√		

（续）

型号	阀门名称	适用介质，适用温度/℃	\multicolumn{17}{公称直径/mm}
			6	8	10	15	20	25	32	40	50	65	80	100	125	150	200	250	300
J941W—16R	电动截止阀	醋酸，≤150																	✓
J941W—25R	电动截止阀	醋酸，≤150																✓	✓
J941W—40R																	✓		
J941W—64R																	✓		
J941H—25	电动截止阀	水、蒸汽、油品，≤425									✓	✓	✓	✓	✓	✓	✓		
J941Y—25											✓	✓	✓	✓	✓	✓	✓		
J941H—25Q	电动截止阀	水、蒸汽、油品，≤350									✓	✓		✓	✓	✓	✓		
J941H—40Q											✓	✓		✓	✓	✓	✓		
J941H—40	电动截止阀	水、蒸汽、油品，≤450									✓	✓	✓	✓	✓	✓	✓		
J941Y—40											✓	✓	✓	✓	✓	✓	✓		
J941H—40P	电动截止阀	硝酸，≤200									✓	✓	✓	✓	✓	✓	✓		
J941—40I	电动截止阀	蒸汽、油品，≤550									✓	✓	✓	✓	✓				
J941H—64	电动截止阀	水、蒸汽、油品，≤450										✓	✓	✓	✓	✓	✓		

3）节流阀（表10-20）。

表10-20　常用节流阀型号规格

型号	阀门名称	适用介质，适用温度/℃	\multicolumn{17}{公称直径/mm}
			6	8	10	15	20	25	32	40	50	65	80	100	125	150	200	250	300
L21H—25	外螺纹连接节流阀	水、蒸汽、油品，≤425	✓		✓	✓	✓	✓											
L21H—40					✓	✓	✓	✓											
L21W—25P	外螺纹连接节流阀	弱腐蚀性介质，≤150	✓		✓	✓	✓	✓											
L21W—40P					✓	✓	✓	✓											
L21W—25R	外螺纹连接节流阀	腐蚀性介质，≤150	✓		✓	✓	✓	✓											
L21W—40R					✓	✓	✓	✓											
L24W—25P	外螺纹连接角式节流阀	弱腐蚀性介质，≤150	✓		✓	✓	✓	✓											
L24W—40P					✓	✓	✓	✓											
L41W—25P	钢制节流阀	硝酸，≤150			✓	✓	✓	✓	✓	✓	✓	✓	✓	✓	✓	✓			
L41W—40P	钢制节流阀	硝酸，≤150			✓	✓	✓	✓	✓	✓	✓	✓	✓	✓	✓	✓	✓		
L41W—16R	钢制节流阀	醋酸，≤150			✓	✓	✓	✓	✓	✓	✓	✓	✓	✓	✓	✓	✓		
L41W—25R	钢制节流阀	醋酸，≤150			✓	✓	✓	✓	✓	✓	✓	✓	✓	✓	✓	✓	✓		
L41W—40R	钢制节流阀	醋酸，≤150			✓	✓	✓	✓	✓	✓	✓	✓	✓	✓	✓	✓	✓		

型号	阀门名称	适用介质，适用温度/℃	15	20	25	32	40	50	65	80	100	125	150	200	250	300	350	400	450	500	600	700	800	900	1000
L41B—25Z	铁制节流阀	氨气、液氨，-10~150					√	√	√	√	√	√	√	√											
L41W—25Z							√	√	√	√	√	√	√	√											
L41H—25Q	铁制节流阀	水、蒸汽、油品，≤300					√	√	√	√	√	√	√	√	√	√		√							
L41H—64	钢制节流阀	水、蒸汽、油品，≤350			√	√	√	√	√	√	√	√	√	√	√	√	√	√	√			√			
L41W—64P	钢制节流阀	弱腐蚀介质，≤150			√	√	√	√	√	√	√	√	√	√	√	√	√	√	√		√	√	√		
L41W—64R	钢制节流阀	腐蚀性介质，≤150			√	√	√	√	√	√	√	√	√	√	√	√									
L44D—25	笼式节流阀	石油、天然气和其他非腐蚀性气体介质，-29~121									√					√		√		√		√	√	√	√
L44D—40											√					√		√		√		√	√	√	√
L44D—64																									
KL44D—25	抗硫笼式节流阀	含 H₂S 的石油，天然气和其他气体介质，-29~121							√	√	√					√		√		√		√		√	
KL44D—40									√	√	√													
KL44D—64																									
L61H—25	承插焊连接节流阀	水、蒸汽、油品，≤425									√	√	√	√											
L61Y—25											√	√	√	√											
L61H—40																									
L61Y—40																									
L61H—64	承插焊连接节流阀	水、蒸汽、油品，≤425									√	√													
L61Y—64											√	√													
L61H—25	承插焊连接锻钢节流阀	水、蒸汽、油品，≤425									√	√	√		√										
L61H—40											√	√	√	√											
L61H—64											√	√	√	√											
L91H—25	卡套节流阀	水、蒸汽、油品，≤150							√	√	√														
L91W—40										√	√														

4) 止回阀（表 10-21）。

表 10-21　常用止回阀型号规格

型号	阀门名称	适用介质，适用温度/℃	15	20	25	32	40	50	65	80	100	125	150	200	250	300	350	400	450	500	600	700	800	900	1000
H11X—10	内螺纹铁制止回阀	水，≤50	√	√	√	√	√	√	√																
H11T—10	内螺纹铁制止回阀	水、蒸汽，≤200	√	√	√	√	√	√																	
H11T—16																									
H11W—10	内螺纹铁制止回阀	油品，≤100	√	√	√	√	√	√	√																
H11W—16																									

（续）

型号	阀门名称	适用介质、适用温度/℃	15	20	25	32	40	50	65	80	100	125	150	200	250	300	350	400	450	500	600	700	800	900	1000
																									公称直径/mm
H11H—10	内螺纹铁制止回阀	水、蒸汽、油品，≤100		√	√	√	√	√	√																
H11H—16				√	√	√	√	√	√																
H11F—16	内螺纹铁制止回阀	水、油品，≤150	√	√	√	√	√	√	√																
HQ11Xp—10	内螺纹无磨损球形止回阀	水、油、气，≤60					√																		
HQ11Xp—16																									
HQ41Xp—10	无磨损球形止回阀	水、油、气，≤60									√		√	√		√									
HQ41Xp—16																									
H11W—16P	内螺纹钢制止回阀	硝酸，−20~150	√	√	√	√	√	√	√																
H11W—16R	内螺纹钢制止回阀	醋酸，−20~150	√	√	√	√	√	√	√																
H11F（402）	内螺纹黄铜止回阀	水、油、气，常温	√	√	√																				
H11W（403）																									
H11H—25																									
H11Y—25																									
H11H—40	内螺纹锻钢止回阀	蒸汽、水、油品，≤450	√	√	√	√	√	√																	
H11Y—40																									
H11H—64																									
H11Y—64																									
H12X—2.5	内螺纹升降球式底阀	水，≤50	√	√	√	√	√	√	√	√															
H13H—40	内螺纹锻钢止回阀	水、油、蒸汽，≤300	√	√	√	√	√	√																	
H13H—64																									
H14W（401）	内螺纹旋启式黄铜止回阀	水、油、气，常温	√	√	√	√	√	√	√	√	√														
H64W（404）	焊接旋启式黄铜止回阀	水、油、气，常温	√	√	√	√	√	√	√	√	√														
H21W—40P	外螺纹升降式底阀	硝酸，≤100	√	√	√																				
H21W—40R	外螺纹升降式底阀	醋酸，≤100	√	√																					
H40Fs—6	浮球式衬氟塑料止回阀	强腐蚀性流体，≤150			√	√	√	√	√	√	√	√	√												
H40F₄₆—10	浮球式衬氟塑料止回阀	强腐蚀性流体，≤180	√	√	√	√	√	√	√	√	√	√	√	√											
H40J—10	浮球式衬胶止回阀	一般腐蚀性流体，≤80	√	√	√	√	√	√	√	√															
H41X—10	升降式衬铁制止回阀	水，≤50	√	√	√	√	√	√	√	√	√	√	√	√											

型号	名称	适用介质及温度
H41T—10 H41T—16 H41T—16K	升降式铁制止回阀	水、蒸汽，≤200
H41W—10 H41W—16	升降式铁制止回阀	油品、煤气，≤100
H41H—10	升降式铁制止回阀	油品、蒸汽、水，≤100
H41H—16 H41H—16Q	升降式铁制止回阀	油品、蒸汽、水，≤200
H_Q41X—10 H_Q41X—16	滚球式止回阀	水，≤60
HC41X—10	梭式止回阀	水、油品，≤100
HC41X—16P HC41F—16P	梭式止回阀	硝酸，≤100
HC41X—16R HC41F—16R	梭式止回阀	醋酸，≤100
$H41F_3$—16 $H41F_4$—16 $H41F_{46}$—16 $H41F_{46}$—16C	氟塑料衬里升降式止回阀	强腐蚀性介质，≤150
H41F—16	升降式止回阀	水、油品，≤150
H41F—40	升降式止回阀	液化气，-40~150
H_Y41F—40P	升降式止回阀	氧气，常温
H41H—16C H41H—25 H41Y—25 H41H—40 H41Y—40	升降式钢制止回阀	水、蒸汽、油品，≤425
H41H—64 H41Y—64	升降式钢制止回阀	水、蒸汽、油品，≤425
H41W—16P H41W—25P H41W—40P	升降式钢制止回阀	弱腐蚀性介质，≤150

（续）

型号	阀门名称	适用介质、适用温度/℃	15	20	25	32	40	50	65	80	100	125	150	200	250	300	350	400	450	500	600	700	800	900	1000
H41W—64P	升降式钢制止回阀	弱腐蚀性介质，≤150			✓	✓	✓	✓	✓	✓	✓														
H41W—16R																									
H41W—25R	升降式钢制止回阀	腐蚀性介质，≤150		✓	✓	✓	✓	✓	✓	✓	✓	✓	✓	✓	✓	✓									
H41W—40R																									
H41W—64R	升降式钢制止回阀	腐蚀性介质，≤150		✓	✓	✓	✓	✓	✓	✓	✓	✓	✓	✓	✓	✓									
H41N—25	升降式钢制止回阀	液化石油气、液氨，-40~80	✓	✓	✓	✓	✓	✓	✓	✓	✓														
H41N—40																									
H41Y—25I	升降式钢制止回阀	蒸汽、水、油品，≤550	✓	✓	✓	✓	✓	✓	✓	✓	✓	✓	✓	✓											
H41Y—40I																									
H41Y—64I	升降式钢制止回阀	蒸汽、水、油品，≤550	✓	✓	✓	✓	✓	✓	✓	✓	✓	✓	✓	✓	✓										
H41Y—25P	升降式钢制止回阀	弱腐蚀性介质，≤150	✓	✓	✓	✓	✓	✓	✓	✓	✓	✓	✓	✓											
H41Y—40P																									
H41Y—64P	升降式钢制止回阀	弱腐蚀性介质，≤150	✓	✓	✓	✓	✓	✓	✓	✓	✓	✓	✓	✓	✓	✓									
H42X—2.5	升降式底阀	水，≤50						✓	✓	✓	✓	✓	✓	✓	✓	✓									
H_B741X—10																									
H_B741X—16	缓闭式止回阀	水，0~80		✓	✓	✓	✓	✓	✓	✓	✓	✓	✓	✓	✓	✓	✓	✓	✓						
H_B741X—25																									
H7_41X—16	液控式止回阀	水、油，≤70							✓	✓	✓	✓	✓	✓	✓	✓	✓	✓							
H42X—2.5	升降式钢制止回阀	水，≤65	✓	✓	✓	✓	✓	✓	✓	✓	✓	✓	✓	✓											
H42Tx—10																									
H42Tx—16	静音式止回阀	水、油品，0~80	✓	✓	✓	✓	✓		✓	✓	✓	✓	✓	✓	✓	✓		✓		✓	✓				
H42Tx—25																									
H42H—16	立式铁制止回阀	水、蒸汽、油品，≤350	✓	✓	✓	✓	✓	✓	✓	✓	✓	✓	✓	✓	✓	✓	✓	✓		✓	✓				
H42H—25Q																									
H42H—16C																									
H42H—25	立式钢制止回阀	水、蒸汽、油品，≤425	✓	✓	✓	✓	✓	✓	✓	✓	✓	✓	✓	✓	✓	✓									
H42H—40																									
H42W—16C	立式止回阀	水、油品，≤425	✓	✓	✓	✓	✓	✓	✓	✓	✓	✓	✓	✓											
H42W—16P	立式止回阀	弱腐蚀性介质，≤200	✓	✓	✓	✓	✓	✓	✓	✓	✓	✓	✓	✓											
H42W—25P	立式止回阀	弱腐蚀性介质，≤200	✓	✓	✓	✓	✓	✓	✓	✓	✓	✓	✓	✓											
H42W—40P	立式止回阀	弱腐蚀性介质，≤200	✓	✓	✓	✓	✓	✓	✓	✓	✓	✓	✓	✓											
H42W—25R	立式止回阀	腐蚀性介质，≤200	✓	✓	✓	✓	✓	✓	✓	✓	✓	✓	✓	✓											
H42W—40R																									

型号	名称	适用介质、温度
H42Y—40	立式止回阀	水、油品，≤200
H42N—25 H42N—40	升降立式止回阀	液化石油气、液氨，−40~100
HD43X—6	缓闭蝶式止回阀	水，≤80
HD43X—10	缓闭蝶式止回阀	水，≤80
H44J—6	衬胶旋启式止回阀	一般腐蚀性流体，≤80
DHH44X—10	蝶式微阻缓闭消声止回阀	水，≤80
DHH44X—16	蝶式微阻缓闭消声止回阀	水，≤80
HH44X—10	缓闭式止回阀	水，≤80
H44W—10	铁式旋启式止回阀	油品，≤100
H44T—10	铁式旋启式止回阀	水、蒸汽，≤200
H44W—10K		
H44X—10	挠性缓闭止回阀	净水、源水、污水，0~80
HH44X—10	挠性缓闭止回阀	净水、源水、污水，0~80
HQ44X—10 HQ45X—10	球形止回阀	水，≤60
H44$_H$T—10 H44$_H$T—16	带重锤旋启式止回阀	水、蒸汽，≤200
H44$_H$W—10 H44$_H$W—16	带重锤旋启式止回阀	煤气、油品，≤100
H44T—10 H44T—16	旋启式止回阀	水、蒸汽，≤200
H44W—10 H44W—16	旋启式止回阀	煤气、油品，≤100
H44W16P	旋启式止回阀	硝酸，−20~150
H44W—16R	旋启式止回阀	醋酸，−20~150
H44X—10	旋启式止回阀	水、气体、其他非腐蚀性介质，≤80
H44X—16	旋启式止回阀	水、气体、其他非腐蚀性介质，≤80
H44X—10 H44X—16	橡胶瓣止回阀	水，≤80

（续）

公称直径/mm

型号	阀门名称	适用介质,适用温度/℃	15	20	25	32	40	50	65	80	100	125	150	200	250	300	350	400	450	500	600	700	800	900	1000
HK44X—10	径向密封消声止回阀	清水、原水,≤80						✓	✓	✓	✓	✓	✓	✓	✓	✓	✓	✓	✓		✓	✓	✓	✓	✓
HK44X—16	径向密封消声止回阀	清水、原水,≤80						✓	✓	✓	✓	✓	✓	✓	✓	✓	✓	✓	✓	✓	✓				
HH44X—10	微阻缓闭止回阀	水,≤80									✓						✓	✓		✓	✓				
HH44H—10	微阻缓闭止回阀									✓							✓	✓		✓					
HH44X—16	微阻缓闭止回阀	水,≤80										✓					✓			✓					
HH44X—25								✓				✓		✓											
H_Y44F—40P	氧气管路旋启式止回阀	氧,常温						✓				✓		✓	✓										
H44H—16C	旋启式钢制止回阀	水、蒸汽、油品,≤425			✓	✓		✓				✓		✓	✓	✓	✓	✓		✓					
H44H—25	旋启式钢制止回阀				✓	✓		✓				✓		✓	✓	✓	✓	✓	✓						
H44Y—25	旋启式钢制止回阀	水、蒸汽、油品,≤425			✓	✓		✓				✓		✓	✓	✓	✓	✓	✓						
H44H—40	旋启式钢制止回阀	水、蒸汽、油品,≤425						✓				✓		✓	✓	✓	✓	✓							
H44Y—40	旋启式钢制止回阀				✓	✓	✓	✓		✓		✓		✓	✓	✓	✓								
H44H—64	旋启式钢制止回阀	水、蒸汽、油品,≤425					✓	✓		✓		✓		✓	✓	✓	✓					✓			
H44Y—64	旋启式钢制止回阀				✓	✓	✓	✓		✓		✓		✓											
H44N—25	旋启式钢制止回阀	液化石油气,−40~80			✓	✓		✓		✓		✓		✓											
H44N—40	旋启式钢制止回阀							✓				✓		✓	✓	✓	✓		✓						
H44W—25P	旋启式钢制止回阀	硝酸,≤150						✓		✓		✓		✓	✓	✓	✓	✓		✓					
H44W—40P	旋启式钢制止回阀							✓		✓		✓		✓	✓	✓	✓								
H44W—64P	旋启式钢制止回阀																								
H44W—25R	旋启式钢制止回阀	醋酸,≤150						✓		✓		✓		✓	✓	✓	✓	✓	✓						
H44W—40R	旋启式钢制止回阀									✓		✓		✓											
H44W—64R	旋启式钢制止回阀																								
H44W—40P	旋启式止回阀	硝酸,−20~150						✓		✓		✓		✓	✓	✓	✓								
H44W—40R	旋启式止回阀	醋酸,−20~150						✓		✓		✓		✓	✓	✓	✓								
H44Y—40I	旋启式止回阀	水、蒸汽、油品,≤550						✓		✓		✓		✓	✓										
H44Y—40P₁	旋启式止回阀	蒸汽、空气、油品,≤550						✓		✓		✓		✓		✓	✓								
H44W—40P₁	旋启式止回阀	水、蒸汽、油品,≤550						✓		✓		✓		✓	✓										
H44Y—64I	旋启式止回阀	水、蒸汽、油品,≤550						✓		✓		✓		✓	✓										
H44Y—64P₁	旋启式止回阀	蒸汽、空气、油品,≤550						✓		✓		✓		✓	✓										
H45T—6	旋启式多瓣止回阀	水、水蒸气,≤250												✓								✓	✓	✓	✓
H45T—10																						✓	✓	✓	✓

型号	名称	介质、温度(℃)
H45W—6 H45W—10	旋启式多瓣止回阀	油品，≤100
H45X—2.5	旋启式多瓣止回阀	水，≤65
H45X—2.5 H45X—6 H45X—10	旋启式多瓣止回阀	水，≤80
H45T—10	旋启式多瓣止回阀	水、蒸汽，≤200
H7h46X—10	缓闭式液动止回阀	水，≤65
H47X—10	蝶式缓冲止回阀	水、油品，≤80
HH17X—10	蝶式缓冲止回阀	海水，≤80
H47X—10 H47X—16	蝶式缓闭止回阀	清水、污水，-10~80
H1 47R—6C H2 47R—6C	蝶式缓冲止回阀	含微量粉尘空气，≤350
H47XF—6C	蝶式缓冲止回阀	热空气，≤250
H47T—10	蝶式止回阀	水、海水、油品，≤80
H47H—25	定压止回阀	油品、液化石油气 -40~130
HBH747H—10 HBH747Y—10 HBH747H—16 HBH747Y—16	液压缓闭蝶形回阀	水、油品，0~120
HBH747H—25 HBH747Y—25	液压缓闭蝶形回阀	水、油品，0~120
HBH747H—40 HBH747Y—40	液压缓闭蝶形回阀	水、油品，0~120
HBH747H—64 HBH747Y—64	液压缓闭蝶形回阀	水、油品，0~120
HH49X—10	微阻缓闭蝶形止回阀	清水、污水、海水，≤65
HH49X—10C	微阻缓闭蝶形止回阀	清水、污水，≤65

（续）

型号	阀门名称	适用介质、适用温度/℃	公称直径/mm 15	20	25	32	40	50	65	80	100	125	150	200	250	300	350	400	450	500	600	700	800	900	1000
H61H—25	承插焊锻钢止回阀	蒸汽、水、油品，≤450																							
H61Y—25																									
H61H—40					√	√	√	√																
H61Y—40					√	√	√	√																
H61H—64																								
H61Y—64																								
H62H—40	承插焊立式止回阀	水、蒸汽、油品，≤425	√	√	√	√	√	√																	
LRTH764X/Y—64	通球止回阀	原油、成品油、水、非腐蚀性液体，−25~100															√	√							
H71H—10C	对夹升降式止回阀	水、蒸汽、油品，≤450																							
H71H—16C			√	√	√	√	√	√	√	√	√	√	√												
H71H—25																								
H71H—40																								
H71W—10P																								
H71W—16P																								
H71W—25P																								
H71W—40P																								
H71W—10P_8	对夹升降式止回阀	硝酸，≤200																							
H71W—16P_8			√	√	√	√	√	√	√	√	√	√	√												
H71W—25P_8																								
H71W—40P_8																								
H71W—10P_3	对夹升降式止回阀	强氧化性介质，≤200																							
H71W—16 P_3			√	√	√	√	√	√	√	√	√	√	√												
H71W—25 P_3																								
H71W—40 P_3																								
H71W—10R	对夹升降式止回阀	醋酸，≤200																							
H71W—16R																								
H71W—25R																								
H71W—40R																								
H71W—10R_8			√	√	√	√	√	√	√	√	√	√	√												
H71W—16R_8																								
H71W—25R_8																								
H71W—40R_8																								

型号	名称	适用介质，温度													
H71W—10R₃ H71W—16R₃ H71W—25R₃ H71W—40R₃	对夹升降式止回阀	尿素，≤200	√	√	√	√	√	√							
H71XT—16	对夹式消声止回阀	水、油品，≤80	√	√	√	√	√								
H71H—16C	对夹升降式止回阀	水、蒸汽、油品，≤425	√	√	√	√	√	√							
H71H—16Q H71H—25Q	对夹升降式止回阀	水、蒸汽、油品，≤225	√	√	√	√									
H71W—25H H71W—40H	对夹升降式止回阀	水、蒸汽、油品，≤300	√	√	√										
H71W—25P H71W—40P	对夹升降式止回阀	硝酸，≤200	√	√	√										
H74J—10 H74J—16	对夹圆片式止回阀	水、蒸汽、油品、硝酸、醋酸，−45~135	√	√	√	√	√	√	√						
H74—10 H74—16 H74—25 H74—40	对夹止回阀	油、水、酸、碱、硬密封，≤400 软密封，≤120		√	√	√	√	√	√						
H46H—10C	双瓣旋启式止回阀	水、蒸汽、油品，≤450						√	√	√	√	√	√		
H46W—10P H46W—10P₈	双瓣旋启式止回阀	硝酸，≤200						√	√	√	√	√	√		
H46W—10P₃	双瓣旋启式止回阀	强氧化性介质，≤200						√	√	√	√	√	√		
H46W—10R H46W—10R₈	双瓣旋启式止回阀	醋酸，≤200						√	√	√	√	√	√		
H46W—10R₃	双瓣旋启式止回阀	尿素，≤200						√	√	√	√	√	√		
H76H—10C H76H—16C H76H—25 H76H—40	对夹双瓣旋启止回阀	水、蒸汽、油品，≤450	√	√	√	√	√	√	√	√	√	√	√		

（续）

型号	阀门名称	适用介质、适用温度/℃	15	20	25	32	40	50	65	80	100	125	150	200	250	300	350	400	450	500	600	700	800	900	1000
H76W—10P	对夹双瓣旋启式止回阀	硝酸，≤200																								
H76W—16P																									
H76W—25P																									
H76W—40P								√	√	√	√	√	√	√	√	√	√	√	√	√	√				
H76W—10P₈																									
H76W—16P₈																									
H76W—25P₈																									
H76W—40P₈																									
H76W—10P₃	对夹双瓣旋启式止回阀	强氧化性介质，≤200																								
H76W—16P₃									√	√	√	√	√	√	√	√	√	√	√	√	√				
H76W—25P₃								√																	
H76W—40P₃																									
H76W—10R	对夹双瓣旋启式止回阀	醋酸，≤200																								
H76W—16R																									
H76W—25R																									
H76W—40R								√	√	√	√	√	√	√	√	√	√	√	√	√	√				
H76W—10R₈																									
H76W—16R₈																									
H76W—25R₈																									
H76W—40R₈																									
H76W—10R₃	对夹双瓣旋启式止回阀	尿素，≤200																								
H76W—16R₃									√	√	√	√	√	√	√	√	√	√	√	√	√				
H76W—25R₃																									
H76W—40R₃																									
H76eJ—10	对夹式蝶形止回阀	水、油品，≤65									√	√	√	√	√	√	√	√	√	√	√				
H76eJ—10C																									
H76X—10	对夹双瓣旋启式止回阀	淡水、污水、海水、空气、蒸汽、各种油品、酸类，−10~150					√	√	√	√	√	√	√	√	√	√	√	√	√	√	√	√	√	√	√

型号	名称	适用介质
H76X—16	对夹双瓣旋启式止回阀	淡水、污水、海水、空气、蒸汽、各种油品、酸类，−10~150
DH76X—10 DH76X—16	对夹式蝶形止回阀	水、蒸汽、油品，−15~120
H77X—10C	对夹式蝶形止回阀	水、油品、气体，≤100 橡胶，氟橡胶，≤225
H77W—10C	对夹式蝶形止回阀	水、油品、气体，≤400
H77W—10P	对夹式蝶形止回阀	硝酸，≤200
H77X—16C	对夹式蝶形止回阀	水、油品、气体，≤100 橡胶，氟橡胶，≤225
H77H—16C	对夹式蝶形止回阀	水、油品、气体，≤425
H77W—16C	对夹式蝶形止回阀	水、油品、气体，≤400
H77W—16P	对夹式蝶形止回阀	硝酸，≤200
H77X—25 H77X—40	对夹式蝶形止回阀	水、油品、气体，≤100 橡胶，氟橡胶，≤225
H77H—25 H77H—40 H77H—64	对夹式蝶形止回阀	水、油品、气体，≤425
H77W—25 H77W—40	对夹式蝶形止回阀	水、油品、气体，≤400
H77W—25P H77W—40P	对夹式蝶形止回阀	硝酸，≤200
H77Y—25I H77Y—40I H77Y—64I	对夹式蝶形止回阀	水、油品、气体，≤550

5）球阀（表10-22）。

表10-22　常用球阀型号规格

型号	阀门名称	适用介质，适用温度/℃	6	8	10	15	20	25	32	40	50	65	80	100	125	150	200	250	300
Q11F—16	内螺纹连接球阀	水、空气、油品，≤150				√	√	√	√	√	√								
Q11F—16Q						√	√	√	√	√	√	√							
Q11F—16K												√							
Q41F—16	球阀	水、蒸汽、油品，−10~150				√	√	√	√	√	√	√	√	√	√	√			
Q41F—16Q						√	√	√	√	√	√	√	√	√	√	√	√		
Q41F-16Ni	球阀	海水、碱液，−10~150				√	√	√	√	√	√	√	√	√	√	√	√		
Q41F—25Q	球阀	水、蒸汽、油品，≤150						√	√	√	√	√	√	√	√	√	√		
Q41F₄₆—10	衬氟球阀	腐蚀性介质，−10~150				√		√	√	√	√	√	√	√	√	√	√		
Q41F₄₆—16						√		√	√	√	√								
Q11F (201) (202)	内螺纹连接黄铜球阀	常温水、空气、油品，蒸汽，≤150	√			√	√	√	√	√	√	√	√						
Q11F (216A—D)	内螺纹连接黄铜球阀	常温水、空气、油品，蒸汽，≤150	√			√	√	√	√	√	√	√	√						
Q11F (228)	内螺纹连接黄铜球阀	常温水、空气、油品	√			√	√	√	√	√	√								
Q11F—16T (一段式)	内螺纹连接铜球阀	水、空气、油品，≤120	√			√	√	√	√	√									
Q11F—25T	内螺纹连接铜球阀	水、油、一般气体，≤150	√			√	√	√	√	√	√	√	√						
Q11F—40T	内螺纹连接铜球阀	水、油、一般气体，≤120				√	√	√	√	√									
QK1/21F—16T	内/外螺纹连接球阀	水、油、一般气体，≤120			√	√	√	√											
Q1/21F—25T	内/外螺纹连接球阀	常温水、空气、油品			√	√													
Q61F (229)	焊接连接黄铜球阀	常温水、空气、油品，蒸汽，≤150	√			√	√	√	√	√	√	√	√						
Q61F (217) (230)	焊接连接黄铜球阀	水、空气、油品，≤120	√			√	√	√	√	√	√								
Q91F—16T	卡套连接黄铜球阀	水、空气、油品，≤120			√	√	√	√											
QG·Y₁—P	氧气管路用卡套连接球阀	氧气、常温			√														
QG·AY₁—P	氧气管路测量用球阀	氧气、常温			√														
Q41F—4L	球阀	水、油洁净介质，≤180									√	√							
Q11F—16C	钢制内螺纹连接球阀（一段式结构）	水、蒸汽、油品，油，≤150	√		√	√	√	√	√	√	√								
Q11F—25					√	√	√	√	√										
Q11F—40					√	√	√	√	√										
Q11F—64						√	√	√											
Q11F—16P	钢制内螺纹连接球阀（一段式结构）	弱腐蚀性介质，≤150	√		√	√	√	√	√	√	√								
Q11F—25P					√	√	√	√	√	√									
Q11F—40P						√	√	√	√	√									
Q11F—64P						√	√	√											

型号	名称	适用介质
Q11F—25R Q11F—40R Q11F—64R	钢制内螺纹连接球阀（一段式结构）	腐蚀性介质，≤150
Q11F—16C Q11F—25 Q11F—40 Q11F—64	钢制内螺纹球阀	水、蒸汽、油品，≤150
Q11F—16P Q11F—25P Q11F—40P Q11F—64P	钢制内螺纹球阀	弱腐蚀性介质，≤150
Q11F—25R Q11F—40R Q11F—64R	钢制内螺纹球阀	腐蚀性介质，≤150
Q11F—16C Q11F—25 Q11F—40 Q11F—64	钢制内螺纹球阀（三段式结构）	水、蒸汽、油品，≤150
Q11F—16P Q11F—25P Q11F—40P Q11F—64P	钢制内螺纹球阀（三段式结构）	弱腐蚀性介质，≤150
Q11F—25R Q11F—40R Q11F—64R	钢制内螺纹球阀（三段式结构）	腐蚀性介质，≤150
Q21F—25P Q21F—40P Q21F—64P	钢制外螺纹连接球阀（一段式结构）	弱腐蚀性介质，≤150
Q21F—25R Q21F—40R Q21F—64R	钢制外螺纹连接球阀（一段式结构）	腐蚀性介质，≤150

（续）

型号	阀门名称	适用介质、适用温度/℃	公称直径/mm																
			6	8	10	15	20	25	32	40	50	65	80	100	125	150	200	250	300
Q21F—40	钢制外螺纹连接球阀（三段式结构）	水、蒸汽、油品，≤150			√	√	√	√											
Q21F—40P	钢制外螺纹连接球阀（三段式结构）	弱腐蚀介质，≤150			√	√	√	√											
Q21F—40R	钢制外螺纹连接球阀（三段式结构）	腐蚀性介质，≤150			√	√	√	√											
Q3c1F—10C	放料球阀	油品，≤80								√	√								
Q3c1F—10P	放料球阀	弱腐蚀介质，≤80								√	√	√	√						
Q3c1F—10R	放料球阀	腐蚀性介质，≤80								√	√	√	√						
Q41F—6C	球阀	水、蒸汽、油品，≤150 或 ≤250						√	√	√	√	√	√	√					
Q41F—6P	球阀	弱腐蚀介质，≤150 或 ≤250				√	√	√	√	√	√	√	√	√					
Q41F—6R	球阀	腐蚀性介质，≤150 或 ≤250				√	√	√	√	√	√	√	√	√					
Q41F—25P	缩径球阀（一段式结构）	弱腐蚀介质，≤150				√	√	√	√	√	√	√							
Q41F—40P																			
Q41F—64P																			
Q41F—25R	缩径球阀（一段式结构）	腐蚀性介质，≤150				√	√	√	√	√	√	√							
Q41F—40R																			
Q41F—64R																			
Q41F—25	球阀（三段式结构1）	水、蒸汽、油品，≤150		√	√	√	√	√	√	√	√	√							
Q41F—40																			
Q41F—25P	球阀（三段式结构1）	弱腐蚀介质，≤150		√	√	√	√	√	√	√	√	√	√						
Q41F—40P	球阀（三段式结构1）	弱腐蚀介质，≤150			√	√	√	√	√	√	√	√							
Q41F—25R	球阀（三段式结构1）	腐蚀性介质，≤150		√	√	√	√	√	√	√	√	√	√						
Q41F—40R	球阀（三段式结构1）	腐蚀性介质，≤150			√	√	√	√	√	√	√	√	√	√	√	√	√	√	√
Q41F—64	球阀（三段式结构1）	水、蒸汽、油品，≤150		√	√	√	√	√	√	√	√	√	√	√	√	√	√	√	√
Q41F—64P	球阀（三段式结构1）	弱腐蚀介质，≤150		√	√	√	√	√	√	√	√	√	√	√	√	√	√	√	√
Q41F—64R	球阀（三段式结构1）	腐蚀性介质，≤150		√	√	√	√	√	√	√	√	√	√	√	√	√	√	√	√
Q41F—25	球阀（三段式结构2）	水、蒸汽、油品，≤150			√	√	√	√	√	√	√	√	√	√	√	√	√	√	√
Q41F—25P	球阀（三段式结构2）	弱腐蚀介质，≤150			√	√	√	√	√	√	√	√	√	√	√	√	√	√	√
Q41F—25R	球阀（三段式结构2）	腐蚀性介质，≤150			√	√	√	√	√	√	√	√	√	√	√	√	√	√	√
Q41F—16C	球阀	水、蒸汽、油品，≤150			√	√	√	√	√	√	√	√	√	√	√	√	√	√	√
Q41F—16P	球阀	弱腐蚀介质，≤150			√	√	√	√	√	√	√	√	√	√	√	√	√	√	√
Q41F—16R	球阀	腐蚀性介质，≤150			√	√	√	√	√	√	√	√	√	√	√	√	√	√	√

型号	名称	连接结构	适用介质及温度
Q41F₄₆—10C / Q41F₄₆—10P / Q41F₄₆—16C	衬氟球阀		腐蚀性介质，−20～150
Q41F—16A / Q41F—25A	钛合金球阀		氧化性介质，≤150
Q41F—40	球阀		水、蒸汽、油品，≤150
Q41F—40P	球阀		弱腐蚀性介质，≤150
Q41F—40R	球阀		腐蚀性介质，≤150
Q61F—64	焊接连接球阀（三段式结构）		水、油品，一般气体，≤150
Q61F—64P	焊接连接球阀（三段式结构）		弱腐蚀介质，≤150
Q61F—64R	焊接连接球阀（三段式结构）		腐蚀性介质，≤150
BQ41F—16C / QB41F—16C	夹套保温球阀		油品，≤180
BQ41F—16P / QB41F—16P	夹套保温球阀		弱腐蚀介质，≤180
BQ41F—16R / QB41F—16R	夹套保温球阀		腐蚀性介质，≤180
BQ41F—20C / QB41F—20C	夹套保温球阀		油品，≤180
BQ41F—20P / QB41F—20P	夹套保温球阀		弱腐蚀性介质，≤180
BQ41F—20R / QB41F—20R	夹套保温球阀		腐蚀性介质，≤180
BQ41F—25 / QB41F—25	夹套保温球阀		油品，≤180
BQ41F—25P / QB41F—25P	夹套保温球阀		弱腐蚀性介质，≤180
BQ41F—25R / QB41F—25R	夹套保温球阀		腐蚀性介质，≤180

（续）

型号	阀门名称	适用介质，适用温度/℃	\multicolumn{17}{c}{公称直径/mm}

型号	阀门名称	适用介质，适用温度/℃	6	8	10	15	20	25	32	40	50	65	80	100	125	150	200	250	300
Q44F—16C	三通球阀（L形通道）	水、蒸汽、油品，≤150				√	√	√	√	√	√	√	√	√	√	√			
Q44F—25																			
Q44F—40																			
Q44F—16P	三通球阀（L形通道）	弱腐蚀性介质，≤150				√	√	√	√	√	√	√	√	√	√	√			
Q44F—25P																			
Q44F—40P																			
Q44F—16R	三通球阀（L形通道）	腐蚀性介质，≤150				√	√	√	√	√	√	√	√	√	√	√			
Q44F—25R																			
Q44F—40R																			
Q45F—16C	三通球阀（T形通道）	水、蒸汽、油品，≤150				√	√	√	√	√	√	√	√	√	√	√			
Q45F—25																			
Q45F—40																			
Q45F—16P	三通球阀（T形通道）	弱腐蚀性介质，≤150				√	√	√	√	√	√	√	√	√	√	√			
Q45F—25P																			
Q45F—40P																			
Q45F—16R	三通球阀（T形通道）	腐蚀性介质，≤150				√	√	√	√	√	√	√	√	√	√	√			
Q45F—25R																			
Q45F—40R																			
Q47F—20	固定式球阀	水、油品、一般气体，≤150									√	√	√	√					
Q47F—50																			
QE47F—20	防火型固定式球阀	水、油品、一般气体，≤150									√	√	√	√					
QE47F—50																			
Q71F—10C	钢制对夹式球阀	水、蒸汽、油品，≤150				√	√	√	√	√	√	√	√						
Q71F—16C																			
Q71F—25																			
Q71F—10P	钢制对夹式球阀	弱腐蚀性介质，≤150				√	√	√	√	√	√	√	√						
Q71F—16P																			
Q71F—25P																			
Q71F—10R	钢制对夹式球阀	腐蚀性介质，≤150				√	√	√	√	√	√	√	√						
Q71F—16R																			
Q71F—25R																			

型号	名称	适用介质及温度
Q71F—16Ti Q71F—25Ti	钢制对夹式球阀	氧化性腐蚀介质，≤150
UAQ41F—16C UAQ41F—25 UAQ41F—40 UAQ41F—64	上装式钢制球阀	水、蒸汽、油品，≤150
UAQ41F—16P UAQ41F—25P UAQ41F—40P UAQ41F—64P	上装式钢制球阀	弱腐蚀性介质，≤150
TZQ41H—16C TZQ41H—25 TZQ41H—40 TZQ41H—64	撑开式金属密封球阀	水、蒸汽、油品，≤150
TZQ41W—16P TZQ41W—25P TZQ41W—40P TZQ41W—64P	撑开式金属密封球阀	弱腐蚀性介质，≤150
QQ41F—16C QQ41F—25 QQ41F—40	双联球阀	水、蒸汽、油品，≤150
QQ41F—16P QQ41F—25P QQ41F—40P	双联球阀	弱腐蚀性介质，≤150
QQ41F—16 QQ41F—25R QQ41F—40R	双联球阀	腐蚀性介质，≤150
Q81F—64	卡箍连接球阀	水、蒸汽、油品，≤150
Q81F—64P	卡箍连接球阀	弱腐蚀性介质，≤150
Q81F—64R	卡箍连接球阀	腐蚀性介质，≤150
CQ25P CQA—25P	槽车专用球阀	液化石油气，≤80

（续）

型号	阀门名称	适用介质，适用温度/℃	6	8	10	15	20	25	32	40	50	65	80	100	125	150	200	250	300
Q941F—16C	电动球阀	水、蒸汽、油品，≤150						√	√	√	√	√	√	√	√	√	√	√	√
Q941F—16P	电动球阀	弱腐蚀性介质，≤150						√	√	√	√	√	√	√	√	√	√	√	√
Q941F—16R	电动球阀	腐蚀性介质，≤150						√	√	√	√	√	√	√	√	√	√	√	
Q941F—25	电动球阀	水、蒸汽、油品，≤150						√	√	√	√	√	√	√	√	√			
Q941F—40								√	√	√	√	√	√	√	√	√			
Q941F—25P	电动球阀	弱腐蚀性介质，≤150						√	√	√	√	√	√	√	√	√			
Q941F—40P								√	√	√	√	√	√	√	√	√			
Q941F—25R	电动球阀	腐蚀性介质，≤150						√	√	√	√	√	√	√	√	√			
Q941F—40R								√	√	√	√	√	√	√	√	√			
BQ941F—16C	电动保温球阀	油品，≤150				√	√	√	√	√	√								
BQ941F—25						√	√	√	√	√	√								
BQ941F—16P	电动保温球阀	弱腐蚀性介质，≤150				√	√	√	√	√	√								
BQ941F—25P						√	√	√	√	√	√								
BQ941F—16R	电动保温球阀	腐蚀性介质，≤150				√	√	√	√	√	√								
BQ941F—25R						√	√	√	√	√	√								
Q944F—16C	电动三通球阀（L形通道）	水、蒸汽、油品，≤150				√	√	√	√	√	√	√	√	√	√	√			
Q944F—25																			
Q944F—40																			
Q944F—16P	电动三通球阀（L形通道）	弱腐蚀性介质，≤150				√	√	√	√	√	√	√	√	√	√	√			
Q944F—25P																			
Q944F—40P																			
Q944F—16R	电动三通球阀（L形通道）	腐蚀性介质，≤150				√	√	√	√	√	√	√	√	√	√				
Q944F—25R																			
Q944F—40R																			
Q945F—16C	电动三通球阀（T形通道）	水、蒸汽、油品，≤150				√	√	√	√	√	√	√	√	√	√	√			
Q945F—25																			
Q945F—40																			
Q945F—16P	电动三通球阀（T形通道）	弱腐蚀性介质，≤150				√	√	√	√	√	√	√	√	√	√	√			
Q945F—25P																			
Q945F—40P																			

型号	名称	适用介质、温度/℃													
Q945F—16R	电动三通球阀（T形通道）	腐蚀性介质，≤150	√	√	√									
Q945F—25R			√	√	√									
Q945F—40R			√	√										
Q947F—16C	电动固定球球阀	水、蒸汽、油品，≤150										√	√	√
Q947F—16P	电动固定球球阀	弱腐蚀性介质，≤150										√	√	√
Q947F—16R	电动固定球球阀	腐蚀性介质，≤150											√	√
Q947F—25	电动固定球球阀	水、蒸汽、油品，≤150										√	√	√
Q947F—40												√	√	√
Q947F—25P	电动固定球球阀	弱腐蚀性介质，≤150										√	√	√
Q947F—40P												√	√	√
Q947F—25R	电动固定球球阀	腐蚀性介质，≤150										√	√	√
Q947F—40R												√	√	√
Q947F—64	电动固定球球阀	水、蒸汽、油品，≤150								√	√	√	√	√
Q947F—64P	电动固定球球阀	弱腐蚀性介质，≤150								√	√	√	√	√
Q947F—64R	电动固定球球阀	腐蚀性介质，≤150								√	√	√	√	√
Qv977F—16C	对夹连接电动V形切断球阀	水、蒸汽、油品，≤150								√				√
Qv977F—25														
Qv977F—40														
Qv977F—64														
Qv977F—16P	对夹连接电动V形切断球阀	弱腐蚀性介质，≤150								√				√
Qv977F—25P														
Qv977F—40P														
Qv977F—64P														
Qv977F—16R	对夹连接电动V形切断球阀	腐蚀性介质，≤150								√				√
Qv977F—25R														
Q971F—10C	电动钢制对夹式球阀	水、蒸汽、油品，≤150	√	√	√	√	√							
Q971F—16C			√	√	√	√	√							
Q971F—25			√	√	√	√								
Q971F—10P	电动钢制对夹式球阀	弱腐蚀性介质，≤150	√	√	√	√	√							
Q971F—16P			√	√	√	√	√							
Q971F—25P			√	√	√	√								

（续）

型号	阀门名称	适用介质、适用温度/℃	公称直径/mm																
			6	8	10	15	20	25	32	40	50	65	80	100	125	150	200	250	300
Q971F—10R	电动钢制对夹式球阀	腐蚀性介质，≤150				√	√	√	√	√	√	√	√						
Q971F—16R						√	√	√	√	√	√	√	√						
Q971F—25R						√	√	√	√	√	√	√	√						
Q971F—16Ti	电动钢制对夹式球阀	氧化性腐蚀介质，≤150				√	√	√	√	√	√	√	√						
Q971F—25Ti						√	√	√	√	√	√	√	√						
TZQ941H—16C	电动撑开式金属密封球阀	水、蒸汽、油品，≤150															√	√	√
TZQ941H—25																	√	√	√
TZQ941H—40																	√	√	√
TZQ941H—64																	√	√	√
TZQ941W—16P	电动撑开金属密封球阀	弱腐蚀性介质，≤150															√	√	√
TZQ941W—25P																	√	√	√
TZQ941W—40P																	√	√	√
TZQ941W—64P																	√	√	√

6) 蝶阀（表10-23）。

表 10-23　常用蝶阀型号规格

型号	阀门名称	适用介质、适用温度/℃	公称直径/mm																					
			50	65	80	100	125	150	200	250	300	350	400	450	500	600	700	800	900	1000	1200	1400	1600	1800	2000
D41X—6	弹性密封蝶阀	水、油品、空气，≤60			√	√	√	√	√																
D41X—10	弹性密封蝶阀	水、油品、空气，≤60			√	√	√	√	√																
D71X—10	对夹式衬胶蝶阀	水、油品、空气，≤60~135		√	√	√	√	√																	
D71X—16Q	对夹式衬胶蝶阀	水、油品、空气，≤60~135		√	√	√	√	√																	
APD071X—10	无销蝶阀	水、海水、油品、弱碱，≤65		√	√	√	√	√	√	√	√	√													
D72X—10Q	球墨铸铁制对夹式单偏心蝶阀	水、油品、弱酸、弱碱、气体，≤80		√	√	√	√	√	√	√	√														
D72X—16Q				√	√	√	√	√	√	√	√	√	√	√											
XD73F—10	对夹式信号蝶阀	水、蒸汽、油品，≤150	√	√	√	√	√	√	√																
XD73X—10	对夹式信号蝶阀	水、油品，≤150	√	√	√	√	√	√	√																

型号	名称	使用介质及温度
D71F4—10C	对夹式衬氟蝶阀	酸、碱等腐蚀性介质，-29~150
D43H—10C	金属密封蝶阀	水、蒸汽、油品，≤300
D43H—10P		
D43H—16C	金属密封蝶阀	水、蒸汽、油品，≤300
D43H—16P		
D43H—25C	金属密封蝶阀	水、蒸汽、油品，≤300
D43H—25P		
D73P—40P	对夹式双偏心金属密封蝶阀	水、蒸汽、油品，≤300
D43H—40C	金属密封蝶阀	水、蒸汽、油品，≤300
D43H—40P		
BD41—16C	金属密封摆动蝶阀	水、蒸汽、油品，≤425
BD41—25C		
BD41—40C		
BD71—16C	对夹式金属密封摆动蝶阀	水、蒸汽、油品，≤425
BD71—25C		
D71H—16C	对夹式金属密封蝶阀	水、蒸汽、油品，≤300
D71H—16P		
D71H—25		
D73P—25P	对夹式双偏心金属密封蝶阀	水、蒸汽、油品，≤300
D941X—10	电动蝶阀	水、油品，≤65
D_{dw} 941X—6	电动短系列卧式蝶阀	水、油品，≤65
D_{dw} 941X—10	电动短系列卧式蝶阀	水、油品，≤65
D_{dl} 941X—10	电动短系列立式蝶阀	水、油品，≤65
D942X—10	电动铁制单偏心蝶阀	水、油品，气体，≤80
D942X—16	电动铁制单偏心蝶阀	水、油品，气体，≤80
F47D—6	电动美式蝶阀	水、油品，≤80
F47D—10		
F47D—16		
F504D—10	电动美式蝶阀	水、油品，≤80
F504D—16		

（续）

型号	阀门名称	适用介质、适用温度/℃	公称直径/mm 50	65	80	100	125	150	200	250	300	350	400	450	500	600	700	800	900	1000	1200	1400	1600	1800	2000
D971X—10	电动对夹式衬胶蝶阀	水、油品、气体，≤60~135	√	√	√	√	√	√	√	√	√	√	√	√	√	√	√	√							
D971X—16Q	电动对夹式衬胶蝶阀	水、油品、气体，≤60~135	√	√	√	√	√	√	√	√	√	√	√												
D972X—10Q	电动球墨铸铁制对夹式单偏心蝶阀	水、油品、气体，≤80	√										√		√	√									
D972X—16Q			√										√		√										
D944P—1C	电动多偏置蝶阀	煤气、空气、水、蒸汽、油品，≤400									√	√	√	√	√	√	√	√	√	√	√	√			
D946W—6C	电动蝶阀	煤气、烟气，≤420							√	√	√	√	√	√	√	√	√	√	√	√	√	√	√	√	√
D947H—1	电动双偏心蝶阀	煤气、空气、氮气，≤350						√	√	√	√	√	√	√	√	√	√	√	√	√	√	√	√		
D947W—1													√	√	√	√	√	√	√	√	√	√	√	√	√
D947H—2								√	√	√	√	√	√	√	√	√	√	√	√	√	√	√	√		
D947W—2													√	√	√	√	√	√	√	√	√	√	√	√	√
D941X—2.5	电动蝶阀	水、油品，≤65	√	√	√	√																			
D947X—1	电动双偏心蝶阀	煤气、空气、氮气，≤120			√	√		√	√	√	√	√	√	√	√	√	√	√	√	√					
D947X—2								√	√	√	√	√	√	√	√	√	√	√	√	√	√				
D943H—10C	电动金属密封蝶阀	水、蒸汽、油品，≤300																							
D943H—10P									√	√	√	√	√	√	√	√	√	√	√	√	√	√			
D943H—16C						√			√	√	√	√	√	√	√	√	√	√	√	√	√	√			
D943H—16P									√	√	√	√	√	√	√	√	√	√	√	√	√	√			
D943H—25	电动金属密封蝶阀	水、蒸汽、油品，≤300			√			√	√	√	√	√	√	√	√	√	√	√	√	√	√				
D943H—25P	电动金属密封蝶阀	水、蒸汽、油品，≤300						√	√	√	√	√	√	√	√	√	√	√	√	√	√				
D943H—40	电动金属密封蝶阀	水、蒸汽、油品，≤425						√	√	√	√	√	√	√	√	√	√	√	√	√	√	√	√		
BD941—16C	电动金属密封摆动蝶阀	水、蒸汽、油品，≤550						√	√	√	√	√	√	√	√	√	√	√	√	√	√	√	√		
BD941—16I	电动金属密封摆动蝶阀	油品，≤650						√	√	√	√	√	√	√	√	√	√	√	√	√	√	√	√		
BD941—16P Ⅱ	电动金属密封摆动蝶阀	腐蚀性介质，≤650						√	√	√	√	√	√	√	√	√	√	√	√	√	√	√	√		
BD941—25	电动金属密封摆动蝶阀	水、蒸汽、油品，≤550						√	√	√	√	√	√	√	√	√	√	√	√	√	√	√			
BD941—25I	电动金属密封摆动蝶阀	油品，≤650						√	√	√	√	√	√	√	√	√	√	√	√	√	√	√			
BD941—25P Ⅱ	电动金属密封摆动蝶阀	腐蚀性介质，≤650							√	√	√	√	√	√	√	√	√	√	√	√	√	√			
BD941—40C	电动金属密封摆动蝶阀	水、蒸汽、油品，≤550							√	√	√	√	√	√	√	√	√	√	√	√	√	√			
BD941—40I	电动金属密封摆动蝶阀	油品，≤550							√	√	√	√	√	√	√	√	√	√	√	√	√				
BD941—40P Ⅱ	电动金属密封摆动蝶阀	腐蚀性介质，≤650							√	√	√	√	√	√	√	√	√	√	√	√	√				

型号	名称	适用介质、温度/℃													
BD971—16C BD971—25C	电动对夹式金属密封摆动蝶阀	水、蒸汽、油品，≤425				√	√	√	√						
BD971—16I BD971—25I	电动对夹式金属密封摆动蝶阀	油品，≤550				√	√	√	√						
BD971—16P II BD971—25P II	电动对夹式金属密封摆动蝶阀	腐蚀性介质，≤650				√	√	√	√						
D971H—16C D971H—16P D971H—25	电动对夹式金属密封蝶阀	水、蒸汽、油品，≤300		√	√	√	√	√	√	√					
SPD971—16C SPD971—25C	电动对夹式金属密封三偏心蝶阀	水、蒸汽、油品，≤300				√	√	√	√						
SPD971—16P SPD971—25P	电动对夹式金属密封三偏心蝶阀	弱腐蚀性介质，≤300				√	√	√	√						
D973H—10C D973H—10P D973H—16C D973H—16P	电动对夹式金属密封蝶阀	水、蒸汽、油品，≤300	√	√	√	√	√	√	√	√					
D973H—25 D973H—25P	电动对夹式金属密封蝶阀	水、蒸汽、油品，≤300		√	√	√	√	√	√	√					
D973H—40 D973H—40P	电动对夹式金属密封蝶阀	水、蒸汽、油品，≤300			√	√	√	√	√	√					
D974P—16C D974P—16P	电动多偏置对夹蝶阀	水、蒸汽、油品，≤400		√	√	√	√	√	√	√					
D341X—2.5	长系列蜗杆传动蝶阀	水、油品、空气，≤80				√	√	√	√	√			√			
D341X—6	长系列蜗杆传动蝶阀	水、油品、空气，≤80				√	√	√	√	√		√			√	
D341X—10	长系列蜗杆传动蝶阀	水、油品、空气，≤80				√	√	√	√	√	√				√	
D341X—2.5	短系列蜗杆传动蝶阀	水、油品、空气，≤80				√	√	√	√	√	√	√	√	√	
D341X—6	短系列蜗杆传动蝶阀	水、油品、空气，≤80				√	√	√	√	√	√	√	√	√	
D341X—10	短系列蜗杆传动蝶阀	水、油品、空气，≤80				√	√	√	√	√	√	√	√	√	
D541X—2.5	锥齿轮传动蝶阀	水、油品，≤65				√	√	√	√	√	√			√	
D541X—6	锥齿轮传动蝶阀	水、油品，≤65				√	√	√	√	√	√	√			√	
D541X—10	锥齿轮传动蝶阀	水、油品，≤65			√	√	√	√	√	√					

（续）

型号	阀门名称	适用介质，适用温度/℃	公称直径/mm																					
			50	65	80	100	125	150	200	250	300	350	400	450	500	600	700	800	900	1000	1200	1400	1600	1800	2000
D$_{dw}$541X—6	锥齿轮传动短系列卧式蝶阀	水，≤65																			√	√	√	√	√
D$_{dw}$541X—10	锥齿轮传动短系列卧式蝶阀	水，≤65															√	√	√	√	√	√	√	√	√
(cK) D341X—6C	蜗杆传动蝶阀（连杆差动）	水、污水、油品，≤80															√	√	√	√	√	√	√	√	√
(cK) D341X—10C	蜗杆传动蝶阀（连杆差动）	水、污水、油品，≤80																	√	√						
SD341X—6 SD341X—6Q	蜗杆传动法兰伸缩蝶阀	水、污水、油品，≤120											√	√	√	√	√	√	√	√	√	√			
SD341X—10 SD341X—10Q	蜗杆传动法兰伸缩蝶阀	水、污水、油品，≤120											√	√	√	√	√	√	√	√	√				
D342X—10	蜗杆传动铁制单偏心蝶阀	水、油品、气体，≤80	√	√	√	√	√	√	√	√	√	√	√	√	√	√									
D342X—16	蜗杆传动铁制单偏心蝶阀	水、油品、气体，≤80		√	√	√	√	√	√	√	√														
D343X—10 D343X—10Q	铁制蜗杆传动双偏心蝶阀	水、污水、油品、气体，≤120				√	√	√	√	√	√	√	√	√	√	√	√	√	√	√	√	√	√	√	√
D343X—16Q	铁制蜗杆传动双偏心蝶阀	水、污水、油品，≤120				√	√	√	√	√	√	√	√	√	√	√	√	√	√	√	√	√	√		
D347X—6	蜗杆传动管网法兰伸缩蝶阀	水、污水，≤65																			√	√	√		
D347X—10	蜗杆传动管网法兰伸缩蝶阀	水、污水，≤65																√	√	√	√	√	√		
D47B—6 D47G—6	蜗杆传动美式蝶阀	水、油品，≤80																				√	√	√		√
D47B—10 D47G—10	蜗杆传动美式蝶阀	水、油品，≤80															√	√	√	√	√	√	√	√	√	√
D47B—16 D47G—16	蜗杆传动美式蝶阀	水、油品，≤80															√	√	√	√	√		√	√	√	√
D504B—10 D504B—16	蜗杆传动美式蝶阀	水、油品，≤80				√	√	√	√	√	√	√	√	√	√	√										

型号	名称	适用介质、温度
D371X—10	蜗杆传动对夹式衬胶蝶阀	水、油品、气体，≤60~135
D371X—16Q	蜗杆传动对夹式衬胶蝶阀	水、油品、气体，≤60~135
D372X—10Q / D372X—16Q	蜗杆传动钢制对夹式单偏心蝶阀	水、油品、气体，≤80
D372X—10C / D372X—16C	蜗杆传动钢制对夹式单偏心蝶阀	水、气体、油品，≤150
D372X—16P	蜗杆传动钢制对夹式单偏心蝶阀	弱腐蚀性介质，≤150
XD371X—10C / XD371X—16C	蜗杆传动对夹式信号蝶阀	水，≤65
XD373F—10 / XD373F—16C	蜗杆传动对夹式信号蝶阀	水、蒸汽、油品，≤150
D341F—16C	蜗杆传动单偏心蝶阀	水、油品，≤180
D371F₄—10C	蜗杆传动对夹式衬氟蝶阀	酸、碱等腐蚀性介质，-29~150
D37F—16C / D37F—16P	蜗杆传动对夹式双偏心蝶阀	水、蒸汽、油品，≤150
D₃ₜ41SH—0.5C	蜗杆传动三杆式蝶阀	可燃性气体、空气，≤300
D343H—10C / D343H—10P / D343H—16C / D343H—16P	蜗杆传动金属密封蝶阀	水、蒸汽、油品，≤300
D343H—25 / D343H—25P	蜗杆传动金属密封蝶阀	水、蒸汽、油品，≤300
D343H—40	蜗杆传动金属密封蝶阀	水、蒸汽、油品，≤300
JSPD341H—10C / JSPD341H—16C / JSPD341H—25	钢制蜗杆传动套金属密封蝶阀（三偏心）	水、蒸汽、油品，≤300

（续）

型号	阀门名称	适用介质、适用温度/℃	50	65	80	100	125	150	200	250	300	350	400	450	500	600	700	800	900	1000	1200	1400	1600	1800	2000
JSPD341H—10P	钢制蜗杆传动夹套金属密封蝶阀（三偏心）	腐蚀性介质，≤300				✓																			
JSPD341H—16P																									
JSPD341H—25P																									
BD541—16C	锥齿轮传动金属密封摆动蝶阀	水、蒸汽、油品，≤425								✓	✓	✓	✓	✓	✓	✓	✓	✓							
BD541—25										✓	✓	✓	✓	✓	✓	✓	✓	✓	✓	✓					
BD541—40	锥齿轮传动金属密封摆动蝶阀	水、蒸汽、油品，≤425							✓	✓	✓	✓	✓	✓	✓	✓	✓	✓	✓						
BD541—16I	锥齿轮传动金属密封摆动蝶阀	油品，≤550							✓	✓	✓	✓	✓	✓	✓	✓	✓	✓							
BD541—25I									✓	✓	✓	✓	✓	✓	✓	✓	✓	✓	✓						
BD541—40I	锥齿轮传动金属密封摆动蝶阀	油品，≤550							✓	✓	✓	✓	✓	✓	✓	✓	✓	✓	✓						
BD541—16P Ⅱ	锥齿轮传动金属密封摆动蝶阀	腐蚀性介质，≤650							✓	✓	✓	✓	✓	✓	✓	✓	✓	✓	✓						
BD541—25P Ⅱ									✓	✓	✓	✓	✓	✓	✓	✓	✓	✓	✓						
BD541—40P Ⅱ	锥齿轮传动金属密封摆动蝶阀	腐蚀性介质，≤650							✓	✓	✓	✓	✓	✓	✓	✓	✓	✓	✓	✓					
BD571—16C	锥齿轮传动对夹式金属密封摆动蝶阀	水、蒸汽、油品，≤425							✓	✓	✓	✓	✓	✓	✓	✓	✓	✓							
BD571—25									✓	✓	✓	✓	✓	✓	✓	✓	✓	✓							
BD571—16I	锥齿轮传动对夹式金属密封摆动蝶阀	油品，≤550							✓	✓	✓	✓	✓	✓	✓	✓	✓	✓							
BD571—25I									✓	✓	✓	✓	✓	✓	✓	✓	✓	✓							
BD571—16P Ⅱ	锥齿轮传动对夹式金属密封摆动蝶阀	腐蚀性介质，≤650							✓	✓	✓	✓	✓	✓	✓	✓	✓	✓							
BD571—25P Ⅱ									✓	✓	✓	✓	✓	✓	✓	✓	✓	✓							
D371H—16C	蜗杆传动对夹式金属密封蝶阀	水、蒸汽、油品，≤300		✓	✓	✓	✓	✓	✓	✓	✓	✓	✓	✓	✓	✓	✓	✓							
D371H—16P				✓	✓	✓	✓	✓	✓	✓	✓	✓	✓	✓	✓	✓	✓	✓							
D371H—25				✓	✓	✓	✓	✓	✓	✓	✓	✓	✓	✓	✓	✓	✓								
SPD371—16C	蜗杆传动对夹式偏心蝶阀	水、蒸汽、油品，≤300		✓	✓	✓	✓	✓	✓	✓	✓	✓	✓	✓	✓	✓	✓	✓							
SPD371—25				✓	✓	✓	✓	✓	✓	✓	✓	✓	✓	✓	✓	✓	✓	✓							
SPD371—16P	蜗杆传动对夹式偏心蝶阀	弱腐蚀性介质，≤300		✓	✓	✓	✓	✓	✓	✓	✓	✓	✓	✓	✓	✓	✓	✓							
SPD371—25P				✓	✓	✓	✓	✓	✓	✓	✓	✓	✓	✓	✓	✓	✓								
D373H—10C	蜗杆传动对夹式金属密封蝶阀	水、蒸汽、油品，≤300		✓	✓	✓	✓	✓	✓	✓	✓	✓	✓	✓	✓	✓	✓	✓							
D373H—10P				✓	✓	✓	✓	✓	✓	✓	✓	✓	✓	✓	✓	✓	✓	✓							
D373H—16C				✓	✓	✓	✓	✓	✓	✓	✓	✓	✓	✓	✓	✓	✓	✓							
D373H—16P				✓	✓	✓	✓	✓	✓	✓	✓	✓	✓	✓	✓	✓	✓	✓	✓						

公称直径/mm

（上接表，常用对夹式蝶阀型号规格续表）

型号	阀门名称	适用介质、使用温度/℃	100	125	150	200	250	300
D373H—25	蜗杆传动对夹式金属密封蝶阀	水、蒸汽、油品，≤300	√	√	√	√	√	√
D373H—25P	蜗杆传动对夹式金属密封蝶阀		√	√	√	√	√	√
D373H—40	蜗杆传动对夹式金属密封蝶阀	水、蒸汽、油品，≤300	√	√	√	√	√	√
D373H—40P	蜗杆传动对夹式金属密封蝶阀		√	√	√	√	√	√

7）隔膜阀（表 10-24）。

表 10-24　常用隔膜阀型号规格

型号	阀门名称	适用介质、使用温度/℃	8	10	15	20	25	32	40	50	65	80	100	125	150	200	250	300
G11W—16	内螺纹隔膜阀	非腐蚀性介质，≤100	√	√	√	√	√	√	√	√	√	√						
G11W—16Q	内螺纹隔膜阀	一般腐蚀性介质，≤100	√	√	√	√	√	√	√	√								
G11W—16P	内螺纹隔膜阀	一般腐蚀性介质，≤100	√	√	√													
G41C—6	衬搪瓷隔膜阀	一般腐蚀性介质，≤80			√	√	√	√	√	√	√	√	√	√	√	√	√	
G41J—6	衬胶隔膜阀	一般腐蚀性介质，≤80							√	√	√	√	√	√	√	√	√	√
G41J—10	衬胶隔膜阀	一般腐蚀性介质，≤80					√	√	√	√	√	√	√	√	√			
G41W—6	隔膜阀	非腐蚀性介质，≤100			√	√	√	√	√	√	√	√	√	√	√	√	√	√
G41W—10	隔膜阀	非腐蚀性介质，≤100					√	√	√	√	√	√	√	√	√			
G41Fs—10	衬氟塑料隔膜阀	强腐蚀性流体，≤120			√	√	√	√	√	√	√	√	√	√	√			
G41Sp—10	隔膜阀	酸、碱，-30~100			√	√	√	√	√	√	√	√	√					
G41F₃—6	衬氟塑料隔膜阀	强腐蚀性流体，-15~120			√	√	√	√	√	√	√	√	√	√	√			
G41F₄₆—6	衬氟塑料隔膜阀	强腐蚀性流体，-15~150			√	√	√	√	√	√	√	√	√	√	√	√		
G41F₄—10	衬氟塑料隔膜阀	强腐蚀性流体，-15~150			√	√	√	√	√	√	√	√	√			√		
EG41J—6	衬胶隔膜阀	一般腐蚀性流体，≤100														√		
EG41J—10	衬胶隔膜阀	一般腐蚀性流体，≤100					√				√	√	√	√				
EG41J—16	衬胶隔膜阀	一般腐蚀性流体，≤100				√			√	√								
G41W—6	隔膜阀	非腐蚀性流体，≤100							√	√		√	√		√	√		
G41W—10	隔膜阀	非腐蚀性流体，≤100							√	√								
G41W—16	隔膜阀	非腐蚀性流体，≤100				√			√	√		√	√		√	√		
G44C—6	真空搪瓷隔膜阀	水，≤100										√		√				
G44Sp—10	Y形角式隔膜阀	酸、碱，-30~100					√			√		√	√	√				
G45J—6	直流式衬胶隔膜阀	一般腐蚀性流体，≤80					√			√		√	√	√	√	√	√	
G46W—10	直通式隔膜阀	非腐蚀性流体，≤100						√	√	√	√	√	√	√	√	√		
G46J—10	直通式衬胶隔膜阀	一般腐蚀性流体，≤100			√		√	√	√	√	√	√	√	√	√			

（续）

型号	阀门名称	适用介质，使用温度/℃	公称直径/mm															
			8	10	15	20	25	32	40	50	65	80	100	125	150	200	250	300
G641X—10	双层气动隔膜阀	水，≤70										√	√	√	√	√	√	
EG641J—6	气动衬胶隔膜阀	一般腐蚀性流体，≤100										√	√	√	√	√		
EG641J—10	气动衬胶隔膜阀	一般腐蚀性流体，≤100				√	√	√	√		√	√	√	√	√			
EG641J—16	气动衬胶隔膜阀	一般腐蚀性流体，≤100				√	√	√	√	√								
G641W—6	气动隔膜阀（往复式）	非腐蚀性流体，≤100				√	√	√	√		√	√	√	√	√	√		
EG641W—10	气动衬胶隔膜阀（往复式）	非腐蚀性流体，≤100				√	√	√	√	√	√		√	√	√			
EG641W—16	气动衬胶隔膜阀（往复式）	非腐蚀性流体，≤100				√	√	√	√	√								
EG641J（MS）—6	气动衬胶隔膜阀（无手操作复式）	一般腐蚀性流体，≤100														√		
EG641J（MS）—10	气动衬胶隔膜阀（无手操作复式）	一般腐蚀性流体，≤100				√	√	√	√		√		√	√	√			
EG641J（MS）—16	气动衬胶隔膜阀（无手操作复式）	一般腐蚀性流体，≤100				√	√	√	√	√								
G641W（MS）—6	气动隔膜阀（无手操作复式）	非腐蚀性流体，≤100				√	√	√	√		√	√				√		
G641W（MS）—10	气动隔膜阀（无手操作复式）	非腐蚀性流体，≤100				√	√	√	√	√	√	√		√	√			
G641W（MS）—16	气动隔膜阀（无手操作复式）	非腐蚀性流体，≤100				√	√	√	√	√								
EG6k641J—6	气动衬胶隔膜阀（常开式）	一般腐蚀性流体，≤100										√				√		
EG6k641J—10	气动衬胶隔膜阀（常开式）	一般腐蚀性流体，≤100				√	√	√	√		√	√	√	√	√			
EG6k641J—16	气动衬胶隔膜阀（常开式）	一般腐蚀性流体，≤100				√	√	√	√	√	√	√	√	√	√	√		
G6k641W—6	气动隔膜阀（常开式）	非腐蚀性流体，≤100				√	√	√	√	√	√	√				√		
G6k641W—10	气动隔膜阀（常开式）	非腐蚀性流体，≤100				√	√	√	√	√	√		√	√	√			
G6k641W—16	气动隔膜阀（常开式）	非腐蚀性流体，≤100				√	√	√	√	√								
EG6B641J—6	气动衬胶隔膜阀（常闭式）	一般腐蚀性流体，≤100				√	√	√	√	√	√	√				√		
EG6B641J—10	气动衬胶隔膜阀（常闭式）	一般腐蚀性流体，≤100				√	√	√	√	√	√	√	√	√	√			
EG6B641J—16	气动衬胶隔膜阀（常闭式）	一般腐蚀性流体，≤100				√	√	√	√	√								
G6B641W—6	气动隔膜阀（常闭式）	非腐蚀性流体，≤100				√	√	√	√	√	√	√				√		
G6B641W—10	气动隔膜阀（常闭式）	非腐蚀性流体，≤100				√	√	√	√	√	√	√	√	√	√			
G6B641W—16	气动隔膜阀（常闭式）	非腐蚀性流体，≤100				√	√	√	√	√								
G641J—6	气动衬胶隔膜阀（往复式）	一般腐蚀性流体，≤80				√	√	√	√	√	√	√	√	√	√	√		
G641J—10	气动衬胶隔膜阀（常闭式）	一般腐蚀性流体，≤80				√	√	√	√	√	√	√	√	√	√	√		
G6k641J—6	气动衬胶隔膜阀（常开式）	一般腐蚀性流体，≤80				√	√	√	√	√	√	√	√	√	√	√		
G642X—6	气动双隔膜阀	一般腐蚀性流体，-20~100					√	√	√	√	√	√	√	√	√	√	√	
G642X—10	气动双隔膜阀	一般腐蚀性流体，-20~100				√	√	√	√	√	√	√	√	√	√	√	√	
G941J—6	电动双隔膜阀	一般腐蚀性流体，≤80					√	√	√	√	√	√	√	√	√	√	√	√

8) 旋塞阀（表 10-25）。

表 10-25　常用旋塞阀型号规格

型号	阀门名称	适用介质，适用温度/℃	公称直径/mm													
			15	20	25	32	40	50	65	80	100	125	150	200	250	300
X13T—10	内螺纹旋塞阀	水、油品，≤80	✓	✓	✓	✓	✓	✓	✓							
X13W—10T	内螺纹旋塞阀	油品，≤80	✓	✓	✓	✓	✓	✓	✓	✓						
X13W—10	内螺纹旋塞阀	水、油品，≤80	✓	✓	✓	✓	✓	✓	✓							
X13F—10	内螺纹旋塞阀		✓	✓	✓	✓	✓	✓								
X14W—6T	内螺纹三通旋塞阀	煤气、油品，≤80	✓	✓	✓	✓	✓	✓								
X17W—10	内螺纹油封式旋塞阀	煤气，≤80	✓	✓	✓	✓	✓	✓								
X43W—10	旋塞阀	油品，≤80	✓	✓	✓	✓	✓	✓	✓	✓	✓	✓	✓	✓		
X43W—10T	旋塞阀	水、蒸汽，≤120	✓	✓	✓	✓	✓	✓	✓	✓	✓	✓	✓	✓		
X43T—10	旋塞阀		✓													
X43W—10P	旋塞阀	弱腐蚀性介质，≤150	✓	✓	✓	✓	✓	✓	✓	✓	✓	✓	✓			
X43F—10P	旋塞阀		✓	✓	✓	✓	✓	✓	✓	✓	✓	✓				
X43W—10R	旋塞阀	强腐蚀性介质，≤100	✓	✓	✓	✓	✓	✓	✓	✓	✓					
X43F$_{46}$—10R	衬氟塑料旋塞阀	强腐蚀性介质，≤120			✓	✓	✓	✓	✓	✓	✓	✓	✓			
X44W—6	T形三通旋塞阀	油品，≤80			✓	✓	✓	✓	✓	✓	✓					
X44W—6T	T形三通旋塞阀	水、蒸汽，≤120			✓	✓	✓	✓	✓	✓	✓	✓				
X47W—10	平衡式旋塞阀	煤气、天然气，≤80						✓	✓	✓	✓	✓				
X47W—10	油封闭式旋塞阀	煤气、天然气，≤80									✓					
RX47W—10	油封T形三通旋塞式旋塞阀	煤气，天然气，≤80								✓	✓					
X48W—10	蜗轮传动油密封式旋塞阀	煤气，天然气，≤80											✓			
RX347W—10	蜗轮传动油密封式旋塞阀	煤气，天然气，≤80												✓	✓	
RX447W—10	正齿轮传动油密封式旋塞阀	煤气，天然气，≤80											✓	✓	✓	✓

9) 安全阀（表 10-26）。

表 10-26　常用安全阀型号规格

型号	阀门名称	适用介质，适用温度/℃	公称直径/mm															
			15	20	25	32	40	50	65	80	100	125	150	200	250	300	350	400
A21F—16C	外螺纹连接弹簧封闭微启式安全阀	流化石油气、石油气、空气、氨气、水等，≤80	✓	✓	✓													
A21F—18																		
A21F—25																		
A21F—40																		

(续)

公称直径/mm

型号	阀门名称	适用介质，适用温度/℃	15	20	25	32	40	50	65	80	100	125	150	200	250	300	350	400
A21W—16P	外螺纹连接弹簧封闭微启式安全阀	水、空气、弱腐蚀性气体或液体，≤150	√															
A21W—25P				√														
A21W—40P					√													
A21H—16C	外螺纹连接弹簧封闭微启式安全阀	水、空气、腐蚀性气体或液体，≤200	√															
A21H—25				√														
A21H—40					√													
A21H—64	外螺纹连接弹簧封闭微启式安全阀	水、空气、腐蚀性气体或液体，≤200	√															
A27H—10	外螺纹连接弹簧带扳手微启式安全阀	空气、蒸汽，≤200	√	√	√													
A27H—16						√	√	√										
A28H—10Q	外螺纹连接弹簧带扳手全启式安全阀	蒸汽，≤200	√	√	√													
A28H—16						√	√	√										
A28H—16C										√								
A37H—16C	双联弹簧带扳手微启式安全阀	热水、无腐蚀性液体，≤350								√	√		√					
A37H—25	双联弹簧带扳手微启式安全阀	热水、无腐蚀性液体，≤350						√		√	√							
A37H—40	双联弹簧带扳手微启式安全阀	热水、无腐蚀性液体，≤350								√	√							
A43H—16C	双联弹簧带扳手全启式安全阀	热水、无腐蚀性液体，≤350								√	√		√					
A43H—25	双联弹簧带扳手全启式安全阀	热水、无腐蚀性液体，≤350								√	√							
A43H—40	双联弹簧带扳手全启式安全阀	热水、无腐蚀性液体，≤350						√		√	√							
A38Y—16C	双联弹簧带扳手全启式安全阀	空气、热无腐蚀性气体，≤350								√	√		√					
A38Y—25	双联弹簧带扳手全启式安全阀	空气、热无腐蚀性气体，≤350							√	√	√		√					
A38Y—40	双联弹簧带扳手全启式安全阀	空气、热无腐蚀性气体，≤350								√	√							
A38Y—64																		

型号	名称	适用介质及温度							
A40Y—16C	带散热片弹簧封闭全启式安全阀	热空气、热烟气、石油气，≤400				∨			
A40Y—16P									
A40Y—16I									
A40Y—64	带散热片弹簧封闭全启式安全阀	热空气、热烟气、石油气，≤400			∨				
A40Y—64I									
A41H—16C	弹簧封闭微启式安全阀	油品、水、无腐蚀性液体，−29~300	∨	∨					
A41H—25	弹簧封闭微启式安全阀	油品、水、无腐蚀性液体，−29~300	∨	∨					
A41H—40			∨						
A41H—64	弹簧封闭微启式安全阀	油品、水、无腐蚀性液体，−29~300	∨	∨	∨				
A41H—16P		水、弱腐蚀性液体，−40~200	∨	∨	∨				
A41H—25P	弹簧封闭微启式安全阀	水、弱腐蚀性液体，−40~200	∨	∨					
A41H—40P	弹簧封闭微启式安全阀	水、弱腐蚀性液体，−40~200	∨	∨					
A41H—64P		水、弱腐蚀性液体，−40~200	∨	∨	∨				
A41H—16R	弹簧封闭微启式安全阀	腐蚀性液体，−40~150	∨	∨	∨				
A41H—25R	弹簧封闭微启式安全阀	腐蚀性液体，−40~150	∨	∨	∨	∨			
A41H—40R		腐蚀性液体，−40~150	∨	∨		∨	∨		
A42F—16C	弹簧封闭全启式安全阀	液化石油气、空气、非腐蚀性气体，−40~80	∨	∨	∨	∨	∨	∨	∨
A42F—18	弹簧封闭全启式安全阀	液化石油气、空气、非腐蚀性气体，−40~80	∨	∨	∨			∨	
A42F—25									
A42F—40	弹簧封闭全启式安全阀	液化石油气、空气、非腐蚀性气体，−40~80	∨	∨	∨				
A42W—10P	弹簧封闭全启式安全阀	弱腐蚀性气体，−40~150	∨	∨	∨	∨			
A42W—10R	弹簧封闭全启式安全阀	腐蚀性气体，−40~150	∨	∨	∨	∨			
A42Y—16C	弹簧封闭全启式安全阀	空气、石油气、无腐蚀性气体，−29~300	∨	∨	∨		∨		
A42Y—25	弹簧封闭全启式安全阀	空气、石油气、无腐蚀性气体，−29~300	∨	∨	∨	∨	∨		
A42Y—40	弹簧封闭全启式安全阀	空气、石油气、无腐蚀性气体，−29~300	∨	∨	∨	∨			
A42Y—16P	弹簧封闭全启式安全阀	弱腐蚀性气体，−40~150	∨	∨	∨	∨	∨		
A42Y—25P	弹簧封闭全启式安全阀	弱腐蚀性气体，−40~150	∨	∨	∨	∨			
A42Y—40P	弹簧封闭全启式安全阀	弱腐蚀性气体，−40~150	∨	∨	∨	∨			

（续）

型号	阀门名称	适用介质，适用温度/℃	15	20	25	32	40	50	65	80	100	125	150	200	250	300	350	400
A42Y—16R	弹簧封闭全启式安全阀	腐蚀性气体，-40~150			√	√	√	√		√	√		√	√	√			
A42Y—25R	弹簧封闭全启式安全阀	腐蚀性气体，-40~150			√	√	√	√		√	√		√	√	√			
A42Y—40R	弹簧封闭全启式安全阀	腐蚀性气体，-40~150			√	√	√	√		√	√							
KA42Y—16C	抗硫弹簧封闭全启式安全阀	酸性天然气，-29~121																
KA42Y—16P	抗硫弹簧封闭全启式安全阀	酸性天然气，-29~121			√	√	√	√		√	√		√					
KA42Y—40	抗硫弹簧封闭全启式安全阀	酸性天然气，-29~121																
KA42Y—40P	抗硫弹簧封闭全启式安全阀	酸性天然气，-29~121																
KA42Y—64	抗硫弹簧封闭全启式安全阀	酸性天然气，-29~121					√	√		√	√							
KA42Y—64P	抗硫弹簧封闭全启式安全阀	酸性天然气，-29~121																
A42sB—16C	火电站用弹簧全启式安全阀	蒸汽，≤420					√	√		√	√		√	√				
A42sB—40	火电站用弹簧全启式安全阀	蒸汽，≤420																
A42sB—64	火电站用弹簧全启式安全阀	蒸汽，≤420					√	√		√	√							
WA42Y—16C	波纹管弹簧全启式安全阀	空气、石油气、无腐蚀性气体，-29~300					√	√		√	√		√	√				
WA42Y—25	波纹管弹簧全启式安全阀	空气、石油气、无腐蚀性气体，-29~300																
WA42Y—40	波纹管弹簧全启式安全阀	空气、石油气、无腐蚀性气体，-29~300																
WA42Y—16P	波纹管弹簧全启式安全阀	弱腐蚀性气体，-40~150					√	√		√	√			√				
WA42Y—25P	波纹管弹簧全启式安全阀	弱腐蚀性气体，-40~150																
WA42Y—40P	波纹管弹簧全启式安全阀	弱腐蚀性气体，-40~150																
A44Y—16C	弹簧封闭带扳手全启式安全阀	空气、石油气、无腐蚀性气体，≤300				√	√	√		√	√		√	√				
A44Y—25	弹簧封闭带扳手全启式安全阀	空气、石油气、无腐蚀性气体，≤300																
A44Y—40	弹簧封闭带扳手全启式安全阀	空气、石油气、无腐蚀性气体，≤300			√	√	√	√		√	√		√					
A44Y—64	弹簧封闭带扳手全启式安全阀	空气、石油气、无腐蚀性气体，≤300				√	√	√		√	√							
A47H—16C	弹簧带扳手微启式安全阀	水、无腐蚀性液体，≤350																
A47Y—16C	弹簧带扳手微启式安全阀	水、无腐蚀性液体，≤350																
A47H—25	弹簧带扳手微启式安全阀	水、无腐蚀性液体，≤350			√	√	√	√		√	√		√					
A47Y—25	弹簧带扳手微启式安全阀	水、无腐蚀性液体，≤350																
A47H—40	弹簧带扳手微启式安全阀	水、无腐蚀性液体，≤350																
A47Y—40	弹簧带扳手微启式安全阀	水、无腐蚀性液体，≤350																

型号	名称	适用介质、温度（℃）
A47H—64	弹簧带扳手微启式安全阀	水、无腐蚀性液体，≤350
A47Y—64		
A48Y—16C	弹簧带扳手全启式安全阀	蒸汽、热无腐蚀性气体，≤350
A48Y—25	弹簧带扳手全启式安全阀	蒸汽、热无腐蚀性气体，≤350
A48Y—40	弹簧带扳手全启式安全阀	蒸汽、热无腐蚀性气体，≤350
A48Y—64		
A48sH—40	火电站用弹簧全启式安全阀	蒸汽，≤420
A48sB—40		
A48sH—64	火电站用弹簧全启式安全阀	蒸汽，≤420
A48sB—64		
A49H—40	主安全阀	饱和蒸汽，≤450
A49Y—P₅₄32V	主安全阀	过热蒸汽，≤540
GA49H—40	冲量安全阀	饱和蒸汽，≤450
A49Y—P₅₄32V	冲量安全阀	过热蒸汽，≤540
GA41H—16C	杠杆式安全阀	蒸汽、空气，≤400
GA41H—25		
GA41H—40		
GA42H—25	杠杆式安全阀	蒸汽，≤300
GA42H—40	杠杆式安全阀	蒸汽，≤400
GA42H—64	杠杆式安全阀	蒸汽，≤425
GA44H—25	双杠杆式安全阀	蒸汽，≤300
GA44H—40	双杠杆式安全阀	蒸汽，≤400
GA44H—64	双杠杆式安全阀	蒸汽，≤425
DDA—50	真空安全阀	空气、无腐蚀性气体，-25~80
DDA—80	真空安全阀	空气、无腐蚀性气体，-25~80
FA72W—10P	真空负压安全阀	水、弱腐蚀性介质，≤200
FA72W—10R	真空负压安全阀	腐蚀性介质，≤200
FA72W—10R₃	真空负压安全阀	强腐蚀性介质，≤200
AHN42F—10C	平衡式安全回流阀	液化石油气，-29~80
AHN42F—16C		
AHN42F—25		
AQ—20	空压机安全阀	空气，≤300

10) 减压阀（表10-27）。

表10-27　常用减压阀型号规格

型号	阀门名称	适用介质，适用温度/℃	公称直径/mm													
			15	20	25	32	40	50	65	80	100	125	150	200	250	300
Y12T—10T	供水系统减压阀	水，≤70	√	√	√	√	√	√								
YH13—16	蒸汽减压阀	蒸汽，≤220	√	√	√	√	√	√								
CY14H—16T CY14H—16P	直动型减压阀	蒸汽，≤220	√	√	√											
Y42H—16	先导薄膜式减压阀	≤230		√	√	√	√									
Y42H—25	先导薄膜式减压阀	≤325		√	√	√	√	√								
Y42H—40																
Y742X—10	减压阀	水，0~80							√	√	√	√	√			
Y742X—16										√	√	√	√	√	√	√
Y742X—25																
Y42X—16	弹簧薄膜式减压阀	蒸汽，≤250							√	√	√	√	√			
Y42X—16C										√	√	√				
Y42X—16Q																
Y42F—16																
Y42X—25	弹簧薄膜式减压阀	水，气，≤50							√	√	√	√				
Y42X—16	先导薄膜式减压阀	水，气，≤50										√	√	√	√	√
YW42F—16	减压稳压阀	水，空气，≤70							√	√	√	√	√			
YW42X—16																
YW42F—25	减压稳压阀	水，空气，≤70		√	√	√	√	√	√	√	√	√	√	√		
YW42X—25																
Y43H—16	先导活塞式减压阀	蒸汽，≤200	√	√	√	√	√	√	√	√	√	√	√			
Y43H—16Q	先导活塞式减压阀	蒸汽，≤250		√	√	√	√	√	√	√	√	√	√	√		
Y43H—16C																
Y43H—25	先导活塞式减压阀	蒸汽，≤350		√	√	√	√	√	√	√	√	√	√	√		
Y43H—40	先导活塞式减压阀	蒸汽，≤400		√	√	√	√	√	√	√	√	√	√			
Y43H—64	先导活塞式减压阀	蒸汽，≤450		√	√	√	√	√	√							
Y44T—10	直接作用波纹管式减压阀	蒸汽，空气，水，≤200	√	√	√	√	√	√								

11) 疏水阀（表 10-28）。

表 10-28　常用疏水阀型号规格

型号	阀门名称	适用介质，最高工作温度/℃	公称直径/mm											
---	---	---	15	20	25	32	40	50	65	80	100	125	150	200
S11H—16	内螺纹自由浮球式疏水阀	蒸汽、凝结水，≤200	√	√	√	√	√	√						
S11H—16C	内螺纹自由浮球式疏水阀	蒸汽、凝结水，≤350	√	√	√	√	√	√						
S11H—16	内螺纹自由浮球式疏水阀	蒸汽、凝结水，≤200	√	√	√	√	√							
S11H—16C	内螺纹自由浮球式疏水阀	蒸汽、凝结水，≤350	√	√	√	√	√	√						
S11gH—16	杠杆浮球式疏水阀	蒸汽、凝结水，≤200	√	√	√	√	√	√						
KS11H—16	空气专用疏水阀	空气或其他气体，≤100	√	√	√	√	√							
KS11H—16C	空气专用疏水阀	空气或其他气体，≤100	√	√	√	√	√	√						
CS11H—16—CL	立式自由浮球式疏水阀	蒸汽、凝结水，≤220	√	√	√									
CS41H—16—CL	立式自由浮球式疏水阀	蒸汽、凝结水，≤220												
CS11H—16—DL	立式自由浮球式疏水阀	蒸汽、凝结水，≤220				√	√	√						
CS41H—16—DL	立式自由浮球式疏水阀	蒸汽、凝结水，≤220												
CS11H—25—CL	立式自由浮球式疏水阀	蒸汽、凝结水，≤247	√	√	√									
CS41H—25—CL	立式自由浮球式疏水阀	蒸汽、凝结水，≤247												
CS11H—25—DL	立式自由浮球式疏水阀	蒸汽、凝结水，≤247				√	√	√						
CS41H—25—DL	立式自由浮球式疏水阀	蒸汽、凝结水，≤247												
CS11H—16—C	自由浮球式疏水阀	蒸汽、凝结水，≤220	√	√	√									
CS41H—16—C	自由浮球式疏水阀	蒸汽、凝结水，≤220												
CS61H—16—C	自由浮球式疏水阀	蒸汽、凝结水，≤220												
CS11H—16—D	自由浮球式疏水阀	蒸汽、凝结水，≤220				√	√							
CS41H—16—D	自由浮球式疏水阀	蒸汽、凝结水，≤220												
CS61H—16—D	自由浮球式疏水阀	蒸汽、凝结水，≤220												
CS41H—16—E	自由浮球式疏水阀	蒸汽、凝结水，≤200					√	√						
CS41H—16—F	自由浮球式疏水阀	蒸汽、凝结水，≤220						√	√	√				
CS41H—16—G	自由浮球式疏水阀	蒸汽、凝结水，≤220								√	√			
CS41H—16—M	自由浮球式疏水阀	蒸汽、凝结水，≤220									√		√	
CS41H—16—N	自由浮球式疏水阀	蒸汽、凝结水，≤220											√	
CS41H—40—B	自由浮球式疏水阀	蒸汽、凝结水，≤247	√											
CS11H—40—C	自由浮球式疏水阀	蒸汽、凝结水，≤247		√										
CS41H—40—C	自由浮球式疏水阀	蒸汽、凝结水，≤247			√									
CS61H—40—C	自由浮球式疏水阀	蒸汽、凝结水，≤247												
CS41H—40—D	自由浮球式疏水阀	蒸汽、凝结水，≤247					√	√						

（续）

型号	阀门名称	适用介质、最高工作温度/℃	15	20	25	32	40	50	65	80	100	125	150	200
CS41H-40-E	自由浮球式疏水阀	蒸汽、凝结水，≤247					√	√						
CS41H-40-F	自由浮球式疏水阀	蒸汽、凝结水，≤247						√		√				
CS41H-40-G	自由浮球式疏水阀	蒸汽、凝结水，≤247								√	√			
CS41H-40-M	自由浮球式疏水阀	蒸汽、凝结水，≤247									√			
CS41H-40-N	自由浮球式疏水阀	蒸汽、凝结水，≤247											√	
S15H-16-3B S15H-16C-3B	内螺纹自由半浮球式疏水阀	蒸汽、凝结水，≤220			√									
S15H-16-5B S15H-16C-5B	内螺纹自由半浮球式疏水阀	蒸汽、凝结水，≤220	√	√	√	√	√	√						
S15H-16-6B S15H-16C-6B	内螺纹自由半浮球式疏水阀	蒸汽、凝结水，≤220	√	√	√	√	√	√						
S15H-16-7B	内螺纹自由半浮球式疏水阀	蒸汽、凝结水，≤220			√	√	√	√						
S15H-16C-7B	内螺纹自由半浮球式疏水阀	蒸汽、凝结水，≤220			√	√	√	√						
S15H-16-LAA	内螺纹自由半浮球式疏水阀	蒸汽、凝结水，≤220		√	√	√	√	√	√	√				
S15H-16-LA	内螺纹自由半浮球式疏水阀	蒸汽、凝结水，≤220		√	√	√	√	√	√		√			
S15H-16-LB	内螺纹自由半浮球式疏水阀	蒸汽、凝结水，≤220	√	√	√									
S15H-16-LC	内螺纹自由半浮球式疏水阀	蒸汽、凝结水，≤220	√	√	√									
CS1E5CH-16	内螺纹自由半浮球式疏水阀	蒸汽、凝结水，≤220	√	√	√	√	√	√						
S15H-16-B	内螺纹自由半浮球式疏水阀	蒸汽、凝结水，≤220	√	√	√	√	√	√						
S15H-16-C	内螺纹自由半浮球式疏水阀	蒸汽、凝结水，≤220	√	√	√	√	√	√		√				
CS15H-16C	内螺纹自由半浮球式疏水阀	蒸汽、凝结水，≤220	√	√	√									
CS15H-16 CS15H-16Q	浮球式蒸汽疏水阀	蒸汽、凝结水，≤250			√		√	√						
CS45H-16 CS45H-16Q	浮球式蒸汽疏水阀	蒸汽、凝结水，≤250					√	√	√					
CS45H-25	浮球式蒸汽疏水阀	蒸汽、凝结水，≤310					√	√	√	√				
CS15H-10-A CS15H-10-B CS15H-16Q-A CS15H-16Q-B CS45H-10-A CS45H-10-B CS45H-16Q-A CS45H-16Q-B	自由半浮球式蒸汽疏水阀	蒸汽、凝结水，≤250	√	√	√									

型号	名称	介质、温度/℃								
CS15H—10—C	自由半浮球式蒸汽疏水阀	蒸汽、凝结水，≤250		√	√					
CS15H—16Q—C				√	√	√				
CS45H—10—C	自由半浮球式蒸汽疏水阀	蒸汽、凝结水，≤250		√	√	√	√			
CS45H—16Q—C					√	√	√	√		
CS15Hc—16 (B)	自由半浮球式蒸汽疏水阀	蒸汽、凝结水，≤250	√	√						
CS45Hc—16 (B)	自由半浮球式蒸汽疏水阀	蒸汽、凝结水，≤250		√						
CS15Hc—16 (A)	自由半浮球式蒸汽疏水阀	蒸汽、凝结水，≤250			√	√	√			
CS45Hc—16 (A)					√	√	√	√		
CS45Hc—16（A·A）								√		
CS45Hc—25P	自由半浮球式蒸汽疏水阀	蒸汽、凝结水，≤310		√	√					
CS15Y—64P	过热蒸汽疏水阀	过热蒸汽、凝结水，≤500	√	√	√					
CS45Y—64P										
CS65Y—64P										
CS16H—16	膜盒式疏水阀	蒸汽、凝结水，≤200	√	√	√					
CS16H—16C										
CS16H—25	膜盒式疏水阀	蒸汽、凝结水，≤220	√	√	√					
CS46H—25										
CS46H—40	膜盒式疏水阀	蒸汽、凝结水，≤250	√	√	√					
CS66H—40										
CS16H—40	膜盒式疏水阀	蒸汽、凝结水，≤200	√	√	√					
CS46H—40										
CS66H—40										
CS17H—16	内螺纹双金属片疏水阀	蒸汽，≤200	√	√	√					
CS17H—16C			√	√	√					
CS17H—25	内螺纹双金属片疏水阀	蒸汽，≤300	√	√	√					
CS18H—25	内螺纹脉冲式疏水阀	蒸汽、凝结水，≤225	√	√	√	√				
CS18H—40			√	√	√	√	√			
CS19H—16	内螺纹圆盘式疏水阀	蒸汽、凝结水，≤203	√	√	√	√	√			
CS19H—16C			√	√	√	√	√			
CS19H—25	内螺纹圆盘式疏水阀	蒸汽、凝结水，≤210	√	√	√	√	√			
CS19H—40	内螺纹圆盘式疏水阀	蒸汽、凝结水，≤247	√	√	√	√	√			
S19H—64	内螺纹圆盘式疏水阀	蒸汽、凝结水，≤280	√	√	√					

（续）

型号	阀门名称	适用介质，最高工作温度/℃	公称直径/mm											
			15	20	25	32	40	50	65	80	100	125	150	200
CS19W—25P	内螺纹圆盘式疏水阀	蒸汽、凝结水，≤225	√	√	√									
CS19W—40Cr	内螺纹圆盘式疏水阀	蒸汽、凝结水，≤400	√	√	√		√	√						
CS19W—64P	内螺纹圆盘式疏水阀	蒸汽、凝结水，≤280	√	√	√									
S41H—16—3N S41H—16C—3N	自由浮球式疏水阀	蒸汽、凝结水，≤203	√	√	√									
S41H—16—5N S41H—16C—5N	自由浮球式疏水阀	蒸汽、凝结水，≤203	√	√	√	√	√	√						
S41H—16—7N S41H—16C—7N	自由浮球式疏水阀	蒸汽、凝结水，≤203			√	√	√	√						
S41H—16—7.5N S41H—16C—7.5N	自由浮球复式疏水阀	蒸汽、凝结水，≤203				√	√	√	√	√	√			
S41H—45—5N	自由浮球式疏水阀	蒸汽、凝结水，≤250	√	√	√	√	√	√						
S41H—45—7N	自由浮球式疏水阀	蒸汽、凝结水，≤250			√	√	√	√						
S41H—45—7.5N	自由浮球式疏水阀	蒸汽、凝结水，≤250				√	√	√	√	√	√			
CS41Y—40	双控杠杆浮球式疏水阀	蒸汽、凝结水，≤120	√	√	√	√	√	√						
S45H—64	钟形浮球复式疏水阀	蒸汽、凝结水，≤380		√	√	√	√	√						
S45H—16—LA	自由半浮球式疏水阀	蒸汽、凝结水，≤210		√	√	√	√	√						
S45H—16—LB	自由半浮球式疏水阀	蒸汽、凝结水，≤210	√	√	√									
CS45H—16C	自由半浮球式疏水阀	蒸汽、凝结水，≤210	√		√	√	√	√	√					
CS47H—16C	双金属温度调整型疏水阀	蒸汽、凝结水，≤200	√		√	√	√	√	√					
CS49H—16	圆盘式疏水阀	蒸汽、凝结水，≤203	√	√	√	√	√	√	√	√	√			
CS49H—16—B	圆盘式疏水阀	蒸汽、凝结水，≤203	√	√	√	√	√	√						
CS49H—16（C） S49H—16	圆盘式疏水阀	蒸汽、凝结水，≤203	√	√	√	√	√	√						
CS49H—25	圆盘式疏水阀	蒸汽、凝结水，≤210	√		√	√	√	√						

型号	名称	介质、温度范围(℃)									
CS49H—40	圆盘式疏水阀	蒸汽、凝结水，≤247		✓	✓	✓	✓	✓			
CS49W—25P	圆盘式疏水阀	凝结水，≤225		✓		✓		✓			
CS49W—40Cr	圆盘式疏水阀	蒸汽、凝结水，≤400			✓	✓	✓	✓			
CS49W—64P	圆盘式疏水阀	蒸汽、凝结水，≤280				✓	✓	✓			
CS49H—16	复式圆盘疏水阀	蒸汽、凝结水，≤220					✓	✓			
MT16 MT25 MT40	多孔板杠杆式疏水阀	蒸汽、凝结水，≤425		✓	✓		✓	✓			
SKW 系列	螺纹连接大排量疏水阀	蒸汽、凝结水，40~450		✓	✓	✓	✓	✓			
SKW4₁₀ SKW4₁₆	法兰连接大排量疏水阀	蒸汽、凝结水，40~450	✓	✓	✓	✓	✓	✓	✓	✓	
ST8 ST16	角式螺纹连接可调恒温疏水阀	蒸汽、凝结水，40~450				✓	✓				
ST10	角式螺纹连接可调恒温疏水阀	蒸汽、凝结水，40~450			✓						
STE10 STE16 STE25	直通式承插焊接可调恒温疏水阀	蒸汽、凝结水，40~450			✓	✓	✓				
STB10	直通式螺纹连接可调恒温疏水阀	蒸汽、凝结水，40~450			✓	✓	✓				
STB16 STB25	直通式螺纹连接可调恒温疏水阀	蒸汽、凝结水，40~450			✓	✓	✓				
STC10	直通式法兰连接可调恒温疏水阀	蒸汽、凝结水，40~450		✓	✓	✓	✓			✓	
STC16 STC25 STC40 STC64	直通式法兰连接可调恒温疏水阀	蒸汽、凝结水，40~450		✓	✓	✓	✓			✓	

10.3 减压装置的选择计算

10.3.1 概述

减压阀是一种自动阀门，是调节阀的一种。它是通过启闭件的节流，将进口压力降至某一需要的出口压力，并能在进口压力及流量变动时，利用介质本身的能量保持出口压力基本不变的阀门。减压阀按动作原理分为直接作用式减压阀和先导式减压阀。直接作用式减压阀是利用出口压力的变化直接控制阀瓣的运动。波纹管直接作用式减压阀适用于低压、中小口径的蒸汽介质。直接作用式薄膜式减压阀适用于中低压、中小口径的空气、水介质。先导式减压阀由导阀和主阀组成，出口压力的变化通过导阀放大来控制主阀阀瓣的运动。先导式活塞式减压阀，适用于各种压力、各种口径、各种温度的蒸汽、空气和水介质。若用耐酸不锈钢制造，可适用于各种腐蚀性介质。先导式波纹管式减压阀，适用于低压、中小口径的蒸汽、空气、水等介质。先导式薄膜式减压阀适用于中压、中小口径的蒸汽或水等介质。

根据介质流量的波动情况、减压后所需的压力稳定状况、介质种类等因素，应选用不同形式的减压方式。当出口压力要求不严格时，可以采用阀门节流减压，甚至串联两个阀门节流减压；当热水、蒸汽、压缩空气流量稳定，出口压力要求不严格时，可采用调压孔板减压；而各种气体，例如氢气、氧气、乙炔、煤气等，都有其专用减压器或调压器，在选用时应特别注意。

10.3.2 减压阀及选择计算

1. 减压阀选用原则

1）减压阀进口压力的波动应控制在进口压力给定值的80%～105%，如超过该范围，减压阀的性能会受影响。通常减压阀的阀后压力 p_c 应小于阀前压力 p_1 的0.5倍，即 $p_c<0.5p_1$。

2）减压阀的每一档弹簧只在一定的出口压力范围内适用，超出范围应更换弹簧。

3）在介质工作温度比较高的场合，一般选用先导式活塞式减压阀或先导式波纹管式减压阀。

4）介质为空气或水（液体）的场合，一般宜选用直接作用式薄膜式减压阀或先导式薄膜式减压阀。

5）介质为蒸汽的场合，宜选用先导式活塞式减压阀或先导式波纹管式减压阀。

6）为了操作、调整和维修的方便，减压阀一般应安装在水平管道上。

7）减压阀类型及综合性能见表10-29。

表10-29 减压阀类型及综合性能

类型	特点	公称压力/MPa	压力调节范围/MPa	适用范围
活塞式	采用活塞式作为敏感元件来带动阀瓣运动的减压阀。工作可靠，维修量小，占地面积小	1.0	阀前 $p_1\leqslant1.0$ 阀后 $p_2=0.05\sim0.9$	$t\leqslant220℃$ 蒸汽或空气管路
		1.6	阀前 $p_1=0.2\sim1.2$ 阀后 $p_2=0.1\sim1.0$	
		1.0、1.6	前后压差范围 $0.15\leqslant\Delta p\leqslant0.45$	
薄膜式	采用膜片作为敏感元件来带动阀瓣运动的减压阀。工作可靠性差，维修量大，体积大	1.2	仅用在压力较低的管路中	$t\leqslant200℃$ 蒸汽或空气管路或水管路
波纹管式	采用波纹管作为敏感元件来带动阀瓣运动的减压阀。调节范围大	1.0	阀前 $p_1=0.1\sim1.0$ 阀后 $p_2=0.05\sim0.4$ 前后压差范围 $0.05\leqslant\Delta p\leqslant0.6$	$t\leqslant220℃$ 蒸汽或空气管路

2. 减压阀的选择计算

减压阀的选用应根据减压流量、阀前后的压力以及阀前介质温度条件来选定阀孔面积，进而选择减压阀的规格尺寸。减压阀阀孔面积见表10-30。

表10-30 减压阀阀孔面积

公称直径/mm	25	32	40	50	65	80	100	125	150
阀座通道面积 A/cm^2	2.00	2.80	3.48	5.30	9.45	13.20	23.50	36.80	52.20

减压阀的流量与介质的性质和压力比有关。压力比越小，流量越大，但当压力比减少到某一数值时，流量不再随压力比减少而增加。常用流体的临界压力比 δ_L 如下：

饱和蒸汽：$\delta_L=0.577$。

过热蒸汽：$\delta_L=0.546$。

压缩空气：$\delta_L=0.528$。

根据减压阀的不同工况，按两种情况进行计算：

（1）当 $p_2/p_1>\delta_L$ 时

1）饱和蒸汽按式（10-1）计算。

$$q = 462\sqrt{\frac{10p_1}{v_1}\left[\left(\frac{p_2}{p_1}\right)^{1.76} - \left(\frac{p_2}{p_1}\right)^{1.88}\right]}$$

（10-1）

2）过热蒸汽按式（10-2）计算。

$$q = 332\sqrt{\frac{10p_1}{v_1}\left[\left(\frac{p_2}{p_1}\right)^{1.54} - \left(\frac{p_2}{p_1}\right)^{1.77}\right]}$$

（10-2）

3）压缩空气按式（10-3）计算。

$$q = 298\sqrt{\frac{10p_1}{v_1}\left[\left(\frac{p_2}{p_1}\right)^{1.48} - \left(\frac{p_2}{p_1}\right)^{1.71}\right]}$$

（10-3）

（2）当 $p_2/p_1 \leqslant \delta_L$ 时

1）饱和蒸汽按式（10-4）计算。

$$q = 71\sqrt{\frac{10p_1}{v_1}}$$

（10-4）

2）过热蒸汽按式（10-5）计算。

$$q = 75\sqrt{\frac{10p_1}{v_1}}$$

（10-5）

3）压缩空气按式（10-6）计算。

$$q = 77\sqrt{\frac{10p_1}{v_1}}$$

（10-6）

式中　q——通过 $1cm^2$ 阀孔面积的流量 $[kg/(cm^2 \cdot h)]$；

p_1——阀前流体压力（MPa）（绝对）；

p_2——阀后流体压力（MPa）（绝对）；

v_1——阀前流体的比体积（m^3/kg）。

减压阀阀座面积计算见式（10-7）。

$$A = \frac{q_m}{\mu q}$$

（10-7）

式中　A——减压阀阀座面积（cm^2）；

q_m——通过减压阀的蒸汽量（kg/h）；

μ——流量系数，水为 $\mu = 0.45 \sim 0.65$；气体为 $\mu = 0.65 \sim 0.85$；蒸汽为 $\mu = 0.45 \sim 0.60$；

q——通过 $1cm^2$ 阀孔面积时的理论流量，$[kg/(cm^2 \cdot h)]$。

饱和蒸汽和过热蒸汽通过 $1cm^2$ 阀孔面积时的理论流量 q，可通过查图 10-2~图 10-5 得到。

【例 10-1】 已知饱和蒸汽流量 $q_m = 800kg/h$，减压阀前压力 $p_1 = 0.55MPa$，阀后压力 $p_2 = 0.35MPa$，选用减压阀。

解： 查图 10-2 得出 $q \approx 280kg/(cm^2 \cdot h)$。

取流量系数 $\mu = 0.5$。

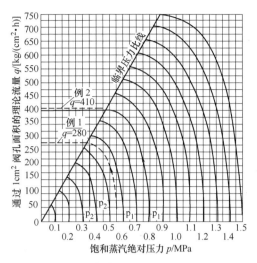

图 10-2　饱和蒸汽通过减压孔板的流量曲线

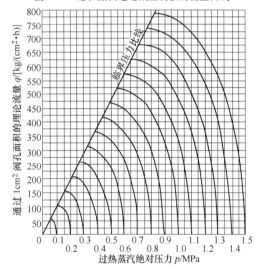

图 10-3　200℃过热蒸汽通过减压孔板的流量曲线

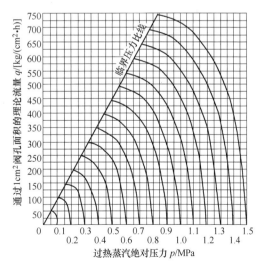

图 10-4　250℃过热蒸汽通过减压孔板的流量曲线

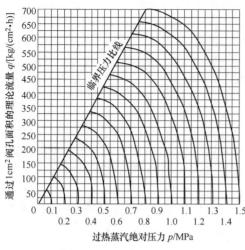

图 10-5　300℃过热蒸汽通过减压孔板的流量曲线

所需阀孔面积为

$$A = \frac{800}{0.5 \times 280} cm^2 = 5.7 cm^2$$

由表 10-31 查得，减压阀公称直径为 65mm（$A = 9.45 cm^2$）。

【例 10-2】　设饱和蒸汽减压阀前压力 $p_1 = 0.8MPa$，阀后压力 $p_2 = 0.4MPa$，求 q 值。

解：查图 10-2 得出 $q \approx 410 kg/(cm^2 \cdot h)$。

表 10-31 给出的活塞式减压阀的蒸汽流量可供参考。

10.3.3　调压孔板及选择计算

1. 调压孔板简介

调压孔板适用于流量稳定或压力要求不严格的管道上。蒸汽管道上的调压孔板用不锈钢板制造，热水管道上的调压孔板可用铝板或不锈钢板制造。调压孔板厚度一般取 2~4mm，安装形式参见图 10-6。

表 10-31　活塞式减压阀蒸汽流量

进口工作压力 /MPa	减压压力 /MPa	蒸汽流量/（kg/h）										
		公称直径/mm										
		20	25	32	40	50	65	80	100	125	150	200
0.25	0.05	102.4	180.4	294.9	558.5	884.9	1351	2227	2997	5172	5172	8380
0.3	0.05~0.1	117	206.1	337.1	638.2	1011	1544	2545	2515	5911	5911	9575
0.4	0.05~0.15	146.2	257.7	421.3	797.8	1254	1930	3181	3181	4856	7389	11990
	0.2	143.3	252.4	412.8	781.7	1239	1891	3117	3117	4758	7241	11750
0.6	0.06~0.25	204.7	360.7	509.8	1117	1770	2702	4454	4454	6798	10340	16750
	0.4	185	325.9	532.9	1009	1559	2441	4024	4024	6142	9347	15080
0.8	0.08~0.35	263.5	463.8	758.4	1436	2275	3474	5727	5727	8741	13300	21550
	0.5	248.2	437.6	715	1354	2145	3276	5399	5399	8241	12540	20200
	0.6	218.8	385.6	630.5	1194	1892	2888	4761	4761	7267	11060	17900
1.1	0.11~0.5	351	618.4	1011	1915	3034	4632	7636	7636	11650	17730	28700
	0.7	330.9	583	953.3	1805	2860	4367	7199	7099	10990	16720	27000
	0.9	261.6	460.9	753.7	1427	2261	3453	5692	5692	8687	13220	21400
1.5	0.15~0.7	468	824.5	1348	2553	4045	6176	10180	10180	15540	23650	38250
	1.0	433.8	798.3	1250	2367	3750	5980	9857	9857	15040	22890	28420

注：本表中蒸汽流量值按 Y43H-16 型活塞式减压阀计算，仅供参考。

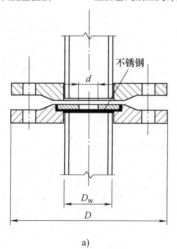

a)

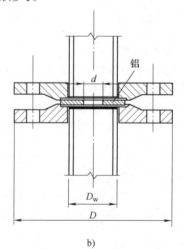

b)

图 10-6　调压孔板的安装

a) 不锈钢调压孔板　b) 铝调压孔板

2. 调压孔板直径计算

1) 蒸汽减压用调压孔板的计算和减压阀相同，孔板孔口面积按式（10-8）计算。

$$A = \frac{q_m}{q}\qquad(10\text{-}8)$$

式中　A——孔板孔口面积（cm²）；

　　　q_m——通过调压孔板的蒸汽量（kg/h）；

　　　q——通过 1cm² 孔口面积的理论流量［kg/（cm²·h）］，可由图 10-2~图 10-5 查得。

2) 调压孔板用于调节供暖热水供水干管上的压力时，孔板的孔径按式（10-9）计算。

$$d = 6.36\sqrt[4]{\frac{q_m^2}{9.8p}} = 3.594\sqrt[4]{\frac{q_V^2}{p}}\qquad(10\text{-}9)$$

式中　q_m——通过调压孔板水的质量流量（t/h）；

　　　q_V——通过调压孔板水的体积流量（m³/h）；

　　　p——需要消耗的压力（MPa）；

　　　d——调压孔板孔径（mm）。

一般情况下，也可按图 10-7 选择。

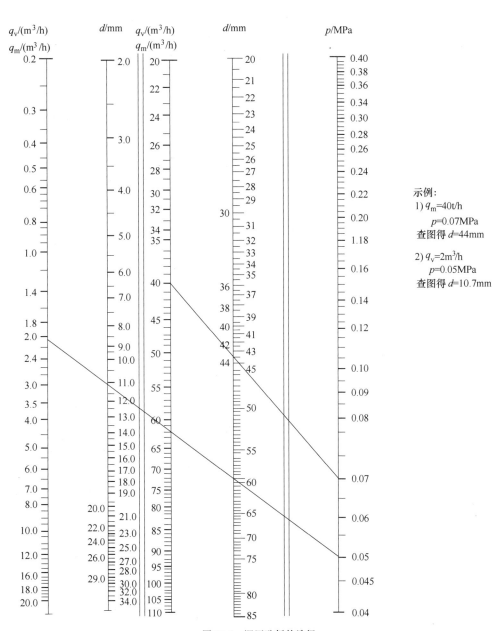

示例：
1) q_m=40t/h
　p=0.07MPa
　查图得 d=44mm

2) q_V=2m³/h
　p=0.05MPa
　查图得 d=10.7mm

图 10-7　调压孔板的选择

3）压缩空气减压孔板。压缩空气减压孔板一般装于压缩空气软管接头内，其结构形式如图10-8所示。加工及安装方式参见原国家标准图CR606《带减压孔板的软管接头》；也可参见原陕西省动力管道通用图集《压缩空气管道》。

压缩空气减压孔板孔径可按式（10-10）计算。

$$d = 0.677\sqrt[4]{\frac{q_V^2}{p}} \qquad (10\text{-}10)$$

式中　q_V——通过减压孔板的压缩空气体积流量（m^3/h）；

　　　　p——需要消耗的压力（MPa）；

　　　　d——减压孔板孔径（mm）。

10.3.4　气体减压器

气体减压器的作用是把储存在气瓶内或管道内的高压气体，减至所需压力，并保持稳定。气体减压器主要用于氧气、乙炔、氢气及二氧化碳等气体管道上。其中二氧化碳气体采用的是氧气减压器。由于二氧化碳气体的使用压力较低，因此应注意选用低压侧压力较低的氧气减压器。

目前国内生产的减压器主要是单级反作用式和双级混合式两类，起着减压和稳压的双重作用。双级混合式减压器由于两次减压，工作压力更稳定，流量也较大。常用减压器见表10-32和表10-33。

当压缩空气用气点压力要求比较稳定，使用减压孔板不能满足工艺要求时，可以选用QZY型空气过滤减压器及QJY型气动精密减压器。这两种减压器出口的压力特性及流量特性均比较好，具有比较好的压力稳定作用，缺点是在减压稳压过程中有一定的自耗气量。QZY及QJY型减压器型号规格见表10-34。

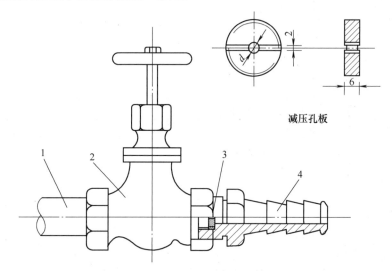

减压孔板

图10-8　带减压孔板软管接头

1—压缩空气支管　2—内螺纹截止阀　3—减压孔板　4—软管接头

表10-32　气体减压器型号规格

产品名称	型号	最高输入压力/MPa	压力调节范围/MPa	公称流量/（m^3/h）	质量/kg
氧气减压器	YQY—1	15	0.1~0.25	250	3
	YQY—6		0.02~0.25	10	1.9
	YQY—9		0.1~1	40	1.5
	YQY—11		0.1~1.6	100	5.8
	YQY—12		0.1~1.6	160	2
	YQY—14		0.6~4	1000	4
	YQY—30		0.01~0.1	60	9
	YQY—340		0.6（调定）	6	0.4
	YQY—341		0.1~0.6	16	0.7
	YQY—342		0.1~0.6	40	2
	YQY—352		0.1~1	30	2
	YQY—370		0.1~4	16	1

（续）

产品名称	型号	最高输入压力/MPa	压力调节范围/MPa	公称流量/（m³/h）	质量/kg
氮气减压器	YQD—6	15	0.1~1.6	60	1.6
	YQD—11		0.1~1.6	100	5.8
	YQD—13		1~10	250	6.5
	YQD—14	22	6	250	1.5
	YQD—30	15	0.1~1	60	9
	YQD—370		0.4~4	16	1
氢气减压器	YQQ—9	15	0.02~0.25	40	1.9
	YQQ—11		0.1~1.6	250	5.8
	YQQ—30		0.01~0.1	150	9
	YQQ—342		0.1~0.6	160	2
	YQQ—352		0.1~1	100	2
	YQQ—370		0.4~4	60	1
乙炔减压器	YQE—210	3	0.06	1	0.4
	YQE—222		0.01~0.15	6	2.6
	YQE—224		0.01~0.15	40	3.9
丙烷减压器	YQW—2	1.6	0.02~0.06	1.5	2
	YQW—111	2.5	0.01~0.1	1.6	0.7

表 10-33　减压器型号规格

产品名称	型号	输出压力/MPa	出口直径/mm	流量/(m³/h)(≥)	压力表测量范围/MPa 输入	压力表测量范围/MPa 输出	输入接头螺纹尺寸/in
氧气减压器	YQY—1	2.5	6	250	0~25	0~4	G5/8
	YQY—16	1.6	5	160		0~2.5	
	YQY—2	1	3	80		0~1.6	
	YQY—3	0.2	2	10		0~0.4	
	YQY—4	0.1	1	0.8		0~0.25	
氢气减压器	YQQ—1	0.2	2	10	0~25	0~0.4	G5/8
	YQQ—2	0.1	1	0.8		0~0.25	
乙炔减压器	YQE—20	0.15	1	4	0~2.5	0~0.25	卡箍连接

表 10-34　压缩空气减压器型号规格表

型号	QZY—103	QZY—203	QZY—110	QZY—210	QZY—125	QZY—225	QZY—140	QZY—240	QJY—025	QJY—125
气源压力/MPa	0.3~1	0.4~1	0.3~1	0.4~1	0.3~1	0.4~1	0.3~1	0.4~1	0.2~0.4	0.3~0.5
输出压力/MPa	0~0.15	0~0.25	0~0.15	0~0.25	0~0.15	0~0.25	0~0.15	0~0.25	0~0.05	0~0.15
流量/(m³/h)	3		10		25		40		50	
压力特性 $[p_1\pm0.1\text{MPa}$ $\Delta p_2/p_2(\%)]$	<1.5%								≤0.002MPa	≤0.0005MPa
流量特性 $[V_{min}\sim V_{max}$ p_2 下降（%）]	<7%								0.00075MPa	0.001MPa
耗气量/(L/h)	200	300	200	300	200	300	200	300	200	350
接管螺纹	M10×1		G3/8in		G3/4in		G1in		G3/4in	
外形尺寸(φ/mm)×(H/mm)	70×160		100×225		120×40		——		120×150	
使用环境温度/℃	−30~60								−40~+60℃	
相对湿度（%）	<95									

注：1. QZY 型过滤减压器的过滤元件微孔直径为 40~60μm。

　　2. QJY 型减压器流量特性及压力特性中的压降，均为绝对压降值。

10.3.5　煤气及液化气管网中的调压器

调压器是用于调节煤气供应系统中的供气压力的设备。当入口压力或负荷发生变化时，能自动调节出口压力，使其稳定在规定的压力范围内。调压器分类方法很多，按压力可分为高压、中压及低压调压器；按调压器结构又可分为浮筒式、薄膜式，其中薄膜式中又有重锤式和弹簧式等类型。在这些直接作用式调压器中，还有带有指挥器的调压器。

10.3.6　自力式压力调节阀

自力式压力调节阀是利用被调介质本身压力变化，直接推动阀门执行机构，达到调节和稳定压力的目的。

（1）流通能力 C　其定义是调节阀前后压差为 0.1MPa、流体密度为 $1g/cm^3$ 时，每小时通过阀门的流体流量，其单位为 t/h 或 m^3/h。它是自力式压力调节阀的主要技术性能参数。自力式压力调节阀流通能力 C 值见表10-35。

（2）自力式压力调节阀调节范围及其选择　自力式压力调节阀的调节范围可通过更换指挥器的压缩弹簧调整，但阀前、阀后必须有一定压差。这个压差是

表10-35　自力式压力调节阀参数

公称直径/mm	20	25	32	40	50	65	80	100	125	150	200
阀座直径/mm	10、12、15、20	26	32	40	50	66	80	100	125	150	200
行程/mm	10	16		25		40			60		
流通能力/（m^3/h）	1.2、2.0、3.2、5.0	8	12	20	32	63	100	160	250	400	630
膜头有效面积/mm^2	200	280		400		630			1000		

选择调节阀的重要因素，它关系到调节阀直径计算、调节性能及经济性等。当压差太大时，应采用二次调压的办法；压差过小则影响调节阀性能。自力式压力调节阀的调节范围见表10-36。

（3）自力式压力调节阀直径选择及流通能力 C 值计算

1）调节阀直径的决定。首先计算压差，一般不希望小于系统总压差的30%～50%；然后利用计算公式或图表，计算最大流量及最小流量时的 C 值，即 C_{max} 及 C_{min}。一般 C_{max}/C_{min} 不应大于 30:1；再根据 C_{max} 按图 10-9～图 10-11 选取大于 C_{max} 并最接近的 C

值；最后根据得到的 C 值，验证调节阀的升度。

计算最大流量时，不宜超过调节阀开度的90%；计算最小流量时，不宜小于调节阀开度的10%。这时即可根据 C 值决定调节阀的公称直径和阀座直径。

表10-36　自力式压力调节阀调节范围

调节阀公称压力/MPa	最大阀前压力/MPa	阀前、阀后最小允许压差/MPa	阀后压力/MPa		压力波动误差（%）
			10型指挥器	40型指挥器	
4	2.8	0.08	0.005～0.1	0.1～0.8 0.8～1.6	5

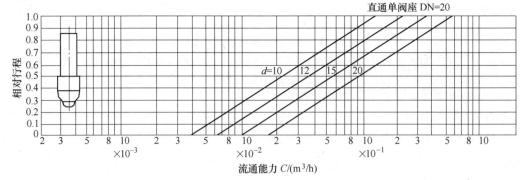

图10-9　DN=20mm 自力式压力调节阀阀座直径与 C 值关系图

2）流通能力 C 值的计算。当调节介质为液体时，按式（10-11）或式（10-12）计算。

$$C = q_V \sqrt{\rho/(9.8\Delta p)} = 0.32 q_V \sqrt{\rho/\Delta p}$$
（10-11）

或　　$C = q_m \sqrt{9.8\Delta p \rho} = 3.13 q_m \sqrt{\rho \Delta p}$　（10-12）

式中　C——流通能力（m^3/h）或（t/h）；

q_V——体积流量（m^3/h）；

q_m——质量流量（t/h）；

Δp——阀前后压差（kPa）；

ρ——介质密度（t/m^3）。

当调节介质为气体时，按式（10-13）计算。

$$C = \frac{q_V}{5684\varepsilon \sqrt{\Delta p p_1/(\rho T)}}$$
（10-13）

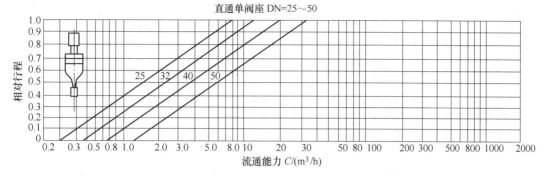

图 10-10 DN = 25~50mm 自力式压力调节阀阀座直径与 C 值关系图

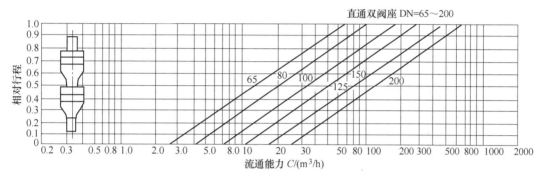

图 10-11 DN = 65~200mm 自力式压力调节阀阀座直径与 C 值关系图

式中 q_V——体积流量（m^3/h）；

Δp——阀前后压差（kPa）；

p_1——阀前绝对压力（kPa）；

ρ——介质密度（kg/m^3）；

ε——气体压缩系数，对空气当 $\Delta p/p_1 \geqslant 0.52$ 时，$\varepsilon = 0.76$；对于各种不同气体，为简化计算，可近似认为 $\varepsilon = 1 - 0.46\Delta p/p_1$；

T——介质热力学温度（K）。

对于空气，当 $\varepsilon = 0.76$ 时按式（10-14）计算。

$$C = \frac{q_V}{4327\sqrt{\Delta p p_1/(\rho T)}} \qquad (10\text{-}14)$$

3）C 值计算出来后，即可根据 C 值决定调节阀的公称直径和阀座直径，并验证调节阀的开度，调节阀阀座直径。C 值及相对行程的关系如图 10-9~图 10-11。图中相对行程即把阀座行程分为 10 等分，最大开度的阀座行程为 1.0，全闭时阀座行程为 0。

（4）自力式压力调节阀安装方式 阀体本身的安装方式如图 10-12 所示，安装尺寸见表 10-37。

此外，在调节阀进口前应装有过滤器。为保证调节阀的检修并将自动调节转为手动调节，应设置旁通管。在旁通管上安装截止阀及节流阀，以达到手动调节目的。

10.3.7 回水自动启闭阀

回水自动启闭阀主要用于常压供暖系统中，使回水实现自动控制。与"双路止回阀"并用，可实现供暖系统的自动控制。其工作原理为：信号管将阀与水泵出口处相连，靠水泵压力将阀瓣打开；当水泵停机时，阀瓣靠阀体自带弹簧将阀瓣弹回，自动切断回水。

回水自动启闭阀的主要技术参数见表 10-38，常用规格为 DN = 50~200mm。

10.3.8 平衡阀

1. 概述

随着人们生活品质要求和节能意识的不断提高以及供暖系统的大型化，变流量水系统在供暖工程中占据越来越重要的位置。使用过程中如何最大限度地降低成本和减少运行问题是工程人员一直所追求的。

热水由闭式输配系统输送到各用户末端。水流量应按设计要求合理地分配至供热末端，以及每一个控制环路以满足其热负荷需求，保证理想的供热舒适度。但由于种种原因大部分输配环路及热源机组（并联）环路存在水力失调，使得流经用户及机组的流量与设计流量要求不符。理论上，新的控制技术是可以满足最苛刻的室内气候和运行成本要求

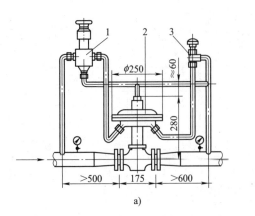 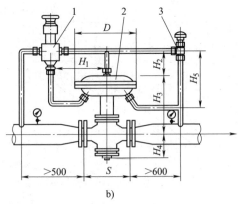

a)   b)

图 10-12　自力式压力调节阀阀后压力调节安装

a）DN = 20mm　b）DN = 25~200mm

1—指挥器组件　2—浮动阀组件　3—针阀组件

表 10-37　DN = 25~200mm 自力式压力调节阀
安装尺寸　（单位：mm）

公称直径	H_1	H_2	H_3	H_4	H_5	D	S
25	295		273	115	300	295	200
32			279				
40	320		300	122	350	335	235
50			325				250
65	370	160	400	244	360	435	285
80			413	254	370		310
100			425				355
125	430		539	333		535	420
150			544	336	450		455
200			579	367			550

表 10-38　回水自动启闭阀的主要技术参数

型号	公称直径/mm	外形尺寸/mm	适用温度/℃
HJX41-1. 0-	50	190×160×235	≤95
HJX41-1. 0-	65	228×180×250	
HJX41-1. 0-	80	246×195×285	
HJX41-1. 0-	100	300×215×325	
HJX41-1. 0-	125	325×245×360	
HJX41-1. 0-	150	355×280×380	
HJX41-1. 0-	200	495×335×450	

的。但在实践中，即使最精密的控制器也不能完全实现所承诺的功能。因此，舒适度就会打折扣，运行成本也会高于期望值。合理地应用水力平衡阀是提高供热系统的舒适性和节约能耗的有效途径。

平衡阀是在水力工况下，起到动态、静态平衡调节的阀门。平衡阀可分为两大类型：静态平衡阀、动态平衡阀。

静态平衡阀也称平衡阀、手动平衡阀、数字锁定平衡阀、双位调节阀等，它是通过改变阀芯与阀座的间隙（开度），调整阀门的阀门流通能力来改变流经阀门的流动阻力以达到调节流量的目的，实质上是一个具有明确的"流量-压差-开度"关系、清晰可调的开度指示以及良好调节特性的阻尼调节元件。在水系统中，静态平衡阀保证的不是系统中单个管道的流量值，它要维持的是在系统初调试时，通过静态平衡阀的调节作用，使系统中各个管路的流量比值与设计流量的比值一致，这样当系统的总流量等于设计总流量时，各个末端设备及管道的流量也同时达到设计流量。静态平衡阀主要应用于系统分集水器、分支管道以及末端设备处。系统中应用场合可以是：总管、立管、水平支管以及末端等，效果等同于同程管。

动态平衡阀分为动态流量平衡阀（自力式流量控制阀）、动态压差平衡阀（自力式压差控制阀）、动态平衡电动开关阀（一体阀）

动态流量平衡阀也称限流阀、定流量阀、自力式流量控制阀等，它是根据系统工况（压差）变动而自动变化阻力系数，在一定的压差范围内，可以有效地控制通过的流量保持一个常值，即当阀门前后的压差增大时，通过阀门的自动关小的动作能够保持流量不增大；反之，当压差减小时，阀门自动开大，流量仍保持恒定。但是，当压差小于或大于阀门的正常工作范围时，它毕竟不能提供额外的压力，此时阀门打到全开或全关位置流量仍然比设定流量低或高，不能控制。通常动态流量平衡阀应用于定流量系统或应用于一次侧定频的主机出口处。

动态压差平衡阀也称自力式压差控制阀、差压控制器、稳压变量同步器、压差平衡阀等，它是用压差作用来调节阀门的开度，利用阀芯的压降变化来弥补管路阻力的变化，从而使在工况变化时能保持压差基本不变。它的原理是在一定的流量范围内，可以有效地控制被控系统的压差恒定，即当系统的压差增大时，通过阀门的自动关小动作，它能保证被控系统压差增大；反之，当压差减小时，阀门自动开大，压差仍保持恒定。自力自身压差控制阀，在控制范围内自动阀塞为关闭状态，阀门两端压差超过预设定值，阀塞自动打开并在感压膜作用下自动调节开度，保持阀门两端压差相对恒定。动态压差平衡阀通常与静态平衡阀配套使用，由于动态压差平衡阀不可直接测得管路中流量，需静态平衡阀配合才能精确调试动态平衡电动开关阀，是水系统消除动态水力失调、实现动态平衡的主要设备之一。

动态平衡电动开关阀具有动态平衡和电动开关功能，当阀门开启时，它能动态地将管道的实际流量恒定在设计流量值，并不受系统压力波动的影响。

动态平衡电动开关阀主要应用于风机盘管处，一方面，它具有传统电动开关阀的电动开关功能；另一方面，它能在阀门开启时将流量始终恒定在风机盘管的设计流量。

2. 平衡阀的设计选用总则

1）应尽量通过系统布置、水力平衡计算和管径的选择，减少并联环路间的不平衡率。

2）当不能满足规范要求的并联环路之间的压力损失差额不大于15%时，才考虑使用水力平衡装置。

3）使用水力平衡装置的方法不限于安装平衡阀这一种方式，安装何种阀门需要经济比较，同时考虑系统的大小，使用场合等条件。

4）水力平衡调节装置安装后，必须对系统进行调试，各项参数满足设计要求。

3. 静态水力平衡阀

（1）设计要点

1）设计时应先进行管网系统阻力平衡计算，各并联环路之间的计算压力损失相对差额，不应大于15%。

2）应按照计算的资用压头和通过流量来选择平衡阀，而不应直接按照管径选择阀门规格。

3）选用平衡阀应给出设计流量和工作压力范围。

4）选用可起关断作用的平衡阀，可不再增设关断阀。

5）平衡阀宜设于计算中需增加阻力的并联环路的回水干管上。

（2）阀门规格和管径的选用计算

1）阀门的工作流量特性为线性或等百分比特性。

2）阀门的工作压差 Δp 为阀门前后的压差，即水力计算的资用压头（Pa）。

3）阀门系数 K_v 值按式（10-15）计算。

$$K_v = \alpha \frac{q}{\sqrt{\Delta p}} \qquad (10\text{-}15)$$

式中　K_v——平衡阀的阀门系数；

　　　q——平衡阀的设计流量（m³/h）；

　　　α——系数，由阀门厂家提供；

　　　Δp——阀门前后的压差（Pa）。

4）实际选用的阀门 K_v 值大于且接近上述公式计算所得值，则其对应的阀门口径为阀门规格。

（3）设计注意事项

1）只有资用压头过剩时，方可设置静态水力平衡阀。

2）静态水力平衡阀可根据计算多级设置。

3）应认真进行系统调试，记录数据，经调试平衡后，不应随意变动平衡阀的开度锁定装置。

4）该阀本身具有截止功能，不必再设截止阀。

5）调试平衡的静态平衡阀系统是一个等比系统，应用于暖通空调系统时，不存在冬夏转换问题。

4. 自力式流量、压差控制阀

（1）设计要点

1）应按照通过的流量和工作压差范围来选择自力式流量或压差控制阀，而不应直接按照管径选择阀门规格。

2）如自力式流量或压差控制阀的实际工作压差超出产品的工作压差范围，应增设其他调节设备进行初调节。

3）在设有自力式流量或压差控制阀的位置，宜在设计文件中的相应位置标出设计流量或压差。

4）自力式流量或压差控制阀前宜设置水过滤器。

5）自力式流量或压差控制阀没有关断功能，根据需要，应另设关断阀门。

（2）选择计算

1）自力式流量控制阀仅按流量就可选定阀门型号。

2）自力式压差控制阀阀体按 K_v 值选型，所选阀门的 K_v 值应大于设计值，计算阀门 K_v 值所用的是阀门压降，并非控制压差。

（3）应用

1）需要维持流量动态平衡的定流量系统中，当阻力不平衡时宜安装自力式流量控制阀。如：

① 多台换热器、锅炉、定速水泵等设备并联需要定流量运行时，根据计算设自力式流量控制阀。

② 未安装温控阀或用户不能自主调节的定流量环路入口处，可考虑设自力式流量控制阀。

③ 室内供暖系统为单管跨越式的分户热计量系

统，热力入口的回水处可考虑设自力式流量控制阀。

2) 需要维持压差动态平衡的变流量系统中，当阻力不平衡时宜安装自力式压差控制阀。如：

① 变流量系统中，由温控阀或调节阀动态控制的支干管入口处，可考虑设自力式压差控制阀。

② 室内供暖系统为双管系统的分户计量系统，热力入口处，可考虑设自力式压差控制阀。

（4）设计注意事项

1) 只有资用压头大于等于 30kPa 时，方可设置自力式流量控制阀。

2) 系统调试时，设定控制流量或压差时为设计值即可。

3) 自力式流量或压差控制阀只末端设置一级，不需要逐级设置。

4) 自力式流量控制阀不能和模拟量调节的电动调节阀串联安装。

5. 热源、热力站及热力网水力平衡阀的设置和选择

1) 阀门两端的压差范围，应符合其产品标准的要求。

2) 热力站出口总管上，不应串联设置自力式流量控制阀；当有多个环路时，各环路总管上可根据水力平衡的要求设置静态水力平衡阀。

3) 定流量水系统的各热力入口，当室外管网通过阀门截流来进行阻力平衡时，各并联环路之间的压力损失差值，不应大于 15%，当水力平衡计算无法满足上述要求时，应在热力入口设置静态水力平衡阀或自力式流量控制阀。

4) 变流量水系统的各热力入口，应根据水力平衡的要求和系统总体控制设置情况，设置压差控制阀，但不应设置自力式定流量阀。

5) 当采用静态水力平衡阀时，应根据阀门流通能力及两端压差，选择确定平衡阀的直径与开度。

6) 当采用自力式流量控制阀时，应根据设计流量进行选型。

7) 当采用自力式压差控制阀时，应根据所需控制压差选择与管路同尺寸的阀门，同时应确保其流量不小于设计最大值。

8) 当采用自力式流量控制阀、自力式压差控制阀、电动平衡两通阀或动态平衡电动调节阀时，应保持阀权度 $S=0.3\sim0.5$。

6. 常用平衡阀简介

（1）自力式压差控制阀 该控制阀是一种自动恒定压差水力工况的平衡用阀，应用于集中供热、中央空调等水系统中，有利于被控系统各用户和各末端装置的自主调节，尤其适用于分户计量供暖系统和变流量空调系统，阀体剖面图如图 10-13 所示。根据安装位置分为供水式（G）、回水式（H）、旁通式（C）三类。

自力式压差控制阀（旁通式 C）在控制范围内自动阀塞为关闭状态。当阀门两端压差超过预设值，阀塞即自动打开，并在感压膜的作用下调节开度，保持阀门两端压差相对恒定。该阀依靠系统的压差工作，不需外来动力，性能可靠。该控制阀的压差控制精度达±7.5%，在保证控制精度的前提下，可调压差型的调压比高达 16∶1。

该控制阀应用于冷（热）源机组时，可安装于集、分水器之间旁通管上。当用户侧部分运行或变流量运行时，若系统流量变小，导致压差增大，压差超出设定值时，阀门自动打开，部分流量从此经过，以保证机组流量不小于限制值。

该控制阀应用于集中供热系统中时，可防止散热设备不超压或不倒空。例如某系统高低差较大，且又不分高低区，这时如按高处定压，低处散热设备可能超压爆裂；如按低处定压，高处又会倒空。此时如热源在低处，可在进入高区供水管处加增压泵，回水管加压差控制阀，使高区压力经过提升后，由压差控制阀门再降到低区回水压力；如热源在高处，可在进入低区供水管处加压差控制阀，回水管加增压泵，使通过压差控制阀后，压力降低的循环水也能回到系统中。

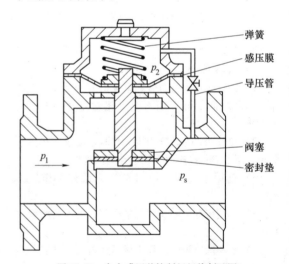

图 10-13 自力式压差控制阀阀体剖面图

（2）自力式流量控制阀 该控制阀是一种自动恒定流量水力工况的平衡用阀；可按需要设定流量，并将通过阀门的流量保持恒定；应用于集中供热、中央空调等水系统中，使管网的流量调节一次完成，

把管网的调节变为简单的流量分配，免除了热源切换时的流量重新分配工作，可有效地解决管网的水力失调。阀体剖面图如图 10-14 所示。

（3）静态数字锁定平衡阀　该阀是液体管路静态水力工况平衡用阀。它具有等百分比的流量特性曲线，优秀的调节、截止性能，还具有开度显示和开度锁定功能，在供暖和空调水系统中使用该阀，有显著的节能、节电效果。阀体剖面图如图 10-15 所示。

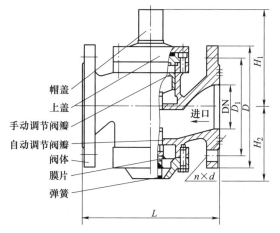

图 10-14　自力式流量控制阀阀体剖面图

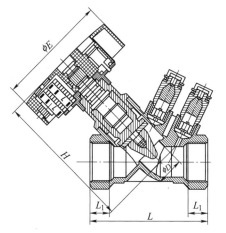

图 10-15　静态数字锁定平衡阀阀体剖面图

（4）动态平衡电动调节阀　动态平衡电动调节阀是区别于传统的电动调节阀的新一代产品，是动态平衡与电动调节一体化的产品，阀体剖面图如图 10-16 所示，它具有以下特点：

1）具有动态平衡功能：动态平衡功能是指根据末端设备负荷变化要求电动调节阀胆调至某一开度时，不论系统压力如何变化，阀门都能够动态地平衡系统的阻力，使其流量不受系统压力波动的影响

而保持恒定。

2）具有优良的电动调节功能：电动调节功能是指阀门能根据目标区域温度控制信号的变化自动调节阀门的开度，从而改变水流量，最终使目标区域的实际温度与设定温度一致。

评价电动调节功能好坏的是电动调节阀的流量特性曲线。在空调系统中，常用的电动调节阀的理想流量特性曲线是直线的或者等百分比的。但是对于一般的电动调节阀，在实际使用过程中由于阀权度较小，使得实际的流量特性曲线偏离理想的流量特性曲线。

动态平衡电动调节阀由于独特的阀体结构，在实际的使用工程中阀权度基本为 1，因此其实际的流量特性曲线与理想的流量特性曲线一致，没有偏离，具有优良的电动调节功能。

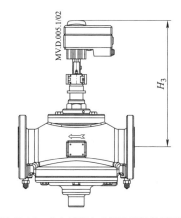

图 10-16　动态平衡电动调节阀阀体剖面图

10.4　安全装置的选择计算

10.4.1　概述

安全装置是动力管道中不可缺少的辅助设备或附件，其作用是保证管道的安全运行。在选用时，应根据不同介质种类、防护要求和压力等因素合理选择。例如泄压装置和管道中的安全阀、安全水封，乙炔管道的回火防止器和水封器，氢气、煤气管道的阻火器，液化石油气和天然气管道的紧急切断阀，煤气安全防爆门等。

10.4.2　安全阀的选择计算

安全阀按其结构可分为杠杆重锤式安全阀、弹簧式安全阀及脉冲式安全阀。在动力管道上使用的大多是弹簧式安全阀。安全阀常用型号参数详见表 10-27。

弹簧式安全阀有封闭和不封闭两种。一般易燃、易爆或有毒介质选用封闭式，蒸汽或惰性气体等可选用不封闭式。弹簧式安全阀还有带扳手及不带扳

手之分，带扳手的作用是检查阀瓣的灵敏程度。

安全阀的选择，应由工作压力决定安全阀的公称压力；由工作温度决定安全阀的适用温度范围；由开启压力选择安全阀弹簧；最后根据安全阀的排放量，计算安全阀喉部面积或直径，选取安全阀的公称直径及型号、个数；同时还应根据介质种类，决定安全阀的材质和结构形式。具体要求如下：

1) 用于烃类的安全阀：除腐蚀性介质或需合金钢材才能满足压力、温度条件者外，一般壳体采用碳钢，内件应采用不锈钢。

2) 蒸汽用安全阀：根据压力、温度条件选用铸铁或碳钢阀体，内件采用青铜或不锈钢。

3) 空气安全阀：一般采用铸铁阀体，内件采用青铜。

4) 用于腐蚀性介质安全阀：应采用耐该介质腐蚀的材料，或采用其他措施。例如，在阀进口管路上（即阀的进口法兰和管路法兰之间）加耐腐蚀的防爆膜，这样安全阀内件、阀体可以减少腐蚀气体的侵蚀。防爆膜应定期检查、更换。

安全阀的进口和出口分别处于高压和低压两侧，所以公称压力不小于4.0MPa的安全阀，其进出口法兰的压力等级可能不同。

微启式安全阀因排放量小，其出口公称直径一般等于进口公称直径，常用于液体介质。全启式安全阀排放量大，故当DN≥40mm时，其出口公称直径一般比进口公称直径大一级，多用于气体介质。

弹簧式安全阀选型时，应注意其实际的开启压力，除按公称压力分类，还有五种工作压力级的弹簧供选择。工作压力级见表10-39。

表10-39　弹簧式安全阀工作压力级

（单位：MPa）

公称压力	工作压力级				
	p_1	p_2	p_3	p_4	p_5
1.0	>0.05~0.1	>0.1~0.25	>0.25~0.4	>0.4~0.6	>0.6~1.0
1.6	>0.25~0.4	>0.4~0.6	>0.6~1.0	>1.0~1.3	>1.3~1.6
2.5	—	—	>1.0~1.3	>1.3~1.6	>1.6~2.5
4.0	—	—	>1.6~2.5	>2.5~3.2	>3.2~4.0

安全阀的最小泄放面积计算：

1) 气体：

① 临界条件：$\dfrac{p_o}{p_d} \leqslant \left(\dfrac{2}{\kappa+1}\right)^{\frac{\kappa}{\kappa-1}}$。

$$A = \frac{W_S}{0.076CKp_d\sqrt{\dfrac{M}{ZT}}} \qquad (10\text{-}16)$$

② 亚临界条件：$\dfrac{p_o}{p_d} > \left(\dfrac{2}{\kappa+1}\right)^{\frac{\kappa}{\kappa-1}}$。

$$A = \frac{W_S}{55.84Kp_d\sqrt{\dfrac{M}{ZT}}\sqrt{\dfrac{\kappa}{\kappa-1}\left[\left(\dfrac{p_o}{p_d}\right)^{\frac{2}{\kappa}} - \left(\dfrac{p_o}{p_d}\right)^{\frac{\kappa+1}{\kappa}}\right]}}$$

$$(10\text{-}17)$$

2) 液体。

$$A = \frac{W_S}{5.1K\sqrt{\rho_1(p_d - p_o)}} \qquad (10\text{-}18)$$

3) 饱和蒸汽。饱和蒸汽中的蒸汽的体积分数不小于98%，最大过热度为10℃。

① $p_d \leqslant 10\text{MPa}$ 时：

$$A = \frac{W_S}{5.25Kp_d} \qquad (10\text{-}19)$$

② 当 $10\text{MPa} < p_d \leqslant 22\text{MPa}$ 时：

$$A = \frac{W_S}{5.25Kp_d\left(\dfrac{190.6p_d - 6895}{229.2p_d - 7315}\right)} \qquad (10\text{-}20)$$

式中　A——安全阀的最小泄放面积（cm^2）；

W_S——系统的安全泄放量（kg/h）；

κ——气体绝热指数；

p_o——安全阀出口侧压力（MPa）；

p_d——安全阀最大泄放压力（MPa）；

K——安全阀的额定泄放系数，K取0.9倍泄放系数（由安全阀制造厂提供）；无参考数据时，可根据下述规定选取：全启式安全阀$K=0.6\sim0.7$；带调节圈的微启式安全阀$K=0.4\sim0.5$；不带调节圈的微启式安全阀$K=0.25\sim0.35$；

C——气体特性系数，查表10-40；

M——气体的摩尔质量（kg/kmol）；

Z——在泄放压力及温度下，气体的压缩系数；

T——泄放的气体温度（K）；

ρ_1——安全阀装置入口侧温度下的液体密度（kg/m^3）。

表10-40　不同 κ 值气体特性系数 C

κ	C	κ	C	κ	C	κ	C
1.00	315	1.20	337	1.40	356	1.60	372
1.02	318	1.22	339	1.42	358	1.62	374
1.04	320	1.24	341	1.44	359	1.64	376
1.06	322	1.26	343	1.46	361	1.66	377
1.08	324	1.28	345	1.48	363	1.68	379
1.10	327	1.30	347	1.50	364	1.70	380
1.12	329	1.32	349	1.52	366	2.00	400
1.14	331	1.34	351	1.54	368	2.20	412
1.16	333	1.36	352	1.56	369		
1.18	335	1.38	354	1.58	374		

安全阀喉部面积计算：

管道上安全阀的排放量可按管道最大流量来计算。

1）介质为气体且 $p_2/p_1 \leq 0.55$ 时：

① 油气（相当于正庚烷气）按式（10-21）计算。

$$A = \frac{q_m}{2255.5\sqrt{\dfrac{M}{ZT}}} \qquad (10\text{-}21)$$

② 空气按式（10-22）计算。

$$A = \frac{q_m}{784.5K_t p_1} \qquad (10\text{-}22)$$

③ 饱和蒸汽按式（10-23）计算。

$$A = \frac{q_m}{490.3 p_1} \qquad (10\text{-}23)$$

④ 过热蒸汽按式（10-24）计算。

$$A = \frac{q_m}{490.3 \phi p_1} \qquad (10\text{-}24)$$

⑤ 氢气、氧气系统按式（10-25）计算。

$$A = \frac{q_m}{2157.4 p_1 \sqrt{M/T}} \qquad (10\text{-}25)$$

式中　A——安全阀喉部面积（cm^2）；

　　　q_m——安全阀额定排量（kg/h）；

　　　p_1——安全阀排放压力（MPa），按表 10-41 查得；

　　　M——气体的摩尔质量（kg/kmol）；

　　　T——进口处介质的温度（K）；

　　　Z——进口处压缩系数，可取 0.8~1.0；

　　　K_t——工作温度校正系数，可取 0.8~1.0，温度低时取高值，温度高时取低值；

　　　ϕ——过热蒸汽校正系数，可取 0.8~0.88。

2）介质为气体且 $p_2/p_1 > 0.55$ 时，应按上述公式求出 A，再将 A 除以出口压力修正系数 f，得出实际安全阀喉部面积。f 值见表 10-42。

3）介质为水，且安全阀出口背压为放空时按式（10-26）计算。

$$A = \frac{q_m}{102.1\sqrt{p_1}} \qquad (10\text{-}26)$$

安全阀喉部面积计算求得喉部面积 A 后，可按表 10-43 选取安全阀的公称直径。

表 10-41　安全阀的排（泄）放压力规定

工作压力 p	开启压力 p_k	回座压力 p_h	排放压力 p_1	备注
不限	1.10p	0.9p_k	$p_1 \leq 1.1 p_S$	p_S 为管道设计压力
	1.05p（最低）	0.85p_k	$p_1 \leq 1.21 p_S$（火灾事故时）	

表 10-42　$p_2/p_1 > 0.55$ 时安全阀喉部面积修正系数 f 值

p_2/p_1	f	p_2/p_1	f	p_2/p_1	f
0.55	1.00	0.74	0.91	0.86	0.75
0.60	0.995	0.78	0.89	0.90	0.65
0.66	0.97	0.80	0.85	0.92	0.58
0.70	0.95	0.84	0.78	0.94	0.49

表 10-43　安全阀公称直径与喉部直径关系

公称直径/mm		25	32	40	50	80	100	150
微启式	d_0/mm	20	25	32	40	65	80	—
	A/cm^2	3.14	4.18	8.04	12.57	33.2	50.27	—
全启式	d_0/mm	—	—	25	32	50	65	100
	A/cm^2	—	—	4.81	8.04	19.65	33.2	78.5

注：d_0—安全阀喉部直径；A—安全阀喉部面积。

计算安全阀喉部面积超过表 10-44 最大规格时，从安全角度考虑，可选用两个安全阀，或双弹簧、双杠杆安全阀。

安全阀选用的要求：

1）安全阀应垂直安装。

2）安全阀应装设排放管直接排放。排放管应有足够的排放面积，不允许装设阀门，保证排放畅通。

排放管应予以固定。

3）排放管应接至安全地点。

4）安全阀应分别按排放气（汽）或液体进行选用，并考虑背压的影响。

5）安全阀的开启压力（整定压力）除工艺特殊要求外，为正常工作压力的 1.1 倍，最低为 1.05 倍。但对于下列特殊管道：输送制冷剂、液化烃类等汽化温度低的流体管道，离心泵出口管道，没有压力泄放装置保护或与压力泄放装置隔离的管道，安全阀的开启压力应按 GB 50316—2000《工业金属管道设计规范》（2008 版）有关要求和该管道设计压力的较大值。

6）安全阀入口管道的压力损失宜小于开启压力的 3%，安全阀出口管道的压力损失不宜超过开启压力的 10%。

7）安全阀的最大泄放压力不宜超过管道设计压力的 1.1 倍。火灾事故时，其最大泄放压力不应超过设计压力的 1.21 倍。

8）安全阀或爆破片的入口管道和出口管道上不宜设置切断阀。但工艺有特殊要求必须设置切断阀时，还应设置旁通阀及就地压力表。正常工作时的安全阀或爆破片入口或出口的切断阀应在开启状态下锁定。旁通阀应在关闭状态下锁定。工程设计图中应按下列规定加标注符号：

L.O 或 C.S.O＝开启状态下锁住（未经批转不得关闭）

L.C 或 C.S.C＝关闭状态下锁住（未经批转不得开启）

9）双安全阀出入口设置三通式转换阀时，两个转换阀应有可靠的连锁机构。安全阀与转换阀之间的管道，应有排空措施。

10.4.3　安全水封

安全水封按作用分为两种类型：一是同安全阀一样，起着切断和安全排放的作用，其密封性能较好，但体积较大；二是起着阻火器作用的安全水封，利用其恒定的水位，阻隔火焰向系统蔓延。

1. 低压蒸汽系统的安全水封

当系统内压力在 0.05MPa 以下且用户的蒸汽压力波动很小时，可使用安全水封，同时排出凝结水。安全水封可以保证设备密封并具有一定压力，也可防止设备内形成真空时空气倒灌，还能起到溢流管的作用。

安全水封分为单级与多级两种，可视水封高度要求和布置条件选用。

（1）单级水封　图 10-17 为单级水封。根据系统工作压力可确定水封高度 H_1，见表 10-44。

1）水封管直径 d 按式（10-27）计算。

$$d = 0.04\sqrt{q_m} \qquad (10\text{-}27)$$

式中　q_m——最大凝结水量（t/h）。

2）水封压力储水管道直径 D 按式（10-28）计算。

$$D = \sqrt[3]{3H_1 d^2} \qquad (10\text{-}28)$$

3）水封真空储水管直径 D_1 按式（10-29）计算。

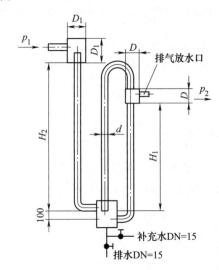

图 10-17　单级水封

表 10-44　水封高度 H_1

系统工作压力 p_1/MPa	0.01	0.02	0.03	0.04	0.05
水封高度 H_1/m	1.2	2.25	3.3	4.4	5.5

$$D_1 = 1.15D \qquad (10\text{-}29)$$

在图 10-17 中，H_2 为水封最大真空度（mH_2O，$1mH_2O = 9.8kPa$），应根据当地大气压力决定，一般不大于 9~10m，也不小于 H_1。当设备不会发生真空时，可取 $H_2 \approx H_1$。在真空水封管上的根部，钻有一小孔，直径 15~20mm，在恢复时自动充水。

（2）多级水封　当系统压力较高时，可采用多级水封。常用系统压力为 0.05MPa 的多级水封，可按图 10-18 及表 10-45 选用。

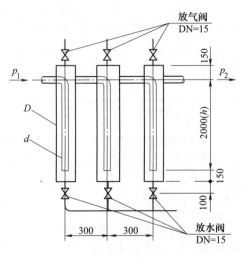

图 10-18　多级水封

表 10-45　常用多级水封规格

凝结水流量/(t/h)	≤1	≤1~5	≤5~15	≤15~25
内套管 d/mm	25	50	80	100
外套管 D/mm	50	100	150	200
总质量/kg	58.9	116.2	204.7	327.1

水封有效高度 H 可按式（10-30）计算。

$$H = \frac{98}{\rho}(p_1 - p_2)\beta \qquad (10\text{-}30)$$

式中　H——水封的有效高度（m）；

p_1、p_2——水封进、出口处的蒸汽压力（MPa）；

β——安全系数，一般取 1.3~1.4；

ρ——水封中水的密度（t/m³）。

水封多级串联安装时，每级水封有效高度 $h = H/n$，n 为水封级数。

2. 乙炔水封器

乙炔水封器是用于乙炔管路系统中的安全装置，用于隔断回火，防止燃烧或爆炸蔓延，并阻止空气进入设备管路。

乙炔水封器按压力分为中压乙炔水封器和低压乙炔水封器，按安装位置又分为集中式乙炔水封器和岗位式乙炔水封器。

（1）中压乙炔组合式水封器　该组合式水封器工作压力为 0.05~0.15MPa，最大流量为 10m³/h，属集中式安全水封器，主要用于车间入口，外形如图 10-19 所示。

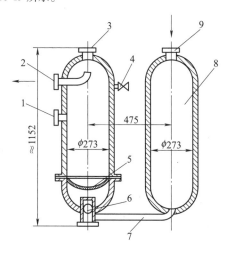

图 10-19　组合式水封器外形
1—水位检查器　2—乙炔出口　3—防爆膜
4—加水管　5—过滤器　6—钢球止回阀
7—乙炔导管　8—筒体　9—乙炔进口

（2）中压岗位式乙炔水封器　岗位式水封在结构上比组合式水封少一个进气缓冲罐，其余均相同。

工作压力为 0.05~0.15MPa，最大流量为 3m³/h。其外形如图 10-20 所示。

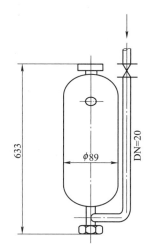

图 10-20　中压岗位式乙炔水封器外形

（3）低压集中式水封器　其外形如图 10-21 所示。

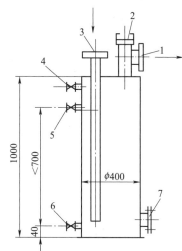

图 10-21　低压（<0.007MPa）集中式水封器外形
1—出气口　2—防爆膜　3—进气口　4—加水管
5—水位检查阀　6—放水管　7—手孔

（4）低压岗位式水封器　其外形如图 10-22 所示。

10.4.4　中压乙炔干式回火防止器

干式回火防止器的结构主要由外壳、泄压阀、多孔陶瓷止火管或粉末冶金片、逆止阀及复位阀等组成。其结构紧凑、体积小、强度高，适用于岗位式回火防止器，其中 HF-1 型专为溶解乙炔气瓶使用。几种常用中压乙炔干式回火防止器技术性能见

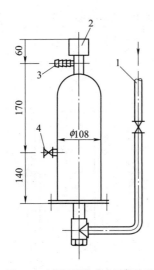

图 10-22　低压岗位式水封器外形
1—进气口　2—防爆膜
3—出气口（软管接头）　4—水位检查阀

表 10-46。

表 10-46　中压乙炔干式回火防止器技术性能

型号	工作压力/MPa	流量/(m³/h)	阻力/kPa	外形尺寸/mm
GY-70-1	0.03~0.15	3~7	9~22	φ50×145
HF-1	0.01~0.15	1~3	1~3	φ66×96
SA-Y1	0.05~0.15	0.5~3	0.5~2	φ50×250
HFQ-1	0.15	7		φ26×88

　　HF-1 型回火防止器进气口直接与减压器出口螺纹相接。出气口必须使用胶制软管。

　　SA-Y1 型回火防止器必须垂直安装。

10.4.5　氢气、煤气管道用网式阻火器

　　网式阻火器的作用与安全水封、干式回火防止器相同。其结构简单，阻火网材料根据管内介质不同，可分为钢网、不锈钢网或铜网。氢气管道中多使用黄铜丝网或磷青铜丝网。网孔一般为 210~250 孔/cm²（37~40 目/in），网孔的最大直径为 0.06cm，阻力为 250~500Pa。常用的两种网式阻火器如图 10-23 和图 10-24 所示，主要尺寸见表 10-47。

10.4.6　ZKM 型空气煤气安全阀

　　ZKM 型空气煤气安全阀是一种重锤自力式切断阀。当系统中空气或煤气压力降低时，为防止回火，可实现对煤气管道的快速切断，保证系统的安全。

　　ZKM 型空气煤气安全阀外形如图 10-25 所示，外形尺寸见表 10-48，主要技术参数见表 10-49。

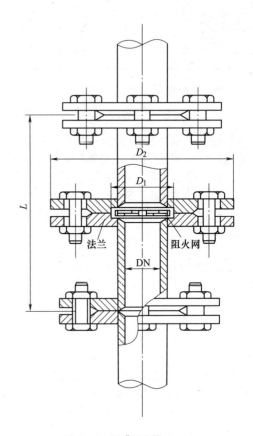

图 10-23　网式阻火器（一）

表 10-47　网式阻火器主要尺寸

公称直径/mm	主要尺寸（mm） L	D₂	D₁	质量/kg	阻火网直径/mm	备注
15	236	106	24	3.52	18	
20		120	35	4.66	25	阻火网为黄铜丝网，丝网丝径 d = 0.3mm，孔径为 1.5mm，共 6 层
25		127	42	5.43	32	
32	280	145	49	8.43	38	
40		157	55	9.69	45	
50		184	67	12.58	57	
65	340	202	86	16.51	73	
	356					
50		260	159	32	92	阻火网为磷青铜丝网，丝径 d = 0.27mm，孔径为 80 孔/100mm，约为 14 层
80		315	219	46	150	
100	160	370	273	65	202	
150		485	377	110	311	
200		535	426	130	360	

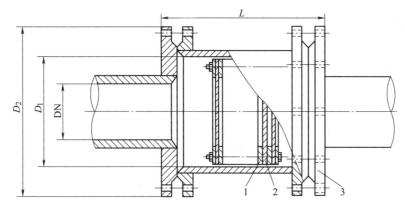

图 10-24　网式阻火器（二）

1—垫板　2—阻火网　3—法兰

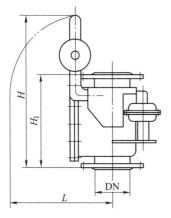

图 10-25　ZKM 型空气煤气安全阀

表 10-48　ZKM 型空气煤气安全阀外形尺寸

（单位：mm）

公称直径	L	H	H_1
100	369	492	300
150	395	540	350
200	419	604	441

表 10-49　ZKM 型空气煤气安全阀主要技术参数

公称直径/mm		100，150，200
公称压力/MPa		1.0
工作温度/℃		−20 ~ 60
工作压力/Pa	煤气	1500±100
	空气	1200±100
切断压力/Pa		400 ~ 800
法兰尺寸		按 JB/T78-1994 光滑面

10.4.7　天然气紧急切断阀

其作用主要是当天然气管道系统中燃气输送异常时，对管道实现快速切断，防止回火，保证系统的安全运行。

（1）与可燃气体报警仪器相连　当仪器检测到可燃气体泄漏时，自动快速关闭主供气阀门，切断燃气的供给。

（2）与热力设备的极限温度或压力安全控制器相连　当设备内检测点的温度或压力超过设定的极限数值时，自动快速关闭主供气阀门，切断燃气的供给。

（3）与高层建筑的中央消防控制系统相连　当大厦发生火灾时，自动切断燃气供应，防止燃气发生爆炸。

（4）设置在管网内　在城市或工厂的燃气供应管网内设置 MSV 紧急切断阀，可在中央控制室内集中控制，切断事故现场的燃气供应。

图 10-26 为 MSV 型天然气紧急切断阀。其主要技术参数详见表 10-50。

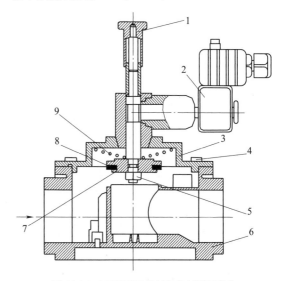

图 10-26　MSV 型天然气紧急切断阀结构

1—复位杆　2—电磁线圈　3—盖

4—固定螺栓　5—固定螺母　6—阀座

7—固定盘　8—密封橡胶　9—弹簧

表 10-50　MSV 型天然气紧急切断阀主要技术参数

公称直径	螺纹连接	15~25			32	40	50
/mm	法兰连接	65	80	100	125	150	200
最大工作压力/kPa		50~600					
关闭时间/s		<1					
打开时间		手动复位					
适应温度/℃		-15~60					
输入电压/V		24，230					
吸收功率/W		5.1					
防爆等级		EEXM Ⅱ T4					
材质		压铸铝、不锈钢、铜和橡胶					
适应范围		天然气、煤气、液化石油气等可燃气体					

10.4.8　气体报警器

1. 可燃气体报警器

当工业环境、日常生活环境（如使用天然气的厨房）中可燃性气体发生泄漏，可燃气体报警器检测到可燃性气体浓度达到报警器设置的报警值时，可燃气体报警器就会发出声、光报警信号，以提醒采取人员疏散、强制排风、关停设备等安全措施。可燃气体报警器可联动相关的联动设备，如在工厂生产、储运中发生泄漏，可以驱动排风、切断电源、喷淋等系统，防止发生爆炸、火灾、中毒事故，从而保障安全生产。经常用在化工厂、石油、燃气站、钢铁厂等使用或者产生可燃性气体的场所。

（1）可燃气体报警器分类

1）按传感器的检测原理分类：催化燃烧型、半导体型、红外线吸收型。

2）按照使用方式分类：便携式、移动式、固定式。

3）按照检测功能分类：

气体检测仪：具有检测与指示功能。

气体报警仪：具有检测与报警功能。

气体检报警仪：具有检测、指示、报警功能。

4）按照取样方式分类：扩散式、抽吸式。

5）按照检测气体种类分类：单探头、复合式。

（2）可燃气体报警器安装的注意事项

1）报警器探头主要是接触燃烧气体传感器的检测元件，由铂丝线圈上包氧化铝和黏合剂组成球状，其外表面附有铂、钯等稀有金属。因此，在安装时一定要小心，避免摔坏探头。

2）报警器的安装高度应当根据气体的性质来决定。

3）报警器是安全仪表，有声、光显示功能，应安装在工作人员易看到和易听到的地方，以便及时消除隐患。

4）报警器的周围不能有对仪表工作有影响的强电磁场（如大功率电机、变压器）。

5）被测气体的密度不同，室内探头的安装位置也应不同。被测气体密度小于空气密度时，探头应安装在距屋顶30cm处，方向向下；反之，探头应安装在距地面30cm处，方向向上。

2. 有毒气体报警器

有毒气体报警器由探测器与报警控制主机构成，广泛应用于石油、燃气、化工、油库等存在有毒气体的石油化工行业，用以检测室内外危险场所的泄漏情况，是保证生产和人身安全的重要仪器。当被测场所存在有毒气体时，探测器将气信号转换成电压信号或电流信号传送到报警仪表，仪器显示出有毒气体爆炸下限的百分比浓度值。当有毒气体浓度超过报警设定值时发生声、光报警信号提示，值班人员及时采取安全措施，避免爆燃事故发生。

有毒气体报警器安装的注意事项：

1）报警器探头主要是接触燃烧气体传感器的检测元件，由铂丝线圈上包氧化铝和黏合剂组成球状，其外表面附有铂、钯等稀有金属。因此，在安装时一定要小心，避免摔坏探头。

2）报警器的安装高度一般应在160~170cm，以便于维修人员进行日常维护。

3）报警器是安全仪表，有声、光显示功能，应安装在工作人员易看到和易听到的地方，以便及时消除隐患。

4）报警器的周围不能有对仪表工作有影响的强电磁场（如大功率电机、变压器）。

5）被测气体的密度不同，室内探头的安装位置也应不同。被测气体密度小于空气密度时，探头应安装在距屋顶30cm处，方向向下；反之，探头应安装在距地面30cm处，方向向上。

10.4.9　防火安全呼吸阀

防火安全呼吸阀由安全呼吸阀和防火器两部分组成，适用于储油罐的呼吸，防止随液位的升降而产生的超压或真空，引起储油罐变形。

FAHX-10 型防火安全呼吸阀采用同心式结构，吸气口装有防尘金属网。FAHX—10 型防火安全呼吸阀主要技术参数见表 10-51，其外形如图 10-27 所示，外形尺寸见表 10-52。

表 10-51　FAHX—10 型防火安全呼吸阀主要技术参数

公称直径/mm	呼气压力/Pa	吸气压力/Pa
50~250	900±100	-300±100
50~250	1200±100	-300±100
50~250	1500±100	-300±100

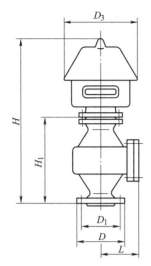

图 10-27　FAHX—10 型防火安全呼吸阀外形

表 10-52　FAHX—10 型防火安全呼吸阀外形尺寸
（单位：mm）

公称直径	D	D_1	D_3	H	H_1	L	法兰螺栓孔
50	160	125	270	538	244	134	4~18
65	180	145	287	564	266	145	4~18
80	195	160	304	605	288	155	8~18
100	215	180	420	720	320	200	8~18
150	280	240	506	930	400	210	8~23
200	335	295	690	1102	465	280	8~23
250	390	350	870	1280	530	350	12~23

10.5　疏水阀及凝结水回收装置

10.5.1　概述

疏水阀及凝结水回收装置是蒸汽管道系统中的一种自动调节装置。疏水阀能自动排除用热设备及管道中的凝结水，并自动阻止蒸汽泄漏，同时能排除管道系统中积留的空气和其他不凝性气体。凝结水回收装置除能起到疏水阻汽的作用外，还能以蒸汽为动力，自动给凝结水加压，故可大幅度提高回水率，充分利用二次蒸汽和节约热能。

疏水阀按工作原理可分为三种类型：

（1）机械型疏水阀　例如浮桶式、钟形浮子式、浮球式、倒吊桶式等。

（2）热动力型疏水阀　例如圆盘式、孔板式等。

（3）热静力型疏水阀　例如圆板双金属式、波纹管式、圆板双金属温调式等。

此外，在"10.4.3　安全水封"一节中介绍过的多级水封，也可用于蒸汽压力低且汽压波动较小的用热设备上，作为疏水装置。

10.5.2　疏水阀的选择

疏水阀选择正确与否，对系统的运行工况影响很大，对提高热力管道系统热效率、节省能源，都具有重要意义。如选择不当，会造成阻水和漏汽现象，既保证不了正常工作，又造成了能量的浪费。

疏水阀选择时，不能只从最大排水量考虑，也不能仅根据管径套用，应按实际工况，根据疏水量（凝结水量）与疏水阀前后的压力差，按疏水阀的技术性能参数确定其规格及数量。

1. 疏水阀计算

（1）热力系统疏水量（凝结水量）　热力系统疏水量（凝结水量）按式（10-31）计算。

$$q_{m,y} = \frac{Q}{r} \qquad (10\text{-}31)$$

式中　$q_{m,y}$——热力系统的凝结水量（kg/h）；

Q——热力系统的耗热量（kJ/h）；

r——热力系统工作压力下蒸汽的汽化潜热（kJ/kg）。

在选择疏水阀时，为适应用热设备启动时负荷会增大，系统压力较低及安全等因素，疏水阀的排水量应大于热力系统正常凝结水量。疏水阀的设计排水量按式（10-32）计算。

$$q_{m,S} = K q_{m,y} \qquad (10\text{-}32)$$

式中　$q_{m,S}$——疏水阀的排水量（kg/h）；

K——疏水阀的选择倍率，可查表 10-53。

表 10-53　疏水阀的选择倍率 K 值

供热系统	使用状况	选择倍率 K
供暖	$p \geqslant 0.1\text{MPa}$	$\geqslant 2 \sim 3$
	$p < 0.1\text{MPa}$	$\geqslant 4$
空调	$p \geqslant 0.2\text{MPa}$	$\geqslant 2$
	$p < 0.2\text{MPa}$	$\geqslant 3$
淋浴	单独换热器	$\geqslant 2$
	多喷头	$\geqslant 4$
生产	一般换热器	$\geqslant 3$
	大容量、易间歇、快速加热	$\geqslant 4$

（2）疏水阀的连续排水量　一般应根据产品样本的数据选用，表 10-54 给出了疏水器的排水阀孔直径与排水量的关系，可供参考。表 10-55 为部分自由浮球式蒸汽疏水阀的最大排水量。

（3）疏水阀能够提供的最大背压　凝结水流经疏水阀时，要损失部分能量，表现为一定的压力降，即 $\Delta p = p_1 - p_2$，除损耗一部分能量外，尚有一部分剩余压力（以 p_2 表示），靠这部分余压克服管网阻力，并将凝结水提升一定的高度。此时疏水阀后压力 p_2 按式（10-33）计算。

表 10-54　疏水阀排水量 q_m 值

阀孔直径 /mm	$p_1 - p_2$/kPa										
	50	100	200	300	400	500	600	700	800	900	1000
	排水量 q_m/(kg/h)										
2	71	100	138	166	176	188	201	215	226	240	250
2.6	120	170	230	270	300	320	340	365	385	405	425
3	160	225	300	330	390	420	450	480	510	540	560
3.5	212	300	407	465	515	555	570	610	625	676	690
4	270	380	525	600	660	700	730	760	780	800	810
4.5	340	490	610	700	770	830	880	930	970	1010	1030
5	406	576	740	845	925	1010	1060	1110	1150	1200	1230
5.5	470	665	885	1009	1105	1200	1260	1320	1360	1390	1430
6	560	750	1000	1170	1290	1400	1470	1520	1575	1600	1625
7	700	950	1250	1425	1560	1675	1775	1850	1920	1975	2100
8	820	1150	1480	1700	1850	1970	2060	2140	2220	2280	2340
9	910	1300	1750	2000	2200	2350	2470	2560	2640	2700	2740
10	1050	1490	1960	2300	2520	2690	2800	2890	2930	3000	3030
11	1200	1650	2160	2480	2740	2950	3140	3340	3500	3620	3750

注：1. 表中 q_m 为饱和温度下的连续排水量。

　　2. 该表是在背压为零时制得的，即 p_2 为零，在同样 Δp 情况下，增高背压，排水量 q_m 会有所增加，故使用该表得出的数值偏安全。

表 10-55　自由浮球式蒸汽疏水阀最大排水量

最高工作 压力/MPa	型号与规格								
	B			D			F		
	$CS_4^1 1X-6$	$CS_4^1 1H-16$	CS41H—40	$CS_4^1 1X-6$	$CS_4^1 1H-16$	CS41H—40	CS41X—6	CS41H—16	CS41H—40
	15, 20 25	15, 20 25	15, 20 25	25, 32 40, 50	25, 32 40, 50	25, 32 40, 50	50, 65 80, 100	50, 65 80, 100	50, 65 80, 100
	最大排水量/(kg/h)								
0.15	880	400	200	2900	1500	800	11200	5800	3100
0.25	1100	500	300	3750	1900	1050	14400	7500	4000
0.40	1400	680	400	4800	2400	1300	18000	9400	5100
0.60	1750	800	490	5800	3000	1600	22000	11600	6300
1.0		1100	600		3800	2100		15000	8100
1.6		1350	800		4900	2700		19000	10000
2.5			1000			3300			13000
4			1240			4100			16000

$$p_2 \geq 10(H+h) + p_3 \qquad (10-33)$$

式中　p_2——疏水阀后压力（kPa）；

　　　H——疏水器后系统的阻力（mH₂O）；

　　　h——疏水阀后提升的最大高度（m）；

　　　p_3——回水箱内的压力（kPa）。

为使疏水阀正常工作，必须保证疏水阀后的压力 p_2 以及疏水阀正常动作所需的最小压力降 Δp，$p_{2max} \leqslant p_1 - \Delta p_{min}$。

2. 疏水阀选型注意事项

1）疏水阀进口压力 p_1，当为蒸汽管道排水用的疏水阀时，p_1 值与该排水点蒸汽压力相同；换热设备用的疏水阀，p_1 为换热设备前蒸汽压力的95%。

2）浮桶式、钟形浮子式等疏水阀可在较低压差下工作；脉冲式、热动力式疏水阀要求最低工作压差为 0.05MPa。

3）疏水阀进出口压差直接影响疏水阀的性能和使用。浮子式疏水阀在较高背压下可以正常工作；脉冲式疏水阀的背压，一般不应超过进口压力的25%；热动力式疏水阀的背压，一般不应超过进口压力的50%。

3. 疏水阀安装要求

疏水阀应接近用热设备，且要装在用热设备及管道凝结水排出口之下。同时，还要安排好旁通管、冲洗管、放气管、检查管、止回阀、过滤器等附件。

1）旁通管主要在初次投入运行时，排放大量凝结水。运行中，如需检修疏水阀，只能短时间使用旁通管。因蒸汽窜入回水系统，会影响其他加热设备和室外管网回水压力的平衡。

2）冲洗管的作用是放气和冲洗管路，需装设。

3）检查管的作用是检查疏水阀工作情况，需装设。

4）止回阀的作用是防止回水管网窜汽后压力升高，甚至超过供热系统的使用压力。在余压回水、提升回水中应装设。有的疏水阀本身带有止回阀，当疏水排至大气或单独流至集水箱无背压作用时，止回阀可取消。

5）过滤器的作用是沉积凝结水中杂物，保证疏水阀正常工作，有的疏水阀本身配备。安装与否应根据凝结水清洁程度及疏水阀本身对杂物的敏感程度决定。

6）疏水阀阀前应安装阀门，以便检修。疏水阀本身应水平安装，且介质流向应和阀体上指示的流向一致。

疏水阀的安装如图 10-28 所示，或者详见国家建筑标准图集 05R407《蒸汽凝结水回收及疏水装置的选用与安装》。疏水阀规格型号详见本章。

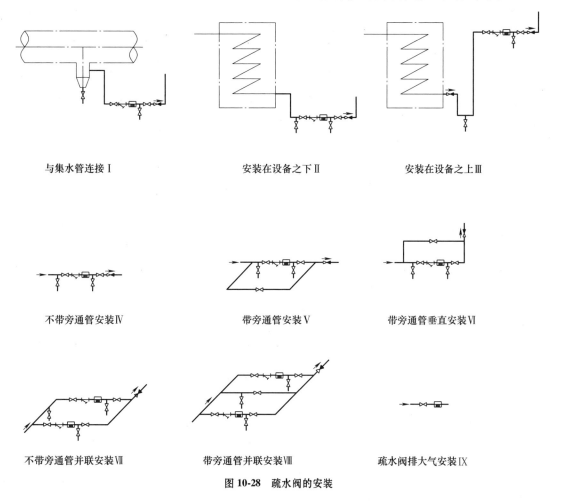

图 10-28　疏水阀的安装

10.5.3　凝结水回收装置

凝结水回收装置是利用一定压力的蒸汽，把凝结水加压送回凝结水箱的设备，可以同时起到加压泵及疏水阀的双重作用。它以蒸汽为动力，不耗电，可以自动运行，可大幅度提高回水率，充分利用二次蒸汽和节约能源。该设备安装方便，维修工作量小，可集中或分散设置在地坑或检查井内。由于排出的凝结水为压力满管流，不产生二次蒸汽，可节能及节约凝结水管管材。

凝结水回收装置详细介绍见第 12 章。

10.6　管道油水分离及排水装置

10.6.1　油水分离器

压缩空气在管道内流动过程中，由于压力和温度下降，导致压缩空气中的油水析出，因此在车间入口处，一般均装设油水分离器。

常用油水分离器的工作原理，主要是在分离器内急剧改变气流的方向和降低气流的速度的，使气体与器壁冲击、摩擦，或是产生离心力，从而分离颗粒稍大的油水滴，达到气水或气油分离的目的。

1. 旋风式油水分离器

该油水分离器作用原理是让气体在分离器内产生离心力，从而分离颗粒较大的油水滴。其外形尺寸如图 10-29 和图 10-30 所示，具体见表 10-56 和表 10-57。其工作压力为 0.8MPa。

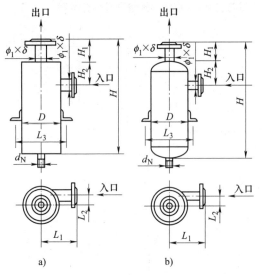

图 10-29　DN = 25~80mm 旋风式油水分离器

a）DN = 25~50mm　b）DN = 65~80mm

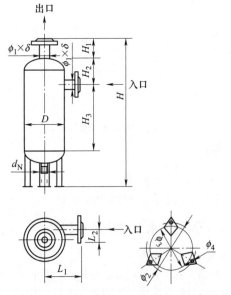

图 10-30　DN = 100~200mm 旋风式油水分离器

表 10-56　DN = 25~80mm 旋风式油水分离器外形尺寸（单位：mm）

DN	25	32	40	50	65	80
$\phi_1 \times \delta$	32×3.5	38×3	45×3.5	57×3.5	73×4	89×4
D	159	159	219	219	310	310
d_N	15	15	15	15	15	15
H	700	700	750	750	914	914
H_1	100	100	100	100	100	100
H_2	100	100	120	120	214	214
L_1	180	180	180	180	250	250
L_2	57	54	73	73	100	100
L_3	213	213	279	279	378	378

表 10-57　DN = 100~200mm 旋风式油水分离器外形尺寸（单位：mm）

DN	100	125	150	200
$\phi_1 \times \delta$	108×4	133×4	159×4.5	219×6
d_N	15	15	15	15
H	1207	1430	1597	1748
H_1	100	150	150	150
H_2	247	271	348	429
H_3	615	840	917	982
L_1	300	400	500	550
L_2	120	150	180	220
D	412	514	616	716
ϕ_2	380	450	536	596
ϕ_3	260	330	400	460
ϕ_4	20	20	20	20

2. 直通式油水分离器集

该油水分离器详见原国家建筑标准图集 91R610-2《直通式油水分离器》。作用原理为在分离器内急剧改变气流方向，降低气流速度，使气体与器壁冲击、摩擦，达到气水分离的目的。其外形尺寸如图 10-31 和图 10-32 所示，具体见表 10-58 和表 10-59。其工作压力为 0.8MPa。

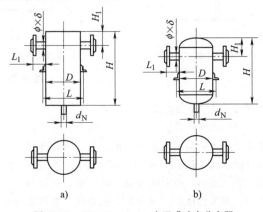

图 10-31　DN = 25~80mm 直通式油水分离器

a）DN = 25~50mm　b）DN = 65~80mm

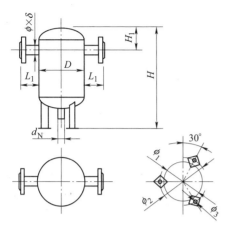

图 10-32　DN＝100～200mm 直通式油水分离器

表 10-58　DN＝25～80mm 直通式油水
分离器外形尺寸（单位：mm）

DN	25	32	40	50	65	80
$\phi\times\delta$	32×3.5	38×3	45×3.5	57×3.5	73×4	89×4
D	159	159	219	219	310	310
d_N	15	15	15	15	15	15
H	600	600	650	650	812	812
H_1	100	100	120	120	208	214
L	213	213	279	279	378	378
L_1	100	100	100	100	100	100

表 10-59　DN＝100～200mm 直通式油
水分离器外形尺寸

（单位：mm）

DN	100	125	150	200
$\phi\times\delta$	108×4	133×4	159×4.5	219×6
D	412	514	616	716
d_N	15	15	15	15
H	1112	1268	1448	1607
H_1	253	298	323	440
L_1	100	100	100	100
ϕ_1	260	330	400	460
ϕ_2	380	450	536	596
ϕ_3	20	20	20	20

3. 旋流板式油水分离器

旋流板式油水分离器详见原国家建筑标准图集 93R618-1《旋流板式油水分离器》。其除水效率随气体中含水量的增大而升高，当气体中含油水量为 3g/m³ 以上时，其除水效率大于 90%。设计温度为 100℃，设计压力为 0.88MPa，工作压力为 0.8MPa。由于其具有较高的除水效率且阻力较小，是较好的压缩空气油水分离设备。

旋流板式油水分离器外形尺寸如图 10-33 和图 10-34 所示，具体见表 10-60 和表 10-61。

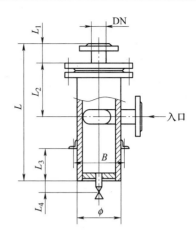

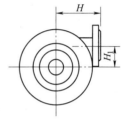

图 10-33　DN＝25～50mm 旋流板式油水分离器

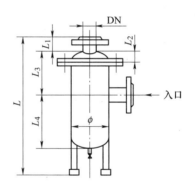

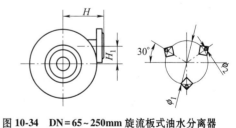

图 10-34　DN＝65～250mm 旋流板式油水分离器

表 10-60　DN＝25～50mm 旋流板式
油水分离器外形尺寸

（单位：mm）

DN	L	L_1	L_2	L_3	L_4	B	ϕ	H	H_1
25	780		190			213	159	150	57
32		100	210	330	60				73
40	832					279	219	180	70
50			220						65

表 10-61　DN=65~250mm 旋流板式油水分离器外形尺寸 （单位：mm）

DN	L	L₁	L₂	L₃	L₄	H	H₁	φ	φ₁	φ₂
65	1302		117	205	614	250	100	310×5	200	18
80	1302	100	117	225	594	250	95	310×5	200	
100	1487		143	281	701	300	120	412×6	260	
125	1741		175	308	796	400	150	514×7	330	20
150	1902	150	207	354	879	500	180	618×8	400	
200	2019		212	404	941	550	220	716×8	460	
250	2232		251	482	1041	558	220	820×10	520	

4. 压缩空气过滤器

压缩空气过滤器用物理的方式除去压缩空气中的各种污染物。根据用气系统对压缩空气的品质要求，过滤器可配合干燥装置使用，也可单独设置。终端过滤器应设置在靠近用气点处。

这里主要介绍适用于 GB/T 13277.1—2008《压缩空气 第1部分：污染物净化等级》范围内的一般用工业压缩空气过滤器。

（1）前置过滤器 其作用是预过滤，适用于滤除液体、油和3μm以上的凝聚物或固体颗粒。前置过滤器设在压缩空气干燥装置前，可以减小压缩空气干燥装置工作负担，提高供气质量，保护干燥装置。

（2）除油过滤器 其适用于压缩空气除油，设在压缩空气干燥装置前，可防止油类物质对干燥剂的污染，保护干燥装置。其也可设置在对油类物质敏感的用气系统入口处。

（3）后置过滤器 其设在压缩空气净化装置后面，用于滤除压缩空气净化装置未去除的液体和油，除去气体中固有的和在压缩空气干燥装置中产生的1μm以上的固体颗粒。可根据用气设备对压缩空气的品质要求，用于压缩空气中级过滤，也可用作精密过滤器前级保护。过滤精度不大于1μm，残油含量为 $1.0×10^{-4}$% （质量分数）。

（4）精密过滤器 它是利用凝聚原理除去气体中0.1μm的油雾、水雾及固体颗粒。根据用气设备对压缩空气的品质要求，可作为终端过滤器设置在用气设备的压缩空气入口管道上，用于压缩空气较

高级别过滤。过滤精度不大于0.1μm，残油含量为 $1.0×10^{-5}$%。

（5）超精密过滤器 其适用于滤除极细小的水汽和油雾，滤除0.01μm的固态颗粒。根据用气设备对压缩空气的品质要求，作为终端过滤器设置在用气设备的压缩空气入口管道上，用于压缩空气高级过滤。过滤精度不大于0.01μm，与活性类过滤器串联使用，残油含量不大于 $5×10^{-7}$% （质量分数）。

（6）蒸汽过滤器 其适用于滤除活性炭通常可吸收的油蒸汽和碳氢化合物蒸汽。根据用气设备对压缩空气的品质要求，可作为终端过滤器使用。

（7）除菌过滤器 其用于去除压缩空气中的细菌，最高可提供100%无菌压缩空气；适用于制药、生物工程、发酵工艺、食品加工、医疗设备等无菌系统，作为终端过滤器使用。

国内压缩空气过滤器生产厂家较多，过滤器组合方式及功能不完全一致，过滤器名称也有差别，这里仅介绍其中一种压缩空气过滤器的选型方法：

1）确定过滤器用途（气液/气固分离）及压力、流量、温度、过滤精度、残余含油量等技术指标。

2）确定过滤器公称流量。过滤器公称流量是指系统工作压力为0.7MPa的压缩空气，换算到标准状态时的流量。

下述过滤器技术参数表中给出的流量，为工作压力0.7MPa下换算到标准大气压（20℃、0.1MPa、65%相对湿度）时的处理量。过滤器实际处理量应根据压力情况修正，即

过滤器实际处理量=公称流量×压力修正系数压力修正系数见表10-62。

3）根据以上条件选择过滤器形式及规格。

4）前、后置过滤器滤芯见表10-63。

5）精密除油过滤器滤芯见表10-64。

表 10-62　压力修正系数

工作压力/MPa	0.1	0.2	0.3	0.4	0.5	0.6	0.7	0.8
修正系数	0.25	0.35	0.5	0.6	0.75	0.9	1	1.1
工作压力/MPa	0.9	1.0	1.2	1.3	1.4	1.5	1.6	2.5
修正系数	1.2	1.4	1.6	1.75	1.9	2.0	2.1	3.0

表 10-63　前、后置过滤器滤芯

型号	滤芯类型	分离效率（%）	初始压降/MPa	工作温度/℃	滤芯特点
SS	烧结不锈钢粉末	>98	0.008	300	耐高温、高压、耐腐蚀、高强度
SB	烧结青铜粉末		0.005	120	耐温、耐压、高强度、流通能力和容尘量大
PF	烧结聚酯纤维		0.003	120	大通量、低阻力、大容尘量
SF	不锈钢纤维烧结毡		0.003	300	精度高、大通量、低阻力、耐高温、耐腐蚀

表 10-64　精密除油过滤器滤芯

型号	滤芯类型	分离效率（%）	初始压降/MPa	残余含油量/(mg/m³)	工作温度/℃	滤芯特点
FF	细滤滤芯	99.99	0.005	0.1	≤40	凝聚式滤芯，精密过滤分离，高效除油、除水、除尘
MF	精密滤芯	99.99998	0.008	0.03		
SMF	超精密滤芯	99.99999	0.012	0.01		
MF+AK	精密滤芯+活性炭滤芯	100	0.016	0.005		超精密过滤分离，高效除油、除水、除尘、除气味
SMF+AK	超精密滤芯+活性炭滤芯	100	0.020	0.003		

6）前、后置过滤器及精密除油过滤器技术参数见表 10-65。

相同规格的前、后置过滤器与精密除油过滤器壳体尺寸完全一样，装入不同的滤芯完成不同的过滤任务。

7）除菌过滤器及 VSS 蒸汽过滤器技术参数见表 10-66。

相同规格的除菌过滤器与 VSS 蒸汽过滤器壳体尺寸完全一样，装入不同的滤芯完成不同的过滤任务。

表 10-65　前、后置过滤器及精密除油过滤器技术参数

型号	SB、SS、PF、SF、FF、MF、SMF、AK					
规格	公称流量/(m³/min)	接口尺寸DN/mm	安装尺寸（mm）			质量/kg
			A	B	C	
0010	1	10	315	80	205	1.5
0030	3	15	350	95	235	1.9
0060	6	32	420	110	295	2.2
0120	12	50	575	150	280	6.5
铝质壳体三段式结构，壳体最高工作压力为 1.6MPa						
0180	18	DN65	835	280	720	41
0240	24		945	280	830	47
0320	32	DN80	1260	320	1120	55
0480	48		1275	360	1135	62
0540	54	DN100	1075	410	910	71
0720	72		1075	410	910	71
0960	96	DN150	1305	410	1140	78
1280	128		1415	480	1210	134
1920	192	DN200	1441	540	1225	172
2560	256		1706	660	1335	249
3200	320	DN250	1786	780	1388	323
3840	384		1816	780	1388	346
5120	512	DN300	1866	880	1423	441
6400	640		1926	880	1423	460
标准壳体最高工作压力为 1.0MPa						

压缩空气过滤器(1)

压缩空气过滤器(2)

10.6.2　集水与排水装置

集水与排水装置用于含湿气体管道，以排除管道低点积存的凝结水。其可用于氧气、氢气、乙炔、煤气、二氧化碳以及压缩空气等各种气体管道。

集水与排水装置分为连续排水器和定期排水器两类。

1. 连续排水器

连续排水器可分为单级和双级两种。陕西省标准图集"陕 R-306"中的煤气管道连续排水器是具有代表性的一种，如图 10-35 和图 10-36。

表10-66　除菌过滤器及 VSS 蒸汽过滤器技术参数

型号	SB、SS、PF、SF、FF、MF、SMF、AK					
规格	公称流量 /（m³/min）	接口尺寸 DN/mm	安装尺寸/mm			质量/kg
			A	B	C	
0010	1	8	238	108	60	1.9
0015	1.5	10	238	108	60	1.9
0020	2	15	300	125	70	2.8
0030	3	20	300	125	70	2.8
0045	4.5	25	387	140	80	3.6
0060	6	32	387	140	80	3.6
0080	8	40	490	160	80	6.2
0120	12	50	490	160	80	6.2
全不锈钢壳体，标准壳体最高工作压力 1.0MPa						
0180	18	65	835	280	115	41
0240	24		945	280	115	47
0320	32	80	1260	320	140	55
0480	48		1275	360	140	62
0720	72	100	1275	410	165	71
0960	96		1305	410	165	78
1280	128	150	1415	480	205	134
1920	192		1441	540	216	172
2560	256	200	1706	660	371	249
3200	320		1786	780	398	323
3840	384	250	1816	780	428	346
5120	512		1866	880	443	441
6400	640	300	1926	880	453	460
全不锈钢壳体，标准壳体最高工作压力为 1.0MPa						

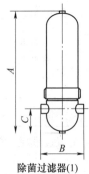

除菌过滤器(1)

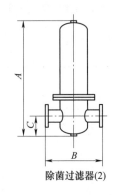

除菌过滤器(2)

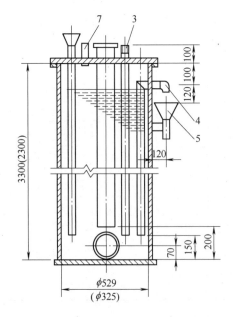

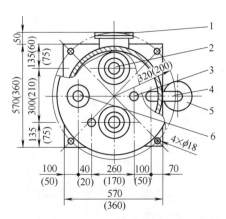

图 10-35　DN=500mm（DN=300mm）、有效水封 30kPa（20kPa）单级连续排水器

1—手孔　2—凝结水管（DN=65~80mm）　3—蒸汽管（DN=20mm）　4—排水管（DN=40mm）
5—排水漏斗（DN=50mm）　6—给水漏斗（DN=25mm）　7—放散管（DN=25mm）

注：图中尺寸 3300mm 为有效水封 30kPa，2300mm 为有效水封 20kPa。括号内尺寸为 DN300 排水器尺寸。

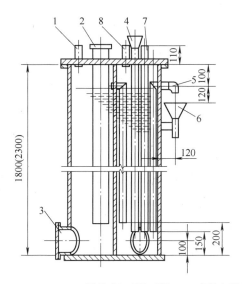
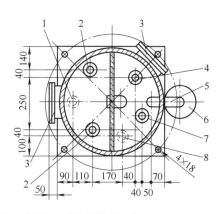

图 10-36　DN=500mm、有效水封 30kPa（40kPa）双级连续排水器

1—放气管（DN=15mm）　2—凝结水管（DN=65~80mm）　3—手孔　4—给水漏斗（DN=25mm）

5—排水管（DN=40mm）　6—排水漏斗　7—蒸汽管（DN=20mm）　8—放散管（DN=25mm）

注：图中尺寸 1800mm 为有效水封 30kPa，2300mm 为有效水封 40kPa。

连续排水器有效水封高度可参考表 10-67 选择。

表 10-67　连续排水器有效水封高度

计算工作压力/kPa	采用有效水封高度/mmH₂O①
<3	100×计算工作压力+150，但≥250
3~10	计算工作压力×150
>10	100×计算工作压力 + 500

① 1mmH$_2$O = 9.8Pa。

1）当同时排出两根煤气管道凝结水时，应按较大压力管道选用。

2）排水器如设在温度低于 0℃ 处，应采取保温措施。

2. 定期排水器

定期排水器用于工作压力不大于 0.1MPa，DN=20~200mm 的煤气管道上，分为卧式和立式两种，外形如图 10-37 所示。

当煤气管道为 DN=200mm 时，凝结水管道为 DN=65mm；当煤气管道 DN 不大于 150mm 时，凝结水管道为 DN=50mm。排水器如设在低于 0℃ 处，应采取保温措施。

3. 埋地管道定期排水器

埋地管道定期排水器如图 10-38 所示。它可用于地下敷设的氢气、氧气、乙炔、二氧化碳及压缩空气等气体管道。

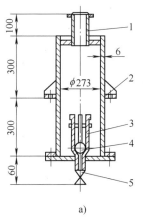
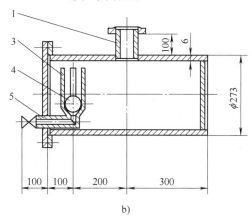

a)　　　　　　　　　　　b)

图 10-37　定期排水器外形

a）立式　b）卧式

1—凝结水管（DN=65mm）　2—支撑　3—挡条　4—橡胶或塑料空心球（DN=50mm）　5—排泄阀（DN=32mm）

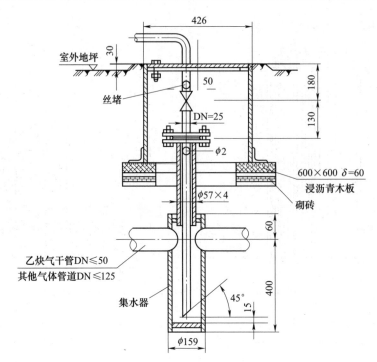

图 10-38　埋地管道定期排水器

注：1. 当排水器用于低压管道排水系统时，排水管道上的 φ2mm 小孔取消。
　　2. 本图为直埋式定期排水器。当集水器上管道接头采用法兰连接时，排水器应设在检查井内。
　　　　且可在集水器底部设 DN＝15mm 的排污阀。

10.7　其他管道附件

10.7.1　除污器

除污器用来排除热水管道安装和运行时掉进管道内的污物，防止管路堵塞。它可安装在热水采暖用户的供水管道入口处，或热力站热水管网的回水管道上。

选择除污器规格时，可按除污器接管管径与相接的热水管网管径相同的原则进行。

除污器可参照动力专业国家建筑标准图集 03R402《除污器》制作。除污器分为立式直通、卧式直通、卧式角通三种常用形式和 ZPG 型自动冲洗排污过滤器。

1）立式直通除污器（图 10-39）的规格和尺寸见表 10-68。

2）卧式直通除污器（图 10-40）的规格和尺寸见表 10-69。

3）卧式角通除污器（图 10-41）的规格和尺寸见图 10-40 和表 10-70。

4）ZPG-L 型自动冲洗排污过滤器（图 10-42）的型号和尺寸见表 10-71。

5）ZPG-I 型自动冲洗排污过滤器（图 10-43）的型号和尺寸见表 10-72。

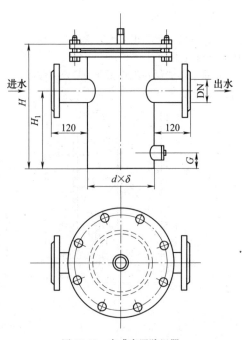

图 10-39　立式直通除污器

表 10-68　立式直通除污器的规格和尺寸

DN/mm	(d/mm)×(δ/mm)		H/mm	H$_1$/mm	G/mm	质量/kg	
	PN1.0MPa	PN0.6MPa				PN1.0MPa	PN0.6MPa
50	159×4.5	159×4.5	326	220	40	29	24.1
65	219×4.5	219×4.5	390	250	43	43.1	36.2
80	273×5	273×4.5	524	350	50	66.2	56.1
100	325×6	325×4.5	596	390	53	92.8	77
125	377×6	377×5	647	410	55	126.2	98
150	426×7	426×5	730	470	60	175.4	134
200	530×8	530×6	900	590	66	296.3	225
250	630×9	630×6	1053	690	72	524	353.4
300	720×10	720×7	1172	770	81	683	500

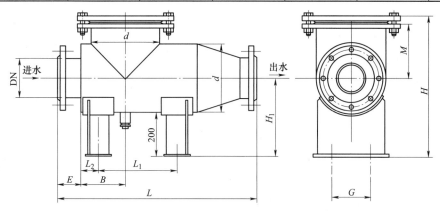

图 10-40　卧式直通除污器

表 10-69　卧式直通除污器的规格和尺寸

DN/mm	(d/mm)×(δ/mm)		L/mm	L$_1$/mm	L$_2$/mm	M/mm		H/mm	H$_1$/mm	B/mm	E/mm	G/mm	质量/kg	
	PN1.0MPa	PN0.6MPa				PN1.0MPa	PN0.6MPa						PN1.0MPa	PN0.6MPa
150	273×5	273×4.5	932	335	110	230	323	597.8	336.5	225	110	180	101.5	87.6
200	377×6	377×5	1197	465	140	290	296	716.5	388.5	270	110	250	183	152
250	426×7	426×5	1272	520	150	330	336	783	413	300	110	280	245.6	191.4
300	480×7	480×5	1362	565	170	358	364	840	440	350	110	320	314.1	249.2
350	530×8	530×6	1417	590	180	389	397	900	465	370	120	350	408.5	324.2
400	630×9	630×6	1737	740	220	440	448	1005	585	435	125	420	611.5	461
450	720×10	720×7	1992	890	240	534	544	1150	560	490	140	470	878.1	650.5

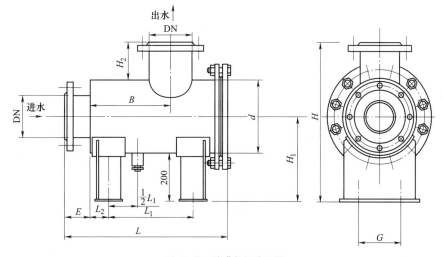

图 10-41　卧式角通除污器

表 10-70　卧式角通除污器的规格和尺寸

DN /mm	(d/mm)×(δ/mm) PN1.0MPa	(d/mm)×(δ/mm) PN0.6MPa	L/mm	L₁/mm	L₂/mm	E/mm	G/mm	H/mm	H₁/mm	H₂/mm	B/mm	质量/kg PN1.0MPa	质量/kg PN0.6MPa
150	273×5	273×4.5	600	270	100	110	180	613	336.5	140	255	89	76.5
200	377×6	377×5	703	350	110	110	250	665	362.5	140	325	152	127
250	426×7	426×5	809	410	130	110	280	766	413	140	450	204.2	163
300	480×7	480×5	921	480	150	110	320	820	440	140	530	265	214
350	530×8	530×6	1055	540	180	120	350	880	465	150	610	355.3	286
400	630×9	630×6	1119	570	190	125	420	980	515	150	640	497.5	384
450	720×10	720×7	1330	680	230	140	470	1080	560	160	790	715.5	535

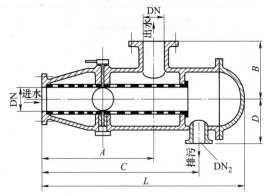

图 10-42　ZPG—L 型自动冲洗排污过滤器

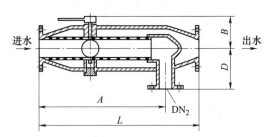

图 10-43　ZPG—I 型自动冲洗排污过滤器

表 10-71　ZPG—L 型自动冲洗排污过滤器的型号和尺寸　　　　（单位：mm）

型号	L	A	B	C	D	排污口 DN₂
ZPG—L—100	710	400	255	540	260	32
ZPG—L—125	790	455	280	615	290	40
ZPG—L—150	860	495	290	670	290	50
ZPG—L—200	1060	610	340	830	340	65
ZPG—L—250	1390	765	390	1030	385	80
ZPG—L—300	1495	800	415	1105	415	100
ZPG—L—350	1720	975	425	1325	415	125
ZPG—L—400	1950	1075	465	1465	465	150
ZPG—L—450	2140	1215	510	1645	510	150
ZPG—L—500	2315	1335	560	1790	560	150
ZPG—L—600	2660	1530	650	2065	650	200
ZPG—L—700	2820	1600	715	2140	660	200
ZPG—L—800	3150	1745	760	2340	760	200
ZPG—L—900	3380	1900	810	2560	810	200
ZPG—L—1000	3680	2220	860	2780	860	250

注：型号最后的数字为进水管的公称直径。

10.7.2　配气器

　　配气器又称为分气筒，安装在车间内压缩空气、氮气及二氧化碳气体管道上。其用途是利用一根供气支管供应几个用气设备。配气器不能用于排出干管中的冷凝水。配气器（图 10-44）接管的尺寸及技术参数见表 10-73。

　　配气器的形式、种类较多，有单接头、双接头、三接头、四接头四种配气器，并各有 DN 为 15mm、20mm、25mm 三种规格。配气器各接头均应安装有阀门及软管接头或旋入式供气阀。配气器底部安装有内螺纹旋塞。配气器目前已有定型产品。

10.7.3　汽水集配器

　　汽水集配器又称为分汽缸、分水器、集配器，主要用于动力站房内或车间入口处汽、水分配。工作压力有 0.8MPa 和 1.3MPa 两种，工作温度不大于 200℃。其外形如图 10-45 所示，尺寸见表 10-74。

表 10-72 ZPG—I 型自动冲洗排污过滤器的型号和尺寸 （单位：mm）

型号	L	A	B	D	排污口 DN₂
ZPG—I—100	428	320	128	180	32
ZPG—I—125	560	400	162	200	40
ZPG—I—150	700	500	189	230	50
ZPG—I—200	870	620	220	280	65
ZPG—I—250	1080	780	255	330	80
ZPG—I—300	1280	920	290	380	100
ZPG—I—350	1580	1140	330	450	125
ZPG—I—400	1800	1300	377	470	150
ZPG—I—450	1860	1340	420	500	150
ZPG—I—500	2030	1470	462	570	150
ZPG—I—600	2440	1750	537	640	200
ZPG—I—700	2850	2140	607	650	200
ZPG—I—800	3040	2340	685	760	200
ZPG—I—900	3300	2550	785	810	200
ZPG—I—1000	3580	5780	860	860	250

注：型号最后的数字为进水管的公称直径。

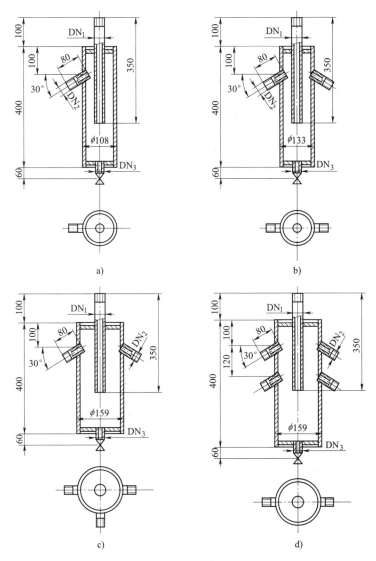

图 10-44 配气器

a）单接头 b）双接头 c）三接头 d）四接头

表 10-73　配气器接管尺寸及技术参数　　　　　　　　（单位：mm）

参数	单接头 DN			双接头 DN			三接头 DN			四接头 DN		
	15	20	25	15	20	25	15	20	25	15	20	25
DN_1	15	20	25	20	25	32	25	32	40	32	40	50
DN_2	15	20	25	15	20	25	15	20	25	15	20	25
DN_3	15											
质量/kg	6.4	6.5	6.8	8.1	8.4	8.8	11.0	11.2	11.6	13.0	13.3	13.8
工作压力	≤0.8MPa											

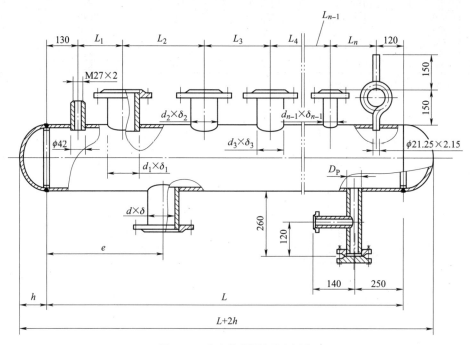

图 10-45　汽水集配器外形示意图

表 10-74　汽水集配器接管尺寸　　　　　　　　（单位：mm）

筒体直径	159	219	273	325	377	426	500	600	700	800	900	1000
封头高度	65	80	93	106	119	132	150	175	200	225	250	275
排污管规格	50						100					
疏水管规格	25						32					

汽水集配器属于压力容器，应按 GB 150.1 ~ 150.4—2011《压力容器》的有关规定进行设计。汽水集配器的筒体和支管的外形尺寸可参照下列规定确定：

1) 筒体直径选择。筒体直径一般比汽、水连接总管直径大两档以上，也可按筒体内流体流速确定，蒸汽流速按 10m/s 计，热水流速按 0.1m/s 计。

2) 筒体长度 L 根据筒体接管确定，一般不大于 3m。

3) 筒体接管中心距 L_1、L_2、L_3、…、L_n、L_{n+1} 一般根据接管直径和保温层厚度确定。对于保温管，一般可按表 10-75 选用。对于不保温管，接管中心距必须不小于 $d_1 + d_2 + 80$mm，d_1、d_2 为任意两相邻接管的外径。

4) 汽水集配器的排污管安装位置及排污管上疏水管安装方向，由工程设计定。

5) 汽水集配器安装时，应保持 1% 的坡度，坡向排污管。

表 10-75　保温管筒体接管中心距

（单位：mm）

中心距	计算公式
L_1	$d_1 + 120$
L_2	$d_1 + d_2 + 120$
L_3	$d_2 + d_3 + 120$
⋮	⋮
L_n	$d_{n-1} + d_n + 120$
L_{n+1}	$d_n + 120$

10.7.4　闪蒸罐

闪蒸罐又称为二次蒸发箱，是一种分离过热凝结水中二次蒸汽的装置，尽可能将二次蒸汽的热能加以利用，一般在蒸汽供暖后凝结水系统中使用，以利节能。在设计选用二次蒸发箱时，应注意箱内蒸汽流速不宜超过 2m/s，凝结水流速不宜超过 0.25m/s，箱内集水空间应为总容积的 20%。在选用二次蒸发箱（国家标准图 07R408）时，应先计算出二次蒸发箱所需容积 V。V 按式（10-34）计算。

$$V = 0.5 \, vxq_{\mathrm{m}} \tag{10-34}$$

式中　V——二次蒸发箱容积（m^3）；

v——二次蒸汽比体积（m^3/kg）；

x——二次蒸发箱中分离出的蒸汽分数，以进入凝结水的质量分数计；

q_{m}——凝结水流入量（t/h）。

x 值应包括二次蒸发汽量和疏水阀窜泄漏入凝结管道的汽量。

为便于选用二次蒸发箱的容积，可按图 10-46 查选。

示例：若凝结水中蒸汽的质量分数为 10%，$p_3 = 0.12\text{MPa}$。根据图解可求出 1t/h 凝结水需要的二次蒸发箱容积 V 为 0.074m^3，若凝结水流量为 4t/h，则容积为 0.296m^3，因此选用 $V = 0.25\text{m}^3$。

二次蒸发箱外形如图 10-47 所示，尺寸见表 10-76。

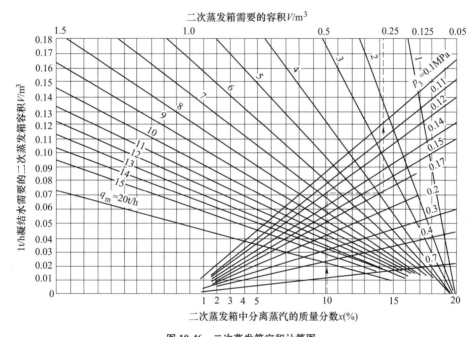

图 10-46　二次蒸发箱容积计算图

q_{m}—凝结水流入量（t/h）　p_3—二次蒸发箱中的汽压（MPa）

10.7.5　管道真空脱气机

1. 概述

供暖系统中如果存有气体，系统容易产生气阻，从而造成局部或整个系统的循环不畅。同时由于水中含有氧气而使得供热管道和钢制散热器腐蚀、穿孔、漏水，会直接影响到整个系统的安全。再者，系统中存有的气体还会造成水泵的气蚀，并在系统管网中产生噪声，影响换热元件的换热效果。真空脱气（脱氧）机则可解决上述问题。该产品采用真空脱气方法，可适用于任何水循环系统。它极强的脱气能力可保证安全快捷的脱除系统内的游离气体及溶解性气体，使得系统能够安全可靠运行。

2. 工作原理

根据亨利定律，气体在水中的溶解度与水温和压力有关。在一定温度下，与气体的压力成正比。在一定的压力下，水温降低，气体的溶解度增加；水温升高，气体的溶解度降低。当降低水面的压力时，可在较低的水温下，使溶于水中的气体析出，从而除去水中的气体。真空脱气机就是通过产生真空，将水中的游离气体和溶解气体释放出来的，再通过自动排气阀排出系统，脱气后的水再注入系统。这些低含气量的水是不饱和水，对气体具有高度的吸收性，它将吸收系统中的气体从而达到气水平衡。真空脱气机每 20~30s 重复一次这样的循环。如此循

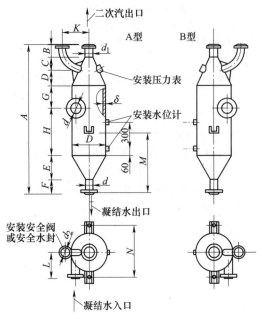

图 10-47 二次蒸发箱外形

环往复, 将系统中的所有气体脱除。

3. 设备概要

真空排气装置由真空排气专用泵、内置雾化装置的钢制真空喷射罐、断电自复位电动阀、压力传感器、程序控制器 (含计算机程控)、可调节阀、活结球阀、抗吸气自动排气阀、过滤器、止回阀、安全阀、低液位报警开关、基座等组成。真空喷射式排气机组设备规格见表 10-77, 真空喷射式排气机组如图 10-48 所示。

表 10-76 二次蒸发箱外形尺寸

型号		1	2	3	4	5	6
容积/m³		0.05	0.125	0.25	0.5	1.0	1.5
质量/kg		42	80	125	176	347	530
尺寸/mm	A	1250	1685	2024	2559	3075	3440
	B	120	140	170	190	210	270
	C	92	110	131	152	194	200
	D	150	210	250	300	400	480
	E	218	275	343	407	521	680
	F	140	160	190	210	230	290
	G	180	250	300	430	500	500
	H	350	540	640	870	1020	1020
	K	240	280	300	350	410	500
	L	250	300	350	400	500	600
	D	325	426	529	630	820	1020
	d	73	108	133	159	219	219
	d_1	45	57	89	108	159	219
	d_2	38	57	73	89	133	159
	δ	4	5	5	5	6	7
	M	440	700	860	1170	1430	1650
	N	485	586	689	790	980	1180

表 10-77 真空喷射式排气机组设备规格

类型	参考型号	最大水容量/m³	适用水温/℃	真空抽吸泵流量/(t/h)	处理范围 (高度)/m	最大工作压力/MPa	电源[1]	功率/kW
一体式机组	Vatec2—1/20	200	0~70	2	0~20	1.0	220-1-50	0.55
一体式机组	Vatec2—1/40	200	0~70	2	0~40	1.0	220-1-50	0.75
一体式机组	Vatec2—1/70	200	0~70	2	0~70	1.6	220-1-50	1.50
一体式机组	Vatec2—1/90	200	0~70	2	0~90	1.6	220-1-50	1.50
一体式机组	Vatec2—1/140	200	0~70	2	0~140	2.5	380-3-50	3.00
一体式机组	Vatec2—1/160	200	0~70	2	0~160	2.5	380-3-50	3.00
一体式机组	Vatec4—1/20	400	0~70	4	0~20	1.0	380-3-50	0.75
一体式机组	Vatec4—1/40	400	0~70	4	0~40	1.0	380-3-50	1.10
一体式机组	Vatec4—1/70	400	0~70	4	0~70	1.6	380-3-50	2.20
一体式机组	Vatec4—1/90	400	0~70	4	0~90	1.6	380-3-50	2.20
一体式机组	Vatec4—1/140	400	0~70	4	0~140	2.5	380-3-50	4.00
一体式机组	Vatec4—1/160	400	0~70	4	0~160	2.5	380-3-50	4.00

① 此列数据为电压 (V)-相数 (相)-频率 (Hz)。

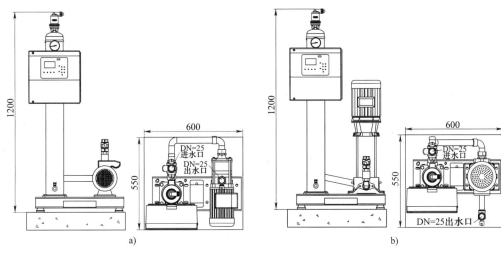

图 10-48　真空喷射式排气机组

a）Vatec2—1/20～40；Vatec4—1/20～40　b）Vatec2—1/70～160；Vatec4—1/70～160

10.8　常用仪表

本节简要介绍动力管道中常用的测量温度、压力和流量的仪表。

10.8.1　温度计的选用

动力管道上常用的温度测量仪表有内标式玻璃温度计、压力式温度计和双金属温度计等。

（1）内标式玻璃温度计　它适用于就地安装，测量温度一般为 −30～500℃。该温度计在安装时，应根据不同介质温度，在保护套管内充填导热物。一般当被测介质温度小于 150℃时充灌机油，大于 150℃时充填铝粉。工业玻璃水银温度计已淘汰。

内标式玻璃温度计的型号与规格见表 10-78。玻璃温度计的安装，可参照国家建筑标准图 16R405《暖通动力常用仪表安装》，可分为水平管道上安装直型、90°角形、135°角形温度计；在 90°弯管上安装；直型温度计在水平管上 45°倾斜安装；135°角形温度计在容器壁或立管上安装；90°角形温度计、直型温度计在容器壁或立管上安装；在管径 DN 小于等于 40mm 的管道上安装等形式。直型温度计的安装如图 10-49 所示，安装尺寸见表 10-79。

（2）压力式温度计　它适用于远距离测量非腐

表 10-78　WNY—11、12、13 内标式玻璃温度计的型号与规格

型号	温度范围/℃	最小分度值/℃	上体尺寸/mm	下体尺寸/mm		
				长度 L		外径
				直型	角形	
WNY—11（直型） WNY—12（90°角形） WNY—13（135°角形）	−80～30	1	外径：$\phi(18\pm1)$ 长度 L：220 ± 5、150 ± 5	60^0_{-5}	110^0_{-5}	$\phi(8\pm1)$
	−50～30	1		80^0_{-5}	130^0_{-5}	
	−30～50	1		100^0_{-5}	150^0_{-5}	
	0～50	0.5		120^0_{-5}	170^0_{-5}	
	0～70	1		160^0_{-5}	210^0_{-5}	
	0～100	1		200^0_{-5}	250^0_{-5}	
	0～150	1		250^0_{-5}	300^0_{-5}	
	0～200	1～2		320^0_{-5}	370^0_{-5}	
				400^0_{-5}	450^0_{-5}	
				500^0_{-5}		

蚀性气体、蒸汽或液体的温度，该温度计的选择及安装的一般要求如下：

1）为保证测量的正确性，被测介质与显示仪表之间毛细管距离一般为 20m，最长距离不超过 60m。毛细管强度较差，选用及安装时应注意保护，并保持有一定的弯曲半径。

2）该温度计安装时，温包应立式安装，显示仪表应高于温包位置。

3）温度计经常工作范围宜取表刻度的 1/3～3/4 处。

4）在较小的管道上安装温包时，若感温部位无

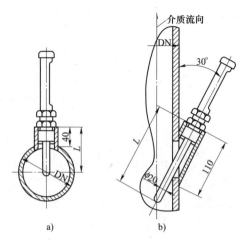

图 10-49　直型温度计的安装

a）直型温度计在水平管上安装　b）直型温度计在立管上安装

表 10-79　温度计安装尺寸　　　　　　　　　　　（单位：mm）

管道公称直径		25	32	40	50	70	80	100	125	150	200	250
管道外径		33	42	48	57	76	89	108	133	159	219	273
L	水平管上	50	54	58	60	80	90	100	100	120	160	160
	立管上	115	115	120	120	160	160	200	200	200	240	320

表 10-80　WTZ、WTQ 系列压力式温度计的型号与规格

型号	表面尺寸/mm	温包直径/mm	毛细管长/m	安装螺纹	精度	测温范围/℃
WTZ—280	ϕ100 ϕ125 ϕ150	ϕ15	1～20	M27×2	2.5	−20～60，0～50
					1.5	0～100，20～120，60～160，100～200
WTZ—288	ϕ150				2.5	−20～60，0～50
					1.5	0～100，20～120，60～160，100～200
WTQ—280 WTQ—288		ϕ22		M33×2	2.5	−80～40，−60～40，0～160，0～200 0～250，0～300，0～400

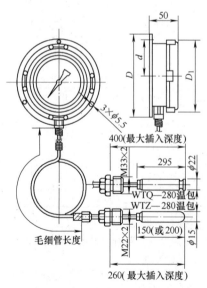

图 10-50　WTZ—280、WTQ—280 压力式温度计外形

法位于管道中心线，则应装扩大管。

压力式温度计的型号与规格见表 10-80，外形如图 10-50 所示，尺寸见表 10-81。

表 10-81　压力式温度计尺寸

（单位：mm）

表面直径	D_1	d	D
ϕ150	156	160	172
ϕ125	133	135	145
ϕ100	117	120	130

（3）双金属温度计　它适用于中、低温现场检测，可直接测量气体、蒸汽和液体温度，具有示值清楚，机械强度较好的优点。

WSS 系列双金属温度计的型号与规格见表 10-82，外形如图 10-51 所示，尺寸见表 10-83。

表 10-82　WSS 系列双金属温度计的型号与规格

型号	安装方向	安装螺纹	外壳公称直径/mm	保护管直径 d/mm	插入长度 L/mm	测温范围/℃	温度分格值/℃
WSS—301	轴向	M16×1.5 可动外螺纹	60	6	100, 150, 200, 250, 300	0~50	1
WSS—302		M16×1.5 可动内螺纹			75, 100, 150, 200, 250, 300	−80~±40, −40~80	2
						0~100, 0~150	2
						0~200, 0~300	5
WSS—401—411	轴向 径向	M27×2 可动内螺纹	100	10	75, 100, 150, 200, 250, 300, 400, 500	0~50, 0~40	1
WSS—402—412	轴向 径向	M27×2 可动内螺纹			75, 100, 150, 200, 250, 300, 400, 500, 750, 1000, 1250, 1500, 1750, 2000	−80~40, −40~80 0~100, 0~150	2
						0~200, 0~300, 0~400	5
						0~500	10
WSS—501—511	轴向 径向	M27×2 可动内螺纹	150	10	150, 200, 250, 300, 400, 500	0~50, −10~40	1
WSS—502—512	轴向 径向	M27×2 可动内螺纹			75, 100, 150, 200, 250, 300, 400, 500, 750, 1000, 1250, 1500, 1750, 2000	−80~40, −40~80* 0~100, 0~150	2
						0~200, 0~300	5
						0~400* 0~500*	10

注：1. 有 * 者没有 L<75mm 规格，特殊规格面议。

　　2. 插入长度 L≥1250mm 者，保护管直径为 12mm。

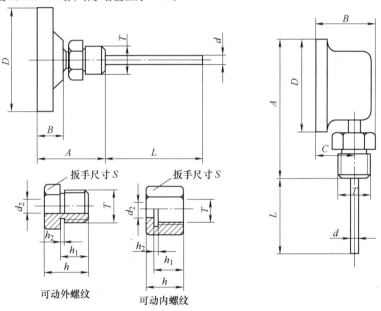

可动外螺纹　　　可动内螺纹

图 10-51　WSS 系列双金属温度计外形

表 10-83　WSS 系列双金属温度计尺寸　　　　　（单位：mm）

型式	D	A	B	C	T	d	d₁
轴向型	60	56	20	—	M16×1.5	6	14
	100	81	26.5	—	M27×2	10	24
	150	85	30.5	—		12	
径向型	100	140	64	44	M27×2	10	24
	150	190	68	48		12	

（续）

型式	D	A	B	C	T	d	d_1
轴向型	可动外螺旋	M16×1.5	22	24	15	8	9.5
		M27×2	32	32	20	4	17.5
径向型	可动外螺旋	M16×1.5	22	21	18	3	9.5
		M27×2	32	28	24	5	17.5

（4）DTR100 内电源式智能数字温度计　它采用计算机处理技术，借鉴 DPM 经验，使仪表智能化、数字化。DTR100 内电源式智能数字温度计完全可以在全天候条件下在线使用，它具有精度高、耐振动、无视差，克服了指针机械表的所有弊端。工作电源仅为一节锂电池。故障、超量程自动报警，校准方法简便易行，具有储存和提示的功能。DTR100 内电源式智能数字温度计的主要技术参数见表 10-84。

表 10-84　DTR100 内电源式智能数字温度计的主要技术参数

测温范围/℃	0~100	0~150	0~250	测量深度/mm	30~2500
	-50~100	-45~105	-40~360		
	-30~70				
准确度	0.5　1.0%FS			耐振性能/(Hz/mm)	≤25
显示	LCD　4 位			防爆等级	Exib Ⅱ Bt6
环境温度/℃	-10~50		-35~55	安装螺纹	M27×2
供电电池	3.6V/2Ah（锂电池）一节			质量/kg	0.5（尾长 250mm）

10.8.2　压力仪表的选用

压力表型号表示方法如图 10-52 所示。

型式：Y——压力　　工作介质：O——氧气　　外径：mm　结构：（不注）——径向
Z——真空　　　　　　　　　H——氢气　　　　　　　　　　　Z——轴向
YZ——压力真空　　　　　　Y——乙炔　　　　　　　　　　　ZQ——轴向前边
　　　　　　　　　　　　　　A——氨气　　　　　　　　　　　TQ——径向前边
　　　　　　　　　　　　　　　　　　　　　　　　　　　　　　T——径向后边

图 10-52　压力表型号表示方法

1. Y 型弹簧管压力表

动力管道上常用的弹簧管压力表，其选择与安装的一般要求如下：

1）就地安装的压力表，宜采用表面直径为 100mm 的 Y—100 型弹簧管压力表；安装在热控仪表盘上的压力表，宜采用表面直径为 150mm 的 Y—150T 型弹簧管压力表。压力表精度等级可取 2.5 级。

2）压力表刻度范围的选用：当测量稳定压力时，仪表的正常指示刻度为最大刻度的 2/3 或 3/4；当测量波动压力时，仪表的正常指示刻度为最大刻度的 1/2。由于弹性元件的下限灵敏度低、误差大，因此最小指示刻度取最大刻度的 1/3。

3）压力表前应装设三通旋塞，便于管道冲洗、零点校正及压力表的校验。当测量介质为温度高于 120℃ 的蒸汽和热水时，旋塞前应装 U 形或环形管。

4）被测介质压力急剧变化和有脉冲压力时，要加装缓冲器；在振动情况下使用时，要装减振装置；测量黏度大和含腐蚀性介质时，应装隔离器。

5）压力表取压点尽可能在管道的直线段，避免在弯头、转角、死角和易产生漩涡的位置上取压。当介质为气体时，在管道上部取压；当介质为液体时，在管道的下部或中心取压；当介质为蒸汽时，在管道的上部或中心取压。

Y 型压力表的型号与分度范围见表 10-85。

表 10-85　Y 型压力表的型号与分度范围

型号	分度范围/MPa
Y—60、Y—60TQ、Y—60T	0~0.1，0~0.16，0~0.25，0~0.4，0~0.6，0~1，0~1.6，0~2.5，0~4，0~6
Y—100、Y—100TQ、Y—100T、Y—150、Y—150TQ、Y—150T	0~0.1，0~0.16，0~0.25，0~0.4，0~0.6，0~1，0~2.5，0~4，0~6，0~10，0~16，0~25，0~40，0~60

弹簧管压力表安装，详见动力专业国家建筑标准图集 16R405《暖通动力常用仪表安装》。

2. 专用压力表简介

（1）YO 型氧气压力表　它适用于测量氧气的压力，表盘上用红色字体标出"禁油"字样。

（2）乙炔压力表　它主要是在焊割工作中与乙炔减压器、乙炔发生器配套使用。乙炔压力表适用于环境温度为 40~60℃，相对湿度不大于 80% 的条件下。

（3）真空表　它适用于低真空系统的测量，压力真空表则可测低真空和正压。

专用压力表的型号与规格见表 10-86。

表 10-86　专用压力表的型号与规格

类型	型号	精度等级	测量范围/MPa	接头螺纹
真空表	Z—60	2.5	−0.1~0	M14×1.5
	Z—100	1.5		M20×1.5
	Z—150			
真空压力表	YZ—60	2.5	−0.1~0.06，0.15，0.3，0.5，0.9，1.5，2.4	M14×1.5
	YZ—100	1.5		M20×1.5
	YZ—150			
氧气压力表	YO—40	2.5	0~0.6，0~25	M10×1
	YO—60		0~0.16，0.25，	M14×1.5
	YO—100	2.5，1.5	0.4，0.6，1，1.6，2.5，4，6，10，16，25	M20×1.5
	YO—150			
氢气压力表	YH—60	2.5	0~0.16，0.25，0.6，1，2.5，4	M14×1.5
乙炔压力表	YY—60	2.5	0~0.25，0.4，2.5	M14×1.5
	YTY—60			

3. MPM484ZL 型压力变送控制器

MPM484ZL 型压力变送控制器是一种全数字化产品，可以对各种流体介质的压力进行测量、显示、控制和数据传输。它采用了以 CPU 微处理器为中心的数字化电路，产生模拟输出信号、接点开关信号、RS485 数据信号及数码显示。所有输出的数据和显示的数值，均可通过面板按键进行选择和调校，是压力测控仪表的理想替代产品。

MPM484ZL 型压力变送控制器外形如图 10-53 所示，主要技术参数见表 10-87。

10.8.3　流量仪表简介

在各车间、用户入口的动力管道上，宜设置就地安装的指示和记录式流量仪表。流量仪表应带有累积装置。目前国产流量仪表的种类很多，各种仪表的使用方法及要求各不相同，在选用时应仔细了解生产厂家的有关技术资料及安装注意事项。本节仅简要介绍几种常用流量仪表的性能和规格型号。

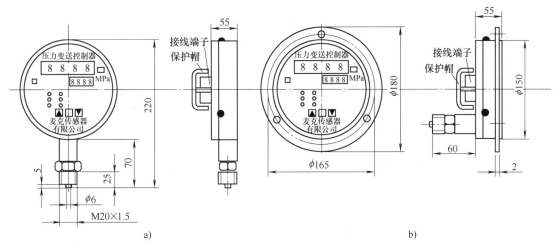

图 10-53　MPM484ZL 型压力变送控制器外形

a）垂直安装　b）轴向安装

表 10-87　MPM484ZL 型压力变送控制器主要技术参数

测量范围/MPa	−0.1~0，0.01~100	允许过载	1.5 倍满量程压力
输出信号精度	0.1%，0.25%，0.5%	显示范围	−1999~9999
输出信号	0/4~10/20Madc，0/1~5/10VDC，RS485 数字信号		
环境温度/℃	−30~60	介质温度/℃	−40~80
相对湿度（%）	10~90	振动频率/Hz	0~300
电源电压/V	220AC，220DC，24DC	传输方式	三线或四线制
最大功耗/W	≤5	接点控制	1~5 点
继电器负载能力	240V/3A（AC）30V/5A（DC）	继电器触电寿命	>100000 次

1. LZ 型金属管转子流量计

该仪表一般用不锈钢制造（基型）。带夹套后可加热或冷却，保护介质不结晶或汽化的称为 T 型；带耐蚀型变送器的称为 F 型。其中 LZZ 型用于就地指示流量值，LZQ 型气动远传型和 LZD 型电动远传型除就地指示外，还可分别输出与流量成正比的气动信号和电动信号，与相应的气动和电动单元组合仪表配套，实现远传指示、记录、调节、积算、报警等多种功能。

LZ 型金属管转子流量计的型号见表 10-88，主要技术参数见表 10-89。

（1）LZZ 型　指示误差：±1.5% 或 ±2.5%；环

表 10-88 LZ 型金属管转子流量计的型号

变送器	指示型	气动远传型	电动远传型
	LZZ	LZQ	LZD
基型	LZZ—15~150	LZQ—15~150	LZD—15~150
T 型(夹套)	LZZ—15T~50T	LZQ—15T~50T	LZD—15T~50T
F 型(耐腐)	LZZ—15F~25F	LZQ—15F~25F	LZD—15F~25F
Y 型(高压)	LZZ—15Y	LZQ—15Y	LZD—15Y

境温度: 10~60℃; 压力损失: ≤3500Pa。

（2）LZQ 型 远传误差: ±2%; 气源压力: 0.14MPa; 输出信号: 0.02~0.1MPa; 环境温度: -10~60℃; 耗气量: ≤700L/h。

（3）LZD 型 远传误差: ±2.5%; 电源: 220V, 50Hz; 负载阻抗: ≤1.5kΩ; 输出电流: 0~10mA (DC); 环境温度: -10~55℃; 相对湿度: ≤85%; 压力损失: ≤3500Pa。

LZ 型金属管转子流量计如图 10-54 所示, 外形尺寸见表 10-90。

表 10-89 LZ 型金属管转子流量计的主要技术参数

DN/mm	规格		量程比	工作条件	
	水流量/(L/h)	空气(标准);流量/(m^3/h)		压力/MPa	温度/℃
15	60	2		6.4 (F 型为 1.6)	-40~150 (F 型为-40~100)
	100	3			
	160	5			
	250	8			
	F 型 400	12			
25	400	12	1:5 或 1:10		
	600	18			
	1000	30			
	1600	48			
	2500	75			
	F 型 4000	120			
40	2500	75		6.4	-40~150
	4000	120			
	6000	180			
50	10000	300			
	16000	480			
80	25000	750		2.5	
100	40000	1200			
125	60000	1800		1.6	
150	100000	3000			

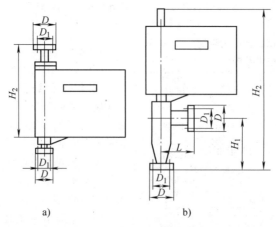

a)   b)

图 10-54 LZ 型金属管转子流量计

a) 基型（DN＝15mm）、F 型（DN＝15~25mm）、T 型（DN＝15mm）　b) 基型（DN＝25~150mm）、T 型（DN＝25~50mm）

表 10-90　LZ 型金属管转子流量计外形尺寸　　　　　　　（单位：mm）

变送器类型	公称直径	H_1	H_2	L	D_1	D	螺纹直径	螺纹数目	质量/kg
基型	15	—	420	—	90	125	M12	4	15.5
	25	173	610	90	100	135	M12	4	18
	40	262	712	147	110	150	M16	4	22
	50	262	712	147	110	150	M16	4	24
	80	350	848	200	148	180	M16	8	33
	100	350	848	200	172	205	M16	8	45
	125	450	978	240	192	225	M16	8	59
	150	450	978	240	218	250	M16	12	70
F 型（耐腐）	15	—	420	—	65	95	M12	4	
	25	—	525	—	85	115	M12	4	
T 型（夹套）	15	—	420	—	75	105	M12	4	10
	25	173	610	90	100	135	M16	4	20
	40	262	712	147	125	165	M20	4	24
	50	297	735	147	135	175	M20	4	26

2. LX 型旋翼式水表

LX 型旋翼式水表是最常用的水表，仅适合测量洁净水的流量，可直接水平安装在管道上。LX 型旋翼式水表的型号与规格见表 10-91。

LXD 型旋翼式定量水表由定量水表、ZCP 电磁阀和 KLXD 控制箱组成。给水量由定量水表设定，当达到设定给水量时，电磁阀自动关闭，完成一次定量给水。

3. LFX 分流旋翼式蒸汽流量计

LFX 分流旋翼式蒸汽流量计（以下简称流量计）主要用来计量工业生产过程中，饱和蒸汽和过热度不太大的过热蒸汽流量的机械指针式仪表。该流量计结构简单，稳定可靠，压力损失小，直接安装在被测蒸汽管道上计量蒸汽累计质量。该流量计是原型蒸汽流量计的革新产品。由于采用了行星传动的新型结构来调整压力补偿刻度，压力补偿刻度盘刻度间隔变宽，使得微量压力的变化补偿得以实现，从而保证了流量计的计量精度。显示方式由于采用计数器与单针计量，使得表头部分结构更加简单，计量显示更明显。计量显示方式有现场指示的直读式和远传显示的远传式。

表 10-91　LX 型旋翼式水表的型号与规格

型号	名称	公称直径/mm	额定流量/(m³/h)	最大流量/(m³/h)	最小流量/(m³/h)	始动流量/(m³/h)	工作压力/MPa	质量/kg	备注
LXS—15C	旋翼式湿式冷水表	15	1.5	5	0.03	10	1	1.6	被测水温<30℃ 压力损失≤0.1MPa
LXS—20C		20	2.5	7	0.05	14		2.1	
LXS—25C		25	3.5	8	0.07	17		3.1	
LXS—40C		40	10	20	0.20	46		4.9	
LXS—50	旋翼式冷水表	50	10	15	0.4		<1	—	—
LXS—80		80	22	35	1.10				
LXS—100		100	32	50	1.40				
LXS—150		150	63	100	2.40				
LXL—200	旋翼式冷水表	200	300	600	15	—		100	
LXL—300		300	750	1500	30			160.5	
LXL—400		400	1500	2800	40			298	
LXR—15	旋翼式热水表	15	1	1.5	0.06	—	<0.6	—	被测水温 ≤90℃
LXR—20		20	1.6	2.5	0.09				
LXR—25		25	2.2	3.5	0.14				
		40	6.3	10	0.24				
LXR—40		50	10	17	0.60				
LXR—50		80	13	20	2				
		100	20	30	8				
LXR—80		150	33	50	5				
LXD—32	旋翼式定量水表	32	3.2	5	1		<0.6	—	—
LXD—40		40	6.3	10	2				

流量计的主要技术参数：

1）工作压力：

DN＝25mm：0.05～1.0MPa。

DN＝50、80、100mm：0.05～1.6MPa。

2）介质温度：

DN＝25mm：≤183℃。

DN＝50、80、100mm：≤240℃。

3）压力损失：在流量上限时≤0.05MPa。

4）精度：2.5级。

流量计规格见表10-92。

表10-92　流量计规格

口径 DN/mm	25	50	80	100
流量/(kg/h)	8～266	35～3263	140～6525	349～13050

4. 涡街流量计

涡街流量计是一种自然振荡型流量计，具有其他类型流量计所没有或不能同时兼有的许多优点。该流量计与二次仪表配套，用于远距离测量管道中液体、气体、蒸汽的瞬时流量和累计流量。流量计的流量系数不受被测量介质的压力、温度、密度、黏度及其组分等参数的影响。该流量计被测介质范围广（各种气体、液体、蒸汽）；使用温度范围宽（-20～250℃，引进产品可达-50～427℃）；工作压力较高（10MPa，引进产品可达20MPa）；系列全，具有对夹式、管法兰式或插入式；管径 DN 为 25～2000mm，引进产品可达 DN＝2700mm。测量元件有热敏、磁敏、压电等方式。

主要技术参数：

1）涡街流量计变送器公称直径：

① 满管流涡街流量计：对夹式为 DN＝25、40、50、80、100mm；法兰式为 DN＝150、200mm。

② 插入式涡街流量计：DN＝200～2000mm。

2）精度：

① 频率输出信号：≤±1.0%指示值。

② 电流输出信号：≤±（1.0%指示值＋0.2%满刻度值）。

3）工作压力：

① 满管流涡街流量计：1.6MPa、2.5MPa、4MPa、6.4MPa。

② 插入式涡街流量计：1.6MPa、2.5MPa。

4）被测量介质温度：-20～250℃。

5）使用环境：温度为-20～250℃；湿度为5%～90% RH，50℃。

6）电源：24V（1±10%）（随负载电阻的不同，允许采用15～45V的电源电压）。

涡街流量计的详细资料请查阅生产厂的技术文件或产品说明书。

5. 冲塞式流量计

冲塞式流量计适用于测量对铜合金和铸铁不起腐蚀作用的连续流动液体、气体及饱和蒸汽的流量。被测介质应稳定无脉冲，且无各种渣滓及结焦现象。

冲塞式流量计分为 LTZ 指示型和 LTS 指示记录型两种。其型号与规格见表10-93，外形如图10-55所示，尺寸见表10-94。

表10-93　冲塞式流量计的型号与规格

型号	测量范围/(m³/h)	被测介质			基本误差		质量/kg
		最大黏度	最高温度	工作压力	LTZ	LTS	
LTZ—25 LTS—25	0～4						41 44
LTZ—32 LTS—32	0～6						45 48
LTZ—40 LTS—40	0～10						49 51
LTZ—50 LTS—50	0～15	10°E	220℃	1.6MPa	±3% 测量上限	±3%（指示） ±3.5%（记录）	77 74
LTZ—65 LTS—65	0～25						79 83
LTZ—80 LTS—80	0～40						94 97
LTZ—100 LTS—100	0～60						141 146

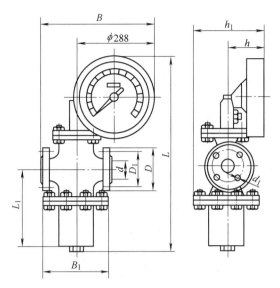

图 10-55　冲塞式流量计外形

表 10-94　冲塞式流量计外形尺寸　　　　（单位：mm）

型号	d	d_1	D	D_1	L	L_1	B	B_1	h	h_1
LTZ—25 LTS—25	25	4 孔 $\phi14$	115	85	597	222	351	200	133 170	223 260
LTZ—32 LTS—32	32	4 孔 $\phi18$	140	100	622	232	356	210	133 170	223 260
LTZ—40 LTS—40	40	4 孔 $\phi18$	150	110	637	232	366	230	133 170	223 260
LTZ—50 LTS—50	50	4 孔 $\phi18$	165	125	737	312	407	250	133 170	250. 5 287. 5
LTZ—65 LTS—65	65	4 孔 $\phi18$	185	145	762	317	427	290	133 170	250. 5 287. 5
LTZ—80 LTS—80	80	8 孔 $\phi18$	200	160	777	322	453	310	133 170	250. 5 287. 5
LTZ—100 LTS—100	100	8 孔 $\phi18$	220	180	937	422	496	350	133 170	273 315

6. MJB-NA 型煤气表

MJB-NA 型煤气表适用于居民家庭用户记录累计城市燃气耗量。性能参数如下：

1）流量范围：$0.08 \sim 2.5 \, \mathrm{m^3/h}$。

2）精度：±2%。

3）压力损失：130Pa。

4）压力波动范围：50Pa。

MJB-NA 型煤气表外形如图 10-56 所示。

10.8.4　热量表简介

1. 概述

热量表是计算热量的仪表。热量表的工作原理：将一对温度传感器分别安装在通过载热流体的上行管和下行管上，流量计安装在流体入口或回流管上（流量计安装的位置不同，最终的测量结果也不同），流量计发出与流量成正比的脉冲信号，一对温度传感器给出表示温度高低的模拟信号，积算仪采集来自流量和温度传感器的信号，利用计算公式算出热交换系统获得的热量。

根据 JGJ 173—2009《供热计量技术规程》的有关要求，集中供热的新建建筑和既有建筑的节能改造必须安装热计量装置，集中供热系统的热量计算点必须安装热量表，热源和热力站的供热量应采用

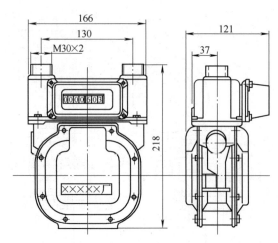

图 10-56　MJB-NA 型煤气表外形

热量测量装置加以计量监测。

2. 分类

（1）按原理划分　热量表按原理不同，可分为机械式热量表（其中包括：涡轮式、孔板式、涡街式）、电磁式热量表、超声波式热量表等种类。

（2）按总体结构划分　热量表按总体结构不同，可分为整体式热量表、组合式热量表、紧凑式热量表。

（3）按使用功能划分　热量表按使用功能不同，可分为单用于采暖分户计量的热量表和可用于空调系统的（冷）热量表。（冷）热量表与热量表在结构和原理上是一样的，主要区别是传感器的信号采集和运算方式不同，也就是说，两种表的区别是程序软件的不同。

1）（冷）热量表的冷热计量转换，是由程序软件完成的。当供水温度高于回水温度时，为供热状态，热量表计量的是供热量；当供水温度低于回水温度时，是制冷状态，热量表自动转换为计量制冷量。

2）由于空调系统的供回水设计温差和实际温差都很小，所以（冷）热量表的程序采样和计算公式的参数也比单用途热量表的区域大。

（4）功率划分

1）户用热量表：口径 DN≤40mm。

2）工业用热量表：口径 DN>40mm

3. 热量表的设计要求

1）热量表应根据公称流量选型，并校核在设计流量下的压降。公称流量可按设计流量的80%确定。热量表装置各部件的工作压力和温度应满足供热系统要求。常用热量表技术参数及使用范围见表10-95。

2）热量表数据储存宜能够满足当地供暖季供暖天数的日供热量的储存要求，且宜具备功能扩展的能力及数据远传功能。

3）热量表安装时，为保证热量表能够正常工作，热量表前后必须留有足够的直管段。对于超声波和机械式热量表，其前后安装的直管段要求分别为10D 和 5D；当现场条件无法满足时，至少要保证5D 和 5D；对于传统的涡街或孔板式热量表，其前后安装的直管段要求分别为20D 和 7D。直管段范围内不允许安装任何管件或压力、温度测量仪表等影响流量特性的元件。

4）对于超声波、电磁式热量表，可以水平、垂直或以一定角度安装。对于机械式热量表，分为水平螺翼式和垂直螺翼式两种，前者可水平或垂直安装，后者只能水平安装。对于孔板式热量表只能水平安装。对于涡街式热量表可水平或垂直安装。

5）当被检测介质含有较多杂质时，应根据不同形式热量表的要求，在热量表直管段前加装过滤装置。在热量表流量传感器的前后应设置关断阀，且关断阀应设于过滤器、压力表接口等所需检测设备的两侧。热量表的典型安装如图10-57所示。

4. 热量表的安装及调试要求

1）热量表的流量传感器的安装位置应符合仪表安装要求，且安装在回水管上。

2）热量表安装位置应保证仪表正常工作要求，不应安装在有碍检修、易受机械损伤、有腐蚀和振动的位置。仪表安装前应将管道内部清扫干净。

3）热量表调试时，应设置存储参数和周期，内部时钟应校准一致。

4）热水用热量表不能安装于整套管路的最高处，防止积气影响计量精度。蒸汽用热量表不能安

表 10-95　常用热量表技术参数及使用范围

热量表类型	适应介质	技术参数及功能要求（流量计 / 计算器）	优缺点	范围及用途（口径 DN/mm）	15	20	25	32	40	50	65	80	100	125	150	200	250
超声波	液体	流量计：计量等级：2 级；介质温度：≤130℃；压力等级：PN16；防护等级：≥IP65；量程比：1:100。计算器：电池及电源双路供电；环境温度：≤55℃；远程通信；防护等级：≥IP54；存储 12 个月数据	故障少；计量精度高；不容易堵塞；水阻力小 ≤17kPa/qp	标称流量/(m³/h)	1.5	2.5	3.5	6	10	15	25	40	60	100	150	250	400
				热源	/	/	/	/	/	●	●	●	●	●	●	●	●
				楼栋	/	/	/	●	●	○	○	○	○	○	○	○	○
				分户	√	√	√	√	√	/	/	/	/	/	/	/	/
机械式	液体	流量计：计量等级：B 级；介质温度：≤130℃；压力等级：PN16；防护等级：≥IP65；量程比：1:100。计算器：电池及电源双路供电；环境温度：≤55℃；远程通信；防护等级：≥IP54；存储 12 个月数据	阻力大；容易堵塞；易损件较多；检定维修量大	标称流量/(m³/h)	1.5	2.5	3.5	6	10	15	25	40	60	100	150	250	400
				热源	/	/	/	/	/	●	●	●	●	●	●	●	●
				楼栋	/	/	/	●	●	○	○	○	○	○	○	○	○
				分户	√	√	√	√	√	/	/	/	/	/	/	/	/
电磁式	液体	流量计：计量精度：±1.5%；介质温度：≤60℃；压力等级：PN16；防护等级：≥IP65；量程比：1:100。计算器：电源供电；环境温度：≤55℃；远程通信；防护等级：≥IP54；存储 12 个月数据	优点同超声波热量表；波损大；适用于大口径测量；需要供电	标称流量/(m³/h)	1.5	2.5	3.5	6	10	15	25	40	60	100	150	250	400
				热源	/	/	/	/	/	○	○	○	○	○	○	○	○
				楼栋	/	/	/	/	/	○	○	○	○	○	○	○	○
				分户	/	/	/	/	/	/	/	/	/	/	/	/	/
孔板式	蒸汽	流量计：计量精度：±0.5%；介质温度：≤350℃；压力等级：PN16；防护等级：≥IP65；量程比：1:20。计算器：电源供电；环境温度：≤55℃；远程通信；防护等级：≥IP54	结构简单安装方便；测量准确；压损大；直管段长	表径（表径与管径相同，根据蒸汽参数确定孔板孔径）													
				热源	/	/	/	/	/	○	○	○	○	○	○	○	○
				楼栋	/	/	/	/	/	○	○	○	○	○	○	○	○
				分户	/	/	/	/	/	/	/	/	/	/	/	/	/
涡街式	液体、气体	流量计：准确度：±1.0%；介质温度：≤350℃；压力等级：PN16；防护等级：≥IP65；量程比：1:20。计算器：电池及电源双路供电；环境温度：≤80℃；远程通信；防护等级：≥IP54	可测量水、气体、过热蒸汽、饱和蒸汽；耐高温；直管段长	标称流量/(m³/h)	8~18	10~15	10~15		18~180	30~300		70~700	100~1000	150~1500	200~2000	400~4000	600~6000
				热源	/	/	/	/	/	○	○	○	○	○	○	○	○
				楼栋	/	/	/	/	/	○	○	○	○	○	○	○	○
				分户	/	/	/	/	/	/	/	/	/	/	/	/	/

注：热量表分为贸易结算、企业管理、分摊结算等用途，上表中分别以 ●、○、√ 表示，不适用为 /。

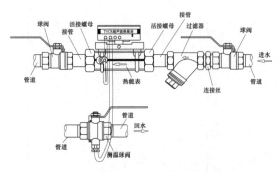

图 10-57　热计量的典型安装

装于整套管路的最低处，防止长期积水影响计量精度。

5）流量传感器安装应符合以下要求：安装时必须按照管段上流量指示箭头方向安装；当管道管径与热量表管径存在差异、需要做变径处理时，管径缩径不宜超过 2 档，变径角度不宜大于 8°；口径 DN 大于 50mm 时，流量传感器前后管道均应设置稳固可靠的支撑；流量传感器安装完毕后，管道应进行保温，保温材料应包裹流量传感器的基座；当采用整体式热量表时，保温不应包住计算器；当管道夏季输送冷水时，应进行防结露保温，计算器和管道之间应用保温材料绝热。

6）温度传感器安装应符合以下要求：应根据温度传感器上的颜色标签，分辨是供水还是回水温度传感器后再安装；安装管路上不宜有分流或汇流装置，如不可避免，距汇流或分流应不小于 10 倍管径长度；宜采用热量表生产厂提供的温度传感器 T 形接头、专用测温球阀或专用测温套管等形式安装；口径 DN 不大于 25mm 的热量表可采用短探头直接插入；温度传感器不宜安装在管道高凸处；温度传感器应至少插入到管道的中心位置，传感器的尖头宜迎着水流方向倾斜 45° 角插入水中，也可采用水平安装或垂直安装；安装温度传感器的管段应保温，冷暖两用的管道应进行防结露保温。

7）热量表计算器安装要求：热量表计算器应在电磁等级 E1 级的工作环境下运行，应远离变频设备和电磁干扰源；热量表计算器安装高度不应大于 1.6m，其安装角度应便于读数；组合式热计量表计算器可以独立设在仪表箱内，且应符合 GB 50171—2012《电气装置安装工程　盘、柜及二次回路接线施工及验收规范》的相关规定；流量传感器和温度传感器的电缆应独立走线接入计算器，不应接触供热管道，不得与其他强电电缆同槽走线，采用外接电源应考虑接地，并应符合 GB 50093—2013《自动化仪表工程施工及质量验收规范》和相关国家标准

设计图要求。

10.9　节流装置简介

节流装置是测量流量的差压感受元件，配合差压变送器以及记录、显示、积算等仪表，可以求得瞬时流量值和累计流量值，通过调节仪表可对流量进行调节。目前节流装置是常用且成熟的流量测量方法，主要用于单向、均匀和稳定的蒸汽、液体、气体的流量测量。关于节流装置用于测量气体、液体、湿气体、蒸汽的流量管道安装详图见国家建筑标准图集 16R405《暖通动力常用仪表安装》。我国以国际标准化组织推荐的 ISO 5167-1《采用孔板和喷嘴测量流体的流量》为准，结合我国的具体情况制定了 GB/T 2624.1～4—2006，并把这些标准形式的节流装置定为"标准节流装置"，例如标准孔板、标准喷嘴等。

我国规定的标准节流装置的取压方式对标准孔板而言，有角接取压、法兰取压两类，在选用时应注意。由于取压方式不同，即使是同一节流件，其使用范围、取压装置的结构和有关技术要求也是不同的。

节流装置与差压计组成的差压流量计的缺点是安装要求严格，上下游需要足够长度的直管段，测量范围窄，一般为 1：3，压力损失较大，刻度值非线性等。对于不同介质，节流装置还应配有冷凝器、隔离器、平衡器等附件。

标准节流装置的型号与规格见表 10-96。

节流装置的设计计算是一个比较复杂的计算过程，目前我国已经开发了计算机软件，使节流装置的计算更加准确和迅速。本节仅简要介绍管道设计及运行管理专业常遇到的两个主要计算公式。

实用流量按式（10-35）或式（10-36）计算。

$$q_V = 3.9207 a \varepsilon d^2 \sqrt{\Delta p / \rho_1} \qquad (10\text{-}35)$$

$$q_m = 3.9207 a \varepsilon d^2 \sqrt{\Delta p \rho_1} \qquad (10\text{-}36)$$

式中　q_V——工作状态下的体积流量（m^3/h）；

q_m——工作状态下的质量流量（kg/h）；

a——流量系数；

ε——流束膨胀系数；

d——工作状态下节流件开孔直径（mm）；

Δp——节流件前后压差（Pa）；

ρ_1——工作状态下被测流体的密度（kg/m^3）。

在选用及安装节流装置时，应注意下列要求：

1）当被测管内径大于 200mm 时，宜采用盘式取压室；当被测管内径大于 400mm 时，宜采用环式取压室。

表 10-96　标准节流装置的型号与规格

名称	型号	管道内径/mm	公称压力/MPa	法兰
标准孔板（环室）	BB10	50~400	1	
	BB25		2.5	
	BB64		6.4	
标准孔板（无室）	BB—2.5	450~1600	0.25	
	BB—6	450~1400	0.6	
	BB—10	450~1200	1	
	BB—16	450~1200	1.6	
	BB—25	450~800	2.5	
标准喷嘴（环室）	BZ10	50~400	1	JB/T 74—2015 GB/T 9124.1—2019、 GB/T 9124.2—2019
	BZ25		2.5	
圆弧喷嘴（环室）	UZ10	50~400	1	
	UZ25		2.5	
文丘里喷嘴（环室）	GZ25	100~400	2.5	
双孔板（环室）	SB10	50~400	1	
			2.5	
圆缺孔板（无室）	QB—2.5	50~1600	0.25	
	QB—6	50~1400	0.6	
	QB—10	50~1200	1	
	QB—16	50~1200	1.6	
	QB—25	50~800	2.5	

2）节流装置可以在水平、垂直和倾斜的管道上，这段管道中的流体在流动过程中尽量避免产生涡流。并且在节流装置的前后，必须有一段直管段，使节流装置的前面直管段长度不得小于 10 倍管径，后面直管段长度不得小于 5 倍管径。

3）节流装置的前后两面形状不同，不得装反。节流装置的中心线必须与管道的中心线相重合。

4）在节流装置附近的管道内壁应平整光滑，不得有用肉眼可以看见的凸出物（如垫片、焊缝、焊渣等）或凹坑。

5）为了减少时滞，取压导管的长度不得超过 50m，导管内径不应小于 10mm。

6）在测量液体流量时，差压计宜装在节流装置的下面，以便于排出取压导管内的气体。如差压计只能装在节流装置的上面，则应在取压导管上面装设带有冲洗阀的气体收集装置。

7）在测量气体流量时，差压计应装在节流装置的上面。如果差压计只能装在下面，则应在取压导管的最低点安装集水装置，以便收集导管中的凝结水。

8）在测量蒸汽流量时，差压计应装在节流装置的下面。如果差压计只能装在节流装置的上面，则应在取压导管上部安装气体收集装置。测量蒸汽流量的节流装置附近的导出管上应安装冷凝器，节流装置前后两个冷凝器中的冷凝水位应相同，并保持不变，以免影响仪表指示值的精确性。

节流装置的设计选型，动力管道专业应向热控专业或制造厂提出必需的资料。资料内容如下：

1）管内介质的种类、名称。

2）管道内径或外径、壁厚。

3）工作状态和标准状态下的最大流量。

4）工作状态和标准状态下的刻度流量。

5）工作温度。

6）工作压力、绝对压力或表压力。

7）管道安装方式：水平、垂直、倾斜。

8）流体流向：自上而下、自下而上。

9）管道法兰：按法兰标准规范，给出法兰的公称压力（PN）及公称直径（DN）。

第 11 章　绝热与防腐

11.1　绝热设计的原则

1. 基本原则

1）绝热设计应满足生产工艺及节能减排的要求，改善劳动条件，提高经济效益，保证绝热设计质量。

2）绝热设计应按使用环境、被绝热设备及管道的材质和表面温度正确选择符合有关标准的材料；对于新材料，应通过国家法定的检测部门检测合格后再选用。

3）绝热设计应根据工艺、节能、防结露和经济性等要求进行绝热计算，并应确定绝热结构。

2. 一般保温

具有下列情况之一的设备、管道及附件，应进行保温：

1）环境温度为25℃时，外表面温度大于50℃，以及工艺需要减少散热损失者。

2）外表面温度小于或等于50℃，且工艺需要减少介质的温度降低或延长介质凝结者。

3）生产中要求介质温度保持稳定的设备及管道。

3. 防烫伤保温

表面温度超过60℃的不保温设备和管道，需要经常维护又无法采用其他措施防止烫伤的部位，必须在下列范围内设置防烫伤保温设施：

1）距离地面或工作平台的高度小于2.1m。

2）靠近操作平台距离小于0.75m。

4. 保冷

具有下列情况之一的设备、管道及附件，应进行保冷：

1）外表面温度低于环境温度且需减少冷介质在生产和输送过程中冷损失量者。

2）需减少冷介质在生产和输送过程中温度升高或汽化者。

3）为防止常温以下、0℃以上设备及管道外壁表面结露者。

4）与保冷设备或管道相连的仪表及其附件。

5. 不绝热

除人身防护要求绝热的部位外，具有下列情况之一的设备、管道及附件不应绝热：

1）要求散热或必须裸露的设备和管道。

2）要求及时发现泄漏的设备和管道上的连接法兰。

3）要求经常监测，防止发生损坏的部位。

4）工艺生产中排气、放空等不需要保温的设备和管道。

11.2　绝热材料的选择

绝热材料及其制品的主要物理性能和化学性能应符合有关产品标准的规定，常用绝热材料的主要性能应符合表11-1和表11-2的要求。绝热材料的性能要求如下：

1）绝热材料及制品的燃烧性能等级应符合下列要求：

① 被绝热设备或管道表面温度大于100℃时，应选择不低于 GB 8624—2012《建筑材料及制品燃烧性能分级》中规定的 A2 级材料。

② 被绝热设备或管道表面温度小于或等于100℃时，应选择不低于《建筑材料及制品燃烧性能分级》中规定的 C 级材料，当选择《建筑材料及制品燃烧性能分级》中规定的 B 级和 C 级材料时，氧指数不应小于30%。

2）用于与奥氏体不锈钢表面接触的绝热材料，其氯化物、氟化物、硅酸根、钠离子的含量，应符合 GB/T 17393—2008《覆盖奥氏体不锈钢用绝热材料规范》的有关规定，其浸出液的 pH 值在25℃应为 7.0 ~11.0。

3）用于覆盖铝、铜、钢材的矿物纤维类绝热材料，应按 GB/T 11835—2016《绝热用岩棉、矿渣棉及其制品》的有关规定试验并判定，对照样的秩和不应小于21。

4）岩棉、矿渣棉、玻璃棉和含黏结剂的硅酸铝棉制品应提供高于工况使用温度至少100℃的最高使用温度评估报告，试验方法应按 GB/T 17430—2015《绝热材料最高使用温度的评估方法》的有关规定进行，依据《绝热用岩棉、矿渣棉及其制品》和 GB/T 13350—2017《绝热用玻璃棉及其制品》的有关规定判定，不合格者不得使用。

5）绝热材料应选择能提供具有最高或最低使用温度、燃烧性能、腐蚀性及耐蚀性、防潮性能、抗压强度、抗折强度、化学稳定性、热稳定性指标的产品。对硬质绝热材料尚应提供材料的线膨胀系数或线收缩率数据。

表 11-1 常用保温材料性能

序号	材料名称	使用密度/(kg/m³)	最高使用温度/℃	推荐使用温度 T_2/℃	常用热导率 λ_0(平均温度 $T_m=70℃$时)/[W/(m·K)]	热导率参考方程(T_m为平均温度)/[W/(m·K)]	抗压强度/MPa	要求
1	高温离心棉制品	48~50	450	350	—	$K=0.027+0.00018T_m$ 常温时 $\lambda\leqslant0.033$ 350℃时 $\lambda\leqslant0.058$	—	吸湿率≤2% 渣球含量≤0.1% 防火性能不燃 A 级 纤维直径<5μm 纤维长度>150mm
2	纳米气凝胶毡	180~200	650	—	—	25℃时 $\lambda<0.018$ 150℃时 $\lambda<0.0215$ 350℃时 $\lambda<0.0287$ 650℃时 $\lambda<0.0431$	0.06~0.12	憎水率≥99% 20 年模拟测试 收缩率≤1% 防火等级 A1 级
3	硅酸钙制品	170	650(I型) ≤550 / 1000(II型) ≤900		0.055	$\lambda=0.0479+0.00010185T_m+9.65015\times10^{-11}T_m^3$（$T_m<800℃$）	≥0.5	应提供满足国家标准 GB/T 10699—2015《硅酸钙绝热制品》第 5.3 条中最高使用温度要求的检测报告
		220	650(I型) ≤550 / 1000(II型) ≤900		0.062	$\lambda=0.0564+0.00007786T_m+7.8571\times10^{-8}T_m^2$（$T_m<500℃$） $\lambda=0.0937+1.67397\times10^{-10}T_m^3$（$T_m=500\sim800℃$）	≥0.6	
4	复合硅酸盐制品 涂料	180~200(干态)	600	≤500	≤0.065	$\lambda=\lambda_0+0.00017（T_m-70）$	—	应提供不含石棉的检测报告
	毡	60~80	550	≤450	≤0.043	$\lambda=\lambda_0+0.00015（T_m-70）$	—	
	毡	81~130	600	≤500	≤0.044		—	
	管壳	80~180	600	≤500	≤0.048	—	≥0.3	
5	岩棉制品 毡	60~100	500	≤400	≤0.044	$\lambda=0.0337+0.000151T_m$（$-20℃\leqslant T_m\leqslant100℃$） $\lambda=0.0395+4.71\times10^{-5}T_m+5.03\times10^{-7}T_m^2$（$100℃<T_m\leqslant600℃$）		1. 岩棉制品的酸度系数不应低于 1.6 2. 岩棉制品的加热线收缩率（试验温度为最高使用温度，保温 24h），不应超过 4% 3. 应提供高于工况使用温度至少 100℃的最高使用温度评估报告，且满足现行国家标准 GB/T 11835—2016《绝热用岩棉、矿渣棉及其制品》中第 5.3.2 条要求 4. 缝毡、贴面制品的最高使用温度均指基材
	缝毡	80~130	650	≤550	≤0.043 ≤0.09（$T_m=350℃$）	$\lambda=0.0337+0.000128T_m$（$-20℃\leqslant T_m\leqslant100℃$） $\lambda=0.0407+2.52\times10^{-5}T_m+3.34\times10^{-7}T_m^2$（$100℃<T_m\leqslant600℃$）	—	
	板	60~100	500	≤400	≤0.044	$\lambda=0.0337+0.000151T_m$（$-20℃\leqslant T_m\leqslant100℃$） $\lambda=0.0395+4.71\times10^{-5}T_m+5.03\times10^{-7}T_m^2$（$100℃<T_m\leqslant600℃$）		
	板	101~160	550	≤450	≤0.043 ≤0.09（$T_m=350℃$）	$\lambda=0.0337+0.000128T_m$（$-20℃\leqslant T_m\leqslant100℃$） $\lambda=0.0407+2.52\times10^{-5}T_m+3.34\times10^{-7}T_m^2$（$100℃<T_m\leqslant600℃$）		
	管壳	100~150	450	≤350	≤0.044 ≤0.10（$T_m=350℃$）	$\lambda=0.0314+0.000174T_m$（$-20℃\leqslant T_m\leqslant100℃$） $\lambda=0.0384+7.03\times10^{-5}T_m+3.51\times10^{-7}T_m^2$（$100℃<T_m\leqslant600℃$）		

（续）

序号	材料名称		使用密度/(kg/m³)	最高使用温度/℃	推荐使用温度 T_2/℃	常用热导率 λ_0(平均温度 T_m=70℃时)/[W/(m·K)]	热导率参考方程（T_m为平均温度）/[W/(m·K)]	抗压强度/MPa	要求
6	矿渣棉制品	毡	80~100	400	≤300	≤0.044	$\lambda=0.0337+0.000151T_m$（$-20℃\leq T_m\leq 100℃$）$\lambda=0.0395+4.71\times10^{-5}T_m+5.03\times10^{-7}T_m^2$（$100℃<T_m\leq 400℃$）	—	1. 矿渣棉制品的加热线收缩率（试验温度为最高使用温度，保温24h），不应超过4%　2. 应提供高于工况使用温度至少100℃的最高使用温度评估报告，且满足国家标准《绝热用岩棉、矿渣棉及其制品》中5.3.2的要求　3. 缝毡、贴面制品的最高使用温度均指基材
			101~130	500	≤350	≤0.043	$\lambda=0.0337+0.000128T_m$（$-20℃\leq T_m\leq 100℃$）$\lambda=0.0407+2.52\times10^{-5}T_m+3.34\times10^{-7}T_m^2$（$100℃<T_m\leq 500℃$）		
		板	80~100	400	≤300	≤0.044	$\lambda=0.0337+0.000151T_m$（$-20℃\leq T_m\leq 100℃$）$\lambda=0.0395+4.71\times10^{-5}T_m+5.03\times10^{-7}T_m^2$（$100℃<T_m\leq 400℃$）		
			101~130	450	≤350	≤0.043	$\lambda=0.0337+0.000128T_m$（$20℃\leq T_m\leq 100℃$）$\lambda=0.0407+2.52\times10^{-5}T_m+3.34\times10^{-7}T_m^2$（$100℃<T_m\leq 500℃$）		
		管壳	≥100	400	≤300	≤0.044	$\lambda=0.0314+0.000174T_m$（$-20℃\leq T_m\leq 100℃$）$\lambda=0.0384+7.13\times10^{-5}T_m+3.51\times10^{-7}T_m^2$（$100℃<T_m\leq 500℃$）		
7	玻璃棉制品	毯	24~40	400	≤300	≤0.046	$\lambda=\lambda_0+0.00017(T_m-70)$（$-20℃\leq T_m\leq 220℃$）	—	1. 应提供比工况使用温度至少高100℃的最高使用温度评估报告，且满足国家标准 GB/T 13350—2017《绝热用玻璃棉及其制品》中第5.5.7条的要求　2. 贴面制品的最高使用温度均指基材
			41~120	450	≤350	≤0.041			
		板	24	400	≤300	≤0.047			
			32	400	≤300	≤0.044			
			40	450	≤350	≤0.042			
			48	450	≤350	≤0.041			
			64	450	≤350	≤0.040			
		毡	24	400	≤300	≤0.046			
			32	400	≤300	≤0.046			
			40	450	≤350	≤0.046			
			48	450	≤350	≤0.041			
		管壳	≥48	400	≤300	≤0.041			
8	硅酸铝棉及其制品	1#毯	96	1000	≤800	≤0.044	$\lambda=\lambda_0+0.0002(T_m-70)$（$T_m\leq 400℃$）$\lambda_H=\lambda_L+0.00036(T_m-400)$（$T_m>400℃$）（式中 λ_L取上式 $T_m=400℃$时计算结果）	—	应提供产品500℃时的热导率和加热永久线变化，且应满足现行国家标准 GB/T 16400—2015《绝热用硅酸铝棉及其制品》的有关规定
			128	1000	≤800				
		2#毯	96	1200	≤1000				
			128	1200	≤1000				
		1#毡	≤200	1000	≤800				
		2#毡	≤200	1200	≤1000				
		板、管壳	≤220	1100	≤1000				
		树脂结合毡	128	—	350	≤0.044	$\lambda=\lambda_0+0.0002(T_m-70)$	—	含黏结剂的硅酸铝制品应提供高于工况使用温度至少100℃的最高使用温度评估报告

（续）

序号	材料名称	使用密度/(kg/m³)	最高使用温度/℃	推荐使用温度 T_2/℃	常用热导率 λ_0(平均温度 $T_m=70℃$时)/[W/(m·K)]	热导率参考方程（T_m为平均温度）/[W/(m·K)]	抗压强度/MPa	要求
9	硅酸镁纤维毯	100±10,130±10	900	≤700	≤0.040	$\lambda=0.0397-2.741\times10^{-6}T_m+4.526\times10^{-7}T_m^2$（70℃≤$T_m$≤500℃）	—	应提供产品500℃时的热导率和加热永久线变化,加热永久线变化(试验温度为最高使用温度,保温24h)不大于4%

注：1. 设计采用的各种绝热材料的物理化学性能及数据应符合各自的产品标准规定。

　　2. 热导率参考方程中（T_m-70）、（T_m-400）等表示该方程的数据项。

　　3. 当选用高出本表推荐使用温度的玻璃棉、岩棉、矿渣棉和含黏结剂的硅酸铝制品时，需由厂家提供国家法定检测机构出具的合格的最高使用温度评估报告，最高使用温度应高于工况使用温度至少100℃。

表 11-2　常用保冷材料性能

序号	材料名称	使用密度/(kg/m³)	使用温度范围/℃	推荐使用温度范围 T_2/℃	常用热导率 λ_0/[W/(m·K)]	热导率参考方程 [T_m为平均温度(℃)]/[W/(m·K)]	抗压强度/MPa	要求
1	柔性泡沫橡塑制品	40~60	-40~105	-35~85	≤0.036(0℃)	$\lambda=\lambda_0+0.0001T_m$	—	—
2	硬质聚氨酯泡沫塑料(PUR)制品	45~55	-80~100	-65~80	≤0.023(25℃)	$\lambda=\lambda_0+0.000122(T_m-25)+3.51\times10^{-7}(T_m-25)^2$	≥0.2	—
3	泡沫玻璃制品 Ⅰ类	120±8	-196~450	-196~400	≤0.045(25℃)	$\lambda=\lambda_0+0.000150(T_m-25)+3.21\times10^{-7}(T_m-25)^2$	≥0.8	—
	泡沫玻璃制品 Ⅱ类	160±10	-196~450	-196~400	≤0.064(25℃)	$\lambda=\lambda_0+0.000155(T_m-25)+1.60\times10^{-7}(T_m-25)^2$	≥0.8	—
4	聚异氰脲酸酯(PIR)	40~50	-196~120	-170~100	0.029(25℃)	$\lambda=\lambda_0+0.000118(T_m-25)+3.39\times10^{-7}(T_m-25)^2$	≥0.22	—
5	高密度聚异氰脲酸酯(HDPIR)	160±16	-196~120	-196~100	≤0.038(25℃)	$\lambda=\lambda_0+0.000219(T_m-25)+0.43\times10^{-7}(T_m-25)^2$	≥1.6(常温) ≥2.0(-196℃)	—
		240±24	-196~110	-196~100	≤0.045(25℃)	$\lambda=\lambda_0+0.000235(T_m-25)+1.41\times10^{-7}(T_m-25)^2$	≥2.5(常温) ≥3.5(-196℃)	—
		320±32	-196~110	-196~100	≤0.050(25℃)	$\lambda=\lambda_0+0.000341(T_m-25)+8.1\times10^{-7}(T_m-25)^2$	≥5(常温) ≥7.0(-196℃)	—
		450±45	-196~110	-196~100	≤0.080(25℃)	$\lambda=\lambda_0+0.000309(T_m-25)+1.51\times10^{-7}(T_m-25)^2$	≥10(常温) ≥14(-196℃)	—
		550±55	-196~110	-196~100	≤0.090(25℃)	$\lambda=\lambda_0+0.000338(T_m-25)+5.21\times10^{-7}(T_m-25)^2$	≥15(常温) ≥20(-196℃)	—

注：1. 设计采用的各种绝热材料的物理化学性能及数据应符合各自的产品标准规定。

　　2. 热导率参考方程中（T_m-25）表示该方程的数据项，λ_0 对应带入 T_m 为25℃时的值。

11.2.1　保温材料

1. 主要技术性能

保温材料及其制品应具有的主要技术性能：

1）在平均温度为 298 K（25℃）时热导率值不应大于 0.08 W/(m·K)，并有在使用密度和使用温度范围下的热导率方程式或图表。

对于松散或可压缩的保温材料及其制品，应提供在使用密度下的热导率方程式或图表。

2）密度不大于 300kg/m³。

3）除软质、半硬质、散状材料外，硬质无机成型制品的抗压强度不应小于 0.30MPa，有机成型制品的抗压强度不应小于 0.20MPa。

4）必须注明最高使用温度。

5）必要时须注明材料燃烧性能级别、含水率、吸湿率、热膨胀系数、收缩率、抗折强度、腐蚀性及耐蚀性等性能。

2. 选择原则

1）保温材料及其制品的允许使用温度应高于正常操作时的介质最高温度。

2）相同温度范围内有不同材料可供选择时，应选用热导率小、密度小、造价低、易于施工的材料及其制品，同时应进行综合比较，其经济效益高者应优先选用。

3）在高温条件下经综合经济比较后可选用复合材料。

11.2.2 保冷材料

1. 保冷材料及其制品应具有的主要技术性能

1）泡沫塑料及其制品 25℃时的热导率应不大于 0.044W/（m·K），密度应不大于 60kg/m³，吸水率应不大于 4%，并应具有阻燃性能，氧指数不应小于 30%，硬质成型制品的抗压强度应不小于 0.15MPa。

2）泡沫橡塑及其制品 0℃时的热导率不大于 0.036W/（m·K），密度应不大于 95kg/m³，真空吸水率不大于 10%。

3）泡沫玻璃及其制品 25℃时的热导率应不大于 0.064W/（m·K），密度应不大于 180kg/m³，吸水率应不大于 0.5%。

4）应注明最低使用温度及线膨胀系数或线收缩率。

5）应具有良好的化学稳定性，对设备和管道无腐蚀作用，当遭受火灾时，不致大量逸散有毒气体。

6）耐低温性能好，在低温情况下使用不易变脆。

2. 选择原则

1）在主要技术性能均能满足保冷要求的范围内，有不同保冷材料可供选择时，应优先选用热导率小、密度小、吸水率、吸湿率低，耐低温性能好，易施工、造价低，综合经济效益较高的材料。

2）保冷材料的最低安全使用温度，应低于正常操作时的介质最低温度。

3）在低温条件下经综合经济比较后，可选用两种或多种保冷材料复合使用，或直接选用复合型保冷材料制品。

11.2.3 防潮层材料

防潮层材料一般应具有下列性能：

1）防潮层材料应选择具有抗蒸汽渗透性能、防水性能和防潮性能，且吸水率不大于 1% 的材料。

2）防潮层材料必须阻燃，其氧指数不应小于 30%。

3）防潮层材料应选用化学性能稳定、无毒且耐腐蚀的材料，并不得对绝热层和保护层材料产生腐蚀或溶解作用。

4）防潮层材料应选择安全使用温度范围大，夏季不软化、不起泡和不流淌的材料，且在冬季使用时不脆化、不开裂、不脱落的材料。

5）涂抹型防潮层材料，20℃黏结强度不应小于 0.15MPa，其软化温度不应低于 65℃，挥发物含量不得大于 30%。

6）包捆型防潮层材料的拉伸强度不应低于 10.0MPa，拉断伸长率不应低于 10%。

11.2.4 保护层材料

保护层材料一般应具有下列性能：

1）保护层材料应选择强度高，在使用的环境温度下不得软化、不得脆裂和抗老化的材料。

2）保护层材料应具有防水、防潮、抗大气腐蚀、化学稳定性好等性能，并不得对防潮层或绝热层产生腐蚀或溶解作用。

3）对储存或输送易燃、易爆物料的设备及管道，以及与其邻近的管道，其保护层必须采用不低于 GB 8624—2012《建筑材料及制品燃烧性能分级》中规定的 A2 级材料。

4）保护层材料应采用不低于 GB 8624—2012《建筑材料及制品燃烧性能分级》中规定的 C 级材料。

11.2.5 黏结剂、密封胶和耐磨剂

黏结剂、密封胶和耐磨剂一般应具有下列性能：

1）黏结剂应根据保冷材料的性能以及使用温度选择，保冷采用的黏结剂应在使用的低温范围内保持黏结性能，黏结强度在常温时应大于 0.15MPa，软化温度应大于 65℃。泡沫玻璃宜采用弹性黏结剂或密封胶，在-196℃时的黏结强度应大于 0.05MPa。

2）采用的黏结剂、密封胶和耐磨剂不应对金属壁产生腐蚀及引起保冷材料溶解。在由于温度变化引起伸缩或振动情况下，耐磨剂应能防止泡沫玻璃因自身或与金属相互摩擦而受损。

3）黏结剂、密封胶应选择固化时间短、具有密封性能、在设计使用年限内不开裂的产品。保冷用黏结剂、密封胶、耐磨剂、玛蹄脂和聚氨酯防水卷材性能见表 11-3 ~表 11-6。

表 11-3　黏结剂性能

项目	沥青类低温黏结剂	聚氨酯类低温黏结剂
使用温度范围/℃	−196~60	−196~100
低温黏结强度/MPa	>0.05（−196℃）	≥2（放在液氮中5min）
软化点/℃	>80（环球法）	—
延伸性/cm	>3（25℃时）	—
闪点/℃	>245（开口杯）	—
针入度（l/10mm）	52.5	—
成型时加热温度/℃	180~200	—
密度/（kg/m³）	950~1050	—
颜色	黑色	淡黄色或褐色黏稠液
黏度/Pa·s	—	5~8
pH 值	—	6.0~8.0
密度/（kg/m³）	—	1100~1200

表 11-4　密封胶和耐磨剂性能

项目	密封胶	耐磨剂
主要成分	橡胶	—
使用温度范围/℃	−196~65	−196~80
固含量	≥70%	
黏结强度/MPa	0.06（室温）	常温下涂在泡沫玻璃上60min即干燥，6h后用手指刮剥，基本无脱落现象（低温）
耐低温性	在−196℃液氮中浸泡2h，外观无异常	在−196℃液氮中放2h，无剥落及变色现象
耐热性	在60℃环境中放置168h，外观无异常	100℃恒温5h，无流淌及起泡现象
密度/（kg/m³）	1100±100	1300~1500
颜色	高黏度黑色胶状物	灰白色

表 11-5　玛蹄脂性能

主要性能	指标（要求）
使用温度范围/℃	−60~65
黏结强度（20℃时）/MPa	≥0.25
耐热性	在95℃温度下45°斜搁4h，温度上升至120℃时45°斜搁1h，无流淌及起泡现象
耐低温性	在−60℃下放置2h，外观无异常
吸水率	室温浸泡24h，吸水量不大于试料质量的0.5%
阻燃性	氧指数不低于30%，施工时无引火性，干燥后离开火源1s自熄
干燥时间	指干5h，全干7d
伸长率	3%
密度/（kg/m³）	1300±100
颜色	黑色

表 11-6　聚氨酯防水卷材性能

主要性能	指标（要求）
材料组成	胎基：中碱人纹玻纤布　面层：聚氨酯阻燃防水涂料
厚度	0.3mm　0.6mm
适用温度/℃	−45~110
氧指数	≥30%
拉伸强度/MPa	≥10.0
不透水性	0.3MPa，2h，不透水
剪切状态下的黏合性/（N/mm）	≥20.0
颜色	铁红色

11.2.6　辅助材料

保温结构中除上述保温层、保护层、防潮层材料外，还需要大量的绑扎、紧固保温层的各种辅助材料。例如：镀锌钢丝、镀锌钢丝网、钢带，还有支撑圈、抱箍、销钉、自锁垫圈、托环、活动环和胶黏剂等。

（1）镀锌钢丝　镀锌钢丝用于绑扎管道公称直径 DN≤1000mm 的管道保温层。常用的镀锌钢丝规格为 φ0.8~φ2.5mm。

（2）镀锌钢丝网　镀锌钢丝网用于保温结构的绑扎。常用的钢丝网为镀锌六角形钢丝网。网孔尺寸为 20~25mm，线径为 φ1.2~φ1.4mm。

（3）镀锌钢带　镀锌钢带用于绑扎管道公称直径 DN>1000mm 的管道和设备的保温层。常用镀锌钢带的厚度为 0.5mm，常用的宽度为 12~20mm。

（4）支撑圈、抱箍、销钉、自锁垫圈、托环、活动环　支撑圈用于管道和圆筒设备保温结构的金属保护层的支撑，如图 11-1 所示。通常可按圆筒直

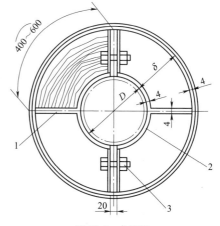

图 11-1　支撑圈
1—加强肋（−34×4）
2—扁钢（−34×4）　3—螺栓（M6×35）
注：δ 为保温层厚度，下同。

径 D 值大小分段制作后，用螺栓紧固在管道或圆筒设备外壁。分段原则如下：

1）$D<1000mm$，分 2 段
2）$1000mm \leqslant D \leqslant 2000mm$，分 4 段
3）$D>2000mm$，分 6 段

抱箍一般用角钢∠$25mm×4mm$ 或∠$30mm×4mm$ 制作，如图 11-2 所示。

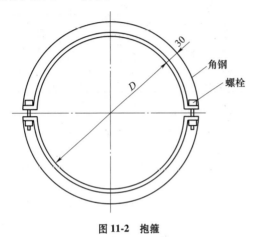

图 11-2　抱箍

销钉用于固定保温结构，采用 $\phi3 \sim \phi6mm$ 的低碳圆钢制作，如图 11-3 所示。

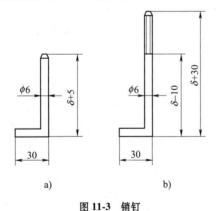

a)　　　　　　　　b)

图 11-3　销钉

a）短销钉　b）长销钉

自锁垫圈如图 11-4 所示。自锁垫圈与固定保温结构的销钉配合使用，如图 11-5 所示。

托环属于支撑件，固定于垂直管道上，支承保温结构，如图 11-6 所示。固定托环（图 11-6a）焊接于管道上；当管道不允许焊接时，用活动托环（图 11-6b）；若采用金属保护层，则用环形挂板（图 11-6c）。

活动环与镀锌钢带和抱箍配合，用于固定不可施焊圆筒设备封头保温结构，如图 11-7 所示。活动环用 $\phi6 \sim \phi8mm$ 的圆钢制作，并用镀锌钢带 20mm×

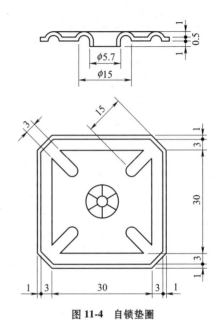

图 11-4　自锁垫圈

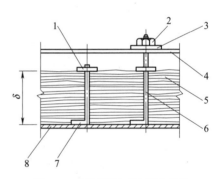

图 11-5　自锁垫圈与销钉配合使用
1—自锁垫圈　2—螺母（M6）
3—石棉橡胶垫（3mm）　4—金属保护层　5—保温层
6—长销钉　7—短销钉　8—设备外壁

0.5mm，或者 14 号镀锌钢丝 $\phi 2 \sim \phi 2.2mm$ 拉紧。活动环半径和镀锌钢带根数见表 11-7。镀锌钢带接扣如图 11-8 所示。

11.2.7　新型绝热材料

随着对节能环保要求的提高和一些特殊工艺的需求，新型绝热材料品种也随之诞生，下面介绍几种产品。

（1）纳米气囊绝热材料　其结构形式为复合式三明治结构。表层和内层均为特殊镜面铝箔多层复合材料，中间层为聚乙烯材料制备出的气囊外壳，气囊内填充纳米 SiO_2 气凝胶。制备出的纳米气囊具有非常优异的保温绝热性能。特殊耐腐蚀反射层的外表面通过高压电离汽化镀有 SiO_2 抗氧化保护层，

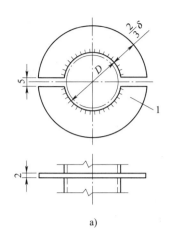
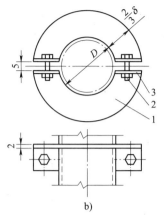
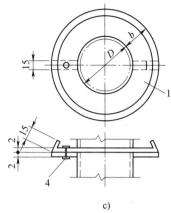

a)　　　　　　　　　　b)　　　　　　　　　　c)

图 11-6　托环

a）固定托环　b）活动托环　c）环形挂板
1—钢板（2mm）　2—螺栓［（M6~8）×35］
3—钢板（3mm）　4—铆钉（M4×10）

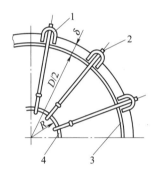

图 11-7　圆筒封头保温固定件

1—固定圈（圆钢 ϕ6mm）　2—钢带　3—抱箍　4—活动环

表 11-7　活动环半径和镀锌钢带根数

设备直径 /mm	活动环半径 R/mm		镀锌钢带根数	
	预制品结构	棉毡结构	预制品结构	棉毡结构
≤1000	80	80	≤16	<8
>1100~2000	125	80	16~32	9~16

可保证材料在各种恶劣环境下使用 10 年内不氧化，其反射性能不退化。

产品性能指标如下：

1）厚度：

单层囊泡：（3.5±0.5）mm。

双层囊泡：（6.5±0.5）mm。

2）质量：

单层囊泡：（0.25±0.02）kg/m²。

双层囊泡：（0.36±0.02）kg/m²。

3）热导率：≤0.05W/（m·K）。

4）氧指数（燃烧性能）：≥32%。

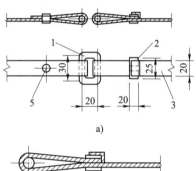

a)

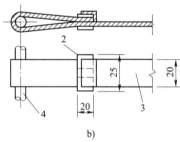

b)

图 11-8　镀锌钢带接扣

a）接扣方法一　b）接扣方法二
1—紧固环（钢丝 ϕ3mm）2—卡片（钢带 δ=0.5mm）
3—钢带　4—活动环　5—铆钉（ϕ6mm）

5）拉伸强度：

横向：≥15.5kPa。

纵向：≥15.0kPa。

6）拉断伸长率：140%。

在管道保温使用中，包裹常规保温壳的外面，使用温度不超过 100℃；独特的结构很好地阻隔热的传导，同时把热足够多地辐射，从而起到保温隔热和防潮的效果。

该产品可使用在管道保温、钢结构、建筑物顶部、地暖等领域，特别是热网管道上面的应用，代替原来烦琐的多层外包，保温效果显著。

（2）金属反射保温材料　反射型金属保温块结构是由在不锈钢外壳内部填充的多层不锈钢箔组成的光亮镜面体。多层金属箔保持一定的间距重叠组合而成，具有良好的保温隔热性能，薄层气隙结构能有效地阻碍空气对流作用，低法向反射率的金属箔可以减少其辐射换热。它具有耐高温、耐辐照、抗震、无粉尘、力学性能好、防潮、防水、使用寿命长、耐腐蚀、表面易去污和结构易拆装等优点。金属保温层由多个保温块通过搭扣连接组成，常用于核电站中设备和管道的保温，还可应用于航空、国防和石油化工行业，目前已经实现国产化。

11.3　绝热计算

11.3.1　计算原则

1. 保温计算原则

1）保温计算应根据工艺要求和技术经济分析选择保温计算公式。当无特殊工艺要求时，为减少保温结构散热损失，保温厚度应采用"经济厚度"法计算，即投资年折旧费和年散热损失费两者之和最小的条件下的保温层厚度。

对于热价低廉，保温材料制品或施工费用较高，根据公式计算得出的经济厚度偏小以致散热损失量超过 GB/T 4272—2008《设备及管道绝热技术通则》中表1或表2（表11-8或表11-9）内规定的最大允许散热损失量时，应采用最大允许散热损失量的 80%~90% 计算其保温厚度，且保温结构外表面温度

表11-8　季节运行工况允许最大散热损失

设备、管道及其附件外表面温度/℃	50	100	150	200	250	300
允许最大散热损失/(W/m²)	104	147	183	220	251	272

表11-9　常年运行工况允许最大散热损失

设备管道及其附件外表面温度/℃	允许最大散热损失/(W/m²)	设备管道及其附件外表面温度/℃	允许最大散热损失/(W/m²)
50	52	400	204
100	84	450	220
150	104	500	236
200	126	550	251
250	147	600	266
300	167	650	283
350	188		

应符合下列要求：环境温度不高于25℃时，设备及

管道保温结构外表面温度不应超过 50℃；环境温度高于25℃时，设备及管道保温结构外表面温度不应高于环境温度。

对于热价偏高、保温材料制品或施工费用低廉、并排敷设的管道，尚应考虑支撑结构、占地面积等综合经济效益，其厚度可小于经济厚度。

2）当需要延迟冻结、凝固和结晶的时间及控制物料温降时，管道及设备的保温厚度应按热平衡方法计算。

3）当采用不同材料双层绝热时，内外层厚度按经济厚度法计算。但应保证内外层界面处温度不超出外层绝热材料的推荐使用温度上限值的 0.9 倍或保冷材料推荐使用温度下限值的 0.9 倍。

2. 保冷计算原则

1）保冷计算应根据工艺要求确定保冷计算参数。当无特殊工艺要求时，保冷厚度应根据最大允许冷损失量计算，并应用经济厚度进行校核调整。

2）用经济厚度法计算的保冷厚度应用防结露厚度校核。

11.3.2　绝热层经济厚度计算

1）平面的计算见式（11-1）。

$$\delta = A_1 \sqrt{\frac{P_E \lambda t |T - T_a|}{P_T S}} - \frac{\lambda}{\alpha} \quad (11\text{-}1)$$

式中　δ——绝热层经济厚度（m）；

A_1——单位换算系数，$A_1 = 1.8975 \times 10^{-3}$；

P_E——能量价格（元/GJ）；

λ——绝热材料在平均温度下的热导率，[W/(m·℃)]；

t——年运行时间（h）；

T——设备或管道的外表面温度（℃）；

T_a——环境温度（℃）；

P_T——绝热结构单位造价[元/(m³)]；

S——绝热工程投资贷款年分摊率，按复利计息：

$$S = \frac{i(1+i)^n}{(1+i)^n - 1} \times 100\%$$

i——年利率（复利率）（%）；一般取 10%；

n——计息年数（年）；取 4~10 年；

α——绝热层外表面与周围空气的传热系数[W/(m²·℃)]。

2）圆筒面的计算见式（11-2）。

$$\begin{cases} \dfrac{D_1}{2} \ln \dfrac{D_1}{D} = A_1 \sqrt{\dfrac{P_E \lambda t (T - T_a)}{P_T S}} - \dfrac{\lambda}{\alpha} \\ \delta = \dfrac{D_1 - D}{2}（保温时）\ 或\ \delta = \dfrac{K(D_1 - D)}{2}（保冷时） \end{cases}$$

$$(11\text{-}2)$$

式中　D——管道外径（m）；

　　　D_1——内层绝热层外径，单层绝热时为绝热层外径（m）；

　　　K——保冷厚度修正系数。

其余符号意义同前。

由于圆筒型保温层外径只能简化到 $D_1\ln\dfrac{D_1}{D}$ 这种

隐函数形式为止，直接求解 D_1 没有可能。但是可以利用 $D_1\ln\dfrac{D_1}{D}$ 与 δ 的关系，依据 $D_1\ln\dfrac{D_1}{D}$ 的值，直接查出 δ 的值。其关系如图 11-9 所示，两者的关系也可见表 11-10。

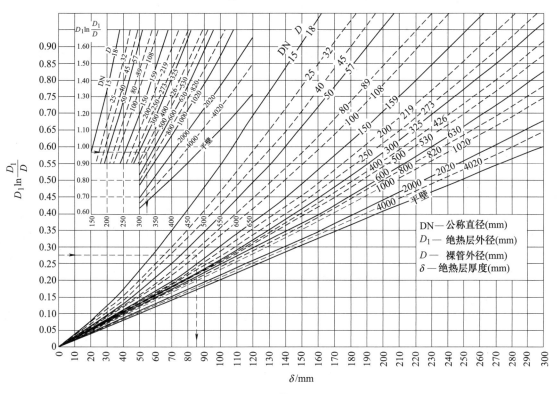

图 11-9　$D_1\ln\dfrac{D_1}{D}$ 与 δ 的关系

11.3.3　绝热层表面热、冷损失量计算

1) 平面单层的计算见式（11-3）。

$$Q = \frac{T - T_{\mathrm{a}}}{\dfrac{\delta}{\lambda} + \dfrac{1}{\alpha}} \qquad (11\text{-}3)$$

2) 平面双层的计算见式（11-4）。

$$Q = \frac{T - T_{\mathrm{a}}}{\dfrac{\delta_1}{\lambda_1} + \dfrac{\delta_2}{\lambda_2} + \dfrac{1}{\alpha}} \qquad (11\text{-}4)$$

3) 圆筒面单层的计算见式（11-5）和式（11-6）。

$$Q = \frac{T - T_{\mathrm{a}}}{\dfrac{D_1}{2\lambda}\ln\dfrac{D_1}{D} + \dfrac{1}{\alpha}} \qquad (11\text{-}5)$$

$$q = \pi D_1 Q \qquad (11\text{-}6)$$

4) 圆筒面双层的计算见式（11-7）和式（11-8）。

$$Q = \frac{T - T_{\mathrm{a}}}{\dfrac{D_2}{2\lambda_1}\ln\dfrac{D_1}{D} - \dfrac{D_2}{2\lambda_2}\ln\dfrac{D_2}{D_1} + \dfrac{1}{\alpha}} \qquad (11\text{-}7)$$

$$q = \pi D_2 Q \qquad (11\text{-}8)$$

式中　Q——单位表面积热损失量，Q 为负值时，为冷损失量（W/m²）；

　　　δ_1——内层绝热材料厚度（m）；

　　　δ_2——外层绝热材料厚度（m）；

　　　λ_1——内层绝热材料热导率[W/(m·℃)]；

　　　λ_2——外层绝热材料热导率[W/(m·℃)]；

　　　q——单位管道长度热损失量，q 为负值时，为冷损失量（W/m）；

　　　D_2——外层绝热层外径（m）。

其余符号意义同前。

表 11-10 $D_1\ln\frac{D_1}{D}$ 与 δ 的关系

厚度 δ/mm（D/mm）

$D_1\ln\frac{D_1}{D}$/m	18	25	32	38	45	57	76	89	108	133	159	219	273	325	377	426	480	530	630	720	820	920	1020	2020	4020	8020	平壁
0	0	0	0	0	0	0	0	0	0	0	0	0	0	0	0	0	0	0	0	0	0	0	0	0	0	0	0
0.05	16	17	18	18	19	19	20	21	21	22	22	23	23	23	24	24	24	24	24	24	24	24	24	25	25	25	25
0.1	27	29	31	32	33	35	36	37	39	40	41	43	44	44	45	45	46	46	47	47	47	48	48	49	49	50	50
0.2	46	50	53	55	57	60	64	66	68	71	73	77	80	82	84	85	86	87	89	90	91	91	92	96	98	99	100
0.3	63	68	72	75	78	82	88	91	94	99	102	108	113	116	119	121	123	124	127	129	131	133	134	141	145	147	150
0.4	79	85	90	93	97	103	109	113	118	124	128	137	143	147	151	154	157	159	163	166	169	171	173	184	191	195	200
0.5	94	101	107	111	115	122	130	135	141	147	153	164	171	177	182	186	190	193	198	202	205	209	211	226	237	243	250
0.6	108	116	123	126	133	140	150	155	162	170	177	189	198	205	211	216	220	224	231	236	240	244	248	267	281	290	300
0.7	122	131	138	144	150	158	169	175	183	192	199	214	224	232	239	245	250	255	262	268	274	279	283	307	325	336	350
0.8	135	145	153	160	166	175	187	194	203	212	221	237	249	258	266	273	279	284	293	300	307	312	317	346	368	382	400
0.9	148	159	168	175	182	192	205	212	222	233	242	260	273	283	292	300	307	313	323	331	338	345	350	385	411	428	450
1.0	161	173	183	190	197	208	222	230	241	252	263	283	297	308	318	326	334	340	352	361	369	376	383	422	453	473	500
1.1	174	186	197	204	212	224	239	248	259	272	283	304	319	332	343	351	360	367	380	390	399	407	415	459	494	518	550
1.2	186	199	210	219	227	239	256	265	277	291	303	325	342	355	367	376	386	394	408	418	429	438	446	495	535	562	600
1.3	198	212	224	233	241	255	272	282	295	309	322	346	364	378	391	401	411	420	435	446	457	467	476	530	575	606	650
1.4	210	225	237	246	256	270	289	298	312	327	341	367	385	401	414	425	436	445	461	474	486	496	506	565	614	650	700
1.5	222	238	251	260	270	284	304	315	329	345	359	387	407	423	437	449	460	470	487	501	514	525	535	600	654	693	750
1.6	234	250	264	274	284	299	319	331	346	363	378	407	427	445	459	472	484	495	513	527	514	553	564	633	692	736	800
1.7	245	262	277	287	298	314	334	347	362	380	396	426	448	466	482	495	508	519	538	553	568	581	593	667	731	779	850
1.8	257	275	289	300	311	328	350	362	379	397	414	445	468	487	504	517	531	543	563	579	594	608	621	700	769	821	900
1.9	268	287	302	313	325	342	365	378	395	414	431	464	488	508	525	540	554	566	588	604	621	635	648	732	806	863	950
2.0	279	299	314	326	338	356	379	393	411	431	449	483	508	528	546	562	577	599	612	629	646	652	676	764	844	905	1000

11.3.4　控制热、冷损失量的绝热层厚度计算

（1）平面单层的计算　平面单层的计算见式（11-9）。

$$\delta = \frac{\lambda}{K_1[Q]}(T - T_a) - \frac{\lambda}{\alpha} \qquad (11\text{-}9)$$

（2）平面双层的计算

1）内层厚度计算见式（11-10）。

$$\delta_1 = \frac{\lambda_1(T - T_1)}{K_1[Q]} \qquad (11\text{-}10)$$

2）外层厚度计算见式（11-11）。

$$\delta_2 = \lambda_2 \left[\frac{(T_1 - T_a)}{K_1[Q]} - \frac{1}{\alpha} \right] \qquad (11\text{-}11)$$

（3）圆筒面单层的计算　圆筒面单层的计算见式（11-12）。

$$\begin{cases} \dfrac{D_1}{2}\ln\dfrac{D_1}{D} = \dfrac{\lambda}{K_1[Q]}(T - T_a) - \dfrac{\lambda}{\alpha} \\[2mm] \delta = \dfrac{D_1 - D}{2}（保温时）或 \delta = \dfrac{K(D_1 - D)}{2}（保冷时） \end{cases}$$
$$(11\text{-}12)$$

（4）圆筒面双层的计算

1）双层保温总厚度计算见式（11-13）。

$$\begin{cases} \dfrac{D_2}{2}\ln\dfrac{D_2}{D} = \dfrac{\lambda_1(T - T_1) + \lambda_2(T_1 - T_a)}{K_1[Q]} - \dfrac{\lambda_2}{\alpha} \\[2mm] \delta = \dfrac{D_2 - D}{2}（保温时）或 \delta = \dfrac{K(D_2 - D)}{2}（保冷时） \end{cases}$$
$$(11\text{-}13)$$

2）内层厚度计算见式（11-14）。

$$\begin{cases} \ln\dfrac{D_1}{D} = \dfrac{2\lambda_1(T - T_1)}{D_2 K_1[Q]} \\[2mm] \delta_1 = \dfrac{D_1 - D}{2}（保温时）或 \delta_1 = \dfrac{K(D_1 - D)}{2}（保冷时） \end{cases}$$
$$(11\text{-}14)$$

式中　K_1——富裕系数，取 $K_1 = 0.8\sim0.9$；

$[Q]$——保温时，$[Q]$ 按照 GB/T 4272—2008 中规定的允许最大散热损失量取值 $[\mathrm{W}/(\mathrm{m}^2)]$，见表 11-8 和表 11-9；保冷时，当 $T_a - T_d \leqslant 4.5℃$ 时，$[Q] = -(T_a - T_d)\alpha$；当 $T_a - T_d > 4.5℃$ 时，$[Q] = -4.5\alpha$；

T_1——内层绝热材料外表面温度（℃）；

T_d——当地气象条件下最热月的露点温度（℃）。

其余符号意义同前。

3）外层厚度计算见式（11-15）。

$$\delta_2 = \frac{D_2 - D_1}{2}（保温时）或$$

$$\delta_2 = \frac{K(D_2 - D_1)}{2}（保冷时） \qquad (11\text{-}15)$$

11.3.5　绝热层外表面温度的计算

1）对 Q 以 W/m^2 计的圆筒、平面，其单、双层绝热结构的计算见式（11-16）。

$$T_s = \frac{Q}{\alpha} + T_a \qquad (11\text{-}16)$$

2）对 q 以 W/m 计的圆筒，其单、双层绝热结构的计算见式（11-17）。

$$T_s = \frac{q}{\pi D_2 \alpha} + T_a \qquad (11\text{-}17)$$

式中　T_s——绝热层外表面温度（℃）；

D_2——外层绝热层外径（m）；对于单层绝热，$D_2 = D_1$。

其余符号意义同前。

11.3.6　双层绝热内外层界面处温度的计算

1）平面的计算见式（11-18）。

$$T_1 = \frac{\lambda_1 T \delta_2 + \lambda_2 T_s \delta_1}{\lambda_1 \delta_2 + \lambda_2 \delta_1} \qquad (11\text{-}18)$$

2）圆筒面的计算见式（11-19）。

$$T_1 = \frac{\lambda_1 T \ln\dfrac{D_2}{D_1} + \lambda_2 T_s \ln\dfrac{D_1}{D}}{\lambda_1 \ln\dfrac{D_2}{D_1} + \lambda_2 \ln\dfrac{D_1}{D}} \qquad (11\text{-}19)$$

式中符号意义同前。

11.3.7　控制外表面温度的绝热层厚度计算

1）平面的计算见式（11-20）。

$$\delta = \frac{\lambda(T - T_s)}{\alpha(T_s - T_a)} \qquad (11\text{-}20)$$

2）圆筒面的计算见式（11-21）。

$$\begin{cases} \dfrac{D_1}{2}\ln\dfrac{D_1}{D} = \dfrac{\lambda(T - T_s)}{\alpha(T_s - T_a)} \\[2mm] \delta = \dfrac{D_1 - D}{2}（保温时）或 \delta = \dfrac{K(D_1 - D)}{2}（保冷时） \end{cases}$$
$$(11\text{-}21)$$

式中符号意义同前。当进行防烫伤保温时，取 $T_s \leqslant 60℃$。

11.3.8　绝热层外表面防结露的绝热层厚度计算

1）平面单层的计算见式（11-22）。

$$\delta = \frac{K\lambda(T_s - T)}{\alpha(T_a - T_s)} \qquad (11\text{-}22)$$

2）平面双层的计算。

① 内层厚度的计算见式（11-23）。

$$\delta_1 = \frac{K\lambda_1(T_1 - T)}{\alpha(T_a - T_s)} \qquad (11\text{-}23)$$

② 外层厚度的计算见式（11-24）。

$$\delta_2 = \frac{K\lambda_2(T_s - T_1)}{\alpha(T_a - T_s)} \qquad (11\text{-}24)$$

3）圆筒面单层的计算见式（11-25）。

$$\begin{cases} \dfrac{D_1}{2}\ln\dfrac{D_1}{D} = \dfrac{\lambda(T_s - T)}{\alpha(T_a - T_s)} \\[3mm] \delta = \dfrac{K(D_1 - D)}{2} \end{cases} \qquad (11\text{-}25)$$

4）圆筒面双层的计算。

① 双层保温总厚度的计算见式（11-26）。

$$\begin{cases} \dfrac{D_2}{2}\ln\dfrac{D_2}{D} = \dfrac{\lambda_1(T_1 - T) + \lambda_2(T_s - T_1)}{\alpha(T_a - T_s)} \\[3mm] \delta = \dfrac{K(D_2 - D)}{2} \end{cases}$$

$$(11\text{-}26)$$

② 内层厚度的计算见式（11-27）。

$$\begin{cases} \dfrac{D_1}{2}\ln\dfrac{D_1}{D} = \dfrac{\lambda_1(T_1 - T)}{\alpha(T_a - T_s)} \\[3mm] \delta = \dfrac{K(D_1 - D)}{2} \end{cases} \qquad (11\text{-}27)$$

③ 外层厚度的计算见式（11-28）。

$$\begin{cases} \dfrac{D_2}{2}\ln\dfrac{D_2}{D_1} = \dfrac{\lambda_2(T_s - T_1)}{\alpha(T_a - T_s)} \\[3mm] \delta_2 = \dfrac{K(D_2 - D_1)}{2} \end{cases} \qquad (11\text{-}28)$$

式中 T_s——保冷层的外表温度，防结露保冷厚度计算时，取露点温度 T_d 加 $0.3^\circ\!C$。

其余符号意义同前。

11.3.9 在允许温降条件下输送液体管道的保温层厚度计算

1）无分支（无结点）管道的计算式见式（11-29）。

$$\begin{cases} \ln\dfrac{D_1}{D} = \dfrac{8\lambda L_{AB}K_r}{D^2 W\rho c \ln\dfrac{T_A - T_a}{T_B - T_a}} - \dfrac{2\lambda}{D_1\alpha} \\[5mm] \delta = \dfrac{D_1 - D}{2} \end{cases} \qquad (11\text{-}29)$$

2）有分支（有结点）管道的计算。当计算管道有分支（有结点）时，应分段进行计算。首先要确定计算管段两端的温度，再利用式（11-29）计算。管道两端的温度是已知的，所以先要计算的是结点处的温度。结点处温度的计算见式（11-30）。

$$T_C = T_{C-1} - (T_1 - T_n)\frac{\dfrac{L_{C-1\to C}}{q_{m(C-1)\to C}}}{\displaystyle\sum_{i=2}^{n}\dfrac{L_{i-1\to i}}{q_{m(i-1)\to i}}} \quad (11\text{-}30)$$

$$q_{mi} = 2827.4 D_i^2 W_i \rho \qquad (11\text{-}31)$$

式中 L_{AB}——A、B 之间管道实际长度（m）；

K_r——管件及管道支吊架附加热损失系数，$K_r = 1.1 \sim 1.2$（大管取值应靠下限，反之应靠上限）；

q_m——介质质量流量（kg/h）；

c——介质比热容 $[J/(kg\cdot\!°C)]$；饱和水的比热容见表 11-11；常用油比热容见表 11-12；

T_A——管道 A 点（上游）处的介质温度（℃）；

T_B——管道 B 点（下游）处的介质温度（℃）；

T_C，T_{C-1}——结点 C 与前一结点 C-1 处的温度（℃）；

T_1——管道起点的温度（℃）；

T_n——管道终点的温度（℃）；

$L_{C-1\to C}$——结点 C 与前一结点 C-1 之间的管段长度（m）；

$L_{i-1\to i}$——任意结点 i 与前一结点 i-1 之间的管段长度（m）；

$q_{m(C-1)\to C}$——C-1 与 C 两结点间管道介质质量流量（kg/h）；

$q_{m(i-1)\to i}$——任意结点 i 与前一结点 i-1 之间介质质量流量（kg/h）；

D_i——任意结点 i 处的管道内径（m）；

W_i——任意结点 i 处的管内介质流速（m/s）；

ρ——介质密度（kg/m³）。

其余符号意义同前。

11.3.10 延迟管道内介质冻结、凝固、结晶的保温层厚度计算

延迟管道内介质冻结、凝固、结晶的保温层厚度的计算见式（11-32）。

$$\begin{cases} \ln\dfrac{D_1}{D} = \dfrac{7200 K_r \pi\lambda t_{fr}}{(V\rho c + V_p\rho_p c_p)\ln\dfrac{T - T_a}{T_{fr} - T_a}} - \dfrac{2\lambda}{D_1\alpha} \\[5mm] \delta = \dfrac{D_1 - D}{2} \end{cases}$$

$$(11\text{-}32)$$

式中 T_{fr}——管道内介质的凝固点（℃）；

t_{fr}——介质在管道内不出现冻结的停留时间（h）；

V、V_p——单位长度的介质体积和管壁体积（m³/m）；

ρ、ρ_p——介质密度和管材密度 $[kg/(m^3)]$；

c_p——管材比定压热容 $[J/(kg\cdot\!°C)]$，常用材料比定压热容见表 11-13；

T_a——环境温度（℃），室外管道应取冬季极端平均最低温度可向当地气象局索

取或按 GB 50264—2013《工业设备及管道绝热工程设计规范》附录 C 规定

取值。其余符号意义同前。

表 11-11　饱和水的物理常数

温度 $T/℃$	绝对压力 p/MPa	密度 ρ /(kg/m³)	比焓 h' /(kJ/kg)	比定压热容 c_p [kJ/(kg·K)]	热导率 λ/ [W/(m·K)]	运动黏度 ν/(10^6m^2/s)	动力黏度 η/ (10^6Pa·s)	热扩散率 α/ (10^4m^2/h)	膨胀系数 β /$10^4℃^{-1}$	普朗特数 P_r
0	0.0006108	999.79	-0.0416	4.217	565	1.792	1792.0	4.71	-0.63	13.37
10	0.001227	999.60	41.99	4.193	584	1.306	1305.5	4.94	0.70	9.373
20	0.002337	998.20	83.86	4.182	602	1.004	1002.6	5.16	1.82	6.965
30	0.004241	995.62	125.66	4.179	617	0.802	798.4	5.35	3.21	5.408
40	0.007375	992.16	167.47	4.179	631	0.659	653.9	5.51	3.87	4.331
50	0.012335	988.04	209.3	4.181	642	0.554	547.1	5.65	4.49	3.563
60	0.01992	983.19	251.1	4.185	652	0.474	466.0	5.78	5.11	2.991
70	0.03116	977.71	293.0	4.190	660	0.412	403.3	5.87	5.70	2.561
80	0.04736	971.82	334.9	4.197	669	0.364	354.2	5.96	6.32	2.222
90	0.07011	965.34	376.9	4.205	675	0.326	314.8	6.03	6.95	1.961
100	0.10133	958.31	419.1	4.216	679	0.294	281.9	6.08	7.52	1.750
110	0.14327	951.00	461.3	4.229	681	0.269	255.5	6.13	8.08	1.587
120	0.19854	943.13	505.7	4.2445	685	0.247	232.9	6.16	8.64	1.444
130	0.27013	934.84	546.3	4.263	685	0.230	215.0	6.19	9.19	1.338
140	0.3614	926.10	589.1	4.285	686	0.214	198.2	6.21	9.72	1.238
150	0.4760	916.93	632.2	4.310	686	0.199	182.7	6.22	10.3	1.148
160	0.6181	907.36	675.5	4.339	685	0.188	170.6	6.23	10.7	1.081
170	0.7920	897.34	719.1	4.371	680	0.178	159.7	6.22	11.3	1.027
180	1.0027	886.92	763.1	4.408	674	0.170	150.8	6.20	11.9	0.9862
190	1.2551	876.04	807.5	4.449	669	0.163	142.8	6.17	12.6	0.9497
200	1.5549	864.63	852.4	4.497	664	0.156	134.5	6.14	13.3	0.9109

表 11-12　常用油比定压热容　[单位:kJ/(kg·K)]

油名称	润滑油	变压器油	透平油	原油	重油
c_p	1.796~2.307	1.892~2.294	1.80~2.119	2.093	1.633~2.093

表 11-13　常用材料比定压热容 [单位:kJ/(kg·K)]

材料名称	铁	钢	铅	铜
c_p	0.4605	0.4815	0.9002	0.3977
材料名称	各种混凝土制品	沥青制品	塑料制品	玻璃制品
c_p	0.8374	1.6747	0.41868	2.9308

11.3.11　能量价格的计算

1）热价按式（11-33）计算。

$$P_H = 1000\frac{C_1 C_2 P_F}{q_F \eta_B} \qquad (11\text{-}33)$$

式中　P_H——热价（元/GJ），保温计算中取热价的值；

C_1——工况系数，$C_1 = 1.2\sim1.4$；

C_2——㶲值系数，按表 11-14 取值；

P_F——燃料到厂价（元/t）；

q_F——燃料收到基低位发热量（kJ/kg）；

η_B——锅炉热效率，$\eta_B = 0.76\sim0.92$，对大容量、高参数锅炉 η_B 取值应靠上限，反之应靠下限。

其余符号意义同前。

表 11-14　㶲值系数

设备及管道种类	㶲值系数
利用锅炉出口新蒸汽的设备及管道	1
抽汽管道、辅助蒸汽管道	0.75
疏水管道、连续排污及扩容器	0.50
通大气的放空管道	0

2）冷价计算。

① 普冷、中冷（$T_a \sim -39℃$ 时）冷价的计算见式（11-34）。

$$P_{c1} = \frac{P_H}{\eta_{SE}}\frac{1}{\beta\eta_m}\frac{1}{\eta_A} + 62P_W \qquad (11\text{-}34)$$

$$\beta\eta_m = \frac{Q_R}{W} \qquad (11\text{-}35)$$

式中 P_{c1}——普冷、中冷冷价（元/GJ）；

η_{SE}——汽电转换效率，$\eta_{SE} = 0.39 \sim 0.47$；

η_A——辅机综合效率，$\eta_A = 0.87 \sim 0.92$；

P_W——冷却用水价（元/m³）；

β——冷冻系数，$\beta = \dfrac{273+T}{T_a-T}$；

η_m——制冷剂机械效率，$T_a \sim -39℃$ 时 $\eta_m = 0.23 \sim 0.5$；$-40 \sim -196℃$ 时，$\eta_m = 0.5 \sim 0.8$；

Q_R——制冷剂每小时制冷量（GJ/h）；

W——制冷剂的轴功率（GJ/h）。

其余符号意义同前。

当制冷机选型已确定时，$\beta\eta_m$ 乘积的值应直接从制冷机产品样本中查得制冷量 Q_R 及轴功率 W 后按式（11-35）计算。

② 深冷（$-40 \sim -196℃$ 时）冷价的计算见式（11-36）。

$$P_{c2} = P_{c1} + \frac{1}{ntQ_R} \qquad (11\text{-}36)$$

式中 P_{c2}——深冷冷价（元/GJ）；

n——折旧年限（年）；

t——年运行时间（h）；

Q_R——制冷机每小时制冷量（GJ/h），当制造厂提不出此数据时，按式（11-35）近似推算。

其余符号意义同前。

11.3.12　绝热结构单位造价的计算

管道直径大于 720mm 时，其绝热层、保护层按设备计算。

1）管道绝热结构单位造价的计算见式（11-37）。

$$P_T = F_i P_i + F_{ia} + \frac{4F_1 D_1}{D_1^2 - D^2}(F_9 P_9 + F_{91} + F_{93})] \qquad (11\text{-}37)$$

2）设备绝热结构单位造价计算的见式（11-38）。

$$P_T = F_i P_i + F_{ia} + \frac{F_1}{\delta}(F_9 P_9 + F_{92} + F_{93}) \qquad (11\text{-}38)$$

式中 F_i——绝热层材料损耗及费税系数，$F_i = 1.10 \sim 1.13$；

P_i——绝热层材料到厂单价（元/m³）；

F_{ia}——绝热层每立方米施工费（元/m³），按表 11-15 取值；

F_1——税费系数，$F_1 = 1.0324$；

F_9——保护层材料损耗、重叠系数，$F_9 = 1.20 \sim 1.30$；

P_9——保护层材料单价（元/m²）；

F_{91}——管道保护层每平方米施工费（元/m²），按表 11-16 取值；

F_{92}——设备保护层每平方米施工费（元/m²），按表 11-16 取值；

F_{93}——防潮层及其他保护层每平方米施工费（元/m²），按表 11-17 取值。

其余符号意义同前。

表 11-15　绝热层每立方米施工费

（单位：元/m³）

项目	F_{ia}	
	管道	设备
硬质瓦块	359	640
泡沫玻璃瓦块	591	575
纤维类制品（管壳）	248	583（板）
泡沫塑料瓦块	451	444
毡类制品	264	212
纤维类散装材料	326	339

表 11-16　保护层每平方米施工费

（单位：元/m²）

项目	F_{91}/F_{92}	
	金属薄板钉口	金属薄板挂口
管道	40	82
一般设备	39	72
球形设备	78	84

表 11-17　防潮层及其他保护层每平方米施工费

（单位：元/m²）

项目	F_{93}
沥青玛蹄脂	25
玻璃纤维布	6
聚氨酯卷材	8
钢丝网	15
钢带安装	19

11.4　保温计算主要数据选取原则

11.4.1　保温计算的参数

1. 外表面温度 T

1）无衬里的金属设备和管道的外表面温度 T，取介质的长期正常运行温度。

2）有衬里的金属设备和管道应进行传热计算确定外表面温度。

2. 环境温度 T_a

1）对于设置在室外的设备和管道，在经济保温厚度和热损失计算中，环境温度 T_a 常年运行的取历年的年平均温度的平均值；季节性运行的取历年运行期日平均温度的平均值。具体取值参见表 11-18。

2）对于设置在室内的设备和管道，在经济保温厚度及热损失计算中，环境温度 T_a 均取 20℃。

3）对于设置在地沟中的管道，在经济保温厚度及热损失计算中，当介质温度 $T=80$℃时，环境温度 T_a 取 20℃；当介质温度 $T=80\sim110$℃时，环境温度 T_a 取 30℃；当介质温度 $T>110$℃时，环境温度 T_a 取 40℃。

4）在防止人身烫伤的厚度计算中，环境温度 T_a 应取历年最热月的平均温度值。

表 11-18　环境温度 T_a

（单位：℃）

管道敷设环境		全年运行	供暖季节运行
室外	东北地区	4	-10
	华北地区	12	-2
	南方	16	—
室内		20	16
地沟	介质温度 $T=80$	20	
	介质温度 $T=80\sim110$	30	
	介质温度 $T>110$	40	

5）在防止设备管道内介质冻结的计算中，环境温度应取冬季历年的极端平均最低温度。

6）在校核有工艺要求的各保温层计算中，环境温度应按最不利的条件取值。

3. 界面温度

对于异材复合保温结构，在内外两种不同材料界面处以摄氏度计的温度，必须控制在低于或等于外层保温材料安全使用温度的 0.9 倍以内。

4. 保温结构表面传热系数 α

1）外表面传热系数 α 应为表面材料的辐射传热系数 α_r 与对流传热系数 α_c 之和。

① 辐射传热系数 α_r 的计算见式（11-39）。

$$\alpha_r = \frac{5.669\varepsilon}{T_s - T_a}\left[\left(\frac{273+T_s}{100}\right)^4 - \left(\frac{273+T_a}{100}\right)^4\right]$$
（11-39）

② 无风时，对流传热系数 α_c 的计算见式（11-40）。

$$\alpha_c = \frac{26.4}{\sqrt{297+0.5(T_s+T_a)}}\left(\frac{T_s-T_a}{D_1}\right)^{0.25}$$
（11-40）

③ 有风时，对流传热系数 α_c 的计算应按下列公式进行：

a. 当 WD_1 小于或等于 0.8m²/s 时，计算见式（11-41）。

$$\alpha_c = \frac{0.08}{D_1} + 4.2\frac{W^{0.618}}{D_1^{0.382}}$$
（11-41）

b. 当 WD_1 大于 0.8m²/s 时，计算见式（11-42）。

$$\alpha_c = 4.53\frac{W^{0.805}}{D_1^{0.195}}$$
（11-42）

式中　α_r——保温结构外表面材料的辐射传热系数 $[W/(m^2 \cdot ℃)]$；

ε——保温结构外表面材料的黑度，随材料表面粗糙度值越小而越低；常用材料的黑度按表 11-19 取值；

α_c——对流传热系数 $[W/(m^2 \cdot ℃)]$；

D_1——保温层外径（m）；当为双层时，应带入外层保温层外径 D_2 的值。

W——年平均风速（m/s）。

其余符号意义同前。

表 11-19　材料黑度

材料	黑度
铝合金薄板	0.15~0.30
不锈钢薄板	0.20~0.40
有光泽的镀锌薄钢板	0.23~0.27
已氧化的镀锌薄钢板	0.28~0.32
纤维织物	0.70~0.80
水泥砂浆	0.69
铝粉漆	0.41
黑漆（有光泽）	0.88
黑漆（无光泽）	0.96
油漆	0.80~0.90

2）防烫伤计算中，α 可取为 8.141W/$(m^2 \cdot ℃)$。

3）防冻计算中，α 为辐射传热系数 α_r 与对流传热系数 α_c 之和，α_c 的计算中风速 W 取冬季最多风向的平均风速。

5. 热导率 λ

绝热材料制品的热导率或热导率方程应由制造厂提供。在可行性研究和初步设计阶段进行保温热力计算时，可采用表 11-1 常用保温材料性能中的数据。

热导率应取绝热材料在平均温度下的热导率，对软质材料应取使用密度下的热导率。

6. 热价 P_H

热价应按建设单位所在地实际价格取值，在无实际热价时，可按式（11-33）计算。

7. 保温结构的单位造价 P_T

保温结构的单位造价应为主材费、防潮层和保护层费、包装费、运输费、损耗、安装（包括辅助材料）费的综合实际价格。当无综合实际价格时，可按式（11-37）和式（11-38）进行计算。

8. 年运行时间 t

常年运行一般按 7000h 计；对非常年运行的应按实际运行时间计。

11.4.2 保冷计算的参数

1. 外表面温度 T

保冷计算时设备及管道外表面温度 T 应为介质的最低操作温度。

2. 环境温度 T_a

1）防结露厚度计算和允许最大冷损失下的厚度计算时，环境温度 T_a 应取夏季空气调节室外计算干球温度。

2）经济厚度计算时，环境温度 T_a 常年运行的取历年的年平均温度的平均值；季节性运行的取历年运行期日平均温度的平均值。

3）外表面温度和热量损失的计算中，环境温度 T_a 取厚度计算时的对应值。

3. 露点温度 T_d

露点温度 T_d 应根据夏季空气调节室外计算干球温度 T_a 和最热月的月平均相对湿度 ψ 的数值查 GB 50264—2013《工程设备及管道绝热工程设计规范》确定。

4. 防结露外保冷层外表面温度 T_s

在只防结露保冷厚度计算中，保冷层外表面温度 T_s 应为露点温度 T_d 加 0.3℃。

5. 界面温度 T_1

1）复合保冷结构的不同材料界面处，以摄氏度计的温度 T_1 的绝对值应小于或等于外层保冷材料的推荐使用温度下限值绝对值的 0.9 倍。

2）有热介质扫线要求的保冷结构，其界面温度尚不得超过保冷材料的推荐使用温度上限值的 0.9 倍。

6. 保冷结构表面传热系数 α

1）防结露保冷厚度计算和允许冷损失量的厚度计算中，α 也应取为 8.141 W/(m² · ℃)。

2）经济厚度计算中，α 应符合式（11-43）或式（11-44）取值。

并排敷设：

$$\alpha = 7 + 3.5\sqrt{W} \qquad (11\text{-}43)$$

单根敷设：

$$\alpha = 11.63 + 7\sqrt{W} \qquad (11\text{-}44)$$

式中符号意义同前。

3）表面温度、冷量损失计算中，α 应取厚度计

算时的对应值。

7. 热导率 λ

绝热材料制品的热导率或热导率方程应由制造厂提供。在可行性研究和初步设计阶段进行保冷热力计算时，可采用表 11-2 中常用保冷材料性能规定的数据。热导率应取绝热材料在平均温度下的热导率，对软质材料应取使用密度下的热导率。

8. 冷价 P_c

冷价应按建设单位所在地实际价格取值，在无实际冷价时，可按式（11-34）~式（11-36）计算。

9. 保冷结构的单位造价 P_T

保冷结构的单位造价应为主材费、防潮层和保护层费、包装费、运输费、损耗、安装（包括辅助材料）费的综合实际价格。当无综合实际价格时，可按式（11-37）和式（11-38）进行计算。

10. 年运行时间 t

常年运行一般按 7000h 计；对非常年运行的应按实际运行时间计。

11. 保冷厚度修正系数 K

保冷厚度修正系数 K 应按表 11-20 取值。

表 11-20 保冷厚度修正系数 K

材料	修正系数 K
聚苯乙烯	1.2~1.4
聚氨酯	1.2~1.4
聚异氰脲酸酯	1.2~1.35
泡沫玻璃	1.1~1.2
泡沫橡塑	1.2~1.4
酚醛	1.2~1.4

11.5 计算举例

【例 11-1】 某室外架空敷设蒸汽管道，$D = 0.108\text{m}$，全年运行时间 $t = 7000\text{h}$，蒸汽温度 $T = 250℃$，周围空气温度 $T_a = 12℃$，平均风速为 2.5 m/s，热价 $P_H = 85$ 元/GJ，投资偿还年限 $n = 7$ 年，年利率 $i = 10\%$，保温层为岩棉板，岩棉板到场单价 $P_i = 450$ 元/m³，保温层施工费 $F_{ia} = 547$ 元/m³；保护层为镀锌薄钢板，单价 $P_9 = 24$ 元/m²，保护层施工费 $F_{91} = 40$ 元/m²。

求：1）保温层的经济厚度。

2）保温层表面散热损失。

3）保温层外表面温度。

解：

保温工程投资贷款年分摊率：

$$S = \frac{i(1+i)^n}{(1+i)^n - 1} \times 100\%$$
$$= \frac{10\% \times (1+10\%)^7}{(1+10\%)^7 - 1} \times 100\% = 20.54\%$$

假设岩棉管壳厚度 $\delta = 0.143m$，则管道保温外径
$$D_1 = D + 2\delta = 0.108m + 2 \times 0.143m = 0.394m$$

保温结构单位造价：
$$P_T = F_i P_i + F_{ia} + \frac{4F_1 D_1}{D_1^2 - D^2}(F_9 P_9 + F_{91} + F_{93})$$
$$= [1.12 \times 450 + 547 + \frac{4 \times 1.0324 \times 0.394}{0.394^2 - 0.108^2}$$
$$\times (1.25 \times 24 + 40 + 0)] \text{元}/m^2$$
$$= 1844.3 \text{元}/m^2$$

传热系数：

因 $WD_1 = 0.98m^2/s$，大于 $0.8m^2/s$，传热系数 α 以下式计算：
$$\alpha = \alpha_r + \alpha_c$$
$$= \frac{5.669 \times 0.27}{T_s - 12} \times \left[\left(\frac{273 + T_s}{100}\right)^4 - \left(\frac{273 + 12}{100}\right)^4\right] +$$
$$4.53 \times \frac{2.5^{0.805}}{0.394^{0.195}} \qquad (a)$$

保温层表面散热损失：
$$Q = \frac{T - T_a}{\frac{D_1}{2\lambda}\ln\frac{D_1}{D} + \frac{1}{\alpha}} = \frac{250 - 12}{\frac{0.394}{2 \times 0.050}\ln\frac{0.394}{0.108} + \frac{1}{\alpha}}$$
$$(b)$$

保温层外表面温度：
$$T_s = \frac{Q}{\alpha} + T_a = \frac{Q}{\alpha} + 12 \qquad (c)$$

保温层内、外表面平均温度值：
$$T_m = 0.5(T + T_s) = 0.5 \times (250 + T_s) \qquad (d)$$

保留层热导率：
$$\lambda = 0.0407 + 2.52 \times 10^{-5} T_m + 3.34 \times 10^{-7} T_m^2 \qquad (e)$$

解由式（a）~式（e）组成的方程组，可得
$$\alpha = 12.8W/(m^2 \cdot \text{℃})$$
$$Q = 45.9W/m^2$$
$$T_s = 15.6\text{℃}$$
$$\lambda = 0.050W/(m \cdot \text{℃})$$

ε 镀锌薄钢板黑度按表 11-19 查，取 0.27。

按式（11-2）试算：

式左边：
$$\frac{D_1}{2}\ln\frac{D_1}{D} = \left(\frac{0.394}{2}\ln\frac{0.394}{0.108}\right)m = 0.2550m$$

式右边：
$$A_1\sqrt{\frac{P_E \lambda t(T - T_a)}{P_T S}} - \frac{\lambda}{\alpha} = (1.8975 \times 10^{-3} \times$$
$$\sqrt{\frac{85 \times 0.050 \times 7000 \times (250 - 12)}{1844.3 \times 20.54\%}} - \frac{0.050}{12.81})m$$
$$= 0.2553m$$

上述左右两边所得数值基本一致，说明假设保温层厚度 $\delta = 143mm$ 合适，圆整后保温厚度为 $150mm$。

最终可得到：

1）保温层的经济厚度为 $150mm$。

2）保温层表面散热损失为 $45.9W/m^2$，该值小于 GB/T 4272—2008《设备及管道绝热技术通则》中最大散热损失值 $147W/m^2$，满足要求。

3）保温层外表面温度为 15.6℃。

【例 11-2】 某室外架空敷设蒸汽管道外径 $D = 0.108m$，全年运行时长 $t = 7000h$，其蒸汽温度 $T = 250\text{℃}$，周围空气温度 $T_a = 12\text{℃}$，平均风速为 $2.5m/s$。保温材料采用岩棉管壳，保护层为镀锌薄钢板。

求：按允许最大散热损失的保温层厚度。

解：

允许最大散热损失，查表 11-9，当 $T = 250\text{℃}$ 时，$[Q] = 147W/(m^2)$。

假设保温层厚度 $\delta = 0.061m$，则管道保温外径为
$$D_1 = D + 2\delta = (0.108 + 2 \times 0.061)m = 0.230m$$

保温层表面散热损失：

因 $WD_1 = 0.575m^2/s$，小于 $0.8m^2/s$，传热系数 α 以下式计算：
$$\alpha = \alpha_r + \alpha_c$$
$$= \frac{5.669 \times 0.27}{T_s - 12} \times \left[\left(\frac{273 + T_s}{100}\right)^4 - \left(\frac{273 + 12}{100}\right)^4\right] +$$
$$\frac{0.08}{0.23} + 4.53 \times \frac{2.5^{0.805}}{0.230^{0.195}} \qquad (a)$$

保温层外表面温度：
$$T_s = \frac{Q}{\alpha} + T_a = \frac{147}{\alpha} + 12 \qquad (b)$$

解由式（a）、式（b）组成的方程组，可得：
$$\alpha = 14.81W/(m^2 \cdot \text{℃})$$
$$T_s = 21.9\text{℃}$$

保温层内、外表面平均温度
$$T_m = 0.5 \times (T + T_s)$$
$$= 0.5 \times (250 + 21.9)\text{℃} = 136\text{℃}$$

保温层热导率
$$\lambda = 0.0407 + 2.52 \times 10^{-5} T_m + 3.34 \times 10^{-7} T_m^2$$
$$= (0.0407 + 2.52 \times 10^{-5} \times 136 +$$
$$3.34 \times 10^{-7} \times 136^2)W/(m \cdot \text{℃})$$
$$= 0.0503W/(m \cdot \text{℃})$$

按式（11-12）计算：

式左边：
$$\frac{D_1}{2}\ln\frac{D_1}{D} = \left(\frac{0.230}{2}\ln\frac{0.230}{0.108}\right)m = 0.08708m$$

式右边：

$$\frac{\lambda}{K[Q]}(T - T_a) - \frac{\lambda}{\alpha}$$

$$= \left[\frac{0.0497}{0.9 \times 147} \times (250 - 12) - \frac{0.0503}{14.86}\right] \text{m} = 0.08709$$

系数 K 取 0.9，

上述左右两边所得数值相近，说明假设保温层厚度即为按允许最大散热损失的保温层厚度，圆整后保温层厚度为 70mm。

【例 11-3】 某排汽管外径 $D = 0.108\text{m}$，其蒸汽温度 $T = 200℃$，周围空气温度 $T_a = 25℃$，保温材料采用岩棉管壳。

求：为防止烫伤必要的保温层厚度。

解：按规定在进行防烫伤保温时，保温层外表面温度 $T_s \le 60℃$，此处取 $T_s = 50℃$。

对于防烫伤计算，表面传热系数取值 $\alpha = 8.141\text{W}/(\text{m}^2 \cdot ℃)$。

保温层内外表面平均温度值：

$$T_m = 0.5 \times (T + T_s)$$
$$= 0.5 \times (200 + 50)℃ = 125℃$$

保温层热导率（下面计算中 T_m 只代入数值）：

$$\lambda = (0.0407 + 2.52 \times 10^{-5}T_m + 3.34 \times 10^{-7}T_m^2)\text{W}/(\text{m} \cdot ℃)$$
$$= (0.0407 + 2.52 \times 10^{-5} \times 125 + 3.34 \times 10^{-7} \times 125^2)\text{W}/(\text{m} \cdot ℃)$$
$$= 0.0491\text{W}/(\text{m} \cdot ℃)$$

假设保温层厚度 $\delta = 0.0295\text{m}$，则管道保温外径为
$D_1 = D + 2\delta = (0.108 + 2 \times 0.0295)\text{m} = 0.167\text{m}$

按式（11-25）计算：

式左边：

$$\frac{D_1}{2}\ln\frac{D_1}{D} = \left(\frac{0.167}{2}\ln\frac{0.167}{0.108}\right)\text{m} = 0.03639\text{m}$$

式右边：

$$\frac{\lambda(T - T_s)}{\alpha(T_s - T_a)} = \frac{0.0491 \times (200 - 50)}{8.141 \times (50 - 25)}\text{m} = 0.03619\text{m}$$

上述左右两边所得数值相近，说明假设保温层厚度合适，确保 T_s 不超过 50℃。

【例 11-4】 某输送液体介质管道 $D = 0.325\text{m}$，长度 $L_{AB} = 230\text{m}$，室外架空敷设，周围空气温度 $T_a = -30℃$，室外平均风速为 2.5m/s，管内液体介质初温 $T_A = 105℃$，允许温度降为 10℃，介质终温为 $T_B = 95℃$，介质流量 $q_m = 4000\text{kg/h}$，介质比热容 $c = 4216\text{J}/(\text{kg} \cdot ℃)$，保温材料采用超细玻璃棉，保护层为镀锌薄钢板。

求：保温层厚度。

解：质平均温度：

$$T = 0.5 \times (T_A + T_B) = 0.5 \times (105 + 95)℃ = 100℃$$

假设保温层厚度 $\delta = 0.0265\text{m}$，则管道保温外径为 $D_1 = D + 2\delta = 0.325 + 2 \times 0.0265\text{m} = 0.378\text{m}$。传热系数：

$$\alpha = \alpha_r + \alpha_c = \frac{5.669\varepsilon}{T_s - T_a}\left[\left(\frac{273 + T_s}{100}\right)^4 - \left(\frac{273 + T_a}{100}\right)^4\right]$$
$$+ 4.53\frac{\omega^{0.805}}{D_1^{0.195}}$$

$$= \frac{5.669 \times 0.27}{T_s - (-30)} \times \left[\left(\frac{273 + T_s}{100}\right)^4 - \left(\frac{273 + (-30)}{100}\right)^4\right]$$
$$+ 4.53 \times \frac{2.5^{0.805}}{0.395^{0.195}} \tag{a}$$

保温层内外表面平均温度：

$$T_m = 0.5 \times (T + T_s) \tag{b}$$

保温层热导率：

$$\lambda = 0.041 + 0.00017(T_m - 70) \tag{c}$$

保温层外表面温度：

$$T_s = \frac{Q}{\alpha} + T_a = \frac{Q}{\alpha} + (-30) \tag{d}$$

表面散热损失：

$$Q = \frac{T - T_a}{\dfrac{D_1}{2\lambda}\ln\dfrac{D_1}{D} + \dfrac{1}{\alpha}} = \frac{100 - (-30)}{\dfrac{0.378}{2\lambda}\ln\dfrac{0.378}{0.325} + \dfrac{1}{\alpha}} \tag{e}$$

解由式（a）~式（e）组成的方程组，可得：

$$\alpha = 12.4\text{W}/(\text{m}^2 \cdot ℃)$$
$$Q = 149.3\text{W/m}^2$$
$$T_s = -17.96℃$$
$$\lambda = 0.0361\text{W}/(\text{m} \cdot ℃)$$

取附加热损失系数 $K_r = 1.15$。

按式（11-29）计算：

式左边：

$$\ln\frac{D_1}{D} = \ln\frac{0.378}{0.325} = 0.1509$$

式右边：

$$\frac{8\lambda L_{AB}K_r}{D^2 W\rho c\ln\dfrac{T_A - T_a}{T_B - T_a}} - \frac{2\lambda}{D_1\alpha}$$

$$= \frac{8 \times 0.0361 \times 230 \times 1.15}{4000/2827.4 \times 4216 \times \ln\dfrac{105 - (-30)}{95 - (-30)}}$$
$$- \frac{2 \times 0.0361}{0.378 \times 12.4}$$

$$= 0.1509$$

通过式（11-31），将 $D^2 W\rho = q_m/2827.4$ 代入上式。

上述左右两边所得数值相近似，说明假设保温

层厚度合适。

【例 11-5】　室外架空敷设热水管道规格为 $\phi32mm \times 2.5mm$，周围空气温度 $T_a = -15℃$，室外平均风速为 2.5m/s，管内热水介质温度 $T = 50℃$，保温材料采用超细玻璃棉管壳，保护层为镀锌薄钢板，当水流中断后，求：

1) 维持 $t_{fr} = 5h$ 不冻结所需的保温层厚度。

2) 当保温层厚度为 $\delta = 0.05m$ 时，核算温度下降到冻结温度所需要的时间。

解：取附加热损失系数 $K_r = 1.15$。

水的冻结温度 $T_{fr} = 0℃$。

介质体积：

$$V = 0.25\pi \times (0.032 - 2 \times 0.0025)^2 m^3/m$$
$$= 8.04 \times 10^{-4} m^3/m$$

介质密度，查表 11-11，$\rho = 988.04kg/m^3$。

介质比定压热容，查表 11-11，$c = 4181J/(kg \cdot ℃)$。

钢管体积：

$$V_p = 0.25\pi \times [0.032^2 - (0.032 - 2 \times 0.0025)^2]$$
$$= 1.73 \times 10^{-4} m^3/m。$$

钢材密度 $\rho_p = 7850kg/m^3$。

钢材比定压热容，查表 11-13，$c_p = 481.5J/(kg \cdot ℃)$。

1) 当水流中断后，维持 $t_{fr} = 5h$ 不冻结所需的保温层厚度计算如下。

假设保温层厚度 $\delta = 0.0155m$，则管道保温外径为

$$D_1 = D + 2\delta = (0.032 + 2 \times 0.0155)m = 0.063m$$

传热系数：

$$\alpha = \alpha_r + \alpha_c = \frac{5.669\varepsilon}{T_s - T_a}\left[\left(\frac{273 + T_s}{100}\right)^4 - \left(\frac{273 + T_a}{100}\right)^4\right]$$
$$+ \frac{0.08}{D_1} + 4.2\frac{\omega^{0.618}}{D_1^{0.382}}$$
$$= \frac{5.669 \times 0.27}{T_s - (-15)} \times \left[\left(\frac{273 + T_s}{100}\right)^4 - \left(\frac{273 + (-15)}{100}\right)^4\right]$$
$$+ \frac{0.08}{0.063} + 4.2 \times \frac{2.5^{0.618}}{0.163^{0.382}} \qquad (a)$$

保温层内外表面平均温度：

$$T_m = 0.5(T + T_s) \qquad (b)$$

保温层热导率：

$$\lambda = 0.041 + 0.00017 \times (T_m - 70) \qquad (c)$$

保温层外表面温度：

$$T_s = \frac{Q}{\alpha} + T_a = \frac{Q}{\alpha} + (-15) \qquad (d)$$

表面散热损失：

$$Q = \frac{T - T_a}{\frac{D_1}{2\lambda}\ln\frac{D_1}{D} + \frac{1}{\alpha}} = \frac{50 - (-15)}{\frac{0.063}{2\lambda}\ln\frac{0.063}{0.032} + \frac{1}{\alpha}} \qquad (e)$$

解由式（a）~式（e）组成的方程组，可得：

$$\alpha = 23.6W/(m^2 \cdot ℃)$$
$$Q = 92.4W/m^2$$
$$T_s = -11.1℃$$
$$\lambda = 0.0324W/(m \cdot ℃)$$

按式（11-32）计算：

式左边：

$$\ln\frac{D_1}{D} = \ln\frac{0.063}{0.032} = 0.6790$$

式右边：

$$\frac{7200K_r\pi\lambda t_{fr}}{(V\rho c + V_p\rho_p c_p)\ln\dfrac{T - T_a}{T_{fr} - T_a}} - \frac{2\lambda}{D_1\alpha} =$$

$$\frac{7200 \times 1.15 \times \pi \times 0.0324 \times 5}{(8.04 \times 10^{-4} \times 988.04 \times 418.1 + 1.73 \times 10^{-4} \times 7850 \times 481.5) \times \ln\dfrac{50 - (-15)}{0 - (-15)}}$$

$$- \frac{2 \times 0.0324}{0.063 \times 23.6}$$

$$= 0.6793$$

上述左右两边所得数值相近，说明假设保温层厚度合适。

2) 保温层厚度为 $\delta = 0.05m$，当水流中断后，核算温度下降到冻结温度所需要的时间计算如下。

$$D_1 = D + 2\delta = (0.032 + 2 \times 0.05)m = 0.132m$$

传热系数：

$$\alpha = \alpha_r + \alpha_c = \frac{5.669\varepsilon}{T_s - T_a}\left[\left(\frac{273 + T_s}{100}\right)^4 - \left(\frac{273 + T_a}{100}\right)^4\right]$$
$$+ \frac{0.08}{D_1} + 4.2\frac{\omega^{0.618}}{D_1^{0.382}}$$
$$= \frac{5.669 \times 0.27}{T_s - (-15)} \times \left[\left(\frac{273 + T_s}{100}\right)^4 - \left(\frac{273 + (-15)}{100}\right)^4\right]$$
$$+ \frac{0.08}{0.132} + 4.2 \times \frac{2.5^{0.618}}{0.132^{0.382}} \qquad (a)$$

保温层内外表面平均温度：

$$T_m = 0.5 \times (T + T_s) \qquad (b)$$

保温层导热系数：

$$\lambda = 0.041 + 0.00017 \times (T_m - 70) \qquad (c)$$

保温层外表面温度：

$$T_s = \frac{Q}{\alpha} + T_a = \frac{Q}{\alpha} + (-15) \qquad (d)$$

表面散热损失：

$$Q = \frac{T - T_a}{\frac{D_1}{2\lambda}\ln\frac{D_1}{D} + \frac{1}{\alpha}} = \frac{50 - (-15)}{\frac{0.112}{2\lambda}\ln\frac{0.132}{0.032} + \frac{1}{\alpha}} \qquad (e)$$

解由式（a）~式（e）组成的方程组，可得：

$$\alpha = 17.7 \text{W}/(\text{m}^2 \cdot \text{℃})$$
$$Q = 21.9 \text{W}/\text{m}^2$$
$$T_\text{s} = -13.8\text{℃}$$
$$\lambda = 0.03218 \text{W}/(\text{m} \cdot \text{℃})$$

将所有已知数值代入式（11-32）中：

式左边：

$$\ln \frac{D_1}{D} = \ln \frac{0.132}{0.032} = 1.4171$$

式右边：

$$\frac{7200 K_\text{r} \pi \lambda t_\text{fr}}{(V\rho c + V_\text{p}\rho_\text{p} c_\text{p}) \ln \dfrac{T - T_\text{a}}{T_\text{fr} - T_\text{a}}} - \frac{2\lambda}{D_1 \alpha} =$$

$$\frac{7200 \times 1.15 \times \pi \times 0.03218 \times t_\text{fr}}{(8.04 \times 10^{-4} \times 988.04 \times 4181 + 1.73 \times 10^{-4} \times 7850 \times 481.5) \times \ln \dfrac{50 - (-15)}{0 - (-15)}}$$

$$- \frac{2 \times 0.03218}{0.132 \times 17.7}$$

解得 $t_\text{fr} \approx 10\text{h}$

温度下降到冻结温度约需要 10h。

11.6　绝热结构

1. 一般要求

保温结构应由保温层和保护层组成。对于埋地设备与管道的保温结构，应设防潮层；对于地沟内的管道的保温结构，宜设防潮层。

保冷结构应由保冷层、防潮层和保护层组成。

绝热结构的设计应绝热效果好，造价低，施工方便，防火，耐久，美观等。

2. 绝热层

1）绝热结构一般不考虑可拆卸性，但对于法兰、阀门、人孔等需要经常检修的部位，宜采用可拆卸式绝热结构。

2）绝热结构应有一定的强度，不因受自重或偶然外力作用而破坏。对有振动的设备与管道的保温结构，应进行加固。

3）绝热层厚度应以 10mm 为单位进行分档。硬质绝热材料制品最小厚度可为 30mm，硬质泡沫塑料最小厚度可为 20mm。

4）除浇注型和填充型外，在无其他说明的情况下，绝热层应按下列规定分层：

① 绝热层总厚度 δ≥80mm 时，应分两层或多层施工。

② 当内外层采用同种绝热材料时，内外层厚度宜近似相等。

③ 当内外层为不同绝热材料时，内外层厚度的比例应保证内外层界面处温度绝对值不超过外层材料推荐使用温度绝对值的 0.9 倍；对于保冷设计，应取保冷材料推荐使用温度下限值的 0.9 倍。

④ 操作温度冷热交替的设备及管道的保冷层，其材料应在高温区及低温区内均能安全使用。当其不能承受高温介质温度时，应在内层增设保温层。增设的保温层与保冷层的厚度比例，在冷态与热态，均应符合③的规定。

⑤ 在经济合理前提下，超高温和深冷介质设备及管道的绝热，可选用不同绝热材料的复合结构，不同绝热材料复合绝热层应同时符合③的规定。

5）绝热层敷设应采用同层错缝、内外层压缝方式敷设。内外层接缝应错开 100~150mm，对尺寸偏小的绝热层，其错缝距离可适当减少，水平安装的设备及管道最外层的纵向接缝位置，不得布置在设备管道垂直中心线两侧 45°范围内。对大直径设备及管道，当采用多块硬质成型绝热制品时，绝热层的纵向接缝位置可超出垂直中心线两侧 45°范围，但应偏离管道垂直中心线位置。

6）方形设备或矩形烟风道的绝热层，其四角角缝应做成封盖式搭缝，不得形成垂直通缝。

7）保温的硬质或半硬质制品的拼缝宽度不应大于 5mm，保冷的硬质或半硬质制品的拼缝宽度不应大于 2mm。

8）保冷设备及管道上的裙座、支吊架、仪表管座等附件，应进行保冷，其保冷层长度不得小于保冷层厚度的 4 倍或至垫块处，保冷层厚度宜为相连管道或设备的保冷层厚度的 1/2。

9）对立式设备、水平夹角大于 45°的管道、平壁面及立卧式设备底面上的绝热结构，应设支承件。其支承件的设计，应符合下列规定：

① 支承件的承面宽度应小于绝热层厚度 10~20mm，支撑件的厚度宜为 3~6mm。

② 支承件的间距应符合下列规定：

a. 立式设备和管道，包括与水平夹角大于 45°的管道，平壁支件的间距为 1.5~2m；圆筒在介质温度大于或等于 350℃时，支承件的间距为 2~3m；在介质温度小于 350℃时，支承件的间距为 3~5m；保冷时，平壁和圆筒支承件的间距均不得大于 5m。

b. 对于卧式设备，当其外径 D 大于 2m，且使用硬质绝热制品时，应在水平中心线处设支承架，承受背部及兜挂腹部保温层。

③ 立式圆筒绝热层可用环形钢板、管卡顶焊半环钢板和角铁顶面焊钢筋等做成的支承件支承。

④ 设备底部封头可用封头与圆柱体相切处附近设置的固定环，或设备裙座周边线处焊上的螺母来支承绝热层。对有振动或大直径底部封头，可用在

封头底部点阵式布置螺母，或带环销钉来兜贴（挂）绝热层。

⑤ 保冷层支承件应选冷桥断面小的结构形式。管卡式支承环的螺孔端头伸出保冷层外时，应将外露处的保冷层加厚至封住外露端头。

⑥ 支承件的位置应避开法兰、配件或阀门，对立管及设备，支承件应设在阀门、法兰等的上方，其位置不应影响螺栓的拆卸。

⑦ 不锈钢与合金钢设备及管道上的支承件，宜采用抱箍型结构。直接焊于不锈钢设备及管道上的支承件，应采用不锈钢制作。当支承件采用碳钢制作时，应加焊不锈钢垫板。合金钢设备及管道上的支承件，材质应与设备及管道的材质相匹配。

⑧ 绝热支承件的焊接应在设备或管道的内部防腐、衬里和强度试验前进行。凡施焊后需进行热处理的设备上的焊接型支承件，应在设备制造厂预焊。

10) 钩钉和销钉设置应符合下列规定：

① 保温层用钩钉、销钉，宜用 $\phi3 \sim \phi6mm$ 的圆钢制作，对软质保温材料应采用 $\phi3mm$，其材质应与设备及管道的材质相匹配。

硬质材料保温钉的间距宜为 300~600mm，且保温钉宜设在制品拼缝处。

软质材料保温钉之间距不宜大于 350mm。

每平方米面积上保温钉的个数为：侧面不宜少于 6 个，底部不宜少于 9 个。

② 对有振动的情况，钩钉应适当加密。

③ 当支承件已满足承重及固定绝热层要求时，可不再设钩钉。

④ 保冷层不宜使用钩钉结构。

⑤ 凡施焊后必须热处理的设备上的钩钉，应在设备制造厂预焊。

11) 捆扎件结构应符合下列规定：

① 保温层捆扎结构应符合下列规定：

a. 保温结构中的捆扎材料宜采用镀锌钢丝或镀锌钢带。当保护层材料为不锈钢薄板时，捆扎材料应采用不锈钢丝或不锈钢带。保温捆扎材料规格宜按表 11-21 取值。

b. 硬质保温制品捆扎间距不应大于 400mm，半硬质保温制品捆扎间距不应大于 300mm，软质保温制品捆扎间距不应大于 200mm，每块绝热制品上的捆扎不得少于两道。半硬质制品长度大于 800mm 时，应至少捆扎三道，软质制品两端 50mm 长度内应各捆扎一道。

c. 管道双层、多层保温时应逐层捆扎，内层可采用镀锌钢带或镀锌钢丝捆扎，大管道外层宜用镀锌钢带捆扎。设备双层保温时，内外层宜采用镀锌

钢带捆扎。当保护层材料为不锈钢薄板时，外层捆扎材料应采用不锈钢带。

② 保冷层捆扎应符合下列规定：

a. 保冷层捆扎应以不损伤保冷层为原则，捆扎材料不宜采用钢丝，宜采用带状材料。

b. 多层保冷时的内层应逐层捆扎，捆扎材料宜采用不锈钢带或胶带。

c. 当捆扎材料采用不锈钢带时，其规格可按表 11-21 确定。

③ 设备封头的各层捆扎，可利用活动环和固定环成辐射形固定或"十"字形固定。

④ 球形容器的捆扎应符合下列规定：

a. 球形容器的捆扎应从"赤道"放射向"两极"，在"赤道"带处捆扎间距应小于 300mm。

b. 球形容器单层保冷应采用不锈钢带捆扎，多层保冷内层应采用不锈钢带捆扎。

⑤ 严禁用螺旋缠绕法捆扎。

⑥ 对有振动的部位，应适当加强捆扎。

12) 绝热层的伸缩缝设置应符合下列规定：

① 绝热层为硬质制品时，应留设伸缩缝。伸缩缝的伸缩量宜按下述⑧的规定计算。介质温度大于或等于 350℃时，伸缩缝宽度宜为 25mm；介质温度小于 350℃时，伸缩缝的宽度宜为 20mm。伸缩缝可采用软质绝热材料将缝隙填平，填充材料的性能应满足介质温度要求。

② 直管或设备直段长每隔 3.5~5m，应设一伸缩缝，中低温宜靠上限，高温和深冷宜靠下限。

表 11-21　保温捆扎材料规格

序号	材料	标准	规格	使用范围
1	镀锌钢丝	YB/T 5294—2009《一般用途低碳钢丝》	$\phi1.2$ 双股	$D_1 \leqslant 300$ 的管道
			$\phi1.6$ 双股	$300 < D_1 \leqslant 600$ 的设备及管道
2	镀锌钢带	GB/T 2518—2008《连续热镀锌钢板及钢带》	12×0.5（宽×厚）	$600 < D_1 \leqslant 1000$ 的设备及管道
			20×0.5（宽×厚）	$D_1 > 1000$ 的设备及管道
3	不锈钢丝	GB/T 4240—2009《不锈钢丝》	$\phi1.2$ 双股	$D_1 \leqslant 300$ 的管道
			$\phi1.6$ 双股	$300 < D_1 \leqslant 600$ 的设备及管道
4	不锈钢带	GB/T 3280—2015《不锈钢冷轧板和钢带》	12×0.5（宽×厚）	$600 < D_1 \leqslant 1000$ 的设备及管道
			20×0.5（宽×厚）	$D_1 > 1000$ 的设备及管道

注：表中 D_1 表示保温层外径（mm），对平壁或矩形管道 D_1 为当量直径。

③ 伸缩缝应设置在支吊架处及下列部位：立管、立式设备的支承件（环）下或法兰下；水平管道、卧式设备的法兰、支吊架、加强肋板和固定环处，或距封头 100~150mm 处；管束分支部位；弯头两端的直管段上应各留一道伸缩缝。当两弯头之间的间距较小时，其直管段上的伸缩缝可根据介质温度确定仅留一道或不留设。

④ 当绝热层为双层或多层时，各层均应留设伸缩缝，并应错开，错开间距不宜小于 100mm。

⑤ 保温层的伸缩缝应选用推荐使用温度大于或等于介质设计温度的软质材料填充严密。

⑥ 保冷层的伸缩缝可采用软质材料填充严密，其外应采用丁基胶带密封。

⑦ 设计温度大于或等于 400℃ 的设备及管道保温和低温设备及管道保冷时，应在其伸缩缝外增设一层绝热层，其厚度应与设备或管道本体的绝热层厚度相同，且与伸缩缝的搭接宽度不得小于 50mm。

⑧ 绝热层伸缩量宜按下列步骤进行计算：

a. 管道或设备的伸长或收缩量按式（11-45）计算。

$$\Delta L_0 = 1000\alpha_{L0}L(T - T_a) \qquad (11-45)$$

b. 绝热材料的伸长或收缩量按式（11-46）和式（11-47）计算。

单层：

$$\Delta L_1 = 1000\alpha_{L1}L\left(\frac{T + T_s}{2} - T_a\right) \qquad (11-46)$$

双层外层：

$$\Delta L_2 = 1000\alpha_{L2}L\left(\frac{T_1 + T_2}{2} - T_a\right) \qquad (11-47)$$

c. 绝热层在使用中，伸缩缝的扩展或压缩量按式（11-48）和式（11-49）计算。

绝热层相对于管道：

$$\Delta L = \Delta L_0 - \Delta L_1 \qquad (11-48)$$

外绝热层相对于内绝热层：

$$\Delta L = \Delta L_1 - \Delta L_2 \qquad (11-49)$$

式中 ΔL_0——管道或设备的伸长或收缩量（mm）；

ΔL_1——绝热材料的伸长或收缩量（mm）；

ΔL_2——外层绝热材料的伸长或收缩量（mm）；

ΔL——当 ΔL 为负值时，绝热层伸缩缝的扩展或压缩量（mm）；

L——伸缩缝间距（mm）；

α_{L0}——管道或设备的线胀系数（1/℃）；

α_{L1}——内层保温材料的线胀系数（1/℃）；

α_{L2}——外层保温材料的线胀系数（1/℃）。

13）保冷层中的支架、吊架、托架等承载部位处，应设置硬质保冷垫块。

14）当被绝热设备或管道材质为不锈钢时，绝热结构中的镀锌辅材不得与被绝热设备或管道接触。

3. 防潮层

1）设备与管道的保冷层外表面应设置防潮层。埋地或地沟内敷设管道的保温层外表面应设置防潮层。

2）在环境变化与振动情况下，防潮层应能保持其结构的完整性和密封性。

3）胶泥涂抹结构的防潮层的组成，应符合 GB 50126—2008《工业设备及管道绝热工程施工规范》的有关规定。

4）防潮层外如需使用捆扎件时，不得损坏防潮层。

4. 保护层

1）绝热结构外层应设置保护层。保护层结构应严密、防水；应抗大气腐蚀和光照老化；安装方便，外表整齐美观；应有足够的机械强度，使用寿命应长。在环境变化与振动情况下，不渗水、不开裂、不散缝、不坠落。

2）常用的保护层有金属保护层、包扎式复合保护层、涂抹式保护层三类。包扎式复合保护层和金属保护层属轻型结构，常用轻质保护层材料见表 11-22。玻璃布保护层一般在室内使用。

3）保护层宜选用金属材料。腐蚀性环境下宜采用耐腐蚀材料作保护层，有防火要求的设备及管道宜选用不锈钢薄板作保护层。

常用金属保护层应符合表 11-23 的规定。

4）涂抹式保护层常用材料有沥青胶泥。

沥青胶泥保护层配方之一见表 11-24。

沥青胶泥涂抹层厚度：当保温层外径小于或等于 200mm 时为 15mm；保温层外径大于 200mm 时为 20mm；平壁保温时厚度为 25mm。

表 11-22 常用轻质保护层材料

材料名称	特性和应用
玻璃布	厚度 0.1~0.16mm 中碱平纹布，价廉、质轻，材料来源广；外涂料易变脆、松动、脱落，日晒易老化，防水性差
铝箔玻璃布	可用于室内外温度较高的架空管道，外形不挺括，易损坏
改性沥青油毡	用于地沟或室外架空管道作防潮层。质轻价廉，材料来源广；防水性好，防火性能差，易燃，易撕裂

（续）

材料名称	特性和应用
沥青玻璃布油毡	用于地沟或室外架空管道作防潮层，易燃
改性聚氯乙烯防水卷材（PVC）	价格适中，便于施工，防水性能好，耐蚀性强，使用寿命较长。使用温度 -20~80℃，阻燃，但长时间接触火焰仍会燃烧，并分解出有毒气体
铝-玻璃钢外护层复合材料（AFC） 铝箔玻璃钢 镀铝复合 PVC 卷材	厚度 0.6~1.0mm，外形挺括，可代替金属薄板和玻璃钢。防水性好，耐酸碱性强，阻燃，耐老化，使用寿命长，使用温度 ≤80℃，适用于室内外架空管道
铝合金薄板、镀锌薄钢板、不锈钢薄板	厚度 0.3~1.0mm，质轻，价贵，防水性好，外形挺括，美观，机械强度高，可在工厂预制，因而施工速度快，适用于室内外架空管道

表 11-23　常用金属保护层

类别	绝热层外径 D_1/mm	外保护层			
		材料	标准	形式	厚度/mm
管道	<760	铝合金薄板	GB/T 3880.1~3880.3—2012《一般工业用铝及铝合金板、带材》	平板	0.40~0.60
		不锈钢薄板	GB/T 3280—2015《不锈钢冷轧板和钢带》	平板	0.30~0.35
		镀锌薄钢板	GB/T 2518—2008《连续热镀锌钢板及钢带》、GB/T 15675—2008《连续电镀锌、锌镍合金镀层钢板及钢带》	平板	0.30~0.50
	≥760	铝合金薄板	《一般工业用铝及铝合金板、带材》	平板	0.80
		不锈钢薄板	《不锈钢冷轧板和钢带》	平板	0.40~0.50
		镀锌薄钢板	《连续热镀锌钢板及钢带》《连续电镀锌、锌镍合金镀层钢板及钢带》	平板	0.50~0.70
设备	<760	铝合金薄板	《一般工业用铝及铝合金板、带材》	平板	0.60~0.80
		不锈钢薄板	《不锈钢冷轧板和钢带》	平板	0.30~0.35
		镀锌薄钢板	《连续热镀锌钢板及钢带》《连续电镀锌、锌镍合金镀层钢板及钢带》	平板	0.40~0.50
	≥760	铝合金薄板	《一般工业用铝及铝合金板、带材》	平板	0.80~1.00
		不锈钢薄板	《不锈钢冷轧板和钢带》	平板	0.40~0.60
		镀锌薄钢板	《连续热镀锌钢板及钢带》《连续电镀锌、锌镍合金镀层钢板及钢带》	平板	0.50~0.70
立式储罐	≥3000	铝合金薄板	《一般工业用铝及铝合金板、带材》	压型板	0.60~1.00
		不锈钢薄板	《不锈钢冷轧板和钢带》	压型板	0.40~0.60
		镀锌薄钢板	《连续热镀锌钢板及钢带》《连续电镀锌、锌镍合金镀层钢板及钢带》	压型板	0.50~0.70
平壁及方形设备	—	铝合金薄板	《一般工业用铝及铝合金板、带材》	压型板	0.60~1.00
		不锈钢薄板	《不锈钢冷轧板和钢带》	压型板	0.40~0.60
		镀锌薄钢板	《连续热镀锌钢板及钢带》《连续电镀锌、锌镍合金镀层钢板及钢带》	压型板	0.50~0.70
泵、阀门和法兰等不规则表面	所有	铝合金薄板	《一般工业用铝及铝合金板、带材》	平板	0.80~1.00
		不锈钢薄板	《不锈钢冷轧板和钢带》	平板	0.40~0.60
		镀锌薄钢板	《连续热镀锌钢板及钢带》《连续电镀锌、锌镍合金镀层钢板及钢带》	平板	0.50~0.70

表 11-24　自熄性沥青胶泥配方

材料名称	质量/kg	质量分数（%）
茂名 5 号沥青	1.5	26.3
橡胶粉（32 目）	0.2	3.5
中质石棉泥	2.0	35.1
四氯乙烯	1.5	26.3
氯化石蜡	0.5	8.8

5）金属保护层接缝形式，可根据具体情况选用搭接、插接、咬接及嵌接形式，并符合下列规定：

① 硬质保温材料制品金属保护层纵缝，在不损坏里面制品及防潮层的前提下可采用咬接。半硬质和软质保温材料制品的金属保护层的纵缝，可用插接或搭接，搭接尺寸不得小于 30mm。插接缝可用自攻螺钉或抽芯铆钉连接，搭接缝宜用抽芯铆钉连接。钉与钉的间距为 150~200mm。

② 金属保护层的环缝，可采用搭接或插接，搭接时一端应压出凸筋，搭接尺寸不得小于 50mm。水平设备及管道上的纵向搭接应在水平中心线下方 15°

~45°的范围内顺水搭接。除有防坠落要求的垂直安装的保护层外，在保护层搭接或插接的环缝上，不宜使用自攻螺钉或抽芯铆钉固定。

③ 直管段上为热膨胀而设置的金属保护层环向接缝，应采用活动搭接形式。活动搭接余量应能满足热膨胀的要求，且不应小于100mm，其间距应符合下列规定：

a. 硬质保温制品，活动环向接缝应与保温层的伸缩缝设置相一致。

b. 软质及半硬质保温制品，介质温度小于或等于350℃时的活动环向接缝间距为4~6m，介质温度大于350℃时的活动环向接缝间距为3~4m。

④ 管道弯头起弧处的金属保护层宜布置一道活动搭接形式的环向接缝。

⑤ 保冷结构的金属保护层接缝宜用咬接或钢带捆扎结构，不宜使用螺钉或铆钉连接，使用螺钉或铆钉连接时，应采取保护措施。

6）保护层应有整体防水功能，应能防止水和水汽进入绝热层。对水和水汽易渗进绝热层的部位，应采用玛蹄脂或密封胶严缝。

7）大型立式设备、储罐及振动设备的金属保护层，宜设置固定支承结构。

5. 保温结构

金属、玻璃钢及铝箔玻璃钢薄板外保护层管道保温结构如图11-10所示。复合包扎涂抹外保护层管道保温结构如图11-11所示。管道双层保温结构如图

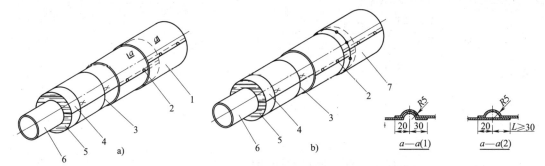

图 11-10　金属、玻璃钢及铝箔玻璃钢薄板外保护层管道保温结构

a）Ⅰ型：金属保护层　b）Ⅱ型：玻璃钢保护层

1—金属薄板　2—抽芯铆钉或自攻螺钉　3—胶带或镀锌钢丝

4—防潮层（根据需要设置）　5—保温层　6—管子　7—玻璃钢薄板

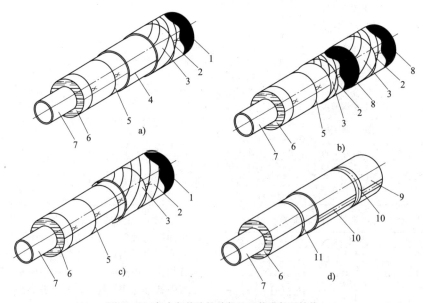

图 11-11　复合包扎涂抹外保护层管道保温结构

a）Ⅰ型　b）Ⅱ型：用于室外、地沟及潮湿处管道　c）Ⅲ型　d）Ⅳ型：用于室内架空管道

1—防火漆　2—镀锌钢丝　3—玻璃布　4—阻燃型防水卷材　5—胶带或镀锌钢丝　6—保温层

7—管子　8—阻燃型防水卷材及涂膜弹性体　9—复合铝箔　10—压敏胶条　11—胶带

11-12 所示。垂直管道保温结构如图 11-13 所示。伴
热管保温结构如图 11-14 所示。管道弯头保温结构如
图 11-15 所示。管道三通保温结构如图 11-16 所示。
管道法兰保温结构如图 11-17 所示。阀门保温结构如
图 11-18 所示。卧式筒体设备保温结构如图 11-19 所
示。立式筒体设备保温结构如图 11-20 所示。设备人
孔、法兰保温结构如图 11-21 所示。

6. 保温工程量计算表

管道保温工程量面积计算见表 11-25。
管道保温工程量体积计算见表 11-26。
保温用的辅助材料用量见表 11-27。

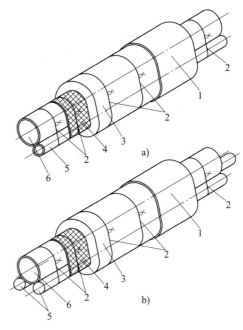

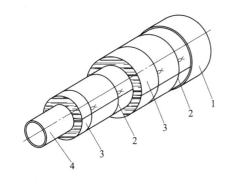

图 11-12　管道双层保温结构

1—保护层　2—镀锌钢丝　3—保温制品　4—管子

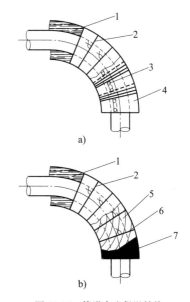

图 11-14　伴热管保温结构

a）Ⅰ型：单管伴热　b）Ⅱ型：双管伴热
1—保护层　2—镀锌钢丝　3—保温层
4—镀锌钢丝网　5—伴热管　6—主管

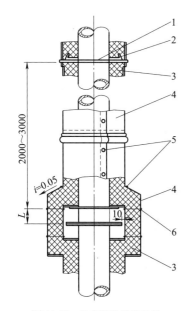

图 11-13　垂直管道保温结构

1—托环　2—环形挂板　3—保温层
4—金属保护层　5—自攻螺钉或抽芯铆钉
6—螺栓（M6）

图 11-15　管道弯头保温结构

a）Ⅰ型：金属或玻璃钢保护层　b）Ⅱ型：复合保护层
1—保温层　2—胶带或镀锌钢丝　3—抽芯铆钉
4—金属薄板或玻璃钢薄板　5—玻璃布
6—镀锌钢丝　7—防火漆

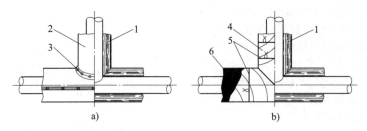

图 11-16　管道三通保温结构

a）Ⅰ型：金属或玻璃钢保护层　 b）Ⅱ型：复合保护层

1—保温层　2—金属薄板或玻璃钢薄板　3—抽芯铆钉　4—玻璃布　5—胶带或镀锌钢丝　6—防火漆

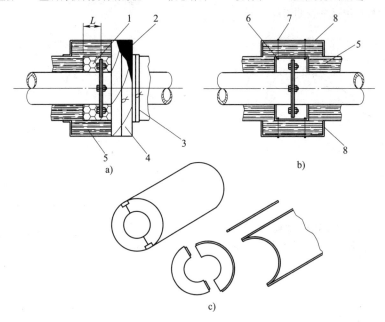

图 11-17　管道法兰保温结构

a）固定式　 b）可拆式　 c）金属保护罩

1—填料散棉　2—防火漆　3—镀锌钢丝　4—玻璃布　5—保温层　6—螺母（M6）　7—螺栓（M6）　8—金属保护罩

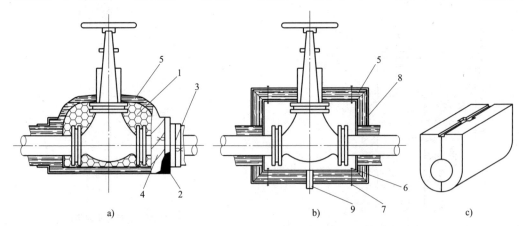

图 11-18　阀门保温结构

a）固定式　 b）可拆式　 c）金属保护罩

1—填料散棉　2—防火漆　3—胶带或镀锌钢丝　4—玻璃布

5—保温层　6—螺母（M6）　7—螺栓（M6）　8—金属保护罩　9—排水管

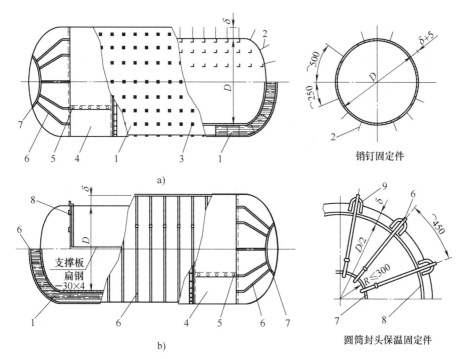

图 11-19　卧式筒体设备保温结构

a) Ⅰ型：允许焊接的筒体　　b) Ⅱ型：不允许焊接的筒体

1—保温层　2—销钉　3—自锁紧板　4—金属保护层（也可用复合保护层）

5—抽芯铆钉或自攻螺钉　6—钢带　7—活动环　8—抱箍　9—固定圈（圆钢 φ6mm）

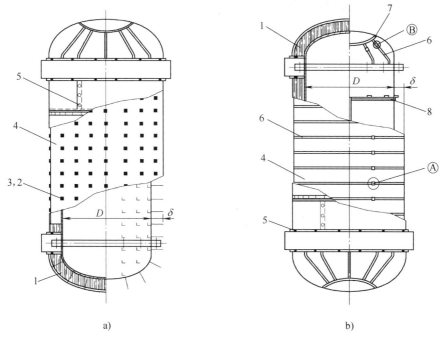

图 11-20　立式筒体设备保温结构

a) Ⅰ型：允许焊接的筒体　　b) Ⅱ型：不允许焊接的筒体

1—保温层　2—销钉　3—自锁紧板　4—金属保护层（也可用复合保护层）

5—抽芯铆钉或自攻螺钉　6—钢带　7—活动环　8—抱箍

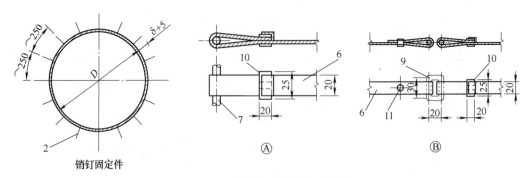

销钉固定件

图 11-20　立式筒体设备保温结构（续）

9—紧固环（钢丝 $\phi 3mm$）　　10—卡片（钢带 $\delta = 0.5mm$）　　11—铆钉（$\phi 6mm$）

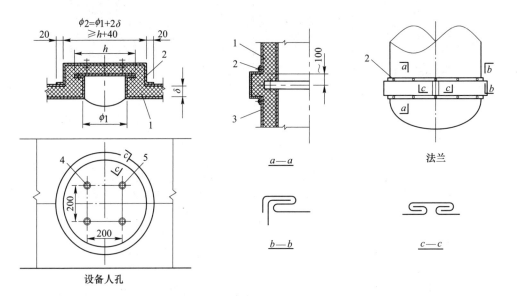

设备人孔

a—a

法兰

b—b

c—c

图 11-21　设备人孔、法兰保温结构

1—保温层　2—自攻螺钉　3—金属保护层　4—螺钉（M6）　5—垫片

可拆保温管件金属保护罩材料用量见表 11-28。

7. 保温层厚度

1）制表采用的保温材料见表 11-29。

2）保温层厚度计算及其参数取值。

① 保温层经济厚度按式（11-1）和式（11-2）计算。

② 保温层表面散热损失按式（11-3）、式（11-5）和式（11-6）计算。

③ 保温层外表面温度按式（11-17）计算。

④ 计算参数取值：

年运行小时数：全年运行时，$t = 7000h$；供暖季节运行时，$t = 3000h$。

环境温度：全年运行时，$T_a = 12℃$；供暖季节运行时，$T_a = -2℃$。

热价：$P_E = 50$ 元/GJ，$P_E = 85$ 元/GJ。

计算年限：$n = 7$ 年。

年利率：$i = 10\%$。

表面传热系数：α 按式（11-39）～式（11-42）计算。

保护层材料选取镀锌薄钢板，黑度为 0.27。

保护层到厂价格：$P_9 = 24$ 元/m^2。

保护层施工费：$F_{91} = 40$ 元/m^2。

保温层到厂价格和施工费见表 11-29。

管道表面温度：T 取热介质温度。

3）保温层厚度表。

① 热价取 50 元/GJ 时，硅酸钙制品保温经济厚度：表 11-30 为全年运行，表 11-31 为供暖季节运行。

② 热价取 50 元/GJ 时，岩棉及矿渣棉制品保温经济厚度：表 11-32 为全年运行，表 11-33 为供暖季节运行。

表 11-25　管道保温工程量面积计算

管道直径（上行：公称直径，下行：管子外径）/mm

面积/m²

保温厚度/mm	15	20	25	32	40	50	65	80	100	125	150	200	250	300	350	400	450	500	600	700	800	900	1000	1100	1200
	22	27	32	38	45	57	73	89	108	133	159	219	273	325	377	426	478	529	630	730	830	930	1030	1120	1200
20	20.1	22.0	23.2	25.1	27.3	31.1	36.1	41.1	47.1	55.0	63.1	82.0	98.9	115.2	131.6	147.0	163.3	179.3	211.0	239.3	270.7	302.1	333.5	364.9	396.3
30	26.7	28.6	29.8	31.7	33.9	37.7	42.7	47.7	53.7	61.5	69.7	88.6	105.5	121.8	138.2	153.5	169.9	185.9	217.6	245.9	277.3	308.7	340.1	371.5	402.9
40	33.3	35.2	36.4	38.3	40.5	44.3	49.3	54.3	60.3	68.1	76.3	95.1	112.1	128.4	144.8	160.1	176.5	192.5	224.2	252.5	283.9	315.3	346.7	378.1	409.5
50	39.9	41.8	43.0	44.9	47.1	50.9	55.9	60.9	66.9	74.7	82.9	101.7	118.7	135.0	151.4	166.7	183.1	199.1	230.8	259.1	290.5	321.9	353.3	384.7	416.1
60	46.5	48.4	49.6	51.5	53.7	57.5	62.5	67.5	73.5	81.3	89.5	108.3	125.3	141.6	157.9	173.3	189.7	205.7	237.4	265.6	297.0	328.4	359.8	391.2	422.6
70	53.1	55.0	56.2	58.1	60.3	64.1	69.1	74.1	80.1	87.9	96.1	114.9	131.9	148.2	164.5	179.9	196.3	212.3	244.0	272.2	303.6	335.0	366.4	397.8	429.2
80	59.7	61.5	62.8	64.7	66.9	70.7	75.7	80.7	86.7	94.5	102.7	121.5	138.5	154.8	171.1	186.5	202.8	218.9	250.6	278.8	310.2	341.6	373.0	404.4	435.8
90	66.3	68.1	69.4	71.3	73.5	77.2	82.3	87.3	93.3	101.1	109.3	128.1	145.1	161.4	177.7	193.1	209.4	225.5	257.2	285.4	316.8	348.2	379.6	411.0	442.4
100	72.9	74.7	76.0	77.9	80.1	83.8	88.9	93.9	99.9	107.7	115.9	134.7	151.7	168.0	184.3	199.7	216.0	232.0	263.8	292.0	323.4	354.8	386.2	417.6	449.0
120	86.0	87.9	89.2	91.1	93.3	97.0	102.1	107.1	113.0	120.9	129.1	147.9	164.9	181.2	197.5	212.9	229.2	245.2	277.0	305.2	336.6	368.0	399.4	430.8	462.2
140	99.2	101.1	102.4	104.3	106.4	110.2	115.2	120.3	126.2	134.1	142.2	161.1	178.0	194.4	210.7	226.1	242.4	258.4	290.1	318.4	349.8	381.2	412.6	444.0	475.4
160	112.4	114.3	115.6	117.4	119.6	123.4	128.4	133.5	139.4	147.3	155.4	174.3	191.2	207.6	223.9	239.3	255.6	271.6	303.3	331.6	363.0	394.4	425.8	457.2	488.6
180	125.6	127.5	128.7	130.6	132.8	136.6	141.6	146.6	152.6	160.5	168.6	187.5	204.4	220.7	237.1	252.5	268.8	284.8	316.5	344.8	376.2	407.6	439.0	470.4	501.8
200	138.8	140.7	141.9	143.8	146.0	149.8	154.8	159.8	165.8	173.6	181.8	200.6	217.6	233.9	250.3	265.6	282.0	298.0	329.7	358.0	389.4	420.8	452.2	483.6	515.0
220	152.0	153.9	155.1	157.0	159.2	163.0	168.0	173.0	179.0	186.8	195.0	213.8	230.8	247.1	263.4	278.8	295.2	311.2	342.9	371.2	402.6	434.0	465.4	496.8	528.2
240	165.2	167.1	168.3	170.2	172.4	176.2	181.2	186.2	192.2	200.0	208.2	227.0	244.0	260.3	276.6	292.0	308.4	324.4	356.1	384.3	415.7	447.1	478.5	509.9	541.3
260	178.4	180.2	181.5	183.4	185.6	189.3	194.4	199.4	205.4	213.2	221.4	240.2	257.2	273.5	289.8	305.2	321.5	337.5	369.3	397.5	428.9	460.3	491.7	523.1	554.5
280	191.5	193.4	194.7	196.6	198.8	202.5	207.6	212.6	218.5	226.4	234.6	253.4	270.4	286.7	303.0	318.4	334.7	350.7	382.5	410.7	442.1	473.5	504.9	536.3	567.7
300	204.7	206.6	207.9	209.8	212.0	215.7	220.7	225.8	231.7	239.6	247.7	266.6	283.5	299.9	316.2	331.6	347.9	363.9	395.6	423.9	455.3	486.7	518.1	549.5	580.9
320	217.9	219.8	221.1	222.9	225.1	228.9	233.9	239.0	244.9	252.8	260.9	279.8	296.7	313.1	329.4	344.8	361.1	377.1	408.8	437.1	468.5	499.9	531.3	562.7	594.1
340	231.1	233.0	234.2	236.1	238.3	242.1	247.1	252.1	258.1	266.0	274.1	293.0	309.9	326.2	342.6	358.0	374.3	390.3	422.0	450.3	481.7	513.1	544.5	575.9	607.3
360	244.3	246.2	247.4	249.3	251.5	255.3	260.3	265.3	271.3	279.1	287.3	306.2	323.1	339.4	355.8	371.2	387.5	403.5	435.2	463.5	494.9	526.3	557.7	589.1	620.5
380	257.5	259.4	260.6	262.5	264.7	268.5	273.5	278.5	284.5	292.3	300.5	319.3	336.3	352.6	369.0	384.3	400.7	416.7	448.4	476.7	508.1	539.5	570.9	602.3	633.7
400	270.7	272.6	273.8	275.7	277.9	281.7	286.7	291.7	297.7	305.5	313.7	332.5	349.5	365.8	382.1	397.5	413.9	429.9	461.6	489.8	521.2	552.6	584.0	615.4	646.8
420	283.9	285.7	287.0	288.8	291.1	294.8	299.9	304.9	310.9	318.7	326.9	345.7	362.7	379.0	395.3	410.7	427.0	443.1	474.8	503.0	534.4	565.8	597.2	628.6	660.0
440	297.0	298.9	300.2	302.1	304.3	308.0	313.1	318.1	324.1	331.9	340.1	358.9	375.9	392.2	408.5	423.9	440.2	456.2	488.0	516.2	547.6	579.0	610.4	641.8	673.2
460	310.2	312.1	313.4	315.3	317.5	321.2	326.2	331.3	337.2	345.1	353.3	372.1	389.0	405.4	421.7	437.1	453.4	469.4	501.1	529.4	560.8	592.2	623.6	655.0	686.4
480	323.4	325.3	326.6	328.4	330.6	334.4	339.4	344.5	350.4	358.3	366.4	385.3	402.2	418.6	434.9	450.3	466.6	482.6	514.3	542.6	574.0	605.4	636.8	668.2	699.6
500	336.6	338.5	339.8	341.6	343.8	347.6	352.6	357.6	363.6	371.5	379.6	398.5	415.4	431.8	448.1	463.5	479.8	495.8	527.5	555.8	587.2	618.6	650.0	681.4	712.8
520	349.8	351.7	352.9	354.8	357.0	360.8	365.8	370.8	376.8	384.7	392.8	411.7	428.6	444.9	461.3	476.7	493.0	509.0	540.7	569.0	600.4	631.8	663.2	694.6	726.0

表11-26　管道保温工程量体积计算

体积/m³

保温厚度/mm	管道直径（上行：公称直径，下行：管子外径）/mm																								
	15 / 22	20 / 28	25 / 32	32 / 38	40 / 45	50 / 57	65 / 73	80 / 89	100 / 108	125 / 133	150 / 159	200 / 219	250 / 273	300 / 325	350 / 377	400 / 426	450 / 478	500 / 529	600 / 630	700 / 730	800 / 820	900 / 920	1000 / 1020	1100 / 1120	1200 / 1200
20	0.28	0.32	0.34	0.38	0.43	0.50	0.61	0.71	0.83	1.00	1.17	1.55	1.91	2.24	2.58	2.90	3.23	3.57	4.22	4.80	5.45	6.10	6.75	7.40	7.92
30	0.52	0.57	0.61	0.67	0.74	0.86	1.01	1.17	1.35	1.60	1.85	2.43	2.96	3.46	3.97	4.45	4.95	5.45	6.43	7.31	8.28	9.25	10.23	11.20	11.98
40	0.82	0.90	0.95	1.03	1.12	1.28	1.48	1.69	1.94	2.26	2.60	3.38	4.08	4.75	5.43	6.06	6.74	7.40	8.71	9.88	11.18	12.47	13.77	15.07	16.11
50	1.19	1.29	1.36	1.45	1.57	1.76	2.02	2.28	2.59	2.99	3.42	4.39	5.27	6.11	6.95	7.75	8.59	9.42	11.06	12.51	14.14	15.76	17.38	19.00	20.30
60	1.63	1.75	1.83	1.95	2.08	2.32	2.63	2.94	3.31	3.79	4.30	5.47	6.52	7.53	8.54	9.50	10.51	11.50	13.47	15.22	17.16	19.11	21.06	23.00	24.56
70	2.14	2.28	2.37	2.50	2.66	2.94	3.30	3.66	4.09	4.66	5.25	6.61	7.84	9.02	10.20	11.31	12.49	13.65	15.95	17.99	20.26	22.53	24.80	27.07	28.89
80	2.72	2.87	2.97	3.13	3.31	3.62	4.04	4.45	4.95	5.60	6.27	7.83	9.23	10.58	11.93	13.20	14.55	15.87	18.49	20.83	23.42	26.02	28.61	31.21	33.28
90	3.36	3.53	3.65	3.82	4.03	4.38	4.85	5.31	5.87	6.60	7.36	9.11	10.68	12.20	13.72	15.15	16.67	18.16	21.11	23.73	26.65	29.57	32.49	35.41	37.75
100	4.06	4.26	4.39	4.58	4.81	5.20	5.72	6.24	6.85	7.66	8.51	10.45	12.21	13.89	15.58	17.17	18.86	20.51	23.79	26.70	29.95	33.19	36.44	39.68	42.27
120	5.68	5.91	6.07	6.30	6.58	7.04	7.67	8.29	9.03	10.00	11.01	13.35	15.45	17.48	19.50	21.41	23.43	25.42	29.35	32.85	36.74	40.63	44.53	48.42	51.53
140	7.57	7.84	8.02	8.29	8.61	9.16	9.88	10.61	11.47	12.61	13.79	16.51	18.96	21.33	23.69	25.91	28.27	30.59	35.18	39.26	43.80	48.35	52.89	57.43	61.06
160	9.72	10.03	10.24	10.55	10.91	11.54	12.37	13.20	14.18	15.48	16.83	19.94	22.75	25.44	28.14	30.69	33.38	36.03	41.27	45.94	51.13	56.32	61.51	66.70	70.86
180	12.14	12.49	12.72	13.07	13.48	14.18	15.12	16.05	17.16	18.62	20.14	23.64	26.80	29.83	32.87	35.73	38.76	41.74	47.64	52.89	58.73	64.57	70.41	76.25	80.92
200	14.83	15.22	15.48	15.87	16.32	17.10	18.14	19.18	20.41	22.03	23.72	27.61	31.11	34.49	37.86	41.04	44.41	47.72	54.27	60.11	66.60	73.09	79.57	86.06	91.25
220	17.79	18.22	18.50	18.93	19.43	20.28	21.43	22.57	23.92	25.71	27.56	31.84	35.70	39.41	43.12	46.62	50.33	53.97	61.17	67.60	74.73	81.87	89.00	96.14	101.85
240	21.01	21.48	21.79	22.26	22.80	23.74	24.98	26.23	27.71	29.65	31.68	36.35	40.55	44.60	48.65	52.46	56.51	60.48	68.34	75.35	83.13	90.92	98.70	106.49	112.72
260	24.51	25.01	25.35	25.86	26.45	27.46	28.81	30.16	31.76	33.87	36.06	41.12	45.67	50.06	54.44	58.58	62.96	67.26	75.78	83.37	91.80	100.24	108.67	117.10	123.85
280	28.27	28.81	29.18	29.72	30.36	31.45	32.90	34.35	36.08	38.35	40.71	46.16	51.06	55.79	60.51	64.96	69.68	74.31	83.49	91.66	100.74	109.82	118.91	127.99	135.25
300	32.30	32.88	33.27	33.85	34.53	35.70	37.26	38.82	40.67	43.10	45.63	51.47	56.72	61.78	66.84	71.61	76.67	81.63	91.46	100.22	109.95	119.68	129.41	139.14	146.93
320	36.59	37.22	37.63	38.25	38.98	40.23	41.89	43.55	45.52	48.12	50.81	57.04	62.65	68.04	73.44	78.53	83.93	89.22	99.70	109.04	119.42	129.80	140.18	150.56	158.87
340	41.16	41.82	42.26	42.92	43.70	45.02	46.78	48.55	50.64	53.40	56.27	62.89	68.84	74.58	80.31	85.71	91.45	97.07	108.21	118.14	129.17	140.19	151.22	162.25	171.07
360	45.99	46.69	47.16	47.86	48.68	50.08	51.95	53.82	56.04	58.95	61.99	69.00	75.30	81.37	87.45	93.17	99.24	105.20	116.99	127.50	139.19	150.85	162.53	174.21	183.55
380	51.10	51.83	52.33	53.07	53.93	55.41	57.38	59.35	61.70	64.78	67.98	75.38	82.03	88.44	94.85	100.89	107.30	113.59	126.04	137.13	149.48	161.78	174.11	186.43	196.29
400	56.46	57.24	57.76	58.54	59.45	61.01	63.08	65.16	67.62	70.87	74.24	82.02	89.03	95.78	102.52	108.88	115.63	122.25	135.35	147.03	160.00	172.98	185.95	198.92	209.30
420	62.10	62.92	63.47	64.28	65.24	66.87	69.05	71.23	73.82	77.22	80.77	88.94	96.12	103.38	110.47	117.14	124.22	131.17	144.85	157.19	170.82	184.44	198.06	211.69	222.58
440	68.01	68.86	69.44	70.29	71.29	73.00	75.29	77.57	80.28	83.85	87.56	96.12	103.58	111.25	118.67	125.67	133.09	140.37	154.60	167.63	181.90	196.17	210.44	224.71	236.13
460	74.18	75.08	75.67	76.57	77.61	79.40	81.79	84.18	87.01	90.74	94.62	103.58	111.25	119.27	127.15	134.46	142.22	149.83	164.64	178.33	193.25	208.17	223.09	238.01	249.95
480	80.62	81.56	82.18	83.12	84.21	86.07	88.56	91.06	94.01	97.91	101.95	111.63	119.70	127.80	135.39	143.39	151.62	159.56	174.96	189.30	204.87	220.44	236.01	251.58	264.03
500	87.33	88.31	88.96	89.93	91.06	93.01	95.61	98.20	101.28	105.34	109.55	119.28	128.04	135.90	143.91	152.86	161.29	169.56	185.56	200.54	216.75	232.97	249.19	265.41	278.38
520	94.31	95.32	96.00	97.01	98.19	100.22	102.91	105.61	108.82	113.03	117.42	127.54	136.65	145.42	154.19	162.45	171.23	179.83	196.45	212.04	228.91	245.78	262.64	279.51	293.00

表 11-27　保温用的辅助材料用量

序号	项目	规格	单位	用量
1	沥青玻璃布油毡	JC/T84	m²/m²保温层	1.4
2	玻璃布	中碱细格平纹布　δ=0.1~0.16mm	m²/m²保温层	1.4
3	复合铝箔	玻璃纤维增强	m²/m²保温层	1.2
4	镀锌薄钢板	δ=0.3~0.7mm	m²/m²保温层	1.2
5	铝合金薄板	δ=0.5~1.0mm	m²/m²保温层	1.2
6	不锈钢薄板	δ=0.3~0.6mm	m²/m²保温层	1.2
7	镀锌钢带或不锈钢带	12mm×0.5mm（宽×厚）（600mm<D_1≤1000mm）注：D_1为保温外径（下同）	m²/m²保温层	0.06
		20mm×0.5mm（宽×厚）（D_1>1000mm）	m²/m²保温层	0.10
8	镀锌铁丝/不锈钢丝（捆扎保温层用）	线径Φ1.2双股（D_1≤300mm）	kg/m²保温层	0.10
		线径Φ1.6双股（300mm<D_1≤6000mm）	kg/m²保温层	0.15
9	镀锌铁丝/不锈钢丝（捆扎保护层用）	线径Φ1.2（D_1≤300mm）	kg/m²保护层	0.05
		线径Φ1.6（300mm<D_1≤6000mm）	kg/m²保护层	0.08
10	十字槽盘头自攻螺钉	M4×12~15（GB 845）	kg/m²保护层	0.03
11	销钉	圆钢φ3~φ6mm（GB/T 702）	个/m²保温层	12
12	六角头螺栓 C 级	M6~M10（GB/T 5780）	个/m²保温层	12
13	螺母	M6~M10（GB/T 6170）	个/m²保温层	12
14	立管托环	钢板　δ=2mm（DN≤100mm 时）	kg/m²保温层	0.3
		钢板　δ=3mm（DN=125~450mm 时）	kg/m²保温层	1.0
		钢板　δ=4mm（DN>450mm 时）	kg/m²保温层	1.5
15	支撑圈	-25×4 或-30×4	按需要计算	—
16	抱箍	∠25×4、∠30×4 或-25×4、-30×4	按需要计算	—
17	乳化沥青	一道	kg/m²保护层	2.5
18	油漆	二道	kg/m²保护层	0.24

表 11-28　可拆保温管件金属保护罩材料用量

| 公称直径/mm | 材料用量/(m²/个) | | 公称直径/mm | 材料用量/(m²/个) | |
	阀门	法兰		阀门	法兰
15	0.25	0.16	150	0.88	0.41
20	0.25	0.16	200	1.2	0.68
25	0.25	0.16	250	1.8	0.81
40	0.39	0.22	300	2.2	0.96
50	0.39	0.22	350	2.7	1.2
80	0.57	0.41	400	3.0	1.3
100	0.57	0.41	450	3.4	1.4

表 11-29　保温材料性能

保温材料	密度 /(kg/m³)	热导率 λ/[W/(m·℃)]	推荐使用温度/℃	材料到厂价格（元/m³）	保温层施工费（元/m³）
硅酸钙制品	220	$\lambda = 0.0564 + 0.00007786 T_m + 7.8571 \times 10^{-8} T_m^2$ （$T_m < 500℃$） $\lambda = 0.0937 + 1.67397 \times 10^{-10} T_m^3$ （$T_m = 500 \sim 800℃$）	550	900	608
岩棉及矿渣棉制品	150	$\lambda = 0.0337 + 0.000128 T_m$ （$-20℃ \leqslant T_m \leqslant 100℃$） $\lambda = 0.0407 + 2.52 \times 10^{-5} T_m + 3.34 \times 10^{-7} T_m^2$ （$100℃ < T_m \leqslant 600℃$）	350	450	547
玻璃棉制品	60	$\lambda = 0.041 + 0.00017(T_m - 70)$	300	750	547
憎水膨胀珍珠岩制品	220	$\lambda = 0.065 + 0.00012(T_m - 70)$	400	700	608
复合硅酸盐涂料	180（干态）	$\lambda = 0.065 + 0.00017(T_m - 70)$	500	600	1400
硅酸铝棉制品	150	$\lambda = 0.044 + 0.0002(T_m - 70)$ （$T_m \leqslant 400℃$） $\lambda = \lambda_L + 0.00036(T_m - 400)$ （$T_m > 400℃$） 式中 λ_L 取 上式 $T_m = 400℃$ 时计算结果	650	900	547

③ 热价取 50 元/GJ 时，玻璃棉制品保温经济厚度：表 11-34 为全年运行，表 11-35 为供暖季节运行。

④ 热价取 50 元/GJ 时，憎水膨胀珍珠岩制品保温经济厚度：表 11-36 为全年运行，表 11-37 为供暖季节运行。

⑤ 热价取 50 元/GJ 时，复合硅酸盐涂料保温经济厚度：表 11-38 为全年运行，表 11-39 为供暖季节运行。

⑥ 热价取 50 元/GJ 时，硅酸铝棉制品保温经济厚度：表 11-40 为全年运行，表 11-41 为供暖季节运行。

⑦ 热价取 85 元/GJ 时，硅酸钙制品保温经济厚度：表 11-42 为全年运行，表 11-43 为供暖季节运行。

⑧ 热价取 85 元/GJ 时，岩棉及矿渣棉制品保温经济厚度：表为 11-44 全年运行，表 11-45 为供暖季节运行。

⑨ 热价取 85 元/GJ 时，玻璃棉制品保温经济厚度：表 11-46 为全年运行，表 11-47 为供暖季节运行。

⑩ 热价取 85 元/GJ 时，憎水膨胀珍珠岩制品保温经济厚度：表 11-48 为全年运行，表 11-49 为供暖季节运行。

⑪ 热价取 85 元/GJ 时，复合硅酸盐涂料保温经济厚度：表 11-50 为全年运行，表 11-51 为供暖季节运行。

⑫ 热价取 85 元/GJ 时，硅酸铝棉制品保温经济厚度：表 11-52 为全年运行，表 11-53 为供暖季节运行。

表 11-30　硅酸钙制品保温经济厚度（全年运行，热价取 50 元/GJ）

内表面温度/℃

管道外径/mm	100			150			200			250			300			350			400			450			500			550		
	δ/mm	q	Ts/℃	δ/mm	q	Ts/℃	δ/mm	q	Ts/℃	δ/mm	q	Ts/℃	δ/mm	q	Ts/℃	δ/mm	q	Ts/℃	δ/mm	q	Ts/℃	δ/mm	q	Ts/℃	δ/mm	q	Ts/℃	δ/mm	q	Ts/℃
18	40	65.9	15.2	60	79.3	16.2	70	91.4	17.2	80	103.6	18.2	90	115.7	19.2	100	127.5	20.3	110	140.0	21.4	120	153.4	22.7	130	166.8	24.0	140	181.3	25.4
25	50	63.1	15.3	60	76.6	16.3	70	88.6	17.3	90	100.5	18.3	100	112.4	19.3	110	124.7	20.5	120	136.9	21.6	130	149.9	22.9	140	163.9	24.2	160	177.2	25.3
32	50	60.6	15.3	70	73.9	16.3	80	86.4	17.4	90	98.5	18.4	100	109.9	19.4	120	122.5	20.6	130	134.9	21.8	140	148.2	23.0	150	161.6	24.2	170	175.3	25.4
38	60	59.6	15.4	70	73.1	16.4	80	84.9	17.4	100	97.1	18.5	110	108.5	19.5	120	121.0	20.7	130	133.5	21.9	150	146.1	23.0	160	159.5	24.1	170	173.8	25.4
45	60	58.8	15.4	90	71.8	16.5	90	83.7	17.5	100	95.3	18.5	110	107.4	19.6	130	119.2	20.7	140	131.7	22.0	150	145.0	23.0	170	158.4	24.2	180	172.1	25.4
57	60	57.2	15.5	80	70.1	16.5	90	81.9	17.6	110	93.8	18.6	120	105.7	19.8	140	117.2	20.9	150	130.0	21.7	160	143.0	23.0	180	156.1	24.2	190	170.1	25.4
76	70	54.9	15.5	90	68.2	16.7	100	80.1	17.7	120	91.5	18.8	130	103.4	19.8	150	115.0	20.8	160	127.8	21.9	180	140.7	23.1	190	153.9	24.2	210	167.9	25.5
89	70	54.4	15.6	90	66.9	16.7	110	78.9	17.8	120	90.5	18.8	140	102.0	19.8	150	114.2	20.9	170	126.6	21.9	180	139.6	23.1	200	152.8	24.3	220	166.4	25.5
108	70	53.4	15.7	90	65.8	16.8	110	77.8	17.9	130	89.2	18.9	140	100.9	19.8	160	112.9	20.9	180	125.0	22.0	190	137.8	23.1	210	151.3	24.3	230	165.2	25.6
133	80	52.2	15.8	100	64.8	16.9	120	76.3	17.9	130	88.0	18.9	150	99.6	19.9	170	111.5	21.0	190	124.0	22.0	210	136.6	23.2	220	149.6	24.4	240	163.8	25.7
159	80	51.7	15.9	100	63.8	16.9	120	75.6	17.9	140	86.8	18.9	160	98.6	19.9	180	110.4	21.0	200	122.6	22.1	210	135.5	23.3	230	148.7	24.5	250	162.3	25.7
219	90	50.3	15.9	110	62.78	16.9	130	73.8	17.9	150	85.4	19.0	170	96.9	20.0	190	108.7	21.1	210	120.9	22.2	230	133.5	23.4	250	146.7	24.6	270	160.3	25.9
273	90	49.5	15.9	120	61.7	17.0	140	73.0	18.0	160	84.3	19.0	180	95.9	20.1	200	107.4	21.2	220	119.7	22.3	250	132.4	23.5	270	145.4	24.7	290	159.1	26.1
325	90	48.9	16.0	120	61.2	17.1	140	72.5	18.1	170	83.8	19.1	190	94.9	20.1	210	106.7	21.2	230	119.0	22.4	260	131.6	23.6	280	144.6	24.9	300	158.3	26.2
377	100	48.8	16.0	120	60.7	17.1	150	71.8	18.1	170	83.0	19.2	190	94.4	20.2	220	106.0	21.3	240	118.2	22.5	260	130.7	23.7	290	143.9	25.0	310	157.6	26.3
426	100	48.4	16.1	130	60.2	17.1	150	71.5	18.2	180	82.7	19.2	200	93.9	20.3	220	105.7	21.4	250	117.7	22.6	270	130.3	23.8	300	143.3	25.1	320	156.8	26.4
480	100	48.0	16.1	130	59.9	17.2	150	71.3	18.2	180	82.4	19.3	200	93.6	20.4	230	105.2	21.5	250	117.3	22.7	280	129.8	23.9	300	142.7	25.1	330	156.3	26.5
530	100	48.0	16.2	130	59.7	17.2	160	70.8	18.3	180	81.9	19.3	210	93.3	20.4	230	104.9	21.5	260	116.8	22.7	280	129.3	23.9	310	142.2	25.2	340	155.9	26.6
630	100	47.6	16.2	130	59.3	17.3	160	70.4	18.4	190	81.5	19.4	210	92.8	20.5	240	104.2	21.7	270	116.3	22.9	290	128.6	24.1	320	141.6	25.4	350	155.1	26.8
720	110	45.8	16.1	140	57.6	17.3	170	68.4	18.3	200	79.1	19.3	220	90.5	20.5	250	101.7	21.6	280	113.3	22.7	310	125.4	24.0	340	138.3	25.3	360	151.7	26.6
820	110	45.8	16.2	140	57.6	17.3	170	68.4	18.4	200	79.2	19.5	230	90.1	20.6	260	101.4	21.7	290	113.1	22.9	310	125.5	24.1	340	138.3	25.5	370	151.6	26.8
920	110	45.8	16.3	140	57.6	17.4	170	68.5	18.5	200	79.2	19.6	230	90.1	20.7	260	101.3	21.8	290	113.2	22.9	320	125.4	24.3	350	138.1	25.6	380	151.3	27.0
1020	110	45.7	16.3	150	57.1	17.5	180	68.0	18.6	210	78.7	19.6	240	89.9	20.8	270	101.2	21.9	300	112.8	23.0	330	125.1	24.4	360	138.0	25.7	390	151.3	27.1
1120	110	45.8	16.4	150	57.1	17.5	180	68.1	18.6	210	78.8	19.7	240	89.7	20.8	270	101.1	22.0	300	113.9	23.1	330	125.1	24.5	360	138.0	25.9	390	151.2	27.3
1200	110	45.8	16.4	150	57.1	17.6	180	67.9	18.7	210	78.8	19.8	240	89.7	20.9	270	101.0	22.1	300	112.9	23.1	330	125.2	24.6	370	137.6	26.0	400	151.0	27.4

注：1. q 为单位热损失，其单位为：对于管道是 W/m；对于设备是 W/m²。
2. δ 为保温层厚度（mm）；T_s 为保温层外表面温度（℃）。

表 11-31　硅酸钙制品保温经济厚度（供暖季节运行，热价取 50 元/GJ）

管道外径/mm	内表面温度/℃														
	100			150			200			250			300		
	δ/mm	q	T_s/℃	δ/mm	q	T_s/℃	δ/mm	q	T_s/℃	δ/mm	q	T_s/℃	δ/mm	q	T_s/℃
18	30	121.1	3.4	40	142.2	4.8	50	159.5	6.1	50	178.3	7.5	60	197.4	8.9
25	40	113.7	3.4	40	133.7	4.8	50	154.0	6.2	60	171.2	7.6	70	190.7	9.1
32	40	110.0	3.5	50	130.4	4.9	60	148.8	6.3	60	168.0	7.8	70	185.6	9.3
38	40	106.9	3.5	50	127.1	5.0	60	145.2	6.4	70	163.9	7.9	80	182.8	9.4
45	40	105.9	3.7	50	124.2	5.1	60	143.6	6.6	70	160.4	8.0	80	178.9	9.5
57	40	101.8	3.8	60	120.8	5.2	70	138.9	6.7	80	157.5	8.2	80	176.1	9.8
76	50	98.1	3.9	60	116.7	5.4	70	135.7	6.9	80	153.5	8.5	90	191.4	10.1
89	50	96.0	4.0	60	114.8	5.5	70	133.5	7.1	80	151.2	8.6	100	169.0	10.2
108	50	94.8	4.2	70	112.7	5.7	80	130.5	7.3	90	148.3	8.8	100	166.3	10.5
133	50	92.7	4.4	70	111.2	6.0	80	128.2	7.5	90	145.3	9.1	110	163.6	10.6
159	60	91.3	4.6	70	109.0	6.1	80	126.3	7.7	100	143.6	9.1	110	161.0	10.6
219	60	89.0	4.8	80	106.3	6.3	90	123.8	7.8	110	140.3	9.2	120	157.8	10.7
273	60	87.4	4.9	80	105.1	6.4	100	121.5	7.8	110	138.43	9.3	130	155.6	10.9
325	60	86.7	5.0	80	104.0	6.5	100	120.5	8.0	110	137.6	9.5	130	154.2	11.0
377	70	85.8	5.1	80	103.1	6.6	100	119.6	8.1	120	136.1	9.6	130	153.4	11.2
426	70	85.4	5.2	90	102.5	6.7	100	119.0	8.2	120	135.4	9.7	140	152.6	11.3
480	70	84.8	5.2	90	101.9	6.8	100	118.2	8.3	120	134.5	9.8	140	151.7	11.4
530	70	84.8	5.3	90	101.6	6.9	110	117.8	8.4	120	134.5	9.9	140	150.8	11.5
630	70	83.9	5.4	90	100.8	7.0	110	117.0	8.5	130	133.2	10.1	150	150.4	11.7
720	70	80.8	5.3	90	97.7	6.9	110	113.7	8.4	130	129.6	10.0	150	145.6	11.5
820	70	80.8	5.5	90	97.6	7.1	110	113.7	8.6	130	129.3	10.2	150	145.8	11.8
920	70	81.3	5.6	100	96.2	7.1	120	112.8	8.7	140	128.2	10.2	160	145.0	11.9
1020	70	81.1	5.7	100	96.3	7.2	120	112.2	8.8	140	128.4	10.4	160	144.6	12.1
1120	70	80.8	5.8	100	95.8	7.3	120	112.4	9.0	140	128.4	10.6	160	145.0	12.3
1200	70	81.0	5.9	1000	96.2	7.5	120	112.4	9.1	140	128.2	10.7	160	144.9	12.4

注：1. q 为单位热损失，其单位有两种：对于管道是 W/m；对于设备是 W/m²。

2. δ 为保温层厚度（mm）；T_s 为保温层外表面温度（℃）。

表 11-32　岩棉及矿渣棉制品保温经济厚度（全年运行，热价取 50 元/GJ）

管道外径/mm	内表面温度/℃																	
	100			150			200			250			300			350		
	δ/mm	q	T_s/℃	δ/mm	q	T_s/℃	δ/mm	q	T_s/℃	δ/mm	q	T_s/℃	δ/mm	q	T_s/℃	δ/mm	q	T_s/℃
18	40	52.2	14.5	50	61.7	15.2	60	70.2	15.8	70	77.2	16.4	80	84.4	17.0	90	91.5	17.7
25	40	49.8	14.5	60	58.6	15.2	70	66.9	15.8	80	74.3	16.5	90	81.1	17.1	90	88.5	17.7
32	50	47.7	14.5	60	57.1	15.2	70	65.0	15.9	80	71.9	16.5	90	78.9	17.1	100	86.3	17.8
38	50	46.4	14.5	60	55.4	15.2	80	63.4	15.9	90	70.8	16.6	100	77.7	17.2	110	84.5	17.8
45	50	44.7	14.5	70	53.9	15.3	80	62.0	15.9	90	69.4	16.6	100	76.3	17.2	110	83.0	17.9
57	60	43.5	14.6	70	52.1	15.3	90	60.0	16.0	100	67.2	16.6	110	74.2	17.3	120	81.1	17.9
76	60	41.6	14.6	80	50.5	15.4	90	58.1	16.1	110	65.1	16.7	120	72.0	17.4	130	78.8	18.0
89	60	40.9	14.7	80	49.7	15.4	100	57.3	16.1	110	64.0	16.8	120	70.9	17.4	140	77.7	17.9
108	70	39.9	14.7	90	48.5	15.5	100	56.0	16.2	120	62.9	16.8	130	69.6	17.3	140	76.5	17.9
133	70	38.7	14.8	90	47.4	15.5	110	54.9	16.2	120	61.6	16.8	140	68.5	17.4	150	75.2	17.9
159	70	38.0	14.8	90	46.4	15.5	110	53.8	16.2	130	60.7	16.8	140	67.3	17.4	160	73.8	17.9
219	80	36.9	14.8	100	45.2	15.6	120	52.3	16.2	140	59.1	16.8	160	65.7	17.4	170	72.3	18.0
273	80	36.1	14.9	110	44.2	15.6	130	51.4	16.2	150	58.2	16.8	170	64.5	17.4	180	71.1	18.0
325	90	35.7	14.9	110	43.7	15.6	130	50.8	16.2	150	57.3	16.8	170	64.0	17.5	190	70.3	18.0
377	90	35.3	14.9	120	43.2	15.6	140	50.2	16.3	160	56.8	16.9	180	63.3	17.5	200	69.7	18.1
426	90	34.9	14.9	120	42.7	15.7	140	50.0	16.3	160	56.4	16.9	180	62.8	17.5	200	69.2	18.1
480	90	34.7	15.0	120	42.6	15.7	150	49.6	16.3	170	56.0	16.9	190	62.4	17.5	210	68.8	18.2

（续）

管道外径/mm	内表面温度/℃																
	100			150			200			250			300			350		
	δ/mm	q	T_s/℃	δ/mm	q	T_s/℃	δ/mm	q	T_s/℃	δ/mm	q	T_s/℃	δ/mm	q	T_s/℃	δ/mm	q	T_s/℃
530	90	34.5	15.0	120	42.2	15.7	150	49.4	16.4	170	55.8	17.0	190	62.2	17.6	210	68.4	18.2
630	100	34.1	15.0	130	42.0	15.8	150	48.9	16.4	180	55.3	17.0	200	61.6	17.7	220	68.0	18.3
720	100	32.6	14.9	130	40.3	15.7	160	46.8	16.3	190	52.9	16.9	210	59.1	17.5	230	65.3	18.1
820	100	32.6	15.0	130	40.2	15.7	160	46.8	16.4	190	52.9	17.0	210	59.2	17.6	240	65.1	18.2
920	100	32.6	15.0	140	39.7	15.7	170	46.5	16.4	190	52.8	17.0	220	58.7	17.6	240	65.1	18.3
1020	100	32.5	15.1	140	39.7	15.8	170	46.4	16.5	190	52.9	17.1	220	58.8	17.7	240	65.1	18.4
1120	100	32.5	15.1	140	39.8	15.8	170	46.4	16.5	200	52.5	17.1	220	58.8	17.8	250	64.8	18.4
1200	100	32.5	15.1	140	39.7	15.9	170	46.4	16.6	200	52.5	17.2	220	58.8	17.8	250	64.8	18.5

注：1. q 为单位热损失，其单位有两种：对于管道是 W/m；对于设备是 W/m²。

2. δ 为保温层厚度（mm）；T_s 为保温层外表面温度（℃）。

表 11-33　岩棉及矿渣棉制品保温经济厚度（供暖季节运行，热价取 50 元/GJ）

管道外径/mm	内表面温度/℃														
	100			150			200			250			300		
	δ/mm	q	T_s/℃	δ/mm	q	T_s/℃	δ/mm	q	T_s/℃	δ/mm	q	T_s/℃	δ/mm	q	T_s/℃
18	30	97.0	2.1	30	114.1	3.2	40	126.5	4.1	50	138.8	5.0	50	150.4	5.9
25	30	93.1	2.2	40	106.6	3.2	50	119.6	4.1	50	132.0	5.1	60	142.0	5.9
32	30	88.4	2.2	40	102.4	3.2	50	115.5	4.2	60	126.0	5.1	60	137.4	6.0
38	40	84.8	2.2	40	98.6	3.2	50	111.4	4.2	60	123.0	5.1	70	133.9	6.0
45	40	83.2	2.3	40	96.9	3.3	50	109.3	4.32	60	120.4	5.2	70	130.8	6.1
57	40	80.1	2.4	50	92.9	3.4	60	105.6	4.4	70	116.7	5.3	70	127.2	6.2
76	40	75.8	2.5	50	898.6	3.5	60	101.7	4.5	70	112.1	5.4	80	122.8	6.4
89	40	74.7	2.6	60	87.4	3.6	70	99.4	4.6	80	109.6	5.5	90	120.1	6.5
108	50	73.0	2.7	60	85.1	3.7	70	97.2	4.7	80	107.4	5.7	90	117.9	6.6
133	50	70.7	2.8	60	83.2	3.9	70	94.7	4.9	80	105.0	5.8	90	114.8	6.8
159	50	69.2	2.9	60	81.1	4.0	80	92.7	5.0	90	103.0	5.9	100	112.8	6.7
219	50	67.4	3.2	70	78.9	4.1	80	89.8	5.1	100	100.1	5.9	110	109.7	6.8
273	60	65.6	3.2	70	77.5	4.2	90	88.1	5.1	100	98.0	6.0	110	107.8	6.9
325	60	64.8	3.2	70	76.3	4.2	90	87.0	5.2	100	96.9	6.1	120	106.2	6.9
377	60	63.8	3.2	80	75.4	4.3	90	86.1	5.2	110	95.4	6.1	120	105.2	7.0
426	60	63.3	3.3	80	74.7	4.3	90	85.4	5.3	110	94.5	6.1	120	104.3	7.0
480	60	62.8	3.3	80	74.1	4.4	100	84.6	5.3	110	94.2	6.2	130	103.7	7.1
530	60	62.7	3.4	80	73.8	4.4	100	84.1	5.4	110	93.5	6.3	130	102.9	7.2
630	60	62.3	3.5	80	72.9	4.5	100	83.3	5.5	120	92.7	6.4	130	102.1	7.3
720	60	60.1	3.4	90	68.6	4.3	110	78.7	5.2	120	88.9	6.2	140	97.5	7.0
820	70	57.6	3.3	90	68.9	4.4	110	78.9	5.4	120	88.9	6.4	140	97.4	7.2
920	70	57.5	3.4	90	69.1	4.5	110	78.9	5.5	130	87.5	6.4	140	97.5	7.3
1020	70	57.8	3.5	90	68.7	4.6	110	78.7	5.6	130	87.6	6.5	140	97.7	7.5
1120	70	57.6	3.6	90	69.1	4.7	110	78.9	5.7	130	87.6	6.6	150	96.4	7.5
1200	70	57.7	3.7	90	68.9	4.8	110	78.9	5.8	130	87.7	6.7	150	96.6	7.6

注：1. q 为单位热损失，其单位有两种：对于管道是 W/m；对于设备是 W/m²。

2. δ 为保温层厚度（mm）；T_s 为保温层外表面温度（℃）。

表 11-34　玻璃棉制品保温经济厚度（全年运行，热价取 50 元/GJ）

管道外径/mm	内表面温度/℃														
	100			150			200			250			300		
	δ/mm	q	T_s/℃	δ/mm	q	T_s/℃	δ/mm	q	T_s/℃	δ/mm	q	T_s/℃	δ/mm	q	T_s/℃
18	40	53.4	14.5	50	64.7	15.3	60	74.8	16.0	70	84.1	16.8	80	92.3	17.5
25	40	51.4	14.5	50	61.8	15.3	60	71.6	16.1	70	80.5	16.8	80	89.2	17.5

（续）

管道外径/mm	内表面温度/℃														
	100			150			200			250			300		
	δ/mm	q	T_s/℃	δ/mm	q	T_s/℃	δ/mm	q	T_s/℃	δ/mm	q	T_s/℃	δ/mm	q	T_s/℃
32	40	48.9	14.5	60	59.8	15.3	70	69.9	16.1	80	78.4	16.8	90	87.1	17.6
38	50	48.1	14.6	60	58.4	15.4	70	67.9	16.1	80	77.0	16.9	90	85.7	17.6
45	50	46.7	14.6	60	57.2	15.4	80	66.7	16.2	90	75.8	16.9	100	84.4	17.7
57	50	45.1	14.6	70	55.5	15.4	80	65.4	16.3	90	74.1	17.0	100	82.4	17.8
76	60	43.8	14.7	70	53.9	15.5	90	63.2	16.3	100	71.9	17.1	110	80.6	7.9
89	60	42.8	14.7	80	53.1	15.6	90	62.1	16.4	100	70.9	17.2	120	79.5	18.0
108	60	41.8	14.8	80	52.1	15.7	100	61.3	16.5	110	69.8	17.3	120	78.2	18.0
133	60	41.1	14.9	80	50.9	15.7	100	60.0	16.5	120	68.8	17.3	130	77.0	18.0
159	70	40.5	15.0	90	50.3	15.8	110	59.2	16.6	120	67.8	17.3	140	76.1	18.0
219	70	39.2	15.0	90	48.8	15.8	110	57.7	16.6	130	66.2	17.3	150	74.4	18.1
273	70	38.6	15.0	100	48.0	15.9	120	57.0	16.6	140	65.2	17.4	160	73.3	18.1
325	80	38.1	15.1	100	47.4	15.9	120	56.3	16.7	140	64.7	17.4	160	72.7	18.2
377	80	37.7	15.1	100	47.2	15.9	130	55.7	16.7	150	64.1	17.5	170	72.2	18.2
426	80	37.4	15.1	110	46.7	16.0	130	55.5	16.8	150	63.8	17.5	170	71.7	18.3
480	80	37.4	15.2	110	46.5	16.0	130	55.1	16.8	160	63.4	17.6	180	71.3	18.3
530	80	37.0	15.2	110	46.4	16.0	140	55.0	16.8	160	63.0	17.6	180	71.1	18.4
630	80	36.9	15.2	110	45.9	16.1	140	54.5	16.9	160	62.7	17.7	190	70.5	18.4
720	90	35.2	15.2	120	44.2	16.0	150	52.4	16.8	70	60.6	17.6	190	68.5	18.4
820	90	35.1	15.2	120	44.2	16.1	150	52.4	16.9	170	60.5	17.7	200	68.0	18.4
920	90	35.2	15.3	120	44.2	16.2	150	52.3	16.9	180	60.2	17.7	200	68.1	18.5
1020	90	35.2	15.3	120	44.2	16.2	150	52.5	17.0	180	60.2	17.8	200	68.1	18.6
1120	90	35.2	15.4	120	44.2	16.3	150	52.4	17.1	180	60.2	17.9	210	67.7	18.6
1200	90	35.2	15.4	120	44.2	16.3	150	52.3	17.1	180	60.1	17.9	210	67.7	18.7

注：1. q 为单位热损失，其单位有两种：对于管道是 W/m；对于设备是 W/m^2。

　　2. δ 为保温层厚度（mm）；T_s 为保温层外表面温度（℃）。

表 11-35　玻璃棉制品保温经济厚度（供暖季节运行，热价取 50 元/GJ）

管道外径/mm	内表面温度/℃														
	100			150			200			250			300		
	δ/mm	q	T_s/℃	δ/mm	q	T_s/℃	δ/mm	q	T_s/℃	δ/mm	q	T_s/℃	δ/mm	q	T_s/℃
18	30	99.3	2.1	30	118.2	3.3	40	132.7	4.3	50	147.3	5.4	50	160.4	6.4
25	30	94.5	2.2	40	111.6	3.3	40	126.8	4.4	50	139.6	5.4	60	154.9	6.5
32	30	91.1	2.3	40	106.4	3.4	50	121.7	4.5	50	136.3	5.6	60	149.43	6.6
38	30	86.8	2.3	40	103.8	3.4	50	118.6	4.5	60	132.7	5.6	60	146.9	6.7
45	30	84.7	2.3	40	101.5	3.5	50	115.9	4.6	60	129.6	5.7	70	143.2	6.8
57	40	82.6	2.5	50	98.1	3.6	60	112.7	4.7	60	126.5	5.8	70	140.1	7.0
76	40	78.7	2.6	50	93.0	3.7	60	109.0	4.9	70	122.0	6.0	80	134.7	7.1
89	40	77.2	2.6	50	92.3	3.8	60	106.1	5.0	70	120.0	6.1	80	133.5	7.3
108	40	76.2	2.8	60	90.4	4.0	70	104.3	5.2	80	117.2	6.3	90	130.6	7.5
133	40	74.3	3.0	60	88.9	4.2	70	102.0	5.3	80	115.1	6.5	90	127.6	7.7
159	50	72.2	3.0	60	87.0	4.3	80	100.2	5.5	80	113.3	6.5	90	125.9	7.7
219	50	70.6	3.4	60	84.6	4.5	80	97.9	5.6	90	110.1	6.7	100	123.3	7.8
273	50	69.1	3.4	70	83.4	4.6	80	96.2	5.7	90	108.7	6.8	110	121.3	7.9
325	50	68.7	3.5	70	82.4	4.7	80	95.3	5.8	100	107.8	6.9	110	119.7	8.0
377	50	68.1	3.6	70	81.0	4.7	90	93.9	5.9	100	106.4	7.0	110	118.9	8.1
426	50	67.4	3.6	70	80.8	4.8	90	93.5	5.9	100	105.8	7.1	120	118.1	8.2
480	50	67.3	3.7	70	80.5	4.9	90	93.0	6.0	100	105.1	7.1	120	117.3	8.3
530	50	67.0	3.8	70	80.0	4.9	90	92.2	6.1	110	104.7	7.2	120	116.6	8.3
630	60	66.4	3.9	70	79.3	5.1	90	91.6	6.2	110	104.0	7.4	120	115.9	8.5
720	60	62.5	3.6	80	75.6	4.9	100	87.4	6.0	110	100.3	7.2	130	111.6	8.3
820	60	62.4	3.7	80	75.2	5.0	100	87.4	6.1	110	100.6	7.4	130	111.8	8.5
920	60	62.7	3.9	80	75.3	5.1	100	87.7	6.3	110	99.2	7.4	130	111.7	8.7
1020	60	62.4	3.9	80	75.2	5.2	100	87.4	6.4	120	99.1	7.6	130	111.8	8.7
1120	60	62.6	4.0	80	75.6	5.3	100	87.4	6.5	120	99.0	7.7	140	110.5	8.8
1200	60	62.7	4.1	80	75.4	5.4	100	87.4	6.6	120	99.0	7.8	140	110.7	9.0

注：1. q 为单位热损失，其单位有两种：对于管道是 W/m；对于设备是 W/m^2。

　　2. δ 为保温层厚度（mm）；T_s 为保温层外表面温度（℃）。

表 11-36　憎水膨胀珍珠岩制品保温经济厚度（全年运行，热价取 50 元/GJ）

内表面温度/℃

管道外径/mm	100 δ/mm	q	T_s/℃	150 δ/mm	q	T_s/℃	200 δ/mm	q	T_s/℃	250 δ/mm	q	T_s/℃	300 δ/mm	q	T_s/℃	350 δ/mm	q	T_s/℃	400 δ/mm	q	T_s/℃
18	50	63.8	15.2	60	75.4	16.1	70	86.0	16.9	80	94.9	17.7	90	103.7	18.4	90	112.2	19.1	100	119.7	19.8
25	50	60.5	15.2	60	72.3	16.1	70	82.6	16.9	80	91.9	17.7	90	101.0	18.5	100	108.9	19.2	110	116.6	20.0
32	50	59.1	15.2	70	70.6	16.2	80	80.5	17.0	90	90.0	17.8	100	98.4	18.6	110	106.4	19.3	120	114.1	20.1
38	60	57.5	15.3	70	69.3	16.2	80	79.2	17.1	100	88.6	17.9	110	96.9	18.6	120	104.8	19.4	120	112.9	20.2
45	60	56.1	15.3	80	68.1	16.3	90	78.1	17.1	100	86.8	17.9	110	95.7	18.7	120	103.4	19.5	130	111.4	20.2
57	60	54.8	15.4	80	66.1	16.3	90	75.9	17.2	110	84.9	18.0	120	93.4	18.8	130	101.8	19.6	140	109.3	20.2
76	70	52.8	15.4	90	64.0	16.4	100	73.9	17.3	120	82.8	18.1	130	91.6	18.9	140	99.3	19.6	150	107.1	20.2
89	70	51.9	15.5	90	63.3	16.5	110	72.9	17.4	120	81.9	18.2	130	90.2	18.9	150	98.3	19.6	160	106.0	20.3
108	80	50.7	15.5	100	62.0	16.6	110	71.9	17.4	130	80.6	18.2	140	89.1	18.9	150	96.8	19.6	170	104.6	20.3
133	80	49.8	15.6	100	60.8	16.6	120	70.6	17.4	130	79.5	18.2	150	87.8	18.9	160	95.7	19.6	180	103.1	20.3
159	80	49.0	15.7	110	60.0	16.6	120	69.6	17.4	140	78.4	18.2	160	86.8	18.9	170	94.4	19.6	180	102.3	20.3
219	90	47.9	15.7	110	58.5	16.7	130	68.1	17.5	150	76.8	18.3	170	85.0	19.0	180	92.8	19.7	200	100.4	20.4
273	90	47.0	15.8	120	57.8	16.7	140	67.2	17.5	160	75.9	18.3	180	84.0	19.1	190	91.7	19.8	210	99.2	20.5
325	100	46.6	15.8	120	57.1	16.7	150	66.4	17.6	170	75.0	18.4	190	83.0	19.1	200	90.8	19.8	220	98.4	20.6
377	100	46.0	15.9	130	56.7	16.8	150	65.9	17.6	170	74.4	18.4	190	82.5	19.2	210	90.3	19.9	230	97.7	20.6
426	100	45.7	15.9	130	56.3	16.8	150	65.6	17.7	180	74.1	18.5	200	82.0	19.2	210	89.9	20.0	230	97.3	20.7
480	100	45.4	15.9	130	55.9	16.9	160	65.3	17.7	180	73.6	18.5	200	81.7	19.3	220	89.3	20.0	240	96.7	20.7
530	110	45.2	15.9	140	55.7	16.9	160	64.9	17.8	180	73.4	18.6	200	81.3	19.3	220	88.9	20.1	240	96.5	20.8
630	110	44.9	16.0	140	55.2	17.0	170	64.4	17.8	190	72.8	18.7	210	80.9	19.4	230	88.4	20.2	250	95.8	20.9
720	110	43.5	15.9	150	53.1	16.9	170	62.6	17.8	200	70.5	18.6	220	78.3	19.3	240	85.9	20.1	260	93.1	20.8
820	110	43.4	16.0	150	53.2	16.9	180	62.0	17.9	200	70.4	18.7	230	78.1	19.4	250	85.5	20.2	270	92.8	20.9
920	120	42.8	16.0	150	53.2	17.0	180	62.2	17.9	210	70.2	18.7	230	78.1	19.5	250	85.5	20.3	270	92.8	21.0
1020	120	42.8	16.1	150	53.2	17.1	180	62.2	18.0	210	70.2	188	230	78.1	19.6	260	85.3	20.4	280	92.6	21.1
1120	120	42.9	16.1	150	53.1	17.2	180	62.0	18.1	210	70.2	18.9	240	77.8	19.7	260	85.3	20.5	280	92.6	21.2
1200	120	42.9	16.2	150	53.3	17.2	180	62.1	18.1	210	70.3	19.0	240	77.7	19.7	260	85.4	20.5	280	92.6	21.3

注：1. q 为单位热损失，其单位有两种：对于管道是 W/m；对于设备是 W/m²。
2. δ 为保温层厚度（mm）；T_s 为保温层外表面温度（℃）。

表 11-37　憎水膨胀珍珠岩制品保温经济厚度（供暖季节运行，热价取 50 元/GJ）

管道外径/mm	内表面温度/℃														
	100			150			200			250			300		
	δ/mm	q	T_s/℃	δ/mm	q	T_s/℃	δ/mm	q	T_s/℃	δ/mm	q	T_s/℃	δ/mm	q	T_s/℃
18	30	118.8	3.3	40	137.2	4.6	50	151.4	5.7	50	166.5	6.8	60	181.1	7.9
25	40	111.9	3.3	40	129.2	4.6	50	146.2	5.8	60	159.4	6.9	60	173.9	8.0
32	40	106.5	3.4	50	124.4	4.7	60	141.3	5.9	60	154.4	7.0	70	168.5	8.1
38	40	103.8	3.4	50	121.4	4.7	60	137.8	6.0	70	152.1	7.1	70	165.5	8.2
45	40	101.3	3.5	50	118.8	4.8	60	134.8	6.0	70	148.6	7.2	80	161.5	8.3
57	50	99.2	3.6	60	115.8	4.9	70	130.5	6.2	70	144.4	7.3	80	157.3	8.4
76	50	94.6	3.7	60	112.1	5.1	70	126.4	6.4	80	140.6	7.6	90	153.8	8.7
89	50	92.8	3.8	60	109.2	5.2	70	124.5	6.5	80	138.5	7.7	90	151.3	8.9
108	50	90.7	4.0	70	107.5	5.4	80	121.8	6.7	90	135.8	7.9	100	148.5	9.1
133	60	89.0	4.2	70	105.2	5.6	80	119.8	6.9	90	132.9	8.1	100	145.8	9.2
159	60	87.9	4.4	70	103.4	5.8	90	117.3	7.0	100	130.5	8.1	110	143.2	9.2
219	60	85.1	4.6	80	100.4	5.8	90	114.3	7.0	110	127.5	8.2	120	140.0	9.3
273	60	83.8	4.6	80	98.8	5.9	100	113.1	7.2	110	125.8	8.3	120	137.8	9.4
325	70	82.6	4.7	80	97.8	6.0	100	111.6	7.3	110	124.3	8.4	130	136.4	9.5
377	70	81.9	4.8	90	97.1	6.1	100	110.3	7.3	120	123.6	8.5	130	135.6	9.6
426	70	81.5	4.9	90	96.1	6.2	110	109.7	7.4	120	122.3	8.6	130	134.8	9.7
480	70	80.5	4.9	90	95.6	6.3	110	109.1	7.5	120	121.6	8.7	140	133.8	9.8
530	70	80.5	5.0	90	95.5	6.4	110	108.8	7.6	120	121.0	8.7	140	133.0	9.9
630	70	79.8	5.1	90	94.2	6.5	110	107.6	7.7	130	120.4	8.9	140	132.5	10.1
720	80	75.4	4.8	100	90.6	6.3	120	103.4	7.5	130	116.7	8.8	150	127.6	9.9
820	80	75.5	5.0	100	90.5	6.4	120	103.3	7.7	140	115.5	8.9	150	127.8	10.1
920	80	75.5	5.1	100	90.3	6.6	120	103.4	7.8	140	115.4	9.0	150	127.5	10.2
1020	80	75.4	5.2	100	90.5	6.7	120	103.4	8.0	140	115.2	9.2	160	126.6	10.3
1120	80	75.7	5.3	100	90.5	6.8	120	103.2	8.1	140	115.2	9.3	160	126.9	10.5
1200	80	75.4	5.4	100	90.4	6.9	120	103.3	8.2	140	115.4	9.5	160	126.8	10.6

注：1. q 为单位热损失，其单位有两种：对于管道是 W/m；对于设备是 W/m^2。
　　2. δ 为保温层厚度（mm）；T_s 为保温层外表面温度（℃）。

表 11-38　复合硅酸盐涂料保温经济厚度（全年运行，热价取 50 元/GJ）

管道外径/mm	100			150			200			250			300			350			400			450			500		
	δ/mm	q	T_s/℃	δ/mm	q	T_s/℃	δ/mm	q	T_s/℃	δ/mm	q	T_s/℃	δ/mm	q	T_s/℃	δ/mm	q	T_s/℃	δ/mm	q	T_s/℃	δ/mm	q	T_s/℃	δ/mm	q	T_s/℃
18	40	69.7	15.4	50	84.2	16.4	60	97.2	17.4	70	108.5	18.3	80	120.1	19.2	90	130.4	20.1	100	140.9	21.0	100	151.6	22.0	110	161.8	22.9
25	50	66.3	15.4	60	81.7	16.5	70	94.3	17.5	80	106.0	18.5	90	116.9	19.4	100	127.5	20.3	100	138.0	21.2	110	147.9	22.1	120	158.0	23.0
32	50	65.1	15.5	60	79.2	16.6	70	92.0	17.6	80	103.8	18.6	90	114.8	19.5	100	125.4	20.4	110	135.8	21.4	120	146.4	22.3	130	156.4	23.3
38	50	63.8	15.5	70	78.0	16.6	80	90.8	17.7	90	102.5	18.6	100	113.3	19.6	110	124.4	20.6	120	134.6	21.5	120	144.9	22.5	130	154.6	23.4
45	60	62.6	15.6	70	77.0	16.7	80	89.0	17.7	90	101.4	18.7	100	112.0	19.7	110	122.9	20.7	120	133.0	21.6	130	143.0	22.6	140	153.2	23.5
57	60	61.2	15.7	70	75.4	16.8	90	87.8	17.8	100	99.0	18.8	110	110.5	19.9	120	120.8	20.8	130	131.5	21.8	140	141.6	22.6	150	151.1	23.5
76	60	59.6	15.8	80	73.3	16.9	90	85.7	18.0	110	97.3	19.0	120	108.5	20.1	130	118.6	20.9	140	128.9	21.8	150	139.2	22.7	160	148.9	23.5
89	70	58.8	15.9	80	72.2	17.0	100	84.6	18.1	110	96.2	19.2	120	107.4	20.1	130	118.0	21.0	140	128.2	21.9	160	137.8	22.7	170	147.9	23.6
108	70	57.4	15.9	90	71.2	17.1	100	83.9	18.2	120	95.2	19.2	130	105.9	20.1	140	116.5	21.0	150	126.8	21.9	160	136.9	22.8	170	146.5	23.6
133	70	56.8	16.1	90	70.6	17.3	110	82.6	18.3	120	94.1	19.2	140	104.5	20.2	150	115.3	21.1	160	125.7	22.0	170	135.4	22.8	180	145.0	23.7
159	70	55.9	16.2	90	69.6	17.3	110	81.9	18.3	130	93.1	19.3	140	103.6	20.2	150	114.4	21.1	170	124.3	22.0	180	134.6	22.9	190	144.2	23.8
219	80	54.8	16.2	100	68.2	17.4	120	80.3	18.4	140	91.3	19.4	150	102.0	20.3	170	112.5	21.3	180	122.9	22.2	190	132.6	23.1	210	142.3	24.0
273	80	54.0	16.3	110	67.5	17.4	130	79.6	18.5	140	90.6	19.5	160	101.2	20.4	180	111.4	21.4	190	121.6	22.3	200	131.6	23.2	220	141.4	24.1
325	90	53.5	16.3	110	66.9	17.5	130	78.9	18.6	150	90.1	19.6	170	100.4	20.5	180	110.8	21.5	200	120.8	22.4	210	130.8	23.3	230	140.3	24.2
377	90	53.2	16.4	110	66.4	17.6	130	78.2	18.6	150	89.4	19.6	170	99.9	20.6	190	110.3	21.6	200	120.3	22.5	220	130.0	23.4	230	139.9	24.4
426	90	53.0	16.4	110	66.3	17.6	140	78.1	18.7	160	89.1	19.7	180	99.5	20.7	190	110.0	21.7	210	119.9	22.6	220	129.6	23.5	240	139.5	24.5
480	90	52.7	16.5	120	65.8	17.7	140	77.6	18.8	160	88.6	19.8	180	99.4	20.8	200	109.5	21.7	210	119.4	22.7	230	129.1	23.6	250	138.9	24.6
530	90	52.6	16.5	120	65.7	17.7	140	77.5	18.8	160	88.5	19.9	190	98.9	20.8	200	109.2	21.8	220	119.1	22.8	230	129.0	23.7	250	138.4	24.6
630	90	52.3	16.6	120	65.3	17.8	150	77.0	18.9	170	88.1	19.9	190	98.6	21.0	210	108.8	22.0	220	118.5	22.9	240	128.2	23.9	260	138.0	24.8
720	100	50.5	16.5	130	63.3	17.8	150	75.1	18.9	170	86.2	19.9	190	96.5	20.9	210	106.4	21.9	230	116.1	22.9	250	125.8	23.8	270	135.0	24.8
820	100	50.5	16.6	130	63.4	17.9	150	75.2	19.0	180	85.8	20.0	200	96.1	21.1	220	106.0	22.0	240	115.7	23.0	260	125.4	24.0	270	135.0	25.0
920	100	50.7	16.7	130	63.5	18.0	160	74.8	19.1	180	85.7	20.1	200	96.0	21.2	220	106.2	22.2	240	115.9	23.2	260	125.6	24.1	280	134.7	25.1
1020	100	50.5	16.8	130	63.3	18.0	160	74.8	19.2	180	85.7	20.2	200	96.2	21.3	230	105.8	22.3	250	115.5	23.3	270	125.1	24.2	280	134.8	25.2
1120	100	50.5	16.8	130	63.3	18.1	160	74.7	19.3	180	85.8	20.4	210	95.7	21.4	230	105.8	22.4	250	115.6	23.4	270	125.2	24.4	290	134.6	25.4
1200	100	50.7	16.9	130	63.4	18.2	160	74.7	19.3	180	85.6	20.4	210	95.7	21.5	230	105.9	22.5	250	115.7	23.5	270	125.1	24.5	290	134.6	25.5

注：1. q 为单位热损失，其单位是：对于管道是 W/m；对于设备是 W/m²。
2. δ 为保温层厚度（mm）；T_s 为保温层外表面温度（℃）。

表 11-39　复合硅酸盐涂料保温经济厚度（供暖季节运行，热价取 50 元/GJ）

管道外径/mm	内表面温度/℃														
	100			150			200			250			300		
	δ/mm	q	T_s/℃	δ/mm	q	T_s/℃	δ/mm	q	T_s/℃	δ/mm	q	T_s/℃	δ/mm	q	T_s/℃
18	30	125.7	3.5	40	148.5	5.0	40	167.5	6.3	50	187.8	7.7	60	205.5	9.0
25	30	119.8	3.6	40	143.4	5.2	50	162.8	6.5	60	180.6	7.9	60	198.1	9.2
32	40	115.4	3.7	40	139.0	5.3	50	158.2	6.7	60	175.7	8.0	70	192.8	9.4
38	40	113.8	3.8	50	134.8	5.3	50	155.4	6.8	60	172.3	8.1	70	190.4	9.5
45	40	112.3	3.9	50	133.0	5.4	60	151.2	6.8	70	169.3	8.3	70	186.6	9.6
57	40	109.0	4.1	50	128.5	5.6	60	148.5	7.1	70	166.5	8.5	80	183.6	9.9
76	50	105.7	4.3	60	126.2	5.9	70	143.7	7.3	70	162.0	8.8	80	179.3	10.3
89	50	103.1	4.4	60	123.5	6.0	70	142.2	7.5	80	160.0	9.0	90	176.9	10.5
108	50	101.3	4.6	60	121.9	6.2	70	140.6	7.8	80	157.1	9.3	90	173.7	10.7
133	50	99.8	4.8	60	119.6	6.5	70	138.4	8.1	90	155.0	9.6	90	171.6	11.1
159	50	97.9	5.0	70	117.8	6.7	80	136.6	8.4	90	153.2	9.7	100	169.7	11.1
219	60	96.7	5.5	70	115.8	7.0	80	133.5	8.5	90	150.8	9.9	110	166.9	11.3
273	60	95.4	5.5	70	113.9	7.1	90	131.9	8.6	100	148.5	10.1	110	164.8	11.5
325	60	94.3	5.6	80	113.0	7.2	90	131.0	8.8	100	147.6	10.2	110	163.8	11.7
377	60	93.0	5.6	80	112.5	7.3	90	129.5	8.9	100	146.8	10.4	120	162.8	11.8
426	60	93.2	5.8	80	111.6	7.4	90	129.2	9.0	110	145.4	10.5	120	162.0	12.0
480	60	92.4	5.9	80	111.4	7.6	90	128.7	9.1	110	145.4	10.7	120	160.9	12.1
530	60	92.2	6.0	80	110.9	7.6	100	127.9	9.2	110	144.3	10.7	120	160.2	12.2
630	60	91.7	6.1	80	110.3	7.8	100	127.3	9.4	110	143.6	10.9	130	159.4	12.4
720	60	90.1	6.1	80	107.9	7.8	100	124.0	9.3	120	139.4	10.8	130	155.7	12.4
820	70	87.1	6.0	90	106.1	7.8	100	124.0	9.5	120	139.9	11.1	130	156.0	12.6
920	70	87.5	6.2	90	106.2	8.0	100	123.9	9.7	120	139.5	11.2	140	154.6	12.7
1020	70	87.2	6.3	90	106.2	8.2	100	124.1	9.9	120	139.4	11.4	140	154.8	13.0
1120	70	87.5	6.5	90	106.1	8.3	110	123.0	10.0	120	139.8	11.6	140	154.8	13.2
1200	70	87.1	6.5	90	105.8	8.4	110	122.9	10.1	120	139.9	11.8	140	154.5	13.3

注：1. q 为单位热损失，其单位有两种：对于管道是 W/m；对于设备是 W/m²。

　　2. δ 为保温层厚度（mm）；T_s 为保温层外表面温度（℃）。

表 11-40　硅酸铝棉制品保温经济厚度（全年运行，热价取 50 元/GJ）

管道外径/mm	100			150			200			250			300			350			400			450			500			550			600			650		
	δ/mm	q	T_s/℃	δ/mm	q	T_s/℃	δ/mm	q	T_s/℃	δ/mm	q	T_s/℃	δ/mm	q	T_s/℃	δ/mm	q	T_s/℃	δ/mm	q	T_s/℃	δ/mm	q	T_s/℃	δ/mm	q	T_s/℃	δ/mm	q	T_s/℃	δ/mm	q	T_s/℃	δ/mm	q	T_s/℃
18	50	36.3	13.9	50	68.7	13.9	60	79.3	15.5	70	89.1	16.3	80	98.8	17.1	90	108.6	17.9	90	117.8	18.7	100	127.5	19.5	110	135.8	20.3	120	144.8	21.1	130	154.2	22.0	130	162.7	23.7
25	60	35.0	13.9	50	65.6	13.9	60	76.1	15.5	70	86.4	16.3	80	96.5	17.2	90	105.7	18.0	100	115.2	18.8	110	124.2	19.6	120	132.8	20.5	130	141.8	21.3	140	150.6	22.2	150	159.1	23.9
32	60	33.7	13.9	60	63.6	13.9	70	74.4	15.6	80	84.2	16.4	90	93.6	17.2	100	103.0	18.0	110	112.5	18.9	120	121.5	19.7	130	130.8	20.6	140	139.8	21.5	150	148.5	22.3	150	157.0	23.8
38	60	33.1	13.9	60	62.2	13.9	70	73.0	15.6	80	82.8	16.4	90	92.2	17.3	100	102.1	18.1	120	110.8	19.0	120	120.3	19.7	130	129.4	20.7	140	138.2	21.6	150	146.7	22.4	160	155.6	23.9
45	70	32.5	14.0	60	61.0	14.0	80	71.2	15.6	90	81.6	16.5	100	90.9	17.4	110	100.7	18.2	120	109.9	19.1	130	118.7	19.9	140	127.6	20.8	150	136.3	21.6	160	145.3	22.4	170	154.0	23.9
57	70	31.7	14.0	70	59.2	14.0	80	69.8	15.7	90	79.9	16.6	110	89.4	17.5	120	98.8	18.3	130	107.5	19.2	140	117.0	20.0	150	126.0	20.8	160	134.7	21.6	170	143.1	22.4	180	151.9	23.9
76	80	30.7	14.0	70	57.5	14.0	90	67.6	15.7	100	77.6	16.7	110	87.0	17.6	130	96.2	18.4	140	105.3	19.3	150	114.5	20.0	160	123.3	20.8	170	132.2	21.6	180	140.9	22.4	190	149.8	23.9
89	80	30.1	14.1	80	56.7	14.1	90	66.9	15.8	110	76.5	16.7	120	86.0	17.7	130	95.2	18.5	140	104.3	19.2	160	113.4	20.0	170	122.1	20.8	180	130.9	21.6	190	140.0	22.4	200	148.3	23.9
108	80	29.7	14.1	80	55.6	14.1	100	65.6	15.9	110	75.4	16.8	130	85.1	17.7	140	93.9	18.5	150	103.1	19.3	160	112.3	20.1	180	121.0	20.9	190	129.5	21.6	200	138.5	22.4	210	146.9	24.0
133	90	29.1	14.2	80	54.4	14.2	100	64.8	16.0	120	74.4	16.9	130	83.8	17.7	150	92.9	18.5	160	101.8	19.3	170	110.7	20.1	190	119.6	20.9	200	128.1	21.7	210	136.8	22.5	220	145.7	24.1
159	90	28.7	14.2	90	53.7	14.2	110	63.9	16.1	120	73.4	16.9	140	82.5	17.7	150	91.7	18.5	170	100.8	19.3	180	109.7	20.1	200	118.3	20.9	210	127.3	21.7	220	135.6	22.5	240	144.5	24.1
219	100	28.0	14.2	90	52.5	14.2	110	62.3	16.1	130	71.7	17.0	150	81.1	17.8	170	90.1	18.6	180	98.9	19.4	200	108.0	20.2	210	116.6	21.0	230	125.3	21.8	240	133.7	22.7	260	142.3	24.3
273	100	27.7	14.2	100	51.7	14.2	120	61.6	16.1	140	70.7	17.0	160	80.0	17.9	170	89.2	18.7	190	98.0	19.5	210	106.6	20.3	220	115.5	21.1	240	124.0	21.9	250	132.7	22.8	270	141.1	24.4
325	110	27.4	14.3	100	51.1	14.3	120	60.9	16.2	140	70.4	17.1	160	79.3	17.9	180	88.4	18.7	200	97.3	19.6	220	106.1	20.4	230	114.5	21.1	250	123.1	22.0	260	131.9	22.8	280	140.4	24.5
377	110	27.2	14.3	100	50.8	14.3	130	60.4	16.2	150	69.8	17.1	170	78.9	18.0	190	87.8	18.8	210	96.7	19.6	220	105.3	20.5	240	114.0	21.3	260	122.4	22.1	270	131.2	22.9	290	139.5	24.6
426	110	27.0	14.3	110	50.3	14.3	130	60.0	16.3	150	69.5	17.1	170	78.5	18.1	190	87.5	18.9	210	96.2	19.7	230	104.7	20.5	250	113.5	21.3	260	121.9	22.2	280	130.4	23.0	300	138.8	24.7
480	110	26.9	14.3	110	50.1	14.3	130	59.8	16.3	160	69.0	17.2	180	78.1	18.2	200	86.8	19.0	220	95.8	19.7	240	104.4	20.6	250	112.9	21.4	270	121.6	22.3	290	130.1	23.1	310	138.6	24.8
530	110	26.7	14.3	110	49.9	14.3	140	59.4	16.3	160	68.6	17.2	180	77.7	18.2	200	86.7	19.0	220	95.3	19.8	240	103.9	20.6	260	112.6	21.5	280	121.0	22.3	290	129.7	23.1	310	138.2	24.9
630	120	26.5	14.4	110	49.7	14.4	140	59.1	16.4	160	68.3	17.3	190	77.2	18.3	210	86.1	19.1	230	94.9	19.9	250	103.3	20.8	270	111.9	21.6	290	120.5	22.5	310	129.1	23.3	320	137.4	25.0
720	120	25.8	14.4	120	47.8	14.4	150	57.5	16.3	170	66.3	17.3	190	75.1	18.4	220	83.5	19.2	240	92.1	19.8	260	100.6	20.7	280	109.2	21.5	300	117.3	22.3	320	125.7	23.2	340	134.0	24.9
820	130	25.5	14.4	120	47.8	14.4	150	57.1	16.4	170	66.3	17.4	200	74.8	18.4	220	83.5	19.2	240	92.1	19.9	260	100.7	20.8	290	108.9	21.6	310	117.3	22.5	330	125.4	23.4	350	133.8	25.0
920	130	25.6	14.4	120	47.9	14.4	150	57.0	16.5	180	65.8	17.4	200	74.9	18.5	230	83.6	19.3	250	91.9	20.1	270	100.4	20.9	290	108.9	21.7	310	117.3	22.6	340	125.4	23.5	350	133.5	25.2
1020	130	25.6	14.4	120	47.9	14.4	150	57.0	16.6	180	66.0	17.5	200	74.9	18.5	230	83.4	19.3	250	91.8	20.1	270	100.4	21.0	300	108.6	21.9	320	117.0	22.7	340	125.2	23.6	360	133.9	25.3
1120	130	25.6	14.5	120	47.8	14.5	150	57.1	16.6	180	65.9	17.5	210	74.5	18.6	230	83.4	19.4	250	91.8	20.2	280	100.1	21.1	300	108.5	21.9	320	117.1	22.8	350	125.2	23.7	360	133.6	25.5
1200	130	25.5	14.5	120	47.8	14.5	150	57.0	16.7	180	65.9	17.6	210	74.5	18.6	230	83.3	19.4	260	91.7	20.3	280	100.1	21.1	300	108.6	22.0	330	116.7	22.9	350	125.2	23.8	370	133.5	25.5

内表面温度/℃

注：1. q 为单位热损失，其单位有两种，对于管道是 W/m；对于设备是 W/m²。

2. δ 为保温层厚度（mm）；T_s 为保温层外表面温度（℃）。

表 11-41　硅酸铝棉制品保温经济厚度（供暖季节运行，热价取 50 元/GJ）

管道外径/mm	内表面温度/℃														
	100			150			200			250			300		
	δ/mm	q	T_s/℃	δ/mm	q	T_s/℃	δ/mm	q	T_s/℃	δ/mm	q	T_s/℃	δ/mm	q	T_s/℃
18	30	102.5	2.3	30	121.4	3.5	40	138.6	4.7	50	155.8	5.9	50	171.3	7.0
25	30	97.8	2.4	40	115.2	3.6	40	132.9	4.8	50	148.2	5.9	60	163.9	7.1
32	30	94.5	2.5	40	112.3	3.7	50	128.0	4.8	60	145.0	6.1	60	160.4	7.3
38	30	92.2	2.5	40	109.6	3.8	50	124.9	4.9	60	141.4	6.2	70	156.2	7.3
45	30	90.0	2.6	40	107.3	3.8	50	122.3	5.0	60	138.2	6.2	70	154.1	7.5
57	40	86.1	2.7	50	103.8	3.9	60	119.2	5.2	70	135.2	6.4	70	149.5	7.6
76	40	83.6	2.8	50	99.4	4.1	60	115.5	5.4	70	130.6	6.6	80	145.4	7.9
89	40	82.0	2.9	50	97.8	4.2	60	113.7	5.5	70	128.6	6.8	80	143.1	8.0
108	40	79.7	3.0	60	95.9	4.4	70	111.9	5.7	80	126.8	7.0	90	141.3	8.3
133	50	77.8	3.2	60	94.4	4.6	70	109.5	5.9	80	123.6	7.2	90	138.1	8.5
159	50	76.7	3.4	60	92.4	4.7	70	107.7	6.1	80	121.8	7.4	100	136.4	8.5
219	50	75.0	3.7	60	90.0	4.9	80	105.2	6.2	90	119.3	7.4	100	133.7	8.7
273	50	73.3	3.7	70	88.7	5.0	80	103.5	6.3	90	117.9	7.6	110	131.7	8.8
325	50	73.0	3.8	70	87.8	5.1	80	102.5	6.4	100	116.2	7.6	110	130.0	8.9
377	50	72.3	3.9	70	87.0	5.2	90	101.0	6.4	100	115.4	7.7	110	129.2	9.0
426	50	71.5	4.0	70	86.1	5.2	90	100.6	6.5	1000	114.8	7.8	120	128.4	9.1
480	50	71.4	4.1	70	85.7	5.3	90	100.1	6.6	100	114.1	7.9	120	127.5	9.2
530	50	71.2	4.1	70	85.2	5.4	90	99.9	6.7	110	113.6	8.0	120	126.8	9.2
630	60	70.5	4.2	70	85.2	5.6	90	99.2	6.9	110	112.9	8.2	120	126.1	9.4
720	60	66.4	4.0	80	81.2	5.4	100	94.7	6.7	110	109.4	8.1	1230	122.0	9.3
820	60	66.8	4.1	80	81.4	5.5	100	94.7	6.8	110	109.2	8.2	130	122.2	9.5
920	60	66.6	4.2	80	81.4	5.7	100	95.0	7.0	120	108.3	8.3	130	122.1	9.7
1020	60	66.8	4.4	80	81.3	5.8	100	94.7	7.1	120	108.2	8.4	1340	122.3	9.8
1120	60	66.5	4.4	80	81.2	5.9	100	94.7	7.2	120	108.0	8.6	140	120.8	9.9
1200	60	66.6	4.5	80	80.9	5.9	100	94.6	7.3	120	108.0	8.7	140	121.0	10.0

注：1. q 为单位热损失，其单位有两种：对于管道是 W/m；对于设备是 W/m²。

　　2. δ 为保温层厚度（mm）；T_s 为保温层外表面温度（℃）。

表 11-42　硅酸钙制品保温经济厚度（全年运行，热价取 85 元/GJ）

内表面温度/℃

管道外径/mm	100 δ/mm	100 q	100 Ts/℃	150 δ/mm	150 q	150 Ts/℃	200 δ/mm	200 q	200 Ts/℃	250 δ/mm	250 q	250 Ts/℃	300 δ/mm	300 q	300 Ts/℃	350 δ/mm	350 q	350 Ts/℃	400 δ/mm	400 q	400 Ts/℃	450 δ/mm	450 q	450 Ts/℃	500 δ/mm	500 q	500 Ts/℃	550 δ/mm	550 q	550 Ts/℃
18	60	46.5	14.5	70	56.7	15.3	90	65.7	16.1	100	75.0	16.9	110	83.8	17.7	130	93.0	18.6	140	102.3	19.5	150	112.1	20.5	170	122.2	21.3	180	133.0	22.3
25	60	45.0	14.5	80	54.9	15.4	90	64.0	16.1	110	72.9	16.9	120	81.7	17.8	140	90.9	18.7	150	100.5	19.6	170	110.4	20.4	180	120.4	21.3	200	130.7	22.2
32	70	43.9	14.6	80	53.8	15.4	100	62.8	16.2	120	71.6	17.0	130	80.6	17.9	150	89.6	18.8	160	99.1	19.6	180	108.8	20.4	190	119.1	21.3	210	129.7	22.3
38	70	43.0	14.6	90	52.7	15.4	110	61.9	16.2	120	70.7	17.1	140	79.5	17.9	150	88.9	18.7	170	98.1	19.6	190	107.8	20.4	200	118.2	21.4	220	128.4	22.3
45	70	42.2	14.6	90	51.8	15.5	110	61.1	16.3	130	70.0	17.1	140	78.9	17.9	160	88.1	18.7	180	97.3	19.6	190	107.1	20.4	210	117.2	21.4	230	127.5	22.3
57	80	41.3	14.7	100	51.0	15.5	120	59.9	16.4	140	68.8	17.2	150	77.7	17.9	170	86.8	18.7	190	96.0	19.6	210	105.7	20.5	220	116.0	21.4	240	126.3	22.4
76	90	40.1	14.7	110	49.6	15.6	130	58.8	16.4	150	67.5	17.2	170	76.2	17.9	180	85.4	18.8	200	94.7	19.6	220	104.6	20.5	240	114.4	21.4	260	124.8	22.4
89	90	39.4	14.8	110	49.1	15.7	130	58.1	16.4	150	66.7	17.2	170	75.5	18.0	190	84.6	18.8	210	94.0	19.6	230	103.7	20.5	250	113.6	21.5	270	124.2	22.5
108	90	38.8	14.8	120	48.3	15.7	140	57.4	16.4	160	66.0	17.2	180	74.7	18.0	200	83.7	18.8	220	93.1	19.7	240	102.7	20.6	260	112.9	21.5	290	123.4	22.5
133	100	38.2	14.9	120	47.7	15.7	150	56.5	16.5	170	65.2	17.3	190	73.9	18.0	210	83.0	18.8	230	92.4	19.7	260	102.0	20.6	280	112.0	21.6	300	122.5	22.6
159	100	37.6	14.9	130	47.2	15.7	150	55.8	16.5	180	64.5	17.3	200	73.2	18.0	220	82.2	18.9	250	91.6	19.8	270	101.2	20.7	290	111.2	21.6	320	121.7	22.6
219	110	36.8	14.9	140	46.2	15.8	170	54.9	16.5	190	63.5	17.3	220	72.2	18.1	240	81.1	19.0	270	90.4	19.8	290	100.2	20.8	320	110.0	21.7	340	120.5	22.8
273	120	36.4	15.0	150	45.7	15.8	180	54.4	16.6	200	62.9	17.4	230	71.6	18.1	250	80.4	19.1	280	89.7	19.9	310	99.4	20.9	330	109.2	21.8	360	119.6	22.9
325	120	36.0	15.0	150	45.2	15.8	180	53.9	16.6	210	62.3	17.4	240	71.0	18.2	260	79.9	19.1	290	89.2	20.0	320	98.8	20.9	350	108.7	21.9	380	119.0	23.0
377	120	35.8	15.0	160	44.9	15.9	190	53.5	16.7	220	61.7	17.5	250	70.6	18.2	270	79.6	19.2	300	88.7	20.1	330	98.2	21.0	360	108.2	22.0	390	118.5	23.0
426	130	35.6	15.1	160	44.6	15.9	190	53.3	16.7	220	61.5	17.5	250	70.4	18.3	280	79.2	19.2	310	88.5	20.1	340	98.0	21.1	370	107.9	22.1	400	118.1	23.1
480	130	35.4	15.1	170	44.5	15.9	200	53.1	16.7	230	61.3	17.6	260	70.1	18.3	290	78.9	19.3	320	88.1	20.2	350	97.5	21.1	380	107.6	22.2	410	117.8	23.2
530	130	35.3	15.1	170	44.3	16.0	200	52.8	16.8	230	61.3	17.6	260	69.9	18.4	290	78.6	19.3	330	87.9	20.2	360	97.3	21.2	390	107.3	22.2	420	117.6	23.3
630	130	35.0	15.1	170	44.0	16.0	210	52.5	16.8	240	61.0	17.7	270	69.6	18.4	310	78.4	19.4	340	87.5	20.3	370	97.0	21.3	400	106.9	22.3	440	117.2	23.4
720	140	33.9	15.1	180	42.9	16.0	220	51.1	16.8	250	59.4	17.7	290	67.7	18.5	320	76.5	19.3	350	85.5	20.3	390	94.7	21.2	420	104.6	22.3	460	114.6	23.3
820	140	33.9	15.2	180	42.9	16.0	220	51.1	16.9	260	59.3	17.7	290	67.7	18.5	330	76.3	19.4	360	85.4	20.4	400	94.6	21.3	430	104.4	22.4	470	114.5	23.4
920	140	33.9	15.2	190	42.6	16.1	230	50.9	16.9	260	59.3	17.8	300	67.6	18.6	330	76.3	19.5	370	85.2	20.5	400	94.6	21.4	440	104.3	22.5	480	114.4	23.6
1020	150	33.6	15.2	190	42.6	16.1	230	50.9	17.0	270	59.1	17.8	300	67.5	18.6	340	76.1	19.6	370	85.3	20.6	410	94.6	21.5	450	104.2	22.6	490	114.3	23.7
1120	150	33.7	15.3	190	42.6	16.2	230	50.9	17.0	270	59.1	17.9	310	67.4	18.7	340	76.2	19.7	380	85.1	20.6	420	94.4	21.6	460	104.1	22.7	500	114.2	23.8
1200	150	33.7	15.3	190	42.7	16.2	230	51.0	17.1	270	59.1	17.9	310	67.5	18.8	350	76.0	19.7	380	85.1	20.7	420	94.4	21.7	460	104.1	22.8	500	114.3	23.9

注：1. q 为单位热损失，其单位有两种：对于管道是 W/m；对于设备是 W/m²。
2. δ 为保温层厚度（mm）；T_s 为保温层外表面温度（℃）。

表 11-43　硅酸钙制品保温经济厚度（供暖季节运行，热价取 85 元/GJ）

管道外径/mm	内表面温度/℃														
	100			150			200			250			300		
	δ/mm	q	T_s/℃	δ/mm	q	T_s/℃	δ/mm	q	T_s/℃	δ/mm	q	T_s/℃	δ/mm	q	T_s/℃
18	40	84.4	2.1	50	100.2	3.2	60	114.4	4.3	70	128.0	5.4	80	141.8	6.6
25	50	81.1	2.2	60	95.2	3.2	70	110.2	4.4	80	123.2	5.5	90	137.5	6.7
32	50	78.1	2.2	60	92.9	3.3	70	106.9	4.5	80	120.3	5.6	90	134.7	6.8
38	50	76.3	2.2	60	91.2	3.4	70	105.2	4.5	90	118.4	5.7	100	132.7	6.9
45	50	74.8	2.3	70	89.7	3.5	80	102.7	4.6	90	116.8	5.8	100	130.2	7.0
57	60	72.9	2.4	70	87.5	3.6	80	101.0	4.7	100	114.5	5.9	110	128.1	7.2
76	60	70.7	2.5	80	84.6	3.7	90	98.1	4.9	100	111.5	6.1	120	124.9	7.4
89	60	69.6	2.6	80	83.7	3.8	90	96.6	5.0	110	110.0	6.2	120	123.5	7.4
108	70	67.9	2.7	80	81.7	3.9	100	95.5	5.2	110	108.6	6.3	130	121.7	7.4
133	70	66.5	2.8	90	80.8	4.1	100	93.8	5.2	120	106.6	6.3	130	120.0	7.5
159	70	65.9	3.0	90	79.5	4.1	110	92.8	5.3	120	105.8	6.4	140	118.9	7.5
219	80	64.0	3.0	100	77.6	4.2	120	90.7	5.3	130	103.5	6.5	150	116.9	7.7
273	80	63.0	3.1	100	76.6	4.3	120	89.2	5.4	140	102.0	6.5	160	115.4	7.8
325	80	62.4	3.1	110	75.8	4.3	130	88.7	5.5	150	101.4	6.7	170	114.5	7.9
377	90	61.9	3.2	110	75.2	4.4	130	87.8	5.5	150	100.6	6.7	170	113.5	7.9
426	90	61.7	3.3	110	74.6	4.4	130	87.3	5.6	150	100.1	6.8	170	113.1	8.0
480	90	61.3	3.3	110	74.3	4.5	140	87.1	5.7	160	99.6	6.9	180	112.6	8.1
530	90	60.9	3.3	120	74.2	4.6	140	86.5	5.7	160	99.4	7.0	180	112.0	8.2
630	90	60.4	3.4	120	73.6	4.7	140	86.2	5.9	170	98.5	7.1	190	111.3	8.3
720	100	58.1	3.4	120	71.3	4.6	150	83.3	5.9	170	95.7	7.0	200	108.0	8.2
820	100	58.0	3.4	130	70.7	4.7	150	83.4	5.9	180	95.2	7.1	200	108.2	8.4
920	100	58.2	3.5	130	70.9	4.8	150	83.5	6.0	180	95.4	7.2	200	108.1	8.5
1020	100	58.0	3.6	130	70.6	4.9	150	83.5	6.1	180	95.4	7.4	210	107.8	8.6
1120	100	58.0	3.7	130	70.9	5.0	160	82.8	6.2	180	95.5	7.5	210	107.8	8.8
1200	100	58.3	3.7	130	70.7	5.0	160	82.7	6.3	180	95.3	7.6	210	107.8	8.9

注：1. q 为单位热损失，其单位有两种：对于管道是 W/m；对于设备是 W/m^2。

2. δ 为保温层厚度（mm）；T_s 为保温层外表面温度（℃）。

表 11-44　岩棉及矿渣棉制品保温经济厚度（全年运行，热价取 85 元/GJ）

管道外径/mm	内表面温度/℃																	
	100			150			200			250			300			350		
	δ/mm	q	T_s	δ/mm	q	T_s	δ/mm	q	T_s	δ/mm	q	T_s	δ/mm	q	T_s	δ/mm	q	T_s
18	50	36.5	13.9	60	43.6	14.4	80	49.6	15.0	90	54.8	15.4	100	60.0	15.9	110	65.5	16.4
25	60	34.6	13.9	70	41.6	14.5	80	47.6	15.0	100	53.1	15.5	110	58.3	16.0	120	63.3	16.5
32	60	33.4	13.9	80	40.3	14.5	90	46.3	15.0	100	51.6	15.5	120	56.9	16.0	130	62.1	16.5
38	60	32.7	13.9	80	39.5	14.5	100	45.3	15.0	110	50.6	15.5	120	55.9	16.0	140	61.1	16.5
45	70	31.9	13.9	90	38.6	14.5	100	44.4	15.0	120	49.8	15.6	130	55.1	16.1	140	60.3	16.6
57	70	30.8	14.0	90	37.6	14.5	110	43.5	15.1	120	48.8	15.6	140	53.7	16.1	150	59.1	16.5
76	80	29.6	14.0	100	36.4	14.6	120	42.2	15.1	130	47.3	15.6	150	52.6	16.1	160	57.7	16.5
89	80	29.1	14.0	100	35.6	14.6	120	41.5	15.1	140	46.8	15.6	160	51.8	16.0	170	57.0	16.5
108	90	28.5	14.0	110	35.1	14.7	130	40.7	15.1	140	45.9	15.6	160	51.1	16.0	180	56.2	16.5
133	90	27.8	14.1	120	34.4	14.6	140	40.1	15.1	160	45.2	15.6	170	50.2	16.0	190	55.2	16.5
159	100	27.3	14.1	120	33.7	14.6	140	39.4	15.1	160	44.5	15.6	180	49.6	16.1	200	54.5	16.5
219	100	26.6	14.1	130	32.9	14.7	160	38.4	15.1	180	43.4	15.6	200	48.5	16.1	220	53.5	16.5
273	110	26.0	14.1	140	32.2	14.7	170	37.8	15.2	190	42.8	15.6	210	47.8	16.1	230	52.7	16.6
325	110	25.7	14.1	140	31.8	14.7	170	37.4	15.2	200	42.3	15.7	220	47.3	16.1	240	52.2	16.6
377	120	25.4	14.1	150	31.6	14.7	180	37.0	15.2	200	42.0	15.7	230	46.9	16.2	250	51.8	16.6
426	120	25.2	14.2	150	31.3	14.7	180	36.8	15.2	210	41.6	15.7	230	46.6	16.2	260	51.5	16.7
480	120	25.1	14.2	160	31.1	14.7	190	36.6	15.3	210	41.5	15.7	240	46.3	16.2	270	51.2	16.7
530	120	24.9	14.2	160	30.9	14.8	190	36.3	15.3	220	41.3	15.8	250	46.1	16.2	270	51.0	16.7

（续）

管道外径/mm	δ/mm	q	T_s	δ/mm	q	T_s	δ/mm	q	T_s	δ/mm	q	T_s	δ/mm	q	T_s	δ/mm	q	T_s
	100			150			200			250			300			350		
630	130	24.7	14.2	160	30.7	14.8	200	36.0	15.3	230	40.9	15.8	250	45.7	16.3	280	50.6	16.8
720	130	23.7	14.2	170	29.5	14.7	210	34.6	15.2	240	39.3	15.7	270	44.0	16.2	300	48.8	16.7
820	140	23.4	14.2	180	29.3	14.8	210	34.5	15.3	240	39.3	15.8	270	44.0	16.2	300	48.7	16.7
920	140	23.4	14.2	180	29.2	14.8	220	34.4	15.3	250	39.1	15.8	280	43.9	16.3	310	48.6	16.8
1020	140	23.4	14.2	180	29.2	14.8	220	34.4	15.4	250	39.2	15.9	280	43.9	16.3	310	48.6	16.8
1120	140	23.4	14.3	180	29.3	14.9	220	34.4	15.4	250	39.2	15.9	290	43.7	16.4	320	48.4	16.9
1200	140	23.4	14.3	190	29.0	14.9	220	34.3	15.4	260	39.0	15.9	290	43.7	16.4	320	48.4	16.9

注：1. q 为单位热损失，其单位有两种：对于管道是 W/m；对于设备是 W/m²。

2. δ 为保温层厚度（mm）；T_s 为保温层外表面温度（℃）。

表 11-45　岩棉及矿渣棉制品保温经济厚度（供暖季节运行，热价取 85 元/GJ）

管道外径/mm	δ/mm	q	T_s/℃	δ/mm	q	T_s/℃	δ/mm	q	T_s/℃	δ/mm	q	T_s/℃	δ/mm	q	T_s/℃
	100			150			200			250			300		
18	40	68.0	1.1	40	78.7	1.9	50	88.7	2.7	60	96.8	3.3	70	105.4	4.1
25	40	63.8	1.1	50	74.3	1.9	60	83.9	2.7	70	92.3	3.4	70	101.2	4.1
32	40	61.5	1.2	50	71.5	2.0	60	81.2	2.7	70	89.7	3.5	80	97.7	4.2
38	50	59.4	1.2	60	69.5	2.0	70	79.2	2.8	80	87.5	3.5	80	95.4	4.2
45	50	57.6	1.2	60	67.8	2.0	70	77.5	2.8	80	85.7	3.5	90	94.1	4.3
57	50	55.4	1.2	60	66.2	2.1	80	75.3	2.9	90	83.0	3.6	100	91.5	4.3
76	60	53.7	1.3	70	63.1	2.2	80	72.2	3.0	90	80.3	3.7	100	88.5	4.5
89	60	52.4	1.4	70	62.1	2.2	90	71.2	3.0	100	79.3	3.8	110	86.9	4.5
108	60	51.2	1.5	80	60.6	2.3	90	69.4	3.1	100	77.6	3.9	110	85.3	4.5
133	60	49.7	1.5	80	59.1	2.4	100	68.1	3.2	110	76.0	3.9	120	83.4	4.5
159	70	49.0	1.6	80	58.2	2.5	100	66.6	3.2	110	74.5	3.9	130	82.0	4.5
219	70	47.3	1.7	90	56.2	2.5	110	64.9	3.2	120	72.5	3.9	140	80.1	4.6
273	70	46.2	1.7	100	55.2	2.5	10	63.8	3.3	130	71.3	3.9	150	78.8	4.6
325	80	45.6	1.7	100	54.4	2.5	120	62.8	3.3	140	70.2	4.0	150	77.8	4.7
377	80	45.1	1.8	100	54.1	2.6	120	62.3	3.3	140	69.7	4.0	160	77.0	4.7
426	80	44.8	1.8	100	53.5	2.6	120	61.7	3.4	140	69.1	4.1	160	76.4	4.8
480	80	44.4	1.8	110	53.2	2.6	130	61.2	3.4	150	68.6	4.1	160	75.8	4.8
530	80	44.0	1.8	110	52.7	2.7	130	60.9	3.4	150	68.3	4.1	170	75.5	4.8
630	90	43.8	1.9	110	52.4	2.7	150	60.2	3.5	150	67.7	4.2	170	74.8	4.9
720	90	41.6	1.8	120	49.6	2.6	140	57.8	3.4	160	64.8	4.1	180	71.9	4.8
820	90	41.5	1.9	120	49.6	2.7	140	57.8	3.5	160	64.8	4.2	190	71.4	4.9
920	90	41.6	1.9	120	49.7	2.7	140	57.8	3.6	170	64.3	4.2	190	71.4	4.9
1020	90	41.7	2.0	120	49.6	2.8	150	57.1	3.6	170	64.2	4.3	190	71.3	5.0
1120	90	41.7	2.1	120	49.8	2.9	150	57.2	3.7	170	64.3	4.4	190	71.3	5.1
1200	90	41.6	2.1	120	49.6	2.9	150	57.1	3.7	170	64.3	4.4	190	71.4	5.2

注：1. q 为单位热损失，其单位有两种：对于管道是 W/m；对于设备是 W/m²。

2. δ 为保温层厚度（mm）；T_s 为保温层外表面温度（℃）。

表 11-46　玻璃棉制品保温经济厚度（全年运行，热价取 85 元/GJ）

管道外径/mm	δ/mm	q	T_s/℃	δ/mm	q	T_s/℃	δ/mm	q	T_s/℃	δ/mm	q	T_s/℃	δ/mm	q	T_s/℃
	100			150			200			250			300		
18	50	37.7	13.9	60	46.0	14.5	70	53.0	15.1	80	59.9	15.7	100	66.4	16.3
25	50	36.0	13.9	70	43.9	14.5	80	51.4	15.2	90	58.2	15.7	100	64.7	16.3
32	60	34.8	13.9	70	42.7	14.6	90	50.1	15.2	100	56.7	15.8	110	63.3	16.4
38	60	34.0	14.0	80	42.1	14.6	90	49.2	15.2	100	55.8	15.8	120	62.4	16.4
45	60	33.3	14.0	80	41.2	14.6	100	48.4	15.3	110	55.1	15.9	120	61.7	16.5

（续）

管道外径/mm	内表面温度/℃														
	100			150			200			250			300		
	δ/mm	q	T_s/℃	δ/mm	q	T_s/℃	δ/mm	q	T_s/℃	δ/mm	q	T_s/℃	δ/mm	q	T_s/℃
57	70	32.6	14.0	90	40.2	14.7	100	47.4	15.3	120	54.0	15.9	130	60.5	16.6
76	70	31.2	14.0	90	39.2	14.7	110	46.2	15.4	130	52.6	16.0	140	59.1	16.5
89	80	30.8	14.1	100	38.4	14.8	110	45.5	15.4	130	52.0	16.0	150	58.3	16.5
108	80	30.2	14.1	100	37.8	14.8	120	44.6	15.4	140	51.4	16.0	160	57.6	16.5
133	80	29.7	14.2	110	37.2	14.8	130	44.1	15.4	150	50.6	16.0	170	57.0	16.6
159	90	29.1	14.2	110	36.6	14.8	130	43.5	15.4	150	49.9	16.0	170	56.3	16.6
219	90	28.4	14.2	120	35.8	14.9	140	42.6	15.5	170	48.9	16.0	190	55.2	16.6
273	100	27.9	14.2	130	35.3	14.9	150	41.9	15.5	180	48.3	16.1	200	54.5	16.6
325	100	27.7	14.3	130	34.8	14.9	160	41.6	15.5	180	47.9	16.1	210	54.1	16.7
377	100	27.4	14.3	140	34.5	14.9	160	41.3	15.6	190	47.5	16.1	210	53.7	16.7
426	110	27.3	14.3	140	34.4	15.0	170	40.9	15.6	190	47.4	16.2	220	53.4	16.7
480	110	27.0	14.3	140	34.2	15.0	170	40.8	15.6	200	47.0	16.2	220	53.2	16.8
530	110	26.9	14.3	140	34.0	15.0	170	40.6	15.6	200	46.8	16.2	230	53.0	16.8
630	110	26.7	14.4	150	33.8	15.1	180	40.3	15.7	210	46.5	16.3	240	52.7	16.9
720	120	25.6	14.3	150	32.8	15.0	190	38.9	15.6	220	45.2	16.2	250	51.0	16.8
820	120	25.6	14.4	160	32.5	15.0	190	39.0	15.7	220	45.2	16.3	250	51.1	16.9
920	120	25.7	14.4	160	32.5	15.1	190	39.0	15.7	230	44.9	16.3	260	50.9	16.9
1020	120	25.7	14.4	160	32.5	15.1	200	38.7	15.8	230	44.9	16.4	260	50.9	17.0
1120	120	25.6	14.5	160	32.5	15.2	200	38.7	15.8	230	44.9	16.4	260	50.8	17.0
1200	120	25.6	14.5	160	32.5	15.2	200	38.8	15.8	230	45.0	16.5	270	50.7	17.1

注：1. q 为单位热损失，其单位有两种：对于管道是 W/m；对于设备是 W/m²。

　　2. δ 为保温层厚度（mm）；T_s 为保温层外表面温度（℃）。

表 11-47　玻璃棉制品保温经济厚度（供暖季节运行，热价取 85 元/GJ）

管道外径/mm	内表面温度/℃														
	100			150			200			250			300		
	δ/mm	q	T_s/℃	δ/mm	q	T_s/℃	δ/mm	q	T_s/℃	δ/mm	q	T_s/℃	δ/mm	q	T_s/℃
18	30	69.6	1.1	40	81.4	2.0	50	93.1	2.8	60	104.3	3.7	70	114.4	4.5
25	40	65.9	1.2	50	77.5	2.0	60	89.6	2.9	60	100.1	3.8	70	110.4	4.6
32	40	63.0	1.2	50	75.1	2.1	60	86.3	3.0	70	96.9	3.8	80	107.3	4.7
38	40	61.5	1.2	50	73.6	2.1	60	84.7	3.0	70	95.1	3.9	80	105.3	4.7
45	40	60.2	1.3	60	71.4	2.2	70	82.5	3.0	80	93.6	4.0	90	103.6	4.8
57	50	58.3	1.3	60	70.0	2.3	70	80.6	3.1	80	91.1	4.0	90	101.2	4.9
76	50	55.8	1.4	60	67.6	2.4	80	78.0	3.3	90	88.3	4.2	100	98.1	5.1
89	50	54.9	1.5	70	66.1	2.4	80	76.6	3.3	90	86.8	4.3	100	96.6	5.2
108	60	53.8	1.6	70	64.7	2.5	80	75.5	3.5	100	85.2	4.4	110	95.1	5.3
133	60	52.4	1.7	70	63.7	2.6	90	74.1	3.6	100	83.6	4.4	120	93.6	5.3
159	60	51.3	1.7	80	62.4	2.7	90	72.5	3.6	110	82.6	4.5	120	92.2	5.3
219	60	50.0	1.9	80	61.0	2.8	100	70.9	3.7	120	80.7	4.5	130	90.4	5.4
273	70	49.4	1.9	90	59.8	2.8	110	69.7	3.7	120	79.4	4.6	140	88.9	5.4
325	70	48.4	1.9	90	59.1	2.9	110	69.1	3.8	130	78.5	4.6	140	88.2	5.5
377	70	48.0	2.0	90	58.5	2.9	110	68.6	3.8	130	78.1	4.7	150	87.4	5.6
426	70	47.9	2.0	90	58.3	3.0	110	68.1	3.9	130	77.6	4.8	150	86.9	5.6
480	70	47.4	2.1	100	57.8	3.0	120	67.5	3.9	140	77.0	4.8	150	86.3	5.7
530	70	47.1	2.1	100	57.5	3.1	120	67.1	4.0	140	76.5	4.9	160	86.1	5.8
630	80	46.8	2.2	100	57.2	3.2	120	66.7	4.1	140	76.2	5.0	160	85.2	5.9
720	80	44.9	2.1	100	55.2	3.1	130	64.1	3.9	150	73.4	4.8	170	82.4	5.7
820	80	44.7	2.2	110	54.4	3.1	130	64.2	4.1	150	73.5	5.0	170	82.5	5.9
920	80	44.8	2.2	110	54.4	3.2	130	64.1	4.1	150	73.3	5.1	170	82.3	6.0
1020	80	44.7	2.3	110	54.4	3.3	130	64.2	4.2	150	73.3	5.2	180	82.0	6.0
1120	80	45.0	2.4	110	54.4	3.3	130	64.2	4.3	160	72.7	5.2	180	81.8	6.1
1200	80	44.8	2.4	110	54.3	3.4	130	64.3	4.4	160	72.9	5.3	180	81.9	6.2

注：1. q 为单位热损失，其单位有两种：对于管道是 W/m；对于设备是 W/m²。

　　2. δ 为保温层厚度（mm）；T_s 为保温层外表面温度（℃）。

表 11-48 憎水膨胀珍珠岩制品保温经济厚度（全年运行，热价取 85 元/GJ）

管道外径 /mm	内表面温度/℃																				
	100			150			200			250			300			350			400		
	δ/mm	q	T_s/℃	δ/mm	q	T_s/℃	δ/mm	q	T_s/℃	δ/mm	q	T_s/℃	δ/mm	q	T_s/℃	δ/mm	q	T_s/℃	δ/mm	q	T_s/℃
18	60	44.8	14.4	70	53.7	15.2	90	61.3	15.8	100	68.5	16.4	110	74.8	17.0	120	80.8	17.6	130	87.1	18.2
25	60	43.1	14.5	80	52.2	15.2	90	59.8	15.9	110	66.4	16.5	120	73.1	17.1	130	79.3	17.7	140	84.9	18.3
32	70	42.1	14.5	90	50.9	15.2	100	58.4	15.9	120	65.2	16.6	130	71.6	17.2	140	77.8	17.8	150	83.5	18.3
38	70	41.0	14.5	90	49.9	15.3	110	57.5	16.0	120	64.4	16.6	130	70.8	17.2	150	76.7	17.8	160	82.6	18.3
45	80	40.4	14.5	100	49.1	15.3	110	56.5	16.0	130	63.4	16.6	140	69.8	17.3	150	76.0	17.8	160	81.6	18.3
57	80	39.3	14.6	100	48.1	15.4	120	55.5	16.1	130	62.3	16.7	150	68.6	17.2	160	74.6	17.8	180	80.6	18.3
76	90	38.4	14.7	110	46.7	15.4	130	54.2	16.1	150	61.1	16.7	160	67.3	17.2	180	73.4	17.8	190	79.3	18.3
89	90	37.7	14.7	120	46.3	15.5	130	53.7	16.1	150	60.3	16.7	170	66.7	17.3	180	72.7	17.8	200	78.4	18.3
108	100	37.0	14.7	120	45.4	15.5	140	52.8	16.1	160	59.4	16.7	180	65.9	17.3	190	71.7	17.8	210	77.8	18.3
133	100	36.3	14.8	130	44.6	15.5	150	52.0	16.1	170	58.7	16.7	190	65.0	17.3	200	71.1	17.8	220	76.8	18.4
159	110	35.7	14.8	130	44.1	15.5	160	51.5	16.1	180	58.0	16.7	200	64.3	17.3	210	70.3	17.9	230	76.0	18.4
219	120	34.9	14.8	150	43.2	15.5	170	50.3	16.2	190	57.0	16.8	210	63.3	17.4	230	69.2	17.9	250	74.9	18.5
273	120	34.5	14.8	150	42.6	15.5	180	49.8	16.2	200	56.3	16.8	220	62.6	17.4	240	68.6	18.0	260	74.3	18.5
325	130	34.1	14.8	160	42.2	15.6	190	49.4	16.2	210	55.9	16.9	230	62.1	17.4	250	68.0	18.0	270	73.6	18.6
377	130	33.7	14.9	160	41.9	15.6	190	48.9	16.3	220	55.4	16.9	240	61.7	17.5	260	67.5	18.1	280	73.2	18.6
426	130	33.5	14.9	170	41.7	15.6	200	48.7	16.3	220	55.2	16.9	250	61.4	17.5	270	67.3	18.1	290	72.9	18.7
480	140	33.4	14.9	170	41.4	15.7	200	48.5	16.3	230	55.0	17.0	250	61.1	17.6	280	67.0	18.2	300	72.7	18.7
530	140	33.2	14.9	180	41.2	15.7	210	48.3	16.4	230	54.7	17.0	260	60.8	17.6	280	66.7	18.2	310	72.4	18.7
630	140	32.9	15.0	180	41.0	15.7	210	47.9	16.4	240	54.4	17.1	270	60.5	17.7	290	66.4	18.3	320	72.0	18.8
720	150	31.9	14.9	190	39.7	15.7	220	46.6	16.4	250	52.8	17.0	280	58.8	17.6	310	64.5	18.2	330	70.0	18.8
820	150	31.8	15.0	190	39.6	15.8	230	46.3	16.4	260	52.7	17.1	290	58.6	17.7	310	64.5	18.3	340	69.9	18.8
920	150	31.8	15.0	200	39.4	15.8	230	46.3	16.5	260	52.7	17.1	290	58.6	17.7	320	64.3	18.3	350	69.9	18.9
1020	150	31.8	15.1	200	39.5	15.8	240	46.2	16.5	270	52.6	17.2	300	58.5	17.8	330	64.2	18.4	350	69.8	19.0
1120	160	31.5	15.1	200	39.5	15.9	240	46.2	16.6	270	52.5	17.2	300	58.5	17.9	330	64.2	18.5	360	69.7	19.0
1200	160	31.5	15.1	200	39.4	15.9	240	46.2	16.6	270	52.5	17.3	310	58.4	17.9	330	64.2	18.5	360	69.7	19.1

注：1. q 为单位热损失，其单位有两种：对于管道是 W/m；对于设备是 W/m²。
    2. δ 为保温层厚度（mm）；T_s 为保温层外表面温度（℃）。

表 11-49 憎水膨胀珍珠岩制品保温经济厚度（供暖季节运行，热价取 85 元/GJ）

管道外径/mm	内表面温度/℃														
	100			150			200			250			300		
	δ/mm	q	T_s/℃	δ/mm	q	T_s/℃	δ/mm	q	T_s/℃	δ/mm	q	T_s/℃	δ/mm	q	T_s/℃
18	40	81.9	2.0	50	95.8	3.0	60	107.5	3.9	70	118.9	4.8	80	128.5	5.7
25	50	77.8	2.0	60	91.3	3.1	70	103.6	4.0	70	114.2	4.9	80	124.1	5.8
32	50	75.2	2.1	60	89.2	3.2	70	100.7	4.1	80	111.4	5.0	90	121.2	5.9
38	50	73.7	2.1	60	86.7	3.2	80	98.1	4.1	80	109.5	5.1	90	119.2	6.0
45	60	72.3	2.2	70	85.5	3.2	80	96.8	4.2	90	107.2	5.1	100	117.5	6.0
57	60	69.9	2.2	70	82.8	3.3	80	94.4	4.3	90	105.0	5.3	100	114.6	6.2
76	60	67.4	2.3	80	80.4	3.5	90	91.8	4.5	100	102.1	5.4	110	112.0	6.4
89	70	66.5	2.4	80	79.0	3.5	100	90.5	4.6	110	100.7	5.5	120	11.0	6.4
108	70	65.1	2.5	90	77.3	3.6	100	88.4	4.7	110	98.8	5.6	120	108.7	6.4
133	70	63.9	2.6	90	76.0	3.8	110	86.9	4.7	120	97.0	5.6	130	107.0	6.4
159	80	62.5	2.7	90	75.0	3.8	110	85.6	4.7	120	95.8	5.6	140	105.4	6.5
219	80	61.0	2.8	100	73.0	3.8	120	83.9	4.8	130	93.8	5.7	150	103.4	6.6
273	90	60.2	2.9	110	71.9	3.9	130	82.7	4.9	140	92.5	5.8	160	101.9	6.6
325	90	59.3	2.9	110	71.3	4.0	130	81.6	4.9	150	91.5	5.8	160	101.1	6.7
377	90	58.7	2.9	110	70.4	4.0	130	81.2	5.0	150	90.8	5.9	170	100.1	6.8
426	90	58.5	3.0	120	70.0	4.1	140	80.4	5.0	160	90.4	6.0	170	99.6	6.8
480	90	57.9	3.0	120	69.8	4.1	140	80.2	5.1	160	89.9	6.0	180	99.1	6.9
530	100	57.9	3.1	120	69.4	4.2	140	79.8	5.2	160	89.4	6.1	180	98.5	7.0
630	100	57.3	3.2	120	68.7	4.2	150	79.2	5.3	170	88.7	6.2	190	97.9	7.1
720	100	55.5	3.1	130	66.4	4.2	150	76.7	5.2	170	86.2	6.1	190	95.2	7.0
820	100	55.5	3.2	130	66.0	4.2	160	76.0	5.2	180	85.5	6.2	200	94.5	7.1
920	100	55.4	3.3	130	66.4	4.4	160	75.9	5.3	180	85.7	6.3	200	94.6	7.2
1020	110	54.4	3.3	130	66.3	4.4	160	76.0	5.4	180	85.7	6.4	200	94.6	7.3
1020	110	54.5	3.3	140	65.7	4.5	160	76.2	5.5	180	85.5	6.5	210	94.1	7.4
1200	110	54.5	3.4	140	65.6	4.5	160	76.2	5.6	190	85.1	6.5	210	94.1	7.5

注：1. q 为单位热损失，其单位有两种：对于管道是 W/m；对于设备是 W/m²。
　　2. δ 为保温层厚度（mm）；T_s 为保温层外表面温度（℃）。

表 11-50　复合硅酸盐涂盆涂料保温经济厚度（全年运行，热价取 85 元/GJ）

管道外径/mm	内表面温度/℃																										
	100			150			200			250			300			350			400			450			500		
	δ/mm	q	T_s/℃	δ/mm	q	T_s/℃	δ/mm	q	T_s/℃	δ/mm	q	T_s/℃	δ/mm	q	T_s/℃	δ/mm	q	T_s/℃	δ/mm	q	T_s/℃	δ/mm	q	T_s/℃	δ/mm	q	T_s/℃
18	50	49.7	14.6	70	60.4	15.4	80	70.0	16.2	90	78.9	17.0	100	87.7	17.7	110	95.5	18.5	120	103.3	19.2	130	111.1	19.9	140	118.6	20.6
25	60	48.2	14.7	70	59.1	15.5	90	68.7	16.3	100	77.4	17.1	110	85.9	17.9	120	94.0	18.6	130	101.4	19.3	140	109.4	20.1	150	116.9	20.8
32	60	46.8	14.7	80	57.6	15.6	90	67.4	16.4	110	75.8	17.2	120	84.4	17.9	130	92.6	18.7	140	100.1	19.4	150	108.1	20.1	160	115.7	20.8
38	70	46.1	14.7	80	57.1	15.6	100	66.5	16.5	110	75.4	17.2	120	83.5	18.0	130	91.6	18.8	150	99.5	19.6	160	106.9	20.1	170	114.8	20.8
45	70	45.5	14.8	90	56.2	15.7	100	65.8	16.5	120	74.2	17.3	130	82.7	18.1	140	90.8	18.9	150	98.7	19.5	160	106.4	20.2	170	113.8	20.8
57	70	44.2	14.8	90	55.0	15.7	110	64.4	16.6	120	73.1	17.4	140	81.8	18.2	150	89.6	18.8	160	97.6	19.5	170	105.0	20.2	180	112.4	20.8
76	80	43.4	14.9	100	54.1	15.9	120	63.3	16.7	130	72.1	17.5	150	80.3	18.2	160	88.4	18.9	170	96.2	19.6	190	103.9	20.2	200	111.2	20.9
89	80	42.8	15.0	100	53.3	15.9	120	62.6	16.7	140	71.5	17.5	150	79.8	18.2	170	87.5	18.9	180	95.3	19.6	190	103.0	20.3	210	110.6	20.9
108	90	42.2	15.0	110	52.8	16.0	130	62.1	16.8	140	70.7	17.5	160	78.9	18.2	180	87.1	18.9	190	94.6	19.6	200	102.4	20.3	220	109.6	21.0
133	90	41.6	15.1	120	52.0	16.0	140	61.3	16.8	150	69.9	17.5	170	78.2	18.3	190	86.3	19.0	200	94.0	19.7	210	101.5	20.4	230	108.9	21.1
159	100	41.0	15.1	120	51.5	16.0	140	60.7	16.8	160	69.2	17.6	180	77.7	18.3	190	85.5	19.0	210	93.1	19.7	220	100.7	20.4	240	108.1	21.1
219	100	40.5	15.2	130	50.7	16.1	150	59.7	16.9	170	68.3	17.7	190	76.4	18.4	210	84.5	19.1	230	92.2	19.9	240	99.6	20.6	260	107.2	21.3
273	110	39.8	15.2	140	50.0	16.1	160	59.2	16.9	180	67.8	17.7	200	76.0	18.5	220	83.8	19.2	240	91.5	19.9	260	98.9	20.6	270	106.4	21.4
325	110	39.5	15.3	140	49.8	16.2	170	58.8	17.0	190	67.4	17.8	210	75.5	18.5	230	83.2	19.3	250	91.0	20.0	270	98.5	20.7	280	105.9	21.5
377	110	39.2	15.3	140	49.5	16.2	170	58.5	17.0	190	67.0	17.8	220	75.2	18.6	240	83.0	19.4	260	90.5	20.1	270	98.1	20.8	290	105.5	21.5
426	120	39.2	15.3	150	49.2	16.3	170	58.2	17.1	200	66.8	17.9	220	74.9	18.7	240	82.6	19.4	260	90.3	20.2	280	97.7	20.9	300	105.1	21.6
480	120	38.9	15.4	150	49.0	16.3	180	58.0	17.1	200	66.4	17.9	230	74.5	18.7	250	82.3	19.5	270	90.0	20.2	290	97.4	21.0	310	104.7	21.7
530	120	38.8	15.5	150	48.9	16.3	180	57.9	17.2	210	66.3	18.0	230	74.3	18.8	250	82.2	19.5	270	89.7	20.3	300	97.2	21.0	320	104.6	21.8
630	120	38.6	15.5	160	48.7	16.4	190	57.5	17.3	210	66.0	18.1	240	74.1	18.9	260	81.8	19.6	280	89.3	20.4	310	96.9	21.2	330	104.1	21.9
720	130	37.5	15.5	160	47.5	16.4	190	56.5	17.2	220	64.7	18.1	250	72.5	18.8	270	80.3	19.6	300	87.6	20.4	320	94.9	21.1	340	102.1	21.8
820	130	37.5	15.6	170	47.3	16.4	200	56.2	17.3	230	64.5	18.1	250	72.4	18.9	280	80.1	19.7	300	87.5	20.5	320	95.0	21.2	350	102.1	22.0
920	130	37.5	15.6	170	47.3	16.5	200	56.1	17.4	230	64.5	18.2	260	72.3	19.0	280	80.0	19.8	310	87.5	20.6	330	94.8	21.3	350	102.0	22.1
1020	130	37.5	15.6	170	47.3	16.6	200	56.3	17.5	230	64.5	18.3	260	72.3	19.1	290	79.9	19.9	310	87.4	20.7	340	94.8	21.4	360	101.9	22.2
1120	130	37.5	15.6	170	47.3	16.6	210	56.0	17.5	240	64.2	18.3	260	72.4	19.2	290	79.9	20.0	320	87.3	20.7	340	94.6	21.5	370	101.8	22.3
1200	130	37.5	15.7	170	47.3	6.7	210	56.0	17.5	240	64.3	18.4	270	72.1	19.2	290	80.0	20.0	320	87.3	20.8	340	94.8	21.6	370	101.9	22.4

注：1. q 为单位热损失，其单位有两种：对于管道是 W/m；对于设备是 W/m²。
2. δ 为保温层厚度（mm）；T_s 为保温层外表面温度（℃）。

表 11-51 复合硅酸盐涂料保温经济厚度（供暖季节运行，热价取 85 元/GJ）

管道外径/mm	内表面温度/℃														
	100			150			200			250			300		
	δ/mm	q	T_s/℃	δ/mm	q	T_s/℃	δ/mm	q	T_s/℃	δ/mm	q	T_s/℃	δ/mm	q	T_s/℃
18	40	89.8	2.3	50	106.3	3.4	60	121.0	4.5	60	134.5	5.6	70	147.5	6.6
25	40	85.6	2.3	50	101.6	3.5	60	116.8	4.6	70	130.6	5.7	80	143.8	6.8
32	50	83.3	2.4	60	99.7	3.6	70	113.8	4.7	70	127.5	5.8	80	140.6	6.9
38	50	81.0	2.4	60	97.4	3.7	70	112.4	4.8	80	125.9	6.0	90	138.6	7.0
45	50	80.1	2.5	60	95.4	3.7	70	110.3	4.9	80	123.5	6.0	90	136.9	7.2
57	50	77.7	2.6	70	93.4	3.9	80	107.6	5.0	90	121.0	6.2	100	134.4	7.3
76	60	75.7	2.8	70	91.4	4.1	80	105.3	5.3	90	119.0	6.5	100	131.9	7.6
89	60	74.2	2.8	70	90.0	4.2	90	103.9	5.4	100	117.5	6.6	110	130.2	7.8
108	60	73.4	3.0	80	88.8	4.3	90	102.9	5.6	100	115.9	6.8	110	128.6	7.8
133	70	72.2	3.1	80	87.3	4.5	100	101.7	5.8	110	114.2	6.8	120	127.1	7.9
159	70	71.3	3.3	90	86.0	4.6	100	100.0	5.7	110	113.2	6.9	130	125.5	7.9
219	70	69.7	3.4	90	84.9	4.7	110	98.4	5.9	120	111.2	7.0	130	123.5	8.1
273	80	68.7	3.5	90	83.9	4.8	110	97.2	6.0	130	110.3	7.1	140	122.3	8.2
325	80	68.3	3.6	100	83.2	4.9	120	96.7	6.1	130	109.4	7.3	150	121.5	8.4
377	80	67.6	3.6	100	82.6	5.0	120	95.7	6.2	140	108.4	7.3	150	121.0	8.5
426	80	67.6	3.7	100	82.1	5.0	120	95.2	6.2	140	107.9	7.4	150	120.4	8.6
480	80	67.1	3.8	100	81.6	5.1	120	95.1	6.4	140	107.7	7.5	160	119.7	8.7
530	80	66.8	3.8	110	81.2	5.2	130	94.6	6.4	140	107.2	7.6	160	119.5	8.8
630	80	66.5	4.0	110	81.1	5.3	130	94.2	6.6	150	106.8	7.8	160	118.8	8.9
720	90	64.3	3.9	110	79.0	5.3	130	92.1	6.5	150	104.3	7.7	170	116.2	8.9
820	90	64.2	4.0	110	78.8	5.4	140	91.5	6.6	150	104.4	7.9	170	115.9	9.0
920	90	64.3	4.1	110	78.8	5.5	140	91.4	6.6	160	103.5	8.0	180	115.4	9.2
1020	90	64.3	4.2	120	78.0	5.5	140	91.2	6.9	160	103.6	8.1	180	115.7	9.3
1120	90	64.3	4.3	120	78.1	5.7	140	91.3	7.0	160	103.8	8.3	180	115.4	9.4
1200	90	64.1	4.3	120	78.2	5.7	140	91.4	7.1	160	103.8	8.4	180	115.5	9.6

注：1. q 为单位热损失，其单位有两种：对于管道是 W/m；对于设备是 W/m²。

2. δ 为保温层厚度（mm）；T_s 为保温层外表面温度（℃）。

表 11-52　硅酸铝棉制品保温经济厚度（全年运行，热价取 85 元/GJ）

内表面温度/℃

管道外径/mm	100 δ/mm	100 q	100 T_s/℃	150 δ/mm	150 q	150 T_s/℃	200 δ/mm	200 q	200 T_s/℃	250 δ/mm	250 q	250 T_s/℃	300 δ/mm	300 q	300 T_s/℃	350 δ/mm	350 q	350 T_s/℃	400 δ/mm	400 q	400 T_s/℃	450 δ/mm	450 q	450 T_s/℃	500 δ/mm	500 q	500 T_s/℃	550 δ/mm	550 q	550 T_s/℃	600 δ/mm	600 q	600 T_s/℃	650 δ/mm	650 q	650 T_s/℃
18	50	36.3	13.9	60	48.4	14.7	70	56.5	15.3	90	64.4	15.9	100	71.6	16.0	110	78.6	16.6	120	85.8	17.3	130	92.6	17.9	140	99.1	18.6	150	105.9	19.3	160	112.5	20.5	170	119.4	21.1
25	60	35.0	13.9	70	46.8	14.7	80	54.9	15.4	90	62.3	16.0	110	69.8	16.0	120	76.7	16.7	130	83.6	17.4	140	90.6	18.0	150	97.4	18.7	160	103.9	19.4	170	110.7	20.5	180	117.3	21.1
32	60	33.7	13.9	70	45.6	14.7	90	53.6	15.4	100	61.2	16.0	110	68.4	16.1	130	75.4	16.8	140	82.5	17.4	150	89.2	18.1	160	96.0	18.7	170	102.6	19.3	180	109.4	20.5	190	116.0	21.1
38	60	33.1	13.9	80	44.9	14.8	90	52.6	15.4	110	60.3	16.1	120	67.5	16.1	130	74.5	16.8	140	81.6	17.5	160	88.2	18.2	170	95.0	18.7	180	101.9	19.3	190	108.3	20.5	200	114.8	21.1
45	70	32.5	14.0	80	44.0	14.8	100	51.8	15.5	110	59.5	16.1	120	66.8	16.2	140	73.8	16.9	150	80.5	17.6	160	87.5	18.1	180	94.2	18.7	190	100.7	19.3	200	107.4	20.5	210	114.2	21.1
57	70	31.7	14.0	90	43.0	14.9	100	50.8	15.5	120	58.4	16.3	130	65.5	16.3	150	72.4	16.9	160	79.6	17.5	170	86.4	18.1	190	92.9	18.7	200	99.5	19.3	210	106.3	20.5	230	112.8	21.1
76	80	30.7	14.0	90	41.9	14.9	110	49.6	15.6	130	56.9	16.3	140	64.1	16.3	160	71.1	16.9	170	78.2	17.5	190	84.9	18.1	200	91.7	18.8	220	98.2	19.4	230	104.8	20.6	240	111.6	21.2
89	80	30.1	14.1	100	41.3	15.0	120	49.1	15.6	130	56.3	16.3	150	63.6	16.3	170	70.6	17.0	180	77.4	17.5	200	84.2	18.2	210	91.0	18.8	230	97.5	19.4	240	104.1	20.6	250	110.6	21.2
108	80	29.7	14.1	100	40.7	15.0	120	48.2	15.7	140	55.6	16.3	160	62.8	16.3	170	69.6	17.0	190	76.6	17.6	210	83.2	18.2	220	90.1	18.8	240	96.7	19.4	250	103.1	20.7	270	109.9	21.3
133	90	29.1	14.2	110	39.8	15.0	130	47.6	15.7	140	54.8	16.3	170	61.9	16.4	180	69.0	17.0	200	75.8	17.6	220	82.6	18.2	230	89.1	18.8	250	95.9	19.4	260	102.4	20.7	280	109.0	21.3
159	90	28.7	14.2	110	39.5	15.1	130	47.0	15.7	150	54.4	16.4	170	61.4	16.4	190	68.4	17.1	210	75.1	17.6	230	81.8	18.2	250	88.4	18.9	260	95.0	19.5	270	101.6	20.8	290	108.3	21.4
219	100	28.0	14.2	120	38.5	15.1	150	46.0	15.7	170	53.3	16.4	190	60.3	16.4	210	67.3	17.1	230	74.0	17.7	250	80.6	18.3	270	87.2	18.9	280	93.9	19.6	280	100.5	20.8	320	107.0	21.5
273	100	27.7	14.2	130	38.0	15.1	150	45.5	15.8	180	52.8	16.4	200	59.7	16.4	220	66.5	17.2	240	73.3	17.7	260	79.9	18.4	280	86.5	19.0	300	93.0	19.6	300	100.1	20.9	340	106.1	21.6
325	110	27.4	14.3	130	37.7	15.1	160	45.0	15.8	180	52.3	16.5	210	59.3	16.5	230	66.1	17.2	250	72.8	17.8	270	79.4	18.4	290	86.1	19.1	310	92.5	19.7	320	99.8	21.0	350	105.6	21.7
377	110	27.2	14.3	140	37.4	15.2	160	44.9	15.8	190	52.0	16.5	210	58.9	16.5	240	65.6	17.3	260	72.4	17.8	280	78.9	18.5	300	85.5	19.1	320	92.1	19.8	330	99.2	21.1	360	105.1	21.7
426	110	27.0	14.3	140	37.2	15.2	170	44.6	15.9	190	51.6	16.6	220	58.6	16.6	240	65.4	17.3	270	72.1	17.9	290	78.7	18.5	310	85.2	19.2	330	91.8	19.8	340	98.6	21.1	370	104.7	21.8
480	110	26.9	14.3	140	37.0	15.2	170	44.3	15.9	200	51.4	16.6	230	58.3	16.6	250	65.0	17.4	270	71.8	17.9	300	78.4	18.6	320	84.9	19.2	340	91.4	19.9	350	98.3	21.2	380	104.4	21.9
530	120	26.7	14.3	140	36.8	15.3	170	44.2	16.0	200	51.2	16.7	230	58.1	16.7	250	64.8	17.4	280	71.5	18.0	300	78.1	18.6	330	84.6	19.3	350	91.3	19.9	360	98.0	21.3	390	104.2	21.9
630	120	26.5	14.4	150	36.6	15.3	180	43.9	16.0	210	50.9	16.7	240	57.8	16.7	260	64.5	17.4	290	71.2	18.0	310	77.8	18.7	340	84.4	19.4	360	90.8	20.0	370	97.7	21.4	400	103.7	22.0
720	120	25.8	14.4	150	35.6	15.3	190	42.5	16.0	220	49.5	16.7	250	56.2	16.7	280	62.8	17.3	300	69.3	18.0	330	75.8	18.6	350	82.3	19.3	380	88.6	20.0	380	97.3	21.4	410	101.4	22.0
820	130	25.5	14.4	160	35.3	15.3	190	42.6	16.1	220	49.3	16.8	250	56.2	16.8	280	62.8	17.4	310	69.2	18.1	340	75.7	18.7	360	82.1	19.4	390	88.5	20.1	400	95.1	21.5	420	101.2	22.1
920	130	25.6	14.4	160	35.3	15.4	200	42.3	16.1	230	49.3	16.8	260	56.0	16.8	290	62.6	17.5	320	69.2	18.1	340	75.6	18.7	370	82.1	19.5	390	88.6	20.1	410	94.9	21.6	440	101.2	22.2
1020	130	25.6	14.5	160	35.3	15.4	200	42.3	16.2	230	49.3	16.9	260	56.0	16.9	290	62.6	17.5	320	69.2	18.2	350	75.6	18.8	370	82.0	19.5	400	88.4	20.2	420	94.9	21.7	450	101.0	22.3
1120	130	25.6	14.5	160	35.3	15.4	200	42.3	16.2	230	49.3	16.9	260	56.0	16.9	290	62.6	17.6	320	69.1	18.3	350	75.6	18.9	380	82.0	19.6	410	88.3	20.3	430	94.7	21.7	460	101.0	22.4
1200	130	25.5	14.5	160	35.3	15.5	200	42.4	16.2	230	49.3	16.9	270	55.8	16.9	300	62.4	17.6	330	69.0	18.3	360	75.5	19.0	380	82.0	19.7	410	88.4	20.4	440	94.6	21.7	470	100.9	22.4

注：1. q 为单位热损失，其单位有两种：对于管道是 W/m；对于设备是 W/m²。
2. δ 为保温层厚度（mm）；T_s 为保温层外表面温度（℃）。

表 11-53　硅酸铝棉制品保温经济厚度（供暖季节运行，热价取 85 元/GJ）

管道外径/mm	内表面温度/℃														
	100			150			200			250			300		
	δ/mm	q	T_s/℃	δ/mm	q	T_s/℃	δ/mm	q	T_s/℃	δ/mm	q	T_s/℃	δ/mm	q	T_s/℃
18	30	72.4	1.3	40	86.0	2.2	50	98.1	3.1	60	111.1	4.1	70	121.7	5.0
25	40	68.7	1.3	50	82.0	2.3	60	94.7	3.2	70	106.9	4.2	70	117.9	5.1
32	40	65.8	1.3	50	79.5	2.3	60	91.4	3.3	70	103.7	4.3	80	114.8	5.2
38	40	64.3	1.4	50	78.0	2.4	60	89.9	3.3	70	101.9	4.3	80	112.8	5.3
45	40	63.0	1.4	60	75.8	2.4	70	88.5	3.4	80	99.5	4.4	90	111.1	5.4
57	50	61.0	1.5	60	73.5	2.5	70	85.7	3.5	80	97.8	4.5	90	108.7	5.5
76	50	58.5	1.6	70	71.8	2.7	80	83.8	3.7	90	94.9	4.7	100	106.3	5.7
89	50	57.6	1.7	70	70.3	2.7	80	82.4	3.7	90	93.4	4.8	100	104.7	5.8
108	60	56.5	1.8	70	68.9	2.8	90	80.5	3.8	100	91.8	4.9	110	103.1	6.0
133	60	55.7	1.9	70	67.9	3.0	90	79.2	4.0	100	90.7	5.0	120	101.7	5.9
159	60	54.5	2.0	80	66.5	3.1	90	78.0	4.0	110	89.1	5.0	120	100.2	5.9
219	60	53.2	2.1	80	65.0	3.1	100	76.3	4.1	120	87.6	5.1	130	98.3	6.0
273	70	52.4	2.2	90	64.3	3.2	110	75.5	4.2	120	86.2	5.1	140	96.7	6.1
325	70	51.8	2.2	90	63.4	3.2	110	74.5	4.2	130	85.3	5.2	140	96.0	6.2
377	70	51.0	2.2	90	62.8	3.3	110	73.9	4.3	130	84.8	5.3	150	95.2	6.2
426	70	50.9	2.3	90	62.7	3.4	110	73.4	4.3	130	84.3	5.3	150	94.6	6.3
480	70	50.7	2.4	100	62.1	3.4	120	73.2	4.4	140	83.7	5.4	150	94.4	6.4
530	70	50.4	2.4	100	61.7	3.4	120	72.7	4.5	140	83.5	5.5	160	93.8	6.5
630	80	50.0	2.5	100	61.5	3.5	120	72.3	4.6	140	82.9	5.6	160	93.2	6.6
720	80	48.1	2.4	100	59.6	3.5	130	69.8	4.5	150	80.1	5.5	170	90.5	6.5
820	80	47.8	2.4	100	59.7	3.6	130	69.6	4.6	150	80.5	5.6	170	90.3	6.6
920	80	47.9	2.5	110	58.7	3.6	130	69.4	4.7	150	80.3	5.7	170	90.4	6.7
1020	80	47.8	2.6	110	58.9	3.7	130	69.6	4.8	150	80.3	5.8	180	89.8	6.8
1120	80	48.1	2.7	110	58.7	3.7	130	69.9	4.9	160	79.7	5.9	180	89.8	6.9
1200	80	47.9	2.7	110	58.7	3.8	130	69.7	4.9	160	79.6	5.9	180	89.9	7.0

注：1. q 为单位热损失，其单位有两种：对于管道是 W/m；对于设备是 W/m^2。

2. δ 为保温层厚度（mm）；T_s 为保温层外表面温度（℃）。

11.7　防腐

11.7.1　概述

动力管道及设备防腐主要指金属的外腐蚀及其涂料层保护。

金属的外腐蚀是指金属体在所处环境中，因化学或电化学反应，引起金属表面均匀和局部耗损现象的总称。金属腐蚀及发生条件概况见表 11-54。

涂料旧称油漆，现统称为油漆涂料或有机涂料。油漆涂料涂装在管道或保温层表面，主要是起保护

表 11-54　金属腐蚀及发生条件概况

所在环境	化学腐蚀	电化学腐蚀
	均匀腐蚀	局部腐蚀（孔蚀）
大气	在不太潮湿的大气中，金属表面发生轻微的氧化腐蚀，形成氧化膜薄层	在大气湿度高于金属的相对湿度，环境有温差存在，水膜中有酸、碱、盐存在时，特别是 Cl^- 存在时，发生微电池腐蚀
水溶液	当水溶液呈酸性（pH<4），水温较高（<80℃），有氧气存在时	
海水	海水中含有大量（质量分数一般为 3.5%~3.7%）盐分，电阻率低，水温高，含氧量也高（3~5mL/L），特别是 Cl^- 含量大，化学腐蚀及电化学腐蚀都很强	
土壤	黏质土壤中含有一定水量，pH<4，含盐分大，含氧量高，土壤电阻率低时，腐蚀性增强	
有杂散电流的区域		埋地电导体因绝缘不良而漏电，流经地下管道形成正负极，造成孔蚀

作用，其次是装饰和识别标记。

各种管道或管道保温层表面，均应按规定涂刷有色油漆涂料，着色标准见第 1 章。

11.7.2　油漆涂料

油漆涂料是一种有机高分子混合物的有机涂料。将它涂覆于物体表面，形成连续的薄膜干燥后，成为坚实的固态漆膜，即油漆涂层，可起到屏蔽作用、缓蚀作用和电化学保护作用。

油漆涂料种类繁多，性能复杂。用于金属（钢铁）和保温保护层的防腐蚀油漆涂料，基本组成及主要性能如图 11-22 所示。

常用防腐蚀油漆涂料见表 11-55。

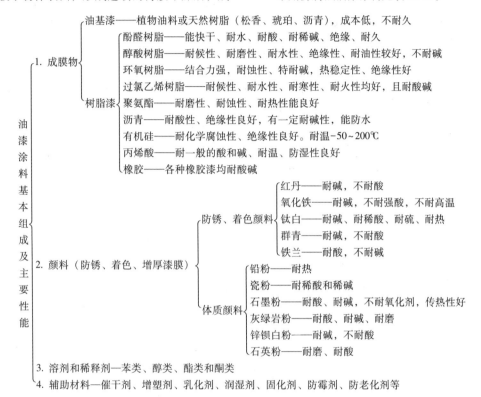

图 11-22　油漆涂料基本组成及主要性能

表 11-55　常用防腐蚀油漆涂料

名称牌号	特　　性	用　　途	备注
灰酚醛防锈漆 F53-2	防锈性较好	适用于钢铁表面防锈打底用	
硼钡酚醛防锈漆 F53-9（企标）	防锈性好，干燥快，施工方便，节约铅，无毒	此漆可替代红丹油性防锈漆，须与醇酸磁漆、酚醛磁漆配套使用	
铁红醇酸底漆 C06-1	对金属表面附着力强，能防锈，耐冲击，干燥快，漆膜坚硬，施工方便，配套性好	配套面漆有过氯乙烯面漆、醇酸磁漆、硝基磁漆，适用于钢铁材料打底用	
锌黄、铁红纯酚醛底漆 F06-9	附着力强，防锈性好	锌黄色者用于铝合金表面，铁红色者用于钢铁表面	
铁红、锌黄环氧酯底漆 H06-2	漆膜坚韧耐久，附着力好，若与乙烯磷化底漆配套使用，可提高耐湿热、耐盐雾性	适用于沿海地区及湿热地区的金属材料打底用	
乙烯磷化底漆 X06-1	对金属表面附着力极强，具有防锈性，但不能代替底漆，涂此漆时还需涂其他防锈底漆	适用于作为金属材料的底层防锈涂料	

（续）

名称牌号	特 性	用 途	备注
环氧酯稳定型带锈涂料	防锈性良好，可在带锈钢铁上涂刷，但被涂物表面的松散锈层及污物、水分均需清除干净，需涂 2 遍，每遍涂层 $40 \sim 50 \mu m$ 为宜		
醇酸稳定型带锈涂料	配套面漆有醇酸漆、过氯乙烯漆、氨基漆、环氧漆或聚氨酯漆，两种带锈涂料中以环氧酯稳定性为好		
70 型带锈涂料	与金属表面结合力强，有较好的化锈磷化、缓蚀作用，涂于钢铁表面打底用。使用温度为 150℃，应与面漆配套使用		
S-01 金属带锈防锈涂料	金属表面不用除锈，单组分，黏度低，无毒无味，便于施工，使用温度为 300℃		
PV-150 耐温防腐涂料	需喷砂除锈，底漆、面漆各涂 2 遍，耐温 150℃	用于钢铁表面打底用	
过氯乙烯防腐清漆 G52-2	防水、耐酸、碱、盐、煤油的腐蚀，可与各色过氯乙烯防腐漆配套使用，也可单独使用	可用于室外设备、管道等需防腐的地方	
各色过氯乙烯防腐漆 G52-1	有良好的耐蚀性、耐潮性，但附着力差	用于金属、木材表面防腐	
煤焦沥青清漆 L01-17	干燥快，耐水性强，有较好的防腐、防锈能力，但耐候性、耐油性、机械强度差，涂漆不少于 2 遍	用于阴湿处钢铁及木材表面防腐	
沥青清漆 L01-21	硬度大，耐水性良好，可以防腐、防锈，但耐候性不好	适用于钢铁、镀锌（或锡）薄钢板、木材、竹等表面防腐	
铝粉沥青磁漆 L04-2	有良好的耐水、耐盐水、耐候性，能防锈	钢梁经磷化底漆和红丹防锈漆涂装后，再涂 2 遍此漆，涂层耐久 6~8 年	
沥青耐酸漆 L50-1	附着力良好，耐硫酸腐蚀性能良好。如加入质量分数为 20% 铝粉可提高耐候性，但耐蚀性降低	适用于金属与非金属，涂层不少于 2 遍	
环氧沥青清漆（分装） H01-4	漆膜坚硬，附着力好，有良好的耐潮和防腐性能。但不宜阳光照射	用于涂装地下管道、储槽及金属或混凝土表面	
各色环氧磁漆（分装） H04-1	有良好的附着力、柔韧性和硬度，耐碱性强，耐油水性均好	适用于金属、非金属及混凝土表面涂装	
各色环氧防腐漆（分装） H52-3	有一定的耐强溶剂和耐碱液腐蚀能力，附着力及耐盐水性能良好，漆膜坚韧耐久	适用于金属、混凝土表面涂装 可黏合陶瓷、砖等	
各色醇酸磁漆 C04-42	户外耐久性、附着力较好，表干时间长	用于内、外钢铁表面	
白丙烯酸磁漆 B04-6	有良好的耐光、耐久性，对湿热带气候有良好的稳定性	适用于各种金属表面及有底漆的硬铝表面	
各色环氧硝基磁漆 H04-2	漆膜坚硬，耐候性、耐油性好，防大气腐蚀	涂于已涂有环氧底漆的金属表面	
铝粉醇酸耐热烘漆 C61-1	有较好的耐水性和防潮性，附着力好，受热后不易起泡	适用于钢铁和铝表面作耐热和防腐涂层	
草绿有机硅耐热烘漆 W61-24	耐热 400℃、耐汽油、耐盐水性能良好	用于涂覆各种耐高温，又要求常温干燥的钢铁表面	
铝粉有机硅耐热烘漆 W61-25	耐 500℃ 高温，耐腐蚀	用于高温钢铁表面，如烟囱、暖气管等	
各色油性调和漆 Y03-1	漆膜软，干燥慢，耐候性好	适合于室内外一般金属作保护装饰用	
各色脂胶调和漆 T03-1	漆膜硬，干燥快，耐候性差		

11.7.3　管道防腐措施

为了减少管道和设备的腐蚀，延长管道和保温层使用寿命，其表面应做必要的涂料和防腐处理。

根据管道所处的环境腐蚀等级，选用合适的防腐涂料及涂层结构。

大气腐蚀防腐涂料的选用见表 11-56。

常用防腐蚀涂料的配套方案见表 11-57。

液体腐蚀防腐涂料的选用见表 11-58。

液体腐蚀常用的防腐涂（敷）层结构见表 11-59。

土壤腐蚀性等级及防腐等级见表 11-60。

土壤腐蚀常用防腐涂层选择见表 11-61。

常用埋地管道外防腐层见表 11-62。

石油沥青防腐层结构如图 11-23 所示，见表 11-63。

每 100m 管道石油沥青防腐层材料耗量见表 11-64。

环氧煤沥青防腐层结构见表 11-65。

聚乙烯胶带包覆层结构见表 11-66。

表 11-56　大气腐蚀防腐涂料的选用

腐蚀程度	使用温度/℃	涂料种类
弱腐蚀	常温	酚醛树脂、醇酸树脂、油、基涂料、沥青漆、丙烯酸涂料
	80~400	有机硅耐热漆
中等腐蚀	常温	高氯化聚乙烯漆、聚氨酯漆、脂肪族聚氨酯漆、环氧树脂防腐涂料、环氧煤沥青漆、环氧酚醛漆、富锌涂料、氟碳涂料
	80~260	丙烯酸改性有机硅耐热漆、硅酮丙烯酸耐高温漆、环氧酚醛高温漆（230℃）
	80~400	无机富锌底漆、无机硅酸盐高温漆、高温冷喷铝涂料
	80~500	硅酮耐高温漆、无机硅酸盐富锌（铝）高温漆
	80~600	有机硅铝粉耐热漆、无机硅酸盐富铝高温漆、硅酮铝粉耐高温漆
强腐蚀	常温	环氧树脂防腐涂料、含玻璃鳞片涂料、脂肪族聚氨酯漆、高氯化聚乙烯漆、环氧煤沥青漆、聚硅氧烷漆、富锌涂料、氟碳涂料

表 11-57　常用防腐蚀涂料的配套方案

序号	涂层配套结构	涂刷道数	每道涂层最小干膜厚度/μm	涂层干膜总厚度/μm	应用条件	适用温度/℃	适用基材
1	铁红或磷酸锌防锈底漆 各色醇酸磁漆或调和漆	2 2	25 30	110	大气腐蚀，弱腐蚀环境	-20~80	碳钢、低合金钢
2	醇酸防锈底漆 各色醇酸磁漆或调和漆	2 2	25 30	110	大气腐蚀，弱腐蚀环境	-20~80	碳钢、低合金钢
3	酚醛防锈底漆 酚醛耐酸漆	2 2	25 30	110	大气腐蚀，弱腐蚀酸性环境	-20~80	碳钢、低合金钢
4	高氯化聚乙烯铁红底漆 高氯化聚乙烯面漆	2 2	30 40	150	大气腐蚀，中等腐蚀环境	-20~100	碳钢、低合金钢
5	环氧富锌底漆 环氧云铁中间漆 丙烯酸或高氯化聚乙烯面漆	1~2 1 2	50 50 40	180~230	大气腐蚀，中等腐蚀至强腐蚀环境	-20~100	碳钢、低合金钢
6	环氧磷酸锌底漆 脂肪族聚氨酯面漆	1 2	50 40	130	大气腐蚀，弱腐蚀环境	-20~120	碳钢、低合金钢
7	红丹或铁红环氧防锈漆 环氧云铁中间漆 脂肪族聚氨酯面漆	2 1 2	40 50 40	230	大气腐蚀，中等腐蚀环境	-20~120	碳钢、低合金钢

（续）

序号	涂层配套结构	涂刷道数	每道涂层最小干膜厚度/μm	涂层干膜总厚度/μm	应用条件	适用温度/℃	适用基材
8	环氧磷酸锌底漆 环氧云铁中间漆 脂肪族聚氨酯面漆	2 1~2 2	40 50 40	230~280	大气腐蚀，中等腐蚀至强腐蚀环境	-20~120	碳钢、低合金钢
9	环氧富锌或无机富锌底漆 环氧云铁中间漆 脂肪族聚氨酯而漆	2 1~2 2	40 50 40	230~280	大气腐蚀，中等腐蚀至强腐蚀环境	-20~120	碳钢、低合金钢
10	环氧底漆 各色环氧防腐漆	1~2 2~5	30 40	110~260	室内气体或液体腐蚀，弱腐蚀至强腐蚀环境	-20~120	碳钢、低合金钢
11	环氧厚浆漆	3	100	300	水下或潮湿部位防腐，强腐蚀环境。不适宜于露天环境	-20~120	碳钢、低合金钢
12	环氧耐磨漆	3	150	450	干湿交替部位防腐，强腐蚀环境。不适宜于露天环境	-20~120	碳钢、低合金钢
13	环氧玻璃鳞片涂料	3	150	450	干湿交替部位防腐，强腐蚀环境。不适宜于露天环境	-20~120	碳钢、低合金钢
14	环氧煤沥青底漆 环氧煤沥青面漆	1 2~4	40 100	240~230	水下或潮湿部位防腐，中等腐蚀至强腐蚀环境。不适宜于长期露天环境	-20~90	碳钢、低合金钢
15	环氧煤沥青厚浆漆或无溶剂环氧煤沥青厚浆漆	3	100	300	水下或潮湿部位防腐，强腐蚀环境。不适宜于露天环境	-20~90	碳钢、低合金钢
16	环氧富锌或无机富锌底漆 环氧云铁中间漆 环氧煤沥青厚浆面漆	2（1） 1 2	50 100 100	350	水下或潮湿部位防腐，强腐蚀环境。不适宜于露天环境	-20~90	碳钢、低合金钢
17	环氧防锈底漆 环氧云铁中间漆 脂肪族聚氨酯面漆	1 2 1~2	40 50 40	180~220	中等腐蚀至强腐蚀环境下，防止氯离子腐蚀	-20~120	碳钢、低合金钢不锈钢
18	环氧防锈底漆	2	40	80	保温设备、管道防腐，防止氯离子腐蚀	-20~120	碳钢、低合金钢不锈钢
19	铁红或红丹防锈底漆	2	25	50	保温设备、管道防腐，弱腐蚀环境	-20~120	碳钢、低合金钢
20	红丹或铁红环氧防锈底漆	2	40	80	保温设备、管道防腐，弱腐蚀环境	-20~120	碳钢、低合金钢

（续）

序号	涂层配套结构	涂刷道数	每道涂层最小干膜厚度/μm	涂层干膜总厚度/μm	应用条件	适用温度/℃	适用基材
21	环氧富锌底漆 环氧树脂漆	1 1~2	40 50	90~140	保温设备、管道防腐，中等腐蚀至强腐蚀环境	−20~120	碳钢、低合金钢
22	无机富锌底漆 有机硅耐热中间漆	1 1	50 25	75	保温设备、管道防腐，弱腐蚀环境	≤400	碳钢、低合金钢
23	有机硅耐热漆（底漆）	2	25	50	保温设备、管道防腐，弱腐蚀环境	≤400	碳钢、低合金钢
24	有机硅铝粉耐热漆（底漆）	2	25	50	保温设备、管道防腐，弱腐蚀环境	≤600	碳钢、低合金钢
25	无机富锌底漆 有机硅耐热漆（面漆）	1 2	50 25	100	高温条件下大气腐蚀，弱腐蚀至中等腐蚀环境	≤400	碳钢、低合金钢
26	有机硅耐热漆（底漆） 有机硅耐热漆（面漆）	2 2	25 25	100	高温条件下大气腐蚀，弱腐蚀至中等腐蚀环境	≤400	碳钢、低合金钢
27	有机硅铝粉耐热漆（底漆） 有机硅铝粉耐热漆（面漆）	2 2	25 25	100	高温条件下大气腐蚀，弱腐蚀至中等腐蚀环境	≤600	碳钢、低合金钢
28	环氧酚醛漆（底漆） 环氧酚醛漆（面漆）	1, 1	100 100	200	冷热交替工况防腐，中等腐蚀环境	−50~230	碳钢、低合金钢
29	环氧酚醛漆（底漆）	2	100	200	保冷设备、管道防腐，中等腐蚀环境	−50~230	碳钢、低合金钢
30	聚氨酯防腐漆（底漆）	2	40	80	保冷设备、管道防腐，弱腐蚀至中等腐蚀环境	−100~100	碳钢、低合金钢
31	环氧煤沥青漆（底漆）	2	50	100	保冷设备、管道防腐，弱腐蚀至中等腐蚀环境	−100~90	碳钢、低合金钢

表 11-58　液体腐蚀防腐涂料的选用

液体腐蚀介质	涂料种类	液体腐蚀介质	涂料种类
有机液体	环氧树脂类、环氧酚醛类、不饱和聚酯树脂	盐溶液	聚氨酯类、环氧树脂类、玻璃鳞片涂料、环氧煤沥青
工业水（pH>3）	环氧树脂类、聚氨酯类、环氧煤沥青、不饱和聚酯树脂	碱溶液	聚氨酯类、环氧树脂类、玻璃鳞片涂料、环氧煤沥青、乙烯基树脂
工业水（pH<3）	环氧树脂类、环氧酚醛类、酚醛类防腐涂料、聚氨酯类	有机酸	环氧树脂类、环氧酚醛类、玻璃鳞片涂料、聚脲涂料、乙烯基树脂
海水	聚氨酯类、环氧树脂类、玻璃鳞片涂料、环氧煤沥青	无机酸（稀酸）	环氧树脂类、环氧酚醛类、酚醛类、玻璃鳞片涂料、聚脲涂料、乙烯基树脂

注：玻璃鳞片涂料是指以耐腐蚀树脂为黏结剂的防腐产品，设计时应根据不同的使用条件选择树脂的种类。

表 11-59　液体腐蚀常用的防腐涂（敷）层结构

液体腐蚀介质		n<5 年		n≥5 年	
		涂层结构	总干膜厚度	涂层结构	总干膜厚度
有机液体、工业水（pH>3）	涂层	底漆 1~2 道 面漆 1~3 道	≥160μm	底漆 1~2 道 面漆 2~6 道	≥280μm
	涂敷层	底漆 1~2 道 玻璃布 1~3 层 面漆 2~5 道	≥0.4mm	底漆 1~2 道 玻璃布 2~5 层 面漆 3~7 道	≥0.5mm
工业水（pH<3）、海水、盐溶液、碱溶液、有机酸、无机酸（稀酸）	涂层	底漆 1~2 道 面漆 2~6 道	≥200μm	底漆 1~2 道 面漆 2~6 道	≥320μm
	涂敷层	底漆 1~2 道 玻璃布 2~5 层 面漆 3~7 道	≥0.5mm	底漆 1~2 道 玻璃布 3~6 层 面漆 4~8 道	≥0.6mm

注：当采用普通涂料时，涂（敷）层结构中的底漆、玻璃布和面漆选择较多的道数或层数；当采用厚浆型涂料时，涂（敷）层结构中的底漆、玻璃布和面漆选择较少的道数或层数。

表 11-60　土壤腐蚀性等级及防腐等级

土壤腐蚀性等级		特高	高	较高	中等	低
测定项目	土壤电阻率/Ω·m	0~5	5~10	10~20	20~100	>100
	含盐率（质量分数）（%）	>0.75	0.75~0.1	0.1~0.05	0.05~0.01	<0.01
	含水率（质量分数）（%）	12~25	10~12	10~5 25~40	5	<5 >40
	在 $\Delta V=500$mV 时极化电流密度/(mV/cm²)	0.3	0.3~0.08	0.08~0.025	0.025~0.001	<0.001
	管盒侧质量损失/(g/d)	>6	3~6	2~3	1~2	0~1
	钢的平均腐蚀速度/(mm/s)	>1	1~0.2		0.2~0.05	<0.05
防腐等级		特加强	加强		普通	

注：测定项目中，一般只需测定土壤电阻率和管盒侧质量损失两项即可。

表 11-61　土壤腐蚀常用防腐涂层选择

防腐层名称	土壤腐蚀程度等级			防腐层名称	土壤腐蚀程度等级		
	强腐蚀	中等腐蚀	弱腐蚀		强腐蚀	中等腐蚀	弱腐蚀
石油沥青涂敷层	特加强级	特加强级、加强级	加强级、普通级	无溶剂环氧玻璃鳞片涂层	特加强级	加强级	普通级
				熔结环氧涂层	特加强级	加强级	普通级
环氧煤沥青涂敷层	特加强级	加强级	普通级	聚乙烯胶带包覆层	特加强级	加强级	普通级
厚浆型环氧涂层	特加强级	加强级	普通级	环氧煤沥青冷缠带包覆层	特加强级	特加强级、加强级	加强级、普通级
环氧玻璃鳞片涂层	特加强级	加强级	普通级				
无溶剂液体环氧涂层	特加强级	加强级	普通级	挤压聚乙烯防腐层	加强级	普通级	普通级

表 11-62　常用埋地管道外防腐层

外防腐层	涂层结构	特点及应用范围
石油沥青防腐层	如图 11-22 所示，见表 11-63、表 11-64	货源充足，价格低，施工经验成熟，我国多年来一直采用。但吸水率大（可达 20%），易被细菌侵蚀，使用寿命不长
塑料防腐层	俗称黄甲克（聚丙乙烯），使用温度为 -40~80℃ 绿甲克（聚氯乙烯），使用温度为 -40~60℃	有良好的耐酸、碱、盐腐蚀性能，用于油田的油、汽、水管线
聚氯乙烯（PVC）防水卷材	先涂一层底胶，再贴卷材，再涂两层黏结剂，外包牛皮纸等保护层，粘贴和封口用过氯乙烯胶黏剂和氯丁胶黏剂	使用温度为 -20~50℃

（续）

外防腐层	涂层结构	特点及应用范围
环氧煤沥青防腐层	见表 11-65	有较好的耐水性，吸水率低，防锈性能好，耐细菌侵蚀，漆膜坚硬，耐酸、碱、盐性能较好，耐温≤130℃，使用寿命 7～8 年
聚乙烯胶带包覆层	见表 11-66	使用温度≤70℃
硬质聚氨酯泡沫塑料	硬质聚氨酯泡沫塑料外贴玻璃钢或其他保护层	耐酸、碱性能较好，吸水率低，是良好的保温、隔热、绝缘、防腐材料，使用温度为−40～120℃，用于直埋保温管道

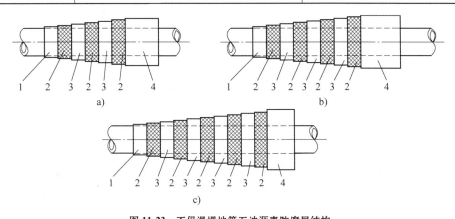

图 11-23 不保温埋地管石油沥青防腐层结构

a）普通防腐 b）加强防腐 c）特加强防腐

1—沥青底漆 2—沥青 3—玻璃布 4—聚氯乙烯工业膜

表 11-63 石油沥青防腐层结构

防腐层等级	防腐层结构	每层涂敷厚度/mm	防腐层总厚度/mm
普通级	沥青底漆—沥青—玻璃布—沥青—玻璃布—沥青—聚氯乙烯工业膜（一底二布三油）	第一层≥1.5 其他层≥1.0	≥4.0
加强级	沥青底漆—沥青—玻璃布—沥青—玻璃布—沥青—玻璃布—沥青—聚氯乙烯工业膜（一底三布四油）	第一层≥1.5 其他层≥1.0	≥5.5
特加强级	沥青底漆—沥青—玻璃布—沥青—玻璃布—沥青—玻璃布—沥青—玻璃布—沥青—聚氯乙烯工业膜（一底四布五油）	第一层≥1.5 其他层≥1.0	≥7.0

表 11-64 每 100m 管道石油沥青防腐层材料耗量

管道公称直径/mm	沥青底漆耗量/kg	沥青耗量/t			玻璃布耗量/m²			聚氯乙烯工业膜耗量/m²
		普通	加强	特加强	普通	加强	特加强	
25	1.6	0.05	0.09	0.15	11.6	11.6	23.2	11.6
32	2.0	0.06	0.13	0.20	17.1	17.1	34.2	17.1
40	2.3	0.07	0.15	0.23	20	20	40	20
50	3.2	0.09	0.19	0.29	26	26	52.8	26
65	4.5	0.12	0.25	0.38	33	33	66	33
80	5.2	0.14	0.30	0.46	40	40	80	40
100	6.4	0.17	0.36	0.55	50	50	100	50
125	8.0	0.21	0.45	0.68	60	60	120	60
150	9.6	0.25	0.53	0.80	71	71	142	71

（续）

管道公称直径/mm	沥青底漆耗量/kg	沥青耗量/t			玻璃布耗量/m²			聚氯乙烯工业膜耗量/m²
		普通	加强	特加强	普通	加强	特加强	
200	12.5	0.32	0.68	1.03	90	90	180	90
250	16.0	0.39	0.81	1.25	108	108	216	108
300	19.0	0.47	1.0	1.50	130	130	260	130
350	22.0	0.55	1.15	1.74	153	153	306	153
400	25.0	0.63	1.35	2.0	170	170	340	170
450	27.5	0.70	1.50	2.25	195	195	390	195
500	31.0	0.78	1.67	2.5	215	215	430	215
600	36.0	0.94	2.0	3.0	260	260	530	260

表 11-65　环氧煤沥青防腐层结构

防腐等级	防腐层结构	总厚度/mm
普通级	底漆 1 道，面漆 2 道，涂层间缠绕玻璃布 2 层	0.5~0.6
加强级	底漆 1 道，面漆 4 道，涂层间缠绕玻璃布 3 层	0.7~0.8
特加强级	底漆 1 道，面漆 5 道，涂层间缠绕玻璃布 4 层	0.9~1.0

表 11-66　聚乙烯胶带包覆层结构

防腐层等级	防腐层结构	防腐层总厚度/mm
普通级	底漆—防腐胶粘带（内带）—保护胶粘带（外带）底漆—防腐胶粘带	≥0.7
加强级	底漆—防腐胶粘带（内带）—保护胶粘带（外带）底漆—防腐胶粘带	≥1.0
特加强级	底漆—防腐胶粘带（内带）—保护胶粘带（外带）底漆—防腐胶粘带	≥1.4

注：1. 防腐层结构可选择表中的任何一种。

2. 胶粘带可采用一层或多层施工。施工层数多少取决于胶粘带的厚度，以达到防腐层设计总厚度为准。

3. 一次单层缠绕时胶粘带搭接宽度应不小于 1/4 管子周长，且不小于 100mm；一次双层缠绕时胶粘带搭接宽度应大于胶带宽度的 50%。

11.7.4　阴极保护防腐措施

管道阴极保护可分别采用牺牲阳极法、强制电流法或两种方法的结合，设计时应视工程规模、土壤环境、管道防腐层质量等因素，经济合理地选用。

1. 阴极保护准则

1）管道阴极保护电位（即管/地界面极化电位，下同）应为 -850mV（CSE）或更低。

2）阴极保护状态下管道的极限保护电位不能比 -1200mV（CSE）更低。

3）对高强度钢（最小屈服强度大于 550MPa）和耐蚀合金钢，如马氏体不锈钢、双相不锈钢等，

极限保护电位则要根据实际析氢电位来确定。其保护电位应比 -850mV（CSE）稍高，但在 -650~-750mV 的电位范围内，管道处于高 pH 值应力腐蚀开裂（SCC）的敏感区，应予注意。

4）在厌氧菌或硫酸还原菌（SRB）及其他有害菌土壤环境中，管道阴极保护电位应为 -950 mV（CSE）或更低。

5）在土壤电阻率 100~1000Ω·m 环境中的管道，阴极保护电位宜低于 -750mV（CSE）；在土壤电阻率大于 1000Ω·m 的环境中的管道，阴极保护电位宜低于 -650mV（CSE）。

6）当上述准则难以达到时，可采用阴极极化或去极化电位差大于 100mV 的判据。

2. 强制电流系统

1）强制电流阴极保护对交流电源的基本要求：

① 长期不间断供电。

② 应优先使用市电或使用各类站场稳定可靠的交流电源。

③ 当电源不可靠时，应装有备用电源或不间断供电专用设备。

2）强制电流阴极保护电源设备，一般情况下应选用整流器或恒电位仪。当管地电位或回路电阻有经常性较大变化或电网电压变化较大时，应使用恒电位仪。在防爆区域使用的电源设备应符合 GB 50058—2014《爆炸危险环境电力装置设计规范》的要求。

3）辅助阳极地床

① 辅助阳极地床（以下简称地床）的设计和选址应满足以下条件：

a. 在最大的预期保护电流需要量时，地床的接地电阻上的电压降应小于额定电压的 70%。

b. 避免对邻近埋地构筑物造成干扰。

② 阳极地床有深井型和浅埋型。

存在下面一种或多种情况时，应考虑采用深井阳极地床：

a. 深层土壤电阻率比地表低。

b. 存在邻近管道或其他埋地构筑物的屏蔽。

c. 浅埋阳极地床应用受到空间限制。

d. 对其他设施或系统可能产生干扰。

与上述条件相反时应采用浅埋阳极地床。

浅埋阳极地床有水平式和立式两种方式，应置于冻土层以下，埋深不宜小于 1m。

③ 辅助阳极。常用的辅助阳极有：高硅铸铁阳极、石墨阳极、钢铁阳极、柔性阳极、金属氧化物阳极等。

选用阳极材料和质量应按阴极保护系统设计寿命期内最大预期保护电流的 125%计算。

阳极地床通常使用冶金焦炭、石油焦炭、石墨填充料，使用时应符合下列要求：

a. 石墨阳极、高硅铸铁阳极应加填充料。

b. 在沼泽地、流砂层可不加填充料，钢铁阳极可不加填充料。

c. 预包覆焦炭粉的柔性阳极可直接埋设，不必采用填充料。

填充料中碳的质量分数宜大于 85%，最大粒径应不大于 15mm。

3. 牺牲阳极系统

牺牲阳极系统适用于敷设在电阻率较低的土壤里、水中、沼泽或湿地环境中的小口径管道或距离较短并带有优质防腐层的大口径管道。

1）选用牺牲阳极时，考虑的因素如下：

① 无合适的可利用电源。

② 电气设备不便实施维护保养的地方。

③ 临时性保护。

④ 强制电流系统保护的补充。

⑤ 永久冻土层内管道周围土壤融化带。

⑥ 保温管道的保温层下。

2）牺牲阳极的应用条件是：

① 土壤电阻率或阳极填充料电阻率足够低。

② 所选阳极类型和规格应能连续提供最大电流需要量。

③ 阳极材料的总质量能够满足阳极提供所需电流的设计寿命。

3）牺牲阳极的选用。牺牲阳极的种类有锌合金牺牲阳极和镁合金牺牲阳极。锌合金牺牲阳极又分为棒状锌阳极和带状锌阳极；镁合金牺牲阳极又分为棒状镁阳极和带状镁阳极。牺牲阳极种类可按表 11-67 选用。

表 11-67　牺牲阳极种类的选择

阳极种类	土壤电阻率/Ω·m
锌合金牺牲阳极	<15
镁合金牺牲阳极	15~150

对于锌合金牺牲阳极，当土壤电阻率大于 15Ω·m 时，应现场试验确认其有效性。

对于镁合金牺牲阳极，当土壤电阻率大于 150Ω·m 时，应现场试验确认其有效性。

对于高电阻率土壤环境及专门用途，可选择带状牺牲阳极。

4）牺牲阳极的填充料是由石膏粉、膨润土和工业硫酸钠组成的混合物。常规的牺牲阳极填充料配方见表 11-68。

表 11-68　牺牲阳极填充料配方

阳极类型	石膏粉	膨润土	工业硫酸钠	使用土壤电阻率/Ω·m
镁合金牺牲阳极	50	50	—	≤20
	75	20	5	>20
锌合金牺牲阳极	50	45	5	≤20
	75	20	5	>20

5）牺牲阳极电缆可通过测试装置与管道实现电连接，也可直接焊接在管道上。

6）牺牲阳极布置

① 棒状牺牲阳极。棒状牺牲阳极可采取单支或多支成组两种方式，同组阳极宜选用同一炉号或开路电位相近的阳极。棒状牺牲阳极埋设方式按轴向和径向分为立式和水平式两种。一般情况下牺牲阳极距管道外壁 3~5m，最小不宜小于 0.5m，埋设深度以阳极顶部距地面不小于 1m 为宜。成组布置时，阳极间距以 2~5m 为宜。

棒状牺牲阳极应埋设在土壤冰冻线以下。在地下水位低于 3m 的干燥地带，阳极应适当加深埋设；埋设在河床中的阳极应避免洪水冲刷和河床挖泥清淤时的损坏。

在布设棒状牺牲阳极时，注意阳极与管道间不应存在有金属构筑物。

② 带状牺牲阳极。带状牺牲阳极应根据用途和需要与管道同沟敷设或缠绕敷设。

③ 特殊用途的牺牲阳极。牺牲阳极作为接地极、参比电极等特殊应用时应根据用途和需要进行布置。

4. 测试与监控装置

（1）测试装置

1）一般原则。阴极保护测试装置应与阴极保护系统同步安装。测试装置应沿管道线路走向进行设置，相邻测试装置间隔宜为 1~3km。在城镇市区或工业区，相邻的间隔不应大于 1km，杂散电流干扰影响区域内可适当加密。

2）特殊要求。在下列位置处，也应安装测试装置：

① 管道与交、直流电汽化铁路交叉或平行段。

② 绝缘接头处。

③ 接地系统连接处。

④ 金属套管处。

⑤ 与其他管道或设施连接处。

⑥ 辅助试片及接地装置连接处。

⑦ 与外部管道交叉处。

⑧ 管道与主要道路或堤坝交叉处。

⑨ 穿越铁路或河流处。

⑩ 与外部金属构筑物相邻处。

对不同沟敷设的多条平行管道，每条管道应单独设置测试装置，测试装置应安装在管道上方。

每个测试装置中至少有两根电缆与管道连接，电缆应采用颜色或其他标记法进行区分，并做到全线统一。

（2）监控装置

1）与外部管道交叉。在与外部管道交叉时应设置监控装置，并考虑在装置中进行跨接，即从每条管道上分别引出两根电缆连接到同一监控装置中，在装置内电缆可直接连接或通过电阻跨接。

2）金属套管处。为检测金属套管与输送管之间的电绝缘状况，应在金属套管和输送管两侧分别安装两根测试电缆，并将电缆连接到监控装置中的对应接线端子上。

3）绝缘接头处。管道绝缘接头两侧应分别引出两根电缆。所有电缆应直接连接或通过电阻跨接至监控装置中不同的接线端子上。在监控装置处，根据需要安装的极化电池、接地电池或避雷器等防电涌装置，通过监控装置中的接线端子进行跨接。

4）排流点处。对于杂散电流干扰影响区域，直接排流、极性排流或强制排流的排流点，应在输送管、干扰体或接地体上连接所需数目的电缆，并将电缆引至监控装置，通过监控装置中的接线端子与排流装置进行连接。

5）汇流点处。直流电源的负极与管道连接的汇流点处应设置监控装置，并在阴极回路中设置电流监控装置。当有多个阴极连接时，应当配备分流器和阻断二极管。

汇流点处的测试装置应当单独从管道上引出测试电缆，用以测量汇流点处的管地电位。

6）其他监测装置。当管道穿过无人地区或很难接近的地方，应当采用远距离监测、遥感技术或其他数据传输系统，同时配合使用长效参比电极、极化测试探头或试片。

7）消除 IR 降的测试装置。如果存在杂散电流干扰或牺牲阳极难以拆除时，应采用极化探头（试片）断电测量技术进行电位测量。

5. 附加措施

（1）临时保护　临时性阴极保护可采用牺牲阳极方式，在保护系统调试期间及调试后，应能很容易地进行连接和断开。为了测试临时性阴极保护效果，测试装置应当与管道同时安装。

（2）套管　套管不宜使用金属套管。如果使用金属套管，套管内的输送管防腐层应保证完好。

钢套管应采用非金属绝缘支撑垫与输送管道实现电绝缘，钢套管不应带有防腐层。

套管两端应绝缘密封并安装排气管，也可在套管与管道之间充填具有长效防腐作用的物料。

（3）防雷保护　在雷电频发地区，绝缘接头和阴极保护设备，应当安装防雷保护装置。通常绝缘接头两侧和直流电源输出端可安装电涌保护器。

（4）电涌保护器　为防止供电系统故障或雷击造成的管道上的电涌冲击，应采用火花间隙类的放电器，其要求如下：

1）保护器电极的击穿电压应低于绝缘接头两端的击穿电压。

2）保护器应具有释放出预期的故障电流或雷击电流而不会损坏的能力。

3）保护器应当完全封包起来，以防在大气中出现火花。

（5）阴极保护电缆与电缆连接

1）电缆的选用。应采用铜芯电缆，测试电缆的截面面积不宜小于 $4mm^2$。多股连接导线，每股导线的截面面积不宜小于 $2.5mm^2$。

用于强制电流阴极保护的铜芯电缆的截面面积不宜小于 $16mm^2$，用于牺牲阳极的铜芯电缆的截面面积不宜小于 $4mm^2$。

2）电缆敷设。阴极保护埋地电缆在地下应尽量减少接头，敷设应符合 GB 50217—2018《电力工程电缆设计标准》的规定。

3）电缆与管道的焊接。焊接位置不应在弯头上或管道焊缝两侧 200mm 范围里。

可采用铝热焊方法，焊接用的铝热焊剂用量不应超过 15g。当焊接电缆的截面面积大于 $16mm^2$ 时，可将电缆芯分成若干股，每股截面面积小于 $16mm^2$，分开进行焊接。

在运行中的管道上实施铝热焊时，应制订安全防范措施，并考虑：

① 焊接前要对管壁完整性进行检查。

② 管中流体对热量传输与散失的影响。

③ 焊接热量对输送介质的影响（如对某些化学品）。

在耐蚀合金管道上不应实施铝热焊接。

当有详细的焊接程序且性能可靠，并有适当的文件支持时，也可使用其他，如铜针焊接、软焊、导电黏结剂粘结、熔焊等方法。

6. 系统维护

（1）电源设施或设备　对电源设施或设备，应经常进行检查，维护保养，保证完好，正常运行。

（2）测试及监控装置　对测试及监控装置，应定期检查维护，保证完整、好用。

（3）阳极地床　对阳极地床的接地电阻，应定期检测，应对其变化，相应调整电源设备的输出电压，保证保护电流的正常输出。对于因阳极地床接地电阻经常变化等原因，致使需经常调整保护电流输出的情况，电源设备宜改用恒电位仪。

对失效的阳极地床，应及时维修或更换。

（4）地上绝缘装置　对地面上安装的绝缘装置，应定期进行检测、清扫，防止灰尘、水分等外来物造成绝缘不良或短路失效。

（5）仪器设备　对阴极保护检测使用的仪器、仪表及设备，如参比电极等，应进行常规校验。

（6）保护电位检测　当发现管道阴极保护不充分时，应立即展开调查，查明原因，排除故障。常见故障原因的相应对策如下：

1）修理或更换系统中的装置或部件。

2）修补已查明的防腐层缺陷。

3）调整或更换跨接。

4）消除绝缘不良或短路点。

5）修理失效的绝缘装置。

6）增设阴极保护设施（强制电流或牺牲阳极）。

第 12 章 动 力 分 站

12.1 换热站

12.1.1 简述

为工业建筑和民用建筑供暖、通风、空调、生产、生活等供应所需的热水，通常设立能够转变供热介质品种、改变供热介质热力性能参数的换热设备与站房。

换热站一般由汽水换热器、水水换热器、循环水泵、补给水泵、除污器、软水装置、电气控制装置等设备及配套管路管线与建（构）筑物等组成。

换热站以过热蒸汽、饱和蒸汽、高温热水为热源，利用各种类型的换热器，进行间接换热或直接加热，经热力网循环水泵将热水供给热力网系统中各用户。

换热站供应被加热的热水，其供水温度和回水温度参数的确定，须考虑各用户热负荷工况的需求、供热系统的经济技术合理性等因素。一般设计供应热水的供回水温度可以为：130～70℃、110～70℃、95～70℃、60～50℃、45～40℃、38～28℃。低水温系统主要被热回收系统采用。

12.1.2 热力网循环水系统

热力网循环水系统将热量输送到各热用户，可分为一次热力网和二次热力网。一次热力网是将热源的热量送至各换热站，二次热力网将换热站换得的热量送至最终热用户。传统的热力网循环水系统在热源侧设置热力网循环水泵，克服热力网水循环的所有阻力；其按调节方式可分为质调节、量调节、质-量调节、分阶段改变流量的质调节以及分阶段的质-量调节。

1）质调节。热力网循环水流量保持恒定，通过改变供水温度来适应负荷的变化。系统简单，操作方便，不需要复杂的控制系统；但是输送能耗始终处于额定流量的最大值，不利于系统节能。

2）量调节。热力网循环水的供水温度保持恒定，通过改变循环供水量来适应负荷的变化。输送能随负荷的减少而降低，但是系统相对复杂些，必须配置自控装置。

3）质-量调节。随室外温度变化，同时改变热力网供水温度和流量，以调节热负荷。

4）分阶段改变流量的质调节。根据热负荷变化规律，将供热期间分成若干时间段，根据每个时间段热负荷大小确定其循环流量，在某个时间段内循环水的流量不变，同时调节其供水温度适应外界热负荷的变化。

5）分阶段的质-量调节。在某一阶段只调节供水温度，在另一阶段只调节循环水流量。分阶段的质-量调节用于多热源联网运行系统，如在供暖初期由热电厂单独供热，随室外温度降低，不断提高供水温度，当达到设计温度时，启动调峰热源，增加循环水流量，供水温度保持在设计温度。前一阶段为质调节，后一阶段为量调节。

相对传统的热力网循环水系统，近10年来出现新的系统，称为分布式变频二级泵系统。该系统在热源侧设置循环水泵，仅让其克服热源侧站内的循环阻力，同时在换热站也设置循环水泵，让其克服热源至该换热站的一次热力网供水阻力、换热站内一次网循环阻力和换热站至热源的一次热力网回水阻力。热源侧和换热站的一次热力网循环水泵均采用变频调节。分布式变频二级泵系统与传统的热力网循环水系统相比，具有以下特点：

1）各换热站根据自身需求从热力网取热（抽取循环水），避免了过度供热或供热不足，促进供与需的高度吻合，解决传统循环系统的水力失衡问题。

2）各换热站循环水泵所需克服的系统阻力存在相互干扰、相互影响。换热站的一次热力网循环水泵需变频以适应这种相互干扰。

3）不利于系统扩展。当供热范围发生较大变化时（比如扩建），需对每个换热站的一次热力网循环水泵进行核算，必要时更换循环水泵。

4）不利于多热源联网运行。多热源联网系统的水力工况变化比较大，换热站的一次热力网循环水泵难以适应这种大范围的阻力波动。

5）热水热力网系统设计主要原则：

① 热水热力网宜采用闭式双管制。当热负荷季节性波动较大时，经技术经济比较后，可采用闭式多管制。

② 热水热力网的输配能力应统筹考虑近远期用户热负荷需求。热水供热管网的布置应根据热负荷分布，并应结合城镇道路和综合管廊确定。

③ 供热管道应进行热补偿设计，并应进行强度计算及应力验算。管道热补偿优先采用自然补偿。

④ 热水供热管网的布置应与系统调节方式相匹

配，多热源联网等水力工况变化大的热水循环系统不宜采用分布式变频二级泵系统。

⑤ 供热管网应进行水力平衡计算，不平衡时应采取措施。

⑥ 供热系统中，用于热量结算的分界处应安装热计量装置。每栋建筑用户热力进口处应设置热量表。

⑦ 热水热力网任何一点的压力不应小于供热介质的汽化压力，当设计温度大于或等于 100℃ 时，应留有 30~50kPa 的富裕压力。热水热力网的回水压力，任何一点的压力不应小于 50kPa，且不应大于直接连接用户系统的允许压力。

⑧ 当热水热力网的循环水泵停止运行时，应保持静态压力，并应符合下列规定：

a. 不应使热水热力网任何一点的水汽化，应有富裕压力。

b. 与热水热力网直接连接的用户系统应充满水。

c. 不应大于系统中任何一点的允许压力。

⑨ 热水供热管网在技术经济合理的前提下，加大供回水温度，降低回水温度，以降低输送能耗，便于利用余热。

⑩ 供热管网应采取防水击的安全保护措施。

12.1.3 变频控制技术

变频控制技术是一种交流电变成直流电后，再把直流电逆变成不同频率的交流电的转换技术。这个过程只有频率的变化，没有电能的变化。

近年来，变频控制技术随着微电子学、电力电子技术和微计算机控制技术的高速发展，已经进入一个崭新的时代，设备成本下降很快，变频控制技术的应用越来越普及。变频控制技术是实现节能减排、可持续发展的重要技术措施。

热力网变频控制根据工况的变化，调节电动机的供电频率，因电动机转速与电源输入的频率成正比，从而达到调节水泵的转速，改变供热系统的流量。

根据水泵流量 Q、压力 p（扬程）、转速 n 和功率 N 间的下列关系：

$$\frac{n_1}{n_2} = \frac{Q_1}{Q_2} = \frac{\sqrt{p_1}}{\sqrt{p_2}} = \frac{\sqrt[3]{N_1}}{\sqrt[3]{N_2}}$$

改变电动机输入频率，改变转速，使流量适应负荷变化要求。

变频器主要技术指标以使用电动机功率（kW）、输出容量（kVA）、额定输出电流（A）表示。其中额定输出电流为变频器可以连续输出的最大交流电流有效值，不管用于何种用途，都不许连续电流值超过此值。

变频调节的优点是调速范围宽、精度高、舒适性好、运行效率高、功率因数高、不存在开停调节的各种损失、改善启动状况，不存在启动时启动电流对电网的冲击。缺点是成本高、变频器本身存在一定的能耗、导致发热大，变频器的控制箱要求有较好的散热条件，环境要通风降温，还存在电磁兼容和电磁干扰问题。

12.1.4 换热站设计一般原则

1) 换热站设计必须遵循国家能源政策，遵守有关规范和安全规程，合理推行热能综合利用，保护环境，选用成熟可靠、技术先进的换热设备及系统。

2) 当换热站的热源为蒸汽时，换热站应采用汽水换热设备或汽水换热设备和水水换热设备组合的方式制取热水；当换热站的热源为高温热水时，换热站应采用水水换热设备制取热水。

3) 换热站的位置，一般根据用户总热负荷及其参数，凝结水回收利用，热力网系统安全稳定及管理方便，经济技术及建设的合理性等综合考虑确定。可选择靠近热负荷中心区域单建或合建，或附属锅炉房、综合动力站房内。对于供暖用换热站采用楼栋式换热站（每个楼栋设置一个换热站）有利于热力网水力平衡，提高供热品质，节约能源。

4) 换热站设计必须与其室外的供热管网及室内热力网系统设计统一考虑。开式热力网系统和闭式热力网系统在设计系统方案确定后，换热站选用的设备和系统应合理匹配，热水供水温度和压力应满足要求。

5) 换热站内换热器及水泵等设备供应能力，应与用户热负荷相适应。一般情况下，除考虑应有备用发展余量外，换热器不宜少于 2 台，当一台最大换热器故障或检修时，其余换热器应能够满足用户热负荷的基本需求；当热用户有特殊要求时，换热设备的选择应满足其要求。换热器的出口压力，不应小于最高供水温度加 20℃ 的相应饱和压力。

6) 换热站内的换热器容量可由换热器并联供给。若设两台换热器，则每台换热器选型宜按总热负荷的 70% 考虑。站内同种热介质换热器台数 2~5 台为宜。

7) 设计时，根据一次加热蒸汽，或一次加热水工况，经济合理地选择换热器系统，如单独汽水换热器或者单独水水换热器形式，或者汽水换热器和水水换热器组合形式。

8) 当采用一次加热蒸汽压力大于 0.1MPa 时，换热站系统可选择汽水换热器和水水换热器组合的两级换热形式，或者选择能一级换热形式制得热水的高效汽水换热器或机组。

9）一次加热介质压力超过换热器的承压能力时，应在换热站内进口设置减压装置，并在减压装置后设置安全阀。

一次加热介质采用城市热力网热水，城市供水回水干管在换热系统进出口允许压差小于系统的总阻力压降时，在取得城市供热部门的同意后可设置增压泵。增压泵宜布置在进换热器的供水管侧。

10）循环水泵可按用户热力网总负荷及管网水压图，同时考虑换热站内热损失及压力降来确定。循环水泵应装设两台以上，其中一台停止运行时，其余水泵应能供应全部循环水量的110%，水泵扬程

应是热力网系统总压力降的110%～120%。

11）循环水泵吸入侧的压力，不应小于吸入口可能达到的最高水温下的饱和蒸汽压力加50kPa。

12）循环水泵进出口总管之间应装设带止回阀的旁通管。

13）热力网系统的补给水采用软化水为宜，以避免在换热器内结垢影响换热效果。

① 热力网系统水质要求应满足热力系统安全稳定运行，避免结垢和腐蚀。蒸汽热力网凝结水的回收应采用防腐措施，宜控制凝结水的含铁量不大于0.3mg/L；热水热力网的水质可参照现行国家标准GB/T 1576—2018《工业锅炉水质》的规定，热水锅炉水质控制要求参见表12-1。

表 12-1　热水锅炉水质控制要求

水　　样		额定功率/MW	
		≤4.2	不限
		锅内水处理	锅外水处理
补给水	硬度/（mmol/L）	≤6①	≤0.6
	pH（25℃）	7.0～11.0	
	浊度（FTU）	≤20.0	≤5.0
	铁/（mg/L）	≤0.30	
	溶解氧/（mg/L）	≤0.10	
锅水	pH（25℃）	9.0～12.0	
	磷酸根/（mg/L）	10～50	5～50
	铁/（mg/L）	≤0.50	
	油/（mg/L）	≤2.0	
	酚酞碱度/（mmol/L）	≥2.0	
	溶解氧/（mg/L）	≤0.50	

注：本表内容摘自 GB/T 1576—2018《工业锅炉水质》。

① 使用与结垢物质作用后不生成固体不溶物的阻垢剂，补给水硬度可放宽至小于或等于8.0mmol/L。

② 特种用热设备和用户对供热水水质有含氧量规定时，应在系统上设除氧装置，常用解析除氧器、真空除氧器、海绵铁除氧器。

③ 软化水装置、除氧器可单设于换热站内，或全厂性锅炉房统一考虑解决。

14）换热器前的热力网回水干管段或循环水泵前应设除污器。当一次加热介质采用城市热力网热水时，应在进口调压计量装置前设除污器。除污器一般均按接管管径大小选择，前后设有切断阀，并宜设旁通阀。

15）当换热站内设有季节性换热系统（供暖、空调）及常年性换热系统（生产、生活）时，其进入站内一次加热蒸汽或一次加热水进口，应设蒸汽分汽缸或热水分水缸，便于系统管理及计量核算。进口总管设切断阀。分汽（水）缸上设安全阀。

16）当换热站至用户热力网（二次热介质）系统有两根以上供水管路时，总供水管出站前宜设分

水缸。分水缸上各供水支管应设切断阀。

17）换热器一、二次热介质，进出口均应设切断阀。汽水换热器的凝结水管应设疏水阀。选择疏水阀和布置位置应符合有关规定。

18）换热器一次热介质（蒸汽或热水）的进口，应设置当循环水泵均停止运行时，能自动或手动切断的阀门。

19）对于热力网供水温度需要根据用户热负荷变化自动调节的系统，应在一次热介质总管设自动温控调节阀，调控一次热介质流量。

20）站内换热器、除污器、阀门、水箱、管道应进行良好保温。其结构可按国家标准图08K507-1、08R418-1《管道与设备绝热—保温》选择。

21）站内热力网系统管道上应设压力表的部位：

① 除污器或过滤器、循环水泵、补给水泵前后。

② 减压阀、调压阀（板）前后。

③ 供水管及回水管的总管上。

④ 一次加热介质总管或分汽缸、分水缸上。

⑤ 自动温控调节阀前后。

⑥ 其他便于运行管理的地方。

22）站内热力网系统管道上应设温度计的部位：

① 一次加热介质总管或分汽缸、分水缸上。

② 换热器至热力网供水总管上。

③ 供暖、空调季节性热力网供水管、回水管上。

④ 生产、生活常年性热力网供水管、回水管上。

⑤ 循环水水箱、凝结水水箱上。

⑥ 生活热水容积式换热器上。

⑦ 其他便于运行管理的地方。

23）热量计量部位：

① 城市热力网供热总进口处，设热量计量装置。

② 换热系统接至用户供水总管上及换热系统一次加热介质总管上，设热量计量装置。

③ 其他需要进行结算或考核的地方。

24）当区域供热站设计采用自动监测与控制的运行方式时，应满足下列规定：

① 应通过计算机自动监测系统，全面、及时地了解热力的运行状况。

② 应及时测量室外的温度、预测热用户的需求，按照预先设定的程序，通过调节热源侧实现供热量调节，满足热用户的热量需求，保证供热质量。

③ 应通过热力网系统热特性识别和工况优化分析程序，根据前几天的运行参数、室外温度，预测该时段的最佳工况。

④ 应通过对换热设备运行参数的分析，做出及时判断。

⑤ 应建立各种信息数据库，对运行过程中的各种信息数据进行分析，并能够根据需要打印各类运行记录，存储历史数据。

⑥ 热力站应设置供热量控制装置；热力系统的热源消耗量、耗电量及补水量应设置计量装置；动力水泵用电和照明用电应分别计量。

⑦ 供热系统应能根据热负荷及室外温度变化实现设计要求的集中质调节、量调节或质-量调节相结合的运行。

25）换热站应提高其自动化水平，宜做到无人值守、远程调控、自动运行。

12.1.5　工艺流程

换热站内一次加热介质采用蒸汽换热时，换热站工艺流程简图如图 12-1a 所示，一次加热介质采用高温热水换热时，换热站工艺流程如图 12-1b 所示，

图例如图 12-1c 所示。

12.1.6　布置及设计要求

1. 换热站的布置及设计要求

1）换热站可建设独立建筑物，也可设置在其他建筑物的内部，如多层或高层建筑的地下室、半地下室、地上中间层内。换热站设计应符合 GB 50016—2014《建筑设计防火规范》（2018 年版）的规定。

2）换热站围护结构及设备基础应按 GB/T 50087—2013《工业企业噪声控制设计规范》的规定，采取隔声、消声、吸声、隔振等措施。

3）换热站应具有良好的采光条件及通风措施，以保障站房内正常的劳动条件。

4）换热站的布置应满足操作和检修的需要，主要操作通道的净宽不宜小于 1.5m，辅助操作通道的净宽不宜小于 0.8m，其他通道应满足检修的需要。设备操作地点和通道的净空不应小于 2m，并符合起吊设备操作高度的要求。设于多层建筑内小型换热站（间）的净高不应低于 2.7m。

5）换热站应考虑设备进出的措施，对于大型换热站应有单独通往室外及换热设备最大搬运件的安装孔洞，并设大设备吊装点。

6）根据换热站规模及管理人员数量，应设立值班控制室、储存备件室、生活间。

7）对设于多层建筑、高层建筑内的换热站（间），根据项目具体情况，可以与其他专业房间，如水站、空调机房，合建。

8）换热站布置设计时，应考虑用户供热系统入户计量装置设置所需相应的维修和管理面积。

2. 设备的布置及设计要求

1）卧式换热器前端、立式换热器顶部均应考虑检修和清理加热管束、浮动盘管、板片的空间，其距离一般不应小于抽出管件的长度，并使控制阀门操作方便。

2）汽水换热器的凝结水出口管段应装设运行可靠的疏水阀，以便运行时系统的凝结水及空气排出。疏水阀宜考虑互为备用的双阀，安装需考虑检修空间及保证疏水畅通。

3）汽水换热器和水水换热器设计采用上下布置组合形式时，为使汽水换热器操作及检修方便，应设置钢平台。要求结构简便牢固。注意钢平台与汽水换热器支座和留孔洞的配合。

4）换热器侧面离墙应设有不小于 0.8m 的通道。容积式换热器罐底距地不应小于 0.5m；罐后距墙不小于 0.8m；罐顶距屋内梁底不小于 2.0m，当不需要操作和通行时，其净高可为 0.7m。

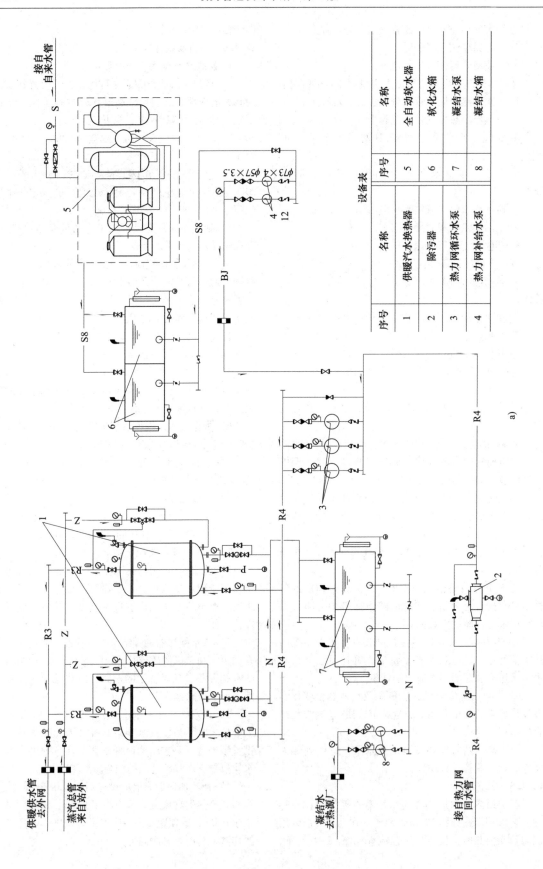

序号	名称	序号	名称
1	供暖汽水换热器	5	全自动软水器
2	除污器	6	软化水箱
3	热力网循环水泵	7	凝结水泵
4	热力网补给水泵	8	凝结水箱

设备表

a)

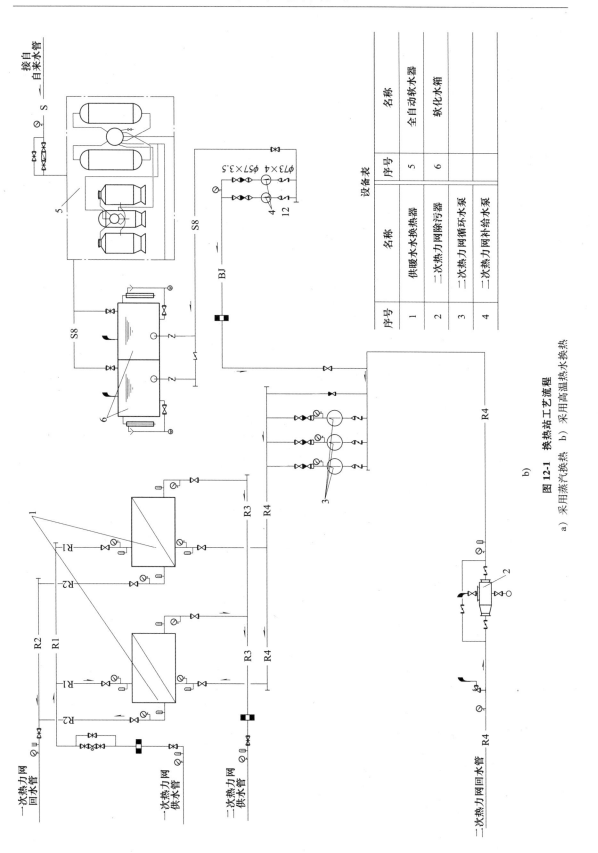

图 12-1 换热站工艺流程

a) 采用蒸汽换热 b) 采用高温热水换热

设备表

序号	名称	序号	名称
1	供暖水水换热器	5	全自动软水器
2	二次热力网除污器	6	软化水箱
3	二次热力网循环水泵		
4	二次热力网补给水泵		

图例

序号	图例	名称	序号	图例	名称
1		截止阀	12	—— Z ——	蒸气管道
2		闸阀	13	—— S ——	自来水管道
3		止回阀	14	—— S8 ——	软化水管道
4		蝶阀	15	—— N ——	凝结水管
5		电动调节阀	16	—— BJ ——	补水管
6		疏水阀	17	—— R1 ——	一次热力网供水管
7		大小头	18	—— R2 ——	一次热力网回水管
8		流量孔板	19	—— R3 ——	二次热力网供水管
9		水表	20	—— R4 ——	二次热力网回水管
10		安全阀 排大气	21	—— P ——	排污管
11		地漏 溢流管	22		介质流向

c)

图 12-1　换热站工艺流程（续）

c）图例

5）卧式换热器支座因考虑到热膨胀位移，只能设一个固定支座，并应布置在加热管束检修端，如图 12-2 所示。

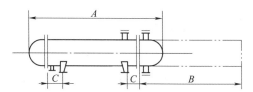

图 12-2　卧式换热器固定支座位置
A—全长　B—管子长度　C—支座安装尺寸

6）当容积式换热器热水出口管上装有阀门时，应在每台容积式换热器上设安全阀。

7）换热站热水系统采用高位膨胀水箱作恒压装置定压时，高位膨胀水箱的最低水位应高于热水系统最高点 1m 以上，并应使循环水泵停止运行时系统不汽化。高位膨胀水箱与热水系统的连接管宜设置在循环水泵进口母管上，并不应装设阀门。

8）换热站热水系统采用氮气或蒸汽加压膨胀水箱作恒压装置定压时：恒压点设在循环水泵进口端，循环水泵运行时，应使系统不超压；循环水泵停止运行时，应使系统不汽化。

9）循环水泵、补给水泵的基础，应高出地面不小于 0.1m；水泵基础之间的距离及水泵基础距墙的距离，不宜小于 0.7m。当地方过小时，两台水泵可做成联合基础，机组之间突出部分净距不应小于 0.3m。

10）两台或两台以上换热器并联工作时，其流程系统按同程连接设计为宜。

11）换热站的换热器和水泵选用，以组合式换热机组时，机组与建筑物之间的净距，应满足操作、检修和安装的需要。

12）换热站设置附属锅炉房内时，除考虑换热设备的布置要求外，换热站的辅助设施应与锅炉房统一综合考虑，如凝结水回收设备、水处理设备、除氧设备、值班室、生活设施等，力求布置合理、管理方便、流程简短、安全可靠。

12.1.7　工艺与各专业关系

1. 土建专业

（1）要求配合承担的内容

1）换热站建筑及结构设计。

2）换热器和辅助设备基础设计。

3）组合式换热机组基础设计。

4）其他：水沟、地沟、平台、预埋支吊架、安装孔洞、吊点梁轨等设计。

5）设备基础的防振设计。

6）建筑物的隔声、吸声、消声、隔振设计。

（2）接收资料

1）换热站设备布置平面图。

2）换热器和辅助设备质量、转速及基础资料。

3）组合式换热机组质量、转速及基础资料。

4）预埋件和预留孔洞位置尺寸资料。

5）设有生活间时，须提供人员编制。

2. 给水、排水专业

（1）要求配合承担的内容

1）换热站站房给水、排水系统设计。

2）软化水补水由水专业提供时，压力、温度及进口位置尺寸条件。

3）生活热水系统的热负荷及水质温度压力的确定条件。

（2）接收资料

1）换热站设备布置平面图。

2）给水、排水最大及平均小时流量。

3）给水、排水进出口位置，接管标高及管径资料。

4）补水水量及水质、水温、水压要求条件。

5）给水的压力及水质要求。

6）排水压力、温度及特性。

3. 暖通专业

（1）要求配合承担的内容

1）换热站供暖设计。

2）换热站通风设计。

（2）接收资料

1）换热站设备布置平面图。

2）换热器及辅助设备的发热量。

3）电动机有效功率。

4）供暖和通风特性及要求。

4. 电气专业

（1）要求配合承担的内容

1）换热站电气设备及仪表等供电设计。

2）换热站室内一般照明、局部照明、事故照明设计。

3）联锁、自控设计及通信、信号设计。

（2）接收资料

1）换热站设备布置平面图、系统图。

2）用电设备台数、电压、装设功率、使用功率等明细表。

3）局部照明与检修插座位置及要求。

4）联锁、通信、自控的设计要求。

5. 总图专业

（1）要求配合承担的内容

1) 单建时须确定换热站方向、位置，设计地面标高，自然地面标高。

2) 换热站周围道路设计及管线综合设计。

（2）接收资料

1) 换热站建筑平面图。

2) 城市热力网供热时，厂内外管网交接点位置。

6. 技术经济专业

（1）要求配合承担的内容　编制换热站概算。

（2）接收资料

1) 设备及材料表。

2) 主要设备价格。

3) 满足概算编制要求的建筑结构等专业图。

12.1.8　主要设备热力计算及选择

1. 换热器类型、形式

换热器一般可分为表面间壁式换热器和直接混合式换热器。表面间壁式换热器是利用高温热介质（蒸汽或高温热水），通过换热的金属管（板）壁表面传热，将低温热介质水加热到所需温度的设备。直接混合式换热器是高温热介质（蒸汽或高温热水）直接同低温热介质水混合，使低温热介质水加热到所需温度的设备。

表面间壁式换热器在供热系统中，因高低温两种热介质相互不接触混合，运行管理方便，可靠性好，技术经济性高等优点而被普遍应用。

换热器类型很多，用途和场合也各不相同，大体分类如下：

（1）表面式间壁换热器

1) 按热媒分类。

① 汽水换热器。

② 水水换热器。

2) 按换热面形状分类。

① 管壳式换热器：

直管式换热器——光管式换热器，螺旋槽管式换热器，套管式换热器，浮头式换热器。

弯管式换热器——U形管式换热器，W形管式换热器，螺旋形管式换热器，双螺旋波节管式换热器，波纹管式换热器。

② 容积式换热器——立式、卧式容积式换热器，浮动盘管立式、卧式容积式换热器，浮动盘管半即热式换热器，浮动盘管半容积式换热器。

③ 板式换热器——组装式板式换热器，全焊接式板式换热器，钎焊式板式换热器。

④ 螺旋板式换热器。

⑤ 板壳式换热器。

3) 按外壳结构分类。

① 单壳式换热器。

② 分段式换热器。

4) 按换热面布置分类。

① 垂直式换热器。

② 水平式换热器。

（2）直接混合式换热器　汽水混合加热器：

① 蒸汽喷射器。

② 蒸汽喷射二级加热器。

③ 淋水式换热器。

④ 喷管式换热器。

（3）其他

① 热管式换热器。

② 快速换热器。

2. 换热器热力计算

（1）传热量计算

1) 在换热器热力计算中，加热介质（蒸汽或高温热水）单位时间内传给被加热介质的热量，按式（12-1）计算。

$$Q_j = \beta K \Delta t_m A \qquad (12\text{-}1)$$

式中　Q_j——换热器热负荷，即总传热量（W）；

K——传热系数 [W/(m²·K)]；

Δt_m——加热介质和被加热介质的对数平均温度差（℃）；

A——换热器有效传热面积（m²）；

β——传热面污垢修正系数，$\beta = 0.7 \sim 1.0$，常见的见表12-2。

表12-2　传热面污垢修正系数 β

序号	特　性	β
1	清洁的（新的）黄铜管	1
2	直流热水供应（清洁水）时的黄铜管	0.85
3	具有循环管的热水供应，或化学处理水时的黄铜管	0.80
4	当水较脏有可能形成有机及无机沉淀物的黄铜管	0.75
5	覆有薄的水垢层的钢管	0.70

注：对钢管和钢板换热器，取 β=0.7；对铜管和铜板换热器，取 β=0.75~0.80。

2) 当供热负荷为供暖通风用热时，总传热量按式（12-2）计算。

$$Q_j = \frac{\sum Q}{\eta} \qquad (12\text{-}2)$$

式中　Q_j——换热器热负荷，即总传热量（W）；

$\sum Q$——用户总热负荷（含室内外热损失：0.1~0.2）（W）；

η——换热器热效率系数，一般 $\eta = 0.96 \sim$ 0.99。

3）当供热负荷为热水供应时，总传热量按式（12-3）计算。

$$Q_j = \frac{0.278 \sum G}{\eta} c(\tau_2 - \tau_1) \qquad (12-3)$$

式中　Q_j——换热器热负荷，即总传热量（W）；

$\sum G$——热水供应总负荷（含室内外漏损）（kg/h）；

η——换热器热效率系数，一般 $\eta = 0.96 \sim$ 0.99；

c——水的比热容 [kJ/(kg·K)]；

τ_1——被加热水进口温度（℃）；

τ_2——被加热水出口温度（℃）；

0.278——换算系数。

4）汽水换热器中的蒸汽耗量，按式（12-4）计算。

$$G_s = \frac{3.6 Q_j}{h_v - h_g} \qquad (12-4)$$

式中　G_s——蒸汽耗量（kg/h）；

Q_j——总传热量（W）；

h_v——蒸汽的比焓（kJ/kg）；

h_g——凝结水的比焓（kJ/kg）；

3.6——换算系数。

5）水水换热器中加热水的流量，按式（12-5）计算。

$$q_{m,s} = \frac{3.6 Q_j}{c(t_1 - t_2)} \qquad (12-5)$$

式中　$q_{m,s}$——加热水流量（kg/h）；

Q_j——总传热量（W）；

c——水的比热容 [kJ/(kg·K)]；

t_1、t_2——水水换热器中加热水（凝结水）进口和出口的温度（℃）；

3.6——换算系数。

6）汽水换热器的热平衡方程见式（12-6）。

$$\begin{aligned} Q_j &= 0.278 G_s(h_v - h_g) \\ &= 0.278 q'_{m,w} C'(\tau_2 - \tau_1) \end{aligned} \qquad (12-6)$$

水水换热器的热平衡方程见式（12-7）。

$$\begin{aligned} Q_j &= 0.278 q'_{m,s} C(t_1 - t_2) \\ &= 0.278 q'_{m,w} C'(\tau_4 - \tau_3) \end{aligned} \qquad (12-7)$$

式中　$q'_{m,s}$、$q'_{m,w}$——加热水和被加热水的流量（kg/h）；

C、C'——加热水和被加热水的比热容 [kJ/(kg·K)]；

τ_1、τ_2——汽水换热器中被加热水进口和出口的温度（℃）；

τ_3、τ_4——水水换热器中被加热水进口和出口的温度（℃）；

0.278——换算系数。

其他符号意义同前

7）当汽水换热器和水水换热器组合串联换热时，一般取汽水换热器被加热水的进口温度 τ_1 和水水换热器被加热水出口温度 τ_4 近似相等。τ_1、τ_4 可以按式（12-8）求得。

$$\tau_1 = \tau_4 = \frac{\tau_2(t_1 - t_2) + 0.238\tau_3(h_v - h_g)}{0.238(h_v - h_g) + (t_1 - t_2)} \qquad (12-8)$$

式中符号意义同前。

汽水换热器和水水换热器串联简图如图 12-3 所示。

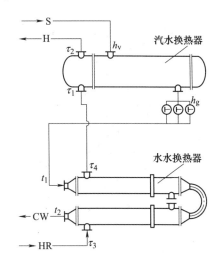

图 12-3　汽水换热器和水水换热器串联简图

8）经过平壁的传热量按式（12-9）计算。

$$Q_p = K_p(t'_p - t''_p)A = K_p \Delta t_m A \qquad (12-9)$$

式中　Q_p——传热量（W）；

K_p——均传热系数 [W/(m²·K)]；

t'_p——加热介质的平均温度（℃）；

t''_p——被加热介质的平均温度（℃）；

Δt_m——对数平均温度差（℃）；

A——传热面积（m²）。

9）经过圆筒壁的传热量按式（12-10）计算。

$$Q_y = \frac{2\pi \lambda_p l(t'_p - t''_p)}{\ln \dfrac{d_w}{d_n}} \qquad (12-10)$$

式中　Q_y——传热量（W）；

l——圆筒长（m）；

λ_p——平均热导率 [W/(m·K)]；

d_w——筒壁外径（m）；

d_n——筒壁内径（m）。

其他符号意义同前。

10）换热器污垢及机械杂质的影响因素。热力计算中，传热面的污垢修正系数 β 见表 12-2。

11）总供热负荷计算蒸汽总耗量按式（12-11）求得。

$$D = \frac{Q_j}{278(h'' - h)} \quad (12-11)$$

式中　D——蒸汽总耗量（t/h）；

　　　Q_j——总传热量（W）；

　　　h''——蒸汽的比焓（kJ/kg）；

　　　h——水水换热器后凝结水的比焓（kJ/kg）；

　　　278——换算系数。

根据设计确定水水换热器后，凝结水温度不大于 80℃。

（2）传热面积计算　换热器传热面积按式（12-12）计算。

$$A = \frac{Q_j}{\beta K \Delta t_m} \quad (12-12)$$

式中　A——换热器有效传热面积（m²）；

　　　Q_j——总传热量（W）；

　　　K——传热系数 [W/(m²·K)]；

　　　Δt_m——加热介质和被加热介质的对数平均温度差（℃）；

　　　β——传热面污垢修正系数，$\beta = 0.7 \sim 1.0$，见表 12-2。

站房的换热器、换热机组一般选用专业制造厂家的产品，其传热面积、传热负荷等各性能参数，设计时参考设备厂家资料，一般可按式（12-12）进行校核。

（3）对数平均温度差计算

1）一般对数平均温度差 Δt_m 可按式（12-13）计算。

$$\Delta t_m = \frac{\Delta t_a - \Delta t_b}{\ln \dfrac{\Delta t_a}{\Delta t_b}} \quad (12-13)$$

$\Delta t_a = \Delta t_b$ 时，$\Delta t_m = \Delta t_a = \Delta t_b$。

式中　Δt_m——对数平均温度差（℃）；

　　　Δt_a——换热器加热介质与被加热介质间最大温度差（℃）；

　　　Δt_b——换热器加热介质与被加热介质间最小温度差（℃）。

Δt_a 与 Δt_b 的确定可如图 12-4 所示。

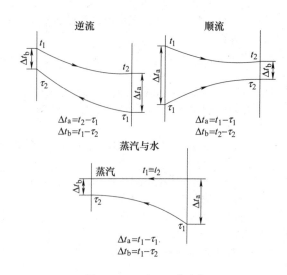

图 12-4　Δt_a 与 Δt_b 的确定

2）对数平均温度差 Δt_m 也可由线算图查得，如图 12-5 所示。

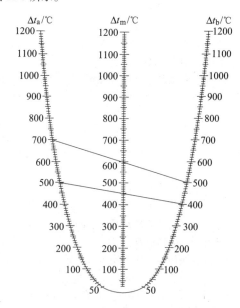

图 12-5　对数平均温度差线算图

【例 12-1】　已知 $\Delta t_a = 50℃$，$\Delta t_b = 40℃$，求 Δt_m。

解：将数值代入式（12-13），求得 $\Delta t_m = 44.8℃$。

【例 12-2】　已知 $\Delta t_a = 700℃$，$\Delta t_b = 500℃$，求 Δt_m。

解：查图 12-5，求得 $\Delta t_m = 595℃$。

3）当换热器为汽水换热器时，加热介质蒸汽的温度不变, 即 $t_1 = t_2 = t_{BH}$, 蒸汽和水的对数平均温度差 Δt_m 可按式 (12-14) 计算。

$$\Delta t_m = \frac{\tau_2 - \tau_1}{\ln \dfrac{t_{BH} - \tau_1}{t_{BH} - \tau_2}} \qquad (12\text{-}14)$$

式中 Δt_m——对数平均温度差 (℃);

t_{BH}——加热蒸汽饱和温度 (℃);

τ_1——被加热水进口温度 (℃);

τ_2——被加热水出口温度 (℃)。

若加热蒸汽为过热蒸汽, 则 t_{BH} 可按式 (12-15) 计算。

$$t_{BH} = \frac{t_{BH1} + t_{BH2}}{2} \qquad (12\text{-}15)$$

式中 t_{BH}——加热蒸汽温度 (℃);

t_{BH1}——过热蒸汽温度 (℃);

t_{BH2}——换热器中相应蒸汽压力下的饱和蒸汽温度 (℃)。

被加热介质的平均温度按式 (12-16) 计算。

$$t_p'' = t_{BH} - \Delta t_m = t_{BH} - \frac{\tau_2 - \tau_1}{\ln \dfrac{t_{BH} - \tau_1}{t_{BH} - \tau_2}} \quad (12\text{-}16)$$

式中 t_p''—— 被加热介质的平均温度 (℃)。

其他符号意义同前。

4) 当计算汽水换热器时, 取 Δt_b 不能小于 5℃; 水水换热器时, 取 Δt_b 不能小于 10℃。

在汽水换热器中, 当蒸汽为饱和蒸汽时, 蒸汽在换热器全部传热面上冷凝放热; 当蒸汽为过热蒸汽时, 由于过热蒸汽与湿蒸汽及凝结水滴接触后, 很快能失去其过热度, 因此蒸汽的平均温度差, 采用换热器中蒸汽压力下的饱和温度。

在水水换热器中, 为增大加热介质和被加热介质间对数平均温度差, 一般使加热介质和被加热介质两者逆向流动, 进行热交换取得。

5) 对于常用的水水换热器, 为提高换热效果, 加热水和被加热水流向一般采用逆流, 对数平均温度差按式 (12-17) 计算。

$$\Delta t_m = \frac{(t_1 - \tau_4) - (t_2 - \tau_3)}{\ln \dfrac{t_1 - \tau_4}{t_2 - \tau_3}} \qquad (12\text{-}17)$$

式中 Δt_m——逆流时对数平均温度差 (℃);

t_1——加热水 (凝结水) 进口温度 (℃);

t_2——加热水 (凝结水) 出口温度 (℃);

τ_3——被加热水进口温度 (℃);

τ_4——被加热水出口温度 (℃)。

此工况下, 换热器中加热水和被加热水的平均温度 t_p' 和 t_p'', 分别按式 (12-18) 和式 (12-19) 计算:

$$t_p' = \frac{\theta(\tau_4 + \Delta t_m) - t_1}{\theta - 1} = \frac{\theta(\tau_3 + \Delta t_m) - t_2}{\theta - 1}$$

$$(12\text{-}18)$$

$$t_p'' = \frac{\theta \tau_4 + \Delta t_m - t_1}{\theta - 1} = \frac{\theta \tau_3 + \Delta t_m - t_2}{\theta - 1} \quad (12\text{-}19)$$

式中 t_p'——加热水平均温度 (℃);

t_p''——被加热水平均温度 (℃);

θ——无因次数, 按式 (12-20) 计算。

$$\theta = \frac{q_{m,s}'}{q_{m,w}'} = \frac{t_1 - t_2}{\tau_4 - \tau_3} \qquad (12\text{-}20)$$

式中 $q_{m,s}'$——加热水流量 (kg/h);

$q_{m,w}'$——被加热水流量 (kg/h)。

其他符号意义同前。

(4) 传热系数计算

1) 管壳式换热器的传热系数 K 值按式 (12-21) 计算。

$$K = \frac{1}{\dfrac{1}{\alpha_1} + \dfrac{1}{\alpha_2} + \dfrac{\delta_1}{\lambda_1} + \dfrac{\delta_2}{\lambda_2}} \qquad (12\text{-}21)$$

式中 K——传热系数 [W/(m² · K)];

α_1——加热介质至管壁的表面传热系数 [W/(m² · K)];

α_2——管壁至被加热介质的表面传热系数 [W/(m² · K)];

δ_1——管壁厚度 (m);

δ_2——水垢厚度 (m), 一般取 0.0005m;

λ_1——管子的热导率 [W/(m · K)]; 钢管 $\lambda_1 = 45 \sim 58$W/(m · K); 黄铜管 $\lambda_1 = 81 \sim 116$W/(m · K); 纯铜管 $\lambda_1 = 349 \sim 466$W/(m · K); 更详细的可参考 (GB/T 151—2014)《热交换器》附录 F "金属导热系数";

λ_2——水垢的热导率 [W/(m · K)]; 一般采用 $\lambda_2 = 0.58 \sim 2.3$W/(m · K); 铁锈 $\lambda_2 = 1.16$W/(m · K)。

由于油的热导率较低, 一般为 $0.12 \sim 0.14$W/(m · K), 所以带油加热介质在进入换热器前, 应先进行除油处理。

2) 管壳式换热器的传热系数 K 的一些概略数值, 可按表 12-3 查得。更详细的可参考 (GB/T 151—2014)《热交换器》附录 E "污垢热阻"。

表 12-3 污垢传热系数概略数值

被加热水的	传热系数 $K/[W/(m^2 \cdot K)]$							
流速/(m/s)	加热介质为水时热水流速/(m/s)						加热介质为蒸汽时蒸汽压力	
	0.5	0.75	1.0	1.5	2.0	2.5	$p \leq 10^2 kPa$	$p > 10^2 kPa$
0.5	1105	1279	1396	1512	1628	1686	2733/2152	2559/2035
0.75	1244	1454	1570	1745	1919	1977	3431/2675	3196/2500
1.0	1337	1570	1745	1977	2210	2326	3954/3082	3663/2977
1.5	1512	1803	2035	2326	2559	2733	4536/3722	4187/3489
2.0	1628	1977	2210	2559	2849	3024	/4361	/4129
2.5	1745	2093	2384	2849	3196	3489	—	—

注：1. 表中所列蒸汽至被加热水的传热系数，分子为两回程汽水换热器将水加热 20~30℃时的 K 值，分母为四回程汽水换热器将水加热 60~65℃时的 K 值。

2. 表中所列数值按新换热面算得，考虑到污垢对传热系数的影响，在计算中还应乘污垢修正系数 β 值。

3. 此表不适用于大容量的热水器和水箱的蛇形管，它们的概略值推荐如下：加热介质为水时，$K = 290 \sim 350 W/(m^2 \cdot K)$；加热介质为蒸汽时，$p \leq 70kPa$，$K = 698W/(m^2 \cdot K)$；$p > 70kPa$，$K = 756W/(m^2 \cdot K)$。

3）螺旋板式换热器传热系数 K 推荐概略值：

汽水换热器（逆流）：$K = 1510 \sim 1750 W/(m^2 \cdot K)$。

水水换热器（逆流）：$K = 2100 \sim 2330 W/(m^2 \cdot K)$。

4）板式换热器传热系数 K 推荐概略值：

汽水换热器：$K = 2320 \sim 2900 W/(m^2 \cdot K)$。

水水换热器：$K = 3490 \sim 4650 W/(m^2 \cdot K)$。

也可按式（12-22）计算板式换热器传热系数 K。

$$K = \frac{1}{\frac{1}{\alpha_h} + \frac{1}{\alpha_c} + \gamma_p + \gamma_h + \gamma_c} \quad (12-22)$$

式中 K——传热系数 $[W/(m^2 \cdot K)]$；

α_h——加热介质表面传热系数 $[W/(m^2 \cdot K)]$；

α_c——被加热介质表面传热系数 $[W/(m^2 \cdot K)]$；

γ_p——板片热阻 $(m^2 \cdot K/W)$，$\gamma_p = 45.86 \times 10^{-6} m^2 \cdot K/W$。

γ_h——加热介质污垢热阻 $(m^2 \cdot K/W)$，水介质 $\gamma_h = 17.2 \sim 25.8 \times 10^{-6} m^2 \cdot K/W$；

γ_c——被加热介质污垢热阻 $(m^2 \cdot K/W)$，水介质 $\gamma_c = 25.8 \sim 60.2 \times 10^{-6} m^2 \cdot K/W$。

5）工程设计选用制造厂家的成熟、可靠换热器时，传热系数 K 值可按厂家提供的数值。

（5）表面传热系数 α 的计算

1）管壳式换热器的热水表面传热系数 α_2 与其流速及温度有关。流速越大，表面传热系数越大。

① 水在管内做层流或不稳定流动时（即雷诺数 $Re < 10^4$），α_2 按式（12-23）计算。

$$\alpha_2 = 1.163(300 + 68.5 w t_p^{0.5})$$
$$= 348.9 + 79.7 w t_p^{0.5} \quad (12-23)$$

式中 α_2——表面传热系数 $[W/(m^2 \cdot K)]$；

w——水的流速 (m/s)；

t_p——水的平均温度（℃）。

求水的雷诺数 Re，可以根据水的平均温度 t_p、水流速度 w 和当量直径 d_e，由图 12-6 所示的水的雷诺数线算图求得。

【例 12-3】 水的平均温度 $t_p = 100℃$，速度 $w = 0.7m/s$，当量直径 $d_e = 50mm$，求雷诺数 Re。

解 按图 12-6 中箭头所示查出：$Re = 11.9 \times 10^4$。

说明：当所查速度或当量直径的数值超过图中范围时，可将该值放大或缩小 10^n，然后在图上计算，但所算出的结果须相应缩小或放大 10^n。

水的雷诺数 Re 也可按式（12-24）计算。

$$Re = \frac{d_e w \rho}{\mu g'} = \frac{d_e w}{\nu} \quad (12-24)$$

式中 Re——雷诺数；

d_e——当量直径 (m)；

w——水的速度 (m/s)；

ρ——水的密度 (kg/m^3)；

μ——水的自身温度下的动力黏度 $(Pa \cdot s)$；

g'——重力加速度 (m/s^2)，$g' = 9.81 m/s^2$；

ν——水的自身温度下的运动黏度 (m^2/s)。

当水在管与管之间做层流流动时，当量直径 d_e 按式（12-25）计算。

$$d_e = \frac{D_n^2 - Z d_w^2}{Z d_w} \quad (12-25)$$

式中 d_e——当量直径 (mm)；

D_n——换热器筒体内径 (mm)；

d_w——管子的外径 (mm)；

Z——管子数量。

热力计算二次蒸汽量，可查图 12-7。

② 水在管内或管间做湍流流动时（即雷诺数 $Re > 10^4$）：

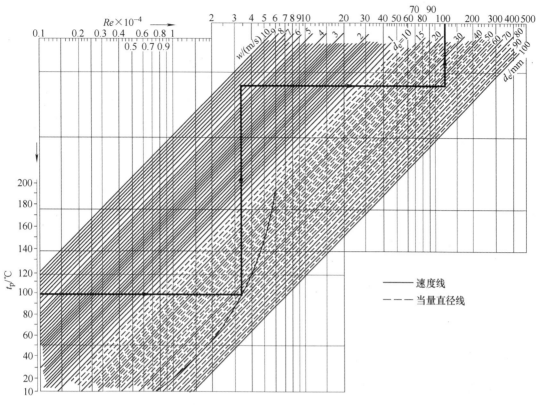

图 12-6 水的雷诺数线算图

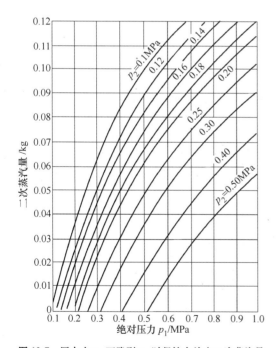

图 12-7 压力由 p_1 下降到 p_2 时凝结水放出二次蒸汽量

注：p_1—凝结水进入低压容器前的绝对压力（MPa）。

p_2—凝结水进入低压容器中的绝对压力（MPa）。

a. 当水沿管壁做湍流流动时，其热介质与管壁间表面传热系数 α_2 按式（12-26）计算：

$$\alpha_2 = \frac{1.163A_1 w^{0.8}}{d_e^{0.2}} \qquad (12\text{-}26)$$

式中 α_2——表面传热系数 $[W/(m^2 \cdot K)]$；

A_1——系数，$A_1 = 1400 + 18t_p - 0.035t_p^2$，$A_1$ 数值可查表 12-4；

w——水流速度（m/s）；$w^{0.8}$ 数值见表 12-5；

t_p——水的平均温度（℃）；

d_e——当量直径（m）。

当水在管内流动时，$d_e = d_n$（d_n 为管子内径，单位为 m）；当水在管外流动时 d_e 值按式（12-25）计算。$1/d_e^{0.2}$ 的数值见表 12-6。

b. 当水横穿管束做湍流流动时，从热介质到壁面的表面传热系数 α_2 按式（12-27）计算。

$$\alpha_2 = \frac{1.163A_2 w^{0.64}}{d_e^{0.36}} \qquad (12\text{-}27)$$

式中 α_2——表面传热系数 $[W/(m^2 \cdot K)]$；

A_2——系数，$A_2 = 1000 + 15t_p - 0.04t_p^2$，$A_2$ 数值可查表 12-4。

其他符号意义同前。

表 12-4　A 的数值

t_p/℃	0	10	20	30	40	50	60	70	80	90	100
A_1	1400	1577	1746	1909	2064	2213	2354	2489	2616	2737	2850
A_2	1000	1146	1284	1414	1536	1650	1756	1854	1944	2026	2100
A_3	1230	1426	1614	1793	1964	2127	2282	2429	2568	2698	2820
t_p/℃	110	120	130	140	150	160	170	180	190	200	
A_1	2957	3056	3149	3234	3313	3384	3449	3506	3557	3600	
A_2	2166	2224	2274	2316	2350	2376	2394	2404	2406	2400	
A_3	2934	3040	3137	3236	3308	3380	3445	3502	3550	3590	

表 12-5　$w^{0.8}$ 的数值

w	$w^{0.8}$	w	$w^{0.8}$	w	$w^{0.8}$	w	$w^{0.8}$
0.1	0.158	1.0	1.000	1.9	1.671	2.8	2.279
0.2	0.276	1.1	1.079	2.0	1.741	2.9	2.344
0.3	0.382	1.2	1.157	2.1	1.810	3.0	2.408
0.4	0.480	1.3	1.234	2.2	1.879	3.1	2.472
0.5	0.574	1.4	1.309	2.3	1.947	3.2	2.536
0.6	0.665	1.5	1.383	2.4	2.015	3.3	2.600
0.7	0.752	1.6	1.456	2.5	2.081	3.4	2.662
0.8	0.837	1.7	1.529	2.6	2.148	3.5	2.724
0.9	0.919	1.8	1.60	2.7	2.214	3.6	2.786

表 12-6　$1/d_e^{0.2}$ 的数值

d_e	0.010	0.012	0.014	0.016	0.018	0.020	0.022	0.024	0.026	0.028
$1/d_e^{0.2}$	2.51	2.42	2.35	2.29	2.23	2.19	2.15	2.11	2.07	2.04
d_e	0.030	0.035	0.040	0.045	0.050	0.055	0.060	0.070	0.080	0.100
$1/d_e^{0.2}$	2.02	1.96	1.90	1.86	1.82	1.79	1.76	1.70	1.66	1.58

c. 当温度为 0~200℃ 的水在管内做湍流流动时，表面传热系数 α_2 按式（12-28）计算。

$$\alpha_2 = \frac{1.163 A_3 w^{0.8}}{d_e^{0.2}} \qquad (12-28)$$

式中　α_2——表面传热系数 [W/(m²·K)];

A_3——系数，$A_3 = 1230 + 20t_p - 0.041t_p^2$；$A_3$ 数值可查表 12-4。

其他符号意义同前。

当水在管内做湍流流动时，水与管壁间的表面传热系数 α_2 也可由图 12-8 和图 12-9 查得。

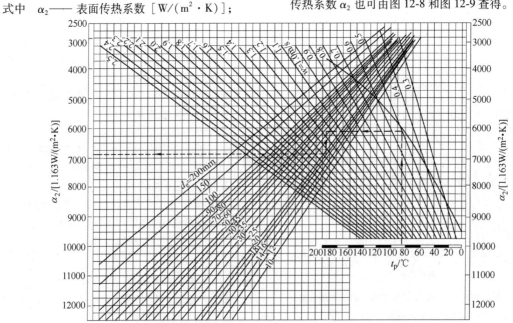

图 12-8　水与管壁间的表面传热系数 α_2 线算图（一）

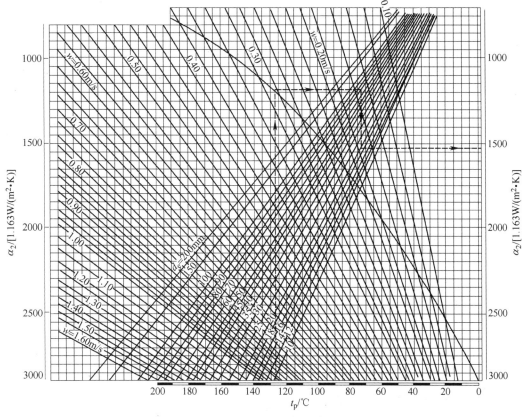

图 12-9 水与管壁间的表面传热系数 α_2 线算图（二）

【例 12-4】 已知水的平均温度 $t_p = 84℃$，流速 $w = 1.25 m/s$，当量直径 $d_e = 20mm$，查图 12-8，按箭头次序查找得出 $\alpha_2 = 6943 W/(m^2 \cdot K)$。

【例 12-5】 已知水的平均温度 $t_p = 127℃$，流速 $w = 0.153 m/s$，当量直径 $d_e = 20mm$，查图 12-9，按箭头次序查找得出 $\alpha_2 = 1768 W/(m^2 \cdot K)$。

2）蒸汽冷凝表面传热系数 α_1 与蒸汽在管壁给热和凝结形成凝结水薄膜有关。管壁温度越高，薄膜就越薄。蒸汽流速很大时，凝结水的薄膜就容易破损。

① 蒸汽至管壁的表面传热系数按式（12-29）和式（12-30）计算。

卧式换热器：

$$\alpha_1 = 0.896 \frac{A'}{\sqrt[4]{n' d_w (t_{BH} - t_{pj})}} \quad (12-29)$$

立式换热器：

$$\alpha_1 = 1.163 \frac{A'}{\sqrt[4]{(t_{BH} - t_{pj})L}} \quad (12-30)$$

$$t_{pj} = \frac{t_{BH} + 0.5(\tau_1 + \tau_2)}{2} \quad (12-31)$$

式中 α_1 ——表面传热系数 $[W/(m^2 \cdot K)]$；

n' ——蒸汽通过垂直方向的管排数；

d_w ——管子外径（m）；

t_{BH} ——蒸汽饱和温度（℃）；

t_{pj} ——管壁平均温度（℃）；

L ——管子有效长度（m）；

τ_1 ——被加热介质进口温度（℃）；

τ_2 ——被加热介质出口温度（℃）。

$A' = 5700 + 56t_n - 0.09t_n^2$；也可按表 12-7 查得。

表 12-7 A' 的数值

$t_n/℃$	0	10	20	30	40	50	60	70	80	90	100
A'	5700	6250	6780	7300	7600	8280	8740	9180	9600	10000	10400
$t_n/℃$	110	120	130	140	150	160	170	180	190	200	
A'	10800	11100	11500	11800	12100	12400	12610	12700	13200	13300	

$$t_n = \frac{t_{pz} + t_{pj}}{2} \qquad (12\text{-}32)$$

式中 t_n——凝结水膜温度（℃），一般 $t_n = t_{pz} \approx t_{BH}$；

t_{pz}——蒸汽平均温度（℃），$t_{pz} \approx t_{BH}$。

一般蒸汽对管束的冷凝表面传热系数 α_1 也可通过线算图求得，如图 12-10 所示。

② 验算。在计算蒸汽冷凝表面传热系数时，所采用的管壁平均温度 t_{pj} 可能与实际情况有出入，可通过式（12-33）验算。

$$t'_{pj} = \frac{\alpha_1 t_{BH} + 0.5\alpha_2(\tau_1 + \tau_2)}{\alpha_1 + \alpha_2} \qquad (12\text{-}33)$$

式中 t'_{pj}——校正用管壁平均温度（℃）；

α_1——蒸汽冷凝表面传热系数 [W/(m²·K)]；

α_2——管壁至水表面传热系数 [W/(m²·K)]。

若 t'_{pj} 与 t_{pj} 有出入，则必须予以校正。校正后的蒸汽冷凝表面传热系数：

$$\alpha'_1 = \alpha_1 \delta \qquad (12\text{-}34)$$

式中 α'_1——校正后蒸汽冷凝表面传热系数 [W/(m²·K)]；

δ——误差校正系数：

$$\delta = \left(\frac{t_{BH} - t_{pj}}{t_{BH} - t'_{pj}}\right)^{0.25} \qquad (12\text{-}35)$$

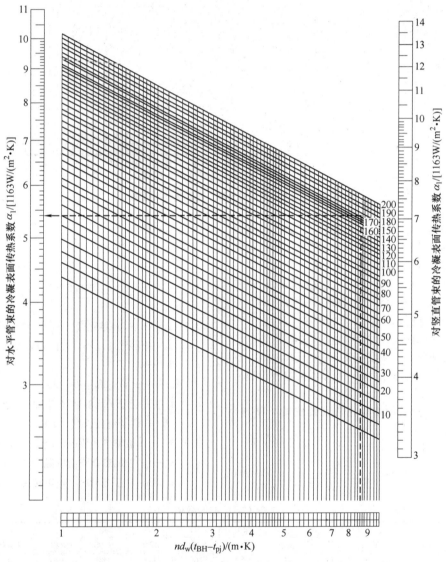

图 12-10 蒸汽对管束的冷凝表面传热系数 α_1 线算图

n—纵排平均管排数 d_w—管子外径（m） t_{BH}—蒸汽饱和温度（℃） t_{pj}—管壁平均温度（℃）

3) 上述 α_1、α_2 均为光滑管表面传热系数之值。若换热器采用换热管为螺旋槽管，则表面传热系数 α_1、α_2 均应增加 $1.0 \sim 1.5$ 倍的系数。

4) 板式换热器的表面传热系数计算

① 一般水水板式换热器表面传热系数可按式 (12-36) 计算。

$$\alpha = \frac{N_u \lambda}{d_e} \qquad (12\text{-}36)$$

式中　α——表面传热系数 $[W/(m^2 \cdot K)]$；

　　　λ——流体的热导率 $[W/(m \cdot K)]$；

　　　d_e——当量直径（m），$d_e = 2b$；

　　　N_u——努塞尔数。

$$N_u = aRe^b P_r^m \qquad (12\text{-}37)$$

$$P_r = \frac{\mu c_p}{\lambda} \qquad (12\text{-}38)$$

式中　c_p——水的比定压热容 $[J/(kg \cdot K)]$；

　　　P_r——普朗特准数；

　　　μ——水的动力黏度（Pa·s）；

　　　a——由试验确定的系数，见表 12-8；

　　　b——雷诺数的计算指数，见表 12-8；

　　　m——普朗特准数的计算指数，见表 12-8。

式 (12-37) 中系数 a 和指数 b、m，均根据各生产厂家不同型号板式换热器的试验而确定。为便于计算，一般可查表 12-8，或可按 $a = 0.15 \sim 0.4$，$b = 0.65 \sim 0.85$，$m = 0.3 \sim 0.45$ 选择。

表 12-8　国内部分板式换热器 a、b、m 数值

换热器型号	换热介质	a	b	m	备注
BP-$\frac{4}{150}$-36-Ⅱ	水水	0.091	0.73	—	
BR03B	水水	0.2495	0.6521	0.3	热侧
				0.4	冷侧
BR20	水水	0.1167	0.704	0.43	
BR35	水水	0.295	0.605	0.3	热侧
BR12	水水	0.334	0.605		
BR05	水水	0.884	0.483	0.4	冷侧
BR70	水水	0.377	0.634		
HBB-3-S	—	0.178	0.677	0.3	热侧
				0.4	冷侧

日本幡野佐一等编著的《换热器》一书中，推荐 a、b、m 值为：$a = 0.27 \sim 0.3$，$b = 0.6 \sim 0.8$，$m = 1/3$。

② 对于蒸汽冷凝时的表面传热系数，可按垂直平板上冷凝传热式 (12-39) 进行计算。

$$\alpha_1 = 1.47 \times \left(\frac{4G_N}{\mu_N B}\right)^{-\frac{1}{3}} \left(\frac{\mu_N}{\lambda_N^3 \rho_N^2 g}\right)^{-\frac{1}{3}} \qquad (12\text{-}39)$$

式中　α_1——表面传热系数 $[W/(m^2 \cdot K)]$；

　　　B——板宽（m）；

　　　G_N——蒸汽冷凝量（kg/s）；

　　　μ_N——凝结水的动力黏度（Pa·s）；

　　　λ_N——凝结水的热导率 $[W/(m \cdot K)]$；

　　　ρ_N——凝结水的密度（kg/m³）；

　　　g——重力加速度（m/s²）。

(6) 换热器接管管径计算　蒸汽管道、热水管道的管径可按式 (12-40) 计算。

$$\begin{cases} d_j = 594.5 \sqrt{\dfrac{q_m v}{w}} \\[2mm] d_j = 18.8 \sqrt{\dfrac{q_v}{w}} \end{cases} \qquad (12\text{-}40)$$

式中　d_j——接管内径（mm）；

　　　q_m——热介质的质量流量（t/h）；

　　　q_v——热介质的体积流量（m³/h）；

　　　v——热介质的比体积（m³/kg）；

　　　w——热介质在管内流速（m/s），一般饱和蒸汽 $w = 30 \sim 50$ m/s，过热蒸汽 $w = 50 \sim 80$ m/s，凝结水 $w = 0.5 \sim 1.5$ m/s，水 $w = 1 \sim 2.5$ m/s。

(7) 换热器的总压降计算

1) 管程压降计算基本公式如下：

$$\Delta p = \Delta p_t + \Delta p_s \qquad (12\text{-}41)$$

式中　Δp——管内总压降（kPa）；

　　　Δp_t——管内沿程压降（kPa）；

　　　Δp_s——管内局部压降（kPa）。

2) 管内沿程压降 Δp_t 按式 (12-42) 计算。

$$\Delta p_t = \lambda \frac{l}{d} \frac{w^2}{2} \rho n \times 10^{-3} \qquad (12\text{-}42)$$

式中　Δp_t——管内沿程压降（kPa）；

　　　l——换热管管长（m）；

　　　d——换热管内径（m）；

　　　w——管内水流速度（m/s）；

　　　ρ——水的密度（kg/m³）；

n——管程数；

λ——沿程摩擦阻力系数。

λ 的数值与雷诺数 Re 和相对粗糙度 $\dfrac{e}{R}$ 有关。

当 $Re \leqslant 2300$（层流）：

$$\lambda = \frac{64}{Re} \qquad (12\text{-}43)$$

当 $2300 < Re \leqslant 10^5$（过渡区）：

$$\lambda = \frac{0.3164}{Re^{0.25}} \qquad (12\text{-}44)$$

当 $Re > 10^5$（湍流）及 $0.5 \times 10^6 < Re < 7 \times 10^6$（水蒸气）：

$$\lambda = \left(1.74 + 2\lg \frac{R}{e} \right)^{-2} \qquad (12\text{-}45)$$

式中 R——管子内半径（mm）；

e——绝对粗糙度（mm），见表 12-9。

根据式（12-44）中计算所得的沿程摩擦阻力系数列于表 12-10 中。

3）管内局部压降 Δp_s 按式（12-46）计算。

$$\Delta p_s = \sum \xi \frac{w^2}{2} \rho \times 10^{-3} \qquad (12\text{-}46)$$

式中 Δp_s——管内局部压降（kPa）；

w——管内水流速度（m/s）；

ρ——水的密度（kg/m^3）；

$\sum \xi$——局部阻力系数之和，ξ 见表 12-11。

例如：两回程螺旋槽管汽水换热器 $\sum \xi = 9.5$；

表 12-9 管道的绝对粗糙度

管道材料	绝对粗糙度 e/mm
无缝铜管，纯铜管，不锈钢管	0.01~0.05
新无缝钢管或镀锌钢管	0.01~0.2
具有很少腐蚀的无缝钢管	0.2~0.3
具有显著腐蚀的无缝钢管	>0.5

表 12-10 沿程摩擦阻力系数 λ

$Re \times 10^{-3}$	λ	$Re \times 10^{-3}$	λ	$Re \times 10^{-3}$	λ	$Re \times 10^{-3}$	λ
2	0.032	9	0.0325	35	0.0231	70	0.0195
3	0.0428	10	0.0316	40	0.0224	75	0.0191
4	0.0398	12	0.0302	45	0.0217	80	0.0188
5	0.0376	15	0.0286	50	0.0212	85	0.0185
6	0.0359	20	0.0266	55	0.0207	90	0.0183
7	0.0346	25	0.0252	60	0.0202	95	0.0180
8	0.0335	30	0.0240	65	0.0198	100	0.0178

表 12-11 局部阻力系数 ξ

局部阻力形式	ξ	局部阻力形式	ξ
进、出水室	1.5	180°转弯（V形管）	0.5
通过中间水室，从一组管束到另一组管束的180°转弯	2.5	管间空隙的水流从一组管束转到另一组管束	2.5
通过一组管束，经过弯头转180°进入另一组管束	2.0	管间空隙的180°转弯	1.5
管间空隙的进口	1.5	水流以90°角由管间空隙流出，绕过支持管的隔板	1.0~0.5

四回程螺旋槽管汽水换热器 $\sum \xi = 18.5$。

4）板式换热器压力降按式（12-47）计算。

$$\Delta p = Eu \frac{G^2}{\rho} \times 10^{-3} \qquad (12\text{-}47)$$

式中 Δp——每程压力降（kPa）；

Eu——欧拉数；

G——质量流速 [kg/(m^2·s)]；

ρ——流体密度（kg/m^3）。

3. 循环水泵选择

站房除主设备换热器外，供热系统中的循环水泵也设于其站内。

1）循环水量按式（12-48）计算。

$$q'_{m,w} = 1.05 \times 3.6 \frac{Q_j}{c_2 t_2 - c_1 t_1} \qquad (12\text{-}48)$$

式中 $q'_{m,w}$——循环水量（t/h）；

Q_j——用户总计算换热量（kW）；

t_2——供水温度（℃）；

t_1——回水温度（℃）；

c_1、c_2——水温在 t_1、t_2 时的比热容 [kJ/(kg·℃)]，$c_1 \approx c_2 \approx 4.186$ kJ/(kg·℃)；

1.05——管网漏损系数。

若供热系统有备用发展用热量设计考虑，则循环水泵容量或台数的确定，应相应考虑其余量。

2) 循环水泵扬程的确定。设计闭式热水系统时，计算循环水泵的扬程，只考虑克服整个系统的压降阻力损失，可按式（12-49）计算。

$$H = (H_1 + H_2 + H_3) \times (1.1 \sim 1.2) \quad (12\text{-}49)$$

式中　H——循环水泵扬程（kPa）；

H_1——换热器内部系统的阻力损失（kPa），一般在 30~100kPa；

H_2——外网供水、回水干管的阻力损失（kPa）；

H_3——最远用户内部阻力损失（kPa），直接连接时，一般取主管压降 50~120Pa/m；间接连接时，可取主管压降 30~50Pa/m；用户入口设置混水器时，其压降为 100~150kPa；用户入口设置二次换热器时，其压降为 30~80kPa。

阻力损失 H_2 的估算方法，一般可按长管段约 100~150Pa/m 的平均比摩阻计。

3) 循环水泵台数确定。循环水泵台数应根据最佳节能运行和系统的规模及调节的方式确定。设计时应考虑任何情况下，循环水泵总台数不应少于 2 台，并且当其中任何一台停止运行时，其余水泵的总流量应能满足系统最大负荷的 110% 循环水量。

对并联运行的循环水泵，应选择规格型号相同，特性曲线比较平缓，水泵工作效率高的泵型，含合适规格的节能型的变频调速水泵。对分阶段流量调节系统，其循环水泵不宜少于 3 台。

4) 安全技术措施：

① 为防止运行的系统因突然停电时，产生的水击损坏循环水泵，一般采用单级离心泵。泵进、出水主干管之间，装设带止回阀的旁通管，管径规格应与主干管相近。

② 在循环水泵进口主干管段设安全阀，其放水管可接至开式水箱。

③ 循环水泵常设置在换热器被加热水（循环水）进口侧，以保障泵的安全运行。若设置在换热器出口侧，则循环水泵应选择耐热 R 型热水泵，并且转速宜小于 1800r/min 的泵型规格。

④ 循环水泵的承压能力和耐温能力，应高于循环水供热系统的最大工作压力和最高工作温度的 10%~20% 为宜。

4. 补给水泵和补给水箱选择

室内外供热管网系统经过一段时间运行，由于管道和附件的连接处不严密或管理不善而产生漏水。漏水量与系统规模、供水温度和运行管理的水平而有所不同。一般当系统的补给水所需的压头较高，高位水箱的安装高度不能满足要求时，采用泵往系统内补水。

1) 补给水量一般按热力网系统的循环水量的 1% 设计估算。正常运行时，补给水量也可按热力网系统换热器、室内外管网、用户用热设备的总水容量的 4%~5% 来估算。选择补给水泵容量应考虑紧急事故补给水量，一般为正常补给水量的 4~5 倍。

2) 补给水泵扬程的确定。扬程不应小于补水点压头加 3~5m，可按式（12-50）确定。

$$H = (p_1 + p_2 + p_3) - 10h + (30 \sim 50)$$
$$(12\text{-}50)$$

式中　H——补给水泵扬程（kPa）；

p_1——系统补水点所需的压力（由水压图分析确定），即系统用户最高压力（kPa）；

p_2——补给水泵吸水管路中的阻力损失（kPa）；

p_3——补给水泵出水管路中的阻力损失（kPa）；

h——补给水箱最低水位高出系统补水点的高度（m）；

30~50——富裕压头（kPa）。

3) 补给水泵一般不少于两台，其中一台备用。泵型采用单级离心泵。

4) 补给水管的补水点，一般接在循环水泵进水管侧，或总进口除污器前面。

5) 补给水箱的容积计算。

① 补给水箱的有效容积可按式（12-51）确定。

$$V = 1.2G_1t \quad (12\text{-}51)$$

式中　V——有效容积（m³）；

G_1——补给水量（m³/h）；

t——补给水储存时间（h），一般采用 1.0~1.5h。

② 常年供热的换热站补给水箱，宜采用带中间隔板可便清洗的方形隔板水箱，可选用国家标准图 03R401-2《开式水箱》中的规格。

12.1.9　常用换热器及机组

1. 双螺旋波节管换热器及机组

（1）概述

1) 双螺旋波节管换热器。双螺旋波节管换热器按形式分为立式、卧式两种；按换热类型分为汽水型、水水型两种。换热器采用特殊形状高效换热管。结构上利用纯铜管材的优良塑性，制成 180° 螺旋角的管内外壁波节，有利于被加热介质在管内的流动形态，破坏管壁介膜层，增加传热面换热效率。双螺旋波节管换热器因具有强化传热的作用，传热系数获得高值，属于安全性高、技术性好的新一代换热器。

双螺旋波节管换热器需按照国家标准 GB 150.1~150.4—2011《压力容器》及 GB/T 151—2014《热交换器》的技术条件规定，进行加工制造、检验、验收。

2）双螺旋波节管换热机组。双螺旋波节管换热机组组成：换热器 1 台、隔膜式气压水罐 1 台、循环水泵 2 台、补水泵 2 台、补水箱 1 台、除污器 1 个、电控柜 1 台，整体组合运到现场。

（2）技术特点

1）双螺旋波节管换热器的技术特点。

① 结构紧凑，占地面积小。设备筒体最小直径为 DN＝273mm，最大直径为 DN＝1200mm。

② 传热系数较大，为一般管壳式换热器的 3 倍。汽水换热时，传热系数 K 值为 4500~6500W/（m² · K）；水水换热时，传热系数 K 值为 3200~5000W/（m² · K）。

③ 换热管材质采用导热性能优良的纯铜管制作。设计结构因特殊加工，使换热管具有良好的热伸冷缩及热补偿能力。运行时不易结垢，热应力相应较小，管板与管的胀接口不易泄漏。

④ 换热器有立式和卧式两种结构形式，设计选择范围大，适宜许多场合应用。

2）双螺旋波节管换热机组的技术特点

① 结构上各部件进出水口管设有阀门，管道用法兰连接，以利单台部件的控制和检修更换。整体结构布置合理，节省机组占地面积。

② 运行时补水泵一备一用，循环水泵交替或同时运行，自动控制。控制系统集压力、时间、保护为一体，采用先进的电动机无功耗保护器，对电动机进行过载、缺相、短路自动保护，可延长电动机的使用寿命，减少故障，使整套机组安全运行。

3）型号表示。

① 双螺旋波节管换热器的型号表示如图 12-11 所示。

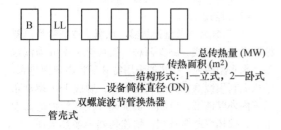

图 12-11　双螺旋波节管换热器的型号表示

例如 BLL—400—1—10.5—1.75 型：管壳式双螺旋波节管立式换热器，筒体直径 DN＝400mm，传热面积 10.5m²，总传热量 1.75MW。"结构形式"若确定了立式或卧式，则该项 1 或 2 可省略。名称简化型号为 BLL—400—10.5—1.75 型。

② 双螺旋波节管换热机组的型号表示如图 12-12 所示。

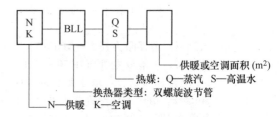

图 12-12　双螺旋波节管换热机组的型号表示

例如 NBLL—Q—3000 型：供暖用汽水双螺旋波节管换热机组，供暖面积约 3000m²。

KBLL—S—6000 型：空调用水水双螺旋波节管换热机组，供空调面积约 6000m²。

（3）外形、安装图

1）双螺旋波节管换热器的外形、安装图

① BLL 系列立式双螺旋波节管换热器的外形、安装如图 12-13 所示。

② BLL 系列卧式双螺旋波节管换热器的外形、安装如图 12-14 所示。

2）双螺旋波节管换热机组的平面布置图。NBLL—^Q_S、KBLL—^Q_S 型换热机组的平面布置图如图 12-15 所示。

2. 高效波纹管换热器

（1）概述　高效波纹管换热器，采用经特殊工艺制造的新型高效波纹管作为高效换热元件，由于其特殊的结构，管内外流体呈方向不断改变的湍流状态，使换热更加充分，传热系数明显提高，其传热系数比传统管壳式换热器高 2~3 倍。该产品以新型波纹管代替传统的光管，有效地增大了管子内外介质的换热面积，并对管子内外介质的流动产生明显的振动，阻断边界层增厚，强化了传热性能，具有换热效率高、体积小、不易结垢，继承了管式换热器的坚固、耐用、安全、可靠等优点，同时克服了其换热能力差、易结垢的缺陷。而且整体结构同普通壳管式换热器一样，承压高，压力损失小（0.3~0.4mH₂O），工作温度 450℃ 以内。另外工作中波纹管可轴向伸缩，湍流不断冲刷管壁，使管壁不易结垢。波纹管能起到温差补偿的作用，消除温差应力，提高使用寿命。

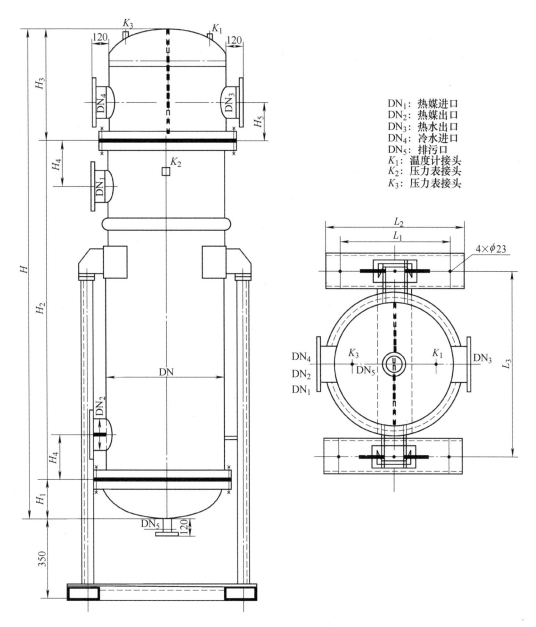

DN₁: 热媒进口
DN₂: 热媒出口
DN₃: 热水出口
DN₄: 冷水进口
DN₅: 排污口
K_1: 温度计接头
K_2: 压力表接头
K_3: 压力表接头

图 12-13　BLL 系列立式双螺旋波节管换热器的外形、安装

波纹管换热器的传热效率高，在同等换热负荷下，换热管的根数减少，换热器直径也可相应减少。同时，由于波纹管壁厚较光管薄很多，所以波纹管换热器较光管换热器质量要轻。另外，由于波纹管本身具有很好的热应力补偿能力，因此在某些场合可以减少膨胀节的设置。在同等负荷下，波纹管换热器较光管换热器可节约成本 10%～30%。

按换热介质可分为汽水式和水水式两种，按外形结构又可分为卧式和立式两种。

（2）产品性能特点

1）传热效率高。按流体力学观点分析，在波峰处流体速度降低、静压增加；在波谷处流体速度增加、静压减少，这样流体的流动是在反复改变轴向压力梯度下进行的，产生的剧烈漩涡冲刷了流体的边界层，即使在流速很低的情况下也可以使流体实现湍流。正是这种较大的扰动破坏了边界层热阻，实现了强化传热。流体在波纹管内的湍流现象如图 12-16 所示。

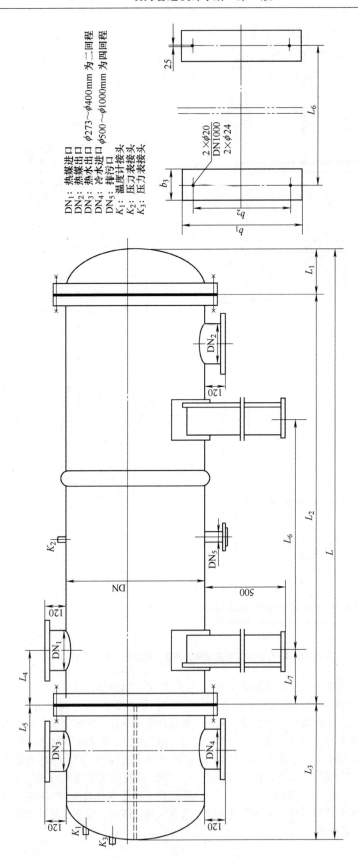

图 12-14　BLL 系列卧式双螺旋波节管换热器的外形、安装

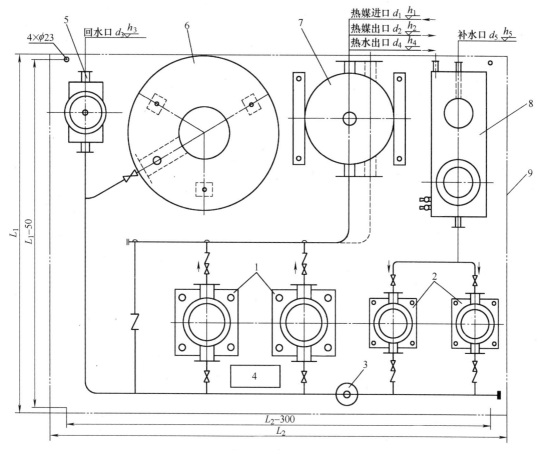

图 12-15 NBLL$_{-S}^{Q}$、KBLL$_{-S}^{Q}$型换热机组平面布置图

1—循环水泵 2—补给水泵 3—缓冲罐 4—电控箱 5—除污器 6—气压罐 7—换热器（BLL-1） 8—补水箱 9—底座

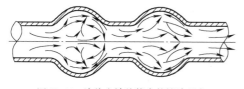

图 12-16 流体在波纹管内的湍流现象

另外，换热管的壁厚直接影响传热系数。波纹管换热器采用了薄壁换热管，一般在 1mm 以下。因此管壁热阻大大降低。由试验测定可知，对于液-液换热，总传热系数可达 4000W/（m²·℃）；对于气-液换热，总传热系数可达 5800W/（m²·℃）。较其他产品换热节能 15%～25%。

2）不易结垢。由于流体是湍流流动的，流体在离心力的作用下对管壁有较强的冲刷作用，因此不易结垢。

对于光管换热器，由于水质的原因，管内结垢严重。对于波纹管换热器，由于流体在管内外易产生强烈的扰动，形成良好的冲刷，管壁上的垢层不

易形成。同时，由于波纹管内外表面曲率变化大，在温差的作用下，具有伸缩性，即使结垢也很容易脱落，故其有很强的防、除垢能力。正是因为此特点，波纹管换热器的高传热效果得以保持长久，同时免除了光管换热器需定期清洗除垢的烦恼。

3）不易泄漏。本产品密封周期长，换热管的波纹类似于伸缩膨胀节，有补偿能力，换热器热应力小，不易泄漏。

4）占地面积小。单位体积传热面积大（约为光管换热器的 1.4 倍、螺旋板换热器的 1.5 倍、浮动盘换热器的 2.5 倍），总传热系数高，因此占地面积减少。

5）补偿热应力能力强。补偿热应力能力强是由于换热管为波纹形，本身具有很好的热应力补偿能力，改善了壳体和换热管的受力状态。即使换热介质温差很大，管板轴向应力也很小，所以不会出现因拉应力而产生裂纹和失效，使设备承受热应力荷载的能力大大提高。

6）整体质量轻。前文已介绍，这里不再赘述。

高效波纹管换热器为新型管壳式换热器，体积小，传热系数高，并具有较好自行除垢功能。其常应用于蒸汽或高温热水的各种换热场合，可满足各行业供暖、空调及生活热水的使用。

（3）疏水侧调控高效波纹管换热机组组成

1）机组包括换热器、循环水泵、除污器、补水箱、补水泵、泄水阀、凝结水泵、调节阀组、阀门、信号传感器、控制柜和支架等附件。

2）换热器主要由壳体、封头、管板、法兰、换热管、支座、接管、密封垫片、安全装置和其他附件组成。

3）自动控制系统包括：智能控制柜、可编程控制器、智能处理软件、温度变送器、压力变送器、液位变送器和专用疏水调节阀组。

（4）疏水侧调控换热机组原理及优势

1）疏水侧调控汽水换热器原理。疏水侧调控换热器，蒸汽侧不加调节阀，但要保持一定凝结水液位，利用汽水、水水换热的传热系数不同，通过调整凝结水的液位，改变凝结水、蒸汽与被加热介质的换热面积比，达到调节输出功率的要求。

2）疏水侧调控汽水换热器设置。疏水侧调控汽水换热器在凝结水管路上设置调节阀，取消进蒸汽管路上的调节阀和出口管路上的疏水器，控制系统根据供暖出、回水的温度变化，调节凝结水调节阀的开度，从而保证供暖水出口温度，满足供暖需求。

3）疏水侧调控换热器问题及解决。

① 流线型接口、折流杆结构，无积水死角设计，防止高液位时水击。

② 立式管壳式结构，蒸汽在壳程，全液位结构，保证全负荷可调。

③ 特制波纹换热管，应力消除，解决不同液位时的应力变形。

④ 专用前馈控制系统，提高控制的相应速度，避免滞后。

4）疏水侧调控换热机组优势。

取消蒸汽调节阀：

① 消除蒸汽节流损失。

② 汽侧压力始终保持与蒸汽母管一样高，传热温差大，效率高，更加节能。

③ 汽侧压力与蒸汽母管一样高，杜绝低负荷时发生的失流、失压现象。

④ 采用小口径疏水控制阀替代大口径蒸汽控制阀，调节精度高，更简单。

凝结水调节阀代替疏水阀：

① 可以控制换热器内液位，充分利用换热器设计中富裕部分的换热面积，可以将凝结水出水温度降到更低，端差可低至5℃，这样蒸汽的热能被充分利用，节省新蒸汽消耗。

② 凝结水压力高达蒸汽压力的80%以上，节省凝结水输送设备或使凝结水回收更简单。

③ 取消疏水阀，由间断疏水变为连续疏水，杜绝疏水漏汽，系统稳定，更节能。

前馈控制系统：

① 将供暖回水温度作为前馈信号，提前动作，减少调整时间。

② 采用专用控制软件，应用人工智能技术，实现定液位控制。

③ 采用气候温度补偿技术，实时调整供热温度。

5）疏水侧调控换热站系统优势

① 系统简单，结构紧凑，占地面积小。

② 换热效率高，运行稳定，操作方便。

③ 疏水侧调控与蒸汽侧调控对比见表12-12。

表12-12 疏水侧调控与蒸汽侧调控对比

序号	疏水侧调控	蒸汽侧调控
1	无蒸汽节流损失	有蒸汽节流损失
2	无蒸汽节流，蒸汽温度高，传热温差大，传热效率高	蒸汽节流造成温度降低，降低了传热温差，导致传热效率降低
3	汽侧运行压力等于蒸汽母管压力，无失流失压、汽水冲击	汽侧运行压力降低，易出现失流失压现象，导致汽水冲击
4	汽侧压力高，有利于凝结水疏水	汽侧压力低，凝结水疏水困难
5	疏水调节阀口径小，调节精度高	蒸汽调节阀口径大，调节精度低
6	无疏水阀，避免了压能的浪费	需要疏水阀，无法避免压能浪费
7	无疏水阀，无疏水漏汽隐患，有利于凝结水回收	有疏水阀，存在疏水漏汽，易造成背压升高，阻碍凝结水回收
8	可实现过冷，凝结水温度低	不可实现过冷，凝结水温度高

（5）控制方案说明

1）概述。换热控制及凝结水回收系统包括疏水调节系统、疏水加压系统、换热器液位调节系统、输出压力控制系统、智能处理软件、控制主机及相关附件等。

2）疏水调节系统。供暖循环水出水换热器出口温度信号输出至可编程控制器，经过与专用智能处理软件运算、比较后输出控制信号来调节专用疏水调节阀开度，从而达到疏水调节的目的。

3）疏水加压系统。凝结水泵出口处的压力信号输出至可编程控制器，经过与凝结水母管压力设定值进行比较后由可编程控制器确定耐高温凝结水泵系统启停状态。

4）换热器液位调节系统。换热器液位调节系统根据换热器出口温度的变化速率通过专用智能处理软件运算，确定换热器液位给定值，再根据液位给定值调节疏水专用控制器，以保证换热器内液位稳定在设定值，以保持液位恒定，从而保证换热器出水温度稳定在设定值。

5）输出压力控制系统。

① 凝结水泵进口处的压力信号输出至可编程控制器，经过与凝结水母管压力设定值进行比较，当凝结水自身压头满足疏水要求时，控制系统关闭凝结水泵，凝结水通过自身压头输送至凝结水母管。

② 当凝结水泵进口处压力低于设定值时，可编程控制器控制凝结水泵自动启动，凝结水升压输出。在一定运行范围内，优先使用此控制系统。

③ 液位传感器设置四个固定液位信号点，从下向上为：超低点、低点、高点、超高点；在工况条件超出自运行目标范围时，可编程控制器控制凝结水泵自动运行，即实现超过高点启动水泵运行，超低点停止水泵运行。

6）水泵防汽蚀方案。凝结水泵置于换热器后，充分利用蒸汽压力，保证水泵进口压力与蒸汽压力一致。

（6）技术特点

1）机组结构一体化设计，布置紧凑，占地面积小，便于选型。

2）主设备换热器有立式、卧式结构，并且有汽水换热及水水换热多种形式，适用范围较广。

3）高效换热管采用不锈钢管或纯铜管，介质流动能产生扰动，可提高传热系数。

4）换热管因波节管结构，膨胀伸缩性能良好，有利于介质水垢分离脱落。

5）换热机组属机电一体化设计，自动化控制程度较高，有利于操作管理。

6）型号表示如图 12-17 所示。

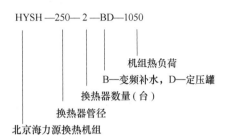

图 12-17 型号表示

（7）外形、安装图

1）高效波纹管汽水换热机组（单罐 100% 负荷）的外形、安装如图 12-18 所示。

2）高效波纹管汽水换热机组（双罐 70% 负荷）的外形、安装如图 12-19 所示。

（8）主要技术数据

1）高效波纹管汽水换热机组（单罐 100% 负荷）性能见表 12-13。

2）高效波纹管水水换热机组（双罐 70% 负荷）见表 12-14。

（9）施工安装

1）高效波纹管汽水换热机组（单罐 100% 负荷）安装尺寸和接管尺寸见表 12-15。

2）高效波纹管水水换热机组（双罐 70% 负荷）安装尺寸和接管尺寸见表 12-16。

（10）选型、使用说明

1）表 12-13 和表 12-14 中热媒蒸汽耗量按饱和蒸汽压力 0.4MPa 工况计算。若蒸汽压力、温度不相符，可按其焓值折算。

2）汽水换热器波纹管为不锈钢管时，适用蒸汽压力 0.1~0.9MPa；波纹管为纯铜管时，适用蒸汽压力小于 0.6MPa。

3）表 12-13 和表 12-14 中热媒加热水为高温热水时，供暖用 130/80℃温差，空调用 90/70℃温差的供、回水工况，计算其耗量大小。

4）表 12-13 和表 12-14 中被加热水流量大小：供暖用 95/70℃，空调用 60/50℃，生活热水用 65/5℃的供、回水温差计算。

5）壳体设计压力：0.6MPa、1.0MPa、1.6MPa。壳体材质为碳钢、不锈钢。

6）补水泵扬程和流量，循环水系统压力降，均应在订货清单中加以说明，便于配套泵型。

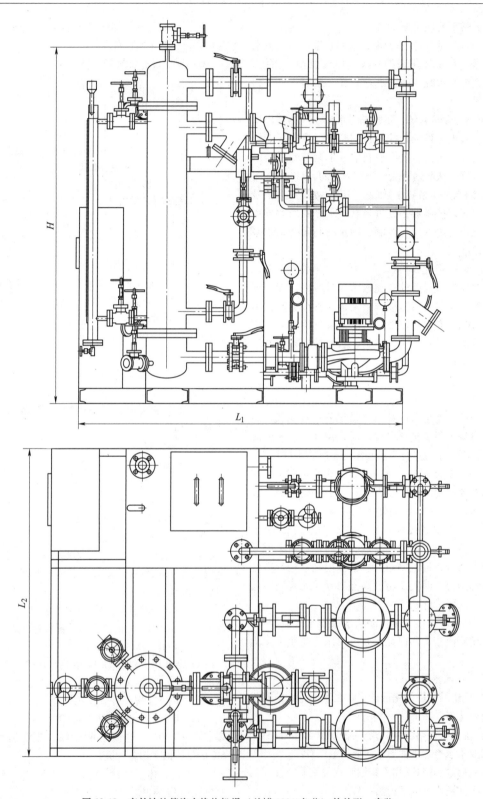

图 12-18 高效波纹管汽水换热机组 (单罐100%负荷) 的外形、安装

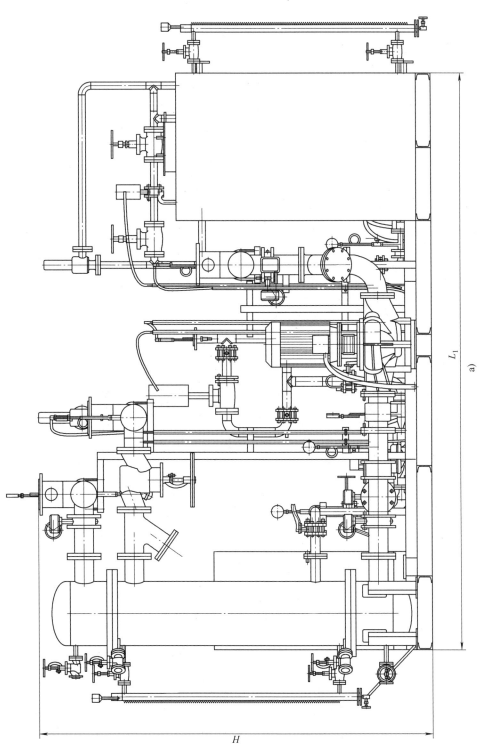

图 12-19 高效波纹管汽水换热机组（双罐 70%负荷）的外形、安装

a)

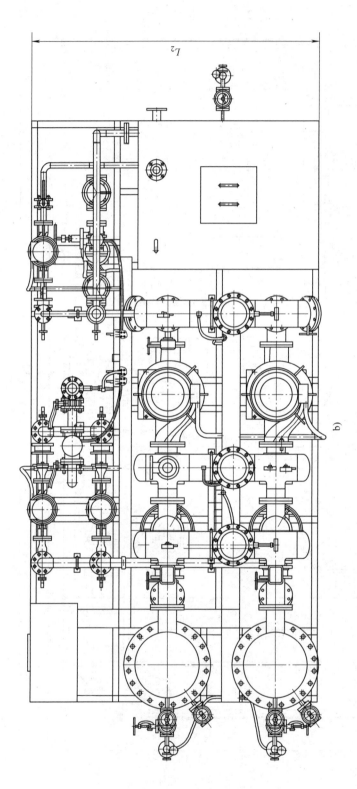

b)

图 12-19 高效波纹管汽水换热机组（双罐 70% 负荷）的外形、安装（续）

表 12-13 高效波纹管汽水换热机组（单罐 100% 负荷）**性能**（蒸汽压力 0.4MPa，被加热水 95/70℃）

换热器直径/mm	250	300	400	500	600	800	1000	1200
换热器数量（台）	1	1	1	1	1	1	1	1
换热器负荷（%）	100	100	100	100	100	100	100	100
总换热量/MW	0.9	1.4	2.4	4.0	5.9	8.9	12.9	18.9
热侧进口/MPa	0.4	0.4	0.4	0.4	0.4	0.4	0.4	0.4
热侧出口温差/℃	80	80	80	80	80	80	80	80
冷侧进口/出口温差/℃	70/95	70/95	70/95	70/95	70/95	70/95	70/95	70/95
蒸汽流量/(kg/h)	1279	2025	3517	5968	8845	13214	19182	28133
蒸汽流速/(m/s)	25	25	25	25	25	30	30	30
热侧进口直径/mm	82.4	103.6	136.6	177.9	216.6	241.7	291.2	352.7
热侧进口参考直径 DN/mm	80	100	125	175	200	250	300	350
疏水流速/(m/s)	0.5	0.5	0.5	0.7	0.7	1	1	1
热侧出口参考管径 DN/mm	32	40	50	50	65	65	80	100
冷侧循环水流量/(kg/h)	29388	46531	80816	137143	203265	303673	440816	646531
循环水流速/(m/s)	1.5	1.5	1.5	1.5	1.5	2	2	2
循环水直径/mm	83.3	104.8	138.1	179.9	219.0	231.8	279.3	338.2
循环水参考口径/mm	80	100	150	200	200	250	300	350
补水量/(t/h)	1.47	2.33	4.04	6.86	10.16	15.18	22.04	32.33
补水管参考口径 DN/mm	25	32	40	50	65	80	100	100
水箱容积（20min）/m³	0.49	0.78	1.35	2.29	3.39	5.06	7.35	10.78
水箱容积（30min）/m³	0.73	1.16	2.02	3.43	5.08	7.59	11.02	16.16
水箱容积（40min）/m³	0.98	1.55	2.69	4.57	6.78	10.12	14.69	21.55
定压罐调节容积/m³	0.07	0.12	0.20	0.34	0.51	0.76	1.10	1.62
定压罐直径 DN/mm	600	600	800	800	1000	1200	1400	1600

表 12-14 高效波纹管汽水换热机组（双罐 70% 负荷）**性能**（蒸汽压力 0.4MPa，被加热水 60/50℃）

换热器直径/mm	250	300	400	500	600	800	1000	1200
换热器数量（台）	2	2	2	2	2	2	2	2
换热器负荷（%）	70	70	70	70	70	70	70	70
总换热量/MW	1.2	1.9	3.3	5.6	8.3	12.4	18.0	26.4
热侧进口/MPa	0.4	0.4	0.4	0.4	0.4	0.4	0.4	0.4
热侧出口温差/℃	80	80	80	80	80	80	80	80
冷侧进口/出口温差/℃	70/95	70/95	70/95	70/95	70/95	70/95	70/95	70/95
蒸汽焓值差/(kJ/kg)	2413	2413	2413	2413	2413	2413	2413	2413
蒸汽流量/(kg/h)	1790	2835	4923	8355	12383	18500	26855	39387
蒸汽流速/(m/s)	25	25	25	25	25	30	30	30
热侧进口参考直径 DN/mm	100	125	150	200	250	300	350	400
疏水流速/(m/s)	0.5	0.5	0.5	0.7	0.7	1	1.5	1.5
热侧出口参考管径 DN/mm	32	40	65	65	80	80	80	100
冷侧焓差/(kJ/kg)	105	105	105	105	105	105	105	105
冷侧循环水流量/(kg/h)	41143	65143	113143	192000	284571	425143	617143	905143
循环水流速/(m/s)	1.5	1.5	1.5	1.5	1.5	2	2	2
循环水直径/mm	98.5	124.0	163.4	212.8	259.1	274.3	330.4	400.2
循环水参考口径/mm	100	125	175	200	250	300	350	400
补水量/(t/h)	2.06	3.26	5.66	9.60	14.23	21.26	30.86	45.26
补水管参考口径 DN/mm	25	32	40	50	65	80	100	125
水箱容积（20min）/m³	0.69	1.09	1.89	3.20	4.74	7.09	10.29	15.09
水箱容积（30min）/m³	1.03	1.63	2.83	4.80	7.11	10.63	15.43	22.63
水箱容积（40min）/m³	1.37	2.17	3.77	6.40	9.49	14.17	20.57	30.17
定压罐调节容积/m³	0.10	0.16	0.28	0.48	0.71	1.06	1.54	2.26
定压罐直径 DN/mm	600	800	800	1000	1200	1400	1600	1600

注：以上进出口管径均为总管，换热器为 70% 负荷两台同时启用，每台换热器进出口管径需根据总管确定。

表 12-15　高效波纹管汽水换热机组（单罐 100%负荷）安装尺寸和接管尺寸

（单位：mm）

换热机组型号	蒸汽进口 DN	供水口 DN	出水口 DN	凝结水出口 DN	水箱进口 DN	排水口 DN	机组 长度	宽度	高度	标高 H_1	H_2	H_3	H_4	H_5	H_6
HYSH—DN250—1—BD—900	100	100	100	40	40	32	2700	1600	2360	2045	2350	1290	1107	1698	1450
HYSH—DN300—1—BD—1400	125	125	125	40	40	32	2700	2000	2570	2259	2574	1674	1327	1698	1450
HYSH—DN400—1—BD—2400	200	150	200	65	40	32	3600	2000	3180	2752	3180	1910	1580	2225	1976
HYSH—DN500—1—BD—4000	200	200	200	65	50	40	4700	2200	3285	3285	2865	1955	1983	2220	1925
HYSH—DN600—1—BD—5900	250	250	250	80	65	65	5600	2800	3639	3639	3105	2464	2088	2723	2526
HYSH—DN800—1　BD—8900	300	250	250	80	65	65	5600	2800	3639	3639	3105	2464	2088	2723	2526
HYSH—DN1000—1—BD—12900	350	300	300	80	65	65	5600	2800	3639	3639	3105	2464	2526	2723	2526
HYSH—DN1200—1—BD—18900	350	300	300	80	65	65	5600	2800	3639	3639	3105	2464	2526	2723	2526

注：本表适用供暖或空调汽水换热机组单罐 100%负荷。

表 12-16　高效波纹管汽水换热机组（双罐 70%负荷）安装尺寸和接管尺寸

（单位：mm）

换热机组型号	蒸汽进口 DN	供水口 DN	出水口 DN	凝结水出口 DN	水箱进口 DN	排水口 DN	机组 长度	宽度	高度	标高 H_1	H_2	H_3	H_4	H_5	H_6
HYSH—DN250—2—BD—1200	100	100	100	40	40	32	2700	1800	2360	2045	2350	1290	1107	1698	1450
HYSH—DN300—2—BD—1900	125	125	125	40	40	32	2700	2200	2570	2259	2574	1674	1327	1698	1450
HYSH—DN400—2—BD—3300	200	150	200	65	40	32	3600	2200	3180	2752	3180	1910	1580	2225	1976
HYSH—DN500—2—BD—5600	200	200	200	65	50	40	4700	2400	3285	3285	2865	1955	1983	2220	1925
HYSH—DN600—2—BD—8300	250	250	250	80	65	65	5600	3000	3639	3639	3105	2464	2088	2723	2526
HYSH—DN800—2—BD—12400	300	250	250	80	65	65	5600	3000	3639	3639	3105	2464	2088	2723	2526
HYSH—DN1000—2—BD—1800	350	300	300	80	65	65	5600	3000	3639	3639	3105	2464	2526	2723	2526
HYSH—DN1200—2—BD—26400	350	300	300	80	65	65	5600	3000	3639	3639	3105	2464	2526	2723	2526

注：本表适用供暖或空调汽水换热机组双罐 70%负荷。

（11）生产厂　北京海力源节能技术有限责任公司生产 HYSH 系列供暖和空调换热机组。

（12）资料来源　HYSH 系列高效波纹管汽水、水水换热机组型号规格、技术数据、结构及主要尺寸资料，由北京海力源节能技术有限责任公司提供。

公司地址：北京朝阳区大郊亭中街华腾国际 4 号楼 12A 室。

公司电话：010-51293600。

公司邮箱：bjhlygs@163.com。

3. 复合流程高效旋流汽水换热器

（1）概述　此换热器采用国内外先进技术研制而成，构思新颖，设计合理，主要技术指标达到较高水平。它是一种体积小、传热系数大、热能利用高的新型汽水换热器。

此换热器适用于热水供暖、空调系统、生活热水等换热场合。

（2）技术特点

1）换热器由主、副换热器组成，采用复合流程。各介质换热处于最佳工况，以使蒸汽凝结水过冷，消除二次蒸汽的损失，提高了系统的热能利用率。

2）换热系统可不再设疏水装置，提高系统的可靠性。

3）换热管采用纯铜管。管内采用自由旋流强化传热技术，在流动阻力增加不大的情况下，增大传热系数，比普通换热器提高近 2~3 倍，并且减少热器体积。换热器换热效率可达 98%以上。

4）整个结构为可拆卸型，维修清垢方便。体积小、升温快、温控准确方便、节能，经济效益显著。

5）复合流程高效旋流汽水换热器的型号表示如图 12-20 所示。

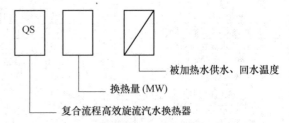

图 12-20　复合流程高效旋流换热器的型号表示

例如 QS1.4　95/70 型：复合流程高效旋流汽水换热器，换热量 1.4MW，供暖供水、回水温度 95℃、70℃。

（3）外形、安装图 复合流程高效旋流汽水换热器的外形、安装如图 12-21 所示。

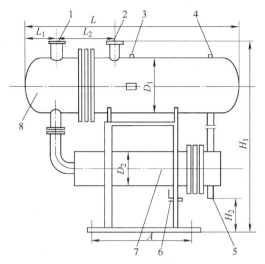

图 12-21 复合流程高效旋流汽水换热器的外形、安装
1—热水出口法兰 2—蒸汽进口法兰 3—蒸汽压力表座
4—放气管 5—凝结水出口法兰 6—热水进口法兰
7—进水压力表座 8—出口温度表座

4. 浮动盘管半即热式换热器

（1）概述 浮动盘管半即热式换热器是一种将被加热水储存在壳体内，热媒（蒸汽或高温热水）在管束盘管内，运行时能将壳体内有限储水量迅速补充热量的换热器。一般壳体内具有可储存 1～3min 用水量。换热器传热元件采用悬臂式浮动盘管结构形式。在加热过程中，盘管内蒸汽在离心力作用下，使盘管束产生高频浮动，促使被加热介质产生扰动，破坏了层流传热，提高传热能力。

浮动盘管半即热式换热器具有结构独特、性能优良、传热效率高、节约能源、安装维修方便、自动脱垢、使用寿命长等优点，已获国家专利。多年来，它应用于许多工业、民用建筑供暖供热、空调供水、生活热水供应等系统。

（2）技术特点

1）热媒为蒸汽或高温热水。换热器管程工作压力 ≤1.6MPa，壳程工作压力为 0.6MPa、1.0MPa、1.5MPa。管程为热媒通道，壳程为冷媒（被加热水）通道。

2）传热系数高。汽水换热时，传热系数 $K=2400～4000W/(m^2 \cdot K)$；水水换热时，传热系数 $K=1400～2800W/(m^2 \cdot K)$。

3）换热器管束盘管为纯铜管，壳体材质为碳钢、不锈钢及碳钢内衬铜、不锈钢板等。

4）具有自动除垢功能。换热器螺旋盘在热媒温

度、压力变化和离心力作用下，被加热水流动力的冲动下，使盘管自由上下、左右浮动和高频振动，使水垢不易黏附管壁而自动脱落。

5）设备结构紧凑，体积小，占地面积小，不需预留抽出管束空间。

6）冷凝水温度低，热损失少，具有冷凝水过冷功能。在热水供应时，选用设计可不装设疏水器。汽水换热时，生活热水换热冷凝水温度为 50℃ 左右，空调用水换热冷凝水温度为 60℃ 左右，供暖用水换热冷凝水温度为 80℃ 左右。

7）节能效果显著。壳体表面温度低，散热损失少，节约能源。尤其汽水换热时，冷凝水温度低，具有较好的节能效益，并减少环境污染。

8）自动化程度高。出水温度、热媒进入量等自动操作控制。

9）浮动盘管半即热式换热器的型号表示如图 12-22 所示。

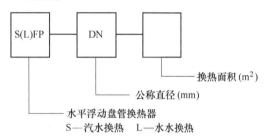

图 12-22 浮动盘管半即热式换热器的型号表示

（3）外形、安装图 SFP、LFP 型浮动盘管半即热式换热器的外形、安装如图 12-23 所示。

5. 板式换热器

（1）概述 板式换热器为新型高效换热设备，具有高效节能、传热系数高、流体压降小、使用安全、结构紧凑、占地面积小、维修方便等优点。板式换热器在化工、石油、电子、电力、冶金、医药等行业内，集中供热、供暖供水、空调供水、生活热水供应系统，以及低温热源利用和废热回收工程中应用较多。

板式换热器由板片、上导杆、下导杆、活动和固定压紧板、夹紧螺杆、支柱等组成。

板式换热器板片波纹形状有人字形、双人字形、水平直形、竖直形、鼓泡形等。流道截面面积有相等和不相等之分。

（2）技术特点

1）板式换热器的热媒可为蒸汽、高温热水、低温热水。设备最高使用温度为 250℃。

2）板式换热器设备公称压力为 2.5MPa、1.6MPa、1.0MPa 三种规格。

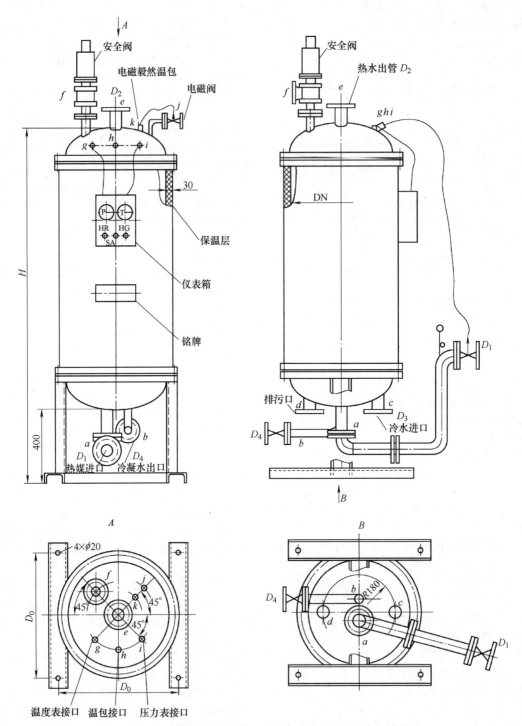

图 12-23　SFP、LFP 型浮动盘管半即热式换热器的外形、安装

3）板片材质一般以铬镍不锈钢为主。根据用户的需要，厂家采用转化膜技术提高普通不锈钢片的耐氯离子腐蚀能力。

4）板片间密封垫材质为丁腈橡胶、三元乙丙橡胶、氟橡胶、硅橡胶等。

5）板式换热器传热系数较高，K 值一般可达 2500~5000W/（m^2·K），有的产品最高达 7000W/（m^2·K），比管壳式换热器高 3~5 倍。

6）板式换热器内，两种介质一般均为全逆流流动，达到最佳传热效果。两种介质最小温差可达到 1℃ 。其适用回收低温余热或利用低温热源的场合。

7）板式换热器通过合理的流速选择，流体压降可控制在管壳式换热器的 1/3 范围内。

8）板式换热器外表面积较小，热损失也很小，通常设备不再需要保温。

（3）外形、安装图

1）板式换热器的结构如图 12-24 所示。

2）BR01 型板式换热器的外形、安装如图 12-25 所示。

3）BR03B、BR05A、BR06A、BR07A 型板式换热器的外形、安装如图 12-26 所示。

4）BR08A 型板式换热器的外形、安装如图 12-27 所示。

5）BR10A、BR20、BR35、BR50、BR65、BR80、BRB50 型板式换热器的外形、安装如图 12-28 所示。

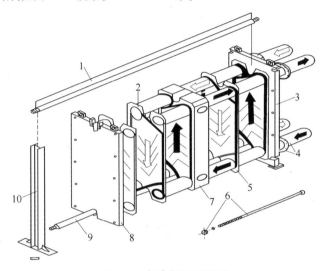

图 12-24　板式换热器的结构

1—上导杆　2—密封垫片　3—固体板体　4—接管　5—板片
6—夹紧螺栓　7—中间隔板　8—活动压紧板　9—下导杆　10—前支柱

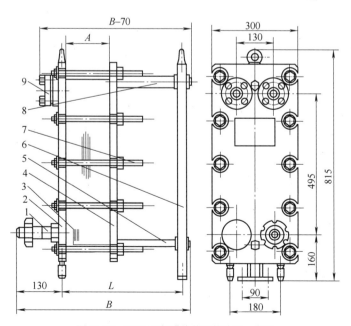

图 12-25　BR01 型板式换热器的外形、安装

1—接头　2—固定压紧板　3—板片　4—活动压紧板　5—下导杆　6—支柱　7—夹紧螺栓　8—上导杆　9—法兰

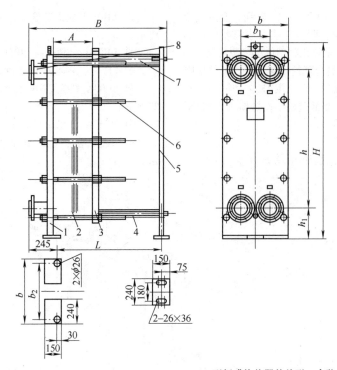

图 12-26 BR03B、BR05A、BR06A、BR07A 型板式换热器的外形、安装

1—固定压紧板 2—板片 3—活动压紧板 4—下导杆 5—支柱 6—夹紧螺栓 7—上导杆 8—法兰

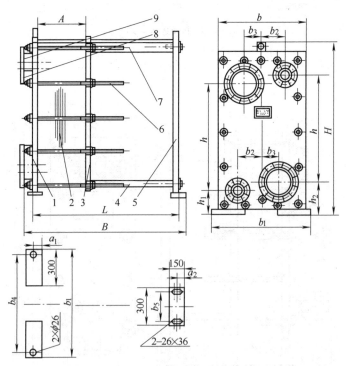

图 12-27 BR08A 型板式换热器的外形、安装

1—固定压紧板 2—板片 3—活动压紧板 4—下导杆
5—支柱 6—夹紧螺栓 7—上导杆 8—法兰（1）9—法兰（2）

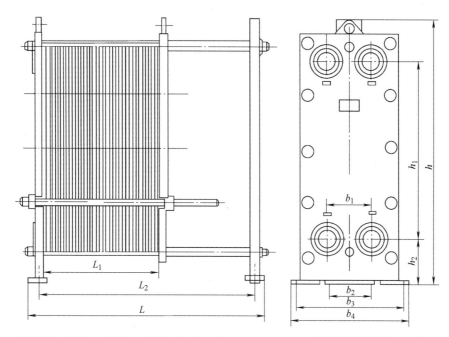

图 12-28　BR10A、BR20、BR35、BR50、BR65、BR80、BRB50 型板式换热器的外形、安装

6. 国外板式换热器、机组

（1）概述　在欧洲瑞典、丹麦、英国等国家，板式换热器工业生产历史较长，有的国家有近百年之久。许多欧美国家将板式换热器广泛应用于石油、化工、冶金、机械、食品等行业部门的工艺生产、暖通空调等方面，获得了良好的节能经济效果。在城市供热系统，大型空调制冷系统换热、换冷设备效果更为显著，深受用户的欢迎和选用。国外许多厂家不断开发和利用，积累了丰富的实践经验和先进技术。板式换热器的规格型号很多，系列完善。单体拼装式和真空钎焊式的板式换热器种类规格近百种，已成主导产品。

板式换热器具有较高传热系数，换热性能较佳，节省能源显著。整个设备体积小，金属耗量少，维修操作方便，使用寿命较长，性价比优良，一般被认同优于许多形式换热器。

国外板式换热器形式，初期是简易的拼装式，板片也没有复杂波纹。后经各国几十年的努力开发及经验积累，先进技术的应用，拼装式、真空钎焊式、全焊式、半焊式等均广泛发展。板片的波纹形式有：传统人字形板片、非对称波纹板片、W 形对称波纹板片、双层板板片、宽流道板片等。用户可根据实际需要选择。

瑞典的舒瑞普公司（SWEP·TRANTER），阿法拉伐公司（Alfa Laval），英国的 APV 公司（SIEBE·APV）等板式换热器公司，主要产品为板片、板式换热器及换热机组。有些产品引进到我国已有二十多年，节能效果及经济效益均普遍反映较好，具有一定市场。国内有些企业及销售代理点，与上述各公司建有合作关系，以合资生产方式或以购买国外板片组装方式，生产板式换热器或机组，参与市场的需求及发展。

（2）舒瑞普板式换热器　20 世纪 90 年代，瑞典 SWEP 公司、瑞典 REHEAT 公司、美国 TRANTER 公司三大板式换热器公司，合并为目前世界规模最大的专业生产板式换热器厂商——SWEP·TRANTER 公司，生产多种形式的板式换热器。舒瑞普板式换热器形式有拼装式、钎焊式、全焊式、半焊式。品种规格约 80 种。主要技术特点如下：

1）舒瑞普板式换热器板片的板纹设计为国际专利。同一板片上有多种角度不同的板纹，独特的非对称结构，每两个板片间能够有六种不同的组合方式。

2）舒瑞普板式换热器具有较高性价比。板纹设计先进，板片薄，传热系数高。

3）舒瑞普板式换热器适用于大流量、小温差换热工况。特殊的板纹设计，提高了板片有效换热面积，减少热传长度，板片组合可灵活。

4）板片四周沟槽采用履带型设计，使板片各向定位正。垫片合理稳固在槽中，防止渗漏，延长垫片寿命。

5）拼装式换热器为对角流设计，钎焊式换热器为同侧流设计。对角流优点：

① 易于分流流体，使流体充分分布在整个板片上，更好地利用整个换热面积。

② 压力降小，对角流消耗的压力降数值比同侧流时低。

③ 热传长度均等，换热器工作稳定。

6) 舒瑞普钎焊式板式换热器（CBE 型）的主要技术优点：

① 结构紧凑。可比其他换热设备省地约 90%，也能悬挂在墙上安装。

② 传热效率高。板片流道设计合理，流体能在很低流速下达到充分湍流状态，传热系数为管壳式换热器的 3~5 倍，传热效率可达 98%。

③ 工作承压高。真空钎焊制造，换热器工作压力能达到 3.568MPa（35bar），测试压力可达 4.588MPa（45bar）。

④ 耐高温。工作温度可达 300℃。

⑤ 板片结构采用焊接，不会渗漏。

⑥ 模块化、系列化较佳。能方便灵活安装在系统内，可根据用户负荷，进行模块化组合设计。

⑦ 热媒低压时性能良好。当蒸汽压力降到 0.08~0.1MPa 时，系统仍能换热运转。

（3）阿法拉伐板式换热器　阿法拉伐公司为瑞典大规模的板式换热器厂家，生产历史长久，技术先进。板式换热器具有高换热性能、省空间、省能源、维修简单等优点，得到许多行业的选用。

1) 主要产品：

① 拼装式。

a. 大间隙板式换热器：针对易堵的流体。

b. 双壁板式换热器：避免两种危险液体混合。

c. 板式蒸发器：高效率的蒸发。

d. 多段式全不锈钢换热器：卫生食品巴氏消毒流程。

e. 石墨板式换热器：用于强腐蚀性液体。

② 全焊式。

a. 全焊接板式换热器：适用于高温、高压及特殊介质。

b. 高效全焊式紧凑型换热器：全新概念的板式换热器。

③ 半焊式换热器：用于对橡胶密封垫有侵蚀性的液体。

④ 钎焊板式换热器：超紧凑的板式换热器。

2) 技术特点：

① 阿法拉伐板式换热器板片的板纹设计技术为国际专利。板纹上的"巧克力"分流区技术，与众不同的结构形式，实现了均匀分布流体介质，避免流体流动死区，提高板片换热面积利用率。同时两种流体完全逆流，提高换热效率。板片如图 12-29 所示。

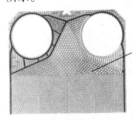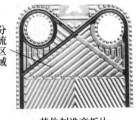

阿法拉伐板片　　　　　　　　其他制造商板片

图 12-29　板片

② 阿法拉伐板式换热器密封垫采用胶粘式或卡扣式的接合方式。胶粘式采用两种组合的硫化环氧胶接垫片，牢固粘在槽内。卡扣式垫片快捷方便，固定牢靠，为阿法拉伐专利技术。板片密封效果相当良好，也便于简修。

③ 阿法拉伐板式换热器符合以下压力容器标准、质量认证：

a. 压力容器标准：美国 ASME，德国 AD-Merkblatter，英国 PD 5500，瑞典压力容器标准，日本 JIS。

b. 质量证书：通过 ISO 9000 国际质量管理体系认证。

④ 阿法拉伐板式换热器具有独特设计的夹紧螺栓，便于拆装换热器。轴承盒使螺栓很好就位并容易拧紧。防滑垫圈防止螺栓拧紧后松动。

⑤ 阿法拉伐板式换热器当角孔直径大于 140mm 以上时，板片的定位采用五点金属定位系统，以五点金属与金属接触而确定。上承杆的三点可以防止板片上下移动；下承杆两点防止左右位移。垫片密封准确，使用安全，寿命久。

（4）APV 板式换热器　英国 APV 公司（SIEBE. APV）是国际上最早研制工业用板式换热器的厂家，当前为国际大型板式换热器公司之一。

20 世纪 80 年代以来，APV 公司不断进行板式换热器的开发和利用，具有丰富的实践经验和专业知识。APV（中国）公司以高质量标准，优惠的价格，先进的技术，良好的售后服务为宗旨，努力支持国内环保和节能工作。

1) 主要产品：APV 板式换热器以 PARAFLOW 板式换热器为主要产品，其单板换热面积为 0.02~4.75m²，其工作温度为 25~300℃，换热器最高工作压力为 2.5MPa。其适用于区域供暖换热器及机组、区域空调换热器及机组、生活热水换热器及机组。

2) 技术特点：

① APV 板式换热器结构紧凑，装置体积小。

② 换热介质和被换热介质温差低到 1℃ 时，仍能换热运行。设计压力高达 2.8MPa。供热水流量可高达 42m³/min。

③ 设计改变换热工况时，仅需调整若干块换热器板片数量即可实现，组合模块性能强。

④ 换热器板片波纹表面特殊，使流体形成湍流，增高传热系数。传热系数在水水换热时，经常保持在 2326~11630W/(m²·K)。

⑤ 换热板材质有不锈钢、钛、特殊合金，可满足不同工业的工况要求。

⑥ 常规为逆流方式或混流方式，有利于设计选择。

⑦ 传热和压力降可以调节。APV 板式换热器板片有热工短板（软板，垂直流动）和热工长板（硬板，水平流动）两种。长板因强烈的湍流，传热系数比短板高。短板的压力降较低，有利于两者结合使用，在压力降有要求时，能达到最佳传热效果。

⑧垫片设计为双重密封，防止两种液体相混合。独特 Paraclip 垫片（嵌入式）嵌入换热板的沟槽内固定，可承受高达 2.5MPa(25bar) 的压力。

（5）板式换热机组　板式换热机组是集成板式换热器、循环水泵、补水泵、电控柜、温控装置、各种传感器、热量计、温度计、压力表、管路和阀门于一体，并组装在公共底座上的热交换成套组合装置。

一次侧热（冷）源（蒸汽、高温热水或冷冻水等），经过滤器后，进入板式换热器与二次侧循环水进行热交换，然后返回一次侧回水管网。二次侧循环水经过滤器、循环水泵加压后，进入板式换热器与一次侧热（冷）源进行热交换，然后进入二次侧供水管网。补水定压泵自动向二次侧回水管网补水定压，维持系统安全稳定运行。

北京新元瑞普公司利用多年的换热系统应用数据，开发了功能完善的集中换热机组设计软件及集中控制系统，使换热机组具有比较先进的远程调试、远程监控功能，机组集成全自动远程控制化程度高。

换热机组对二次侧管网采用质调节和量调节联合调节方式：一次侧设电动调节阀，二次侧循环水泵及补水泵采用变频控制。取二次侧出水温度作信号，室外温度补偿作反馈信号，自动调节二次侧供水温度，此为质调节；取二次侧供、回水管压差或温差作信号，自动调节二次侧循环水流量，此为量调节。取二次侧回水压力作信号，自动变频补水定压，并装有泄压电磁阀作为防护二次侧回水超压的第一级保护，第二级保护为泄压安全阀。补水箱设有液位传感器自动监控液位，并对补水泵保护。换

热机组设有断电保护、泵阀联锁、来电自启。换热机组的所有水泵、电动调节阀、二次侧循环水温度及压力等，均由控制器来完成全自动现场控制，换热机组处于无人值守、自动运行状态。并可根据需要装设一次侧回水温度限制控制装置。

控制器设有远程通信功能，将一、二次侧的供回水温度、压力、流量、水泵状态、电动调节阀状态、变频器状态、水箱水位信号等数据传送至控制中心，并接受控制中心的指令进行远程监控。通信协议为开放式，通信方式可有线或无线，并可根据需要联网运行。

控制器适合于区域热网供热自控系统中的用户换热机组及设有中央监控系统的工业企业、高档园区、楼宇中的换热机组。

换热机组适用于大中小型区域供暖，集中空调，生活热水供应及工艺冷却水供应。换热机组热源为高温热水或蒸汽。

1）机组型号说明。机组型号表示如图 12-30 所示。

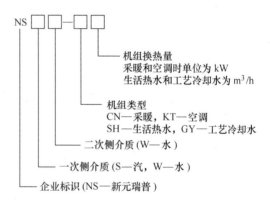

图 12-30　机组型号表示

例如 NSSW-CN3000：新元瑞普汽水换热机组采暖（现通常为"供暖"，但此处为与"CN"对应，不修改）型，换热量 3000kW。NSSW-SH30：新元瑞普汽水换热机组生活热水型，热水流量 30m³/h。

2）主要产品：

① 采暖换热机组。供暖换热机组各种型号最大热负荷 300~9600kW，一次水 110/80℃ 或 95/70℃，二次水 95/70℃ 或 85/60℃。

② 空调换热机组。空调换热机组各种型号最大热负荷 300~9600kW，一次水 110/80℃ 或 95/70℃，二次水 60/50℃ 或 50/40℃。

③ 生活热水换热机组。生活热水换热机组各种型号最大热负荷 116~5800kW，一次水 110/80℃ 或 95/70℃，二次水 60℃。

④ 工艺冷却水换热机组。工艺冷却水换热机组

各种型号最大热负荷 116~5800kW，一次侧冷源 7/12℃或 14/21℃，二次侧供回水温度 20/25℃。

3）技术特点：

① 换热机组基本上能实现全自动运行，可称智能型高效节能换热机组。

a. 温度控制稳定，波动很小。

b. 断电保护能自动切断热源。来电时自动投入运行。

c. 运行方式可实现无人值班全自动运行。

② 机组设计流量考虑余量系数约 1.2~1.5 倍。

③ 设备体积小，热损失很少。

④ 循环水泵用电量少，运行费低，维修工作简单。

4）主要技术数据。

① 汽水供暖换热机组的原理如图 12-31 所示，外形尺寸及性能见表 12-17。

水水供暖换热机组的原理如图 12-32 所示，外形尺寸及性能见表 12-18。

② 汽水空调换热机组的原理如图 12-33 所示，

外形尺寸及性能见表 12-19。

水水空调换热机组的原理如图 12-34 所示，外形尺寸及性能见表 12-20。

③ 汽水生活热水换热机组的原理如图 12-35 所示，外形尺寸及性能见表 12-21。

水水生活热水换热机组的原理如图 12-36 所示，外形尺寸及性能见表 12-22。

④ 工艺冷却水换热机组的原理如图 12-37 所示，外形尺寸及性能见表 12-23。

5）施工安装。

① 供暖、空调、生活热水等各换热机组施工安装时外形尺寸见表 12-17~表 12-23。

② 供暖、空调换热机组的外形如图 12-38 所示。

6）资料来自北京新元瑞普科技发展有限公司。

公司地址：北京海淀区复兴路 65 号（100036）。

公司电话：010-68252311/68256942。

公司传真：010-68252312。

公司网址：www. xyrp. com. cn。

公司邮箱：sales@ xyrp. cn，salesxyrp@ 163. com。

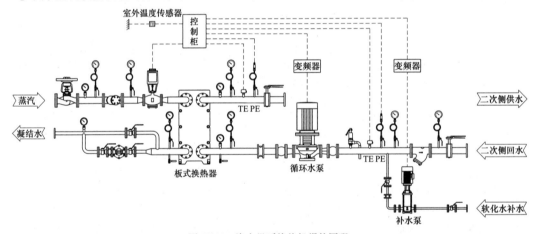

图 12-31　汽水供暖换热机组的原理

表 12-17　汽水供暖换热机组外形尺寸及性能

机组型号	供暖热负荷/kW	蒸汽耗量/(kg/h)	供暖面积/m²	二次侧流量/(m³/h)	外形尺寸（长/mm）×(宽/mm)×(高/mm)	运行质量/kg
NSSW—CN300	300	450	4500	10	1900×1000×1600	600
NSSW—CN600	600	900	9000	20	2100×1100×1600	800
NSSW—CN1200	1200	1800	18000	40	2600×1300×1800	1200
NSSW—CN1800	1800	2700	27000	60	2900×1300×1800	1400
NSSW—CN2400	2400	3600	36000	80	3100×1400×2000	1800
NSSW—CN3000	3000	4500	45000	100	3400×1400×2000	2000
NSSW—CN3600	3600	5400	54000	120	3400×1500×2200	2400
NSSW—CN4200	4200	6300	63000	140	3400×1500×2200	2400
NSSW—CN4800	4800	7200	72000	160	4000×1600×2800	2800
NSSW—CN5400	5400	8100	81000	180	4000×1600×2800	2800
NSSW—CN6000	6000	9000	90000	210	4600×1600×2800	3200
NSSW—CN6600	6600	9900	99000	230	4600×1600×2800	3200
NSSW—CN7200	7200	10800	108000	250	4600×1800×2800	3800
NSSW—CN7800	7800	11700	117000	270	4600×1800×2800	3800

（续）

机组型号	供暖热负荷/kW	蒸汽耗量/(kg/h)	供暖面积/m²	二次侧流量/(m³/h)	外形尺寸（长/mm)×(宽/mm)×(高/mm)	运行质量/kg
NSSW—CN8400	8400	12600	126000	290	4600×1800×2800	4500
NSSW—CN9000	9000	13500	135000	310	4600×1800×2800	4500
NSSW—CN9600	9600	14400	144000	330	4600×1800×2800	4500

注：1. 以上机组尺寸按换热器 1 台、循环水泵 1 台、补水泵 1 台设计，尺寸仅供参考。

2. 机组基础尺寸为表中机组长、宽各加长 300mm，基础高度 150mm。

3. 供暖面积按华北地区热指标估算。

4. 一次侧热源：0.4MPa 饱和蒸汽，二次侧供回水温度：95/70℃或 85/60℃。

5. 北京新元瑞普公司提供特殊要求的机组设计，量身定做。

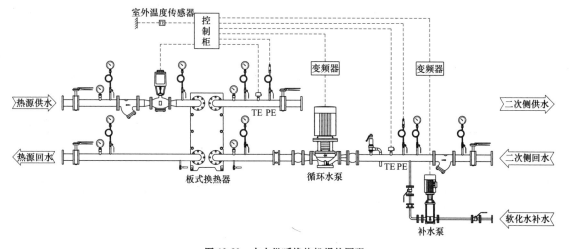

图 12-32　水水供暖换热机组的原理

表 12-18　水水供暖换热机组外形尺寸及性能

机组型号	供暖热负荷/kW	供暖面积/m²	二次侧流量/(m³/h)	外形尺寸（长/mm)×(宽/mm)×(高/mm)	运行质量/kg
NSWW—CN300	300	4500	10	1900×1000×1600	600
NSWW—CN600	600	9000	20	2100×1100×1600	800
NSWW—CN1200	1200	18000	40	2600×1300×1800	1200
NSWW—CN1800	1800	27000	60	2900×1300×1800	1400
NSWW—CN2400	2400	36000	80	3100×1400×2000	1800
NSWW—CN3000	3000	45000	100	3400×1400×2000	2200
NSWW—CN3600	3600	54000	120	3400×1500×2200	2800
NSWW—CN4200	4200	63000	140	3400×1500×2200	2800
NSWW—CN4800	4800	72000	160	4000×1600×2400	3200
NSWW—CN5400	5400	81000	180	4600×1600×2400	3400
NSWW—CN6000	6000	90000	210	4600×1600×2400	3400
NSWW—CN6600	6600	99000	230	4600×1600×2400	3400
NSWW—CN7200	7200	108000	250	4600×1800×2400	4000
NSWW—CN7800	7800	117000	270	4600×1800×2400	4000
NSWW—CN8400	8400	126000	290	4600×1800×2600	5000
NSWW—CN9000	9000	135000	310	4600×1800×2600	5000
NSWW—CN9600	9600	144000	330	4600×1800×2600	5000

注：1. 以上机组尺寸按换热器 1 台、循环水泵 1 台、补水泵 1 台设计，尺寸仅供参考。

2. 机组基础尺寸为表中机组长、宽各加长 300mm，基础高度 150mm。

3. 供暖面积按华北地区热指标估算。

4. 一次侧热源：110/80℃或 95/70℃高温热水，二次侧供回水温度：95/70℃或 85/60℃。

5. 北京新元瑞普公司提供特殊要求的机组设计，量身定做。

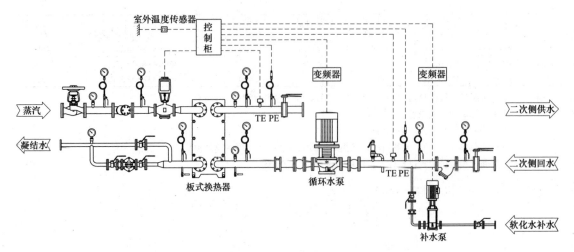

图 12-33　汽水空调换热机组的原理

表 12-19　汽水空调换热机组外形尺寸及性能

机组型号	供暖热负荷 /kW	蒸汽耗量 /(kg/h)	供暖面积 /m²	二次侧流量 /(m³/h)	外形尺寸（长/mm）×（宽/mm）×（高/mm）	运行质量 /kg
NSSW—KT300	300	450	4500	25	2300×1200×1600	800
NSSW—KT600	600	900	9000	50	2500×1200×1800	1200
NSSW—KT1200	1200	1800	18000	100	3000×1400×2000	1800
NSSW—KT1800	1800	2700	27000	150	3200×1400×2000	2000
NSSW—KT2400	2400	3600	36000	200	3600×1600×2200	2500
NSSW—KT3000	3000	4500	45000	260	3600×1600×2200	2500
NSSW—KT3600	3600	5400	54000	310	4000×1800×2400	3500
NSSW—KT4200	4200	6300	63000	360	4000×1800×2400	3500
NSSW—KT4800	4800	7200	72000	410	4000×1800×2400	3500
NSSW—KT5400	5400	8100	81000	460	4600×1800×2800	4500
NSSW—KT6000	6000	9000	90000	520	4600×1800×2800	4500
NSSW—KT6600	6600	9900	99000	570	4600×1800×2800	5000
NSSW—KT7200	7200	10800	108000	620	4600×1800×2800	5000
NSSW—KT7800	7800	11700	117000	670	4600×1800×2800	5000
NSSW—KT8400	8400	12600	126000	720	4600×2000×2800	6500
NSSW—KT9000	9000	13500	135000	770	4600×2000×2800	6500
NSSW—KT9600	9600	14400	144000	820	4600×2000×2800	6500

注：1. 以上机组尺寸按换热器1台、循环水泵1台、补水泵1台设计，尺寸仅供参考。

2. 机组基础尺寸为表中机组长、宽各加长300mm，基础高度150mm。

3. 供暖面积按华北地区热指标估算。

4. 一次侧热源：0.4MPa 饱和蒸汽，二次侧供回水温度：60/50℃ 或 50/40℃

5. 北京新元瑞普公司提供特殊要求的机组设计，量身定做。

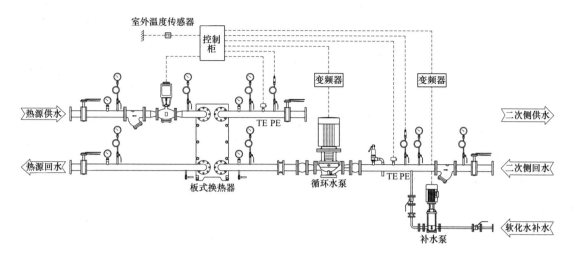

图 12-34　水水空调换热机组的原理

表 12-20　水水空调换热机组外形尺寸及性能

机组型号	供暖热负荷 /kW	供暖面积 /m²	二次侧流量 /(m³/h)	外形尺寸 (长/mm)×(宽/mm)×(高/mm)	运行质量 /kg
NSWW—KT300	300	4500	25	2300×1200×1600	800
NSWW—KT600	600	9000	50	2500×1200×1800	1200
NSWW—KT1200	1200	18000	100	3000×1400×2000	1800
NSWW—KT1800	1800	27000	150	3200×1400×2000	2200
NSWW—KT2400	2400	36000	200	3600×1600×2200	3000
NSWW—KT3000	3000	45000	260	3600×1600×2200	3000
NSWW—KT3600	3600	54000	310	4000×1800×2400	4000
NSWW—KT4200	4200	63000	360	4000×1800×2400	4000
NSWW—KT4800	4800	72000	410	4000×1800×2400	4000
NSWW—KT5400	5400	81000	460	4600×1800×2600	6500
NSWW—KT6000	6000	90000	520	4600×1800×2600	6500
NSWW—KT6600	6600	99000	570	4600×1800×2600	6500
NSWW—KT7200	7200	108000	620	4600×1800×2600	6500
NSWW—KT7800	7800	117000	670	5000×2200×3000	9000
NSWW—KT8400	8400	126000	720	5000×2200×3000	9000
NSWW—KT9000	9000	135000	770	5000×2200×3000	9000
NSWW—KT9600	9600	144000	820	5000×2200×3000	9000

注：1. 以上机组尺寸按换热器 1 台、循环水泵 1 台、补水泵 1 台设计，尺寸仅供参考。

    2. 机组基础尺寸为表中机组长、宽各加长 300mm，基础高度 150mm。

    3. 供暖面积按华北地区热指标估算。

    4. 一次侧热源：110/80℃ 或 95/70℃ 高温热水，二次侧供回水温度：60/50℃ 或 50/40℃。

    5. 北京新元瑞普公司提供特殊要求的机组设计，量身定做。

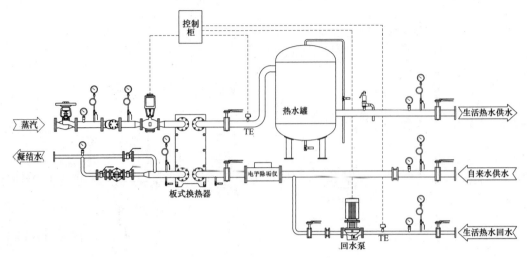

图 12-35　汽水生活热水换热机组的原理

表 12-21　汽水生活热水换热机组外形尺寸及性能

机组型号	热负荷 /kW	蒸汽耗量 /(kg/h)	供热水量 /(m³/h)	供应户数 (户)	外形尺寸 (长/mm)×(宽/mm)×(高/mm)	运行质量 /kg
NSSW—SH2	116	174	2	12	1600×1000×1600	700
NSSW—SH5	290	435	5	30	1800×1200×1800	1000
NSSW—SH10	580	870	10	70	2000×1200×2000	1500
NSSW—SH15	870	1305	15	100	2000×1200×2000	1500
NSSW—SH20	1160	1740	20	130	2200×1500×2000	2500
NSSW—SH30	1740	2610	30	220	2500×1700×2200	3500
NSSW—SH40	2330	3480	40	300	2800×1900×2400	4500
NSSW—SH50	2900	4350	50	420	2800×1900×2400	4500
NSSW—SH60	3490	5220	60	500	3200×2100×2600	5500
NSSW—SH80	4650	6960	80	760	3500×2300×2600	7200
NSSW—SH100	5810	8700	100	950	3700×2500×3000	8800

注：1. 以上机组尺寸按换热器 1 台、回水泵 1 台设计，尺寸仅供参考。

2. 机组基础尺寸为表中机组长、宽各加长 300mm，基础高度 150mm。

3. 一次侧热源：0.4MPa 饱和蒸汽，二次侧供水温度：60℃。

4. 北京新元瑞普公司提供特殊要求的机组设计，量身定做。

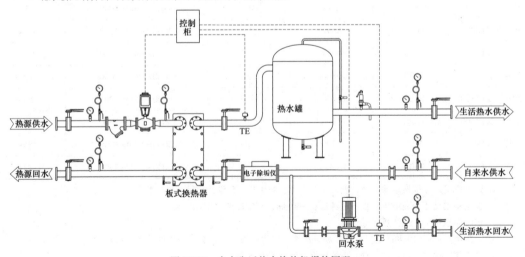

图 12-36　水水生活热水换热机组的原理

表 12-22 水水生活热水换热机组外形尺寸及性能

机组型号	热负荷 /kW	供热水量 /(m³/h)	供应户数 (户)	外形尺寸 (长/mm)×(宽/mm)×(高/mm)	运行质量 /kg
NSWW—SH2	116	2	12	1600×1000×1600	800
NSWW—SH5	290	5	30	1600×1000×1600	800
NSWW—SH10	580	10	70	1800×1200×1800	1200
NSWW—SH15	870	15	100	1800×1200×1800	1200
NSWW—SH20	1160	20	130	2200×1400×2000	2000
NSWW—SH30	1740	30	220	2200×1400×2000	2000
NSWW—SH40	2330	40	300	2500×1600×2000	2800
NSWW—SH50	2900	50	420	2500×1600×2000	2800
NSWW—SH60	3490	60	500	2800×1800×2200	3800
NSWW—SH80	4650	80	760	3200×2000×2400	5400
NSWW—SH100	5810	100	950	3400×2200×2600	6600

注：1. 以上机组尺寸按换热器 1 台、回水泵 1 台设计，尺寸仅供参考。

2. 机组基础尺寸为表中机组长、宽各加长 300mm，基础高度 150mm。

3. 一次侧热源：110/80℃或 95/70℃高温热水，二次侧供水温度：60℃。

4. 北京新元瑞普公司提供特殊要求的机组设计，量身定做。

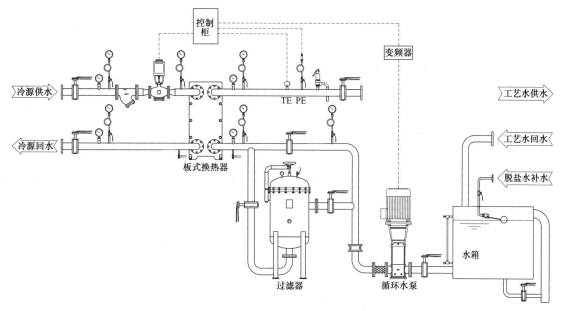

图 12-37 工艺冷却水换热机组的原理

表 12-23 工艺冷却水换热机组外形尺寸及性能

机组型号	冷负荷 /kW	工艺供水量 /(m³/h)	外形尺寸 (长/mm)×(宽/mm)×(高/mm)	运行质量 /kg
NSWW—GY10	58	10	1700×1200×1700	700
NSWW—GY20	116	20	1800×1200×1800	800
NSWW—GY30	174	30	1900×1300×1800	1000
NSWW—GY40	232	40	2500×1500×1900	1600
NSWW—GY50	290	50	2500×1500×1900	1600
NSWW—GY60	348	60	2500×1500×1900	1600
NSWW—GY70	406	70	3000×1600×2000	2200
NSWW—GY80	464	80	3000×1600×2000	2200

（续）

机组型号	冷负荷 /kW	工艺供水量 /(m³/h)	外形尺寸 （长/mm）×（宽/mm）×（高/mm）	运行质量 /kg
NSWW—GY90	522	90	3000×1600×2000	2200
NSWW—GY100	580	100	3000×1600×2100	2800
NSWW—GY110	638	110	3000×1600×2100	2800

注：1. 以上机组尺寸按换热器 1 台、循环水泵 1 台、过滤器 1 台设计，不包括水箱，尺寸仅供参考。

　　2. 机组基础尺寸为表中机组长、宽各加长 300mm，基础高度 150mm。

　　3. 水箱材质采用 304 不锈钢，水箱容积一般不小于 10min 系统供水量。

　　4. 一次侧冷源：7/12℃，二次侧供回水温度：20/25℃。

　　5. 北京新元瑞普公司提供特殊要求的机组设计，量身定做。

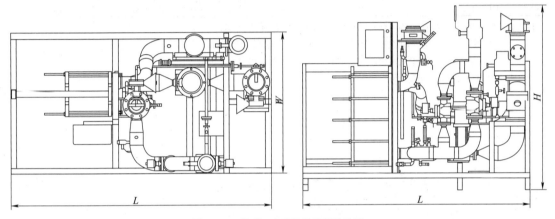

图 12-38　供暖、空调换热机组的外形

7. 浸没式汽水消声加热器

（1）概述　浸没式汽水消声加热器为一种新型的、结构简单、低噪声、振动小的汽水混合加热器。它与 CLW 型温度控制器、CLSK 型液位控制仪组合成十分实用的加热系统，适用于民用建筑、工业建筑的生活热水供应、小型生产热水供应。

　1）工作原理。进入加热器芯体的蒸汽，沿侧壁斜向小孔高速喷出。其动能被水吸收，推动水沿芯体边缘切线方向流动，以较大角度与壳体内壁接触，受壳体阻拦而旋转。由于壳体容积设计合理，水流旋转速度适宜且稳定。

　旋转水流不仅能更好地吸收蒸汽动能、消除噪声，也将蒸汽流冲散，形成大量的微小汽水单元组合体。这种小体积的组合体混合时，产生的噪声很低。

　旋转热水流受其自身离心力的作用，趋向壳体内壁，受挤压后从壳体上、下板外孔甩出，能推动附近乃至整个水箱中的水旋转，使水温趋于一致。

　热水从壳体上、下板外孔甩出后，在壳体内形成负压，加热器外冷水沿壳体上、下板内孔被吸入壳体内。如此循环将水箱中的水加热升温。

　2）结构外形。浸没式汽水消声加热器由芯体、壳体、接管及法兰构成。材质为不锈钢。

　浸没式汽水消声加热器的结构如图 12-39 所示。

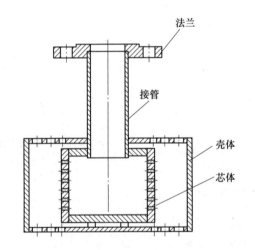

图 12-39　浸没式汽水消声加热器的结构

（2）技术特点

1）热效率高，蒸汽利用率最高可达 100%。

2）热源蒸汽直接经加热器进入水箱，可省却热水用泵设备, 节省投资。

3) 水、汽分开控制, 水箱内剩余冷水可重复加热, 控温方便。

4) 与其他形式加热器比较, 噪声、振动大幅降低。实际检测, 整个加热器的噪声约为 50dB (A)。

5) 设备结构简单、安装方便、无需维修、寿命长。

8. 水泵

换热站或换热机组中使用的水泵一般为离心泵, 水泵的设计压力和设计温度应与输送介质的参数相匹配。当热力网循环水温度较高时, 可选择耐高温的热水泵。常用水泵举例如下:

1) ISWR 型卧式热水泵。

① 用途。ISWR 型卧式热水泵适用于输送温度低于 120℃ 的、不含固体颗粒的高温热水。性能范围: 流量 $q_V = 2 \sim 1200 \text{m}^3/\text{h}$, 扬程 $H = 70 \sim 1250 \text{kPa}$。

② ISWR 型卧式热水泵的外形如图 12-40 所示。

2) G 系列管道屏蔽电泵。

① 用途。G 系列管道屏蔽电泵适用于常用热水温度 ≤95℃ 热力网系统及高温热水温度 ≤150℃ 热力网系统的循环、增压、补水、远距离输送。性能范围:

流量 $q_V = 1 \sim 1080 \text{m}^3/\text{h}$, 扬程 $H = 50 \sim 1050 \text{kPa}$。该水泵电动机采用冷水 (利用进出口压差), 全封闭, 噪声低。

② G 系列管道屏蔽电泵的外形如图 12-41 所示。

3) IS 型单级单吸离心泵。IS 型单级单吸离心泵适用于输送清水或物理化学性质类似清水的其他液体, 其温度 ≤80℃。性能范围: 流量 $q_V = 6.3 \sim 400 \text{m}^3/\text{h}$, 扬程 $H = 5 \sim 125 \text{m}$。

4) Sh 型单级双吸离心泵。Sh 型单级双吸离心泵适用于输送不含固体颗粒及温度 ≤80℃ 的清洁液体。性能范围: 流量 $q_V = 126 \sim 12500 \text{m}^3/\text{h}$, 扬程 $H = 9 \sim 140 \text{m}$。

5) R 型热水循环泵。R 型热水循环泵用于输送 250℃ 以下不含固体颗粒的高温热水。性能范围: 流量 $q_V = 6.5 \sim 405 \text{m}^3/\text{h}$, 扬程 $H = 20 \sim 72 \text{m}$。

6) SLW (SLWR) 型离心泵。SLW 型离心泵适用于输送清水或物理化学性质类似清水的其他液体, 其温度 ≤80℃。SLWR 型离心泵与 SLW 型离心泵适用范围一样, 其温度 ≤120℃。

12.1.10 换热站平面图系统图实例

汽水换热站平面布置实例如图 12-42 所示。

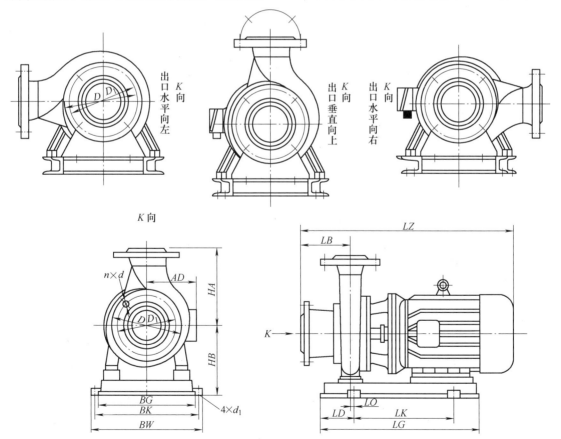

图 12-40 ISWR 型卧式热水泵的外形

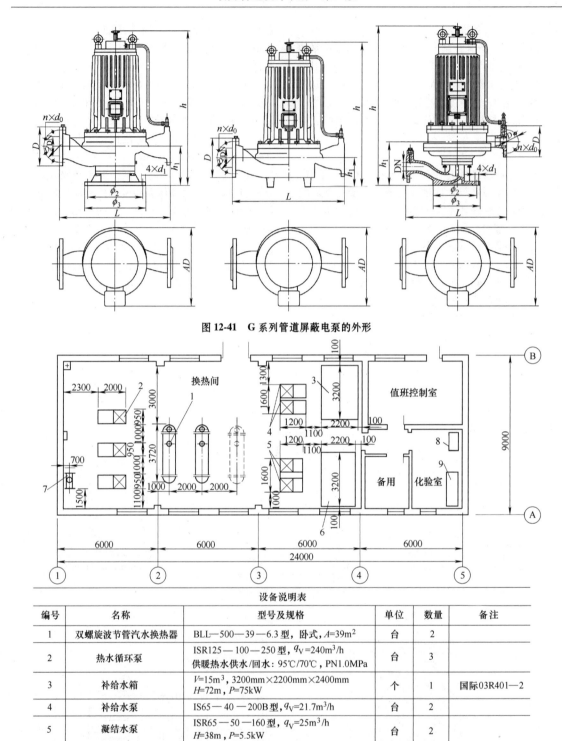

图 12-41 G 系列管道屏蔽电泵的外形

设备说明表

编号	名称	型号及规格	单位	数量	备注
1	双螺旋波节管汽水换热器	BLL—500—39—6.3 型，卧式，$A=39\mathrm{m}^2$	台	2	
2	热水循环泵	ISR125—100—250 型，$q_V=240\mathrm{m}^3/\mathrm{h}$ 供暖热水供水/回水：95℃/70℃，PN1.0MPa	台	3	
3	补给水箱	$V=15\mathrm{m}^3$，3200mm×2200mm×2400mm $H=72\mathrm{m}$，$P=75\mathrm{kW}$	个	1	国际03R401—2
4	补给水泵	IS65—40—200B型，$q_V=21.7\mathrm{m}^3/\mathrm{h}$	台	2	
5	凝结水泵	ISR65—50—160 型，$q_V=25\mathrm{m}^3/\mathrm{h}$ $H=38\mathrm{m}$，$P=5.5\mathrm{kW}$	台	2	
6	凝结水箱	$V=15\mathrm{m}^3$，3200mm×2200mm×2400mm $H=32\mathrm{m}$，$P=5.5\mathrm{kW}$	个	1	国际03R401—2
7	过滤器	反冲排污直通式 DN=350mm，PN1.0=MPa	个	1	
8	柜子	1200mm×600mm×200mm	个	1	
9	单席化验工作台		个	1	

图 12-42 汽水换热站平面布置实例

12.2 凝结水站

12.2.1 简述

蒸汽凝结水的回收和利用，随着市场经济的发展，在节能和环保的领域中普遍受到重视。它对降低锅炉燃料消耗，节约用水，节省水处理费用，减少余热、余汽的污染，延长锅炉及热力网系统使用期等均起重要作用。

根据国家多年来的有关节能政策，规定蒸汽用汽时，凝结水回收率不宜少于 70%。

凝结水站是当蒸汽凝结水以自流或余压的方式不能返回锅炉房时，将蒸汽凝结水聚集回收，用泵加压或用驱动介质蒸汽、压缩空气加压返回锅炉房的站房。

凝结水站可单建，或者附属换热站、水泵房等形式。凝结水站主要由凝结水箱、水泵、管道或凝结水回收装置以及电气控制与计量仪表组成。

12.2.2 一般设计原则

1）凝结水站设计必须贯彻国家节能政策和法令，遵守有关规范和安全规程，力求技术先进，设备可靠成熟，方案经济合理。

2）蒸汽凝结水回收的一般原则：

① 蒸汽间接用汽用户的凝结水系统，凝结水回收率应达到 60% 以上。

② 生产蒸汽的凝结水除被加热介质为有毒（如氰化物液体等），或有强烈腐蚀性的溶液外，应尽可能加以回收。不能回收的凝结水应考虑回收其热量，处理达标后方可排放。

③ 设计蒸汽凝结水系统时，应综合考虑其凝结水量、水质、回收返回距离、地形高差等因素，并经技术经济比较分析，充分回收和利用凝结水和二次蒸汽。在条件允许情况下，尽量采用闭式满管凝结水系统。

④ 生活蒸汽的凝结水和生产蒸汽的凝结水，当压差大于或等于 0.3MPa 时，宜分开管路系统返回凝结水箱；当压差小于 0.3MPa 时，可以合并管路系统返回凝结水箱。

3）室内凝结水支管或总管上应设置过滤器；对凝结水有可能被污染的系统，应设置水质监督测量装置。凝结水应符合国家标准 GB/T 1576—2018《工业锅炉水质》的规定，方可作为锅炉给水。

4）含油污的凝结水经水质处理后应达到以下指标：

① 总硬度：小于或等于 0.03mg/L。

② 悬浮物：小于或等于 5mg/L。

③ 溶解氧：小于或等于 0.1mg/L。

④ 含油量：小于或等于 2mg/L。

⑤ 含铁量：小于或等于 0.3mg/L。

⑥ pH 值（25℃）：大于或等于 7。

5）根据用汽设备的性质和凝结水被污染程度，确定是否应设置加药处理或其他处理装置。

12.2.3 工艺系统

1）开式凝结水系统流程如图 12-43 所示。

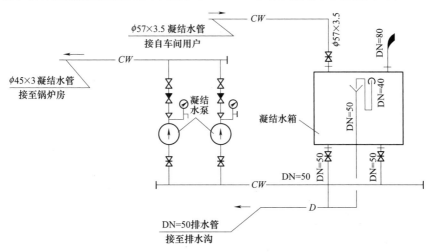

图 12-43 开式凝结水系统流程

2）闭式凝结水系统流程如图 12-44 所示。

12.2.4 布置及设计要求

1. 凝结水站的布置及设计要求

1）凝结水站的凝结水箱安装标高，必须满足厂区各用户蒸汽凝结水自流或余压返回水箱的要求，并由此确定凝结水站设在底层或地下室。

2）凝结水站设在厂区地势较低地区，利于凝结水自流或余压返回。若设在地下室，一般深度不宜超过 4.0m。

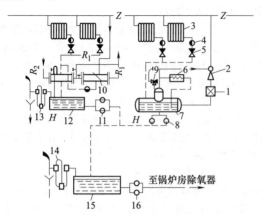

图 12-44　闭式凝结水系统流程

1—二次汽用户　2—蒸汽喷射器　3—一次汽用户
4—疏水阀　5—止回阀　6、10—换热器　7—分站承压
水箱　8、11、16—水泵　9—安全阀　12—分站水箱
13、14—安全排汽溢流水封　15—锅炉房凝结水箱

3）凝结水站应具有良好的采光条件及通风措施，以保障正常的劳动条件。

4）凝结水站面积由系统负荷的大小、设备和管道的安装外形尺寸确定，并考虑适当的操作面积及检修通道。

5）凝结水站层高由下列因素决定：

① 凝结水箱的高度。

② 水泵轴线与水箱出水管底的正水头高度。

③ 水封保护装置的安装高度。

④ 泵房内凝结水箱回形管高度（图 12-45）。回形管高度 h 满足室外凝结水管满管运行的要求。凝结水箱上回形管管底标高，应高出室外凝结水管的最高点（$100p_0 + 0.5$m），其中 p_0 是水箱可能达到的最大真空度。

6）凝结水站设在地下室时，土建结构应根据地质及地下水情况，考虑良好的防水构造，同时站内应考虑排水措施。

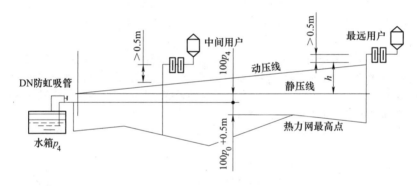

图 12-45　凝结水箱回形管高度

h—回形管高度　p_0—水箱可能达到的最大真空度　p_4—水箱工作压力（安全水封最大压力）

2. 设备的布置及设计要求

1）应有足够的地方来布置凝结水箱、水泵、水封及其他附属设备，并要考虑设备的安装及检修。

2）水泵基础应高出地面 0.15m 以上；水泵基础之间、水泵基础距墙净距不应小于 0.7m。当地方狭窄时，水泵电动机容量不大于 20kW，其两台水泵可作联合基础，机组之间突出部分净距不应小于 0.3m。但两台以上水泵不应作联合基础。

3）凝结水箱一般选用开式方形，用隔板分隔为二。箱外应有水联通管，便于相互切换使用。水箱距墙的距离不应小于 0.1m。

4）厂区蒸汽凝结水系统为闭式满管系统时，站内凝结水箱应为闭式水箱。

5）开式凝结水箱排气管直接至室外排空。或者排气管经填料喷淋冷却器排至室外。填料喷淋冷却器设于箱顶上，二次蒸汽被冷却，随凝结水流到凝结水箱内，冷却用水采用软化水。闭式凝结水箱排气管经水封至室外排空。

6）凝结水系统返回凝结水箱的水温为 80~100℃时，凝结水箱底到水泵轴线的距离（正水头高度）取 0.8~1.0m。当水温超过 100℃时可取 1.0~1.5m。

7）凝结水箱应设有自动控制水位的装置，与水泵联锁启动和停泵，并有声光信号传到控制间。

12.2.5　设备计算及选择

1. 凝结水泵

1）凝结水泵一般至少安装 2 台，其中一台备用。若凝结水泵设置多台，也应有一台备用。当任何一台凝结水泵停止运行时，其凝结水泵的总容量不应小于凝结水回收总量的 120%。

2）凝结水泵的容量，可按进入凝结水箱的最大小时水量和凝结水泵的工况来确定。当有大量补水入凝结水箱时，其站内凝结水泵可按连续工作考虑。

3）凝结水泵台数和容量的选择可参照表 12-24。

4）凝结水泵扬程一般按式（12-52）计算。

$$H = (p + H_1 + H_2 + H_3) \qquad (12\text{-}52)$$

式中　H——凝结水泵扬程（kPa）；

p——锅炉房回水箱工作压力（kPa），闭式水箱 $p=2\sim20$kPa（$p=p_4$），开式水箱 $p=0$；

H_1——管道系统总压力降（kPa）；

H_2——凝结水箱最低水位与锅炉房回水箱凝结水进口的标高差（kPa）；

H_3——附加水头，一般取 $H_3=50$kPa。

5）为防止凝结水泵输送高温凝结水而产生汽蚀现象，破坏水泵的运行，离心式凝结水泵的灌注正水头 H_2 应符合下列规定：

① 开式水箱：

$$H_2 > p_{BH} - p_g + h_\lambda + h_1 \qquad (12\text{-}53)$$

② 闭式水箱：

$$H_2 > h_\lambda + h_f + \Delta p_g \qquad (12\text{-}54)$$

式中　H_2——灌注正水头（kPa）；

p_{BH}——水泵进口的绝对饱和压力（kPa）；

p_g——水箱内汽层压力（kPa）；

h_λ——吸水管道的阻力损失（kPa）；

h_1——附加阻力损失（kPa），一般取 $3\sim5$kPa；

h_f——水泵汽蚀余量（kPa）；

Δp_g——考虑水箱压力瞬变的裕量，$\Delta p_g = 0.3\sim0.5$（kPa）。

6）离心式水泵正水头与允许吸水高度和水温的关系见表 12-25，可供离心式凝结水泵选用参考。

2. 凝结水箱

1）凝结水箱容积可按式（12-55）计算。

$$V = (1/3 \sim 2/3)q_m \qquad (12\text{-}55)$$

式中　V——凝结水箱容积（m^3）；

q_m——凝结水最大小时回水量（m^3/h）；

$1/3$、$2/3$——系数。供暖通风负荷取 $1/3$，生产负荷取 $2/3$。

表 12-24　凝结水泵台数、容量的选择

凝结水泵台数	凝结水泵最小容量/（m^3/h）			
	间断工作		连续工作	
	每台容量	全部容量	每台容量	全部容量
2	$2.0q_m$	$4.0q_m$	$1.2q_m$	$2.4q_m$
3	$1.0q_m$	$3.0q_m$	$0.6q_m$	$1.8q_m$
4	$0.7q_m$	$2.8q_m$	$0.4q_m$	$1.6q_m$

注：q_m——进入凝结水箱的计算总回水量（m^3/h）。

表 12-25　离心式水泵正水头与允许吸水高度和水温的关系

凝结水温度/℃	0	10	20	30	40	50	60	75	80	90	100	110	120
最大吸水高度/m	6.4	6.2	5.9	5.4	4.7	3.7	2.3	—	—	—	—	—	—
最小允许正水头/kPa	—	—	—	—	—	—	—	0	20(2m)	30(3m)	60(6m)	110(11m)	175(17.5m)

2）凝结水箱的有效容积按水箱容积 80% 计算为宜。

3）凝结水箱宜采用闭式水箱，用安全水封控制箱内压力，一般控制压力为 $5\sim20$kPa。保持正压密封，避免水箱内形成真空负压吸入空气。

4）凝结水箱一般选用方形凝结水箱或隔板方形水箱。箱体的规格按设计说明选用，详见国家标准图集 03R401-2《开式水箱》选择确定。

5）凝结水闭式水箱的选用可按有关压力容器制造许可单位的产品规格选用及订购。

3. 凝结水回收装置

（1）高温密闭式冷凝水自动回收装置

1）概述。供暖通风、生产、生活等蒸汽热源用户，经换热器制取高温、低温热水，并有高质量凝结水及大量余热，若不加以回收利用，将造成能源的很大浪费。凝结水回收利用已成节能及环保的重要环节之一。高温密闭式冷凝水自动回收装置，可回收高温冷凝水。采用专利技术变速引射增压装置，有效地防止凝结水泵汽蚀，有利于节能及环保，有利于供热系统正常运行。

2）技术特点：

① 高效。回收装置运用了独创的汽蚀消除装置，变速引射增压旁路，在回收罐出口设有防涡旋装置，消除了凝结水泵汽蚀，使凝结水回收在高

温、密闭条件下运行。压力自动调节，凝结水和二次汽全部能回收利用，凝结水回收率及锅炉给水温度均得到提高。凝结水回收装置系统如图 12-46 所示。

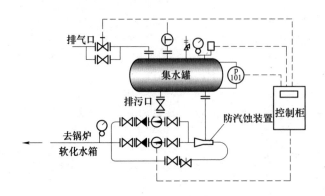

符号	名称
	安全阀
	疏水阀
	压力表
	闸阀
	液位传感器
	压力控制器
	止回阀
	排气电磁阀

图 12-46 凝结水回收装置系统

② 节能环保。系统上解决了汽蚀难题，使凝结水和二次汽得到充分回收利用，节省燃料，减少二氧化碳、二氧化硫、烟尘等有害物的排放，减少热污染和噪声污染。

③ 自动化程度高。回收装置采用自动控制启闭、自动调压、自动报警、双泵自动切换等措施，组成多种性能融为一体的闭式回水自动化管理装置，可无人值班，运行可靠。

④ 使用寿命长。回收装置解决汽蚀对设备、管道的腐蚀影响，同时安全调压装置封隔大气，其闭式系统能有效防止氧气的进入，延长锅炉、水泵、管道使用期限。

⑤ 体积小，安装使用方便。回收装置采用圆形罐式结构，机电一体化，占地面积少，减少土建

投资。

（2）真空暖水泵

1）概述。真空暖水泵（组）为蒸汽凝结水在供热循环系统中的中转传送装置。它以真空收集各个密闭加热系统的蒸汽凝结水的方式，用管道泵正压将凝结水输送返回锅炉房的水箱。

2）技术特点：真空泵能将水箱内的空气抽出，形成真空。依靠真空负压，将管网中蒸汽凝结水吸至水箱内。液位信号计控制管道泵，使水位保持在一定范围内。真空控制器控制专用真空泵，使箱内压力维持在-0.03～-0.02MPa。真空泵与管道泵的控制可以手动操作，也可通过真空控制器和液位信号计实现自动控制，达到无人值班操作运行。工作原理如图 12-47 所示。

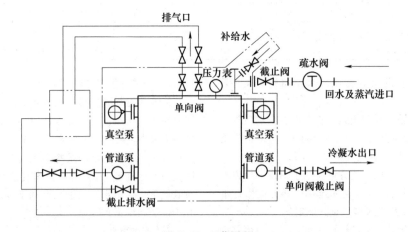

图 12-47 工作原理

12.2.6 凝结水站平面图及系统图实例

1. 凝结水站平面图实例如图 12-48 所示。

2. 凝结水站系统图实例如图 12-49 所示。

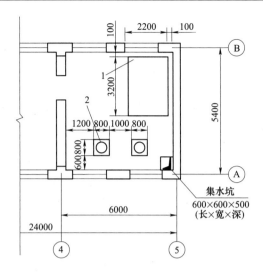

设备说明表				
编号	名称	型号及规格	单位	数量
1	凝结水箱	$V=15m^3$，方形3200mm×2200mm×2400mm	个	1
2	管道泵	G30–32–5.5NY型，q_V=30m³/h H=32m	台	2
	电动机	P=5.5kW	台	2

图 12-48　凝结水站平面图实例

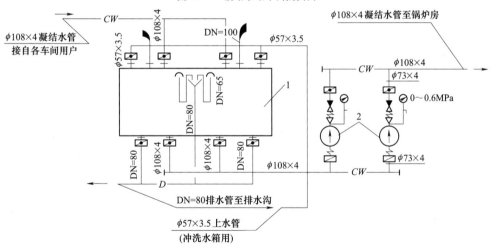

设备说明表				
编号	名称	型号及规格	单位	数量
1	凝结水箱	$V=15m^3$，3800mm×2600mm×1800mm，隔板方形	个	1
2	凝结水泵	ISWR50–160(I)型，q_V=25m³/h H=32m	台	2
	电动机	P=4kW	台	2

图 12-49　凝结水站系统图实例

12.3 气体汇流排间

12.3.1 氧气、氮气、氢气汇流排间

1. 概述

各种工业气体的储存及输送供应,一般有气态和液态两种形式,但供气形式多样,可根据具体情况、经济合理、安全可靠、运输方便、气体纯度质量等选择合理方案。气体汇流排集气体储存、调压、输送及供应为一体,结合紧凑、安全方便、操作简单,是目前中小规模供气系统,使用最为广泛的一种集中供气方式。其工作原理是将瓶装气体通过卡具及回型导管输入至汇流排主管道,经减压装置减压至用户需要的压力后,经管道输出。

汇流排根据其结构形式分为单侧式气体汇流排、双侧式气体汇流排;根据操作性能可分为手动汇流排、半自动汇流排、全自动汇流排;根据汇流排材质分为黄铜汇流排和不锈钢汇流排。汇流排工作压力与配置气瓶有关,氧气、氮气、氢气气瓶一般为外购,其最高工作压力为15MPa,水容积为V=40L。

氧气、氮气、氢气采用汇流排供应时,一般配套设置汇流排间、实瓶间、空瓶间等房间。汇流排间可常用氧气、氮气、氢气汇流排的外形如图12-50所示。

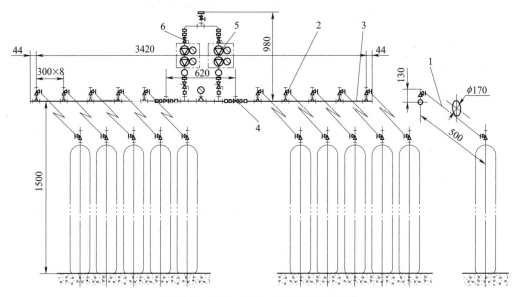

图12-50　氧气、氮气、氢气汇流排的外形
1—回形导管　2—直角阀　3—汇流管　4—高压截止阀　5—减压器　6—低压截止阀

汇流排间单建,或附属于动力站房,或与车间一起合建。

2. 一般设计原则

1)氧气、氮气、氢气汇流排间的设计,应遵循国家有关方针政策,确保安全生产,节约能源,保护环境,满足生产要求,做到技术先进和经济合理。

2)氧气、氮气、氢气汇流排间的设计,应符合现行的 GB 50016—2014《建筑设计防火规范》(2018年版)和 GB 4962—2008《氢气使用安全技术规程》的规定。

①氢气汇流排间按甲类生产火灾危险性厂房类别考虑,应为一、二级耐火等级的建筑。

②氧气汇流排间按乙类生产火灾危险性厂房类别考虑,应为一、二级耐火等级的建筑。

③氮气汇流排间按戊类生产火灾危险性厂房类别考虑,应为二、三级耐火等级的建筑。

④面积不超过300m²独立单建氧气、氢气汇流排间,可采用三级耐火等级的单层建筑。

3)氧气汇流排间的设计,GB 50030—2013 应按《氧气站设计规范》和 GB 16912—2008《深度冷冻法生产氧气及相关气体安全技术规程》的有关规定,并应符合下列要求:

①输氧量不超过60m³/h的氧气汇流排间、氧气压力调节阀组的阀门室可设在不低于三级耐火等级的用户厂房内靠外墙处,并应采用耐火极限不低于2.0h的不燃烧体隔墙和丙级防火门,与厂房的其他部分隔开。

②输氧量超过60m³/h的氧气汇流排间、氧气压力调节阀组的阀门室宜布置成独立建筑物,当与用户厂房毗连时,其毗连的厂房的耐火等级不应低于二级,并应用耐火极限不低于2.0h的不燃烧体无门、窗、洞的隔墙与该厂房隔开。

4）氧气、氮气、氢气汇流排间应布置在远离明火或散发火花的地方，而且不宜布置在人员密集地区和主要交通要道处。面积不超过 100m² 的房间，可只设一个直通室外的出入口，门窗外开，门宽不小于 1.2m。面积超过 100m² 的应设两个以上出入口，其中一个直通室外。

5）氧气、氮气、氢气汇流排设计应设置两组或两组以上，一组供气，一组倒换钢瓶。每组钢瓶的数量应按用户最大小时耗量和供气时间确定，也可按本节的汇流排容积计算确定。

6）氢气汇流排间、实瓶间、空瓶间的设计，应符合 GB 50177—2005《氢气站设计规范》的规定。房间耐火等级不应低于二级，宜采用单层建筑。

7）氢气汇流排间内氢气实瓶数不超过 60 瓶或占地面积不超过 500m² 时，可以与耐火等级不低于二级的用氢车间，或者与耐火等级不低于二级的非明火作业的丁、戊类车间毗连，但毗连的墙应为无门、窗、洞的防火墙，并宜布置在靠厂房的外墙或端部。

8）氧气、氮气、氢气汇流排间，与无爆炸危险房间之间不应直接相通。若需相通时，应以走廊相连或设置两个错开的双门斗间。门采用自动关闭（如弹簧门），且耐火极限不低于 0.9h。

9）汇流排间内当气体实瓶的数量不超过 60 瓶时，实瓶、空瓶和气体汇流排可布置在同一房间内。但实瓶、空瓶必须分别存放，且实瓶与空瓶之间的间距不小于 0.3m。空（实）瓶与汇流排之间净距不宜小于 2m。

10）汇流排间和实瓶间、空瓶间内的通道净宽，应根据气瓶运输方式确定，但不宜小于 1.5m，并应有支架、栅栏等防止倒瓶的措施。实瓶间应有遮阳措施，防止阳光直射气瓶。

11）氧气、氮气汇流排间的（屋架下弦）高度，不宜小于 3.5m。氢气汇流排间的（屋架下弦）高度，不宜小于 4.5m。

12）汇流排间、实瓶间、空瓶间室外，应设有气瓶的装卸平台。平台宽度不宜小于 2.0m，平台高度可按气瓶运输工具高度确定，一般宜高出室外地坪 0.6~1.2m。气瓶装卸平台设置大于平台宽度的雨篷，雨篷及其支撑材料应为不燃烧体。

13）汇流排间应尽量宽敞。汇流排宜靠墙布置，并特设固定气瓶的框架。汇流排间应设置防护墙时，其高度不应低于 2.0m，为钢筋混凝土构造，厚度大于 200mm。

14）氢气汇流排间、实瓶间、空瓶间的上部空间应有良好通风措施，顶棚应平整，避免死角积聚氢气。防爆泄压面积应按 GB 50016—2014《建筑设

计防火规范》（2018 年版）的要求计算确定

15）各种气瓶的数量，一般按用户一昼夜用气数的 3 倍确定，但不包括备用储气瓶。

对独立瓶库的气瓶储量，应根据生产用量，气瓶周转量和运输条件确定。

16）氢气汇流排间、实瓶间、空瓶间，应设氢气检漏装置。室内必须通风良好，保证空气中氢气最高含量不得超过 0.4%（体积分数）。建筑物顶部或外墙的上部设气窗（楼）或排气孔。排气孔应朝向安全地带。室内自然通风换气次数每小时不得少于 3 次，事故排风装置每小时换气次数不得少于 12 次，并与氢气检漏装置联锁。

17）氢气汇流排间、实瓶间、空瓶间属有爆炸危险环境场所，其电气设备选型不应低于氢气爆炸混合物的级别、组别（ⅡCT1）。电气设计、电气设备及配线接地应按现行国家标准 GB 50058—2014《爆炸危险环境电力装置设计规范》中 1 区的规定执行。

18）氧气、氮气、氢气汇流排间、实瓶间、空瓶间，严禁采用明火供暖。室内供暖计算温度除汇流排间为 15℃ 外，其余为 10℃。散热器应采取隔热措施，以防止气瓶局部受热。

19）氧气汇流排、管道、阀门和附件，应严格要求脱脂除油。氧气管道、氢气管道及放散管（含阻火器）均应考虑防雷、防静电接地接点措施，接地电阻不应大于 10Ω。

20）为保障氧气、氮气、氢气汇流排间的管道设计质量及施工、安装、验收要求，应遵守国家标准 GB 50316—2000《工业金属管道设计规范》（2008 版）、GB 50235—2010《工业金属管道工程施工规范》以及 GB 50184—2011《工业金属管道工程施工质量验收规范》的有关规定。

21）氢气汇流排及管道应设含氧量小于 0.5% 的氮气置换吹扫管接头，并根据房间大小和具体情况，考虑相应的消防用水，配备干粉、卤代烷、二氧化碳等灭火器材。

22）管道中氧气的最大流速不应超过表 12-26 的规定；碳素钢管中氢气的最大流速不应超过表 12-27 的规定；碳素钢管中氮气的最大流速不应超过表 12-28 的规定。

23）氧气、氮气汇流排作为医院洁净手术部医用气体的气源和装置时，其汇流排间设计应遵守 GB 50333—2013《医院洁净手术部建筑技术规范》的有关规定。

24）氢气排放管应采用金属材料，不得使用塑料管或橡胶管；氢气排放管应设阻火器，阻火器应

设在管口处。氢气排放口垂直设置。当排放含饱和水蒸气的氢气（产生两相流）时，排放管内应引入一定量的惰性气体或设置静电消除装置，保证排放安全。室内排放管的出口应高出屋顶2m以上。室外设备的排放管应高于附近有人员作业的最高设备2m以上。排放管应设静电接地，并在避雷保护范围之内。排放管应有防止空气回流的措施。排放管应有防止雨雪侵入、水气凝集、冻结和外来异物阻塞的措施。

表 12-26　管道中氧气的最大流速

设计压力/MPa	≤0.1	0.1~3.0	3.0~10	10~20
最大流速/(m/s)	根据管系压力降确定	20（碳钢）30（不锈钢）	15（碳钢）25（不锈钢）	6（铜）4.5（不锈钢）

注：流速均指管内氧气在工作状态下的实际流速。

表 12-27　碳素钢管中氢气的最大流速

设计压力/MPa	>3.0	0.1~3.0	<0.1
最大流速/(m/s)	10	15	按允许压力降确定

注：氢气压力为0.1~3.0MPa，在不锈钢管中最大流速可为25m/s。

表 12-28　碳素钢管中氮气的最大流速

设计压力/MPa	<0.9	0.9~10	10~22
最大流速/(m/s)	8~12	6~10	<3.5

25）氢气、氧气汇流排间平面布置的防火间距见表12-29。

表 12-29　氢气、氧气汇流排间平面布置的防火间距

名　称		最小防火间距/m
其他建筑物耐火等级	一、二级	12
	三级	14
	四级	16
甲类物品库房		20
屋外变、配电站		25
民用建筑		25
重要公共建筑		50
明火或散发火花地点		30
水槽式可燃气体储罐/m³	≤1000	12
	1001~10000	15
	10001~50000	20
水槽式氧气储罐/m³	≤1000	10
	>1001~50000	12
易燃液体储罐/m³	1~50	15
	51~200	20
	201~1000	25
	1001~5000	30
可燃液体储罐		按5m³可燃液体等于1m³易燃液体折算

（续）

名　称		最小防火间距/m
煤和焦炭/t	100~5000	6
	>5000	8
厂外铁路（中心线）		非电力机车30 电力机车20
厂内铁路（中心线）		20
厂外道路（路边）		15
厂内主要道路（路边）		10
厂内次要道路（路边）		5

注：1. 建筑物之间的防火间距，按相邻外墙的最近距离计算，如外墙有突出的燃烧物件，则应从其突出部分外缘算起。储罐、变压器的防火间距，应从距建筑物最近的外壁算起，但储罐防火堤外侧基脚线至建筑物的距离，不应小于10m。
2. 固定容积氧气储罐、可燃气体储罐，其容积按水容量（m³）和工作压力（绝对压力，9.8×10⁴Pa）的乘积计算。按本表水槽式储罐的要求执行。
3. 汇流排间与架空电力线的防火间距，不应小于电线杆高度的1.5倍。

3. 汇流排容积计算

（1）氧气、氮气、氢气汇流排容积　氧气、氮气、氢气汇流排容积可按式（12-56）计算。

$$V = \frac{QT}{10(p_1 - p_2)} \quad (12-56)$$

式中　V——汇流排容积（m³）；
　　　T——汇流排供气时间（h），即从装瓶到换瓶时间，一般按24h计算；
　　　p_1——气瓶最大压力（MPa），一般取15MPa；
　　　p_2——用气点最大工作压力（MPa），氧气最大工作压力取1.6MPa；
　　　Q——气体平均小时消耗量（m³/h）（20℃，101.325kPa）；
　　　10——换算系数。

（2）汇流排气瓶数量　汇流排气瓶数量按式（12-57）计算。

$$n = \frac{1000V}{V_0} \quad (12-57)$$

式中　n——瓶数；
　　　V——汇流排容积（m³）；
　　　V_0——气瓶每瓶的容积（L），一般按$V_0 = 40$L。

（3）计算举例

【例12-6】 已知某车间氧气小时平均消耗量为5m³/h，用气点工作压力0.3MPa，单班制生产。求汇流排规格。

解： 按式（12-56）求汇流排容积V：

$$V = \frac{QT}{10(p_1 - p_2)} = \frac{5 \times 8}{10 \times (15 - 0.3)} \text{m}^3 = 0.28\text{m}^3$$

按式（12-57）求气瓶数 n：

$$n = \frac{1000V}{V_0} = \frac{0.28 \times 1000}{40} = 7$$

选用 YQ10S 150/15—1 型 10 瓶组氧气汇流排一组，每天单组换气一次。或者选用两组，一组供气，一组倒瓶换气，型号为 YQ20S 150/15—1 型 20 瓶组氧气汇流排。

4. 常用气体汇流排

（1）YQ、DQ、QQ 型气体汇流排

1）工作介质：氧气、氮气、氢气。

2）气瓶组合：1×5（5 瓶组），2×5（10 瓶组），2×10（20 瓶组）。

3）流通形式如图 12-51 所示。

4）输入压力：$p_1 = 15\text{MPa}$、3MPa。

5）输出压力：$p_2 = 0.1 \sim 1.5\text{MPa}$、$0.01 \sim 0.1\text{MPa}$。

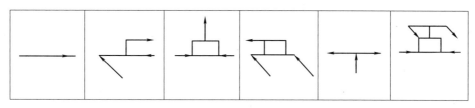

图 12-51　流通形式（一）

6）型号示例如图 12-52 所示。

7）型号规格及主要数据见表 12-30。

8）施工安装。气体汇流排施工安装，可以按设计布置图的形式，也可参照图 12-53~图 12-55。

图 12-52　型号示例（一）

表 12-30　气体汇流排型号规格及主要数据

序号	型号	瓶组	使用介质	用途	工作压力/MPa		流量/(m³/h)	流通形式	外形尺寸/mm			质量/kg
					输入压力	输出压力			长	宽	高	
1	YQ5S 150/1—1	5	氧气	输气	15	0.01~0.1	60		2240	710	200	30
2	YQ10S 150/1—1	10							3740	710	200	55
3	YQ5S 150/15—1	5				0.1~1.5	100		1450	1150	800	38
4	YQ5S 150/15—2	5							2000	710	200	30
5	YQ10S 150/15—1	10				0.1~1.5	2×100		3420	710	980	65
6	YQ10S 150/15—2	10							1570	1500	980	65
7	YQ20S 150/15—1	20							6420	710	980	115
8	DQ5S 150/1—1	5	氮气	输气	15	0.01~0.1	60		2240	710	200	30
9	DQ10S 150/1—1	10							3740	710	200	55
10	DQ5S 150/15—1	5				0.1~1.5	100		1450	1150	800	38
11	DQ5S 150/15—2	5							2000	710	200	30
12	DQ10S 150/15—1	10				0.1~1.5	2×100		3420	710	980	65
13	DQ10S 150/15—2	10							1570	1500	980	65
14	DQ20S 150/15—1	20							6420	710	980	115

（续）

序号	型号	瓶组	使用介质	用途	工作压力/MPa		流量 /(m³/h)	流通形式	外形尺寸/mm			质量 /kg
					输入压力	输出压力			长	宽	高	
15	QQ5S 150/1—1	5	氢气	输气		0.01~0.1	150		2240	710	200	30
16	QQ10S 150/1—1	10							3740	710	200	55
17	QQ5S 150/15—1	5			15	0.1~1.5	250		1450	1150	800	38
18	QQ5S 150/15—2	5							2000	710	200	30
19	QQ10S 150/15—1	10							3420	710	980	65
20	QQ10S 150/15—2	10							1570	1500	980	65
21	QQ20S 150/15—1	20							6420	710	980	115
22	YS5C 150—1	5	氧氮空气	充气					1650	200	200	30
23	YS10C 150—1	10							3500	200	200	60
24	EQ5S 30/1—1	5	乙炔	输气	3	0.01~0.15	10		2800	200	200	30
25	EQ10S 30/1—1	10					20		3900	200	980	65
26	EQ20S 30/1—1	20					40		7500	200	980	115
27	LPG5S 30/1—1	5	液化石油气	输气	3	0.01~0.15	20		1650	200	200	30
28	LPG10S 30/1—1	10					40		3900	200	950	65
29	LPG20S 30/1—1	20							7500	200	950	115

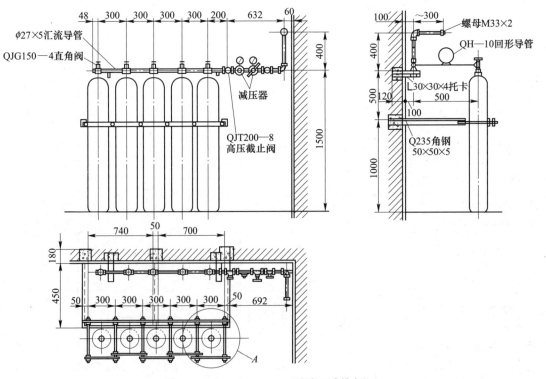

图 12-53 YQ5S 150/15—2 型氧气汇流排安装

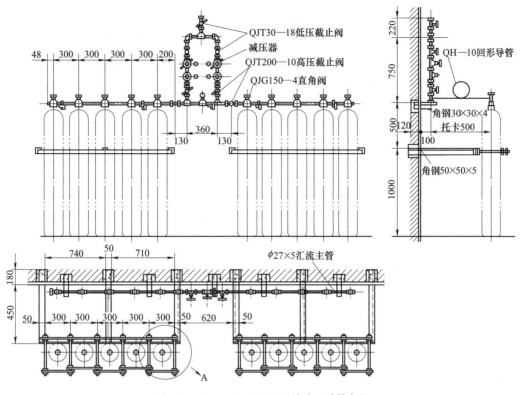

图 12-54 YQ10S 150/15—1 型氧气汇流排安装

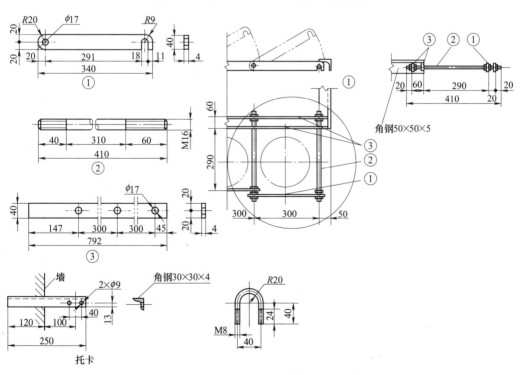

图 12-55 氧气汇流排零件

注：1. 零件①可活动外，其余均可在安装后焊牢固定。

2. 支架刷丹油两道后，再刷白漆或蓝漆两道。

9）使用说明：

① 开启。应缓慢开启减压器前的截止阀，由压力表指示压力；再顺时针转动减压器调节螺杆，低压压力表指示 p_2 值，向工作点供气，防止突然开启，冲击减压器，使减压器失灵。

② 停止供气。只需全松减压器调节螺杆，p_2 压力表为零后，再关闭截止阀，不使减压器长期受压。

③ 减压器的高压腔和低压腔都装有安全阀。当压力超过许用值时，安全阀自动打开排气；压力降到许用值，即自行关闭。平时切勿扳动安全阀。

④ 安装时，应注意连接部分的清洁，防止杂物进入减压器。

⑤ 连接部分发现漏气，一般是由于螺纹拧紧力不够，或垫圈损坏，应拧紧螺栓或更换密封垫圈。

⑥ 发现减压器有损坏或漏气，或低压表压力有不断上升，以及压力表不到零位等现象，应及时进行修理。

⑦ 汇流排应按规定使用一种介质，不得混用，以免混用而发生危险。

⑧ 氧气汇流排严禁接触油脂，以免发生火警事故。

⑨ 气体汇流排不要安装在有腐蚀性介质的地方。

⑩ 气体汇流排不得逆向向气瓶充气。

10）生产厂：上海气体阀门总厂（上海劳动阀门厂）。

（2）HLP 型气体汇流排

1）工作介质：氧气、氮气、氢气。

2）气瓶组合：1 组×5 瓶，2 组×5 瓶，1 组×10 瓶，2 组×10 瓶。

3）流通形式如图 12-56 所示。

4）气瓶高压：$p_1 = 15MPa$、6MPa、3MPa。

图 12-56　流通形式（二）

5）输出低压：$p_2 = 0.1 \sim 1.5MPa$。

6）型号示例如图 12-57 所示。

7）型号规格及主要数据见表 12-31。

8）施工安装：汇流排安装如图 12-58～图 12-61 所示。

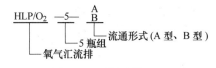

图 12-57　型号示例（二）

表 12-31　HLP 型气体汇流排型号规格及主要数据

序号	型号	介质	瓶组	输入压力/MPa	输出压力/MPa	流量/(m³/h)	流通形式	外形安装尺寸/mm			连接螺纹
								A	B	C	
1	HLP/O₂—5—$_B^A$	氧气	5	15	0.5~1.5	30	→A型 ←B型	1830	475	1200	$R_p 5/8$
2	HLP/O₂—10—$_B^A$		10			60	→A型 ←B型	3280	475	1200	
3	HLP/O₂—2×5		10			60	↑	3190	475	1200	
4	HLP/O₂—2×10		20			100	↑	6150	475	1200	
5	HLP/C₂H₂—5—$_B^A$	乙炔	5	3	0.05~0.15	20	→A型 ←B型	1900	480	1000	$R_p 3/4$
6	HLP/C₂H₂—10—$_B^A$		10			40	→A型 ←B型	3350	480	1000	
7	HLP/C₂H₂—2×5		10			40	↑	3190	480	1000	
8	HLP/C₂H₂—2×10		20			40	↑	6150	480	1000	

（续）

序号	型号	介质	瓶组	输入压力 /MPa	输出压力 /MPa	流量 /(m³/h)	流通形式	外形安装尺寸/mm			连接 螺纹
								A	B	C	
9	HLP/N₂—5—ᴬ/ʙ	氮气	5	15	0.2~1.5	30	A型 B型	1830	475	1200	$R_p5/8$
10	HLP/N₂—10—ᴬ/ʙ		10			60	A型 B型	3280	475	1200	
11	HLP/N₂—2×5		10			60		3190	475	1200	
12	HLP/N₂—2×10		20			100		6150	475	1200	
13	HLP/H₂—5—ᴬ/ʙ	氢气	5	15	0.05~1.0	10	A型 B型	1900	475	1200	$R_p5/8$
14	HLP/H₂—10—ᴬ/ʙ		10			20	A型 B型	3350	475	1200	
15	HLP/H₂—2×5		10			20		3190	475	1200	
16	HLP/H₂—2×10		20			40		6150	475	1200	
17	HLP/Ar—5—ᴬ/ʙ	氩气	5	15	0.5~1.0	25	A型 B型	1830	475	1200	$R_p5/8$
18	HLP/Ar—10—ᴬ/ʙ		10			50	A型 B型	3280	475	1200	
19	HLP/Ar—2×5		10			50		3190	475	1200	
20	HLP/Ar—2×10		20			80		6150	475	1200	
21	HLP/CO₂—5—ᴬ/ʙ	二氧化碳	5	6	0.2~1.0	20	A型 B型	2150	475	1200	$R_p5/8$
22	HLP/CO₂—10—ᴬ/ʙ		10			40	A型 B型	3600	475	1200	
23	HLP/CO₂—2×5		10			40		3190	475	1200	
24	HLP/CO₂—2×10		20			60		6150	475	1200	

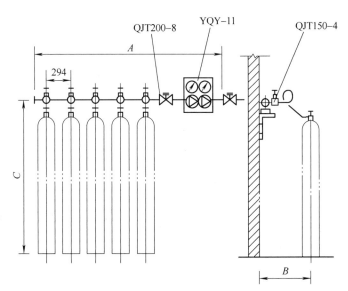

图 12-58　氧气、氮气汇流排（1 组×5 瓶、1 组×10 瓶）安装

注：A 查表 12-31 中的外形尺寸；B=475mm；C=1200mm。

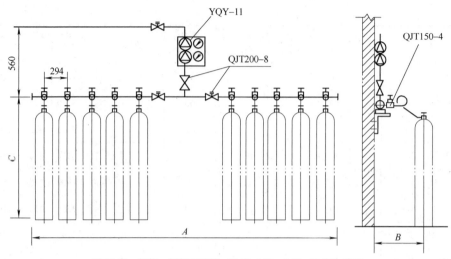

图 12-59 氧气、氮气汇流排（2组×5瓶、2组×10瓶）安装

注：A 查表 12-31 中外形尺寸；B=475mm；C=1200mm。

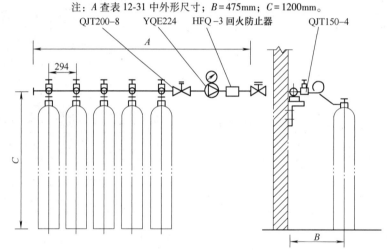

图 12-60 氢气汇流排（1组×5瓶、1组×10瓶）安装

注：A、B、C 均查表 12-31 中的外形尺寸。

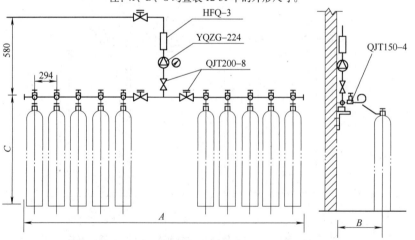

图 12-61 氢气汇流排（2组×5瓶、2组×10瓶）安装

注：A、B、C 均查表 12-31 中的外形尺寸。

9）使用说明：

① 气瓶组合形式除上述形式外，也可根据用户工艺用气情况，以任意组合形式进行设计、制作、安装、调试。

② 汇流排出口到用气点的管道长度，一般有一定的长度要求。5 瓶组合汇流排自出口到用气点的距离不应超过 100m。10 瓶组合汇流排自出口到用气点的距离不应超过 200m。

③ 汇流排出口到用气点的流量损失不宜过大，一般全程流量损失不得大于总用量的 0.4% 为宜。

10）生产厂为上海振新焊割机具厂。

（3）ZQ—1 型自动切换氧气汇流排

1）简述。自动切换氧气汇流排由控制柜、汇流总管、回形导管、各种阀门组成，适用于氧气、氮气、空气及其他非腐蚀性气体介质。

自动切换氧气汇流排由多只氧气瓶分成两组，分别将各个瓶中的气体汇集，经减压、稳压后，通过管道向各用气点供气。工作时，它首先使用一组瓶中的气体。当该组瓶中的气体耗尽时，就自动切换到由另一组瓶供气的状态，同时发出声、光报警信号，以便及时换下空瓶；当另一组瓶中的气体耗尽时，又自动切换回先前的状态。这样循环往复，达到连续稳定供气。

此汇流排具有结构简单、安全可靠、操作方便、容易维修的优点。自动切换是利用气压平衡原理实现的。

此汇流排还附带人工切换供气部分，当自动切换装置需要维修时，可继续供气。

2）气瓶组合：2×5 瓶组，2×10 瓶组。

3）流通形式如图 12-62 所示。

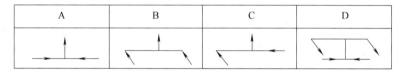

图 12-62 流通形式（三）

4）额定进口压力 $p_1 = 15MPa$。

5）额定出口压力 $p_2 = 0 \sim 0.6MPa$（连续可调）。

6）型号示例如图 12-63 所示。

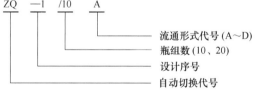

图 12-63 型号示例（三）

7）额定流量：30m³/h。

8）环境温度：-20 ~ 40℃。

9）自动切换压力：（1±0.1）MPa。

10）空瓶报警压力：（1±0.1）MPa。

11）进口超压报警压力可调，出厂时调定值为 16.5MPa。

12）出口超压报警压力可调，出厂时调定值为 0.6MPa。

13）出口欠压报警压力可调，出厂时调定值为 0.4MPa。

14）报警信号：声光同时，并可外接。

15）电源电压：交流 220V/50Hz。

16）耗电功率：≤15W。

17）出口端连接螺纹为 M33×2。

18）型号规格及主要数据见表 12-32。

表 12-32 ZQ—1 型自动切换氧气汇流排型号规格及主要数据

序号	型号	瓶组	流通形式	外形尺寸/mm			质量/kg
				长	宽	高	
1	ZQ—1/10A	10	A	3550	500	1740	68.6
2	ZQ—1/10B	10	B	1280	1700	1740	73.4
3	ZQ—1/10C	10	C	2655	1700	1740	72.7
4	ZQ—1/10D	10	D	3550	500	1860	74.0
5	ZQ—1/20A	20	A	6550	500	1740	87.4
6	ZQ—1/20B	20	B	1280	3200	1740	92.2
7	ZQ—1/20C	20	C	4100	3200	1740	91.5
8	ZQ—1/20D	20	D	6550	500	1860	92.8

19）施工安装：

① 外形如图 12-64 和图 12-65 所示。

② 施工安装尺寸，参照表 12-32 中外形尺寸数据，并结合制造厂家的具体产品资料进行。

20）使用说明：

① 自动切换氧气汇流排应按规定使用一种介质，不可混用，以免发生危险。

② 自动切换氧气汇流排安装时，应严格进行脱脂除油处理，使用时严禁接触油脂，以免发生燃爆事故。

③ 自动切换氧气汇流排不要安装在有腐蚀性介质的地方。

④ 自动切换氧气汇流排不得逆向向气瓶充气。

⑤ 自动切换氧气汇流排投入使用后，应注意日常维护，严禁敲击管件。正常使用中，每年必须对

压力表进行计量检测。

⑥ 除上述要求外，自动切换氧气汇流排使用说明，也可参照前述 4.（1）9）YQ、DQ、QQ 型气体汇流排的使用说明。

21）生产厂为上海气体阀门总厂。

5. 气体气液容积换算

氢气、氮气、氧气、氩气气液容积换算见表 12-33。

6. 平面图及系统图实例

（1）平面图实例

1）氧气汇流排间平面图实例如图 12-66 所示。

2）氢气汇流排间平面图实例如图 12-67 所示。

（2）系统图实例　氧气汇流排间系统图实例如图 12-68 所示。

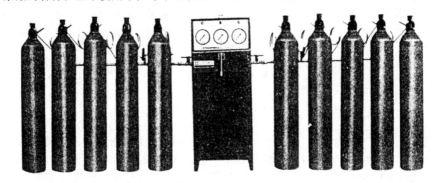

图 12-64　外形（一）

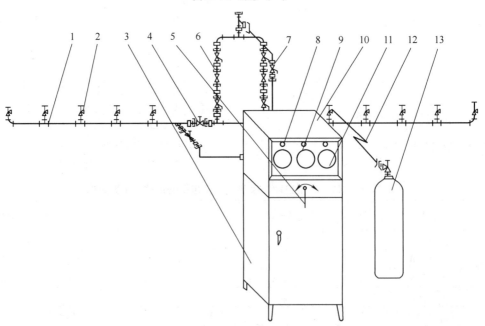

图 12-65　外形（二）

1—汇流总管　2—直角式截止阀　3—工具箱　4—高压截止阀　5—切换手柄　6—备用减压装置　7—低压截止阀
8—指示灯　9—感应式电接点、压力表　10—自动切换装置　11—报警压力设定旋钮　12—回形导管　13—氧气瓶

表 12-33 氢气、氮气、氧气、氩气气液容积换算

单位	名称	kg	m³（气体）	L（液体）	ft³（气体）	gal（液体）（美）	ft³（液体）
kg	H_2	1	11.159	14.0805	302.913	3.7201	0.4972
	N_2	1	0.7996	1.2346	28.238	0.3262	0.0436
	O_2	1	0.6998	0.877	24.746	0.2318	0.0309
	A_r	1	0.5605	0.7092	19.795	0.1874	0.025
m³（气体）	H_2	0.0893	1	1.2656	35.315	0.3344	0.446
	N_2	1.2506	1	1.5440	35.315	0.4079	0.0545
	O_2	1.4289	1	1.2534	35.315	0.3312	0.0442
	A_r	1.7840	1	1.2653	35.315	0.3343	0.0446
L（液体）	H_2	0.0710	0.7902	1	27.905	0.2642	0.0353
	N_2	0.81	0.6477	1	22.873	0.2642	0.0353
	O_2	1.14	0.7978	1	28.175	0.2642	0.0353
	A_r	1.41	0.7904	1	27.910	0.2642	0.0353
ft³（气体）	H_2	0.0025	0.0283	0.0858	1	0.0094	0.0012
	N_2	0.0354	0.0283	0.0437	1	0.0115	0.0015
	O_2	0.0404	0.0283	0.0354	1	0.0093	0.0012
	A_r	0.0505	0.0283	0.0358	1	0.0094	0.0012

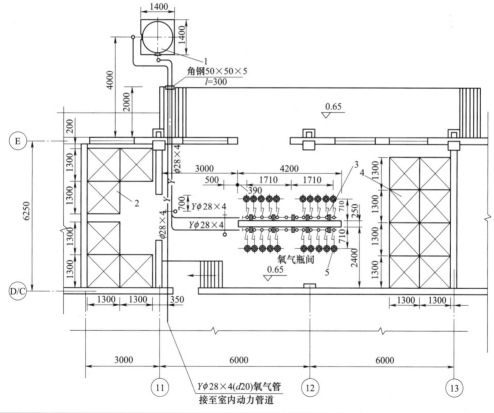

明细表					
编号	名称	型号及规格	单位	数量	备注
1	氧气稳压罐	V=40m³, ϕ1220mm×10mm(乙型)	个	1	
2	实瓶架	1300mm×1300mm	个	6	
3	氧气汇流排	YQ10S 150/15—1型，10瓶	组	2	
4	空瓶架	1300mm×1300mm	个	8	
5	氧气瓶	V=40L, p_1=15MPa	个	150	

图 12-66 氧气汇流排间平面图实例

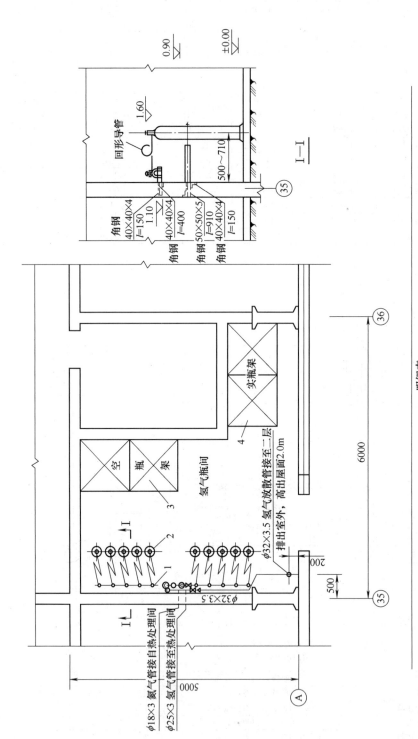

明细表

编号	名称	型号及规格	单位	数量	备注
1	氢气汇流排	QQ10S 150/15——1型，10瓶	组	1	
2	氢气瓶	V=40L，p_1=15MPa	个	50	
3	空瓶架	1300mm×1300mm	个	2	
4	实瓶架	1300mm×1300mm	个	2	

图 12-67 氢气汇流排间平面图实例

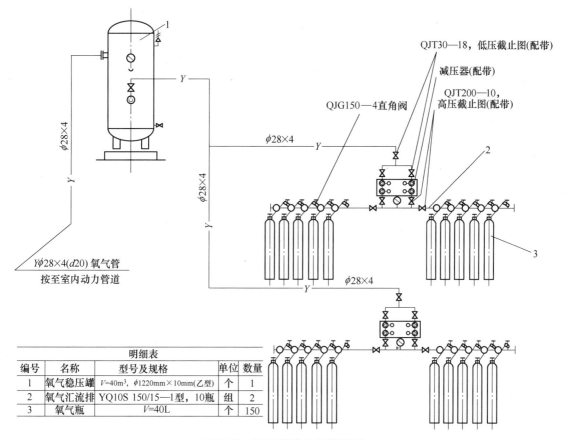

明细表				
编号	名称	型号及规格	单位	数量
1	氧气稳压罐	V=40m³，ϕ1220mm×10mm(乙型)	个	1
2	氧气汇流排	YQ10S 150/15—1型，10瓶	组	2
3	氧气瓶	V=40L	个	150

图 12-68　氧气汇流排间系统图实例

12.3.2　乙炔汇流排间

1. 概述

1）乙炔为不饱和的碳氢化合物，在常温、常压下，纯乙炔是无色无臭的气体。当乙炔中含有硫化氢等杂质时，具有特殊的异味。

乙炔是易燃、易爆气体，爆炸极限在空气中下限为 3.5%，上限为 82%。在大气压力下，温度 635℃时，乙炔会自燃。

2）乙炔同氧气的燃烧高温火焰炬，在机械工厂的机械加工过程中，普遍应用于焊接、切割、淬火、金属喷镀等。

3）工厂中乙炔供应的方式，一般有集中式乙炔发生站、集中式瓶装溶解乙炔站、移动式瓶装溶解乙炔供应及乙炔汇流排供气。

4）乙炔汇流排是一种多瓶溶解乙炔、集中供应乙炔的装置。乙炔汇流排由高压气瓶、汇流总管、减压器、过滤器等部分组成。结构紧凑，操作简单。

溶解乙炔瓶储存着一定容量的高压乙炔，一般由外购供应气源。其溶解乙炔气瓶的最高工作压力

为 3.0MPa。乙炔管路最高工作压力为 1.6MPa。乙炔由高压气瓶经回形导管、角阀、汇流总管、高压截止阀，进入减压器。减压器调节降压范围为0.01～0.15MPa，经减压器调节降压，连接车间用户的乙炔管道供应用气点。

乙炔汇流排间一般由汇流排间、实瓶间、空瓶间组成。乙炔汇流排外形如图 12-69 所示。

2. 一般设计原则

1）乙炔汇流排间设计，应遵循国家有关的方针政策，精心设计，确保安全生产，保护环境，做到技术先进和经济合理。

2）乙炔汇流排间设计，应符合国家标准 GB 50016—2014《建筑设计防火规范》（2018 年版）的规定及 JB/T 8856—2018《溶解乙炔设备》、TSG R0006—2014《气瓶安全技术监察规程》的规定。建筑应按甲类生产火灾危险性厂房类别考虑。

3）乙炔汇流排间应为独立单层建筑，输气量不超过 10m³/h 的乙炔汇流排间，可与耐火等级不低于二级的其他生产厂房毗连建造。其毗连的墙应为无门、窗、洞的防火墙，并严禁防火墙有穿越的任何

管线。乙炔汇流排间与值班室、生活间之间，不应直接相通，应用耐火极限不低于 3.0h 的无门、窗、洞的防火墙隔开。

4) 乙炔汇流排间可与氧气汇流排间布置在耐火等级不低于二级的同一座建筑内，但应以无门、窗、洞的防火墙隔开。

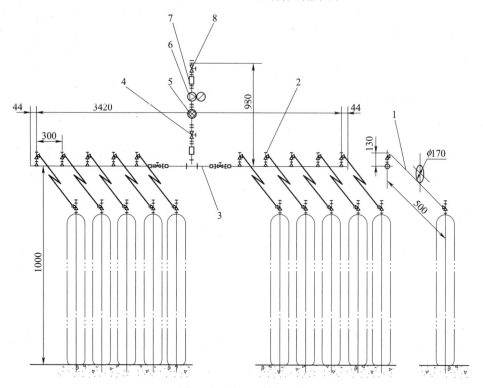

图 12-69 乙炔汇流排外形

1—回形导管 2—直角阀 3—汇流管 4—高压截止阀 5—过滤器 6—减压器 7—止回阀 8—直通阀

5) 乙炔汇流排间应布置在远离明火或散发火花的地点，不应布置在人员密集地区和主要交通要道处，宜靠近主要用户处。设出入口两个，其中一个直接通室外，门窗外开，门宽不小于 1.2m。

6) 乙炔汇流排设计应设置两组，一组供气，一组倒换钢瓶。每组钢瓶的数量可按汇流排容积计算确定。

7) 汇流排间和实瓶间、空瓶间内的通道净宽，应根据气瓶运输方式确定，应考虑汇流排间一定的操作位置，汇流排与气瓶的净距不小于 1.5m，并应有防止倒瓶的措施。汇流排间的高度从梁底到地坪，不应小于 4m。

8) 乙炔汇流排间、实瓶间、空瓶间室外应设有气瓶的装卸平台。平台宽度不宜小于 2.0m。平台高度根据气瓶运输工具的高度确定，一般高出室外地坪 0.4~1.1m。

9) 乙炔瓶的数量一般按用户一昼夜用气瓶数的 5 倍计算确定，但不包括备用储气瓶。汇流排间实瓶间的存放实瓶量，不宜超过一昼夜的生产需用量。

10) 乙炔汇流排间、实瓶间、空瓶间的房间上部空间，应有良好通风措施，顶棚应平整，避免死角积聚乙炔。防爆泄压面积应按 GB 50016—2014《建筑设计防火规范》（2018 年版）的要求计算确定。

11) 乙炔汇流排间、实瓶间、空瓶间室内必须通风良好，建筑物顶部或外墙的上部设气窗（楼）或排气孔，排气孔应朝向安全地带。室内换气次数每小时不得少于 3 次，事故通风每小时换气次数不得少于 7 次。

12) 乙炔汇流排间、实瓶间、空瓶间属有爆炸危险环境场所，其电气设备选型不应低于乙炔爆炸混合物的类级、组别（ⅡCT2）。配线、接地应按现行国家标准 GB 50085—2014《爆炸危险环境电力装置设计规范》中 1 区的规定执行。

13) 乙炔汇流排间、实瓶间、空瓶间严禁采用明火供暖。室内供暖计算温度除汇流排间为 15℃外，其余为 10℃。散热器应采取隔热措施，以防止气瓶局部受热。

14）乙炔汇流排及管道应有良好的防雷、防静电接地接点措施。接地电阻不大于 10 Ω。汇流排及管道均设接地端头。接地端头与接地线之间，可采用螺栓紧固连接。

15）乙炔汇流排及管道应设氮气吹扫管接头，并根据房间大小和具体情况，考虑相应的消防用水，配备干粉、1211、二氧化碳等灭火器材。

16）乙炔管道的流速不应超过表 12-34 的规定，防止乙炔杂质因静电着火引爆的危险。

表 12-34　乙炔流速范围

工作压力/MPa	流速/(m/s)
低压乙炔 $p \leq 0.007$	3~4
中压乙炔 $0.007 < p \leq 0.15$	4~8
高压乙炔 $2.5 \geq p > 0.15$	≤4

在工作压力下，乙炔流速按式（12-58）计算。

$$w = 35\frac{q_V}{d^2 p_{cp}} \qquad (12\text{-}58)$$

式中　w——在工作压力下乙炔流速（m/s）；

q_V——标准状态下流量（m³/h）；

d——管道内径（mm）；

p_{cp}——平均绝对压力（MPa）。

17）乙炔管道的阀门、附件的选用和管道的连接，应符合下列要求：

① 阀门和附件应采用钢、可锻铸铁或球墨铸铁制造。严格禁止用纯铜或含铜量超过 70% 的铜合金制造。

② 阀门和附件的公称压力应符合下列规定：

a. 乙炔的工作压力为 0.007MPa 及其以下时，不宜小于 0.6MPa。

b. 乙炔的工作压力为 0.007~0.15MPa，管内径不大于 50mm 时，不应小于 1.6MPa；管内径为 65~80mm 时，不应小于 2.5MPa。

c. 乙炔的工作压力为 0.15~2.5MPa 时，不应小于 25MPa。

③ 管道的连接应采用焊接。与设备、阀门和附件的连接处，可采用法兰或螺纹连接。

④ 乙炔管道的垫片一般采用橡胶板或橡胶石棉板，禁止采用纯铜衬垫。

18）乙炔管道宜采用无缝钢管。管壁最小厚度见表 12-35。

表 12-35　管壁最小厚度

种　类	低、中压乙炔管						高压乙炔管				
材　质	10 钢、20 钢无缝钢管						10 钢、20 无缝钢管				
管子外径 D/mm	≤22	28~32	38~45	57	73~76	89	≤10	12~16	18~20	22~25	25~28
最小壁厚/mm	2	2.5	3	3.5	4	4.5	2	3	4	4.5	5
备注	管子内径不应超过 80mm						管子内径不应超过 20mm				

注：低压乙炔压力等于或小于 0.02MPa；中压乙炔压力大于 0.02MPa，小于或等于 0.15MPa；高压乙炔压力大于 0.15MPa，小于或等于 2.5MPa。

19）乙炔汇流排间干管最高点设放散管，并安设干式回火防止器及切断截止阀。

20）乙炔汇流排间平面布置的防火间距，可参照氢气、氧气汇流排间平面布置的防火间距，见表 12-29。

3. 汇流排容积计算

1）乙炔汇流排容积计算，可参照氧气、氮气、氢气汇流排容积计算式（12-56）。计算时，对式中气瓶最大压力 p_1，乙炔瓶取 1.6MPa；对用气点最大工作压力 p_2，乙炔取 0.1~0.2MPa。

2）乙炔汇流排气瓶数量计算可参照式（12-57）。计算时，必须符合乙炔瓶的输气体积流量，不应超过 1.5~2.0m³/h。

3）计算举例：

【例 12-7】已知某车间乙炔小时平均消耗量为 1.3m³/h，用气点工作压力 0.15MPa 标准，单班制生产。求汇流排规格。

解：按式（12-56）计算汇流排容积：

$$\begin{aligned} V &= \frac{QT}{10(p_1 - p_2)} \\ &= \frac{1.3 \times 8}{10 \times (1.6 - 0.15)}\text{m}^3 \\ &= 0.718\text{m}^3 \end{aligned}$$

按式（12-57）计算气瓶数：

$$\begin{aligned} n &= \frac{1000V}{V_0} \\ &= \frac{0.718 \times 1000}{40} \\ &= 18 \end{aligned}$$

选用 EQ20S30/1—1 型 20 瓶组乙炔汇流排一组，每天单组换气一次；或者选用两组，一组供气，一组倒瓶换气。

4. 常用乙炔汇流排

（1）EQ 型乙炔汇流排

1）乙炔汇流排的气瓶组合：1 组×5 瓶，2 组×5 瓶，1 组×10 瓶，2 组×10 瓶。

2）气瓶高压：$p_1 = 3.0 \sim 1.6 MPa$。

3）输出低压：$p_2 = 0.01 \sim 0.15 MPa$。

4）型号示例如图12-70所示。

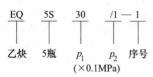

图 12-70　型号示例（四）

5）型号规格及主要数据见表12-30。

6）施工安装。乙炔汇流施工安装，可以按设计布置图的形式，也可参照氧气汇流排安装形式。即按图12-53～图12-55进行。

7）使用说明。乙炔汇流排安全使用及维护保养事项，减压器开启调节供气和减压器关闭停止操作要求，均与前节氧气、氮气、氢气汇流排的使用操作说明相同。

8）生产厂为上海气体阀门总厂。

（2）HLP型乙炔汇流排

1）气瓶组合：1组×5瓶，2组×5瓶，1组×10瓶，2组×10瓶。

2）气瓶高压：$p_1 = 3.0 \sim 1.6 MPa$。

3）输出低压：$p_2 = 0.01 \sim 0.15 MPa$。

4）型号示例如图12-71所示。

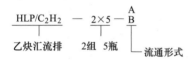

图 12-71　型号示例（五）

5）型号规格及主要数据见表12-31。

6）施工安装。乙炔汇流排安装如图12-72所示，或参照图12-60和图12-61所示瓶组安装。

7）使用说明：

① 乙炔汇流排的结构与氧气汇流排结构大体相同。施工安装气瓶组合形式，除上述外还可根据用户工艺用气情况采用任意组合形式，进行设计、制作、安装、调试。

② 汇流排出口到工作用气点，管道有一定的长度要求，5瓶组形式不应超过100m，10瓶组不应超过200m。全程流量损失不得大于总量的0.4%为宜。

8）生产厂为上海振新焊割机具厂。

5. 乙炔气瓶容量数据

常用乙炔气瓶在高压状态时，额定储乙炔量及其可使用乙炔量，可参见表12-36。

表 12-36　乙炔气瓶容量数据

公称容积 /L	公称直径 /mm	在1.5MPa时额定储乙炔量		额定可使用乙炔量	
		质量/kg	标态体积/m³	质量/kg	标态体积/m³
25	≤200	4.2	3.6	3.6	3.1
40	250	6.7	5.7	5.8	5.0
50	250	8.4	7.3	7.3	6.2
60	300	10	8.7	8.7	7.5

注：常用乙炔气瓶为40L。

6. 乙炔、氧气管道及汇流排有关说明

（1）安装及试验

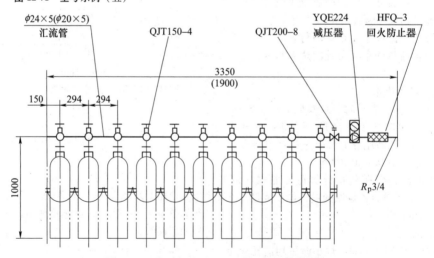

图 12-72　HLP/C₂H₂—10—A型乙炔汇流排安装

注：1. 本图为HLP/C₂H₂—10—A型安装尺寸，括号内数据为1组×5瓶的尺寸。

　　2. 侧向安装尺寸与图12—58相同。

1）乙炔、氧气管道的管材，一般采用无缝钢管。

2）乙炔、氧气管道应有良好的防雷、防静电的接地措施。

3）乙炔、氧气管道靠近发热的地方，应采用局部隔热措施，如用岩棉管壳保温。

4）管道穿过墙壁或楼板时，应敷设在钢套管内。在套管内直管段不应有焊缝。管道与套管之间的空隙应以不燃烧的软质材料、防水材料填塞。

5）法兰垫片采用符合管道工作压力的钢纸和石棉橡胶板衬垫。螺纹连接用填料，可采用一氧化铅和水玻璃，或蒸馏水与甘油调和；也可采用聚四氟乙烯薄膜。禁止采用缠有亚麻、大麻或棉纱头的涂有红铅及其他含有脂肪的材料作填料。

6）氧气管道和阀门、附件应严格进行脱脂去油。

7）乙炔、氧气管道安装完毕，无损检验合格后，应符合国家标准 GB 50235—2010《工业金属管道工程施工规范》以及 GB 50184—2011《工业金属管道工程施工质量验收规范》的规定，乙炔管道还应符合 JB/T 8856—2018《溶解乙炔设备》的规定，进行乙炔、氧气管道压力试验及泄漏性试验。

① 压力试验。一般采用液压试验，介质为洁净水，试验压力为 1.5 倍设计压力。对埋地管试验压力应不得低于 0.4MPa。试验时缓慢升压，达到试验压力稳压 10min，再降至设计压力停压 30min。试验以压力不降、无渗漏为合格。

② 气压试验。当设计压力小于或等于 0.6MPa 时，压力试验可用气体做气压试验，介质为空气或氮气。

当设计压力大于 0.6MPa 时，必须有设计文件规定或经建设单位同意，方可用气体进行压力试验，但应采取有效的安全措施。

试验前，必须用空气进行预试验，试验压力宜为 0.2MPa。

正式试验时，试验压力为 1.15 倍设计压力，以 10%逐级升压，每级稳压 3min；直至试验压力，稳压 10min；再降至设计压力。停压检查时间应根据查漏工作需要而定。试验以不泄漏为合格。

③ 乙炔、氧气管道必须进行泄漏性试验。试验压力为设计压力，介质为空气或氮气，以发泡剂检验不泄漏为合格。

注：在以往设计被采用的部分国家标准规范内，因尚未修编原因，其泄漏性试验保持 24h，平均小时不应超过试验开始时气体容积的 0.5%或 0.25%数值为合格的规定，应相应调整。

（2）使用准备

1）乙炔汇流排及乙炔管道使用前，应用 3 倍管道体积的氮气吹扫。在管道末端装阀门和放散管，或利用管道最末一个用气点接管排放室外。氮气吹扫速度为 15~20m/s，将管道吹扫干净。

若氮气供应有困难，也可用 2 倍管道体积的乙炔代替氮气吹扫，其流速必须低于 2.0m/s。当在管道的最远点或终点取样，排出吹扫气体内的含氧量小于 3%时，可认为合格。

2）乙炔汇流排使用时，减压器开启供气，或关闭停气等操作，与前节氧气、氮气、氢气汇流排的使用操作说明相同。

3）氧气乙炔焊所采用高压气瓶，氧气纯度不应低于 98.5%，乙炔的纯度和气瓶中的剩余压力应符合国家标准 GB 6819—2004《溶解乙炔》的规定。

7. 平面图和系统图实例

1）乙炔汇流排间平面图实例如图 12-73 所示。

2）乙炔汇流排间系统图实例如图 12-74 所示。

12.3.3 二氧化碳汇流排间

1. 概述

1）二氧化碳气体主要用于：在焊接工序中作为保护焊，铸造工序中砂型的快速干燥定型；热处理工序中保护气，消防上二氧化碳灭火系统等。

2）二氧化碳气体是无色、无味的气体，易溶于水，当溶于水后略有酸味。它的物理特性：在 0℃与 101325Pa 情况下，二氧化碳密度为 1.9769kg/m^3，为空气的 1.529 倍，临界温度 31.1℃，临界密度 0.4639kg/L。

固体二氧化碳的密度决定于制取方法。液体二氧化碳冻结时变成干冰，呈玻璃状的透明固体。工业上的固体二氧化碳呈白色，密度为 1.3~1.5kg/L。

3）二氧化碳在三相点上呈现三种状态，即固体、液体和气体，其绝对压力为 0.528MPa，温度为 -56.6℃。绝对压力低于 0.528MPa 或温度低于 -56.6℃时，二氧化碳不能处于液体，即平衡中低于三相点时，只能呈现固体与气体。

4）固体二氧化碳熔解点，只有在三相点温度和压力 [$t = -56.6℃$，$p = 0.528MPa$（绝对）] 下才能熔化。低于三相点时，固体二氧化碳直接变为气体二氧化碳，称为升华。升华温度是压力的函数。固体二氧化碳升华热值为 543.7kJ/kg。处于三相点压力、温度下，液体二氧化碳变成气体二氧化碳时，汽化热值为 348kJ/kg。

5）二氧化碳在三相点上熔解热或冻结热，等于升华热减去汽化热，也等于液体二氧化碳与固体二氧化碳含热量的差值，其值为 195.74kJ/kg。1 个容积为 40L，设计压力为 15MPa 的钢瓶，最多只能充罐24kg液态二氧化碳。由于钢瓶受环境温度变化的影响，受热后，瓶内液态二氧化碳汽化，有产生超压爆炸危险。所以，装有液态二氧化碳的钢瓶应放在阴凉通风的库房，环境温度不得超过31℃。

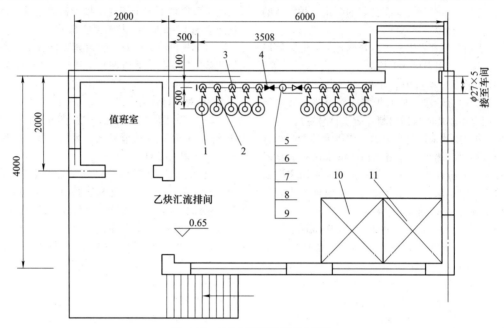

图 12-73 乙炔汇流排间平面图实例

1—钢瓶 2—回形导管 3—直角阀 4、5—高压截止阀
6—过滤器 7—减压器 8—止回阀 9—直通阀 10—空瓶架 11—实瓶架

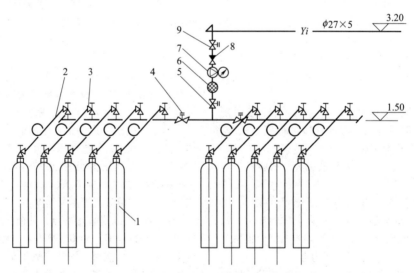

图 12-74 乙炔汇流排间系统图实例

1—钢瓶 2—回形导管 3—直角阀 4、5—高压截止阀 6—过滤器 7—减压器 8—止回阀 9—低压截止阀

6）水在液体二氧化碳中的溶解度，在 -5.8 ~ 22.9℃的温度范围内，质量分数不大于0.05%。

7）机械工厂中二氧化碳用量，多数单位比常用氧气、氮气、氢气、乙炔等气体少。设计二氧化碳供给方案一般是采用外购瓶装二氧化碳集中汇流排供应。当用气设备只有1或2台，用气量很小时，也可单一瓶装二氧化碳而不设汇流排供应。

8）二氧化碳用量较大的特殊用户，在城市的气源、运输、储存等条件允许的情况下，也有采用外购液态二氧化碳，由汽车槽车输送到用户，经二氧化碳汽化器、减压稳压后，供给管网至用气点使用。此方式不用高压气瓶及汇流排装置，详见后述 12.4 节内容。

9）瓶装二氧化碳集中汇流排供应，一般二氧化碳瓶装为液体二氧化碳，由高压气瓶经汇流总管、高压截止阀、电加热器、减压器（干燥器）后，用管道输送给使用点。

10）二氧化碳汇流排间一般由汇流排间、实瓶区（间）、空瓶区（间）组成，可附属于靠近用户厂房的车间内，也可单建单层丁类建筑内。

2. 一般设计原则

1）二氧化碳汇流排间供气方案，应根据生产用气量、纯度、工作压力等技术条件，以及供气的距离，进行综合技术经济考虑而确定。

2）二氧化碳汇流排间，可设在不低于三级耐火等级的厂房靠外墙，并用高度 2.5m、耐火极限不低于 1.5h 的墙，以及耐火极限不低于 0.6h 的门，与厂房车间的其他部分隔开。

3）二氧化碳汇流排间宜独立布置，与其他建筑物分开。如与其他厂房毗连建造时，该厂房的耐火等级不低于三级，并用耐火极限不低于 1.5h 的无门、窗、洞的墙与厂房隔开。

4）二氧化碳汇流排一般沿墙布置，气瓶布置在汇流排的对面，并靠墙的一边，或设于汇流排间的端头。空瓶区（间）和实瓶区（间）应分隔开，可用固定铁栏杆或墙隔开。存放实瓶量可根据气源的供应情况及用气量，宜采用不超过 7d 生产需用量考虑。

5）二氧化碳汇流排间，为便于气瓶的输送装卸，设置气瓶的装卸平台。平台的宽度一般为 2m。平台的高度，应按气瓶运输工具的高度确定，一般高出室外地坪 0.4~1.1m。

6）汇流排间、实瓶区（间）、空瓶区（间），应有防止气瓶倾倒的措施。瓶架 1.3m×1.3m×1.0m（长×宽×高）同瓶链配合固定。

7）汇流排间、实瓶区（间）、空瓶区（间）的通道净宽，应根据气瓶运输方式确定，一般为 1.5m。

8）汇流排间室内供暖计算温度为 15℃，实瓶区（间）、空瓶区（间）为 10℃。

9）二氧化碳的供气品质，直接关系工艺生产。一般机械工业中二氧化碳纯度不应小于 90%，对保护焊的二氧化碳纯度应大于 99.5%（体积分数），含氧量小于 0.1%（体积分数），露点为 −60℃，压力在 0.1~0.3MPa 范围。对需高纯度的二氧化碳，应设干燥吸附器进行干燥吸附处理后供给使用点。

10）二氧化碳瓶装供气系统，由于瓶内液态二氧化碳在常温下能转化为气态二氧化碳，并需吸收大量的热量，造成管道和减压器出现结霜和冻结。因此一般在二氧化碳气瓶到减压器之前，应设置电加热器加热。流量小于 5L/min 时可不装电加热器。

11）二氧化碳管道设计流速范围：当管内的工作压力小于或等于 0.3MPa 时，流速控制在 8~12m/s；工作压力为 0.4~0.5MPa 时，流速小于或等于 8m/s。

12）二氧化碳管道一般采用无缝钢管，工作压力为 0.5MPa 以下时，也可采用焊接钢管。

管道连接除法兰、附件外，一律采用焊接。二氧化碳管道的阀门及附件，一般采用可锻铸铁或碳钢。管道工作压力为 5~7MPa 时，采用碳钢、锻钢或不锈钢。

13）二氧化碳气体管道的设计布置及敷设形式，与压缩空气管道的设计布置及敷设形式相同。管道应设有不小于 0.002 的坡度，最低点设有排水器。

3. 汇流排容积计算

1）二氧化碳气体汇流排容积计算，可参照氧气、氮气、氢气汇流排容积计算式（12-56）。式中 p_1 为气瓶最大压力，对于二氧化碳一般取 $p_1 = 5.3MPa$；p_2 为用气点最大工作压力，对于二氧化碳取 $p_2 = 0.5MPa$。

2）二氧化碳汇流排气瓶数量按式（12-59）计算。

$$n = \frac{1000V}{V_0 a_1 b_1} \quad (12\text{-}59)$$

式中 n——瓶数；

V——汇流排容积（m³）；

V_0——每瓶气瓶的容积（L），一般取 $V_0 = 40L$；

a_1——充装密度系数，即液态二氧化碳的体积与钢瓶容积的比值，一般采用 $a_1 = 0.60~0.68$；

b_1——在 p_1、p_2 压力状态下，1L 二氧化碳液体生成二氧化碳气体量，可按式（12-60）计算。

$$b_1 = \frac{C}{10(p_1 - p_2)} \quad (12\text{-}60)$$

式中 C——在 15℃、101325Pa 常压状态下，1L 二氧化碳液体生成二氧化碳量（L），取 $C = 709L$。

p_1、p_2 符号意义与 1）相同。

3）二氧化碳钢瓶的容积有 30L 和 40L，储存液态二氧化碳数量相应为 18~20.4L 和 24~27.2L。

4）二氧化碳钢瓶内储存液态二氧化碳数量的大

小，直接影响钢瓶内的压力。为了运行时钢瓶的安全。钢瓶应有一定的充装比或充装密度。充装比是指钢瓶的容积与灌装液体二氧化碳质量的比值。一般采用的充装比为 1.34～1.5L/kg。钢瓶内充装的二氧化碳越多，则充装越小，钢瓶内的压力也越大，如图 12-75。

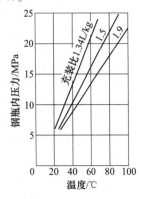

图 12-75 钢瓶内二氧化碳充装比与钢瓶内压力关系

5）计算举例：

【例 12-8】 已知某车间二氧化碳平均消耗量 20m³/h，用气点工作压力 0.5MPa，单班制生产。求汇流排规格。

解：按式（12-56）计算汇流排容积：

$$V = \frac{QT}{10(p_1 - p_2)}$$

$$= \frac{20 \times 8}{10 \times (5.3 - 0.5)} \text{m}^3$$

$$= 3.33 \text{m}^3$$

按式（12-59）计算钢瓶数量：

$$n = \frac{1000V}{V_0 a_1 b_1}$$

$$= \frac{1000V}{V_0 a_1 \dfrac{C}{10(p_1 - p_2)}}$$

$$= \frac{1000 \times 3.33}{40 \times 0.68 \times \dfrac{709}{10 \times (5.3 - 0.5)}}$$

$$= 9$$

选用 HLP/CO₂—10—A 型，10 瓶组二氧化碳汇流排一组，每天换气一次；或选用两组，一组供气，一组倒瓶换气。

4. 常用二氧化碳汇流排

主要介绍 HLP/CO₂ 型二氧化碳汇流排。

1）气瓶组合：1 组×5 瓶，2 组×5 瓶，1 组×10 瓶，2 组×10 瓶。

2）气瓶高压：$p_1 = 3.0 \sim 6.0$ MPa。

3）输出低压：$p_2 = 0.2 \sim 1.0$ MPa。

4）型号示例如图 12-76 所示。

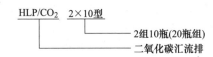

图 12-76 型号示例（六）

5）型号规格及主要数据见表 12-31。

6）施工安装。二氧化碳汇流排安装如图 12-77 所示。

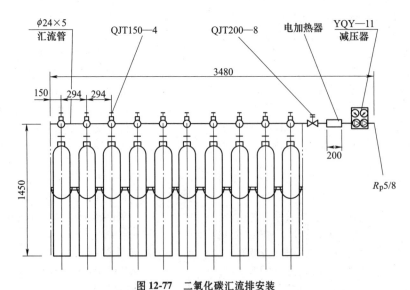

图 12-77 二氧化碳汇流排安装
注：侧向安装尺寸与图 12-58 相同。

7）使用说明：

① 二氧化碳汇流排的组合结构与氧气汇流排结构大体相同。施工安装气瓶组合形式，除上述外还可根据用户的使用情况采用任意组合形式，进行设计、制作、安装、调试。

② 二氧化碳汇流排出口到工作用气点的管道长度，不宜超过 100m。

③ 二氧化碳气体流量在 2～5L/min 时，可以不使用电加热器。流量大于 5L/min 时，应有电加热器。

④ 二氧化碳管道要求连接密封可靠，全程流量损失不得大于总量的 0.4% 为宜。

8）生产厂为上海振新焊割机具厂。

5. 二氧化碳高压气体钢瓶

二氧化碳高压气体钢瓶用于储存与运输液态二氧化碳，为承压的压力容器。一般常用的规格为直径 ϕ219mm，公称压力 15MPa，公称容积 40L，高度约 1300mm。

6. 二氧化碳管道的有关计算

（1）确定管道计算流量　二氧化碳气体管道的计算流量可按式（12-61）计算。

$$q_V = K_1 K_2 Q_m \qquad (12\text{-}61)$$

式中　q_V——计算流量（m^3/h）；

Q_m——用气设备或用气点小时最大消耗量（m^3/h）；

K_1——损耗系数；一般采用 $K_1 = 1.15$，其中包括管道漏损 5%，意外漏损 10%；

K_2——同时使用系数，根据车间用气设备及用气点的数量及生产工艺使用情况来确定，一般一个用气设备或用气点 $K_2 = 1$；车间干管、支干管的同时使用系数可见表 12-37。

（2）管径一般计算　可按第 5 章有关气体管道管径计算图及公式。

（3）管道压力降计算　二氧化碳在输送管道内流动的压力降损失是非线性关系。在饱和压力下的液态二氧化碳，由钢瓶进入输气管道，由于管道摩擦阻力产生压力降，管内部分二氧化碳由液体状态变成气体状态，形成气液混合物，体积扩大，在管道内流动速度增大，在接近管道终点末端时，管道压力损失增加越快。为计算方便，可采用计算图表，可按图 12-78 进行。在图表中，根据不同比流量 q_V/D^2（q_V 为流量，单位为 kg/min；D 为管径，单位为 cm）和比管长 $L/D^{1.25}$（L 为管道长度，单位为 m；D

为管径，单位为 cm）求得管道终端压力损失（MPa）。钢瓶内的压力一般为 5.3MPa。

表 12-37　车间干管、支干管同时使用系数

用气点总数	同时使用系数
≤5	0.5
6～10	0.4
≥11	0.35

（4）二氧化碳灭火系统　按灭火剂储存方式，二氧化碳灭火系统可分为高压系统和低压系统。管网起点计算压力（绝对压力）：高压系统应取 5.17MPa，低压系统应取 2.07MPa。

（5）二氧化碳灭火系统管道内径　二氧化碳灭系统管道内径可按式（12-62）计算。

$$D = K_d \sqrt{Q} \qquad (12\text{-}62)$$

式中　D——管道内径（mm）；

Q——管道的设计流量（kg/min）；

K_d——管径系数，取值范围 1.41～3.78。

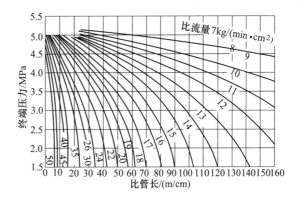

图 12-78　二氧化碳管道压力损失计算图

（6）二氧化碳灭火系统管道规格　二氧化碳灭火系统管道规格见表 12-38。

上述（4）、（5）、（6）项内的文字、公式、表格内容，摘自国家标准 GB 50193—1993《二氧化碳灭火系统设计规范》（2010 年版）（规范中管道的设计流量用 Q 表示，管道内径用 D 表示）的规定及附录，供设计参考选择。

7. 平面图及系统图实例

（1）平面图实例　二氧化碳汇流排间平面图实例如图 12-79 所示。

（2）系统图实例　二氧化碳汇流排间系统图实例如图 12-80 所示。

表 12-38　二氧化碳灭火系统管道规格

公称直径		高压系统		低压系统	
		封闭段管道	开口端管道	封闭段管道	开口端管道
mm	in	（外径/mm）×（壁厚/mm）		（外径/mm）×（壁厚/mm）	
15	$\frac{1}{2}$	22×4	22×4	22×4	22×3
20	$\frac{3}{4}$	27×4	27×4	27×4	27×3
25	1	34×4 5	34×4.5	34×4.5	34×3.5
32	$1\frac{1}{4}$	42×5	42×5	42×5	42×3.5
40	$1\frac{1}{2}$	48×5	48×5	48×5	48×3.5
50	2	60×5.5	60×5.5	60×5.5	60×4
65	$2\frac{1}{2}$	76×7	76×7	76×7	76×5
80	3	89×7.5	89×7.5	89×7.5	89×5.5
90	$3\frac{1}{2}$	102×8	102×8	102×8	102×6
100	4	114×8.5	114×8.5	114×8.5	114×6
125	5	140×9.5	140×9.5	140×9.5	140×6.5
150	6	168×11	168×11	168×11	168×7

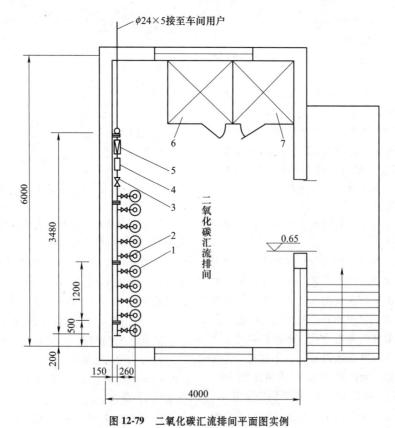

图 12-79　二氧化碳汇流排间平面图实例

1—钢瓶　2—直角阀　3—高压截止阀　4—电加热器　5—减压器　6—实瓶架　7—空瓶架

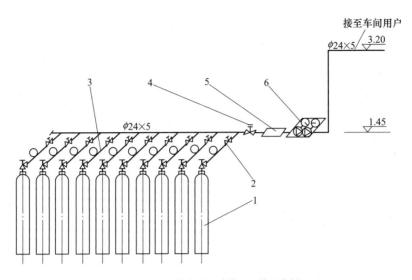

图 12-80　二氧化碳汇流排间系统图实例
1—钢瓶　2—直角阀　3—回形导管　4—高压截止阀　5—电加热器　6—减压器

12.3.4　钢瓶集装格汇流排间

1. 概述

钢瓶集装格是用专用的金属结构架将多只气瓶集束在一起，通过集装格汇流排进行集中供气或充气的瓶组单元。要求结构紧凑，设计合理，质量轻，抗拉强度强；形式有立式和卧式两种，可供应氮气、氧气、氢气、氩气、氦气、乙炔、天然气等各种气体。常用规格有 12 瓶组，15 瓶组，16 瓶组，20 瓶组等多种，可根据用户需要，设计制造特殊规格的气瓶集装装置。

钢瓶集装格适用于中小规模用气的用户，使之能便于叉车的叉装、起重机的吊装和车辆运输，以及工作场地的随时移动。当每日用气量超过 20 瓶时，可采用钢瓶集装格替代气瓶供气，减少维护人员换瓶工作量。集装格供气系统由钢瓶集装格、汇流总管、减压器等组成。

钢瓶集装格的制造，目前国家没有实行资格许可制度，有条件的单位自行制造，无制造能力的单位一般是购买集装格。就钢瓶集装格的结构和强度而言，所选的材料一般是角钢和槽钢并辅以圆钢。

2. 一般设计原则

1）钢瓶集装格供气间设计，应遵循国家有关的方针政策，精心设计，确保安全生产，保护环境，做到技术先进和经济合理。

2）使用钢瓶集装格前，除按规范 TSG R0006—2014《气瓶安全技术监察规程》检查钢瓶生产厂家资质、颜色、螺纹、外部表面有无油脂、检验期限、原始钢印是否清晰等外，还应注意集装格内气瓶的松紧程度是否合适，避免过紧影响气瓶的自由膨胀，过松气瓶容易移位影响连接管道的安全。

3）钢瓶集装格内汇集各气瓶的汇流管的管径规格应根据相关气体的规范规定流速选取。常用材质为铜合金和不锈钢。

4）钢瓶集装格应选择钢瓶规格一致、同一时间检验的气瓶组装，统一气瓶的检验周期，减少集装格的拆装。

5）钢瓶集装格应该设置吊环或叉车叉装的位置，并在使用说明书中注明。吊装、叉装前应检查集装格是否完好，避免出现变形、坠落等危险。

6）钢瓶集装格应设置精度等级为 1.6 的压力表，压力表应定期校验，保证在充装和使用时安全有效。

7）钢瓶集装格汇流排间和储存间内的通道净宽，应根据气瓶运输方式确定，但不宜小于 2m。

8）集装格汇流排间和储存间应设置装卸平台，平台宽度不宜小于 2.0m，高度可按气瓶运输工具的高度确定，一般宜高出室外地坪 0.6~1.2m。装卸平台设置大于平台宽度的雨篷，雨篷及其支撑材料应为不燃烧体。钢瓶集装格宜采用叉车搬运。

9）钢瓶集装格的数量和每格的钢瓶数量，应根据用气量、运输及供气厂商拥有规格型号等因素确定。

10）氧气集装格汇流排间设计，应符合现行的 GB 50016—2014《建筑设计防火规范》（2018 年版）、GB 50030—2013《氧气站设计规范》和 GB 16912—2008《深度冷冻法生产氧气及相关气体安全技术规程》、GB 50646—2011《特种气体系统工程技术规范》的规定。

11）氢气集装格汇流排间设计，应符合现行的 GB 50016—2014《建筑设计防火规范》（2018 年版）、GB 50177—2005《氢气站设计规范》和 GB 4962—2008《氢气使用安全技术规程》、GB 50646—2011《特种气体系统工程技术规范》的规定。

12）乙炔集装格汇流排间设计，应符合现行的 GB 50016—2014《建筑设计防火规范》（2018 年版）、JB/T 8856—2018《溶解乙炔设备》、GB 50646—2011《特种气体系统工程技术规范》的规定。

13）其他气体的集装格汇流排间设计，应符合现行的 GB 50016—2014《建筑设计防火规范》（2018 年版）、GB 50646—2011《特种气体系统工程技术规范》及其他相关规范的规定。

3. 汇流排容积计算

1）集装格汇流排容积计算，可参照氧气、氮气、氢气汇流排容积计算式（12-56），先计算出所需钢瓶数量，然后根据单个集装格内的钢瓶数量计算所需集装格的数量。

2）集装格数量按式（12-63）计算。

$$N = \frac{n}{n_0} \qquad (12-63)$$

式中　N——集装格数量；

n——钢瓶数量；

n_0——单个集装格内钢瓶数量（常用规格有

12、15、16、20 瓶装）。

3）计算举例：

【例 12-9】 已知某车间氧气小时平均消耗量为 25m³/h，用气点工作压力 0.3MPa，单班制生产。求汇流排规格。

解：按式（12-56）求汇流排容积 V：

$$V = \frac{QT}{10(p_1 - p_2)} = \frac{25 \times 8}{10 \times (15 - 0.3)}\text{m}^3 = 1.36\text{m}^3$$

按式（12-57）求气瓶数 n：

$$n = \frac{1000V}{V_0} = \frac{1.36 \times 1000}{40} = 34$$

按式（12-63）求集装格数 N（集装格规格按 20 瓶组考虑）：

$$N = \frac{n}{n_0} = \frac{34}{20} = 2$$

故选用 20 瓶氧气集装格，则需要 2 个集装格。

4. 平面图及系统图实例

1）平面图实例　氧气集装格汇流排间平面图及剖面图实例如图 12-82 和图 12-83 所示。

2）系统图实例　氧气集装格汇流排间系统图实例如图 12-81 所示。

12.3.5　氨气供气间（站）

1. 概述

1）氨气（NH₃）为无色气体，有强烈的刺激气味。其密度为 0.7710kg/Nm³，相对密度为 0.59（空气 = 1.00），易被液化成无色的液体。在常温下加压即可使其液化。

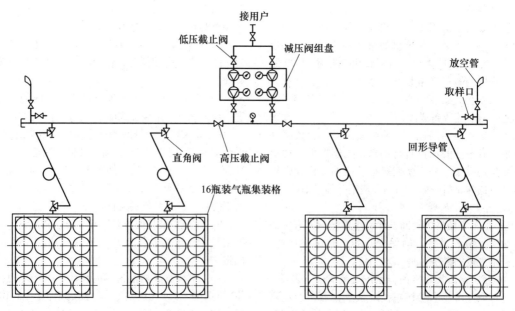

图 12-81　氧气集装格汇流排间系统图实例

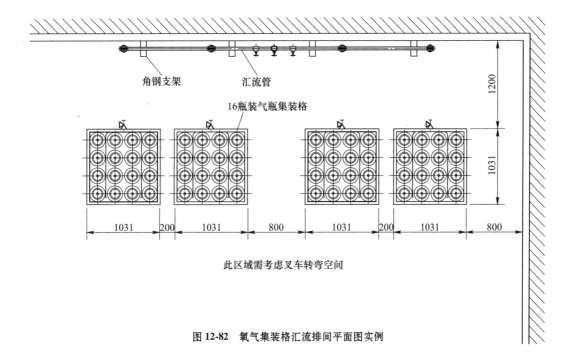

角钢支架　汇流管

16瓶装气瓶集装格

此区域需考虑叉车转弯空间

图 12-82　氧气集装格汇流排间平面图实例

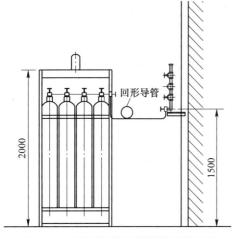

回形导管

图 12-83　氧气集装格汇流排间剖面图实例

2）常温常压下，氨气在空气中的爆炸范围是15.7%~27.4%，根据规范 GB 50016—2014《建筑设计防火规范》（2018 年版）定义，其火灾危险类别为乙类。

3）氨气具有毒性及腐蚀性，允许极限浓度为30mg/m³。

4）氨气溶于水、乙醇和乙醚。其在水中的溶解度详见图 12-84。

5）氨常规以液态形式储存。储存方式分常压储存和带压储存两种方式，前者一般用于大型化工厂。带压储存的包装规格详见表 12-39。

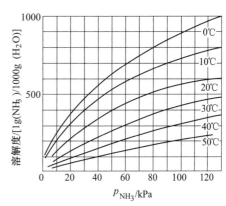

图 12-84　氨气在水中的溶解度

表 12-39　带压储存的包装规格

包装	水容积	充装量	供气方式
小钢瓶	40L/47L	22kg	气瓶柜（GC）、汇流排
Y 瓶	440L	230kg	BSGS
T 瓶	944L	480kg	BSGS
ISO 槽车	22.5m³	11t	BSGS

注：汇流排供气方式可参考前文相关气体，此章节主要介绍 GC 和 BSGS 供气的方式。

6）小气量氨气供应，宜采用气瓶柜（GC）；大宗供应，宜采用 BSGS 系统。

2. 一般设计原则

1）氨气供气间（站）设计，应遵循国家有关方针政策，确保安全生产，节约能源，保护环境，满足生产要求，做到技术先进和经济合理。

2）设置在厂房内的氨气供气间应集中设置在一层靠外墙的区域。单个供应间的贮存量不得超过 56Nm³。大宗供应时，应设置独立站房。

3）氨气供气间（站）设计，应符合 GB 50016—2014《建筑设计防火规范》（2018 年版）的相关规定。

① 氨气供气站按乙类生产火灾危险性厂房类别考虑，应为一、二级耐火等级的建筑。

② 面积不超过 300m² 独立单建的氨气供气站，可采用三级耐火等级的单层建筑。

4）氨气供气间（站），应布置在远离明火或散发火花的地方，而且不宜布置在人员密集地区和主要交通要道处。疏散应符合以下要求：

① 安全出口不应少于 2 个，且宜分散布置。

② 相邻 2 个安全出口最近边缘之间的水平间距不应小于 5m，其中一个应直通室外，通向疏散走道的门应满足防火及防爆要求。

③ 房间面积小于或等于 100m²，且同一时间的生产人数不超过 5 人时，可设置一个直接通往室外的出口。

5）氨气供气间（站）的上部空间应有良好的通风措施，顶棚应平整，避免死角积聚氨气。泄压面积应按 GB 50016—2014《建筑设计防火规范》（2018 年版）的第 3.6.4 条计算，C（泄压比 m²/m³）值按 ≥0.03 考虑。

6）氨气供气间（站）应设氨气检漏装置。室内必须通风良好，保证空气中氨气最高含量不得超过 20mg/m³。建筑物顶部或外墙的上部设气窗（楼）或排气孔。排气孔应朝向安全地带。室内应设置连续的机械通风装置或自然通风，通风换气次数每小时不得少于 6 次，事故排风装置每小时换气次数不得少于 12 次，并与氨气检漏装置联锁。

7）氨气供气间（站）严禁采用明火供暖。宜设置空调系统，房间设计参数宜按（23±3）℃，30%~70% 执行。若采用散热器，应采取隔热措施以防止气瓶局部受热。

8）氨气供气间（站）属有爆炸危险环境场所，

其电气设备选型不应低于氨气爆炸混合物的级别、组别（ⅡCT1）。电气设计、电气设备及配线接地应按现行国家标准 GB 50058—2014《爆炸危险环境电力装置设计规范》中 1 区的规定执行。

9）氨气供气间（站）的防雷分类不应低于第二类防雷建筑，并应采取防直击雷、防雷电感应和防雷电波侵入的措施。氨气供应设备及管路应考虑防静电接地接点措施，接地电阻不应大于 10Ω。

10）为保障氨气供应管道设计质量及施工、安装、验收要求，应遵守现行的国家标准 GB 50316—2000《工业金属管道设计规范》、GB 50235—2010《工业金属管道工程施工规范》以及 GB 50184—2011《工业金属管道工程施工质量验收规范》的有关规定。

11）氨气供应管道系统应设含氧量小于 0.5% 的氮气置换吹扫管接头，吹扫用氮气不得采用公共氮气，也不得与其他不相容的气体供应系统共用 1 套吹扫氮气系统。吹扫氮气管路应设置止回阀。

12）氨气供气系统的排气必须经过尾气处理装置处理，尾气处理方法宜采用湿式洗涤。

13）氨气钢瓶应设置称重地秤装置、加热和保温装置；管路应设置过流开关、紧急切断阀、伴热和保温措施；加热温度不应超过 50℃。

14）氨气供气间（站）应设置风向标，万一发生泄漏时，方便现场人员向上风侧撤离；应设置洗眼器，在万一发生液氨泄漏眼睛受到刺激时，可以即时清洗。

15）氨气供气间（站）应设置自动喷水系统，发生氨气泄漏事故时，喷水吸收泄漏的氨气。为避免污染环境，房间四周设置带篦子盖板的地沟，收集喷淋水，引至事故水收集池，水池容积应满足当站内最大的 1 个液氨储罐完全泄漏采用喷水方式吸收时需要的最大吸收量。

3. 计算

1）氨气月用量可按式（12-64）计算。

$$G = \frac{17QMT}{22.4} \qquad (12\text{-}64)$$

式中 G——月用气量（kg）；

T——每天使用的时间（h），一般按 24h 计算；

M——每月使用的天数（d），一般按 30d

计算；

17——氨气的分子量；

22.4——摩尔体积（L/mol）；

Q——气体平均小时消耗量（Nm³/h）（20℃，101.325kPa）。

2）气瓶（ISO）数量按式（12-65）计算。

$$n = \frac{G}{xG_0} \qquad (12\text{-}65)$$

式中　n——气瓶（ISO）数量；

G——月用气量（kg）；

G_0——单包装充装量（根据选取的包装形式确定，kg）；

x——月更换次数（应根据物流周期、库存、运行成本等因素确定，常规按 1~5 次/月考虑）。

3）计算举例

【例 12-10】　已知某车间氨气小时平均消耗量为 8Nm³/h，全天 24h 用气，每月使用天数为 30d，采用 T 瓶供气。求气瓶数量。

解：按式（12-64）求氨气月用量 G：

$$G = \frac{17QMT}{22.4} = \frac{17 \times 8 \times 30 \times 24}{22.4}\text{kg} = 4371\text{kg}$$

按式（12-65）求气瓶数量 n：

$$n = \frac{G}{xG_0} = \frac{4371}{4 \times 480} = 2$$

故需要 2 只 T 瓶供气，通常情况供气设备采用 $2n$ 容错配置，故需选用 4 只 T 瓶，其中 2 只备用。BSGS 应根据最大小时用气量和 BSGS 设备的供气能力（各厂家会有不同）。

4. 常用氨气供气方式

1）气瓶柜（GC）供气。

① 按柜内钢瓶数分：1 瓶装，2 瓶装，3 瓶装（比 2 瓶装多设置 1 个氮气吹扫瓶）；根据控制方式分：手动、半自动和全自动。

② 氨气气瓶柜基本功能配置：强制通风、称重、加热、调压、管路吹扫、压力温度监控、泄漏探测、紧急切断、红外/紫外火焰探测、自动洒水、自动报警等。

③ 气瓶柜供气流程如图 12-85 所示，2 瓶装气瓶柜外形如图 12-86 所示。

2）大宗供气系统（BSGS）。

① BSGS 根据供气包装分卧式钢瓶供气（Y 瓶、T 瓶）和 ISO 槽车供气。

② 氨气 BSGS 气柜基本功能配置：强制通风、称重、加热、调压、管路吹扫、压力温度监控、泄漏探测、紧急切断、红外/紫外火焰探测、自动洒水、自动报警等。

③ BSGS 供气流程如图 12-87 所示。设备平面布置图如图 12-88 和图 12-89 所示。

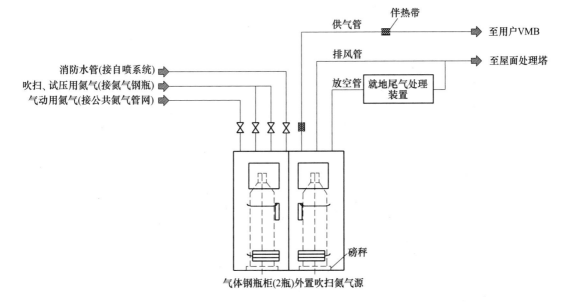

图 12-85　气瓶柜供气流程

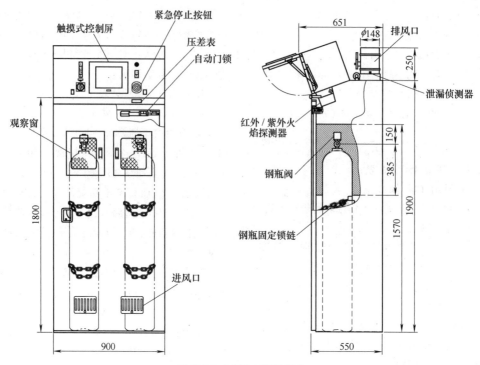

图 12-86 2 瓶装气瓶柜外形

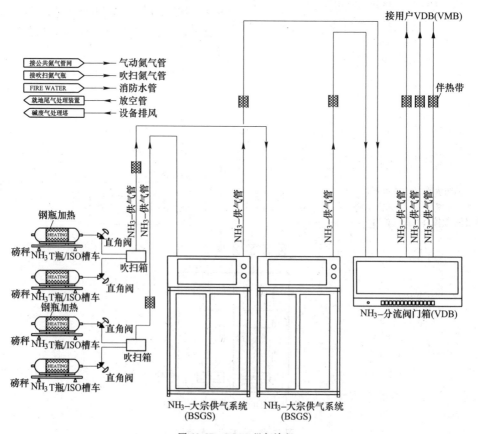

图 12-87 BSGS 供气流程

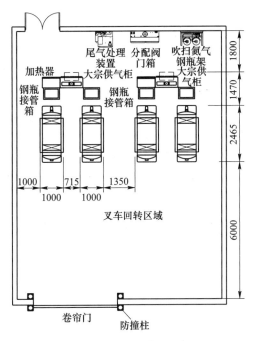

图 12-88　T 瓶供气设备平面布置图

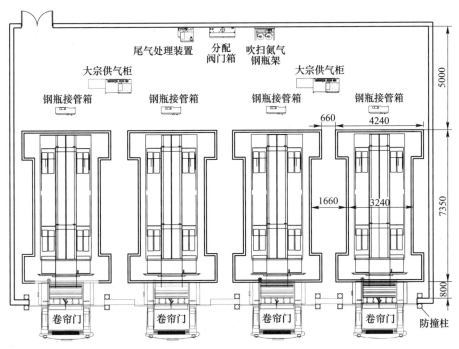

图 12-89　ISO 槽车供气设备平面布置图

12.3.6　氯气供气间（站）

1. 概述

1）氯气（Cl_2）常温常压下为黄绿色气体，有刺鼻、窒息、特殊的刺激性气味。氯气密度为 3.17kg/Nm^3，相对密度为 2.448（空气 = 1.00）。氯气易压缩，可液化为黄绿色的油状液氯，是氯碱工业的主要产品之一。

2）氯气为强氧化剂，根据现行规范 GB 50016—

2014《建筑设计防火规范》（2018 年版）的定义，其火灾危险类别为乙类。

3）氯气具有毒性及腐蚀性，允许极限浓度为 $1mg/m^3$。

4）氯气常规以液态形式储存。包装规格详见表 12-40。

表 12-40 氯气常规储存包装规格

包装	水容积	充装量	供气方式
小钢瓶	40L/47L	50kg	气瓶柜（GC）、汇流排
Y 瓶	440L	500kg	BSGS
T 瓶	944L	1000kg	BSGS
储罐	—	—	汽化器

注：储罐供应主要用于大型化工厂，本文不做详细介绍。

5）小气量氯气供应，宜采用气瓶柜（GC）；大宗供应，宜采用 BSGS 系统。

2. 一般设计原则

1）氯气供气间（站）设计，应遵循国家有关方针政策，确保安全生产，节约能源，保护环境，满足生产要求，做到技术先进和经济合理。

2）设置在厂房内的氯气供气间应集中设置在一层靠外墙的区域。单个供应间的储存量不得超过 $92Nm^3$。大宗供应时，应设置独立站房。

3）氯气供气间（站）设计，应符合《建筑设计防火规范》的相关规定。

① 氯气供气间（站）按乙类生产火灾危险性厂房类别考虑，应为一、二级耐火等级的建筑。

② 面积不超过 $300m^2$ 独立单建的氯气供气间（站），可采用三级耐火等级的单层建筑。

4）氯气供气间（站），应布置在远离易燃物和可燃物的地方，而不应布置在人员密集地区、主要交通要道处和通风系统吸气口等场所。疏散应符合以下要求：

① 安全出口不应少于 2 个，且宜分散布置。

② 相邻 2 个安全出口最近边缘之间的水平间距不应小于 5m，其中一个应直通室外，通向疏散走道的门应满足防火要求。

③ 房间面积小于或等于 $100m^2$，且同一时间的生产人数不超过 5 人时，可设置一个直接通往室外的出口。

5）液氯用户应持公安部颁的准购证或购买凭证，液氯生产厂方可为其供货。

6）氯的储存、运输和使用应满足 GB 11984—2008《氯气安全规程》和 AQ 3014—2008《液氯使用安全技术要求》的要求。

7）氯气间内严禁存放易燃物和可燃物及与氯气不相容的气体钢瓶。常用化学品储存禁忌物配存详见表 12-41。

8）氯气供气间（站）应设氯气检漏装置。室内必须通风良好，保证空气中氯气最高含量不得超过 $1mg/m^3$。建筑物顶部或外墙的上部设气窗（楼）或排气孔。排气孔应朝向安全地带。室内应设置连续的机械通风装置或自然通风，通风换气次数每小时不得少于 6 次，事故排风装置每小时换气次数不得少于 12 次，并与氯气检漏装置联锁。

9）氯气间的事故排气应设置气体净化设施和排气筒，处理方法宜采用湿式洗涤。事故排气由气体净化设施（碱液洗涤塔）处理达标后，经排气筒高空排放。排气筒高度不应低于 25m，且排气筒的最低高度应高出周围半径 200m 范围内的建筑物 5m 以上。

10）氯气储存供应间内应设置起重设备及稀碱液池，其深度应能浸没液氯罐，或配备氯气捕消器，并符合《氯气安全规程》的要求。

11）氯气供气间（站）严禁采用明火供暖。宜设置空调系统，房间设计参数宜按（23±3）℃，30%~70% 执行。若采用散热器，应采取隔热措施以防止气瓶局部受热。

12）氯气供应设备及管路应考虑防静电接地接点措施，接地电阻不应大于 10Ω。

13）氯气供应管道宜采用双层管，为保障氯气供应管道设计质量及施工、安装、验收要求，应遵守现行的国家标准 GB 50316—2000《工业金属管道设计规范》、GB 50235—2010《工业金属管道工程施工规范》以及 GB 50184—2011《工业金属管道工程施工质量验收规范》的有关规定。

14）氯气供应管道系统应设氮置换吹扫管接头，吹扫用氮气不得采用公共氮气，也不得与其他不相容的气体供应系统共用 1 套吹扫氮气系统。吹扫氮气管路应设置止回阀。

15）氯气供气系统的排气必须经过尾气处理装置处理，尾气处理方法宜采用湿式洗涤。

16）氯气钢瓶应设置称重地秤装置、加热和保温装置；管路应设置过流开关、紧急切断阀、伴热和保温措施；加热温度不应超过 50℃。

17）氯气供气间（站）应设置风向标，万一发生泄漏时，方便现场人员向上风侧撤离；应设置洗眼器，在万一发生氯气泄漏眼睛受到刺激时，可以即时清洗。

18）氯气供气间（站）应设置自动水雾喷淋系统，发生氯气泄漏事故时，喷水雾吸收泄漏的氯气。为避免污染环境，房间四周设置带箅子盖板的地沟，

表 12-41　常用化学品储存禁忌物配存

危险化学品的种类和名称		配存序号	1	2	3	4	5	6	7	8	9	10	11	12	13	14	15	16	17	18	19	20	21	22	23	24
爆炸品	点火器材	1	1																							
	起爆器材	2	×	2																						
	炸药及爆炸性药品（不同品名的不得在同一库内配存）	3	×	×	3																					
	其他爆炸品	4	△	×	×	4																				
氧化剂	有机氧化剂	5	×	×	△	×	5																			
	亚硝酸盐、亚氯酸盐、次亚氯酸盐①	6	△	△	△	△	×	6																		
	其他无机氧化剂②	7	△	×	△	△	×	×	7																	
压缩气体和液化气体	剧毒（液氯液氨不能在一库内配存）	8	×	×	×	×	×	×	×	8																
	易燃	9	△	×	×	△	×	△	×	△	9															
	助燃（氧及氧空钢瓶不得与油脂在同一库内配存）	10	△	×	×	△	△	△	△	×	△	10														
	不燃	11	△	×	×	△	△	△	△	△	△	△	11													
自燃物品	一级	12	△	△	×	×	×	×	×	×	×	×	×	12												
	二级	13	△	△	×	×	△	△	△	×	△	△	△	×	13											
遇水燃烧物品（不得与含水液体货物在同一库内配存）		14	×	×	×	×	×	×	×	×	×	×	×	×	△	14										
易燃液体		15	△	×	×	△	△	△	△	×	△	×	△	×	△	△	15									
易燃固体（H发孔剂不可与酸性腐蚀物品及有机易燃脂类危险货物配存）		16	△	×	×	△	×	△	△	×	△	×	△	×	△	×	△	16								
毒害品	氰化物	17	△	△	△	△	△	△	△	△	△	△	△	△	△	△	△	△	17							
	其他毒害品	18	△	△	△	△	△	△	△	△	△	△	△	△	△	△	△	△	×	18						
腐蚀物品　酸性腐蚀物品	溴	19	△	△	△	△	×	△	△	×	△	△	△	△	△	×	△	△	×	△	19					
	过氧化氢	20	△	△	△	△	×	△	△	△	△	△	△	△	△	×	△	△	×	△	△	20				
	硝酸、发烟硝酸、硫酸、发烟硫酸、氯磺酸	21	△	△	△	△	△	△	×	1)	△	△	△	△	×	△	△	△	×	△	△	△	21			
	其他酸性腐蚀物品	22	△	△	△	△	×	△	△	△	△	△	△	△	△	△	△	△	×	△	△	△	△	22		
碱性腐蚀物品	生石灰、漂白粉	23	△	△	△	△	△	△	△	×	△	△	△	△	△	△	△	△	△	△	△	△	△	△	23	
其他腐蚀物品	其他（无水肼、水合肼、氨水不得与氧化剂配存）	24	△	△	△	△	△	△	△	×	△	△	△	△	△	△	△	△	△	△	×	×	×	×	△	24

注：1. 无配存符号表示可配存。
　　2. △表示可配存，堆放时至少隔离 2m。
　　3. ×表示不可配存。
　　4. 有注释时按注释规定办理。
① 除硝酸盐（如硝酸钠、硝酸钾、硝酸铵等）与硝酸、发烟硝酸可以配存外，其他情况均不得配存。
② 无机氧化剂不得与松软的粉状的可燃物（如煤粉、焦粉、炭墨、淀粉、糖、炭墨等、锯末等）配存。

收集喷淋水，引至事故水收集池，水池容积应满足当站内最大的 1 个液氨储罐完全泄漏采用喷水方式吸收时需要的最大吸收量。

19）为避免污染环境，氯气间的消防水应进行收集，处理达标后方可排放。

3. 计算

1）氯气月用量可按式（12-66）计算。

$$G = \frac{71QMT}{22.4} \qquad (12\text{-}66)$$

式中　G——月用气量（kg）；

　　　T——每天使用的时间（h），一般按 24h 计算；

　　　M——每月使用的天数（d），一般按 30d 计算；

　　　71——氯气的分子量；

　　　22.4——摩尔体积（L/mol）；

　　　Q——气体平均小时消耗量（Nm³/h）（20℃，101.325kPa）。

2）气瓶（ISO）数量按式（12-67）计算。

$$n = \frac{G}{xG_0} \qquad (12\text{-}67)$$

式中　n——气瓶（ISO）数量；

　　　G——月用气量（kg）；

　　　G_0——单包装充装量（根据选取的包装形式确定，kg）；

　　　x——月更换次数（应根据物流周期、库存、运行成本等因素确定，常规按 1~5 次/月考虑）。

3）计算举例：

【例 12-11】　已知某车间氯气小时平均消耗量为 0.1Nm³/h，全天 24h 用气，每月使用天数 30d，采用小钢瓶供气。求气瓶数量。

解：按式（12-66）求氯气月用量 G：

$$G = \frac{71QMT}{22.4} = \frac{71 \times 0.1 \times 24 \times 30}{22.4} \text{kg} = 228\text{kg}$$

按式（12-67）求气瓶数量 n：

$$n = \frac{G}{xG_0} = \frac{228}{5 \times 50} = 1$$

故需要 1 只小钢瓶供气，通常情况供气设备采用 $2n$ 容错配置，故需选用 2 只小钢瓶，其中 1 台备用。可选用 2 瓶装气瓶柜供气或选用 2×1 瓶组汇流排供气。

4. 常用氯气供气方式

氯气供气方式参见氨气供气章节，本文不做赘述。

12.4　液态气体汽化间

12.4.1　液氧、液氮汽化间概述

国内常用工业气体氧气及氮气，长期以来靠自建气体动力站生产氧气、氮气供气；或靠市场外购瓶装高压氧气、氮气，用汇流排供气。改革开放后，随着国内外气体行业新技术、新设备的发展，用户利用外购商品低温液氧、液氮，经汽化获得所需氧气及氮气。形成当前国内的三种主要途径供气方式，便于用户根据实际情况合理选择供气。

充分利用城市或周边地域内大、中型气体厂或空分设备厂，其专业化生产供应液氧、液氮的有利资源条件，对用气量较大，气体质量要求较高，并具有良好管理操作水平的用户，很有吸引力。一般用气量大于 60m³/h 的用户，采用外购液氧、液氮的供气形式相对比较适宜。

液氧、液氮汽化间系统，一般由低温液体储槽、汽化器、减压器以及控制装置等设备、管道附件组成，由车间管网将汽化稳压后的氧气或氮气，输送至用气点。

生产供应液氧、液氮的厂家，专门负责输送全过程。厂家用专用低温液体槽车运送，定期将液氧、液氮送到用户。由专人操作把低温液体输入储槽内。

12.4.2　一般设计原则

1）液氧、液氮汽化间设计，应遵循国家有关方针政策，节约能源，保护环境，安全第一，做到技术先进和经济合理。

2）液氧、液氮汽化间设计，应符合现行的 GB 50016—2014《建筑设计防火规范》（2018 年版）、GB 50030—2013《氧气站设计规范》的有关规定。

3）液氧汽化间按乙类生产火灾危险性厂房类别考虑，应为一、二级耐火等级的建筑。面积不超过 300m² 独立单建的液氧汽化间，宜采用三级耐火等级的单层建筑。

4）液氮汽化间按戊类生产火灾危险性厂房类别考虑，应为二、三级耐火等级的建筑，宜为单层建筑物。

5）液氧储槽或液氮储槽宜布置在室外。当需要室内布置时，宜设置在单独的房间内，且液氧的总储存量不应超过 10m³。

6）液氧储槽或液氮储槽及汽化间，宜设围墙或栅栏。

7）液氧储槽与建筑物、储罐的防火间距，按表 12-42 相应储量的氧气储罐的防火间距执行。液氧储槽与其泵房的间距不宜小于 3m。设在一、二级耐火

等级库房内，且容积不超过 3m³ 的液氧储槽，与所属使用建筑的防火间距不应小于 10m。

表 12-42　液氧储槽与建筑物、储罐的防火间距

防火间距/m　　总容积/m³　名称	≤1000	1001~50000	>50000
民用建筑	18	20	25
明火或散发火花地点	25	30	35
重要公共建筑	50		
室外变、配电站	20	25	30
其他耐火建筑等级 一、二级	10	12	14
三级	12	14	16
四级	14	16	18

注：1. 容积不超过 50m³ 的氧气储槽，与所属使用厂房的防火间距不限。

2. 1m³ 液氧折合 800m³ 标准状态氧气计算。

8）液氧储槽周围 5m 范围内，不应有可燃物和设置沥青路面。

9）液氧、液氮储槽容量的选择，应根据液氧、液氮槽车的运输费用、运输距离、企业用户所用气体量，储槽本身的折旧费用，以及储量实际可使用的天数等因素加以综合分析，经方案比较后确定。一般按 10~15d 运送一次为宜。储槽越小，其日蒸发率越大。

10）汽化间的设备布置应紧凑合理，便于安装、操作、维修。设备之间的净距宜为 1.5m；设备与墙之间的净距宜为 1m。设备零部件有抽出检修的操作要求时，其净距不宜小于抽出零部件的长度加 0.5m。设备双排布置时，两排之间的净距宜为 2m。

11）液氧、液氮汽化间，建筑内应设 1 个安全出口，其围护结构的门、窗均应向外开启。

12）汽化间的屋架下弦高度，应按设备高度和起重吊钩的极限高度确定，但不宜小于 4m。

13）设计液氧、液氮汽化间时，对设于户外低温液体储槽、汽化间建筑均应有防雷措施，按国家标准 GB 50057—2010《建筑物防雷设计规范》的规定执行。

14）液氧储槽及氧气管道应有防静电接地接点措施，接地电阻不大于 10Ω。

15）液氧汽化间设计应考虑火灾危险，可按现行的国家标准 GB 50058—2014《爆炸危险环境电力装置设计规范》的有关规定进行。储槽间（区）、汽化间为 22 区火灾危险区。

16）液氧储槽、氧气管道及连接附件、仪表等均应严禁油脂接触，必须进行除油脱脂处理。

17）氧气、氮气放散管和液氧、液氮排放管，

应引至室外安全处，放散管口宜高出地面 4.5m 或以上。

18）设于户外的液氧储槽、液氮储槽，宜采取防日晒雨淋措施。

19）液氧、液氮等几种工业气体的气液换算，可参照表 12-43。

表 12-43　几种工业气体的气液换算

介质	0.1MPa			液态、气态、瓶装气换算值		
	饱和温度		密度/(kg/m³)			
	/K	/℃	液态	气态	液态/m³	气态①/m³	气态②（标瓶）
氧	90	-183	1140	1.429	1	800	133
氮	77	-196	810	1.25		643	107
氩	87	-186	1410	1.784		780	130
氢	20	-253	71	0.09		788	131

① 指 0℃、0.1MPa 条件下的气态体积。

② 每瓶以 0℃、常压标准状态下 6m³ 计算。

12.4.3　液氧、液氮汽化间系统

1. 低温液体储槽

（1）简述　低温液体储槽有立式、卧式、球形，用于储存低温液氧、液氮、液氩、液化天然气等。

低温液体储槽结构形式主要有真空粉末绝热低温液体储槽、粉末绝热大型低温液体储槽。20m³ 立式低温液体储槽外形如图 12-90 所示。100m³ 卧式低温液体储槽外形如图 12-91 所示。

图 12-90　20m³ 立式低温液体储槽外形

（2）特点　低温液体储槽具有使用寿命长，结构紧凑，占地面积少，集中控制，操作和维修方便等特点。低温液体储槽广泛用于机械、化工、冶金、医疗、食品、电子、军工等部门的液氧、液氮等的储存。

（3）型号说明（图 12-92）

（4）真空粉末绝热低温液体储槽

图 12-91　100m³ 卧式低温液体储槽外形

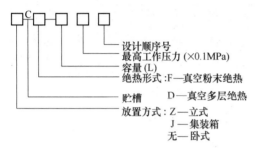

图 12-92　型号说明

1）液体储槽内外筒之间填充粉末绝热材料，其真空度由制造厂按国家技术条件规定执行。用户一般可不专设真空泵。设备的绝热效果因真空而提高。

2）立式真空粉末绝热低温液体储槽流程原理如图 12-93 所示。

3）立式低温液体储槽主要技术参数见表 12-44 和表 12-45。

卧式低温液体储槽见表 12-46 和表 12-47。

立式、卧式真空粉末绝热低温液体储槽外形参见图 12-90 和图 12-91。

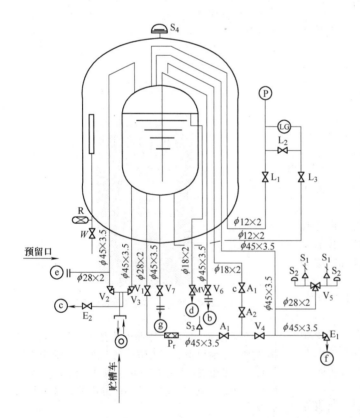

A_1	调节阀	S_1	内筒安全阀
A_2		S_2	
E_1	放空阀	S_3	管路安全阀
E_2	残液排放阀	S_4	外筒安全装置
L_1	液位计上阀	V_1	增压阀
		V_2	上部进液阀
L_2	平衡阀	V_3	液体进出阀
L_3	液位计下阀	V_4	气体通过阀
LG	液位计	V_5	三通阀
MV	测满阀	V_6	排液阀
P	压力表	V_7	备用阀
P_r	增压器		
R	真空规管		

图 12-93　立式真空粉末绝热低温液体储槽流程原理

表 12-44　立式低温液体储槽主要技术参数（一）

序号	型号	有效容积 /L	最高工作压力 /MPa	容器空重 /kg	外形尺寸（直径/mm）×（高/mm）	日蒸发率（%）		
						LO₂	LN₂	LAr
1	ZCF—1200/2	1200	0.2	1365	φ1420×3340	0.45	0.70	0.49
2	ZCF—1200/8		0.8	1473				
3	ZCF—1200/16		1.6	1580				
4	ZCF—2000/2	2000	0.2	1887	φ1820×3370	0.38	0.58	0.41
5	ZCF—2000/8		0.8	1972				
6	ZCF—2000/16		1.6	2250				
7	ZCF—3500/2	3500	0.2	3500	φ2020×4300	0.40	0.64	0.43
8	ZCF—3500/8		0.8	3600				
9	ZCF—3500/16		1.6	4100				
10	ZCF—5000/2	5000	0.2	3850	φ2020×5180	0.28	0.45	0.30
11	ZCF—5000/8		0.8	3920				
12	ZCF—5000/16		1.6	4625				
13	ZCF—5000/20		2.0	5258				
14	ZCF—10000/2	10000	0.2	5712	φ2420×6100	0.22	0.34	0.24
15	ZCF—10000/8		0.8	6100				
16	ZCF—10000/16		1.6	7484				
17	ZCF—10000/30		3.0	11500	φ2020×86800			
18	ZCF—15000/2	15000	0.2	8917	φ2420×8195	0.19	0.31	0.21
19	ZCF—15000/8		0.8	9820	φ2420×8195			
20	ZCF—15000/16		1.6	11594				
21	ZCF—1500/30—2		3.0	14550	φ2620×6940			
22	ZCF—20000/2	20000	0.2	10457	φ2620×8010	0.17	0.28	0.18
23	ZCF—20000/8		0.8	11825				
24	ZCF—20000/16		1.6	13940				
25	ZCF—20000/30—1		3.0	19300	φ2620×8010			
26	ZCF—25000/8	25000	0.8	13800	φ2820×8940	0.15	0.24	0.17
27	ZCF—25000/16		1.6	17245	φ2820×8940	0.15	0.24	0.17
28	ZCF—30000/2	3000	0.2	13854	φ2820×10356	0.13	0.20	0.14
29	ZCF—30000/8		0.8	15887				
30	ZCF—30000/16		1.6	19822	φ2820×10356	0.13	0.20	0.14
31	ZCF—35000/16	35000	1.6	23000	φ3024×10850	0.12	0.19	0.13
32	ZCF—50000/2	50000	0.2	21150	φ3230×12155	0.11	0.18	0.12
33	ZCF—50000/8		0.8	24890				
34	ZCF—50000/16		1.6	30490				
35	ZCF—60000/32	60000	3.2	61800	φ3032×17525	0.10	0.17	0.11
36	ZCF—60000/32.4		3.24	61800				
37	ZCF—75000/8	75000	0.8	35092	φ3230×17320	0.09	0.16	0.10
38	ZCF—100000/2.5	100000	0.25	48200	φ3640×17510	0.08	0.13	0.09
39	ZCF—100000/8		0.8	58760				

注：日蒸发率是指在 20℃，0.1MPa 绝对压力条件下的数值。生产厂为中山市南方空气分离设备有限公司。

表 12-45　立式低温液体储槽主要技术参数（二）

序号	型号	有效容积/L	最高工作压力 /MPa	容器空重 /kg	外形尺寸（直径/mm）×（高/mm）	日蒸发率（%）		
						LO₂	LN₂	LAr
1	ZCF—1200/2	1200	0.2	1365	φ1402×3340	0.7	1.08	0.76
2	ZCF—1200/8		0.8	1473				
3	ZCF—1200/16		1.6	1580				
4	ZCF—2000/2	2000	0.2	1900	φ1712×3450	0.6	0.96	0.65
5	ZCF—2000/8		0.8	1996				
6	ZCF—2000/16		1.6	2282				

（续）

序号	型号	有效容积/L	最高工作压力/MPa	容器空重/kg	外形尺寸（直径/mm）×（高/mm）	日蒸发率（%）		
						LO$_2$	LN$_2$	LAr
7	ZCF—3500/2	3500	0.2	3500	ϕ2016×4025	0.46	0.72	0.49
8	ZCF—3500/8		0.8	3600				
9	ZCF—3500/16		1.6	4100				
10	ZCF—4000/16	4000	1.6	5060	ϕ2024×5000	0.43	0.67	0.46
11	ZCF—5000/2	5000	0.2	4296	ϕ2016×5180	0.37	0.57	0.40
12	ZCF—5000/8		0.8	4366				
13	ZCF—5000/16		1.6	5080				
14	ZCF—5000/20		2.0	5258				
15	ZCF—6000/2	6000	0.2	4664	ϕ2016×5915	0.35	0.56	0.38
16	ZCF—6000/8		0.8	5158				
17	ZCF—6000/16		1.6	5566				
18	ZCF—10000/2	10000	0.2	5972	ϕ2418×6100	0.30	0.48	0.33
19	ZCF—10000/8		0.8	6551				
20	ZCF—10000/16		1.6	7580				
21	ZCF—10000/20		2.0	8672	ϕ2416×6400			
22	ZCF—10000/30		3.0	11330	ϕ2016×8700			
23	ZCF—15000/2	15000	0.2	8917	ϕ2420×8195	0.28	0.45	0.31
24	ZCF—15000/8		0.8	9820				
25	ZCF—15000/16		1.6	11594				
26	ZCF—15000/20		2.0	13750				
27	ZCF—15000/30—2		3.0	15334				
28	ZCF—20000/2	20000	0.2	10150	ϕ2620×8600	0.24	0.37	0.26
29	ZCF—20000/8		0.8	11800				
30	ZCF—20000/16		1.6	14020				
31	ZCF—20000/10		1.0	12980	ϕ2620×8700			
32	ZCF—20000/20		2.0	17572	ϕ2620×8600			
33	ZCF—20000/30—1		3.0	19300	ϕ2616×8850			
34	ZCF—25000/8	25000	0.8	16000	ϕ2620×10150	0.23	0.36	0.25
35	ZCF—30000/2	30000	0.2	16000	ϕ2820×10356	0.21	0.32	0.23
36	ZCF—30000/8		0.8	17300				
37	ZCF—30000/16		1.6	21800				
38	ZCF—30000/18		1.8	21800				
39	ZCF—30000/30		3.0	27711	ϕ2820×10456			
40	ZCF—30000/33		3.3	29458				
41	ZCF—33000/16	33000	1.6	24016	ϕ2820×11166	0.21	0.32	0.23
42	ZCF—35000/16	35000	1.6	23000	ϕ3024×10850	0.20	0.31	0.22
43	ZCF—40000/8	40000	0.8	23340	ϕ3024×11324	0.19	0.30	0.21
44	ZCF—40000/16		1.6	30100	ϕ3024×11400			
45	ZCF—50000/2	50000	0.2	24300	ϕ3224×12155	0.17	0.28	0.19
46	ZCF—50000/8		0.8	26500	ϕ3224×12155			
47	ZCF—50000/12		1.2	31060	ϕ3228×12460			
48	ZCF—50000/16		1.6	33550	ϕ3224×12155			
49	ZCF—50000/25		2.5	45100	ϕ3024×14300			
50	ZCF—60000/32	60000	3.2	61800	ϕ3032×17525	0.15	0.25	0.17
51	ZCF—60000/32.4		3.24	61800				
52	ZCF—75000/2	75000	0.2	31422	ϕ3228×17320	0.14	0.24	0.16
53	ZCF—75000/8		0.8	35092				
54	ZCF—100000/2	100000	0.2	48430	ϕ3640×17050	0.13	0.22	0.14
55	ZCF—100000/8		0.8	58760	ϕ3428×19370			

注：日蒸发率是指在 20℃，0.1MPa 绝对压力条件下的数值。生产厂为四川空分设备（集团）有限责任公司。

表 12-46　卧式低温液体储槽主要技术参数（一）

序号	型号	有效容积 /L	最高工作压力 /MPa	容器空重 /kg	外形尺寸（长/mm）×（宽/mm）×（高/mm）或（直径/mm）×（高/mm）	日蒸发率（%）LO₂	LN₂	LAr	备注
1	CF—300/8	300	0.8	433	1790×900×1255	2.3	3.6	2.5	—
2	CF—600/8	600	0.8	1036	2481×1210×1376	1.6	2.6	1.8	
3	JCF—1000/3	1000	0.3	2000	2300×1646×1799	0.96	1.6	1.1	
4	JCF—5000/16	5000	1.6	6990	6058×2438×2591	0.28	0.45	0.30	集装箱
5	JCF—3500/8	3500	0.8	3140	4012×2438×2591	0.40	0.64	0.43	
6	JCF—2000/16	2000	1.6	3465	3920×1990×1930	0.38	0.58	0.41	
7	JCF—21000/21	21000	2.1	10800	7495×2435×2590	自然升压速度<0.13MPa/d			LCO₂ 集装箱
8	JCF—5000/8	5000	0.8	7955	6058×2438×2591	0.28	0.45	0.30	集装箱
9	CF—5000/2	5000	0.2	4340	4500×2220×2550	0.28	0.45	0.30	—
10	CF—5000/8		0.8	4410					
11	CF—5000/16		1.6	4640					
12	CF—10000/8	10000	0.8	7310	5500×2416×2750	0.22	0.34	0.24	
13	CF—10000/16		1.6	8500					
14	CF—30000/2	30000	0.2	16200	8600×3500×3600	0.13	0.20	0.14	—
15	CF—30000/8		0.8	18560					
16	CF—30000/16		1.6	22300					
17	CF—50000/2	50000	0.2	22600	12100×3390×3510	0.11	0.18	0.12	
18	CF—50000/8		0.8	26470					
19	CF—50000/16		1.6	32220					
20	CF—75000/8	75000	0.8	36200	18330×3120×3380	0.09	0.16	0.10	
21	CF—100000/2	100000	0.2	41125	22030×3390×3510	0.08	0.13	0.09	—
22	CF—100000/8		0.8	46388					
23	CF—100000/16		1.6	56710					
24	CF—200000/8	200000	0.8	53616	9840×900×11450	0.07	0.11	0.08	真空球罐
25	CF—35000/8	35000	0.8	19750	φ2620×14860	0.12	0.19	0.13	铁道罐车

注：日蒸发率是指在20℃，0.1MPa绝对压力条件下的数值。生产厂为中山市南方空气分离设备有限公司。

表 12-47　卧式低温液体储槽主要技术参数（二）

序号	型号	有效容积 /L	最高工作压力 /MPa	容器容重 /kg	外形尺寸（长/mm）×（宽/mm）×（高/mm）	日蒸发率（%）LO₂	LN₂	LAr	备注
1	CF—3500/2	3500	0.2	4142	3125×2561×2416	0.46	0.72	0.49	—
2	CF—3500/8		0.8						
3	CF—3500/16		1.6						
4	CF—5000/2	5000	0.2	4340	4500×2216×2550	0.37	0.57	0.40	—
5	CF—5000/8		0.8	4640	5740×1925×2240				
6	CF—5000/16		1.6	4910	4500×2216×2550				
7	CF—10000/2	10000	0.2	7310	5500×2416×2750	0.30	0.48	0.33	—
8	CF—10000/8		0.8						
9	CF—10000/16		1.6	8500					
10	CF—15000/2	15000	0.2	10428	7600×2416×2750	0.28	0.45	0.31	—
11	CF—15000/8		0.8						
12	CF—15000/16		1.6						
13	CF—20000/2	20000	0.2	13884	8270×2616×2650	0.24	0.37	0.26	—
14	CF—20000/8		0.8						
15	CF—20000/16		1.6						
16	CF—30000/2	30000	0.2	16200	8600×3500×3600	0.21	0.32	0.23	—
17	CF—30000/8		0.8	18560					
18	CF—30000/16		1.6	22300					

（续）

序号	型号	有效容积 /L	最高工作压力 /MPa	容器容重 /kg	外形尺寸（长/mm）× （宽/mm）×（高/mm）	日蒸发率（%）			备注
						LO₂	LN₂	LAr	
19	CF—50000/2	50000	0.2	22600	12100×3390×3510	0.17	0.28	0.19	—
20	CF—50000/8		0.8	26470					
21	CF—50000/16		1.6	32220					
22	CF—75000/2	75000	0.2	36500	18330×3120×3380	0.14	0.24	0.16	—
23	CF—75000/8		0.8						
24	CF—75000/16		1.6						
25	CF—100000/2	100000	0.2	41125	22035×3220×3510	0.13	0.22	0.14	—
26	CF—100000/8		0.8	46388	22030×3220×3510				
27	CF—100000/16		1.6	56710	21905×3220×3550				
28	CF—100000/5		0.5	48158	21500×3220×3510				
29	CF—4940/8	4940	0.8	4733	2490×2014×2691	0.37	0.57	0.40	—
30	CF—5000/3.2	5000	0.32	3498	3792×2012×2691	0.37	0.57	0.40	—
31	JCF—10000/30	10000	3.0	12750	6685×2216×2550	0.30	0.48	0.33	—
32	JCF—1000/3	1000	0.3	2000	2300×1646×1799	0.96	1.6	1.10	集装箱
33	JCF—5000/16	5000	1.6	6990	6058×2438×2591	0.37	0.57	0.40	集装箱
34	JCF—3500/8	3500	0.8	3140	4012×2438×2591	0.46	0.72	0.49	集装箱
35	JCF—2000/16	2000	1.6	3465	3920×1990×1930	0.60	0.96	0.65	集装箱
36	JCF—21000/21	21000	2.1	10800	7495×2435×2590	自然升压速度 0.13MPa/d			LCO₂ 集装箱
37	JCF—5000/8	5000	0.8	6500	6058×2438×2591	0.37	0.57	0.40	集装箱
38	JCF—9500/19	9500	1.9	11550	6058×2438×2591	0.30	0.48	0.33	集装箱
39	JCF—15000/8	15000	0.8	12660	8070×2438×2591	0.28	0.45	0.31	集装箱
40	JCF—1000/8	1000	0.8	2100	2730×1412×1750	0.96	1.60	1.10	集装箱
41	CF—200000/8	200000	0.8	53616	9840×9000×9540	0.07	0.11	0.08	真空球罐
42	CF—35000/8	35000	0.8	19750	φ2620×14860	0.20	0.31	0.22	铁道罐车

注：日蒸发率是指在20℃，0.1MPa绝对压力条件下的数值。生产厂为四川空分设备（集团）有限责任公司。

　　（5）粉末绝热大型低温液体储槽
　　1）本系列储槽采用双层壁粉末绝热，形状为立式圆柱形，以零部件运至用户现场复合组装，适宜化织、冶金等部门储存液氧、液氮供调峰之用。
　　2）主要技术参数见表12-48。
　　2. 汽化器
　　1）汽化器为液氧，液氮供气系统的重要组件设备，其功能是将液氧、液氮加热、使之汽化成氧气、氮气。基本形式有空气加热式、蒸汽加热水式和电加热水式等。气体管采用法兰连接，安装简单，拆卸及操作方便。
　　2）主要技术参数见表12-49。
　　3. 减压装置
　　1）自汽化器后的高压氧气、高压氮气，经减压

表12-48　粉末绝热大型低温液体储槽主要技术参数

序号	名称	有效容积 /m³	最高工作压力 /kPa	容器空重 /kg	外形尺寸（长/mm）× （宽/mm）×（高/mm）或 （直径/mm）×（高/mm）	日蒸发率（%）	
						LO₂	LN₂
1	低温液体储槽	200	15	99500	φ9012×12500	0.35	0.56
2	液氧储槽		9.8	89300	φ9880×9710		
3	低温液体储槽	300	10	104500	φ9912×10300	0.32	0.51
4			15	112000	φ10512×11600		
5			40	97000	φ9412×11600		
6		350	35	103500	φ9520×12720	0.31	0.48
7			15	102700	φ9912×11610		
8			15	102700	φ9812×11500		

（续）

序号	名称	有效容积 /m³	最高工作压力 /kPa	容器空重 /kg	外形尺寸(长/mm)× (宽/mm)×(高/mm)或 (直径/mm)×(高/mm)	日蒸发率（%） LO₂	日蒸发率（%） LN₂
9	液氧储槽		9.8	110240	φ9980×12000		
10	低温液体储槽	400	9.8	113400	φ9812×12900	0.30	0.46
11			10	113400	φ9912×12900		
12			15	129000	φ10512×13146	0.25	0.40
13			15	125000	φ10512×13146		
14			15	126000	φ9812×13146	0.30	0.46
15		500	34	160500	φ12012×12300	0.15	0.24
16			10	129000	φ11212×11600	0.28	0.45
17		600	15	150000	φ11212×13230	0.26	0.42
18		2×500	15	260000	19600×9800×16300	0.27	0.43
19	液氧储槽		9.8	192000	φ14026×17500		
20	低温液体储槽		9.8	214000	φ12216×17500	0.21	0.34
21		1000	14	214000	φ12216×17500		
22			10	220000	φ12216×17500		
23			15	233000	φ15012×13600	0.19	0.30
24			10	200000	φ12212×17500	0.21	0.34
25			15	200000	φ12216×17500	0.21	0.34
26		1300	10	260000	φ14216×17000	0.19	0.28
27	液氧储槽	2000	10	352700	φ16516×20280	0.15	0.24
28			34.5	385700	φ17060×18360	0.13	0.21
29	液化天然气储槽	7×100	0.2MPa	235758	φ13016×17444	0.20（LNG）	

注：本表"粉末绝热大型低温液体储槽"生产厂为四川空分设备（集团）有限责任公司。

表 12-49　汽化器主要技术参数

序号	型号	汽化量/(m³/h)	工作压力/MPa	加热方式	外形尺寸(长/mm)×(宽/mm)× (高/mm)或(直径/mm)×(高/mm)	净重/kg
1	QQ—20/22	20	0~2.2	空温式	550×550×1500	
2	QQ—50/22	50			750×550×2500	
3	QQ—100/22	100			750×750×3500	
4	QQ—150/22	150			1000×800×3500	
5	QQ—200/22	200			1200×1000×3500	
6	QQ—300/22	300			1600×800×4500	
7	QQ—400/22	400			1800×1000×4500	
8	QQ—500/22	500			1600×1400×4500	
9	QQ—600/22	600			16000×1600×1500	
10	QQ—100/165	100	16.5		1320×940×2500	
11	QQ—150/165	150			1550×1170×2500	
12	QQ—200/165	200			1550×1400×2750	
13	QQ—250/165	250			2010×1400×2550	
14	QQ—300/165	300			2010×1400×2900	
15	QQ—350/165	350			2470×1400×2900	
16	QQ—400/165	400			2010×1860×2900	
17	QQ—450/165	450			2470×1860×2750	
18	QQ—500/165	500			2470×1860×2900	
19	QQ—1500	1500	2.0~3.0	水浴式	5000×1220×1990	
20	QD—30/25	30	1.0~2.5	水浴式 （电加热）	φ410×1230	
21	QD—50/22	50	1.0~2.2		φ612×1515	
22	QD—125/25	125	1.0~2.5		1000×925×1765	
23	QD—1500	1500	2.0~3.0		5000×1220×1992	

注：1. 空温式—空气加热式；水浴式—蒸汽加热水式；水浴式（电加热）—电加热水式。

2. 生产厂为中山市南方空气分离设备有限公司和四川空分设备（集团）有限责任公司。

3. 序号 22、23、24 适用于 CO_2。

装置降压调节，并稳压达到用气点所需输送的设计压力。

2）减压装置流程如图 12-94 所示。

3）减压装置主要技术参数见表 12-50 和表 12-51。

4）美国空气及化工产品工业公司（APCI）提供的减压装置（150m³/h）组装如图 12-95 所示。

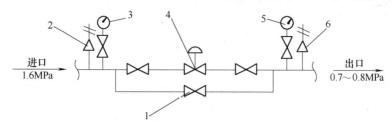

图 12-94　减压装置流程

1—截止阀　2、6—安全阀　3—压力表（2.5MPa）　4—自力式调压阀　5—压力表（1.6MPa）

表 12-50　减压装置主要技术参数（一）

序号	产品代号	进口压力 /MPa	出口压力（调节范围） /MPa	流量（标态下） /(m³/h)	外形尺寸(长/mm)× (宽/mm)×(高/mm)	净重 /kg
1	NKV901	1.6	0.6~1.6	150	1200×300×1470	53
2	NKV902	1.6	0.6~1.6	600	1200×330×1470	110
3	NKV903	1.6	0.6~1.6	300	1200×300×1470	88
4	NKV904	0.6	0.12~0.2	50	1340×330×1470	81
5	NKV905	2	0.6~0.8	50	1500×300×1470	58
6	NKV906	1.6	0.7~1.6	800	3850×330×730	128
7	NKV907	0.8	0.2~0.8	300	1500×600×1200	160
8	NKV908	0.8	0.2~0.8	120	1500×300×1470	55
9	NKV909	0.8	0.2~0.8	200	1520×300×1150	78
10	NKV914	2.2	0.1~2.2	200	1770×300×1470	151
11	NKV915	0.8	0.2~0.8	600	1540×330×1470	110
12	NKV916	1.6	0.2~0.8	50	1500×300×1470	50
13	NKV917	2.2	0.8~2.2	30~50	1430×300×1470	50
14	NKV918	2.2	0.8~2.2	250	1520×500×1200	78
15	NKV919	2.2	0.2~0.6	75	1500×300×1470	58
16	NKV920	3.0	2.0~2.6	150~300	1200×320×1350	60

注：本表减压装置生产厂为中山市南方空气分离设备有限公司。

表 12-51　减压装置主要技术参数（二）

序号	产品代号	进口压力 /MPa	出口压力（调节范围） /MPa	流量（标态下） /(m³/h)	外形尺寸(长/mm)× (宽/mm)×(高/mm)	净重 /kg
1	V901	1.6	0.6~1.6	150	1500×300×1470	53
2	V902	1.6	0.6~1.6	600	1540×330×1470	110
3	V903	1.6	0.6~1.6	300	1550×300×1470	88
4	V904	0.6	0.12~0.2	50	1340×330×1470	81
5	V905	2	0.6~0.8	50	1500×300×1470	58
6	V906	1.6	0.7~1.6	800	3850×330×730	128
7	V907	0.8	0.2~0.8	300	1500×600×1200	160
8	V908	0.8	0.2~0.8	120	1500×300×1470	55
9	V909	0.8	0.2~0.8	200	1520×300×1150	78
10	V914	2.2	0.1~2.2	200	1770×300×1470	151
11	V915	0.8	0.2~0.8	600	1540×330×1470	110

（续）

序号	产品代号	进口压力 /MPa	出口压力（调节范围）/MPa	流量（标态下）/(m³/h)	外形尺寸（长/mm）×（宽/mm）×（高/mm）	净重 /kg
12	V916	1.6	0.2~0.8	50	1500×300×1470	50
13	V917	2.2	0.8~2.2	30~50	1430×300×1470	50
14	V918	2.2	0.8~2.2	250	1520×500×1200	78
15	V919	2.2	0.2~0.6	75	1500×300×1470	58
16	V920	3.0	2.0~2.6	150~300	1200×320×1350	60

注：本表减压装置生产厂为四川空分设备（集团）有限责任公司。

4. 低温液体气瓶

（1）简述 低温液体气瓶是引进日本生产技术，并应用美国运输部 DOT—4L《低温液化气体气瓶》标准制造的，取得国家质量技术监督局颁发的 DR4 低温特种气瓶制造许可证。

低温液体气瓶适用于液氧、液氮、液氩的用气量少、厂房面积小、机动性较大的用户系统。气瓶可单瓶使用，或者多瓶装组合使用。主要特点如下：

1）内、外壳不锈钢，可完全承受 -196℃ 低温 LO_2、LN_2、LAr。日蒸发率低。

2）装有整套安全装置和操作系统，并且操作简便、安全可靠。

3）配有移动式小车，使气瓶整体结构紧凑、移动灵活。

4）气液两用，既能供气又能供液，供气质量高。

（2）主要技术参数 低温液体气瓶见表 12-52。

（3）低温液体气瓶流程 低温液体气瓶流程如图 12-96 所示。

（4）配有汽化器的低温液体气瓶外形图、流程图 配有汽化器的低温液体气瓶外形、流程如图 12-97 所示。

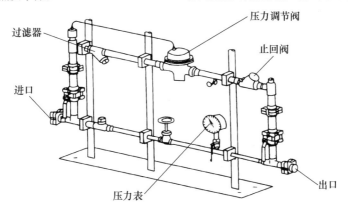

图 12-95 APCI 的减压装置（150m³/h）组装

表 12-52 低温液体气瓶主要技术参数

产品代号		C250	C251	C252	C252-1	C253	C254	C255
型号		ZCD—50/14	ZCD—100/14	ZCD—150/14	ZCD—180/14	ZCD—200/14	ZCD—300/14	ZCD—500/13
几何容积/L		55	110	175	190	209	335	555
工作压力/MPa		1.37						1.27
装液体重 /kg	LO_2	56	112	168	202	224	308	480
	LN_2	40	80	120	144	160	218	340
	LAr	70	140	210	252	280	378	575
日蒸发率 （%）	LN_2	3.0	2.8	2.56	2.32	2.24	2.16	2.08
	LO_2	1.88	1.75	1.6	1.45	1.40	1.35	1.30
	LAr							
气瓶外径/mm		405	505	505	505	505	656	860
气瓶高度/mm		1210	980	1500	1520	1620	1490	1602
气瓶空重/kg		70	83	110	120	130	178	380

注：本表低温液体气瓶生产厂为四川空分设备（集团）有限责任公司。

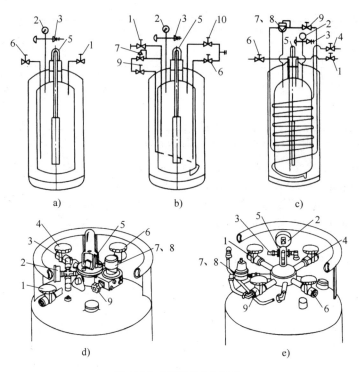

图 12-96　低温液体气瓶流程

1—放空阀　2—压力表　3—安全装置　4—气体出口处阀　5—液位计
6—液体进出阀　7、8—升压调节阀　9—增压阀　10—上部进液阀
注：以上 a)、b)、c) 三种流程可供用户选择，不需增压的气瓶可选
a) 流程，低压气瓶可选 b) 流程，中高气瓶可选 c) 流程。

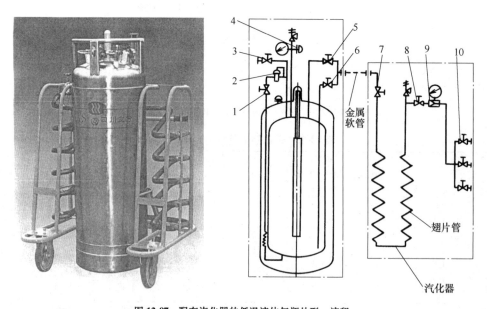

图 12-97　配有汽化器的低温液体气瓶外形、流程

1—增压阀　2—减压阀　3—放空阀　4—安全装置　5—上部进液阀　6—液体进出阀
7—进液阀　8—截止阀　9—减压阀　10—用气阀

5. 低温液体运输车

（1）简述 低温液体运输车由储槽、经改装后的汽车、操作箱、低温液体泵、增压器及金属软管组成，结构紧凑，操作方便灵活。储槽采用真空粉末绝热或高真空多层绝热、蒸发损失小，安全可靠。低温液体运输车是工业企业各种低温液体用户储存和运输液氧、液氮、液氩等的良好工具。

（2）低温液体运输车外形 低温液体运输车外形如图 12-98 所示。

（3）低温液体运输车流程原理图 低温液体运输车流程原理如图 12-99 所示。

（4）真空粉末绝热低温液体运输车主要技术参数 真空粉末绝热低温液体运输车主要技术参数见表 12-53。

图 12-98 低温液体运输车外形

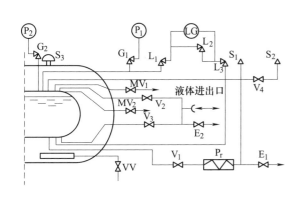

G_1、G_2	压力表阀	P_1、P_2	压力表
E_1	放空阀	P_r	增压器
E_2	残液排放阀	S_1、S_2	安全阀
L_1	液位计上阀	S_3	外筒防爆装置
L_2	平衡阀	VV	真空阀
L_3	液位计下阀	V_1	增压阀
LG	液位计	V_2	上部进液阀
MV_1	氧、氮测满阀	V_3	液体进出口阀
MV_2	液氩测满阀	V_4	气体通过阀

图 12-99 低温液体运输车流程原理

表 12-53 真空粉末绝热低温液体运输车主要技术参数

序号	产品代号	型号	容器容积 /L	最高工作压力 /MPa	空车质量 /kg	外形尺寸（长/mm）× （宽/mm）×（高/mm）	日蒸发率 （%）			备注
							LO_2	LN_2	LA_r	
1	CC442B	YGC—Ⅱ	600	0.8	3400	5050×2076×2130	1.60	2.56	1.76	
2	CC306D	YGC	1200	0.2	5466	6875×2340×2460	0.96	1.50	1.06	
3	CC444B$_1$	YGC-Ⅱ	2000	0.8	6440	7200×2460×2700	0.88	1.40	0.97	
4	CC446B	KQF5141G DYFEQ		0.8	9100	8080×2300×2950				
5	CC446B$_2$	KQF5110G DYFEQ	4000	0.8	7730	8280×2300×2850	0.64	1.02	0.70	
6	CC446C	KQF5141G DYFEQ		1.6	9370	7980×2300×2950				
7	CC3120	KQF5141G DYFEQ	6500	0.8	9990	9100×2480×2950		0.95		只装 LN_2

（续）

序号	产品代号	型号	容器容积/L	最高工作压力/MPa	空车质量/kg	外形尺寸(长/mm)×(宽/mm)×(高/mm)	日蒸发率（%）			备注
							LO₂	LN₂	LAr	

序号	产品代号	型号	容器容积/L	最高工作压力/MPa	空车质量/kg	外形尺寸(长/mm)×(宽/mm)×(高/mm)	LO_2	LN_2	LA_r	备注
8	CC448B	KQF5320G DYFST	10000	0.8	17300	4500×2480×3290	0.40	0.64	0.44	
9	CC449B	KQF5320G DYFND		0.8	15850	10195×2490×3280				
10	CC449B₁	KQF5320G DYFND		0.8	15820	9990×2480×3350				
11	CC449B₂	KQF5320G DYFST		0.8	15850	10300×2490×3280				带泵
12	CC449B₈	KQF5320G DYFST	11000	0.8	16300	10250×2500×3350	0.38	0.61	0.42	
13	CC449C₂	KQF5320G DYFST		1.6	16800	9990×2480×3280				
14	CC449C₄	KQF5320G DYFDN		1.6	17000	10200×2500×3350				
15	CC449C₁₀	KQF5320G DYFST		1.6	17270	10250×2480×3350				整车
16	CC450B₂	KQF9340G DYBSD	15000	0.8	13460	10900×2480×3350	0.35	0.56	0.39	半挂车
17	CC451B	KQF9420G DYBSD		0.8	14040	10200×2480×3620				
18	CC451B₁	KQF9420G DYBTH		0.8	15400	10450×2480×3620				
19	CC451B₃	KQF9420G DYBSD	20000	0.8	17750	10450×2480×3740	0.32	0.48	0.35	带泵
20	CC451C	KQF9420G DYBSD		1.6	17580	10200×2480×3620				
21	CC508AD	KQF5205G YQWST		1.6	11950	9700×2500×3300				
22	CC3117	KQF9420G DYBSD	22500	0.8	17230	11250×2480×3620	0.31	0.47	0.34	
23	CC3114	KQF9420G DYBSD	24000	0.55	15250	10540×2480×3900	0.31	0.47	0.34	

注：本表真空粉末绝热低温液体运输车生产厂为四川空分设备（集团）有限责任公司。

6. 长管拖车

由于钢瓶和钢瓶集装格运输气体的能力有限，且接口较多，有一定的危险性。近年国内应用各种大容积的气瓶拖车运输气体日益增多。这种大容积气瓶拖车或长管拖车由牵引车头和拖车组成。集装大容积气瓶拖车通常含有9个或更多大容积卧式钢瓶。钢瓶采用优质厚壁无缝钢管经锻模锻压而成。钢瓶有各种规格，其中常用规格为：DOT. 3AAX-2900PSI（200bar，1bar=10⁵Pa），外径ϕ559mm，长10.97m，每个钢瓶的水容积为2.254m³，质量为2747kg。整体水容积为20.286m³，设计压力为200bar，可装气体4057m³，相当于676个40L钢瓶的充装量。拖车外形尺寸为12.2m×2.4m×3.05m（长×宽×高），质量约为28t。拖车的钢瓶水平安装在框架内，配有集气管和挠性管等，并配有不锈钢的操作箱。每个钢瓶均设有爆破片。使用时将充装好的管道车开到用户，卸下带钢瓶的拖车，将拖车的金属软管与用户的管道接上，打开阀门即可使用。牵引车头则将已用完气体的空拖车拖回供气站进行充填。其优点是容积大、压力高、储存气量大、节省运费，但管道车投资大、维修费用高。

7. 资料来源及生产厂家

1）四川空分设备（集团）有限责任公司（简称四川空分）。

2）中山市南方空气分离设备有限公司（简称南方空分）。

3）美国空气及化工产品工业公司（简称APCI）。

4）南方气体产品(广州)有限公司(简称SAP)。

5）深圳中航建筑设计院。

8. 平面图及系统图实例

1）液氮汽化间平面图实例如图12-100所示。

2）液氮汽化间系统实例如图12-101所示。

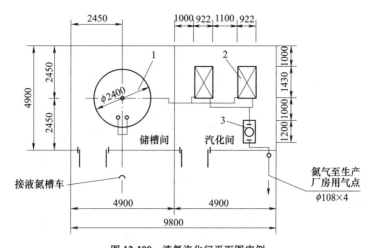

图 12-100 液氮汽化间平面图实例
1—氮气储槽 2—空温式汽化器 3—减压装置
注：本图以露顶棚区形式设计。

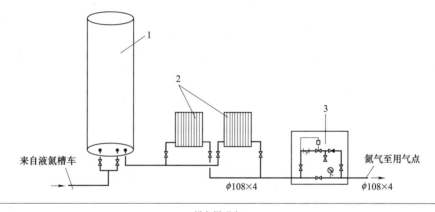

设备说明表

编号	型号及规格	单位	数量
1	液氮储槽，VT—22—16型，V=22.8m^3，p=1.72MPa ϕ2400mm×800mm (直径×高)，空重G=12.7t，净液体V'=21.67m^3	台	1
2	空温式汽化器，QQN—150/35型，汽化能力Q=150Nm^3/h，最大工作压力p=3.5MPa，换热面积A=52m^2	台	2
3	减压装置，控制出口压力：p≤1MPa，最大流量150m^3/h	台	1

图 12-101 液氮汽化间系统实例

12.5 调压站（箱）

12.5.1 概述

1. 城镇燃气输配系统

城镇燃气输配系统的构成包括：

1）低压、中压、次高压以及高压等不同压力级制的管网。

2）门站、储配站。

3）配气站、调压计量站、区域调压站。

4）监控系统。

5）管理设施。

不同压力级制输配系统流程如图 12-102 所示。

2. 调压站

为满足城市燃气在输配与应用过程中不同压力

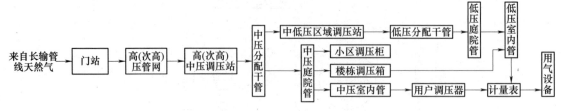

图 12-102　不同压力级制输配系统流程

的需要，在城市燃气输配系统中需要设置不同压力级制的调压站，其作用就是将高压天然气降至所需的压力，并使调压器出口压力保持稳定。在门站（储配站）需有调压计量间，在不同压力级制管道之间需设置调压装置（调压站，调压箱、柜）；工业企业、商业用户供气管道入口需设置调压计量设备；小区居民用户楼栋前需设置调压箱、柜，对居民用户分别计量。或在用户用气设备前直接安装调压计量装置。

燃气调压站按使用性质、压力级制和建筑形式，可分为不同的类型，见表 12-54。

表 12-54　调压站的分类

分类方法	类　　　型		
	一	二	三
按使用性质分	区域调压站	用户调压箱	专用调压站
按压力级制分	高压-中压调压站	高压-低压调压站	中压-低压调压站
按建筑形式分	地上调压站	地下调压站	箱式调压装置

燃气调压站内除燃气调压器、管道及其附件外，还设有过滤器、测量仪表、控制装置和安全装置等。过滤器用以清除燃气中的固体悬浮物，保证站内设备的正常工作。站内装有测量燃气温度、压力的仪表。根据需要，有的站内还设燃气计量装置，按照给定条件调节燃气出口压力的装置以及遥测、遥控装置等。

燃气调压站可以设置在露天、地上的单独构筑物、地下小室、建筑物的一个房间或地下室内，也可以设置在屋顶平台上，对此各国有不同的规定。燃气调压站内的布局应考虑安装、操作和维修工作的方便，调压站建筑应满足防火、防爆要求，要有良好的通风等。

3. 调压箱（柜）

调压箱（柜）指将调压装置放置于专用箱体，设于用气建筑物附近，承担用气压力的调节，包括调压装置和箱体。工业企业、商业和小区用户供应天然气时，可通过调压箱（柜）直接与中压管道连接。小型的调压箱可挂在墙上；大型的落地式调压箱可设置在供气区较开阔的庭院内，并外加围护栅栏，适当备以消防灭火器具。

12.5.2　设置原则

1. 一般原则

GB 50028—2006《城镇燃气设计规范》对不同压力级别管道之间设置的调压站、调压箱（柜）和调压装置提出了下列要求：

1）自然条件和周围环境许可时，宜设置在露天，但应设置围墙、护栏或车挡。

2）设置在地上单独的调压箱（悬挂式）内时，对居民和商业用户燃气进口压力不应大于 0.4MPa；对工业用户（包括锅炉房）燃气进口压力不应大于 0.8MPa。

3）设置在地上单独的调压柜（落地式）内时，对居民、商业用户和工业用户（包括锅炉）燃气进口压力不宜大于 1.6MPa。

4）设置在地上单独的建筑物内时，对建筑物的设计应符合下列要求：

① 耐火等级不低于二级。

② 调压室与毗连房间相隔应满足防火要求。

③ 调压室及其他有漏气危险的房间，采取自然通风措施，换气次数每小时不应小于 2 次。

④ 无人值守的调压站按现行国家标准 GB 50058—2014《爆炸危险环境电力装置设计规范》中"1"区的规定进行电气防爆设计。

⑤ 调压站地面选用撞击时不会产生火花的材料。

⑥ 调压站应有泄压措施，并应符合现行国家标准 GB 50016—2014《建筑设计防火规范》（2018 年版）的有关规定。

⑦ 调压室的门、窗应向外开启，窗应设保护栏和防护网。

⑧ 重要调压站宜设置保护围墙。

⑨ 设置于空旷地带的调压站或采用高架遥测天线的调压站应单独设置避雷装置，其接地电阻应小于 10Ω。

5）地上调压箱（悬挂式）的设置要求：

① 箱底距地坪的高度宜为 1.0~1.2m，可安装在用气建筑物（耐火等级不应低于二级）的外墙壁上或悬挂于专用的支架上，所选用的调压器 DN 不宜大于 50mm。

② 调压箱不应安装在窗下、阳台下和室内通风机进风口墙面上，其到建筑物门、窗或通向室内其他孔槽的水平净距（S）：当调压器 $p \leqslant 0.4MPa$ 时，$S \geqslant 1.5m$；当 $p > 0.4MPa$ 时，$S \geqslant 3.0m$。

③ 调压箱应有自然通风孔。

6）调压柜（落地式）的设置要求：

① 调压柜应单独设置在坚固的基础上，柜底距地坪高度宜为 0.3m。

② 体积大于 1.5m³ 的调压柜应有爆炸泄压口，爆炸泄压口不应小于上盖或最大柜壁面积的 50%（以较大者为准）；爆炸泄压口宜设置在上盖上；通风口面积可包括在计算爆炸泄压口面积内。

③ 自然通风口的设置要求：当燃气相对密度大于 0.75 时，应在柜体上、下各设 1% 柜底面积通风口，调压柜四周应设护栏；当燃气相对密度不大于 0.75 时，可仅在柜体上部设 4% 柜底面积的通风口，调压柜四周宜设护栏。

7）调压箱（或柜）的安装位置应满足调压器安全装置的安装要求，开箱（柜）操作不影响交通或不被碰撞。

8）当受到地上条件限制时，进口压力不大于 0.4MPa 的调压装置可设置在地下单独的建筑物内或地下单独的箱体内，并符合以下要求：

① 地下建筑物宜整体浇筑，地面为不产生火花的材料，留集水坑，净高低于 2m，防水防冻，顶盖上设有两个对置人孔。

② 地下调压箱上设自然通风口，选址应满足安全放散的安装要求，方便检修，箱体有防腐保护。

9）液化石油气和相对密度大于 0.75 燃气调压装置不得设于地下室、半地下室内和地下单独的箱体内。

10）不同压力级别管道之间设置的调压站，其布置大致可按高压-中压和中压-低压区分类别进行设计。

2. 高压-中压调压站配置原则

由于高压-中压调压站输气压力高、供气量大，小则几个小区，大则数平方千米区域供气范围，小时流量可达数千乃至数万立方米。配置时，要考虑按远期规划负荷和选定调压器的最大流量控制调压站数量，同时还要兼顾低峰负荷时调压器仍处在正常开启度（15%~85%）范围工作。布置要点包括：

1）符合城镇总体规划的安排。

2）布置在区域内，总体分布较均匀。

3）布局满足下一级管网的布置要求。

4）调压站及其上、下游管网与相关设施的安全净距符合规范要求。

3. 中压-低压调压站配置原则

1）力求布置在负荷中心，即在用户集中或大用户附近选址。

2）尽可能避开城镇繁华区域，一般可在居民区的街坊内、广场或街头绿化地带或大型用户附近选址。

3）调压站作用半径在 0.5km 左右，供气流量 2000~3000m³/h 为宜。

4）要考虑相邻调压站建立互济关系，以提高事故工况下供气的安全可靠性。

4. 其他要求

1）调压器选择计算时应考虑由于降噪对调压器口径带来的影响。

2）流量计的选择及个数应满足近远期流量计量的要求。

3）根据用户（负荷）发展速度，调压和计量可设计为多流程，分期建设或分期投运。

4）高压和次高压燃气调压站室外进口、出口管道上必须设置阀门；中压燃气调压站室外进口管道上，应设置阀门。

5）当调压器进出口压差大于 1.6MPa 时，宜对调压器进口管路和调压设备采取预加热措施。

6）调压站的噪声应满足 GB12348—2008《工业企业厂界环境噪声排放标准》的相关规定。调压站厂界环境噪声排放限值详见表 12-55。

表 12-55 调压站厂界环境噪声排放限值

[单位：dB（A）]

厂界外声环境功能区类别	时段	
	昼间	夜间
0	50	40
1	55	45
2	60	50
3	65	55
4	70	55

声环境功能区类别应符合 GB/T15190—2014《声环境功能区划分技术规范》的相关规定。

12.5.3 工艺流程

1. 典型工艺流程

燃气输配系统中各种压力级制管网之间调压站

的基本结构之间没有本质上的差别。调压站的大小和配置的范围，要根据要求的供气能力、上下游管网的设计压力和运行压力，调压设施在输配系统中的位置、作用和重要性来确定。通常典型的调压工艺流程可由三个部分构成：

1) 进口管段，作为调压设施的上游管路应设有总的主开关阀、上游绝缘接头等。

2) 主管段，由各功能性管路组成，即调压和计量功能的管路集成，可再分成气体预处理功能段、调压段和计量段，此部分的设备仪表包括：过滤器、上游压力表、温度计及上游采样管（带阀）、换热器、切断阀、超压保护装置、监控调压器、工作调压器、中间各测点压力表、消声器、超压安全放散装置和流量计等。

3) 出口管段，作为调压设施的下游管路设有下游开关阀和下游绝缘接头。

在调压站调压流程的选择上，有多种方案（每种方案均包含在调压器出口管路上设置安全放散阀）。第一种：单台调压器；第二种：工作调压器+监控调压器；第三种：单台调压器+切断阀（或双切断阀）；第四种：工作调压器+监控调压器+切断阀；第五种：切断式调压器；第六种：工作调压器+切断式监控调压器。

第一种方案适用于出口压力低、流量小、一旦调压器出现问题时影响面小、长期有运行人员或有运行人员定期巡检运行的情况；该方案的优点是调压流程结构简单，节省占地和投资，但缺点是供气可靠性不高，调压器出现问题时会影响用户的使用。

第三、五两种方案适用的场所比较广泛，相对来讲也可节省占地和投资，并且对用户不会造成安全隐患。双切断适用于必须确保安全供气的重要用户。这两种方案的主要缺点是，一旦调压器工作失灵，将迅速切断下游或用户燃气供应。运行人员必须随时了解调压器工作情况，一旦发现切断装置动作，必须尽快查明原因，检修故障，使切断装置复位。

第二种方案结合了上述三种方案的优缺点，适用的场所更加广泛，只要运行人员定期巡检，发现问题及时解决，既保证了下游或用户的供气安全可靠性，也不会影响用户的使用。

第四、六两种方案调压流程结构相对复杂，投资也较高，但与第二种方案相比，供气安全可靠性更高，适合于高压差、大流量、重要用户和重要场地的情况。如果运行人员巡检到位，处理问题及时，

这两种方案应该是万无一失的方案。

还应考虑调压器进出口压差较大时的温降效应（焦耳-汤姆孙效应）和噪声问题。当调压器进出口压差大于 1.6MPa 时，考虑对调压器进口管路和调压设备采取预加热措施。

2. 各类调压设施工艺流程

(1) 区域调压站：城镇室外燃气管道压力不大于 1.6MPa，按输配系统的压力级制，原则上中压-低压或次高压-中压或次高压-低压的调压站和调压柜可布置在城区内，而高压-次高压调压站和调压柜应布置在城郊。调压站的最佳作用半径大小主要取决于供气区的用气负荷和管网密度，并需经技术经济比较确定；根据供气安全可靠性的原则，站内可采取并联多支路外加旁通系统。调压站与其他建筑物、构筑物的水平净距应符合现行国家标准的相关规定。

调压站内的主要设备就是调压器、过滤器、安全阀、计量装置、进出口阀门及压力检测仪表等。在中压-低压调压站内应尽量采用切断式调压器，一旦调压器出口超压，切断装置就起作用，保护下游低压管道系统及用户安全。

1) 次高压-中压调压站工艺流程（图 12-103）。在城镇高压（或次高压）环网向中压环网连接的支线管道上设置区域调压站，为防止发生超压，应安装防止管道超压的安全保护设备。高压-次高压或次高压-中压调压站输气量和供应范围较大，应按输气量决定调压器台数，并依压力范围选用合适的计量装置。供重要用户的专用线还得设置备用调压器。为适应用气量波动，可设置多个不同规格的调压器的组合方式。

当调压器出口管径 DN 小于 80mm、进口压力又不大于 0.4MPa 时，可将其设置在单层建筑的生产车间、锅炉房或其他用气房间内；当调压器出口压力大于 0.8MPa 时，可设置在单独、单层建筑物的生产车间或锅炉房内，且建筑物的耐火等级不应低于二级。

2) 中压-低压调压站的工艺流程（图 12-104）。城镇大多数燃气用户直接与低压管网连接。由城镇中压环网引出的中压支线上可设置单个或连续设置多个中压-低压调压站。调压站出口所连接的低压管网一般不成环，但可在相邻两个中压-低压调压站出口干管之间连通，以提高低压网供气的可靠性。调压站进出口管道之间应设旁通，可间歇检修的调压站不必设备用调压器。

(2) 调压箱（柜） 向工业企业、商业和小区

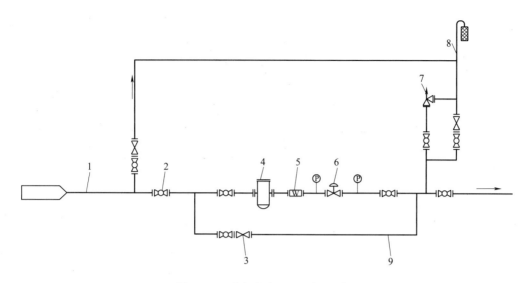

图 12-103 次高压-中压调压站工艺流程
1—天然气进气管道 2—法兰球阀 3—法兰截止阀 4—过滤器 5—流量计
6—调压器 7—安全放散阀 8—放散管 9—旁通管路

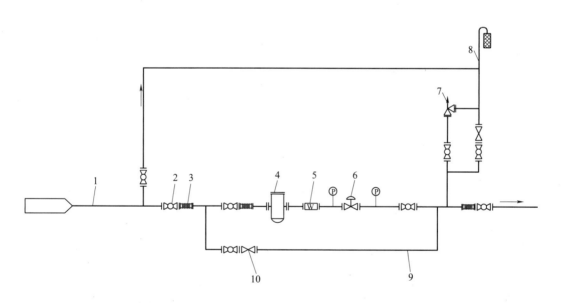

图 12-104 中压-低压调压站的工艺流程
1—天然气进气管道 2—法兰球阀 3—调长器 4—过滤器 5—流量计 6—调压器
7—安全放散阀 8—放散管 9—旁通管路 10—法兰截止阀

用户供应天然气时,可通过调压箱(柜)直接由中压管道接入。小型的调压箱可挂在墙上;大型的落地式调压柜可设置在较开阔的供气区庭院内,并外加围护栅栏,适当备以消防灭火器具。供居民和商业的燃气进口压力不应大于 0.4MPa;供工业用户(含锅炉房)的燃气进口压力不应大于 0.8MPa。工艺流程如图 12-105 所示。

调压箱(柜)应有自然通风孔,体积大于 1.5m³ 的调压柜应有爆炸泄压口,并便于检修。

调压箱(柜)结构紧凑、占地少、施工方便、建设费用省,适于在城镇中心区各种类型用户选用。结构图如图 12-106 所示,流量参数详见表 12-56。

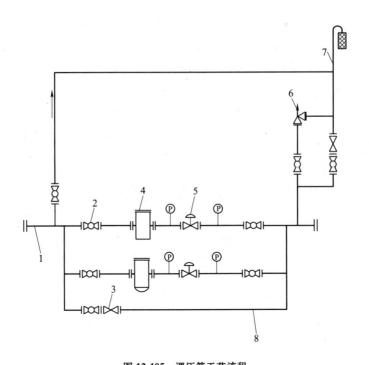

图 12-105 调压箱工艺流程

1—天然气进气管道 2—法兰球阀 3—法兰截止阀 4—过滤器
5—调压器 6—安全放散阀 7—放散管 8—旁通管路

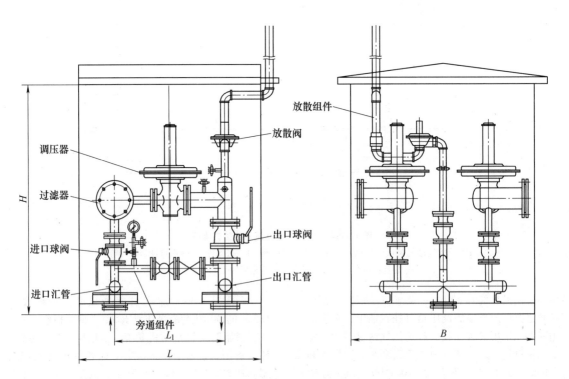

图 12-106 燃气调压箱结构图

表 12-56　调压箱流量参数

流量 /(Nm³/h)	进口压力范围/MPa	出口压力范围/kPa	外形尺寸 /mm	质量 /kg	调压精度	关闭精度	环境温度 /℃
100	0.07~0.4	1.0~30	1600×600×1700	390			
200~300	0.07~0.4	1.0~200	1600×1000×1800	500			
400	0.07~0.4	1.0~200	1600×1000×1800	600			
500~600	0.07~0.4	1.0~200	1600×1400×2000	750	$\leq \pm 5\% p_2$	$\leq 1.1 p_2$	$-20 \sim 60$
700~1100	0.07~0.4	1.0~200	3200×1600×1700	1020			
1200~1500	0.07~0.4	1.0~200	3500×1600×1900	1110			
1600~2300	0.07~0.4	1.0~200	3900×1600×1900	1680			

（3）地下调压箱　为了考虑城镇景观布局，兼顾调压站安全、防盗和环保要求，与调压箱（柜）一样将各具不同功能的设备集成为一体，一般做成筒状的箱体，并埋设在花园、便道、街坊空地等处的地表下，称为地下调压箱。在维护检修时，可启开操作井盖，利用蜗轮蜗杆传动装置打开调压设备筒盖，筒芯内需检修和拆卸的设备、零部件和仪表均在操作人员的视野范围，并可提升到地表面。该装置需要铺坚实、光滑的基础，箱体需有良好的防腐绝缘层。结构如图 12-107 所示，流量参数详见表 12-57。

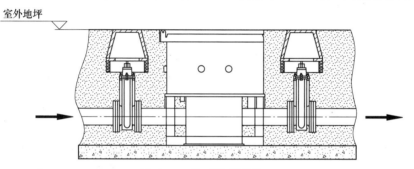

图 12-107　地下调压箱结构

表 12-57　地下调压箱流量参数

尺寸 DN/mm			进口	不同出口压力下的流量/(Nm³/h)					
				≤75mbar		140mbar		350mbar	
调压器	进口	出口	压力/bar	调压	调压/监控	调压	调压/监控	调压	调压/监控
50	100	100	0.35	800	570	500	—	—	—
			1.0	1200	1200	1200	1200	1200	1200
			4.0	1300	1300	1350	1350	1600	1600
80	150	150	0.35	1600	1150	1000	—	—	—
			1.0	2700	2700	2700	2700	2700	2700
			4.0	2900	2900	3100	3100	3600	3600
100	200	200	0.35	2800	2000	1750	—	—	—
			1.0	4700	4700	4700	4700	4700	4700
			4.0	5000	5000	5300	5300	6300	6300
150	300	300	0.35	4100	2800	2600	—	—	—
			1.0	9100	7400	9100	7300	8700	6800
			4.0	11200	11200	11900	11200	13600	11200

注：1bar = 10^5Pa，1mbar = 100Pa。

12.5.4　主要工艺设备

1. 调压器

（1）调压器的原理和分类　调压器是由敏感元件、控制元件、执行机构和阀门组成的压力调节装置。调压器基本上可按操作原理分为两大类型，即直接作用（自力）式和间接作用（指挥器操纵）式。前者，其执行机构动作所使用的全部能量是直接通过敏感元件经由被调介质提供的；后者，则是将敏感元件的输出信号（由被调介质传递）加以放大使执行机构动作，而传感器（如指挥器）放大输出信号的能量源于被调介质本身或外供介质。工程上应用的各种形式的调压器都是从上述两种调压器的原理和技术拓展出来的产品。

1) 直接作用（自力）式调压器。利用出口压力变化，直接控制驱动器带动调节元件运动的调压器。直接作用（自力）式调压器具有较高稳定性（p_2 波动不大）和适应性好（克服干扰作用）的直接作用（自力）式调压器附设有时滞控制装置，如设通气孔或再外加稳压阀、设脉冲管和补偿膜片，其构造如图 12-108 所示。

2) 间接作用（指挥器操纵）式调压器。利用出口压力变化，经指挥器放大后控制驱动器带动调节元件运动的调压器。间接作用（指挥器操纵）式调压器通常应用于需要精确控制和调节用气压力的管网系统中，其构造如图 12-109 所示。

（2）调压器的技术要求　在计算通过调压器调节阀口的气体流量时，通常以流量系数 C_g 来反映其阻力特性。若进口温度不变，且调压器的流量特性处在临界状态，则体积流量仅与进口绝对压力成正比；若进口温度不变，且调压器的流量特性处在亚临界状态，则体积流量取决于进口和出口绝对压力。由于通过调压阀口前后气体状态变化比较复杂，在实际工程应用中调压器的通过能力及其调节特性难于用理论计算的方法确定，一般按标准状态（101.325kPa，20℃）对调压器进行静特性试验，求出其压力（p_1 和 p_2）与流量（q）之间的关系曲线。

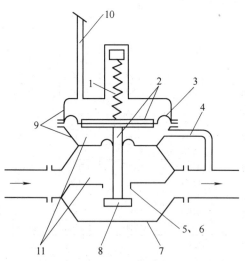

图 12-108　直接作用（自力）式调压器构造
1—设定元件　2—驱动器　3—膜片　4—信号管
5—阀座　6—阀垫　7—调压器壳体　8—调节元件
9—驱动器壳体　10—呼吸孔　11—金属隔板

1) 流量系数指进口绝对压力为 6.89kPa，温度

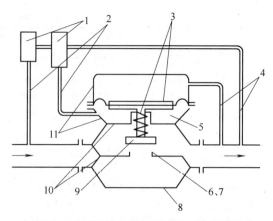

图 12-109　间接作用（指挥器操纵）式调压器构造
1—指挥器　2—过程管　3—驱动器　4—信号管
5—驱动腔　6—阀座　7—阀垫　8—调压器壳体
9—调节元件　10—金属隔板　11—驱动器壳体

为 15.6℃，在临界状态下，调节器全开所通过的以 0.02826m^3/h 为单位的空气流量。燃气流经调压器的调压过程，可视为通过调节阀孔口前后的可压缩流体因局部阻力而发生状态变化。

调压器通过流量大小与调节阀的行程（开启度）一般呈直线、抛物线和对数曲线关系。为了求得调压器在不同开启度下的流量系数（C_{gx}），可通过相关阀门流量特性曲线作图求出。部分开启度下的流量系数通常表示为全开时流量系数的百分数 Y，而调节元件位置则以最大行程（由机械限位器限制）的百分数表示。

为了选用方便，调压器厂家一般都按公称直径（DN）相应列出 p_1 和 p_2 关系表（数表或图表），q 只能视为调压器在可能的最小压降和调节阀完全开启条件下的额定流量。

2) 静特性。是表述调压器出口压力随进口压力和流量变化的关系。在进口压力和设定出口压力为定值时，通过先增加流量后降低流量进行往返检测，就可得到出口压力随流量变化的曲线，并要求该曲线具有较高的重复性。若改变进口压力重复上述试验步骤，则可以得到调压器在同一设定出口压力时各不相间进口压力下的许多静特性曲线簇，并可绘出静特性曲线簇坐标图。

（3）调压器的型号和规格

1) 调压器的型号。调压器产品都在标牌上按 GB/T 13306—2011《标牌》的规定明显标志出型号类别，其内容包括：产品型号和名称、许可证编号、公称直径、进口连接法兰公称压力、工作介质、进口压力范围、出口压力范围、工作温度范围、设定压力、稳压精度等级、关闭压力等级、流量系数、厂名与商标、出厂日期与产品编号。

① 燃气调压器代号为汉语拼音字头 RT。

② 调压器的工作原理代号分别为：直接作用式为 Z 和间接作用式为 J。

③ 调压器公称直径在以下数中选用：15、20、25、32、40、50、65、80、100、150、200、250、300、350、400、500。

④ 连接标准：法兰——其连接尺寸及密封面形式按 HG/T 20592~20635—2009《钢制管法兰、垫片、紧固件》和 GB/T 9112—2010《钢制管法兰 类型与参数》。

管螺纹——只适用于公称直径 DN≤50mm 的调压器，按 GB 7306.1~7306.2—2000《55°密封管螺纹》。

法兰公称压力 PN 应不小于调压器设计压力 p（MPa），并在 1.0、1.6、2.0、2.5、4.0、5.0 系列值中选用。高压法兰密封面应采用凸面形式。

调压器的结构长度要求参见 GB 27790—2011《城镇燃气调压器》的相关规定。

为对燃气输配系统进行规范的管理，要求安装在调压设施的所有国内外调压器产品，其出厂检验方法及指标均应按国家标准规定的相关规则执行。

2) 调压器的规格。选用调压器时，需要考虑三个主要参数：调压器进口压力范围（$p_{1max} \sim p_{1min}$）、出口压力范围（$p_{2max} \sim p_{2min}$）和标准状态下的流量（m^3/h）。此外，根据安装条件所需的功能，包括在恶劣工作条件下的安全保护功能等，要求选择有特定能力的调压器。一般最常用的功能有以下几方面：

① 安全放散——出口压力超出设定值时燃气排放到大气的能力，并考虑泄放量对环境的影响。

② 超压切断——出口压力超出设定值切断供气的能力，并考虑供气区范围内对用户连续供气的影响。

③ 欠压切断——出口压力低于设定值切断供气的能力，并考虑用户恢复供气的方式。

④ 远程监控——在调压器下游某一特设点控制/监控压力参数的能力。

（4）直接作用式调压器

1) 切断式调压器。小流量范围的中/低压切断式调压器广泛用于楼栋或单元调压箱，也可用于小型炉窑及燃气锅炉等单独工业用户，其备有超压自动切断装置，避免下游用气引发事故，采用人工复位方式，可在线维护，并可装配成调压箱。典型的切断式调压器的主要技术参数：进口压力 $p_1 \leq$ 0.8MPa，出口压力 p_2 为 1.5~250kPa。其结构如图 12-110 所示，结构尺寸及质量和流量见表 12-58 和表 12-59。

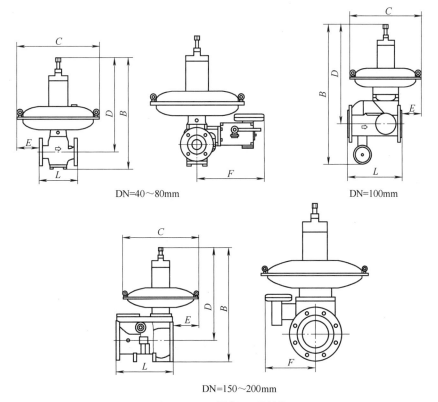

DN=40~80mm

DN=100mm

DN=150~200mm

图 12-110 切断式调压器结构

表 12-58　切断式调压器结构尺寸及质量

DN/mm	L/mm	B/mm	C/mm	D/mm	E/mm	F/mm	质量/kg
40	223	657	480	567	332	129	40
50	254	677	480	577	340	113	44
80	298	809	600	676	380	148	81
100	352	830	600	673	310	199	112
150	451	975	600	813	280	203	122
200	600	950	600	775	286	171	118

表 12-59　切断式调压器流量　　　　　　　　　　（单位：m³/h）

入口压力/kPa	DN = 80mm 出口压力/kPa										
	2	3	5	8	20	30	50	80	100	120	150
50	1250	1250	1250	1200	1180	—	—	—	—	—	—
80	1570	1570	1570	1550	1500	1550					
100	1580	1580	1550	1550	1500	1480					
150	1710	1750	1550	1580	1700	1650	1620				
200	2050	2100	1910	1920	2080	2050	2070	2000	1900		
300	2750	2750	2740	2740	2750	2780	2730	2700	2650	2600	2560
400	3420	3400	3210	3250	3350	3450	3450	3480	3400	3400	3380
500	3420	3400	3210	3250	3350	4100	4200	4300	4100	4100	4100
600	3420	3400	3210	3250	3350	4790	4850	5080	4790	4800	4820
700	3420	3400	3210	3250	3350	3420	3400	3210	3250	3350	5850
800	3420	3400	3210	3250	3350	3420	6160	6300	6200	6250	6300

入口压力/kPa	DN = 100mm 出口压力/kPa										
	2	3	5	8	20	30	50	80	100	120	150
50	2370	2350	2340	2320	2240					—	—
80	2750	2740	2730	2720	2690	2680					
100	2960	2970	2960	2950	2940	2870					
150	3940	3960	3940	3940	3950	3950	3940				
200	4540	4660	4660	4660	4660	4660	4660	4360	4360		
300	5920	5940	5930	5920	5950	5960	5950	5940	5920	5900	5800
400	6900	6930	6920	6920	6950	6980	6960	6000	6930	6900	6890
500	6900	6930	6920	6920	6950	6930	6960	7050	7100	7040	6900
600	6900	6930	6920	6920	6950	7920	7940	8030	8100	8060	8000
700	6900	6930	6920	6920	6950	7920	8900	8960	9000	9050	9100
800	6900	6930	6920	6920	6950	7920	9850	9900	9960	9900	9900

入口压力/kPa	DN = 150mm 出口压力/kPa										
	2	3	5	8	15	30	50	80	100	120	150
50	3640	3620	2610	3590	3490						
80	4100	4090	4080	4340	4030	3900					
100	4350	4360	4350	4340	4330	4240					
150	5940	5950	5950	5940	5940	5930	5880				
200	6530	6550	6530	6530	6540	6540	6530	6480	6340		
300	6700	6730	6730	6750	6750	6740	6800	6750	6700	6680	6560
400	8300	8620	8900	8900	8940	8980	8950	8000	7920	7880	7850
500	8300	8620	8900	8900	8940	8120	8150	8260	8320	8250	8100
600	8300	8620	8900	8900	8940	9300	9330	9440	9520	9470	9400
700	8300	8620	8900	8900	8940	10480	10480	10550	10600	10660	10720
800	8300	8620	8900	8900	8940	11000	11620	11680	11750	11800	11920

（续）

入口压力/kPa	DN = 200mm									
	出口压力/kPa									
	2	3	5	8	15	20	30	50	80	100
50	4400	4400	5200	4900	5100	4300				
80	7000	7100	8420	7420	7820	8420	8420			
100	8700	8720	9800	8800	9310	9800	9800	8300		
150	11500	11900	13800	11800	12800	13800	13800	9800	11000	
200	12450	12930	14900	11900	13900	14900	15800	10200	12700	12700
300	15100	15300	17100	14100	15100	17100	17600	13400	14100	14100
400	16400	16700	19600	16600	17200	19600	19200	15200	16000	16000
500	16400	16700	19600	17600	18400	19600	21200	18000	18300	18300

入口压力/kPa	DN = 200mm									
	出口压力/kPa									
	2	3	5	8	15	20	30	50	80	100
600	16400	16700	19600	17600	18400	19600	21200	20700	20600	20600
700	16400	16700	19600	17600	18400	19600	21200	20700	20600	20600
800	16400	16700	19600	17600	18400	19600	21200	20700	20600	20600

　　2）高压调压器。对于城镇小型城市供气站调压系统、分输站及城市门站自用气调压系统或者小型的高压工业供气站的调压器则选用这类高压调压器。典型的高压调压器的主要技术参数：进口压力 $p_1 \leqslant$ 10.0MPa，出口压力 p_2 为 0.035~1.8MPa。

　　（5）间接作用式调压器　间接作用式调压器具有调节范围大、调压性能稳定、通过流量大等特点。相同的指挥器和不同结构的主调压器或者相同的主调压器和不同的指挥器组合均可形成不同的产品。间接作用式调压器适用于中压管网系统区域的调压站，也可对城镇燃气压力有不同要求的锅炉、工业窑炉等大用户大流量范围调压。

　　典型的间接作用式调压器的主要技术参数：进口压力 $p_1 \leqslant$ 10MPa，出口压力 p_2 为 0.02~2MPa。其结构如图 12-111 所示，结构尺寸及质量见表 12-60。

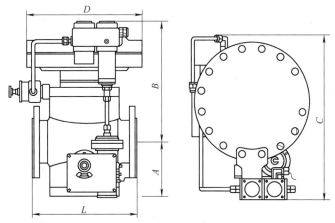

图 12-111　间接作用式调压器结构

表 12-60　间接作用式调压器结构尺寸及质量

公称直径/mm	压力等级	D/mm	A/mm	B/mm	C/mm	L/mm	质量/kg
50	CLASS150	360	150	285	510	254	55
	CLASS300	266	150	308	416	267	69
	CLASS600	266	150	308	416	286	71
80	CLASS150	260	170	318	510	298	75
	CLASS300	335	170	384	485	317	133
	CLASS600	335	170	384	485	337	141

（续）

公称直径/mm	压力等级	D/mm	A/mm	B/mm	C/mm	L/mm	质量/kg
100	CLASS150	360	220	414	510	352	99
	CLASS300	400	220	426	550	368	208
	CLASS600	400	220	426	550	394	226
150	CLASS150	480	280	470	630	451	221
	CLASS300	536	280	543	686	473	445
	CLASS600	536	280	543	686	508	465

2. 调压器的选用

在实际工作中，调压器产品用空气或燃气作介质按规定的标准和方法进行性能检测，即调压器产品样本明示了一定公称直径（DN）的调压器，在进口压力（p_1）和出口压力（p_2）时相应的额定流量（标准状态：101.325kPa，20℃）q_n。因此，根据设计要求的工况参数可以很容易地应用以下公式进行换算，确定实际所需调压器的型号规格。

如果产品样本中给出的调压器参数为 q'（m^3/h）、ρ（kg/m^3）、p_1'（压力）、P_2'（压力）和 $\Delta P'$，则换算公式的形式如下：

亚临界流动状态，即当 $\nu = \left(\dfrac{p_2 + p_0}{p_1 + p_0}\right) > 0.5$ 时，

$$q = q'\sqrt{\dfrac{\Delta p(p_2 + p_0)\rho_0'}{\Delta p'(p_2' + p_0)\rho_0}} \qquad (12\text{-}68)$$

临界流动状态，即当 $\nu = \left(\dfrac{p_2 + p_0}{p_1 + p_0}\right) \leqslant 0.5$ 时，

$$q = 50q'(p_1' + p_0)\sqrt{\dfrac{\rho_0'}{\Delta p'(p_2' + p_0)\rho_0}} \qquad (12\text{-}69)$$

式中　q——所求调压器的额定流量（m^3/h）；
　　　q'——样本中调压器的额定流量（m^3/h）；
　　　Δp——所选调压器时的计算压力降（Pa）；
　　　$\Delta p'$——样本中调压器的计算压力降（Pa）；
　　　p_1、p_2——所选调压器的进口、出口表压力（Pa）；
　　　p_1'、p_2'——样本中调压器的进口、出口表压力（Pa）；
　　　ρ_0——所选调压器通过的燃气密度（kg/m^3）；
　　　ρ_0'——样本中调压器检测用的介质密度（kg/m^3）；
　　　p_0——标准大气压力，101325Pa。

为了保证调压器本身调节的稳定性，其调节阀的开启度不宜处在完全开启状态，一般要求调压器调节阀的最大开启度以75%~95%为宜，因而按上述公式求得的额定计算流量需做适当修正，即放大1.15~1.20倍计算出调压器的最大流量：

$$q_{max} = (1.15 \sim 1.20)q_n \qquad (12\text{-}70)$$

考虑到管网事故工况和其他不可预计的因素，选用调压器的额定计算流量与管网计算流量之间有如下关系：

$$q_n = 1.20q_j \qquad (12\text{-}71)$$

式中　q_n——选用调压器的额定计算流量（m^3/h）；
　　　q_j——管网计算流量（m^3/h）；

因此，选用调压器的最大流量 q_{max} 为

$$q_{max} = (1.15 \sim 1.20)q_n = (1.38 \sim 1.44)q_j \qquad (12\text{-}72)$$

值得注意的是，调压器的调节范围与所选配的指挥器有直接关系，指挥器更换不同型号的压缩弹簧可得到调压器不同的调节范围。调压器压差过小会影响调节性能；压差过大也会影响调节性能和阀芯的使用寿命，因而必须采取二级调压。调压器具体的调节范围及压差应按产品使用说明书正确选择。

3. 超压切断阀

调压站或调压箱（柜）的工艺设计，应在调压器进口或出口处设防止燃气出口压力过高的超压切断阀（除非调压器本身自带时不设），其属于非排放式安全保护装置，并且宜选人工复位型。超压切断阀是一种闭锁机构，由控制器、开关器伺服驱动机构和执行机构构成，信号管与调压器出口管路相连，在正常工况下常开。一旦安全保护装置内的压力高于或低于设定压力上限或下限时，气流就会在此处自动迅速地被切断，且切断后不能自行开启，它始终要安装在调压器的前面。

GB 50028—2006《城镇燃气设计规范》规定，调压器的安全保护装置必须设定启动压力值，并具有足够的能力。启动压力应根据工艺要求确定，当工艺无特殊要求时要符合下列要求：

1) 当调压器出口为低压时，启动压力应使与低压管道直接相连的燃气用具处于安全工作压力以内。

2) 当调压器出口压力小于0.08MPa时，启动压力不应超过出口工作压力上限的50%。

3) 当调压器出口压力等于或大于0.08MPa，但不大于0.4MPa时，启动压力不应超过出口工作压力上限0.04MPa。

4) 当调压器出口压力大于0.4MPa时，启动压力不应超过出口工作压力上限的10%。

4. 过滤器

按照燃气标准 GB 17820—2018《天然气》、GB 11174—2011《液化石油气》和 GB/T 13612—2006《人工煤气》中规定的杂质含量指标可知，天然气和液化石油气无游离水和其他杂质，而人工燃气的允许杂质含量中含有焦油灰尘、氨和萘，这些杂质，甚至是饱和水蒸气组分，对调压器、流量计及其他仪表会有腐蚀、污染和堵塞的作用。为了保证调压、计量系统的正常运行，必须根据不同燃气气质选择相应的过滤器，在调压、计量之前把固体颗粒和液态杂质截留和排除。

过滤器的除尘效果可用净化率（η）和透过率（D）来表示，η 为过滤器后除尘量与过滤器前未除尘气体绝对含尘量之比，D 为过滤后被除尘气体含尘量与过滤器前未除尘气体含尘量之比。不同的仪表和设备允许或可以接受的颗粒物粒度范围有所不同。例如，不同形式的流量计对颗粒物的要求有很大的不同，一般为 $5\sim50\mu m$，其中涡轮流量计对粒度要求比较高为 $5\sim20\mu m$，而超声波流量计允许粒度可放宽至 $50\mu m$ 或以上。再如，调压器（间接作用式）根据阀口的形式和材料以及消声器结构的不同，其粒度要求一般为 $20\sim50\mu m$，其中指挥器的要求提高一档次，为 $2\sim5\mu m$，自身还带有过滤网。当然，颗粒物清除的指标越高对设备和仪表的保护越有利，但是增加了除尘设备容量和过滤器的阻力，为此检修频繁、工作量大。所以，应根据设备情况合理地确定固体杂质的清除精度和过滤效率。在调压设施中，调压器前一般选用精度为 $5\sim100\mu m$ 的过滤器，通常，可由调压器生产厂商配套供货。

滤芯式过滤器由外壳和滤芯构成。外壳多为圆筒形，能截留较多的液态污物，并设有排污口，可定期在线排污。滤芯是一定规格网目的防锈金属丝网，其阻力或过滤效果与网目疏密度有关。一般通过滤芯材料的阻力：初状态时为 $250\sim1000Pa$，终状态时可取 $10000\sim40000Pa$，通过测压口测量压力降判定是否需要清洗滤芯。图 12-112 为圆筒形滤芯式过滤器产品系列，表 12-61 为其相应的结构尺寸。

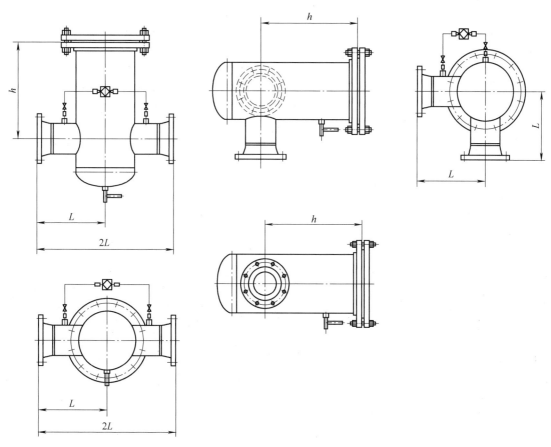

图 12-112 圆筒形滤芯式过滤器产品系列

表 12-61　圆筒形滤芯式过滤器结构尺寸

滤芯规格	滤芯数量	筒体 DN/mm	进气口 DN/mm	出气口 DN/mm	2L/mm	h/mm
G0.5	1	100	40	40/25	340	210
G1	1	125	50	25/40/50	380	260
G1.5	1	150	80/65	80/50/40	420	330
G2	1	200	100	100/50	480	430
G2.5	1	250	150/125	100	580	440
G3	1	300	150	150/100	600	550
G3	2	300	150	150/100	600	870
G3.5	1	350	150	150	640	480
G3.5	2	350	150	150	640	730
G4	1	400	200	200	700	680
G4	2	400	200	200	700	1095
G5	1	500	250	250	800	760
G5	2	500	250	250	800	1230
G6	1	600	300	300	900	950
G6	2	600	300	300	900	1575

5. 安全放散阀

在调压工艺中，安全放散阀属于排放式安全装置。鉴于排入大气的燃气不仅污染环境，也浪费了资源，因此规范上只许采用微启泄压部分排放方式。

安全放散阀由控制器、伺服驱动机构和执行机构构成，必要时还加上开关器。正常工况下常闭，一旦在其所连接的管路内出现高于设定上限压力时，执行机构动作，将超压气体自动泄放经放空管排入大气。当管路的压力下降到执行机构动作压力以下时，安全放散阀就自动关闭。通常，将其安装在调压器下游出口管路上。该装置的设计压力、放散最大流量必须符合相关规范的规定。

安全放散阀的工作原理如下：用调节弹簧设定所需放散压力。在正常工况下，燃气压力低于放散压力，即薄膜下腔压力低于弹簧的预紧力，安全放散阀处于关闭状态。若出现异常情况，如燃气压力过高，达到或超过安全放散阀的泄压设定值时，薄膜下腔压力上升，并高于弹簧预紧力时，安全放散阀开始排放超压燃气，以确保下游用户的安全。一旦事故排除，薄膜下腔压力回落，安全放散阀又自动关闭。

安全放散阀的排放量一般为出口管段最大流量的 1%~5%，其作用是在非故障引起的出口压力升高的情况下，排出气体，以避免超压切断阀误动作而切断调压线路。当真正的故障发生时，超压气体来不及放散，超压切断阀才会按正常的方法切断调压

线路。这是目前普遍采用的安全装置基本组合模式。为了保证连续供气，调压设施选择上述安全装置组合模式的同时，建议采用具有自动切换功能的一备一用监控式调压流程。

6. 流量计

气体具有可压缩性和可以充满任何空间自由扩张的特性，密度也就随之变化。因此，在流量测量领域气体测量要比液体测量困难得多。在考虑满足测量精度和误差的前提下，不仅要确定最佳的测量方法，而且还要正确选用类型、功能和特性相匹配的检测仪表。计量装置由主体、测量机构和输出读出装置组成。

目前，常用于调压设施和用户的计量装置类型主要有：涡轮流量计、超声波流量计、差压式孔板流量计等。我国通行基准状态（101.325kPa，20℃）下气体体积流量计量制，选用计量装置要遵守 GB/T 17291—1998《石油液体和气体计量的标准参比条件》的相关规定。从用途而言，门站（储配站）计量装置用作贸易计量，区域或专用调压站的计量装置用作生产调度过程计量，用户的计量装置只作为计费的依据。门站（储配站）、区域或专用调压站作为输配数据采集监控系统的远端站，必须随时提供实时流量参数的指示、记录和累积数据，还要有压力、压差及温度的指示和记录。

流量装置及其检测仪表的厂商要严格遵守国际 ISO9001 质量管理体系进行产品认证，远程数据传输信号及制式要符合国家标准的相关规定。

燃气计量装置的设置及其要求要遵守现行国家标准 GB 50028—2006《城镇燃气设计规范》的相关规定。

（1）涡轮流量计　涡轮流量计与差压式孔板流量计一样属于间接式体积流量计。当气体流过管道时，依靠气体的动能推动透平叶轮（转子）做旋转运动，其转动速度与管道的流量成正比。在实际情况下，转速与通道断面大小、形状、转子设计形式及其内部机械摩擦、流体牵引、外部荷载以及气体黏度、密度有函数关系。

叶轮形状有径向平直形和螺旋弯曲形两种。涡轮流量计由涡轮流量变送器（传感器）、前置放大器、流量显示积算仪组成，并可将数据远传到上位流量计算机。

涡轮流量计具有结构紧凑、精度高、重复性好、量程比宽（$q_{min}/q_{max} = 1/15 \sim 1/10$）、反应迅速、压力损失小等优点，但轴承耐磨性及其安装要求较高。其叶片用磁性材料制成，旋转时叶片将磁感应信号通过固定在壳体上的信号检出器内装磁钢传递出来，该磁路中的磁阻是周期性变化的，并在感应线圈内产生近似正弦波的电脉冲信号。理想情况下，当被测流体的流量和黏度在一定的范围内，该电脉冲信号的频率与流过的体积流量在一定流量范围内接近正比关系。

涡轮流量计参数见表 12-62。

（2）超声波流量计　超声波流量计是通过检测

表 12-62　涡轮流量计参数

DN/mm	型号	流量范围 /（m³/h）	Q_{max} 时压力损失 /kPa	始动流量 /（m³/h）	脉冲体积当量 （低频）/m³	压力等级
50	A	6~65	1.60	0.8	0.1	1.6；2.5；4.0
50	B	10~100	1.30	0.8		
80	A	8~160	0.70	1.6	1.0	
80	B	13~250	0.90	2.3		
80	C	20~400	1.50	2.3		
100	A	13~250	0.45	2.6		
100	B	20~400	0.80	3.5		
100	C	32~650	1.80	3.5		
150	A	32~650	0.40	7.0		
150	B	50~1000	0.60	9.0		
150	C	80~1600	1.50	9.0		
200	A	50~1000	0.20	9.0		
200	B	80~1600	0.40	15		
200	C	130~2500	0.70	15		
250	A	80~1600	0.20	16	10	
250	B	130~2500	0.40	16		
250	C	200~4000	0.90	16		
300	A	130~2500	0.20	26		
300	B	200~4000	0.45	26		
300	C	320~6500	1.10	26		

流体流动对超声束或超声脉冲的作用，测量体积流量的速度式流量仪表，测量原理有传播时间差法、多普勒效应法、波束偏移法、相关法、噪声法。天然气超声波流量计的测量原理是传播时间差法。

超声波流量计的特点如下：

1）能实现双向流束的测量（-30~30m/s）。

2）过程参数（如压力、温度）不影响测量结果。

3）无接触测量系统，流量计量过程无压力损失。

4）可精确测量脉动流。

5）重复性好，速度误差不大于 5mm/s。

6）量程比很宽，$q_{min}/q_{max} = 1/160 \sim 1/40$。

7）可不考虑整流，只在上游 100mm、下游 50mm 余留安装间隙即可。

8）传感器可实现不停气更换，操作维修

方便。

（3）差压式孔板流量计 差压式孔板流量计是指通过测量安装在管路中的同心孔板节流元件两侧的差压，并换算成体积流量的一种检测设备。节流元件前后两侧的测压孔与差压计相连，从差压计读出的差压 Δp 平方根与单相充满圆管连续流体通过孔口的流量大小成正比。

差压式孔板流量计由标准孔板节流装置、导压管、差压计、压力计和温度计组成。

现场孔板计量装置还可与流量计算机并入 SCADA 系统构成自动化计量系统。为了更好地分析影响计量的主要因素，把整个计量系统分为 5 个部分，即节流装置、变送器、信号隔离转换装置、A/D 转换装置以及数据处理器与显示器，各部的功能为：

1）节流装置：测温，取静压和差压。

2）变送器：把流休的静压、差压、温度参数变送为标准输出信号（4~20mA 或 1~5V）。

3）信号隔离转换装置：把现场输出的标准信号进行完全隔离并转换成 I/O 模板所能接受的信号。

4）A/D 转换装置：将模拟信号转换为中央处理器（CPU）能够接收的数字信号。

5）数据处理器与显示器：将现场远传的各种数据在中央处理器进行数据运算和处理，并在上位计算机上实时显示或打印。

根据上述 5 个部分配置的供货情况不同，也会在计量误差上有区别，为此还应对系统计量程序是否具有参数因子补偿功能进行考量。作为大流量测量，差压式孔板流量计需要稳定的流量工况，量程比最好在 $q_{min}/q_{max} = 1:3$ 范围内。

7. 加臭设备

为了保证燃气系统的运行安全，保障人体不受损害，根据规范规定：输送至用户的燃气应具有可以察觉的臭味。对无臭味或臭味不足的燃气必须进行加臭处理后方可进入燃气输配管网。

我国目前常用的加臭剂主要有四氢噻吩（THT）和乙硫醇（EM）等。

目前常用的加臭装置有两种，即简易滴定式加臭装置和单片机或微型计算机控制注入式加臭装置。加臭工艺流程如图 12-113 所示。

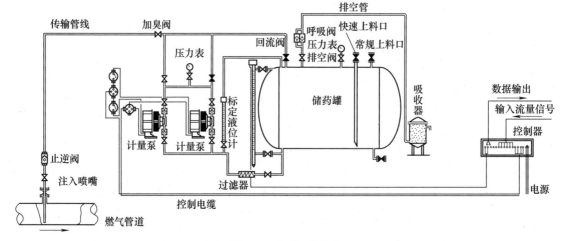

图 12-113　加臭工艺流程

12.5.5　工艺设计计算

1. 管道材质要求

调压站中使用的钢管应分别符合现行的国家标准 GB/T 9711—2017《石油天然气工业 管线输送系统用钢管》和 GB/T 8163—2018《输送流体用无缝钢管》的规定，或符合不低于上述标准相应技术要求的其他钢管标准。

1）钢管、管道附件材料的选择，应根据管道的使用条件（设计压力、温度、介质、特性、使用地区等）、材料的焊接性能等因素，经技术经济比较后确定。

2）钢管和管道附件应根据选用的材料、直径、壁厚、介质、特性、使用温度及施工环境温度等因素，对材料提出冲击试验和（或）落锤撕裂试验要求。当管道附件与管道采用焊接连接时，两者材质应相同或相近。

3）管道附件不得采用螺旋焊缝钢管制作。

4）燃气钢管的弯头、三通、异径接头，宜采用机制管件，其质量应符合现行国家标准 GB/T 12459—2017《钢制对焊管件 类型与参数》的规定。

2. 管道壁厚的计算

根据 GB 50028—2006《城镇燃气设计规范》推荐的管道强度计算公式计算（相关参数与规范一致）。

$$\delta = \frac{PD}{2\sigma_s \phi F} \qquad (12\text{-}73)$$

式中　δ——钢管计算壁厚（mm）；

　　　P——设计压力（MPa）；

　　　D——钢管外径（mm）；

　　　σ_s——钢管的最低屈服强度（MPa）；

　　　F——强度设计系数，详见表 12-63；

　　　ϕ——焊缝系数，取 1.0。

表 12-63　强度设计系数

项目	一级地区	二级地区	三级地区	四级地区
强度设计系数（埋地）	0.72	0.6	0.4	0.3

根据 GB 50028—2006《城镇燃气设计规范》规定，次高压管道最小公称壁厚不应小于表 12-64 的规定。

表 12-64　钢制燃气管道最小公称壁厚

钢管公称直径/mm	公称壁厚/mm
100~150	4.0
200~300	4.8
350~450	5.2
500~550	6.4
600~700	7.1

3. 安全阀流道直径计算

在进行安全阀流道直径计算时，基本原则是保证安全阀的实际排量大于系统的安全泄放量，实际排量和流动状态有关。计算出流道直径后，根据常见安全阀公称直径与流道直径的关系（表 12-65），确定安全阀的公称直径。

根据 GB/T 12241—2005《安全阀　一般要求》，

上游来气压力一定的情况下，在达到临界流动之前，气体通过一个孔（例如安全阀的流道）的流量随着下游压力的减小而增加。一旦达到临界流动，下游压力的进一步减小将不会使流量继续增加。

1）临界流动状态下的流道直径计算。满足式（12-74）时，流动处于临界流动状态。

$$\frac{p_b}{p_d} \le \left(\frac{2}{\kappa+1}\right)^{\frac{\kappa}{\kappa-1}} \qquad (12\text{-}74)$$

式中　p_b——背压（绝对压力）（MPa）；

　　　p_d——实际排放压力（绝对压力）（MPa）；

　　　κ——等熵指数。

临界流动状态下的理论排量见式 12-75。

$$q_{m,t} = 0.9118AC\sqrt{\frac{p_d}{v}} \qquad (12\text{-}75)$$

$$C = 3.948\sqrt{\kappa\left(\frac{2}{\kappa+1}\right)^{\frac{\kappa+1}{\kappa-1}}} \qquad (12\text{-}76)$$

$$v = \frac{p_0 T}{p_d T_0 \rho_0} \qquad (12\text{-}77)$$

式中　$q_{m,t}$——理论排量（质量流量）（kg/h）；

　　　A——流道面积（mm²）；

　　　C——气体特性系数；

　　　v——比体积，即在实际排放压力和排放温度下，气体密度的倒数（m³/kg）；

　　　p_0——标准状态下的压力（绝对压力）（MPa）；

　　　T——实际排放温度（K）；

　　　T_0——标准状态下的温度（K）；

　　　ρ_0——标准状态下的密度（kg/m³）。

实际排量为理论排量和排量系数的乘积。

$$q_{m,r} = q_{m,t} k_0 \qquad (12\text{-}78)$$

式中　$q_{m,r}$——实际排量（质量流量）（kg/h）；

　　　k_0——排量系数。

为了保证系统安全，安全阀的实际排量需要大于安全泄放量，即

$$q_{m,r} > q_v \rho_0 \qquad (12\text{-}79)$$

表 12-65　安全阀公称直径与流道直径　（单位：mm）

公称直径	流道直径 全启式	流道直径 微启式	公称直径	流道直径 全启式	流道直径 微启式
15	—	12	65	40	50
20	—	16	80	50	65
25	—	20	100	65	80
40	25	32	150	100	—
50	32	40	200	125	—

式中 q_v——安全泄放量，标准状态下的体积流量（m^3/h）。

将式（12-75）~式（12-77）代入式（12-79），可得：

$$0.9118ACk_0p_d\sqrt{\frac{T_0\rho_0}{p_0T}} > q_v\rho_0 \quad (12\text{-}80)$$

即

$$A > \frac{q_v}{0.9118Ck_0p_d}\sqrt{\frac{\rho_0p_0T}{T_0}} \quad (12\text{-}81)$$

安全阀阀座喉部截面为圆形，根据式（12-81），和流道面积 A 对应的流道直径需满足下式：

$$d > 1.182\sqrt{\frac{q_v}{Ck_0p_d}}\sqrt[4]{\frac{\rho_0p_0T}{T_0}} \quad (12\text{-}82)$$

2）亚临界流动状态下的流动直径计算。满足式（12-83）时，流动处于亚临界流动状态。

$$\frac{p_b}{p_d} > \left(\frac{2}{\kappa+1}\right)^{\frac{\kappa}{\kappa-1}} \quad (12\text{-}83)$$

亚临界流动状态下的理论排量计算式：

$$q_{m,t} = 0.9118ACK_b\sqrt{\frac{p_d}{v}} \quad (12\text{-}84)$$

$$K_b = \sqrt{\frac{\frac{2\kappa}{\kappa-1}\left[\left(\frac{p_b}{p_d}\right)^{\frac{2}{\kappa}}-\left(\frac{p_b}{p_d}\right)^{\frac{\kappa+1}{\kappa}}\right]}{\kappa\left(\frac{2}{\kappa+1}\right)^{\frac{\kappa+1}{\kappa-1}}}}$$

$$(12\text{-}85)$$

式中 K_b——亚临界状态下的理论排量修正系数。

和临界流动状态下流道直径的推导同理，对于亚临界流动状态，流道直径需满足下式：

$$d > 1.182\sqrt{\frac{q_v}{Ck_0p_d\kappa_b}}\sqrt[4]{\frac{\rho_0p_0T}{T_0}} \quad (12\text{-}86)$$

4. 调压器选择计算

通常调压器的选择都是依据调压器的流量系数（C_g 值）来确定的，以下面的公式计算得出。

1）临界流动状态 $\left(v = \frac{p_2+p_0}{p_1+p_0} \le 0.5\right)$。

$$C_g = \frac{\sqrt{d(t_1+273)}}{p_1+p_0}\times\frac{q}{69.7} \quad (12\text{-}87)$$

2）临界流动状态 $\left(v = \frac{p_2+p_0}{p_1+p_0} > 0.5\right)$。

$$C_g = \frac{q}{69.7}\times\frac{\sqrt{d(t_1+273)}}{p_1+p_0}\times\frac{1}{\sin\left[K_1\sqrt{\frac{p_1-p_2}{p_1+p_0}}\right]}$$

$$(12\text{-}88)$$

式中 q——通过调压器的基准状态（0.101325MPa，20℃）下的气体流量（m^3/h）；

p_0——标准大气压力，0.101325MPa；

p_1、p_2——调压器进口、出口处气体的压力（MPa）；

t_1——调压器前气体的温度（℃）；

d——基准状态下气体的相对密度，空气 $d=1$；

C_g——流量系数，测试工况下 C_g 的平均值由厂家提供；

K_1——形状系数，测试工况下 K_1 的平均值由厂家提供。

选调压器时，所选调压器的 C_g 值需大于所计算出的 C_g 值。选出调压器的口径后需检查调压器出口法兰处流速不大于 120m/s，用下面的公式来计算调压器出口法兰处的流速：

$$V = 345.92\times\frac{Q}{DN^2}\times\frac{1-0.02\times p_2}{1+10\times p_2} \quad (12\text{-}89)$$

12.5.6 总平面布置

调压站的建筑物应是建筑在地上的单层防火建筑物，在站房的安全距离内应设置围墙。中压调压站的围墙采用镂空围墙，高度宜为 2.0m；次高压以上的调压站围墙采用不燃烧体实体围墙，高度不应低于 2.0m；偏远地区建设的调压站，考虑到安全防盗因素，围墙高度应适当加高。调压站总平面图如图 12-114 所示。

1. 调压站总平面布置

1）中压调压站内一般设置调压站房一座，调压站房由调压室、值班室和仪表室（需要时）及室外维修平台组成；调压站房与围墙的距离为 3.0m。

2）次高压以上的调压站内一般由调压站站房、室外过滤设备区、室外放散装置等组成。

3）次高压以上的调压站站房由调压间、锅炉间（需要时）、配电监控室、值班室、卫生间及其他功能的房间（需要时）组成。

2. 调压站内消防车道的设置

1）占地面积大于 3000m^2 的调压站，应设置环形消防车道，确有困难时，应沿建筑物的两个长边设置消防车道。

2）消防车道应满足消防车转弯半径的要求。

3）消防车道的净宽和净高均不应小于 4.0m。

4）消防车道路面应能承受大型消防车的压力。

5）调压站放散管管口应高出站房屋檐 1.0m 以上。

6）室外过滤器组宜设置罩棚和检修平台。

3. 水平净距

调压站（含调压柜）与其他建筑物、构筑物的水平净距应符合表 12-66 的规定。

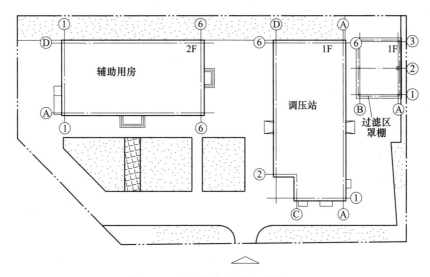

图 12-114　调压站总平面图（单位：m）

表 12-66　调压站（含调压柜）与其他建筑物、构筑物的水平净距　　　（单位：m）

设置形式	调压装置入口燃气压力级制	建筑物外墙面	重要公共建筑、一类高层民用建筑	铁路（中心线）	城镇道路	公共电力变配电柜
地上单独建筑	高压 A	18.0	30.0	25.0	5.0	6.0
	高压 B	13.0	25.0	20.0	4.0	6.0
	次高压 A	9.0	18.0	15.0	3.0	4.0
	次高压 B	6.0	12.0	10.0	3.0	4.0
	中压 A	6.0	12.0	10.0	2.0	4.0
	中压 B	6.0	12.0	10.0	2.0	4.0
调压柜	次高压 A	7.0	14.0	12.0	2.0	4.0
	次高压 B	4.0	8.0	8.0	2.0	4.0
	中压 A	4.0	8.0	8.0	1.0	4.0
	中压 B	4.0	8.0	8.0	1.0	4.0
地下单独建筑	中压 A	3.0	6.0	6.0	—	3.0
	中压 B	3.0	6.0	6.0	—	3.0
地下调压箱	中压 A	3.0	6.0	6.0	—	3.0
	中压 B	3.0	6.0	6.0	—	3.0

12.6　压缩天然气加气站

12.6.1　概述

压缩天然气加气站（以下简称"CNG 站"）是指为汽车储气瓶或者车载储气瓶组充装 CNG 的专门场所，包括 CNG 加气母站、CNG 加气子站、CNG 常规加气站。

CNG 加气母站是指将管道输送的天然气过滤、计量、脱水、加压，通过加气柱为天然气气瓶车充装 CNG，通过加气机为天然气汽车充装 CNG 的专门场所。

CNG 加气子站是由 CNG 气瓶车运进 CNG，通过加气机为天然气汽车充装车用 CNG 的专门场所。

CNG 常规加气站是指将管道输送的天然气过

滤、计量、脱水、加压，通过加气机为天然气汽车充装车用CNG的专门场所。

12.6.2　设计原则

1）CNG站宜靠近气源，CNG加气母站应选择在长输管线、城镇燃气管线附近或与城市门站合建；CNG常规加气站应靠近城市燃气干线。

2）CNG站具有适宜的交通、供电、给水排水、通信及工程地质条件。

3）CNG站应尽可能利用上游管线的压力，合理选择压缩机的电动机功率，从而降低能耗。

12.6.3　工艺流程

1. CNG加气母站工艺流程

原料天然气通过上游管线进入CNG加气母站，进站经过滤、计量、调压后进脱水装置，脱水后的天然气进入缓冲罐，缓冲后的天然气再进入压缩机加压至20～25MPa；然后通过加气柱为CNG气瓶车直接加气外运。CNG加气母站工艺流程如图12-115所示。

2. CNG常规加气站工艺流程

原料天然气通过上游管线进入CNG常规加气

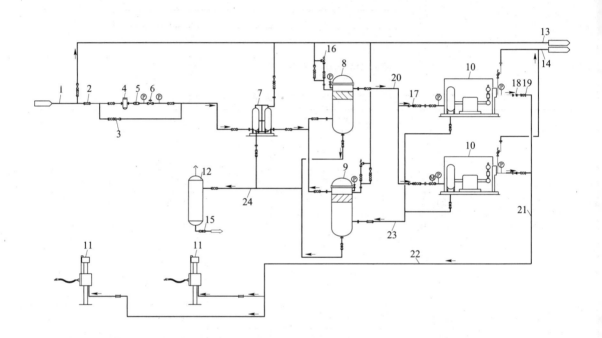

图12-115　CNG加气母站工艺流程

1—天然气进气管道　2—法兰球阀　3—法兰截止阀　4—过滤器
5—流量计　6—调压器　7—脱水装置（前置）　8—缓冲罐
9—废气回收罐　10—压缩机　11—加气柱　12—污水罐　13—低压放散总管
14—高压放散总管　15—排污阀　16—安全放散阀　17—法兰止回阀
18—高压止回阀　19—高压球阀　20—压缩机进气管道　21—压缩机排气管道
22—加气柱进气管道　23—废气回收管道　24—排污管道

站，进站经过滤、计量、调压后进脱水装置，脱水后的天然气先进缓冲罐，再进入压缩机加压至20～25MPa；然后通过站内固定储气瓶组，经加气机为CNG汽车加气。CNG常规加气站工艺流程如图12-116所示。

3. CNG加气子站工艺流程

CNG气瓶车将从CNG加气母站拖来的天然气通过子站压缩机加压后，经顺序控制盘按高压、中压、低压的顺序给储气设施进行充气。当有CNG汽车进站加气时，CNG首先通过加气机按低压、中压、高压的顺序从储气设施中取气给CNG汽车加气。CNG加气子站工艺流程如图12-117所示。

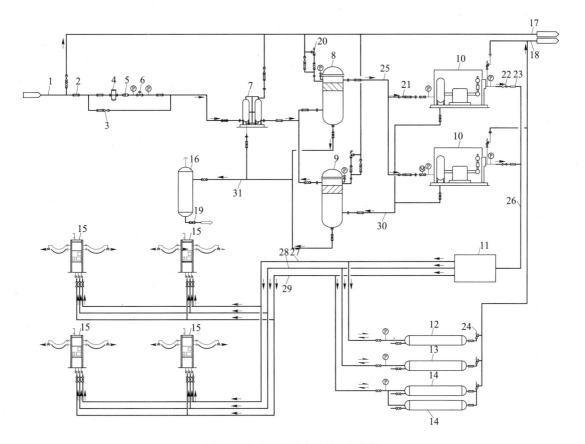

图 12-116 CNG 常规加气站工艺流程

1—天然气进气管道 2—法兰球阀 3—法兰截止阀 4—过滤器 5—流量计 6—调压器 7—脱水装置（前置）
8—缓冲罐 9—废气回收罐 10—压缩机 11—顺序控制盘 12—高压储气瓶 13—中压储气瓶 14—低压储气瓶
15—加气机 16—污水罐 17—低压放散总管 18—高压放散总管 19—排污阀 20—安全放散阀 21—法兰止回阀
22—高压止回阀 23—高压球阀 24—高压安全阀 25—压缩机进气管道 26—压缩机排气管道 27—加气机高压
进气管道 28—加气机中压进气管道 29—加气机低压进气管道 30—废气回收管道 31—排污管道

12.6.4 主要工艺设备

1. 过滤、调压及计量设备

（1）过滤及除尘设备 CNG 站内包括装置前和装置后两种形式的过滤设备。在装置前需要设置过滤设备的有调压器、计量装置、脱水装置、压缩机、加压机等，在装置后需要设置过滤设备的可能有脱硫装置、后置脱水装置。

进站过滤器多选用高效玻璃纤维或中效金属网式燃气过滤器。高效过滤器过滤粒径的效率应不小于99%，中效过滤器过滤5μm粒径的效率应不小于90%或10μm粒径的效率应不小于95%。过滤面积为连接管道流通面积的3~5倍，过滤速度不大于10m/s。过滤器的结构压力损失一般不大于1kPa，工作压力损失不应大于15kPa。

（2）调压器 CNG 站调压器设置于天然气进站

管道上，该调压器按本手册第12.5节计算选择。

（3）计量装置 CNG 站的计量装置包括进站计量装置和加气计量装置。

进站计量装置多选用带温度和压力补偿的体积流量计，其计量的基准状态为101.325kPa 和20℃，计量准确度不应低于1.0级。天然气进站流量计可选形式较广，有腰轮流量计、涡轮流量计、旋涡式流量计、电磁流量计、质量流量计和孔板流量计等。

进站计量装置的计算选择，详见本手册第12.5节计算选择。

加气计量装置应符合 GB 50156—2012《汽车加油加气站设计与施工规范》（2014 年版）的有关规定。目前，加气计量装置多为质量流量计，且配置于加气机内。质量流量计应能通过内置计算程序，显示体积流量。

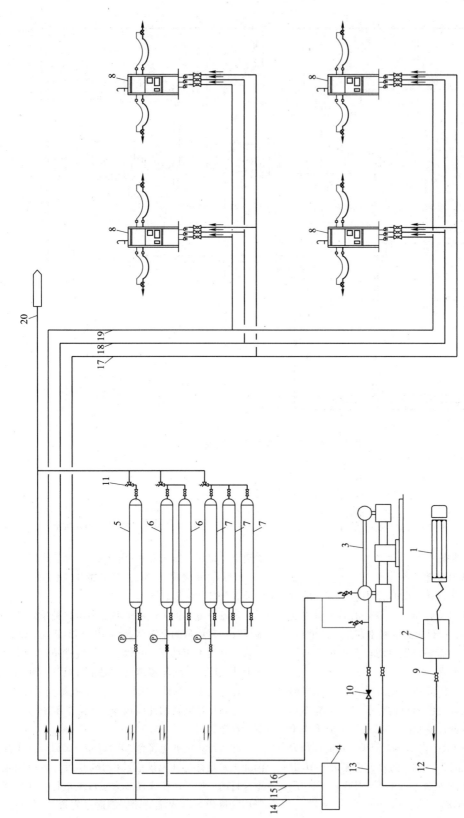

图 12-117　CNG 加气子站工艺流程

1—CNG 气瓶车　2—卸气柱　3—压缩机　4—顺序控制盘　5—高压储气瓶　6—中压储气瓶　7—低压储气瓶　8—加气机　9—高压球阀
10—高压止回阀　11—高压安全阀　12—CNG 卸气总管　13—压缩机排气管道　14—顺序控制盘高压出口管道　15—顺序控制盘中压出口管道
16—顺序控制盘低压出口管道　17—加气机低压进气管道　18—加气机中压进气管道　19—加气机高压进气管道　20—高压放散总管

2. 脱水装置

CNG 站内天然气在 25MPa 储存以及 20MPa 供应用户的压力下，要达到 GB 18047—2017《车用压缩天然气》"在汽车驾驶的特定地理区域内，在压力不大于 25MPa 和环境温度低于 -13℃ 的条件下，水露点应比最低环境温度低 5℃" 的要求，必须使进站天然气的水露点降低。降低水露点的过程称为脱水。脱水能力用水露点降或脱水量来表示，前者是绝对指标，能够表明脱水后气体的质量。水露点指标达到很低的脱水称为深度脱水。

可用于气体脱水的工艺有冷凝法、吸收法、吸附法和膜分离法等。其中，吸附法在深度脱水中被广泛利用。

用于气体脱水的吸附过程一般为物理吸附，即用固体吸附剂吸附气体中的吸附质（如水等）。当温度和压力发生改变时，物理吸附能力甚至吸附方向也发生改变，这就使得吸附剂可以再生，即吸附质可以从吸附剂表面脱附。

吸附剂具有很多微孔，其孔径的大小对吸附质有选择性。当吸附质为水蒸气时，吸附剂又称为干燥剂。常用的干燥剂有硅胶、活性氧化铝和分子筛等。

对含水量较高或相对湿度较小的气体，选用硅胶、活性氧化铝脱水为好，对含水量较低或相对湿度较大的气体，如符合 GB 17820—2012《天然气》规定的 Ⅱ 类质量的 CNG 站进站天然气（水露点在交接点压力下比在输送条件下最低环境温度低 5℃）进行深度脱水，则选用分子筛最好。

分子筛是一种多孔性的铝硅酸盐晶体，矿物名称为泡沸石，有天然的也有人工合成的，目前常用的是人工合成沸石。在它的晶体结构中具有大量的空腔，并由规则且均匀的、数量级为分子大小的孔道相互连接，形成很大的比表面积。空腔可以大量吸附比空腔孔径小的分子，筛去比孔径大的分子。分子筛在脱去吸附质（如水）活化再生后其晶体结构不变或变化甚小，热稳定性以及化学稳定性都很高。

脱水设备在工艺流程中，按其与压缩机连接的关系，分为压缩前脱水、压缩中脱水和压缩后脱水工艺，又称低压、中压和高压脱水工艺，相应有前（低压）脱水、中（中压）脱水和后（高压）脱水装置。但干燥剂一般都选用分子筛，脱水原理相同。不同的是，压缩中、后脱水工艺中，由于存在压缩过程中加压冷凝并分离部分水，因此，压缩中、后脱水工艺实际是加压冷凝法和吸附法的组合。

（1）低压脱水装置 低压脱水装置放置在压缩机进口前，故也称前置式。由于被干燥气体压力低，

水含量高，因此这种类型脱水工艺的特点是，干燥剂的再生采用闭式循环回路，整个脱水装置包括 2 台分子筛的干燥器、1 台循环风机、1 台冷却器、前台分离器和 1 台加热器。分子筛干燥剂的再生系统通过风机反复循环一定量的气体完成。这种方式的脱水装置，由于受再生条件的制约，要达到露点低于 -60℃（标准状态下）有一定困难。

低压脱水装置由于压力低，可操作性较好，故障率较低，较受用户欢迎。此外，当加气站采用无油润滑压缩机时，因含湿量大会影响密封件的寿命等。故必须采用低压的前置脱水。但低压脱水装置体积庞大，占地面积也大，对那些集装箱结构的加气站应用起来较困难。

（2）中压脱水装置 脱水装置放置在压缩机的中间级出口处，根据压缩机入口压力的高低，确定放置在压缩机一级还是二级排出口。国内机组的入口压力为 0.3MPa，脱水装置宜放置在二级出口处。一般说来，脱水压力控制在 4.0MPa 左右比较有利，此时绝对含湿量已很小。在 4.0MPa 压力下，气体的饱和水含量约为常压下饱和水含量的 3%，约为 3.0MPa 压力下饱和含水量的 10.5%。这样既可将气体中所含的大部分水在 4.0MPa 左右的压力下分离掉，又能使设备与管道、阀件的压力等级控制在 4.0MPa 这一公称压力下。

（3）高压脱水装置 脱水装置放置在压缩机末级出口，也称后置式。由于气体中所含的绝大部分水已在压缩机的逐级压缩后被分离出去，所以在 25MPa 压力下气相中的饱和水含量已非常少，仅相当于常压下饱和水含量的 0.91%，约为 0.3MPa 压力下饱和水含量的 3%。由于高压脱水设备结构尺寸相对很小，加气脱水量也小，因此特别适合集装箱形式加气站使用。高压脱水仍需要加热再生，因此也需要加热器、冷却器和分离器，其工艺流程与中压脱水相同。

3. 压缩机

（1）结构形式 压缩机的类型主要有往复式、离心式、轴流式和回转式。根据 CNG 站的工艺条件，其压缩机属于高压（排气压力为 10~100MPa）、中型、小型（入口状态下体积流量不大于 60m³/min 为中型，不大于 10m³/min 为小型）压缩机。多采用有油润滑或气缸无油润滑形式。

往复活塞式（以下简称往复式）压缩机适用于排量小、压比高的情况，是 CNG 站的首选压缩机。往复式压缩机的压比通常为 3∶1 或 4∶1，可多级配置，每级压比一般不超过 7。小型压缩机最高出口压力可达 40MPa。流量范围为 0.3~85m³/min。

CNG站天然气气源来自城镇中压管网时，压缩机进口压力一般为 0.2～0.4MPa，即使最小至 0.035MPa，也要用往复式压缩机。当连接高压管网或输气干线时，也可达到 4.0MPa，甚至高达 9MPa。除专用于CNG储存的压缩机有经方案比较选择确定的出口压力外，通常CNG站压缩机出口压力为：加气母站 20MPa，常规加气站和加气子站 25MPa。

从结构形式上，CNG压缩机可分为立式（Z型）、卧式（D形、M形、H形）、角度式（V形、W形、L形、T形、扇形和星形等）。立式压缩机占地小，可为无油润滑，但振动较大。卧式（也称为对称平衡式）和角度式压缩机结构紧凑、运转平稳，动力平衡性以卧式为最好，被CNG站广泛采用。

CNG站的压缩机通常以压缩机组形式设置。压缩机组包括压缩机主机、原动机润滑油系统、冷却系统、操作控制系统，以及安全放散、油（水）气分离等辅助系统。

压缩机主机主要由机身、气缸及活塞、传动机构和中间冷却器组成，还包括安全泄放放散等辅助件。CNG站多采用3、4级压缩，因此气缸相应有3、4个。气缸呈串联配置，相邻级（气缸）以相同或基本相同的压缩比逐级压缩介质至额定压力。气缸间均设有中间冷却器，以提高压缩效率。中间冷却器可分离出的介质（如天然气）由于被压缩冷凝而析出部分油、烃、水和气缸润滑油，并可组织排至集油罐。

往复式压缩机多用电动机作为原动机。当建设地点远离城区，电动机供电有困难时，也可采用燃气发动机直联压缩机配置形式，但要注意其振动、噪声等的控制。

（2）润滑系统 有油润滑是指压缩机的传动机构（包括曲轴、连杆、十字头、飞轮、轴承等）和气缸（及活塞）均由专用润滑油润滑。气缸无润滑则是指气缸（及活塞）无润滑油，传动机构仍然为有油润滑的形式，气缸与活塞间由聚四氟乙烯等自润滑材料填充，或采用迷宫式密封，避免了润滑油进入被压缩介质中成为其杂质。小型压缩机一般采用飞溅润滑，中型压缩机则多用压力式给油润滑，需要配置相应的油泵（注油器）及包括油过滤、油冷却等的油路系统。一般小型压缩机的润滑系统与压缩机组设计成一体。

（3）冷却系统 根据冷却方式一般可将压缩机冷却系统分为风冷和水冷两种形式。水冷系统由冷却塔、水池或水箱、循环泵、压缩机级间、级后冷却器及气缸夹套等组成。冷却循环水升温后，送至冷却塔、水池进行冷却，然后再通过水泵循环使用。

风冷压缩机的气缸一般设置散热翅片，排出的高温气体进入冷却器的散热管束后，经风扇吹风冷却，风冷压缩机噪声较大，需采取隔声措施。压缩机的冷却除包括气缸、CNG冷却外，还包括润滑油冷却等。

（4）自控系统 压缩机自控系统包括就地操作盘（箱）和外接自控系统。操作及控制内容包括开机条件（油路、水路和气路等的开机参数）检测及开机，运行状况监测及紧急停机，人工停机等。还可以设置成为依据储气或加气需要的自动开机、停机等智能化操作控制。

一些CNG站也采用整装（撬装）压缩机组。大型撬装压缩机组自动化程度很高，在每一台机组（撬块）上面均安装了PLC充气优先控制盘（撬块PLC），它与电机控制中心、储气系统、风冷系统和气动阀、仪表用压缩空气系统等组成完整的压缩系统。该系统所有设备的功能，包括压缩机组启动优先级控制功能、运行顺序功能、选择启动形式功能、冷却和停机功能、充气优先级控制功能、操作人员紧急切断（ESD）功能和空气压缩机启/停机功能，都汇总到主控室的PLC盘，主PLC决定何时启动和启动哪一个撬块（某台压缩机组）。撬块PLC只监测压缩机的功能，在运转不正常时进行报警，并控制所有阀门的操作。PLC控制功能的繁简直接影响到建站投资的大小，可以采取自选操作运行参数固定不变的办法让各个撬块独立自动运转的模式，以便省去主PLC控制盘的设置。

4. 储气设备

CNG加气站的储气设备可分为固定储气瓶、储气井和车载储气瓶组。

（1）固定储气瓶 CNG站的储气瓶，是指符合 GB 19158—2003《站用压缩天然气钢瓶》规定的公称压力为 25MPa（表压），公称容积为 50～200L，设计温度不大于 60℃的专用储气钢瓶，也简称钢瓶。其使用介质为符合 GB 18047—2017《车用压缩天然气》的天然气。有的生产厂也生产公称容积为 40L 的储气瓶。也有复合材料制成的储气瓶，公称容积为 40～80L，但目前的应用效果并不理想。

工程上，习惯将常用的公称容积小于或等于 80L 的钢瓶称为小瓶，将进口以及随后国产的 500～1750L 储气柱称为大瓶。CNG站中，将数只至数十只储气瓶连接成一组，组成较大储存容积的设备称为钢瓶组。一般小瓶以 20～33 只为一组，每组公称容积可为 1.0～4.08m³。大瓶一般以 3、6、9 只为一组，每组公称容积可为 1.15～16.0m³。每组均用钢架固定，撬装设置，配置进气接管和出气接管。

小瓶价格相对便宜,但密封件、阀件、接气口多,漏气率相对较大,工程上使用率较低。大瓶组密封件、阀件、接气口多,漏气率相对很小,维护也容易,但长度较长,可达近9m,但工程上使用较常见。

瓶组储气设备适合于所有CNG站,特别适合于

CNG加气子站和CNG常规加气站。瓶组设备均成套供应,瓶组内配有进出气阀门、安全阀和排污阀等相应附件,也可根据需要,加设压力表和温度计等。可根据设计确定的储气压力制度及相应容量,直接选用或要求组配。储气瓶组结构如图12-118所示。部分瓶组的规格及性能参数等见表12-67。

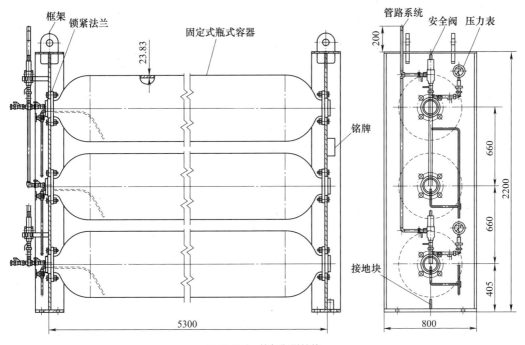

图 12-118　储气瓶组结构

表 12-67　储气瓶组规格及性能参数

项目	公称容积/m³					
	1.3	2.2	3.3	4.0	8.0	12
钢瓶数量(只)	1	2	3	3	6	9
钢瓶容积/L	1330		1100		1350	
钢瓶外形尺寸/mm	$\phi610\times6100$		$\phi590\times6100$		$\phi610\times6100$	
钢瓶材质	35CrMo					
筒体壁厚/mm	29		27		29.3	
工作压力/MPa	1~25					
工作温度/℃	-29~60					
充装介质	压缩天然气					
水压试验压力/MPa	34.5					
泄漏试验压力/MPa	27.6					

(2) 储气井　CNG储气井用井管应符合SY/T 6535—2002《高压气地下储气井》的规定,其公称压力为25MPa(表压),公称容积为1~10m³。储存介质为符合GB 18047—2017《车用压缩天然气》的

天然气。

储气井具有占地面积小、运行费用低、安全可靠、操作维护简便和事故影响范围小等优点,因此被广泛采用。目前已建成并运行的储气井规模:储气井井筒直径为$\phi177.8\sim\phi244.5mm$;最大井深大于300m;储气井水容积为1~10m³;最大工作压力为25MPa。

井管由井底封头、井筒及井口装置构成,其结构如图12-119所示。

(3) 车载储气瓶组　车载储气瓶组即CNG气瓶车,详见第12.7.4节。

5. 加气机

加气机又称售气机,加气对象是CNG汽车。加气机应具有计量、加气功能。加气机的计量装置多为质量流量计,可显示温度、压力校正后的体积流量。加气机应带拉断阀,加气软管在工作压力为20MPa时,拉断阀的分离拉力宜为400~600N。根据CNG站工艺流程和建设要求,可选用是否带取气顺序控制盘,单枪或双枪。加气机通用参数见表12-68。

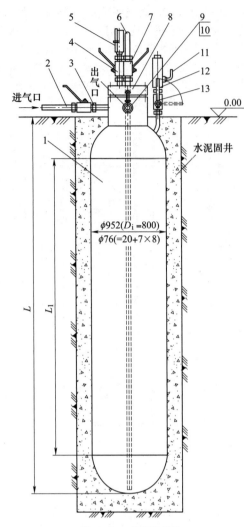

图 12-119　储气井结构

1—储气井体　2—进气接管　3—进气管截止阀
4—压力表截止阀　5—压力表　6—排污接管
7—排污管截止阀　8—人孔顶盖　9—出气接管
10—出气接管截止阀　11—安全阀接管
12—安全阀　13—安全截止阀

表 12-68　加气机通用参数

项目	参数
适用介质	压缩天然气
流量范围/(Nm³/min)	2~40
额定工作压力/MPa	20
最大工作压力/MPa	25
耐压强度/MPa	27.5
环境温度/℃	−30~50
计量精度	±0.5%~±1.0%
防爆等级	Exdemib Ⅱ AT4

6. 加气柱

加气柱应具有计量和加气功能，加气对象是 CNG 气瓶车。根据 CNG 加气站工艺流程，可选用单枪或双枪。加气柱的主要构成为质量流量计（可显示体积流量）、快装接头等。加气柱通用参数见表 12-69。

表 12-69　加气柱通用参数

项目	参数
适用介质	压缩天然气
额定流量/(Nm³/min)	90
额定工作压力/MPa	20
最大工作压力/MPa	25
环境温度/℃	−30~55
计量精度	±0.5%
防爆等级	Exdemib Ⅱ AT4

12.6.5　总平面布置

CNG 加气站的总平面布置分为工艺设备区、加气区和值班站房。工艺设备区布置有过滤、调压计量设备、脱水装置、压缩机、储气设施、加气机（柱）等。加气区布置有 CNG 气瓶车停车位及加气机（柱），并且在停车区域应有足够的回车场地。站内设施与站外建筑、构筑物的防火间距应严格执行 GB 50156—2012（2014 年版）《汽车加油加气站设计与施工规范》的规定。

某 CNG 加气母站的总平面图如图 12-120 所示。该站供给厂区工业用户，以 CNG 为气源。设计供气能力为 300000Nm³/d，占地面积 10396m²。站内设置 2 台前置脱水装置，6 台母站压缩机，1 台常规站压缩机、1 组储气瓶组（4 个），6 台加气柱，2 台加气机。

12.6.6　管道设计

1. 管材选用

设计压力小于或等于 4.0MPa 的天然气管道应选用无缝钢管，应符合现行国家标准 GB/T 8163—2018《输送流体用无缝钢管》的有关规定。其主要管道壁厚计算方式详见第 12.5.5 节。

设计压力大于或等于 20MPa 的天然气管道应选用高压无缝钢管，应符合现行国家标准 GB/T 14976—2012《流体输送用不锈钢无缝钢管》或 GB/T 5310—2017《高压锅炉用无缝钢管》的有关规定。

2. 管道壁厚计算

站内 CNG 管道设计温度按常温考虑，在管道强度计算时可忽略温度的影响。管道主要受内压作用。

根据 GB 50316—2000《工业金属管道设计规范》（2008 版）第 6.2.1 节的规定，管子的计算厚度按下式计算（参数符号与规范保持一致）：

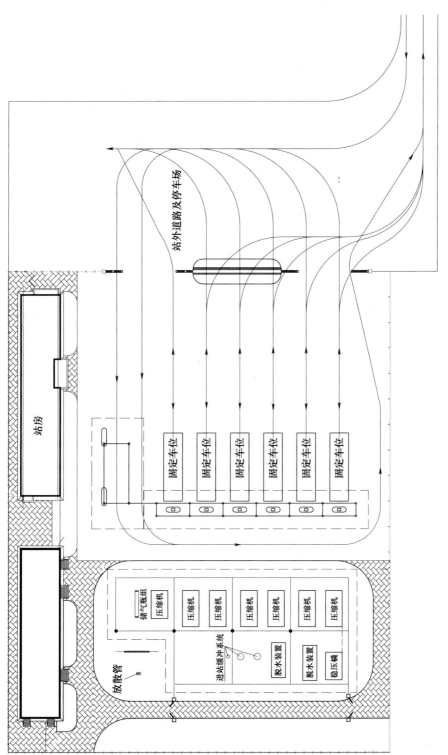

图 12-120　某 CNG 加气母站的总平面图（单位：m）

$$t_s = \frac{pD_o}{2([\sigma]^t E_j + PY)} \qquad (12-90)$$

式中 t_s——直管计算厚度（mm）；

p——设计压力（MPa）；

D_o——管子外径（mm）；

$[\sigma]^t$——设计温度下管子材料的许用应力（MPa）；

E_j——焊接接头系数；

Y——系数。

当 $t_s < D_o/6$ 时，Y 按照表 12-70 选取。

当 $t_s \geq D_o/6$ 时，$Y = \frac{(D_i + 2C)}{(D_i + D_o + 2C)}$（$C$ 为附加量之和，单位 mm；D_i 为管子外径，单位 mm）。

表 12-70 系数 Y 值

材料	温度/℃					
	≤482	510	538	566	593	≥621
铁素体钢	0.4	0.5	0.7	0.7	0.7	0.7
奥氏体钢	0.4	0.4	0.4	0.4	0.5	0.7
其他韧性金属	0.4	0.4	0.4	0.4	0.4	0.4

注：1. 介于表列的中间温度的 Y 值可用内插法计算。

  2. 对于铸铁材料 $Y = 0$。

管子的设计厚度按下式计算：

$$t_{sd} = t_s + C \qquad (12-91)$$

式中 t_{sd}——直管设计厚度（mm）；

C——厚度附加量之和（包括厚度减薄附加量、腐蚀附加量之和）（mm）。

12.6.7 公用设计要求

1. 土建

建（构）筑物满足使用功能。建筑标准适当，造型、色彩与周围环境格调协调。应安全、美观、适用和经济。

CNG 站内的站房及其他附属建筑物的耐火等级不应低于二级，站内建筑物门窗应向外开。当罩棚顶棚的称重构件为钢结构时，其耐火极限可为 0.25h，顶棚其他部分不得采用燃烧体建造。

有爆炸危险的建筑物，应按 GB 50016—2014《建筑设计防火规范》（2018 年版）的有关规定，采用泄压措施。爆炸危险区域内的房间的地坪应采用不产生火花地面。

压缩机房净高不宜低于 3m，屋面应为非燃烧材料的轻型结构。

基础设计应根据建（构）筑物功能和要求，采取安全、合理和经济的基础形式。压缩机基础应采取防机械振动措施。

建（构）筑物均按要求确定是否进行抗震设计。

2. 给水排水

应根据 CNG 站设计规模和站址选择水源，尽可能利用城市供水系统作为水源。

站内若需要消防水系统，其管道应单独设置。其他站内给水管道，根据生产、生活等实际需要，可分设或共设系统。

当天然气压缩机为水冷却时，宜设置包括水泵、水管、冷却塔、水池的循环冷却水系统和相应的控制系统。水质和水量应符合压缩机的要求。水泵应有备用。

站内雨水可散流排放。当明沟排放时，出站（围墙）前，应设水封装置。含油污水不应直接进入排水管道。

3. 电气与自动化

供电负荷等级可为三级。信息系统应设不间断供电电源。

供电电源宜采用电压为 6/10kV 的外接电源。当设置小型内燃发电机组时，应符合防火和防爆的规定。

电力线路宜直埋。当采用电缆沟敷设时，电缆不得与油、气、热管道同沟敷设，电缆沟内必须充沙填实。爆炸危险区域 0 区和 1 区的电缆一般选用耐火电缆，其他场所一般选用阻燃电缆。

爆炸危险区域内的电气设备选型、安装、电力线路敷设等，应符合 GB 50058—2014《爆炸危险环境电力装置设计规范》的规定。爆炸危险区域外，可选用非防爆型节能型照明灯具。

生产区及重要办公区域及通道，应配置应急照明。

主要电气设备控制应根据设备要求，采取控制室直接控制或就地、集中相结合的形式，应有或留出 PLC 自控端口。

站内应设置可燃气体检测报警系统。天然气压缩机房（棚）等场所应设可燃气体（甲烷）检测器。检测器报警（高限）设定值应小于或等于可燃气体爆炸下限浓度值的 25%。报警器宜集中设置在控制室或值班室内。

CNG 站必须做防雷设计。CNG 储气瓶组必须进行防雷接地，接地点不应少于两处。信息系统应采用铠装电缆或导线穿钢管配线。配线电缆金属外皮两端、保护钢管两端均应接地。

天然气管道的始、末端和分支处应设防静电和防感应雷的联合接地装置，其接地电阻不应大于 30Ω。天然气管道上的法兰、胶管两端等连接处应用金属线跨接。当法兰的连接螺栓不少于 5 根时，在非腐蚀环境下，可不跨接。防静电接地装置的接地电阻不不应大于 100Ω。

防雷接地、防静电接地、电气设备的工作接地、保护接地及信息系统的接地等，宜共用接地装置，其接地电阻不大于 4Ω。当各自单独接地时，CNG 储气瓶组防雷接地装置的接地电阻、配线电缆区域外皮两端和保护钢管两端的接地装置的接地电阻不应大于 10Ω；保护接地电阻不应大于 4Ω；天然气管道始、末端和分支处的接地装置的接地电阻不应大于

于 30Ω。

12.7 压缩天然气供气站

12.7.1 概述

压缩到压力大于或等于 10MPa 且不大于 25MPa（表压）的气态天然气称为压缩天然气（以下简称 CNG）。CNG 在 25MPa 压力下体积约为标准状态下同等质量天然气体积的 1/250，一般充装到高压容器中储存和运输。CNG 能储密度低于液化石油气和液化天然气，但是由于生产工艺、技术设备较为简单且运输装卸方便，广泛用于汽车替代燃料或作为缺乏优质燃料的城镇、小区的气源。

CNG 供应系统泛指以符合国家标准的二类天然气作为气源，在环境温度为 -45~50℃ 时，经加气母站净化、脱水、压缩至不大于 25MPa 的条件下，充装入气瓶转运车的高压储气瓶组，再由气瓶转运车送至城镇 CNG 汽车加气站，供给发动机作为燃料，或送至 CNG 供气站（CNG 储配站或减压站），供居民、商业、工业企业生活和生产的燃料系统。CNG 供应系统流程如图 12-121 所示。

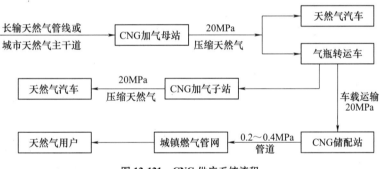

图 12-121 CNG 供应系统流程

CNG 供气站是利用 CNG 气瓶车作为储气设施，具有卸气、调压、计量、加臭功能，并向各类工业生产用户输送天然气的站场。

CNG 供气站一般由天然气气瓶车、调压计量橇、换热设备等组成。CNG 压力应小于或等于 20MPa，气体体积的标准参比条件是 101.325kPa、20℃。

12.7.2 设计原则

1）CNG 供气站站址选择应遵循少占农田、节约用地，与周围环境景观相协调的原则；应符合环境保护和防火安全的要求，并应选在交通便利的地方。

2）CNG 供气站的设计规模应根据下游各类天然气用户的总用气量及气瓶车运输条件等确定。

3）CNG 供气站内的 CNG 供气系统应根据工艺要求分级调压。

4）CNG 供气站内的天然气加热装置应根据燃气的流量、压力降等工艺条件设置；加热量应能保证设备、管道及附件正常运行；采用锅炉换热时，加热介质宜采用热水；加热介质的管道或设备应设超压泄放装置。

5）CNG 供气站通过燃气管道向各类用户供应的天然气无臭味或臭味不足时，应在站内进行加臭；加臭量及加臭装置的选型、设置应符合国家相关规范的规定。

6）CNG 供气站内设备、仪表、管道等安装的水平间距和标高均应便于观察、操作和维修。

12.7.3 工艺流程

CNG 供气站具有卸气、加热、调压、计量和加臭等功能。典型工艺流程如图 12-122 所示。

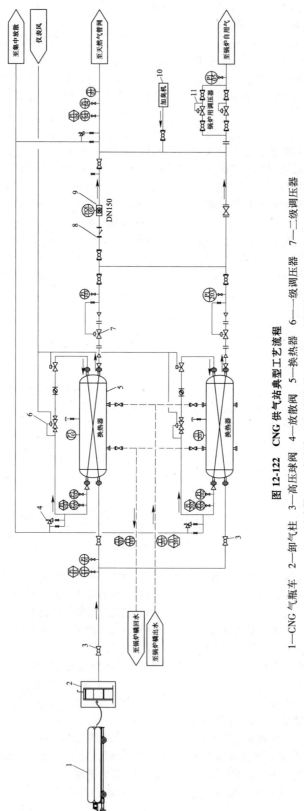

图 12-122 CNG 供气站典型工艺流程

1—CNG 气瓶车 2—卸气柱 3—高压球阀 4—放散阀 5—换热器 6——级调压器 7—二级调压器 8—过滤器 9—流量计 10—加臭装置 11—用户调压器

由 CNG 气瓶车 1 运输来 20MPa 的 CNG，经卸气柱 2 卸气并进行进站计量，然后进入换热器 7 加热。加热后的 CNG 首先进入一级调压器 5，由一级调压器调至 1.6MPa 后再次进入换热器，二次加热后的 CNG 进入二级调压器 6 调至 0.4MPa。然后天然气进入过滤器 8、流量计 9，再由加臭装置 10 加臭后，一部分送入天然气管网，一部分至锅炉用调压器 11，经调压后送至燃气锅炉燃烧器。

站内加热器所需要的热量由锅炉供给，锅炉燃料宜为天然气。加热设备也可采用电加热器。

12.7.4　主要工艺设备计算及选择

1. 调压计量橇

调压计量橇是一种特殊的调压装置，流程上采用两路配置，一用一备。每路采用两级调压方式，将出口压力调至下游燃气管网所需压力。调压后的气体经设备内计量、加臭装置输送至燃气管网。其换热方式可采用电换热或热水换热方式，具体换热方式应根据换热量及周边换热热源情况综合考虑。

为使工艺设备在安全及最佳工况下运行，应根据设计流量和工艺设备自身特点确定设备选用流量。设备选用流量用下式计算：

$$q_0 = Kq_h \qquad (12\text{-}92)$$

式中　q_0——设备选用流量（m^3/h）（基准状态）；

K——设备安全系数。

式（12-94）中，设备安全系数因设备不同而不同。对调压器，可取 1.2。

调压计量橇参数见表 12-71。

表 12-71　调压计量橇参数

最大流量/(Nm^3/h)	1000	1500	2000	3000	4000	5000
结构形式	一用一备					
换热级数	两级换热					
减压级数	两级减压					
进水温度/℃	80~85					
回水温度/℃	60~65					
出口气体温度/℃	≥5					
仪表风压力/MPa	0.4~0.6					
一级后压力/MPa	1.2~1.6	1.3~1.5	1.3~1.5	1.3~1.5	1.3~1.5	1.3~1.5
二级后压力/MPa	0.1~0.4					
进口管径 DN/mm	25	25	25	40	40	40
出口管径 DN/mm	100	100	150	150	150	150
外形尺寸（长/mm）×（宽/mm）×（高/mm）	5×2×2.4	5×2×2.4	5×2×2.4	6×2.3×2.4	6×2.3×2.4	6×2.3×2.4
质量/kg	4.2	4.3	4.5	4.7	4.8	5.5
电加热功率/kW	30	45	60	—	—	—
锅炉功率/kW	—			174	233	348

2. 换热设备

CNG 供气站对天然气的加热，是为了消除气体发生的焦耳-汤姆孙效应引起的降温。换热器所提高的热功率按下式计算：

$$Q = q_n c_p \left(\Delta p \frac{d_t}{d_p} + \Delta t \right) \qquad (12\text{-}93)$$

式中　Q——热功率（kJ/h）；

q_n——标准体积流量（m^3/h）；

c_p——气体比定压热容 [$kJ/(m^3 \cdot ℃)$]

Δt——附加温度（℃）

Δp——节流前后的压力差（MPa）；

d_t/d_p——焦耳-汤姆孙系数（℃/MPa）。

式中，若 d_t/d_p 作为常数来计算，则根据气体性质和工况就可确定其所需的功率。CNG 的 d_t/d_p 值可以根据天然气的状态图来确定。在其初态参数 P_1、T_1 已知时，可确定初状态点的焓值 h_1。按焦耳-汤姆孙系数（M_J）的定义的条件；绝热节流其焓不变，由终状态的焓 $h_2 = h_1$ 和节流后的压力（P_2）参数就可确定终温 t_2 值。焦耳-汤姆孙系数可按下式求得：

$$M_J = \frac{\Delta t}{\Delta p} = \frac{t_2 - t_1}{p_2 - p_1} \quad (12\text{-}94)$$

式中　t_2——节流后的温度（℃）；

　　　　t_1——节流前（设备进口处）的温度（℃）。

在工程界，传统焦耳-汤姆孙系数近似取为常数，对于天然气，该常数值约为 4℃/MPa，或近似按甲烷焓值进行测算。根据天然气的参数可确定计算热功率 Q 以便选用换热器设备。

3. 储气设备

CNG 供气站内的储气设备一般采用 CNG 气瓶车。CNG 气瓶车是将由管道连成一个整体的多个 CNG 储气瓶固定在汽车挂车底盘上，设有 CNG 加（卸）气接口、安全防护、安全放散等设施，用于储存和运输 CNG 的专用车辆。

CNG 气瓶车由牵引车和瓶组挂箱组成。瓶组挂箱由牵引车牵引，运输至目的地后分离，作为 CNG 供气站的气源使用，用完后再由牵引车牵引至 CNG 加气母站内充气。瓶组挂箱多采用 7～15 只大瓶（直径为 406mm、559mm、610mm 等，长度为 6～12m，总水容积为 16～21m³），组成固定管束形式，置业可拖行的车架上。典型的瓶组挂箱由 8 只筒形钢瓶组成，每只钢瓶水容积为 2.25m³，单车运输气量为 4550Nm³。

由于 CNG 气瓶车（图 12-123）必须耐高压，且处于运动状态，因此对运动状态要求高，美国标准 DOT-E8009 对此有明确的规定。如何在保证安全性的前提下尽量提高单车运输量，与钢瓶参数、材质、组装工艺、牵引车性能、公路等有关。

图 12-123　CNG 气瓶车

CNG 气瓶车有各种规格，多以其储气设备水容积为规格参数。某 CNG 气瓶车的技术性能参数见表 12-72。

表 12-72　某 CNG 气瓶车的技术性能参数

名称	技术性能参数
主要构件	高压瓶组（8 只）、框架、操作仓、行走系统
运输介质	压缩天然气
工作压力	20MPa
工作温度	-40～60℃
总容积	18m³
钢瓶规格	559mm×16.5mm×10975mm
钢瓶单瓶质量	2747kg
钢瓶单瓶容积	2.25m³
拖车整备质量	32308kg
拖车满载质量	35500kg
外形尺寸	12363mm×2480mm×3000mm

4. 加臭设备

有关天然气加臭设备介绍详见第 12.5 节。

12.7.5　总平面布置

CNG 供气站的总平面布置分为工艺区、卸车区和值班站房。工艺区内布置有调压计量橇、换热设备（锅炉橇）等。卸车区布置有 CNG 气瓶车停车位及卸气柱，并且在停车区域应有足够的回车场地。站内设施与站外建、构筑物的防火间距应严格执行 GB 51102—2016《压缩天然气供应站设计规范》的规定。

CNG 供气站的总平面图布置分为工艺区、卸车区和值班站房。工艺区内布置有调压计量橇、换热设备（锅炉橇）等。卸车区布置有 CNG 气瓶车停车位及卸气柱，并且在停车区域应有足够的回车场地。

在场站内 CNG 气瓶车卸气端应设置钢筋混凝土实体围墙，此围墙可以作为站区围墙的一部分，其高度应高于 CNG 气瓶车的高度 1m 及以上，长度不应小于车宽两端各加 1m 及以上。

某 CNG 供气站的总平面图如图 12-124 所示。该站供给厂区工业用户，以 CNG 为气源。设计供气能力为 10000Nm³/h，占地面积 4720m³。站内设置 6 个气瓶车停车位，2 个调压计量橇，2 个锅炉橇。

12.7.6　管道设计

压缩天然气管道应采用无缝钢管，应符合现行国家标准 GB/T 14976—2012《流体输送用不锈钢无缝钢管》或 GB/T 5310—2017《高压锅炉用无缝钢管》的有关规定。其主要管道壁厚计算方式详见第 12.6.6 节。

12.7.7　公用设计要求

CNG 供气站公用设计要求详见第 12.6.7 节。

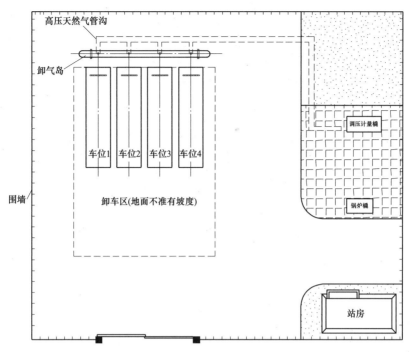

图 12-124　CNG 供气站的总平面图

12.8　液化天然气汽车加气站

12.8.1　概述

液化天然气（以下简称"LNG"）作为车用燃料，与燃油相比，具有辛烷值高、抗爆性好、燃烧完全、排气污染少、发动机寿命长、运行成本低等优点；与 CNG 相比，具有储存效率高、续驶里程长、储瓶压力低、质量轻等优点。LNG 汽车一次加气可行驶 1000～1300km，可适应长途运输，减少加气次数。LNG 加气站设备主要包括 LNG 储罐、增压汽化器、泵橇、加气机、加气枪及控制盘等。

LNG 加气站是具有 LNG 储存设施，使用 LNG 加气机为 LNG 汽车储气瓶充装车用 LNG，并可提供其他便利性服务的场所。LNG 加气站按照建设模式分为固定式 LNG 加气站和移动式 LNG 加气站。

固定式 LNG 加气站是将 LNG 低温储罐、泵橇、加气机、站控部分分别安装于 LNG 加气站内，各部分采用工艺管道或电气连接，并配备独立完善的报警系统、安全放散系统。设备占地面积大、建设周期长。

移动式 LNG 加气站是将 LNG 低温储罐、泵橇、加气机等集成在一个橇体上，将控制室（站控部分）、仪表风等集成在另一个橇体上，两个橇体采用工艺管道及电气线路连接。设备占地面积小、对场地要求不高、安装简洁、建设周期短。

12.8.2　设计原则

1) LNG 加气站具有适宜的交通、供电、给水排

水、通信及工程地质条件。

2) LNG 加气站宜远离学校、医院等人员密集的场所。

3) LNG 加气站应符合少占农田、节约用地、满足环境保护和防火安全的要求。

12.8.3　工艺流程

LNG 加气站主要工艺流程：LNG 经槽车运输至站内，通过卸车系统将 LNG 存入低温储罐，储罐内的 LNG 又利用低温泵进行加压后通过加气机给汽车加气。整个过程包括以下 4 个具体的流程：

1) 槽车卸车流程：通过低温泵（P-101）或者槽车增压器将 LNG 槽车内的 LNG 转移至 LNG 储罐（V-101）内。

2) 汽车加气流程：LNG 储罐（V-101）的饱和液体 LNG 通过低温泵（P-101）加压后经过计量由加气机（S-101/102）给汽车加气。

3) 调压（低速循环）流程：在为汽车加气之前，需使储罐中的 LNG 升压以得到一定压力的饱和液体，同时在升压的过程中饱和温度相应升高。

4) 泄压流程：LNG 储罐（V-101）或低温管路中的 LNG 液体因吸热汽化，LNG 储罐或低温管路内的压力升高，当气相压力高于安全阀整定压力时，气态的天然气通过安全阀管路、安全阀进行泄压。

其工艺流程如图 12-125 所示。

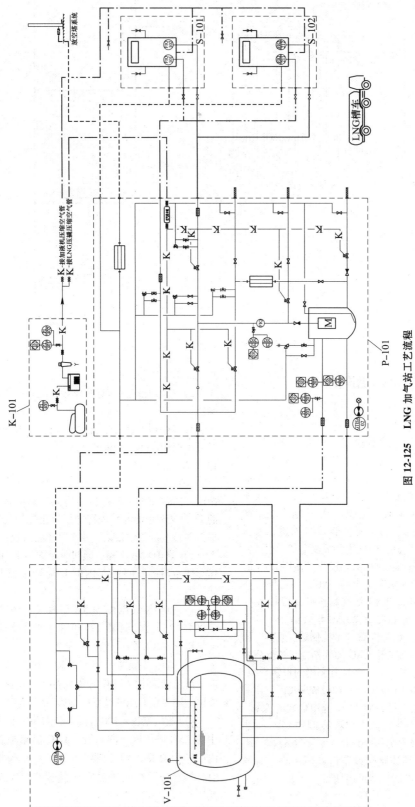

图 12-125 LNG 加气站工艺流程

V-101—LNG 储罐 P-101—低温泵 S-101/102—加气机 K-101—空气压缩设备

12.8.4 主要工艺设备

1. LNG 储罐

参见第 12.9.3 节。

2. LNG 泵橇

LNG 泵橇由低温潜液泵及泵池、配套真空管道及远程控制阀门组成。

LNG 低温潜液泵是泵和电动机整体潜入低温 LNG 中输送低温 LNG 的机械。这种潜液泵将泵与电动机整体安装在一个密封的金属容器内，不需要轴封，也不存在轴封的泄漏问题，泵的进出口用法兰结构与输送管道相连，因此不存在 LNG 的泄漏问题，很适合输送 LNG 之类的低温可燃液体。

3. LNG 汽化器

LNG 加气站内的汽化器采用空温式汽化器，LNG 通过吸收外界大气环境热量而实现汽化过程，能耗很低。为提高 LNG 与环境的换热效率，汽化器主体部分一般采用耐低温的铝合金纵向翅片管，它结构简单，体积小，质量轻，制造和使用方便，换热面积大，因而在各种低温系统中广泛应用。

4. LNG 加气机

LNG 加气机的加气对象是 LNG 汽车。加气机应具有计量、加气功能。加气机通用参数见表 12-73。

表 12-73 加气机通用参数

项目	参数
适用介质	液化天然气
最大流量	80kg/min
额定工作压力	1.2MPa
最大工作压力	1.6MPa
耐压强度	2.4MPa
设计温度	-196~55℃
计量单位	kg
防爆等级	Exdemib II AT4

12.8.5 总平面布置

LNG 加气站的总平面布置分为工艺设备区、加气区和值班站房。LNG 加气站内的 LNG 储罐、放散管管口、加气 LNG 卸车点与站外建、构筑物的防火间距应严格执行 GB 50156—2012（2014 年版）《汽车加油加气站设计与施工规范》。

某 LNG 加气站的总平面图如图 12-126 所示。该站供给厂区工业用户，以 LNG 为气源。占地面积 2626m²，站内设置 1 台 30m³LNG 储罐，1 套 LNG 泵橇，2 台 LNG 加气机。

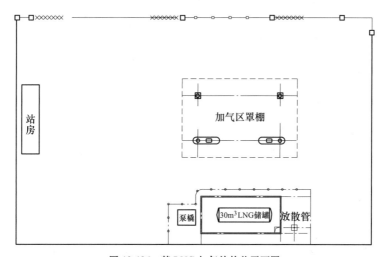

站房 / 加气区罩棚 / 泵橇 / 30m³LNG储罐 / 放散管

图 12-126 某 LNG 加气站的总平面图

12.8.6 管道设计

LNG 加气站管材选用、保冷管道设计详见第 12.9.6 节。

12.8.7 公用设计要求

LNG 加气站公用设计要求详见第 12.9.7 节。

12.9 液化天然气汽化站

12.9.1 概述

液化天然气（简称 LNG）是将天然气经过预处理，脱除重质烃、硫化物、二氧化碳和水等杂质后，在常压下深冷到 -162℃ 液化得到的产品。液化后的液态天然气体积仅为气态天然气体积的 1/600，主要特点为低温、杂质少、气态液态体积大。由于 LNG 具有储存量大、运输灵活等特点，作为气源是天然气利用的一种有效形式。

LNG 汽化站其主要任务是将槽车或槽船运输的 LNG 进行卸气、储存、汽化、调压、计量或加臭，并通过管道将天然气输送到燃气输配管道。汽化站也可设置灌装 LNG 钢瓶功能。

LNG 汽化站的规模应符合城镇总体规划的要求，根据供应用户类别、数量和用气量指标等因素确定。

LNG 汽化站总储量不大于 2000m³ 时，应以 GB 50028—2006《城镇燃气设计规范》为主要设计依据。当总储量大于 2000m³ 时，可执行 GB 50183——2015《石油天然气工程设计防火规范》。除此之外，还需参照国家其他相关现行规范。

12.9.2　基本参数

1. LNG 组分

LNG 组分是汽化站工艺计算和设备选型的重要参数，准确掌握其物性参数和性质是保障生产安全的重要依据。

在进行汽化站设计时，应收集可以利用的天然气液化工厂的组分，当缺乏这方面的资料时，可参照表 12-74 中的 LNG 组分和物性参数进行初步计算。

表 12-74　LNG 组分和物性参数

组分	中原油田	新疆广汇	福建 LNG	广东 LNG
C_1 摩尔分数（%）	95.857	82.3	96.299	91.46
C_2 摩尔分数（%）	2.936	11.2	2.585	4.74
C_3 摩尔分数（%）	0.733	4.6	0.489	2.59
iC_4 摩尔分数（%）	0.201	—	0.100	0.57
nC_4 摩尔分数（%）	0.105	—	0.118	0.54
iC_5 摩尔分数（%）	0.037	—	0.003	0.01
nC_5 摩尔分数（%）	0.031	—	0.003	—
其他碳烃化合物	0.015	1.1	0.003	—
N_2 摩尔分数（%）	0.085	0.8	0.400	0.09
华白指数/（MJ/m³）	54.43	56.70	51.06	55.71
低热值/（MJ/m³）	37.48	42.40	34.94	39.67
分子量/（kg/kmol）	16.85	19.44	16.69	17.92
汽化温度 /℃	−162.3	−162.0	−160.2	−160.4
液相密度/（kg/m³）	460.0	486.3	440.1	456.5
气相密度/（kg/m³）	0.754	0.872	0.706	0.802

2. 储罐容积

储罐的设计总容积应根据其规模、气源情况、运输方式和运距等因素确定。

汽化站的 LNG 储罐的设计总容量一般应按计算月平均日用气量的 3~7d 的用气量计算。当汽化站由两个或两个以上 LNG 气源点供气或汽化站距离气源供应点较近时，储罐的设计总容积可小一些；反之，储罐的设计总容积应取较大值。储罐的设计总容积可按下式计算：

$$V = \frac{nk_{m,\,max}q_d\rho_g}{\rho_L\psi_b}　　　　（12-95）$$

式中　V——设计总容积（m³）；

　　　　n——储存天数（d）；

　　　　$k_{m,max}$——月高峰系数；

　　　　q_d——年平均日供气量（m³/d）；

　　　　ρ_g——天然气的气态密度（kg/m³）；

　　　　ρ_L——操作条件下的 LNG 的密度（kg/m³）；

　　　　ψ_b——储罐允许充装率，一般取 0.95。

3. 设计温度和设计压力

（1）设计温度

1）储罐的最高设计温度取当地历年最高温度，最低设计温度应取 − 196℃，最低工作温度取其设计压力下 LNG 的饱和温度。

2）汽化器的工作温度取汽化器设计压力下 LNG 的饱和温度，设计温度应取 196℃。

3）空温式汽化器出口天然气的计算温度一般应取不低于环境温度 8~10℃，环境温度宜取当地历年最低温度。

（2）设计压力

1）储罐的设计压力应根据系统中储罐的配置形式、LNG 组分以及工艺流程进行工艺计算确定。

2）汽化器的设计压力与汽化方式有关。当采用储罐等压强制汽化时，取储罐设计压力；当采用加压强制汽化时，应取低温加压泵出口压力。

12.9.3　工艺流程

1. 汽化站工艺流程

（1）等压强制汽化工艺流程　目前，我国中小城市的 LNG 汽化站一般采用等压强制汽化方式，汽化站作为城市的主要气源站。其典型工艺流程如图 12-127 所示。

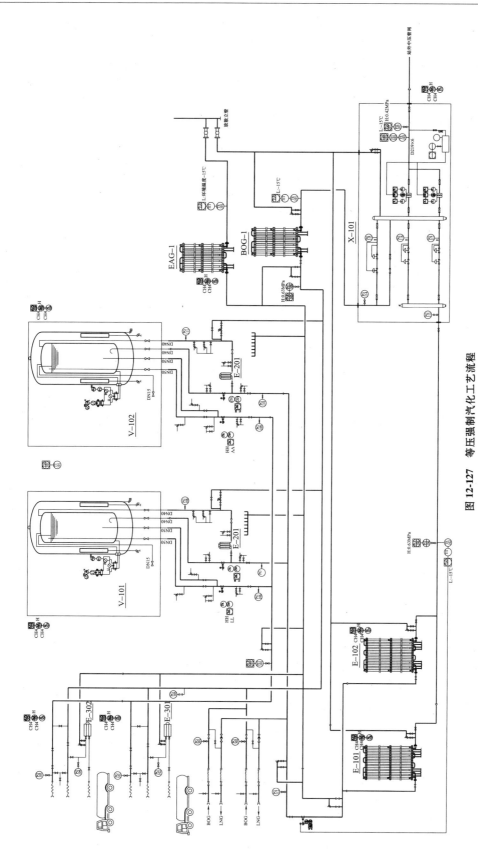

图 12-127 等压强制汽化工艺流程

V-101、V-102—LNG 储罐　E-101、E-201，E-202—储罐增压气化器

E-301，E-302—卸车增压气化器　EAG-1—EAG 加热器　BOG-1—BOG 加热器　X-101—调压计量橇

E-102—空温式汽化器

LNG 汽车槽车进汽化站后，用卸车软管将槽车和卸车台上的气、液两相管道分别连接，依靠站内或槽车自带的卸车增压器（或通过站内设置的卸车增压汽化器对罐式集装箱槽车进行升压），使槽车与 LNG 储罐之间形成一定的压差，将 LNG 通过进液管道卸入储罐（V-101～V-102）。

槽车卸完后，切换气液相阀门，将槽车罐内残留的气态天然气通过卸车台气相管道进行回收。

卸车时，为防止 LNG 储罐内压力升高而影响卸车速度，当槽车中的 LNG 温度低于储罐中 LNG 的温度时，采用上进液方式。槽车中的低温 LNG 通过储罐上进液管喷嘴以喷淋状态进入储罐，将部分气体冷凝为液体而降低罐内压力，使卸车得以顺利进行。若槽车中的 LNG 温度高于储罐中 LNG 的温度时，采用下进液方式，高温 LNG 由下进液口进入储罐，与罐内低温 LNG 混合而降温，避免高温 LNG 由上进液口进入罐内蒸发而升高罐内压力导致卸车困难。实际操作中，由于目前 LNG 气源地距用气城市较远，长途运输到达用气城市时，槽车内的 LNG 温度通常高于汽化站储罐中 LNG 的温度，只能采用下进液方式。

所以除首次充装 LNG 时采用上进液方式外，正常卸槽车时基本都采用下进液方式，防止卸车时急冷产生较大的温差应力损坏管道或影响卸车速度，每次卸车前都应当用储罐中的 LNG 对卸车管道进行预冷。同时应防止快速开启或关闭阀门使 LNG 的流速突然改变而产生液击损坏管道。

通过储罐增压器（E-201～E-202）增压将储罐内的 LNG 送到 LNG 空温式汽化器（E-101～E-102）中汽化，再经过调压、计量和加臭进入出站天然气总管道，供中低压用户使用。

储罐自动增压与 LNG 汽化靠压力推动。随着储罐内 LNG 的流出，罐内压力不断降低，LNG 出罐速度逐渐变慢直至停止。因此，正常供气操作中必须不断向储罐补充气体，将罐内压力维持在一定范围内，才能使 LNG 汽化过程持续下去。储罐的增压是利用自动增压调节阀和自增压空温式汽化器实现的。当储罐内压力低于自动增压阀的设定开启值时，自动增压阀打开，储罐内 LNG 靠液位差流入自增压空温式汽化器（自增压空温式汽化器的安装高度应低于储罐的最低液位），在自增压空温式汽化器中 LNG 经过与空气换热汽化成气态天然气，然后气态天然气流入储罐内，将储罐内压力升至所需的工作压力。利用该压力将储罐内 LNG 送至空温式汽化器汽化，

然后对汽化后的天然气进行调压（通常调至 0.4MPa）、计量、加臭后，送入城市中压输配管网为用户供气。在夏季空温式汽化器天然气出口温度可达 15℃，直接进管网使用。在冬季或雨季，汽化器汽化效率大大降低，尤其是在寒冷的北方，冬季时汽化器出口天然气的温度（比环境温度约低 10℃）远低于 0℃ 而成为低温天然气。为防止低温天然气直接进入城市中压管网导致管道阀门等设施产生低温冷脆，也为防止因低温天然气密度大而产生过大的供销差，有时汽化后的天然气需再经水浴式天然气加热器将其温度升到 5～10℃；然后再送入城市输配管网。

通常设置两组以上空温式汽化器组，相互切换使用。当一组使用时间过长，汽化器结霜严重，导致汽化器汽化效率降低，出口温度达不到要求时，人工（或自动或定时）切换到另一组使用，本组进行自然化霜备用。

在自增压过程中随着气态天然气的不断流入，储罐的压力不断升高，当压力升高到自动增压调节阀的关闭压力（比设定的开启压力约高 10%）时自动增压阀关闭，增压过程结束。随着汽化过程的持续进行，当储罐内压力又低于自动增压阀设定的开启压力时，自动增压阀打开，开始新一轮增压。

LNG 在储罐储存过程中，尤其在卸车初期会产生蒸发气体（BOG），系统中设置了 BOG 加热器（BOG-1），加热后的 BOG 直接进入管网回收利用。

在系统中必要的地方设置了安全阀，从安全阀排出的天然气以及非正常情况从储罐排出的天然气将进入 EAG 加热器（EAG-1）加热，再汇集到放散管集中放散。

此工艺流程一般用于中小型汽化站，管网压力等级为中低压的系统中。

（2）加压强制汽化工艺流程　加压强制汽化工艺流程与等压强制汽化工艺流程基本相似，只是在系统中设置了低温输送泵，储罐中的 LNG 通过输送泵送到汽化器中汽化。

此工艺流程适合于中高压系统，且天然气的处理量相对较大；LNG 储罐可以为带压储罐，也可以为常压储罐。

2. LNG 钢瓶的灌装

（1）灌装方式　LNG 钢瓶一般通过储罐增压器升压灌瓶，当要求日灌瓶量大时也可以设置低温灌

装泵来灌装。灌装泵的流量根据日灌瓶量确定，其灌瓶压力一般可取 0.6~1.0MPa。灌装泵一般选择离心式 LNG 泵。在泵的出口宜设置液相回流调节阀，根据灌装区液相设定压力自动调节液相回流量。

（2）灌装作业 将 LNG 液相进出口阀门与 LNG 汽化站低温储罐液相出口软管连接好，气相阀门接至站内 BOG 管线连接软管上。打开 LNG 进出口阀门和气相阀门，关闭其他阀门，将 LNG 自低温储罐压入钢瓶。当充入的 LNG 质量达到设置质量时应立刻停止灌装，关闭 LNG 进出口阀门和气相阀门，松开连接软管，完成灌装作业。

灌装作业可以采用半自动灌装秤灌装，也可采用台秤手工灌装。每个灌装嘴应设置一台灌装秤。

3. 汽化站主要工艺设备选择

（1）储罐 当汽化站内的储存规模不超过 1000m³ 时，宜采用 50~150m³ LNG 压力储罐，可根据现场地质和用地情况选择卧式罐和立式罐。

当汽化站内的储存规模在 1000~3500m³ 时，宜采用子母罐形式。

当汽化站内的储存规模在 3500m³ 以上时，宜采用常压储罐形式。

为便于管理方便和运行的安全，一般不推荐采用联合储罐形式。

（2）增压器 LNG 汽化站内的增压器包括卸车增压器和储罐增压器。增压器宜采用卧式。增压器的传热面积按下式计算：

$$A = \frac{\omega Q_0}{k\Delta t} \quad (12-96)$$

$$Q_0 = h_2 - h_1 \quad (12-97)$$

式中 A——增压器的换热面积（m²）；
ω——增压器的汽化能力（kg/s）；
Q_0——汽化单位质量 LNG 所需的热量（kJ/kg）；
h_1——进入增压器时 LNG 的比焓（kJ/kg）；
h_2——离开增压器时气态天然气的比焓（kJ/kg）；
k——增压器的传热系数［kW/(m²·K)］；
Δt——加热介质与 LNG 的平均温差（K）。

1）卸车增压器。卸车增压器的增压能力应根据日卸车量和卸车速度确定。卸车台柱卸车速度一般按照 1~1.5h/车计算。当单柱日卸车时间不超过 5h 时，增压器可不设置备用。每个卸车柱宜单独设置卸车增压器。卸车增压器宜选择空温式结构。

2）储罐增压器。储罐增压器的增压能力应根据汽化站小时最大供气能力确定。储罐增压器宜联合设置，分组布置，一组工作，一组化霜备用。储罐增压器宜采用卧式。

（3）汽化器 汽化器一般选用空温式，如站区周围有合适的蒸汽或热水资源时，在进行详细的经济技术分析后也可采用。

空温式汽化器的总汽化能力应按用气城市高峰小时流量的 1.5 倍确定。当空温式汽化器作为工业用户主汽化器连续使用时，其总汽化能力应按工业用户高峰小时流量的 2 倍考虑。

汽化器的台数不应少于两台，其中应有一台备用。

（4）加热器 LNG 汽化站内的加热器一般包括蒸发气体（BOG）加热器、放空气体（EAG）加热器和空温式汽化器后置加热器（即 NG 加热器）。

BOG 和 EAG 加热器宜采用空温、立式结构，也可根据周围热源情况选用电加热式或热水循环式。

1）BOG 加热器。汽化站内 LNG 蒸发气体（BOG）主要来源有以下几个方面：

① 储罐的日蒸发量：可根据厂家提供的最大日蒸发率计算。

② 向储罐内充装 LNG 时，会出现瞬时汽化（即闪蒸）。

a. 装卸作业时，从热管道来的热量输入；此部分热量与卸车管道的长度、管道保冷绝热层效果有关。

在缺乏相关资料的情况下，此部分蒸发气体量可以按照储罐正常蒸发量的 10~20 倍近似计算。

b. 如果 LNG 开始处于平衡状态，当带压的 LNG 进入储罐时，其膨胀前的温度比储罐内部压力下的沸点温度要高，会产生瞬间汽化。此时 BOG 产生量可由下式近似计算：

$$q = 3600 \frac{q_m F}{\rho_g} \quad (12-98)$$

$$F = 1 - \exp\left[\frac{c(T_2 - T_1)}{r}\right] \quad (12-99)$$

式中 q——BOG 产生量（m³/h）；
q_m——进入储罐的 LNG 量（kg/h）；
ρ_g——BOG 密度（kg/m³）；
c——流体的比热容［J/(K·kg)］；
T_2——在储罐压力下 LNG 的沸点（K）；
T_1——LNG 膨胀前的温度（K）；

r——LNG 汽化潜热（J/kg）。

BOG 加热器的加热能力应根据蒸发气体的来源分别计算后确定。通常可按照卸车作业产生的 BOG 量作为设计依据。

2）EAG 加热器。汽化站内放空气体（EAG）主要来源于系统事故状态下的天然气泄放或安全阀超压释放以及系统中产生的集中放散。

泄放源通常包括 LNG 储罐、LNG 低温泵、汽化器、液相管道系统两个切断阀之间安全阀的超压泄放。

EAG 加热器的加热能力应根据 EAG 最大的来源分别计算后确定。

LNG 集中放散装置的汇总管，应经加热将放散物加热成比空气轻的气体后方可排入放散管；放散总管管口高度应高出距其 25m 内的建（构）筑物 2m 以上，且距地面不得小于 10m。

3）NG 加热器。为了满足出站天然气的温度要求，在空温式汽化器后应设置天然气加热器。天然气加热器也可采用电加热式或水浴式。

在站区外部热水资源缺乏时，汽化站内宜设置燃气自动热水炉生产热水，热水炉宜采用常压热水炉，其出水温度一般为 80℃，回水温度一般为 65℃，宜在加热器水入口设置温度调节阀，根据加热后天然气的温度自动调节热水的供应量，以达到节能的目的。加热天然气需要的热量可按式（12-102）计算。

$$Q = cq\Delta T \qquad (12\text{-}100)$$

式中 Q——需要的热量（kJ/h）；

c——天然气的比热容［kJ/(m³·K)］；

q——通过加热器的天然气高峰小时流量（m³/h）；

ΔT——进出加热器天然气的温差（K），$\Delta T = T_2 - T_1$；

T_2——出加热器天然气的温度（K），可取 278K；

T_1——进加热器天然气的温度（K），可取汽化器出口温度，如主汽化器为空温式汽化器，其进口温度可取低于当地极限最低温度 8~10K。

（5）低温泵 LNG 汽化站内采用的低温泵主要是满足加压强制汽化压力的要求或进行钢瓶的灌装。

LNG 低温泵可在罐区外露天布置或设置在罐区防护墙内。

设计宜采用离心泵，采用机械和气体联合密封或无密封形式。

12.9.4 总平面布置

1. 布置原则

汽化站总平面布置应遵循以下原则：

1）总平面布置严格执行国家有关现行规范。

2）合理划分功能区，达到既方便生产又便于管理的目的。

3）满足安全生产的要求。

4）满足消防和交通运输的要求。

5）充分考虑环保及工业卫生的要求，减少环境污染。

6）节约工程建设用地。

7）搞好绿化设计，达到减少污染、美化站容的目的。

2. 防火间距

1）LNG 汽化站的 LNG 储罐、集中放散装置的天然气放散总管与站外建（构）筑物的防火间距应严格执行 GB 50028—2006《城镇燃气设计规范》。

2）LNG 汽化站的 LNG 储罐、集中放散装置的天然气放散总管与站内建（构）筑物的防火间距应执行 GB 50028—2006《城镇燃气设计规范》。

3. 总平面布置

（1）生产区 LNG 汽化站生产区一般分为储罐区、汽化区、调压计量加臭区、卸车区和灌装区等。

储罐区、汽化区、灌装区宜呈"一"字顺序排列，这样既能满足功能需要，又符合规范规定的防火间距的要求，节省用地。

1）生产区应设置消防通道，车道宽度不应小于 3.5m。当储罐总容积小于 500m³ 时，可设置尽头式消防车道和面积不应小于 12m×12m 的回车场。

灌瓶区的灌装台前应有较宽敞的汽车回车场地。

LNG 运输槽车的转弯弯曲半径不宜小于 12m。槽车应尽量在站内卸车区回转，其回车场地面积不应小于 20m×20m；当因受场地制约无法在站内回车时，可借助站区外道路进行槽车的回转，但事先须征得当地交通主管部门的许可。

2）汽化站生产区和辅助区至少应各设置对外出入口。当 LNG 储罐的总容积超过 1000m³ 时，生产区应设 2 个对外出入口，且其间距不应小于 30m。出入口宽度不应小于 4m。

3）生产区内宜设置 LNG 槽车电子衡，对 LNG 称重，作为结算或生产管理的依据。LNG 槽车上下电子衡应顺畅，尽量减少倒车次数。

（2）储罐区 储罐区一般包括 LNG 储罐（组）、

空温式储罐增压器和 LNG 低温泵等。

1) 储罐宜选择立式储罐以减少占地面积；当地质条件不良或当地规划部门有特殊要求时应选择卧罐。

2) 储罐（组）四周须设置周边封闭的不燃烧体实体防护墙。防护墙的设计应保证在接触 LNG 时不应被破坏高度一般为 1m。防护墙内的有效容积（V）是指防护墙内的容积减去积雪、墙内储罐和设备等占有的容积加上一部分余量。其有效容积应符合下列规定：

① 对因低温或因防护墙内储罐泄漏着火而可能引起防护墙内其他储罐泄漏，当储罐采取了防止措施时，有效容积不应小于防护墙内最大储罐的容积。

② 当储罐未采取防止措施时，有效容积不应小于防护墙内储罐的总容积。

③ 防护墙内禁止设置 LNG 钢瓶灌装口。

3) 储罐之间的净距不应小于相邻储罐直径之和的 1/4，且不应小于 1.5m。当储罐组的储罐不多于 6 台时宜根据站场面积布置成单排，超过 6 台，储罐宜分排布置，但储罐组内的储罐不应超过两排。

地上卧式储罐之间的净距不应小于相邻较大罐的直径，且不宜小于 3m。防护墙内不应设置其他可燃液体储罐。

4) 防护墙内储罐超过 2 台时，至少应设置 2 个过梯，且应分开布置。过梯应设置成斜梯，角度不宜大于 45°。过梯可以采用钢结构，也可以采用砖砌或混凝土结构，宽度一般为 0.7m，并应设置扶手和护栏。

5) 储罐增压器宜选用空温式，空温式增压器宜布置在罐区内，且应尽量使入口管线最短。

6) 为确保安全和便于排水，储罐区防护墙内宜铺砌不产生火花的混凝土地面。

7) LNG 低温泵宜露天放置在罐区内，应使泵吸入管段长度最短，管道附件最少，以增加泵前有效汽蚀余量。

8) 储罐区内宜设置集液池和导流槽。集液池四周应设置必要的护栏，在储罐区护墙外应设置固定式抽水泵或潜水泵，以便及时抽取雨水。如果采取自流排水，应采取有效措施防止 LNG 通过排水系统外流。

集液池最小容积应等于任一事故泄漏源，在 10min 内可能排放到该池的最大液体体积。

4. 总平面布置示例

某 LNG 汽化站工艺设备见表 12-75，总平面图如图 12-128 所示。

12.9.5　LNG 瓶组供气站

LNG 瓶组供气工艺是用 LNG 钢瓶在 LNG 汽化站内灌装 LNG，然后运输到 LNG 瓶组供汽站内，经汽化、调压、计量和加臭后直接向小区居民用户或工业用户供气的一种供气方式。

LNG 瓶组供气站站内主要设备包括：LNG 瓶组、汽化器、调压器、流量计、加臭装置等。瓶组供气站具有投资省、占地面积小、建设周期短、操作简单、运行安全可靠等特点，可在较短的建设周期内向用户供气，另外也可作为城市卫星站建设、投运之前的过渡供气方案。

1. 设计参数

（1）储存规模

1) LNG 瓶组供气站储气容积宜按计算月最大日供气量的 1.5 倍计算。

2) 气瓶组总储存容积不应大于 4m³。

（2）供气能力　汽化装置的总供气能力应根据高峰小时用气量确定。

汽化装置的台数不应少于 2 台，其中 1 台备用。

2. 工艺流程

盛装 LNG 的钢瓶运到供气站内，连接好气、

表 12-75　LNG 汽化站工艺设备表

序号	名称	规格或型号	单位	数量	备注
1	LNG 储罐	粉末真空绝热立式 100m³	台	2	
2	空温式汽化器	3000Nm³/h	台	2	
3	BOG 加热器	空温式 500Nm³/h	台	1	立式
4	储罐增压器	空温式 200Nm³/h	台	2	立式
5	EAG 加热器	空温式 500Nm³/h	台	1	立式
6	卸车增压汽化器	300Nm³/h	台	2	
7	调压计量撬	(3000+500)Nm³/h	台	1	

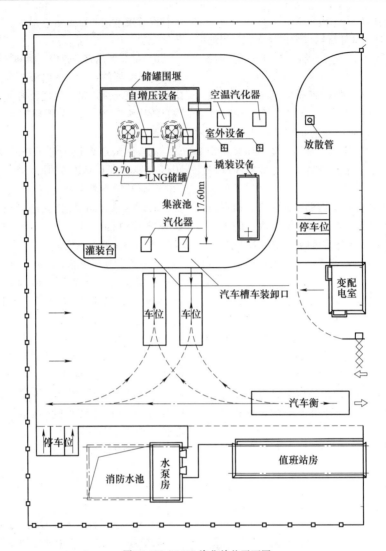

图 12-128　LNG 汽化站总平面图

液相软管，用钢瓶自带的增压器给钢瓶增压，利用压差将钢瓶中的 LNG 送入外接汽化器；在汽化器中液态天然气汽化并被加热至允许温度，然后通过调压器调压至所需压力，经计量、加臭后送往用户。

LNG 瓶组供气工艺与液化石油气瓶组供气相似，在汽化站内设置使用和备用两组钢瓶，且数量相同，当使用侧的 LNG 钢瓶的液位下降到规定液面时，应及时切换到备用瓶组一侧，切换下来的空钢瓶也应及时灌装备用。如 LNG 瓶组供气工艺应用在北方寒冷地区，在天然气进管网之前还应设置加热器升温。

其工艺流程如图 12-129 所示。

3. 主要设备

（1）LNG 钢瓶　LNG 钢瓶又称 LNG 杜瓦瓶，是一种专门储存 LNG 的小型容器。钢瓶采用内、外双层结构，不锈钢材料制作，内外层之间填充绝热材料，最大限度地降低传热蒸发。

LNG 钢瓶规格较多，有 45L、85L、165L、175L、210L、410L 等几个规格型号，目前，以 175L 和 410L 钢瓶居多。

LNG 钢瓶分内增压和外增压两种。当用气量较小时可选择内增压型钢瓶，否则应采用外增压型。

（2）汽化器　瓶组供气站因供气规模小，宜采用空温式汽化器。

汽化器的配置台数不应少于 2 台，且应有 1 台备用。当因季节气温较低，空温式汽化器出口天然气温度达不到要求时，应采用加热器辅助加热。天然气加热器宜采用电加热式。

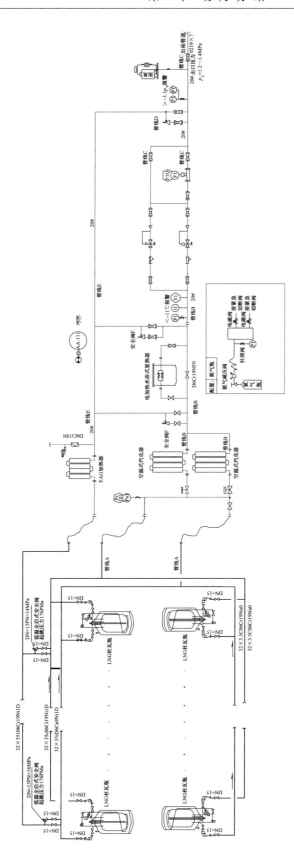

图 12-129 LNG 瓶组供气站工艺流程

4. 总平面布置

1）瓶组供气站一般由钢瓶组、汽化器、调压、计量和加臭等工艺装置以及生产辅助用房等组成。

2）站区周围宜设置高度不低于2m的不燃烧体实体围墙。

3）气瓶组宜设置在罩棚内。气瓶组与建（构）筑物的防火间距应遵循GB 50028—2006《城镇燃气设计规范》的规定。

5. 总平面布置示例

某瓶组汽化站的总平面图如图12-130所示。

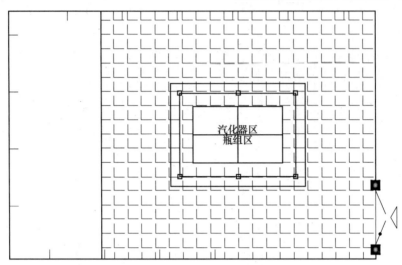

图 12-130　LNG 瓶组汽化站总平面

12.9.6　管道设计

1. 管材选用

（1）常温管道　设计压力不大于4.0MPa的常温天然气管道宜选用无缝钢管，应符合现行国家标准GB/T 8163—2018《输送流体用无缝钢管》的有关规定。其主要管道壁厚计算方式详见第12.5.5节。

（2）低温管道　低温管道材料选择的一般要求如下：

1）低温压力管采用的钢材应为镇静钢。

2）当材质为碳素钢、低合金钢的锻钢管件用于温度不大于20℃的管上时，应进行冲击试验。

3）根据ASME/ANSIB31.5的规定，某些类别材料可不做冲击试验。

低温管道宜选用不锈钢无缝钢管，管材符合GB/T 14976—2012《流体输送用不锈钢无缝钢管》。钢制管件选用无缝管件，冲压形式，其性能符合标准GB/T 12459—2017《钢制对焊管件　类型与参数》。低温管道宜采用焊接连接。

2. 管道保冷

对常温以下的管道，在管道外部覆盖绝热材料，以减少外部热向内部传入，并且保持其表面温度在露点以上，从而防止外表面结露所采取的措施称为保冷，管道外部覆盖的绝热材料通常也称为保冷材料。

（1）保冷结构

1）防锈层：凡需要进行保冷的碳钢设备、管道及其附件应设防锈层；不锈钢、有色金属及其非金属材料的设备、管道及其附件不需设防锈层。

2）绝热层。

3）防潮层。

4）外防护层。

采用聚氨酯发泡材料作为LNG管道绝热材料的保冷结构如图12-131所示。

（2）保冷计算　LNG站内绝热层材料的选用及计算应符合SH/T 3010—2013《石油化工设备和管道绝热工程设计规范》的要求；

12.9.7　公用设计要求

1. 土建

汽化站内具有爆炸危险的建（构）筑物的防火、防爆设计应符合下列要求：

1）建筑物耐火等级不应低于GB 50016—2014《建筑设计防火规范》（2018年版）规定的"二级"。

2）建筑物的承重结构采用钢筋混凝土或钢框架、排架结构。钢框架和钢排架应采用防火保护层，其耐火极限应符合《建筑设计防火规范》的有关规定。

3）封闭式建筑应采取泄压措施，其泄压面积及其设置应符合《建筑设计防火规范》的有关规定。

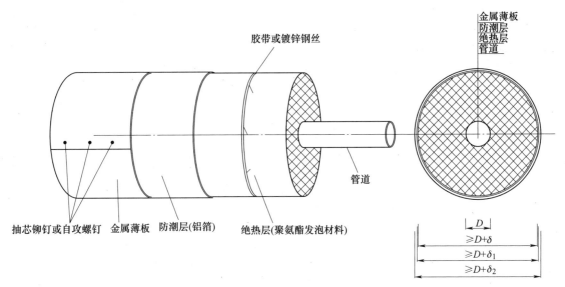

图 12-131 LNG 管道保冷结构

4）门、窗一律外开。

5）地面应采用不产生火花的地面，其技术要求应符合 GB 50209—2010《建筑地面工程施工质量验收规范》的规定。

6）灌瓶间、瓶库等宜采用敞开或半敞开式建筑。

2. 给水排水

（1）消防给水 汽化站（瓶组汽化站除外）消防给水系统由消防水池（消防水罐或其他水源）、消防泵房、储罐固定喷淋装置、消防给水管道以及消火栓等组成。

1）LNG 汽化站在同一时间内的火灾次数应按照一次考虑。一般情况下，储罐区的消防用水量最大，因此汽化站的消防水量应按储罐区一次消防用水量确定。储罐区消防用水量应按储罐固定喷淋装置和水枪用水量之和计算，具体计算方法见 GB 50028—2006《城镇燃气设计规范》。

2）消防水池：消防水池的容量按 6h 计算确定。但总容积小于 220m³ 且单罐容积不大于 50m³ 的储罐，其消防水池的容量应按火灾连续时间 3h 计算确定。当火灾情况下能连续向消防水池补水时，其容量可减去火灾连续时间内的补水量。

3）消防泵房：其设计应符合 GB 50974—2014《消防给水及消火栓系统技术规范》的规定。消防水泵宜采用电泵并应设置备用泵。

4）储罐固定喷淋装置：储罐固定喷淋装置可采用喷雾头或喷淋两种方式。立式储罐固定喷淋装置应在罐体上部和罐顶均布。

储罐喷淋装置的设计和喷雾头的布置应符合 GB 50129—2014《水喷雾灭火系统技术规范》的有关规定。

5）消防给水管道和消火栓：消防给水管道应布置成环状。向环状给水管网供水的管道不应少于 2 根，当其中 1 根管道发生事故时，其余管道仍能供给消防所需的全部水量。

6）供水压力：储罐固定喷淋装置的供水压力不应小于 0.2MPa。

（2）消防排水 LNG 汽化站生产区防护墙内的排水系统应采取防止 LNG 流入下水道或其他以顶盖密封的沟渠中的措施。

（3）灭火器材 为及时扑灭站内初起火灾，在站内具有火灾或爆炸危险的建（构）筑物、LNG 储罐区以及工艺装置区等必要的场所应配置足够数量的干粉灭火器，其设置数量应遵循 GB 50028—2006《城镇燃气设计规范》的规定执行，并应符合现行国家标准 GB 50140—2005《建筑灭火器配置设计规范》的规定。

3. 电气

1）LNG 汽化站的供电系统设计应符合 GB 50052—2009《供配电系统设计规范》"二级负荷"的规定。供电系统宜采用双回路线路供电。当采用双回路供电有困难时，可另设置备用电源。

2）LNG 汽化站爆炸危险场所的电力装置设计以及用电场所爆炸危险区域等级和范围的划分应符合 GB 50058—2014《爆炸危险环境电力装置设计规范》的有关规定，并应绘制爆炸危险区域划分图。

LNG 站内卸车台、放散管、灌装台以及 LNG 泵周围爆炸危险区域等级为 I 区,其他工艺装置区周围爆炸危险区域等级为 D 区。

生产辅助区内建（构）筑物为正常非爆炸危险环境。

3）LNG 汽化站、LNG 瓶装供气站等具有爆炸危险的建（构）筑物的防雷设计应符合 GB 50057—2010《建筑物防雷设计规范》中"第二类防雷建筑物"的有关规定。灌瓶间应按第一类防雷要求做防雷设计,距灌瓶间 3m 处应设一个钢结构独立避雷针,并做独立接地装置,其接地电阻不大于 10Ω。

4）LNG 汽化站、LNG 瓶装供气站等静电接地设计应符合 HG/T 20675—1990《化工企业静电接地设计规程》中的有关规定。

站区内所有工艺设备、管线、电气设备正常不带电的金属外壳均可靠接地,站区设统一接地网,接地电阻不大于 1Ω。

站内主要部分如 LNG 储罐和放空立管应直接接地,不能靠管道的传导。

12.10 液化石油气厂站

12.10.1 概述

1）液化石油气（以下简称 LPG）主要成分是丙烷、丙烯、丁烷、丁烯,属于常温下沸点为 -42.7 ~ 0.5℃的那一部分烃类,因此,在常温状态下呈气态,当压力升高或降低时,很容易变为液态。它的临界压力为 3.53 ~ 4.45MPa（绝压）,临界温度为 92 ~ 152℃。

2）LPG 从气态转变为液态,体积缩小 250 ~ 300 倍。LPG 便于运输、储存和分配,一般采用常温加压方式保持液相状态,在使用时经过减压或加热,液态又重新变为气态,以便于使用与燃烧调节。

3）0℃、101325Pa 时气态 LPG 比空气重 1.5 ~ 2.0 倍,一旦泄漏到大气中容易积聚在地势低洼处,

与空气混合形成可爆炸气体。此外,气态 LPG 在低于露点温度或提高压力时,会出现冷凝现象,在容器或管道中产生凝液。

4）液态 LPG 具有以下特点:

① 液态 LPG 比水轻,其密度为水的 0.5 ~ 0.6 倍,并随温度升高而减小。

② 液态 LPG 当温度升高时,体积急剧增加,其容积膨胀系数比汽油、煤油和水都大,因此,液态 LPG 在储存容器中不能全部充满,应留有一定的气相空间。

③ LPG 在容器中通常呈饱和状态,常温下具有较高的饱和蒸气压力。其饱和蒸气压力随温度升高而增大,因此,在运输、储存和使用时,应严格控制温度,以防压力急剧增加而引起爆炸事故。

5）LPG 中常含有少量的 C_5 以上重碳氢化合物,其沸点在 36℃以上,在常温下不易汽化而残留在储罐或钢瓶中,称为残液,需对其进行回收处理。

6）LPG 的燃烧特性与天然气、人工燃气相比,也有其不同特点:

① LPG 的热值较高,其低热值为 45.2 ~ 46.1MJ/kg 或 92.1 ~ 121.4MJ/m³。燃烧时所需空气量也大,单位体积燃烧所需空气量约为人工燃气的 7 ~ 8 倍,为天然气的 2.5 ~ 3.0 倍。

② LPG 的着火温度较低,当泄漏到空气中,其浓度接近或达到燃烧反应浓度时,其所需的着火能仅为 10^{-4}J 级,如静电火花、手电筒、手机、电话等产生的火花均能引起火灾爆炸事故。其爆炸极限也比较窄,特别是爆炸下限一般为 2%左右,泄漏后极易与周围空气混合,形成爆炸性气体。

12.10.2 LPG 供应系统

由于 LPG 物理化学性质与天然气、人工燃气不同,因此,其输送与供应方式均有明显的不同,形成了自身的供应体系。

LPG 供应体系如图 12-132 所示。

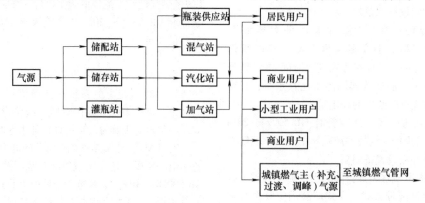

图 12-132 LPG 供应系统

LPG 供应系统主要由五部分组成。

1）LPG 运输系统：包括管道运输、铁路槽车、汽车槽车、槽船。

2）LPG 供应基地：包括储存站、储配站与灌瓶站。

3）LPG 汽化、混气系统：包括汽化站、混气站及供气管道。

4）LPG 瓶装供应系统：包括供应站、分销站和售瓶点。

5）LPG 汽车加气站供应系统：包括车载运瓶汽车、加气站。

综上所述，LPG 供应可分为四种方式。第一种为瓶装 LPG 供应方式。这种方式是将 LPG 在储配站或灌瓶站中进行钢瓶灌装，然后将其送往供应站供用户使用，这种方式在商业用户中最为普遍。第二种为气态 LPG 管道供应。这种方式是将液态的 LPG 在汽化站内汽化，然后气态的 LPG 通过管道经调压送入用户中使用，这种方式适用于小区、楼群汽化或工业用户。第三种为 LPG 混气管道供应。这种方式是将 LPG 在混气站内与空气或低热值可燃气体混合，成为城镇燃气所要求的掺混气，经调压通过管道供应用户。这种方式可作为城镇管道燃气的过渡气源、补充气源与调峰气源。第四种为 LPG 汽车加气。通过汽车用 LPG 加气站向汽车充装 LPG 作为车用燃料。

12.10.3 LPG 汽化站和混气站

1. 汽化的类型

（1）自然汽化 液态 LPG 依靠本身显热和吸收外界环境的热量而进行的汽化，称为自然汽化。开始从容器中导出气体时，由于液温与环境温度相同，液体不能通过容器壁从外界环境吸收热量，只有依靠自身显热汽化而引起温降，液态 LPG 与外界环境间产生了温度差，汽化所需热量开始通过容器壁外界环境获得。经过一段时间，液温降至汽化所需要的热量全部由外界环境供给时，液温不再下降，形成稳定的传热汽化。

自然汽化方式多用于居民用户、用气量不大的商业用户及小型工业用户的 LPG 供应系统中。

（2）强制汽化 强制汽化就是人为的加热液态 LPG 使其汽化的方法。汽化是在专门的汽化装置（汽化器）中进行的。在实际工程中，当 LPG 用量较大采用自然汽化很不经济或生产工艺要求 LPG 热值稳定时，多采用强制汽化。

强制汽化的汽化方式按其工作原理可分为三种：等压强制汽化、加压强制汽化、减压强制汽化。

2. 设计原则

（1）设计参数

1）供气能力：汽化站的供气能力按供应区域的高峰小时用气量计算。

2）储存容积：当 LPG 由生产厂供给时，汽化站的储存容积应根据规模大小、气源情况、运输方式和运距等因素确定；当 LPG 供应基地供气时，可按计算月平均日 2~3d 的用气量计算确定。

3）设计压力和设计温度。

设计压力：储罐设计压力按 LPG 供应基地储罐压力确定；汽化器设计压力与汽化方式有关，按工艺要求确定；汽化站系统设计压力，调压器前系统设计压力取系统中设备设计压力最高者，调压器后设计压力取调压器出口压力。

设计温度：储罐最高设计温度取设计压力下的 LPG 饱和温度，最低设计温度取当地历年最低气温；汽化器设计温度取汽化器下的 LPG 饱和温度；系统的设计温度取当地历年最高气温。

（2）站址选择原则

1）LPG 汽化站和混气站布局应符合城市总体规划的要求，其站址应远离居住区、村镇、学校、电影院、体育馆等人员集中区域、军事设施、危险物品仓库、飞机场、火车站、码头和国家文物保护单位等。

2）宜选择在所在地区的全年最小频率风向的上风侧，且应是地势平坦、开阔、不易积存 LPG 的地段。同时，应避开地震带、地基深陷、废弃矿井和其他不良地质地段。

3）具有较好的水、电、道路等条件。

4）站内储罐与站外建（构）筑物的防火间距应符合 GB 51142—2015《液化石油气供应工程设计规范》和 GB 50016—2014《建筑设计防火规范》（2018 年版）的有关规定。

（3）总平面布置 LPG 汽化站（混气站）按功能分区原则进行总平面设计，即分为生产区（储罐区、汽化区、混气区）和辅助区。生产区宜布置在站区全年最小频率风向的上风侧或上侧风侧。

（4）安全和消防 汽化站和混气站的 LPG 储罐与站外建（构）筑物的防火间距应符合下列要求：

1）总容积小于或等于 50m³ 且单罐容积小于或等于 20m³ 的储罐与站外建（构）筑物的防火间距不应小于表 12-76 的规定。

2）总容积大于 50m³ 或单罐容积大于 20m³ 的储罐与站外建（构）筑物的防火间距不应小于 GB 51142—2015《液化石油气供应工程设计规范》的规定。

表 12-76　LPG 汽化站和混气站储罐和站外建（构）筑物的防火间距　　（单位：m）

项　目		储罐总容积（V）/m³、单罐容积（V'）/m³		
		V≤10	10<V≤30	30<V≤50
		—	—	V'≤20
居住区、学校、影剧院、体育馆等重要公共建筑、一类高层民用建筑（最外侧建筑外墙）		30	35	48
工业企业（最外侧建筑外墙）		22	25	27
明火、散发火花地点和室外变、配电站		30	35	45
其他民用建筑		27	32	40
甲、乙类液体储罐，甲、乙类生产厂房，甲、乙类物品库房等，易燃材料堆场		27	32	40
丙类液体储罐，可燃气体储罐，丙、丁类生产厂房，丙、丁类物品库房		25	27	32
助燃气体储罐、可燃材料堆场		22	25	27
其他建筑　耐火等级	一、二级	12	15	18
	三级	18	20	22
	四级	22	25	27
铁路（中心线）	国家线	40	50	60
	企业专用线	25	25	25
公路、道路（路边）	高速，Ⅰ、Ⅱ级公路，城市快速	20	20	20
	其他	15	15	15
架空电力线（中心线）		1.5 倍杆高		
架空通信线（中心线）		1.5 倍杆高		

注：防火间距应按本表总容积或单罐容积较大者确定，间距计算应以储罐外壁为准。

3. LPG 汽化站工艺流程

储罐内的液态 LPG 利用烃泵加压后送入汽化器。在汽化器内利用来自热水加热循环系统的热水，将其加热成气态 LPG，再经调压、计量后送入管网向用户供气。

采用加压或等压汽化方式时，为防止液态 LPG 在供气管道内产生再液化，应在汽化器出气管上或汽化间的出气总管上设置调压器，将出站压力调节至较低压力（一般取 0.05~0.07MPa 以下），保证正常供气。

4. LPG 混气站工艺流程

混气站所采用的混气方式基本上有两种：一是引射式；二是比例混合式。

引射式混气系统是利用烃泵将储罐内的液态 LPG 送入汽化器将其加热汽化生成气态 LPG，经调压后以一定压力进入引射器从喷嘴喷出。将过滤后的空气带入混合管进行混合，从而获得一定比例和一定压力的混合气。再经调压、计量后送至管网向用户供气。

12.10.4　LPG 瓶组汽化站

1. 瓶组汽化站的汽化能力

瓶组汽化站气瓶的配置数量决定了其总汽化能力（kg/h）宜符合下列要求；

1）采用强制汽化方式供气时，瓶组气瓶的配置数量可按计算月最大日用气量的 1~2d 用气量确定。

2）采用瓶组自然汽化方式供气时，瓶组宜由使用瓶组和备用瓶组组成。使用瓶组的气瓶配置数量应按气瓶容许温降 θ_a 值分别由（定量气量类型的）连续工作时间、初始液位、小时用气量确定单瓶小时自然汽化能力；或由（变量气量类型的）气瓶终了液位、用气日的平均小时用气量确定单瓶小时自然汽化能力。

备用瓶组的气瓶配置数量与使用瓶组的气瓶配置数量相同。当供气户数较少时，备用瓶组可用临时供气瓶组代替。

3）采用其他汽化装置供气时，总供气能力应根据高峰小时用气量确定。汽化装置的配置台数不应少于 2 台，且应有 1 台备用。

2. 瓶组汽化站的设置

1）当采用自然汽化方式供气，且瓶组汽化站配置气瓶的总容积小于 1m³ 时，瓶组间可设置在除住宅、重要公共建筑和高层民用建筑及裙房外用气建筑物外墙毗连的单层专用房间内，并符合下列要求：

① 建筑物耐火等级不低于二级。

② 通风良好，并设有直通室外的门。

③ 与其他房间相邻的墙为无门、窗、洞口的防火墙。

④ 配置燃气浓度检测报警器。

⑤ 室温不高于 45℃，且不低于 0℃。

⑥ 当瓶组间独立设置，且面向相邻建筑的外墙为无门、窗、洞口的防火墙时，其防火间距不限。

2）当瓶组汽化站配置气瓶的总容积超过 1m³ 或采用强制汽化钢瓶的总容积小于 1m³ 时，应将其设置在高度不低于 2.2m 的独立建筑内。

独立瓶组间与建（构）筑物的防火间距应按 GB 51142—2015 的规定执行。

3）瓶组汽化站的瓶组间不得设置在地下室和半地下室内。

4）瓶组汽化站的汽化间宜与瓶组间合建一幢建筑，两者间的隔墙不得开门、窗、洞口，且隔墙耐火极限不应低于 3h。瓶组间、汽化间与建（构）筑物的防火间距应按 GB 51142—2015 的规定执行。

参 考 文 献

[1] 严铭卿，燃气工程设计手册 [M].北京：中国建筑工业出版社，2009.

[2] 江孝禔.城镇燃气与热能供应 [M].北京：中国石化出版社，2006.

[3] 严铭卿.燃气输配工程分析 [M].北京：石油工业出版社，2007.

[4] 李猷嘉.燃气输配系统的设计与实践 [M].北京：中国建筑工业出版社，2007.

[5] 郁永章.天然气汽车加气站设备与运行 [M].北京：中国石化出版社，2006.

[6] 中国工程建设标准化协会化工分会.爆炸危险环境电力装置设计规范：GB 50058—2014 [S].北京：中国计划出版社，2014.

[7] 中华人民共和国住房和城乡建设部，城镇供热管网设计规程：CJJ 34—2010 [S].北京：中国建筑工业出版社，2010.

[8] 中华人民共和国建设部.城镇燃气设计规范：GB 50028—2006 [S].北京：中国建筑工业出版社，2006.

[9] 中华人民共和国公安部.二氧化碳灭火系统设计规范：GB 50193—1993 [S].2010 年版.北京：中国计划出版社，2010.

[10] 中华人民共和国原化学工业部.工业金属管道设计规范：GB 50016—2000 [S].2008 年版.北京：中国计划出版社，2008.

[11] 中国工程建设标准化协会化工分会.工业金属管道工程施工规范：GB 50235—2010 [S].北京：中国计划出版社，2011.

[12] 中国工程建设标准化协会化工分会.工业金属管道工程施工质量验收规范：GB 50184—2011 [S].北京：

[13] 全国锅炉压力容器标准化技术委员会.工业锅炉水质：GB/T 1576—2018 [S].北京：中国标准出版社，2018.

[14] 中华人民共和国环境保护部.工业企业厂界环境噪声排放标准：GB 12348—2008 [S].北京：中国环境科学出版社，2008.

[15] 中华人民共和国公安部.建筑设计防火规范：GB 50016—2014 [S].2018 年版.北京：中国计划出版社，2018.

[16] 中国机械工业联合会.建筑物防雷设计规范：GB 50057—2010 [S].北京：中国计划出版社，2011.

[17] 全国锅炉压力容器标准化技术委员会.压力容器：GB 150.1～150.4—2011 [S].北京：中国标准出版社，2012.

[18] 全国锅炉压力容器标准化技术委员会.热交换器：GB/T 151—2014 [S].北京：中国标准出版社，2015.

[19] 全国安全生产标准化技术委员会.氢气使用安全技术规程：GB 4962—2008 [S].北京：中国标准出版社，2009.

[20] 中华人民共和国信息产业部.氢气站设计规范：GB 50177—2005 [S].北京：中国计划出版社，2005.

[21] 中国机械工业联合会.氧气站设计规范：GB 50030—2013 [S].北京：中国计划出版社，2014.

[22] 全国安全生产标准化技术委员会化学品安全分技术委员会.深度冷冻法生产氧气及相关气体安全技术规程：GB 16912—2008 [S].北京：中国标准出版社，2009.

[23] 中华人民共和国国家卫生和计划生育委员会.医院洁净手术部建筑技术规范：GB 50333—2013 [S].北京：中国计划出版社，2014.

[24] 中华人民共和国工业和信息化部.溶解乙炔设备：JB/T 8856—2018 [S].北京：机械工业出版社，2018.

[25] 中国特种设备检测研究院.气瓶安全技术监察规程：TSG R0006—2014 [S].北京：新华出版社，2015.

[26] 中华人民共和国工业和信息化部.特种气体系统工程技术规范：GB 50646—2011 [S].北京：中国计划出版社，2012.

[27] 全国安全生产标准化技术委员会化学品安全分技术委员会.氯气安全规程：GB 11984—2008 [S].北京：中国标准出版社，2009.

[28] 全国安全生产标准化技术委员会化学品安全分技术委员会.液氯使用安全技术要求：AQ 3014—2008 [S].北京：煤炭工业出版社，2009.

[29] 国家能源局.天然气：GB 17820—2018 [S].北京：中国标准出版社，2018.

[30] 全国石油产品和润滑剂标准化技术委员会石油燃料和润滑剂分技术委员会.液化石油气：GB 11174—2011

中国计划出版社，2011.

[S]．北京：中国标准出版社，2012.

[31] 中华人民共和国建设部．人工煤气：GB/T 13612—2006 [S]．北京：中国标准出版社，2007.

[32] 中国石油化工集团公司．汽车加油加气站设计与施工规范：GB 50156—2012 [S]．北京：中国计划出版社，2013.

[33] 全国天然气标准化技术委员会．车用压缩天然气：GB 18047—2017 [S]．北京：中国标准出版社，2017.

[34] 全国气瓶标准化技术委员会．汽车用压缩大然气钢瓶：GB 17258—2011 [S]．北京：中国标准出版

社，2011.

[35] 油气田及管道建设设计专业标准化委员会．高压气地下储气井：SY/T 6535—2002 [S]．北京：石油工业出版社，2002.

[36] 中华人民共和国住房和城乡建设部．液化石油气供应工程设计规范：GB 51142—2015 [S]．北京：中国建筑工业出版社，2015.

[37] 中华人民共和国住房和城乡建设部．压缩天然气供应站设计规范：GB 51102—2016 [S]．北京：中国建筑工业出版社，2017.

第13章 真空管道系统

13.1 概述

（1）真空含义 真空是相对大气而言，指在给定的空间内，低于地区一个大气压的气体状态。它意味着：该空间内单位体积中气体分子的数目，低于该地区大气压下的气体分子数目；气体分子之间，或气体分子与其他质点的相互碰撞次数不那么频繁了；打到某一表面（器壁）上的分子数目也比较少了。真空分两种：一种为天然真空；另一种为人为真空。天然真空是自然界存在的自然现象，如宇宙空间；而人为真空是利用各种抽气手段，在某一空间中所建立的真空，通常把人为真空，简称真空。

（2）真空区域划分 真空区域一般按压力高低来划分：

粗真空：$10^5 \sim 10^2$ Pa。

低真空：$10^2 \sim 10^{-1}$ Pa。

中真空：$10^{-1} \sim 10^{-5}$ Pa。

高真空：$10^{-5} \sim 10^{-9}$ Pa。

超高真空：$< 10^{-9}$ Pa。

（3）真空度范围 真空度范围是根据真空容器的生产工艺来确定的。依据真空容器的真空度范围，选择制造材料、密封材料、法兰接口形式。表 13-1 给出了各种材料适用的真空度范围。

表 13-1 各种材料适用的真空度范围

材料	压力范围/Pa				
	$10^5 \sim 10^2$	$10^2 \sim 10^{-1}$	$10^{-1} \sim 10^{-3}$	$10^{-3} \sim 10^{-5}$	$10^{-9} \sim 10^{-5}$
钢	○	○	○	除气、表面处理	不锈钢
铁、铸铜	○	○	×	×	×
铸铝	○	○	×	×	×
铜及合金	○	○	○	除气	无氧铜
镍及合金	○	○	○	○	○
玻璃石英	○	○	○	○	除气、厚壁
陶瓷	○	○	○	○	专用类型
云母	○	○	除气	除气	不用
橡胶	○	○	○	可用	×
塑料电木	○	○	专门型号	仅聚四氟乙烯	不用

注：○—好；×—不好。

本章主要介绍粗、低真空系统的设计和计算。

（4）真空系统常用名词及其度量单位简介 在真空技术中，我国法定计量单位是 Pa。以前，最常用的压力单位是 Torr（托）和 mmHg（毫米汞柱），由于这两个单位相差甚小（只差 700 万分之一），故在工程设计中可以认为这两个单位大致相等，即 1Torr = 1mmHg = 133.322Pa。在国际单位制（IS）中压力单位常用 Pa（帕）和 mbar 表示。1Pa = 7.5006 $\times 10^{-3}$ Torr；1mbar = 10^2 Pa。真空度的百分数与压力换算见表 13-2。压力单位换算见表 13-3。

表 13-2 真空度的百分数与压力换算

真空度的百分数 δ (%)	极限压力 p_0/kPa（Torr）	真空压力表读数 p_1/MPa（Torr）
0	101.325（760）	0（0）
10	91.192（684）	0.0101（76）
20	81.060（608）	0.0203（152）
30	70.927（532）	0.0304（228）
40	60.795（456）	0.0405（304）
50	50.662（380）	0.0507（380）
60	40.530（304）	0.0608（456）
70	30.397（228）	0.0709（532）
80	20.265（152）	0.0811（608）
85	15.199（114）	0.0861（646）
90	10.132（76）	0.0912（684）
95	5.066（38）	0.0963（722）
96	4.000（30）	0.0973（730）
97	3.066（23）	0.0983（737）
98	2.000（15）	0.0993（745）
99	1.067（8）	0.1003（752）
99.5	0.533（4）	0.1008（756）
100	0（0）	0.1013（760）

1）极限压力 p_0。真空泵或真空室能够达到的最低压力（指绝对值）称为极限压力，也称为极限真空，单位为 kPa。

2）真空度。真空度的百分数为

$$\delta = \frac{101.325 - p_0}{101.325} \times 100\% \qquad (13-1)$$

3）真空压力 p_1。$p_1 = 0.1013$MPa$-p_0$（指表压）。

4）抽气速率 S_H、S。S_H 代表真空泵的抽气速率，S 代表真空室的抽气速率，都是指在一定压力下，单位时间所抽走的气体体积（m^3/h、L/s、m^3/min、L/min）。该量表示某特定点的气体流量 Q 除以该点的气体压力 p_g 所得到的值。在某一瞬间，真空系统中该值均不一样。

表 13-3 压力单位换算

中文单位符号	帕(Pa)	托(Torr)	微米汞柱(μmHg)	微巴(μbar)	毫巴(mbar)	标准大气压(atm)	工程大气压(at)	英寸汞柱(inHg)	磅力/英寸²(1bf/in²)
1帕(1牛/米²)	1	7.5006×10^{-3}	7.5006	10	10^{-2}	9.86923×10^{-6}	1.0197×10^{5}	2.953×10^{-4}	1.450×10^{-4}
1托(1毫米汞柱)	133.322	1	10^{3}	1333.22	1.33322	1.31579×10^{-3}	1.3595×10^{-3}	3.973×10^{-2}	1.934×10^{-2}
1微米汞柱	0.133322	10^{-3}	1	1.33322	1.33322×10^{-3}	1.31579×10^{-6}	1.3595×10^{-6}	3.937×10^{-5}	1.934×10^{-5}
1微巴(1达因/厘米²)	10^{-1}	7.5006×10^{-4}	7.5006×10^{-1}	1	10^{-3}	9.86923×10^{-7}	1.0197×10^{-6}	2.953×10^{-5}	1.450×10^{-5}
1毫巴	10^{2}	7.5006×10^{-1}	7.5006×10^{2}	10^{3}	1	9.86923×10^{-4}	1.0197×10^{-3}	2.953×10^{-2}	1.450×10^{-2}
1标准大气压	101325	760	760×10^{3}	1013.25×10^{3}	1013.25	1	1.0332	29.921	14.696
1工程大气压(1公斤力/厘米²)	98066.5	735.56	735.56×10^{3}	980665	980665×10^{-3}	0.967841	1	28.959	14.223
1英寸汞柱	3386	25.40	25.4×10^{3}	3.386×10^{4}	33.86	3.342×10^{-2}	3.453×10^{-2}	1	4.912×10^{-1}
1磅力/英寸²(1普西)	6895	51.715	51.715×10^{3}	6.895×10^{4}	68.95	6.805×10^{-2}	7.031×10^{-2}	2.036	1

5）真空室容积 V。真空室容积 V 是指被抽容器的容积大小，单位为 m^3 或 L。

6）抽气时间 t。抽气时间 t 是指将真空室抽到极限压力时所需的时间，单位为 s 或 h。

7）流导 U 与流阻 W。流导与流阻相当于电路中的电导与电阻，$U = \dfrac{1}{W}$（流导单位与抽气速率相同）。

8）流量或抽气量。流量或抽气量是指单位时间内流过真空泵或管道中某截面的气体量。在真空技术中，该量用某截面上的压力乘以单位时间流过的气体体积来表示，有时简称为 Q 值，单位为 $Pa \cdot m^3/s$，以前常用 $Torr \cdot L/s$。在某一瞬间，该值在真空系统中处处均相等。

（5）标准大气数据　标准大气数据见表 13-4。

表 13-4 标准大气数据

高度/km	温度/℃	压力/kPa(Torr)	密度/(g/cm³)
0	15.0	101.325(760)	1.23×10^{-3}
0.5	11.8	95.459(716)	1.17×10^{-3}
1.0	8.5	89.872(674.1)	1.11×10^{-3}
1.5	5.3	84.553(634.2)	1.06×10^{-3}
2.0	2.0	79.500(596.3)	1.01×10^{-3}
2.5	-1.2	74.689(560.2)	9.57×10^{-4}
3.0	-4.5	70.123(526.0)	9.09×10^{-4}
3.5	-7.7	65.781(493.4)	8.63×10^{-4}
4.0	-11.0	61.661(462.5)	8.19×10^{-4}
4.5	-14.2	57.755(433.2)	7.77×10^{-4}
5.0	-17.5	54.049(405.4)	7.36×10^{-4}
5.5	-20.0	50.542(379.1)	6.97×10^{-4}
6.0	-24.0	47.223(354.2)	6.60×10^{-4}

（续）

高度/km	温度/℃	压力/kPa(Torr)	密度/(g/cm³)
6.5	-27.2	44.076(330.6)	6.24×10^{-4}
7.0	-30.5	41.103(308.3)	5.90×10^{-4}
7.5	-33.7	38.303(287.3)	5.57×10^{-4}
8.0	-36.9	35.650(267.4)	5.26×10^{-4}
8.5	-41.2	33.157(248.7)	4.96×10^{-4}
9.0	-43.4	30.797(231.0)	4.67×10^{-4}
9.5	-46.7	28.584(214.4)	4.40×10^{-4}
10	-49.9	26.504(198.8)	4.14×10^{-4}
11	-56.4	22.705(170.3)	3.65×10^{-4}
12	-56.5	19.398(145.5)	3.12×10^{-4}
13	-56.5	16.585(124.4)	2.67×10^{-4}
14	-56.5	14.172(106.3)	2.28×10^{-4}
15	-56.5	12.106(90.8)	1.95×10^{-4}
16	-56.5	10.359(77.7)	1.66×10^{-4}
17	-56.5	8.853(66.4)	1.42×10^{-4}
18	-56.5	7.559(56.7)	1.21×10^{-4}
19	-56.5	6.466(48.5)	1.04×10^{-4}
20	-56.5	6.466(48.5)	8.89×10^{-5}
22	-54.6	5.520(41.4)	6.45×10^{-5}
24	-52.6	4.040(30.3)	4.69×10^{-5}
26	-50.6	2.986(22.4)	3.43×10^{-5}
28	-48.6	2.146(16.1)	3.21×10^{-5}
30	-46.6	1.197(8.98)	1.84×10^{-5}
32	-44.7	0.889(6.67)	1.36×10^{-5}
34	-39.4	0.557(4.18)	9.89×10^{-6}
36	-33.9	0.499(3.74)	7.26×10^{-6}
38	-28.3	0.377(2.83)	5.37×10^{-6}
40	-22.8	0.287(2.15)	4.00×10^{-6}
42	-17.3	0.220(1.65)	2.99×10^{-6}

（续）

高度/km	温度/℃	压力/kPa(Torr)	密度/(g/cm³)
44	-11.7	0.169 (1.27)	2.26×10⁻⁶
46	-6.2	0.131 (0.983)	1.71×10⁻⁶
48	-2.5	0.102 (0.77)	1.32×10⁻⁶
50	-2.5	0.080 (0.600)	1.03×10⁻⁶
55	-7.6	0.043 (0.323)	5.61×10⁻⁷
60	-17.4	0.022 (0.165)	3.06×10⁻⁷
65	-33.9	0.012 (0.090)	1.67×10⁻⁷
70	-53.5	0.006 (0.045)	8.75×10⁻⁸

13.2　真空用途、真空负荷及影响真空系统正常运行的主要因素

（1）真空用途　随着现代工业的发展，真空技术已广泛应用于石油、冶金、轻化、医学、航空、航天、电子等工业及其他许多部门中，如真空冶炼、真空铸锭、真空干燥、真空蒸馏、真空结晶、真空镀膜、真空浓缩、真空过滤、真空制冷、真空机加工、真空包装、真空吸物、真空吸尘、真空模拟、原子能技术以及电子技术等各行各业。

（2）真空负荷　真空系统的真空负荷主要来源于三个方面：工艺生产过程中产生的气体量（应由工艺专业给出）；真空室及真空元件的放气量，一般可按工艺生产产生气体量的10%考虑；真空系统的漏气量，对一些特殊的真空系统，它的允许漏气量见表 13-5。

表 13-5　各种真空装置允许漏气量

装置名称	漏气量/(Torr·L/s)
简单减压装置、真空过滤装置、真空成型装置	10²
减压干燥装置、真空浸渍装置、真空输送装置	10
减压蒸馏装置、真空除气装置、真空浓缩装置	1
真空蒸馏装置	10⁻¹
高真空蒸馏装置	10⁻²
分子蒸馏装置	10⁻³
附有抽气泵的水银整流器	10⁻⁴
有关原子炉真空装置	10⁻⁵
真空冶金装置	10⁻⁶
回旋加速器	10⁻⁷
高真空排气装置	10⁻⁸
真空绝热装置，宇宙空间模拟装置	10⁻⁹
封离、切断真空装置	10⁻¹⁰
真空管、电子装置	10⁻¹¹

注：1Torr = 133.322Pa。

（3）影响真空系统正常运行的主要因素

1）真空泵选择是否合理，真空系统的气密性是否良好。

2）真空系统除各种必要的附件外，可要可不要的尽量不设。因为多一个附件就多一处渗漏，多一份阻力。

3）选择真空泵时，要注意被抽气体的性质。因为有些真空泵不适合抽除含氧过高，有爆炸性、有腐蚀性、对泵油起化学作用，以及含有颗粒灰尘的气体。

4）真空管道有玻璃、金属、橡胶、UPVC 管四种类型，可使用于不同场合。一般粗、低真空管道采用无缝钢管、UPVC 管和真空橡胶管。

①玻璃管道。优点是气密性好，易于清洗和去气、易于制成各种形状、化学性能稳定、不生锈、不易腐蚀、透明、绝缘好、能用火花检漏器进行检漏。缺点是机械强度低，不能制成大直径的管道。

②金属管道。一般采用无缝钢管，要求没有气孔、裂缝；内表面尽可能光滑，并进行严格清洁处理，对粗、低真空管道，其内壁应进行除锈处理，并吹扫干净。优点是机械强度高，不易损坏缺点是高真空下会放气，气密性难保证。

③真空橡胶管。优点是弹性好，可以任意弯曲。缺点是连接处容易漏气。

④UPVC 管道。优点是内表面光滑、不生锈、不易腐蚀、绝缘好、质量轻、气密性好，有一定的强度。缺点是强度没有钢管好。

5）真空阀门。目前国产的大都是高真空和超高真空阀门。粗、低真空系统可以使用上述阀门，采用真空法兰连接；也可用普通法兰连接的阀门代替，但法兰的密封圈应改为 O 形真空密封圈，尽量避免采用丝扣连接的普通阀门。

6）真空计。常用的有弹性真空压力表、U 形真空计。

7）真空泵应尽量靠近真空用户，这样管道短、漏气少，真空就容易保证。

8）真空管路应尽量短、粗、直，少拐弯，少变径；管道流导大，导管直径一般不小于泵口直径，从而减少管路的压力降，提高系统的真空度。

9）真空系统应注意避开其他设备和管路的振动和温度的影响。

10）真空检漏。真空室的漏率控制非常重要，在真空系统设计时，需要统一考虑，特别是大型真空系统，倘若考虑不周，可能出现局部焊缝无法检测。真空系统检漏包括制订检漏方案、检漏仪器选择、检漏方法确定，以及加工过程中不同工序的检漏，最终给出评价结果。

真空室及管路、元件所需漏率根据真空度要求确定，只要能满足工作压力、极限压力及本底压力

即可，无需要求过高，否则将增加无谓的制造成本。

11）焊接方法选择。依据系统材料及真空装置所需真空度选择焊接方法。真空容器成型通常采取内焊缝，有利于清洗，不会形成死空间，有利于排气。

12）真空清洁处理。真空系统中各种元件均需经过机械加工，在加工中会受到润滑油、冷却液、汗痕以及环境的污染。为了获得预期的真空度，必须采用不同方法进行清洁处理。

13.3 真空系统中气体流动的剖析与基本方程

（1）流动情况的剖析 在真空系统中，气体流动与其他工程系统中介质的流动截然不同。真空系统在抽气过程中，一般为不稳定气流，即在单位时间内流过导管的气体量随时间而变化，真空度越低，流过导管的气体量越小。但实际上，在个别情况下也能出现稳定气流，即从外部漏入系统的气体量（或工程上需要，有控制的向系统中放气），等于抽出的气体量。这种情况在真空系统工作到用户需要的最后真空度时才能出现。另外，在抽气过程中，如果把时间分隔成无限小时，即达到瞬间时，可以认为流过导管任意截面的气体量是相同的，这种不稳定气流状态称为准稳定气流状态。这样任何真空系统中稳定气流和准稳定气流都可使用基本方程进行计算。

（2）基本方程 真空系统如图13-1所示。在任何真空系统中，与流过导体不同截面的电流恒定关系一样，在稳定的气体流动情况下，单位时间内流过的气体量 Q，对于导管任意截面均相同。

基本方程如下：

$$Q = p_1 S = U(p_1 - p_2) = p_2 S_H = p_i S_i = 常数$$
$$(13-2)$$

式中 p_i—— 任一截面的压力（Pa）；

S_i——单位时间内通过该截面的气体体积（L/s）；

U—— 流导（L/s）；

S_H—— 真空泵的抽气速率（L/s）。

由式（13-2）推导得：

$$\frac{1}{S} = \frac{1}{U}\left(\frac{p_1}{p_1 - p_2}\right)$$

$$\frac{1}{S_H} = \frac{1}{U}\left(\frac{p_2}{p_1 - p_2}\right)$$

所以

$$\frac{1}{S} = \frac{1}{S_H} + \frac{1}{U} \qquad (13-3)$$

$$S = \frac{S_H}{1 + \frac{S_H}{U}} = \frac{U}{1 + \frac{U}{S_H}} \qquad (13-4)$$

$$\frac{S}{S_H} = \frac{\frac{U}{S_H}}{1 + \frac{U}{S_H}} \qquad (13-5)$$

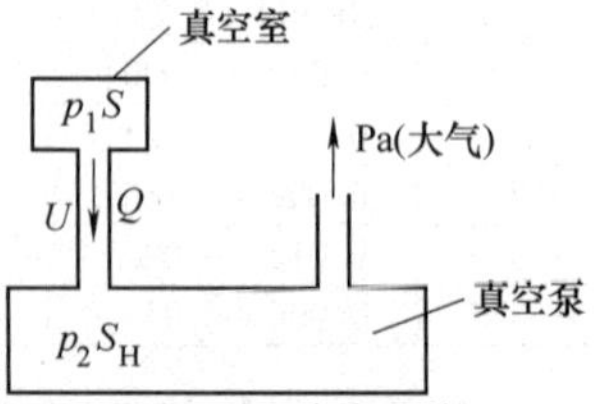

图 13-1 真空系统

1）$S < S_H$，表示真空管道有流阻，使容器的有效抽气速率小于真空泵的抽气速率。也就是说真空泵的实际有效抽气速率，小于真空泵的抽气速率〔在101.325kPa（760Torr）时〕。

2）$U \gg S_H$，即 $S \approx S_H$，表示导管管径很粗，导管流阻很小，使导管的流导能力很大。这时达到真空室的真空度的时间长短，取决于真空泵的抽气速率。

3）$U \ll S_H$，即 $S \approx U$，表示导管管径较细，导管流阻很大，这样达到真空室的真空度决定于导管的流导能力。也就是说，即使选用再大的抽气速率的真空泵，也不能使达到真空室真空度的时间缩短。

13.4 流导的计算（或管道的水力计算）

真空管道的水力计算不同于其他介质的管道，它没有一个恒定的流速和流量；随着运行时间的延伸，管道中真空度越来越低，真空泵的吸气越来越困难，即管道的流速与流量也越来越低。因此它打破了通常使用的水力计算公式，而只能理解为在某一瞬时，这种公式的计算才是正确的。故真空管道的水力计算用流导这个概念来进行计算。

（1）气体沿导管流动的情况（图13-2） 气体流动的动力是导管两端的压差，即推动力 $f = (p_1 - p_2)\frac{\pi d^2}{4}$。而流动情况取决于导管中的平均压力 $p_{cp} = (p_1 + p_2)/2$，即真空度的高低。真空度的高低是以气体的平均自由程（λ）与导管的几何尺寸（圆形管直径为 d）相比来表示，即 λ/d（cm/cm）。当某一气体温度不变时，其 λ 值由导管中平均压力来决定，即 $\lambda = \frac{\lambda_1}{p_{cp}}$。

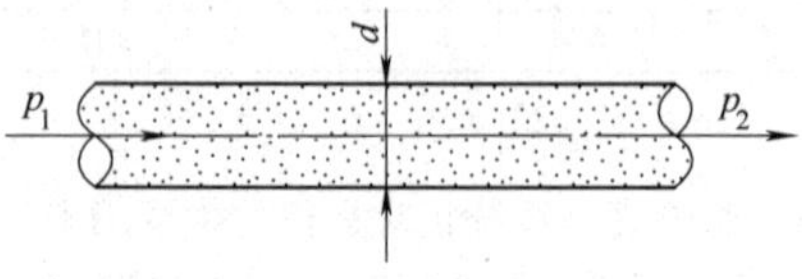

图 13-2 真空管气体流动

所谓气体的平均自由程，就是气体两次碰撞所经过的路程的平均值。对于介质为空气，在 20℃、133.322Pa（1Torr）时，λ_1 值为 4.72×10^{-3} cm。

气体沿导管的流动有三种状态：

1）$\dfrac{\lambda}{d} \ll 1$，属于黏滞流状态（主要是分子间的碰撞），是粗、低真空。

2）$\dfrac{\lambda}{d} \approx 1$，属于分子-黏滞流状态（过渡状态），是中真空。

3）$\dfrac{\lambda}{d} \gg 1$，属于分子流状态（主要是分子与管壁碰撞），是高真空。

为了方便计算，对于介质为空气，在 20℃ 时，可以用下式来判断：

$0.1 \dfrac{d}{l} < \dfrac{\lambda}{d} \leqslant 5 \times 10^{-3}$：低真空。

$5 \times 10^{-3} < \dfrac{\lambda}{d} < 1.5$：中真空。

$\dfrac{\lambda}{d} \geqslant 1.5$：高真空。

（2）流导（又称通导能力或通导率）的计算

1）导管的流导。假定导管为圆柱形，导管长度 l 远大于它的直径 d，这符合一般真空系统的实际情况。在满足 $\dfrac{l}{d} \geqslant 20$，介质为 20℃ 空气，按气体沿导管的流动状态的三个条件，采用式（13-6）~ 式（13-8）来计算流导所引起的误差是很小的。

低真空　　　$U_{\mathrm{B}} = 1.88 \times 10^5 \dfrac{d^4}{l} \dfrac{p_1 + p_2}{2}$　　（13-6）

式中　U_{B}——导管的流导（cm³/s）；

　　　　d——导管的直径（cm）；

　　　　l——导管的长度（含当量长度 l_{d}）（cm）；

　　　　p_1、p_2——分别为导管进口端与出口端的压力（Torr）。

中真空 $U_{\mathrm{MB}} = 1.21 \times 10^4 \dfrac{d^3}{l}$　　　（13-7）

$$\left(0.9 + 15.6d \times \dfrac{(p_1 + p_2)}{2} \right)$$

高真空　　　$U_{\mathrm{M}} = 1.21 \times 10^4 \dfrac{d^3}{l}$　　（13-8）

式（13-6）~ 式（13-8）是适用于一根管子组成的单导管真空系统。如有几根不同管径的导管、元件组成的真空系统，则称为复杂导管的真空系统。

2）管配件的流导。为简化计算，可用直管当量长度 l_{d} 代替真空管路上的配件。具体见表 13-6。

表 13-6　真空系统中局部阻力当量长度（仅适用于湍流）　　　（单位：mm）

DN			20	25	40	50	80	100	150	200	250	300	350	400	450	500
90°弯头	螺纹	钢	1.34	1.58	2.25	2.6	3.4	4.0	—	—	—	—	—	—	—	—
		铸铁	—	—	—	—	2.75	3.4	—	—	—	—	—	—	—	—
	法兰	钢	0.37	0.49	0.73	0.95	1.34	1.8	2.72	3.7	4.3	5.2	5.5	6.4	7.0	7.6
		铸铁	—	—	—	—	1.1	1.46	2.2	3.0	3.7	4.6	5.2	5.8	6.7	7.3
90°长弯头	螺纹	钢	0.7	0.79	1.02	1.1	1.22	1.4	—	—	—	—	—	—	—	—
		铸铁	—	—	—	—	1.0	1.13	—	—	—	—	—	—	—	—
	法兰	钢	0.4	0.49	0.7	0.82	1.02	1.28	1.74	2.13	2.44	2.75	2.86	3.1	3.4	3.7
		铸铁	—	—	—	—	0.85	1.02	1.44	1.74	2.08	2.38	2.62	2.93	3.4	3.4
45°弯头	螺纹	钢	0.28	0.4	0.64	0.82	1.22	1.68	—	—	—	—	—	—	—	—
		铸铁	—	—	—	—	0.1	1.37	—	—	—	—	—	—	—	—
	法兰	钢	0.18	0.25	0.4	0.52	0.79	1.07	1.71	2.35	2.75	3.4	4.0	4.6	4.9	5.5
		铸铁	—	—	—	—	0.64	0.89	1.37	1.92	2.5	2.96	3.7	4.0	4.6	5.2
直流三通	螺纹	钢	0.72	0.98	1.71	2.35	3.7	5.2	—	—	—	—	—	—	—	—
		铸铁	—	—	—	—	3.02	4.3	—	—	—	—	—	—	—	—
	法兰	钢	0.25	0.31	0.46	0.55	0.67	0.85	1.16	1.44	1.58	1.83	1.95	2.2	2.32	2.5
		铸铁	—	—	—	—	0.58	0.67	0.95	1.19	1.4	1.58	1.8	1.98	2.2	2.35
折流三通	螺纹	钢	1.62	2.0	3.2	3.7	5.2	6.4	—	—	—	—	—	—	—	—
		铸铁	—	—	—	—	4.3	5.2	—	—	—	—	—	—	—	—
	法兰	钢	0.79	1.0	1.58	2.0	2.86	3.7	5.5	7.3	9.3	10.2	11.3	13.2	14.4	15.8
		铸铁	—	—	—	—	2.35	3.1	4.6	6.2	7.6	9.3	10.7	11.9	13.4	14.9

（续）

DN			20	25	40	50	80	100	150	200	250	300	350	400	450	500
180°回转弯头	螺纹	钢	1.34	1.58	2.26	2.6	3.4	4.0	—	—	—	—	—	—	—	—
		铸铁	—	—	—	—	2.75	3.4								
	法兰	钢	0.37	0.49	0.73	0.95	1.34	1.8	2.72	3.7	4.3	5.2	5.5	6.4	7.0	7.6
		铸铁	—	—	—	—	1.1	1.46	2.2	3.0	3.7	4.5	5.2	5.8	6.7	7.3
截止阀	螺纹	钢	7.3	8.8	12.8	16.5	24.0	34.0	—	—	—	—	—	—	—	—
		铸铁	—	—	—	—	19.8	26.2								
	法兰	钢	12.2	13.7	18.0	21.3	28.6	37	58	79	94	119	—	—	—	—
		铸铁	—	—	—	—	23.5	30.2	46	64	82	100				
闸板阀	螺纹	钢	0.2	0.26	0.37	0.46	0.85	0.76	—	—	—	—	—	—	—	—
		铸铁	—	—	—	—	0.49	0.61	—	—	—					
	法兰	钢	—	—	—	0.79	0.85	0.89	0.98	0.98	0.98	0.98	0.98	0.98	0.98	0.98
		铸铁	—	—	—	—	0.70	0.73	0.79	0.82	0.85	0.89	0.89	0.92	0.92	0.92
角阀	螺纹	钢	4.6	5.2	5.5	5.5	5.5	5.5	—							
		铸铁	—	—	—	—	4.6	4.6								
	法兰	钢	4.6	5.2	5.5	6.4	8.5	11.6	19.2	27.5	37	43	49	58	64	73
		铸铁	—	—	—	—	7.0	9.5	15.8	22.6	30	37	46	52	61	70
止回阀	螺纹	钢	2.68	3.4	4.6	5.8	8.2	11.6								
		铸铁	—	—	—	—	6.7	9.5								
	法兰	钢	1.62	2.2	3.7	5.2	8.2	11.6	19.2	27.5	37	43				
		铸铁	—	—	—	—	6.7	9.5	15.8	22.6	30	37				
喇叭形进口	管道	钢	0.04	0.06	0.1	0.13	0.2	0.29	0.49	0.7	0.89	1.07	1.22	1.44	1.62	1.86
		铸铁	—	—	—	—	0.17	0.24	0.4	0.58	0.73	0.92	1.1	1.32	1.53	1.74
直角形进口（一）	管道	钢	0.4	0.55	0.95	1.32	2.04	2.9	4.9	7.0	8.9	10.7	12.2	14.4	16.2	18.6
		铸铁	—	—	—	—	1.68	2.35	4.0	5.8	7.3	9.2	11	13.2	15.3	17.4
直角形进口（二）	管道	钢	0.79	1.1	1.89	2.6	4.0	5.8	9.8	13.7	17.7	21.3	24.4	29	34	37
		铸铁	—	—	—	—	3.4	4.6	7.0	11.3	14.9	18.6	22.3	26.2	30.5	34
突然扩大	管道	钢	$h = \dfrac{(w_1 - w_2)^2}{2g \times 100}\,\mathrm{MPa}$，如 $w_2 = 0$，$\quad h = \dfrac{w_1^2}{2g \times 100}\,\mathrm{MPa}$													
		铸铁	式中　w_1、w_2——介质在小、大管中的流速（m/s） 　　　　g——9.81 m/s²													
活接头	螺纹	钢	0.07	0.09	0.12	0.14	0.16	0.2	—	—	—	—	—	—	—	—
		铸铁	—	—	—	—	0.13	0.16	—	—	—	—	—	—	—	—

3）复杂导管的总流导。串联的复杂导管的总流导按式（13-9）计算。

$$U = \cfrac{1}{\dfrac{1}{U_1} + \dfrac{1}{U_2} + \cdots + \dfrac{1}{U_n}} \qquad (13\text{-}9)$$

并联的复杂导管的总流导按式（13-10）计算。

$$U = U_1 + U_2 + \cdots + U_n \qquad (13\text{-}10)$$

4）温度与流导的关系。各种温度下的流导 U_t 与 20℃下的流导 U_{20} 的比值见表13-7。

表 13-7　U_t 与 U_{20} 的比值

温度/℃	0	100	1000	2000	3000
U_t/U_{20}	0.96	1.2	2.1	2.7	3.46

5）若干气体流导与空气流导的关系见表13-8。

表 13-8　若干气体流导与空气流导的关系

气体	黏滞流（低真空）	分子流（高真空）
H_2	$U_{H_2} = 2.1U$	$U_{H_2} = 3.8U$
H_2O	$U_{H_2O} = 1.9U$	$U_{H_2O} = 1.3U$
N_2	$U_{N_2} = 1.04U$	$U_{N_2} = 1.01U$
He	$U_{He} = 0.93U$	$U_{He} = 2.7U$
Ne	$U_{Ne} = 0.58U$	$U_{Ne} = 1.19U$

以上计算公式都是用于稳定状态的气体流动。在很多情况下的真空系统都是不稳定状态，因而使计算复杂，甚至不能解决。现在假定不稳定状态能

满足下列条件，即为准稳定状态，就可以使用以上一系列公式进行计算。

1）系统中所有导管中的气体量，与真空室中的气体量相比可忽略不计。

2）系统中抽走气体的速率很慢，使导管两端产生的压力差，比导管中压力的平均值小得可略去不计，即 $(p_1 - p_2) \ll p_{cp}$。

（3）流导与抽气速率的关系　式（13-5）中的流导与抽气速率的关系，如图 13-3 所示。当 $U/S_H = 2$ 时，$S/S_H = 0.6$，$S = 0.6S_H$；当 $U/S_H = 4$ 时，$S/S_H = 0.8$，$S = 0.8S_H$；如果 $S/S_H > 0.8$ 则 $U/S_H = \infty$，表示导管的流导能力很大，导管直径越粗越好，但它有一个经济流速。一般情况下，取 $U = (3.3 \sim 5)S$，$S_H = (1.25 \sim 1.67)S$。

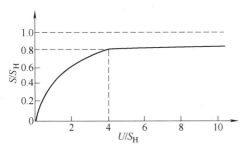

图 13-3　流导与抽气速率的关系

导管的流导与抽气速率的计算，可查图 13-4 进行计算。

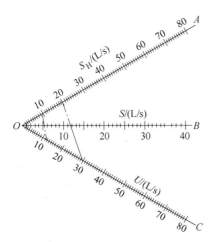

图 13-4　计算串联流导和抽气速率的列线图

【例 13-1】　泵的抽气速率 S_H 为 10L/s，导管的流导 U 为 12L/s。求真空的抽气速率 S。

解：查图 13-4，在 OA 线上找到 S_H 为 10L/s 的一点，在 OC 线上找到 U 为 12L/s 的一点，两点的连线

交 OB 线上一点，此点的真空室，抽气速率 S 为 5.5L/s。

13.5　低真空室抽气时间计算

有时对真空系统有这样的要求，即在一定的抽气时间 t 内，压力从 p_1 降到 p_2。为了简化计算，可假定 $U \gg S_H$（采用粗而短的导管来实现），则

$$t = \frac{V}{S_H}\ln\frac{p_1 - p_0}{p_2 - p_0} \quad (13\text{-}11)$$

式中　t——抽气时间（s）；

　　　V——真空室的容积（L）；

　　　S_H——真空泵在 p_1 与 p_2 范围内的平均抽气速率（L/s）（无导管）。

　　　p_1——真空室在抽气开始时的压力（Pa）；

　　　p_2——真空室在抽气终了时的压力（Pa）；

　　　p_0——真空泵的极限压力（Pa）。

当 $p_1 > 3p_0$ 时，p_0 可略去不计，则式（13-11）可写成式（13-12）或式（13-13）。

$$t = \frac{V}{S_H}\ln\frac{p_1}{p_2} \quad (13\text{-}12)$$

或

$$t = \frac{V}{S}\ln\frac{p_1}{p_2} \quad (13\text{-}13)$$

式中　S——真空室在 p_1 与 p_2 范围内的平均抽气速率（L/s）（有导管）。

上述公式可用图 13-5 求得。图中 V 线是真空室的容积（L），S_H 线是真空泵在 p_1 与 p_2 范围内平均抽气速率（L/s），$\frac{V}{S_H}$ 线是时间常数，t 线是抽气时间（s），p 线右半部数值是真空室从大气压下抽到所需要的压强（Torr）。

图 13-5 使用的步骤是：在 V 线上找到 A 点；S_H 线上找到 B 点；AB 连线延长，交 $\frac{V}{S_H}$ 线于 C 点；此点与 p 线真空室需要的压力 D 点相连，得一直线，与 t 线相交于 E 点，即为抽气时间。如果抽气是从 p_1 抽到 p_2，则从 $\frac{p_1}{p_2} = x$ 比值查得抽气时间。

【例 13-2】　真空室容积为 5m³，泵的平均抽气速率为 120m³/h。求从大气压到 10^{-1} Torr 所需的时间。

解：由图 13-5 找到 $V = 5000$L 的 A' 点和 $S_H = 120$m³/h 的 B' 点；将 A'、B' 两点相连并延长交 V/S_H 线于 C' 点，查得 $V/S_H = 130$；再将 $V/S_H = 130$ 的 C' 点与 $p = 10^{-1}$Torr 的 D' 点相连，在 t 线上的交点 E' 即可查得抽气时间 $t = 1800$s = 30min。

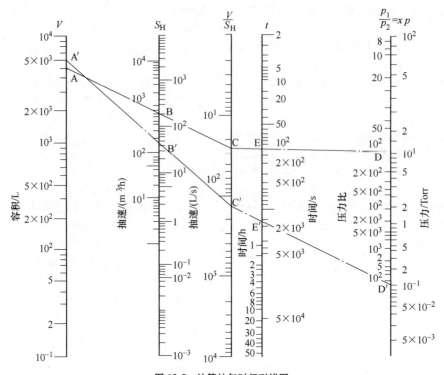

图 13-5　计算抽气时间列线图

注：1Torr = 133. 322Pa。

【例 13-3】　真空室容积为 5m³，泵的平均抽气速率为 700m³/h。求从 10^{-1}Torr 抽到 10^{-3}Torr 所需的时间。

解：由图 13-5 将 $V = 5000L$ 和 $S_H = 700m^3/h$ 两点连线并延长交 V/S_H 线，得 $V/S_H = 25$；再用 $V/S_H = 25$ 与 $p_1/p_2 = 100$ 两点连线；即得 $t = 120s$。

13.6　真空管道计算

（1）目的
1）已知管径、管长及真空度，求流导。
2）已知管道流导、管长及真空度，求管径。
3）已知管径、管长及两管端面的压力，求流量。
4）已知管道摩擦系数，求压力降。

（2）方法　考虑到真空状态下的管道各种参数的内在关系，可按综合曲线图图 13-6 进行计算，也可采用公式计算。

查图 13-6 方法如下：
1）在管道半径 R 与真空度 p 的交点作 45°斜线，与管长 L 直线相交，在其交点作水平线，并与真空度 p 相交，即得流导 U。
2）在真空度 p 与流导 U 的交点作水平线与管长 L 相交，在其交点作 45°斜线与真空度 p 相交，即得圆管半径 R。
3）在 45°斜线与管长 L 的交点作水平线，即得气体量 Q。

【例 13-4】　圆管半径为 5cm，长 4m，真空度为 10^{-4}mmHg（1mmHg = 1Torr），求其流导值。

解：在图 13-6，从 $R = 5cm$ 画出直线 1，$p = 10^{-4}$mmHg 画出直线 2。再画出管长 $L = 4m$ 的直线 3，从直线 1 和直线 2 的交点作 45°斜线 4，斜线 4 和直线 3 相交，在其交点作水平线 5，水平线 5 与直线 2 相交，即得流导值 25L/s。

【例 13-5】　圆管长 4m，真空度为 10^{-4}mmHg，流导值 25L/s。求圆管半径。

解：在图 13-6 中，从 $p = 10^{-4}$mmHg 画出直线 2。$L = 4m$ 处画直线 3，再从流导 25L/s 画出斜线 6；从直线 2 与斜线 6 交点画出水平线 5，从直线 3 与水平线 5 的交点画 45°的斜线 4，从直线 2 与斜线 4 的交点画水平线得圆管半径 $R = 5cm$。

【例 13-6】　求圆管半径 $R = 5cm$，长 $L = 4m$ 的配管，管端压力 1mmHg 和 10^{-4}mmHg 情况下的气体量。

解：将图 13-6 中的水平线 5 向右延长，就可得到真空度 10^{-4}mmHg 的气体量 $Q_2 = 2.4 \times 10^{-3}$Torr·L/s，以同样的计算步骤，分别画出直线 1′、2′、3′、4′和 5′，将直线 5′向右延长就可得到真空度 1mmHg 的气

管长 L 或当量长度 L_d/cm

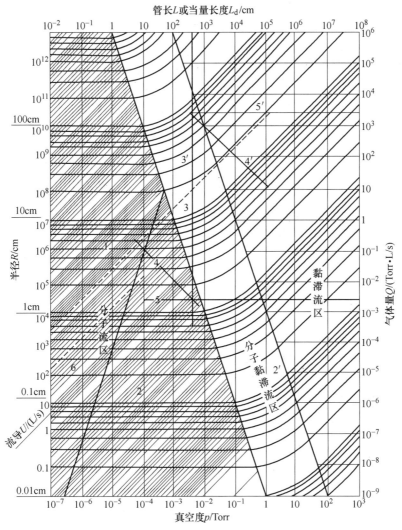

图 13-6　真空管道有关计算的综合曲线图

注：1Torr = 133. 322Pa。

体流量 $Q_1 = 2.5 \times 10^3$ Torr·L/s。根据公式 $Q = U(p_1 - p_2) = Q_1 - Q_2 = 2499.9976$ Torr·L/s。

4）真空管道压力降计算。

$$\Delta p = 155.5(f_1 C_{D1} C_{T1} + f_2 C_{D2} C_{T2})/p_i \quad (13\text{-}14)$$

式中　Δp——压力降（mmHg/100m 管长）；

p_i——管道起始点绝对压力（mmHg）；

f_1、f_2——摩擦系数，查图 13-7 确定；

C_{T1}、C_{T2}——温度修正系数，查图 13-8 确定；

C_{D1}、C_{D2}——管径修正系数，查图 13-7 确定。

式（13-14）仅适用于湍流情况下，即

$$q_m/d \geqslant 360 \quad (13\text{-}15)$$

式中　q_m——气体流量（kg/h）；

d——管道内径（m）。

式（13-14）只适用于压力降小于最终压力 10% 的范围内。如果压力降大于最终压力的 10%，则需将管道长度分成若干段，使每段的压力降小于各段压力的 10%，然后将各段压力相加，求得管道总压力降。

管路上的阀门和管件均需按表 13-6 折算成当量长度，然后与直管段相加，求出管道总长度。

【例 13-7】　管道总长为 10m，管道内径为 150mm，气体流量为 100kg/h，气体温度为 30℃，起始压力为 15mmHg（绝）。求管路总压力降。

解：已知 $q_m = 100$kg/h，$d = 0.15$m，$q_m/d = 100/0.15 = 667 > 360$。

当 $q_m = 100$kg/h，温度为 30℃，$d = 150$mm 时，

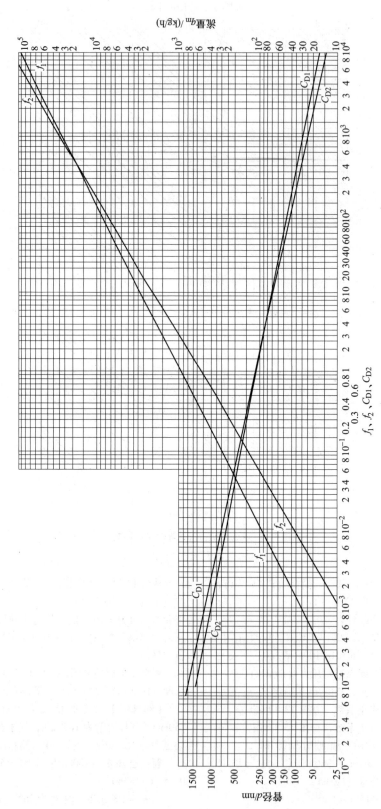

图 13-7　摩擦系数 f_1、f_2 和管径修正系数 C_{D1}、C_{D2}

查图 13-7 和图 13-8，$f_1 = 1.2 \times 10^{-2}$，$f_2 = 5.5 \times 10^{-2}$；$C_{D1} = 12.5$，$C_{D2} = 12.5$；$C_{T1} = 1.66$，$C_{T2} = 1.41$。

按式（13-14）计算：
$$\Delta p = 155.5 \times [(1.2 \times 10^{-2} \times 12.5 \times$$
$$1.66 + 5.5 \times 10^{-2} \times 12.5 \times$$
$$1.41)/15] \times (10/100) \, \text{mmHg}$$
$$= 1.26 \text{mmHg}$$

验证：$[1.26/(15-1.26)] \times 100\% = 9.2\% < 10\%$

结论：计算成立。

【例 13-8】　管道总长为 40m，管道内径为 150mm，气体流量为 200kg/h，气体温度为 30℃，起始点压力为 40mmHg（绝）。求管道总压降。

解：已知 $q_m = 200\text{kg/h}$，$d = 0.15\text{m}$，$q_m/d = 200/0.15 = 1333 > 360$。

当 $q_m = 200\text{kg/h}$，$d = 150\text{mm}$，温度为 30℃ 时，查图 13-7 和图 13-8，$f_1 = 4.5 \times 10^{-2}$，$f_2 = 0.17$，$C_{D1} = 12.5$，$C_{D2} = 12.5$，$C_{T1} = 1.66$，$C_{T2} = 1.41$。

按式（13-14）计算：
$$\Delta p = 155.5 \times [(4.5 \times 10^{-2} \times 12.5 \times 1.66) +$$
$$(0.17 \times 12.5 \times 1.41)]/40 \times (40/100) \, \text{mmHg}$$
$$= 6.10 \text{mmHg}$$

验证：$[6.10/(40-6.10)] \times 100\% = 18.0\% > 10\%$

结论：压降超过 10%，此时，需将管道分段计算压力降。现分四段，每段长 10m。

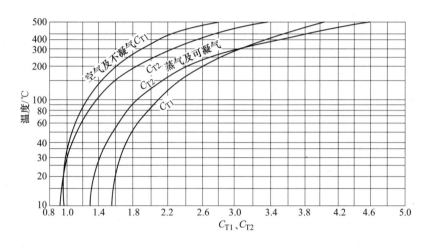

图 13-8　温度修正系数 C_{T1}、C_{T2}

一段：f_1、f_2、C_{D1}、C_{D2}、C_{T1}、C_{T2} 数值同前。
$$\Delta p = 155.5 \times [(4.5 \times 10^{-2} \times 12.5 \times 1.66 +$$
$$0.17 \times 12.5 \times 1.41)/40] \times$$
$$(10/100) \, \text{mmHg}$$
$$= 1.53 \text{mmHg}$$

验证：$[1.53/(40-1.53)] \times 100\% = 3.98\% < 10\%$

结论：计算成立。

二段：$\Delta p = 155.5 \times [(4.5 \times 10^{-2} \times 12.5 \times 1.66 +$
$$0.17 \times 12.5 \times 1.41)/(40-1.53)] \times$$
$$(10/100) \, \text{mmHg}$$
$$= 1.59 \text{mmHg}$$

验证：$[1.59/(40-1.53-1.59)] \times 100\% = 4.32\% < 10\%$

结论：计算成立。

三段：$\Delta p = 155.5 \times [(4.5 \times 10^{-2} \times 12.5 \times 1.66 +$
$$0.17 \times 12.5 \times 1.41)/(40-1.53-$$
$$1.59)] \times (10/100) \, \text{mmHg}$$
$$= 1.66 \text{mmHg}$$

验证：$[1.66/(40-1.53-1.59-1.66)] \times 100\% = 4.71\% < 10\%$

结论：计算成立。

四段：$\Delta p = 155.5 \times [(4.5 \times 10^{-2} \times 12.5 \times 1.66 +$
$$0.17 \times 12.5 \times 1.41)/(40-1.53-1.59$$
$$-1.66)] \times (10/100) \, \text{mmHg}$$
$$= 1.74 \text{mmHg}$$

验证：$[1.74/(40-1.53-1.59-1.66-1.74)] \times 100\% = 5.20\% < 10\%$

结论：计算成立。

故本管道的总压力降为 $\Delta p_{总} = (1.53+1.59+1.66+1.74) \, \text{mmHg} = 6.52 \text{mmHg}$

13.7　真空泵的选择

真空泵的选择应满足两个要求：真空泵的极限压力应低于真空室的极限压力；真空泵的抽气速率应大于真空室的抽气速率。

1）真空系统无漏气和无放气时（即密闭真空室

或称静态真空室），真空泵的计算抽气速率按下式计算：

$$S_H = \frac{SU}{U-S} \qquad (13\text{-}16)$$

式中　S_H——真空泵在 p_2 下的计算抽气速率（L/s）；

　　　　S——真空室在 p_1（真空室要求达到的真空压力）下的抽气速率（L/s）；

　　　　U——导管的总流导（L/s）。

当密闭真空室达到要求的真空压力后，立即关闭真空室与真空系统连接的阀门或停泵。

2) 真空系统有漏气和有放气时（即开式真空室或称动态真空室），真空泵的计算抽气速率按下式计算：

$$S_H \geq \frac{UQ}{U-Q} \qquad (13\text{-}17)$$

式中　Q——在真空室要求建立的工作压力下，漏气量和放气量的总和（L/s）；

　　　　S_H——真空泵在满足真空室要求建立的工作压力下的抽气速率（即真空泵的计算抽气速率）（L/s）；

　　　　U——导管的总流导（L/s）。

3) 选择真空泵时，真空泵的有效抽气速率，即在满足真空室工作压力时真空泵的实际抽气速率，比其额定抽气速率低。真空泵样本上给出的额定抽气速率，是在 760Torr 下测得的，而泵是在低于一个大气压下运行的，故必须根据泵的特性曲线来选泵。从经济观点、安全可靠和实践经验等因素综合考虑，推荐真空泵的有效抽气速率应扩大 50%～100%，即乘 1.5～2.0 倍；然后查泵的特性曲线图（泵的进口压力与泵的抽气速率关系图），来选定真空泵的型号和台数。如果厂家样本上没有给出特性曲线，则按真空泵的计算抽气速率的 2～4 倍，与真空泵的额定抽气速率相比较，选定泵的型号和台数。

真空泵站的备用容量和台数，应按用户的性质和泵的质量，经技术经济比较后统一确定。通常一个系统不少于一台。有些用户需按 100% 备用量来设计。

4) 真空泵的工作范围与其他泵类一样，都有它的工作特性曲线和最佳工作段。因此选择真空泵时，必须考虑这一点，即在满足真空室极限压力时，真空泵的最终运行点，应落在特性曲线的最佳工作段。不同类型的真空泵，具有不同的特性曲线、不同的极限工作压力及最佳工作压力范围，具体见表 13-9。

表 13-9　各种真空泵工作范围

真空泵种类	工作压力/Torr			
	100	10	1	10^{-1}
往复真空泵				
旋片真空泵				
滑阀真空泵				
水环真空泵				
水环—大气真空泵				
定片真空泵				
干式真空泵				

13.8　真空泵站的组成及布置

（1）真空泵站的组成　真空泵站通常由真空泵、真空罐及油水分离器组成。有的真空泵站内还设有滤尘器、消声器、杂物捕集器等辅助设备。为保证系统正常安全运行，站内还要设置必要的安全保护和热工测量。

（2）真空泵站的布置　由于真空获得不易，真空泵站位置除考虑厂区总体布局、经济合理及运行管理等方面的一般原则外，它与真空用户的距离应越短越好。通常有三种方式：

1) 附设于动力站内，如设在空压站、制冷站等。

2) 独立建筑。

3) 布置在真空用户的建筑物内。

真空泵站各设备之间应有运行操作和检修所需要的场地；站的高度应满足设备安装、起吊、排热、噪声等要求；独立的真空泵站还应设置值班间、生活间和储藏间；真空泵台数较多、设备较大的真空泵站，宜设置必要的检修用起吊设备。

13.9　低真空系统设计

1) 低真空系统的工作特点是工作压力大，排气量大；但抽气速率比高真空系统低。

2) 摸清真空用户的工作要求，如工作压力是否相同，密闭容器还是开式容器，各真空室间距的大小；然后决定真空系统采用单元制真空系统（一个真空室组成一个真空系统），还是多元制真空系统（多个真空室组成一个真空系统）。

3) 通常只要各真空室工作压力相同或相差不多，又都是密闭式或都是开式真空室，而且真空室容积不是很大或放气量不大，各真空室又较集中，就可以组成一个真空系统，同时抽气，同时试验。

但对抽气量较大，真空度较高的真空室，宜专设一个独立的真空系统。

4）如果各真空室最终工作压力相差很大；或有密闭式，也有开式；或各真空室（真空用户）相互位置相距很远；或当真空室工作压力不稳定，会影响产品质量、造成重大经济损失和安全问题时，真空用户应各设独立的真空系统，以免相互影响，失去控制，造成损失。

5）灰尘微粒会使油污染，并磨损泵内机件表面，产生漏气，大量的灰尘还会堵塞管道。故在真空用户处管道上，应装设灰尘杂物捕集器，在医疗、轻化工业、打扫卫生中常使用。在允许抽除含有水蒸气的真空系统中，应装设捕集吸收水蒸气的分子筛吸附阱。

6）不论密闭式还是开式真空系统中，通常设置一个相当大的真空稳压罐。真空稳压罐的作用是使所在真空系统中，真空用户的工作压力保证在允许范围内运行，基本上能消除由于各真空室有先、有后投入运行所引起的真空度的彼此干扰。同时也能使管道内的杂物和真空泵的工作介质（油、水）停留在真空稳压罐内，起到保护真空系统的作用。

真空稳压罐的容积，一般可按下式计算：

$$V = \frac{p_1' n V_1 \ln \dfrac{p_0}{p_2}}{p_1' - p_2'} \qquad (13\text{-}18)$$

或

$$V = \frac{Qt}{p_1' - p_2'} \qquad (13\text{-}19)$$

式中　V——真空稳压罐容积（L）；

p_1'——真空室工作压力允许上极限（Torr）；

p_2'——真空室工作压力允许下极限（Torr）；

n——相同真空室的数量；

V_1——单个真空室的容积（L）；

p_0——真空室在抽气开始前的工作压力（Torr），760Torr；

p_2——真空室极限工作压力（Torr）。

Q——真空泵停止工作后，真空稳压罐应负担的气体负荷（漏气量及放气量），或是需要平衡的瞬时最大气体负荷（Torr·L/s）；

t——真空泵停止工作时间，即要求真空稳压罐工作时间（s）。

7）机械式真空泵、旋片真空泵和水环真空泵等在停泵时，在泵的排气口，因大气压缘故而造成泵油或泵水回流到真空管道，严重的甚至回流到真空室。如预先放气，则泵油会形成白烟，从泵的排气口冒出。为了解决上述问题，在真空泵入口管道上，

一般应装上截止阀和放气阀，现在往往采用电磁放气真空阀。正确的停泵次序应该是：先关 A 阀，再开 B 阀，后停泵（图 13-9）。

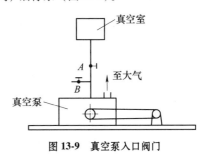

图 13-9　真空泵入口阀门

8）真空管道一般宜架空敷设，有利于检查和维修。不推荐埋地敷设。真空泵站与真空用户之间的距离越短越好；真空系统上的阀门、压力表等附件越少越好。

9）真空管道气压试验，试验介质为无油空气或氮气，试验压力为 0.2MPa。真空系统在压力试验合格后，应进行 24h 的真空度试压，增压率不应大于 5%。管道压力试验、施工及质量要求应严格按 GB 50235—2010《工业金属管道工程施工规范》、GB 50184—2011《工业金属管道工程施工质量验收规范》执行。

13.10　真空设备及附件

1. 介绍几种常用的粗、低真空泵

（1）2SK 和 2SK—P1 系列两级水环真空泵　它是由大气喷射泵和水环真空泵组成的机组，具有运行可靠、操作方便等优点。它被用来抽吸空气及其他无腐蚀性、不溶于水、不含有固体大颗粒的气体，以便在密闭容器中获得较高真空。气体温度在 -20~40℃ 为宜。它被广泛应用于食品、纺织、化工、医药和冶金工业的真空蒸发、真空浓缩、真空回潮、真空浸渍、真空干燥及真空冶炼等。

2SK 系列使用于吸入压力低于 8kPa 的工况；而 2SK—P1 系列使用于吸入压力低于 4kPa 的工况。其技术性能见表 13-10 和表 13-11。

（2）ZF 系列真空泵机组　该机组是由 SK 系列水环真空泵、真空稳压罐、电磁真空阀、止回阀、气水分离器、电接点真空表、手动阀门、不锈钢波纹管、真空管、控制柜、机组底盘等组成。它具有安装方便、使用安全等特点，只要整装机组吊装就位后，接上气管、水管和电缆就可运行。该机组中的水环真空泵的抽气能力和真空稳压罐的容积，由厂商根据设计或用户要求任意组合。控制系统可手动，也可自动；可以做到自动化运行，无人管理的

表 13-10　2SK 系列两级水环真空泵技术性能

型号	抽气速率/(m³/min)		极限压力/kPa(mmHg)		电动机功率/kW	转速/(r/min)	供水量/(L/min)	吸、排口径/mm	泵重/kg	外形尺寸 (L/mm)× (W/mm)× (H/mm)
	最大气量	吸入压力 8kPa (60mmHg)	水	油						
2SK—1.5	1.5	0.9	4.7 (35)	0.7 (5)	4	1440	10~15	40	140	1150×410 ×764
2SK—3	3	2	3.3 (25)	0.7 (5)	7.5	1440	15~20	40	180	1346×460 ×987
2SK—6	6	4	3.3 (25)	0.7 (5)	15	1460	25~35	50	250	1623×470 ×1234
2SK—12	12	8	3.3 (25)	0.7 (5)	22	970	40~50	100	400	1965×580 ×1415
2SK—20	20	14	3.3 (25)	0.7 (5)	45	740	60~80	125	550	2305×750 ×1862
2SK—30	30	20	3.3 (25)	0.7 (5)	55	740	70~90	125	700	2715×780 ×2104

表 13-11　2SK—P1 系列两级水环真空泵技术性能

型号	抽气速率/(m³/min)			极限压力 /kPa (mmHg)	电动机功率/kW	转速/ (r/min)	供水量/ (L/min)	吸、排口径/mm	外形尺寸 (L/mm)× (W/mm)× (H/mm)
	最大气量	吸入压力 44kPa (30mmHg)	吸入压力 2.7kPa (20mmHg)						
2SK—1.5P₁	1.5	1.05	0.9	1.33 (10)	4	1440	10~15	40	1150×410×764
2SK—3P₁	3	2.1	1.8	1.33 (10)	7.5	1440	15~20	40	1346×460×987
2SK—6P₁	6	4.2	3.6	1.33 (10)	15	1460	25~35	50	1623×470 ×1234
2SK—12P₁	12	8.4	7.2	1.33 (10)	22	970	40~50	100	1965×580 ×1415
2SK—20P₁	20	14	12	1.33 (10)	45	740	60~80	125	2305×750 ×1862
2SK—30P₁	30	21	18	1.33 (10)	55	740	70~90	125	2715×780 ×2104

水平。该机组广泛应用于大、中型医院中心吸引系统的真空源，也可用于轻工业的灌装系统，汽车行业、橡塑工程的负压造型等工程的真空源。用于医院中心吸引系统的机组和不允许间断真空的用户，往往采用两台真空泵组成的机组。至于每台真空泵抽气速率按总用量的百分之多少设计，应根据用户使用情况来确定。

（3）2BE 系列液环真空泵　它的设计简洁、可靠，即使在很恶劣的工作环境下，仍可以长期地无故障运行。2BE 系列液环真空泵操作、维修方便，从而降低因停机造成的损失。它的运行成本低，噪声小，广泛用于冷凝器抽真空、气体回收、造纸工业、脱水、过滤等方面。2BE 系列液环真空泵为国产产品，它来源于国外产品 2BE1 系列液环真空泵。其技术性能见表 13-12。

（4）WLD、2WLD 系列往复真空泵　它是获得粗真空的设备，由曲轴连杆带动活塞在垂直于水平面方向往复运动的真空泵。其优点是坚固耐用、体积小、噪声小，以及具有较大的抽气速率。它不适用于抽除腐蚀性气体或含有颗粒状灰尘的气体。其技术性能见表 13-13 和表 13-14。WLD 系列真空泵如图 13-10 所示。

表 13-12　2BE 系列液环真空泵技术性能

型号	最低入口压力/kPa	抽气速率/(m³/min) 入口压力6kPa 干空气	饱和空气	入口压力20kPa 干空气	饱和空气	入口压力40kPa 干空气	饱和空气	最大轴功率/kW	转速/(r/min)	泵重/kg	外形尺寸(长/mm)×(宽/mm)×(高/mm)	工作液流量/(m³/h)
2BE202	3.3	6.6	9.3	9.2	9.7	9.5	9.8	14	790	850	1732×560 ×1152	<2.5
		8.4	11.9	11.6	12.8	12.2	12.6	18.5	980	940		
		10.2	14.3	13.9	15.1	14.5	14.8	25.0	1170	945		
2BE203	3.3	8.25	11.6	13.4	14.5	14.3	14.6	21.2	790	995	1922×560 ×1152	<3.1
		11.6	16.4	17.3	18.7	18.0	18.4	29.6	980	995		
		14.4	20.3	20.1	21.8	21.0	21.4	39.4	1170	1085		
2BE252	3.3	11.6	16.4	20.1	21.8	21.1	21.5	29.2	590	1460	2176×715 ×1422	<5.2
		17.7	24.9	26.4	28.7	27.5	28.3	37.0	740	1515		
		21.7	30.5	31.1	33.8	32.6	33.3	53.0	880	1645		
2BE253	3.3	15.1	21.8	26.7	29.0	29.5	30.1	40.5	590	1695	2546×715 ×1422	<6.2
		24.3	34.3	36.5	39.6	38.3	39.6	53.8	740	1785		
		30.2	42.6	43.5	47.2	45.8	46.7	75.1	880	1945		
2BE303	3.3	24.3	34.0	38.9	42.5	41.0	41.8	52.0	472	2645	2855×870 ×1560	<9.1
		35.8	49.9	48.8	53.3	50.3	51.3	67.0	590	3200		
		42.5	60.0	58.3	63.5	61.6	62.8	91.0	710	3290		
2BE353	3.3	35.8	50.6	53.8	58.6	57.2	58.4	77.0	420	3905	3265×990 ×1880	<12.5
		46.6	65.8	65.0	70.9	67.6	69.0	94.5	500	4100		
		56.7	80.0	77.0	84.0	80.2	81.8	126	590	4240		
2BE403	3.3	44.8	63.3	73.7	80.4	78.5	80.0	102	330	5870	3400×1740 ×1620	<18
		67.3	95.0	93.5	102	97.0	99.0	136.5	420	6190		
		85.1	120	117.1	127.6	123.5	126	212	530	6800		
2BE355	16	63.8	69.6	69.1	71.2	70.1	71.5	80.8	420	3920	2600×1592 ×1910	<8
		73.4	80.0	80.6	83.1	82.5	84.2	105	500	4350		
		81.3	88.6	92.3	95.0	94.1	96.0	136	590	4450		
2BE405	16	81.2	88.3	90.6	93.4	92.3	94.2	105	330	5980	3400×1890 ×1950	<10
		104.5	114.0	115.2	118.7	116.3	118.7	147	420	6200		
		120.2	131.1	136.8	141.0	141.0	143.7	218	530	6920		
2BE505	16	104.5	114.0	117.1	120.7	120.0	122.5	136	266	7310	3700×2110 ×2045	<16
		136.5	148.8	148.0	153.5	151.0	154.0	183	330	8740		
		159.7	174.1	180.5	186.0	184.7	188.3	266	420	9100		

注：1. 表中所列数据为在下列情况下所得：大气压力 101325Pa、吸入温度 20℃、进水温度 15℃。

2. 性能允差±10%。

表 13-13　WLD 系列往复真空泵技术性能

型号	WLD—30	WLD—50	WLD—100	WLD—200	WLD—300	WLD—400
抽速/(L/s)	30	50	100	200	300	400
极限压力/Pa	1700	1300	1300	1300	1300	1300
电动机功率/kW	3	5.5	7.5	15	22	30
进、排气口尺寸/mm	M27×1.5	50×40	65×45	80×50	110×80	130×100

表 13-14　2WLD 系列往复真空泵技术性能

型号	2WLD—25	2WLD—40	2WLD—75	2WLD—150	2WLD—225	2WLD—300
抽速/(L/s)	25	40	75	150	225	300
极限压力/Pa	100	66	66	66	66	66
电动机功率/kW	3	5.5	7.5	15	22	30
进、排气口尺寸/mm	M27×1.5	50×40	65×45	80×50	110×80	130×100

图 13-10　WLD 系列真空泵

（5）干式真空泵　近十年来在低真空及中真空领域，出现"干式"真空泵，这类泵腔中不用油作为工作介质，如爪型干式真空泵、螺杆式干式真空泵、涡旋泵式真空及膜片式真空泵等，但这类泵的轴承轴封多用脂润滑，严格意义上也不属于无油泵的范畴。它具有机构简单、操作容易、维护方便、不会污染环境等优点。

a. 爪型干式真空泵技术性能见表 13-15。

b. 螺杆式干式真空泵技术性能见表 13-16、表13-17。

c. 涡旋式真空泵技术性能见表 13-18。

（6）JZJ 系列真空泵机组　该系列机组以罗茨泵为主泵，以滑阀泵（旋片泵、水环泵、往复泵）作

表 13-15　爪型干式真空泵技术性能

序号	型号	抽气速率 /（L/s）	极限全压力/Pa	噪声/dB(A)	配用电动机功率 /kW	抽气效率（%）	
						1kPa	10Pa
1	GZ—4	4			1.1		
2	GZ—8	8		72	1.1		
3	GZ—15	15	≤3		4.0	≥80	≥20
4	GZ—30	30		75	4.0		
5	GZ—70	70		75	7.5		
6	GZ—110	110		78	11		
7	GZ—150	150		82	15		

注：1. 摘自 JB/T 10552—2006《真空技术　爪型干式真空泵》。

　　2. 泵的工作环境温度为 0~40℃。

　　3. 泵在入口压力 ≥3000Pa 连续运转 500h 后的性能指标符合《真空技术　爪型干式真空泵》的规定。

表 13-16　SP 系列螺杆式干式真空泵技术性能

型号	抽气速率 /（m³/h）	入口最大压力/mbar	环境温度 /℃	水蒸气最大允许压力/mbar	水蒸气允许量/（kg/h）	冷却方式	配用电机功率/kW	转速 /（r/min）	进、排气口法兰/mm	噪声 /dB
SP250/50Hz	250	1030	10~40	60	10	风冷	7.5	2920	63	67
SP630/50Hz	630			40	14		15	2930	100	73

表 13-17　DV 系列螺杆式干式真空泵技术性能

型号	抽气速率 /（m³/h）	极限压力 /mbar	环境温度 /℃	水蒸气最大允许压力/mbar	水蒸气允许量/（kg/h）	冷却方式	配用电机功率/kW	进、排气口法兰/mm	噪声 /dB
DV450	450	$5×10^{-3}$	5~50	≥60	15	水冷	5.3	100/63	67
DV650	650	$5×10^{-3}$		≥60	25		≤7	100/63	67
DV1200	1200	$5×10^{-3}$		≥60	50		≤14	100/100	67
DV5000-Ⅰ	5000	$5×10^{-4}$	5~40	≥60	25	水冷或风冷	≤9.5	250/63	67

表 13-18　涡旋式真空泵技术性能

型号	名义抽气速率/（m³/h）	实际抽气速率/（m³/h）	最大进口压力/Pa	环境温度/℃	法兰/mm		转速 /（r/min）	噪声/dB
					进气口	排气口		
SC5D/50Hz	5	4.8			25	16	1440	≤52
SC15D/50Hz	15	13	10^5	5~40	25	16	1450	≤58
SC30D/50Hz	30	26			40	25	1450	≤62
SC60D/50Hz	60	52			40	40	1460	≤67

为前级泵串联而成。该系列机组有 JZJH 罗茨滑阀机组、JZJX 罗茨旋片机组、JZJS 罗茨水环机组和 JZJW 罗茨往复机组四种产品。其共同特点是抽速大、占地面积小、真空度高、工作可靠，可替代多台机械真空泵。此机组被广泛应用于冶金、化工、轻工、石油、医药、印染、造纸、电器、半导体、食品、纺织及铸造等行业。

其技术性能见表 13-19 ~ 表 13-22，外形如图 13-11 所示。

2. 国产真空阀门

（1）高真空蝶阀　它安装在被抽容器与各种高

图 13-11　JZJ 系列真空泵机组外形

表 13-19　JZJH 罗茨滑阀机组技术性能

型号	主泵	前级泵	抽气速率 /(L/s)	极限压力 /Pa	功率 /kW
JZJH—300	ZJ—300	H—70	300	1×10^{-1}	11.5
JZJH—300	ZJ—300	H—150	300	1×10^{-1}	19
JZJH—600	ZJ—600	H—70	600	1×10^{-1}	15
JZJH—600	ZJ—600	H—150	600	1×10^{-1}	22.5
JZJH—1200	ZJ—1200	H—150	1200	1×10^{-1}	26

表 13-20　JZJX 罗茨旋片机组技术性能

型号	主泵	前级泵	抽气速率 /(L/s)	极限压力 /Pa	功率 /kW
$JZJ_1 2X$—70	ZJ—70	2X—15	70	5×10^{-2}	3.7
$JZJ_1 2X$—150	ZJ—150	2X—30	150	5×10^{-2}	6
$JZJ_1 2X$—300	ZJ—300	2X—70	300	5×10^{-2}	9.5
$JZJ_1 2X$—600	ZJ—600	2X—70	600	5×10^{-2}	13
$JZJ_1 2X$—600	ZJ—600	ZJ—150、2X—70	600	3×10^{-2}	16
$JZJ_1 2X$—150	ZJ—150	X—30	150	1×10^{-1}	7
$JZJ_1 2X$—300	ZJ—300	X—70	300	1×10^{-1}	11.5
$JZJ_1 2X$—600	ZJ—600	X—150	600	1×10^{-1}	18.5
$JZJ_1 2X$—1200	ZJ—1200	ZJ—300、2X—70	1200	3×10^{-2}	20.5
$JZJ_1 2X$—1200	ZJ—1200	ZJ—300、X—70	1200	5×10^{-2}	22.5

表 13-21　JZJS 罗茨水环机组技术性能

型号	主泵	前级泵	抽气速率 /(L/s)	极限压力 /Pa	功率 /kW
$JZJ_1 2S$—150	ZJ—150	2SK—3	150	266	9.7
$JZJ_1 2S$—300	ZJ—300	2SK—6	300	266	19
$JZJ_1 2S$—600	ZJ—600	2SK—6	600	266	22.5
$JZJ_1 2S$—300	ZJ—300	ZJ—150、2SK—3	300	67	14.5
$JZJ_1 2S$—600	ZJ—600	ZJ—150、2SK—6	600	67	15.5
$JZJ_1 2S$—1200	ZJ—1200	ZJ—300、ZJ—600、2SK—6	1200	5	37.5

表 13-22　JZJW 罗茨往复机组技术性能

型号	主泵	前级泵	抽气速率 /(L/s)	极限压力 /Pa	功率 /kW
$JZJ_2 W$—70	ZJ—70	2WLD—25	70	5×10^{-1}	4.5
$JZJ_2 W$—150	ZJ—150	2WLD—40	150	5×10^{-1}	9.5
$JZJ_2 W$—300	ZJ—300	2WLD—75	300	5×10^{-1}	11.5
$JZJ_2 W$—600	ZJ—600	2WLD—150	600	5×10^{-1}	22.5
$JZJ_2 W$—600	ZJ—600	ZJ—150、WLD—50	600	1×10^{-1}	14
$JZJ_2 W$—1200	ZJ—1200	ZJ—300、WLD—100	1200	1×10^{-1}	22.5

低真空泵之间，用来接通或切断真空系统中气流。它适用于工作介质为空气或非腐蚀性气体，工作温度 -25~80℃。驱动蝶阀做启闭运动的动力有：电动、气动和手动，其技术性能见表 13-23 ~ 表 13-25。

表 13-23　GID 型电动高真空蝶阀技术性能

技术性能	型号				
	GID—80	GID—100	GID—150	GID—200	GID—300
公称通经/mm	80	100	150	200	300
适用范围/Pa	$6.7 \times 10^{-4} \sim 10^5$				
漏气率/(Pa·L/s)	6.7×10^{-4}				
介质温度/℃	-25~80（丁腈橡胶密封件）				
	-30~150（氟橡胶密封件）				
电源	220V，50Hz				
启闭阀时间/s	4		15		30
安装位置	任意				
阀体、阀板、阀杆材料	碳钢或不锈钢				

（2）GM 型高真空隔膜阀　它安装在被抽容器与各种高低真空泵之间，用来接通或切断真空系统中气流之用；适用于介质为空气或非腐蚀性气体，与真空系统连接有焊接式和法兰式两种。由于它具有结构简单、体积小、质量轻、密封性能好等特点，焊接式高真空隔膜阀更是溴化锂制冷机组和直燃机组中的理想配件。其技术性能见表 13-26。

表 13-24　GIQ 型气动高真空蝶阀技术性能

技术性能	型　号												
	GIQ—40	GIQ—50	GIQ—65	GIQ—80	GIQ—100	GIQ—150	GIQ—200	GIQ—250	GIQ—300	GIQ—400	GIQ—500	GIQ—600	GIQ—800
公称直径/mm	40	50	65	80	100	150	200	250	300	400	500	600	800
适用范围/Pa	$6.7\times10^{-4}\sim10^5$												
漏气率/(Pa·L/s)	6.7×10^{-4}												
介质温度/℃	$-25\sim80$（丁腈橡胶密封件）；$-30\sim150$（氟橡胶密封件）												
开启时阀板两侧压差/Pa	$\leqslant10^5$												
电磁换向阀电源	220V，50Hz												
气源压力/MPa	$0.4\sim0.6$												
质量/kg	2	3	3.19	5.5	6	10	16	21	30	56	95	148	368
阀体、阀板、阀杆材料	碳钢或不锈钢												

注：还生产 GIQ—80A~400A 型气动高真空蝶阀，其技术性能与表 13-24 一样。

表 13-25　GI—A 型高真空蝶阀技术性能

技术性能	型　号						
	GI—80A	GI—100A	GI—150A GI—160A	GI—200A	GI—250A	GI—300A	GI—400A
公称直径/mm	80	100	150、160	200	250	300	400
适用范围/Pa	$6.7\times10^{-4}\sim10^5$						
漏气率/(Pa·L/s)	6.7×10^{-4}						
介质温度/℃	$-25\sim80$（丁腈橡胶密封件），$-30\sim150$（氟橡胶密封件）						
安装位置	任意						
阀体、阀板、阀杆材料	碳钢或不锈钢						

表 13-26　GM 型高真空隔膜阀技术性能

技术性能	型　号												
	GM—10D—H(I)	GM—25D—H(I)	GM—40—H	GM—50—H	GM—10D—H(II)	GM—25D—H(II)	GM—10C—KF	GM—25C—KF	GM—40—KF	GM—10C	GM—25C	GM—40	GM—50
公称直径/mm	10	25	40	50	10	25	10	25	40	10	25	40	50
适用范围/Pa	$1.3\times10^{-4}\sim10^5$												
漏气率/(Pa·L/s)	6.7×10^{-4}												
介质温度/℃	隔膜为丁腈橡胶时$-25\sim80$，隔膜为氟橡胶时$-30\sim150$												
阀体材料	碳钢或不锈钢												
阀杆材料	不锈钢												
连接方式	Ⅰ 型连接管焊接				Ⅱ 型连接管焊接		快卸法兰连接			活套法兰连接			

（3）GQC 型电磁高真空充气阀　它装在真空系统上，以电磁力为动力，当电源接通后，阀门被关闭，使真空系统与大气隔离；切断电源时，阀门开启，大气随之充入真空系统。阀门适用于介质为空气或非腐蚀性气体。其技术性能见表 13-27。

（4）DDC—JQ 型电磁真空充气阀　它装在机械真空泵进气口上，与真空泵接在同一个电源上，泵的开启与停止，直接控制阀门的开启与关闭。当泵停止工作或电源突然中断时，阀门自动关闭，隔断了真空泵与真空系统的通道；同时将大气通过阀的充气口经阀充入到泵腔。这样既保护了真空系统的真空度，又防止真空泵（用油密封时）向真空系统还油。该阀用于介质为空气或非腐蚀性气体。其技术性能见表 13-28。

表 13-27　GQC 型电磁高真空充气阀技术性能

技术性能	型　号	
	GQC—1.5	GQC—5
公称直径/mm	1.5	5
适用范围/Pa	$1.3\times10^{-4}\sim10^5$	
漏气率/(Pa·L/s)	1.3×10^{-4}	
介质温度/℃	$-25\sim40$	
线圈温升/℃	（当环境40℃时）<65	
电源/V	DC：36	
线圈耗功/W	2.34	6.8
启闭时间/s	3	
安装位置	垂直	
铁芯	碳钢	
密封件	丁腈橡胶	
质量/kg	0.7	1.2

（5）GU 型球阀　它安装在真空用户与真空泵之间，适用于真空系统或压力系统中接通或切断管路中的介质流，适用于工作介质带酸、碱性的气体或液体。驱动球阀启闭运动的动力有：手动（GU）或气动（GUQ）或电动（GUD）。其技术性能见表13-29。

表 13-28　DDC—JQ 型电磁真空充气阀技术性能

技术性能	型　　号						
	DDC—JQ16A	DDC—JQ25A	DDC—JQ32A	DDC—JQ40	DDC—JQ50A	DDC—JQ65	DDC—JQ80
公称直径/mm	16	25	32	40	50	65	80
适用范围/Pa	$10^{-2} \sim 10^{5}$						
漏气率/（Pa·L/s）	6.7×10^{-4}						
介质温度/℃	−25 ～ 40（丁腈橡胶密封件）						
线圈温升/℃	≤65						
启闭时间/s	≤3						
电源	220V，50Hz						
耗用功率/W	8.5	9.5	17.5	20	25	29	63
质量/kg	2.2	3.9	5.5	8	10	18.5	30
阀体衔铁	碳钢						

表 13-29　GU 型球阀技术性能

技术性能	型　　号													
	GU—16(P)	GU—25(P)	GU—32(P)	GU—40(P)	GU—16(V)	GU—25(V)	GU—32(V)	GU—40(V)	GU—16(R)	GU—25(R)	GU—32(R)	GU—40(R)	GU—50	GU—80
公称直径/mm	16	25	32	40	16	25	32	40	16	25	32	40	50	80
适用范围/Pa	$1 \times 10^{-3} \sim 1.6 \times 10^{6}$													
漏气率/（Pa·L/s）	$< 1 \times 10^{-3}$													
介质温度/℃	−25 ～ 120													
安装方向	任意													
工作寿命（次）	>1000													
阀体、球、阀杆材料	不锈钢													
球封处密封件材料	聚四氟乙烯													
轴封处密封件材料	聚四氟乙烯													

注：1. GUQ 型气动球阀的技术性能除增加一项气源压力 0.4 ～ 0.6MPa 外，其余技术性能与 GU 型球阀相同。

2. GUD 型电动球阀的技术性能除增加电源电压 220V/50Hz 或 110V/50Hz，动作时间 4s（DN = 16 ～ 32mm）、15s（DN = 40mm，DN = 50mm）、30s（DN = 80mm）外，其余技术性能与 GU 型球阀相同。

3. 冷凝液排除器

（1）电动控制远程监控型　DT 真空型阻气排液阀为真空系统电动控制远程监控的冷凝液或其他液体的排放而特别设计的。此外，此类真空型阻气排液阀也可以用于标准大气压下，扩展了设备的应用范围，压力范围包含 0.1 ～ 1.8bar（绝对大气压）。其技术性能见表 13-30 和表 13-31。DT 真空型阻气排液阀选型尺寸如图 13-12 所示。

表 13-30　各类阻气排液阀排放量参数

型号	正常排放量（L/h）			峰值排放量（L/h）		
	4bar	6bar	8bar	4bar	6bar	8bar
38CF	38	42	43	45	45	45
38SF	38	42	43	45	45	45
38CEF	17	32	37	20	40	45
38SEF	17	32	37	20	40	45
171CF	171	194	228	200	200	200
171SF	171	194	228	200	200	200
171CEF	68	137	183	80	150	200
171SEF	68	137	183	80	150	200

表 13-31　各类阻气排液阀技术参数

型号	工作压力/bar		质量/kg	液体类型	应用	接口尺寸	
	min	max				入口	出口
38CF	0.1	1.8	3.4	含油冷凝液/无油、含腐蚀性冷凝液	真空	$1×G\frac{3}{4}$	$1×G\frac{1}{2}$
					铝质，防腐涂层		
38SF	0.1	1.8	7.5	含油冷凝液/无油、含腐蚀性冷凝液	真空，不锈钢	$1×G\frac{3}{4}$	$1×G\frac{1}{2}$
38CEF	0.1	1.8	3.4	含油冷凝液/无油、含腐蚀性冷凝液	防爆型，真空	$1×G\frac{3}{4}$	$1×G\frac{1}{2}$
					铝质，防腐涂层		
171CF	0.1	1.8	6.7	含油冷凝液/无油、含腐蚀性冷凝液	真空	$1×G\frac{3}{4}$	$1×G\frac{1}{2}$
					铝质，防腐涂层	$(2×G\frac{3}{4})$	
171SF	0.1	1.8	15	含油冷凝液/无油、含腐蚀性冷凝液	真空	$1×G\frac{3}{4}$	$1×G\frac{1}{2}$
					不锈钢	$(2×G\frac{3}{4})$	
171CEF	0.1	1.8	6.7	含油冷凝液/无油、含腐蚀性冷凝液	防爆型，真空	$1×G\frac{3}{4}$	$1×G\frac{1}{2}$
					铝质，防腐涂层	$(2×G\frac{3}{4})$	
171SEF	0.1	1.8	15	含油冷凝液/无油、含腐蚀性冷凝液	防爆型，真空	$1×G\frac{3}{4}$	$1×G\frac{1}{2}$
					不锈钢	$(2×G\frac{3}{4})$	

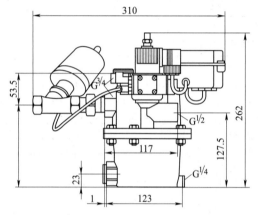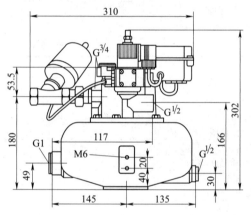

图 13-12　DT 阻气排液阀选型尺寸

（2）气体控制式负压型阻气排液阀　气体控制式负压型阻气排液阀 DT 用于从气体系统中排出冷凝液。因为它完全是气控的，不需要任何电力，且在系统中的任何一点，包括在管线上，通过管路连接即可。DT870005F 可处理的液体温度高达 76.7℃。其技术性能见表 13-32；外形如图 13-13 所示；工作原理如图 13-14 所示。

表 13-32　气体控制式负压型阻气排液阀技术性能

型　号	DT870005F
最高温度/℉(℃)	170(76.7)
最高液体压力/(磅力/平方英寸)(bar)	28.5(1.96bar)
控制气体最小压力/(磅力/平方英寸)(表压)	80(5.5)
控制气体最大压力/(磅力/平方英寸)(表压)	130(9.0)
HT/in(cm)	15(38.1)
宽/in(cm)	10.67(27.1)
深(入口/BV)/in(cm)	13.43(34.1)
入口、出口/inNPT	1/2
控制气体/inNPT	1/4

（续）

型　号	DT870005F
平衡管/inNPT	1/2
质量/磅(公斤)	23.5(10.7)

注：HT 为高度；BV 为流体流动方向上的距离；NPT 为美国标准 60°锥管螺纹。

图 13-13　DT870005F 外形

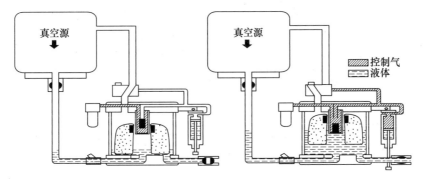

图 13-14　工作原理

4. 真空检测仪表

真空检测仪表形式、型号甚多,工作原理不一,生产厂家遍布全国。这里只介绍几种常用的低真空检测仪表。

（1）U 形管真空计　它是利用 U 形管内液面的高度差,直接测量气体绝对压力值的。这种真空计具有结构简单、使用方便、准确性高、价格低廉等优点,常用于低真空系统中,也可用来校正其他真空表。但它用水银作为工作液时,易于污染环境。规格（标尺）有：±100~±400mm。

（2）弹性真空表　它是利用弹性元件在压差作用下产生应变进行测量的。这种真空表一般用于测量对铜、钢及其合金无腐蚀作用的气体的真空,型号有 Y—60、Y—100、Y—150 型真空表,测量范围为 0~0.1MPa,接头螺纹为 M20×1.5。Z—60、Z—100、Z—150 型真空表,测量范围为 -0.1~0MPa,接头螺纹为 M20×1.5。ZX—150 型电接点真空表,测量范围为 -0.1~0MPa 接头螺纹为 M20×1.5。ZCD—150 型远传真空表,测量范围为 -0.1~0MPa。ZB—150 型标准真空表,测量范围为 0~0.1MPa。

（3）膜片真空表　其工作原理是在被测介质的压力作用下,迫使膜片产生相应的弹性变形,经放大测出真空值。它适用于测量对铜、钢及其合金有腐蚀作用的气体的真空。MZ—100 型膜片真空表,测量范围为 -0.1~0MPa。

13.11　真空系统计算实例

【例 13-9】　已知某厂试验室共有三个真空室,每个真空室的体积为 50L,同时使用系数为 0.66,在 1min 内要求达到绝对压力 60Torr。选择真空泵。

解：1）求真空室的抽气速率。该系统属于静态真空系统。在确定真空泵的安装位置后,绘制一个系统计算图,如图 13-15 所示。

三个真空室总抽气量 $V = 50 \times 3 \times 0.66L = 99L$,$t = 1min$。

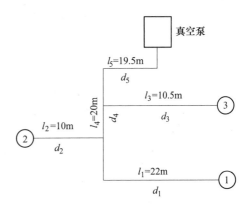

图 13-15　系统计算图

1、2、3—真空室

真空室的抽气速率

$$S = \frac{V}{t}\ln\frac{p_1}{p_2} = \frac{99}{60}\ln\frac{760}{60}L/s = 4.19L/s$$

2）求导管的流导。假设 $d_1 = d_2 = d_3 = 20mm = 2cm$,导管内的介质为 20℃的空气,在 1mmHg 压力下 $\lambda_1 = 4.72\times10^{-3}cm$。

$$\lambda = \frac{\lambda_1}{\frac{p_1 + p_2}{2}} = \frac{4.72 \times 10^{-3}}{\frac{60}{2}}cm = 0.157 \times 10^{-3}cm$$

$$\frac{\lambda}{d_1} = \frac{\lambda}{d_2} = \frac{\lambda}{d_3} = \frac{0.157 \times 10^{-3}}{2}$$

$$= 0.078 \times 10^{-3} < 5 \times 10^{-3}$$

$$\frac{l_1}{d_1} = \frac{2200}{2} = 1100 > 20$$

$$\frac{l_2}{d_2} = \frac{1000}{2} = 500 > 20$$

$$\frac{l_3}{d_3} = \frac{1050}{2} = 525 > 20$$

采用低真空,式（13-6）计算,20℃空气,导管的流导为

$$U = 1.88 \times 10^5 \frac{d^4}{l} \frac{p_1 + p_2}{2}$$

将 $d_1 = 2cm$，$l_1 = 2200cm$ 代入，得

$$U_1 = 1.88 \times 10^5 \times \frac{2^4 \times 60}{2200 \times 2} cm^3/s$$

$$= 4.1 \times 10^4 cm^3/s$$

将 $d_2 = 2cm$，$l_2 = 1000cm$ 代入，得

$$U_2 = 1.88 \times 10^5 \times \frac{2^4 \times 60}{1000 \times 2} cm^3/s$$

$$= 9.0 \times 10^4 cm^3/s$$

将 $d_3 = 2cm$，$l_3 = 1050cm$ 代入，得

$$U_3 = 1.88 \times 10^5 \times \frac{2^4 \times 60}{1050 \times 2} cm^3/s$$

$$= 8.6 \times 10^4 cm^3/s$$

所以　　$U_4 = U_1 + U_2 = 13.1 \times 10^4 cm^3/s$

$$U_5 = U_4 + U_3 = 21.7 \times 10^4 cm^3/s$$

所以　　$d_4 = \sqrt[4]{\dfrac{13.10 \times 10^4 \times 2000 \times 2}{1.88 \times 10^5 \times 60}} cm = 2.5 cm$

$$d_5 = \sqrt[4]{\dfrac{21.70 \times 10^4 \times 1950 \times 2}{1.88 \times 10^5 \times 60}} cm = 2.94 cm$$

导管总流导

$$\frac{1}{U} = \frac{U_1 + U_2 + U_4}{(U_1 + U_2)U_4 + (U_1 + U_2 + U_4)U_3} + \frac{1}{U_5}$$

$$= \frac{1}{15.15 \times 10^4} + \frac{1}{21.70 \times 10^4}$$

所以　　$U = 8.92 \times 10^4 cm^3/s$

3）求真空泵的抽气速率。由以上计算得知：导

管总流导 $U = 8.92 \times 10^4 cm^3/s$。

真空室的抽气速率 $S = 4.19 L/s$。

故真空泵的抽气速率为

$$S_H = \frac{SU}{U - S} = \frac{4.19 \times \dfrac{8.92 \times 10^4}{10^3}}{\dfrac{8.92 \times 10^4}{10^3} - 4.19} L/s = 4.40 L/s$$

4）选择真空泵。根据经验，按真空泵的 S_H 应增大 2~4 倍来选择真空泵，故真空泵的额定抽气速率应大于 $2 \times 4.40 L/s = 8.8 L/s$（在 760mmHg 下）。

选 2X—5 型旋片真空泵 1 台。

说明：本例未计局部阻力。

【例 13-10】　已知某厂试验台，在真空压力 532Torr 下，各真空室抽气速率分别为 $Q_1 = 18.4 m^3/min$、$Q_2 = 12.24 m^3/min$、$Q_3 = 18.4 m^3/min$、$Q_4 = 6.12 m^3/min$，各真空室的试验可以错开进行。选择真空泵。

解：按题意该系统工作时为动态真空状态运行。

1）根据各真空室和真空泵的位置，绘制如图 13-16 的真空管路计算图。为了保证真空稳定，系统中设置了一个 $V = 2m^3$ 的真空稳压罐。

2）求导管的流导 U。假定 $d_6 = d_8 = 5cm$，$d_4 = d_9 = 4cm$，导管内的介质为 20℃ 的空气，$\lambda_1 = 4.72 \times 10^{-3} cm$。

$$\lambda = \frac{\lambda_1}{\dfrac{p_1 + p_2}{2}}$$

$p_1 = (760 - 532) Torr = 228 Torr$，$p_2$ 为真空泵进气口的压力，可忽略不计。

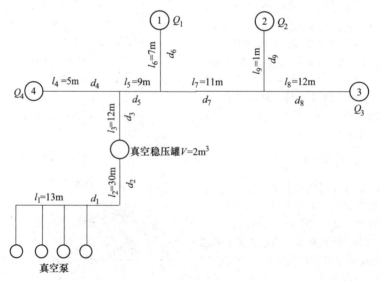

图 13-16　某厂试验台系统计算图
1、2、3、4—真空室

$$\frac{\lambda}{d_6} = \frac{\lambda}{d_8} = \frac{4.72 \times 10^{-3}}{5 \times \frac{228}{2}} = 0.0083 \times 10^{-3} < 5 \times 10^{-3}$$

$$\frac{\lambda}{d_4} = \frac{\lambda}{d_9} = \frac{4.72 \times 10^{-3}}{4 \times \frac{228}{2}} = 0.0103 \times 10^{-3} < 5 \times 10^{-3}$$

$$\frac{l_6}{d_6} = \frac{700}{5} = 140 > 20$$

$$\frac{l_8}{d_8} = \frac{1200}{5} = 240 > 20$$

$$\frac{l_4}{d_4} = \frac{500}{4} = 125 > 20$$

$$\frac{l_9}{d_9} = \frac{100}{4} = 25 > 20$$

所以采用低真空，式（13-6）计算。

20℃空气，$U = 1.88 \times 10^5 \dfrac{d^4}{l} \dfrac{p_1 + p_2}{2}$。

将 $d_6 = 5\text{cm}$，$l_6 = 700\text{cm}$ 代入，得

$$U_6 = 1.88 \times 10^5 \times \frac{5^4 \times 228}{700 \times 2} \text{cm}^3/\text{s}$$
$$= 1.92 \times 10^7 \text{cm}^3/\text{s}$$

将 $d_8 = 5\text{cm}$，$l_8 = 1200\text{cm}$ 代入，得

$$U_8 = 1.88 \times 10^5 \times \frac{5^4 \times 228}{1200 \times 2} \text{cm}^3/\text{s}$$
$$= 1.12 \times 10^7 \text{cm}^3/\text{s}$$

将 $d_4 = 4\text{cm}$，$l_4 = 500\text{cm}$ 代入，得

$$U_4 = 1.88 \times 10^5 \times \frac{4^4 \times 228}{500 \times 2} \text{cm}^3/\text{s}$$
$$= 1.10 \times 10^7 \text{cm}^3/\text{s}$$

将 $d_9 = 4\text{cm}$，$l_9 = 100\text{cm}$ 代入，得

$$U_9 = 1.88 \times 10^5 \times \frac{4^4 \times 228}{100 \times 2} \text{cm}^3/\text{s}$$
$$= 5.49 \times 10^7 \text{cm}^3/\text{s}$$

采用并联，则

$$U_7 \geq U_8 + U_9, U_5 \geq U_6 + U_7, U_3 \geq U_4 + U_5$$

所以 $U_7 = 6.61 \times 10^7 \text{cm}^3/\text{s}$，$U_5 = 8.53 \times 10^7 \text{cm}^3/\text{s}$，$U_3 = 9.63 \times 10^7 \text{cm}^3/\text{s}$。

$$d_7 = \sqrt[4]{\frac{6.61 \times 10^7 \times 1.10 \times 10^3}{1.88 \times 10^5 \times 1.14 \times 10^2}} \text{cm}$$
$$= \sqrt[4]{3393} \text{cm} \approx 8\text{cm}$$

$$d_5 = \sqrt[4]{\frac{8.53 \times 10^7 \times 9 \times 10^2}{1.88 \times 10^5 \times 1.14 \times 10^2}} \text{cm}$$
$$= \sqrt[4]{3582} \text{cm} \approx 8\text{cm}$$

$$d_3 = d_2 = d_1 = \sqrt[4]{\frac{9.63 \times 10^7 \times 5.5 \times 10^3}{1.88 \times 10^5 \times 1.14 \times 10^2}} \text{cm}$$

$$= \sqrt[4]{24713} \text{cm} \approx 13\text{cm}$$

总流导应以离真空泵最远的一个真空室 Q_3（Q_3 的抽气速率也是最大的一个）为准进行计算，这样才能满足其他真空点的试验。故

$$U = \frac{U_1' U_5 U_7 U_8}{U_5 U_7 U_8 + U_1' U_7 U_8 + U_1' U_5 U_8 + U_1' U_5 U_7}$$

$$= \frac{11.13 \times 8.53 \times 6.61 \times 1.12 \times 10^{28}}{(8.53 \times 6.61 \times 1.12 + 11.13 \times 6.61 \times 1.12 + 11.13 \times 8.53 \times 1.12 + 11.13 \times 8.53 \times 6.61) \times 10^{21}}$$

$$= \frac{702.85 \times 10^{28}}{889.01 \times 10^{21}} \text{cm}^3/\text{s} = 7.91 \times 10^6 \text{cm}^3/\text{s}$$

式中 U_1' 值是 U_3、U_2、U_1 的总和。因 $d_3 = d_2 = d_1$，故以 U_1 总成。

$$U_1' = 1.88 \times 10^5 \times \frac{13^4 \times 228}{5500 \times 2} \text{cm}^3/\text{s}$$
$$= 11.13 \times 10^7 \text{cm}^3/\text{s}$$

3）求真空泵的抽气速率 S_H。由以上计算得知，导管的总流导能力为

$$U = 7.91 \times 10^6 \text{cm}^3/\text{s} = 4.75 \times 10^2 \text{m}^3/\text{min}$$

由于四个真空室可以一个一个进行试验，所以在工作压力（$760 - 532$）Torr $= 228$Torr 下，需抽走的最大气量 $Q = 18.4 \text{m}^3/\text{min}$。

在满足真空室工作压力时，真空泵的计算抽气速率为

$$S_H = \frac{UQ}{U - Q} = \frac{4.75 \times 10^2 \times 18.4}{4.75 \times 10^2 - 18.4} \text{m}^3/\text{min}$$
$$= 19.14 \text{m}^3/\text{min}$$

4）选择真空泵。根据资料和经验，按 S_H 应增大 50% 来选择真空泵，即 $1.50 \times 19.14 \text{m}^3/\text{min} = 28.71 \text{m}^3/\text{min}$。按照所抽气体的性质（空气和油气），只适合选水环真空泵。

查水环式真空泵"抽气速率-极限真空度"性能曲线图，得到在工作压力 $p = 228$Torr 下，SZ—4 型的抽气速率 $S_H \approx 7\text{m}^3/\text{min}$。故选 SZ—4 型水环真空泵 4 台。

说明：本例未考虑局部阻力。

13.12　真空系统工程实例应用

【例 13-11】　已知某数控加工制造厂房共有 8 台数控机床需要真空供应，每台设备的真空室的体积为 600L，同时使用系数为 0.75，要求在 30s 内达到 0.08MPa（绝对压力）。厂房真空系统平面图及管系图如图 13-17 和图 13-18 所示。确定真空系统管路的管径以及选择真空泵。

解： 对管系图各管段进行编号，图上小圆圈内的数字表示管段号。

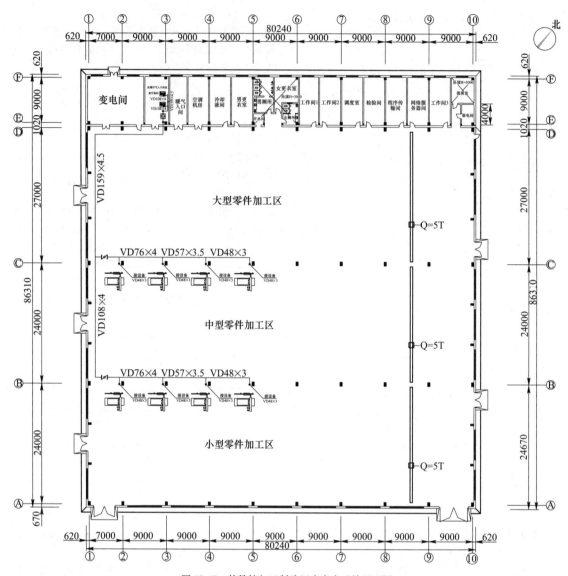

图 13-17　某数控加工制造厂房真空系统平面图

1）求真空室的抽气速率。

总抽气量 $V = 600 \times 8 \times 0.75L = 3600L$

真空室的抽气速率

$$S = \frac{V}{t}\ln\frac{p_1}{p_2} = \frac{3600}{30}\ln\frac{760}{600}L/s = 28.37L/s$$

2）判断各支管真空状态。因各支管真空室大小及真空要求均相同，假定接各设备真空管道支管规格为 48mm×3mm，即 $d_1 = d_2 = d_3 = d_4 = d_8 = d_9 = d_{10} = d_{11} = 4.2cm$，导管内的介质为 20℃的空气，$\lambda_1 = 4.72 \times 10^{-3}cm$。

$$\lambda = \frac{\lambda_1}{\dfrac{p_1 + p_2}{2}}$$

$p_1 = 0.08MPa = 600Torr$，p_2 为真空泵进气口的压力，可忽略不计。

$$\frac{\lambda}{5 \times 10^{-3}} = \frac{4.72 \times 10^{-3}}{5 \times 10^{-3} \times \dfrac{600}{2}}cm = 3.15 \times 10^{-3}cm$$

本工程所有管道管径 d 均远大于 $3.15 \times 10^{-3}cm$，所以 λ/d 均小于 5×10^{-3}，各管段均属于低真空范畴。又各管段 l/d 值均大于 20，采用式（13-6）进行流导计算。

3）确定各管段的管道规格及流导。以确定管段 5 的管道规格为例。

采用并联公式，则

$$U_5 = U_1 + U_2$$

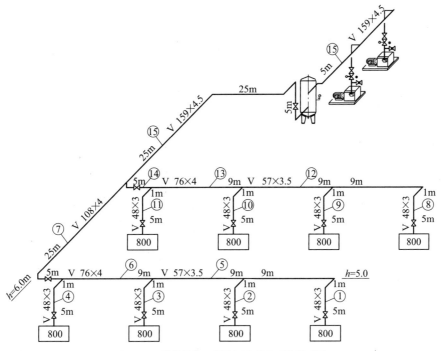

图 13-18　某数控加工制造厂房真空系统管系图

计算 U_1、U_2，首先确定导管的长度（含局部阻力的当量长度）。确定各管段局部阻力系数：根据管系图中管路的实际情况，列出各管段的局部阻力管件名称（表 13-33）。查表 13-6，将各管件的局部阻力当量长度 l_d，填入表 13-33 中，计算管段总的局部阻力当量长度 $\sum l_d$。将 $\sum l_d$ 及其他参数汇总填入表 13-34。通过式（13-6）计算，即可得到 U_1、U_2，然后将数值填入表 13-35。计算可得 U_5，已知 U_5 的直管段长度，按式（13-6）推导计算管段内径。选择合适的管道规格，再根据所得到管段 5 的实际内径，得到管段 5 的各参数，填入表 13-34。

表 13-33　各管段局部阻力当量长度汇总

（单位：mm）

管段号	管道配件	个数	单个当量长度	l_d
1	DN=40mm 截止阀	1	12.8	12.8
8	DN=40mm、90°弯头	2	0.7	1.4
$\sum l_d$				14.2
2	DN=40mm 截止阀	1	12.8	12.8
3	DN=40mm、90°弯头	1	0.7	0.7
4	—	—	—	—
9	—	—	—	—
10	—	—	—	—
11	—	—	—	—
$\sum l_d$				13.5
5	DN=50mm 折流三通	1	2	2

（续）

管段号	管道配件	个数	单个当量长度	l_d
12	—	—	—	—
$\sum l_d$				2
6	DN=65mm 折流三通	1	2.86	2.86
13	—	—	—	—
$\sum l_d$				2.86
7	DN=100mm 截止阀	1	37	37
	DN=100mm、90°弯头	2	1.28	2.56
$\sum l_d$				39.56
14	DN=65mm 截止阀	1	28.6	28.6
	DN=65mm、90°弯头	1	1.02	1.02
$\sum l_d$				29.62
15	DN=150mm 截止阀	1	58	58
	DN=150mm、90°弯头	6	1.74	10.44
	DN=150mm 折流三通	1	5.5	5.5
$\sum l_d$				73.94

表 13-34　真空系统管段计算

管段号	管径 d/cm	沿程直管长度 l_y/cm	局部阻力当量长度 l_d/cm	流导计算长度 l/cm	管段流导 U/（cm³/s）
1	4.2	1500	1.42	1501.42	2.63E+07
2	4.2	600	1.35	601.35	6.57E+07
3	4.2	600	1.35	601.35	6.57E+07
4	4.2	600	1.35	601.35	6.57E+07
5	5	900	0.2	900.2	8.81E+07
6	6.8	900	0.286	900.286	3.01E+08

（续）

管段号	管径 d/cm	沿程直管长度 l_y/cm	局部阻力当量长度 l_d/cm	流导计算长度 l/cm	管段流导 U/(cm³/s)
7	10	3100	3.956	3103.956	4.09E+08
8	4.2	1500	1.42	1501.42	2.63E+07
9	4.2	600	1.35	601.35	6.57E+07
10	4.2	600	1.35	601.35	6.57E+07
11	4.2	600	1.35	601.35	6.57E+07
12	5	900	0.2	900.2	8.81E+07
13	6.8	900	0.286	900.286	3.01E+08
14	6.8	600	2.962	602.962	4.50E+08
15	15	6000	7.394	6007.394	1.07E+09

参照上述方法，可得到其余管段的数据，均填入表 13-33 和表 13-34。

4）计算真空系统导管总流导。由表 13-34，并根据管段串并联关系，利用式（13-9）及（13-10）由管段末端逐步计算总流导。根据计算得总流导 U = 1.81E+08cm³/s。

5）确定真空泵的抽气速率。

$$S_H = \frac{SU}{U - S} = 28.37 \text{L/s}$$

6）选择真空泵。根据经验，按真空泵的 S_H 应增大 2~4 倍来选择真空泵，本工程按 3 倍来考虑，故真空泵的额定抽气速率应大于（在绝对压力 0.1013MPa 下）

$$3 \times 28.37 \text{L/s} = 85.1 \text{L/s} = 306.4 \text{m}^3/\text{h}$$

查询某真空泵厂家给的样资料，真空泵的压力-抽速特性曲线如图 13-19 所示，可知 SV200 真空泵在工作压力 0.08MPa（绝对压力）下抽气速率基本与额定抽气速率一致，保持在 180m³/h，由计算表可知，选择 2 台 SV200 真空泵即可满足要求。

7）真空系统的控制要求。每台真空泵和真空泵吸气管上的电磁阀同步开、停。每台真空泵的开、停由一体控制柜控制，并参照下列参数设定：

当 p<0.016MPa 时（绝对压力、可调），停泵。

当 p=0.016~0.064MPa 时（绝对压力、可调），真空泵运行；先运行 1 台，2min 后（可调）若真空压力 p>0.04MPa，启动第二台泵。

当 p>0.064MPa 时（绝对压力、可调），逐台启动真空泵。

当 p>0.072MPa 时（绝对压力、可调），报警。

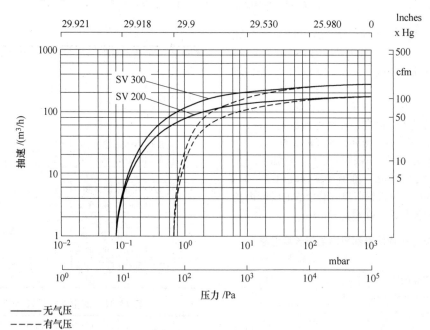

图 13-19　某设备厂家真空泵 SV200 抽速特性曲线

参 考 文 献

[1] 全国锅炉压力容器标准化技术委员会 . 压力管道规范 工业管道：GB/T 20801.1~20801.6—2006 [S]. 北京：中国标准出版社，2007.

[2] 刘玉魁 . 真空工程设计 [M]. 北京：化学工业出版社，2016.

第 14 章　高纯气体管道

14.1　高纯气体的用途

在电子、冶金、化工、热处理、化纤、玻璃和食品等工业生产及科研单位，广泛地使用各种高纯气体作为保护气体、反应气体和运载气体。

作为保护气体用的高纯气体有氢气、氮气、氩气和它们的混合物。其用途如下：

1）保护工业产品在各种加工工艺过程中，以及各种工序间的储存和器件密封时，免遭周围空气的污染。如电子器件的零件在热处理工序中，若遇空气即被氧化。

2）吹净器件用。如在制造器件外壳的过程中，底盘退火、玻璃与可伐合金零件的封接时，在充还原性气体（氢气、氢氮混合气）前和工作结束后，用保护气体将炉子吹净。在制造半导体器件和集成电路时，保护气体广泛用于扩散和外延生长过程的前后，将扩散炉管和外延装置反应器吹净。

3）在蒸发金属膜时，氮气、氩气用于排气和放气之前，将蒸发装置充满等。

反应气体有氢气和各种氢化气体、氧气等高纯气体。其用途是作为生产钨钼材料、半导体材料时的原料气、还原气。

运载气体是用以将挥发性物质和气体混合物，从发生源输送到扩散炉的炉管或反应器的工作室中。一般运载气体也兼作保护气和稀释气使用。运载气体有氮气、氩气、氢气等。

14.2　高纯气体的控制标准

高纯气体指气体中含较少杂质气氛（纯度）、微量水分（干燥度）、污染物粒子的数量保持在最低限度，其粒度也应是最小的（洁净度）。因此，纯度、干燥度、洁净度是高纯气体三项重要的标准。

14.2.1　纯度及干燥度

我国于 2011 年颁布的 GB 50724—2011《大宗气体纯化及输送系统工程技术规范》中指出：高纯气体指采用提纯技术达到规定等级纯度的气体，通常指纯度为 99.99%~99.9999%，有害杂质含量小于或等于 1×10^{-5} 的气体。

国外对高纯气体的纯度和干燥度都有相应的规定。制造半导体器件和集成电路所需气体的纯度，见表 14-1。

表 14-1　制造半导体器件和集成电路所需气体的纯度

气体名称	化学符号	电子级纯度（%）	主要用途
氢	H_2	99.9999	外延生长
氮	N_2	99.999	扩散掺杂零件储存和器件封装
氧	O_2	99.99	高温热氧化
氩	Ar	99.999	单晶炉和等离子溅射
氦	He	99.999	器件封装检漏
氨	NH_3	99.999	生长氮化硅
氯化氢	HCl	99.99	硅片高温气相腐蚀
二氧化碳	CO_2	99.99	生长二氧化硅
硅烷	SiH_4	99.999	硅外延生长
乙硼烷	B_2H_6		P 型掺杂
磷烷	PH_3	99.995	N 型掺杂
砷烷	AsH_3	99.995	N 型掺杂
硒化氢	H_2Se	99.995	Ⅲ—Ⅴ族化合物掺杂

14.2.2　洁净度

需用高纯气体的生产工艺系统是在洁净环境中使用的。因此，气体管道洁净度的控制标准，应以不污染产品为准则，至少应当与生产环境的洁净度等级保持一致，而不能低于环境的要求。

国家标准 GB 50073—2013《洁净厂房设计规范》对洁净室及洁净区内空气悬浮粒子洁净度等级的规定，见表 14-2。

$$C_n = 10^N \times \left(\frac{0.1}{D} \right)^{2.08} \qquad (14\text{-}1)$$

式中　C_n——大于或等于要求粒径的最大浓度限值（pc/m^3），C_n 是以四舍五入至相近的整数，有效位数不超过三位数；

N——空气洁净度等级，数字不超过 9，洁净度等级整数之间的中间数可以按 0.1 为最小允许递增量；

D——要求的粒径（μm）。

0.1——常数，其量纲为 μm。

当工艺要求粒径不止一个时，相邻两粒径中的大者与小者之比不得小于 1.5 倍。

空气洁净度等级所处状态包括空态、静态、动态，空气洁净度等级所处状态应与业主协商确定。

空气洁净度的测试方法，可按《洁净厂房设计规范》附录 A 的要求进行。

表 14-3~表 14-6 列出各国洁净度指标，可供系统设计参考。

表 14-2　洁净室及洁净区空气中悬浮粒子洁净度等级

空气洁净度等级	大于或等于表中粒径的最大浓度限值 /（pc/m³）					
N	0.1μm	0.2μm	0.3μm	0.5μm	1μm	5μm
1	10	2	—	—	—	—
2	100	24	10	4	—	—
3	1000	237	102	35	8	—
4	10000	2370	1020	352	83	—
5	100000	23700	10200	3520	832	29
6	1000000	237000	102000	35200	8320	293
7	—	—	—	352000	83200	2930
8	—	—	—	3520000	832000	29300
9	—	—	—	35200000	8320000	293000

注：按不同的测量方法，各等级水平的浓度数据的有效数字不应超过 3 位。

表 14-3　日本几家公司提出的彩色显像管生产所需的气体纯度

气体	指标	松下	东芝	日立
氢气	氧含量	$<1\times10^{-6}$	$<5\times10^{-6}$	$<5\times10^{-6}$
	露点/℃	−65	−60	−50
	纯度（%）	99.999	99.999	99.99
氧气	露点/℃	—	−60	−60
	纯度（%）	99.6	99.6	99.8
氮气	氧含量	$<5\times10^{-6}$	$<5\times10^{-6}$	$<5\times10^{-6}$
	露点/℃	−70	−60	−50
	纯度（%）	99.999（包括 Ar）	99.999	99.99
氩气	氧含量	$<2\times10^{-6}$	$<1\times10^{-6}$	$<1\times10^{-6}$
	氮含量	$<10\times10^{-6}$	$<5\times10^{-6}$	$<5\times10^{-6}$
	露点/℃	−70	−60	−60
	纯度（%）	99.999（包括 N_2）	99.99	99.999
干燥空气	露点/℃	−40	−40	−20

表 14-4　日本几家公司提出的集成电路生产所需的气体纯度

气体	指标	松下	东芝	日立
氮气	氧含量	2×10^{-6}	$<1.5\times10^{-6}$	$<5\times10^{-6}$
	露点/℃	−60	−70	−70
	纯度（%）	—	99.9998	99.999
氧气	露点/℃	−60	−70	−60
	纯度（%）	99.6	99.8	99.8
氢气	氧含量	2×10^{-6}	$<5\times10^{-6}$	$<5\times10^{-6}$
	露点/℃	−70	−60	−60
	纯度（%）	—	99.999	—
高纯氢	氧含量	0.1×10^{-6}	$<0.1\times10^{-6}$	$<0.1\times10^{-6}$
	露点/℃	−76	−70	−70
	纯度（%）	—	99.9999	99.9999
高纯氮	氧含量	—	—	$<1\times10^{-6}$
	露点/℃			−70
	纯度（%）			99.999
氩气	氧含量	2×10^{-6}	$<0.5\times10^{-6}$	$<1\times10^{-6}$
	露点/℃	−70	−70	−70
	纯度（%）	—	99.999	99.999
干燥空气	露点/℃	−60	−60	−70

注：1. 高纯氢是外延炉使用，采用钯膜纯化器。

　　2. 含水量以露点计。

表 14-5　法国汤姆逊公司集成电路生产用气体纯度

气体	杂质含量（10^{-6}）						
	O_2	N_2	H_2	Ar	CO_2	C_nH_m	露点/℃
氮气	<5	—	<2	<1000	—	无	<-70
氧气	—	<500	<1	—	无	无	<-70
氢气	<5	—	—	—	无	无	<-70

表 14-6　美国集成电路制造用气体纯度

气体	杂质含量（10^{-6}）										
	O_2	N_2	CO_2	CO	N_2O	CH_4	H_2	水分	露点/℃	Ar	C_2H_2
氩气	1	5	0.5	1	0.1	0.5	1	2	-72	—	—
氢气	1	5	0.5	—	0.1	0.5		2	-72	—	—
氮气	1	—	0.5	1	0.1	0.5		2	-72	10	—
氧气	—	—	0.5	1	0.1	0.5		2	-72	2000	0.05

14.3　气体纯化装置

14.3.1　氢气纯化装置

1. QYC 中压系列氢气纯化装置

QYC 中压系列氢气纯化装置以电解氢为原料，经过气水分离、催化除氧冷凝和吸附二级干燥、过滤，从而获得高纯氢。其纯度可达 99.99%、99.999% 和 99.9999%。为达到 5 个 9 以上纯度的氢气，只需在 4 个 9 的氢气纯化装置后，加一级储氢合金纯化装置即可，该装置为全自动化运行。QYC 中压系列氢气纯化装置工艺流程如图 14-1 所示。

此装置采用两组吸附干燥器并联，一组工作，另一组再生，以保证装置连续运转。也可以根据用户要求，阀的操作由手动改为自动；也可以按照用户要求，配置气体纯度分析用的仪表。

QYC 中压系列氢气纯化装置的技术参数见表 14-7。此装置生产的系列产品高纯氢，可广泛应用于电子、冶金、化工、玻璃等工业部门，也可作为热处理保护气体。

生产单位：江苏苏州东方气体净化设备有限公司。

2. AZQ 系列氨分解制氢装置

AZQ 系列氨分解制氢装置以液氨为原料，在催化剂作用下，加热分解得到含氢 75%、含氮 25% 的混合气体，每千克液氨可以产 $2.6m^3$ 混合气体。此种装置是一种简便、价廉地获取氢氮混合气的装置，比水电解制氢具有投资少、成本低、结构简单和操作方便等优点。

此装置可配用气体纯化装置，进一步提高混合气的纯度。

AZQ 系列氨分解制氢装置工艺流程如图 14-2 所示。技术参数见表 14-8。

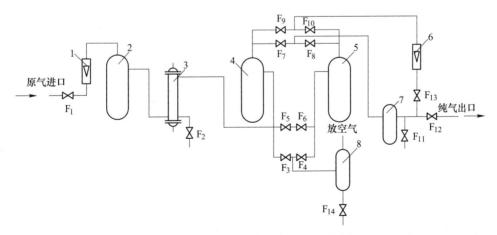

图 14-1　QYC 中压系列氢气纯化装置工艺流程
1—原料气流量计　2—除氧器　3—冷却器　4—Ⅰ组干燥器
5—Ⅱ组干燥器　6—再生流量计　7—过滤器　8—气水分离器　$F_1 \sim F_{14}$—阀

表 14-7 QYC 中压系列氢气纯化装置的技术参数

型号		QYC—5/8	QYC—10/8	QYC—25/8	QYC—50/8	QYC—100/8	QYC—200/8	QYC—300/8
处理气量/(m³/h)		5	10	25	50	100	200	300
原氢	氧含量（%）	0.5	0.5	0.5	0.5	0.5	0.5	0.5
	压力/MPa	0.5~0.8	0.5~0.8	0.5~0.8	0.5~0.8	0.5~0.8	0.5~0.8	0.5~0.8
纯氢	氧含量（10^{-6}）	≤1	≤1	≤1	≤1	≤1	≤1	≤1
	露点/℃	≤−70	≤−70	≤−70	≤−70	≤−70	≤−70	≤−70
耗冷量/W		—	250	625	1160	1800	2400	3300
冷却水耗量/(m³/h)		0.1	0.2	0.3	0.5	1	3	3.5
电源		3 相，380V	3 相，380V	3 相，380V	3 相，380V	3 相，380V	3 相，380V	3 相，380V
装机功率/kW		3.0	3.5	4.0	6.5	12	21	24
主体设备质量/kg		450	500	700	1150	1650	1950	2750
外形尺寸 （长/mm）× （宽/mm）× （高/mm）	主体设备	1100×850×1750	1100×850×1950	1300×850×1950	1300×1250×1950	1800×1400×2300	2000×1700×2300	2200×1700×2300
	电控箱	—	—	800×500×2000	800×500×2000	800×500×2000	800×500×2000	800×500×2000
	仪表箱	—	—	950×500×2000	950×500×2000	950×500×2000	950×500×2000	950×500×2000

注：用户对杂质含量另有要求，在订货时提出具体指标，也可按用户要求配备仪表箱。

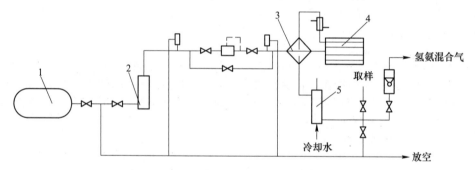

图 14-2 AZQ 系列氨分解制氢装置工艺流程
1—氨储罐 2—汽化器 3—热交换器 4—分解炉 5—冷却器

表 14-8 AZQ 系列氨分解制氢装置的技术参数

型号		AZQ—5A	AZQ—5B	AZQ—10	AZQ—20	AZQ—30	AZQ—50	AZQ—100	AZQ—150	AZQ—200	AZQ—300
额定发气量/(m³/h)		5	5	10	20	30	50	100	150	200	300
分解后气体	氧含量（10^{-6}）	≤20	≤20	≤20	≤20	≤20	≤20	≤20	≤20	≤20	≤20
	露点/℃	≤−10	≤−10	≤−10	≤−10	≤−10	≤−10	≤−10	≤−10	≤−10	≤−10
纯度	残余氨（%）	<0.1	<0.1	<0.1	<0.1	<0.1	<0.1	<0.1	<0.1	<0.1	<0.1
液氨消耗量/(kg/h)		2	2	4	8	12	20	40	60	80	120
操作温度/℃		800~850	600~650	800~850	800~850	800~850	800~850	800~850	800~850	800~850	800~850
分解炉工作压力/MPa		0.05	0.05	0.05	0.05	0.05	0.05	0.05	0.05	0.05	0.05
主机外形尺寸/ （宽/mm）×（深/mm）× （高/mm）		650×1200×1500	460×725×1480	1805×1400×1350	2150×1550×2100	2500×2000×2000	2800×1700×2400	2800×2000×2400	2800×2200×2400	2800×4500×2400	2800×7000×2400
电器控制箱外形尺寸/ （长/mm）×（宽/mm）× （高/mm）		—	—	—	600×500×1500	600×500×1500	700×600×2000	700×600×2000	700×600×2000	800×700×2000	800×700×2000
催化剂		镍催化剂	铁催化剂	镍催化剂	镍催化剂	镍催化剂	镍催化剂	镍催化剂	镍催化剂	镍催化剂	镍催化剂
电源		交流，50Hz，220V	交流，50Hz，220V	交流，50Hz，380V	交流，50Hz，380V	交流，50Hz，380V	交流，50Hz，380V	交流，50Hz，380V	交流，50Hz，380V	交流，50Hz，380V	交流，50Hz，380V

（续）

型　号	AZQ—5A	AZQ—5B	AZQ—10	AZQ—20	AZQ—30	AZQ—50	AZQ—100	AZQ—150	AZQ—200	AZQ—300
分解炉额定功率/kW	6	5	12	24	36	60	120	180	240	360
汽化器额定功率/kW	—	—	—	5	7.5	7.5				
冷却水耗量/（m³/h）	—	—	0.5	1	1.5	2	2.5	3	3.5	4
质量/kg	200	200	~1000	~1500	~2000	~3100	~5100	~6500	~11000	~16000

注：生产单位为江苏苏州东方气体净化设备有限公司。

3. JCHQ-10 型制氢机

目前国内外工业制备氢气方法，主要是采用水煤气法、烃类蒸汽重整法及电解法。前两种方法适用于日产几万立方米氢气的工业部门需要。但在化工、冶金、电子、气象、环保及某些军事部门，其需要量为每日几十至几百立方米氢气，且往往是间歇使用。在这种场合下，单独建立一个工厂制造小量的氢是极不经济的。

采用瓶装氢气和小装置的电解氢，可以满足间歇、小量氢的使用场合的需要。但这两种方法由于耗电大、使用价格高、运输不安全、供应不便、产生压力小（电解氢），只能是固定式供氢等问题的存在，均不适合于间歇、小量和移动式使用氢的场合，不能提供合适、满意的氢源。

JCHQ-10 型制氢机是一种应用甲醇重整制氢反应原理制氢的装置。甲醇是一种富含氢的材料，以它和水为原料，通过催化剂的作用，则可得到 75% 的氢和 25% 的 CO_2。将 CO_2 脱除后，即可得到纯度为 99.5% ~ 99.9995% 的氢气。其化学反应方程式如下：

$$CH_3OH \xrightarrow{300℃} CO + 2H_2 \tag{14-2}$$

$$H_2O + CO \xrightarrow{250℃} CO_2 + H_2 \tag{14-3}$$

$$CH_3OH + H_2O \xrightarrow{250 \sim 300℃} CO_2 + 3H_2 \tag{14-4}$$

H_2 和 CO_2 的分离技术很多，如变压吸附法、膜（银、钯）分离法等。此装置采用变压吸附法或膜分离技术。

（1）特点

1）克服了"电解制氢"耗电量太大的弊端，为电能紧张地区提供了一套节省能耗的制备氢气的新途径。

2）降低了制氢的成本（约 40%）。

3）省掉了氢压机。该装置生产的氢气具有 0.2~2MPa 的出口压力，可以满足一般用户的要求。

（2）主要技术指标

原料：甲醇、水。

产氢量：10~15000m³/h。

氢纯度：99.5%~99.9995%。

氢气出口压力：0.2~2MPa。

原料耗量：甲醇 0.56kg/m³H₂；水 0.7kg/m³H₂。

耗电功率：制氢量≤50m³/h 时，2kW/m³H₂；制氢量>50m³/h 时，0.1~0.5kW/m³H₂。

冷却水耗量：0.04t/m³H₂。

（3）用途　JCHQ-10 制氢机应用面广，适用性强，尤其适用于间歇、中小量和移动使用氢的场合。具体应用举例如下：

1）气象、环保部门充放探空气球。

2）冶金工业：粉末冶金的保护气、电磁钢板的氢退火、钨和钼的精炼。

3）军事方面：军事气象、测风。

4）化工：双氧水生产、苯制环乙烷、硝基苯制苯胺、甲基脂肪酸制脂肪乙醇、油脂硬化等。

5）电子工业：半导体用硅的精炼和加工。

6）金属热处理：制备氮基气氛工艺过程中，氮气除氧配氢的氢源，可代替传统的钢瓶氢。

生产厂家为中国科学院山西煤炭化学研究所。

4. 甲醇裂解制氢装置

甲醇裂解制氢通常有如下方式：

1）无水甲醇。$CH_3OH = CO + 2H_2$，可得 66.7% 的 H_2 和 33.3% 的 CO。

2）甲醇+水。$CH_3OH + H_2O = CO_2 + 3H_2$，可得 75% 的 H_2 和 25% 的 CO_2。

将上述裂解的混合气，用钯管或 PSA 分离得到 99.9% 以上的纯氢。一般小气量情况下用钯管，大气量情况下应用 PSA 法提取纯氢，还可以从甲醇裂解中获取 CO_2。

甲醇裂解制氢装置工艺流程如图 14-3 所示。

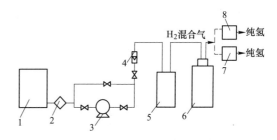

图 14-3　甲醇裂解制氢装置工艺流程

1—甲醇储罐　2—过滤器　3—计量泵
4—流量计　5—汽化器　6—裂解炉
7—膜分离氢气提纯装置　8—变压吸附氢气提纯装置

甲醇与蒸馏水以一定比例混合后，经过滤器、计量泵、流量计进入汽化器，转为气相后再进入裂解炉。炉内装催化剂，反应温度可控制在 300℃ 左右。裂解气可经过二氧化碳塔来回收 CO_2，也可直接进入钯管膜或 PSA 分离装置来提取纯氢。

此装置的技术参数见表 14-9。生产单位为江苏苏州东方气体净化设备有限公司。

表 14-9　甲醇裂解制氢装置的技术参数

型号	JQ—5	JQ—10	JQ—30	JQ—50	JQ—100	JQ—200
产氢量/（m³/h）	5	10	30	50	100	200
氢气纯度（%）	99.9	99.9	99.9	99.9	99.9	99.9
甲醇耗量/（L/h）	5	10	30	50	100	200
装机功率/kW	5	9	28	40	75	150
外形尺寸（宽×深×高）/m	1.0×0.6×2.0	1.0×1.2×2.0	1.5×1.5×2.0	2.0×1.5×2.0	3.5×2.0×2.0	4.5×3×2.0
电气柜外形尺寸（长×宽×高）/mm	—	—	700×600×2000	700×600×2000	700×600×2000	700×600×2000
质量/kg	500	800	1650	2750	4550	7850

5. 中国科学院山西煤炭化学研究所制氢装置

（1）甲醇重整-变压吸附分离制取氢气　以甲醇和水为原料，通过催化剂的作用，可得到 75% 的 H_2 和 25% 的 CO_2。经变压吸附分离后，即可得到 99.5%～99.9995% 的氢气。

特点如下：

1）成本低：1.5～1.8 元/m³ H_2。

2）节约电耗：0.1～0.15kW·h/m³ H_2。

3）输出压力大：0.1～2MPa。

4）纯度范围广：99.5%～99.9995%。

5）规模可大可小：50～3000m³/h。

6）可增、减量运行：满负荷×30% 或 110% 随停随开，操作方便。

7）投资建设费用少。

（2）天然气-水转化制取氢气　天然气以甲烷为主，以天然气和水为原料，通过催化剂的作用，可得到含有 CO、CO_2 的富氢气体，经变压吸附分离，即可得到 99.5%～99.9995% 的氢气。

在有天然气体原料的场合，这是一条制氢的好途径。该法制氢成本低、省电，生产规模可大可小，氢纯度高，设备装置简单、投资费用少。

（3）煤-水煤气制取氢气　以块状的白煤为原料，将其投入造气炉中燃烧，同时加入水蒸气，使其产生水煤气。该水煤气经脱氢变换等净化工序后，进入变压吸附分离工段，能得到 99.5%～99.9995% 的氢气。

该项目技术最大特点是适合大规模生产氢的场合（产氢量≥2000m³/h），在此种情况下所得氢气成本低廉，约 0.9～1 元/m³ H_2。

14.3.2　氧气纯化装置

工业中常用水电解装置和空气分离装置，获得纯度为 99.5% 的工业氧，其中主要杂质是氢气和水汽。由空分设备所得到的氧气中，主要杂质是氮、碳氢化合物及水汽。

上述杂质中，对半导体器件和集成电路的氧化、扩散工序，以及化学气相氧化沉积法制造石英光导纤维等生产，最为有害的是氢、碳氢化合物和水汽。未经净化的氧气，对硅片氧化层结构的致密度、耐压、针孔产生恶劣的影响，特别是在光导纤维生产中，其影响尤为严重。因此，氧气净化的目的是有效地脱除工业氧气中的氢、碳氢化合物、水汽和尘埃。

选择氧气净化系统工艺流程时，应考虑到所使用的原料氧气的来源不同，所用的净化系统也不同。用水电解法所得到的氧，其杂质主要是氢（占 0.5%）和水汽（饱和），而碳氢化合物甚微。因此，其净化系统工艺流程应以脱氢、脱水为主，同时也要考虑到脱除碳氢化合物和尘埃。水电解法所得氧气，净化后纯度比较高。

空气分离法所得到的氧气，纯度为 99.5%～99.6%，其中杂质除水汽外，碳氢化合物、氢等含量甚微，因此去杂质主要是脱水。

中国科学院山西煤炭化学研究所研制的 OP 系列-氧气净化系统，其净化流程如图 14-4 所示。

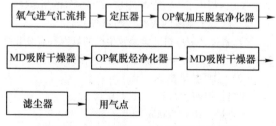

图 14-4　OP 系列氧气净化系统的净化流程

从氧气进气汇流排输出的高压氧气，经定压器定压到 2.0MPa 左右，进入 OP 氧加压脱氢净化器中的一个反应器内，经该所研制的 123 氧中脱氢催化剂的作用，氢氧反应生成水而脱去氢。又经过冷凝器排出液态水后，减压到 0.8MPa，即可送至 MD 吸附干燥器内脱去残留在气体中的水分。然后再将气体送至 OP 氧脱烃净化器设备中的反应器内。在反应器内装填该所研制的 104 氧中脱烃催化剂，使氧气在反应器内与烃、氢发生催化燃烧，形成 CO_2 及 H_2O。再经过 MD 吸附干燥器彻底除掉生成物，最后经过滤尘器，即可输送到各用气点。

OP 系列氧气净化系统技术性能如下：

1）处理量：

OP-5 氧气净化系统：$5m^3/h$。

OP-10 氧气净化系统：$10m^3/h$。

OP-15 氧化净化系统：$15m^3/h$。

2）原料气：工业普氧（瓶装）的纯度 99.5%、氢含量 ≤0.5%、甲烷含量 $<100\times10^{-6}$、露点 $<-19℃$。

3）净化后气体质量：C-H 化合物含量 $<1\times10^{-6}$、H_2 含量 $<1\times10^{-6}$、CO_2 含量 $<1\times10^{-6}$、CO 含量 $<1\times10^{-6}$、露点 $<-70℃$、尘埃 <100 级。

4）操作压力与温度：

OP 氧加压脱氢净化器：2.0MPa、120℃。

OP 氧脱烃净化器：≤0.8MPa、350℃。

MD 吸附干燥器：<0.8MPa、室温，再生时 350℃。

5）电能消耗（交流电 220V）：

OP 氧加压脱氢净化器：1~2kW。

OP 氧脱烃净化器：2~3kW。

MD 吸附干燥器：1~2kW×2。（两台间断用电）

6）冷却水消耗量（水温 ≤15℃）：

OP 氧加压脱氢净化器：$0.5m^3/h$（最大）。

OP 氧脱烃净化器：$0.5m^3/h$（最大）。

MD 吸附干燥器：$0.3m^3/h$（仅再生时用）。

7）外形尺寸为 480mm ×400mm×1500mm。

OP 氧加压脱氢净化器是氧气净化系统主要设备之一，其净化流程如图 14-5 所示。

由汇流排送来的瓶装高压普氧，经定压器降低到 2.0MPa，进入 OP 氧加压脱氢净化器内。经工作进气阀 2 进入预热器 3（其中装有不锈钢屑粒作为载热体），将氧气加热到 100~120℃，然后进入脱氢反应器 4 中。在脱氢反应器 4 内，预先装有 123 氧脱氢催化剂，操作温度控制在 100~120℃。在催化剂的作用下，氧和氢进行反应生成水，然后进入冷凝器 5 后，气体即被冷却。由于脱氢反应是在压力下进行的，当气温下降到冷却水温度时，气体中过饱和的水分必将被冷凝成液态，收集在冷凝器的集水罐内，定期由排水阀排出。除去大量凝结水后的气

体（含水 $0.7g/m^3$ 左右），经过气动式定压器 11 降至 0.8MPa 输出，由后面的设备处理。

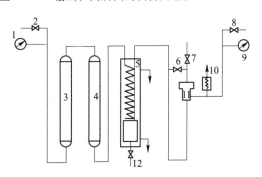

图 14-5　OP 氧加压脱氢净化器净化流程
1—进气压力表　2—工作进气阀　3—预热器
4—脱氢反应器　5—冷凝器　6—定压升阀
7—定压降阀　8—工作出气阀　9—出气压力表
10—安全阀　11—气动式定压器　12—放空阀

OP 氧脱烃净化器净化流程如图 14-6 所示。

由前级干燥器输出已脱氢和脱水的氧气，以 0.8MPa 压力进入 OP 氧脱烃净化器中。氧气经工作进气阀 2 进入预热器 3（其中装有不锈钢屑粒作为载热体），将氧气加热到 300~350℃，再进入反应器 4 中。反应器 4 中装有 104 氧脱烃催化剂，操作温度保持在 350~400℃，可脱去氧气中烃类物质和残氢，生成 CO_2 及 H_2O。然后气流进入盘管冷却器 5 内，将气流冷却到水温，再通过工作出气阀 6，氧气被送入后序设备，即 MD 吸附干燥器。此设备的预热温度及反应器温度，均有温度自动控制装置进行自控。氧净化催化剂在整个使用过程中无需活化再生。

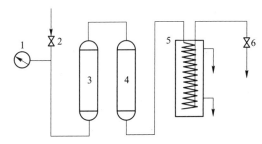

图 14-6　OP 氧脱烃净化器净化流程
1—进气压力表　2—工作进气阀　3—预热器
4—反应器　5—冷却器　6—工作出气阀

MD 吸附干燥器流程如图 14-7 所示。MD 吸附干燥器采用 5A 分子筛为干燥剂，并分别装入两个干燥罐中，并联组成，两台干燥器分前后两级。

前级干燥器接在 OP 氧加压脱氢净化器之后，当脱氢后的氧气进入干燥罐 5（14）内，依靠其中的

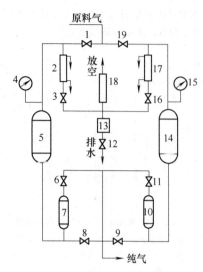

图 14-7 MD 吸附干燥器流程

1、19—左、右进气阀 2、17—左、右冷却器
3、16—左、右放空阀 4、15—压力表 5、14—干燥罐
6、11—再生进气阀 7、10—预热器 8、9—出气阀
12—排水阀 13—集水罐 18—放空流量计

分子筛作用，深度脱除气体中水分，然后由输出阀送入下一台净化设备。干燥罐5(14) 经过一段工作时间后，其中的干燥剂逐渐为水饱和，此时可切换到干燥罐14(5)，继续进行工作，同时将主气流中分出一部分干纯气体，作为干燥罐5(14) 再生载气。

如此两台干燥罐切换使用，可使设备连续工作。由于以干纯气体作为干燥剂的再生载气，将使再生后干燥剂的干燥度大大提高，因此通过该设备后，气体的露点可很低。

后级 MD 吸附干燥器连接在 OP 氧脱烃净化器后面，也是全系统最后一台设备。它的主要作用是脱除氧在脱烃过程中生成的 CO_2 及 H_2O，当杂质 CO_2 和 H_2O 被干燥器中分子筛充分吸附后，即可获得高纯氧气。

江苏苏州东方气体净化设备有限公司生产的 YYC 系列氧气纯化装置采用特制催化剂，以工业普氧为原料气，经催化吸附、过滤的方法除去氧中杂质氢、甲烷、一氧化碳、二氧化碳、水汽和尘埃，最终获得高纯度氧气。

此产品结构简单，系统气密性良好，所用催化剂可长期使用无须再生，吸附剂可在产品内再生后重复使用。

YYC-5/8、YYC-10/8 中压氧气纯化装置，适用于需大量高纯氧气的半导体、光纤、显像管等主要生产部门。此装置的技术参数见表14-10。

表 14-10 YYC 系列氧气纯化装置的技术参数

型号		YYC—0.5	YYC—1	YYC—5/8	YYC—10/8
处理气量/(m³/h)		0.5	1	5	10
原氧	烃含量(10⁻⁶)	≤50	≤50	≤50	≤100
	H_2 含量(%)	≤1	≤1	≤1	≤1
	露点/℃	≤-10	≤-10	≤-20	≤-20
纯氧	烃含量(10⁻⁶)	≤0.1	≤0.1	1	5
	H_2 含量(10⁻⁶)	≤0.1	≤0.1	1	5
	露点/℃	≤-70	≤-70	≤-70	≤-70
	含尘量(粒径≥0.5μm)/(颗/L)	≤3.5	≤3.5	≤3.5	≤3.5
原氧压力/MPa		≤0.4903	≤0.4903	≤0.7845	≤0.7845
装置压降/MPa		≤0.1961	≤0.1961	≤0.1961	≤0.1961
工艺流程		单式	复式	复式	复式
操作方式		手动	手动	手动	手动
反应器工作温度/℃		400~500	400~500	400~500	400~500
吸附器工作温度/℃		常温	常温	常温	常温
吸附器再生温度/℃		350	350	350	350
外形尺寸(宽/mm)×(深/mm)×(高/mm)		380×482×475	580×870×1580	850×1020×1700	850×1100×1630
电源		交流，50Hz，220V	交流，3相，50Hz	交流，3相，50Hz，380V	交流，3相，50Hz，380V
额定功率/kW		0.6	2.5	3.5	6
设备质量/kg		30	160	600	600

14.3.3 氮气纯化装置

1. DJG 系列氮气净化器

DJG 系列氮气净化器是山西省太原市太原科晋气体净化设备厂的产品。该系列产品可将瓶装普氮、管道普氮、液态普氮净化成高纯氮气。也可配套 PSA 变压吸附制氮装置，一次实现从空气中直接提取高纯氮气的目的，从而满足用户的各项要求。

(1) 高纯氮气的用途

1) 金属热处理：退火、光亮淬火、渗碳、碳氮共渗、粉末金属烧结、中性气体保护气氛。

2) 电子工业：半导体元器件及集成电路生产的氮气气氛保护，二极管、三极管的烧结生产。

3) 石油化工：各类储罐、容器、催化塔及管道的充氮净化及压力检漏，石油化工催化剂的生产保护气氛。

4) 化纤工业：化学行业原料干燥系统载气、光电纤维的生产过程保护。

5) 浮化玻璃：生产过程的气氛保护。

(2) DJG 系列氮气净化器特点

1) 引进中科院山西煤炭化学研究所的科研成

果，采用获国家发明二等奖的 3093 号高效脱氧剂，脱氧能力大，深度好。改变了以往氮气除氧必须配置氢气的传统做法，使整个工艺过程中实现无氢净化。

2) 采用 5A 分子筛深度脱水系统，使净化气体的露点达到很高，具备双套活化再生功能，可长期连续使用。

3) DJG 系列设备同样适用于氮气、氩气等惰性气体的净化。前部脱氧系统还可用于一氧化碳、二氧化碳气体的除氧净化。

4) 在使用中，改变操作参数（将加热器温度提高至 500℃），可使氮气气氛中产生一定的碳势（CO），用于某些特殊工艺的使用。

（3）生产流程和技术参数

1) DJG 系列氮气净化器工艺流程如图 14-8 所示。

2) DJG 系列氮气净化器型号及主要技术参数、规格尺寸见表 14-11～表 14-13。

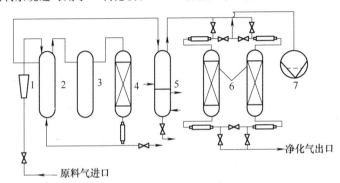

图 14-8　DJG 系列氮气净化器工艺流程

1—流量计　2—换热器　3—加热器　4—反应器　5—冷却器　6—净化器　7—真空泵

表 14-11　DJG 系列氮气净化器型号及主要技术参数

型号	净化气量 /(m³/h)	原料气普 N₂		净化气高纯 N₂		3093 号质量 /kg	电能耗量 /kW	冷却水量 /(m³/h)
		氧含量（%）	露点/℃	氧含量（10⁻⁶）	露点/℃			
DJG—5	5	≤2.0	≤-20	≤1.0	≤-70	3.5	2.1	0.2
DJG—10	10	≤2.0	≤-20	≤1.0	≤-70	8.5	3.0	0.3
DJG—20	20	≤2.0	≤-20	≤2.0	≤-65	20.0	4.2	0.5
DJG—30	30	≤2.0	≤-20	≤2.0	≤-65	30.0	5.0	0.8
DJG—50	50	≤2.0	≤-20	≤2.0	≤-65	40.0	7.8	1.0
DJG—80	80	≤2.0	≤-20	≤2.5	≤-60	58.0	10.2	1.5
DJG—100	100	≤1.5	≤-20	≤2.5	≤-60	70.0	12.6	1.8
DJG—150	150	≤1.5	≤-20	≤2.5	≤-60	102.0	17.6	2.4
DJG—200	200	≤1.5	≤-20	≤2.5	≤-60	130.0	21.4	3.0
DJG—400	400	≤1.5	≤-20	≤3.0	≤-60	210.0	35.2	4.0

注：1. 原料气温度为 20℃，进口压力 0.4MPa。

2. 净化氮气出口压力 0.2MPa，若进出口压力有变，订货时应另加说明。

3. 分子筛净化罐工作周期为 12h，到时应切换，并进行活化处理后备用。

表 14-12　DJG 系列氮气净化器规格尺寸（一）

型号	柜体尺寸（长/mm）×（宽/mm）×（高/mm）	质量/kg	包装箱体尺寸（长/mm）×（宽/mm）×（高/mm）
DJG—5	0.8×0.6×1.3	580	1.0×0.7×1.4
DJG—10	1.1×0.8×1.8	880	1.3×0.9×1.9
DJG—20	1.6×0.8×1.9	1500	1.8×0.9×2.0
DJG—30	1.8×0.9×1.9	1800	2.0×1.0×2.0
DJG—50	2.1×0.9×2.0	2000	2.3×1.0×2.1

2. POSCO 高纯制氮系统

POSCO 是"浦项制铁"用冷轧法生产镀锌薄板的工厂（位于广东顺德地区），该厂可全年连续化生产。在冷轧过程中，为防止镀锌板的氧化缺陷，需

表 14-13　DJG 系列氮气净化器规格尺寸（二）

型号	脱氧装置尺寸（长/mm）×（宽/mm）×（高/mm）	脱水装置尺寸（长/mm）×（宽/mm）×（高/mm）	电控柜尺寸（长/mm）×（宽/mm）×（高/mm）	质量/kg
DJG—80	1.2×0.9×2.0	1.4×0.7×2.2	700×400×1700	3800
DJG—100	1.3×0.9×2.0	1.5×0.8×2.2	700×400×1700	4300
DJG—150	1.5×1.0×2.2	1.8×0.9×2.5	800×500×1700	5600
DJG—200	2.0×1.2×2.5	2.0×1.0×2.7	800×500×1700	6700
DJG—400	2.5×1.2×3.0	2.5×1.2×3.0	1000×500×1700	8600

高纯度的氮气做无氧保护。正常用量为 $230m^3/h$ 高纯度氮气。为应对临时检修和停电，另安装一套产气量达 $300m^3/h$ 的液氮罐汽化备份系统。该系统从 2000 年 4 月运转以来，各项功能均达到指标。

（1）POSCO 高纯制氮系统工艺流程　其工艺流程如图 14-9 和图 14-10 所示。

室外空气首先通过进气过滤器 1 进入空气压缩机 2。空气压缩机采用螺杆压缩机，压力波动小，其

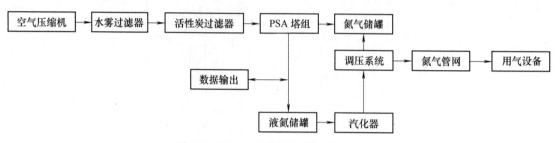

图 14-9　POSCO 高纯制氮系统工艺流程框图

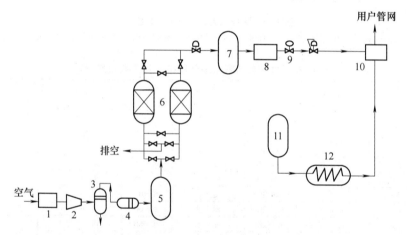

图 14-10　POSCO 高纯制氮系统流程

1—进气过滤器　2—空气压缩机　3—水雾过滤器　4—活性炭过滤器　5—空气储罐
6—PSA 塔组　7—氮气储罐　8—氮气过滤器　9—流量计　10—调压系统　11—液氮储罐　12—汽化器

排气压力为 0.75MPa。压缩空气继续通过水雾过滤器 3，此时压缩空气冷却后，即可去除其中凝结的水分。压缩空气除水后，通过活性炭过滤器 4，除掉压缩空气中未除净的微量油雾和碳氢化合物，然后进入空气储罐 5。空气储罐的作用是储存压缩空气，维持压缩空气的压力平衡，为变压吸附塔组提供稳定的净化后气源。

变压吸附塔组（PSA 塔组）由内装可吸附氧气分子的专用碳分子筛的双塔和受控制的数个气体阀门组成。利用变压原理，自动地将空气分离成纯净氮气，即碳分子筛优先吸附空气中氧分子，未被吸

附的氮分子穿过吸附床成为成品氮气。两塔一个吸附制氧，一个解析再生，相互交替工作，连续生产氮气。生成的氮气输入氮气储罐 7，然后通过流量计 9 计量和调压系统 10 调压，之后供给氮气管网，最后送至用户。

液氮储罐 11 储存备用的液氮。该液氮由 APCI 公司的南方气体厂供应，换算成气态氮可储存 1.2 万 m^3。当系统压力低时，可及时释放氮气，以保证用户管网所需要的氮气。此时利用汽化器 12 常温吸热蒸发，令液氮汽化为氮气。

（2）设备的主要性能指标

1) 空气压缩机采用螺杆压缩机,排气压力为 0.75MPa。

2) 水雾过滤器脱除压缩空气 98% 的雾状水。

3) 活性炭过滤器使油含量低于 0.01×10^{-6}。

4) 空气储罐用于储存压缩空气,使变压吸附装置的升压时间小于 10% 的吸附时间。

5) PSA 装置装入足量的碳分子筛,程序化控制阀门组的每个周期循环时间,稳定气流速度,一级就达到 10×10^{-6} 的氮气指标;在达到 10×10^{-6} 氮气指标的吸附量时,又使空气消耗量最少。

6) 氮气储罐使氮气的压力波动小于 5%,利于氮气管网压力稳定。

7) 液氮储罐储存两天以上的用气量,满足最坏情况下的用气量,保证 100% 的供气安全。

8) 汽化器。$120m^2$ 的蒸发面积,使液氮完全汽化为常温的氮气。

9) 调压系统。PSA 氮气压力高于 0.52MPa 时,PSA 供气;当压力低于 0.52MPa 时,液氮系统供气,以保证管网中氮气压力大于 0.45MPa。

10) 数据传输控制。将测量的指标,如压力、流量、纯度、温度等技术参数传输至主计算机,分析、控制现场设备正常运行。

(3) 自动控制点　根据气体生产和输送的特点,主要测量和控制空气压力、氮气压力、气体温度、氮气纯度、氮气瞬时流量、累计流量、停机和生产时间,氮气的液位储存量等数据。内部信号由可编程序控制器(PLC)和计算机软件连续控制。可电话拨号远程监控,专业人员在办公室就知道现场情况,进行统一化管理,方便用户使用。

(4) 供气系统特点

1) 系统的设计和制造质量高,功能齐全,优选组件运行维护量少。

2) 自动化程度高,操作简便,无人化管理,连续运转。拨号网络连接,将主要数据远程控制,直接观察和调整,迅速分析判断情况可准确处理。

3) 系统通用性能广,适应性好,100% 满足用户的连续使用需要。

4) 设备制氮纯度高而且稳定,耗气少,耗能低;结构简单,一级变压吸附塔组,不用后级纯化,出气速度快。

5) 系统不用冷干机净化空气、降低耗电和故障率,减少维护量。

3. DYC 系列氮气纯化装置

江苏苏州东方气体净化设备有限公司生产的 DYC 系列氮气纯化装置,以深冷法制氮、PSA 变压吸附制氮、氮膜分离制氮的普通氮气为原料,经过加氢催化除氧,冷凝、吸附、二级干燥、过滤,除去氮气中的杂质氧、二氧化碳、水分和尘埃,获得高纯度的氮气。用户对纯氮中的含氢量有特殊要求时,可以通过工艺手段来控制氮气中的氢气含量。若原料氮的氧含量超过 0.1%,则可用加氢除氧和除氢的方式来获得无氢高纯氮;若原料氮的氧含量小于 0.1%,则采用化学除氧工艺方法。

该公司生产的氮气纯化装置分为三种系列:

1) DYC I 型。原料氮中氧含量小于 2%,纯化后对纯氮中氢气含量无特殊要求。

2) DYC II 型。原料氮中氧含量大于 0.1%,且小于 2%,纯化后对纯氮中氢气含量有要求。

3) DYC III 型。原料氮中氧含量小于 0.1%,纯化后对纯氮中氢气含量有要求。

高纯氮气广泛应用于电子、冶金、化工、热处理、化纤、玻璃和食品等部门。有些热处理工艺需要在氮气中加入一定比例的氢气时,可提供自动加氢装置。

DYC I 型氮气纯化装置工艺流程如图 14-11 所示。

该公司生产的 DYC I 型、II 型、III 型氮气纯化装置的技术参数见表 14-14~表 14-16。

4. ZD 系列变压吸附制氮装置

江苏苏州东方气体净化设备有限公司生产的 ZD 系列变压吸附制氮装置,制得的氮气纯度为 98%~99.9%。如果用户需要更高纯度的氮气,则可在制氮装置后,加配该公司生产的氮气纯化装置,这样就能获得氧含量小于 2×10^{-6},露点低于 -70℃ 的纯氮。

如果用户需在氮气中加入一定比例的氢气,则可配用该公司生产的氮氢比例混合装置,制氮装置还配电控箱和氧分析仪。该公司还生产除样本中所列的其他产氮量的制氮装置。

该公司生产的制氮装置,厂房、设备投资小,见效快,设备启动时间短,操作简单,能耗低,工艺流程新颖,采用进口气动阀及电磁阀,设备运行可靠,工作寿命长,设备维修方便,出厂前均进行严格的调试检验。如果用户有特殊要求,可选用进口碳分子。

此装置生产的氮气,广泛地用于金属材料机械零件的热处理保护气氛,煤矿、石油化工、电子工业,合成纤维、粉末冶金等生产过程的充氮保护,水果、蔬菜保鲜,粮食储藏,中药防腐。该公司还可以用制氮装置工艺流程,改变吸附剂制取氧气,其纯度大于 90%~95%。

ZD 系列变压吸附制氮装置的工艺流程如图 14-

12 所示。技术参数见表 14-17。

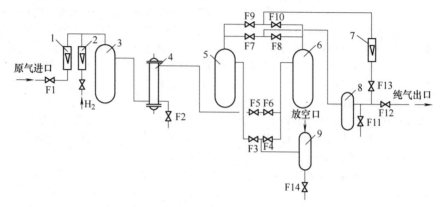

图 14-11 DYC I 型氮气纯化装置工艺流程

1—原气流量计 2—氢气流量计 3—除氧器 4—冷却器
5—I 组干燥器 6—II 组干燥器 7—再生流量计 8—过滤器 9—气水分离器

表 14-14 DYC I 型氮气纯化装置的技术参数

型号		DYC—5/8 I 型	DYC—10/8 I 型	DYC—25/8 I 型	DYC—50/8 I 型	DYC—100/8 I 型	DYC—200/8 I 型	DYC—300/8 I 型
处理气量/(m³/h)		5	10	25	50	100	200	300
工作压力/MPa		0.5~0.8	0.5~0.8	0.5~0.8	0.5~0.8	0.5~0.8	0.5~0.8	0.5~0.8
原料氮的氧含量(%)		≤2	≤2	≤2	≤2	≤2	≤2	≤2
纯度	氧含量(10^{-6})	≤2	≤2	≤2	≤2	≤2	≤2	≤2
	露点/℃	≤-70	≤-70	≤-70	≤-70	≤-70	≤-70	≤-70
	氢含量(10^{-6})	不检测	不检测	不检测	不检测	不检测	不检测	不检测
耗冷量/W		—	250	625	1163	1800	2400	3300
冷却水耗量/(m³/h)		0.1	0.2	0.3	0.5	1	2.2	3.5
电源		3 相,380V	3 相,380V	3 相,380V	3 相,380V	3 相,380V	3 相,380V	3 相,380V
装机功率/kW		3	3.5	4	6.5	12	21	24
质量/kg		450	500	700	1150	1650	1950	2750
外形尺寸(长/mm)× (宽/mm)×(高/mm)		1100×850× 1750	1100×850× 1950	1300×850× 1950	1300×1250× 1950	1800×1400× 2300	2000×1700× 2300	2200×1700× 2300

注:用户对纯氮的氧、氢、水含量有较高要求时,在订货时提出具体指标,也可按用户需要配备仪表箱。

表 14-15 DYC II 型氮气纯化装置的技术参数

型号		DYC—5/8 II 型	DYC—10/8 II 型	DYC—25/8 II 型	DYC—50/8 II 型	DYC—100/8 II 型	DYC—200/8 II 型	DYC—300/8 II 型
处理气量/(m³/h)		5	10	25	50	100	200	300
工作压力/MPa		0.5~0.8	0.5~0.8	0.5~0.8	0.5~0.8	0.5~0.8	0.5~0.8	0.5~0.8
原料氮的氧含量(%)		≤2	≤2	≤2	≤2	≤2	≤2	≤2
纯度	氧含量(10^{-6})	≤1	≤1	≤1	≤1	≤1	≤1	≤1
	露点/℃	≤-70	≤-70	≤-70	≤-70	≤-70	≤-70	≤-70
	氢含量(10^{-6})	≤2	≤2	≤2	≤2	≤2	≤2	≤2
耗冷量/W		—	250	625	1160	1800	2400	3300
冷却水耗量/(m³/h)		0.2	0.4	0.6	0.8	1.2	2.5	3.8
电源		3 相,380V	3 相,380V	3 相,380V	3 相,380V	3 相,380V	3 相,380V	3 相,380V
装机功率/kW		3	5	6	9	17	24	30
质量/kg		450	550	800	1250	1600	2250	3050
外形尺寸(长/mm)× (宽/mm)×(高/mm)		1100×850× 1750	1100×850× 1950	1300×850× 1950	1300×1250× 1950	1800×1400× 2300	2000×1700× 2300	2200×1700× 2300

注:还可以提供列表之外的设备,按用户需要配备仪表箱。

表 14-16　DYCⅢ型氮气纯化装置的技术参数

型号	DYC—5/8 Ⅲ型	DYC—10/8 Ⅲ型	DYC—25/8 Ⅲ型	DYC—50/8 Ⅲ型	DYC—100/8 Ⅲ型	DYC—200/8 Ⅲ型	DYC—300/8 Ⅲ型
处理气量/(m³/h)	5	10	25	50	100	200	300
工作压力/MPa	0.5~0.8	0.5~0.8	0.5~0.8	0.5~0.8	0.5~0.8	0.5~0.8	0.5~0.8
原料氮的氧含量(%)	≤2	≤2	≤2	≤2	≤2	≤2	≤2
纯度　氧含量(10^{-6})	≤2	≤2	≤2	≤2	≤2	≤2	≤2
纯度　露点/℃	≤-70	≤-70	≤-70	≤-70	≤-70	≤-70	≤-70
纯度　氢含量(10^{-6})	≤2	≤2	≤2	≤2	≤2	≤2	≤2
耗冷量/W		250	625	1160	1800	2400	3300
冷却水耗量/(m³/h)	0.2	0.4	0.6	0.8	1.2	2.5	3.8
电源	3 相,380V	3 相,380V	3 相,380V	3 相,380V	3 相,380V	3 相,380V	3 相,380V
装机功率/kW	3	5.5	6	7.5	9	13.5	18
质量/kg	450	550	800	1250	1550	2150	2950
外形尺寸(长/mm)× (宽/mm)×(高/mm)	1100×850× 1750	1100×850× 1950	1300×850× 1950	1300×1250× 1950	1800×1400× 2300	2000×1700× 2300	2200×1700× 2300

注：还可以提供列表之外的设备，按用户需要配备仪表箱。

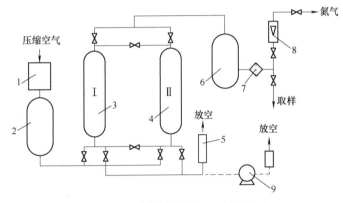

图 14-12　ZD 系列变压吸附制氮装置工艺流程
1—空气预处理装置　2、6—储罐　3—吸附塔Ⅰ　4—吸附塔Ⅱ　5—消声器
7—过滤器　8—流量计　9—真空解吸用真空泵

表 14-17　ZD 系列变压吸附制氮装置的技术参数

型号	产氮纯度	产氮能力 /(Nm³/h)	耗空气量 /(Nm³/min)	吸附压力 /MPa	露点 /℃	产氮压力 /MPa	功率 /kW	质量 /kg	接管直径 DN/mm	外形尺寸 (长/mm)×(宽/ mm)×(高/mm)
ZD—5	99.9	2.5	0.22				0.3	850	15	1.1×1.0×2.0
ZD—5	99.5	5	0.3				0.3	850	15	1.1×1.0×2.0
ZD—5	99	6	0.3				0.3	850	15	1.1×1.0×2.0
ZD—5	98	7	0.3				0.3	850	15	1.1×1.0×2.0
ZD—10	99.9	6	0.53				0.5	1100	15	1.1×1.0×2.0
ZD—10	99.5	10	0.6				0.5	1100	15	1.1×1.0×2.0
ZD—10	99	12	0.64				0.5	1100	15	1.1×1.0×2.0
ZD—10	98	14	0.68	0.5~0.6	-30	0.4~0.5	0.5	1100	15	1.1×1.0×2.0
ZD—20	99.9	12	1.05				1	1350	25	1.8×1.6×2.3
ZD—20	99.5	20	1.2				1	1350	25	1.8×1.6×2.3
ZD—20	99	24	1.28				1	1350	25	1.8×1.6×2.3
ZD—20	98	27	1.32				1	1350	25	1.8×1.6×2.3
ZD—30	99.9	18	1.58				1	1600	25	1.8×1.6×2.8
ZD—30	99.5	30	1.8				1	1600	25	1.8×1.6×2.8
ZD—30	99	36	1.92				1	1600	25	1.8×1.6×2.8
ZD—30	98	40	1.95				1	1600	25	1.8×1.6×2.8

（续）

型号	产氮纯度	产氮能力 /(Nm³/h)	耗空气量 /(Nm³/min)	吸附压力 /MPa	露点 /℃	产氮压力 /MPa	功率 /kW	质量 /kg	接管直径 DN/mm	外形尺寸 （长/mm）×（宽/mm）×（高/mm）
ZD—50	99.9	30	2.63				1.5	2200	40	2.2×1.8×2.8
	99.5	50	3							
	99	60	3.2							
	98	67	3.29							
ZD—100	99.9	60	5.25				2	2800	50	2.4×1.8×3.4
	99.5	100	6							
	99	120	6.4							
	98	135	6.57							
ZD—200	99.9	120	10.5				4	4800	80	3.4×2.2×2.8
	99.5	200	12							
	99	235	12.53							
	98	260	12.65	0.5~0.6	-30	0.4~0.5				
ZD—300	99.9	180	15.75				4.5	7200	80	3.6×2.2×2.8
	99.5	300	18							
	99	350	18.6							
	98	400	19.5							
ZD—400	99.9	240	21				6	8800	80	4.0×2.2×2.9
	99.5	400	24							
	99	460	24.6							
	98	520	25.3							
ZD—500	99.9	300	26.3				7.5	10000	100	4.2×2.2×3.2
	99.5	500	30							
	99	580	30.9							
	98	650	31.63							

5. QM型膜分离制氮装置

QM型膜分离制氮装置是江苏苏州东方气体净化设备有限公司生产的产品。

两种混合气通过中空纤维膜时，由于各种气体在膜中溶解度和扩散系数不同，导致不同气体在膜中相对渗透速率的差异。根据这种渗透特性，混合气体在膜两侧压力差作用下，渗透速率相对快的气体，如水、氧气、二氧化碳等快速透过，进入膜的一侧被排放。相对渗透速度慢的氮气，则滞留在膜的另一侧被富集，从而达到制取氮气的目的。

该公司将从国外引进膜单元，以组成膜分离制氮装置。该装置由空气压缩机、空气预处理系统和膜分离组件构成。通过该装置，可以将空气中的氮气含量从78%提高到95%以上，最高可达99.99%。但是从整体空分制氮的经济性来考虑，膜法制氮在纯度为95%~99%时，比深冷法和变压吸附法更具有优越性，它启动快、适应性强，可在一定范围内调节浓度和产氮量，装置可靠性强，而且浓度和产量比较稳定。只要有供电条件，装置机动性强，可以任意搬迁至需要氮气的场合。如果用户需要得到更高纯度的氮气，可以再配该公司的氮气纯化装置，可得到纯度达到99.9995%的高纯氮气。

1）技术参数：

产量：5~800m³/h。

出氮口压力：≤1.2MPa。

纯度：95%~99.9%。

配氮气纯化装置，其纯度：≥99.9995%，露点-70℃。

2）主要用途：石油化工的安全用氮和工艺用氮，水果、粮食及蔬菜保鲜，热处理、铸造、电子元件配保护气，石油开采矿井的保护气，航天原子能、工业军事特殊用气，化纤、纺织、制药等工业用气。

14.3.4　压缩空气净化装置

空气经过活塞压缩机、螺杆压缩机、离心式压缩机压缩增压后，产生的压缩空气含有油、水、尘等污染物。这些污染物进入压缩空气管道系统后，将会锈蚀管道并导致仪表、气动工具失灵，因此压缩空气必须净化。

GB/T 13277.1—2008《压缩空气　第1部分：污染物净化等级》规定了压缩空气中的颗粒、水分及微量油的净化等级。

压缩空气标准状态见表 14-18；固体颗粒等级见表 14-19；湿度等级见表 14-20；液态水等级见表 14-21；含油等级见表 14-22。

压缩空气净化系统流程如图 14-13 所示。

表 14-18　标准状态

空气温度	20℃
空气压力	0.1MPa 绝对压力
相对湿度	0

表 14-19　固体颗粒等级

等级	每立方米中最多颗粒数				颗粒尺寸/μm	浓度/（mg/m³）
	颗粒尺寸 d/μm					
	≤0.10	0.10<d≤0.5	0.5<d≤1.0	1.0<d≤5.0		
0	由设备使用者或制造商制定的比等级 1 更高的严格要求					
1	不规定	100	1	0	不适用	不适用
2	不规定	100000	1000	10		
3	不规定	不规定	10000	500		
4	不规定	不规定	不规定	1000		
5	不规定	不规定	不规定	20000		
6	不适用				≤5	≤5
7	不适用				≤40	≤10

注：1. 与固体颗粒等级有关的过滤系数（率）β 是指过滤器前颗粒数与过滤器后颗粒数之比，它可以表示为 $\beta=1/P$，其中 P 是穿透率，表示过滤后的与过滤前颗粒浓度之比，颗粒尺寸等级作为下标。如 $\beta_{10}=75$，表示颗粒尺寸在 10μm 以上的颗粒数在过滤前比过滤后高 75 倍。

2. 颗粒浓度是在表 14-18 状态下的值。

表 14-20　湿度等级

等级	压力露点/℃
0	由设备使用者或制造商制定的比等级 1 更高的要求
1	≤-70
2	≤-40
3	≤-20
4	≤+3
5	≤+7
6	≤+10

表 14-21　液态水等级

等级	液态水浓度 C_w/（g/m³）
7	C_w≤0.5
8	0.5<C_w≤5
9	5<C_w≤10

注：液态水浓度是在表 14-18 状态的值。

表 14-22　含油等级

等级	总含油量（液态油、悬浮油、油蒸气）/（mg/m³）
0	由设备使用者或制造商制定的比等级 1 更高的要求
1	≤0.01
2	≤0.1
3	≤1
4	≤5

注：总含油量是在表 14-18 状态的值。

西安联合超滤净化设备有限公司、西安超滤净化工程有限公司专业生产压缩空气净化装置产品。以下为其产品介绍。

1. 压缩空气过滤器

（1）前、后置过滤器　前、后置过滤器是一种粉尘过滤器，其功能是使压缩空气中气固得到分离，并除去气体中 1μm 以上的较大粒子，同时也具有气液分离的作用。前、后置过滤器常用于管道初级、中级过滤及精密过滤器前级保护。根据滤芯不同，前、后置过滤器有 SS、SB、PF、SF 多种型号，见表 14-23。

（2）精密除油过滤器　精密除油过滤器利用凝聚原理除去气体中 1μm 以下油雾、水雾及微量细小固体颗粒。精密除油过滤器主要用于气体高效除油。根据滤芯不同，精密除油过滤器有 FF、MF、SMF、MF+AK 等型号，见表 14-24。

前、后置过滤器及精密除油过滤器技术参数见表 14-25。高压过滤器（壳体最高工作压力 45MPa）技术参数见表 14-26。过滤器精度见表 14-27。空分除油过滤器技术参数见表 14-28。

（3）过滤器选型方法

1）确定过滤器用途（气液或气固分离）及压力、流量、温度、过滤精度、残余含油量等指标要求。

2）依据以上条件选择过滤器型号。

3）确定过滤器公称流量。过滤器技术参数表中的流量为工作压力 0.7MPa 下，换算至标准大气（20℃，0.1MPa，0% 相对湿度）时的处理气量。因此，过滤器实际处理气量，应根据压力变化情况进行修正。

过滤器最大处理气量 = 公称流量 × 压力修正系数

(14-5)

压力修正系数见表 14-29。

4）在相应产品栏目中选择合适的过滤器规格。

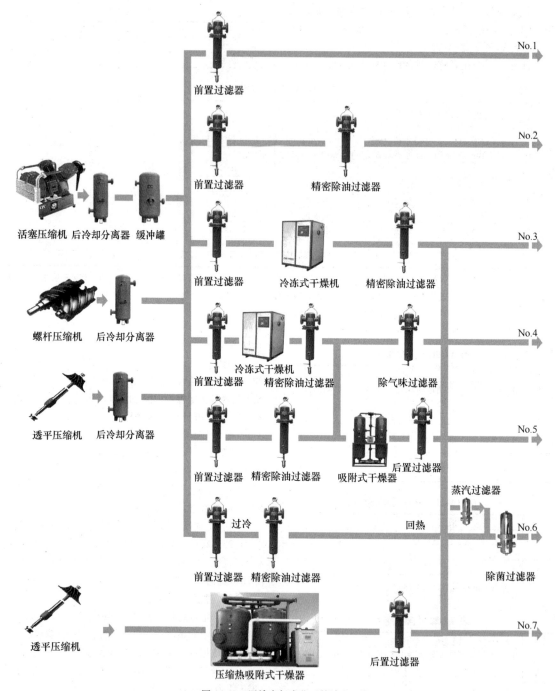

图 14-13　压缩空气净化系统流程

表 14-23　前、后置过滤器型号

型号	滤芯类型	分离效率（%）	初始压力/MPa	工作温度/℃	滤芯特点
SS	烧结不锈钢粉末	>98	0.008	300	耐高温、高压，耐腐蚀，高强度
SB	烧结青铜粉末	>98	0.005	120	耐温、耐压，高强度，流通能力和容尘量大
PF	烧结聚酯纤维	>98	0.003	120	新一代材料，大通量、低阻力，大容尘量
SF	不锈钢纤维烧结毡	>98	0.003	300	新一代优质材料，精度高，流通量大，低阻力，耐高温，耐腐蚀

表 14-24 精密除油过滤器型号

型号	滤芯类型	分离效率（%）	初始压力/MPa	残余油含量[①]/(mg/m³)	工作温度/℃	滤芯特点
FF	细滤滤芯	99.99	0.005	0.1		凝聚式滤芯，精密过滤分离，高效除油、除水、除尘
MF	精密滤芯	99.99999	0.008	0.03	≤40	
SMF	超精密滤芯	99.99999	0.012	0.01		
MF+AK	精密滤芯+活性炭滤芯	100	0.016	0.005		超精密过滤分离，高效除油、除水、除尘、除气味
SMF+AK	超精密滤芯+活性炭滤芯	100	0.020	0.003		

① 进口侧温度 25℃，油含量不大于 3mg/m³。

表 14-25 前、后置过滤器及精密除油过滤器技术参数

规格	型 号 SB、SS、PF、SF、FF、MF、SMF、MF+AK								
	公称流量/(m³/min)	接口尺寸/in	外形、安装尺寸/mm				质量/kg	滤芯	
			A	B	C	D		规格	数量
0010	1	R3/8	315	80	205	90	1.5	03/10	1
0030	3	R3/4	350	95	235	150	1.9	05/20	1
0060	6	R11/4	420	110	295	200	2.2	07/25	1
0120	12	R2	575	150	405	280	6.5	10/30	1
0180	18	DN=65mm	835	280	720	450	41	15/30	1
0240	24	DN=65mm	945	280	830	580	47	20/30	1
0320	32	DN=80mm	1260	320	1120	850	55	30/30	1
0480	48	DN=80mm	1275	360	1135	850	62	30/50	1
0540	54	DN=100mm	1075	410	910	450	71	15/30	3
0720	72	DN=100mm	1075	410	910	580	71	20/30	3
0960	96	DN=100mm	1305	410	1140	850	78	30/30	3
1280	128	DN=150mm	1415	480	1210	850	134	30/30	4
1920	192	DN=150mm	1441	540	1225	850	172	30/30	6
2560	256	DN=200mm	1706	660	1335	850	249	30/30	8
3200	320	DN=200mm	1786	780	1388	850	323	30/30	10
3840	384	DN=250mm	1816	780	1388	850	346	30/30	12
5120	512	DN=250mm	1866	880	1423	850	441	30/30	16
6400	640	DN=300mm	1926	880	1473	850	460	30/30	20

注：1. 铝制壳体三段式结构，壳体最高工作压力 1.6MPa。
2. 标准型壳体最高工作压力 1.0MPa。接收更高压力产品订货。

表 14-26 高压过滤器技术参数

规格	型 号 SB、SS、PF、SF、FF、MF、SMF、MF+AK								
	公称流量/(m³/min)	接口尺寸/in	外形、安装尺寸/mm				质量/kg	滤芯	
			A	B	C	D		规格	数量
0010	1	R3/8	220	90	195	90	7	03/10	
0020	2	R1/2	270	110	240	120	12	04/20	
0030	3	R3/4	310	120	275	150	15	05/20	1
0045	4.5	R1	330	150	290	150	23	05/25	1
0060	6	R11/4	390	150	345	200	27	07/25	1
0080	8	R11/2	430	200	380	200	41	07/30	1
0120	12	R2	520	200	470	280	48	10/30	1

注：壳体最高工作压力 45MPa。

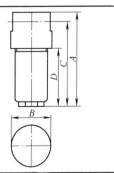

表 14-27　过滤器精度

过滤器型号	过滤精度/μm												
	0.01	0.3	1	3	5	7	10	20	25	30	40	50	60
SS					√	√	√	√	√	√	√		
SB					√	√	√	√	√	√	√		
PF							√	√	√	√	√	√	√
SF		√	√	√	√	√	√	√		√	√		√
FF	√												
MF	√												
SMF	√												

表 14-28　空分除油过滤器技术参数

型号	最高工作压力/MPa	接口尺寸/in	外形、安装尺寸/mm				质量/kg	滤芯		制氧量/(m³/h)	配套压缩机型号
			A	B	C	D		规格	数量		
KF55/5.5	5.5	R3/4	340	100	302	150	8	05/20	1	50	L-5/55、L2-5.55/40
KF160/5.0	5.0	DN=40mm（PN6.4）	720	310	587	200	65	07/30	1	150	5L-16/50、L5.5-16/50
KF250/2.0	2.0	DN=65mm（PN2.5）	613	287	678	450	58	15/30	1	200	D23.5/20
KF350/2.0	2.0	DN=80mm（PN2.5）	900	315	757	580	75	20/30	1	300	DY8-30/15 2D12-34.4/20
KF400/2.5	2.5	DN=80mm	950	315	807	580	76	20/30	1	400	—

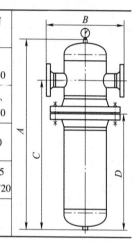

表 14-29　压力修正系数（一）

工作压力/MPa	修正系数	工作压力/MPa	修正系数	工作压力/MPa	修正系数
0.1	0.25	0.9	1.2	2.5	3.0
0.2	0.36	1.0	1.4	4.0	5.0
0.3	0.5	1.2	1.6	6.3	8.0
0.4	0.6	1.3	1.75	10	12
0.5	0.75	1.4	1.9	16	12
0.6	0.9	1.5	2.0	25	12
0.7	1.0	1.6	2.1	35	12
0.8	1.1				

2. 压缩空气干燥器

（1）干燥器型号编制说明（图 14-14）

举例说明：

1）HAD0240—L：表示露点-40℃，额定处理气

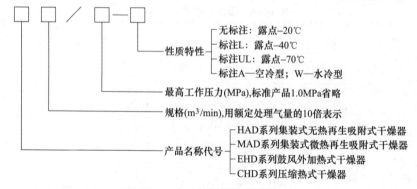

图 14-14　干燥器型号编制说明

量 24m³/min，最高工作 1.0MPa 集装式无热再生吸附式干燥器。

2）EHD0240：表示露点-20℃，额定处理气量 24m³/min，最高工作压力 1.0MPa 鼓风外加热式干燥器。

3）CHD0160：表示露点-20℃，额定处理气量 16m³/min，最高工作压力 1.0MPa 压缩热式干燥器。

（2）干燥器选型方法　干燥器输出气体品质与入口气体的流量、温度、压力及环境温度有密切关系，入口气体流量不得大于干燥器额定处理气量。当进气温度超过规定值的 20%，或工作压力低于规定值的 20% 时，输出气体品质将明显变差，选型时型号宜放大。

$$应选设备额定处理气量 = \frac{入口气体流量}{压力修正系数 \times 温度修正系数}\quad(14-6)$$

压力修正系数见表 14-30，温度修正系数见表 14-31。

表 14-30　压力修正系数（二）

工作压力/MPa	0.3	0.4	0.5	0.6	0.7	0.8	0.9
修正系数	0.5	0.63	0.75	0.88	1.0	1.12	1.25
工作压力/MPa	1.0	1.1	1.2	1.3	1.4	1.5	
修正系数	1.38	1.5	1.63	1.75	1.88	2.0	

表 14-31　温度修正系数

进气温度/℃	15	20	25	30	38	42	45
露点-20℃的温度修正系数	1.2	1.15	1.10	1.05	1.0	0.85	0.7
露点-40℃的温度修正系数	1.14	1.10	1.05	1.02	0.95	0.75	0.60

【例 14-1】　风冷型螺杆式空气压缩机排气量 3.6m³/min，排气压力 0.7MPa。要求干燥度-20℃（露点）。问应选用什么型号的干燥器。

解：考虑到风冷型空气压缩机在炎热的夏季，排气温度可能超过 45℃以上。所以温度修正系数取 0.7，压力修正系数取 1.0，则

$$应选设备额定处理气量 = \frac{3.6}{1.0 \times 0.7}m³/min = 5.14m³/min$$

可选用 HAD0060 型集装式无热再生吸附式干燥器。

【例 14-2】　炼铁厂生石灰破碎运输工程，使用空气压缩机 4L-30/3.5，要求干燥度-40℃（露点），成品气含油量不大于 0.1mg/m³。设备使用条件：干燥器入口压力 0.35MPa，入口流量 30m³/min，入口温度 38℃。问应选用什么型号的干燥器。

解：查表 14-30 和表 14-31，压力修正系数为 0.56（插入法），温度修正系数为 0.95，则

$$应选设备的额定处理气量 = \frac{30}{0.56 \times 0.95}m³/min = 56.4m³/min$$

考虑到干燥器入口压力偏低，若选用 HAD 集装式无热再生系列，再生气耗量较大，不经济，可选用 MAD 集装式微热再生系列。为保证成品气含油量不大于 0.1mg/m³ 以及避免吸附剂油中毒而失效，可在干燥器入口前配置除油过滤器，所以可选用 BF0720+MF0720+MAD0600—L。

（3）HAD 系列集装式无热再生吸附式干燥器　利用变压吸附，再生循环，使压缩空气交替流经 A、B 两个充满吸附剂的干燥罐。即一个罐体在高分压（工作压力）状态下吸附水蒸气时，另一个罐体在低分压（接近大气压）下解析，然后按设定的时间程序切换。其工作原理如图 14-15 所示。

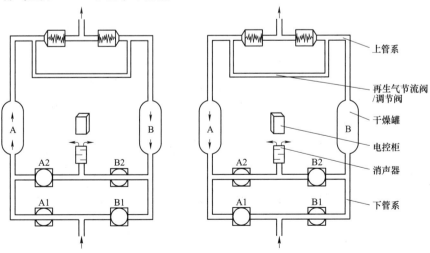

A干燥罐工作　B干燥罐再生　　　　B干燥罐工作　A干燥罐再生

图 14-15　HAD 系列集装式无热再生吸附式干燥器工作原理

1）吸附。湿空气从下管系经 A1 阀进入 A 干燥罐，自下向上流过吸附剂床。干燥后的空气从上管系排出。

2）再生。部分干燥空气（约 14%）通过上管系再生调节阀，进入 B 干燥罐。减压后的干燥空气（称为再生气）自上向下对 B 干燥罐内的吸附剂解析再生，恢复吸附剂的干燥能力。再生气通过下管系 B2 阀和消音器排放到大气中。

3）均压。吸附剂再生结束后，B2 阀关闭，B 干燥罐升压至在线工作压力，准备切换。

4）切换。下管系 B1 阀打开，A1 阀关闭，A2 阀打开，A、B 干燥罐完成切换，B 干燥罐进入吸附，A 干燥罐卸压再生。工作顺序及工作时间由控制器自动控制完成。

HAD 系列产品的技术参数如下：

进气压力：0.4～1.0MPa，标准型为 0.7MPa，也可提供更高压力的产品。

进气温度：≤40℃。

再生气耗：12%～16%额定处理气量。

压力损失：<0.021MPa。

成品气含尘粒径：1μm。

成品气露点：标准型为-20℃，也可提供-40℃、-60℃的产品。

吸附剂：铝胶或分子筛。

电源、电耗：200V/50Hz，100W。

安装方式：集装式、室内安装。

HAD 系列产品外形如图 14-16 所示。其外形尺寸见表 14-32。

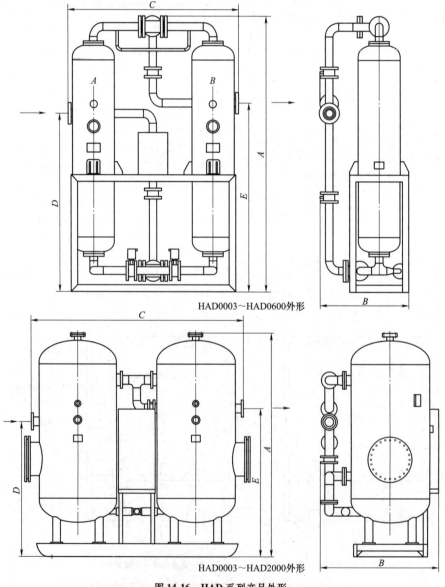

HAD0003～HAD0600外形

HAD0003～HAD2000外形

图 14-16　HAD 系列产品外形

表 14-32 HAD 系列产品外形尺寸

型号	额定处理流量/(m³/min)	外形尺寸/mm					接管尺寸	质量/kg	过滤器型号（选配件）
		A	B	C	D	E			
HAD0003	0.3	1160	350	516	637	737	R3/8in	84	0005
HAD0006	0.6	1280	350	516	727	827	R3/8in	120	0010
HAD0009	0.9	1550	400	680	850	950	R3/4in	150	0010
HAD0015	1.5	1760	450	680	1050	1150	R3/4in	195	0020
HAD0030	3	2020	490	720	1080	1180	R3/4in	265	0030
HAD0060	6	2270	540	860	1150	1250	R11/4in	420	0060
HAD0120	12	2510	770	1190	1250	1350	R2in	720	0120
HAD0240	24	2795	930	1910	1350	1450	DN=65mm	950	0240
HAD0320	32	2980	1210	2200	1900	2000	DN=80mm	1780	0320
HAD0400	40	3040	1260	2250	1900	2000	DN=80mm	1985	0480
HAD0600	60	3070	1290	2360	1900	2000	DN=100mm	2860	0720
HAD0800	80	2700	1325	2380	1900	2100	DN=100mm	3150	0960
HAD1000	100	2810	1420	2500	2000	2200	DN=150mm	4360	1280
HAD1200	120	3080	1900	3760	2000	2200	DN=150mm	5730	1280
HAD1600	160	3100	2130	4670	2000	2200	DN=150mm	7610	1920
HAD2000	200	3100	2600	5170	2000	2200	DN=200mm	8910	2560

（4）MAD 系列集装式微热再生吸附式干燥器其综合了变压吸附和变温吸附的优点。在常温高蒸汽分压下吸附（工作），在较高温度，低蒸汽分压下解析（再生），即吸附剂在吸附过程中吸附的水分，在再生过程依靠高品质再生气（干燥空气加热）的热扩散和低分压两种机理的共同作用得以彻底清除。其工作原理如图 14-17 所示。

1）吸附。湿空气从下管系经 A1 阀进入 A 干燥罐体，自下向上流过吸附剂床。干燥后的空气从上管系排出。

2）再生。少量干燥空气（约 7%）通过上管系

再生气调节阀减压后，进入加热器加热，这部分热空气（称为再生气）进入 B 干燥罐，对 B 罐体内的吸附剂解析再生，恢复吸附剂的干燥能力，再生气通过下管系 B2 阀和消声器排放到大气中。

3）均压。吸附剂再生结束后，B2 阀关闭，B 干燥罐逐渐升压至在线工作压力，准备切换。

4）切换。下管系 B1 阀打开，A1 阀关闭。A2 阀打开，A、B 干燥罐完成切换，B 干燥罐进入吸附，A 干燥罐卸压再生。工作顺序、工作时间及加热温度由控制器自动控制完成。

MAD 系列产品的技术参数如下：

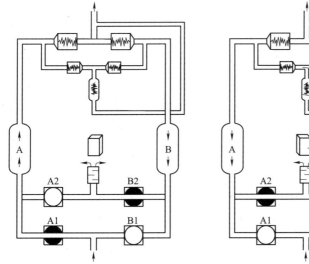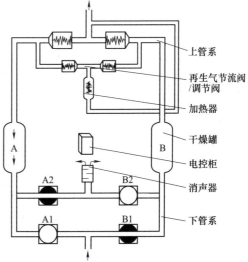

A 干燥罐工作 B 干燥罐再生　　　　B 干燥罐工作 A 干燥罐再生

图 14-17 MAD 系列集装式微热再生吸附式干燥器工作原理

进气压力：0.4～1.0MPa，标准型为0.7MPa，也可提供更高压力的产品。

进气温度：≤40℃。

再生气耗量：5%～8%额定处理气量。

压力损失：<0.021MPa。

成品气含尘粒径：1μm。

成品气露点：标准型为-20℃，也可提供-40℃、

-60℃的产品。

吸附剂：铝胶或分子筛。

电源：3相，380V，50Hz。

安装方式：集装式、室内安装。

MAD系列产品外形如图14-18所示。其外形尺寸见表14-33。

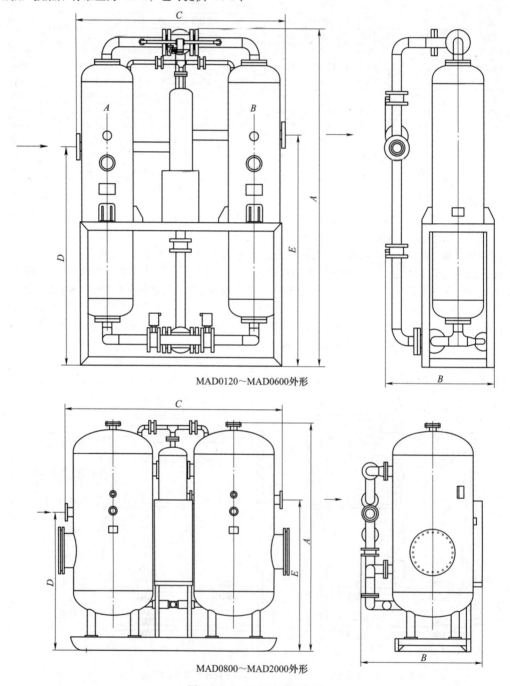

MAD0120～MAD0600外形

MAD0800～MAD2000外形

图14-18　MAD系列产品外形

表 14-33　MAD 系列产品外形尺寸

型号	额定处理流量/（m³/min）	外形尺寸/mm					接管尺寸	质量/kg	电加热功率/kW	过滤器型号（选配件）
		A	B	C	D	E				
MAD0120	12	2650	870	1340	1250	1350	$R2$in	970	6	0120
MAD0240	24	2760	1060	1600	1350	1450	DN＝65mm	1530	9	0240
MAD0320	32	2960	1120	1800	1900	2000	DN＝80mm	1540	12	0320
MAD0400	40	3060	1271	1990	1900	2000	DN＝80mm	2830	18	0480
MAD0600	60	3070	1720	2560	1900	2000	DN＝100mm	2900	24	0720
MAD0800	80	3000	1640	2870	1900	2050	DN＝100mm	3150	30	0960
MAD1000	100	3030	1700	2900	2000	2200	DN＝150mm	7000	36	1280
MAD1200	120	3060	1900	3210	2000	2200	DN＝150mm	9500	45	1280
MAD1600	160	3100	2130	4070	2080	3100	DN＝150mm	11000	66	1920
MAD2000	200	3100	2600	4570	2080	3100	DN＝200mm	15100	75	2560

（5）EHD 系列鼓风外加热式干燥器　它利用离心风机抽取环境空气作为再生介质，通过加热器加热，对吸附塔内吸附剂进行强化再生，在高温、低分压下，将吸附剂所吸附的水分脱除。按照吹冷过程采用介质的不同，分为三种型式：排放型（消耗平均 4%~5% 成品干气）、射流回收型（抽取 15% 成品干气吹冷，后返回干燥器出口，无压缩空气消耗）和闭式循环吹冷型（利用塔内空气，通过离心风机带动，强制冷却。无压缩空气消耗）。

EHD 系列产品的技术参数如下：

进气压力：0.4~1.0MPa，标准型为 0.7MPa，也可提供更高压力的产品。

进气温度：≤40℃。

再生气耗量：排放型，4%~5% 额定处理气量。射流回收型、闭式循环吹冷型，零排放。

压力损失：<0.021MPa。

成品气含尘粒径：1μm。

成品气露点：标准型为 -20℃，也可提供 -40℃、-60℃的产品。

吸附剂：铝胶或分子筛。

电源：3 相，380V，50Hz。

安装方式：集装式、室内安装。

EHD 系列产品外形如图 14-19~图 14-21 所示。其外形尺寸见表 14-34~表 14-36。

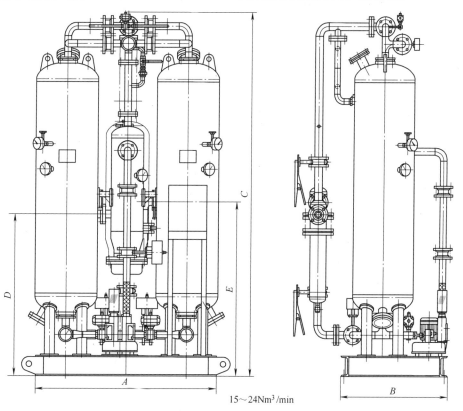

15~24Nm³/min

图 14-19　EHD 排放型系列产品外形

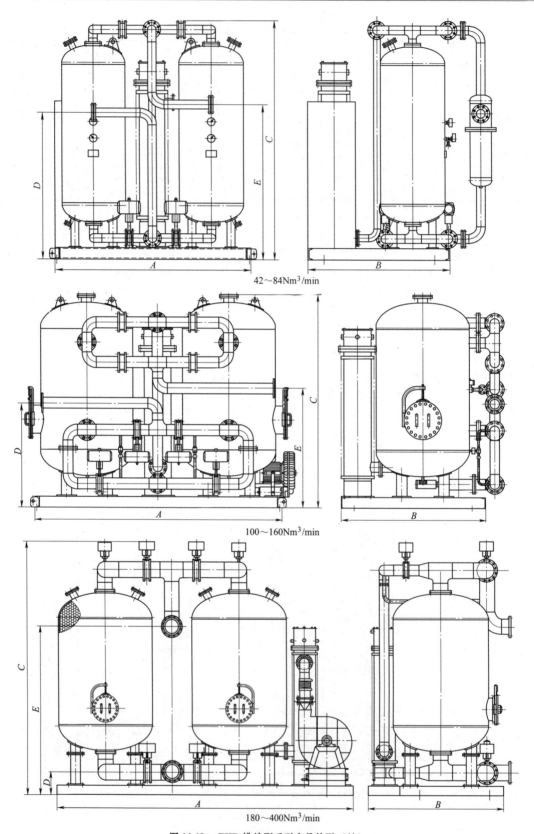

42～84Nm³/min

100～160Nm³/min

180～400Nm³/min

图 14-19 EHD 排放型系列产品外形（续）

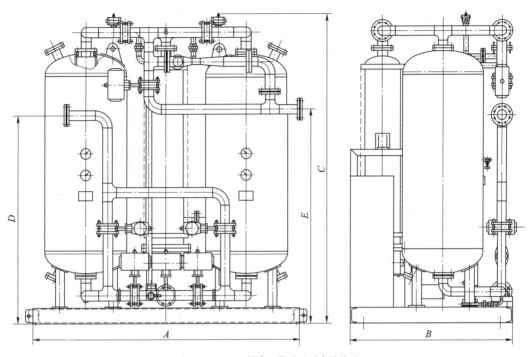

图 14-20　EHD 射流回收型系列产品外形

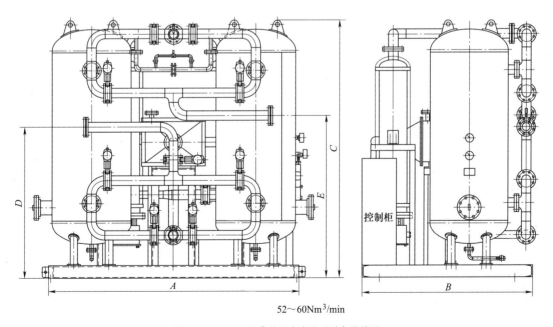

52～60Nm³/min

图 14-21　EHD 闭式循环吹冷型系列产品外形

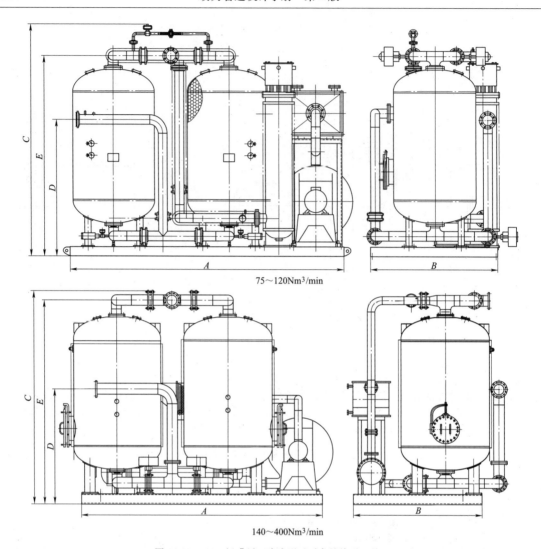

75～120Nm³/min

140～400Nm³/min

图 14-21　EHD 闭式循环吹冷型系列产品外形（续）

表 14-34　EHD 排放型系列产品外形尺寸

型号	处理气量 /（Nm³/min）	连接尺寸 DN/mm	外形尺寸/mm					质量/kg	视装功率/kW
			A	B	C	D	E		
15	15	50	1500	900	2925	1300	1400	1900	12
18	18	65	1570	900	2975	1300	1400	2100	16
24	24	65	2500	1535	2985	2000	2000	2400	21
42	42	80	2500	1535	2775	2000	2000	3600	36
52	52	100	2500	1795	2930	1800	1900	4100	36
60	60	100	2500	1795	3135	1855	1955	4500	42
75	75	125	3200	2000	3095	1800	2000	5500	48
84	84	125	3200	2000	3295	1800	2200	5800	54
100	100	150	4000	2000	3100	1535	1950	7300	67
120	120	150	4000	2000	3200	1535	1950	7500	80
140	140	150	4000	2000	3400	1535	1950	8500	90
160	160	150	3805	2200	3185	1565	1780	10000	108
180	180	150	3805	2200	3385	1565	1780	11000	126
200	200	200	5815	2900	3820	1362	2800	12000	145
250	250	200	5815	2900	3920	1362	2800	15000	150
300	300	250	5815	2900	4020	1362	2800	16500	180
350	350	250	6400	2400	5050	480	3500	19000	217
400	400	300	6400	2400	5250	480	3500	20000	240

表 14-35　EHD 射流回收型系列产品外形尺寸

| 型号 | 处理气量 /(Nm³/min) | 连接尺寸 DN/mm | 外形尺寸/mm | | | | | 质量/kg | 视装功率/kW |
			A	B	C	D	E		
24	24	65	2140	1280	2875	1400	2000	2260	26.5
32	32	80	2485	1580	2835	2030	1990	3600	32.5
42	42	80	2520	1580	2820	1900	1960	4070	37.5

表 14-36　EHD 闭式循环吹冷型系列产品外形尺寸

| 型号 | 处理气量 /(Nm³/min) | 连接尺寸 DN/mm | 外形尺寸/mm | | | | | 质量 /kg | 视装功率 /kW | 冷却水量 /(t/h) |
			A	B	C	D	E			
52	52	100	2900	2000	2705	1550	1625	5400	48.5	7.8
60	60	100	2900	2000	2905	1700	1825	5600	54.5	9
75	75	125	2800	2100	3400	1500	3067	5800	68	11.3
84	84	125	2800	2100	3600	1500	3167	6200	74	12.6
100	100	125	2800	2250	3700	2100	3167	7500	80	15
120	120	150	4300	2200	3890	2290	3360	9500	126	16.2
140	140	150	4750	2800	3440	2500	3270	13000	138	18.9
160	160	200	4650	3150	3765	2500	3590	15500	138	21.6
180	180	200	4620	3420	4000	2500	3820	17000	156	24.3
200	200	200	5400	3420	4100	2500	3920	18000	197	27
250	250	200	5400	3045	4240	2300	4075	22000	205	33.8 (15)
300	300	250	5000	3900	4900	3200	4695	26000	235	40.5 (18)
350	350	250	6550	3900	5200	2800	4800	28000	265	47.3 (21)
400	400	300	6600	4500	5300	3200	5030	32000	327	54 (24)

（6）CHD 系列压缩热式干燥器　它利用空气压缩机排出的高温无油气体直接加热吸附剂。

西安联合超滤净化设备有限公司、西安超滤净化工程有限公司生产的压缩热式干燥器可处理较低的压缩机排气温度，得到较高的空气干燥度。再生过程无须消耗高品质压缩空气，达到零排放节能效果。按照再生方式产品可分为 RZ 型和 CZ 型。

CHD 系列产品的技术参数如下：

进气压力：0.6~1.0MPa，标准型为 0.7MPa，也可提供更高压力的产品。

压缩机排气温度：≥80℃。

再生气耗量：零排放。

压力损失：<0.04MPa。

成品气含尘粒径：1μm。

成品气露点：-40℃。

吸附剂：铝胶或分子筛。

电源：3 相，380V，50Hz。

安装方式：集装式、室内安装。

CHD 系列产品外形如图 14-22 和图 14-23 所示。其外形尺寸见表 14-37 和表 14-38。

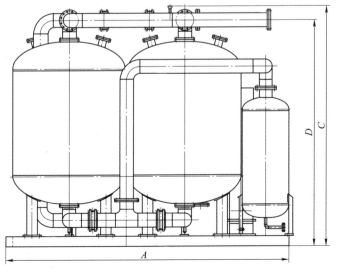
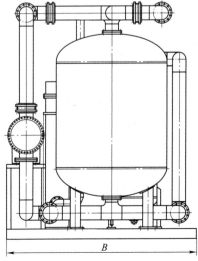

图 14-22　CHDRZ 型系列产品外形

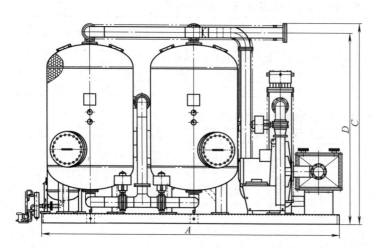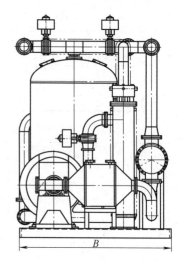

图 14-23 CHDCZ 型系列产品外形

表 14-37 CHDRZ 型系列产品外形尺寸

型号	处理气量/(Nm³/min)	进出气尺寸 DN/mm	进出水尺寸 DN/mm	A	B	C	D	质量/kg	视装功率/kW	冷却水耗量/(t/h)
CHD0420RZ	42	100	65	3700	2100	3100	2900	6000	34	14
CHD0600RZ	60	100	80	3800	2100	3150	3040	7200	59.5	20
CHD0800RZ	80	150	80	4400	2400	3500	3360	9500	59.5	26
CHD1000RZ	100	150	100	4500	2500	3500	3265	11000	61.5	32
CHD1200RZ	120	150	100	4800	2600	3560	3270	13000	79.5	39
CHD1400RZ	140	150	100	5000	2600	3660	3370	15500	79.5	46
CHD1600RZ	160	200	150	4600	2700	3800	3720	17000	95	52
CHD1800RZ	180	200	150	4600	2700	4000	3820	19000	107	58
CHD2000RZ	200	200	150	4800	3000	4200	3920	21000	123	65
CHD2500RZ	250	200	150	5200	3200	4500	4000	26000	127	81
CHD3000RZ	300	250	150	5400	3200	4700	4300	30000	142	119

表 14-38 CHDCZ 型系列产品外形尺寸

型号	处理气量/(Nm³/min)	进出气尺寸 DN/mm	进出水尺寸 DN/mm 冷却器	表冷器	A	B	C	D	质量/kg	视装功率/kW	冷却水耗量/(t/h)
CHD1400CZ	140	150	100	65	4700	2800	3550	3310	15000	116	52
CHD1600CZ	160	200	125	65	5045	3120	3840	3600	18000	138	60
CHD1800CZ	180	200	150	80	6300	3200	4010	3822	21000	163	70
CHD2000CZ	200	200	150	80	6300	3200	4110	3922	22000	181	78
CHD2500CZ	250	200	150	80	6500	3450	4080	3855	24100	208	98
CHD3000CZ	300	250	200	100	3450	1570	4445	4190	26500	237	119
CHD3500CZ	350	250	200	100	7400	3500	4900	4695	34000	276	142
CHD4000CZ	400	300	200	125	8650	3600	5330	5030	42000	312	162
CHD5000CZ	500	300	250	125	8730	4000	5615	5350	55000	379	202
CHD6000CZ	600	350	250	150	10000	4600	6150	5860	68000	449	243
CHD7000CZ	700	350	250	150	10000	4600	6350	6060	76000	521	284

14.4 高纯气体管网设计、安装和维护

1）高纯气体管道的管径，应按管道设计容量、气体压力或生产设备要求来确定，管外径不宜小于 6mm，壁厚不宜小于 1mm。

在确定高纯气体管径时，应当考虑高纯气体使用场所的特殊性：一是生产工艺复杂，加工精细，技术更新换代快，生产工艺随时调整；二是有些生产设备用气量小。为此，管径要考虑并能适应生产调整的需要，如气体干管不一定按流量计算逐级设变径。同时还应注意到管径过大，不仅浪费材料，而且对高纯气体管道初次吹扫，放空时间长，气体消耗量大。尤其当间断用气，由于气体流速小，要达到规定的用气质量较困难或需要很长的时间。

2）一般高纯气体的干管，应敷设在上、下技术夹层或技术夹道内。当与水、电管线共架时，相对密度小于或等于 0.75 的高纯气体管道宜设在水、电管线下部；相对密度大于 0.75 的高纯气体管道宜设在水、电管线上部，与本房间无关的管道不应穿过。

洁净室的气体管道及管架宜设装饰面板。当有可燃气体管道时，应敷设在装饰面板外侧，水平敷设时应在顶部。

3）气体管道布置时应尽量短直，不应出现不易吹除的盲管、死角和不易清扫的部位。

4）为便于在高纯气体管道检修前后进行吹扫，或当纯度不符合要求时进行吹扫，应在干管或支管末端设必要的吹除口、放净口和取样口。

5）为便于检测气体在输送过程中气体的纯度，应在管道系统上设置必要的取样口。

6）穿过墙壁或楼板的气体管道，应敷设在预埋套管内。套管内的管段不应有焊缝，管道与套管之间应采取可靠的密封措施。

7）可燃气体和氧气管道的末端或最高点，应设放散管，便于在气体管路发生事故或气体纯度不符合生产要求时，及时吹除置换。放散管应引至室外，放散管口高出屋脊 1m 以上，并应设置防雷保护措施以及防雨雪侵入和杂物堵塞的措施。氢气和氧气的放散管应分开布置，间距不宜小于 4.5m。

8）在生产过程中，对各种气体纯度及含尘量都有一定要求。气体净化装置的选择和配置应符合气源和生产工艺对气体纯度的要求。气体终端净化装置宜设在邻近用气点处。

9）气体过滤器的选择和配置应符合生产工艺对气体洁净度的要求。高纯气体终端过滤器应在靠近用气点处。气体过滤器有高效过滤器和中效过滤器两种。在车间入口室的干管上，一般装设中效过滤器，而在邻近用气点处，装设高效过滤器。中效过滤器内装填材料有多孔陶瓷管、多孔钢玉管、微孔玻璃制品、微孔泡沫塑料、粉末冶金管、聚丙腈纤维等。高效过滤器（高精度终端过滤器）的过滤材料有超细玻璃棉高效滤纸、醋酸纤维素滤膜、粉末金属材料等。

10）进入洁净厂房的高纯气体管道的控制阀门、过滤器、减压装置、压力表、流量计、在线分析仪等，宜集中设置在气体入口室，便于统一管理和控制，以利安全生产。

11）洁净厂房内、生产类别为现行国家标准 GB 50016—2014《建筑设计防火规范》（2018 年版）

规定的甲、乙类气体、液体入口室或分配室的设置应符合下列规定：

① 当毗连布置时，应设在单层厂房靠外墙或多层厂房的最上一屋靠外墙处，并应与相邻房间采用耐火极限大于 3.0h 的隔墙分隔。

② 应有良好的通风。

③ 泄压设施和电气防爆应按现行国家标准《建筑设计防火规范》、GB 50058—2014《爆炸危险环境电力装置设计规范》的有关规定执行。

14.5　管道材料、阀门和附件

高纯气体管道材料和阀门应根据所输送物料的物化性质和使用工况选用，应满足生产工艺的要求和使用特点，并根据管内输送气体纯度和杂质含量，经技术经济比较后确定。阀门的材质及表面处理应与管道匹配。

高纯气体管道和阀门的选用应符合生产工艺的要求，并应符合下列规定：

1）当气体纯度大于或等于 99.999%，露点低于 -76℃时，应采用内壁电抛光的低碳不锈钢管或内壁光亮抛光的不锈钢管。阀门宜采用波纹管阀或隔膜阀。

2）当气体纯度大于或等于 99.99%，露点低于 -60℃时，应采用内壁光亮抛光的不锈钢管。除可燃气体管道宜采用波纹管阀外，其他气体管道宜采用球阀。

3）当干燥压缩空气露点低于 -70℃时，应采用内壁光亮抛光的不锈钢管；当露点低于 -40℃时，宜采用不锈钢管或热镀锌无缝钢管。阀门宜采用波纹管阀或球阀。

4）阀门的材质宜与相连接的管道材质相适应。

5）高纯气体管道连接应符合以下规定：

① 管道连接应采用焊接。

② 不锈钢管应采用氩弧焊，以对接焊或承接焊连接；高纯气体管道宜采用内壁无斑痕的对接焊。

6）管道与设备的连接应符合设备的连接要求。当采用软管连接时，宜采用金属软管。

7）管道与设备或阀门的连接宜采用表面密封的接头或双卡套，接头或双卡套的密封材料宜采用金属垫或聚四氟乙烯垫。

8）洁净室（区）内的气体管道应根据管子表面温度和环境温度、湿度确定保温形式和构造。冷管道保温后的外表面温度不应低于环境的露点温度。保温层外表面应采用不产生尘粒、微生物的材料，并应平整、光洁，宜采用金属外壳保护。

14.6　高纯气体管道安装

14.6.1　安装前的准备工作

1. 验收工作

接收管子及各种阀件时，首先应进行外观检查，核对管道及阀件的规格尺寸、型号、制造厂家、数量及有无损伤等。最后验证制造厂家的产品合格证及记录单是否齐全。

2. 保管工作

在库房或存放场地上，应将管子及各种阀件按各品种分别存放在架子上或柜子上，并登记入账。存放的位置应有明显标志，存取时要做到安全、方便、清洁，严禁随意拆包或搬出造成污染。使用时要做到随用随取，并作登记，不得将多余材料随手乱放。严禁将材料搬至室外或不洁净场所存放与保管。

14.6.2　安装程序

1. 下料

对不锈钢管按需要的规格尺寸，用特制的专用管子割刀进行切断。切断时要防止管子变形。然后再用专用工具去掉管子内外壁的毛刺。

对于不锈钢三通弯头，特殊设计，对口加工，经清洁钝化抛光处理、脱脂干燥后包装备用。

2. 清洗

高纯气体管道中若存有污染物，将会直接影响高纯气体的纯度。氧气特别忌油，因此高纯气体管道的内壁、阀门和附件，在安装前应进行清洗、脱脂等工作。

清洗工作应在室内进行。在室内设置洗净室，地板、墙壁及窗户等不要成为尘埃源，并且要通风，最好室内加空气过滤器，使环境保持清洁。清洗时不得用手直接接触洗净室或清洗件，而要带塑料手套进行操作。清洗后即用洁净干燥气体吹干，并予以封口保管。

常用的清洗、脱脂方法如下：

四氯化碳脱脂→酸洗（硝酸 8%～10%＋氢氟酸 15%＋水）→加温（50℃）→冲洗（自来水）→四氯化碳脱脂→吹干（用干燥氮气或无油压缩空气）→密封保护。

无缝钢管的处理方法如下：

（1）酸洗钝化法　酸洗→用氮气充排管内酸液（盐酸 12%～16%、乌洛托品 0.05%～0.7%）→水洗→中和（碳酸钠 0.3%）→钝化（亚硝酸钠 5%～6%）→吹干（用干燥氮气或无油压缩空气）→密封保护。

（2）喷砂法　直接喷石英砂，直至光亮无锈斑为止；然后用干燥氮气或无油压缩空气吹净。用喷砂法处理无缝钢管完毕后，到安装时间最好不超过 48h。

3. 管道安装

高纯气体管道安装，应在事先准备好的小洁净室内进行。在焊接过程中，为防止焊管内壁产生氧化膜及尘埃粒子侵入，一般通入洁净的氩气作保护，并经过 $0.1～0.3\mu m$ 过滤器。以 $DN=25mm$ 配管为例，内壁保护气以 5～30L/min 为标准，焊接前的净化放 30L/min 氩气，焊接中为 5L/min 左右，直至被焊接配管充分冷却为止。

管道经切断、清洗和焊接后，应采取防尘措施。例如，用特制塑料管帽盖于两端，以防止管道受环境污染。管道封口后不宜直接置于尘埃发生地带。

4. 配管的试验、检查和分析

配管工程竣工后，应根据施工图及合同要求，对全部管网系统进行气密性试验、露点试验、清洁度（尘埃）试验及微量氧试验等。试验程序如图 14-24 所示。

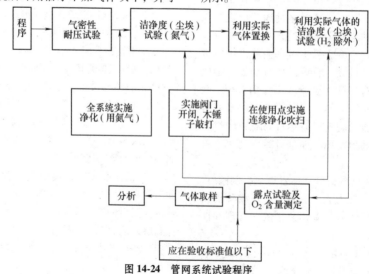

图 14-24　管网系统试验程序

对于取样分析或现场分析，要根据净化设备产品气体的分析报告，与终端（使用点）分析结果进行比较。

14.7　高纯气体管道的安全技术

1) 下列部位应设可燃气体报警装置和事故排风装置，报警装置应与相应的事故排风机联锁：

① 生产类别为甲类的气体、液体入口室或分配室。

② 管廊，上、下技术夹层，技术夹道内有可燃气体管道的易积聚处。

③ 洁净室内使用可燃气体处。

2) 可燃气体管道应采取下列安全技术措施：

① 接至用气设备的支管宜设置阻火器。

② 引至室外的放散管应设置阻火器，并应设置防雷保护设施。

③ 应设导除静电的接地设施。

3) 氧气管道应采取下列安全技术措施：

① 管道及其阀门、附件应经严格脱脂处理。

② 应设导除静电的接地设施。

4) 气体管道应按不同介质设明显的标识。

5) 各种气瓶库应集中设置在洁净厂房外。当日用气量不超过 1 瓶时，气瓶可设置在洁净室内，应采取不积尘和易于清洁的措施。

参 考 文 献

[1] 中华人民共和国公安部. 建筑设计防火规范：GB 50016—2014 [S]. 2018 年版. 北京：中国计划出版社, 2018.

[2] 中华人民共和国原化学工业部. 工业金属管道设计规范：GB 50016—2000 [S]. 2008 年版. 北京：中国计划出版社, 2008.

[3] 中国机械工业联合会. 压缩空气站设计规范：GB 50029—2014 [S]. 北京：中国计划出版社, 2014.

[4] 中国机械工业联合会. 氧气站设计规范：GB 50030—2013 [S]. 北京：中国计划出版社, 2014.

[5] 全国气瓶标准化技术委员会. 溶解乙炔气瓶：GB 11638—2011 [S]. 北京：中国标准出版社, 2012.

[6] 中国特种设备检测研究院. 气瓶安全技术监察规程：TSG R0006—2014 [S]. 北京：新华出版社, 2015.

[7] 中华人民共和国工业和信息化部. 溶解乙炔设备：JB/T 8856—2018 [S]. 北京：机械工业出版社, 2018.

[8] 全国化学标准化技术委员会. 溶解乙炔：GB 6819—2004 [S]. 北京：中国标准出版社, 2005.

[9] 中华人民共和国信息产业部. 氢气站设计规范：GB 50177—2005 [S]. 北京：中国计划出版社, 2005.

[10] 中华人民共和国工业和信息化部. 洁净厂房设计规范：GB 50073—2013 [S]. 北京：中国计划出版社, 2013.

[11] 中华人民共和国工业和信息化部. 大宗气体纯化及输送系统工程技术规范：GB 50724—2011 [S]. 北京：中国计划出版社, 2012.

[12] 中华人民共和国工业和信息化部. 特种气体系统工程技术规范：GB 50646—2011 [S]. 北京：中国计划出版社, 2012.

第15章　医用气体管道系统

医用气体是指用于治疗、诊断、预防，或驱动外科手术工具等，作用于病人、医疗器械的单一或混合成分气体。医用气体管道系统是指包含了气源系统、监测和报警系统以及设置有阀门、终端组件等末端设施的一个完整的管道供应系统。

集中供应和管理的医用气体系统被称为生命支持系统，在医疗卫生机构中具有非常重要的作用。医用气体管道系统也是动力专业在医院工程设计中的一个重要组成部分。

对于医院来说，医用气体管道系统应有一个针对本院的个体情况，结合建筑规划、地理位置、周边环境、气体供应模式等自身特点综合考虑，达到了安全、合理、节能的系统性规划设计。

15.1 医用气体的用途和设置

15.1.1 常用医用气体的性质和用途

1. 医用氧

氧气的相对分子质量为32，气态密度为$1.429kg/m^3$，液态密度为$1.141kg/L$，沸点为$-182.97℃$，标准状况下液氧的汽化体积比约为1:800。

氧气是无色、无嗅、无刺激性的气体。在一定条件下，氧气能与大部分元素发生化学反应。氧气为助燃性气体，与其他可燃气体混合后易燃烧爆炸。医用氧用于治疗各种呼吸窘迫、一氧化碳中毒、触电、溺水等急救情况，以及治疗心绞痛、脑梗死和用于美容保健等。

按国家药典规定，医用氧纯度应在99.5%以上，所含杂质低于其相应的规定。

2. 医用空气

空气的平均相对分子质量约为29，密度为$1.293kg/m^3$，为无色、无嗅的气体，不燃。

医用空气按用途和洁净度要求分为医疗空气、器械空气、牙科空气、医用合成空气。

医疗空气常用于呼吸机，作为其动力源且供病人吸食，也可以作为治疗呼吸系统疾病的患者使用喷雾疗法的介质、早产儿保温箱人工呼吸器等氧气浓度调整的掺混介质等。

器械空气可为各种医疗器械（钻、锯等）提供动力。

牙科空气为牙科医疗设备、钻具提供动力，吹除污物、吸引等。

部分医用空气的品质要求见表15-1。

表15-1　部分医用空气的品质要求

气体种类	油的质量浓度/（mg/Nm^3）	水的质量浓度/（mg/Nm^3）	CO（体积分数，10^{-4}%）	CO_2（体积分数，10^{-4}%）	NO 和 NO_2（体积分数，10^{-4}%）	SO_2（体积分数，10^{-4}%）	颗粒物（GB 13277.1）[①]	气味
医疗空气	≤0.1	≤575	≤5	≤500	≤2	≤1	2级	无
器械空气	≤0.1	≤50	—	—	—	—	2级	无
牙科空气	≤0.1	≤780	≤5	≤500	≤2	≤1	3级	无

① GB 13277.1—2008《压缩空气　第1部分：污染物净化等级》。

3. 医用真空

医用真空可用于重症病人的急救，病人污物、手术污物抽取，产科吸引，以及麻醉废气排放等用途。

4. 医用氮气

氮气的相对分子质量为28，气态密度为$1.25kg/m^3$，液态密度为0.81kg/L，沸点为-195.81℃，标准状况下液氮的汽化体积比约为1:643。

氮气为无色、无嗅的惰性气体，不燃。

氮气在医疗上主要用于驱动外科手术工具，并作为医用混合气体的组分。液体氮可以冷冻储存红细胞及全血液、精液或人体组织，在外科手术上用于低温冷冻外科手术（冷刀），也常用于局部冷冻麻醉、冷冻治疗腋臭和脱清雀斑等。

5. 医用一氧化二氮

一氧化二氮（氧化亚氮）相对分子质量为44，气态密度为$1.962kg/m^3$，液态密度为1.223kg/L，沸点为-88.48℃。

氧化亚氮属于不活泼、无色、无毒气体，稍带有芳香味，易溶于水和乙醇。

氧化亚氮俗称笑气，是一种安全且可持续较长时间的牙科和外科上的麻醉剂，在医疗上主要用途有镇痛、全身麻醉等。

6. 医用二氧化碳气体

二氧化碳的相对分子质量为44，气态密度为

I.977kg/m³，液态密度为 1.177kg/L，沸点为−56.55℃，标准状况下液态二氧化碳的汽化体积比约为 1∶585。

二氧化碳是无色、无嗅、略有酸味的气体，不燃。

二氧化碳气体在医疗上作为药用辅料、腹腔和结肠充气，还广泛用于各种医学治疗及临床试验，作为医用混合气体的混合组分等。固态二氧化碳俗称干冰，可用于冷冻疗法治疗白内障、血管病等。

7. 医用混合气体

按照使用目的，可以制造出数种混合气体，在医疗上主要用于吸入疗法。

（1）二氧化碳气体+氧气　吸入人体后，增加动脉血中的张力，用以刺激呼吸中枢神经，使其换气量增大。混合比为 $CO_2$5%+$O_2$95% 的气体适用于治疗小儿膈气、一氧化碳中毒以及脑血管的扩张等。

（2）氦+氧气　混合比为 He80%+$O_2$20%，由于这种气体极易扩张，故适用于支气管喘息、支气管痉挛和支气管收缩等症。

（3）氧化亚氮+氧气　混合比为 N_2O50%+$O_2$50%，或者 N_2O30%+$O_2$70%，用轻微的麻醉可以得到无痛的效果，适用于无痛分娩、牙科麻醉、手术后止痛以及心脏病发作时的辅助治疗等。

15.1.2　各种医用气体的配置

医用气体品种和终端的设置应根据各类医疗卫生机构用途的不同按实际需求确定。通常可按表 15-2 和表 15-3 的推荐性配置选用。

表 15-2　医用气体终端组件的设置要求

部门	单元	氧气	真空	医疗空气	氧化亚氮/氧气混合气	氧化亚氮	麻醉或呼吸废气	氮气/器械空气	二氧化碳	氦/氧混合气
手术部	内窥镜/膀胱镜	1	3	1	—	1	1	1	1a	—
	主手术室	2	3	2	—	2	1	1	1a	—
	副手术室	2	2	1	—	1	1	—	1a	—
	骨科/神经科手术室	2	4	1	—	1	1	2	1a	—
	麻醉室	1	1	1	—	1	1	—	—	—
	恢复室	2	2	1	—	—	—	—	—	—
	门诊手术室	2	2	1	—	—	—	—	—	—
妇产科	待产室	1	1	1	1	—	—	—	—	—
	分娩室	2	2	1	1	—	—	—	—	—
	产后恢复	1	2	1	1	—	—	—	—	—
	婴儿室	1	1	—	—	—	—	—	—	—
儿科	新生儿重症监护	2	2	—	—	—	—	—	—	—
	儿科重症监护	2	2	—	—	—	—	—	—	—
	育婴室	1	1	—	—	—	—	—	—	—
	儿科病房	1	1	—	—	—	—	—	—	—
诊断学	脑电图、心电图、肌电图	1	1	—	—	—	—	—	—	—
	数字减影血管造影室（DSA）	2	2	2	—	1a	1a	—	—	—
	MRI	1	1	—	—	1	—	—	—	—
	CAT 室	1	1	1	—	—	—	—	—	—
	眼耳鼻喉科 EENT	—	1	1	—	—	—	—	—	—
	超声波	1	1	—	—	—	—	—	—	—
	内窥镜检查	1	1	1	—	—	—	—	—	—
	尿路造影	1	1	—	—	—	—	—	—	—
	直线加速器	1	1	1	—	—	—	—	—	—
病房及其他	病房	1	1a	1a	—	—	—	—	—	—
	精神病房	—	—	—	—	—	—	—	—	—
	烧伤病房	2	2	2	1a	1a	1a	—	—	—
	ICU	2	2	2	1a	—	1a	—	—	1a
	CCU	2	2	2	—	—	1a	—	—	—
	抢救室	2	2	2	—	—	—	—	—	—
	透析	1	1	—	—	—	—	—	—	—
	外伤治疗室	1	2	1	—	—	—	—	—	—
	检查/治疗/处置	1	1	—	—	—	—	—	—	—
	石膏室	1	1	1a	—	—	—	—	1a	—

（续）

部门	单元	氧气	真空	医疗空气	氧化亚氮/氧气混合气	氧化亚氮	麻醉或呼吸废气	氮气/器械空气	二氧化碳	氦/氧混合气
病房及其他	动物研究	1	2	1	—	1a	1a	1a	—	—
	尸体解剖	1	1	—	—	—	—	1a	—	—
	心导管检查	2	2	2	—	—	—	—	—	—
	消毒室	1	1	×						
	普通门诊	1	1							

注：本表为常规的最少设置方案。其中 a 表示可能需要的设置，×为禁止使用。

表 15-3　牙科、口腔外科医用气体的设置要求

气体种类	牙科空气	牙科专用真空	医用氧气	医用氧化亚氮/氧气混合气
接口或终端组件的数量	1	1	1（视需求）	1（视需求）

15.2　医用气源设计

各种医用气源应根据当地医用气体的供应情况、地理环境、医疗工艺要求和特点等综合考虑，择优选择气源形式和供应方式。

每种医用气源均应设有备用机组，保证在部分设施故障情况下还能可靠供气，即单一故障状态时保证连续供气。

医用氧气供应源由主气源、备用气源和应急备用气源组成。主气源不能少于医院 3d 的用量，备用气源应能自动投入使用且不少于医院 24h 的用量，应急备用气源则需要保证手术、ICU 等生命支持区域至少 4h 的氧气用量。应急备用气源不能使用液氧或分子筛制氧系统供应。

15.2.1　医用气源计算

医用气源的计算流量按 GB 50751—2012《医用气体工程技术规范》中 9.2.1 所列公式计算，如下：

$$Q = \sum [Q_a + Q_b (n-1) \eta] \quad (15-1)$$

式中　Q——气源计算流量（L/min）；
　　　Q_a——终端处额定流量（L/min）；
　　　Q_b——终端处计算平均流量（L/min）；
　　　n——床位或计算单元的数量；
　　　η——同时使用系数。

其中 Q_a、Q_b、η 按表 15-4~表 15-10 取值。

表 15-4　医疗空气、医用真空与医用氧气流量计算参数

使用科室		医疗空气			医用真空			医用氧气		
		Q_a /(L/min)	Q_b /(L/min)	η	Q_a /(L/min)	Q_b /(L/min)	η	Q_a /(L/min)	Q_b /(L/min)	η
手术室	麻醉诱导	40	40	10%	40	30	25%	100	6	25%
	重大手术室、整形、神经外科	40	20	100%	80	40	100%	100	10	75%
	小手术室	60	20	75%	80	40	50%	100	10	50%
	术后恢复、苏醒	60	25	50%	40	30	25%	10	6	100%
重症监护	ICU、CCU	60	30	75%	40	40	75%	10	6	100%
	新生儿 NICU	40	40	75%	40	20	25%	10	4	100%
妇产科	分娩	20	15	100%	40	40	50%	10	10	25%
	待产或（家化）产房	40	25	50%	40	40	50%	10	6	25%
	产后恢复	20	15	25%	40	40	25%	10	6	25%
	新生儿	20	15	50%	40	40	25%	10	3	50%
其他	急诊、抢救室	60	20	20%	40	40	50%	100	6	15%
	普通病房	60	15	5%	40	40	10%	10	6	15%
	呼吸治疗室	40	25	50%	40	40	25%	—	—	—
	创伤室	20	15	25%	60	60	100%	—	—	—
	实验室	40	40	25%	40	40	25%	—	—	—
	增加的呼吸机	80	40	75%	—	—	—	—	—	—
	CPAP 呼吸机	60	30	75%	—	—	—	50	40	75%
	门诊	20	15	10%	—	—	—	10	6	15%

注：1. 本表按综合性医院应用资料编制。
　　2. 表中普通病房、创伤科病房的医疗空气流量是按照病人所吸氧需与医疗空气按比例混合，并安装医疗空气终端时的流量。
　　3. 氧气不应用作呼吸机动力气体。
　　4. 增加的呼吸机医疗空气流量应以实际数据为准。

表 15-5　氮气或器械空气流量计算参数

使用科室	Q_a/(L/min)	Q_b/(L/min)	η
手术室	350	350	50%(<4 间的部分) 25%(≥4 间的部分)
石膏室、其他科室	350	—	—
射流式麻醉废气排放(共用)	20	20	见表 15-10
气动门等非医用场所	按实际用量另计		

表 15-6　牙科空气与真空计算参数

气体种类	Q_a/(L/min)	Q_b/(L/min)	η	η
牙科空气	50	50	80%(<10张牙椅的部分)	60%(≥10张牙椅的部分)
牙科专用真空	300	300		

注:Q_a、Q_b 的数值与牙椅具体型号有关,数值有差别。

表 15-7　医用氧化亚氮流量计算参数

使用科室	Q_a/(L/min)	Q_b/(L/min)	η
抢救室	10	6	25%
手术室	15	6	100%
妇产科	15	6	100%
放射诊断(麻醉室)	10	6	25%
重症监护	10	6	25%
口腔、骨科诊疗室	10	6	25%
其他部门	10	—	—

表 15-8　医用氧化亚氮和医用氧混合气体流量计算参数

使用科室	Q_a/(L/min)	Q_b/(L/min)	η
待产/分娩/恢复/产后(<12 间)	275	6	50%
待产/分娩/恢复/产后(≥12 间)	550	6	50%
其他区域	10	6	25%

表 15-9　医用二氧化碳气体计算参数

使用科室	Q_a/(L/min)	Q_b/(L/min)	η
终端使用设备	20	6	100%
其他专用设备	另计		

表 15-10　麻醉或呼吸废气排放流量计算参数

使用科室	η	Q_a 与 Q_b/(L/min)
抢救室	25%	80(高流量排放方式) 50(低流量排放方式)
手术室	100%	
妇产科	100%	
放射诊断(麻醉室)	25%	
口腔、骨科诊疗室	25%	
其他麻醉科室	15%	

对于应急救治医疗设施,医用氧、医用空气的计量可按照全部床位分别为 50%的 CPAP 的 ICU 计算,且同时使用系数均取 100%。医用真空可按照全部床位为 ICU 计算。

表 15-11　压缩空气用高原修正系数

海拔/m	0	305	610	914	1219	1524	1829	2134	2438	2743	3048	3653	4572
修正系数	1.0	1.03	1.07	1.10	1.14	1.17	1.20	1.23	1.26	1.29	1.32	1.37	1.43

医用空气气源设备、医用真空、麻醉废气排放系统在高原地区对设备选型时,还应按照海拔进行流量的修正,见表 15-11。

医用液氧气源、各类钢瓶装医用气源,还应根据医院用气的性质、特点和既往使用经验数据,计算或估算出各种气体的日用量,作为选择气源储量以及备用数量的依据。

15.2.2　医用液氧储罐供应源设计

1. 概述

1) 医用液氧由专业氧气厂采用深冷空分法制取,品质达到医用氧的要求,由槽车运送至医院为液氧储罐充罐。正常使用时罐内液氧经汽化、减压后供应给各用气点。它具有初期投资少、使用方便简单、调峰能力强、综合使用费较低等优点,是医疗卫生机构首选的优质医用氧源。

2) 医用液氧储罐供应源可以作为医用主气源及备用气源,但不能作为应急备用气源。

3) 液氧储罐的内部结构、工作原理和常用的液氧储罐参数等可参见本手册第 12 章动力分站的有关内容。

2. 系统设置

1) 液氧储罐供应源主要由以下设备组成:液氧储罐、汽化器、减压装置、报警装置等。

液氧储罐为双层绝热低温液态储罐,常用设计压力不高于 1.6MPa,工作压力一般为 0.8~1.3MPa,由液氧槽车充罐。

2) 医用液氧储罐通常不少于 2 个,可切换使用。液氧储罐供应源的总容积不宜大于 20m³。

3) 医用液氧储罐一般采用以大气环境为热源的汽化器,使液态氧蒸发汽化成气态氧。

汽化器通常使用两组且能相互切换,每组均应能满足最大供氧流量。由于地区及季节温度的变化,选用汽化器时,要保证在使用地点极端最低气温条件下,汽化器的能力满足设计使用要求。

4) 减压装置与汽化器出口相连接,用以降压使系统供气压力稳定。减压装置应为一用一备的双路形式。

5）系统应在适当的位置设置止回阀、过滤器，并设置压力报警监测装置。

6）医用液氧储罐应同时设置安全阀和防爆膜等安全措施；医用液氧储罐气源的供应支路应设置防回流措施；当医用液氧输送和供应的管路上两个阀门之间的管段有可能积存液氧时，必须设置超压泄放装置。

7）系统宜设置液氧储量监测系统并具备远传功能，可方便地监视液氧充装量和使用情况，并自动提醒液氧供应厂家及时补充。

图15-1为某医用液氧供应装置的系统流程。

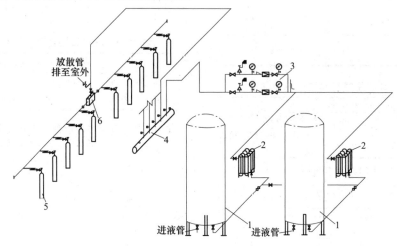

图15-1　某医用液氧供应装置的系统流程
1—液氧储罐　2—大气式汽化器　3—减压阀组　4—分气缸　5—氧气钢瓶　6—汇流排减压控制装置

3. 平面布置

1）液氧储罐供应源的布置应在医疗卫生机构总体设计中统一规划，做到安全合理、便于氧气的供应和充装，不宜设置在对于噪声要求严格的地方。氧站排气时应能保证周边的防火安全。

2）液氧储罐供应源火灾危险类别为乙类，建筑最低耐火等级为二级。

3）医用液氧储罐与医疗卫生机构外建筑之间的防火间距，应符合 GB 50016—2014《建筑设计防火规范》（2018年版）的有关规定。

4）液氧储罐靠医疗卫生机构外围墙设置时，外围墙应为实体围墙且高度不低于 2.5m。当围墙外为道路或开阔地时，储罐与实体围墙的间距不应小于1m；围墙外为建筑物、构筑物时，储罐与实体围墙的间距不应小于5m。

5）医用液氧储罐与医疗卫生机构内部建筑物、构筑物之间的防火间距，不应小于 GB 50751—2012《医用气体工程技术规范》的规定，具体见表15-12。

6）医用液氧储罐站不应设置在地下空间或半地下空间。

7）医用液氧储罐、汽化器及减压装置应设置在空气流通场所，一般设在户外。

相邻液氧储罐之间的距离不应小于最大储罐直径的 0.75 倍。

表15-12　医用液氧储罐与医疗卫生机构内部建筑物、构筑物之间的防火间距

建筑物、构筑物	防火间距/m
医院内道路	3.0
一、二级建筑物墙壁或突出部分	10.0
三、四级建筑物墙壁或突出部分	15.0
医院变电站	12.0
独立车库、地下车库出入口、排水沟	15.0
公共集会场所、生命支持区域	15.0
燃煤锅炉房	30.0
一般架空电力线	≥1.5 倍电杆高度

注：当面向液氧储罐的建筑外墙为防火墙时，液氧储罐与一、二级建筑物墙壁或突出部分的防火间距不应小于 5.0m，与三、四级建筑物墙壁或突出部分的防火间距不应小于 7.5m。

4. 对各专业要求

1）医用液氧储罐供应源应设置防火围堰，围堰的有效容积不应小于围堰最大液氧储罐的容积，且高度不应低于 0.9m。

2）医用液氧储罐和输送设备的液体接口下方周围 5m 内地面应为不燃材料，在机动输送设备下方的不燃材料地面不应小于车辆的全长。

3）医用液氧储罐供应源的电气设计必须设置应急备用电源。

4）医用液氧储罐供应源应设置防雷接地，冲击接地电阻不应大于 30Ω。

5）医用液氧储罐供应源的给水排水、消防、供暖通风、电气的要求，均应符合 GB 50030—2013《氧气站设计规范》的规定。

6）医用液氧储罐供应源设置在房间内时，宜设置氧气浓度报警装置，房间的换气次数不应小于 8 次/h，或平时换气次数不应小于 3 次/h，事故换气次数不应小于 12 次/h。

7）低温液体的贮运安全及使用应符合 JB/T 6898—2015《低温液体贮运设备　使用安全规则》的有关规定。

15.2.3　医用氧汇流排供应源设计

1. 概述

1）医用氧汇流排由连接软管、汇流管、阀组（截止阀、单向阀、减压阀、安全阀）、压力表及管路附件等组成，把多个医用钢瓶或者医用焊接绝热气瓶内的气体汇集在一起，经过减压连续供应气体。

2）氧气钢瓶中的气体最高压力为 15MPa，通过汇流排上的压力调节装置将气压减至使用压力，输送至管道系统中。

3）焊接绝热气瓶内部储存液氧，常用 175L、195L 的气瓶规格。175L 钢瓶内可装液氧 200kg，约折合 40L 的氧气钢瓶 20 个，可连续提供液氧或流量不超过 5m³/h 的气态氧气。

焊接绝热气瓶产品可参见本手册 12 章动力分站的有关产品介绍。

4）某医用氧汇流排产品见 15.2.7 节的医用汇流排举例。

2. 系统设置

1）医用氧和各种医用气体汇流排均应采用工厂制成品。汇流排高、中压段使用铜或铜合金材料；高、中压段阀门不应采用快开阀门；汇流排应使用安全低压电源。

2）医用氧汇流排供应源宜设置为数量相同的两组，并能自动切换使用。每组医用焊接钢瓶不得少于 2 个。

3）医用氧焊接绝热气瓶供应源的单个气瓶输氧量超过 5 m³/h 时，每组气瓶均应设置汽化器。

4）医用氧汇流排与氧气钢瓶或焊接绝热气瓶的连接应采取防错接措施。

3. 平面布置

1）医用氧汇流排不应设置在地下空间或半地下空间。

2）由于钢瓶需要频繁更换，必须考虑供应源的运输条件。

3）输氧量超过 60m³/h 的氧气汇流排间宜布置成独立建筑，当与其他建筑物毗连时，其毗连建筑物的耐火等级不低于二级，并应采用耐火极限不低于 2h 的无门、窗、洞的隔墙与该毗连建筑物隔开。

4）医用气体汇流排间不应与医用空气压缩机、真空汇或医用分子筛制氧机装置设置在同一房间内。输送氧气的体积分数超过 23.5% 的医用气体汇流排间，供气量不超过 60m³/h 的氧气汇流排间可设置在耐火等级不低于三级的建筑内，但应靠外墙布置，并采用耐火极限不低于 2h 的墙和甲级防火门与建筑物的其他部分隔开。

5）氧气汇流排间可与同一使用目的的可燃气体供气站毗连建造在耐火等级不低于二级的同一建筑物中，但应以无门、窗、洞的防火墙隔开。

6）氧气气瓶的储存应设置专用库房，并应符合下列规定：

① 储存库不应布置在地下空间或半地下空间，储存库内不得有地沟、暗道，库房内应设置良好的通风、干燥措施。

② 库内气瓶应按品种各自分实瓶区、空瓶区布置，并应设置明显的区域标记和防倾倒措施。

③ 瓶库内应防止阳光直射，严禁明火。

4. 对各专业要求

1）汇流排间的地坪应平整、耐磨和防滑。

2）汇流排供应源的电气设计必须设置应急备用电源。

3）汇流排供应源应设置防雷接地，冲击接地电阻不应大于 30Ω。

4）对汇流排供应源的消防、供暖通风、电气的要求应符合 GB 50030—2013《氧气站设计规范》的规定。

5）汇流排供应源的房间内宜设置氧气浓度报警装置，房间的换气次数不应小于 8 次/h，或平时换气次数不应小于 3 次/h，事故换气次数不应小于 12 次/h。

15.2.4　医用分子筛制氧机供应源

1. 概述

1）变压吸附式（分子筛）制氧机是利用分子筛（PSA）对不同气体的选择性吸附性能，在常温状态下把氧气从空气中分离出来。较常见的是沸石分子筛变压吸附，利用两个沸石分子筛吸附罐，当空气通过一个罐时，分子筛将氮气吸附留下富氧的空气通过。第一个罐的分子筛达到饱和状态后，切换到另一个吸附罐工作，第一个罐则减压解析，这样重复运行数次可得到纯度为 93%±3% 的富氧空气。

2）医用分子筛制氧机供应源及其产品气体的品

质在能满足国家有关管理部门规定的前提下，可以有条件地作为医用氧的代用气来源。

3）医用分子筛制氧机供应源可以作为医用主气源及备用气源，但不能作为应急备用气源。

4）医用分子筛制氧机机组自身应设置有应急备用气源，其应急备用气源不能使用液氧储备方式供应。

2. 系统设置

1）医用分子筛制氧机供应源应由医用分子筛制氧机组、过滤器和调压器等组成。当机组出口压力偏低或需要设置调峰储罐时，还应包括增压机组。医用分子筛制氧机组一般由空气压缩机、空气储罐、干燥设备、分子筛吸附塔、缓冲罐等组成，增压机组应由氧气压缩机、氧气储罐组成。

2）分子筛吸附器的排气口应安装消声器。

3）系统应设置氧浓度及水分、一氧化碳杂质含量实时在线检测设施，检测分析仪的最大测量误差为±0.1%。

4）机组应设置运行监控和氧浓度及水分、一氧化碳杂质含量监控和报警系统，并应符合 GB 50751—2012《医用气体工程技术规范》中第 7 章的规定。

5）医用分子筛制氧机供应源的各供应支路应设防回流措施。

6）医用分子筛制氧机供应源应设置备用机组或采用符合《医用气体工程技术规范》的备用氧气源。分子筛制氧机的主供应源、备用或备用组合气源均应能满足医疗卫生机构的用氧峰值量。

7）医用分子筛制氧机供应源应设置应急备用气源，一般采用医用氧气态钢瓶汇流排供应。

8）当机组氧浓度低于规定值或杂质含量超标，以及实时检测设施故障时，应能自动将医用分子筛制氧机隔离并且切换到备用或应急备用氧气源。

9）医用分子筛制氧机供应源不能在医院现场设置充氧设备将富氧空气再充入高压钢瓶，作为调峰或应急使用。

3. 平面布置

1）医用分子筛制氧机供应源火灾危险类别为乙类，建筑最低耐火等级为二级。

2）医用分子筛制氧机供应源的布置应在医疗卫生机构总体设计中统一规划，其噪声和排放的废气、废水不应对医疗卫生机构及周边造成污染。

3）医用分子筛制氧机供应源应布置在空气洁净的地区，并在有害气体散发源的全年最小频率风向的下风侧。

4）医用分子筛制氧机设在室外的进气口，必须

远离医疗空气限定的污染物散发处的场所，并且高于地面 5m，且与建筑物的门、窗、进排气口或其他开口的距离不小于 3m。

5）医用分子筛制氧机供应源不应布置在地下空间或半地下空间。

6）医用分子筛制氧机供应源除符合《医用气体工程技术规范》的有关规定外，尚应符合 GB 50016—2014《建筑设计防火规范》（2018 年版）的有关规定，应布置为独立的单层建筑物。其耐火等级不应低于二级，建筑围护结构上的门窗应向外开启，并不得采用木质、塑钢等可燃材料制作。与其他建筑毗连时，其毗连的墙应为耐火极限不低于 3.0h 且无门、窗、洞的防火墙，站房应至少设置一个直通室外的门。

4. 对各专业要求

1）医用分子筛制氧机供应源的电气设计必须设置应急备用电源。

2）医用分子筛制氧机供应源应设置独立的配电柜与电网连接。

3）医用分子筛制氧机供应源的给水排水、消防、供暖通风、电气的要求，均应符合 GB 50030—2013《氧气站设计规范》的规定。

4）医用分子筛制氧机供应源的房间内宜设置氧气浓度报警装置，房间换气次数不应小于 8 次/h，或平时换气次数不应小于 3 次/h，事故换气次数不应小于 12 次/h。

5）氧气站的氧气放散管均应引至室外安全处，放散管口不低于地面 4.5m。

15.2.5　医用空气供应源

1. 概述

1）医疗空气严禁用于非医用用途。

2）器械空气可以和医疗空气共用压缩机组，也可与牙科空气共用压缩机组，但是牙科空气不可与医疗空气共用压缩机组。当共用机组时，空气的品质、含水量，机组的连续运行、备用设置等都应满足医用空气中所有高要求成分的需求。

牙科供气不属于生命支持系统，对压缩机的备用、故障情况连续供气等的要求较低，且牙科用气往往供应量波动较大，所以对于一般医院来说，建议牙科气体独立成系统。

2. 系统设置

1）医疗空气供应源由进气消声装置、压缩机、后冷却器、储气罐、空气干燥机、空气过滤系统、减压装置、止回阀等部件组成。

2）系统中压缩机应有备用，单台最大故障时其余的机组应能满足设计流量。空气处理系统的任一

部件都应有备用，当任一部件或一个支路发生故障时，都要保障系统能连续供气，并且满足设计需求。

3）医用空气机组推荐使用全无油润滑压缩机。当不用全无油润滑压缩机时，系统应设置活性炭过滤器。

4）空气过滤器应安装在减压装置的进气侧，末端为活性炭过滤器，并建议最终再设一级细菌过滤器。过滤器处应有滤芯性能监视的措施。

5）压缩机、后冷却器、储气罐、干燥机、过滤器等设备之间要设置阀门。储气罐等设备的冷凝水排放应设置自动和手动排水阀门。

6）气源出口应设置气体取样口。

7）牙科空气压缩机的排气压力不得小于 0.6MPa。

3. 平面布置

1）医用空气供应源的布置应在医疗卫生机构总体设计中统一规划，在可能的情况下统一供应。其噪声和排放的废气、废水不应对医疗卫生机构及周边造成污染。

2）医用空气供应源应布置在空气洁净的地区，并在有害气体散发源的全年最小频率风向的下风侧。

3）医用空气压缩机站房可以设在地下空间或半地下空间，宜独立设置。

4）进气口宜设在室外，必须远离医疗空气限定的污染物散发处的场所，并且高于地面 5m，且与建筑物的门、窗、进排气口或其他开口的距离不小于 3m；当室内空气质量等同或优于室外，并且能连续供应时也可以设在室内。

5）站房内主要通道的宽度不应小于 1.2m，压缩机与墙、机器之间通道的宽度不应小于 1.0m。

4. 对各专业要求

1）每台压缩机、干燥机应根据设备或安装位置的要求采取隔振措施，机房及外部噪声应符合 GB 3096—2008《声环境质量标准》以及医疗工艺对噪声与振动的规定。

2）单独设置的医用空气供应源的防雷设计，应符合 GB 50057—2010《建筑物防雷设计规范》的有关规定进行接地，接地电阻应小于 10Ω。

3）医用空气供应源应设置应急备用电源。

4）医用空气供应源应设置独立的配电柜与电网连接。

5）每台压缩机应设置独立的电源开关及控制回路。

6）机组中每台压缩机应能自动逐台投入运行，断电恢复后压缩机应能自动启动。

7）机组的自动切换控制应使得每台压缩机均匀分配运行时间。

8）机组的控制面板应显示每台压缩机的运行状态，机组内应有每台压缩机运行时间的显示。

9）站房内应采取通风或空调措施，站房内环境温度不宜低于 16℃，不应超过相关设备的允许温度。

10）空气压缩机在室内吸气时，外墙应设置通风口，或者设置通风道接至室外，其流通面积应满足压缩机吸气和设备冷却的要求。

11）站房内设备排风管道的阻力损失超过设备自带风扇压头时，应设置风机。当排风管道内不采用风机时，风速宜为 3~5m/s；当采用风机时，风速宜为 6~10m/s。

15.2.6　医用真空汇

1. 概述

1）医用真空不得用于三级、四级生物安全实验室及放射性污染场所。

2）独立传染病科医疗建筑物的医用真空系统宜独立设置，并布置在污染区内，防护要求与传染病区的防护等级一致。其真空泵排气和废水等均应经过相应消毒处理后方可排放。

3）牙科专用真空汇应独立设置，并应设置汞合金分离装置。

4）医用真空汇在单一故障状态时，应能连续工作，并且满足设计流量。

5）真空泵的排气应符合医院环境卫生标准要求。真空泵的排气口应设置有害气体警示标识。

6）综合医院医用真空不建议使用液环真空泵。

7）医院常用的真空泵有油润滑旋片式真空泵等类型。

2. 系统设置

1）医用真空机组一般由真空泵、真空罐、止回阀、除污罐组成，并宜设置细菌过滤器。牙科专用真空系统也可采用粗真空风机机组或由牙科空气系统通过引射方式获得。

2）实验室用真空汇与医用真空汇共用时，真空罐与实验室总汇集管之间应设置独立的阀门及真空除污罐。

3）多台真空泵合用排气管时，每台真空泵排气应采取隔离措施。

4）排气口应使用耐腐蚀材料，并应采取排气防护措施，排气管道的最低部位应设置排污阀。

5）每台真空泵、真空罐、过滤器间均应设置阀门或止回阀。

6）牙科专用真空系统使用液环真空泵时，应设置水循环系统。

3. 平面布置

1）医用真空汇站房最好独立设置，不与其他站房共用房间。

2）医用真空汇站房可以设在地下空间或半地下空间。

3）排气口应位于室外，不应与附近的医用空气进气口位于同一高度，且与建筑物的门窗、其他开口的距离不应小于 3m。

排气口布置时要考虑，气体的发散不应受季风、附近建筑、地形及其他因素的影响，排出的气体不应转移至其他人员工作或生活区域。

4）站房内主要通道的宽度不应小于 1.2m，真空泵与墙、机器之间通道的宽度不应小于 1.0m。

4. 对各专业要求

1）每台真空泵或真空风机应根据设备或安装位置的要求采取隔振措施，机房及外部噪声应符合 GB 3096—2008《声环境质量标准》以及医疗工艺对噪声与振动的规定。

2）单独设置的医用真空汇的防雷设计，应符合 GB 50057—2010《建筑物防雷设计规范》的有关规定进行接地，接地电阻应小于 10Ω。

3）医用真空汇应设置应急备用电源。

4）医用真空汇应设置独立的配电柜与电网连接。

5）每台真空泵应设置独立的电源开关及控制回路。

6）机组中每台真空泵应能自动逐台投入运行，断电恢复后真空泵应能自动启动。

7）机组的自动切换控制应使得每台真空泵均匀分配运行时间。

8）机组的控制面板应显示每台真空泵的运行状态及运行时间。

9）站房内应采取通风或空调措施，站房内环境温度不宜低于 16℃，不应超过相关设备的允许温度。

站房内的排风宜为独立排风且使房间维持负压。

10）液环真空泵的排水应经污水处理合格后排放，且应符合 GB 18466—2005《医疗机构水污染物排放标准》的有关规定。

15.2.7 医用氮气、医用二氧化碳、医用氧化亚氮、医用混合气体供应源

1. 概述

1）医用氮气、医用二氧化碳、医用氧化亚氮、医用混合气体供应源宜设置满足一周以上，且至少不低于 3d 的用气或储备量。

2）医用氮气、医用二氧化碳、医用氧化亚氮、医用混合气体供应源的汇流排容量，应根据医院的最大用气量及操作管理人员班次确定。

3）以下是由德格尔森科技（上海）有限公司提供的德国格尔森气体公司生产的"美风"系列医

用气体专用自动切换气体汇流排产品参数。

① 简介。格尔森"美风"系列医用气体专用自动切换气体汇流排的电控装置设计符合 DIN EN 737-3 标准，系统配有 LCD 显示屏，实时显示系统运行状况以及服务信息。同时可通过 RS485 接口传输系统信息。通过压力传感器控制压力。突发紧急情况时，红色的警报灯闪烁报警，同时在 LCD 显示屏上会显示错误提示信息。

② 技术特点。

a. 格尔森自动切换气体汇流排，全自动智能安全切换。

b. 双路二级减压设计，任一路故障均不影响正常供气，即使在检修时也可持续工作。

c. 安全可靠，即使在失电的情况下也可以起到切换的作用。

d. 带紧急气源接口，气源故障时可以接入临时气源。

③ 主要技术数据。

材质：黄铜。

最高工作压力：200bar。

进口：G3/4in。

出口：22mm 铜管。

输出压力：1~8bar（可调）。

供气量：25、50、100m³/h。

输入电压：230V AC；输出电压：24V DC。

控制电压：24V DC。

接口：RS485。

工作温度：10~40℃。

质量：45kg。

④ 外形与安装。医用汇流排的外形与安装如图 15-2 所示。

2. 系统设置

医用氮气、医用二氧化碳、医用氧化亚氮、医用混合气体供应源的汇流排气瓶宜设置为数量相同的两组，并能自动切换使用。每组气瓶均应满足最大用气流量。

3. 平面布置

1）医用氮气、医用二氧化碳、医用氧化亚氮、医用混合气体供应源不能设置在地下空间或半地下空间。

2）医用气体汇流排间应独立设置，不与其他站房共用房间。

4. 对各专业要求

1）汇流排间的地坪应平整、耐磨和防滑。

2）汇流排供应源的电气设计必须设置应急备用电源。

图 15-2　医用汇流排的外形与安装

3) 医用汇流排供应源的房间内宜设置气体浓度报警装置。

4) 医用汇流排供应源的房间换气次数不应小于 8 次/h，或平时换气次数不应小于 3 次/h，事故状况时不应小于 12 次/h。

15.2.8　麻醉、呼吸废气排放系统

1. 概述

麻醉、呼吸废气排放系统通常有粗真空机组系统、粗真空风机系统或引射式排放系统。

粗真空废气排放使用真空泵或真空风机，并通过真空管道连接麻醉废气排放终端。引射式废气排放是利用压缩空气通过引射器时形成的负压实现废气排放的。

2. 系统设置

1) 粗真空机组废气排放系统一般由真空泵、控制器、缓冲罐、管路系统、麻醉废气排放终端构成，系统应设置有备用真空泵。经减压后的系统工作在真空压力 15kPa 左右。

2) 粗真空风机废气排放系统由真空风机、控制器、管路系统、麻醉废气排放终端构成，系统设置有备用风机。

3) 粗真空废气排放系统禁止使用各种油润滑类的真空泵，防止废气中高浓度的氧与润滑油反应，在高温下引起火灾事故。

4) 废气排放系统及使用的润滑剂、密封剂，应采用与氧气、氧化亚氮、卤化麻醉剂不发生化学反应的材料。

5) 废气排放机组应设置防倒流装置。机组中设备、管道连接、阀门及附件的设置都应该做到：

① 每台真空泵应设置阀门或止回阀。

② 机组的进气管及排气管宜采用柔性连接。

③ 机组进气口应设置阀门。

6) 引射式废气排放系统包含射流式废气排放装置、管路系统、压缩空气动力源，可使用医用空气作为工作介质。

7) 引射式排放系统采用医疗空气驱动引射器时，其流量不得对该区域的其余设备正常使用医疗空气产生干扰。因此不建议用于多个手术室或多病房呼吸用途的区域。

8) 用于引射式排放的独立压缩空气系统，应设置备用压缩机，当最大流量的单台压缩机故障时，其余压缩机应仍能满足设计流量。

9) 用于引射式排放的独立压缩机系统，在单一故障状态时应能连续工作。

3. 平面布置

1) 功率大于 0.75kW 的废气真空泵或风机，宜布置在独立的机房内。

2) 废气排放真空机组排气口布置与真空汇的相应要求一样。

3) 废气排放真空机组宜布置在手术室附近。

4. 对各专业要求

1) 每台真空泵或真空风机应根据设备或安装位置的要求采取隔振措施，机房及外部噪声应符合 GB 3096—2008《声环境质量标准》以及医疗工艺对噪声与振动的规定。

2) 单独设置的废气排放系统的防雷设计，应符合 GB 50057—2010《建筑物防雷设计规范》的有关规定进行接地，接地电阻应小于 10Ω。

3) 站房内应采取通风或空调措施。站房内环境温度不宜低于 16℃，不应超过相关设备的允许温度。

15.2.9　医用氧舱气体供应源

1. 概述

医用氧舱按压力介质分为符合国家氧舱标准的医用空气加压氧舱和医用氧气加压氧舱两种。目前

应用较为广泛的是多人医用空气加压氧舱。

医用氧舱气体供应一般是一个独立的系统，且不属于生命支持系统的一部分。对于气源设备的备用性能、不间断供应等方面的要求相对稍低。

医用氧舱所供应的空气，在品质要求上与医疗空气的参数相同，氧气也需要满足医用氧的参数要求，故对于气源部分的净化和洁净要求与前述医疗空气、医用氧都相同。相应的管道和附件的要求也与生命支持系统的要求相同。

由于氧舱的气体消耗具有瞬时流量大的特点，所以设计上应该注意，除医用空气加压氧舱的氧气供应源或液氧供应源在适当情况下可以与医疗卫生机构医用气体系统共用外，其余所有的部分均应独立于集中供应的医用气体系统之外自成体系。即氧舱供气时不能对生命支持系统的气源、管路等产生干扰。

2. 医用氧舱的空气供应

1) 医用空气加压氧舱的医用空气气源与管道系统应独立于医疗卫生机构集中供应的医用气体系统。

2) 医用空气加压氧舱的医用空气气源应符合医疗空气气源的有关规定，根据供气特点可不设备用机组及备用后处理系统。多人医用空气加压氧舱的空气压缩机配置不应少于 2 台。

3) 氧舱医疗空气供应系统应能满足氧舱以 10kPa/min 的升压速率对氧舱充气，直至氧舱压力达到 0.2MPa。

4) 实际设计中，常配置较大容量的空气储罐以满足充气时医疗空气的大量需求，可结合空气压缩机组的产气能力与储罐的气体容量，并根据每天氧舱的工作循环次数来决定两者的容量。

5) 空气压缩机组末端供气温度不高于 37℃时，机组空气储罐的组合需满足氧舱连续以最大工作压力加压一次且过渡舱再加压一次的要求。

3. 医用氧舱的氧气供应

1) 医用氧舱与其他医疗用氧共用氧气源时，氧气源应能同时保证医疗用氧的供应参数。除液氧供应方式外，医用氧舱加压舱的医用氧气源应为独立气源，医用空气加压氧舱氧气源宜为独立气源。

2) 医用氧舱氧气源减压装置、供应管道，均应独立于医疗卫生机构集中供应的医用气体系统。医

用氧气加压舱与其他医疗用氧共用液氧气源时，应设置专用的汽化器。

3) 医用空气加压氧舱的供氧压力应高于工作舱压力 0.4~0.7MPa。当舱内满员且同时吸氧时，供氧压降不应大于 0.1MPa。

4) 医用氧舱供氧主管道的医用氧气阀门不应使用快开式阀门。

5) 医用氧舱排氧管道应接至室外，排氧口应高于地面 3m 以上并远离明火或火花散发处。

15.3 医用气体管道设计

15.3.1 医用气体管道设计相关内容

1. 管道设计参数

1) 医用气体管道的设计压力，应符合 GB/T 20801.3—2006《压力管道规范　工业管道　第 3 部分：设计与计算》和 GB 50751—2012《医用气体工程技术规范》的规定。医用真空管道设计压力应为 0.1MPa。

2) 医用气体管道的压力分级应符合表 15-13 的规定。

表 15-13　医用气体管道压力分级

级别名称	压力 p/MPa	使用场合举例
真空管道	0<p<0.1（真空压力）	医用真空、麻醉或呼吸废气排放管道
低压管道	0≤p≤1.6	压缩医用气体管道、医用焊接绝热气瓶汇流排管道
中压管道	1.6<p<10	医用氧化亚氮汇流排、医用氧化亚氮/氧汇流排、医用二氧化碳汇流排管道
高压管道	p≥10	医用氧气汇流排、医用氮气汇流排、医用氮/氧汇流排管道

3) 医用气体配管时，要保证末端的设计流量符合表 15-14 和表 15-15 的规定，并应满足特殊部门及用气设备的峰值用气量需求。

4) 医用气体管路系统在末端设计压力、流量下的压力损失，应符合表 15-16 的规定。

5) 麻醉或呼吸废气排放管道系统要保证表 15-17 规定的每个末端的设计流量。

表 15-14　医用气体终端组件处的参数

医用气体种类	使用场所	额定压力/kPa	典型使用流量/(L/min)	设计流量/(L/min)
医疗空气	手术室	400	20	40
	重症病房、新生儿、高护病房	400	60	80
	其他病房床位	400	10	20

（续）

医用气体种类	使用场所	额定压力/kPa	典型使用流量/（L/min）	设计流量/（L/min）
器械空气、医用氮气	骨科、神经外科手术室	800	350	350
医用真空	大手术	40（真空压力）	15~80	80
	小手术、所有病房床位	40（真空压力）	15~40	40
医用氧气	手术室和用 N_2O 进行麻醉的用点	400	6~10	100
	所有其他病房用点	400	6	10
医用氧化亚氮	手术、产科、所有病房用点	400	6~10	15
医用氧化亚氮/氧气混合气	待产、分娩、恢复、产后、家庭化产房（LDRP）用点	400（350）	10~20	275
	所有其他需要的病房床位	400（350）	6~15	20
医用二氧化碳	手术室、造影室、腹腔检查用点	400	6	20
医用二氧化碳/氧气混合气	重症病房、所有其他需要的床位	400（350）	6~15	20
医用氮/氧混合气	重症病房	400（350）	40	100
麻醉或呼吸废气排放	手术室、麻醉室、重症监护室（ICU）用点	15（真空压力）	50~80	50~80

注：1. 350kPa 气体的压力允许最大偏差为 350^{+50}_{-40}kPa，400kPa 气体的压力允许最大偏差为 400^{+100}_{-80}kPa，800kPa 气体的压力允许最大偏差为 800^{+200}_{-160}kPa。

2. 在医用气体使用处与医用氧气混合形成医用混合气体时，配比的医用气体压力应低于该处医用氧气压力 50~80kPa，相应的额定压力也应减小为 350kPa。

表 15-15　在牙椅处的牙科气体参数

医用气体种类	额定压力/kPa	典型使用流量/（L/min）	设计流量/（L/min）	备注
牙科空气	550	50	50	气体流量需求视牙椅具体型号的不同有差别
牙科专用真空	15（真空压力）	300	300	
医用氧化亚氮/氧气混合气	400（350）	6~15	20	在使用处混合提供气体时额定压力为 350kPa
医用氧气	400	5~10	10	—

表 15-16　医用气体管路系统在末端设计压力、流量下的压力损失

气体种类	设计流量下的末端压力/kPa	气源或中间压力控制装置出口压力/kPa	设计允许压力损失/kPa
医用氧气、医疗空气、氧化亚氮、二氧化碳	400~500	400~500	50
与医用氧在使用处混合的医用气体	310~390	360~450	50
器械空气、氮气	700~1000	750~1000	50~200
医用真空	40~87（真空压力）	60~87（真空压力）	13~20（真空压力）

表 15-17　麻醉或呼吸废气排放系统每个末端设计流量与应用端允许真空压力波动

麻醉或呼吸废气排放系统	设计流量/（L/min）	允许真空压力波动/kPa
高流量排放系统	≤80	1
	≥50	2
低流量排放系统	≤50	1
	≥25	2

2. 医用气体管道计算

1）医用气体管道壁厚计算：见本手册第 9 章相关的计算公式和方法。

2）正压医用气体管道水力计算：见本手册第 5 章的管道压力损失计算、允许单位压降（比压降）的计算公式，以及相关的水力计算图表等。

3）无缝铜管的表面粗糙度 Ra 计算：普通管的 Ra 为 0.01~0.05mm，专用脱脂洁净管的 Ra 为 0.25~0.3μm；无缝不锈钢管的表面粗糙度 Ra 计算：普通管的 Ra 为 0.01~0.05mm，抛光洁净管的 Ra 为 0.2~0.7μm。

4）医用气体管道阻力损失计算条件：

① 医用气体管径应能保证终端处的压力和流量需求，同时要保证表 15-16 规定的末端设计压力、流量下的压力损失，麻醉或呼吸废气排放管道系统要保证表 15-17 规定的应用端允许真空压力损失。

② 医用气体主管管径应满足最大计算流量需求，楼层支管以后的管径通常可满足最大流量的需求。

③ 除器械空气管道外，医用气体管道内的流速

一般不超过 8m/s。

5）真空管道管径计算：可先按真空抽气速度控制在 15m/s 以下初步估算管径，再按照管道布置情况测算管径，最终按本手册第 13 章真空管道系统的流导计算方法，核算真空系统末端压力是否满足要求。

3. 医用气体管道布置

1）建筑物内的医用气体管道建议敷设在专用管井内，如需共用管井则不应与可燃、腐蚀性的气体或液体、蒸汽、电气、空调风管等共用管井。

2）室内医用气体管道宜明敷，表面应有保护措施。局部需要暗敷时应设置在专用的槽板或沟槽内，沟槽的底部应与医用供应装置或大气相通。

3）医用氧气、医用氮气、医用二氧化碳、医用氧化亚氮及医用混合气体管道敷设处应保证通风良好，且管道不宜穿过医护人员的生活、办公区，必须通过时该处管道上不应设置法兰或阀门。

4）医用气体管道穿墙、楼板以及建筑物基础时，应设套管，穿楼板的套管应高出地板面至少 50mm。套管内医用气体管道不得有焊缝，套管与医用气体管道之间应采用不燃材料填实。

5）敷设正压医用气体管道的场所，其环境温度应始终高于管道内气体的露点温度 5℃ 以上，因寒冷气候可能使医用气体析出凝结水的管道部分应采取保温措施。医用真空管道坡度不得小于 0.2%。

6）医疗房间内的医用气体管道应做等电位接地；医用气体汇流排、切换装置、各减压出口、安全放散口和输送管道，均应做防静电接地；医用气体管道接地间距不应超过 80m，且不应少于一处，室外埋地医用气体管道两端应有接地点；除采用等电位接地外宜为独立接地，其接地电阻不应大于 10Ω。

7）医用气体输送管道的安装支架应采用不燃烧材料制作并经防腐处理，管道与支吊架的接触处应做绝缘处理。

8）架空敷设的医用气体管道，水平直管道支吊架最大间距应满足表 15-18 的规定；垂直管道限位移支架间距应为表 15-18 数据的 1.2~1.5 倍，每层楼板处应设一处。

表 15-18　医用气体水平直管道支吊架最大间距

公称直径/mm	10	15	20	25	32	40	50	65	80	100	125	150~200
铜管最大间距/m	1.5	1.5	2.0	2.0	2.5	2.5	2.5	3.0	3.0	3.0	3.0	3.0
不锈钢管最大间距/m	1.7	2.2	2.8	3.3	3.7	4.2	5.0	6.0	6.7	7.7	8.9	10.0

9）架空敷设医用气体管道之间的距离应满足以下要求：

① 医用气体管道之间、管道与附件外缘之间的距离不应小于 25mm，且应满足维护要求。

② 医用气体管道与其他管道之间的距离应满足表 15-19 的规定，无法满足时应采取适当的隔离措施。

表 15-19　架空医用气体管道与其他管道之间的最小净距

名称	与氧气管道净距/m		与其他医用气体管道净距/m	
	并行	交叉	并行	交叉
给水、排水管，不燃气体管	0.15	0.10	0.15	0.10
保温热力管	0.25	0.10	0.15	0.10
燃气管、燃油管	0.50	0.25	0.15	0.10
裸导线	1.50	1.00	1.50	1.00
绝缘导线或电缆	0.50	0.30	0.50	0.30
穿有导线的电缆管	0.50	0.10	0.50	0.10

10）埋地敷设的医用气体管道与建筑物、构筑物等及其地下管线之间的最小间距，与 GB 50030—2013《氧气站设计规范》中地下敷设氧气管道的间距规定相同。

11）埋地或地沟内的医用气体管道不得采用法兰或螺纹连接，并应做加强绝缘防腐处理。

12）埋地敷设的医用气体管道深度不应小于当地冻土层厚度，且管顶距地面不宜小于 0.7m。当埋地管道穿越道路或其他情况时，应加设防护套管。

13）医用气体阀门的设置应符合下列规定：

① 每间手术室、麻醉诱导室和复苏室，以及每个重症监护区域外的每种医用气体管道上，应设置区域阀门。

② 医用气体主干管道上不能采用电动或气动类快开和自动控制阀门，DN 大于 25mm 的医用氧气管道阀门不得采用快开阀门；除区域阀门外的所有阀门，应设置在专门管理区域或采用带锁柄的阀门。

③ 医用气体管道系统预留端应设置阀门并封堵管道末端。

14）医用气体区域阀门的设置应符合下列规定：

① 区域阀门与其控制的医用气体末端设施应在同一楼层，并应有防火墙或防火隔断隔离。

② 区域阀门使用侧宜设置压力表且安装在带保护的阀门箱内，并应能满足紧急情况下操作阀门需要。

15）医用氧气管道不应使用折皱弯头。

16）医用真空除污罐应设置在医用真空管段的最低点或缓冲罐入口侧，并应有旁路或备用。

17）除牙科的湿式系统外，医用气体除菌器不应设置在真空泵排气端。

15.3.2　医用气体管材及附件

1. 管材

1）除麻醉废气排放和设计真空压力低于 27kPa 的真空管道外，所有医用气体的管材必须采用无缝铜管或无缝不锈钢管。

2）医用气体管道建议使用符合 YS/T 650—2007《医用气体和真空用无缝铜管》的专用洁净铜管。

3）使用普通无缝铜管时，材料和洁净度应符合 YS/T 650—2007《医用气体和真空用无缝铜管》的有关规定。

4）输送医用气体用无缝不锈钢管应符合 GB/T 14976—2012《流体输送用不锈钢无缝钢管》的有关规定，并应符合下列规定：

① 材质性能不应低于 06Cr19Ni10 奥氏体不锈钢，管材规格应符合 GB/T 17395—2008《无缝钢管尺寸、外形、重量及允许偏差》的有关规定。

② 无缝不锈钢管壁厚应经强度与寿命计算确定，且最小壁厚不宜小于表 15-20 的规定。

表 15-20　医用气体用无缝不锈钢管的最小壁厚

公称直径/mm	8～10	15～25	32～50	65～125	150～200
管材最小壁厚/mm	1.5	2.0	2.5	3.0	3.5

5）医用气体系统用铜管件应符合 GB/T 11618.1—2008《铜管接头　第 1 部分：钎焊式管件》的有关规定；不锈钢管件应符合 GB/T 12459—2017《钢制对焊管件　类型与参数》的有关规定。

6）医用气体管材及附件的脱脂应符合下列规定：

① 所有压缩医用气体管材及附件均应严格进行脱脂。

② 无缝铜管、铜管件脱脂标准与方法，应符合《医用气体和真空用无缝铜管》的有关规定。

③ 无缝不锈钢管、管件和医用气体低压软管洁净度应达到内表面碳的残留量不超过 20mg/m²，并应无毒性残留。

④ 管材应在交货前完成脱脂清洗及惰性气体吹扫后封堵的工序。

⑤ 医用真空管材及附件宜进行脱脂处理。

7）医用气体管道成品弯头的半径不应小于管道外径，机械弯管或撤弯弯头的半径不应小于管道外径的 3～5 倍。

2. 附件

1）医用气体管道阀门应使用铜或不锈钢材质等通径阀门，需要焊接连接的阀门两端应带有预制的连接用短管。

2）与医用气体接触的阀门、密封元件、过滤器等管道或附件，其材料与相应的气体不得产生有火灾危险、毒性或腐蚀性危害的物质。

3）医用气体管道法兰应与管道为同类材料。管道法兰垫片宜采用金属材质。

4）医用气体减压阀应采用经过脱脂处理的铜或不锈钢材质减压阀，并应符合 GB/T 12244—2006《减压阀　一般要求》的有关规定。

5）医用气体安全阀应采用经过脱脂处理的铜或不锈钢材质的密闭型全启式安全阀，并应符合 TSG ZF001—2006《安全阀安全技术监察规程》的有关规定。

6）医用气体压力表不宜低于 1.6 级，其最大量程宜为最大工作压力的 1.5～2.0 倍。

7）医用气体减压装置应为包含安全阀的双路形式，每一路均应满足最大流量及安全泄放需要。

8）医用真空除污罐的设计压力应取 100kPa。除污罐应有液位指示，并应能通过简单操作排除内部积液。

9）医用气体细菌过滤器应符合下列规定：

① 过滤精度应为 0.01～0.2μm，效率应达到 99.995%。

② 应设置备用细菌过滤器，每组细菌过滤器均应能满足设计流量要求。

③ 医用气体细菌过滤器处应采取滤芯性能监视措施。

10）压缩医用气体阀门、终端组件等管道附件应经过脱脂处理，医用气体通过的有效内表面洁净度应符合下列规定：

① 颗粒物的大小不应超过 50μm。

② 对于工作压力不大于 3MPa 的管道附件，碳氢化合物含量不应超过 550mg/m²；对于工作压力大于 3MPa 的管道附件，碳氢化合物含量不应超过 220mg/m²。

11）以下是由德格尔森科技（上海）有限公司提供的德国格尔森气体公司生产的"文思"系列区域截止报警阀箱产品参数。

① 概述。格尔森"文思"系列区域截止报警阀箱可有针对性地安装在某个单独病房或者医用供气系统的某个功能区域，用于医用气体的控制和报警，符合 DIN EN ISO 7396-1 或 HTM02-01 标准。

② 技术特点。

a. 全金属结构嵌入或直接安装于干燥墙面。

b. 电、气分腔式设计，上半部为气控部分，下半部为电控部分。

c. 带紧急气源接口，气源故障时可以接入临时气源。

d. 压力传感器将当前压力值传送到报警面板，在压力超出或低于预设范围时，报警面板系统发出声光报警信号。

③ 主要技术数据。

进出口：22mm 铜管。

工作压力：压缩气体 0~10bar，负压-1~0bar。

压力表：表盘直径 50mm。

压力传感器：4~20mA/12~24V AC/DC。

④外形和安装尺寸。

前端（1-3 路阀）尺寸：390mm（W）×530mm（H）×16mm（D）。

后端（1-3 路阀）尺寸：330mm（W）×470mm（H）×77mm（D）。

前端（4-6 路阀）尺寸：630mm（W）×530mm（H）×16mm（D）。

后端（4-6 路阀）尺寸：570mm（W）×470mm（H）×77mm（D）。

医用气体区域截止报警阀箱外形如图 15-3 所示。

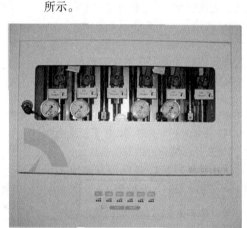

图 15-3　医用气体区域截止报警阀箱外形

3. 管道和附件的标识

1）医用气体管道、终端组件、软管组件、压力指示仪表等附件，均应有耐久、清晰、易识别的标识。

2）医用气体管道及附件标识的方法应为金属标记、模板印刷、盖印或黏着性标志。

3）医用气体管道及附件的颜色和标识代号应符合表 15-21 的规定。

表 15-21　医用气体管道及附件的颜色和标识代号

医用气体名称	代号		颜色规定	颜色编号
	中文	英文		
医疗空气	医疗空气	Med Air	黑色—白色	—
器械空气	器械空气	Air 800	黑色—白色	—
牙科空气	牙科空气	Dent Air	黑色—白色	—
医用合成空气	合成空气	Syn Air	黑色—白色	—
医用真空	医用真空	Vac	黄色	Y07
牙科专用真空	牙科真空	Dent Vac	黄色	Y07
医用氧气	医用氧气	O_2	白色	—
医用氮气	氮气	N_2	黑色	PB11
医用二氧化碳	二氧化碳	CO_2	灰色	B03
医用氧化亚氮	氧化亚氮	N_2O	蓝色	PB06
医用氧气/氧化亚氮混合气体	氧/氧化亚氮	O_2/N_2O	白色—蓝色	-PB06
医用氧气/二氧化碳混合气体	氧/二氧化碳	O_2/CO_2	白色—灰色	-B03
医用氦气/氧气混合气体	氦气/氧气	He/O_2	棕色—白色	YR05
麻醉废气排放	麻醉废气	AGSS	朱紫色	R02
呼吸废气排放	呼吸废气	AGSS	朱紫色	R02

4）医用气体输入、输出口处标识，应包含气体代号、压力及气流方向的箭头。

5）阀门的标识应符合下列规定：

① 应有气体的中文名称或代号、阀门所服务的区域或房间的名称，压缩医用气体管道的运行压力不符合表 15-14 和表 15-15 的规定时，阀门上的标识还应包含气体运行压力。

② 应有明确的开、闭状态指示以及开关旋向指示。

③ 应标明注意事项及警示语。

6）医用气体终端组件及气体插头的外表面，应设置耐久和清晰的颜色及中文名称或代号。终端组件上无中文名称或代号时，应在其安装位置附近另行设置中文名称或代号。

7）除医疗器械内的软管组件外，其他低压软管组件的标识应符合下列规定：

① 所有管接头/套管和夹箍上应至少标识气体的中文名称或代号。

② 软管的两端应贴有带颜色标记的条带，使用色带条时，色带应设置在靠近软管的连接处，且色带宽度不应小于 25mm。

③ 软管端口应盖有带颜色标记的封闭端盖。

8）医用气体报警装置应有明确的监测内容及监测区域的中文标识。

9）医用气体计量表应有明确的计量区域的中文标识。

10）埋地医用气体管道上方 0.3m 处宜设置开挖警示色带。

15.4　医用气体供应末端设置

15.4.1　医用气体供应末端设施

医用气体供应末端设施一般是可提供医用气体、液体、麻醉或呼吸废气排放、电源、通信等的医用供应装置。常见的有病床设备带、手术吊塔、ICU 桥架、墙画式终端盒、嵌入式终端盒、床头柜和壁柜式终端箱，也有可以固定在墙上单独的气体终端盒等。

1. 常见医用供应装置

手术吊塔：在顶棚悬挂的医用气体供应末端设施，主要由吊柱、悬臂和气电箱组成。其上集合了所需医用气体的终端接口，并且提供电源、网络、通信端口以及一些医疗仪器设备的工作平台，主要用于手术室及 ICU。

ICU 吊桥：一种桥架式医用气体供应末端设施，主要用于 ICU，设有吊柱、桥体、吊架。所需医用气体终端设置在吊架上，吊架上设置有仪器平台、输液架、输液泵支架和电源插座等。

病床设备带：一般安装在床头墙面上的条带形医用气体供应末端设施。其电路、气体管道均有相互独立的通道，可安装医用气体终端、电源插座、网络接口和床头呼叫分机、照明灯等。

2. 终端组件

医用气体终端组件是系统中的气体输出口或真空吸入口的插接组件。特点是具有特定气体的唯一专用性，不会在使用和维修中发生错接现象。

目前常用的医用气体终端组件有美标终端、英标终端、德标终端等。

以下是由德格尔森科技（上海）有限公司提供的德国格尔森气体公司生产的"乐"系列德式气体终端产品参数。

（1）概述　格尔森"乐"系列德式气体终端是用于从医用供气系统管路中获取各种气体（包括负压）的医用设备，供气系统要求符合 DIN EN ISO 7396-1 标准；同时配套相关插头以及配有相关插头的各种医疗器械，符合 DIN 13260-2 标准；气体终端符合 DIN EN ISO 9170-1 标准。

（2）技术特点

1）两段式结构，前后端法兰沟槽有防误接设计，前端接口有防误插设计。

2）后端内置维护阀，阀芯可关闭，可带气维修，维修时不影响同区域其他终端使用。

3）所有密封圈集于一身，可现场更换，维护方便。

4）专用标识：前端端盖和后端基体都印有气体识别标识，前端表面标有不同颜色（ISO32）以区分不同气体。

（3）主要技术数据

进口：8mm×1mm 铜管或软管接头（正压 6mm，负压 8mm）。

工作压力：正压气体 4~5bar，负压 0~0.4bar（绝对压力）。

（4）外形和安装尺寸图　医用气体终端组件外形和安装尺寸如图 15-4 所示。

（5）麻醉废气排放终端

1）概述。格尔森引射式麻醉废气排放终端用于安全回收多余的麻醉废气和医疗环境下的麻醉挥发气体。终端采用文丘里引射式结构，全金属设计，吸力可调。设计符合 DIN EN ISO 9170-2 标准。

2）技术特点

a. 一体式结构，全金属设计。

b. 能监测并显示实时工作状况，吸力可调。

c. 易于操作，连接和断开均可单手操作。

d. 符合 DIN EN ISO 9170-2 颜色编码（朱紫色）。

3）主要技术数据。

材质：黄铜，墙内隐蔽式安装标配有不锈钢外壳及不锈钢面板外壳。

进口：8mm×1mm铜管。

出口：15mm×1mm铜管。

流量：50L/min。

4）外形和安装尺寸。麻醉废气排放终端组件外形和安装尺寸如图15-5所示。

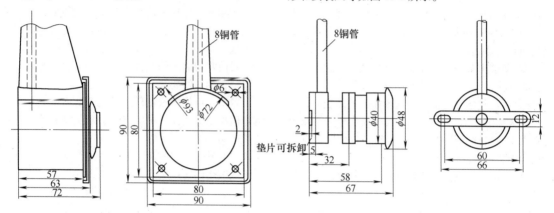

墙内隐蔽式安装
（墙内开孔尺寸为$\phi74\sim\phi76$）

设备带式安装
（设备带开孔尺寸为$\phi43\sim\phi45$）

吊塔式安装
（前端开孔尺寸为$\phi43\sim\phi45$）

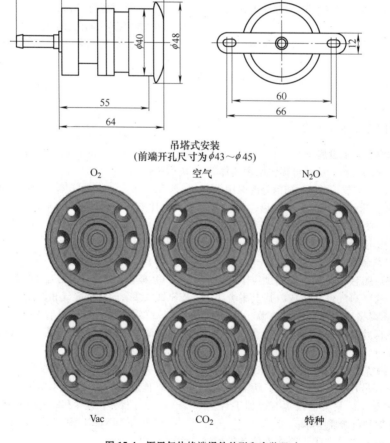

图 15-4　医用气体终端组件外形和安装尺寸

图 15-4　医用气体终端组件外形和安装尺寸（续）

15.4.2　医用气体末端设施布置

1. 一般规定

医用气体的终端组件、低压软管组件和供应装置的安全性能，应符合 YY 0801.1—2010《医用气体管道系统终端　第 1 部分：用于压缩医用气体和真空的终端》、YY 0801.2—2010《医用气体管道系统

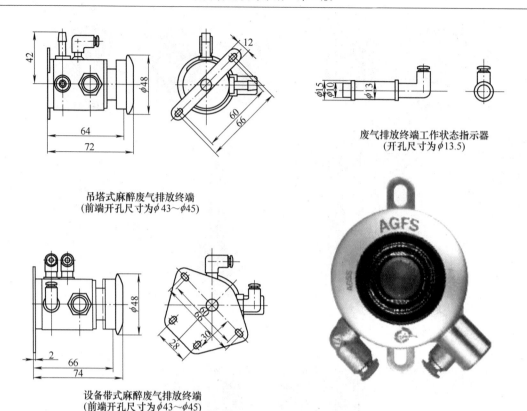

废气排放终端工作状态指示器
（开孔尺寸为φ13.5）

吊塔式麻醉废气排放终端
（前端开孔尺寸为φ43～φ45）

设备带式麻醉废气排放终端
（前端开孔尺寸为φ43～φ45）

图 15-5　麻醉废气排放终端组件外形和安装尺寸

终端　第 2 部分：用于麻醉气体净化系统的终端》以及 YY/T 0799—2010《医用气体低压软管组件》的规定，与医用气体接触或可能接触的部分应经脱脂处理，并应符合有关规定。

2. 布置

吊塔布置在手术床头部左上角，距离依据吊塔形式而定。手术室同时应在距手术床较近的墙面上嵌入式安装备用终端盒，进气管道与吊塔进气管道分别敷设或有阀门隔离。

吊桥安装病床头部上方，横梁安装中心高以 1750～2000mm 为宜。

设备带横排安装在病房床头墙面上，中心距地面 1350～1450mm，气体终端宜设在床的左边。装置内不可移动的医用气体终端与医用气体管道的连接宜采用无缝铜管或不锈钢无缝钢管，且不得使用软管及低压软管组件。

15.5　医用气体系统的监测报警设置

15.5.1　概述

医用气体系统应进行实时监测，以便及时掌握医用气体的供应状况。当系统出现问题时应发出声光警报，提醒作业人员进行干预。监测报警可帮助医用气体系统尽快排除故障、恢复供应，从而保证系统安全可靠地运行，保障医疗救治工作。

安装医用气体系统监测和报警装置有临床资料信号显示、操作警报、紧急操作警报和紧急临床警报四个不同的目的。临床资料信号的目的是显示正常状态；操作警报的目的是通知技术人员在一个供应系统中有一个或多个供应源不能继续使用，需采取必要行动；紧急操作警报显示在管道内有异常压力，并通知技术人员立即做出反应；紧急临床警报显示在管道内存在异常压力，通知技术人员和临床人员立即做出反应。

因报警系统实际应用中很多是由专业厂家实现的，故本部分只针对报警功能和设置条件等做介绍。

15.5.2　医用气体系统的监测和报警基本内容

1. 监测和报警设置基本规定

1）除设置在医用气源设备上的就地报警外，每一个监测采样点均应有独立的报警显示。

2）声响报警应无条件启动，1m 处的声压级不应低于 55dBA，并应有暂时静音功能。

3）视觉报警应能在距离 4m、视角小于 30°和 100lx 的照度下清楚辨别。

4）报警器应具有报警指示灯。报警指示灯有故障测试功能及断电恢复自启动功能。报警传感器回路断路时应能报警。

5）每个报警器均应有标识，并应符合相关规定。

6）气源报警及区域报警的供电电源应设置应急备用电源。

2. 就地报警设置基本功能

1）医用空气供应源、医用真空汇、麻醉废气排放真空机组中的主供应压缩机、真空泵停机应启动故障报警；备用压缩机、真空泵投运应启动备用运行报警。

2）医疗空气供应源一氧化碳浓度超标应启动报警。

3）各种医用空气供应源空气露点超过规定值时应启动报警。

4）医用分子筛制氧机的空气压缩机、分子筛吸附塔应分别设置故障停机报警。

5）医用分子筛制氧机一氧化碳浓度超限报警；氧浓度低于规定值报警及应急备用气源启动时应报警。

3. 医用气源报警设置基本功能和规定

1）医用液体储罐中气体供应量低时应启动报警。

2）汇流排钢瓶切换时应启动报警。

3）医用气体供应源或汇流排切换至应急备用气源时应启动报警。

4）应急备用气源储备量低时应启动报警。

5）正压医用气体供气源压力超出允许压力上限和额定压力欠压 15% 时，应启动超压、欠压报警；真空汇压力低于 48kPa 时，应启动欠压报警。

6）每一个气源设备至少应设置一个故障报警显示且有相应设备的故障指示。

7）气源报警应设置在 24h 监控的区域，位于不同区域的气源设备应设置各自独立的气源报警器。

8）同一气源报警的多个报警器均应各自单独连接到监测采样点。其报警信号需要通过继电器连接时，继电器的控制电源不应与气源报警装置共用电源。

9）气源报警采用计算机系统时，系统应有信号接口部件的故障显示功能，计算机应能连续不间断工作，且不得用于其他用途。所有传感器信号均应直接连接至计算机系统。

4. 区域监测报警设置

1）病区（含手术部）压力监测报警装置一般设置在护士站等 24h 有临床人员值守的区域。在每

间手术室宜设置视觉报警。各种医用气体的压力监测报警根据医疗机构需要组合在一起，方便操作和测试。

2）当不同科室共有护士站时，不同区域的压力监测报警装置安装在同一个地方，应对应设置监测区域标识。

3）当正压医用气体工作压力超出额定压力 ±20% 时，应设有超压、欠压报警；当真空系统压力低于 37kPa 时，应设有欠压报警。

4）区域报警器宜设置医用气体压力显示，每间手术室宜设置视觉报警。

15.5.3　医用气体系统集中监测和报警

1）医用气体系统宜设置集中的监测与报警系统。

2）集中监测系统应包含有上述气源报警和就地报警、区域报警的内容。

3）监测系统的电路和接口设计应具有高可靠性、通用性、兼容性和可扩展性。关键部件或设备应有冗余。

4）监测系统软件应设置系统自身诊断及数据冗余功能。

5）中央监测系统应能与现场测量仪表以相同的精度同步记录各子系统连续运行的参数、设备状态等。

6）监测系统的应用软件宜配备实时瞬态模拟软件，可进行存量分析和用气量预测等。

7）集中监测系统应有参数超限报警、事故报警及报警记录功能，宜有系统或设备故障诊断功能。

8）集中监测系统应能以不同方式显示各子系统运行参数和设备状态的当前值与历史值，并应能连续记录存储不少于一年的运行参数。中央监测管理系统兼有信息管理功能。

9）监测及数据采集系统的主机应设置不间断电源。

10）集中监测系统应联通互联网，可具备云管理功能。

15.6　医用气体系统的建造施工

15.6.1　概述

1）医用气体系统工程关系到病人生命安全，为确保其质量和安全可靠运行，在施工安装中应注意洁净和卫生要求，并保证系统可靠运行。

2）准备工作：确认施工安装单位和施工人员具备相应要求的各种资质资格。

3）医用气体系统设计施工图应经当地建设主管部门认可并审查合格。

4）属于压力管道、压力容器等特殊设备施工监管范围的部分应取得相应的资格和报建。

5）医用气体系统施工过程属于建筑机电设备安装工程。除有关的医疗器械外，医用气体气源和全系统不是医疗器械。

6）施工材料及现场水、电、土建等设施配合准备齐全。

7）对医用气体设备、管材及附件，安装前应检查，保证所有器材齐全完好，无缺陷且都在质保期内。

8）与常规动力管道工程比较，医用气体系统施工安装有一些特殊的技术要求。

15.6.2　医用气体管道施工

1）所有压缩医用气体管材、组成件进入工地前均应已脱脂，不锈钢管材、组成件应经酸洗钝化、清洗干净并封装完毕。未脱脂的管材、附件及组成件应做明确的区分标记，防止与已脱脂管材混淆。所有专用管材端口密封包装应保持完好。

2）管材焊接时应在管内部使用惰性气体保护。

3）焊接施工现场应保持空气流通或单独供应呼吸气体。

4）输送氧气的体积分数超过 23.5% 的管道与设备施工时，严禁使用油膏。

5）医用气体管材应使用机械方法或等离子切割下料，不应使用冲模扩孔，也不应使用高温火焰切割或打孔。

6）医用气体管材现场弯曲加工应在冷状态下采用机械方法加工，不应采用加热方式制作。

7）医用气体铜管道之间、管道与附件之间的焊接连接均应为硬钎焊，并应经过焊接质量工艺评定及人员培训。

8）现场焊接的铜阀门，其两端应已包含预制连接短管。

9）不锈钢管道焊接后表面应进行酸洗钝化。

10）医用气体管道与支架间应有绝缘隔离措施。

11）医用气体管道焊接完成后应采取保护措施防止污染，并应保持到全系统调试完成。

12）医用气体管道应进行现场焊接的洁净度检查，接头抽检率应为 0.5%，各系统焊缝抽检数量不应少于 10 条。

13）不锈钢管道焊缝应经无损检测并符合 GB 50751—2012《医用气体工程技术规范》的规定。

14）医用气体减压装置应进行减压性能检查。

15）医用气体管道应分段、分区以及全系统做压力试验及泄漏性试验，并符合《医用气体工程技术规范》的有关规定。

16）医用气体管道应进行 24h 泄漏性试验。

① 泄漏率计算：

$$A = \left[1 - \frac{(273 + t_1)p_2}{(273 + t_2)p_1}\right] \times \frac{100}{24} \qquad (15\text{-}2)$$

式中　A——小时泄漏率（真空为增压率）（%）；

p_1——试验开始时的绝对或真空压力（MPa）；

p_2——试验终了时的绝对或真空压力（MPa）；

t_1——试验开始时的温度（℃）；

t_2——试验终了时的温度（℃）。

② 医用气体管道在未接入终端组件时的泄漏性试验，小时泄漏率不应超过 0.05%。

③ 压缩医用气体管道接入供应末端设施后的小时泄漏率应符合下列规定：

a. 不超过 200 床位的系统应小于 0.5%。

b. 800 床位以上的系统应小于 0.2%。

c. 200~800 床位的系统不应超过按内插法计算得出的数值。

④医用真空管道接入供应末端设施后的泄漏性试验，小时泄漏率应符合下列规定：

a. 不超过 200 床位的系统应小于 1.8%。

b. 800 床位以上的系统应小于 0.5%。

c. 200~800 床位的系统不应超过按内插法计算得出的数值。

17）医用气体管道在安装终端组件之前应使用干燥、无油的空气或氮气吹扫，在安装终端组件之后除真空管道外应进行颗粒物检测。管道吹扫合格后应由施工单位会同监理、建设单位共同检查，并应做好"管道系统吹扫记录"和"隐蔽工程（封闭）记录"。

15.6.3　医用气源站安装及调试

1）空气压缩机、真空泵、氧气压缩机及其附属设备的安装、检验，应按设备说明书要求进行并符合 GB 50275—2010《风机、压缩机、泵安装工程施工及验收规范》的有关规定。

2）空气压缩机、真空泵、氧气压缩机及附属设备按设备要求进行调试及联合试运转。

3）医用真空泵站的安装及调试应符合下列规定：

① 真空泵安装的纵向水平偏差不应大于 0.1/1000，横向水平偏差不应大于 0.2/1000。有联轴器的真空泵应进行手工盘车检查，电动机和泵的转动应轻便灵活、无异常声音。

② 应检查真空管道及阀门等附件，并应保证管道等通径。真空泵排气管道宜短直，管道口径应无局部减小。

4）医用液氧储罐站安装及调试应符合下列规定：

① 医用液氧储罐应使用地脚螺栓固定在基础

上，不得采用焊接固定。立式医用液氧储罐罐体倾斜度应小于 1/1000。

② 医用液氧储罐、汽化器与医用液氧管道的法兰连接，应采用低温密封垫、铜或奥氏体不锈钢连接螺栓，应在常温预紧后在低温下再拧紧。

③ 在医用液氧储罐周围 7m 范围内的所有导线、电缆应设置金属套管，不应裸露。

④ 首次加注医用液氧前，应确认已经过氮气吹扫并使用医用液氧进行置换和预冷。初次加注完毕后，应缓慢增压并在 48h 内监视储罐压力的变化。

5）医用气体汇流排应进行汇流排减压、切换、报警等装置的调试。焊接绝热气瓶汇流排气源还应进行配套的汽化器性能测试。

6）各站房内的所有压缩气体连接管道应按照医用气体管材洁净度要求施工、进行压力试验和泄漏性试验，并分别吹扫干净后再接入各附属设备。

15.7　医用气体系统的检验验收

新建和改扩建医用气体系统均应进行系统的检验和验收工作。

15.7.1　施工方的检验

1）医用气体系统中的各个部分应分别检验合格后再接入系统，并应进行系统的整体检验。

2）施工单位应对医用气体系统进行管道焊缝洁净度检验。抽检率为 0.5%且每个系统不少于 10 条焊缝。

3）对封闭或暗装部分管道的外观和标识进行检验。

4）对管道系统进行吹扫，检验吹扫结果、管道颗粒物。

5）对管道系统进行压力试验和泄漏性试验。

6）针对医用气体减压装置性能进行检验。

7）防止管道交叉错接的检验。

8）标识检查、阀门标识与其控制区域正确性检验。

9）医用气体终端组件在安装前应检验连接性能是否符合 YY 0801.1—2010《医用气体管道系统终端

第 1 部分：用于压缩医用气体和真空的终端》和 YY 0801.2—2010《医用气体管道系统终端　第 2 部分：用于麻醉气体净化系统的终端》的有关规定；并进行对气体终端底座与终端插座、终端插座与气体插头之间的专用性检验，以及终端组件的标识检查。

15.7.2　医用气体系统的验收

1）医用气体系统应进行独立验收。

2）主要验收资料：设计图、修改核定文件、竣工图、开工资料、施工单位各文件、检验记录、监理报告、气源设备原理图、末端设施原理图、使用说明与维护手册、材料证明报告等记录。压力容器、压力管道应已获准使用，压力表、安全阀等应已按要求进行检验并取得合格证。

3）进行泄漏性试验。

4）防止管道交叉错接的检验及标识检查。

5）气体专用性检查。

6）所有设备及管道和附件标识的正确性检查，所有阀门标识与控制区域标识的正确性检查。

7）减压装置静态特性检查。

8）监测与报警系统检验，包含：

① 每个医用气体子系统的气源报警、就地报警、区域报警功能的逐一检验。有计算机系统作为气源报警时，应进行相同的报警内容检验。

② 确认不同医用气体的报警装置之间不存在交叉或错接。报警装置的标识应与检验气体、检验区域一致。

③ 医用气体系统设置有集中监测与报警装置时，应确认其功能完好，报警标识应与检验气体、检验区域一致。

9）气体管道颗粒物检验。对压缩医用气体系统的每一主要管道支路分别进行 25%的终端处抽检。任何一个终端处检验不合格时应检修，并应检验该区域中的所有终端。

10）对压缩医用气体系统的每一主要管道支路距气源最远的一个末端设施处进行管道洁净度检验。被测气体的含水量及与气源处相比较的碳氢化合物、卤代烃含量差值应达到 GB 50751—2012《医用气体工程技术规范》的要求。

11）针对医用气源的检验，主要包含：

① 医疗空气、器械空气机组出口气体品质检验。

② 压缩机、真空泵、自动切换及自动投入运行功能检验。

③ 医用液氧储罐切换、汇流排切换、备用气源、应急备用气源投入运行功能及报警检验。

④ 备用气源、应急备用气源储量或压力低于规定值的有关功能与报警检验。

⑤ 设备或系统集成商要求的其他功能及报警检验。

12）管道运行压力与流量的检测，包含：

① 气体终端组件处输出气体流量为零时的压力应在额定压力允许范围内。

② 额定压力为 350~400kPa 的气体终端组件处，在输出气体流量为 100L/min 时，压力损失不超过 35kPa。

③ 器械空气或氮气终端组件处的流量为 140L/min 时，压力损失不超过 35kPa。

④ 医用真空终端组件处的真空流量为 85L/min 时，相邻真空终端组件处的真空压力不得降至 40kPa 以下。

⑤ 生命支持区域的医用氧气、医疗空气终端组件处的 3s 内短暂流量，应能达到 170L/min。

⑥ 医疗空气、医用氧气系统的每一主要管道支路中，实现途泄流量为 20% 的终端组件处平均典型使用流量时，系统的压力应符合《医用气体工程技术规范》的规定。

13）生命支持用压缩气体主要支路最远末端设施处的气体品质，其主要组分的体积分数与气源出口处的差值不应超过 1%。

15.8　设计示例

以下为某综合三甲医院的设计示例（部分）。

1. 概况

某综合三甲医院用地面积约 13hm², 建筑分为门诊医技楼、第一住院大楼、第二住院大楼、配套地下室等部分。主要功能包括：门诊、急诊、住院、医技科室、配套保障用房、地下车库等。设计日门诊量约 6000 人次；日体检量约 200 人次；设计手术室 43 间，分别为：Ⅰ级手术室 20 间（含防辐射手术室 6 间），Ⅱ级手术室 17 间，DSA 手术室 6 间；ICU 床位数 96 床（含两个单人间），NICU 床位数 13 床，CCU 床位数 20 床，其余病床总床位数 1883 床。

经与院方充分沟通，设置医用氧气、医用真空、麻醉废气排放真空、医疗空气、医用氧化亚氮、医用二氧化碳、牙科真空及医用氮气系统。医用氧气、医疗空气及牙科空气气源由院区内现有气体站供应，通过直埋管道接入建筑。医用真空、牙科真空及麻醉废气排放用真空气源来自地下室新建真空泵间。

医院氧气、医用空气和医用真空系统各自分为两路，生命支持区域（手术、麻醉苏醒、ICU 等）的医用气体管道作为重要用气单独从气源处接出，由专用管道接至各个区域用气点。

牙科单独设医用空气源和真空汇。

2. 医用气体终端设置

各科室医用气体终端设置，除建设方有特殊要求的之外，其余的均参照 GB 50751—2012《医用气体工程技术规范》中附录 A 取值。

3. 医用气源设计

（1）医用气源耗量的计算　医用气源耗量的计算见表 15-22~表 15-29。

表 15-22　医用氧气耗量计算

科室或设备	床位或计算单元数量 n	Q/(L/min)
门诊+治疗+检查+观察+注射	383	353.8
B 超+心电+CT+DR+肌电+穿刺+碎石+X 光+ECT+直线加速器	89	89.2
MRI	6	137.5
DSA	6	137.5
（紧急）抢救室、治疗室	7	105.4
术前准备	24	134.5
术后恢复（留观）	21	130
日间病房（普通）	1855	1678.6
CCU	20	124
手术室	31	325
透析	34	109
门诊输液+化疗输液	86	86.5
内窥镜（气管镜、胃镜、肠镜）	14	21.7
ERCP	2	107.5
直线加速器	4	40
ICU 病床总数	96	580
待产病床总数	16	32.5
新生儿 NICU	13	58
产科手术+LDR	12	37.5
合计/(L/min)		4288.2

表 15-23　医用真空耗量计算

科室或设备	床位或计算单元数量 n	Q/(L/min)
MRI	6	137.5
DSA	6	137.5
（紧急）抢救室、治疗室	7	160
术前准备	24	212.5
术后恢复（留观）	21	190
日间病房（普通）	1855	3748
CCU	20	610
手术室	31	1280
透析	34	370
门诊输液+化疗输液	86	210
内窥镜（气管镜、胃镜、肠镜）	14	66
ERCP	2	120
直线加速器	4	320
ICU 病床总数	96	2890
待产病床总数	16	340
新生儿 NICU	13	100
产科手术+LDR	12	260
合计/(L/min)		11151.5

表 15-24　牙科真空耗量计算

科室或设备	床位或计算单元数量 n	Q/(L/min)
牙科	24	4920

表 15-25　医疗空气耗量计算

科室或设备	床位或计算单元数量 n	Q/(L/min)
门诊+治疗+检查+观察+注射	383	1915
B超+心电+CT+DR+肌电+穿刺+碎石+X光+ECT+直线加速器	89	126
MRI	6	140
DSA	6	140
(紧急)抢救室、治疗室	7	84
术前准备	24	132
术后恢复(留观)	21	310
CCU	20	487.5
手术室	31	640
透析	34	172
门诊输液+化疗输液	86	123.75
内窥镜(气管镜、胃镜、肠镜)	14	69.75
ERCP	2	60
ICU病床总数	96	2197.5
待产病床总数	16	227.5
新生儿NICU	13	400
产科手术+LDR	12	185
合计/(L/min)		7410

表 15-26　牙科空气耗量计算

科室或设备	床位或计算单元数量 n	Q/(L/min)
牙科	24	820

表 15-27　氧化亚氮耗量计算

科室或设备	床位或计算单元数量 n	Q/(L/min)
术前准备	24	153
手术室	31	195
ERCP	2	21
合计/(L/min)		369

表 15-28　麻醉和呼吸废气耗量计算

科室或设备	床位或计算单元数量 n	Q/(L/min)
术前准备	24	1920
手术室	31	2480
ERCP	2	160
ICU病床总数	96	915
合计/(L/min)		5475

表 15-29　氧化亚氮/氧气混合气耗量计算

科室或设备	床位或计算单元数量 n	终端	Q/(L/min)
待产病床总数	16	32	595
产科手术+LDR	12	24	583
合计/(L/min)			1178

(2)医用气体气源和汇的设置

1)医用氧气气源。本设计医用氧气总消耗量为4288.2L/min,全天的氧气总需求估算为3705m³,约合液氧4.6m³。设计采用液氧作为氧气气源,液氧站露天布置,内设4个5m³液氧储罐及应急备用氧气汇流排组,所供氧气符合医用氧的品质要求。

医用氧气供气压力为0.6MPa,氧气通过直埋管道接入各楼,在建筑入口处设减压箱,减压阀出口压力设定为0.45MPa。

2)医疗空气气源。医疗空气总消耗量为7410L/min,由门诊医技楼地下一层空气压缩机房提供。气源设有备用机组且满足GB 50751—2012《医用气体工程技术规范》的要求。所供医疗空气品质满足GB 50751—2012《医用气体工程技术规范》的要求。

依据医疗空气耗量数据,机房内选用3台无油旋齿空气压缩机,平时开启2台,其中1台备用,3台设备交替使用,单台额定流量为4.4m³/min,供气压力为0.8MPa,并配有无热再生吸附干燥机(一用一备)、过滤器、不锈钢储气罐等辅助设备。

医疗空气供气压力为0.8MPa,通过直埋管道接入各楼,在建筑入口处设减压箱,减压阀出口压力设定为0.45MPa。

3)牙科空气气源。牙科空气总消耗量为820L/min,牙科空气供应源为独立系统,由门诊医技楼地下一层空气压缩机房提供。所供空气品质满足GB 50751—2012《医用气体工程技术规范》的要求。

机房内设置牙科用空气压缩机组,依据牙科空气耗量计算,选用2台无油涡旋空气压缩机(一用一备),2台设备交替使用,单台额定流量为1.2m³/min,供气压力为0.8MPa,并配有无热再生吸附干燥机(一用一备)、过滤器、储气罐等辅助设备。

牙科空气供气压力为0.8MPa,通过直埋管道接入各楼。在建筑入口处设减压箱,减压阀出口压力设定为0.6MPa。

4)医用真空汇。医疗负压吸引流程为:用气终端→集污罐→真空罐→细菌过滤器→真空泵→废气排空。本设计医用真空总消耗量为11 151.5L/min,由门诊医技楼地下一层真空泵间提供。

站内选用三套模块化医用真空机组,包含6台真空泵、6个进气过滤器、2个细菌过滤器及控制系统，真空泵的启停均根据真空压力自动控制。控制系统包括设备控制面板，具有就地报警功能，带通信接口，将真空泵运行及报警信号传入医院BA系统。

医用真空供应压力为60~87kPa（真空压力），用点处不低于40kPa（真空压力）。

5）牙科真空汇。牙科真空吸引流程为：用气端点→气水分离罐→废气进入真空泵排空，污液集中收集，单独排放。本设计牙科真空总消耗量为4920L/min，由门诊医技楼地下一层真空泵间提供。

站内选用两套模块化牙科医用真空机组，包含2台真空泵、2个进气过滤器及控制系统，真空泵的启停均根据真空压力自动控制。控制系统包括设备控制面板，具有就地报警功能，带通信接口，将真空泵运行及报警信号传入医院BA系统。

牙科真空供应压力为30~50kPa（真空压力），用点处不低于15kPa（真空压力）。

6）麻醉废气排放用真空。本设计麻醉废气排放用真空总消耗量为5475L/min，真空供应压力为30~50kPa，用点处不低于15kPa，由门诊医技楼地下一层真空泵间提供。

站内选用两套模块化医用真空机组，包含2台麻醉废气排放用无油润滑真空泵、2个进气过滤器、2个细菌过滤器及控制系统，真空泵间内设过滤器和集污罐。真空泵的启停均根据真空压力自动控制，控制系统包括设备控制面板，具有就地报警功能，带通信接口，将真空泵运行及报警信号传入医院BA系统。

7）医用氧化亚氮、医用二氧化碳、医用氮气汇流排。

① 在门诊医技楼4F设手术室用汇流排间，医用氮气汇流排和医用氧化亚氮汇流排设于各自独立的汇流排间内。

医用氧化亚氮采用5+5瓶自动切换汇流排组，钢瓶内高压气体减压至0.4~0.45MPa，通过管道输送到手术室内的吊塔和墙面终端处，使用压力为0.35~0.4MPa。

医用氮气采用10+10瓶自动切换汇流排组，钢瓶内高压气体减压至0.85MPa，通过管道输送到手术室内的吊塔和墙面终端处，使用压力为0.8MPa。

② 在门诊医技楼2F设内窥镜中心用汇流排间，医用二氧化碳汇流排和医用氧化亚氮汇流排设于各自独立的汇流排间内。

医用二氧化碳采用5+5瓶自动切换汇流排组，钢瓶内高压气体减压至0.4~0.45MPa，通过管道输送到手术室内的吊塔和墙面终端处，使用压力为

0.35~0.4MPa。

医用氧化亚氮采用5+5瓶自动切换汇流排组，钢瓶内高压气体减压至0.4~0.45MPa，通过管道输送到手术室内的吊塔和墙面终端处，使用压力为0.35~0.4MPa。

③ 在门诊医技楼1F设急救用汇流排间，医用氮气汇流排和医用氧化亚氮汇流排设于各自独立的汇流排间内。

医用氧化亚氮采用3+3瓶自动切换汇流排组，钢瓶内高压气体减压至0.4~0.45MPa，通过管道输送到手术室内的吊塔和墙面终端处，使用压力为0.35~0.4MPa。

医用氮气采用5+5瓶自动切换汇流排组，钢瓶内高压气体减压至0.85MPa，通过管道输送到手术室内的吊塔和墙面终端处，使用压力为0.8MPa。

④ 汇流排组均为双侧布置，互为备用，当一侧钢瓶组用完后可自动切换至另一侧钢瓶组。

8）各气源站房、汇流排间内设有气体超压、欠压报警装置，可以远传至24h值班控制室。当系统压力超过或低于限值时有声、光同时报警，报警压力误差不大于3%。声响报警要求在55dB（A）噪声环境下，在距1.5m范围内可以听到。光报警为红色指示灯。氧气超压、欠压报警装置必须采用本质安全型电路，且应符合GB 3836.4—2010《爆炸性环境　第4部分：由本质安全型"i"保护的设备》的要求。

4. 医用气体管道设计

本设计医用氧气、医疗空气总管设计压力为0.8MPa。

（1）医用氧气管道系统　从液氧站引出2路管道，一路为普通科室用氧管道，另一路为生命支持区域用氧管道，两路管道经过室外地沟敷设至各区域入口间。入户总管通过分气缸分区供应，供气压力为0.6MPa。

入口间设置氧气减压箱，减压阀出口压力设定为0.45MPa。氧气总管道通过医用气体专用管井接至各楼层，并通过水平分支管道送至各用气点。

氧气进入楼内的总管处设置手动阀门，当发生火灾时可实现紧急切断。

（2）医用空气管道系统　从医用空压站引出3路管道，一路为普通科室用医疗空气管道，另一路为生命支持区域用医疗空气管道，第三路为牙科空气管道。三路管道经过室外地沟敷设至各区域入口间，入户总管通过分气缸分区供应。医用空气管道供气压力均为0.8MPa。

入口间内设置空气减压箱，减压阀出口压力设

定为 0.45MPa，医疗空气总管道经医用气体专用管井接至各楼层，并通过水平分支管道送至各用气点。

（3）医用真空管道系统　本设计医用、麻醉废气排放真空管道设计压力为 0.1MPa。

门诊医技楼医用真空泵房内引出 6 路真空吸引管道，分别供应病房楼、门诊楼、医技楼各用气点使用。

真空泵房内引出 1 路牙科真空管道，经过医用气体专用管井接至口腔科，科室内管道沿地沟敷设至各个牙科椅端口。

真空泵房内引出 4 路麻醉废气排放用真空管道，通过医用气体专用管井接至各手术用气终端。

（4）管道材质及敷设方式　本设计各压缩医用气体管道均采用符合 YS/T 650—2007《医用气体和真空用无缝铜管》的专用脱脂洁净无缝铜管（示例图中用 d、x 表示外径、壁厚）。铜管焊接采用银基钎料硬钎焊。

医用真空、麻醉废气排放管道均采用符合 GB/T 14976—2012《流体输送用不锈钢无缝钢管》的不锈钢管（示例图中用 ϕ、x 表示外径、壁厚），不锈钢管件应符合 GB/T 12459—2017《钢制对焊管件　类型与参数》的要求。管道及阀门、附件应严格进行脱脂，不锈钢管采用氩弧焊接或自动焊。

医疗气体管道与支架接触处，应做绝缘处理，以防静电腐蚀。

楼内医疗气体管道的管线均敷设在吊顶内，进入各房间的支管为明敷或暗敷，暗敷空间考虑通大气措施。

为保证医院供气可靠性，在每个用气楼层或护理单元内设置区域报警装置，并在护士站设有就地和远传声光报警装置。

医用气体管道及附件按 GB 50751—2012《医用气体工程技术规范》对管道及附件进行标识，标识为金属标记、模板印刷、盖印或黏着性标志。

真空吸引管道水平管道坡度不应小于 0.2%，机房层由竖井坡向机房，使用层走廊由末端坡向竖井。

5. 主要设备（表 15-30~表 15-35）

6. 附图（图 15-6~图 15-10）

表 15-30　医疗空气主要设备

序号	名称	规格	单位	数量	备注
A1	无油旋齿空压机 包括：控制柜	$Q = 4.4\text{m}^3/\text{min}$ $p = 0.8\text{MPa}$ $N = 30\text{kW}/380\text{V}$	台	3	两用一备
A2	无热再生吸附式空气干燥机 包括：粗级过滤器、精密过滤器、CO 和活性炭过滤器、除菌过滤器、在线露点检测设备	$Q = 12.0\text{m}^3/\text{min}$ $p = 0.85\text{MPa}$ $N = 0.1\text{kW}/220\text{V}$ 常压露点 $\leqslant -46℃$	套	2	一用一备
A3	立式储气罐	$V = 1\text{m}^3$　$p = 0.85\text{MPa}$	个	1	带安全阀
A4	不锈钢空气分配器	$DN = 200\text{mm}$　$L = 1640\text{mm}$	个	1	带安全阀
A5	废油水收集器	可处理 $15\text{m}^3/\text{min}$ 空气压缩机及后处理设备的排放量	个	1	与牙科空气机组共用

表 15-31　牙科用医疗空气主要设备

序号	名称	规格	单位	数量	备注
B1	无油涡旋空气压缩机 包括：控制柜	$Q = 1.2\text{m}^3/\text{min}$ $p = 0.8\text{MPa}$ $N = 11\text{kW}/380\text{V}$	台	2	一用一备
B2	无热再生吸附式空气干燥机 包括：粗级过滤器、精密过滤器、CO 和活性炭过滤器、除菌过滤器、在线露点检测设备	$Q = 2\text{m}^3/\text{min}$ $p = 0.8\text{MPa}$ $N = 0.1\text{kW}/220\text{V}$ 常压露点 $\leqslant -20℃$	套	2	一用一备
B3	立式储气罐	$V = 0.5\text{m}^3$　$p = 0.8\text{MPa}$	个	1	带安全阀

表 15-32　医用真空系统主要设备

序号	名称	规格	单位	数量	备注
A1	医用真空泵组 包括：六台旋片真空泵、止回阀、真空泵带进气过滤器	单台泵 $Q=1600L/min$ 极限真空压力为 200Pa 六台 $N=9kW/380V$	套	3	风冷，自带控制及报警系统、通信接口
A2	立式真空罐	$V=2m^3$	个	2	
A3	细菌过滤器	$Q=30000L/min$	个	2	一用一备
A4	集污罐	$\phi600mm$　$H=900mm$ $p=0.1MPa$（真空压力）	个	1	配液位指示

表 15-33　牙科真空系统主要设备

序号	名称	规格	单位	数量	备注
B1	牙科用真空泵 包括：两台旋片真空泵、止回阀，进气过滤器、控制系统	单台泵 $Q=2860L/min$ 两台泵 $N=6kW/380V$	套	2	风冷，自带控制及报警系统、通信接口
B2	立式真空罐	$V=1m^3$	个	2	
B3	细菌过滤器	$Q=8580L/min$	个	2	一用一备
B4	集污罐	$\phi600mm$　$H=900mm$ $p=0.1MPa$（真空压力）	个	1	配液位指示
B5	汞合金分离装置	$Q=8580L/min$	个	1	

表 15-34　麻醉废气排放用真空系统主要设备

序号	名称	规格	单位	数量	备注
C1	麻醉废气排放用真空泵 包括：两台旋片无油润滑真空泵、止回阀，真空泵带进气过滤器	单台泵 $Q=2860L/min$ 两台泵 $N=6kW/380V$	套	2	风冷，自带控制及报警系统、通信接口
C2	立式真空罐	$V=1m^3$	个	2	
C3	细菌过滤器	$Q=2000L/min$	个	2	一用一备
C4	集污罐	$\phi600mm$　$H=900mm$ $p=0.1MPa$（真空压力）	个	1	配液位指示

表 15-35　各汇流排间主要设备

序号	设备名称	规格	单位	数量	备注
1	自动切换氧化亚氮汇流排组	钢瓶压力 $p_1=15MPa$ 减压阀出口压力 $p_2=0.45MPa$（可调）	套	2	双侧布置，每侧 5 瓶，配有远程报警器
2	自动切换氧化亚氮汇流排组	钢瓶压力 $p_1=15MPa$ 减压阀出口压力 $p_2=0.45MPa$（可调）	套	1	双侧布置，每侧 3 瓶，配有远程报警器
3	自动切换医用氮气汇流排组	钢瓶压力 $p_1=15MPa$ 减压阀出口压力 $p_2=0.85MPa$（可调）	套	4	双侧布置，每侧 10 瓶，配有远程报警器
4	自动切换二氧化碳汇流排组	钢瓶压力 $p_1=15MPa$ 减压阀出口压力 $p_2=0.45MPa$（可调）	套	1	双侧布置，每侧 5 瓶，配有远程报警器

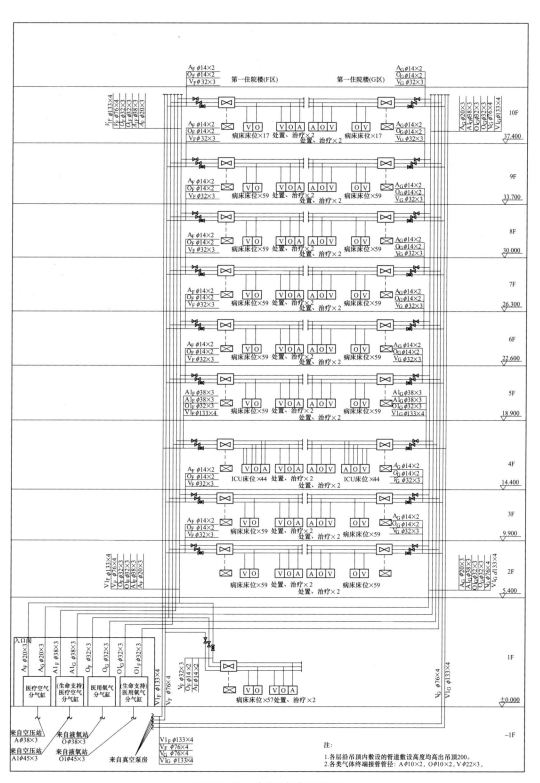

图 15-6　第一住院楼气体系统原理

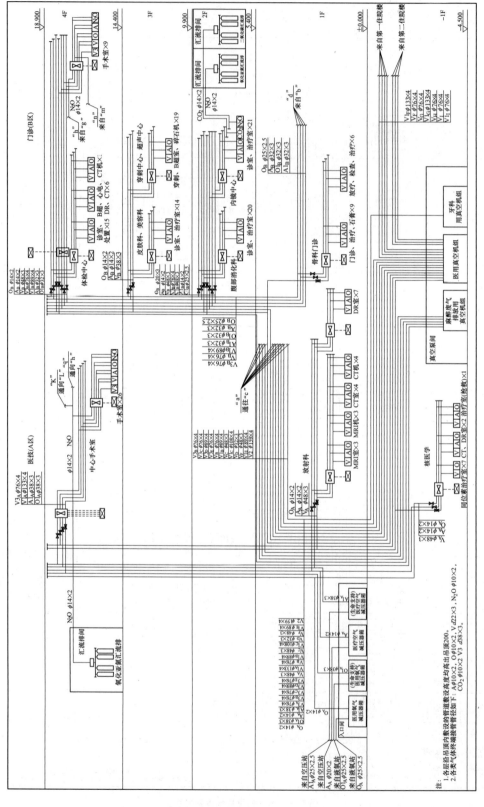

图15-7　门诊医技楼气体系统原理

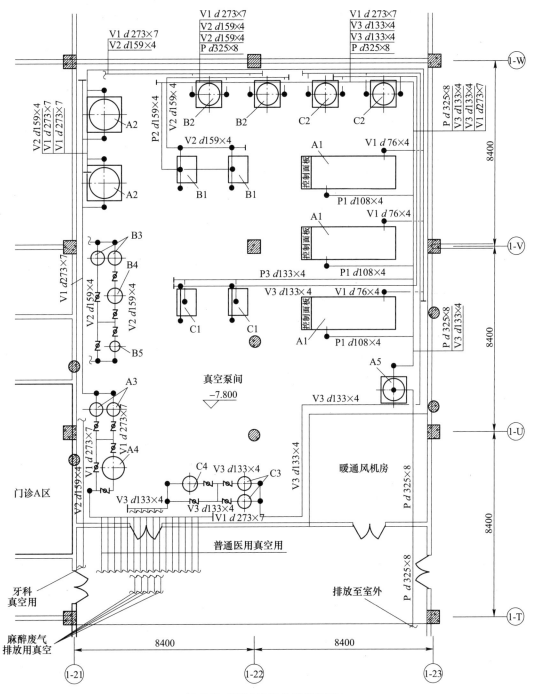

图 15-8　真空泵间设备及管道布置

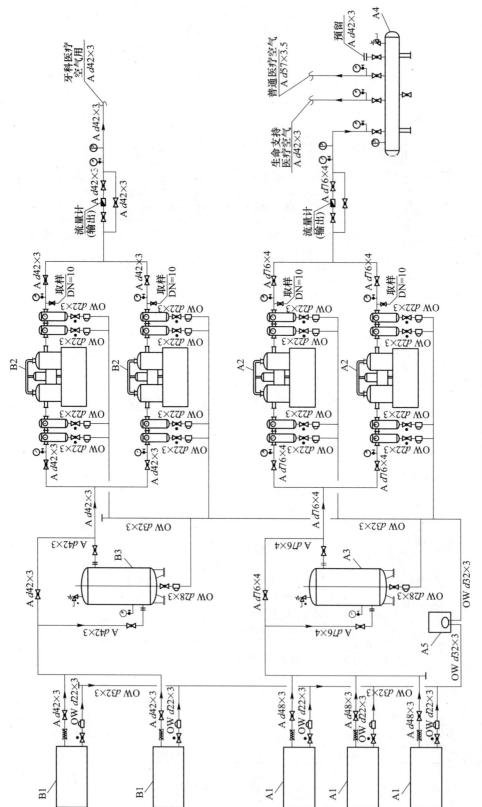

图 15-9 医疗空气空压站原理

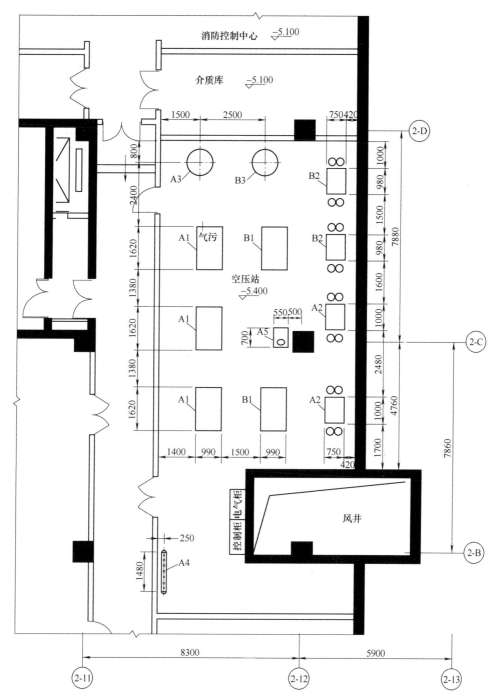

图 15-10 医疗空气空压站设备布置

参 考 文 献

[1] 中华人民共和国卫生部. 医用气体工程技术规范：GB 50751—2012 [S]. 北京：中国计划出版社，2012.

[2] 中华人民共和国公安部. 建筑设计防火规范：GB 50016—2014 [S]. 2018 年版. 北京：中国计划出版社，2018.

[3] 全国安全生产标准化技术委员会化学品安全分技术委员会. 深度冷冻法生产氧气及相关气体安全技术规程：GB 16912—2008 [S]. 北京：中国标准出版社，2009.

[4] 中国机械工业联合会. 氧气站设计规范：GB 50030—

2013 ［S］. 北京：中国计划出版社，2014.

［5］ 全国锅炉压力容器标准化技术委员会. 医用氧气加压舱：GB/T 19284—2003 ［S］. 北京：中国标准出版社，2004.

［6］ 全国锅炉压力容器标准化技术委员会. 医用空气加压氧舱：GB/T 12130—2005 ［S］. 北京：中国标准出版社，2006.

［7］ 全国气体分离与液化设备标准化技术委员会. 低温液体贮运设备使用安全规则：JB/T 6898—2015 ［S］. 北京：机械工业出版社，2015.

［8］ 中华人民共和国卫生和计划生育委员会. 传染病医院建筑设计规范：GB 50849—2014 ［S］. 北京：中国计划出版社，2015.

［9］ 全国防爆电气设备标准化技术委员会. 爆炸性环境 第 4 部分：由本质安全型"i"保护的设备：GB 3836.4—2010 ［S］. 北京：中国标准出版社，2011.

［10］ 中国机械工业联合会. 风机、压缩机、泵安装工程施工及验收规范：GB 50275—2010 ［S］. 北京：中国计划出版社，2011.

［11］ 全国锅炉压力容器标准化技术委员会. 压力管道规范 工业管道：GB/T 20801.1～20801.6—2006 ［S］. 北京：中国标准出版社，2007.

［12］ 中国机械工业联合会，压缩空气站设计规范：GB 50029—2014 ［S］. 北京：中国计划出版社，2014.

第 16 章　动力管道安装及验收

16.1　安装、验收流程及应遵循的原则

16.1.1　安装、验收流程

动力管道安装，应在管道安装合同签订后，按以下流程进行：

1）接收、熟悉、审核设计文件及相关技术资料，领会设计意图，掌握设计要求，形成设计文件会审记录。

2）编制施工组织文件并进行评定。施工组织文件主要内容应包括编制依据、工程概况、施工目标、施工部署、进度计划、资源配置计划、主要施工方法与技术措施、施工总平面布置、安全措施、环保措施、交通组织、拆迁配合等。

3）进行设计技术交底。监理单位应组织动力管道工程相关单位，由设计单位对设计文件进行技术交底，对工程特点、设计要求、相关技术规范、规程要求等对相关单位进行技术交底，解决设计文件会审中的问题，并形成设计技术交底文件。

4）材料的采购与检验。其内容包括材料预算的编制，材料报验，合格管材、管件标记，材料的验证、试验，阀门及管件的试压等。

5）工程现场施工。其内容包括管道现场组对焊接、焊缝热处理、焊缝标识、管道支吊架安装等。

6）现场检验。其内容包括焊缝外观质量检验、固定口无损检测、硬度检查、光谱分析等。

7）管道清理、吹洗和清洗。常用的方法有水冲洗、油冲洗、化学清洗、蒸汽吹扫、空气吹扫等。

8）管道的防腐、绝热与涂色。其内容包括涂刷底漆、面漆，管道绝热保温、保冷施工。

9）管道试验。其内容包括压力试验、泄漏试验、真空度试验等。

10）交工验收。压力管道应按各地市场监督管理局要求，递交报验材料；其他管道应按合同或相关规范对交工资料进行移交。

在管道施工合同签订时，还可委托第三方进行检验。

16.1.2　遵循的原则

1）动力管道应按设计文件进行施工。

2）动力管道安装与验收，应按照有关国家、行业及地方的标准、规程、规范及规定进行。动力管道安装与验收的常用标准包括 GB 50235—2010《工业金属管道工程施工规范》、GB 50184—2011《工业金属管道工程施工质量验收规范》、GB 50236—2011《现场设备、工业管道焊接工程施工规范》、GB 50683—2011《现场设备、工业管道焊接工程施工质量验收规范》、GB 50126—2008《工业设备及管道绝热工程施工规范》、GB 50185—2010《工业设备及管道绝热工程施工质量验收规范》、GB 50726—2011《工业设备及管道防腐蚀工程施工规范》、GB 50727—2011《工业设备及管道防腐蚀工程施工质量验收规范》、HG 20202—2014《脱脂工程施工及验收规范》等；压力管道还应满足 TSG D0001—2009《压力管道安全技术监察规程——工业管道》、GB/T 20801.1～20801.6—2006《压力管道规范　工业管道》的要求；城镇供热管道应满足 CJJ 28—2014《城镇供热管网工程施工及验收规范》的要求，城镇燃气管道应满足 CJJ 33—2005《城镇燃气输配工程施工及验收规范》的要求。

3）应编制施工组织文件并进行审批，施工组织过程应按审批后的文件执行。

4）对安装与验收过程中发现的问题，如发现设计文件有错误、不合理或现场条件变化时，应征得设计单位同意后方可修改设计文件。

5）安装及验收资料应完整。动力管道安装、验收的关键过程，要有案可查，有关日期、人员姓名、操作方法、检验结果等应记录在案；管道系统中所有的管子、管件、阀门及仪表，应具有制造厂的合格证，其质量应符合国家或行业标准的规定；如数据不全或有疑问，需按规范进行复验。

16.2　管道元件和材料的检验

管道元件和材料在使用前，应按相关标准和设计文件的规定进行检验，合格后方可使用。

16.2.1　检验内容及一般规定

1）进场文件查验。内容应包括：管道组成件是否按设计要求，并核对材料的制造标准号、材料的牌号、生产单位名称及检验印鉴标志是否满足设计及规范要求。

2）外观质量和几何尺寸检查。内容应包括：

① 有无裂纹、缩孔、夹渣、折叠、重皮等缺陷。

② 锈蚀或凹陷是否超过壁厚负偏差。

③ 螺纹密封面是否良好，精度及表面粗糙度是

否达到设计要求或制造标准。

④ 合金钢是否有材料标记。

⑤ 外径、壁厚尺寸等几何尺寸是否达到设计要求或制造标准。

3）理化检验及试验。内容应包括：

① 铬钼合金钢、含镍低温钢、不锈钢、镍、钛及合金材料的管道组成件，在使用前应用光谱分析或其他方法对材质进行复验并标识。

② 对设计文件规定应进行低温冲击韧性试验、进行晶间腐蚀试验的管道元件或材料，应核查供货方的试验结果文件，相关参数不得低于设计文件的要求。

4）防腐蚀衬里管道的衬里质量检验，应满足 GB 50726—2011《工业设备及管道防腐蚀工程施工规范》的要求。

5）经检验的管道组成件，分类储存与管理应满足以下要求：

① 检查不合格的，应做好标识和隔离。

② 在施工过程中应按规定保管，标记明显清晰。不锈钢、有色金属的管道元件不得与碳素钢、低合金钢接触。

③ 外观质量和几何尺寸检查验收结果应做好检查记录。

6）对管道元件的外观质量和几何尺寸检查验收结果，应按 GB 50235—2010《工业金属管道工程施工规范》的要求，填写检查记录；检验数量应满足 GB 50184—2011《工业金属管道工程施工质量验收规范》的要求。

16.2.2　阀门检验

1）外观检查：阀体完好，操作机构灵活，无卡涩现象，阀杆无歪斜、变形，标牌齐全。

2）试验检验：包括壳体压力试验和密封试验，具有上密封结构的阀门还应进行上密封试验，不合格者不得使用。试验要求应满足 GB 50235—2010《工业金属管道工程施工规范》的规定，并满足以下要求：

① 阀门的强度和严密性试验所用的介质，除氧气管道应用无油的洁净水外，一般都用洁净水进行试验。不锈钢阀门试验时，水中氯离子的质量分数不得超过 $25×10^{-4}$%。高纯气体另有规定，通常设计文件中应有交代。

② 阀门的壳体试验压力为公称压力的 1.5 倍，试验时间不少于 5min，以壳体填料无渗漏为合格。密封试验压力为公称压力的 1.1 倍，以阀瓣密封面不漏为合格。试验合格后，进出口进行封闭。

③ 公称压力小于 1MPa，且公称通径不小于

600mm 的闸阀，可不单独进行壳体压力试验和闸板密封试验。壳体压力试验宜在系统试压时，按管道系统的试验压力进行试验。闸板密封试验可采用色印等方法进行检验，接合面上的色印应连续。

④ 合金钢及高压阀门每批取 10%，且不少于 1 个，对内部零件进行检查，如有不合格者则须逐个检查。

⑤ 安全阀开启压力应按 TSG ZF001—2006《安全阀安全技术监察规程》和设计文件要求送当地市场监督部门进行校验。校验后的安全阀应妥善保管，等待安装，不允许乱动铅封，相关记录、报告应完整。

⑥ 带有蒸汽夹套的阀门，夹套部分应以 1.5 倍的蒸汽设计压力进行压力试验。

⑦ 阀门检验数量应符合满足 GB 50184—2011《工业金属管道工程施工质量验收规范》的要求。

3）储存与管理：试验合格的阀门，应保持干燥。除需要脱脂的阀门外，密封面与阀杆上应涂防锈油，阀门应关闭，出入口应封闭，并应做出明显的标记，填写"阀门试验记录"。

16.2.3　其他管道元件检验

管道系统除阀门外，还包括管子、管件、法兰、密封件、紧固件、安全保护装置、膨胀节、挠性接头、耐压软管、疏水器、过滤器、节流装置和分离器等管件，均应按 GB 50235—2010《工业金属管道工程施工规范》、GB 50184—2011《工业金属管道工程施工质量验收规范》及设计文件要求进行检验。

（1）管子检验

1）钢管的外径、壁厚尺寸偏差符合标准要求；钢板卷管的质量检验符合规范要求。

2）铸铁管应有制造厂的名称或商标、制造日期、设计压力等标记，以及符合设计要求和规范规定的水压试验结果等资料。铸铁管及其管件应每批抽 10%，检查其表面状况、涂漆质量及尺寸偏差。内外表面应整洁，不得有裂缝、冷隔、瘪陷和错位等缺陷，内外表面的漆层应完整、光洁，附着牢固。尺寸允许偏差应符合相关标准的规定。

3）有色金属管端应平整无毛刺，管子内外表面应光滑、清洁。铜管不得有绿锈和严重脱锌。铜管的圆度和壁厚均匀度，不应超过外径和壁厚的允许偏差。

（2）其他管件检验

1）弯头、异径管、三通、法兰、法兰盖、紧固件及补偿器等管道附件的规格、技术指标、几何尺寸、焊缝质量、外观质量及材质，应符合设计要求和有关标准的规定。

2）法兰密封面应平整光洁，不得有毛刺，径向沟槽、法兰螺纹部分应完整、无损伤。凸凹面法兰应能自然嵌合，凸面的高度不得低于凹槽的深度。

3）螺栓及螺母的螺纹应完整，无伤痕、毛刺等缺陷。螺栓与螺母应配合良好，无松动或卡涩现象。

4）石棉橡胶、橡胶、塑料等非金属垫片，应质地柔韧，无老化变质或分层现象，表面不应有折损、皱纹等缺陷。

5）包金属或缠绕式垫片不应有径向划痕、松散、翘曲等缺陷。

6）对成品支吊架，应当按照有关安全技术规范及其相应标准的规定，提供产品的质量证明文件。

16.3 管道加工

为了提高劳动生产率，改善工程质量，缩短工期，管道元件应优先采用工厂预制件；对不能采用工厂预制件的管道元件，可在专门的加工地点，采取专用设备，进行现场加工制作。现场加工制作应符合 GB 50235—2010《工业金属管道工程施工规范》及设计文件和有关产品标准的规定。

16.3.1 管道切割

管道切割时，应根据管子的材质、直径，选择切割方法，主要有冷切割（机械切割）和热切割。

（1）冷切割（机械切割）

1）錾切法。錾切法适用于材质较脆的管子，如铸铁管、混凝土管、陶土管等，但不能用于性脆、易碎的玻璃管、塑料管。用白粉线标出要截断的位置，錾切时要转动管子，并在管子下面垫上方木。

2）割管器法。割管器适用于直径小于100mm的除铸铁管、铅管外的各种金属管。割管器切管速度快，刀口整齐。管口受滚刀的挤压内径缩小，所以切割后用绞刀插入管口，括去管口的缩小部分。

3）磨切法。用砂轮切割机进行切割，可切割碳素钢管、合金钢管。但对不锈钢管、钛管应使用专门的砂轮片。成批的管子切割常用锯床切割。

（2）热切割

1）氧乙炔切割。氧乙炔切割主要用于大直径的碳素钢管及异形切口，现场应用广泛。它是利用氧气和乙炔燃烧产生的热能，使被切割的金属在高温下熔化，生成氧化铁熔渣，然后借高压的氧气流将熔渣吹离金属而切断管子。气割对切口的力学性能有影响，故此方法不适用于不锈钢管及有色金属管。

2）等离子切割。利用等离子弧的高温，使被切的金属熔化，同时利用压缩的高速气流将熔渣吹掉而切割管子。它能切割所有的金属和非金属管道，并具有切割速度快、质量好、热影响小、变形小等

优点。

（3）管道切割的一般规定

1）碳素钢管、合金钢管首选冷切割，也可采用火焰或等离子切割等热切割方法。

2）不锈钢管、有色金属管采用冷切割或等离子切割均可。当采用磨切法时，对于不锈钢、钛、镍、锆及合金管道，应使用专用砂轮片。

3）镀锌钢管宜用冷切割方法。

4）切口质量应符合下列规定：

① 切口表面应平整，尺寸正确，并应无裂纹、重皮、毛刺、凸凹、缩口、熔渣、氧化物、铁屑等。

② 切口端面部不平整度不应大于管子外径的1%，且不得超过3mm。

16.3.2 弯管的制作及斜接弯头的制作

弯管的制作方法有热弯和冷弯两种。热弯是指把管子加热到一定温度后再进行弯曲的方法，一般适用于DN=400mm以下及DN=80mm以上的管子。冷弯是指常温下依靠机具对管子进行弯曲，常用的设备有手动弯管器、电动弯管机、液压弯管机等。

（1）弯管制作过程 热弯制作过程包括：管子选择、备砂、炒砂、画线等。冷弯制作过程包括：管子选择、机具选择。有色金属管、不锈钢管和小管径管子（DN=80mm及以下）一般采用冷弯；碳素钢管用冷弯和热弯均可。

（2）弯管制作的一般要求

1）选择要求：弯管应采用壁厚为正偏差的管子制作。弯管弯曲半径越小，选择制作弯管的直管壁厚应越厚，以保证制成的弯管壁厚不小于直管的设计壁厚。

2）制作要求：

① 弯管弯曲半径应符合设计文件和有关标准的规定。弯管管径较大或管壁较薄的管子，应采用较大的弯曲半径；弯管管径较小或管壁较厚的管子，可采用较小的弯曲半径。对于中、低压钢管，最小弯曲半径可按热弯时3.5D、冷弯时4.0D、折皱弯时2.5D选取（D为管子外径）。对于有色金属管，最小弯曲半径可按3.5D选取，高压钢管可按5D选取。

② 采用有缝管制作的弯管，受拉（压）区不应有焊缝。

③ 金属管的冷弯或热弯弯管不应超过其材料特性允许范围。

④ 采用热弯充砂制作弯管时，不得用铁锤敲击。铅管加热制作弯管时，不得充砂。

3）热处理要求：金属管热弯或冷弯后，应按设计文件的规定及相关标准的要求进行热处理。一般碳素钢管冷弯后不进行热处理。

4）成品质量要求：弯管质量应符合设计文件及相关标准的要求，其中：

① 外观：弯管内外表面应清理干净，无裂纹、缩孔、折叠、过烧、分层等缺陷。

② 不规整度：弯管内侧褶皱高度不应大于管子外径的 3%，波浪间距不应小于褶皱高度的 12 倍。管子弯曲部分波浪度 H 允许值见表 16-1，波距 l ≥4H。

表 16-1　波浪度 H 允许值

外径/mm		≤108	133	159	219	273	325	377	≥426
H/mm	钢管	4	5	6	6	7	7	8	8
	有色金属管	2	3	4	5	6	6	—	—

③ 减薄率：中压、低压管道壁厚减薄率不超过 50%，且不小于直管的设计壁厚。GC1 级压力管道的弯管应按 NB/T 47013.2～47013.5—2015《承压设备无损检测》（第 2～5 部分）的规定进行表面无损检测，需要热处理的应在热处理后进行；当有缺陷时，可进行修磨。修磨后的弯管壁厚不得小于管子名义壁厚的 90%，且不得小于设计壁厚。

④ 圆度：对承受内压弯管椭圆率不超过 8%；对承受外压弯管椭圆率不超过 3%。

⑤ 管端中心偏差：GC1 级压力管道和 C 类流体管道中，输送毒性程度为极度危害介质或设计压力大于或等于 10MPa 的弯管，每米管端中心偏差值不大于 1.5mm，当直管段长大于 3m 时其偏差不得超过 5mm。其他管道的弯管，每米管端中心偏差值不超过 3mm。当管段长度大于 3m 时，其偏差不得超过 10mm。

⑥ Π 形弯管的平面允许偏差应符合表 16-2 的规定。

表 16-2　Π 形弯管的平面允许偏差
（单位：mm）

直管段长度	≤500	>500～1000	>1000～1500	>1500
平面度	≤3	≤4	≤6	≤10

5）文档要求：弯管加工合格后，应按规定格式分别填写"管道弯管加工记录"和"管道热处理报告"。

6）常用斜接弯头（焊接弯头形式）如图 16-1 所示。加工应满足以下要求：

① 斜接弯头内侧的最小宽度不得小于 50mm。

② 斜接弯头的焊接接头应采用全焊透焊缝。

③ 斜接弯头的周长允许偏差为：DN ≥1000mm 时允许偏差为 ±6mm；DN < 1000mm 时允许偏差为 ±4mm。

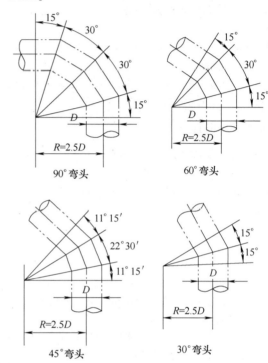

图 16-1　常用焊接弯头形式

16.3.3　卷管的制作

卷管包括螺旋焊管与直缝焊管。为保障管道安装质量，应优先采用工厂制作的卷管成品。现场制作的卷管，应满足设计文件的规定及相关标准的要求。现场焊接应满足 GB 50236—2011《现场设备、工业管道焊接工程施工规范》、GB 50683—2011《现场设备、工业管道焊接工程施工质量验收规范》的要求。

1）卷管的同一筒节上的两纵焊缝间距不应小于 200mm。

2）卷管组对时，相邻筒节两纵缝间距应大于 100mm。支管外壁距焊缝不宜小于 50mm。

3）有加固环、板的卷管，加固环、板的对接焊缝应与管子纵向焊缝错开，其间距不应小于 100mm。加固环、板距卷管的环焊缝不应小于 50mm。

4）卷管对接环焊缝和纵焊缝的错边量应符合以下规定：

① 只能从单面焊接的纵向和环向焊缝，其内壁

错边量不应超过 2mm。

② 当采用气电立焊时，错边量不应大于接头母材厚度的 10%，且不大于 3mm。

③ 复合钢板组对时，应以复层表面为基准，错边量不应大于钢板复层厚度的 50%，且不大于 1mm。

④ 碳素钢、合金钢、铝及铝合金、铜及铜合金、钛及钛合金、镍及镍合金的卷管组对错边量应满足《现场设备、工业管道焊接工程施工质量验收规范》要求。

5）卷管的周长允许偏差及圆度允许偏差应符合表 16-3 的规定。

表 16-3　周长允许偏差及圆度允许偏差

（单位：mm）

公称尺寸	周长允许偏差	圆度允许偏差
≤800	±5	外径的 1% 且不应大于 4
>800~1200	±7	4
>1200~1600	±9	6
>1600~2400	±11	8
>2400~3000	±13	9
>3000	±15	10

6）卷管校圆样板的弧长应为管子周长的 1/6~1/4；样板与管内壁的不贴合间隙应符合下列规定：

① 对接纵缝处不得大于壁厚的 10% 加 2mm，且不得大于 3mm。

② 离管端 200mm 的对接纵缝处不得大于 2mm。

③ 其他部位不得大于 1mm。

7）卷管端面与中心线的垂直允许偏差不得大于管子外径的 1%，且不得大于 3mm。每米直管的平直度允许偏差不得大于 1mm。

8）在卷管制作过程中，应防止板材表面损伤。对有严重伤痕的部位应进行补焊修磨，修磨处的壁厚不得小于设计壁厚。

9）对于压力管道，卷管（板焊管）的制作还应满足 GB/T 20801.4—2006《压力管道规范　工业管道　第 4 部分：制作与安装》的要求。焊后热处理、检验、检查、压力试验应按 GB/T 20801.5—2006《压力管道规范　工业管道　第 5 部分：检验与试验》的相关规定进行。

16.3.4　管口翻边

管口翻边是管道端口冲压或焊接加工工艺的一种方式，可增加管端强度及刚度，使管道不容易被压扁变形，或满足其他功能需要。

1）冲压翻边应符合下列规定：

① 管子应符合相应材料标准及加工工艺的要求。

② 铝管管口翻边使用胎具时可不加热，当需要

加热时，温度应为 150~200℃；铜管管口翻边加热温度应为 300~350℃。

③ 其他规定见 GB 50235—2010《工业金属管道工程施工规范》。

2）焊接翻边应符合下列规定：

① 厚度应不小于与其连接管子的名义壁厚。

② 与法兰配合的翻边应符合法兰标准的规定。

③ 焊后应进行机械加工、整形及修磨。

3）管口翻边质量应符合下列要求：

① 无裂纹、豁口及折皱等缺陷。

② 翻边端面与管中心线应垂直，允许偏差 1mm。厚度减薄率不超过 10%。

③ 翻边后的外径与转角半径，应保证螺栓和法兰自由装卸。法兰与翻边平面的接触，应有良好的密封面。

16.3.5　夹套管的制作

1）夹套管是由内管和套管组成的管道，是伴热管的一种，即在工艺管道的外面安装一套管进行伴热。

2）夹套管优先采用工厂预制的方式。现场夹套管的制作应满足设计文件及有关标准的要求。

16.3.6　支吊架的制作

1）支吊架的形式、材质、加工尺寸及精度应符合设计文件和有关标准的规定。

2）支吊架的组装、焊接和检验应符合设计文件和有关标准的规定。支吊架的焊接应由合格焊工进行，焊接完毕应进行外观检查，焊接变形应予矫正。所有螺纹连接均应按设计要求予以锁紧。

3）制作合格的支吊架应进行防锈处理，并妥善分类保管。合金钢支吊架应有材质标记。

16.4　管道焊接和焊后热处理

16.4.1　一般规定与注意事项

1）管道焊接必须采用经评定合格的焊接与焊后热处理工艺。

2）管道及管道组成件的焊接与焊后热处理除满足设计文件有关要求外，一般应按 GB 50236—2011《现场设备、工业管道焊接工程施工规范》中的技术要求进行。焊接质量验收应按 GB 50683—2011《现场设备、工业管道焊接工程施工质量验收规范》执行。

3）凡参与动力管道各类焊接人员的资质和条件，都应符合相关规范中的有关规定。

4）参与动力管道焊接的焊工，应按相关规范中的有关内容进行焊工考试，取得合格证书后，方可上岗操作。

5）焊工没有焊过的钢种，在施焊前必须先进行

焊接工艺试验；按相关规范规定评定，经专门人员检测签证后，再进行正式施焊。

6）焊接的管道和焊接材料，应具备出厂质量合格证或质量复验报告。

7）必须具备合格的焊接设备、工具和检验焊缝质量的设备，以及需要焊后热处理的设施。

8）焊接遇到刮风、下雨、下雪露天作业时，必须有挡风、雨、雪的措施。

9）必须严格遵守安全作业规程。尤其是高空作业时，一定要有确保安全操作的措施。焊工要有防寒、防暑的劳动保护用品。

10）焊缝形状高低不平，焊波厚度不均，产生咬边、焊瘤、弧坑、裂纹、气孔、夹渣、烧穿及焊漏，均为焊接缺陷。这些缺陷会降低强度和严密性，需补焊或重焊。

11）管道焊缝同一部位返修次数，不宜超过 2 次。

12）管道焊缝位置的选择，应避开应力集中部位，还应考虑有利于焊接、热处理及检验。

16.4.2　焊接方法的选择

工业金属管道常用的材料主要有：碳素钢及合金钢、铝及铝合金、铜及铜合金、镍及镍合金、钛及钛合金等。管道的焊接方法有：焊条电弧焊（交流、直流）、钨极氩弧焊、熔化极氩弧焊、二氧化碳气体保护焊、埋弧焊、氧乙炔焊、氧液化石油气焊、氧氢气焊、等离子弧焊等，分别适用于不同类型的材料焊接。至于选用哪一种焊接方法，由管道材料、介质、管径等因素决定。

1）碳素钢和合金钢：工业金属管道用碳素钢一般指碳的质量分数小于或等于 0.30%。合金钢包括低合金结构钢、低温钢、耐热钢、不锈钢、耐热耐腐蚀高合金钢等。碳素钢及合金钢管道常用的焊接方法有：焊条电弧焊、熔化极氩弧焊、钨极氩弧焊、二氧化碳气体保护焊、埋弧焊和氧乙炔焊等。其中氧乙炔焊仅限于碳素钢的焊接。二氧化碳气体保护焊主要在低合金钢的焊接上应用较广。

2）铝及铝合金：管道工程中使用的铝及铝合金主要是工业纯铝和防锈铝合金（铝镁合金、铝锰合金）。因为铝及铝合金的热导率大，比热容是铁的 1 倍多，所以要求焊接时必须用大功率或能量集中的焊接电源。无论是焊接质量还是生产率，惰性气体保护焊（熔化极氩弧焊、钨极氩弧焊）方法都是最佳的，已被我国施工行业广泛应用。而氧乙炔焊和焊条电弧焊很难保证铝的焊接质量，已被氩弧焊所取代。

3）铜及铜合金：管道程中常用的铜及铜合金主要是纯铜和黄铜。

① 纯铜的热导率很高，是钢的 6~8 倍，是铝的 1.5 倍，且其热容量大，焊接时热量从焊接区迅速大量地传至周围母材，尤其是厚壁管道焊接更为严重，以致造成未熔透或未熔合。因此焊接纯铜管必须采用能量集中的强热源，以保证焊接区尽快达到焊接纯铜的理想温度。而手工氩弧焊方法易操作，焊接质量高，是当前国内普遍采用的焊接方法。

② 黄铜即铜锌合金。当锌的质量分数高于 0.15% 时，铜合金的热导率随合金成分的增加而降低。焊接时，焊接区因传导而损失的热量比纯铜少，由于锌的沸点低，在焊接过程中很易蒸发，使焊缝产生气孔，并降低焊缝的力学性能和耐蚀性。同时蒸发的锌与氧结合成氧化锌，对人体危害极大。因此焊接黄铜时，能量应比焊接纯铜时低。氧乙炔焊特别适合于黄铜焊接。

4）镍及镍合金：镍及镍合金管道焊接时的主要问题是热裂纹，其次是由于其液态焊缝金属流动性和润湿性差，穿透力小，熔深浅，容易产生未焊透、夹渣、未熔合等缺陷。适用于镍及镍合金的焊接方法有焊条电弧焊、钨极氩弧焊、熔化极氩弧焊、埋弧焊等。

5）钛及钛合金：钛的熔点高、导热性差、热容量小、电阻率大，因而与钢、铜、铝等的焊接相比，钛的焊接熔池积累的热量多，尺寸大，高温停留时间长，冷却速度慢。在正常焊接工艺条件下，刚焊完的焊缝在长度方向上超过 600℃ 的区域比不锈钢约大 1.5 倍，比碳素钢大 2.3 倍，比铝大 16 倍，比铜大 23 倍。因而焊钛时不但熔池区域和焊接接头的背面要保护，焊后正在冷却中的焊接接头正面也要保护。因此钛的焊接不能采用一般的焊条电弧焊、气焊等，国内也不用埋弧焊，一般采用惰性气体保护下的钨极氩弧焊、熔化极氩弧焊等。现场管道焊接通常采用钨极氩弧焊。熔化极氩弧焊主要适用于平焊位置焊接。

6）对于薄板和小直径（≤57mm）管子，一般采用氧乙炔、氧液化石油气、氧氢气焊接。

7）不锈钢管（单面焊缝）宜采用手工钨极氩弧焊打底，手工电弧焊填充、盖面。

8）管道内壁清洁度要求高的，且焊接后不易清理的管道，其焊缝底层应采用氩弧焊施焊。

9）二氧化碳气体保护焊除有色金属管道以外，其他所有的金属管道都适用。

16.4.3　坡口加工及焊前准备

1）管子坡口的加工，一般采用机械方法。对于铜、铜合金及不锈钢管的坡口加工，必须采用机械方法。如采用等离子弧、氧乙炔焰切割时，应除净其加工表面的氧化皮、热熔渣及影响接头质量的表面层。

2）焊件的切割宜采用机械方法，也可采用等离子弧切割、气割等方法。淬硬倾向大的合金钢管，采用等离子弧或氧乙炔焰等方法切割后，应消除加工表面的淬硬层。

3）管子、管件的坡口形式和尺寸，一般应按设计文件加工。若设计无规定时，根据管子材质、壁厚等，可按有关规范中的规定进行选用。

4）壁厚相同的管子、管件组对时，其内壁尽量做到平齐，内壁错边量，钢不应超过壁厚的10%，且不大于2mm；铜及铜合金、钛不应超过壁厚的10%，且不大于1mm。

5）壁厚不同的管子、管件组对时，其内壁错开量超过上述规定或外壁错开量大于3mm时，应进行修整。具体按图16-2和图16-3进行加工。

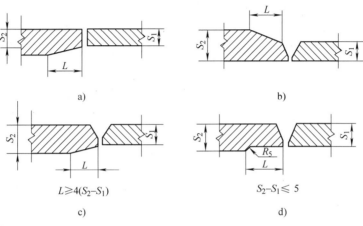

图 16-2　管子、管件坡口加工及接头组对（一）

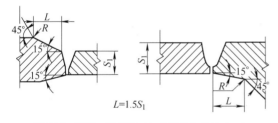

$L=1.5S_1$

图 16-3　管子、管件坡口加工及接头组对（二）

6）当焊件组对的局部间隙过大时，应修整到规定尺寸，并不得在间隙内添加填塞物。

7）需预拉伸或预压缩的管道焊口，组对时所使用的工具，应待整个焊口焊接及热处理完毕，并经焊接检验合格后，方可拆除。

8）管道焊接前，坡口及坡口两侧内外表面应进行清理，清理质量应符合表16-4的要求。

16.4.4　焊接材料及焊条选用

不同材料的管道对焊接材料及焊条有不同的要求。焊条的种类繁多，选用也较复杂，有同种钢管常用焊条和异种钢管常用焊条之分，也有酸性和碱性焊条之分。一般来说，同种材料的钢管焊接，选用与钢管相当材料的焊条。

（1）焊接材料的选用

1）焊接材料原则上应由设计文件提出，并按

表 16-4　焊件坡口及坡口两侧内外表面的清理

材料	清理范围/mm	清理对象	清理方法
碳钢、低温钢、铬钼合金钢、不锈钢	≥10	油、漆、锈、毛刺等污物	手工或机械等方法
铝及铝合金	≥50	油污、氧化膜等	有机溶剂除油污；化学或机械方法除氧化膜
铜及铜合金	≥20		

NB/T 47014—2011《承压设备焊接工艺评定》中的规定，通过焊接工艺评定验证后才能用于压力管道承压元件的焊接。焊接材料选用的基本原则：

① 应考虑焊接材料的工艺性能。工艺性能若不好，则电弧燃烧不稳定，不易脱渣，飞溅大，焊缝易出现气孔，容易产生焊接缺陷。所以工艺性能良好是选择焊材时应考虑的一项重要条件。

② 应考虑焊材与母材的相匹配性，保证焊接接头的使用性能，即按照母材的化学成分、力学性能、焊接性能、焊前预热、焊后热处理和使用条件等因素综合考虑，必要时通过试验确定。

③ 焊缝的性能应高于或等于相应母材标准规定

值的下限或满足设计技术条件要求。

2）碳素钢和低合金钢的焊材选用要求：

① 同种钢材焊接时应满足：碳素钢、低合金强度值应保证焊缝金属的力学性能高于或等于相应母材标准规定下限值；低合金耐热钢应保证焊缝金属的力学性能和化学成分均高于或等于相应母材标准规定下限值；低合金低温钢应保证焊缝金属的力学性能高于或等于相应母材标准规定下限值，选用与母材使用温度相适应的焊材；高合金钢应保证焊缝金属的力学性能和耐蚀性均高于或等于相应母材标准规定下限值。也可选用镍基焊材；当用奥氏体焊接材料焊接非奥氏体母材时，应慎重考虑母材与焊缝金属膨胀系数不同而产生的应力作用。

② 异种钢材焊接时应满足：当两侧母材均为非奥氏体钢或均为奥氏体钢时，应保证焊缝金属的抗拉强度高于或等于较低一侧母材标准规定下限值，可根据合金含量较低一侧母材或介于两者之间选用焊材；当两侧母材之一为奥氏体钢时，应保证抗裂性能和力学性能。宜采用铬镍含量较奥氏体母材高的焊接材料，如 25Cr-13Ni 型或含镍量更高的焊材。

③ 埋弧焊所选用的焊剂应与母材和焊丝相互匹配。

3）铝及铝合金焊材选用要求：

① 纯铝焊接时，宜选用纯度与母材相近或纯度比母材稍高的焊丝。

② 铝镁合金焊接时，应选用含镁量等于或略高于母材的焊丝。

③ 铝锰合金焊接时，应选用与母材成分相近的焊丝或铝硅合金焊丝。

④ 异种铝合金焊接时，应选用与抗拉强度高的一侧的母材相近的焊丝。

⑤ 也可采用与母材牌号相当的铝线材作为焊丝，线材应符合 GB/T 3195—2016《铝及铝合金拉制圆线材》的规定。

4）铜及铜合金的焊材选用要求：

① 焊丝的选用应使焊缝在焊后状态的抗拉强度不低于母材退火状态下的标准抗拉强度下限值，焊缝的塑性和耐蚀性（当有耐蚀性要求时）不低于退火状态的母材或接近母材，满足设计使用要求。

② 纯铜焊接应选用含有脱氧元素、抗裂性好的焊丝。

③ 黄铜焊接应选用含锌量少、抗裂性好的焊丝。

5）镍及镍合金的焊材选用要求：

① 同种镍材的焊接，应选用和母材合金系统相同的焊接材料。若无腐蚀性要求，也可选用与母材合金系统不同的焊接材料，但应保证接头具备设计要求的性能。

② 异种镍材、镍材与奥氏体钢之间的焊接，焊接材料的选用应考虑选择：焊缝的强度（包括高温持久强度）和耐蚀性好的材料；应选用线膨胀系数与母材相近的焊接材料；焊接裂纹、气孔的敏感性优良的材料。

6）钛及钛合金的焊材选用要求：

① 焊丝的化学成分应与母材相当。

② 当对焊缝有较高塑性要求时，应采用纯度比母材高的焊丝，即焊丝中的氮、氧、碳、氢、铁等杂质含量应低于母材中的杂质含量。

③ 不同牌号的钛材焊接时，按耐蚀性较好和强度级别较低的母材去选择焊丝，或按设计文件的规定。

7）焊接用气体的选用要求：

① 氩弧焊所用的氩气纯度：碳素钢和合金钢焊接时不应低于 99.96%，有色金属焊接时不应低于 99.99%，露点不应高于 -50℃，且符合 GB/T 4842—2017《氩》的规定。当瓶装氩气的压力低于 0.5MPa 时，不宜使用。

② 二氧化碳气体保护焊所用的 CO_2 气体纯度不应低于 99.5%，含水量不应超过 0.005%，使用前应预热和干燥。当瓶内气体压力低于 0.98MPa 时应停止使用。

③ 氧乙炔焊所用的氧气纯度不应低于 98.5%，乙炔的纯度和气瓶中剩余压力应符合 GB 6819—2004《溶解乙炔》及 TSG R0006—2014《气瓶安全技术监察规程》的规定。

（2）焊条的选用　本手册范围的动力管道介质的压力、温度都不高，管道的材质大部分是 10 钢、20 钢，还有不锈钢、黄铜和纯铜等。

1）10 钢、20 钢钢管焊接，用 E4303 焊条；以焊条电弧焊为主，不需要采用气体保护焊。对于焊缝根部要求洁净的钢管材料，10 钢、20 钢的焊条，应为 H08A、H08MnA、HJ401-H08A；不锈钢管用 E308-16、E308-15 或 H0CrZiNi10 焊条。铜管分纯铜和黄铜。纯铜用母材（T2、T3、T4、TU2），焊丝为 HSCu；黄铜用母材（H62、H68、HFe59-1），焊丝为 HSCuZn-3 或 HSCuZn-4。

2）异种钢管的焊接，焊条的选用各不相同。如不锈钢与 10 钢、20 钢钢管焊接，采用高铬镍焊条；又如铬钼钢与不锈钢的连接，钛与钢的连接，只能用法兰。

16.4.5　焊接要求

1）金属管道焊缝位置应符合下列规定：

① 直管段上两对接焊口中心面间的距离，当公

或等于 150mm 时，不应小于 150mm；当……尺寸小于 150mm 时，不应小于管子外径，且不小于 100mm。

② 除采用定型弯头外，管道焊缝与弯管起弯点的距离不应小于管子外径，且不得小于 100mm。

③ 管道焊缝距离支管或管接头的开孔边缘不应小于 50mm，且不应小于孔径。

④ 当无法避免在管道焊缝上开孔或开孔补强时，应对开孔直径 1.5 倍或开孔补强板直径范围内的焊缝进行射线或超声检测。被补强板覆盖的焊缝应磨平，管孔边缘不应存在焊接缺陷。

⑤ 卷管的纵向焊缝应设置在易检修的位置，不宜设在底部。

⑥ 管道环焊缝距支吊架净距不得小于 50mm。需热处理的焊缝距支吊架不得小于焊缝宽度的 5 倍，且不得小于 100mm。

⑦ 焊缝不得设置在应力集中区，应便于焊接和热处理。

⑧ 对压力管道，不宜在焊缝及其边缘上开孔。当必须在焊缝上开孔或开孔补强时，应对开孔直径 1.5 倍或开孔补强板直径范围内的焊缝进行射线或超声检测，确认焊缝合格后，方可进行开孔。被补强板覆盖的焊缝应磨平，管孔边缘不应存在焊接缺陷。

2）公称尺寸大于或等于 600mm 的工业金属管道，宜在焊缝内侧进行根部封底焊。下列管道的焊缝底层应采用氩弧焊或能保证底部焊接质量的其他焊接方法：

① 公称尺寸小于 600mm，且设计压力大于或等于 10MPa 或设计温度低于 -20℃ 的管道。

② 对内部清洁度要求较高及焊接后不易清理的管道。

3）当对螺纹接头采用密封焊时，外露螺纹应全部密封焊。

4）端部为焊接连接的阀门，其焊接和热处理措施不得破坏阀门的严密性。

5）平焊法兰、承插焊法兰或承插焊管件与管子的焊接应符合设计文件及 GB 50235—2010《工业金属管道工程施工规范》的规定。

6）支管连接的焊缝形式应符合下列规定：

① 安放式焊接支管或插入式焊接支管的接头、整体补强的支管座应全焊透，角焊缝厚度不应小于填角焊缝有效厚度。

② 补强圈或鞍形补强件的焊接应符合下列规定：补强圈与支管应全焊透，角焊缝厚度不应小于填角焊缝有效厚度；鞍形补强件与支管连接的角焊缝厚度不应小于支管名义厚度与鞍形补强件名义厚度中较小值的 0.7 倍；补强圈或鞍形补强件外缘与主管连接的角焊缝厚度应大于或等于补强件名义厚度的 0.5 倍；补强圈和鞍形补强件与主管和支管贴合良好。应在补强圈或鞍形补强件边缘（不在主管轴线处）开设一个焊缝焊接和检测用的通气孔，通气孔的孔径宜为 8~10mm。补强圈或鞍形补强件可采用多块拼接组成，拼接接头应用材的强度相同，每块拼板均应开设通气孔。

③ 应在支管与主管连接焊缝的检查和修补合格后，再进行补强圈或鞍形补强件的焊接。

④ 角焊缝有效厚度可取支管名义厚度的 0.7 倍与 6.5mm 中的较小值。

7）管道及管道组成件焊接完毕应进行外观检查和检验。有无损检测要求的管道应填写"管道焊接检查记录"。

8）工业金属管道及管道组成件的焊后热处理应符合设计文件的规定。当设计文件无规定时，应按《工业金属管道工程施工规范》的相关规定执行。焊后热处理的厚度应为焊接接头处较厚组成件的壁厚，且应符合下列规定：

① 支管连接时，热处理厚度应是主管或支管的厚度，不应计入支管连接件（包括整体补强或非整体补强件）的厚度。当任一截面上支管连接的焊缝厚度大于《工业金属管道工程施工规范》规定厚度的 2 倍或焊接接头处各组成件的厚度小于规定的最小厚度时，仍应进行热处理。支管连接的焊缝厚度应按《工业金属管道工程施工规范》规定进行计算。

② 对用于平焊法兰、承插焊法兰、公称直径小于或等于 50mm 的管子连接角焊缝和螺纹接头的密封焊缝和管道支吊架与管道的连接焊缝，当任一截面的焊缝厚度大于《工业金属管道工程施工规范》规定厚度的 2 倍，焊接接头处各组成件的厚度小于规定的最小厚度时，仍应进行热处理。但下列情况可不进行热处理：对于碳钢材料，当角焊缝厚度不大于 16mm 时；对于铬钼合金钢材料，当角焊缝厚度不大于 13mm，并采用了不低于推荐的最低预热温度，且母材规定的最小抗拉强度小于 490MPa 时；对于铁素体钢，当其焊缝采用奥氏体钢或镍基填充金属时。

9）热处理的加热速率和冷却速率应符合下列规定：

① 当加热温度升至 400℃ 时，加热速率不应超过 $(205 \times 25/t)$℃/h（t 为每次温升梯度，下同），且不得大于 205℃/h。

② 恒温后的冷却速率不应超过 $(260 \times 25/t)$℃/h，且不得大于 260℃/h，400℃ 以下可自然冷却。

10）焊后热处理应填写"管道热处理报告"。

11）对易产生焊接裂纹的钢材，焊后应立即进行焊后热处理，当不能立即进行焊后热处理时，应在焊后立即均匀加热至200~350℃，并进行保温缓冷。保温时间应视加热温度和焊缝金属的厚度确定，不应小于30min，其加热范围不应小于焊前预热的范围。

12）纯铜管道采用钨极氩弧焊。焊前应将钝铜焊剂用无水乙醇调成糊状涂敷在坡口或焊丝表面，并应及时施焊。

13）黄铜管道采用氧乙炔焊，施焊前焊丝应加热，并蘸焊剂。宜采用单层单道焊。当采用多层焊时，除底层采用细焊丝外，其他各层宜采用较粗焊丝，以减少焊接层数。异种黄铜焊接时，火焰应偏向熔点较高的母材侧，以确保两侧母材熔合良好。

16.4.6　预热与热处理

1）为了降低和消除焊接接头的残余应力，防止产生裂纹，改善焊缝和热影响区的金属组织与性能，应根据钢材的淬硬性、焊件厚度及使用条件等综合因素，进行焊前预热和焊后热处理。

2）对于低压管道大多数管材为Q235，管道壁厚均小于或等于26mm，所以一般无须进行焊前预热和焊后热处理。

3）对于纯铜管道，当焊件壁厚大于3mm时，焊前应对坡口两侧150mm范围内进行均匀预热，预热温度为350~550℃；厚度小于3mm时，可根据环境、焊件尺寸等决定是否预热。进行预热或多层焊时，应及时去除焊件表面及层间的氧化层，层间温度应控制在300~400℃。

4）对于黄铜管道，施焊前应对坡口两侧150mm范围内进行均匀预热，预热温度应视环境温度、焊件大小、壁厚等情况决定。壁厚小于5mm时可不预热；壁厚为5~15mm时预热温度为400~500℃；壁厚大于15mm时预热温度为500~550℃。黄铜管道应进行焊后热处理。热处理前应采取防变形措施。热处理温度应符合设计及焊接工艺规程的规定。推荐焊后热处理温度为：

① 消除焊接应力退火的热处理温度为400~500℃。
② 软化退火的热处理温度为500~600℃。

16.4.7　焊缝检验

焊缝质量检验应按下列次序进行：表面质量检验、无损检测、强度和严密性试验。

1）管道焊后，必须对焊缝进行外观检查。检查前应将妨碍检查的渣皮、飞溅物清理干净。

2）角焊缝的焊脚高度应符合设计规定，其外形应平缓过渡，表面不得有裂纹、气孔、夹渣等缺陷，咬肉深度不得大于0.5mm。

3）各级焊缝内部质量标准，应符合GB 50236—2011《现场设备、工业管道焊接工程施工规范》的规定。

4）管道焊缝需要射线照相检验和超声检验时应符合GB 50235—2010《工业金属管道工程施工规范》中的规定。

5）规定必须进行无损检测的焊缝，应对每一焊工所焊的焊缝按比例进行抽查，在每条管线上最少检测长度不得少于1个焊口。如发现不合格者，应对被抽查焊工所焊的焊缝，按原规定比例加倍检测。如仍有不合格者，则应对该焊工在该管线上全部焊缝进行无损检测。

6）凡进行无损检测的焊缝，其不合格部位，必须进行返修。返修后仍按规定方法进行检测。

7）同一焊缝允许返修次数，碳素钢不超过2次。

8）焊缝经热处理后，应进行硬度测定，每个焊口不少于1处，每处3点（焊缝、热影响区和母材）。检查数量：当管外径D>57mm时，为热处理焊口总量的10%以上；当管外径D≤57mm时，为热处理焊口的5%。焊缝及热影响区的硬度值：当设计文件无明确规定时，碳素钢不应超过母材的120%；合金钢不应超过母材的125%。热处理后，当硬度值超过规定时，应重新进行热处理，并仍须做硬度测定。

16.5　管道安装

16.5.1　管道安装前应具备的条件

1）设计文件与其他技术文件已配套齐全，确认能用于施工。

2）施工方案已经批准，必要的技术准备工作（包括人员、施工机械、安装工具，以及供水、供电、供气等设施）已经就绪。

3）与管道安装有关的土建工程经检查合格，能满足安装要求，并已办理交接手续。

4）与管道相连接的设备已找平、找正、就位完毕。

5）管道组成件及管道支承件等已检验合格。

6）必须在管道安装前完成的有关工序，如清洗、脱脂、内部防腐与衬里等已进行完毕。

7）管道、阀门、附件、仪表等已与设计图核对无误，内部已清洗干净。有些仪表必须经过必要的检测合格，并具备有关的技术合格证。

8）埋地管道防腐层的施工应在管道安装前进行，焊后部位未经试压合格不得防腐，在运输和安装时，不得损坏防腐层。

9）埋地管道安装，应在支承地基或基础检验合格后进行。支承地基和基础的施工应符合设计文件和有关标准的规定。当地下有积水时，应采取排水措施。

10）埋地管道试压、防腐检验合格后应及时回填，并应分层夯实，同时应填写"管道隐蔽工程（封闭）记录"。

16.5.2　一般规定

1）管道安装顺序：先地下管，后地上管；先大管，后小管；先高压管，后低压管；先不锈钢、合金管，后碳钢管；先夹套管，后单体管。

2）管道的坡度、坡向及管道组成件的安装方向应符合设计规定。坡度可用支座下的金属垫板调整；吊架用吊杆螺栓调整；垫板应与预埋件或钢结构进行焊接，不得加于管道与支座之间。

3）法兰、焊缝及其他连接件的设置应便于检修，并不得紧贴楼板、墙壁或管架。

4）脱脂后的管道组成件，安装前应进行检查，不得有油迹污染。

5）当管道穿越道路、墙体楼板或构筑物时，应加设套管或砌筑涵洞进行保护，应符合设计文件和有关标准的规定，并应符合下列规定：

① 管道焊缝不应设置在套管内。

② 穿过墙体的套管不得小于墙体厚度。

③ 穿过楼板面的套管应高出楼面 50mm。

④ 穿过屋面的管道应设置防水肩和防雨帽。

⑤ 管道与套管之间应填塞对管道无害的不燃材料。

6）当管道安装工作有间断时，应及时封闭敞开的管口。

7）管道连接时，不得采用强力对口。端面的间隙、偏差、错口或不同心等缺陷不得采用加热管子、加偏垫等方法消除。

16.5.3　管段预制

1）管道的预制应按设计文件的数量、规格、材质选配管道组成件，并应在管段上标明管线号和焊缝编号。

2）自由管段和封闭管段的选择应合理，封闭管段应按现场实测的长度加工。自由管段和封闭管段的加工尺寸允许偏差应符合相关规定。

3）预制完毕的管段应将内部清理干净，并应及时封闭管口，管段在存放和运输过程中不得出现变形现象。

16.5.4　钢制管道安装

1）法兰安装时，法兰密封面及密封垫片不得有划痕、斑点等缺陷。

2）当大直径密封垫片需要拼接时，应采取斜口插搭接或迷宫式拼接，不得采用平口对接。

3）法兰连接应与钢制管道同心，螺栓应能自由穿入。法兰螺栓孔应跨中布置。法兰间应保持平行，偏差不得大于法兰外径的 0.15% 且不得大于 2mm。法兰接头的歪斜不得用强紧螺栓的方法消除。

4）法兰连接应使用同种规格的螺栓，安装方向应一致。螺栓应对称紧固。螺栓紧固后应与法兰紧贴，不得有楔缝。当需要添加垫圈时，每个螺栓不应超过一个。所有螺母应全部拧入螺栓，且紧固后的螺栓与螺母宜齐平。

5）有拧紧力矩要求的螺栓，应按紧固程序完成拧紧工作，其拧紧力矩应符合设计文件的规定。带有测力螺母的螺栓，应拧紧到螺母脱落。

6）当钢制管道安装遇到下列情况之一时，螺栓、螺母应涂刷二硫化钼油脂、石墨机油或石墨粉等：

① 不锈钢、合金钢螺栓和螺母。

② 设计温度高于 100℃ 或低于 0℃。

③ 露天装置。

④ 处于大气腐蚀环境或输送腐蚀介质。

7）高温或低温管道法兰连接螺栓在试运行时，热态紧固或冷态紧固应符合下列规定：

① 钢制管道热态紧固、冷态紧固温度应符合 GB 50235—2010《工业金属管道工程施工规范》的有关规定。

② 热态紧固或冷态紧固应在达到工作温度 2h 后进行。

③ 紧固螺栓时，钢制管道最大内压应根据设计压力确定。当设计压力小于或等于 6MPa 时，热态紧固的最大内压应为 0.3MPa；当设计压力大于 6MPa 时，热态紧固最大内压应为 0.5MPa。冷态紧固应在卸压后进行。

④ 紧固时应有保护操作人员的技术措施。

8）螺纹连接应符合下列规定：

① 用于螺纹保护剂和润滑剂应适用于工况条件，并不得对输送的流体或钢制管道材料产生影响。

② 进行密封焊的螺纹接头不得使用螺纹保护剂和密封材料。

③ 采用垫片密封而非螺纹密封的直螺纹接头，直螺纹上不应缠绕任何填料，在拧紧和安装后，不得产生任何扭应。直螺纹接头与主管焊接时，不得出现密封面变形现象。

④ 工作温度低于 200℃ 的钢制管道，其螺纹接头密封材料宜选用聚四氟乙烯带。拧紧螺纹时，不得将密封材料挤入管内。

9）其他形式的接头连接与安装应按有关标准、

设计文件和产品技术文件的规定进行。

10）管子对口时应在距接管口中心 200mm 处测量平直度（图 16-4），当管子公称尺寸小于 100mm 时允许偏差不大于 1mm，当管子公称尺寸大于或等于 100mm 时允许偏差不大于 2mm，且全长允许偏差不大于 10mm。

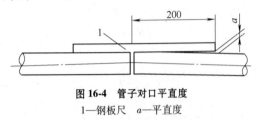

图 16-4　管子对口平直度
1—钢板尺　*a*—平直度

11）合金钢管进行局部矫正时，加热温度应为临界温度以下。

12）在合金钢管上不应焊有临时支承物。

13）钢制管道预拉伸或压缩前应具备下列条件：

① 预拉伸或压缩区域内固定支架间所有焊缝（预拉口除外）已焊接完毕，需热处理的焊缝已进行热处理，并应检验合格。

② 预拉伸或压缩区域支吊架已安装完毕，管子与固定支架间已安装牢固。预拉口附近的支吊架应预留有足够的调整裕量，支吊架弹簧已按设计值进行调整，并应临时固定，弹簧不得承受管道荷载。

③ 预拉伸或压缩区域内的所有连接螺栓已拧紧。

14）排水管的支管与主管连接时，宜按介质流向稍有倾斜。

15）管道上仪表取元部件开孔的焊接应在管道安装前进行。当必须在管道上开孔时，管内因切割产生的杂物应清除干净。

16）钢制管道膨胀指示器应按设计文件规定装设，并应将指针调至零位。

17）蠕胀测点和监察管段应按设计文件和有关标准的规定安装。

18）合金钢管道安装完毕后，应检查材质标记。当发现无标记时，应采用光谱分析或其他方法对材质进行复查。

19）钢制管道安装的允许偏差应符合 GB 50235—2010《工业金属管道工程施工规范》的规定。

16.5.5　连接设备的管道安装

1）管道与设备的连接应在设备安装定位并紧固地脚螺栓后进行，安装前应将其内部清理干净。

2）对不得承受附加外荷载的动设备，管道与动设备的连接应符合下列规定：

① 应在自由状态下检测法兰的平行度和同心度，当设计文件或产品技术文件无规定时，法兰平行度和同心度的允许偏差应符合设备及设计文件规定。

② 管道系统与转动设备最终连接时，应在联轴器上架设百分表监视动设备的位移。当转动设备额定转速大于 6000r/min 时，其位移应小于 0.02mm；当额定转速小于或等于 6000r/min 时，位移应小于 0.05mm。

3）大型储罐的管道与泵或其他有独立基础的设备连接，或储罐底部管道沿地面敷设在支架上时，应在储罐液压（充水）试验合格后安装；可在液压（充水）试验及基础初级沉降后，再进行储罐接口处法兰的连接。

4）工业金属管道安装合格后，不得承受设计以外的附加荷载。

5）工业金属管道试压、吹扫与清洗合格后，应对管道与动设备的接口进行复位检查，其偏差值应符合国家相关规范的规定。

16.5.6　铸铁管道安装

1）铸铁管及管件安装前，应清除承口内部和插口端部的油污、飞刺、铸砂及铸瘤，并应烤去承口部位的沥青涂层。柔性接口铸铁管及管件承口的内工作面、插口的外工作面应修整光滑，不得有影响接口密封性的缺陷；有裂纹的铸铁管及管件不得使用。

2）铸铁管道安装的轴线位置、标高的允许偏差应符合规定。

3）铸铁管道沿直线安装时宜选用管径公差组合最小的管节组对连接，承插接口的环向间隙应均匀，承插口间的轴向间隙不应小于 3mm。

4）铸铁管道沿曲线安装时接口的允许转角应符合规定。

5）在昼夜温差较大或负温下施工时，管子中部两侧应填土夯实，顶部应填土覆盖。

6）采用滑入式或机械式柔性接口时，橡胶圈的材质、质量、性能、尺寸，应符合设计文件和有关铸铁管及管件标准的规定，每个橡胶圈的接头不得超过 2 个。

7）安装滑入式橡胶接口时，推入深度应达到标记环，并应复查与其相邻已安装好的第一至第二个接口的推入深度。

8）安装机械式柔性接口时，应使插口与承口法兰压盖的轴线相重合。紧固法兰螺栓时，螺栓安装方向应一致，并应均匀、对称紧固。

9）采用刚性接口时，应符合下列规定：

① 油麻填料应清洁，填塞后应捻实，其深度应

为承口总深度的 1/3，且不应超过承口三角凹槽的内边。

② 橡胶圈装填应平展、压实，不得有松动、扭曲、断裂等现象，橡胶圈应填打到插口小台或距插口端 10mm。

③ 接口水泥应密实饱满，其接口水泥面凹入承口边缘的深度不得大于 2mm，并应及时进行湿养护。水泥强度应符合设计文件的规定。

10）工作介质为酸、碱的铸铁管道，在泄漏性试验合格后，应及时安装法兰处的安全保护设施。

16.5.7　不锈钢和有色金属管道安装

1）不锈钢和有色金属管道安装时表面不得出现机械损伤。使用钢丝绳、卡扣搬运或吊装时，钢丝绳、卡扣不得与管道直接接触，应采用对管道无害的橡胶或木板等软材料进行隔离。

2）安装不锈钢和有色金属管道时，应采取防止管道污染的措施。安装工具应保持清洁，不得使用造成铁污染的钢铁材料工具。不锈钢、镍及镍合金、钛及钛合金钢、锆及锆合金等管道安装后，应防止其他管道切割、焊接时的飞溅物对其造成污染。

3）有色金属管道组成件与钢铁材料管道支承件之间不得直接接触，应采用同材质或对管道组成件无害的非金属隔离垫等材料进行隔离。

4）铜及铜合金、铝及铝合金、钛及钛合金的调直，宜在管内充砂，不得用铁锤敲打。调直后，管内应清理干净。

5）用钢管保护的铅、铝及铝合金管，在装入钢管前应试压合格。

6）不锈钢、镍及镍合金管道的安装，应符合下列的规定：

① 用于不锈钢、镍及镍合金管道法兰的非金属垫片，其氯离子的质量分数不得超过 $50×10^{-4}$%。

② 不锈钢、镍及镍合金管道组成件与碳钢管道支承件之间，应垫入不锈钢或氯离子的质量分数不超过 $50×10^{-4}$%的非金属垫片。

③ 要求进行酸洗、钝化处理的焊缝或管道组成件，酸洗后的表面不得有残留的酸洗液和颜色不均匀的斑痕。钝化后应用洁净水冲洗，呈中性后应擦干水迹。

7）铜及铜合金管道连接时，应符合下列规定：

① 翻边连接的管子应保持同轴，当公称尺寸小于或等于 50mm 时，允许偏差不应大于 1mm；当公称尺寸大于 50mm 时，允许偏差不应大于 2mm。

② 螺纹连接的管子，螺纹部分应涂刷石墨甘油。

③ 安装铜波纹膨胀节时其直管段长度不得

小 100mm。

16.5.8　伴热管安装

1）伴热管应与主管平行安装，并应能自行排液。当一根主管需要多根伴热管伴热时，伴热管之间的相对位置应固定。

2）水平伴热管应装在主管的下方一侧或两侧，或选靠近支架的侧面。铅垂伴热管应均匀分布在管子的周围。

3）伴热管不得直接点焊在主管上，弯头部位的伴热管绑扎应不得少于 3 道，直管段伴热管绑扎点间距应符合有关标准的规定。

4）对不允许与主管直接接触的伴热管，伴热管与主管之间应设置隔离垫。当主管为不锈钢管，伴热管为碳钢管时，隔离垫的氯离子的质量分数不得超过 $50×10^{-4}$%，并应采用不锈钢丝或不应引起渗碳的材料进行绑扎。

5）伴热管经过主管法兰、阀门时，伴热管应设可拆卸的连接件。

6）从分配站到各被伴热管主管和离开主管到收集站之间的伴热管安装，应排列整齐，不宜相互跨越和就近斜穿。

16.5.9　夹套管安装

1）夹套管安装前，应对预制的管段按照图样核对编号，应检查各管段质量及施工记录，再对内管进行清理检查，并应在合格后再进行封闭连接及安装就位。

2）夹套管安装使用的阀门、夹套法兰、仪表件等，安装前应按有关标准进行检查、清洗和检验。

3）当夹套外管经剖切后安装时，其纵向焊缝应设在易检修的部位。

4）夹套管的连通管安装，应符合设计文件的规定。当设计无规定时，连通管不得存液。

5）夹套管的支承块不得妨碍管内介质的流动。支承块在同一位置应设置 3 块，管道水平安装时，其中 2 块支承块应对地面跨中布置，夹角应为110°~120°；管道垂直安装时，3 个支承块应按 120°的夹角均匀布置。

16.5.10　防腐蚀衬里管道安装

1）搬运和堆放衬里管段及管件时，应轻搬轻放，不得强烈振动或碰撞。

2）衬里管道安装前，应全面检查衬里层的完好情况。当有损坏时，应进行修补和更换，并保持管内清洁。

3）采用橡胶、塑料、纤维增强塑料、涂料衬里的管道组成件应存放在温度为 5~40℃的室内，并应避免阳光和热源的辐射。

4）衬里管道的安装应采用软质或半硬质垫片。当需要调整安装长度误差时，宜采用更换同材质垫片厚度的方法进行。

5）衬里管道安装时，不应进行施焊、加热、碰撞或敲打。

16.5.11　阀门安装

1）阀门安装前，应按设计文件核对其型号，并应按介质的流向确定其安装方向。

2）当阀门与管道以法兰或螺纹方式连接时，阀门应在关闭状态下安装。

3）当阀门与管道以焊接方式连接时，阀门应在开启状态下安装。对接焊缝的底层应采用氩弧焊，且应对阀门采取防变形措施。

4）阀门安装位置应易于操作、检查和维修。水平管道上的阀门，其阀杆与传动装置应按设计规定进行安装，动作应灵活。

5）所有阀门应连接自然，不得强力对接或承受外加重力负荷。法兰连接螺栓紧固力应均匀。

6）安全阀的安装应符合下列的规定：

① 安全阀应垂直安装。

② 安全阀的出口管道应接向安全地点。

③ 当进出管道上设置截止阀时，应加铅封，且应锁定在全开启状态。

7）在工业金属管道投入试运行时，应按 TSG ZF001—2006《安全阀安全技术监察规程》的有关规定和设计文件的规定对安全阀进行最终整定压力的调整，并应做好调整记录和铅封。

16.5.12　补偿装置安装

1）补偿装置的安装除应符合 GB 50235—2010《工业金属管道工程施工规范》中 7.11 节的规定外，尚应符合设计文件、产品技术文件和有关标准的规定。

2）Π 形或 Ω 形膨胀弯管的安装，应符合下列规定：

① 安装前应按设计文件的规定进行预拉伸或压缩，允许偏差为 10mm。

② 预拉伸或压缩应在两个固定支架之间的管道安装完毕，并应与固定支架连接牢固后进行。

③ 预拉伸或压缩的焊口位置与膨胀弯管的起弯点距离应大于 2m。

④ 水平安装时，平行臂应与管线坡度相同，两垂直臂应相互平行。

⑤ 铅垂安装时应设置排气及疏水装置。

3）波纹管膨胀节的安装，应符合下列规定：

① 波纹管膨胀节安装前应按设计文件规定进行预拉伸或预压缩，受力应均匀。

② 安装波纹管膨胀节时，应设临时约束装置，并应在管道安装固定后再拆除临时约束装置。

③ 波纹管膨胀节内套有焊缝的一端，在水平管道上应位于介质流入端，在铅垂管道上宜置于上部。

④ 安装时，波纹管膨胀节应与管道保持同心，不得偏斜，应避免安装引起膨胀节的周向扭转。在波纹管膨胀节的两端应合理设置导向及固定支座，管道的安装误差不得采用变形或膨胀节补偿的方法调整。

⑤ 安装时应避免焊渣飞溅到波节上，不得在波节上焊接临时支承件，不得将钢丝绳等吊装索具直接绑扎在波节上，应避免波节受到机械伤害。

4）填料式补偿器的安装，应符合下列规定：

① 填料式补偿器应与管道保持同心，不得歪斜。

② 两侧的导向支座应保证运行时自由伸缩，不得偏离中心。

③ 应按设计文件规定的安装长度及温度变化，留有剩余的收缩量。剩余收缩量可按厂商提供的计算方法计算，允许偏差为 5mm。

④ 单向填料式补偿器的安装方向，其插管端应安装在介质流入端。

5）球形补偿器的安装，应符合下列规定：

① 球形补偿器安装前，应将球体调整到所需角度，并应与球心距管段组成一体。

② 球形补偿器的安装应紧靠弯头，球心距长度应大于计算长度。

③ 球形补偿器的安装方向，宜按介质由球体端流入，从壳体端流出方向安装。

④ 垂直安装补偿器时，壳体端应在上方。

⑤ 球形补偿器的固定支架或滑动支架的安装，应符合设计文件的规定。

⑥ 运输、装卸球形补偿器时，不得碰撞，并应保持球面清洁。

6）与设备相连的补偿器应在设备最终固定后再连接。

7）管道补偿装置安装完毕后，应填写"管道补偿安装记录"。

16.5.13　支吊架安装

（1）安装前的准备工作

1）管道成品支吊架和现场制作的支吊架（含弹簧），均应进行外观、外形尺寸检查。成品应有出厂合格证。

2）根据设计文件先确定固定支架及补偿器的位置；再按管道标高，确定支架的标高及位置。无坡度的管道，在同一水平直线上，把支架位置画在墙或柱子上。有坡度的管道，应根据两点的距离和坡度大小，算出两点间高差，在两点间拉一直线，按照支架的间距，在墙上或柱子上画出每个支架的位置。

3）如果土建施工时，已在墙上预留了孔或柱子上预留了支架预埋件，应检查预留孔或预埋件的标高及位置是否与管道设计相符合。预埋件上的水泥砂浆等污物应清理干净。

4）室外（厂区）管道的支架、支柱或支墩，也应测量其坐标、标高和坡度是否符合设计要求。

（2）安装要求及方法

1）支架、横梁应牢固地固定在墙、柱子或其他结构物上；横梁长度方向应水平，顶面应与管子中心线平行。

2）支吊架与管子接触部分要良好、紧密，一般不得有间隙。管道与托架焊接时，不能有咬边、烧穿等现象。

3）铸铁、铅、铝及大管径管道上的阀，应设置专用支架，不得由管子承重。

4）从干管接出的较大管径支管为立管敷设时，立管的荷重应设置专用托架承担，不能由干管与支管焊接口承担。

5）活动支架不应妨碍管道由于膨胀所引起的移动。管道在支架、横梁或支座上滑动时，支架或支座不应出现水平偏斜、倒塌或使管道卡住；保温层不得妨碍热位移。

6）有热位移的管道，在同一直管段上，如果没有补偿装置，不得安装 2 个或 2 个以上的固定支架。

7）固定支架应严格按设计要求安装，并应在补偿器预拉（压）之前固定好。

8）补偿器的两侧应按要求安装导向支架，使管道在支架上伸缩时不至偏移中心线。

9）无热位移的管道吊架，其吊杆应垂直安装；有热位移的管道，其活动吊架应倾斜安装。倾斜方向应在位移的相反方向，具体位置尺寸可按设计要求或采取位移值一半偏斜安装。两根热位移方向相反或热位移值不等的管道，不允许使用同一根吊杆。

10）导向支架或滑动支架的滑动面应洁净平整，不得有歪斜和卡涩现象。

11）不得在金属屋架上任意焊接支吊架，确实需要焊接时，应征得设计单位同意。当钢屋架下弦为单角钢或圆钢时，绝对禁止焊接支吊架。不得在设备上任意焊接支架，如设计同意焊接时，应在设备上焊接加强板，再焊接支架。

12）墙上有预留孔时，可将支架横梁埋入墙内。支架一般应开脚，埋深不小于 150mm。墙上无预留

孔时，应先打孔，孔不宜过大。埋设前，应清除孔内的碎砖及灰尘，并用水将孔内浇湿，用适量的小石子或碎砖对支架进行固定，再用水泥砂浆将孔填实。

13）钢筋混凝土构件上（如柱子、楼板、屋架等）的支吊架，一般采用预埋件的方法（预埋件通常应反映在土建施工图上）；然后将支架或吊架、横梁或吊杆与预埋件相焊接。

14）如设计文件上没有预留安装支吊架的孔和预埋件，当管径较小时，可以采用射钉和膨胀螺栓安装支吊架。

15）沿柱子敷设的管道，如无预埋件时，也可采用包柱子支架（用角钢加长螺栓组合成横梁）。

（3）其他要求

1）当安装管道时，应及时固定调整支吊架。支吊架安装位置应准确，安装应平整牢固，与管子接触应紧密。

2）固定支架应按设计文件的规定安装，并应在补偿装置预拉伸或预压缩之前固定。没有补偿装置的冷、热管道直管段上，不得同时安置 2 个及 2 个以上的固定支架。

3）导向支架和滑动支架的滑动面应洁净平整，不得有歪斜和卡涩现象。不得在滑动支架底板处临时点焊定位，仪表及电气构件不得焊在滑动支架上。绝热层不得妨碍其移动。

4）弹簧支吊架的弹簧高度应按设计文件规定，弹簧应调整至冷态值，并应做记录；弹簧的临时固定件，应待系统安装、试压、绝热完毕后在进行。

5）管架紧固在槽钢、工字钢、翼板斜面上时，其螺栓应有相应的斜垫片。

6）管道安装时不应使用临时支吊架。当使用临时支吊架时，不得与正式支吊架位置相冲突，不得直接焊在管子上，并应有明显标记。在管道安装完毕后应拆除。

7）管道安装完毕后应按设计文件的规定逐个核对支吊架的形式和位置，并应填写"管道支吊架安装记录"。

8）有热位移管道，在热负荷运行时，应及时对支吊架进行下列检查与调整：

① 活动支架的位移方向、位移值及导向性能应符合设计文件的规定。

② 管托不得脱落。

③ 固定支架应牢固可靠。

④ 弹簧支吊架的安装标高与弹簧工作荷载应符合设计文件的规定。

⑤ 可调支架的位置应调整合适。

16.5.14 静电接地安装

1）设计有静电接地的管道，当每对法兰或其他接头间电阻值超过 0.03Ω 时，应导线跨接。

2）管道系统的接地电阻值、接地位置及连接方式应符合设计文件的规定。静电接地引线应采用焊接形式。

3）有静电接地要求的不锈钢管道和有色金属管道，导线的跨接或接地引线不得与管道直接连接，应采用同材质连接板过渡。

4）用作静电接地材料或元件，安装前不得涂刷涂料。导电接触面应除锈并应紧密连接。

5）静电接地安装完毕后应进行测试，电阻值超过规定时应进行检查与调整，并应填写"管道静电测试记录"。

16.5.15 供热管道安装

1）供热管道安装应符合 CJJ 28—2014《城镇供热管网工程施工及验收规范》的要求。供热管道的管径、管材、标高、坡向、坡度、阀门、管件及其他附件，应严格按设计文件进行核查和安装，并按有关技术规范进行外观检查和出厂合格证的检查。

2）为保障直埋供热管道施工质量，直埋供热管道管件应优先选用工厂预制产品，其质量应符合国家及行业标准要求。

3）属于压力管道规定需进行监督的管道系统所使用的管子及管件，应逐一检查是否符合相关技术标准。

4）蒸汽支管应从主管上部接出。

16.5.16 压缩空气、氮气及二氧化碳管道安装

1）管道的管径、管材、标高、坡度、坡向、阀门、管件及其他附件，应严格按设计文件进行安装。

2）干管上所有接出的支管，以及所有的温度计、压力表等附件，需在管路上开孔，宜在管路安装之前进行，否则应采取相应措施，让焊渣、熔渣不留在管道内。

3）管路弯头尽量采用压制弯头。如市场无货，可自行揻弯。

4）变径管的底边，一般应做成水平的，这样有利于凝结水的排放。

16.5.17 氧气管道安装

1）氧气管道安装应符合 GB 50030—2013《氧气站设计规范》的要求，氧气管道敷设宜采用架空敷设。

2）有色金属材质的管道、阀门等成品，一般只需除污，完成后，必须进行严格的脱脂，脱脂要求应符合 HG 20202—2014《脱脂工程施工及验收规范》的要求。脱脂用的溶剂可采用四氯化碳，或二氯乙烷，或精馏乙醇。脱油时必须遵守防毒、防火的有关安全技术规则和劳动保护条件。

3）氧气管道预制长度不宜过长，应能检查管道内外表面的安装、焊接、清洁度质量。

4）脱脂后的管子、阀门、管件应妥善保管，以防污染。在安装时必须重新检查，检查内外表面是否被油、污物再次弄脏，一旦发现应重新脱油。

5）对已安装好的氧气管道，如有必要脱油时，应分隔管段进行，再用不含油的热压缩空气或热氮气吹刷干净。

6）与设备或阀门的连接，可采用法兰或螺纹连接。螺纹连接处，应采用一氧化铝、水玻璃或聚四氟乙烯薄膜作为填料，严禁用涂铅油的麻丝或其他含油脂的材料。

7）室外和室内氧气管道均应做静电接地，在所有法兰和螺纹连接处，电阻值超过 0.03Ω 时，应装设跨接导线。当管道环境条件较差时，为消除安全隐患，法兰和螺纹连接处均应装设跨接导线。

8）管道的弯头和分岔头不应紧接安装在阀门的下游，阀门下游侧宜有长度不小于 5D 的直管段。

16.5.18 乙炔管道安装

乙炔属不饱和碳氢化合物，极易爆炸。按爆炸因素，爆炸分为氧化爆炸、分解爆炸和化合爆炸。乙炔管道安装应避免各类爆炸的发生。

1）乙炔管道上所用的阀门、压力表、流量计，应采用专供乙炔使用的附件和仪表，并应有证明文件。

2）乙炔管道的连接宜采用焊接连接、高压卡套连接。与设备、阀门和附件连接，可采用法兰或螺纹连接。

3）架空的室外、室内和埋地的乙炔管道入口管，或直管段每 80~100m 处，都应考虑接地。其接地电阻要求不应大于 10Ω。法兰、阀门和螺纹连接处电阻值超过 0.03Ω 时，应装设跨接导线。有阴极保护的管道可不接地。

4）为防止化合爆炸发生，乙炔管道阀门、附件，应采用钢、可锻铸铁或球墨铸铁制造，采用铜合金制品，含铜量严禁超过 70%（质量分数），不得采用镀锌钢管。

16.5.19 氢气管道安装

氢气相对分子质量小，黏度低，极易泄漏和爆炸。故氢气管道从管材及管件选型比其他气体严格，泄漏检测要求更高。

1）氢气管材应选用无缝钢管。

2）氢气管道阀门宜选用球阀或截止阀。

3）低压氢气管道应选用突面法兰，采用聚四氟乙烯包覆垫片。

4）法兰、阀门应装设跨接导线，电阻值小于0.03Ω；室外或有爆炸危险的环境，氢气管道应做防静电接地。

16.5.20　天然气管道安装

1）天然气管道安装应满足设计文件及 CJJ 33—2005《城镇燃气输配工程施工及验收规范》的要求。

2）天然气管道吊装时，吊装点间距不大于 8m，吊装管道最大长度不大于 36m。

3）对钢质管道，下管前必须对防腐层进行100%外观检查，回填前进行100%电火花检漏，回填后必须对防腐层完整性进行全线检查，不合格必须返工处理合格。

4）套管中敷设的管道不宜有环向焊缝。

5）埋地敷设的钢管采用阴极保护应符合设计文件及 GB/T 21448—2017《埋地钢质管道阴极保护技术规范》的要求。

6）聚乙烯管、聚乙烯复合管从生产到安装的存放时间，黄管不宜超过 1 年，黑管不宜超过 2 年。超期需重新抽样检测，合格后方可使用。

7）聚乙烯管安装应符合 CJJ 63—2018《聚乙烯燃气管道工程技术标准》的要求。

8）钢骨架聚乙烯塑料复合管电熔连接质量应符合 CJ/T 125—2014《燃气用钢骨架聚乙烯塑料复合管及管件》的要求。

16.5.21　爆炸性气体管道安装

乙炔、氢气、天然气、丙烷等气体管道，除了上述安装要求外，还有它们特殊的安全要求。设计、施工均应严格遵守规范和规定，具体有以下几点：

1）车间内一般应架空敷设，接往用气设备的支管尽量架空敷设。确有困难，支管可以敷设在专用的不通行地沟内，地沟内放上干细砂，盖板要坚固耐用，可在盖板上钻通风孔。不得已与其他管道交叉时，横穿地沟的其他管道应放在钢制套管内，两端伸出地沟 200mm。地沟内的爆炸性气体管道不设置阀门、法兰、附件。

2）不得敷设和穿越地下室、半地下室、休息室、餐厅、办公室、宿舍、浴室及不用气的房间。

3）车间入口管道应设置放散管和吹扫口。在系统管道的最高点和用气设备的终端阀门前，也应设置放散管，并通向室外。放散管上应设置防火器，应有防雷接地措施。

4）管道系统应设置静电接地。

5）爆炸性气体管道与其他管道、电缆、电信管共同敷设时，水平间距和交叉间距应严格按有关规范、规定执行。

16.6　管道检查、检验和试验

16.6.1　一般规定

1）除设计文件和焊接工艺规程另有规定外，焊缝无损检测应安排在焊缝焊接完成并经外观检查合格后进行。

2）对于延迟裂纹倾向的材料，无损检测应在焊接完成 24h 后进行。

3）对有再热裂纹倾向的焊缝，无损检测应在热处理后进行。

4）抽样检查发现不合格时，应按原规定的检验方法进行扩大检验。对检查发现不合格的管道元件、部件或焊缝，应进行返修或更换，并应采用原规定的检验方法重新进行检验。

16.6.2　外观检查

1）外观检查应包括对管道元件及管道在加工制作、焊接、安装过程中的检查。

2）除设计文件或焊接工艺规程有特殊要求的焊缝外，应在焊接完成后，立即除去熔渣、飞溅，并应将焊缝表面清理干净，同时应进行外观检查。钛及钛合金、锆及锆合金的焊缝表面除应进行外观检查外，还应在焊后清理前进行色泽检查。

16.6.3　焊缝表面无损检测

1）除设计文件另有规定外，现场焊接的管道和管道组成件的承插焊焊缝、支管连接焊缝（对接式支管连接焊缝除外）和补强圈焊缝、密封焊缝、支吊架与管道直接焊接的焊缝，以及管道上的其他角焊缝应按 GB 50184—2011《工业金属管道工程施工质量验收规范》的有关规定，对其表面进行磁粉检测或渗透检测。

2）磁粉检测和渗透检测应按 NB/T 47013.4～47013.5—2015《承压设备无损检测》（第 4 和第 5 部分）的有关规定执行。

16.6.4　焊缝射线检测和超声检测

1）除设计文件另有规定外，现场焊接的管道及管道组成件的对接纵缝和环缝、对接式支管连接焊缝应按 GB 50184—2011《工业金属管道工程施工质量验收规范》的有关规定进行射线检测和超声检测。

2）管道名义厚度小于或等于 30mm 的对接焊缝应采用射线检测。管道名义厚度大于 30mm 的对接焊缝可采用超声检测代替射线检测。当规定用射线检测但受限制需改用超声检测时，应征得设计单位和建设单位的同意。

3）焊缝的射线检测和超声检测应符合下列规定：

① 管道焊缝的射线检测和超声检测应符合 NB/

T 47013.2～47013.3—2015《承压设备无损检测》（第 2 和第 3 部分）的有关规定。

② 射线检测和超声检测的技术等级应符合设计文件和国家现行有关标准的规定，且射线不得低于 AB 级，超声检测不得低于 B 级。

③ 现场进行射线检测时，应按有关规定划定控制区和监督区，并应设置警告标志。操作人员应按规定进行安全操作防护。

④ 应填写射线检测或超声检测报告，并应注明检测的时间，报告的格式应符合有关标准的规定。

16.6.5 硬度检验及其他检验

1）要求热处理的焊缝和管道组成件，热处理后应进行硬度检验。焊缝的硬度检验区域应包括焊缝和热影响区。对于异种金属的焊缝，两侧母材热影响区均应进行硬度检验。并应填写"管道热处理硬度检验报告"。

2）当检查发现热处理后的硬度值超标或热处理工艺存在问题时，应用其他检测手段进行复查与评估。

3）当规定进行管道焊缝金属化学成分分析、焊缝铁素体含量测定、焊接接头金相检验、产品试件力学性能检验时，应符合设计文件和有关标准的规定。

16.6.6 压力试验

1）压力试验前应具备下列条件：

① 试验范围内的管道安装工程除防腐、绝热外已按设计图全部完成，安装质量符合有关规定。

② 焊缝及其他待检部位尚未防腐和绝热。

③ 管道上的膨胀节已设置临时约束装置。

④ 试压用压力表已校验，并在有效期内，其精度不得低于 1.5 级，表的满刻度值应为被测最大压力的 1.5～2 倍，压力表不得少于 2 块。

⑤ 符合压力试验要求的液体或气体已备足。

⑥ 管道已按试验的要求进行加固。

⑦ 下列资料已经建设单位和有关部门的复查：管道元件的质量证明文件，管道元件的检验和试验记录，管道加工和安装记录，焊接检查记录、检验报告及热处理记录，管道轴测图、设计变更及材料代用文件。

⑧ 待试管道与无关系统已采用盲板或其他措施隔离。

⑨ 待试管道上的安全阀、爆破片及仪表元件等已经拆下或已隔离。

⑩ 试验方案已批准，并已进行技术和安全交底。

2）管道安装完毕、热处理和无损检测合格后，应进行压力试验。压力试验应符合下列规定：

① 压力试验应以液体为试验介质。当管道的设计压力小于或等于 0.6MPa 时，也可采用气体为试验介质，但应采取有效的安全措施。

② 脆性材料严禁使用气体进行压力试验。压力试验温度严禁接近金属材料的脆性转变温度。

③ 当进行压力试验时，应划定禁区，无关人员不得进入。

④ 试验过程中发现泄漏时，不得带压处理。消除缺陷后应重新进行试验。

⑤ 试验结束后，应及时拆除盲板、膨胀节临时约束装置。试验介质的排放应符合安全、环保要求。

⑥ 压力试验完毕不得在管道上进行修补和添加物件。当在管道上进行修补或添加物件时，应重新进行压力试验。经设计或建设单位同意，对采取预防措施并能保证结构完好的小修补或增添物件，可不重新进行压力试验。

⑦ 压力试验合格后，应填写"管道系统压力试验和泄漏性试验记录"。

3）压力试验的替代应符合下列规定：

① 对 GC2 级低压管道，经设计和建设单位同意，可在试车时用管道输送的流体进行压力试验。输送的流体为气体或蒸汽时，压力试验前应按相关规定进行预试验。

② 当管道的设计压力大于 0.6MPa，设计和建设单位认为液压试验不切实际时，可采用气压试验来替代液压试验。

③ 经设计和建设单位同意，也可用液压试验代替气压试验，液压-气压试验应符合有关规定，被液体充填部分管道的压力不应大于国家有关规范的规定。

④ 现场条件不允许进行管道液压和气压试验时，可同时采用下列方法代替压力试验，但应经建设单位和设计单位的同意：所有环向、纵向对接焊缝和螺旋焊缝应进行 100%射线检测或 100%超声检测；除环向、纵向对接焊缝和螺旋焊缝以外的所有焊缝（包括管道支承件与管道组成件连接的焊缝），应进行 100%的渗透检测或 100%的磁粉检测；应由设计单位进行管道系统的柔性分析；管道系统应采用敏感气体或浸入液体的方法进行泄漏试验，试验要求应在设计文件中明确规定；未经液压和气压试验的管道焊缝及法兰密封部位，生产车间可配备相应的预保带压密封夹具。

4）液压试验应符合下列规定：

① 液压试验应使用洁净水。当对不锈钢、镍及镍合金管道，或对连有不锈钢、镍及镍合金管道或设备的管道进行试验时，水中氯离子的质量分数不

得超过 25×10⁻⁴%。也可采用其他无毒液体进行试验。当采用可燃液体介质进行试验时，其闪点不得低于 50℃，并应采用安全防护措施。

② 试验前，注入液体时应排尽空气。

③ 试验时，环境温度不应低于 5℃。当环境温度低于 5℃时，应采取防冻措施。

④ 承受内压的地上管道及有色金属管道试验压力应为设计压力的 1.5 倍。埋地钢管道的试验压力应为设计压力的 1.5 倍，并不得低于 0.4MPa。

⑤ 当管道的设计温度高于试验温度时，试验压力应按有关标准进行计算后确定。

⑥ 当管道与设备作为一个系统进行试验，管道的试验压力等于或小于设备的试验压力时，应按管道的试验压力进行试验；当管道的试验压力大于设备的试验压力，并无法将设备与管道隔开，以及设备的试验压力大于有关标准计算的管道试验压力的 77%时，经设计或建设单位的同意，可按该设备的试验压力进行试验。

⑦ 承受内压的埋地铸铁管道试验压力，当设计压力小于或等于 0.5MPa 时，应为设计压力的 2 倍；当设计压力大于 0.5MPa 时，应为设计压力加 0.5MPa。

⑧ 对位差较大的管道，应将试验介质静压计入试验压力中。液体管道的试验压力应以最高点的压力为准，最低点的压力不得超过管道组成件的承受力。

⑨ 对承受外压的管道，试验压力应为设计内、外压力之差的 1.5 倍，且不得低于 0.2MPa。

⑩ 夹套管内管的试验压力应按内部或外部设计压力的最高值确定。夹套管外管的试验压力除设计文件另有规定外，应按 GB 50235—2010《工业金属管道工程施工规范》中第 8.6.4 条的第 5 款的规定执行。

⑪ 液压试验应缓慢升压，待达到试验压力后稳压 10min 再将试验压力降至设计压力，稳压 30min，应检查压力表无压降、管道所有部位无渗漏。

5）气压试验应符合下列规定：

① 承受内压钢管及有色金属管的试验压力应为设计压力的 1.15 倍。真空管道的试验压力应为 0.2MPa。

② 试验介质应采用干燥洁净的空气、氮气或其他不易燃和无毒的气体。

③ 试验时应装有压力泄放装置，其设定压力不得高于试验压力的 1.1 倍。

④ 试验前应用空气进行预试验，试验压力宜为 0.2MPa。

⑤ 试验时应缓缓升压，当压力升至试验压力的 50%时，如未发现异状或泄漏，应继续按试验压力的 10%逐级升压，每级稳压 3min，直至试验压力。应在试验压力下稳压 10min，再将压力降至设计压力，采用发泡剂检验应无泄漏，停压时间应根据工作需要确定。

6）泄漏性试验应按设计文件的规定进行，并应符合下列规定：

① 输送极度和高度危害介质及可燃介质的管道，必须进行泄漏性试验。

② 泄漏性试验应在压力试验合格后进行。试验介质宜采用空气。

③ 泄漏性试验压力应为设计压力。

④ 泄漏性试验可结合试车工作一并进行。

⑤ 泄漏性试验应逐级缓慢升压，当达到试验压力，并停压 10min 后，应采用涂刷中性发泡剂等方法，巡回检查阀门填料函、法兰或螺纹连接处、放空阀、排气阀、排净阀等所有密封点无泄漏。

⑥ 经气压试验合格，且在试验后未经拆卸过的管道可不进行泄漏性试验。

⑦ 泄漏性试验合格后，应及时缓慢泄压，并应填写试验记录。

7）真空系统在压力试验合格后，还应按设计文件规定进行 24h 的真空度试验，增压率不应大于 5%。

8）当设计文件和有关标准规定以卤素、氦气、氨气或其他方法进行泄漏性试验时，应按相应的技术规定进行。

16.6.7　第三方检测

（1）第三方检测简介　第三方检测是指在管道施工合同签订时，由建设单位委托具有独立的法人资格，并持有国家市场监督管理总局颁发的检测资质证书，同时还持有国家有关部门颁发的相关实验室资质，可承担理化检测工作的企事业单位对管道安装工程进行检查、检测、验证的过程。

检测行业按照企业性质可划分为政府检测机构、企业内部实验室与第三方检测机构三类。

1）政府检测机构主要从政府应保护人民生命财产安全的职责出发，业务主要涉及市场准入、监督检验检测、CCC 认证、生产许可证、定检、评优、免检等方面。

2）企业内部实验室主要为满足企业自身生产过程中的质量控制需求，在材料进入和产品出厂各环节进行把关，并在生产研发过程中提供各项技术数据以辅助研发工作。

3）第三方检测机构包括外资第三方检测机构和

民营第三方检测机构两大类。按合同要求，第三方检测机构可负责管道安装全过程的检查、检测、验证等工作。由于第三方检测机构处于政府监督部门、建设方与施工方的利益之外，所出具的检测数据具有独立性及公正性的特点，因此已被市场各方所广泛接受。此外，第三方检测机构还能够为建设方提供质量控制服务，将样品检测业务与企业质量控制体系相结合，有利于企业对生产链条进行质量管理，其提供的检测数据还可为企业进行日常内部管理提供决策依据。

（2）第三方检测工作内容

1）第三方检测工作范围。根据合同约定，管道安装工程一般包括：

① 材料及配件的入库检验，入场的设备、材料质量抽查。

② 按照规范和设计要求的射线检测、渗透检测、磁粉检测、超声检测工作，合金材料的检查鉴定工作及材料硬度检测工作。

③ 射线检验的底片复评工作。

④ 合同约定的需要检验的其他检测项目。

2）第三方检测的工作依据是根据合同界定的工作内容，执行项目、行业、国家的相关规定、标准及法律，并接受国家市场监督部门的监督。

16.7　管道吹扫与清洗

16.7.1　一般规定

1）管道压力试验合格后，应该脱脂的管道完成脱脂后，或气压严密性试验前，应进行全系统的吹扫与清洗，以彻底清除安装及试验过程中的焊渣、锈质、污物及积水。管道吹扫与清洗前，应编制管道吹扫与清洗方案。

2）管道吹扫与清洗方法，应根据管道的使用要求、工作介质、系统回路、现场条件及管道内表面的脏污程度确定。

3）吹洗顺序一般应先主管，再支管，后疏排水管；先标高高的管子，后标高低的管子。

4）吹洗前，应将系统内不允许吹洗的设备、阀门、附件、仪表予以保护和隔离；将孔板、喷嘴、滤网、节流阀、止回阀、疏水阀等部件拆除，临时用短管代替，待吹洗后复位。对以焊接形式连接的上述阀门、仪表等部件，应采取流经旁路卸掉阀头及阀座加保护套等保护措施后再进行吹扫与清洗。

5）对未能吹洗或吹洗后可能留存脏物的管道死角，应用其他方法补充清理。

6）吹洗时，管道的脏物不允许进入设备。设备吹出的脏物一般也不允许进入管道。

7）管道吹扫应有足够的流量，吹扫压力不得超过设计压力，流速不低于工作介质流速，一般不小于20m/s；还可先充压至0.4～0.5MPa，然后快速排放。

8）在吹洗过程中，除有色金属管外，应用木锤敲打管子。对焊缝、附件、死角及管底应重点敲打，但不得损伤管子。

9）吹洗前应考虑管道支架的牢固程度，必要时应预加固。

10）除以上要求外，还应符合下列规定：

① 公称尺寸大于或等于600mm的液体或气体管道，宜采用人工清理。

② 公称尺寸小于600mm的液体管道宜采用水冲洗。

③ 公称尺寸小于600mm的气体管道宜采用压缩空气吹扫。

④ 蒸汽管道应采用蒸汽吹扫，非热力管道不得采用蒸汽吹扫。

⑤ 对有特殊要求的管道，应按设计文件的规定采用相应的吹扫与清洗方法。

⑥ 需要时可采取高压水冲洗、空气爆破吹扫或其他清洗与吹扫方法。

11）对不允许吹扫与清洗的设备及管道，应进行隔离。

12）管道吹扫与清洗时应设置禁区和警戒线，并应挂警示牌。

13）空气爆破吹扫和蒸汽吹扫时应采取在排放口安装消声器等措施。

14）化学清洗废液、脱脂残液及其他废液、污水的处理和排放，应符合有关标准的规定，不得随地排放。

15）化学吹扫与清洗合格后，除规定的检查和恢复工作外，不得进行其他影响管内清洁的作业。

16）化学清洗和脱脂作业时，操作人员应按规定穿戴专用防护服装，并应根据不同清洗液对人体的危害程度佩戴防护眼镜、防毒面具和防护用具。

17）管道吹扫与清洗合格后，施工单位应同建设单位或监理单位共同检查确认，并应填写"管道系统吹扫与清洗检查记录"及"管道隐蔽工程（封闭）记录"，其格式宜符合有关规范的规定。

16.7.2　水冲洗

1）管道冲洗应使用洁净水。冲洗不锈钢、镍及镍合金管道时，水中氯离子的质量分数不得超过 $25×10^{-4}$%。

2）管道水冲洗的流速不应低于1.5m/s，冲洗压力不得超过管道的设计压力。

3）冲洗排放管的截面面积不应小于被冲洗管截面面积的 60%。排水时，不得形成负压。

4）管道水冲洗应连续进行，当设计无规定时，排出口的水色和透明度应与入口处的水色和透明度目测一致。

5）对严重锈蚀和污染的管道，当使用一般清洗方法未能达到要求时，可采取将管分段进行高压水冲洗。

6）管道冲洗合格后应及时将管内积水排净，并应及时吹干。

16.7.3　空气吹扫

1）空气吹扫宜利用工厂生产装置的大型空气压缩机或大型储气罐进行间断性的吹扫。吹扫压力不得大于系统容器与管道的设计压力，吹扫流速不宜小于 20m/s。

2）吹扫忌油管道时，应使用无油压缩空气或其他不含油的气体进行吹扫。

3）空气吹扫时，应在排气口设置贴有白布或涂料的木制靶板进行检验，吹扫 5min 后靶板上应无铁锈、尘土、水分及其他杂物。

4）当吹扫的系统容积大、管线长、口径大，并不宜用水冲洗时，可采取"空气爆破法"进行吹扫。爆破吹扫时，向系统充注的气体压力不得超过 0.5MPa，并应采取相应的安全措施。

16.7.4　蒸汽吹扫

（1）蒸汽吹扫方案的编制　蒸汽管道吹扫前，应编制蒸汽管道吹扫方案。吹扫方案内容包括：

1）吹扫的目的和范围。

2）人员组织及职责分工。

3）吹扫技术方案：包括蒸汽参数的选择、吹扫方法选择、吹扫前必须具备的条件、吹扫程序、操作注意事项及安全措施、吹扫合格评价标准等。

（2）蒸汽吹扫要求

1）蒸汽管道吹扫前，管道系统的绝热工程应已完成。

2）为蒸汽吹扫安装的临时管道，应按正式管道安装技术要求进行施工，安装质量应符合相关规范的有关规定。应在临时管道吹扫干净后再用于正式蒸汽管道的吹扫。

3）蒸汽管道应以大流量蒸汽进行吹扫，流速不应小于 30m/s。

4）蒸汽吹扫前，应先进行暖管，并应及时疏水。暖管时，应检查管道的热位移，当有异常时，应及时进行处理。

5）蒸汽吹扫前，管道上及其附近不应放置易燃、易爆物品及其他杂物。

6）蒸汽吹扫应按加热、冷却、再加热的顺序循环进行。吹扫时宜采取每次吹扫一根和轮流吹扫的方法。

7）排放管应固定在室外，管应倾斜朝上，排放管直径不应小于被吹管的直径。

8）通往汽轮机或设计文件有规定的蒸汽管道，经蒸汽吹扫后应对吹扫靶板进行检验。最终验收的靶板应做好标识，并应妥善保管。

16.7.5　脱脂

1）忌油管道系统应按设计文件规定进行脱脂处理，应符合 HG 20202—2014《脱脂工程施工及验收规范》的规定。

2）脱脂液的配方应经试验鉴定后再采用。

3）对有明显油渍或锈蚀严重的管子进行脱脂时，应先采用蒸汽吹扫、喷砂或其他方法清除油渍和锈蚀后，再进行脱脂。

4）脱脂剂应按设计规定选用。当设计无规定时，应根据脱脂件的材质、结构、工作介质、脏污程度及现场条件选择相应的脱脂剂和脱脂方法。

5）脱脂剂或用于配制脱脂液的化学制品应具有产品质量证明件。脱脂剂在使用前应按产品技术条件进行外观、不挥发物、水分、反应介质及油脂含量进行复验。脱脂剂应按规定进行妥善保管。

6）脱脂、检验及安装使用的工具、量具、仪表等，应按脱脂件的要求预先进行脱脂后再使用。

7）脱脂后应及时将脱脂件内部的残液排净，并应用清洁、无油压缩空气或氮气吹干，不得采用蒸汽的方法清除残液。当脱脂件允许时，可采用无油的蒸汽将脱脂残液吹干净。

8）有防锈要求的脱脂件经脱脂处理后，宜采用充氮封存或采用气相防锈纸、气相防锈塑料薄膜等措施进行密封保护。

16.7.6　化学清洗

1）需要化学清洗的管道，其清洗范围和质量要求应符合设计文件的规定。

2）当进行管道化学清洗时，应与无关设备及管道进行隔离。

3）化学清洗材料的配方应经试验鉴定后再采用。

4）管道酸洗钝化应按脱脂去油、酸洗、水洗、钝化、水洗、无油压缩空气吹干的顺序进行。当采用循环方式进行酸洗时，管道系统应预先进行空气试漏或液压试漏并检验合格。

5）对不能及时投入运行的化学清洗合格的管道，应采取封闭或充氮保护措施。

16.7.7　油清洗

1) 润滑、密封及控制系统的油管道，应在机械设备和管道酸洗合格后、系统试运行前进行油清洗。不锈钢油系统管道宜采用蒸汽吹净后再进行油清洗。

2) 经酸洗钝化或蒸汽吹扫合格的油管道，宜在两周内进行油清洗。

3) 当在冬季或环境温度较低的条件下，进行油清洗时，应采取在线预热装置或临时加热器等升温措施。

4) 油清洗应采用循环方式进行。油循环过程中，每8h应在40~70℃内反复升降油温2~3次，并应及时清洗或更换滤芯。

5) 当设计文件或产品技术文件无规定时，管道油清洗后应采用滤网检验。

6) 油清洗合格的管道，应采取封闭或充氮保护措施。

7) 油系统运行时，应采用符合设计文件或产品技术文件的合格油品。

16.8　管道的保温及防腐

16.8.1　一般规定

1) 为了减少管道的热损失和管道外表面的金属腐蚀，防止某些管道在寒冷地区产生冻结现象，管道及附件的外表面应进行保温和防腐。

2) 管道的保温及防腐要求，应按设计文件进行施工，还应符合GB 50726—2011《工业设备及管道防腐蚀工程施工规范》及GB 50727—2011《工业设备及管道防腐蚀工程施工质量验收规范》的规定。

3) 防腐用的涂料和保温工程的主要材料，应有制造厂合格证或分析检验报告。过期的涂料和没有合格证的保温材料必须重新检验，确认合格后方可施工。

4) 涂漆和防腐施工一般应在管道系统试验合格后进行。未经试压的大直径钢板卷管如需涂漆，应留出焊缝部位及有关标记。管道安装后不易涂漆的部位，应预先涂漆。

5) 既要防腐又要保温的管道系统，应先做防腐，后做保温。涂漆前应清除被涂表面的锈迹、焊渣、毛刺、油水等污物。保温前，管道外表面应保持清洁干燥。冬季、雨季施工应有防火、防冻、防雨措施。

16.8.2　管道涂漆施工

1) 室外、室内架空敷设和地沟敷设，而又不需保温的工业管道（气体管道和燃气管道），管道外表面均要进行涂漆防锈，并带色彩，以区别不同介质的管道。

2) 室内及通行地沟内明敷管道，一般先涂刷两道红丹油性防锈漆，或红丹酚醛防锈漆；外面再涂刷两道各色油性调和漆，或各色磁漆。

3) 室外及半通行和不通行地沟内的明敷管道，应选用具有一定防潮、耐水性能的涂料。其底漆可用红丹酚醛防锈漆；面漆可用各色酚醛磁漆、各色醇酸磁漆或沥青漆。

4) 涂漆施工的环境必须清洁，无煤烟、灰尘及水汽；环境温度宜为15~30℃，相对湿度在70%以下。如遇雨和降雾时，应停止施工，或采取防雨、防冻等措施。

5) 涂漆方式有手工和机械两种。采用哪一种，由涂料性能、施工条件等决定。涂漆要求均匀，每层不宜过厚，不得漏涂；每涂一层漆后，应有充分的干燥时间，待一层真正干燥后才能涂下一层。

6) 涂漆施工程序：第一层底漆或防锈漆，直接涂在管道表面上，与表面紧密结合，起防锈、防腐、防水、层间结合的作用；第二层面漆（调和漆和磁漆等），涂刷精细，使管道获得要求的色彩；第三层是罩光清漆。

7) 机械涂漆通常利用除油水后的压缩空气作动力，压缩空气压力为0.3~0.4MPa。

8) 手工涂刷时，应往复进行，纵横交错，保证涂层均匀。

9) 涂层质量应使漆膜附着牢固，颜色一致，无剥落、皱纹、气泡、针孔等缺陷；涂层应完整、无损坏、无漏涂。

10) 有色金属管、不锈钢管、镀锌钢管、镀锌薄钢板和铝板保护层，一般不宜涂漆。

16.8.3　管道保温施工

1) 蒸汽管道、废汽管道、热水管道、液化石油气需要伴热的管道，以及在北方地区室外架空需要防冻的工业管道，均须进行保温工程的施工。

2) 管道保温工程的施工，必须完成管道外表面涂刷两道红丹油性防锈漆，或红丹酚醛防锈漆之后进行，并应按保温层、防潮层、保护层的顺序施工。

3) 保温层施工，除伴热管道外，一般应单根进行。

4) 非水平管道的保温工程施工，应自下而上进行。每隔3m左右须设保温层承重托环，其宽度应为保温层厚度的2/3。防潮层、保护层搭接时，其宽度应为30~50mm。

5) 应按设计规定的位置、大小及数量设置保温膨胀缝，并填塞热导率相近的软质材料。

6) 采用软质材料作保温层时，软质材料应紧贴管道外表面，伴热管与主管之间的空间不得填塞软质材料。保温层的环缝和纵缝接头不得有空隙。疏松的软质保温材料应分层施工，用镀锌钢丝或箍带分层扎紧。同层中的镀锌钢丝，其捆扎间距为150～200mm。

7) 硬质材料保温管壳用于 DN≤700mm 的管道，选用的管壳内径应与管道外径一致。施工时，张开管壳切口部套于管道上，水平管道保温时，切口置于下侧。对于有复合外保护层的管壳，撕开切口部搭接头内面的防护纸，将搭接头按平贴平。相邻两段管壳要靠紧，同层管壳应错缝，缝隙处用压敏胶带粘接。对于无复合外保护层的管壳，缝隙应用保温泥填充密实，然后用镀锌钢丝捆扎，每段管壳捆2～3道。

8) 管道转弯处的保温层施工，软质材料较易解决，而硬质保温材料较难施工。通常做法：把硬质材料管壳按照管道转弯形状切成块状，贴于管道表面，缝隙用保温泥填实，或用软质保温材料填实。

9) 当热保温层厚度超过 100mm 和冷保温层超过 75mm 时，应分层保温。多层保温应错缝敷设，分层捆扎。

10) 管道支座、吊架、法兰及阀门等部位，在整体保温时，留一定装卸间隙，待整体保温及保护层施工完毕后，再做局部保温处理，并注意施工完毕的保温结构，不得妨碍活动支架的滑动。

11) 地沟内的热力管道应有防潮层。防潮层应在干燥的保温层上。

12) 玻璃布防潮层应搭接，搭接宽度约 40mm。布带两端和每隔 3m 处，用镀锌钢丝或钢带捆扎。

13) 防潮层应完整严密，厚度均匀，无气孔、鼓泡或开裂等缺陷。

14) 采用石棉水泥保护层时，应有镀锌钢丝网。施工保护层应分两次进行，要求平整、圆滑。端部棱角整齐，无显著裂纹。

15) 当采用金属保护层时（如镀锌薄钢板），可直接将金属板卷合在保温层外，纵向搭接重合50mm，两板横向半圆可用卷边扣接或自攻螺钉紧固。

16.9　管道标识的施工

管道标识具有美化管路，简单易懂，避免误操作，提高工作效率，降低安全事故的发生率，利于应急处置，节省应急响应时间的作用。因此，管道安装完成后，应按照 GB 7231—2003《工业管道的基本识别色、识别符号和安全标识》涂刷或张贴管道识别色、符号及标识。

1) 管道识别色标识常用的方法包括：在管道全

长上标识，在管道上以宽为 150mm 的色环标识，在管道上以长方形的识别色标牌标识，在管道上以带箭头的长方形识别色标牌标识，在管道上以系挂的识别色标牌标识。

2) 标识位置应设置在：管道交叉或靠近阀门操作处，管道穿墙处，管道转弯处，长直管道每隔 5～10m 间距处，设置位置应能保证人员可观察到。

3) 对输送危险品的管道，应设置危险标识。方法是在管道上涂 150mm 宽黄色，在黄色两侧各涂25mm 宽黑色色环或色带。

4) 公共场所、生产经营单位和交通运输、建筑、仓储等行业以及消防等领域所使用的信号和标识的表面色还应符合 GB 2893—2008《安全色》的规定。

16.10　管道工程施工质量验收

无论是什么介质和什么材质的动力管道，它们的工程质量宜按本节中所述内容进行验收，并满足 GB 50184—2011《工业金属管道工程施工质量验收规范》的要求。

16.10.1　管子、部件、焊接材料与阀门检验

1) 管子、部件和焊接材料的型号、规格、质量，必须符合设计要求和规范规定，应检查其合格证、验收或试验记录。

2) 阀门的型号、规格，强度、严密性试验，以及需做解体检验的阀门，必须符合设计要求和规范规定，应检查其合格证和逐个试验记录。

3) 忌油的管道、部件、附件、垫片和填料等，脱脂后必须符合设计要求，或用规范规定方法，应检查全系统脱脂记录。

4) 支架、吊架、托架安装位置正确、平正、牢固，与管子接触紧密。与管道接触的垫板，合金钢管应和管道材料相同；不锈钢管应和管道材料相同，也可用非金属垫板；铜管应用石棉板、软金属垫或木垫隔开。滑动、导向和滚动支架的活动面，与支承面接触应良好，移动灵活。吊架的吊杆应垂直，丝扣完整，有偏移量的应符合规定。锈蚀、污垢应清除干净，油漆均匀。有弹簧支架的弹簧压缩度应符合设计规定。检查系统内支架、吊架、托架件数各 10%，但均不应少于 3 件。检验方法是用手拉动和观察弹簧压缩度，检查安装记录。

16.10.2　管道连接检查

(1) 焊接　检查全系统中管道焊口，要求焊缝表面及热影响区不得有裂纹、过烧，焊缝表面不得有气孔、夹渣等缺陷。对于氩弧焊，要求焊缝表面不得有发黑、泛渣和钨的飞溅物等缺陷。检验方法

是观察和用放大镜检查，要求着色检测者检查记录。

检查全系统管道全部焊口的平直度及焊缝尺寸的允许偏差。方法和要求从略。

无损检验、力学性能检验和晶体腐蚀检验，按管道材质、介质工作压力和工作温度而有不同要求。检验方法是检查记录。必要时，可按规定检验的焊口数抽查10%。

（2）法兰连接　对系统内法兰的类型各抽查10%，但均不应少于3处。有特殊要求的法兰应逐个检查。一般要求法兰连接应紧密、平行、同轴，与管道中心线垂直。螺栓受力应均匀，并露出螺母2~3螺距，垫片安置正确。松套法兰管口翻边折弯处应为圆角，表面无折皱、裂纹和刮伤。

16.10.3　管道安装检查

1）管道坡度应符合设计要求和规范规定。按系统每50m直线管段抽查两段，不足50m抽查一段。检验方法是检查测量记录或用水准仪（水平尺）检查。

2）管道坐标、标高、水平管道纵横方向弯曲、立管垂直度、成排管段和管道交叉处的允许偏差及检验方法见表16-5。检查数量：坐标及标高，按系统检查管道的起点、终点、分支点和变向点；水平管道，每50m直线管段抽查两段，不足50m抽查一段；立管垂直度和成排管段，按系统各抽查10%；管道交叉处，按系统全部检查。

16.10.4　部件检查

1）弯管表面不得有裂纹、分层、凹坑和过烧等缺陷。按系统抽查10%，但不应少于3件。检验方法是观察检查。

2）弯管需做无损检测和热处理者，必须符合设计要求和规范规定。检验方法是检查无损检测和热处理记录。

3）弯管的圆度率、弯曲角度（图16-5）、管壁减薄度和折皱不平度的允许偏差及检验方法，见表16-6和表16-7。

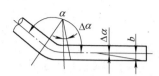

图16-5　弯曲角度及管端中心线偏差

α—弯曲角度　$\Delta\alpha$—弯曲角度的偏差（mm/m）

b—弯曲角度在直角端的最大偏差

表16-5　管道安装允许偏差及检验方法

项次	项目			允许偏差/mm	检验方法
1	坐标及标高	室外	架空	10	检查测量记录或用经纬仪、水平仪（水平尺）、钢直尺、拉线检查
			地沟	15	
		室内	架空	5	
			地沟	10	
2	水平管道纵横方向弯曲	DN≤100mm	每10m	5	用水平尺、钢直尺和拉线检查
		DN>100mm		10	
	横向弯曲全长25m以上			20	
3	立管垂直度	每米		1.5	用尺、水平尺和吊线检查
		管段全长大于10m		15	
4	成排管段	在同一平面上		3	用尺和拉线检查
		间距		3	
5	管道交叉处	管外壁或保温层间隙		10	用尺检查

表16-6　适用于碳素钢管道和不锈钢管道的允许偏差及检验方法

序号	项目			允许偏差	检验方法
1	圆度率[1]	DN≤150mm		7%	用尺和外卡钳检查
		DN>150mm		6%	
2	弯曲角度	PN≤10MPa	每米	±3mm	用尺和样板检查
			最长	±10mm	
3	管壁减薄度[2]	PN≤10MPa		15%	用测厚仪检查
4	折皱不平度[3]	DN≤150mm		3%	用尺和外卡钳检查
		DN=150~250mm		2.5%	
		DN>250mm		2%	

① 圆度率指管子最大外径与最小外径之差同最大外径之比（下同）。

② 管壁减薄度指管子公称壁厚与最小壁厚之差同公称壁厚之比。

③ 折皱不平度指管子折皱高度同管子外径之比（下同），仅适用于工作压力在10MPa以下的管道工程。

表 16-7　适用于纯铜和黄铜管道的允许偏差及检验方法

序号	项目			允许偏差	检验方法
1	圆度率		纯铜	8%	用尺和外卡钳检查
			黄铜	5%	
2	弯曲角度	PN≤10MPa	每米	±3mm	用尺和样板检查
			最长	±10mm	
3	折皱不平度	PN≤10MPa	最大	2mm	用尺和外卡钳检查

4）方形补偿器的圆度率、弯曲角度、管壁减薄度和折皱不平度的允许偏差及检验方法见表 16-6。

5）方形补偿器的两臂应平直，不应扭曲，外圆弧均匀。水平安装时，应使其坡度与管道一致。按系统全部检查。检验方法是观察和用水平尺检查。

6）补偿器外形尺寸和预拉（压）长度的允许偏差及检验方法见表 16-8。

16.10.5　阀门安装检查

阀门安装的位置、方向应正确，连接牢固、紧密，操作机构灵活、准确。有传动装置的阀门，指示器指示的位置应正确，传动可靠，无卡涩现象。有特殊要求的阀门，应符合设计或生产厂的有关规定。按系统不同类型的阀门各抽查 10%，但均不应少于 3 个。有特殊要求的阀门，应逐个检查。方法是观察和做启闭检查，或查调试记录。

16.10.6　管道试验、吹扫和涂色检查

1）管道的强度、严密性试验，必须符合设计要求和规范规定。检验方法是按系统检查分段试验记录。

2）管道系统必须按设计要求和规范规定进行清洗、吹扫。检验方法是按系统全部检查清洗、吹扫试样并记录。

3）碳素钢管道外表的铁锈、污垢应清除干净，再刷油漆。所涂油料品种、颜色及遍数，应符合设计要求和规范规定。油漆的颜色和光泽应均匀，无漏涂，附着良好。按系统每 20m 抽查一处。检验方法是观察检查。

表 16-8　补偿器外形尺寸、预拉（压）长度的允许偏差及检验方法

序号	项目			允许偏差/mm	检验方法
1	外形尺寸（方形）	悬臂长度		10	用尺和拉线检查
		平直度	每米	≤2	
			全长	≤10	
2	预拉（压）长度	方形		10	检查预拉（压）记录
		填函式、波形		5	

16.10.7　管道保温检查

1）保温材料的强度、密度、热导率、耐热性、吸水率及品种规格，均应符合设计要求和规范规定。检验方法是检查合格证和化验、试验记录。

2）保温结构各层间粘贴应紧密、平整，压缝、圆弧均匀，无环形断裂，伸缩缝位置正确。采用成型制品和缠绕品时，应将接缝错开，嵌缝要饱满；采用松散和浇注材料时，填充应密实、均匀，厚度一致。保护层采用卷材时，应紧贴表面，无折皱和开裂；采用抹面时，应平整光滑，端部棱角整齐，不应有显著裂缝；采用镀锌薄钢板（铝板）包裹时，应压边起线搭接，搭缝应避开雨水冲刷方向。按系统，室外每 50m、室内每 30m 抽查一处，伸缩缝全部检查。检验方法是观察检查和查阅施工记录。

3）阀门、法兰及其可拆卸部件的两侧，在做保温层时，应留出空隙，保温层断面应封闭严密。支架、托架处的保温层不应影响活动面的自由伸缩，托架内保温层应填满。按系统抽查 20%，但不应少于 5 处。检验方法是观察检查。

4）保温层表面平整度、厚度和伸缩缝的允许偏差及检验方法见表 16-9。按系统，室外每 50m、室内每 30m 抽查一处。

16.10.8　管道绝缘防腐检查

1）绝缘防腐材料应符合设计要求和规范规定。检验方法是检查材料合格证和试验记录。

2）管道外表面的铁锈、污垢应清除干净，绝缘防腐层应牢固，厚度应符合设计要求和规范规定。卷材同管道和各层卷材之间应粘贴牢固，表面平整，不应有折皱、滑溜和封口不严等缺陷。沥青油膜应完整，厚度均匀，且不应有空白、凝块和滴落等缺陷。按系统，室外每 100m、室内每 50m 抽查一处。检验方法是用小刀切开绝缘防腐层检查和观察检查。

需做黏结力试验和电火花检验的管道，应符合设计要求和规范规定。特殊防腐管道应符合有关规定。按系统，室外每 100m、室内每 50m 抽查一处。检验方法是检查试验记录。

表 16-9　保温层表面平整度、厚度和伸缩缝的允许偏差及检验方法

序号	项目		允许偏差	检验方法
1	表面平整度	涂抹	10mm	用 2m 靠尺和楔形塞尺检查
		卷材、成型制品	5mm	
2	厚度	成型制品	5%	用钢针刺入保温层和用尺检查
		缠绕品	8%	
		填充品	10%	
3	伸缩缝	宽度	5mm	用尺检查

参 考 文 献

［1］中国工程建设标准化协会化工分会．工业金属管道工程施工规范：GB 50235—2010［S］．北京：中国计划出版社，2011．

［2］中国工程建设标准化协会化工分会．工业金属管道工程施工质量验收规范：GB 50184—2011［S］．北京：中国计划出版社，2011．

［3］中国工程建设标准化协会化工分会．现场设备、工业管道焊接工程施工规范：GB 50236—2011［S］．北京：中国计划出版社，2011．

［4］中国工程建设标准化协会化工分会．现场设备、工业管道焊接工程施工质量验收规范：GB 50683—2011［S］．北京：中国计划出版社，2012．

［5］中国工程建设标准化协会化工分会．工业设备及管道绝热工程施工规范：GB 50216—2008［S］．北京：中国计划出版社，2008．

［6］中国工程建设标准化协会化工分会．工业设备及管道绝热工程施工质量验收规范：GB 50185—2010［S］．北京：中国计划出版社，2010．

［7］中国工程建设标准化协会化工分会．工业设备及管道防腐蚀工程施工规范：GB 50726—2011［S］．北京：中国计划出版社，2011．

［8］中国工程建设标准化协会化工分会．工业设备及管道防腐蚀工程施工质量验收规范：GB 50727—2011［S］．北京：中国计划出版社，2011．

［9］中国石油和化学工业联合会．脱脂工程施工及验收规范：HG 20202—2014［S］．北京：中国计划出版社，2015．

［10］国家质检总局特种设备安全监察局．压力管道安全技术监察规程——工业管道：TSG D0001—2009［S］．北京：新华出版社，2009．

［11］全国锅炉压力容器标准化技术委员会．压力管道规范 工业管道：GB/T 20801.1～20801.6—2006［S］．北京：中国标准出版社，2007．

［12］中华人民共和国住房和城乡建设部．城镇供热管网工程施工及验收规范：CJJ 28—2014［S］．北京：中国建筑工业出版社，2014．

［13］中华人民共和国建设部．城镇燃气输配工程施工及验收规范：CJJ 33—2005［S］．北京：中国建筑工业出版社，2005．

［14］国家经济贸易委员会安全生产局．工业管道的基本识别色、识别符号和安全标识：GB 7231—2003［S］．北京：中国标准出版社，2003．

［15］全国安全生产标准化技术委员会．安全色：GB 2893—2008［S］．北京：中国标准出版社，2009．

［16］应道宴．GB/T 20801—2006《压力管道规范 工业管道》实施指南［M］．北京：新华出版社，2008．

［17］张金和，张明明，王志涛，等．压力管道施工［M］．上海：上海科学技术出版社，2015．

［18］北京市政建设集团有限责任公司．管道工程施工技术规程［M］．北京：中国建筑工业出版社，2010．

［19］北京市政建设集团有限责任公司．管道工程施工工艺规程［M］．北京：中国建筑工业出版社，2010．

［20］张强，左建军，鲁荣利，等．管道安装工程［M］．北京：中国建筑工业出版社，2010．

［21］周岐，王亚君．电焊工工艺与操作技术［M］．北京：机械工业出版社，2009．

第 17 章　工程估价

本章旨在向设计人员介绍工程估价的基本知识和基本方法，并提供动力管道专业常用的一些设备及产品参考价格，以供设计人员做设计投资估价时参考。

17.1　工程估价的概念和内容

17.1.1　工程估价的概念

工程估价一词起源于国外，在国外的基本建设程序中，可行性研究阶段、方案设计阶段、基础设计阶段、详细设计阶段及招投标阶段对建设工程项目投资所做的测算统称为工程估价。

工程建设活动是一项多环节、多因素，涉及广泛，内部与外部联系密切的复杂活动。一个拟建项目，在立项之前和立项之后，工程建设产品的形成一般都要经过前期方案（规划）设计、可行性研究、初步设计或扩大初步设计、施工图设计及施工招标或发包等阶段。每个阶段都要对工程建设产品形成所需的费用进行估价。这种随着设计深度的不同所进行的工程建设所需费用的一系列计算过程，称为工程估价。工程估算结果所形成的文件，称为工程投资估算书。

从世界范围看，工程造价的估算大体可分为两大体系。一种是由国家和地区主管基本建设的有关部门制定和颁发估算指标、概算定额、预算定额，以及与其配套使用的建筑材料预算价格和各种应取费用定额，再由工程经济人员依据技术资料和图样，并结合工程的具体情况，套用估算指标和定额（包括各项应取费用定额），按照规定的计算程序，计算出拟建工程所需要的全部建设费用，即工程造价。我国和东欧一些国家均属于这一体系。另一种是工程造价的估算，不是依据国家和地区制定的统一定额，而是依据大量已建成类似工程的技术经济指标和实际造价资料，当时当地的市场价格信息和供求关系、工程具体情况、设计资料和图样等，在充分运用估算师的经验和技巧的基础上，估算出拟建工程所需要的全部建设费用，即工程造价。英、美、法、德等西方国家均属于这一体系。两大体系的主要区别是：估价依据不同；造价人员所发挥的主观能动性不同，前者套用定额、按规定计取费用均属执行政策，后者凭借造价师的实际经验和技巧。

几十年来，我国一直实行与产品经济相适应的概预算制度。随着经济管理体制改革的深化，市场机制的逐步完善，商品经济的高速发展，国外发达国家的科学管理方法已逐渐传入我国，一些与商品经济相适应的工程估价和招投标等方法，在我国被普遍运用于工程建设领域。可以预计，工程估价做法将逐步过渡到一种科学的方法——"量""价"分离，以适应社会主义市场经济的需要。

17.1.2　工程估价的内容

工程估价和工程设计一样，是分阶段进行的。在不同的设计阶段，按需要和可能具有的条件，编制出粗细要求和具体作用有所不同的估价文件，以适应工程建设的计划、审批和组织工作的需要。

工程估价的内容，按设计深度可划分为设计前期估算、方案（规划）设计估算、初步设计概算和施工图设计预算；按不同要求和方法可划分为工程招标估价、工程投标估价等。

设计前期估算是指在提出项目建议书、进行可行性研究报告或设计任务书编制阶段后，按照规定的投资估算编制办法、投资估算指标，或参照已建成类似工程的实际造价资料等，对拟建项目造价所做的估算。

方案（规划）设计估算是指设计人员提出一种或数种设计方案，并提出主要设备类型规格、数量后供优选，估算人员则依据设计人员提供的设计草图、设备选型等技术资料及参数，依据估算指标或参照已建成类似工程造价和现行的设备材料价格等，并结合自身所积累的实践经验，对该建设项目所做出的估算。方案设计估算除估算出工程项目总造价外，还要提出有关单位工程的造价，以便从中优选出技术与经济最佳的方案。

初步设计概算是指在初步设计阶段，设计单位根据初步设计规定的总体布置、工程项目、各单项工程的主要结构、工艺设备一览表，以及其他有关设计文件，采用概算定额（结合预算定额）或概算指标、设备材料现行预算价格等技术资料，编制建设项目的总概算，对拟建项目进行较为详细的估价。经批准的初步设计概算，是安排工程建设计划、控制建设项目投资的最高限额。需要指出的是，由于我国加入了世界贸易组织及市场经济的逐步完善，建设材料的价格受供求关系的影响，因时而变、因地而变，差异很大，因此，材料价格应预见到市场的走势及影响作用。

　　施工图设计预算是指在施工图设计阶段，设计单位依据施工图设计的内容和要求，并结合预算定额的规定，计算出每一单项工程的全部工程量，套用有关定额（包括预算定额或综合预算定额、间接费定额、利润率、税率等），并按照国家有关部门或地区主管部门发布的有关编制工程预算的文件规定，详细地编制出相应建设工程的预算造价。经批准的施工图设计预算，是编制工程建设计划，签订建设项目施工合同，实行建筑安装工程造价包干和办理工程价款的依据。实行招标的工程，施工图设计预算是制定标底的重要依据。

　　综上所述，工程估价从前期估算→方案设计估算→初步设计概算→施工图设计预算，是一个由粗到细、由浅到深，逐步确定拟建项目价格的过程。设计前期、方案设计、初步设计和施工图设计各阶段估（概、预）算所确定的价格，均属于建设项目的计划价格，而一次包死的定标价和承包竣工决算价属于建设项目的实际价格。工程估价内容的实质是依据拟建项目不同设计阶段的内容，对该建设项目进行投资造价的确定。

17.2　工程估价的特点和准确性

17.2.1　工程估价的特点

　　工程估价的特点是由基本建设产品本身固有的技术经济特点，及其生产过程的技术经济特点所决定的。工程估价的特点主要是单个性计价、多次性计价和按工程构成的分部组合计价。

1. 单个性计价

　　每一项工程建设项目都有其专门用途，每一个项目也就有不同的结构、不同的体积和面积、不同的生产流程、不同的工艺设备和材料。即使是用途相同的工程项目，其建筑等级、质量标准和技术水平也会有所不同。同时，工程建设项目又必须在结构、造型等方面，适应工程所在地的地质、水文、气候等自然条件和市政规划、审美要求及投资控制等社会条件。这就使建设工程在实物形态上千差万别，具有突出的个体性。再加上不同地区估价的各种价值要素（运输、能源、材料供应、工资标准、费用标准等）的差异，最终导致工程投资费用的千差万别。因此，对工程建设项目，不能像对工业产品那样按品种、规格、质量成批量的定价，只能是单个计价。也就是说，工程建设项目的定价，不能按国家规定统一的价格，必须通过特殊的计价程序（编制工程项目估算、概算、预算、合同价、投标价、结算、决算价等）来确定建设项目的价格。

2. 多次性计价

　　由于工程建设项目实体庞大、结构复杂、内容繁多、个体性强等特点，因此，建设项目的生产过程是一个周期长、环节多、消耗量大、占用资金多的生产耗费过程。为了适应工程建设过程中各有关方面经济关系的建立，适应项目管理的要求，适应工程造价的控制和经济核算的要求，需要对建设项目按照设计阶段的划分和建设阶段的不同，进行多次性的计价。工程项目多次估价的流程如图17-1所示。

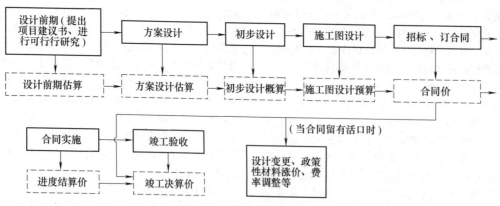

图 17-1　工程项目多次估价的流程

3. 按工程构成的分部组合计价

　　就一个完整的建设项目来说，它的投资费用的形成次序，一般都是由单个到综合，由局部到总体，逐个估价，层层汇总而成的。众所周知，一个建设项目，都具有实体庞大、结构复杂的特点。因此，

要就整个项目进行估价是不可能的。但就建设项目的实物形态看，无论其实体如何庞大，规模和结构如何不同，从其组成来看，都是由许许多多的分项工程和分部工程所构成的。

　　由于一个建设项目具有按工程构成分部组合的

特点，依据这一特点，就可以达到由单个到综合，由局部到总体，逐个估价，层层汇总，从而求得一个工程项目投资费用的总和来。比如，欲求得某一建设项目从筹建到竣工验收为止的全部建设费用，可先计算出各单位工程的概算，再计算出各单项工程的综合概算，各单项工程综合概算经汇总，并加上必要的其他费用后，即可得到该建设项目的全部建设费用，即总概算。

单位工程的施工图设计预算，一般是按各分部、分项工程量和相应的定额单价、各项应取费用标准进行计算而得的，即Σ（分部分项工程量×相应预算单价）+各项应取费用。这种方法称为单位估价法。另外还有实物法，即利用概（预）算定额，先计算出各分部分项，以至整个单位工程所需的人工、材料和机械台班消耗量；然后再乘以工程所在地的人工、材料、机械台班单价，求得工程直接费；最后再按各项应取费用标准，计算出应取费用数额并相加之后，即为单位工程造价。不难看出，单位估价法和实物法虽然不同，但两者的共同点都是对工程建设项目进行分解，按工程构成的分部组合计价。

17.2.2 工程估价的准确性

每一工程在不同的建设阶段，由于条件不同，对估算准确度的要求也就有所不同。人们不可能超越客观条件，把建设项目估算编制得与最终造价（决算价）完全一致。但可以肯定，如果能充分地掌握市场变动信息，并全面加以分析，工程造价估算准确性就能提高。一般说来，建设阶段越接近后期，可掌握因素越多，也就越接近实际，工程造价估算也就越接近于最终造价。在设计前期，由于诸多因素的不确定性，所编估算偏离最终造价较远是在所难免的。

工程造价估算的各种客观因素，可科学地划分为可计算因素和估计因素两大类。可计算因素是指估价的基础单价（如扩大指标和技术数据、概算指标、估算指标及各种费率标准等）乘以其相应的工程量，求得的造价或费用。估计因素则是对各种不确定因素加以分析判断、逻辑推理、主观估计而求得的，这在很大程度上依赖于工程造价师的水平和经验。

要提高工程造价估算的准确性，应注意做到以下几点：

1）要认真收集、整理和积累各种建设项目的竣工决算实际造价资料。这些资料的可靠性越高，则估算出的工程造价准确度也越高。因此，收集和积累可靠的技术情报资料，是提高工程估价准确性的前提和基础。

2）选择使用工程造价估算的各种数据时，不论是自己积累的数据，还是来源于其他方面的数据，要求估算师在使用前都要结合时间、物价、现场条件、装备水平等因素，做好充分的分析和调查研究工作。据此，应该做到以下三点：

① 造价指标的工程特征与本工程尽可能相符合。

② 对工程所在地的交通、能源、材料供应等条件做周密的调查研究。

③ 做好细致的市场调查和预测，绝不能生搬硬套。

3）工程造价的估算必须考虑建设期物价、工资等方面的动态因素变化。

4）应留有足够的预备费。但这并不是说，预备费留得越多越保险，而是依据估算师所掌握的情况加以分析、判断、预测等环节，选定一个适度的系数。一般来说，对于那些建设工期长、工程复杂或新开发的新工艺流程，预备费所占比例可高一些；建设工期短、工程结构简单，或在很大程度上带有非开发，并在国内已有建成的工艺生产项目和已定型的项目，预备费所占的比例就可以低一些。

工程估价的准确性要求一般为：前期方案、可行性研究阶段工程估算要求不高于最终造价的20%，初步设计或实施方案阶段工程估价要求不高于最终造价的10%，所有估算造价均不得低于最终工程造价。

17.3 建筑安装工程费用

17.3.1 建筑安装工程费用组成

根据中华人民共和国住房和城乡建设部、财政部2013年3月21日建标〔2013〕44号文，建筑安装工程费用组成可以采取两种划分形式，即按费用构成要素划分和按造价形成划分，如图17-2和图17-3所示。

1. 按费用构成要素划分

建筑安装工程费按照费用构成要素可划分为人工费、材料（包含工程设备，下同）费、施工机具使用费、企业管理费、利润、规费和税金。其中人工费、材料费、施工机具使用费、企业管理费和利润包含在分部分项工程费、措施项目费、其他项目费中。

（1）人工费 人工费是指按工资总额构成规定，支付给从事建筑安装工程施工的生产工人和附属生产单位工人的各项费用。内容包括：

1）计时工资或计件工资。计时工资或计件工资是指按计时工资标准和工作时间或对已做工作按计件单价支付给个人的劳动报酬。

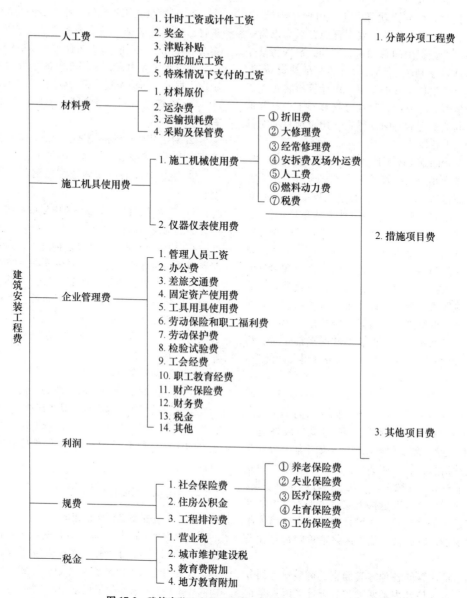

图 17-2 建筑安装工程费用组成（按费用构成要素划分）

2）奖金。奖金是指对超额劳动和增收节支支付给个人的劳动报酬，如节约奖、劳动竞赛奖等。

3）津贴补贴。津贴补贴是指为了补偿职工特殊或额外的劳动消耗和因其他特殊原因支付给个人的津贴，以及为了保证职工工资水平不受物价影响支付给个人的物价补贴，如流动施工津贴、特殊地区施工津贴、高温（寒）作业临时津贴、高空津贴等。

4）加班加点工资。加班加点是指按规定支付的在法定节假日工作的加班工资和在法定日工作时间外延时工作的加点工资。

5）特殊情况下支付的工资。特殊情况下支付的工资是指根据国家法律、法规和政策规定，因病、工伤、产假、计划生育假、婚丧假、事假、探亲假、定期休假、停工学习、执行国家或社会义务等原因按计时工资标准或计时工资标准的一定比例支付的工资。

（2）材料费 材料费是指施工过程中耗费的原材料、辅助材料、构配件、零件、半成品或成品、工程设备的费用。内容包括：

1）材料原价。材料原价是指材料、工程设备的出厂价格或商家供应价格。

2）运杂费。运杂费是指材料、工程设备自来源地运至工地仓库或指定堆放地点所发生的全部费用。

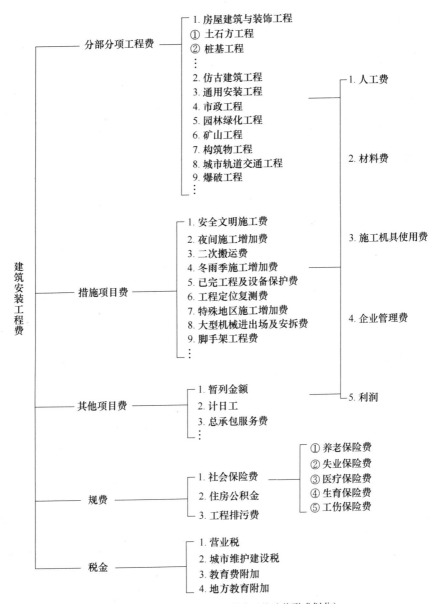

图 17-3　建筑安装工程费用组成（按造价形成划分）

　　3）运输损耗费。运输损耗费是指材料在运输装卸过程中不可避免的损耗。

　　4）采购及保管费。采购及保管费是指为组织采购、供应和保管材料、工程设备的过程中所需要的各项费用，包括采购费、仓储费、工地保管费、仓储损耗。

　　工程设备是指构成或计划构成永久工程一部分的机电设备、金属结构设备、仪器装置及其他类似的设备和装置。

　　（3）施工机具使用费　施工机具使用费是指施工作业所发生的施工机械、仪器仪表使用费或其租

赁费。

　　1）施工机械使用费。施工机械使用费以施工机械台班耗用量乘以施工机械台班单价表示。施工机械台班单价应由下列七项费用组成：

　　①折旧费。折旧费是指施工机械在规定的使用年限内，陆续收回其原值的费用。

　　②大修理费。大修理费是指施工机械按规定的大修理间隔台班进行必要的大修理，以恢复其正常功能所需的费用。

　　③经常修理费。经常修理费是指施工机械除大修理以外的各级保养和临时故障排除所需的费用。

经常修理费包括为保障机械正常运转所需替换设备与随机配备工具附具的摊销和维护费用，机械运转中日常保养所需润滑与擦拭的材料费用及机械停滞期间的维护和保养费用等。

④ 安拆费及场外运费。安拆费是指施工机械（大型机械除外）在现场进行安装与拆卸所需的人工、材料、机械和试运转费用以及机械辅助设施的折旧、搭设、拆除等费用；场外运费是指施工机械整体或分体自停放地点运至施工现场或由一施工地点运至另一施工地点的运输、装卸、辅助材料及架线等费用。

⑤ 人工费。人工费是指机上司机（司炉）和其他操作人员的人工费。

⑥ 燃料动力费。燃料动力费是指施工机械在运转作业中所消耗的各种燃料及水、电等费用。

⑦ 税费。税费是指施工机械按照国家规定应缴纳的车船使用税、保险费及年检费等。

2）仪器仪表使用费。仪器仪表使用费是指工程施工所需使用的仪器仪表的摊销及维修费用。

（4）企业管理费　企业管理费是指建筑安装企业组织施工生产和经营管理所需的费用。内容包括：

1）管理人员工资。管理人员工资是指按规定支付给管理人员的计时工资、奖金、津贴补贴、加班加点工资及特殊情况下支付的工资等。

2）办公费。办公费是指企业管理办公用的文具、纸张、账表、印刷、邮电、书报、办公软件、现场监控、会议、水电、烧水和集体取暖降温（包括现场临时宿舍取暖降温）等费用。

3）差旅交通费。差旅交通费是指职工因公出差、调动工作的差旅费、住勤补助费、市内交通费和误餐补助费，职工探亲路费，劳动力招募费，职工退休、退职一次性路费，工伤人员就医路费，工地转移费以及管理部门使用的交通工具的油料、燃料等费用。

4）固定资产使用费。固定资产使用费是指管理和试验部门及附属生产单位使用的属于固定资产的房屋、设备、仪器等的折旧、大修、维修或租赁费。

5）工具用具使用费。工具用具使用费是指企业施工生产和管理使用的不属于固定资产的工具、器具、家具、交通工具和检验、试验、测绘、消防用具等的购置、维修和摊销费。

6）劳动保险和职工福利费。劳动保险及职工福利费是指由企业支付的职工退职金，按规定支付给离休干部的经费，集体福利费，夏季防暑降温、冬季取暖补贴，上下班交通补贴等。

7）劳动保护费。劳动保护费是指企业按规定发放的劳动保护用品的支出，如工作服、手套、防暑降温饮料以及在有碍身体健康的环境中施工的保健费用等。

8）检验试验费。检验试验费是指施工企业按照有关标准规定，对建筑以及材料、构件和建筑安装物进行一般鉴定、检查所发生的费用。该费用包括自设试验室进行试验所耗用的材料等费用，不包括新结构、新材料的试验费，对构件做破坏性试验及其他特殊要求检验试验的费用和建设单位委托检测机构进行检测的费用，对此类检测发生的费用，由建设单位在工程建设其他费用中列支。但对施工企业提供的具有合格证明的材料进行检测不合格的，该检测费用由施工企业支付。

9）工会经费。工会经费是指企业按《工会法》规定的全部职工工资总额比例计提的工会经费。

10）职工教育经费。职工教育经费是指按职工工资总额的规定比例计提，企业为职工进行专业技术和职业技能培训、专业技术人员继续教育、职工职业技能鉴定、职业资格认定，以及根据需要对职工进行各类文化教育所发生的费用。

11）财产保险费。财产保险费是指施工管理用财产、车辆等的保险费用。

12）财务费。财务费是指企业为施工生产筹集资金或提供预付款担保、履约担保、职工工资支付担保等所发生的各种费用。

13）税金。税金是指企业按规定缴纳的房产税、车船使用税、土地使用税、印花税等。

14）其他。其他包括技术转让费、技术开发费、投标费、业务招待费、绿化费、广告费、公证费、法律顾问费、审计费、咨询费、保险费等。

（5）利润　利润是指施工企业完成所承包工程获得的盈利。

（6）规费　规费是指按国家法律、法规规定，由省级政府和省级有关权力部门规定必须缴纳或计取的费用。内容包括：

1）社会保险费。社会保险费包括以下内容：

① 养老保险费。养老保险费是指企业按照规定标准为职工缴纳的基本养老保险费。

② 失业保险费。失业保险费是指企业按照规定标准为职工缴纳的失业保险费。

③ 医疗保险费。医疗保险费是指企业按照规定标准为职工缴纳的基本医疗保险费。

④ 生育保险费。生育保险费是指企业按照规定标准为职工缴纳的生育保险费。

⑤ 工伤保险费。工伤保险费是指企业按照规定标准为职工缴纳的工伤保险费。

2) 住房公积金。住房公积金是指企业按规定标准为职工缴纳的住房公积金。

3) 工程排污费。工程排污费是指按规定缴纳的施工现场工程排污费。

其他应列而未列入的规费，按实际发生计取。

（7）税金 税金是指国家税法规定的应计入建筑安装工程造价内的营业税、城市维护建设税、教育费附加以及地方教育附加。

2. 按造价形成划分

建筑安装工程费按照工程造价形成划分为分部分项工程费、措施项目费、其他项目费、规费、税金。分部分项工程费、措施项目费、其他项目费包含人工费、材料费、施工机具使用费、企业管理费和利润。

（1）分部分项工程费 分部分项工程费是指各专业工程的分部分项工程应予列支的各项费用。

1) 专业工程。专业工程是指按现行国家计量规范划分的房屋建筑与装饰工程、仿古建筑工程、通用安装工程、市政工程、园林绿化工程、矿山工程、构筑物工程、城市轨道交通工程、爆破工程等各类工程。

2) 分部分项工程。分部分项工程是指按现行国家计量规范对各专业工程划分的项目，如房屋建筑与装饰工程划分的土石方工程、地基处理与桩基工程、砌筑工程、钢筋及钢筋混凝土工程等。

各类专业工程的分部分项工程划分见相关国家或行业计量规范。

（2）措施项目费 措施项目费是指为完成建设工程施工，发生于该工程施工前和施工过程中的技术、生活、安全、环境保护等方面的费用。内容包括：

1) 安全文明施工费。安全文明施工费包括以下内容：

① 环境保护费。环境保护费是指施工现场为达到环保部门要求所需要的各项费用。

② 文明施工费。文明施工费是指施工现场文明施工所需要的各项费用。

③ 安全施工费。安全施工费是指施工现场安全施工所需要的各项费用。

④ 临时设施费。临时设施费是指施工企业为进行建设工程施工所必须搭设的生活和生产用的临时建筑物、构筑物和其他临时设施的费用，包括临时设施的搭设、维修、拆除、清理费或摊销费等。

2) 夜间施工增加费。夜间施工增加费是指因夜间施工所发生的夜班补贴费、夜间施工降效、夜间施工照明设备摊销及照明用电等费用。

3) 二次搬运费。二次搬运费是指因施工场地条件限制而发生的材料、构配件、半成品等一次运输不能到达堆放地点，必须进行二次或多次搬运所发生的费用。

4) 冬雨季施工增加费。冬雨季施工增加费是指在冬季或雨季施工需增加的临时设施、防滑、排除雨雪，人工及施工机械效率降低等费用。

5) 已完工程及设备保护费。已完工程及设备保护费是指竣工验收前，对已完工程及设备采取的必要保护措施所发生的费用。

6) 工程定位复测费。工程定位复测费是指工程施工过程中进行全部施工测量放线和复测工作的费用。

7) 特殊地区施工增加费。特殊地区施工增加费是指工程在沙漠或其边缘地区、高海拔、高寒、原始森林等特殊地区施工增加的费用。

8) 大型机械进出场及安拆费。大型机械进出场及安拆费是指机械整体或分体自停放场地运至施工现场或由一个施工地点运至另一个施工地点，所发生的机械进出场运输与转移费用，以及机械在施工现场进行安装、拆卸所需的人工费、材料费、机械费、试运转费和安装所需的辅助设施的费用。

9) 脚手架工程费。脚手架工程费是指施工需要的各种脚手架搭、拆、运输费用以及脚手架购置费的摊销或租赁费用。

措施项目及其包含的内容详见各类专业工程的相关国家或行业计量规范。

（3）其他项目费 其他项目费包括以下内容：

1) 暂列金额。暂列金额是指建设单位在工程量清单中暂定并包括在工程合同价款中的一笔款项，用于施工合同签订时尚未确定或者不可预见的所需材料、工程设备、服务的采购，施工中可能发生的工程变更、合同约定调整因素出现时的工程价款调整以及发生的索赔、现场签证确认等的费用。

2) 计日工。计日工是指在施工过程中，施工企业完成建设单位提出的施工图以外的零星项目或工作所需的费用。

3) 总承包服务费。总承包服务费是指总承包人为配合、协调建设单位进行的专业工程发包，对建设单位自行采购的材料、工程设备等进行保管以及施工现场管理、竣工资料汇总整理等服务所需的费用。

（4）规费 定义同按费用构成要素划分。

（5）税金 定义同按费用构成要素划分。

17.3.2 建筑安装工程费用参考计算方法

1. 各费用构成要素参考计算方法

（1）人工费 公式1：

人工费 = $\sum$（工日消耗量 × 日工资单价）

$$(17-1)$$

日工资单价 = ［生产工人平均月工资

（计时、计件） + 平均月奖金等（奖金 + 津贴补贴 +

加班加点工资 + 特殊情况下支付的工资）］/

年平均每月法定工作日　　　(17-2)

式（17-1）主要适用于施工企业投标报价时自主确定人工费，也是工程造价管理机构编制计价定额时确定定额人工单价或发布人工成本信息的参考依据。

公式2：

人工费 = $\sum$（工程工日消耗量 × 日工资单价）

$$(17-3)$$

日工资单价是指施工企业平均技术熟练程度的生产工人在每工作日（国家法定工作时间内）按规定从事施工作业应得的日工资总额。

工程造价管理机构确定日工资单价应通过市场调查，根据工程项目的技术要求，参考实物工程量人工单价综合分析确定。最低日工资单价不得低于工程所在地人力资源和社会保障部门所发布的最低工资标准的：普工 1.3 倍，一般技工 2 倍，高级技工 3 倍。

工程计价定额不可只列一个综合工日单价，应根据工程项目技术要求和工种差别适当划分多种日人工单价，确保各分部工程人工费的合理构成。

式（17-3）适用于工程造价管理机构编制计价定额时确定定额人工费，是施工企业投标报价的参考依据。

（2）材料费

1）材料费。

材料费 = $\sum$（材料消耗量 × 材料单价）

材料单价 = ［（材料原价 + 运杂费）×

（1 + 运输损耗率）］ × （1 + 采购保管费率）

$$(17-4)$$

2）工程设备费。

工程设备费 = $\sum$（工程设备量 × 工程设备单价）

工程设备单价 = （设备原价 + 运杂费）

× （1 + 采购保管费率）　　(17-5)

（3）施工机具使用费

1）施工机械使用费。

施工机械使用费 = $\sum$（施工机械台班消耗量

× 机械台班单价）　　(17-6)

机械台班单价 = 台班折旧费 + 台班大修费 + 台班经常修理费 + 台班安拆费及场外运费 + 台班人工费 + 台班燃料动

力费 + 台班车船税费　　　(17-7)

工程造价管理机构在确定计价定额中的施工机械使用费时，应根据《建筑施工机械台班费用计算规则》结合市场调查编制施工机械台班单价。施工企业可以参考工程造价管理机构发布的台班单价，自主确定施工机械使用费的报价，如租赁施工机械，公式为：施工机械使用费 = $\sum$（施工机械台班消耗量 × 机械台班租赁单价）。

2）仪器仪表使用费。

仪器仪表使用费 = 工程使用的

仪器仪表摊销费 + 维修费　　(17-8)

（4）企业管理费费率

1）以分部分项工程费为计算基础。

企业管理费费率 = 生产工人年平均管理费/（年有效施工天数×人工单价）×

人工费占分项工程费比例×

100%　　　　(17-9)

2）以人工费和机械费合计为计算基础。

企业管理费费率 = 生产工人年平均管理费/［年有效施工天数×（人工单价 +

每一工日机械使用费）］×100%

$$(17-10)$$

3）以人工费为计算基础。

企业管理费费率 = 生产工人年平均管理费/（年有效施工天数×人工单价）×

100%　　　　(17-11)

式（17-9）~式（17-11）适用于施工企业投标报价时自主确定管理费，是工程造价管理机构编制计价定额确定企业管理费的参考依据。

工程造价管理机构在确定计价定额中企业管理费时，应以定额人工费或（定额人工费 + 定额机械费）作为计算基数，其费率根据历年工程造价积累的资料，辅以调查数据确定，列入分部分项工程和措施项目中。

（5）利润

1）施工企业根据企业自身需求并结合建筑市场实际自主确定，列入报价中。

2）工程造价管理机构在确定计价定额中利润时，应以定额人工费或（定额人工费 + 定额机械费）作为计算基数，其费率根据历年工程造价积累的资料，并结合建筑市场实际确定，以单位（单项）工程测算，利润在税前建筑安装工程费的比例可按不低于5%且不高于7%的费率计算。利润应列入分部分项工程和措施项目中。

（6）规费

1）社会保险费和住房公积金。社会保险费和住房公积金应以定额人工费为计算基数，根据工程所在地省、自治区、直辖市或行业建设主管部门规定费率计算。

$$社会保险费和住房公积金 = \sum (工程定额人工费 \times 社会保险费和住房公积金费率) \quad (17\text{-}12)$$

社会保险费和住房公积金费率可以每万元发承包价的生产工人人工费和管理人员工资含量与工程所在地规定的缴纳标准综合分析确定。

2）工程排污费。工程排污费等其他应列而未列入的规费应按工程所在地环境保护等部门规定的标准缴纳，按实计取列入。

（7）税金

1）税金计算公式。

$$税金 = 税前造价 \times 综合税率 \quad (17\text{-}13)$$

2）综合税率计算公式。

① 纳税地点在市区的企业。

$$综合税率 = \frac{1}{1-3\%-(3\%\times7\%)-(3\%\times3\%)-(3\%\times2\%)}-1 \quad (17\text{-}14)$$

② 纳税地点在县城、镇的企业。

$$综合税率 = \frac{1}{1-3\%-(3\%\times5\%)-(3\%\times3\%)-(3\%\times2\%)}-1 \quad (17\text{-}15)$$

③ 纳税地点不在市区、县城、镇的企业。

$$综合税率 = \frac{1}{1-3\%-(3\%\times1\%)-(3\%\times3\%)-(3\%\times2\%)}-1 \quad (17\text{-}16)$$

④ 实行营业税改增值税的，按纳税地点现行税率计算。

2. 建筑安装工程计价参考计算方法

（1）分部分项工程费

$$分部分项工程费 = \sum (分部分项工程量 \times 综合单价) \quad (17\text{-}17)$$

综合单价包括人工费、材料费、施工机具使用费、企业管理费和利润以及一定范围的风险费用（下同）。

（2）措施项目费

1）国家计量规范规定应予计量的措施项目，其计算公式为

$$措施项目费 = \sum (措施项目工程量 \times 综合单价) \quad (17\text{-}18)$$

2）国家计量规范规定不宜计量的措施项目计算方法如下：

① 安全文明施工费。

$$安全文明施工费 = 计算基数 \times 安全文明施工费费率 \quad (17\text{-}19)$$

计算基数应为定额基价（定额分部分项工程费+定额中可以计量的措施项目费）、定额人工费或（定额人工费+定额机械费），其费率由工程造价管理机构根据各专业工程的特点综合确定。

② 夜间施工增加费。

$$夜间施工增加费 = 计算基数 \times 夜间施工增加费费率 \quad (17\text{-}20)$$

③ 二次搬运费。

$$二次搬运费 = 计算基数 \times 二次搬运费费率 \quad (17\text{-}21)$$

④ 冬雨季施工增加费。

$$冬雨季施工增加费 = 计算基数 \times 冬雨季施工增加费费率 \quad (17\text{-}22)$$

⑤ 已完工程及设备保护费。

$$已完工程及设备保护费 = 计算基数 \times 已完工程及设备保护费费率 \quad (17\text{-}23)$$

上述②~⑤项措施项目的计费基数应为定额人工费或（定额人工费+定额机械费），其费率由工程造价管理机构根据各专业工程特点和调查资料综合分析后确定。

（3）其他项目费

1）暂列金额由建设单位根据工程特点，按有关计价规定估算，施工过程中由建设单位掌握使用、扣除合同价款调整后如有余额，归建设单位。

2）计日工由建设单位和施工企业按施工过程中的签证计价。

3）总承包服务费由建设单位在招标控制价中根据总包服务范围和有关计价规定编制，施工企业投标时自主报价，施工过程中按签约合同价执行。

（4）规费和税金　建设单位和施工企业均应按照省、自治区、直辖市或行业建设主管部门发布标准计算规费和税金，不得作为竞争性费用。

3. 相关问题的说明

1）各专业工程计价定额的编制及其计价程序，均按建标〔2013〕44号文件实施。

2）各专业工程计价定额的使用周期原则上为5年。

3）工程造价管理机构在定额使用周期内，应及时发布人工、材料、机械台班价格信息，实行工程造价动态管理，如遇国家法律、法规、规章或相关政策变化以及建筑市场物价波动较大时，应适时调整定额人工费、定额机械费以及定额基价或规费费

率，使建筑安装工程费能反映建筑市场实际。

4）建设单位在编制招标控制价时，应按照各专业工程的计量规范和计价定额以及工程造价信息编制。

5）施工企业在使用计价定额时除不可竞争费用外，其余仅作参考，由施工企业投标时自主报价。

17.3.3 建筑安装工程计价程序

1. 建设单位工程招标控制价计价程序

建设单位工程招标控制价计价程序见表17-1。

表 17-1 建设单位工程招标控制价计价程序

工程名称： 　　　　　　　　　　标段：

序号	内容	计算方法	金额（元）
1	分部分项工程费	按计价规定计算	
1.1			
1.2			
1.3			
1.4			
1.5			
2	措施项目费	按计价规定计算	
2.1	其中：安全文明施工费	按规定标准计算	
3	其他项目费		
3.1	其中：暂列金额	按计价规定估算	
3.2	其中：专业工程暂估价	按计价规定估算	
3.3	其中：计日工	按计价规定估算	
3.4	其中：总承包服务费	按计价规定估算	
4	规费	按规定标准计算	
5	税金（扣除不列入计税范围的工程设备金额）	（1+2+3+4）×规定税率	
招标控制价合计=1+2+3+4+5			

2. 施工企业工程投标报价计价程序

施工企业工程投标报价计价程序见表17-2。

3. 竣工结算计价程序

竣工结算计价程序见表17-3。

表 17-2 施工企业工程投标报价计价程序

工程名称： 　　　　　　　　　　标段：

序号	内容	计算方法	金额（元）
1	分部分项工程费	自主报价	
1.1			
1.2			
1.3			
1.4			
1.5			
2	措施项目费	自主报价	
2.1	其中：安全文明施工费	按规定标准计算	

（续）

序号	内容	计算方法	金额（元）
3	其他项目费		
3.1	其中：暂列金额	按招标文件提供金额计列	
3.2	其中：专业工程暂估价	按招标文件提供金额计列	
3.3	其中：计日工	自主报价	
3.4	其中：总承包服务费	自主报价	
4	规费	按规定标准计算	
5	税金（扣除不列入计税范围的工程设备金额）	（1+2+3+4）×规定税率	
投标报价合计＝1+2+3+4+5			

表 17-3　竣工结算计价程序

工程名称：　　　　　　　　　　标段：

序号	汇总内容	计算方法	金额（元）
1	分部分项工程费	按合同约定计算	
1.1			
1.2			
1.3			
1.4			
1.5			
2	措施项目费	按合同约定计算	
2.1	其中：安全文明施工费	按规定标准计算	
3	其他项目费		
3.1	其中：专业工程结算价	按合同约定计算	
3.2	其中：计日工	按计日工签证计算	
3.3	其中：总承包服务费	按合同约定计算	
3.4	索赔与现场签证	按发承包双方确认数额计算	
4	规费	按规定标准计算	
5	税金（扣除不列入计税范围的工程设备金额）	（1+2+3+4）×规定税率	
竣工结算总价合计＝1+2+3+4+5			

17.4　建筑安装工程定额

17.4.1　定额的含义、性质及分类

1. 定额的含义

建筑安装工程定额是指在一定的生产条件下，生产质量合格的单位产品所需要消耗的人工、材料、机械台班及资金的数量标准。它反映出一定时期的社会劳动生产力水平。

由于工程建设的特点，生产周期长，大量的人力、物力投入以后，需要长时间才能生产出产品。这就必然要求从宏观上和微观上，对工程建设中的资金和资源消耗进行预测、计划、调配和控制，以便保证必要的资金和各项资源的供应，以适应工程

建设的需要，同时保证资金和各项资源的合理分配及有效利用。要做到这些，就需借助于工程建设定额，利用定额所提供的各类工程的资金和资源消耗的数量标准，作为预测、计划、调配、控制资金及资源消耗的科学依据，力求用最少的人力、物力和财力的消耗，生产出符合质量标准的建设产品，取得最好的经济效益。

2. 定额的性质

在社会主义市场经济条件下，定额具有科学性、法令性和群众性。

（1）科学性　定额的科学性，表现在定额是在认真研究施工企业管理的客观规律，遵循其要求，在总结施工生产实践的基础上，根据广泛收集的资

料，经过科学分析研究之后，采用一套已成熟的科学方法制定的。定额是主观的产物，但它能正确地反映工程建设和各种资源消耗之间的客观规律。定额中的各种消耗量指标，应能正确反映当前社会生产力的发展水平。

（2）法令性　定额的法令性，表现在定额是根据国家一定时期的管理体制和管理制度，按不同定额的用途和适用范围，由国家主管部门，或由它授权的机构，按照一定的程序制定的。一经颁布执行，便有了法规的性质。在其执行范围内，任何单位都必须严格遵守，不得随意更改定额的内容和水平。

（3）群众性　定额的群众性，表现在定额的制定和执行都具有广泛的群众基础。定额水平的高低，主要取决于工人所创造的生产力水平的高低。定额的测定和编制是在施工企业职工直接参加下进行的。工人直接参加定额的技术测定，有利于制定出易于掌握和推广的定额。

综上所述，定额的科学性是定额的法令性的客观依据，而定额的法令性又是使定额得以贯彻执行的保证，定额的群众性是定额执行的前提条件。

3. 定额的分类

建筑安装工程定额种类很多，在施工生产中，根据需要而采用不同的定额。建筑安装工程定额从不同角度可以分为四大类，如图17-4所示。

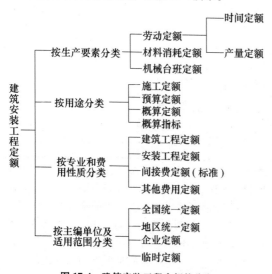

图17-4　建筑安装工程定额的分类

全国统一定额是指根据全国各专业工程的生产技术与组织管理情况而编制的，在全国范围内执行的定额，如《全国统一安装工程基础定额》等。

地区统一定额是指由国家授权地方主管部门，结合本地区特点，参照全国统一定额水平制定的，

在本地区使用的定额，如《北京市建设工程预算定额》等。

企业定额是指根据企业生产力水平和管理水平制定的内部使用定额，如企业内部施工定额等。

临时定额是指现行定额项目不能满足生产需要时，根据实际情况的补充定额。补充缺项及特种项目的补充定额，须经主管部门批准后执行。

17.4.2　施工定额

1. 施工定额的概念

施工定额是建筑安装工人或工人小组在正常的施工条件下，为完成单位合格产品，所需消耗的劳动力、材料、机械台班的数量标准。施工定额是直接用于施工企业内部的一种定额。它是国家、省、市、自治区业务主管部门或施工企业，在定性和定量分析施工过程的基础上，采用技术测定方法制定，按照一定程序颁发的。

施工定额由劳动定额、材料消耗定额和机械台班使用定额三部分组成。

（1）劳动定额　劳动定额又称人工定额，是指在正常的施工技术和组织条件下，完成单位合格产品所必需的劳动消耗量标准。劳动定额的表现形式分为时间定额和产量定额两种。

1）时间定额。时间定额是指在一定的施工技术和组织条件下，某工种、某种技术等级的工人班组，完成符合质量要求的单位产品所必需的工作时间。

时间定额以工日为单位，每个工日现行规定工作时间为8h，计算方法如下：

$$单位产品时间定额 = \frac{1}{每工日产量} \quad (17\text{-}24)$$

或

$$单位产品时间定额 = \frac{小组成员工日数总和}{台班产量}$$

$$(17\text{-}25)$$

时间定额的计量单位有工日/m³、工日/m²、工日/t等。

2）产量定额。产量定额是指在一定的施工技术和组织条件下，某工种、某种技术等级的班组或个人，在单位时间内（工日）完成符合质量要求的产品数量。

产量定额计量单位有多种，如m/工日、m³/工日、m²/工日、t/工日等。计算方法如下：

$$每工日产量定额 = \frac{1}{单位产品时间定额}$$

$$(17\text{-}26)$$

或

$$\text{每工日产量定额} = \frac{\text{台班产量}}{\text{小组成员工日数总和}}$$
$$(17\text{-}27)$$

时间定额与产量定额互为倒数关系。

（2）材料消耗定额 材料消耗定额是指在节约和合理使用材料的条件下，生产符合质量标准的单位产品，所必须消耗的一定规格的建筑材料、半成品、构配件等的数量标准。

材料消耗定额包括材料的净用量和不可避免的材料损耗量。

材料的损耗用材料的损耗率来表示，也就是材料损耗量与材料净用量的比例，即

$$\text{材料损耗率} = \frac{\text{材料损耗量}}{\text{材料净用量}} \times 100\% \quad (17\text{-}28)$$

$$\text{材料消耗量} = \text{材料净用量} + \text{材料损耗量}$$
$$(17\text{-}29)$$

或

$$\text{材料消耗量} = \text{材料净用量} \times (1 + \text{材料损耗率})$$
$$(17\text{-}30)$$

（3）机械台班使用定额 机械台班使用定额简称机械台班定额，是在正常的施工条件和合理使用机械的条件下，规定利用某种机械完成单位合格产品，所必须消耗的人-机工作时间，或规定在单位时间内，人-机必须完成的合格产品的数量标准。

机械台班定额的表现形式分为机械时间定额和机械产量定额两种。

1）机械时间定额。机械时间定额是指某种机械完成单位合格产品所消耗的时间。

2）机械产量定额。机械产量定额是指某种机械在单位时间内完成合格产品的数量。

机械时间定额与机械产量定额互为倒数关系。

2. 施工定额的作用

施工定额主要有以下作用：

1）施工定额是编制施工组织设计和施工作业计划的依据。

2）施工定额是签发施工任务书和限额领料单的依据。

3）施工定额是编制施工预算，实行经济责任制、加强企业成本管理的基础。

4）施工定额是考核班组、贯彻按劳分配原则和项目承包的依据。

5）施工定额是施工企业开展社会主义劳动竞赛、提高劳动生产力的重要前提条件。

6）施工定额是编制预算定额的基础。

17.4.3 预算定额

1. 预算定额的概念

预算定额是指在正常的施工条件下，完成一定

计量单位的分项工程和结构构件的人工、材料和机械台班消耗的数量标准。建筑安装工程预算定额包括建筑工程预算定额和安装工程预算定额。预算定额和施工定额不同，不具有企业定额的性质。它是一种具有广泛用途的计价定额，但不是唯一的计价定额。

2. 预算定额的作用

预算定额主要有以下作用：

1）预算定额是编制单位估价表的依据。

2）预算定额是编制施工图设计预算，编制标底、报价，进行评标、决标的依据。

3）预算定额是拨付工程款和进行工程竣工决算的依据。

4）预算定额是编制施工组织设计，进行工料分析，实行经济核算的依据。

5）预算定额是编制概算定额和概算指标的基础资料。

17.4.4 概算定额

1. 概算定额的概念

概算定额也称扩大结构定额，全称是建筑安装工程概算定额。它是按一定计量单位规定的，扩大分部、分项工程或扩大结构部分的人工、材料和机械台班的消耗量标准。

概算定额是在预算定额的基础上的综合与扩大，是介于预算定额和概算指标之间的一种定额。它根据施工顺序的衔接和相互关联性较大的原则，确定定额的划分。

2. 概算定额的作用

概算定额主要有以下作用：

1）概算定额是编制设计概算的依据。

2）概算定额是设计文件的主要组成部分，是控制和确定建设项目造价，实行建设项目包干的依据。

3）概算定额是控制基本建设项目贷款、拨款和施工图设计预算及考核设计经济合理性的依据。

4）概算定额是编制建设工程估算指标的基础。

17.4.5 概算指标

1. 概算指标的概念

概算指标是按一定计量单位规定的，比概算定额更加综合与扩大的单位工程或单项工程等的人工、材料和机械台班的消耗量标准和造价指标。

概算指标通常以平方米、立方米、座、台、组等为计量单位，因而估算工程造价较为简单。

2. 概算指标的作用

概算指标主要有以下作用：

1）概算指标是编制初步设计概算的主要依据。

2）供基本建设计划工作参考。

3) 供设计机构和建设单位选厂和进行设计方案比较时参考。

4) 概算指标是编制投资估算指标的依据。

17.5 动力专业工程估价的特点

动力专业包括热能、动力气体、燃气、油品等各类站房及输送管道。随着设计范围的拓展和技术水平的不断提高，轻工、医院等的工艺或应用气体的设计也由动力专业承担。专业范围的宽泛和复杂性，决定了造价估算的复杂性。特别是新工艺、新材料的不断改进和运用，决定了动力专业的工程估算决不能生搬硬套。归纳起来，动力专业工程项目估价有以下特点：

1) 动力专业工程项目属于设备及管道安装工程，行业上涉及工业、民用、石油、化工、市政等；种类上涉及压缩空气、天然气、氧气、油品、蒸汽、冷热水、乙炔、丙烷、真空、医疗气体等。

2) 动力专业工程项目应用范围宽广，种类繁多，工艺复杂，压力等级可分高中低压，材料及设备品种较多；安装工程定额上无设备及主材的价格信息，需要通过市场进行价格咨询。

3) 各生产厂家由于品牌效应、管理制度、制造水平、生产工艺、原料质量等因素不一，造成同一类别、同一规格的设备和阀门以及管道附件等的价格差异较大。

4) 由于工艺的日益先进、新材料不断涌现，原已建成的项目其工程造价已无法借鉴，需要按新工艺、新材料重新计算，加之材料价格的波动，工程造价能套用的少。

5) 可用的概算定额及指标少。

因为厂房动力管道工程造价取决于厂房的工艺功能、生产纲领、用气量大小、介质种类的数量及特性、材料及设备的质量等级、厂房的规模等，所以即便在基本材料价格相同的情况下，造价也不同，甚至差别较大，因此不能简单类比硬套。

17.6 工程估价编制的步骤和方法

工程估价编制的方法主要有工程量估算法和单位指标估算法。

工程量估算法是先对工程项目的工程量做出估算，然后再利用预算或概算定额计算出工程总投资。

单位指标估算法是利用概算指标或投资估算指标对工程投资做出的估算。单位工程投资与项目规模的乘积即为工程总投资。

鉴于动力专业工程估价的特点以及国家规范、法规的发展方向，下面重点介绍工程量估算法的步骤和方法。

17.6.1 工程量估算法的步骤和方法

1. 熟悉和掌握工程估价的基础资料

编制工程估价的基础资料除概预算定额、设备及材料价格以外，主要包括双方签订的工程合同、设计方案文件，施工图设计预算，经会审过的施工图、标准图及经批准的施工组织设计。

(1) 设计文件和合同 在编制投资估算以前，特别是在编制施工图设计预算以前，工程造价人员必须仔细、系统、全面地阅读和熟悉设计方案文件或施工图和有关的标准图。这样才能对工程内容、工艺流程、技术要求等有一个完整的概念，才能在编制投资估算、概算、预算时做到项目全、计量准、速度快。另外，通过阅读图样文件，还会发现图样文件中存在的问题与错误，及时向设计人（单位）或建设单位提出，以便进行修改，防止投资估算（概预算）编制完成后，由于图样文件的变更而变动。

工程（设计）合同是设计单位或施工单位与建设单位共同协商制定的。关于工程中的工程范围、项目划分、物资供应、采用定额、概预算编制原则和取费标准规定等，这些内容是设计图文件中没有的，一般均由双方在合同中确定。只有掌握这些，才能使投资估算、概算、预算做得完整、准确。

(2) 掌握施工组织设计的有关内容 施工组织设计或施工方案是由施工单位根据工程特点、现场情况、工期要求等情况编制的。因此，在编制施工图设计预算时，必须了解施工组织设计中影响工程费用的因素。例如，为了确保安装工程质量，达到规范标准和满足设计要求，要采取特殊的安装技术措施。这些措施只要不属于预算定额和各种取费标准范围之内的增加费用，就应编入预算内。另一方面，在改建、扩建工程中，有些项目和工程量，完全靠图样文件是无法计算的，这就要求预算人员到施工现场进行实测了解。总之，对各种情况和资料掌握得越全面、具体，编出的预算（同样也适用于估算及概算）也就越符合实际，越准确可靠，同时也减少了开工后的现场签证。

2. 工程量计算

在投资估算或概算中，工程量的估算是衡量设计人员设计水平的一个十分重要的方面。因为在方案或初步设计阶段，只有设备布置图及原理性的工艺流程图、管道线路走向图，而没有工程量计算所必需的施工图、详尽的设备及材料表。这就要求设计人员较为准确地预见到施工图的大致情况、可能发生的问题，做到心中有图，这样才能较为准确地进行工程量估算。

在施工图设计预算中，工程量计算是一项工作量大，而又十分细致的工作，同时花费的时间也最长。工程量计算是预算的主要数据，其准确与否又直接影响到预算的准确性。因此，必须在工程量计算上严格把关，才能保证预算的质量，真正做到既不高估冒算，也不丢项漏项，从而正确反映工程的造价。

工程量计算总的原则是：首先要清楚设计目的、设计气体种类等，再认真阅读设计说明、设计图、通用图集、标准图集、会审记录、技术交底等与该项目设计相关的资料。在计算工程量时，要严格按照建设部批准的 GB 50500—2013《建设工程工程量清单计价规范》，以及预算定额规定的工程量计算规则，并根据设计图所标明的尺寸、设备数量或材料明细表等进行计算。管道工程一般是按系统分材质、分部位、分项目、分管径，结合图样比例或标高进行丈量计算，在全部管线计算完毕后，再编制工程量汇总表。

对于工程量清单计算，可遵循各行业不同阶段的设计深度的规定，如《市政公用工程设计文件编制深度规定》（2013 年版）、《建筑工程设计文件编制深度规定》（2016 年版）、JBJ 35—2004《机械工业建设工程设计文件深度规定》等。

在可行性研究阶段，应包括厂站的规模及数量、各种管线及附属设施、主要设备材料的规格及数量，对于需要进口的特殊设备及材料，应特殊说明。

在初步设计阶段，工程量汇总应包括厂站的规模及数量、附属建筑物面积、拆迁量统计、各种管径管线长度等。主要设备及材料表应包括全部工程及分期建设需用的管材及主要设备的名称、规格、数量等，运行管理及维护检修需要的设备、车辆等。

在施工图设计阶段，应以详细施工图、设备材料明细、采用的标准图等为工程量清单统计的依据。

3. 套单价

在工程量估算或施工图设计预算完毕，经核对无误后，才能按预算定额规定进行套单价（也称基价），计算直接费。这里所指的单价，一般指的是信息价，或设备询价，或材料定额价。

为了保证套单价的准确性，必须注意以下几点：

1）分项工程的名称、规格、计量单位，必须与预算定额或单位估价表、概算定额中所列内容完全一致，即从定额或单位估价表中找出与之适应的子项编号，查出该项目的单价（基价）。

2）在套单价的过程中，凡遇到与所需套用预算或概算单价的分项工程名称、规格不一致时，在定

额允许换算的情况下（见定额说明或附注），将有关预算或概算单价换算成所需的预算或概算单价。

3）在套预算或概算单价时，必须维护定额和单价的严肃性。除定额说明允许换算的项目外，其他必须遵照执行，不得任意修改。

4. 计算各项费用

套单价经核对无误后，就可进行工程量与单价（含主材或设备、管理费、利润及材料风险费等的综合单价）的乘积计算，计算出分部分项工程费，然后计算出措施项目费、其他项目费、规费及税金等，汇总后得出该项目的预算或概算总造价。具体计算公式见"建筑安装工程费用参考计算方法"。

5. 写编制说明

计算出预算或概算总造价后，还应在预算或概算书的首页编写编制说明，主要内容有：

1）编制依据。

2）是否考虑设计修改或图样会审记录。

3）遗留项目或暂估项目有哪些，说明原因。

4）存在问题及处理方法。

5）其他。

投资估算、概算只有通过审查批准后，才能确认其合法性，才能作为建设方投资立项的依据，作为主管部门审批项目的依据，作为银行贷款审批的依据。

施工图设计预算只有通过审查批准后，才能确认其合法性，才能作为施工企业考核工程成本，进行计划、统计、组织施工的依据，才能作为拨付工程款和进行工程竣工结算的依据。

17.6.2 差价调整法

当使用概算定额或概算指标时，由于概算中的设备及材料价格和取费标准是随地区和时间变化的，故使用时，应根据实际情况进行差价调整计算。

1. 主材费或附件费调价法

$$a_1 = \sum j / \sum j' \quad R' = Ra_1 \quad (17\text{-}31)$$

式中 a_1——主材费或附件费调价系数；

$\sum j$——工程用管材或附件当地或实际预算价之和（元）；

$\sum j'$——概算定额或概算指标中的主材费或附件费之和（元）；

R'——调价后的实际主材费或附件费（元）；

R——按概算定额或概算指标计算出的主材费或附件费（元）。

2. 单项综合费调价法

$$a_2 = j / j' \quad E' = Ea_2\beta + E(1-\beta) \quad (17\text{-}32)$$

式中 a_2——单项费用的调价系数；

j——当地或实际材料预算价格（元）；

j'——概算定额或概算指标中的材料预算价格（元）；

E——概算定额或概算指标中的单项综合费（元）；

E'——调价后的实际单项综合费（元）；

β——需调价项目费用占概算定额或概算指标中的单项综合费的百分比（%）。

3. 综合费调价法

材料综合费包括直接费、间接费、利润和税金四部分。套用时应考虑材料费及人工费的调价对工程造价的影响。具体公式详见本章第 17.3 节，这里

不再赘述。

4. 总投资概算调价法

各项综合费调价之和为总投资概算，也可以简便计算，将主要材料综合费组合列表计算出调价系数，方法同本章 17.6.2 节。

实际总概算 = 按概算定额或概算指标得出
的总投资 × 调价系数　　　　(17-33)

17.7　常用材料及设备参考价格

1. 金属材料参考价格（表 17-4）
2. 管材参考价格（表 17-5）
3. 保温及隔热材料参考价格（表 17-6）

表 17-4　金属材料参考价格

材料名称	规格型号	参考价格（元/t）	材料名称	规格型号	参考价格（元/t）
热轧圆钢	$\phi6 \sim \phi36\text{mm}$	3200 ~ 3600	冷轧薄钢板	0.5 ~ 4.0mm	5300 ~ 5700
热轧工字钢	普型	3300 ~ 3600	热轧薄钢板	0.5 ~ 4.0mm	4700 ~ 5000
热轧槽钢	普型	3300 ~ 3600	镀锌薄钢板	0.5 ~ 4.0mm	5800 ~ 6150
角钢		3300 ~ 3600	热轧中厚板	4.5 ~ 32mm	4300 ~ 4500
扁钢		3300 ~ 3600	花纹钢板	3 ~ 6mm	4300 ~ 4500
钢筋	Ⅱ级	3300 ~ 3600	不锈钢板	304，0.5 ~ 5mm	22000 ~ 29700

注：因金属材料受铁矿石、煤炭等基础原材料、产能、市场等因素影响，波动范围较大，造价时应按当时信息价估算。

表 17-5　管材参考价格

材料名称	规格型号	参考价格	材料名称	规格型号	参考价格
焊接钢管	DN = 15 ~ 200mm	3300 ~ 4500 元/t	直缝电焊钢管	$\phi168 \sim \phi2420\text{mm}$	5500 ~ 6500 元/t
镀锌焊接钢管	DN = 15 ~ 200mm	3800 ~ 5800 元/t	冷拔无缝钢管	$\phi16 \sim \phi25\text{mm}$	6000 ~ 6500 元/t
螺旋埋弧焊管	$\phi219 \sim \phi2220\text{mm}$	3600 ~ 6000 元/t	热轧无缝钢管	$\phi57 \sim \phi630\text{mm}$	5400 ~ 6200 元/t
不锈钢无缝管	304	19000 ~ 38000 元/t	黄铜管	$\phi14 \sim \phi45\text{mm}$	55000 ~ 75000 元/t
PE 燃气管	50mm SDR11	22 元/m	PE 燃气管	50mm SDR11	6.7 元/m
	63mm SDR11	34 元/m		63mm SDR11	10.5 元/m
	75mm SDR11	48 元/m		75mm SDR11	15 元/m
	90mm SDR11	69 元/m		90mm SDR11	22 元/m
	110mm SDR11	102 元/m		110mm SDR11	32 元/m
	160mm SDR11	216 元/m		160mm SDR17.6	67 元/m
	200mm SDR11	336 元/m		200mm SDR17.6	105 元/m
	250mm SDR11	524 元/m		250mm SDR17.6	163 元/m
	315mm SDR11	831 元/m		315mm SDR17.6	253 元/m

注：本表中非金属管价格为 2018 年 12 月市场参考价，塑料、橡胶类管材受原油等材料价格波动较大，造价时应按当时信息价估算。

表 17-6　保温及隔热材料参考价格

序号	产品名称	规格型号	参考价格（元/m³）	序号	产品名称	规格型号	参考价格（元/m³）
1	岩棉板	素板 密度 80kg/m³	220	2	玻璃棉板	素板 密度 40kg/m³	442
		素板 密度 90kg/m³	240			素板 密度 48kg/m³	600
		素板 密度 100kg/m³	265			素板 密度 56kg/m³	670
		素板 密度 120kg/m³	340			素板 密度 64kg/m³	780
		素板 密度 150kg/m³	450			素板 密度 80kg/m³	950
2	玻璃棉板	素板 密度 24kg/m³	265			素板 密度 96kg/m³	1106
		素板 密度 28kg/m³	330	3	离心玻璃棉板	密度 24 ~ 76kg/m³	810
		素板 密度 32kg/m³	345	4	橡塑板	国产	2900

（续）

序号	产品名称	规格型号	参考价格（元/m³）	序号	产品名称	规格型号	参考价格（元/m³）
5	岩棉素毡	密度 80kg/m³	190			φ89~φ325mm 厚 30mm 夹筋箔 密度 50kg/m³	1220
		密度 100kg/m³	210			φ18~φ76mm 厚 40mm 夹筋箔 密度 50kg/m³	1220
6	岩棉玻璃布缝毡	密度 80kg/m³	325			φ89~φ325mm 厚 40mm 夹筋箔 密度 50kg/m³	1125
		密度 100kg/m³	345			φ18~φ76mm 厚 50mm 夹筋箔 密度 50kg/m³	1135
7	岩棉钢丝网缝毡	密度 80kg/m³	335	10	玻璃棉管壳	φ89~φ325mm 厚 50mm 夹筋箔 密度 50kg/m³	1070
		密度 100kg/m³	360			φ19~φ27mm 厚 60mm 夹筋箔 密度 50kg/m³	1105
8	玻璃棉毡	密度 10kg/m³	107			φ32~φ42mm 厚 60mm 夹筋箔 密度 50kg/m³	1050
		密度 12kg/m³	128			φ45~φ76mm 厚 80mm 夹筋箔 密度 50kg/m³	1040
		密度 16kg/m³	172			φ89~φ325mm 厚 80mm 夹筋箔 密度 50kg/m³	990
		密度 18kg/m³	193				
		密度 20kg/m³	213	11	离心玻璃棉管壳	密度 48kg/m³	855
		密度 24kg/m³	257			密度 50kg/m³	855
9	岩棉管壳	素管 密度 80kg/m³	225			密度 70kg/m³	1135
		素管 密度 90kg/m³	250			密度 80kg/m³	1135
		素管 密度 100kg/m³	270	12	聚乙烯管壳	阻燃	1160
		素管 密度 130kg/m³	590	13	微孔硅酸钙板		800
10	玻璃棉管壳	素管 密度 32kg/m³	378	14	硅酸铝管壳		900
		素管 密度 40kg/m³	456	15	橡塑管壳	阻燃（国产）	3100
		素管 密度 48kg/m³	553	16	阻燃橡塑海绵板	阻燃（国产）	2000
		素管 密度 50kg/m³	630	17	EPDM 橡塑保温管	厚 38~50mm	5500
		素管 密度 56kg/m³	700	18	EPDM 橡塑保温板	厚 3mm、6mm、38mm、50mm	8000
		素管 密度 64kg/m³	815	19	玻璃丝布	12mm×14mm	2.4 元/m²
		素管 密度 80kg/m³	990	20	铝箔胶带	50mm	10.5 元/卷
		素管 密度 96kg/m³	1155	21	夹筋铝箔		3.0 元/m²
		φ18~φ27mm 厚 25mm 夹筋箔 密度 50kg/m³	1530	22	平面铝箔		2.5 元/m²
		φ32~φ42mm 厚 25mm 夹筋箔 密度 50kg/m³	1455	23	布箔	普通	4.4 元/m²
		φ45~φ76mm 厚 25mm 夹筋箔 密度 50kg/m³	1370	24	塑化沥青胶带	150（6）	10.05 元/m
		φ89~φ325mm 厚 25mm 夹筋箔 密度 50kg/m³	1300			300（12）	10.05 元/m
		φ18~φ27mm 厚 30mm 夹筋箔 密度 50kg/m³	1455				
		φ32~φ42mm 厚 30mm 夹筋箔 密度 50kg/m³	1360				
		φ45~φ76mm 厚 30mm 夹筋箔 密度 50kg/m³	1310				

注：本表依据 2018 年 12 月市场参考价格。

4. 阀门参考价格（表 17-7）

表 17-7　阀门参考价格

序号	产品名称及型号	DN/mm	参考价格（元/个）	序号	产品名称及型号	DN/mm	参考价格（元/个）
1	闸阀 Z45X—16	50	768	1	闸阀 Z45X—16	250	7040
		65	812			300	9612
		80	1012			350	14567
		100	1204			400	19049
		125	1744	2	闸阀 Z41X—16	50	814
		150	2220			65	893
		200	3664			80	1092

（续）

序号	产品名称及型号	DN/mm	参考价格（元/个）	序号	产品名称及型号	DN/mm	参考价格（元/个）
2	闸阀 Z41X—16	100	1245	6	闸阀 Z41H—25	200	8400
		125	1785			250	12250
		150	2208			300	15700
		200	3772			350	23980
		250	7489	7	闸阀 Z44T—16	50	460
		300	10375			65	538
		350	15876			80	653
		400	20979			100	833
3	闸阀 Z41W—16P（不锈钢）	25	1440			125	1306
		32	1700			150	1690
		40	2260			200	2688
		50	3060			250	4032
		65	3960			300	5952
		80	4940	8	截止阀 J41T—16	40	276
		100	6300			50	341
		125	8960			65	131
		150	11680			80	913
4	闸阀 Z45T—16	50	403			100	1124
		65	480			125	1754
		80	595			150	2353
		100	710			200	4561
		125	1133			250	6144
		150	1401			300	8620
		200	2380	9	截止阀 J41W—16P（不锈钢）	15	720
		250	3533			20	768
		300	5300			25	883
5	闸阀 Z41H—16C	15	432			32	1233
		20	480			40	1464
		25	600			50	1910
		32	936			65	2558
		40	1152			80	3187
		50	1248			100	4075
		65	1728			125	5841
		80	2208			150	8635
		100	2640	10	截止阀 J41H—16C	15	360
		125	3744			20	408
		150	5280			25	432
		200	7920			32	576
		250	9800			40	744
		300	12560			50	912
		350	18120			65	1209
6	闸阀 Z41H—25	15	432			80	1392
		20	480			100	1728
		25	600			125	2688
		32	936			150	3456
		40	1152			200	5664
		50	1248	11	截止阀 J41H—25C	15	432
		65	1728			20	480
		80	2208			25	600
		100	2880			32	936
		125	4080			40	1152
		150	5760			50	1176

（续）

序号	产品名称及型号	DN/mm	参考价格（元/个）	序号	产品名称及型号	DN/mm	参考价格（元/个）
11	截止阀 J41H—25C	65	1584	17	蝶阀 D71X（F）—16Q	50	159
		80	2064			65	183
		100	2544			80	207
		125	3936			100	260
		150	5760			125	370
		200	8640			150	413
12	截止阀 J11W—16P（不锈钢）	15	130			200	826
		20	154	18	蝶阀 D71X（F）—16C	50	260
		25	202			65	303
		32	346			80	346
		40	451			100	456
		50	557			125	648
		65	2165			150	735
13	止回阀 H44H—16C	40	672			200	1166
		50	768	19	蝶阀 D71X（F）—16P	50	500
		65	1104			65	615
		80	1248			80	672
		100	1584			100	1018
		125	2496			125	1344
		150	3120			150	1670
		200	5040			200	2765
14	止回阀 H44H—25C	25	456	20	蝶阀 D371X（F）—16Q	50	312
		32	576			65	336
		40	672			80	360
		50	768			100	432
		65	1104			125	518
		80	1248			150	586
		100	1776			200	1100
		125	2736			250	1470
		150	3360			300	1992
		200	5520			350	2760
15	止回阀 H44T—16	50	334			400	4992
		65	480			450	6600
		80	548			500	7536
		100	672			600	12864
		125	1171	21	蝶阀 D373H—16C	50	960
		150	1700			65	1008
		200	2496			80	1104
		250	4224			100	1248
16	止回阀 H41W—16P（不锈钢）	20	792			125	1680
		25	845			150	1920
		32	1109			200	2880
		40	1233			250	4176
		50	1531			300	5520
		65	2006			350	6720
		80	2376			400	8640
		100	3220			450	10080
		125	5702			500	13440
		150	7128			600	17040
		200	13540	22	蝶阀 D343H—16C	50	1056
		250	21384			65	1152
		300	33264			80	1296

（续）

序号	产品名称及型号	DN/mm	参考价格（元/个）	序号	产品名称及型号	DN/mm	参考价格（元/个）
22	蝶阀 D343H—16C	100	1680	26	蝶阀 D341X（F）—16P	50	1968
		125	2016			65	2208
		150	2496			80	2424
		200	3600			100	3120
		250	5088			125	3888
		300	6768			150	4840
		350	8640			200	7604
		400	10560			250	10560
		450	12960			300	15168
		500	16800	27	球阀 Q11F—16T	15	48
		600	22560			20	70
23	蝶阀 D341X（F）—16C	50	672			25	108
		65	744			32	162
		80	888			40	232
		100	1032			50	370
		125	1296	28	球阀 Q41F—16P	15	384
		150	1560			20	480
		200	2400			25	576
		250	3312			32	744
		300	4512			40	912
		350	5424			50	1056
		400	8784			65	1536
		450	11040			80	2016
		500	12960			100	2621
		600	20160			125	3888
24	蝶阀 D371X（F）—16C	50	413			150	5520
		65	456			200	9600
		80	500	29	球阀 Q41F—16C	15	360
		100	610			20	384
		125	821			25	432
		150	908			32	576
		200	1440			40	672
		250	2016			50	744
		300	2784			65	1008
		350	3360			80	1248
		400	7104			100	1632
		450	8352			125	3264
		500	9936			150	3936
		600	17376			200	7200
25	蝶阀 D371X（F）—16P	50	653	30	柱塞阀 U41SM—16C	15	238
		65	768			20	281
		80	826			25	312
		100	1190			32	478
		125	1498			40	598
		150	1824			50	682
		200	2995			65	974
		250	4301			80	1296
		300	6182			100	1584
		350	8256			125	2400
		400	15360			150	3036
		450	22080			200	6072
		500	29520				
		600	60000				

（续）

序号	产品名称及型号	DN/mm	参考价格（元/个）	序号	产品名称及型号	DN/mm	参考价格（元/个）
30	柱塞阀 U41SM—16C	250	8448	39	弹簧安全阀 A41H—16C	20	465
		300	13080			25	510
31	活塞式减压阀 Y43H—16C	20	1120			32	600
		25	1225			40	642
		32	1330			50	780
		40	1435			65	1230
		50	1680			80	1425
		65	1995			100	1946
		80	2765			125	2445
		100	3080			150	3645
		125	5250	40	弹簧安全阀 A42Y—16C	32	735
		150	5950			DN40	900
		200	8400			50	1095
32	弹簧薄膜式减压阀 Y42H—16C	20	1225			80	1830
		25	1400			100	2378
		32	1575			150	4410
		40	1750			200	11865
		50	2030			250	30562
		65	2380			300	63668
		80	2975	41	弹簧安全阀 A42H—16C	25	612
		100	3430			32	636
33	浮球式疏水阀 CS41H—16C	15	3390			40	720
		20	3510			50	936
		25	4778			65	1068
		40	5235			80	1554
34	双金属式疏水阀 S47H—16C	15	713			100	2124
		20	818			150	3540
		25	885			200	5472
		40	1560	42	弹簧安全阀 A47H（Y）—16C	32	653
35	圆盘式疏水阀 CS19H—16C	15	198			40	765
		20	208			50	876
		25	220			65	1260
36	钟形浮子式疏水阀 CS15H—16	15	330			80	1470
		20	350			100	1800
		25	365			125	2625
		32	450			150	4470
		40	515	43	弹簧安全阀 A41Y—16P（不锈钢）	32	2738
		50	550			40	2910
37	弹簧安全阀 A21H—16C	15	285			50	3998
		20	300			80	5475
		25	315			100	6585
		32	495	44	弹簧安全阀 A48H（Y）—16C	25	555
		40	552			32	735
		50	630			40	948
38	弹簧安全阀 A21Y—16P（不锈钢）	15	863			50	1127
		20	915			65	1275
		25	1013			80	1800
		32	2715			100	2685
		40	3015			150	4815
		50	3368			200	6390
				45	弹簧压力表	Y—100T	100~170

注：价格依据 2018 年 12 月市场参考价格。阀门质量等级为国产中高端阀门。

同类型阀门中，公称压力 2.5MPa 等级比 1.6MPa 等级产品价格高约 30%。

5. 热水直埋保温管道参考价格（表17-8）

表17-8   热水直埋保温管道参考价格

规格尺寸 /mm	单价 （元/m）	规格尺寸 /mm	单价 （元/m）	规格尺寸 /mm	单价 （元/m）
φ57×3.5	96	φ159×5	302	φ426×10	1817
φ76×4	129	φ219×6	496	φ478×10	2090
φ89×4	152	φ273×8	775	φ530×10	2320
φ108×4.5	198	φ325×10	1148	φ630×10	3144
φ133×4.5	235	φ377×10	1514	φ720×10	4768

注：1. 本表价格采用 2018 年 12 月厂家报价。

2. 工作芯管为无缝钢管（GB/T 8163—2018），外护管为高密度聚乙烯塑料管，保温材料为聚氨酯硬质发泡。

3. 介质温度≤120℃，工作压力≤1.6MPa。

6. 蒸汽直埋保温管道参考价格（表17-9）

表17-9   蒸汽直埋保温管道参考价格

(直径/mm)×(壁厚/mm) （内管/外管）	单价 （元/m）	(直径/mm)×(壁厚/mm) （内管/外管）	单价 （元/m）
φ57×3.5/φ273×6	576	φ325×8/φ720×7	2657
φ76×4/φ325×6	717	φ377×8/φ820×8	3370
φ89×4/φ377×6	854	φ426×8/φ920×8	3953
φ108×4/φ377×6	880	φ478×8/φ1020×10	4955
φ133×4/φ426×6	1025	φ530×10/φ1020×10	5566
φ159×4.5/φ426×6	1092	φ630×10/φ1120×10	6399
φ219×6/φ530×7	1626	φ720×10/φ1220×10	7191
φ273×7/φ630×7	2154		

注：1. 本表价格采用 2018 年 12 月厂家报价。

2. 工作芯管为无缝钢管（GB/T 8163—2018），外护管为双面埋弧螺旋焊管，保温材料为高温超细离心玻璃棉。

3. 介质温度≤300℃，工作压力≤1.6MPa。

7. 通用型波纹管补偿器参考价格（表17-10）

表17-10   通用型波纹管补偿器参考价格

公称直径 /mm	压力 /MPa	轴向补偿量 /mm	轴向刚度 /（N/mm）	质量 /kg	单价 （元/套）
100		24	349	9	988
150		22	504	12	1661
200		34	746	18	2037
250		33	925	26	2731
300		42	768	41	3912
350		42	841	52	5159
400		41	958	58	6183
450	1.0	40	1074	64	6921
500		40	1190	71	8043
600		71	781	101	9513
700		60	975	240	9801
800		59	1056	264	10446
900		59	1139	289	11721
1000		52	2696	430	13790

注：本表价格采用 2018 年 12 月江苏威创能源设备有限公司通用（VCDZ）型波纹管补偿器报价。

8. 轴向型波纹管补偿器参考价格（表17-11）

表17-11   轴向型波纹管补偿器参考价格

公称直径 /mm	压力 /MPa	轴向补偿量 /mm	轴向刚度 /（N/mm）	质量 /kg	单价 （元/套）
100		103	132	40	1875
150		95	189	54	3133
200		201	174	121	3768
250		195	211	156	5100
300		252	180	207	6700
350	1.0	248	204	284	8766
400		243	227	316	11013
450		238	252	374	12800
500		233	276	449	13867
600		343	368	694	17942

注：本表价格采用 2018 年 12 月江苏威创能源设备有限公司轴向（VCFZ）型波纹管补偿器报价。

9. 大拉杆横向型波纹管补偿器参考价格（表17-12）

表17-12   大拉杆横向型波纹管补偿器参考价格

公称直径 /mm	压力 /MPa	轴向补偿量 /mm	轴向刚度 /（N/mm）	质量 /kg	单价 （元/套）
100		332	0.84	113	2224
150		223	2.4	138	3619
200		244	6.5	244	4831
250		195	12	305	6511
300		209	14	338	9490
350		178	20	507	12798
400		155	29	540	14467
450	1.0	138	40	709	15739
500		124	53	741	18034
600		156	62	876	19934
700		150	80	1367	22875
800		132	110	1474	24799
900		117	147	1579	28119
1000		92	432	2000	32236

注：1. 本表价格采用 2018 年 12 月江苏威创能源设备有限公司大拉杆横向（VCDH）型波纹管补偿器报价。

2. 波纹管补偿器长度为2m。

10. 角向型波纹管补偿器参考价格（表17-13）

表17-13   角向型波纹管补偿器参考价格

公称直径 /mm	压力 /MPa	轴向补偿量 /(°)	轴向刚度 /[N·m/(°)]	质量 /kg	单价 （元/套）
100		±5.0	27	31	1720
150		±3.4	74	35	2924
200		±3.0	225	62	3664
250	1.0	±3.0	400	81	4964
300		±3.2	478	121	7288
350		±2.8	714	166	8536

（续）

公称直径 /mm	压力 /MPa	轴向补偿量 /(°)	轴向刚度 /[N·m/(°)]	质量 /kg	单价 (元/套)
400		±2.4	1003	185	10306
450		±2.2	1378	208	12046
500		±2.0	1827	281	14260
600	1.0	±3.0	2986	424	16416
700		±3.0	1928	541	17760
800		±2.6	2661	763	18430
900		±2.2	3560	844	20258
1000		±1.8	10463	1057	23922

注：本表价格采用 2018 年 12 月江苏威创能源设备有限公司角向（VCJL）型波纹管补偿器报价。

11. 直管压力平衡型波纹管补偿器参考价格（表 17-14）

表 17-14 直管压力平衡型波纹管补偿器参考价格

公称直径 /mm	压力 /MPa	轴向补偿量 /mm	轴向刚度 /(N/mm)	单价 (元/套)
300		190	920	36850
350		200	1130	48213
400		190	1302	60571
500	1.0	230	912	76268
600		260	1490	98681
700		260	1184	102641
800		280	1820	109367
900		295	2232	123370

注：本表价格采用 2018 年 12 月江苏威创能源设备有限公司直管压力平衡（VCZYP）型波纹管补偿器报价。

12. 旁通轴向压力平衡型补偿器参考价格（表 17-15）

表 17-15 旁通轴向压力平衡型补偿器参考价格

公称直径 /mm	压力 /MPa	轴向补偿量 /mm	轴向刚度 /(N/mm)	质量 /kg	单价 (元/套)
100		122	222	84	8438
150		120	300	143	14099
200		200	348	331	16956
250	1.0	194	422	445	22950
300		252	360	602	30150
350		246	408	766	39447
400		242	454	882	49559

（续）

公称直径 /mm	压力 /MPa	轴向补偿量 /mm	轴向刚度 /(N/mm)	质量 /kg	单价 (元/套)
450		238	503	1097	57600
500		232	552	1255	62402
600	1.0	334	665	2131	76702
700		334	717	2696	83979
800		332	777	3103	88842
900		328	837	3466	100940

注：本表价格采用 2018 年 12 月江苏威创能源设备有限公司旁通轴向压力平衡（VCZYPD）型补偿器报价。

13. 直埋型波纹管补偿器参考价格（表 17-16）

表 17-16 直埋型波纹管补偿器参考价格

公称直径 /mm	压力 /MPa	轴向补偿量 /mm	轴向刚度 /(N/mm)	质量 /kg	单价 (元/套)
100		88	130	40	2438
150		78	179	71	3603
200		168	166	160	5287
250		166	210	237	6638
300		210	174	330	8430
350	1.0	208	203	434	11452
400		208	232	487	14289
450		188	237	546	16432
500		188	263	545	18122
600		200	429	842	20700
700		200	492	966	24420

注：本表价格采用 2018 年 12 月江苏威创能源设备有限公司直埋（VCQM）型波纹管补偿器报价。

14. 轴向型波纹管补偿器价格折算系数（表 17-17）

15. 不锈钢金属软管参考价格（表 17-18）

表 17-17 轴向型波纹管补偿器价格折算系数

压力/MPa	压力折算系数	
	DN<300mm	DN≥300mm
0.1	0.75	0.8
0.25	0.8	0.85
0.6	0.9	0.95
1	1	1
1.6	1.2	1.35
2.5	1.35	1.6

表 17-18 不锈钢金属软管参考价格 （单位：元）

公称直径 /mm	长度/m												
	0.3	0.4	0.5	0.6	0.8	1.0	1.2	1.6	2.0	2.5	2.7	3.0	4.0
6	118	127	136	145	163	177	203	255	307	372	398	437	567
8	160	171	182	193	215	235	265	325	385	460	490	535	685
10	182	195	208	221	247	271	309	385	461	556	594	651	841
12	203	218	233	248	278	307	351	439	527	637	681	747	967

（续）

公称直径 /mm	长度/m												
	0.3	0.4	0.5	0.6	0.8	1.0	1.2	1.6	2.0	2.5	2.7	3.0	4.0
14	242	260	280	297	331	365	417	521	625	755	807	885	1145
18	288	310	332	354	398	438	502	635	768	923	1016	1078	1398
20	331	355	379	403	451	495	565	705	845	1020	1090	1195	1545
24	374	402	430	458	514	568	654	826	998	1213	1299	1428	1858
32	416	453	490	527	601	670	778	994	1210	1480	1588	1750	2290
40	779	824	869	914	1004	1093	1221	1477	1733	2053	2181	2373	3013
50	790	846	902	958	1070	1178	1350	1694	2038	2468	2640	2898	3758
65	960	1022	1084	1146	1270	1393	1581	1957	2333	2803	2991	3273	4213
75	1132	1200	1268	1336	1472	1608	1816	2232	2648	3168	3376	3688	4728
102	1302	1390	1478	1566	1742	1914	2170	2682	3194	3834	4090	4474	5754
125	1612	1709	1806	1903	2097	2290	2632	3316	4000	4855	5197	5710	7420
150	1920	2027	2134	2241	2455	2667	3095	3951	4807	5877	6305	6947	9087
200	2496	2688	2880	3072	3456	3484	4608	6144	7680	9600	10368	11520	15360
250	3467	3734	4001	4268	4802	5334	6402	8538	10674	13344	14412	16014	21954
300	4928	5321	5684	6047	6743	7467	8961	11949	14937	18672	20166	22407	29877
350	6795	7318	7841	8364	9410	10454	12546	16730	20914	26144	28236	31374	41834
400	6851	7854	8857	9860	11866	13873	16639	22171	27703	34618	37384	41553	55363
450	9732	10863	11994	13125	15387	17649	20755	26967	33179	40944	44050	48709	64239
500	11379	12883	14387	15891	18899	21907	26033	34285	42537	52852	56978	63167	83797
600	14423	16300	18177	20055	23809	27563	32725	43049	53373	66278	71440	79183	104993
700	18850	20951	23052	25153	29355	33557	39335	50891	62447	76892	82670	91337	120227
800	22741	24280	26819	29358	34436	39514	46478	60406	74334	91744	98708	109154	143974

注：本表价格采用 2018 年 12 月江苏威创能源设备有限公司报价。

16. 集中供气汇流排及供气装置参考价格（表 17-19）

表 17-19　集中供气汇流排及供气装置参考价格

序号	产品名称	型号	适用气体	瓶组数	参考价格（元）	序号	产品名称	型号	适用气体	瓶组数	参考价格（元）
			（1）单侧式集中供气汇流排						（2）双侧式集中供气汇流排		
1			氧气	5	4500	1			氧气	5	
2		8100—X		10	6000	2		8200—X		10	6850
3				20	7500	3				20	10900
4			乙炔	5	5600	4			乙炔	5	8600
5		8100—Y		10	6500	5		8200—Y		10	
6				20	8850	6	8200 系列			20	11700
7	8100 系列		丙烷	5	6600	7	双侧		丙烷	5	
8	单侧	8100—F		10	7200	8		8200—F		10	8600
9				20	9850	9	集中供气			20	11700
10	集中供气		二氧化碳	5	5580	10	装置		二氧化碳	5	
11	装置	8100—C		10	6870	11		8200—C		10	10900
12				20	10800	12				20	14600
13			氩气、氦气、氮气	5	5270	13			氩气、氦气、氮气	5	
14		8100—IN		10	6230	14		8200—IN		10	8870
15				20	9850	15				20	10800
16			氢气	5	5270	16			氢气	5	6000
17		8100—H		10	7200	17		8200—H		10	9750
18				20	9850	18				20	12000

（续）

序号	产品名称	型号	适用气体	瓶组数	参考价格（元）
\multicolumn{6}{c}{（3）自动切换式集中供气汇流排}
1	8300系列	8300—X	氧气	5	4870
2				10	9000
3		8300—X	氧气	20	12000
4	半自动	8300—Y	乙炔	5	5100
5	切换			10	9800
6	集中供气			20	12500
7	装置	8300—F	丙烷	5	6100
8				10	9400
9				20	13100
10		8300—C	二氧化碳	5	8300
11				10	12000
12				20	16800
13		8300—IN	氩气、氦气、氮气	5	4750
14				10	9000
15				20	12000
16		8300—H	氢气	5	7700
17				10	12800
18				20	13900
\multicolumn{6}{c}{（4）自动切换式集中供气汇流排}
1	8400系列	8400—X	氧气	5	13000
2	自动切换			10	15000
3				20	17000
4	集中供气	8400—Y	乙炔	5	13000
5	装置			10	15000
6				20	17000
7		8400—F	丙烷	5	13000
8				10	15000
9				20	17000
10		8400—C	二氧化碳	5	12000
11				10	17000
12				20	18200
13		8400—IN	氩气、氦气、氮气	5	13000
14				10	15000
15				20	17000
16		8400—H	氢气	5	12100
17				10	16800
18				20	18200
\multicolumn{6}{c}{（5）车间接头箱}
1	8510系列 车间工位点	8510X	氧气		800
2		8510Y	乙炔		830
3		8510F	丙烷		680
4		8510H	氢气		1070
5		8510A	氩气		750
6		8510AC	氩气+二氧化碳		750
7		8510AO	氩气+氧气		750
8		8510C	二氧化碳		750

序号	产品名称	型号	配比范围（体积分数）	参考价格（元）
\multicolumn{5}{c}{（6）混合气体配比器}
1	21MX型	21MX—1	0~20%二氧化碳，其余氩气	3300
2		21MX—2	0~10%氧气，其余氩气	3300
3	混合气体 配比器	21MX—3	0~30%氩气，其余氦气	3300
4		21MX—4	0~50%氩气，其余氦气	3300
5		21MX—5	0~50%二氧化碳，其余氮气	3300
6		21MX—6	0~10%氢气，其余氩气	3300
7	22MX型	22MX—1	0~50%二氧化碳，其余氩气	3600
8		22MX—2	0~10%氧气，其余氩气	3600
9	混合气体 配比器	22MX—3	0~30%氩气，其余氦气	3600
10		22MX—4	0~50%氩气，其余氦气	3600
11		22MX—5	0~50%二氧化碳，其余氮气	3600
12		22MX—6	0~10%氢气，其余氩气	3600
13	23MX型	23MX—1	0~50%二氧化碳，其余氩气	3600
14		23MX—2	0~10%氧气，其余氩气	3600
15	混合气体 配比器	23MX—3	0~30%氩气，其余氦气	3600
16		23MX—4	0~50%氩气，其余氦气	3600
17		23MX—5	0~50%二氧化碳，其余氮气	3600
18		23MX—6	0~10%氢气，其余氩气	3600
\multicolumn{5}{c}{（7）混合气体配比柜}
1	6150M系列 配比柜	6150M—1	0~30%二氧化碳，其余氩气	46000
2		6150M—2	0~10%氢气，其余氩气	46000
3		6150M—3	0~50%氩气，其余氮气	46000
4		6150M—4	0~50%二氧化碳，其余氮气	46000
5		6150M—5	0~30%氩气，其余氦气	46000
6	6210M系列 配比柜	6210M—1	0~30%二氧化碳，其余氩气	52000

（续）

序号	产品名称	型号	配比范围 （体积分数）	参考价格（元）	序号	产品名称	型号	配比范围 （体积分数）	参考价格（元）
（7）混合气体配比柜					（7）混合气体配比柜				
7	6210M 系列 配比柜	6210M—2	0～10%氧气， 其余氩气	52000	15	6310M 系列 配比柜	6310M—3	0～50%氩气， 其余氮气	68000
8		6210M—3	0～50%氩气， 其余氮气	52000	16		6310M—4	0～50%二氧化 碳，其余氮气	68000
9		6210M—4	0～50%二氧化 碳，其余氮气	52000	17		6310M—5	0～30%氩气， 其余氮气	68000
10	6210M 系列 配比柜	6210M—5	0～30%氩气， 其余氮气	52000	18		6310M—6	0～30%氩气， 其余氮气	68000
11		6210M—6	0～30%氩气， 其余氮气	52000	19		6310M—7	0～30%氩气， 其余氮气	68000
12		6210M—7	0～30%氩气， 其余氮气	52000	20		6310M—8	0～30%氩气， 其余氮气	68000
13	6310M 系列 配比柜	6310M—1	0～30%二氧化 碳，其余氩气	68000	（8）回火防止器				
14		6310M—2	0～10%氧气， 其余氩气	68000	序号	产品名称		参考价格（元）	
					1	岗位回火防止器（1010）		35	
					2	车间回火防止器（1020）		380	

注：本表价格依据 2018 年 12 月厂家报价。

17. 涡街流量计参考价格（表 17-20）

表 17-20　涡街流量计参考价格　　　　　　　　　　（单位：元/台）

公称直径 /mm	夹装式涡街流量传感器		公称直径 /mm	夹装式涡街流量传感器	
	普通型	耐腐型		普通型	耐腐型
25	5900	8900	200	10280	13280
40	6660	9660	300	10580	13580
50	7390	10390	400	10890	13890
80	8180	11180	500	11190	14190
100	9270	12270	600	11690	14690
150	10500	13500	700	12690	15690
200	13100	16100	800	13190	16190
智能流量积算仪			1000	15160	18160
功能	价格		1200	17180	
一般功能	3500		1500	19180	
加温压补偿	800		1800	22190	
加特殊功能	1500		2000	25190	

注：1. 涡街流量计成套件由涡街流量传感器和二次表（流量积算仪）组成，而传感器由涡街流量变送器和放大器组成。

2. 加价说明：介质温度为 120～200℃时，每台加价 1500 元；200～300℃时，每台加价 2000 元；300～400℃时，每台加价 3800 元。隔爆型每台加价 1200 元；本安型每台加价 1500 元；分体式分离距离每米加价 1000 元；抗震型加价 2500 元。中压 6.4MPa，加价 2500 元。传感器到二次表的传输线每米 4.5 元。

3. 就地显示型涡街流量计为流量传感器加显示表头，显示表头价格 1000 元。表头分离距离不得超过 20m，该型没有温压补偿功能。

4. 同规格的孔板流量计价格约比涡街流量计高 10%。

5. 价格提供日期：2018 年 12 月。

参 考 文 献

[1] 住房城乡建设部工程质量安全监管司．市政公用工程设计文件编制深度规定 [M]．北京：中国建筑工业出版社，2013.

[2] 全国造价工程师执业资格考试培训教材编审委员会．建设工程造价管理 [M]．北京：中国计划出版社，2017.